Linux 系统管理、服务器设置、安全、云数据中心

(第 10 版)

[美] 克里斯托弗·尼格斯(Christopher Negus)　著

高鹏飞　金代亮　　　　　　　　　　译

清华大学出版社

北　京

北京市版权局著作权合同登记号 图字：01-2020-6120

Christopher Negus

Linux Bible, Tenth Edition

EISBN：978-1-119-57888-8

图书在版编目(CIP)数据

Linux 系统管理、服务器设置、安全、云数据中心：第 10 版 / (美)克里斯托弗•尼格斯(Christopher Negus)著；高鹏飞，金代亮译. —北京：清华大学出版社，2022.1（2023.9重印）

书名原文：Linux Bible, Tenth Edition

ISBN 978-7-302-59102-3

Ⅰ.①L… Ⅱ.①克… ②高… ③金… Ⅲ.①Linux 操作系统 Ⅳ.①TP316.89

中国版本图书馆 CIP 数据核字(2021)第 182113 号

责任编辑：王　军　韩宏志
装帧设计：孔祥峰
责任校对：成凤进
责任印制：杨　艳

出版发行：清华大学出版社
　　　　　网　　　址：http://www.tup.com.cn，http://www.wqbook.com
　　　　　地　　　址：北京清华大学学研大厦 A 座　　　　邮　　　编：100084
　　　　　社 总 机：010-83470000　　　　　邮　　　购：010-62786544
　　　　　投稿与读者服务：010-62776969，c-service@tup.tsinghua.edu.cn
　　　　　质 量 反 馈：010-62772015，zhiliang@tup.tsinghua.edu.cn
印 装 者：北京鑫海金澳胶印有限公司
经　　销：全国新华书店
开　　本：170mm×240mm　　　印　　张：44.5　　　字　　数：1226 千字
版　　次：2022 年 1 月第 1 版　　　印　　次：2023 年 9 月第 3 次印刷
定　　价：168.00 元

产品编号：084540-01

译 者 序

    Linux 操作系统是基于 UNIX 操作系统发展而来的一种克隆系统，它诞生于 1991 年。以后借助于 Internet，并通过世界各地计算机爱好者的共同努力，现已成为当今世界使用最多的一种 UNIX 类操作系统，并且使用人数还在迅猛增长。

    Linux 的基本思想有两点：第一，一切都是文件；第二，每个软件都有确定的用途。其中第一条详细来讲就是系统中的所有都归结为一个文件，包括命令、硬件设备、操作系统、进程等都被视为拥有各自特性或类型的文件。至于说 Linux 是基于 UNIX 的，很大程度上也是因为这两者的基本思想十分相近。

    Linux 是一款免费的操作系统，用户可通过网络或其他途径免费获得，并可任意修改其源代码；Linux 完全兼容 POSIX 1.0 标准，可在 Linux 下通过相应的模拟器运行常见的 DOS、Windows 程序；Linux 支持多用户、多任务；Linux 同时具有字符界面和图形界面；Linux 采取了许多安全技术措施，其网络功能非常丰富；Linux 可以运行在多种硬件平台上，如具有 x86、SPARC、Alpha 等处理器的平台。

    本书详尽介绍 Linux 的方方面面。全书共分为 6 部分，包括"入门""成为一名 Linux 高级用户""成为一名 Linux 系统管理员""成为一名 Linux 服务器管理员""学习 Linux 安全技术"和"将 Linux 拓展到云"。从讲述基本的 Linux 概念、shell 基本命令以及图形用户界面开始，一直到最后介绍 Linux 编程环境，每一部分都提供了主要命令的详细解释和流程说明。本书的一个显著特点是安排了很多章节介绍各种流行的 Linux 发行版。

    本书并没有追求大而全地罗列所有命令，而是选择性地讲解较常用的命令；对于新手而言，选择出版日期较近、版本较新的更好，不然，单是花在解决版本不同问题上的精力就容易让人失去兴趣。本书是近年来学习 Linux 的最佳图书，架构清晰，用语准确。你可以边学习边解决问题，逐步构建完整的知识体系。

    本书适合打算系统、全面地学习 Linux 技术的初中级用户、开源软件爱好者和大专院校的师生阅读，也非常适合准备从事 Linux 平台开发的各类人员阅读，具有一定 Linux 使用经验的用户也可通过本书温习 Linux 知识。

    在这里要感谢清华大学出版社的各位编辑，他们为本书的翻译投入了巨大的热情并付出了很多心血。没有他们的帮助和鼓励，本书不可能顺利付梓。

    对于这本经典之作，译者在翻译过程中虽力求"信、达、雅"，但是鉴于译者水平有限，失误在所难免，如有任何意见和建议，请不吝指正。

作者简介

Christopher Negus 是 Red Hat 公司的首席技术作家。在 Red Hat 工作的十多年里，Christopher 为数百名有志于成为 RHCE(Red Hat Certified Engineer，Red Hat 认证工程师)的 IT 专业人士进行了授课。他还编写了大量文档，涉及从 Linux 到虚拟化、云计算和容器化等各个方面。

在加入 Red Hat 公司之前，Christopher 独自编写或者与他人合著了几十本关于 Linux 和 UNIX 的书籍，包括 *Red Hat Linux Bible*(所有版本)、*Docker Containers*、*CentOS Bible*、*Fedora Bible*、*Linux Troubleshooting Bible*、*Linux Toys*、*Linux Toys II*和本书的第 9 版。此外，他还与别人合作为高级用户编写了几本关于 Linux 工具箱系列的书：*Fedora Linux Toolbox*、*SUSE Linux Toolbox*、*Ubuntu Linux Toolbox*、*Mac OS X Toolbox* 和 *BSD UNIX Toolbox*。

在成为一名独立作者之前，Christopher 与别人合作在开发 UNIX 操作系统的 AT&T 公司工作了 8 年，然后在 20 世纪 90 年代初搬到犹他州，为 Novell 的 UnixWare 项目作出贡献。在业余时间，Christopher 喜欢踢足球以及和妻儿一起享受家庭的乐趣。

技术编辑简介

Jason W. Eckert 是 IT 行业一位经验丰富的技术培训师、顾问和畅销书作者。他拥有 45 个行业认证，超过 30 年的 IT 经验，发布了 4 个应用程序，出版了 24 本涵盖 UNIX、Linux、安全、Windows Server、Microsoft Exchange Server、PowerShell、黑莓企业服务器和视频游戏开发等主题的教材。Jason 先生把他的专业知识带到他在 triOS 学院讲授的每一门课。他是该学院的技术院长。更多关于 Jason 先生的信息，请访问 jasoneckert.net。

Derrick Ornelas 是 Red Hat 公司的高级软件维护工程师。他目前是 Red Hat 容器技术的产品经理，负责 OpenShift 容器平台和 Red Hat 企业 Linux CoreOS；Derrick 致力于确保 Red Hat 产品的可支持性和质量。在此之前，他曾担任 Red Hat 虚拟化技术(如 libvirt、KVM 和 Red Hat 虚拟化产品)的高级技术支持主管。

在 Red Hat 工作的 12 年中，Derrick 获得了 Red Hat Certified Engineer (Red Hat 认证工程师)和 Red Hat Certified Virtualization Administrator(Red Hat 认证虚拟化管理员)认证，他将自己广泛的 Linux 知识用于构建、部署和维护各种硬件实验室和应用程序。

Derrick 在 Linux 系统方面有近 20 年的经验，是在他从阿巴拉契亚州立大学(Appalachian State University)获得计算机科学学士学位时开始的。作为一个忠实的 Linux 支持者，他喜欢授课和帮助新的 Linux 用户。在业余时间，Derrick 喜欢骑山地自行车，骑摩托车，和妻子卡洛琳一起去旅行。

致　　谢

十多年前，当我受雇于 Red Hat 公司时，我并不知道 Red Hat 公司将会扩展 7 倍，并会被 IBM 公司以 340 亿美元的价格收购，而且仍然保持着我刚入职时的那种开放和振奋精神。每天当我工作时，我都与世界上许多最伟大的 Linux 和云开发人员、测试人员、导师和支持专业人员进行交流。

虽然我不能单独地感谢每一个人，但我想向 Red Hat 公司的合作和卓越文化致敬。我称赞 Red Hat 公司并不是因为我在那儿工作；我在 Red Hat 公司工作是因为它符合我自己的信念，让我实现了开源软件的理想。

尽管如此，我还要特别感谢 Red Hat 公司的一些员工。在 Red Hat 公司，我能够承担这么多很酷、很有挑战性的项目，是因为我从下属那里得到了自由。其中包括 Michelle Bearer、Dawn Eisner 和 Sam Knuth；特别是 Sam，十多年来一直支持和鼓励我的工作。

在我的日常工作中，我想感谢 Scott McCarty、Ben Breard、Laurie Friedman、Dave Darrah、Micah Abbott、Steve Milner 和 Ian McLeod (容器工具、RHCOS 和 OpenShift 团队)，以及 Tom McKay、Joey Schorr、Bill Dettelback、Richa Marwaha 和 Dirk Herrmann (Quay 团队)。最后，我要特别感谢 Vikram Goyal，很幸运他住在澳大利亚，所以当我在半夜玩游戏进入险境的时候，他总是能救我出来。

说到对撰写本书的支持，我有幸与两位优秀的技术编辑 Jason Eckert 和 Derrick Ornelas 共事。在 Jason 担任这个角色之前，我并不认识他，但是当我过于以 Red Hat 为中心时，他就用自己在不同 Linux 系统方面的丰富经验来帮助我。我几乎每天都能见到 Derrick，他负责这项工作是因为他对细节的关注，以及他对 Linux 如何工作和人们需要知道什么才能使用它的深刻理解。任何读过本书的人都会有更好的体验，因为 Jason 和 Derrick 对它进行了修订。

感谢 Wiley 出版社让我在这些年来不断完善本书。感谢 Gary Schwartz，当我没有多余时间写本书的时候，他给了我持续而温和的压力。当 Gary 的压力还不够时，Devon Lewis 会介入，对最后期限的重要性做出更清晰的描述。同时要感谢来自 Waterside Productions 的 Margot Maley Hutchison，感谢她为我和 Wiley 签订了本书的合同，并且总是为我寻找最高收益。

最后，感谢我的妻子 Sheree，感谢她与我分享生活，非常努力地抚养 Seth 和 Caleb。

Christopher Negus

前　言

"如果不使用 Linux，将无法真正学习 Linux。"

以上的结论是根据我 20 多年来教人们学习 Linux 总结出来的。要学好 Linux，不能仅靠阅读一本书，也不能仅靠聆听一次讲座，而是需要有人引导，还需要亲手实践。

在 1999 年，Wiley 出版社出版了我的 *Red Hat Linux Bible* 一书。该书取得的巨大成功使我有机会成为一名全职的、独立的 Linux 作者。在大约 10 年的时间里，我在安静的家庭办公室中编写了多本关于 Linux 的书籍，并用最好的方法讲解 Linux。

在 2008 年，我开启了人生的新航程。我被 Red Hat 公司聘为一名专职讲师，为那些想要获取 RHCE(Red Hat Certified Engineer)认证的专业系统管理员讲授 Linux。在担任 Linux 讲师的 3 年里，我不断提升自己的教学技能，使那些没有任何 Linux 经验的学员逐步成为经验丰富的专家。随着时间的推移，我获得了大约 10 个认证，包括 Red Hat 架构师(RHCA)认证，从而扩大了自己对 Linux 的了解。

在本书的上一版本中，我将这些教学经验转换为文字，使一些从未用过 Linux 的门外汉成为拥有丰富经验的 Linux 专家。从那个版本获得的技能在这个版本中仍然有效。其中包括以下内容。

- **使初学者成为一名认证的专家**：只要你使用过计算机、鼠标和键盘，就可以开始学习本书。我将讲授如何获取和使用 Linux，并一步步介绍关键主题，最后学习如何管理 Linux 并确保其安全性。

- **以系统管理员为重点对象**：学完本书后，你将会知道如何使用 Linux 以及如何修改和维护 Linux。本书介绍的所有主题都是成为一名 RHCE 所需掌握的内容。此外，许多软件开发人员也在使用本书，从而知道如何将 Linux 系统作为开发平台进行开发或者在 Linux 系统中运行自己的应用程序。

- **重点介绍命令行工具**：虽然在近几年，用来管理 Linux 的 point-and-click 接口得到了极大改进，但如果想要使用一些高级功能，则只能手动输入命令并编辑配置文件。我将介绍如何熟练使用 Linux 命令行 shell。此外，在必要时，还会使用图形工具完成相同的任务，将 shell 功能与图形工具进行比较。

- **旨在介绍更少的 Linux 发行版本**：在以前的版本中，大概介绍了 18 种不同的 Linux 发行版本。除了少数的例外，大部分流行的 Linux 发行版本都基于 Red Hat(Red Hat Enterprise Linux、Fedora、CentOS 等)或者基于 Debian(Ubuntu、Linux Mint、KNOPPIX 等)。虽然本书主要介绍了 Red Hat 发行版本，但部分章节将增加对 Ubuntu 的介绍，因为许多 Linux 爱好者是从 Ubuntu 开始学习 Linux 的。

- **更多演示和练习**：首先，实际演示 Linux 能够做什么，而不是只告诉你 Linux 能够做什么。其次，为了能够确保掌握所学的内容，你还有机会亲自完成相关练习。每个程序和练习都将在 Red Hat Enterprise Linux 和 Fedora 中进行测试，以保证可以正常运行。此外，大多数程序和练习也可在 Ubuntu 中运行。

对于第 10 版，主要增强包括简化 Linux 管理、自动化任务和管理容器应用程序(单独或大规模)。

- **Cockpit 管理 Web UI**：自从创建 Linux 以来，人们一直试图开发简单的图形化或基于浏览器的界面来管理 Linux 系统。我相信，Cockpit 是有史以来为管理最基本的 Linux 特性而创建的最好的 Web UI。在本书中，我用那些关注 Cockpit 的工具代替了大多数旧的系统配置工具描述。使用 Cockpit，现在可以通过单个界面添加用户、管理存储、监视活动和执行其他许多管理任务。
- **引入云技术**：在上一版中介绍了云技术后，这里对其进行了扩展。这个范围包括设置自己的 Linux 主机来运行虚拟机，和在云环境(如 Amazon Web Services)中运行 Linux。如今在云计算方面，Linux 是大多数技术进步的核心。这意味着需要深入了解 Linux，从而在以后的数据中心中更有效地工作。首先，在本书的前几章学习 Linux 的基本知识，然后在最后几章学习如何尝试将 Linux 系统作为虚拟机管理程序、云控制器和虚拟机，以及如何管理虚拟网络和网络存储空间。
- **Ansible**：自动化管理系统的任务在现代数据中心变得越来越重要。使用 Ansible，可以创建定义 Linux 系统状态的剧本。这包括设置安装哪些包、运行哪些服务以及如何配置特性等。一个剧本可以配置一个或上千个系统，组合成一组系统服务，并再次运行以使系统返回到已定义的状态。这个版本介绍 Ansible，帮助创建第一个 Ansible 剧本，并展示如何运行特别的 Ansible 命令。
- **容器**：在容器中打包和运行应用程序正成为部署、管理和更新小型、可扩展的软件服务和特性的首选方法。本书将描述如何将容器拉到系统中，运行它们，停止它们，甚至使用 podman 和 docker 命令构建自己的容器映像。
- **Kubernetes 和 OpenShift**：虽然容器本身很好，但要想在大型企业中部署、管理和升级容器，就需要一个编排平台。Kubernetes 项目提供了这个平台。对于受支持的商业 Kubernetes 平台，可以使用 OpenShift 之类的产品。

本书组织结构

本书能够让你从基本的 Linux 基础开始学起，并逐步成为一个专业的 Linux 系统管理员和高级用户。

第 I 部分"入门"包括 2 章，主要帮助你了解什么是 Linux，并从一个 Linux 桌面开始学习。

- 第 1 章"开始使用 Linux"介绍若干主题，比如 Linux 操作系统是什么，Linux 的起源以及如何开始使用 Linux。
- 第 2 章"创建完美的 Linux 桌面"提供关于如何创建一个桌面系统以及如何使用一些最流行的桌面功能的相关内容。

第 II 部分"成为一名 Linux 高级用户"深入详细地介绍如何使用 Linux shell、使用文件系统、操作文本文件、管理进程以及使用 shell 脚本。

- 第 3 章"使用 shell"介绍如何访问 shell、运行命令、撤回命令(使用历史)以及完成标记。此外,该章还描述如何使用变量、别名以及 man 手册(即传统的 Linux 命令参考手册)。
- 第 4 章"在文件系统中移动"包含用来列举、创建、复制和移动文件和目录的命令。此外,该章还包括更高级的主题,比如文件系统安全性(文件的所有权、权限以及访问控制列表等)。
- 第 5 章"使用文本文件"包含使用文本文件需要的所有知识,从基本的文本编辑器到用来查找文件以及在文件中搜索文本所需的工具。
- 第 6 章"管理运行中的进程"描述如何查看正在系统上运行的进程以及如何更改这些进程。其中,更改进程的方法包括终止、暂停以及发送其他类型的信号。
- 第 7 章"编写简单的 shell 脚本"介绍一些 shell 命令和函数,可以将它们放在一个文件中并作为一个命令运行。

第III部分"成为一名 Linux 系统管理员",将学习如何管理 Linux 系统。

- 第 8 章"学习系统管理"提供关于基本图形工具、命令以及用来管理 Linux 系统的配置文件的相关内容。它介绍了用于简化、集中的 Linux 管理的 Cockpit Web UI。
- 第 9 章"安装 Linux"介绍常见安装任务,如磁盘分区和初始软件包选择,以及更高级的安装工具,比如从启动文件开始安装。
- 第 10 章"获取和管理软件"解释软件包的工作原理以及如何获取和管理软件包。
- 第 11 章"获取用户账户"讨论用来添加和删除用户和组的工具,以及如何集中管理用户账户。
- 第 12 章"管理磁盘和文件系统"提供关于添加分区、创建文件系统、安装文件系统以及使用逻辑卷管理的相关内容。

第IV部分"成为一名 Linux 服务器管理员",将学习如何创建功能强大的网络服务器以及用来管理这些服务器的工具。

- 第 13 章"了解服务器管理"介绍远程登录、监视工具以及 Linux 启动过程。
- 第 14 章"管理网络"讨论如何配置网络。
- 第 15 章"启动和停止服务"提供启动和停止服务的相关内容。
- 第 16 章"配置打印服务器"描述如何配置打印机,以便在 Linux 系统本地使用,或者通过网络在另一台计算机上使用。
- 第 17 章"配置 Web 服务器"描述如何配置一个 Apache Web 服务器。
- 第 18 章"配置 FTP 服务器"介绍设置 vsftpd FTP 服务器所需的步骤。通过使用该服务,可以让他人通过网络从你的 Linux 系统中下载文件。
- 第 19 章"配置 Windows 文件共享(Samba)服务器"介绍如何使用 Samba 进行 Windows 文件服务器配置。
- 第 20 章"配置 NFS 服务器"描述如何利用网络文件系统功能通过网络在不同系统之间共享文件夹。
- 第 21 章"Linux 的故障排除"介绍用于 Linux 系统故障排除的流行工具。

第V部分"学习 Linux 安全技术",将学习如何确保 Linux 系统和服务的安全。

- 第 22 章"理解基本的 Linux 安全"介绍基本的安全概念和技术。
- 第 23 章"理解高级的 Linux 安全"介绍如何使用 PAM(Pluggable Authentication Modules,可插拔验证模块)和密码工具加强系统安全和验证。

- 第 24 章 "使用 SELinux 增强 Linux 安全" 演示如何使用 SELinux(Security Enhanced Linux) 确保系统服务的安全。
- 第 25 章 "保护网络上的 Linux" 介绍用来确保系统服务安全的网络安全功能，如 firewalld 和 iptables 防火墙。

第 VI 部分 "将 Linux 扩展到云"，从单一系统转向容器化、云计算和自动化。

- 第 26 章 "转移到云和容器" 描述如何拉、推、启动、停止、标记和创建容器图像。
- 第 27 章 "使用 Linux 进行云计算" 通过描述如何设置虚拟机管理程序、构建虚拟机以及跨网络共享资源，介绍 Linux 系统中云计算的相关概念。
- 第 28 章 "将 Linux 部署到云" 描述如何将 Linux 镜像部署到不同的云环境，包括 OpenStack、Amazon EC2 或者进行了虚拟化配置的本地 Linux 系统。
- 第 29 章 "使用 Ansible 自动部署、管理应用程序和基础设施" 说明如何创建 Ansible 剧本，并运行即时 Ansible 命令自动配置 Linux 系统和其他设备。
- 第 30 章 "使用 Kubernetes 将应用程序部署为容器" 描述 Kubernetes 项目，以及它是如何用于编排容器图像的，从而有可能大规模扩展到大型数据中心。

第 VII 部分包含了两个附录，帮助你学习关于 Linux 的更多知识。附录 A "介质" 提供关于下载 Linux 发行版本的相关指导。附录 B "习题答案" 提供第 2～30 章所有习题的参考答案。

本书的约定

在本书中使用了特殊的排版表示代码和命令。代码和命令以等宽字体显示。例如：

```
This is how code looks
```

在示例所包含的输入和输出事件中，仍然使用了等宽字体。但为了区分输入和输出字符，输入字符还使用了粗体显示。例如：

```
$ ftp ftp.handsonhistory.com
Name (home:jake): jake
Password: ******
```

下面所示的各项提醒你应该注意的重要知识点。

注意：
注意框提供了需要额外注意的相关信息。

提示：
提示框显示了执行某一特定任务的特殊方法。

警告：
当执行某一程序时，警告框会提醒你特别注意，否则会对计算机硬件和软件造成损害。

进入 Linux

　　如果你是一名 Linux 的初学者，那么可能会对什么是 Linux 以及 Linux 的起源只具有模糊的概念。你可能听说过 Linux 是免费的(在使用成本方面)或者开放的(可以按照自己的意愿自由使用)。在开始学习 Linux 之前(后面，你将学习 Linux 方面的所有相关知识)，第 1 章将回答关于 Linux 的起源以及特点的相关问题。

　　你需要多花些时间认真阅读本书，这样才可以加快学习 Linux 的进度，并使用它满足自己的需求。这是进入 Linux 并成为一名 Linux 专家的第一步。

目　　录

第 部分

入 门

开始使用 Linux

本章主要内容:

- 什么是 Linux
- Linux 的起源
- 选择 Linux 的发行版
- 利用 Linux 找到职业机会
- 获得 Linux 认证

操作系统之战已经结束,Linux 取得了胜利。专有操作系统根本无法跟上 Linux 通过其共享和创新文化所能实现的改进和质量的步伐。就连微软也不例外,该公司的前首席执行官史蒂夫·鲍尔默(Steve Ballmer)曾把 Linux 认为"癌症",现在说 Linux 在微软 Azure 云计算服务上的使用已经超过了 Windows。

Linux 是 21 世纪最重要的技术进步之一。它除了在 Internet 发展过程中所起到的重要作用以及在计算机驱动的设备中扮演着重要的技术角色外,Linux 开发还为合作项目提供了一种模型,从而超越个人和公司可以完成的工作。

Google 为增强其搜索能力运行了成千上万的 Linux 服务器。此外,它的 Android 手机也是基于 Linux 的。同时,当下载并运行 Google 的 Chrome OS 时,会发现 Chrome OS 也是由 Linux 操作系统在后台提供支持。

Facebook 使用了所谓的 LAMP 堆栈(Linux、Apache Web 服务器、MySQL 数据库和 PHP 网络脚本语言,这些都是开源项目)构建和部署其网站。事实上,Facebook 也使用了一种开源的开发模型,从而使应用程序的源代码以及驱动 Facebook 运行的工具向公众公开。该模型帮助 Facebook 快速地找出程序中的错误,并获得来自全世界的帮助,从而为 Facebook 的快速发展提供源源不断的动力。

那些为了提高自身操作系统速度和安全性而花费数万亿美元的金融机构也严重依赖 Linux。其中包括纽约股票交易所、芝加哥商品交易所和东京股票交易所。

随着"云"逐步成为当今最热门的流行语之一,其中一部分是炒作而来的,但也有一部分并不是炒作,因为如今快速发展的云创新是以 Linux 和其他开源技术为基础的。构建一个私有云或者公共云所需的任何软件组件(如管理程序、云控制器、网络存储、虚拟网络和验证)都可从开源世界中免费获得。

Linux 在全世界的广泛采用创造了对 Linux 专业知识的巨大需求。本章将帮助你理解什么是 Linux、Linux 的起源以及如何才能熟练使用 Linux,从而在你成为一名 Linux 专家的道路上开一个好头。

本书的其他部分将会提供相关的实践活动，从而帮助你获得相关的知识。最后，还要演示如何将所学到的专业知识应用到云技术中，包括自动化工具(如 Ansible)，以及容器化编排技术(如 Kubernetes 和 OpenShift)。

1.1 理解什么是 Linux

Linux 是一种计算机操作系统。操作系统由用来管理计算机的不同软件所组成，并可在操作系统上运行应用程序。Linux 以及其他类似的计算机操作系统都包含如下功能。

- **检测和准备硬件**——当启动 Linux 系统时(即当打开计算机时)，Linux 将查看计算机中的组件(CPU、硬盘驱动器、网卡等)并加载访问这些特定的硬件设备所需的软件(驱动程序和模块)。
- **管理进程**——操作系统必须同时跟踪正在运行的多个进程，并决定哪些进程访问 CPU 以及何时进行访问。此外，该系统还必须提供启动、停止以及更改进程状态的相关方法。
- **管理内存**——当应用程序需要使用内存时，必须向其分配 RAM 和交换空间(即扩展内存)。操作系统决定如何处理对内存的请求。
- **提供用户界面**——操作系统必须提供访问系统的相关方法。最初，主要是通过一个被称为 shell 的命令行解释器来访问 Linux 系统。如今，图形桌面界面也被广泛使用。
- **控制文件系统**——文件系统结构内置于操作系统之中(或者说作为模块加载到操作系统中)。操作系统对文件系统中包含的文件和目录(文件夹)的所有权和访问进行控制。
- **提供用户访问和身份验证**——创建用户账户并在用户之间设置允许边界是 Linux 的一项基本功能。分离用户账户和组账户能够让用户控制他们自己的文件和进程。
- **提供管理实用工具**——在 Linux 中，可以使用成百甚至上千个命令和图形窗口来完成相关的操作，如添加用户、管理磁盘、监视网络、安装软件、管理计算机以及确保计算机安全等。Web UI 工具，如 Cockpit，降低了执行复杂管理任务的门槛。
- **启动服务**——为了使用打印机、处理日志消息以及提供各种不同的系统和网络服务，需要在后台运行被称为守护进程(daemon processes)的进程，从而等待请求的到来。在 Linux 中可以运行多种不同类型的服务。此外，Linux 还提供了不同的方法启动和停止这些服务。换句话说，当 Linux 包含了用来浏览 Web 页面的 Web 浏览器时，它也是一台可以向他人提供 Web 页面的计算机。比较流行的服务器功能包括 Web、电子邮件、数据库、打印机、文件、DNS 以及 DHCP 服务器。
- **编程工具**——在 Linux 中，可使用各种编程实用工具创建应用程序，以及使用不同的库实现专业界面。

如果想要更好地管理 Linux 系统，则需要学习如何使用前面描述的相关功能。虽然可以通过使用图形界面管理大部分功能，但对于负责管理 Linux 系统的人来说，理解 shell 命令行是至关重要的。

现代 Linux 系统的功能已经大大超越了最初的 UNIX 系统的功能。在大型企业中，通常会使用 Linux 的一些高级功能，例如：

- **集群**——Linux 可配置为在集群 (cluster)中工作，从而使多个系统对外部世界表现为一个系统。此外，还可对服务进行相关配置，使其能在集群节点之间来回传递，从而使这些节点在使用相关服务时感觉不到任何服务运行的中断。

- **虚拟化**——为更有效地管理计算资源，可将 Linux 作为一个虚拟主机来运行。在该主机上，可将其他的 Linux 系统、Microsoft Windows、BSD 以及其他操作系统作为虚拟访客来运行。而对于外部世界来说，每一个虚拟访客都表现为一台单独的计算机。而在 Linux 中，可使用 KVM 和 Xen 技术创建虚拟主机。
- **云计算**——为管理大规模的虚拟化环境，可以使用基于 Linux 的成熟云计算平台。诸如 OpenStack 和 Red Hat Enterprise Virtualization(及其上游 oVirt 项目)之类的项目可以同时管理多个虚拟主机、虚拟网络、用户和系统验证、虚拟访客以及网络存储空间。Kubernetes 等项目可以管理跨大型数据中心的容器化应用程序。
- **实时计算**——可以对 Linux 进行相关配置，以便进行实时计算，此时高优先级的进程可以得到更快、可预测的关注。
- **专门的存储空间**——在 Linux 中，除了在计算机的硬盘中存储数据之外，还可以使用许多专门的本地和网络存储空间。Linux 中可用的共享存储设备包括 iSCSI、Fibre Channel 以及 Infiniband。而完全开源的存储平台包括诸如 Ceph(http://ceph.com)和 GlusterFS (http://gluster.org) 的项目。

本书并不会介绍所有这些高级主题。然而，对于那些使用 shell、使用磁盘、启动和停止服务以及为了使用这些高级功能而配置不同服务器所需的相关功能，本书将进行详细介绍。

1.2　了解如何区分 Linux 和其他操作系统

如果你是一名 Linux 的初学者，且使用过 Microsoft Windows 或者 Mac OS 操作系统，那么学习 Linux 是非常好的机会。虽然 Mac OS X 在免费软件操作系统中有一席之地，通常称为 Berkeley Software Distribution，但 Microsoft 以及 Apple 的操作系统都被称为专有操作系统。这也就意味着：

- 无法查看用来创建操作系统的代码。因此，如果操作系统不符合你的需要，就不能在最基本的层次上改变它，也不能使用操作系统从源代码构建自己的操作系统。
- 不能对源代码进行检查，从而无法找到代码错误，发现安全漏洞，或者学习代码的工作原理。
- 如果操作系统的开发者没有对外公开所需的编程接口，你将无法向操作系统中插入自己的软件。

当你看到这些关于专有软件的相关陈述时，可能会说："我不在乎这些。我不是软件开发人员。我并不想查看或者更改操作系统的构建机理。"

你的想法可能是对的。但事实上，很多其他软件已经成为免费的、开源的软件并被使用，从而使 Internet(如 Google)、移动电话(如 Android)、特殊的计算设备(如 Tivo)以及成百上千的技术公司呈现爆炸式发展。免费软件不仅降低了计算成本，还有利于创新的爆发。

你可能并不希望像 Google、Facebook 以及其他公司那样使用 Linux 为一家数十亿美元的公司构建基础程序。但那些已经使用 Linux 构建了计算机基础结构的公司则需要越来越多具备专业技能的人运行这些系统。

一个功能强大且灵活的计算机系统是如何免费的呢？要了解这一切，需要首先明白 Linux 的起源。所以，本章的下一节将介绍导致 Linux 产生的免费软件运动的不寻常且曲折的发展道路。

5

1.3 探讨 Linux 历史

Linux 的历史起源于 1991 年 8 月 25 日 Linus Torvalds 向 comp.os.minix 新闻组张贴的一则消息 (http://groups.google.com/group/comp.os.minix/msg/b813d52cbc5a044b?pli=1)。

Linus Benedict Torvalds
所有使用 Minix 的朋友们，大家好。
目前，我正在为 386(486)AT clones 编写一个免费的操作系统(这仅是我的一个业余爱好，该操作系统将不会是一个类似于 gnu 之类的大型、专业操作系统)。该想法从今年 4 月开始酝酿，目前已经开始准备编写了。由于我的操作系统与 Minix 类似(比如相同的文件系统物理布局)，因此希望喜欢或者不喜欢 Minix 的人可以提出反馈意见，任何建议都欢迎，但我不能保证会实现所有的意见。
Linus(torvalds@kruuna.helsinki.fi)
附注：当然，该操作系统不包含任何 Minix 代码，并且具有一个多线程的文件系统。该系统不是便携式的(因为使用了 386 任务切换等功能)，同时，它仅支持 AT-harddisks，这就是我能够完成的全部功能。

Minix 是 20 世纪 90 年代初在 PC 上运行的类似于 UNIX 的一种操作系统。与 Minix 一样，Linux 也是 UNIX 操作系统的克隆。除了少数例外，比如 Microsoft Windows，大多数现代计算机系统(包括 Mac OS X 和 Linux)都源自 UNIX 操作系统，而该系统最初由 AT&T 创建。

如果你真正体会到了 AT&T Bell 实验室是如何根据一个专有系统创建出一个免费的操作系统，将有助于理解创建 UNIX 时的文化背景以及使 UNIX 的精华部分重现的一系列事件。

> **注意：**
> 为学习更多关于 Linux 的创建原理，请参考以下书籍：Linus Torvalds 撰写的 *The Story of an Accidental Revolutionary*。

1.3.1 Bell 实验室中自由的 UNIX 文化

最初，UNIX 操作系统在一个公共社区中创建并逐步发展。UNIX 的创建并不是受市场需求所驱使的，而是用来克服生产程序中的障碍。而拥有 UNIX 商标的 AT&T 最终使 UNIX 成为一个商业产品，但在那时，许多使 UNIX 特殊化的概念(甚至很多早期的代码)都已经进入了公共领域。

如果你非常年轻，无法回想起 1984 年 AT&T 分裂时的情景，那么可能也就不知道 AT&T 曾经是一家电话公司。直到 20 世纪 80 年代初，AT&T 并没有过多地考虑竞争的问题，因为当时在美国如果想要买一部电话，则必须去 AT&T 公司。所以它将大部分资金投入到纯理论的研究项目。而进行这些研究项目的单位是位于新泽西州 Murray Hill 的 Bell 实验室。

在 1969 年左右，一个被称为 Multics 的项目失败了，在此之后，Bell 实验室聘用了 Ken Thompson 和 Dennis Ritchie 开始创建一种新的操作系统，从而为软件的开发提供改进的环境。在那个时候，大部分应用程序都是写在穿孔卡片上，并批量地输入大型机中。在 1980 年的一次关于"UNIX 分时系统的演变"的演讲中，Dennis Richie 总结了 UNIX 系统的灵魂。

我们想要开发的并不仅仅是一个能够进行编程的好环境，而是一个能够形成友谊的系统。根据经验我们知道，公用计算的本质是通过远程访问提供的，分时系统并不仅仅是为了将程序输入一个终端，而是鼓励大家进行密切沟通。

从那时开始，UNIX 设计的简单性以及强大功能开始打破影响软件开发人员的种种障碍。而 UNIX 的基础由几个关键元素组成。

- **UNIX 文件系统**——因为 UNIX 包含一个允许子目录级别的文件系统结构(对于当今桌面用户而言，这种结构看起来类似于在文件夹中包含了文件夹)，所以可以使用 UNIX 以直观的方式组织文件和目录。此外，UNIX 将磁盘、磁带以及其他设备表示为单独的设备文件，这样就能够将它们作为目录中的条目进行访问，从而大大简化了访问这些设备的复杂方法。

- **输入/输出重定向**——早期的 UNIX 系统还包括了输入重定向和管道。通过一个命令行，UNIX 用户能够使用右箭头键(>)将一条命令的输出定向到一个文件中。随后，UNIX 又引入了管道(|)的概念，从而将一条命令的输出定向到另一条命令的输入中。例如，下面所示的命令行首先将 file1 和 file2 连接起来(cat)，然后按照字母顺序对文件中的代码行进行排序(sort)，紧接着对排好序的文本进行分页(pr)，以便进行打印，最后将输出定向到计算机的默认打印机上(lpr)：

```
$ cat file1 file2 | sort | pr | lpr
```

这种对输入和输出进行定向的方法能够让开发人员创建自己专业的实用工具，并能与现有的实用工具进行连接。这种模块化方法能让不同的开发人员编写不同的代码，并且在用户需要的时候将这些代码片段组合起来。

- **可移植性**——简化使用 UNIX 的体验能够使其更具可移植性，从而在不同的计算机上运行。通过使用设备驱动程序(表示为在文件系统树中的若干文件)，UNIX 只需要向应用程序提供一个接口即可，而应用程序则无须知道底层硬件的详细信息。如果日后想要从 UNIX 移植到另一个系统，开发人员只需要更改驱动程序即可，而应用程序并不需要针对不同的硬件进行修改。

然而，为使可移植性成为现实，还需要使用一种高级编程语言来实现所需的软件。为此，Brian Kernighan 和 Dennis Ritchie 创建了 C 编程语言。在 1973 年，使用 C 语言重新编写了 UNIX。如今，C 语言仍然是创建 UNIX(以及 Linux)操作系统内核所使用的主要语言。

在 1979 年的一次演讲中，Ritchie 接着说(http://cm.bell-labs.com/who/dmr/hist.html)：

如今，仍然使用汇编程序编写的重要的 UNIX 程序就只剩汇编程序自己了；实际上，所有实用工具都已经使用 C 语言进行编写，而大部分应用程序也都是使用 C 语言编写的，虽然仍然有许多介绍 FORTRAN、Pascal 和 Algol 68 的网站。似乎可以肯定的是，UNIX 的成功在很大程度上取决于其软件的可读性、可修改性以及可移植性，而这三性又取决于 UNIX 在高级语言中的表达。

如果你是一名 Linux 爱好者，并且有兴趣知道早期的 Linux 中哪些功能被保留下来，那么不妨读一下 Dennis Ritchie 再版的第一个 UNIX 程序员手册(1971 年 11 月 3 日)。可以在 Dennis Ritchie 的网站 http://cm.bell-labs.com/cm/cs/who/dmr/lstEdman.html 中找到该手册。该文档的形式是 UNIX 手册页(man pages)，如今，UNIX 手册页仍然是介绍 UNIX 和 Linux 操作系统命令和编程工具的主要形式。

通过阅读 UNIX 系统的早期文档和说明，可以清楚地看到 UNIX 的开发是一个自由流动的过程，从而使 UNIX 变得更优秀。而该过程还导致了代码的共享(包括 Bell 实验室内部的共享以及外部的共享)，从而能够快速地开发高质量的 UNIX 操作系统。此外，还产生了一个 AT&T 日后难以回滚的操作系统。

1.3.2　商业化的 UNIX

在 1984 年 AT&T 资产剥离之前(当时，AT&T 被分为 AT&T 以及 7 个"Baby Bell"公司)，AT&T 被禁止出售计算机系统。而日后成为 Verizon、Qwest 和 Alcatel-Lucent 的公司也都是 AT&T 的一部分。由于 AT&T 对电话系统的垄断，美国政府开始担心一个不受限制的 AT&T 可能会主导新兴的计算机产业。

因为在资产剥离之前 AT&T 被禁止直接向客户出售计算机，所以 AT&T 将 UNIX 源代码授权给各大学并且只收取象征性的费用。这使得 UNIX 安装的规模不断扩大，并在顶尖大学中得到越来越多的关注。但是，AT&T 所出售的 UNIX 操作系统都需要用户自己进行编译。

1. Berkeley 软件发行版的产生

到了 1975 年，UNIX v6 成为在 Bell 实验室之外被广泛使用的 UNIX 的第一个版本。根据该版本的 UNIX 源代码，位于 Berkeley 的 California 大学创建了 UNIX 的第一个主要变异版本，该版本称为 BSD(Berkeley Software Distribution，Berkeley 软件发行版)。

在接下来的 10 年里，UNIX 的 BSD 版本和 Bell Labs 版本在各自不同的方向得到了迅速发展。其中 BSD 继续以自由流动、代码共享的方式(这也是早前 Bell Labs UNIX 的主要特点)向前发展，而 AT&T 则开始使 UNIX 转向商业化。随着一个独立的 UNIX 实验室的产生(该实验室从 Murray Hill 搬出，搬到了 New Jersey 的 Summit)，AT&T 开始尝试对 UNIX 进行商业化。到了 1984 年，资产剥离后的 AT&T 开始准备真正出售 UNIX 了。

2. UNIX 实验室和商业化

UNIX 实验室被视为一个无法找到其产地或者找到一种方法来赚钱的宝石。由于它在 Bell 实验室和 AT&T 的其他部门之间来回迁移，因此它的名称被改了多次。其中给人印象最深的名字是其作为 AT&T 的剥离资产时的名称：USL(UNIX System Laboratories，UNIX 系统实验室)。

来自 USL 的 UNIX 源代码被部分卖给 SCO(Santa Cruz Operation)，因此曾经一段时间 SCO 使用这部分代码作为诉讼依据与主要的 Linux 供应商(如 IBM 和 Red Hat 公司)打官司。所以，我认为大部分人已经遗忘了 USL 对 Linux 的成功所做的贡献。

当然，在 20 世纪 80 年代，许多计算机公司担心相对于一家位于华盛顿 Redmond 地区的新崛起的公司，完成资产剥离的 AT&T 将可能对计算机产业产生更大的威胁。为了消除 IBM、Intel、Digital Equipment Corporation 以及其他计算机公司的疑虑，UNIX 实验室做出以下承诺，以确保一个平等的游戏规则。

- 仅出售源代码——AT&T 将继续只出售源代码，并且对所有的许可证持有人都平等可用，而不会生产自己的 UNIX 套装。此外，每一家公司还可将 UNIX 植入自己的设备中。直到 1992 年，为了与 Novell 组建合资企业(称为 Univel)而将该实验室拆分出来，并最终卖给了 Novell。随后，Novell 根据源代码直接生产了 UNIX 的商业套装(称为 UnixWare)。
- 发布的接口——为了在 OEM(Original Equipment Manufacturers，原始设备制造商)之间创建一个公平的社会环境，同时为了保证 UNIX 的本质内容不变，AT&T 开始对 UNIX 的不同端口进行标准化。为此，UNIX 供应商可使用诸如 POSIX(Portable Operating System Interface，可移植操作系统接口)的标准以及诸如 AT&T UNIX SVID(System V Interface Definition)的规范来创建兼容 UNIX 系统。同样，这些文档也为 Linux 的创建提供了线路图。

注意：

在早前的电子邮件新闻组帖子中，Linus Torvalds 曾经请求获取一份 POSIX 标准的副本(更确切地讲是在线文档)。我想 AT&T 可能会认为如果不使用任何 UNIX 源代码，没有人能够仅通过这些接口就编写出自己的 UNIX 克隆版本。

- **技术方法**——直到 USL 结束时为止，关于 UNIX 发展方向的大多数决定都是基于技术上的考虑而做出的。通过技术等级的划分，使管理得到了极大提升。据我所知，从来没有任何人说过所编写的软件破坏了其他公司的软件，或者限制了 USL 合伙人的成功。

当 USL 最终开始雇用市场营销专家并为终端用户创建桌面 UNIX 产品时，Microsoft Windows 已经牢牢把握了桌面市场。同时，由于 UNIX 的营销方向是为大型计算机系统指定源代码许可，因此 USL 很难为其产品定价。例如，对于包含了 UNIX 的软件，USL 必须根据主机的价格$100 000 支付每台计算机的许可费用，而不是根据 PC 的价格$2000。再加上没有适用于 UnixWare 的应用程序，所以你就会明白 USL 努力失败的原因了。

然而，当时其他计算机公司却成功地实现了对 UNIX 系统的营销。其中 SCO 发现了一个利基市场，主要销售在小型办公室中运行哑终端的 UNIX 的 PC 版本。Sun Microsystems 则针对程序员以及高端技术应用程序(比如股票交易)出售大量的 UNIX 工作站(该工作站最初是基于 BSD 开发出来的，但最终在 SVR4 内核标准下与 UNIX 合并)。

20 世纪 80 年代，还出现了其他的商业 UNIX 系统。这种新的 UNIX 所有权声明违背了开放贡献的精神。为此产生了诉讼案件来保护 UNIX 源代码和商标。在 1984 年，这种新的、受限制的 UNIX 促使了自由软件基金会(Free Software Foundation，FSF)的诞生，而该组织最终促使了 Linux 的诞生。

1.3.3　GNU 将 UNIX 转变为免费

在 1984 年，Richard M. Stallman 启动了 GNU 项目(http://www.gnu.org)，这正好与短语 GNU is Not UNIX 的缩写一致。作为 FSF 的一个项目，其主要目的是重新编写整个 UNIX 操作系统，从而可以自由地进行分发。

GNU 项目页面(http://www.gnu.org/gnu/thegnuproject.html)用 Stallman 自己的话讲述了项目名称的由来。该页面还列举了专有软件公司给那些希望共享、创建和创新的软件开发人员所带来的问题。

虽然由一两个人重新编写数百万行代码似乎是不可能的，但如果有几十甚至上百个程序员共同努力，那么该项目就是可能的。请记住，设计 UNIX 的目的就是可以分别构建并在需要时连接在一起。因为是使用知名且已发布的接口重新编写命令和实用工具，所以可以非常容易地在许多开发人员中分配任务。

事实证明，全新代码不仅可以获得相同的结果，甚至在某些方面比原始的 UNIX 版本更好。因为每个人都可以看到该项目所编写的代码，所以随着时间的流逝，不完善的代码可以被快速更改或者替换。

如果你非常熟悉 UNIX，可以尝试从 Free Software Directory(http://directory.fsf.org/wiki/GNU) 中搜索数以千计的 GNU 软件包，从而找到你喜欢的 UNIX 命令。此外，还可找到许多其他可用的软件项目。

随着时间的流逝，术语“免费软件”逐步被术语“开源软件”所取代。虽然开源软件被 Open Source Initiative(http://www.opensource.org)所大力提倡，但 FSF 仍然喜欢使用术语“免费软件”。

为调解两个阵营的矛盾，一些人使用术语“免费和开源软件”(Free and Open Source Software，

FOSS)来代替。然而，虽然可以免费使用所喜欢的软件，但 FOSS 的基本原则规定使用者有义务将对所使用软件的改进编写成代码，并供其他人使用。也就是说，当你从别人的工作中受益的同时，别人也可以从你的工作中受益。

为清晰地定义应该如何处理开源软件，GNU 软件项目创建了 GNU Public License，或简称为GPL。虽然许多其他的软件许可证在保护免费软件方面使用了不同的方法，但 GPL 是最知名的，且自身包含了 Linux 内核。GNU Public License 的基本功能如下所示：

- **作者权利**——原始作者保留对其软件的所有权。
- **免费分发**——人们可以在自己的软件中使用 GNU 软件，修改以及重新分发软件。然而，在分发时必须包括源代码(或者可以使他人非常容易地获得源代码)。
- **版权维护**——即使对软件进行重新封装和转售，该软件中也必须维护原始的 GNU 协议，这意味着该软件未来的使用者可以像你一样有机会更改源代码。

在 GNU 软件上没有保修的义务。如果软件出现错误，该软件的原始开发人员没有义务解决该问题。然而，当有问题的软件包含在各自的 Linux 系统或其他开源软件发布版中时，许多大型和小型公司都提供了付费技术支持。如果想了解更多关于开源软件的详细信息，请参阅本章后面的"OSI 开源定义"一节。

尽管在创建成百上千的 UNIX 实用工具方面取得了成功，但 GNU 项目仍然无法创建一段关键的代码，即内核代码。起初，尝试使用 GNU Hurd 项目(http://www.gnu.org/software/hurd)构建开源内核，但没有成功，所以 GNU Hurd 项目无法成为主要的开源内核。

1.3.4　BSD 失去了一些动力

一个有机会击败Linux并成为主要开源内核的软件项目是BSD(Berkeley Software Distribution，伯克利软件套件)项目。在 20 世纪 80 年代末期，位于伯克利的加利福尼亚大学的 BSD 开发人员意识到他们已经重新编写了 10 年前获得的大部分 UNIX 源代码。

在 1989 年，加利福尼亚大学发布了与 UNIX 类似的代码 Net/1，随后在 1991 年又发布了 Net/2。正当加利福尼亚大学准备编写完整的类似于 UNIX 的操作系统(该系统对所有的 AT&T 代码免费)时，1992 年，AT&T 一纸诉状打断了编写进程。该诉讼声称加利福尼亚大学使用了来自 AT&T UNIX系统中的商业秘密编写了该软件。

需要重点注意的是，BSD 开发人员已经对来自 AT&T 的版权保护代码进行了重新编写。而版权是 AT&T 用来保护其对 UNIX 代码权利的主要手段。一些人相信，如果 AT&T 取得了 UNIX 代码中所包含概念的专利权，就不会有如今的 Linux 操作系统(或者任何 UNIX 克隆版本)。

当 1994 年 Novel 从 AT&T 买下了 UNIX System Laboratories 之后，该诉讼才尘埃落定。但在此关键时期，人们开始担心和怀疑 BSD 代码的合法性，同时 BSD 在新兴的开源社区所取得的动力也在逐步消失。许多人开始寻找其他的开源替代产品。此时，对于一名一直在编写自己内核的芬兰大学生而言，时机已经到来。

注意：
如今，可以从 3 个主要项目中获取不同的 BSD 版本：FreeBSD、NetBSD 以及 OpenBSD。人们通常认为 FreeBSD 最易于使用，而 NetBSD 主要用于大多数的计算机硬件平台，OpenBSD 则侧重于安全性。许多注重安全性的人仍然更喜欢使用 BSD 而不是 Linux。此外，由于其许可功能，BSD 还可以被专有软件供应商(如 Microsoft 和 Apple)所使用，因为它们都不希望其他人共享自己的操作系统代码。其中，Mac OS X 就是基于一个 BSD 派生产品而构建的。

1.3.5 Linus 弥补了缺失的部分

Linus Torvalds 于 1991 开始从事 Linux 方面的工作，当时他还是芬兰赫尔辛基(Helsinki)大学的一名学生。最初，他想要创建类似于 UNIX 内核的目的是能够在学校以及家用计算机上使用相同类型的操作系统。当时，Linus 正在使用 Minix，但他想要超越 Minix 标准所许可的范围。

如前所述，Linus 于 1991 年 8 月 25 日向 comp.OS.minix 新闻组宣布了 Linux 内核的第一个公共版本，虽然他推测第一个版本直到该年 9 月中旬才会真正推出。

虽然 Linus 声明 Linux 是针对 386 处理器编写的，并且可能不具有可移植性，但其他开发人员一直坚持提倡(以及致力于)使 Linux 的早期版本具有可移植性。1991 年 10 月 5 日，Linux 0.02 版本发布，其中使用了 C 编程语言重新编写了大部分原始汇编代码，从而可以将该版本的 Linux 移植到其他计算机中。

Linux 内核是在 GPL 下完成一个完整的、类似于 UNIX 操作系统所需的最后且最重要的代码片段。所以，当人们开始将各种发行版本放在一起时，会将 Linux 和 GNU 联系在一起。诸如 Debian 的一些发行版将自己称为 GNU/Linux 发行版本。在 Linux 操作系统的标题或者子标题中未包括 GNU，这也是 GNU 项目中一些成员常抱怨的事情，参见 http://gnu.org。

如今，可将 Linux 描述为一个开源的、类似于 UNIX 的操作系统，它符合 SVID、POSIX 和 BSD 标准。同时，Linux 一直在努力符合 POSIX 以及 UNIX 商标所有者 Open Group(http://www.unix.org)所设定的标准。

非营利的 Open Source Development Labs 负责管理 Linux 发展努力的方向。当它与 Free Standards Group (http://www.linuxfoundation.org)合并后，被重命名为 Linux Foundation，并且聘用了 Linus Torvalds。其赞助商包括商业 Linux 系统 Who's Who 以及应用程序供应商，比如 IBM、Red Hat、SUSE、Oracle、HP、Dell、Computer Associates、Intel、Cisco Systems 等。Linux Foundation 的宗旨是通过为 Linux 开发人员提供法律保护和软件开发标准，保护和加快 Linux 的发展。

虽然大部分 Linux 的努力主要在企业计算方面，但在桌面舞台也得到了巨大的提高。KDE 和 GNOME 桌面环境不断提升了临时用户的 Linux 体验。而诸如 Xfce 和 LXDE 的最新轻量级桌面环境也为用户提供了有效的替换产品，从而将数以千计的上网本用户带入 Linux 世界。

Linus Torvalds 目前仍在继续维护和改善 Linux 内核。

> **注意:**
> 如果想了解更多关于 Linux 历史的详细信息，可以参阅 *Open Sources: Voices from the Open Source Revolution* 一书(O'Reily，1999)。可从 http://oreilly.com/catalog/opensources/book/toc.html 在线获取该书的第一个完整版本。

1.3.6 OSI 开源定义

Linux 提供了一种平台，通过该平台，软件开发人员可以按照自己的意愿修改操作系统，并且可以在创建应用程序的过程中得到所需的帮助。开源运动的其中一个监视者就是 Open Source Initiative(OSI，http://www.opensource.org)。

虽然开源软件的主要目的是使源代码可用，但 OSI 在其开源定义中还定义了开源软件的其他目的。下列针对可接受的开放源码许可证所指定的规则主要是为了保护开源代码的自由性和完整性。

- **免费发布**——一个开源许可证不能向那些转售软件的人收取任何费用。
- **源代码**——源代码必须包括在软件中，并且在重新发布时不能对源代码有任何限制。
- **派生的作品**——许可证必须允许在相同的条件下对代码进行修改和再分发。
- **保持作者源代码的完整性**——如果使用源代码的人更改了源代码，许可证可以要求他们删除原始项目的名称或者版本。
- **不能针对个人或者团体进行区别对待**——许可证必须允许所有人平等、合法地使用源代码。
- **不能针对不同活动领域进行区别对待**——许可证不能因为某项目具有商业化特征，或者因为某项目与软件提供商所不喜欢的活动领域相关联而限制该项目使用源代码。
- **许可证的分发**——使用和重新分发软件不应该需要额外的许可证。
- **许可证不能只针对某一产品**——许可证不能将源代码限制为某一特殊的软件发行版本。
- **许可证不能限制其他软件**——许可证不能够阻碍人们在相同的介质上将开源软件作为非开源软件使用。
- **许可证必须在技术上是中立的**——许可证不能限制重新分发源代码所用的方法。

软件开发项目所使用的开源许可证必须满足这些标准，以便被 OSI 接受为一个开源软件。OSI 接受大约 70 种不同的许可证，用来将软件标记为 "OSI 认证的开源软件"。除了 GPL 之外，其他被 OSI 批准的常用许可证还包括：

- **LGPL**——GNU LGPL(Lesser General Public License)通常用来分发其他应用程序所依赖的库。
- **BSD**——BSD 许可证允许对源代码进行重新分发，但有两个要求：①重新分发的源代码必须保留 BSD 版权声明；②在没有征得书面允许的情况下，不能使用贡献者的名字来宣传或者推广衍生软件。然而，BSD 与 GPL 的一个主要区别是 BSD 不要求修改代码的开发人员将其所做的修改传到社区中。这样做的结果是诸如 Apple 和 Microsoft 的专有软件供应商也可以在它们自己的操作系统中使用 BSD 代码。
- **MIT**——MIT 许可证与 BSD 许可证类似，但不包括对宣传和推广的要求。
- **Mozilla**——Mozilla 许可证包含了 Firefox Web 浏览器源代码以及其他与 Mozilla 项目 (http://www.mozilla.org)相关的软件源代码的使用和重新分发。相对于前面所提到的许可证，Mozilla 许可证内容更长，因为它就贡献者以及重复使用源代码的开发人员应该如何行事进行了更详细的定义。其中包括提交修改时应该提交更改文件，同时，那些为了重新分发而向源代码中添加了额外代码的开发人员应该知道专利问题以及其他与代码相关联的限制。

开源代码的最终结果是软件可以加快发展，同时在使用方式上也有了更大的灵活性。很多人相信这样一个事实，如果许多人对同一个项目的源代码进行检查，将会产生高质量的软件。就如开源提倡者 Eric S. Raymond 所经常引用的那样："给予足够多的关注，所有错误都是肤浅的"。

1.4　理解 Linux 发行版本是如何出现的

如今在 Internet 上充斥着大量源代码，可以对这些源代码进行编译并封装到 Linux 系统中。然而，对于大多数临时 Linux 用户而言，需要一种更简单的方法组成 Linux 系统。为了满足这种需求，一些最优秀的极客开始构建他们自己的 Linux 发行版本。

Linux 发行版本由用来创建正常工作的 Linux 系统所需的组件以及用来安装并运行这些组件的程序所组成。从技术角度看，Linux 其实就是所谓的内核。但在使用该内核之前，还必须安装一些诸如基本命令(比如 GNU 实用工具)的其他软件以及需要提供的相关服务(比如远程登录或者 Web 服务器)，有时可能还需要一个桌面界面和图形应用程序。因此，需要收集这些软件并将它们安装到计算机的硬盘中。

Slackware(http://www.slackware.com)是如今仍在被持续开发的历史最悠久的 Linux 发行版本之一。它通过分发已经完成编译的软件并组成软件包(这些软件组件包以一种被称为 *tarballs* 的形式存在)，从而使 Linux 对于那些非技术用户更加友好。用户只需要使用基本的 Linux 命令就可以完成相关操作，比如格式化磁盘、启动交换以及创建用户账户等。

不久后，许多其他的 Linux 发行版本也陆续出现。而其中一些 Linux 发行版本是为了满足特殊需要而创建的，比如 KNOPPIX(一个光盘启动的 Linux)、Gentoo(一个很酷的自定义 Linux)以及 Mandrake(日后也称为 Mandriva，它是多个桌面 Linux 发行版本的一种)。但有两种主要的发行版本——Red Hat Linux 和 Debian 逐步成为其他发行版本的基础。

访问配书网站

如果想要查找不同的 Linux 发行版本、关于获取 Linux 认证的相关提示以及本书的更正信息，可以访问 http://www.wiley.com/go/linuxbible10e。

1.4.1　选择 Red Hat 发行版本

当 Red Hat 在 20 世纪 90 年代末出现之后，由于多种原因，它很快成为最受欢迎的 Linux 发行版本。

- **RPM 包管理**——如果需要对计算机上的软件进行解压缩，tarballs 是非常好用的。但如果想要更新、删除甚至查找软件，tarballs 则望尘莫及。为此，Red Hat 公司创建了 RPM 封装格式，通过使用该格式，一个软件包不仅可以包含共享的文件，还可以包含包版本的相关信息，比如谁是创建者，哪些文件是文档或配置文件以及创建时间。通过安装以 RPM 格式封装的软件，可以在本地的 RPM 数据库中存储每个软件包相关的上述信息，从而便于查找安装了什么软件以及更新或者删除软件。
- **简单的安装过程**——Anaconda 安装程序使安装 Linux 变得更加简单。用户只需要完成一些简单的问题(大部分情况下接受默认值即可)就可以安装 Red Hat Linux。
- **图形化管理**——Red Hat 添加了一些简单的图形化工具来配置打印机、添加用户、设置时间和日期以及完成其他基本的管理任务。这样，桌面用户就可以非常容易地使用 Linux 系统，而不必运行命令。

多年来，对于 Linux 专业人士和爱好者来说，Red Hat Linux 都是比较受欢迎的 Linux 发行版本。Red Hat 公司除了分发 Red Hat Linux 已编译且可随时运行的版本(被称为二进制版本)之外，还分发了源代码。但随着 Linux 社区用户需求和大客户需求开始逐步出现分歧，Red Hat 公司放弃了 Red Hat Linux，转而开始开发两个新的操作系统：Red Hat Enterprise Linux 和 Fedora。

1. 使用 Red Hat Enterprise Linux

到了 2012 年 3 月，Red Hat 公司成为全球第一家年收入超过 10 亿美元的开源软件公司。而完成该目标的途径主要是通过围绕红帽企业 Linux(Red Hat Enterprise Linux，RHEL)开发了一组满足最苛刻的企业计算环境需求的产品。在扩大产品线，包括混合云计算的许多组件后，Red Hat

公司于 2019 年 7 月被 IBM 公司以 340 亿美元的价格收购。

当其他 Linux 发行版本还在关注桌面系统或者小型商业计算时，RHEL 已经在为商业和政府开发处理任务关键性应用程序所需的相关功能。它所构建的系统能够加快世界上最大的金融交易所的交易速度，同时能够作为集群和虚拟工具进行部署。

除了出售 RHEL 之外，Red Hat 公司还为 Linux 用户提供了一个有益的生态环境。如果想要使用 RHEL，客户需要购买订阅，从而可以部署所希望的任何版本。如果退出了 RHEL 系统，还可以使用该订阅部署其他系统。

Red Hat 公司根据客户的不同需求，可以提供 RHEL 不同级别的支持。客户除了获得相关的支持之外，也可以获取硬件以及被认证使用 RHEL 的第三方软件，并可以咨询 Red Hat 公司的顾问和工程师，以便帮助其组成所需要的计算环境。同时，Red Hat 公司还可以对他们的雇员进行培训和认证考试(请参阅本章后面对 RHCE 认证的详细讨论)。

Red Hat 公司还向 RHEL 添加了其他产品作为对 RHEL 的自然延伸。JBoss 是一个中间件产品，主要用来将基于 Java 的应用程序部署到 Internet 或者公司内部互联网。而红帽企业虚拟化(Red Hat Enterprise Virtualization，RHEV)由虚拟主机、管理员以及允许安装、运行、管理、迁移和退出大型虚拟计算环境的客户计算机组成。

近几年，Red Hat 公司将其项目组合扩展到云计算。RHEL OpenStack Platform 和 RHEV 为运行和管理虚拟机提供了完整的平台。然而，近年来影响最大的技术是 Red Hat OpenShift，它提供了一个混合云软件套件，以 Kubernetes 作为基础。Kubernetes 是最流行的容器编排平台项目。通过收购 Red Hat 公司，IBM 公司设定了一个目标，那就是将它的大部分应用程序集中起来，以便在 OpenShift 上运行。

很多人尝试通过使用免费获得的 RHEL 源代码并对其进行重建和更名来克隆 RHEL。其中，Oracle Linux 就是根据 RHEL 源代码构建的，但目前只提供了一个无法兼容的内核。此外，CentOS 也是一个根据 RHEL 源代码构建的社区赞助的 Linux 发行版本。最近，Red Hat 公司接管了对 CentOS 项目的支持。

针对本书中的许多示例，选择了使用 RHEL，因为想要从事关于 Linux 系统方面的工作，就需要学会管理 RHEL 系统。然而，如果你刚开始学习 Linux，也可以使用 Fedora 作为一个比较好的入口点来学习使用和管理 RHEL 系统所需的相同技能。

2. 使用 Fedora

RHEL 是商业化、稳定且受支持的 Linux 发行版本。而 Fedora 却是由 Red Hat 公司所发起的免费且先进的 Linux 发行版本。Fedora 是 Red Hat 公司用来创建 Linux 开发社区并鼓励那些想要将免费的 Linux 用于个人使用以及快速开发的人而开发的一款 Linux 系统。

Fedora 包括数万个软件包，其中大部分使用了最新的可用开源技术。作为一名用户，可以免费试用 Fedora 中最新的 Linux 桌面、服务器以及管理界面。而作为一名软件开发人员，则可以使用最新的 Linux 内核和开发工具来创建和测试自己的应用程序。

因为 Fedora 主要关注的是最新技术，所以很少关注稳定性。因此如果想要一切工作正常，可能还需要完成一些额外的工作，此外，并不是所有的软件都完全成熟。

然而，建议针对本书的大多数示例使用 Fedora，主要理由如下。

- 可以使用 Fedora 作为 RHEL 的一个试验场。Red Hat 公司在将新的应用程序移植到 RHEL 之前，都会在 Fedora 上进行测试。通过 Fedora，可以学习和使用为 RHEL 开发的功能。

- Fedora 比 RHEL 更便于学习 Linux，此外，它也包括 RHEL 中许多更先进且为企业准备的工具。
- Fedora 是免费的，不仅在于可以"自由使用"，而且"不需要支付费用"。

Fedora 在那些开发开源软件的开发人员中非常受欢迎。然而，在过去几年里，另一个 Linux 发行版本 Ubuntu 吸引了许多初学者的注意。

1.4.2　选择 Ubuntu 或者其他 Debian 发行版本

与 Red Hat Linux 类似，Debian GNU/Linux 发行版本也是一个擅长包装和管理软件的早期 Linux 发行版本。Debian 使用了 deb 包装格式和工具来管理系统中的所有软件包。此外，Debian 还因为稳定性而名声在外。

许多 Linux 发行版本的根源都可以追溯到 Debian。根据 distrowatch 网站(http://distrowatch.com) 的调查，大约 130 多个现有的 Linux 发行版本可以追溯到 Debian。如今流行的、基于 Debian 的发行版本包括 Linux Mint、elementary OS、Zorin OS、LXLE、Kali Linux 等。然而，在众多派生自 Debian 的发行版本中，取得最大成功的当属 Ubuntu(http://www.ubuntu.com)。

通过依赖稳定的 Debian 软件开发和包装技术，Ubuntu Linux 发行版本不断发展并添加了 Debian 所不具备的相关功能。在吸引新用户方面，Ubuntu 项目增加了一个简单的图形化安装程序 以及易于使用的图形化工具。此外，Ubuntu 项目还重点关注功能完备的桌面系统，并仍然提供了 流行的服务器软件包。

在创建运行 Linux 的新方法方面，Ubuntu 也是一个改革者。通过使用 Ubuntu 所提供的 CD 或者 USB 驱动器，可以在几分钟之内安装并运行 Ubuntu。通常，CD 中包括的内容是可以在 Windows 中运行的开源应用程序，比如 Web 浏览器和文字处理软件。对于某些人来说，可以非常 容易地从 Linux 转换到 Windows。

如果你正在使用 Ubuntu，请不要担心。本书中所包含的大部分主题都可以像在 Fedora 或 RHEL 中那样在 Ubuntu 中正常工作。

1.5　利用 Linux 找到职业机会

如果想要为一个与计算机相关的研究项目或技术公司创造一种理念，那么应该从什么地方开 始呢？首先应该有一个想法。然后寻找所需的工具来探究并最终实现自己的想法。此外，在创建 过程中，还可以寻求他人的帮助。

如今，创办一个类似于 Google 或者 Facebook 公司的硬成本仅包括一台计算机、连接到 Internet， 以及用来保持整晚编写代码所需的足够的含咖啡因的饮料。如果你拥有改变世界的想法，那么可 以使用 Linux 以及数以千计的软件包来帮助实现自己的梦想。开源世界还包括可以帮助你的开发 人员、管理人员以及用户社区。

如果想要加入一个现有的开源项目，那么可以参加很多项目，这些项目通常需要寻找相关人 员来编写代码、测试软件或编写文档。在这些项目中，你会找到使用软件的人，改进软件的人， 而这些人通常愿意分享他们的专业知识来帮助你。

但不管你是寻求开发下一个伟大的开源软件项目，还是只想获取所需的技能来争取高薪的 Linux 管理或开发工作，知道如何安装和维护 Linux 系统以及如何确保系统安全都是大有裨益的。

2020 年 3 月，Indeed.com 上列出了超过 6 万个需要 Linux 技能的工作。近一半的毕业生年薪在 10 万美元以上。像 Fossjobs.net 这样的网站提供了一个发布和寻找与 Linux 和其他免费和开源软件技能相关的工作的场所。

来自招聘站点的消息表明，Linux 正在持续发展，并且增加了对 Linux 专业技术的需求。那些已经开始使用 Linux 的公司继续向前发展。它们扩大了 Linux 的使用范围，并且发现 Linux 所提供的节约成本、安全性以及灵活性使其成为一个非常好的投资。

1.5.1　了解如何利用 Linux 挣钱

开源爱好者相信，相对于专有开发模型，开源软件开发模型可以创建更好的软件。从理论上讲，对于那些想要开发自用软件的公司来说，可以在其他公司的贡献的基础之上作出自己的贡献，从而得到一个更好的最终产品，同时节约了开发费用。

与从前相比，那些想要通过出售软件挣钱的公司需要更具有创造性。虽然可以出售自己所创建的包含了 GPL 的软件，但必须向前传递该软件的源代码。当然，其他人可以重新编译产品，使用甚至转售你的产品，而不必付费。下面列举了不同公司用来处理该问题的不同方法。

- 软件订阅——Red Hat 公司在订阅的基础上出售它的 RHEL 产品。用户每年只需要支付一定数量的费用，就可以获得运行 Linux 所需的二进制码(因此用户不必自己进行编译)，此外，还可以获取有保障的支持，用来跟踪计算机中硬件和软件的工具，访问公司知识库以及其他资源。

  虽然 Red Hat 的 Fedora 项目包含了许多相同的软件，也是以二进制的形式提供，却无法保证这些软件的可用性以及获得软件未来的更新。对于小公司或者个人用户来说，可以冒险使用 Fedora(当然 Fedora 本身也是一个非常出色的操作系统)，但对于那些需要运行任务关键性应用程序的大公司来说，还是会为 RHEL 支付相关费用。

- 培训和认证——随着 Linux 系统在政府和大企业中的广泛采用，需要大量的专业人员支持这些系统。为此，Red Hat 公司提供了培训课程和认证考试来帮助系统管理员熟练使用 RHEL 系统。特别是 RHCE(Red Hat Certified Engineer，红帽认证工程师)和 RHCSA(Red Hat Certified System Administrator，红帽认证系统管理员)已经变得非常流行(http://www.redhat. com/certification)。稍后将更详细地介绍 RHCE/RHCSA。

  此外，Linux Professional Institute(http://www.lpi.org)、CompTIA(http://www.comptia.org)以及 Novell(https://training.novell.com/)也推出了自己的认证程序。其中 LPI 和 CompTIA 是专业计算机行业协会。

- 赏金——软件赏金是开源软件公司非常喜欢使用的一种挣钱方式。假设你正在使用 XYZ 软件包并且马上需要使用一个新功能，那么通过向项目或者其他软件开发人员支付一笔软件赏金，就可将所需的改进移到队列的前头。而所支付的软件将继续拥有开源许可证，相对于从零开始创建项目所需的费用，软件赏金只是很少的一部分。

- 捐款——很多开源项目接收来自使用了它们项目代码的个人或开源公司的捐款。令人惊讶的是，许多开源项目支持一两个开发人员，并且完全依赖捐款来运行。

- 盒装套装、马克杯和 T 恤——一些开源项目拥有在线商店。在该商店中，可以购买盒装的套装(但有些人仍然喜欢物理 DVD 和文档的硬盘拷贝)以及各种马克杯、T 恤、鼠标垫和其他物品。如果你非常喜欢某一个项目，看在上帝的份上，请购买一件 T 恤吧！

在此无法完全列举出所有的相关举措，因为每天都有更多富有创造性的方法被创造出来，以支持那些创建了开源软件的人。但请记住，有许许多多的人已经成为开源软件的贡献者和维护者，因为他们自己也需要开源软件。每个人为开源软件所做的贡献可以从他人所做的贡献中得到回报。

1.5.2　获得 Red Hat 认证

虽然本书并不会重点介绍如何获得 Linux 认证，但会讲授通过流行的 Linux 认证考试所需要掌握的一些知识。特别是重点介绍针对 RHEL 8 的 RHCE 和 RHCSA 考试。

如果你正在寻找一份 Linux IT 专业方面的工作，那么通过 RHCSA 或者 RHCE 认证已经成为应聘成功的必要条件或优先选择的条件。其中，RHCSA 考试(EX200)提供了基本的认证，相关的内容包括配置磁盘和文件系统、添加用户、设置一个简单的 Web 和 FTP 服务器以及添加交换空间等。而 RHCE(EX300)则对更高级的服务器配置以及安全功能的高级内容进行测试，比如 SELinux 和防火墙等。

虽然那些讲授 RHCE/RHCSA 课程和特定考试的人(就像我在过去的三年里所做的那样)并不允许介绍考试到底考什么，但 Red Hat 公司介绍了该考试是如何进行的，同时列举了考试中可能涉及的相关主题。可以通过下面的网址找到这些考试目标：

- **RHSCA**——http://www.redhat.com/en/services/training/ex200-red-hat-certified-system-administrator-rhcsa-exam
- **RHCE**——http://www.redhat.com/en/services/training/ex300-red-hat-certified-engineer-rhce-exam

如考试目标所述，RHCSA 和 RHCE 考试是基于实际表现的，这也就意味着应试者被给定某些任务，并且必须在实际的 RHEL 系统上完成这些任务。然后根据所获得的这些任务的结果进行评分。

如果要参加考试，请经常核对一下这些考试目标，因为它们有时会发生变化。此外，还需要记住，RHCSA 是一个独立的认证；但只有通过 RHCSA 和 RHCE 考试，才可以获得 RHCE 认证。通常，这两门考试在同一天举行。

可以在 https://redhat.com/en/services/training-and-certification 上报名参加 RHCSA 和 RHCE 培训和考试。全美国以及全球的重要城市都提供了培训和考试服务。下一节将介绍完成这些考试需要掌握的技能。

1. RHCSA 主题

如前所述，RHCSA 考试主题包括了基本的系统管理技能。在 RHCSA 考试目标网站中已经列举了当前针对 Red Hat Enterprise Linux 8 的考试主题(为了防止考试主题发生变化，请再次检查考试目标网站)，并且在本书中可以学习以下内容。

- **了解基本工具**——需要全面了解命令 shell(bash)的应用知识，包括如何使用正确的命令语法以及完成输入/输出重定向(< > >>)。需要知道如何登录到远程和本地系统以及如何创建、编辑、移动、复制、链接、删除和更改文件许可和所有者。此外，还应该知道如何在手册页和/usr/share/doc 中查找信息。这些内容将在本书的第 3 章和第 4 章详细介绍。而第 5 章则讲述如何编辑和查找文件。
- **操作运行系统**——你必须了解 Linux 启动过程、进入单用户模式、关闭、重启和更改到不同目标(以前被称为运行级别)。你需要识别进程并根据需要终止进程。此外，还必须能够找到并解释日志文件。第 15 章描述如何更改目标以及管理系统服务。第 6 章介绍管理和更改进程的相关信息。日志记录的相关内容则在第 13 章介绍。

- **配置本地存储**——设置磁盘分区包括创建物理卷并进行配置，以便用于 LVM(Logical Volume Management，逻辑卷管理)或者加密(LUKS)。此外，还可将这些分区设置为文件系统或者可以在启动时挂载或启用的交换空间。第 12 章将详细介绍磁盘分区和 LVM，而 LUKS 以及其他加密主题则在第 23 章中介绍。

- **创建和配置文件系统**——创建和自动挂载不同类型的文件系统，包括常见的 Linux 文件系统(ext2、ext3 或者 ext4)，以及网络文件系统(NFS)。使用设置组 ID 位功能创建协作目录。此外，必须能使用 LVM 扩展逻辑卷的大小。文件系统主题将在第 12 章介绍。而 NFS 在第 20 章介绍。

- **部署、配置和维护系统**——该部分包含了一系列主题，包括配置网络、创建 cron 任务。而对于软件包，则能够从 Red Hat CDN(Content Delivery Network)、远程存储库或者本地文件系统中安装程序包。第 13 章将描述 cron 工具。

- **管理用户和组**——必须知道如何添加、删除和更改用户账户和组账户，以及什么是密码老化并学会使用 change 命令。第 11 章将介绍配置用户和组的相关内容。

- **管理安全性**——必须基本了解如何设置防火墙(firewalld、system-config-firewall 或 iptables)以及如何使用 SELinux。必须能设置 SSH 来完成基于密钥的身份验证。可在第 24 章学习 SELinux 的相关内容，而防火墙则在第 25 章介绍。第 13 章将讲述基于密钥的身份验证。

本书将介绍其中的大部分主题。对于本书中没有介绍的功能，可以参阅 Red Hat Enterprise Linux 标题下的 Red Hat 相关文档(http://access.redhat.com/documentation/)。特别是 System Administrators's Guide 中包含了许多与 RHCSA 相关的主题。

2. RHCE 主题

RHCE 考试主题包含了更高级的服务器配置，以及各种用来确保 RHEL 8 中服务器安全的安全功能。此外，需要检查一下 RHCE 考试目标网站，以便确定考试所需要学习主题的最新信息。

系统配置和管理

RHCE 考试针对系统配置和管理的需求包含了一系列主题，包括：

- **防火墙**——允许或者阻止系统中选定端口的流量，这些端口提供了诸如 Web、FTP 和 NFS 的服务，此外可根据发起人的 IP 地址允许或者阻止访问相关服务。第 25 章将介绍防火墙的相关内容。

- **Kerberos 身份验证**——使用 Kerberos 对 RHEL 系统中的用户进行身份验证。

- **系统报告**——使用诸如 sar 的功能来报告关于内存的系统使用情况、磁盘访问、网络流量以及处理器利用率。第 13 章将介绍如何使用 sar 命令。

- **shell 脚本**——创建一个简单的 shell 脚本，以便以不同的方式获取输入和生成输出。第 7 章将介绍 shell 脚本。

- **SELinux**——通过在执行模式中使用安全性增强的 Linux，可以确保下一节介绍的所有服务器配置的安全。第 24 章将介绍 SELinux。

- **Ansible**——了解核心 Ansible 组件(库存、模块、剧本等)。能够安装和配置 Ansible 控制节点，能使用 Ansible 角色和高级 Ansible 特性。有关使用 Ansible 剧本安装和管理 Linux 系统的信息，请参阅第 29 章。

安装和配置网络服务

针对下面列举的每一个网络服务，都需要确保正确完成以下工作：安装服务所需的程序包；设置 SELinux 从而允许访问服务；对服务进行设置，以便在系统启动时启动；确保主机或用户所使用的服务的安全(使用 iptables、TCP Wrappers 或服务本身所提供的相关功能)；进行相关配置以便完成基本操作。所包含的服务如下所示。

- **Web 服务器**——配置 Apache(HTTP/HTTPS)服务器。必须能够设置一个虚拟主机，部署一段 CGI 脚本，使用私有目录以及允许一个特定的 Linux 组来管理内容。第 17 章将描述如何配置 Web 服务器。
- **DNS 服务器**——设置一个 DNS 服务器(绑定包)，以便充当一个可以将 DNS 查询转发到另一台 DNS 服务器的缓存域名服务器。不必配置主从区。第 14 章将从客户端的角度描述 DNS。如果想要了解更多关于使用 Bind 配置 DNS 服务器的信息，请参阅 RHEL Networking Guide(https://access.redhat.com/documentation/en-us/red_hat_enter-prise_linux/7/html-single/networking_guide/index)。
- **NFS 服务器**——配置一个 NFS 服务器，以便与特定的客户端系统共享特定目录，从而使这些目录用于团队协作。第 20 章将介绍 NFS。
- **Windows 文件共享服务器**——设置 Linux(Samba)向特定的主机和用户提供 SMB 共享。同时为团队协作配置该共享。第 19 章将讲解如何配置 Samba。
- **Mail 服务器**——对后缀或 Sendmail 进行配置，从而接收来自本地主机之外的电子邮件，并将其转发到一个智能主机。本书将不会讲授 Mail 服务器配置的相关问题(并且也不应该轻率地讲授)。如果想要了解更多这方面的相关信息，可以参阅 RHEL 系统管理员指南(https://access.redhat.com/documentation/en-US/Red_Hat_Enterprise_Linux/7/html-single/System_Administrators_Guide/index.html#ch-Mail_Servers)。
- **安全 shell 服务器**——配置 SSH 服务(sshd)，从而允许远程登录到本地系统以及进行基于密钥的身份验证。另外，还需要配置 sshd.conf 文件。第 13 章将介绍如何配置 sshd 服务。
- **网络时间服务器**——配置一个网络时间协议(Network Time Protocol，NTP)服务器，从而与其他 NTP 服务器保持时间同步。
- **数据库服务器**——使用不同的方法配置并管理 MariaDB 数据库。可从 MariaDB.org 网站(https://mariadb.com/kb/en/mariadb/documentation/)学习如何配置 MariaDB。

如前所述，虽然 RHCE 考试还包括其他任务，但请记住，大部分任务都是配置服务器，然后使用任何需要的技术确保这些服务器的安全。这些技术包括防火墙规则(iptables)、SELinux 或者任何针对特定服务而内置于配置文件中的功能。

1.6　小结

Linux 是一种由来自全世界软件开发人员的社区所构建并且由其创建者 Linus Torvalds 所领导的操作系统。它最初源自 UNIX 操作系统，但多年来，在普及程度以及功能方面已经远远超过了 UNIX。

Linux 操作系统的历史可以追溯到早期的 UNIX 系统，当时该系统免费向大学分发，BSD 开发人员对其进行了改进。FSF 开发了许多组件，来创建完全免费的、类似于 UNIX 的操作系统。而 Linux 内核本身就是完成该工作所需的主要组件。

大多数 Linux 软件项目都被一组许可证所保护，而这些许可证则属于 Open Source Initiative。其中最卓越的许可证是 GNU Public License(GPL)。诸如 Linux Standard Base 的标准以及世界级的组织和企业(如 Canonical 公司和 Red Hat 公司)使 Linux 在未来成为一款稳定的生产级操作系统。

学习关于如何使用和管理 Linux 系统的基础知识将有助于胜任与 Linux 工作相关的各个方面。后续每一章都会提供一系列练习，可以通过这些练习检验自己所学的知识。这也就是为什么要更好地学习 Linux 系统，以便可以顺利地完成每一章的示例以及习题。

下一章将介绍如何获取和使用一个 Linux 桌面系统来指导你开始使用 Linux。

## 第2章

创建完美的 Linux 桌面

本章主要内容：

- X Windows 系统和桌面环境
- 通过 Live DVD 运行 Linux
- 导航到 GNOME 3 桌面
- 向 GNOME 3 添加扩展功能
- 在 GNOME 3 中使用 Nautilus 管理文件
- 使用 GNOME 2 桌面
- 在 GNOME 2 中启用 3D 效果

使用 Linux 作为日常的桌面系统变得越来越容易。你可以自由地选择 Linux 中的不同功能。可以使用功能齐全的 GNOME 或 KDE 桌面环境，也可使用诸如 LXDE 或 Xfce 的轻量级桌面。甚至还可以使用更简单的独立窗口管理器。

当选择了一种桌面后，你会发现，在 Windows 或 Mac 系统中所使用的主要类型的桌面应用程序在 Linux 中都有相应的应用程序。对于那些不能在 Linux 中使用的应用程序(比如部分 Windows 应用程序)，通常通过在 Linux 中运行与 Windows 兼容的软件来运行 Windows 应用程序。

本章旨在让你熟悉与 Linux 桌面系统相关的概念，并给出了与使用 Linux 桌面相关的提示。在本章，你将学习：

- Linux 中可用的桌面功能和技术
- GNOME 桌面环境的主要功能
- 相关的技巧和窍门，以便获得最佳的 GNOME 桌面体验

为了本章中的使用说明，我推荐使用 Fedora 系统。可以通过多种途径获取 Fedora，包括：

- **通过 Live 介质运行 Fedora**——请查阅附录 A 中关于下载 Fedora 并将 Fedora Live 镜像烧制到 DVD 或者 USB 驱动器的相关信息，以便在本章中启动并使用。
- **永久安装 Fedora**——将 Fedora 安装到硬盘并启动(参见第 9 章"安装 Linux")。

由于 Fedora 的当前版本使用了 GNOME 3 界面，因此本章介绍的大部分程序都使用了 GNOME 3 的 Linux 发布版本。如果你正在使用老版本的 RHEL 系统(RHEL 6 使用了 GNOME 2，而 RHEL 7 和 RHEL 8 则使用了 GNOME 3)，那么可以尝试一下针对 GNOME 2 添加的描述。

2.1　了解 Linux 桌面技术

现代计算机桌面系统提供了图形化窗口、图标以及可以通过鼠标或者键盘操作的菜单。如果你还不到 40 岁，可能觉得这一切没有什么特别的。但第一个 Linux 系统并没有使用图形化界面。如今，许多用来完成特殊任务的 Linux 系统(比如作为 Web 服务器或文件服务器)并不需要安装桌面软件。

几乎每一个提供了桌面界面的主要 Linux 发行版本都基于最初来自 X.Org Foundation (http://www.x.org)的 X Windows 系统。X Windows 系统提供了一个框架，根据该框架，可以构建不同类型的桌面环境或者简单的窗口管理器。X.Org 的替代品 Wayland (http://wayland.freedesktop.org)正在开发中。虽然目前 Wayland 是 Fedora 的默认 X 服务器，但仍然可以选择 X.Org。

X Windows 系统(有时也简称为 X)在 Linux 存在之前就已经创建出来了，甚至比 Microsoft Windows 还要早。它构建为一个轻量级、网络化的桌面框架。

X 以一种落后的客户机/服务器模式工作。X 服务器运行在本地系统中，为屏幕、鼠标和键盘提供了一个接口。而 X 客户端(如字处理软件、音乐播放器或图像浏览器)则从本地系统或者网络上的任何系统中启动(假设 X 服务器允许从网络上的系统中启动)。

当图像化终端(瘦客户端)管理键盘、鼠标和显示器时，X 被创建。而应用程序、磁盘存储器和处理能力则由大型的中央计算机来完成。也就是说，在大型计算机上运行应用程序，却通过网络在瘦客户端显示和管理应用程序。随后，瘦客户端被桌面个人计算机(PC)所取代。在 PC 上的大多数客户端应用程序都在本地运行，并使用本地处理能力、磁盘空间、内存以及其他硬件功能，同时不是通过本地系统启动的应用程序则不允许使用这些硬件功能。

X 自身提供了一个普通的灰色背景以及一个简单的 X 鼠标光标。在普通的 X 屏幕上没有菜单、面板或图标。如果启动一个 X 客户端程序(如一个终端窗口或字处理软件)，那么在 X 显示器中所显示的窗口不包括用来移动、最小化和关闭窗口的边框。这些功能将由窗口管理器实现。

窗口管理器添加了相关功能来管理桌面上的窗口并提供了用来启动应用程序以及使用桌面的菜单。一个成熟的桌面环境包括一个窗口管理器，并添加了菜单、面板以及用来创建应用程序的应用程序编程接口。

对桌面界面工作原理的了解将如何帮助我们使用 Linux 呢？这里介绍一些方法。

- 因为 Linux 桌面环境并不是运行一个 Linux 系统所需的，所以可安装一个不带有桌面的 Linux 系统。此时，Linux 系统只会提供一个纯文本的、命令行界面。但可以在日后添加一个桌面。安装完桌面后，当计算机启动时可以根据需要选择是否启用该桌面。
- 对于一个轻量级的 Linux 系统(比如在一台功能不那么强大的计算机上运行的 Linux 系统)，可以选择一个高效且包含少量功能的窗口(如 twm 或 fluxbox)或一个轻量级桌面环境(如 LXDE 或 Xfce)。
- 对于更强大的计算机，可以选择功能更强大的桌面环境(如 GNOME 和 KDE)来完成各种工作，如监视事件的发生(比如插入一个 USB 闪存驱动器)以及对相关事件进行响应(比如打开一个窗口来查看驱动器的内容)。

- 可安装多个桌面环境,并在登录时选择启用哪个桌面环境。这样一来,同一台计算机上的不同用户可使用不同的桌面环境。

在 Linux 中可以使用不同的桌面环境。比如:

- **GNOME**——GNOME 是 Fedora、RHEL 以及许多其他系统的默认桌面环境。可以将其视为一个专业的桌面环境,它主要关注的是稳定性,而不是花哨的显示效果。
- **KDE**——对于 Linux 来说,KDE(K Desktop Environment)可能是第二流行的桌面环境。相对于 GNOME,它拥有更多附加的功能,并提供了更多集成应用程序。KDE 可用于 Fedora、RHEL、Ubuntu 以及其他许多 Linux 系统。在 RHEL 8 中,从发行版中删除了 KDE。
- **Xfce**——Xfce 是最先出现的轻量级桌面环境中的一个,主要适用于较早的或者功能不太强大的计算机。可用于 RHEL、Fedora、Ubuntu 以及其他 Linux 发行版本。
- **LXDE**——LXDE(Lightweight X11 Desktop Environment)的设计目的是使其成为一个执行快速、节能的桌面环境。LXDE 通常用在不太昂贵的设备(如上网本)以及介质(如 Live CD 或 Live USB)上。它是 KNOPPIX Live CD 发布版本的默认桌面。虽然 RHEL 不能使用 LXDE,却可以尝试在 Fedora 或 Ubuntu 上使用。

最初,GNOME 被设计得类似于 macOS 桌面,而 KDE 则是仿效 Windows 桌面环境。因为 GNOME 最流行,也是商业 Linux 系统中使用最频繁的桌面环境,所以本书中的习题将使用 GNOME 桌面。然而,使用 GNOME 仍然为我们提供了选择不同 Linux 发行版本的机会。

2.2 开始使用 Fedora GNOME 桌面 Live 镜像

Live Linux ISO 镜像是启动并运行 Linux 系统最快捷的方法,你可以试用一下。根据大小的不同,可将镜像刻录到 CD、DVD 或 USB 驱动器中,并在计算机上启动。通过使用 Linux Live 镜像,可以让 Linux 临时接管计算机的操作,同时并不会对硬盘驱动器中的内容造成任何损害。

如果已经安装了 Windows,那么 Linux 将对其进行忽略并控制计算机。当完成了 Linux Live 镜像后,可以重新启动计算机并弹出 CD 或者 DVD,从而继续使用硬盘中安装的操作系统。

为了使用 GNOME 桌面以及本节所描述的内容,我建议获取一张 Fedora Live DVD(获取方法如附录 A 所述)。因为 Live DVD 从 DVD 以及内存中完成所有工作,所以相对于已安装的 Linux 系统,它运行得更慢。此外,虽然在默认情况下可以更改文件、添加软件以及配置系统,但当重新启动系统后,所做的工作都将消失,除非显式地将相关数据保存到硬盘或外部存储器中。

如果仅想试用 Linux,那么重新启动之后对环境所做的更改都会消失是一件好事,但如果想要使用一个持续的桌面或服务器系统,就不是一件好事了。因此,我的建议是,如果拥有一台备用计算机,那么可将 Linux 永久安装到该计算机的硬盘中,以便使用本书的其余部分(如第 9 章所述)。

获得 Live CD 或者 DVD 后,可以执行下列操作。

(1) 获得一台计算机。如果拥有一台带有 CD/DVD 驱动器、至少 1GB 内存、至少 1GHz 处理器的标准 PC(32 位或者 64 位),那么可以开始后续步骤(请确保所下载的镜像与计算机的体系结构相匹配——64 位的介质不能在 32 位计算机上运行)。Fedora 31 和 RHEL 7 取消了 32 位支持,因此需要在这些旧机器上运行这些发行版的旧版本。

(2) 启动 Live CD/DVD。将 Live CD/DVD 或者 USB 驱动器插入计算机并重新启动，根据计算机上设置的启动顺序，Live 镜像可能直接从 BIOS 启动(BIOS 为操作系统启动之前控制计算机的代码)。

> **注意：**
> 如果不是启动 Live 介质，而是启动已经安装的操作系统，则需要完成一个额外步骤来启动 Live CD/DVD。重新启动，当看到 BIOS 屏幕时，查找类似于 Boot Order 之类的词。此时屏幕上的指示可能会说按 F12 或 F1 键。请迅速从 BIOS 屏幕中按下该键。接下来应该看到一个显示了若干可用选项的屏幕。高亮显示 CD/DVD 或者 USB 驱动器的选项，并按下 Enter 键，从而启动 Live 镜像。如果没有看到相关的驱动器，则需要进入 BIOS 设置并启用 CD/DVD 或 USB 驱动器。

(3) 启动 Fedora。如果所选择的驱动器可以启动，将会看到一个启动屏幕。如果想要启动 Fedora，请高亮显示 Start Fedora，并按下 Enter 键，从而启动 Live 介质。

(4) 开始使用桌面。对于 Fedora，Live 介质会让你选择是安装 Fedora，还是从该介质直接启动到一个 GNOME 3 桌面。

现在可以转到下一节 "使用 GNOME 3 桌面" (该节包括关于如何在 Fedora、RHEL 以及其他操作系统上使用 GNOME 3 的相关信息)。随后还要介绍 GNOME 2 桌面。

2.3　使用 GNOME 3 桌面

GNOME 3 桌面与 GNOME 2.X 有很大的区别。虽然 GNOME 2.X 也可用，但 GNOME 3 更加高雅。通过使用 GNOME 3，使 Linux 桌面现在看起来更像移动设备商的图形界面，较少关注多个鼠标按钮和组合键，更多关注鼠标的移动和单击操作。

GNOME 3 桌面似乎可以根据需要无限扩展，而不会感觉到结构化和刚性。当运行一个新的应用程序时，将会在 Dash 中添加该应用程序的图标。而当使用下一个工作区时，会打开一个新的 Dash，并准备好放置更多应用程序。

2.3.1　计算机启动后

如果启动一个 Live 镜像，那么当进入桌面时，将会分配 Live System User 作为用户名。而对于一个已安装的系统来说，则会看到登录屏幕，从中可以选择系统所准备的用户账户并输入密码。此时请使用为系统定义的用户名和密码登录。

图 2.1 是一个为 Fedora 显示的 GNOME 3 桌面屏幕示例。请按下 Windows 键(或者将鼠标光标移动到桌面的左上角)，从而在一个空白桌面和 Overview 屏幕之间进行切换。

刚启动时，GNOME 3 桌面上的内容非常少。在顶部栏的左边是单词 Activities，中间是一个时钟，而右边是一些完成相关功能的图标，比如调整音频音量、检查网络连接以及查看当前用户的名称等。通过该 Overview 屏幕，可以选择打开应用程序、活动窗口或不同的工作区。

图 2.1　在 Fedora 中启动 GNOME 3 桌面

1. 使用鼠标进行导航

首先，请尝试使用鼠标进行 GNOME 3 桌面导航。

(1) 切换活动窗口。将鼠标光标移动到屏幕的左上角靠近 Activities 按钮的位置。每次移动到这个位置时，屏幕会显示正在使用的窗口或者一组可用的 Activities(按 Windows 键可以实现相同的效果)。

(2) 从应用程序栏打开应用程序。从左边的 Dash 单击打开一些应用程序(Firefox、File Manager、Rhythmbox 等)。然后将鼠标再次移动到左上角，并切换显示所有最小化的活动窗口(概览屏幕)或者重叠显示(全尺寸)。图 2.2 显示了一个缩小的窗口视图示例。

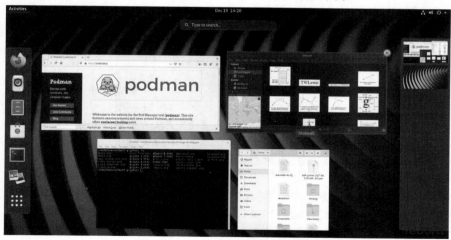

图 2.2　在桌面上显示所有最小化的窗口

(3) 从应用程序列表打开应用程序。从 Overview 屏幕左栏的底部选择 Application 按钮(该按钮显示为一个盒子中有 9 个点)。单击该按钮后，视图改变为一组图标，其中每一个图标代表已安装到系统中的应用程序，如图 2.3 所示。

图 2.3 显示可用应用程序的列表

(4) 查看其他应用程序。在 Application 屏幕，可以使用多种方法更改应用程序视图以及启动应用程序。

- **页面切换**——如果想要查看没有在屏幕中显示的表示应用程序的图标，可以使用鼠标单击右边的点，从而切换应用程序页面。如果使用的是滑轮鼠标，则可以使用滑轮滚动图标。
- **Frequent**——可选择屏幕底部的 Frequent 按钮，以便查看经常运行的应用程序，或者选择 All 按钮查看所有应用程序。
- **启动应用程序**——如果想要启动应用程序，请左击对应图标并在当前工作区中打开应用程序。还可右击并打开一个菜单，从而选择打开一个新窗口，从 Favorites 中添加或删除应用程序(删除后该应用程序图标将不会出现在 Dash 中)，或者显示关于应用程序的详细信息。图 2.4 显示了该菜单的一个示例。

图 2.4 单击中间鼠标键，显示应用程序的选择菜单

(5) 打开其他应用程序。启动其他应用程序。请注意，当打开一个新的应用程序时，代表该应用程序的图标将出现在左边的 Dash 栏中。此外，可使用其他方法启动应用程序。

- **应用程序图标**——单击任何应用程序图标，打开该应用程序。
- **将 Dash 图标拖曳到工作区**——从 Windows 视图通过按住鼠标左键，可将任何应用程序图标拖曳至右边的缩略图工作区。

(6) 使用多个工作区。为显示所有窗口的最小化视图，请再次将鼠标移动到左上角。请注意，此时虽然有一个额外的工作区是空的，但右边所有的应用程序仍然挤进一个小的工作区。将一些窗口拖曳至一个空的桌面空间。图 2.5 显示了小工作区是什么样子。请注意，每次使用最后一个空的工作区时，都会创建一个额外的空工作区。可将缩略图窗口拖曳至任何工作区，然后选择该工作区进行查看。

图 2.5 当使用新桌面时会在右边出现额外的工作区

(7) 使用窗口菜单。将鼠标移动到屏幕的左上角，从而返回到活动工作区(大的窗口视图)。然后右击窗口上的标题栏，查看窗口菜单。请试用一下菜单中的不同功能。

- **最小化**——临时从视图中删除窗口。
- **最大化**——将窗口扩大至最大尺寸。
- **移动**——更改窗口的移动模式。通过移动鼠标来移动窗口，然后单击将窗口固定在某一位置。
- **调整大小**——更改窗口大小调整模式。通过移动鼠标来调整窗口的大小，然后单击保持大小。
- **工作区选择**——可选择不同的方法使用工作区。比如选择 Always on Tops，从而使当前窗口始终位于工作区中其他窗口之上。选择 Always on Visible Workspace，从而使窗口始终显示在工作区中。或者选择 Move to Workspace Up 或 Move to Workspace Down，从而分别将窗口移动到工作区的上方或者下方。

如果不习惯使用鼠标导航 GNOME 3，或者没有鼠标，那么下一节将帮助你使用键盘导航桌面。

2. 使用键盘进行导航

如果你更喜欢使用键盘，那么可采用多种方式通过键盘直接使用 GNOME 3 桌面，其中的一些方式如下。

- **Windows 键**——按下键盘中的 Windows 键。在大多数键盘上，这个带有 Microsoft Windows 徽标的键位于 Alt 键旁边。该键可以切换最小化窗口(Overview)和活动窗口(当前工作区)视图。许多人会经常使用该键。
- **选择不同的视图**——在 Windows 或 Applications 视图中按住 Ctrl+Alt+Tab 键，将看到一个选择不同视图的菜单(如图 2.6 所示)。持续按住 Ctrl+Alt 键，并通过单击 Tab 键高亮显示下一个图标，然后松开 Tab 键，选中高亮显示的图标。
  - ◆ **Top Bar**——突出显示顶部栏。选中它之后，可以在该栏上的项(活动、日历和顶部栏菜单)之间切换选项卡。

图 2.6 按下 Ctrl+Alt+Tab 键显示要选择的其他桌面区域

- **Dash**——高亮显示应用程序栏中左边的第一个应用程序。可以使用箭头键上下移动该菜单，并按 Enter 键打开高亮显示的应用程序。
- **Windows**——选择 Windows 视图。
- **Applications**——选择 Applications 视图。
- **Search**——高亮显示搜索框。输入几个字母，从而仅显示那些包含所输入字母的应用程序的图标。当所输入的字母可以唯一确定想要使用的应用程序时，按 Enter 键，启动该应用程序。
- **选择一个活动窗口**——返回到自己的工作区(如果不在活动的工作区中，请按 Windows 键)。按住 Alt+Tab 键，将看到如图 2.7 所示的所有活动窗口列表。继续按住 Alt 键并按 Tab 键(也可按右箭头键或左箭头键)，在活动的桌面应用程序窗口列表中高亮显示相关的应用程序。如果某一应用程序打开了多个窗口，那么按住 Alt+`键(反引号，位于 Tab 键上方)选择某一个子窗口。然后释放 Alt 键，从而选中窗口。

图 2.7 按住 Alt+Tab 键，选择一个运行中的应用程序

- **启动一条命令或应用程序**——通过任何活动工作区都可启动一条 Linux 命令或一个图形应用程序。下面列举一些示例。
  - **应用程序**——在 Overview 屏幕中，持续按住 Ctrl+Alt+Tab 组合键直到高亮显示 Applications 图标，然后释放 Ctrl+Alt 组合键。此时将显示 Applications 视图，同时高亮显示第一个图标。可使用 Tab 键或箭头键(上、下、左和右)来高亮显示所希望的应用程序图标，并按 Enter 键。

◆ **命令框**——如果知道想要运行的命令名称(或名称的一部分)，可按 Alt+F2 组合键，显示一个命令框。请在框中输入想要运行的命令名称(例如，可以尝试输入 gnome-calculator，从而打开一个计算器应用程序)。

◆ **搜索框**——在 Overview 屏幕中，持续按住 Ctrl+Alt+Tab 组合键，直到高亮显示放大镜 (即 Search)图标；然后释放 Ctrl+Alt 组合键。在高亮显示的搜索框中，输入应用程序名称或者描述中的一些字母(输入 scr，看看会得到什么)。请持续输入，直到高亮显示所需的应用程序(此时为屏幕截图)，然后按 Enter 键启动该应用程序。

◆ **Dash**——在 Overview 屏幕中，持续按住 Ctrl+Alt+Tab 组合键，直到高亮显示星形(Dash) 图标，然后释放 Ctrl+Alt 组合键。在 Dash 中移动上下箭头，从而高亮显示想要启动的应用程序，并按 Enter 键。

● **Escape**——当你受困于某一操作而不想继续完成时，可以尝试按 Esc 键。例如，在按 Alt+F2 组合键(以便输入一条命令)、从顶部栏中打开一个图标或者转到概述页面之后，通过按 Esc 键可以返回到活动桌面上的活动窗口。

现在应该可以非常轻松地导航 GNOME 3 桌面。接下来，可以尝试通过 GNOME 3 运行一些有用且有趣的桌面应用程序。

2.3.2　设置 GNOME 3 桌面

GNOME 所完成的大部分工作都会被自动设置。然而，有时可能需要进行一些调整，以便以所希望的方式得到桌面。大部分的设置行为都可以通过 Settings 窗口来完成(如图 2.8 所示)。从 Applications 列表中打开 Settings 图标。

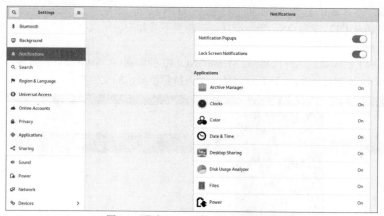

图 2.8　通过 Settings 窗口更改桌面设置

接下来提一些针对 GNOME 3 桌面设置的一些建议。

● **配置网络**——当启动 Fedora 系统时，通常会自动配置有线网络连接。而对于无线网络连接，则必须选择无线网络并根据提示添加密码。顶部栏中的一个图标可以完成所需要的任何有线或者无线网络配置。如果想了解更多关于配置网络的相关信息，请参阅第 14 章"管理网络"。

● **蓝牙**——如果计算机拥有蓝牙硬件，那么可以启用该设备，从而与其他的蓝牙设备进行通信(比如蓝牙式耳机或打印机)。

- 设备——在 Devices 屏幕上，可以配置键盘、鼠标和触控板、打印机、可移动介质和其他设置。
- 声音——单击 Sound 设置按钮，调整系统中的输入和输出设备。

2.3.3　扩展 GNOME 3 桌面

如果 GNOME 3 界面不能满足你的要求，请不要绝望。可以向 GNOME 3 添加一些扩展从而提供一些额外功能。此外，可使用 GNOME Tweak Tool 更改 GNOME 3 中的一些高级设置。

1. 使用 GNOME Shell 扩展

GNOME Shell 扩展可用来更改 GNOME 桌面的显示方式和行为方式。请在 GNOME 3 桌面中通过 Firefox 浏览器访问 GNOME Shell Extensions 网站(http://extensions.gnome.org)。该网站将告诉你已经安装了哪些扩展以及还可以安装哪些扩展(但前提是必须选择允许网站查看这些扩展)。

因为该扩展页面可以知道已经安装了哪些扩展以及正在运行的 GNOME 3 的版本，所以它可以只显示那些与你的系统兼容的扩展。许多扩展有助于从 GNOME 2 中重新添加功能，主要包括:

- **Applications Menu**——就像在 GNOME 2 中那样，向顶部栏添加一个应用程序菜单。
- **Places Status Indicator**——添加一个与 GNOME 2 中 Places 菜单类似的系统状态菜单，以便快速导航到系统中有用的文件夹。
- **Window List**——向顶部栏添加一个活动窗口列表，类似于在 GNOME 2 的底部中出现的窗口列表。

为了安装一个扩展，需要选择扩展名称旁边的 ON 按钮，或从列表中选择扩展名称，然后将界面中的该按钮从 OFF 变为 ON。当被询问是否想要下载并安装所选择的扩展时，请单击 Install，从而将该扩展添加到桌面。

图 2.9 显示了已安装的 Applications Menu(GNOME 的脚图标)、Window List(显示了多个活动应用程序图标)以及 Places Status Indicator(从一个下拉菜单显示的文件夹)。

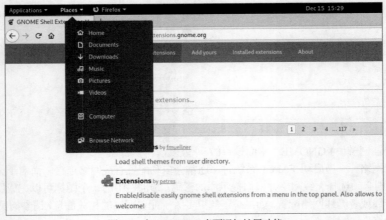

图 2.9　向 GNOME 3 桌面添加扩展功能

目前，可用的 GNOME Shell 扩展超过 100 种，同时有更多的扩展被添加进来。比较流行的扩展包括 Notification Alert(提醒尚未阅读的消息)、Presentation Mode(当你正在演示文稿时，防止出现屏幕保护)以及 Music Integration(将流行的音乐播放器集成到 GNOME 3 中，以便提醒正在播放的音乐)。

因为 Extensions 网站可以知道你所安装的扩展，所以可单击界面顶部的 Installed extensions 按钮，并查看已安装的每一个扩展。此外，还可以关闭扩展，甚至永久删除。

2. 使用 GNOME Tweak 工具

如果你不喜欢 GNOME 3 内置功能的行为方式，那么可使用 GNOME Tweaks 工具进行更改。默认情况下，使用 Fedora GNOME Live CD 并不会安装该工具，但可以通过安装 gnome-tweak-tool 软件包来添加(如果想要了解如何在 Fedora 中安装软件包，请参阅第 10 章 "获取和管理软件")。安装完毕后，从 Applications 屏幕中单击 Advanced Settings 图标，从而启用 GNOME Tweaks 工具。首先从 Desktop 类别开始考虑需要对 GNOME 3 进行哪些更改。图 2.10 显示了 Tweaks 工具 (Advanced Settings 窗口)，其中显示了 Appearance 设置。

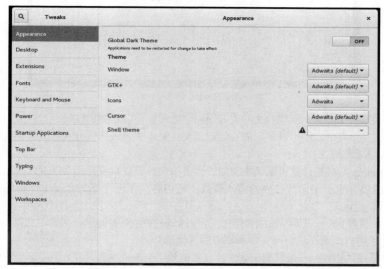

图 2.10　使用 GNOME Tweaks 工具(Advanced Settings)更改桌面设置

如果觉得字体太小，那么可选择 Fonts 类别并单击 Scaling Factor 框旁边的加号，从而增加字体大小。或者分别为单独文件、窗口标题或等宽字体更改字体。

在 Top Bar 设置中，可以更改在顶部栏显示的时钟信息，或者设置是否在日历中显示周数。如果想更改桌面的外观，请选择 Appearance 类别，并通过下拉列表更改 Icons 主题以及 GTK+主题。

2.3.4　启动桌面应用程序

Fedora GNOME 3 桌面 Live DVD 提供了一些可以立即使用的很酷的应用程序。如果想要将 GNOME 3 作为日常桌面来使用，则应该将其永久地安装到计算机硬盘中，并添加所需的应用程序(如字处理软件、图像编辑器、绘图程序等)。如果你刚开始接触 GNOME 3，那么接下来的几节将列举一些非常酷的应用程序。

1. 使用 Nautilus 管理文件和文件夹

如果想在 GNOME 3 中移动、复制、删除、重命名以及执行其他组织文件和文件夹的操作，则可以使用 Nautilus 文件管理器。Nautilus 是 GNOME 桌面自带的应用程序，其工作方式与 Windows 或者 Mac 中所使用的文件管理器类似。

为打开 Nautilus，请从 GNOME Dash 或者 Applications 列表中单击 Files 图标。用户账户将使用一组文件夹来保存最常见类型的内容：音乐、图片、视频等。这些内容都存储在被称为主目录的地方。图 2.11 显示了使用 Nautilus 打开一个主目录。

图 2.11　通过 Nautilus 管理文件和文件夹

当想要保存从 Internet 下载的文件或者使用字处理软件创建的文件时，可以分别将这些文件组织到不同的文件夹中。还可以根据需要创建新文件夹，并通过拖曳方式对文件和文件夹进行复制和移动，以及删除它们。

因为 Nautilus 与其他计算机系统中使用的大多数文件管理器没有什么区别，所以本章将不详细介绍如何通过拖曳和遍历文件夹的方式查找所需内容。然而，还是会提出一些关于如何使用 Nautilus 的浅显建议。

- **Home 文件夹**——可以完全控制在自己的 Home 文件夹中创建的文件和文件夹。但作为一名普通用户，则无法访问文件系统中的其他部分。
- **文件系统的组织**——虽然 Home 文件夹看似位于 Home 名称之下，但实际上它位于文件系统的/home 文件夹中的用户名文件夹中，比如/home/liveuser 或/home/chris。在后续章节中，将学习文件系统是如何组织的(特别是关于 Linux 命令 shell)。
- **使用文件和文件夹**——右击一个文件或者文件夹图标，查看可以进行哪些操作。例如，可以复制、剪切、移动到回收站(删除)或者打开任何文件或文件夹图标。
- **创建文件夹**——如果想要创建一个新文件夹，请在一个文件夹窗口中右击并选择 New Folder。然后输入新的文件夹名称来覆盖高亮显示的 Untitled Folder。最后按 Enter 键完成文件夹的命名。
- **访问远程内容**——Nautilus 除了可以显示本地文件系统中的内容之外，还可以显示远程服务器中的内容。从 Nautilus 的文件菜单中选择 Connect to Server。可以通过 SSH(Secure Shell)、带有登录功能的 FT、Public FTP、Windows 共享、WebDav(HTTP)或者 Secure WebDav(HTTPS)连接到一个远程服务器。输入正确的用户名和密码后，远程服务器中的内容将显示在 Nautilus 窗口中。图 2.12 显示了一个 Nautilus 窗口示例，其中显示了来自一个远程服务器的文件夹(通过 SSH 协议，ssh://192.168.122.81)。

图 2.12　使用 Nautilus 的 Connect to Server 功能访问远程文件夹

2. 安装和管理额外的软件

Fedora Live Desktop 自带了一个 Web 浏览器(Firefox)、一个文件管理器(Nautilus)以及其他一些常用的应用程序。然而，还存在其他许多有用的应用程序，但因为应用程序大小的问题而无法放在一张 Live CD 中。如果在硬盘中安装了 Live Fedora Workstation(具体安装过程如第 9 章所述)，则可以添加更多软件。

> **注意:**
> 如果你正在运行Live Medium，那么可以尝试安装软件。但请记住，因为Live Medium上的可写空间使用了虚拟内存(RAM)，所以该空间是有限的，并且很容易用尽。此外，当重新启动系统后，所安装的一切软件都会消失。

Fedora 安装完毕后，会自动进行相关配置，从而将系统连接到庞大的 Fedora 软件资源库(可以通过 Internet 访问)。只要连接到 Internet，就可以运行 Add/Remove 软件工具来下载并安装数以千计的 Fedora 软件包。

虽然第 10 章 "获取和管理软件" 会详细地介绍如何在 Fedora 中管理软件(yum 和 rpm 功能)，但现在可以开始安装一些软件包，而不必知道安装过程的工作原理。首先进入应用程序屏幕并打开 Software 窗口。图 2.13 显示了 Software 窗口的一个示例。

图 2.13　从庞大的 Fedora 资源库中下载并安装软件

打开 Software 窗口后，可以通过搜索(在 Find 框中输入应用程序名称)或者选择一个类别来选择所需的应用程序。其中，每一类别按照其子类别的顺序提供对应的软件包，还提供了特色软件包。

选择左上角的 spyglass 图标，然后键入与想要安装的软件包相关的单词。可以阅读搜索中出现的每个包的描述。准备就绪后，单击 Install 安装该包以及使其工作所需的任何依赖包。

通过搜索并安装一些常见的桌面应用程序，可以有效地使用桌面。第 10 章将详细介绍在 Fedora 和 RHEL 中如何添加软件库以及如何使用 yum 和 rpm 命令管理软件。

3. 使用 Rhythmbox 播放音乐

Rhythmbox 是 Fedora GNOME Live Desktop 自带的音乐播放器。可从 GNOME 3 Dash 中启动 Rhythmbox，并立即播放音乐 CD、播客或者网络广播节目。此外，还可导入 WAV 和 Ogg 格式的音频文件或者添加用来播放 MP3 或其他音频格式的插件。

图 2.14 显示了 Rhythmbox 窗口的一个示例，其中正在播放一个导入音频库中的音乐。

图 2.14　使用 Rhythmbox 播放音乐、播客和网络广播

使用 Rhythmbox 的方法有很多，如下所示。

- 广播——双击 Library 下的 Radio 选项，并从右边出现的列表中选择一家广播电台。
- 播客——首先通过 Internet 搜索播客，并找到感兴趣的播客的 URL。然后右击 Podcasts 项，选择 New Podcast Feed。在 URL 中粘贴或者输入该 URL，并单击 Add 按钮。此时，在右边出现来自所选站点的播客列表。最后双击想听的播客项。
- 音频 CD——插入一个音频 CD，当在 Rhythmbox 窗口中出现了该 CD 时单击 Play 按钮。此外，Rhythmbox 还可翻录和刻录音频 CD。
- 音频文件——Rhythmbox 可以播放 WAV 和 Ogg Vorbis 文件。此外，通过添加相关插件，还可以播放其他许多音频格式，包括 MP3。因为涉及与 MP3 格式有关的专利问题，所以在 Fedora 中不能播放 MP3。第 10 章将介绍如何获取 Linux 发行版本的软件库之外的软件。

可用于 Rhythmbox 的插件可以获取封面，显示有关艺术家和歌曲的信息，添加音乐服务支持(如 Last.fm 和 Magnatune)以及获取歌词。

2.3.5　停止 GNOME 3 桌面

当完成了与 GNOME 3 的会话后，请选择顶部栏右上角的向下箭头按钮。通过该按钮，可以选择 On/Off 按钮，从而允许注销，或者在不注销的情况下切换到一个不同的用户账户。

2.4　使用 GNOME 2 桌面

GNOME 2 桌面是 RHEL 6 默认的桌面界面。该桌面非常有名且比较稳定，但也有一点不如人意。

GNOME 2 桌面提供了更标准的菜单、面板、图标和工作区。如果你一直在使用 RHEL 直到 RHEL 6，或者使用过较早的 Fedora 或 Ubuntu 发行版本，那么可能见过 GNOME 2 桌面。本节将简要介绍 GNOME 2，并对其进行一些修改。最新的 GNOME 版本包括了先进的 3D 效果(请参见本章 2.4.4 节"使用 AIGLX 添加 3D 效果")并改进了可用功能(后面将进行介绍)。

如果要使用 GNOME 桌面，首先应该熟悉以下组件。

- **Metacity(窗口管理器)** ——GNOME 2 的默认窗口管理器是 Metacity。通过使用 Metacity 配置选项，可以对主题、窗口边框以及在桌面上所使用的操作进行控制。
- **Compiz(窗口管理器)** ——可以在 GNOME 中启用该窗口管理器，从而提供 3D 桌面效果。
- **Nautilus(文件管理器/图形 shell)** ——当打开一个文件夹时(例如，双击桌面上的 Home 图标)，将会打开 Nautilus 窗口并显示所选择文件夹的内容。此外，Nautilus 还可以显示其他类型的内容，比如网络上 Windows 计算机所共享的文件夹(使用 SMB)。
- **GNOME 面板(应用程序/任务启动器)** ——位于屏幕顶部和底部的面板被设计用来方便用户启动应用程序，管理运行中的应用程序以及使用多个虚拟桌面。默认情况下，顶部的面板包括菜单按钮(Applications、Places 和 System)、桌面应用程序启动器(Evolution email 和 Firefox Web 浏览器)、一个工作区切换器(用来管理 4 个虚拟桌面)和 1 个时钟。当需要更新软件或者 SELinux 检测到一个问题时，会在顶部面板中出现相应的图标。而底部面板包括 Show Desktop 按钮、窗口列表、一个垃圾桶以及一个工作区切换器。
- **桌面区域**——所使用的窗口和图表都布置在桌面区域，它支持应用程序之间的拖曳操作、桌面菜单(通过右击查看)以及用来启动应用程序的图标。通过一个电脑图标将 CD 驱动器、软盘驱动器、文件系统和共享网络资源合并到一个地方。

GNOME 还包括一组用来设置桌面不同方面的 Preferences 窗口。可以更改背景、颜色、字体、键盘快捷键以及与桌面行为和外观相关的其他特征。图 2.15 显示了首次登录时 GNOME 2 桌面环境的显示方式，其中向屏幕添加了几个窗口。

图 2.15 所示的桌面是针对 RHEL 的。接下来将详细介绍如何使用 GNOME 2 桌面。

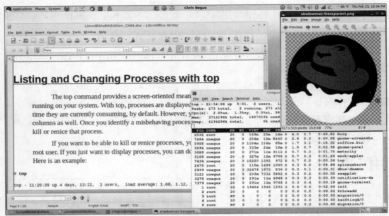

图 2.15　桌面环境的显示方式

2.4.1　使用 Metacity 窗口管理器

Metacity 窗口管理器因为其简单性似乎应该被选定为 GNOME 的默认窗口管理器。Metacity 的创建者将其称为"成年人的无聊窗口管理器",并与其他窗口管理器进行比较,因此 Metacity 的特点是 Cheerios。

> **注意:**
> 如果要使用 3D 效果,最佳解决方案是使用本章后面将要介绍的 Compiz 窗口管理器。而使用 Metacity 则无法完成相关操作(却可以提高工作效率)。可以通过 GNOME 首选项(稍后介绍)将新主题分配给 Metacity 并更改颜色和窗口效果。
> 可能让你感兴趣的基本 Metacity 功能是键盘快捷键和工作区切换器。表 2.1 显示了 Metacity 窗口管理器中的键盘快捷键。

表 2.1　键盘快捷键

行　为	快　捷　键
循环向后而不弹出图标	Alt+Shift+Esc
在面板之间循环向后	Alt+Ctrl+Shift+Tab
关闭菜单	Esc

还可以使用该窗口管理器中的其他键盘快捷键。依次选择 System | Preferences | Keyboard Shortcuts,查看快捷键列表,如下。

- 运行对话框——如果想要从桌面中运行一个命令启动一个应用程序,请按 Alt+F2 组合键。在出现的对话框中,输入相应的命令并按 Enter 键。例如,输入 gedit,运行一个简单的图形文本编辑器。
- 锁定屏幕——如果想要离开屏幕并将其锁定,可按 Ctrl+Alt+L 组合键。但如果想再次打开屏幕,则需要输入用户密码。
- 显示主菜单——如果想从 Applications、Places 或 System 菜单中打开一个应用程序,请按 Alt+F1 组合键。然后使用上下箭头键从当前菜单中进行选择,或者使用左右箭头键从其他菜单中选择。

- **打印屏幕**——按 Print Screen 键，获取整个桌面图片。按 Alt+Print Screen 组合键则获取当前窗口的图片。

另一个感兴趣的 Metacity 功能是工作区切换器。对于在 GNOME 2 面板的 Workspace Switcher 中出现的虚拟工作区，可以使用 Workspace Switcher 完成以下工作。

- **选择当前工作区**—— Workspace Switcher 中会出现 4 个虚拟工作区。单击任何一个虚拟工作区都将使其成为当前工作区。
- **将窗口移到其他工作区**——单击任何窗口(每一个窗口在工作区中表示为一个小矩形)，并将其拖放至另一个工作区。同样，也可从 Window 列表拖放一个应用程序，从而将其移到另一个工作区。
- **添加更多工作区**——右击 Workspace Switcher，并选择 Preferences，可以添加工作区(最多 32 个工作区)。
- **命名工作区**——右击 Workspaces Switcher，并选择 Preferences。然后在 Workspaces 面板中单击，并将工作区的名称更改为所希望的任何名称。

可使用 gconf-editor 窗口(在 Terminal 窗口中输入 gconf-editor)查看并更改关于 Metacity 控制和设置的相关信息。但如该窗口所提示的那样，这并不是一种更改首选项所推荐的方法，所以只要有可能，应该通过 GNOME 2 首选项更改桌面。然而，gconf-editor 却是一种查看每个 Metacity 功能说明的好方法。

在 gconf-editor 窗口中，依次选择 apps | metacity，然后从 general、global_keybindings、keybindings_commands、window_keybindings 和 workspace_names 中选择。单击每个链可以查看键的值以及简短和详细的描述。

2.4.2　更改 GNOME 的外观

依次选择 System | Preferences | Appearance，可以更改 GNOME 桌面的一般外观。可以从 Appearance Preferences 窗口的 3 个选项卡中选择。

- **Theme**——GNOME 2 桌面中可用的所有主题可以更改颜色、图标、字体以及桌面的其他方面。GNOME 桌面自带了几种不同的主题，可以通过该选项卡选择使用，或者单击 Get more themes online，并从各种可用的主题中选择。
- **Background**——如果想要更改桌面背景，可从该选项卡的一个背景列表中选择。而如果想添加不同的背景，则首先获取想要的背景(通过选择 Get more background online 下载背景，并存入 Pictures 文件夹中)，然后单击 Add 按钮并从 Pictures 文件夹中选择该图片。
- **Fonts**——可以选择不同的字体作为应用程序、文档、桌面、窗口标题栏以及固定宽度所使用的默认字体。

2.4.3　使用 GNOME 面板

GNOME 面板位于 GNOME 桌面的顶部和底部。通过这些面板，可以启动应用程序(通过相关的按钮或菜单)，查看处于活动状态的应用程序以及监视系统如何运行。此外，还可以使用不同的方法更改顶部和底部面板——例如，添加应用程序或监视器，或者更改面板的位置或行为。

右击任何面板的任何开放空间，可查看 Panel 菜单。图 2.16 显示了位于顶部的 Panel 菜单。

图 2.16　GNOME Panel 菜单

从 GNOMEPanel 菜单，可以选择如下不同的功能。

- **Use the menus**
  - ♦ **Applications** 子菜单显示了可以通过桌面使用的大部分应用程序和系统工具。
  - ♦ **Places** 子菜单可以选择想要去的地方，比如 Desktop 文件夹、主文件夹、可移动介质或者网络位置。
  - ♦ **System** 子菜单可以更改首选项和系统设置，并获取与 GNOME 相关的其他信息。
- **Add to Panel**——添加小程序、菜单、启动器、抽屉或按钮。
- **Properties**——更改面板的位置、大小和背景属性。
- **Delete This Panel**——删除当前的面板。
- **New Panel**——向桌面添加不同类型和不同位置的面板。

此外，还可以使用面板上的项目。例如，可以完成以下操作。

- **Move items**——如果想要移动面板中的某一项目，可以双击该项目并选择 Move，然后将其拖放至一个新位置。
- **Resize items**——可以重新调整一些元素的大小，比如 Window 列表，其方法是单击边缘并将其拖动到新的大小。
- **Use the Window list**——在桌面上运行的任务会出现在 Window list 区域。如果单击某一任务，可以使其最小化或最大化。

接下来介绍一些可以使用 GNOME 面板完成的工作。

1. 使用 Applications 和 System 菜单

单击面板中的 Applications，会看到可以选择的应用程序和系统工具类别，然后单击想要启动的应用程序。如果想向菜单中添加一个项目，以便可以通过面板启动对应的应用程序，只需要将该项目拖放至面板中即可。

此外，还可以向 GNOME 2 菜单添加项目。为此，请右击任何菜单名称并选择 Edit Menus。通过所出现的窗口可以添加或者删除与 Applications 和 System 菜单相关联的菜单。此外，还可以添加从这些菜单中启动的项目，其方法是选择 New Item 并输入项目的名称、命令和注释。

2. 添加小程序

可以直接在 GNOME 面板上运行多个被称为 applet 的小程序。这些程序可以显示想要持续查看的信息，或者仅提供一些娱乐功能。如果想要查看哪些小程序可用，并将所需的小程序添加到面板中，请按照以下步骤操作。

(1) 右击面板中的开放空间，以便显示 **Panel** 菜单。

(2) 单击 **Add to Panel**。出现 Add to Panel 窗口。

(3) 从几十个小程序中进行选择，包括一个时钟、字典查询、股票和天气预报。所选择的程序会出现在面板中，并做好了被使用的准备。

图 2.17 从左到右依次显示了眼睛、系统监视器、天气预报、终端和游戏(Wanda the fish)。

图 2.17 将小程序放置到面板中，从而便于访问

在安装完一个小程序后，可以右击并查看可用的选项。例如，可以选择股票小程序的 Preferences，从而添加想要对其价格进行监视的股票或者删除股票。如果不喜欢小程序的位置，可以右击该程序并单击 Move，然后滑动鼠标直到小程序到达所希望的位置(甚至可以移动到另一个面板中)，最后单击鼠标，完成位置设置。

如果不希望某一小程序再出现在面板中，可以右击该程序并单击 Remove From Panel。此时表示该小程序的图标将会消失。如果发现面板中没有足够的空间，那么可以将一个新的面板添加到屏幕的另一部分，如下一节所述。

3. 添加另一个面板

如果顶部或者底部面板没有足够的空间，那么可以向桌面添加更多的面板。在 GNOME 2 桌面上可以拥有多个面板。可以在屏幕的底部、顶部或者一侧添加面板。具体的添加步骤如下：

(1) **右击面板中的一块开放空间，以便显示 Panel 菜单。**

(2) **单击 New Panel。**此时在屏幕的一侧出现一个新面板。

(3) **右击新面板的开放空间，并选择 Properties。**

(4) **通过 Panel Properties，从 Orientation 框**(Top、Bottom、Left 或者 Right)中选择新面板的位置。

在添加了新面板之后，可以像在默认面板中那样向其添加小程序或者程序启动器。如果想要删除一个面板，右击并选择 Delete This Panel。

4. 添加应用程序启动器

面板上的图标表示一个 Web 浏览器和几个办公应用程序。此外，还可以添加自己的图标，以便从面板中启动应用程序。向面板中添加新应用程序启动器的步骤如下：

(1) **右击面板的开放空间。**

(2) **依次从菜单中选择 Add to Panel | Application Launcher。**此时将出现来自 Applications 和 Systems 菜单的所有应用程序类别。

(3) **选择应用程序类别旁边的箭头，然后选择 Add。**此时，将会在面板中出现表示该应用程序的图标。

此时，只需要单击面板中的图标即可启动所添加的应用程序。

如果想要启动的应用程序不在菜单中，那么可以自己构建一个启动器，具体步骤如下：

(1) **右击面板的开放空间。**

(2) **依次选择 Add to Panel | Custom Application Launcher | Add。**出现 Create Launcher 窗口。

(3) **请为想要添加的应用程序提供如下信息：**

- **类型**——可以选择 Application(用来启动一个常规 GUI 应用程序)或者 Application in Terminal(用来启动一种基于字符或 ncurses 的应用程序)。使用 ncurses 库所编写的应用程序在一个 Terminal 窗口中运行，却提供了面向屏幕的鼠标和键盘控制。

- **名称**——选择一个用来识别应用程序的名称(当鼠标移动到应用程序图标上时将会在工具提示中显示该名称)。

- **命令**——当启动应用程序时用来标识运行的命令行。可使用完整的路径名加上任何所需的选项。

- **注释**——输入一段用来描述应用程序的注释。此外，当将鼠标移动到启动器时会出现该注释。

(4) 单击 Icon 框(也可能为 **No Icon**)，并选择其中一个图标，然后单击 **OK** 按钮。或者直接浏览文件系统并选择一个图标。

(5) 单击 **OK** 按钮。

此时，应用程序应该出现在面板中。单击图标，启动应用程序。

注意：
用来表示应用程序的图标位于/usr/share/pixmaps 目录中。这些图标可以是.png 或者.xpm 格式。如果该目录中未包含你想要使用的图标，那么可创建自己的图标(必须是.png 或.xpm 格式之一)并分配给应用程序。

5. 添加抽屉

抽屉是一种图标，通过单击该图标，可以显示用来表示菜单、小程序和启动器的其他图标；其行为类似于一个面板。从本质上讲，任何可以添加到面板中的项目都可以添加到抽屉中。通过向 GNOME 面板添加抽屉，可将多个小程序和启动器包括在一起，并且只占用一个图标的空间。单击抽屉，显示小程序和启动器，就像将它们从抽屉图标中拉出来一样。

如果要向面板添加一个抽屉，请右击面板，并选择 Add to Panel | Drawer。此时在面板上出现一个抽屉图标。右击该抽屉，就像在面板中那样添加小程序或启动器。再次单击该图标，收回抽屉。

图 2.18 显示了带有一个打开抽屉的面板的一部分，其中该抽屉包括了用来启动天气预报、粘滞便笺和股票监视程序的图标。

图 2.18　将启动器或小程序添加到 GNOME 2 面板的抽屉中

6. 更改面板属性

可以对桌面面板的方向、大小、隐藏策略和背景属性进行更改。请右击面板上的开放空间，并选择 Properties，从而打开应用于特定面板的 Panel Properties 窗口。该窗口包括了以下值。

- **Orientation**——通过单击一个新位置，将面板移动到屏幕的不同地方。
- **Size**——通过选择面板高度来确定面板大小(以像素为单位，默认值为 48 像素)
- **Expand**——选择该复选框，从而使面板扩展以填充整个侧面。而如果清除该复选框，则使面板与所包含的小程序等宽。
- **AutoHide**——确定面板是否自动隐藏(只有当鼠标指针位于该区域时显示)。
- **Show Hide buttons**——选择 Hide/Unhide 按钮(按钮上带有位图箭头)是否显示在面板的边缘。
- **Arrows on Hide buttons**——如果选择了 Show Hide buttons，则可以选择是否在这些按钮上显示箭头。
- **Background**——通过 Background 选项卡，可为面板的背景分配一种颜色，指定一个位图图像，或者根据当前系统主题保持默认值。如果想要为背景选择一个 Image，可以单击 Background Image 复选框，然后选择一个图像，比如来自/usr/share/backgrounds/tiles 或其他目录的瓷砖图像。

> **提示：**
> 通常为启用 AutoHide 功能而禁用 Hide buttons。使用 AutoHide 可提供更多工作桌面空间。而
> 当鼠标移动到面板所在的边缘时，面板会弹出，所以不需要使用 Hide buttons 功能。

2.4.4　使用 AIGLX 添加 3D 效果

近几年来，多项技术得到了极大发展，从而为 Linux 带来了 3D 桌面效果。Ubuntu、openSUSE
和 Fedora 都使用了 AIGLX(http://http://fedoraproject.org/wiki/RenderingProject/aiglx)。

AIGLX(Accelerated Indirect GLX)项目的目标是为日常的桌面系统添加 3D 效果。其主要的实
现过程是使用 Mesa(http://www.mesa3d.org)开源 OpenGL 实现来达到 OpenGL(http://opengl.org)加速
效果。

目前，AIGLX 仅支持有限的视频卡，并且也只实现了部分 3D 效果，却为一些工作提供了独
到见解。

如果视频卡被正确检测和配置，则可以启用 Desktop Effects 功能，查看到目前为止已经实现
的 3D 效果。为了启用 Desktop Effects 功能，请依次选择 System | Preferences | Desktop Effects。当
出现 Desktop Effects 窗口时，选择 Compiz(如果该选项不可用，则需要安装 Compiz 软件包)。

启用 Compiz 完成以下操作。

- **Starts Compiz**——停止当前的窗口管理器，并启动 Compiz 窗口管理器。
- **Enables the Windows Wobble When Moved effect**——启用该效果后，当获取窗口的标题
  栏并开始移动时，窗口也随之抖动。此时在桌面上打开的菜单和其他项目也会抖动。
- **Enables the Workspaces on a Cube effect**——将一个窗口从桌面拖动至左侧或者右侧，此
  时桌面就像一个立方体一样进行旋转，而每一个桌面工作区则出现在立方体的侧面。可以
  将窗口拖放至所希望的工作区。此外，还可以单击底部面板中的 Workspace Switcher 小程
  序，从而旋转立方体以显示不同的工作区。

其他漂亮的桌面效果还包括使用 Alt+Tab 组合键，从而在不同的运行窗口之间切换。当按住
Alt+Tab 组合键时，每个窗口的缩略图会在屏幕上滚动，并高亮显示表示当前窗口的缩略图。

图 2.19 显示一个启用了 AIGLX 的 Compiz 桌面示例。该图举例说明了当工作区在一个立方
体上旋转时，Web 浏览器窗口将从一个工作区移动到另一个工作区。

图 2.19　启用 AIGLX 桌面效果，在一个立方体上旋转工作区

接下来列举一些使用 3D AIGLX 桌面所获得的一些有趣效果。

- **旋转立方体**——按住 Ctrl+Alt 组合键，并单击左右箭头键。此时桌面立方体旋转到每个连续的工作区(向前或者向后)。
- **缓慢旋转立方体**——按住 Ctrl+Alt 组合键，然后按住鼠标左键，最后在屏幕上移动鼠标。此时立方体将随着鼠标在工作区之间的移动而缓慢旋转。
- **缩放和分离窗口**——如果桌面非常混乱，那么按住 Ctrl+Alt 组合键并使用向上箭头键，此时窗口将在桌面上缩小并分离。持续按住 Ctrl+Alt 组合键，并使用箭头键高亮显示所需的窗口，然后释放键，使该窗口露出。
- **通过窗口切换**——按住 Alt 键，并按 Tab 键。此时会看到在屏幕的中间地带显示了所有窗口的缩小版本，而当前窗口则在中间高亮显示。如果继续按住 Alt 键并按 Tab 键或者按 Shift+Tab 组合键，可以向前或者向后浏览窗口。当高亮显示了所需的窗口时，释放键即可。
- **缩放和分离工作区**——按住 Ctrl+Alt 组合键，并使用向下箭头，可以看到工作区的缩小图像。继续按住 Ctrl+Alt 组合键，并使用左右箭头键在不同工作区之间移动。当高亮显示了所需的工作区时，释放相关键。
- **将当前窗口发送到下一个工作区**——同时按住 Ctrl+Alt+Shift 组合键，但使用左右箭头键。此时，向左或者向右的下一个工作区将分别显示在当前桌面上。
- **滑动窗口**——在窗口的标题栏单击并按住鼠标左键，然后使用上、下、左、右箭头键，从而在屏幕上滑动当前窗口。

如果你厌倦了抖动窗口和旋转的立方体，则可以非常容易地关闭 AIGLX 3D 效果，并使用 Metacity 作为窗口管理器。关闭的方法是依次选择 System | Preferences | Desktop Effects，并关闭 Enable Desktop Effects 按钮，从而禁用该功能。

如果已经安装了一个支持的视频卡，但发现无法启用 Desktop Effects，那么请检查 X 服务器是否被正确启动。尤其是要确保/etc/X11/xorg.conf 文件的正确配置，并确保 dri 和 glx 加载到 Module 部分。此外，还需要在该文件的某一位置(通常在文件的结尾处)添加一个扩展部分，如下所示。

```
Section "extensions"
  Option "Composite"
EndSection
```

或者也可在/etc/X11/xorg.conf 文件的 Device 部分添加如下所示的代码行。

```
XOption "XAANoOffscreenPixmaps"
```

XAANoOffscreenPixmaps选项可提升性能。检查/var/log/Xorg.log文件，以确保DRI和AIGLX功能正确启用。此外，该文件中的相关消息还可帮助调试其他问题。

2.5　小结

GNOME 桌面环境已经成为大多数 Linux 系统默认的桌面环境，包括 Fedora 和 RHEL。其中 GNOME 3(主要用于 Fedora 和 RHEL 7、RHEL 8)是一个现代化的精美桌面，主要用来匹配如今移动设备上可用的界面类型。而 GNOME 2 桌面(主要用户 RHEL 6)提供了更加传统的桌面体验。

除了 GNOME 桌面之外，还可以尝试其他流行且有用的桌面环境。KDE(K Desktop Environment)提供了比 GNOME 更多的附加功能，并且被多个 Linux 发行版本默认使用。而

Netbooks 和 Live CD 发行版本则使用了 LXDE 或者 Xfce 桌面。

到目前为止，你已经掌握了如何获取和使用 Linux 桌面，接下来开始学习一些更专业的管理界面。第 3 章将介绍 Linux 命令行 shell 界面。

2.6　习题

请使用下面的习题测试所学习的关于使用 GNOME 桌面的相关知识。可以使用 GNOME 2.x (RHEL 6.x 之前的 RHEL)或者 GNOME 3.x(Fedora 16 或者更新版本，Ubuntu 11.10，或者使用 Ubuntu GNOME 项目)桌面。如果陷入困境，可以参考附录 B 中这些习题的参考答案，这些答案适用于 GNOME 2 和 GNOME 3 桌面。

(1) 获取一个带有 GNOME 2 或者 GNOME3 桌面的 Linux 系统。然后启动系统，并登录到 GNOME 桌面。

(2) 启动 Firefox Web 浏览器，并访问 GNOME 主页面(http://gnome.org)。

(3) 从 GNOME 艺术网站(http://gnome-look.org)中选择一个自己喜欢的背景，然后下载到 Pictures 文件夹中，最后选择该背景作为当前背景。

(4) 启动一个 Nautilus File Manager 窗口，并将其移动到桌面的第二个工作区中。

(5) 找到用作桌面背景的图像，并在任何图像浏览器中将其打开。

(6) 在包含 Firefox 的工作区和包含 Nautilus 文件管理器的工作区之间来回移动。

(7) 打开系统中已经安装的程序列表，并从该列表中选择打开一个图像浏览器。请尽可能少使用点击或按键。

(8) 将当前工作区中的窗口视图更改为可以浏览的更小的视图。选择任何喜欢的窗口，并使其成为当前窗口。

(9) 仅使用键盘从桌面启动一个音乐播放器。

(10) 仅使用键盘获取桌面的图片。

第 II 部分

成为一名 Linux 高级用户

第**3**章

使用 shell

本章主要内容:
- 理解 Linux shell
- 通过控制台或者终端使用 shell
- 使用命令
- 使用命令历史记录和 Tab 键补齐
- 连接和扩展命令
- 理解变量和别名
- 使 shell 设置永久化
- 使用手册页和其他文档

在图标和窗口占据计算机屏幕之前,需要输入命令与大多数计算机进行交互。在 UNIX 系统(Linux 系统派生自该系统)中,用来解释和管理命令的程序称为 shell。

不管使用哪一个 Linux 发行版本,都可以使用 shell。它提供了一种方法来创建可执行脚本文件、运行程序、使用文件系统、编译计算机代码以及管理计算机。虽然 shell 没有常用的 GUI(Graphic User Interfaces,图形用户界面)直观,但大多数 Linux 专家都认为 shell 比 GUI 的功能更强大。shell 已经存在很长一段时间了,许多无法通过桌面使用的高级功能都可以通过运行 shell 命令来访问。

本章介绍的 Linux shell 称为 Bash shell,其全称为 Bourne Again shell。该名字来源于 Bash 与最早的一个 UNIX shell(即 Bourne shell,按照其创建者 Stephen Bourne 命名,代表了 sh 命令)相兼容这样一个事实。

虽然大多数发行版本都包括了 Bash 并将其视为一个标准,但也可以使用其他的 shell,包括在 BSD UNIX 用户中非常流行的 C shell(csh),以及在 UNIX System V 用户中非常流行的 Korn shell(ksh)。默认情况下,Ubuntu 在启动时使用 Dash shell,该 shell 的运行速度比 Bash shell 快。此外,Linux 还有一种 Tcsh shell(一种改进的 C shell)和 Ash shell(与 Bourne shell 非常相似)。

也许相对于默认安装的 shell,你正在使用的 Linux 发行版本的优势可能更加明显。但本章将重点介绍 Bash shell。这是因为在默认情况下本书所使用的 Linux 发行版本(Fedora 和 RHEL)在打开 Terminal 窗口时,都使用了 Bash shell。

下面列举了几点学习如何使用 Bash shell 的主要理由。
- 知道如何避开 Linux 或者其他与 UNIX 相类似的系统。例如,可以通过 shell 登录到自己的 RHEL Web 服务器、家庭多媒体服务器、家庭路由器或者妻子的 Mac 并使用任何类似的计算机系统,甚至可以在 Android 手机上登录并运行命令,但在其内部都运行了 Linux 或者类似系统。

- 通过使用特殊的 shell 功能，可以收集数据输入，并在命令和 Linux 文件系统之间实现直接数据输出。为了节省输入时间，还可以查找、编辑和重复 shell 历史记录中的命令。许多高级用户几乎不使用图形界面，而只是通过 shell 完成大部分工作。
- 可以使用编程结构(如条件测试、循环以及 case 语句)将命令集合为一个文件，以便快速完成复杂的操作，而不必反复输入相同命令。那些由命令组成且存储在一个文件中的程序被称为 shell 脚本。大多数 Linux 系统管理员都是用 shell 脚本自动完成相关任务，比如备份数据、监视日志文件或者检查系统健康状况等。

shell 是一种命令语言解析器。如果你曾经用过 Microsoft 操作系统，那么会发现在 Linux 中使用的 shell 与用于运行命令的 Powershell 解析器相类似——但通常功能更强大。刚开始，你可能会非常喜欢通过一个图形桌面界面来使用 Linux，但随着使用经验的不断积累，在某些时候你可能更需要使用 shell 来跟踪某一问题或管理某些功能。

起初，学习使用 shell 可能会比较困难，但在正确的帮助下，将会很快学会许多最重要的 shell 功能。本章将就如何通过 shell 使用 Linux 系统命令、进程和文件系统提供一些指导。此外，还将介绍 shell 环境以及如何调整该环境使其适应自己的需求。

3.1　shell 和 Terminal 窗口

在 Linux 中，可使用多种方法启动一个 shell 界面。其中最常用的三种方法是 shell 提示符、Terminal 窗口和虚拟控制台。后续章节将分别讨论这 3 种方法。

在开始学习本节之前请首先启动 Linux 系统。在屏幕上将看到一个类似于下面所示的纯文本登录提示符。

```
Red Hat Enterprise Linux Server release 8.0 (Ootpa)
Kernel 4.18.0-42.el8.x86_64 on an X86
mylinuxhost login:
```

或者看到一个图形登录屏幕。

不管是哪种情况，都应该使用一个普通用户账户进行登录。如果显示的是一个纯文本登录提示符，那么请继续学习"使用 shell 提示符"一节。但如果通过一个图形屏幕进行登录，则请转到"使用 Terminal 窗口"一节学习如何通过桌面访问 shell。此外，上述两种情况都可以访问"使用虚拟控制台"一节中所介绍的多个 shell。

3.1.1　使用 shell 提示符

如果所使用的 Linux 系统没有图形用户界面(或者目前暂时无法使用)，那么在登录之后将会看到一个 shell 提示符。此时，通过 shell 输入命令将是使用 Linux 系统的主要方式。

对于普通用户来说，默认的提示符是一个简单的美元符号：

$

而对于 root 用户来说，默认的提示符是一个英镑符号(也称为 number sign 或 hash tag)：

#

在大多数 Linux 系统中，$和#提示符都跟在用户名、系统名称和当前目录名之后。例如，将名为 pine 的计算机上的/usr/share/作为用户 jake 的当前工作目录，其登录提示符如下所示：

```
[jake@pine share]$
```

此外，还可更改提示符，从而显示任何喜欢的字符，甚至读取关于系统的部分信息——例如，可以使用当前工作目录、日期、本地计算机名或者任何字符作为提示符。关于如何配置提示符的相关知识，请参见本章"设置提示符"一节。

虽然通过 shell 可使用大量的功能，但从输入一些命令开始学习是比较简单的方法。通过本章后续部分相关命令的学习，可以熟悉当前使用的 shell 环境。

在接下来的示例中，美元符号($)和英镑符号(#)都表示一个提示符。其中，$表示可以被任何用户运行的命令。而#则表示应该作为一名 root 用户来运行命令——许多管理工具需要 root 权限才可以运行。提示符将跟在用户所输入的命令之后(然后按 Enter 键)。此后显示该命令所生成的输入结果。

> **注意：**
> 尽管使用#表示命令以根用户的身份运行，但不需要以根用户的身份登录，以根用户身份运行命令。实际上，以根用户的身份运行命令的最常见方式是使用 sudo。

3.1.2　使用 Terminal 窗口

通过运行的桌面 GUI，可以打开一个终端仿真程序(有时也称为 Terminal 窗口)，从而启动一个 shell。在大多数 Linux 发行版本中，都可以非常容易地通过 GUI 启动一个 shell。可以使用两种常用的方法通过 Linux 桌面启动一个 Terminal 窗口。

- **右击桌面**。在弹出的上下文菜单中，如果看到 Open in Terminal、shell、New Terminal、Terminal Window、Xterm 或其他类似的项目，请选择该项目，启动一个 Terminal 窗口(一些发行版本已经禁用了该功能)。
- **单击面板菜单**。许多 Linux 桌面在屏幕顶部或底部都包括一个面板，通过该面板可启动相关的应用程序。例如，在某些使用 GNOME 2 桌面的系统中，可以选择 Application | System Tools | Terminal，打开一个 Terminal 窗口。而在 GNOME 3 桌面中，转动活动屏幕，输入 Terminal 并按 Enter 键。

不管使用哪种方法，都应该通过一个不带有 GUI 的 shell 输入命令。Linux 可以使用不同的终端仿真程序。在使用 GNOME 桌面的 Fedora、Red Hat Enterprise Linux(RHEL)以及其他 Linux 发行版本中，默认的终端仿真程序窗口为 GNOME Terminal(由 gnome-terminal 命令启动)。

除了基本的 shell 外，GNOME Terminal 还支持许多功能。例如，通过 GNOME Terminal 窗口裁剪和粘贴文本，更改字体，设置标题，选择用作背景的颜色或图像以及当文本滚出屏幕时保存多少文本等。

为试用一些 GNOME Terminal 功能，请启动一个 Fedora 或者 RHEL 系统，并登录到桌面。然后完成下列步骤：

(1) 选择 Application | Utilities | Terminal(或者转到 Activities 屏幕并输入 Terminal)。此时在桌面上应该打开一个 Terminal 窗口。

(2) 选择 Edit | Profile Preferences 或 Preferences。

(3) 在 General 选项卡或当前配置(取决于 GNOME 的版本)中，选中 Custom font 复选框。

(4) 在 Font 字段，输入不同的字体和大小，并选择 Select。此时新字体将出现在 Terminal 窗口。

(5) 取消选中 Custom font 复选框，从而返回到原始字体。

(6) 在 Colors 选项卡中，取消选中 Use colors from system theme 复选框。然后尝试输入一些不同字体和背景颜色。

(7) 重新选中 Use colors from system theme 复选框，返回到默认颜色。

(8) 转到 Profile 窗口。此时可以尝试其他一些功能，比如设置保存多少滚动数据等。

(9) 当试用完相关功能之后，请关闭 Profile 窗口。现在，可以开始使用 Terminal 窗口。

如果通过图形桌面使用 Linux，那么通常是通过一个 Terminal 窗口访问 shell。

3.1.3　使用虚拟控制台

大多数包括了桌面界面的 Linux 系统通常会启动在计算机上运行的多个虚拟控制台。虚拟控制台除了可以打开图形界面之外，还可以打开多个 shell 会话。

如果同时按住 Ctrl 和 Alt 键并单击功能键 F1~F6，可以在不同的虚拟控制台之间切换。例如，在 Fedora 中，按住 Ctrl+Alt+F1 组合键(或者 F2、F3、F4 直到 F6 键)，可以显示 7 个虚拟控制台中的某一个。Fedora 中的第一个虚拟工作区就是 GUI 所在的工作区，而其他 6 个虚拟控制台都是基于文本的虚拟控制台。

按 Ctrl+Alt+F1 组合键可返回到 GUI(如果 GUI 正在运行)。在某些系统上，GUI 可能运行在另一个虚拟控制台上，例如虚拟控制台 2(Ctrl+Alt+F2)。较新的系统(如 Fedora 29)现在在 tty1 上持久地启动 gdm(登录屏幕)，以允许同时进行多个 GUI 会话：gdm 在 tty1 上，第一个桌面在 tty2 上启动，第二个桌面在 tty3 上启动，以此类推。

请马上试一下吧。按住 Ctrl+Alt 组合键，并单击 F3 键。此时应该看到一个纯文本的登录提示符。请使用正确的用户名和密码完成登录。然后尝试输入一些命令。当完成相关操作后，请输入 exit 退出 shell。最后，按住 Ctrl+Alt+F1 组合键或 Ctrl+Alt+F2 组合键返回到图形桌面界面。可以根据自己的需要在这些图形控制台之间来回切换。

3.2　选择 shell

在大多数 Linux 系统中，默认的 shell 是 Bash shell。如果想要知道自己默认的登录 shell 是什么，可以输入下面所示的命令。

```
$ who am i
chris   pts/0    2019-10-21 22:45 (:0.0)
$ grep chris /etc/passwd
chris:x:13597:13597:Chris Negus:/home/chris:/bin/bash
```

注意，这里和整本书中显示的命令行示例都显示了该命令的输出。当命令完成时，将再次看到命令提示符。

命令 who am i 显示了用户名，而 grep 命令(其中可以用用户名代替 chris)显示了/etc/password 文件中用户账户的定义。上述代码中的最后一行表明 Bash shell(/bin/bash)是默认的 shell(即登录或者打开 Terminal 窗口后启动的 shell)。

此外，还可以设置一个不同的默认 shell(虽然很少这么做)。为此，只需要输入该 shell 的名称即可(例如 ksh、tcsh、csh、sh、dash 或其他 shell，假设已安装了这些 shell)。可在这些 shell 中尝试一些命令，然后输入 exit 返回到 Bash shell。

下面列出了几点选用不同 shell 的理由。

- 如果习惯于使用 UNIX V 系统(默认情形下为 ksh)或 Sun Microsystems 以及其他基于 Berkeley UNIX 发行版本(默认情况下为 sh)，那么使用这些环境中的默认 shell 可能会更加得心应手。
- 如果想要运行为某一特定 shell 环境而创建的 shell 脚本，则需要运行该 shell，以便在当前 shell 上测试或运行这些脚本。
- 可能更喜欢使用某一 shell 中的相关功能。例如，相对于 bash，某些 Linux 用户组成员会更喜欢使用 ksh，因为他们不喜欢 bash 使用别名的方式。

虽然大多数 Linux 用户都会偏爱某一 shell，但是当弄清楚如何使用某一 shell 之后，只需要通过查阅其他 shell 的手册页(例如输入 man bash)就可以非常快速地学习该 shell。手册页("获取关于命令的信息"一节将详细介绍手册页)提供了关于命令、文件格式以及 Linux 中其他组件的相关文档。大部分人之所以使用 Bash shell，是因为他们没有使用不同 shell 的特殊理由。所以本节的剩余部分将重点介绍 Bash shell。

Bash 除了包括一些 csh 功能之外，还包括了为早期 UNIX 系统中 sh 和 ksh shell 开发的功能。除了一些专门的 Linux 系统(这些系统通常只需要一个使用更少内存以及更少功能的 shell，例如运行在嵌入式设备上的 Linux 系统)之外，大多数 Linux 系统使用 Bash shell 作为默认登录 shell。本章中的大多数示例都基于 Bash shell。

> **提示:**
> 学习 Bash shell 不仅是因为它是大多数安装中默认的 shell，也是因为它是大多数 Linux 认证考试中所使用的 shell。

3.3　运行命令

运行命令的最简单方法是通过 shell 输入命令的名称。首先在桌面上打开一个 Terminal 窗口。然后输入下面所示的命令。

```
$ date
Thu Jun 29 08:14:53 EDT 2019
```

输入不带有选项或参数的 date 命令将显示如上述代码所示的当前日、月、日期、时间、时区和年。此外，还可以尝试其他一些命令:

```
$ pwd
/home/chris
$ hostname
mydesktop
$ ls
Desktop    Downloads  Pictures   Templates
Documents  Music      Public     Videos
```

pwd 命令显示了当前的工作目录。而 hostname 命令则显示了计算机主机名。ls 命令列举了当前目录中的文件和子目录。虽然只需要通过输入命令名称就可以运行许多命令，但更常见的做法是在命令之后输入更多内容，从而修改其行为。在命令之后输入的字符和单词被称为选项和参数。

3.3.1　了解命令语法

大多数命令都带有一个或多个用来更改命令行为的参数。一般来说，参数由单个字母构成，并在前面添加一个连字符。然而，为了每次使用多个选项，也可以将多个单字母选项组合在一起，或者在每个选项前面都使用一个连字符。例如，下面所示的针对 ls 命令的两种选项的用法是相同的。

```
$ ls -l -a -t
$ ls -lat
```

不管是哪种用法，ls 命令都会带着-l(长列表)、-a(显示隐藏的点文件)和-t(按照时间排列)选项运行。

一些命令所包括的选项由一个完整的单词组成。一般来说，为了告知命令使用一个完整单词作为一个选项，需要在该单词之前添加一个双连字符(--)。例如，为了在许多命令中使用 help 选项，需要在命令行中输入--help。而如果没有使用双连字符，则会将 h、e、l 和 p 分别解释为单个选项(虽然有些命令不遵守双连字符约定，而只需要在单词前使用单个连字符即可，但大多数命令都需要在单词选项之前使用双连字符)。

> **注意：**
> 可以在大多数命令中使用--help 选项查看命令所支持的选项和参数，例如输入 hostname --help。

此外，大多数命令还可在所输入的某些选项之后或者整个命令行结尾处接收参数。参数是一个额外的信息块，比如文件名、目录、用户名、设备或者其他用来告诉命令如何运行的信息。例如，cat /etc/passwd 将在屏幕中显示/etc/passwd 文件的内容。此时，/etc/passwd 就是参数。通常，在命令行中可以使用任意数量的参数，只要数量不超过单个命令行所允许的总字母数即可。

有时，一个参数与一个选项相关联。这种情况下，参数必须跟在选项之后。如果使用的是单字母选项，那么参数通常跟在一个空格后。而对于全单词选项，参数则跟在一个等号(=)之后。接下来请看一些示例：

```
$ ls --hide=Desktop
Documents   Music       Public      Videos
Downloads   Pictures    Templates
```

在上面的示例中，--hide 选项告诉 ls 命令在列出目录内容时不要显示名为 Desktop 的文件或目录。请注意，等号紧跟在选项之后(没有空格)，然后紧跟着参数(同样没有空格)。

下面显示了一个使用单字母选项以及一个参数的示例。

```
$ tar -cvf backup.tar /home/chris
```

在上述 tar 示例中，选项的含义是创建(c)一个名为 backup.tar 的文件(f)，其中包括/home/chris 目录及其子目录中的所有内容，以及在文件备份创建完毕(v)后显示详细信息。因为 backup.tar 是 f 选项的一个参数，所以 backup.tar 必须跟在选项之后。

此外，还可尝试一下其他命令。可以使用不同的选项查看这些命令的行为方式有哪些不同。

```
$ ls
Desktop Documents Downloads Music Pictures Public Templates
Videos
```

```
$ ls -a
.                   Desktop        .gnome2_private   .lesshst      Public
..                  Documents      .gnote            .local        Templates
.bash_history       Downloads      .gnupg            .mozilla      Videos
.bash_logout        .emacs         .gstreamer-0.10   Music         .xsession-
errors
.bash_profile       .esd_auth      .gtk-bookmarks    Pictures      .zshrc
.bashrc             .fsync.log     .gvfs             Pictures
$ uname
Linux
$ uname -a
Linux mydesktop 5.3.7-301.fc31.x86_64 #1 SMP Mon Oct 21 19:18:58 UTC
    2019 x86_64 x86_64 x86_64 GNU/Linux
$ date
Wed 04 Mar 2020 09:06:25 PM EST
$ date +'%d/%m/%y'
04/03/20
$ date +'%A, %B %d, %Y'
Wednesday, March 04, 2020
```

　　ls 命令显示了当前目录中所有的常规文件和目录。通过添加-a，还可以查看该目录中的隐藏文件(即以一个点开头的文件)。uname 命令显示了正在运行的系统类型(Linux)。同样，当添加了-a时，还可以查看主机名和内核版本。

　　date 命令还有一些特殊类型的选项。date 命令本身仅打印如上所示的当前日期和时间。但该命令支持一个特殊的+格式选项，通过该选项可采用不同的格式显示日期。如果想要查看不同格式的标记，可以输入 date --help。

　　可以尝试输入 id 和 who 命令了解当前 Linux 环境，如下所述。

　　当登录到一个 Linux 系统时，Linux 会认定为你具有特定的身份，其中包括用户名、组名、用户 ID 和组 ID。此外，Linux 还会跟踪登录会话，从而了解登录的时间、空闲的时间以及登录的地点等。

　　如果想要查看关于身份的相关信息，可使用 id 命令，如下所示。

```
$ id
uid=1000(chris) gid=1000(chris) groups=1005(sales), 7(lp)
```

　　在该示例中，用户名为 chris，并使用了数字用户 ID(uid)501 来表示。而 chris 的主组也被称为 chris，其组 ID(gid)为 501。通常对于 Fedora 和 Red Hat Enterprise Linux 用户来说，使用相同的主组名作为他们的用户名。此外，用户 chris 还属于其他组 sales(gid 1005)和 lp(gid 7)。这些名称和数字表示 chris 用来访问计算机资源的权限。

> **注意:**
> 启用了 SELinux(Security Enhanced Linux)的 Linux 发行版本(如 Fedora 和 RHEL)都在 id 输出的末尾显示了额外信息。该输出如下所示:
>
> ```
> context=unconfined_u:unconfined_r:unconfined_t:s0-s0:c0.c1023
> ```
>
> SELinux 提供了一种可以紧紧锁定 Linux 系统安全性的方法。如果想要学习更多关于 SELinux 的知识，请参阅第 24 章 "使用 SELinux 增强 Linux 安全"。

通过使用 who 命令，可以查看关于当前登录会话的相关信息。在下面的示例中，-u 选项表明添加关于空闲时间和进程 ID 的信息，而-H 则要求打印标头。

```
$ who -uH
NAME     LINE     TIME              IDLE    PID    COMMENT
chris    tty1     Jan 13 20:57       .      2019
```

who 命令的输出表示用户 chris 在 tty1 上完成登录操作(tty1 是监视器上第一个连接到计算机的虚拟控制台)，而登录会话开始于 1 月 13 日 20:57。IDLE 时间表示在没有任何命令输入的情况下 shell 保持打开状态的时间长度(点表明目前 shell 处于活动状态)。

PID 表示用户登录 shell 的进程 ID。COMMENT 则表示用户用来进行登录操作的远程计算机名称(前提是用户使用了网络上的另一台计算机进行登录)，或者本地 X Display 的名称(前提是用户正在使用一个 Terminal 窗口)，比如:0.0。

3.3.2　查找命令

到目前为止，你已经输入了一些命令，但可能会问这些命令位于什么地方呢？shell 如何找到所输入的命令呢？为了找到所输入的命令，shell 在所谓的路径中进行查找。对于那些不在路径上的命令，则需要输入命令位置的完整标识。

如果知道包含了想要运行命令的目录，那么运行该命令的一种方法是输入完整或者绝对路径。例如，输入以下代码，运行/bin 目录中的 date 命令。

```
$ /bin/date
```

当然，这种方法使用起来并不方便，当命令位于带有较长路径的目录时更是如此。所以更好的方法是将命令存储在一个已知的目录中，然后将这些目录添加到 shell 的 PATH 环境变量中。该路径由一个目录列表组成，当输入命令时检查该列表，从而找到相应的命令。为了查看当前路径，请输入以下代码。

```
$ echo $PATH
/usr/local/bin:/usr/bin:/bin:/usr/local/sbin:/usr/sbin:/sbin:↵
/home/chris/bin
```

代码结果显示了一个普通 Linux 用户的常见默认路径。该路径列表中的目录以冒号分隔。Linux 提供的大多数用户命令都存储在/bin、/user/bin 或/user/local/bin 目录中。而/sbin 和/usr/sbin 目录则包含了管理命令(一些 Linux 系统没有将这些目录放置在普通用户路径中)。最后一个目录是用户 home 目录中的 bin 目录(/home/chris/bin)。

> **提示：**
> 如果想要添加自己的命令或 shell 脚本，请将它们放置在主目录的 bin 目录中(比如针对 chris 用户的/home/chris/bin)。在一些 Linux 系统中，会自动将该目录添加到路径中，但在其他 Linux 系统中，则需要创建该目录或将其添加到 PATH 环境变量中。所以，只要将带有执行权限的命令添加到 bin 中，就可以在 shell 提示符中输入命令名称使用该命令。如果想要使命令对所有用户可用，则需要将它们添加到/usr/local/bin 中。

与其他一些操作系统不同的是，在默认情况下，在搜索路径之前，Linux 并不会为了查找可执行文件而检查当前目录，而是马上开始搜索路径，只有在可执行文件位于 PATH 变量或者给定了可执行文件的绝对地址(如/home/chris/scriptx.sh)或相对地址(如./scriptx.sh)时，才会运行当前目录中的可执行文件。

路径目录顺序是很重要的。目录从左到右地检查。在本次示例中，如果在/bin 和/usr/bin 目录中都有一个名为 foo 的命令，将运行/bin 中的命令。如果想要运行另一个 foo 命令，可以输入该命令的完整路径，或者修改 PATH 变量(本章后面将详细介绍如何修改 PATH 变量以及如何将目录添加到变量中)。

并不是所有的命令都位于 PATH 变量的目录中。一些命令内置于 shell。通过创建用来定义任何命令的别名以及选项，可以重写另外一些命令。此外，还可以使用一些方法定义一个由一系列命令组成的函数。接下来介绍一下 shell 检查所输入命令的顺序。

(1) 别名。 由 alias 命令设置的名称(alias 命令是一个特殊命令，并包含一组选项)。可以输入 **alias** 查看所设置的别名。通常，通过使用别名，能够为较长且复杂的命令定义一个较短的名称(本章后面将详细描述如何创建自己的别名)。

(2) shell 保留字。 shell 保留了一些单词用作特殊用途。许多保留字都会在编程类型的函数中使用，比如 do、while、case 和 else(第 7 章将介绍一些保留字)。

(3) 函数。 一组能够在当前 shell 中共同运行的命令。

(4) 内置命令。 内置于 shell 中的命令。其结果是在文件系统中没有命令的表现形式。一些常用命令都是 shell 内置命令，比如 cd(更改目录)、echo(向屏幕输出文本)、exit(从 shell 中退出)、fg(将一个在后台运行的命令带入前台)、history(查看以前运行的命令列表)、pwd(列举当前工作目录)、set(设置 shell 选项)和 type(显示命令的位置)。

(5) 文件系统命令。 存储在计算机文件系统中的命令(这些命令由 PATH 变量值表示)。

为了弄清楚某一特定命令的出处，可使用 type 命令(如果使用 Bash 以外的其他 shell，可以使用 which 命令)。例如，如果想知道 Bash shell 命令的出处，可输入以下代码：

```
$ type bash
bash is /bin/bash
```

在 type 命令中尝试一些单词，查看命令的其他位置：which、case 和 return。如果一个命令位于多个位置，可以通过添加-a 选项打印命令的所有已知位置。例如，输入 type -a ls 将显示 ls 命令的别名和文件系统位置。

> **提示：**
> 有时在运行一条命令时可能收到无法找到命令或者运行该命令的权限被拒绝等错误消息。如果无法找到命令，请检查命令的拼写是否正确以及该命令是否位于 PATH 变量中。而如果是运行命令的权限被拒绝，则该命令可能位于 PATH 变量中，却是不可执行的。此外，请记住，字母大小写也非常重要，所以如果输入 CAT 或 Cat，将无法找到 cat 命令。

如果一条命令不在 PATH 变量中，则可使用 locate 命令尝试查找该命令。通过使用 locate 命令，可以访问系统中任何可访问的部分(其中一些文件只能由 root 用户访问)。例如，如果想要找到 chage 命令的位置，可输入以下代码：

```
$ locate chage
/usr/bin/chage
/usr/sbin/lchage
/usr/share/man/fr/man1/chage.1.gz
/usr/share/man/it/man1/chage.1.gz
```

```
/usr/share/man/ja/man1/chage.1.gz
/usr/share/man/man1/chage.1.gz
/usr/share/man/man1/lchage.1.gz
/usr/share/man/pl/man1/chage.1.gz
/usr/share/man/ru/man1/chage.1.gz
/usr/share/man/sv/man1/chage.1.gz
/usr/share/man/tr/man1/chage.1.gz
```

注意，locate 命令不仅找到了 chage 命令，还找到了 lchage 命令以及针对不同语言的与 chage 相关联的多个手册页。locate 命令会对整个文件系统进行查找，而不仅仅是在包含了命令的目录中查找。如果 locate 没有找到最近添加到系统中的文件，则以 root 用户身份运行 updatedb 来更新 locate 数据库。

在后续章节中，将学习使用其他的命令。到目前为止，你应该已经熟悉 shell 的工作原理。所以，接下来介绍一些关于重复执行命令、补齐命令、使用变量以及创建别名等相关功能。

3.4   使用命令历史记录重复执行命令

如果可以重复执行在 shell 会话中已经运行过的命令，那将是非常方便的。重复执行那些冗长、复杂且易于输错的命令将可避免很多问题的出现。幸运的是，可使用一些 shell 功能来重复执行和编辑以前的命令行，或者补齐部分输入的命令行。

shell history 是一个以前所输入命令的列表。通过在 Bash shell 中使用 history 命令，可以查看以前执行过的命令。然后通过使用不同的 shell 功能，从该列表中重复执行单个命令行，甚至可以修改命令行。

本节的后续部分将介绍如何编辑命令行，如何补齐部分命令行以及如何重复执行和使用历史命令列表。

3.4.1   命令行编辑

如果在输入命令行时出现了输入错误，那么 Bash shell 可以确保不必删除整行并重新开始。此外，还可以重复执行以前的命令行，并更改部分内容，从而生成一个新的命令。

默认情况下，Bash shell 使用基于 Emacs 文本编辑器的命令行编辑(如果感兴趣，可以输入 man emacs 了解该编辑器)。如果你对 Emacs 非常熟悉，那么可能已经知道接下来所描述的大部分按键。

> **提示：**
>
> 如果更喜欢使用 vi 命令来编辑 shell 命令行，也非常容易实现。请将下面所示的代码行添加到主目录的.bashrc 文件中：
>
> ```
> set -o vi
> ```
>
> 以后再打开 shell 时，就可以使用 vi 命令编辑命令行了。

为完成编辑操作，可以组合使用控制键、Meta 键以及箭头键。例如，Ctrl+F 意味着同时按住 Ctrl 键和 F 键。而 Alt+F 意味着同时按住 Alt 键和 F 键(除了 Alt 之外，还可以使用 Meta 键或者 Esc 键)。而在 Windows 键盘上，可以使用 Windows 键)。

为了尝试命令行编辑，请输入以下代码：

```
$ ls /usr/bin | sort -f | less
```

该命令首先列出/usr/bin 目录中的内容，然后按照字母顺序对内容进行排序，最后将输出发送到 less。其中，less 命令显示了输出的第一个页面，如果单击 Enter 键，可以逐行查看输出的剩余内容；而如果单击空格键，则逐页查看输出的剩余内容。查看完毕后，按 Q 键退出。现在，假设想要将/usr/bin 更改为/bin。可以使用下面所示的步骤更改命令：

(1) 单击向上箭头键(↑)。显示 shell 历史命令中最近的一条命令。

(2) 单击 Ctrl+A。将光标移动到命令行的开头。

(3) 单击 Ctrl+F 或者右箭头键(|)。重复该命令多次，将光标定位到第一个斜杠(/)下。

(4) 单击 Ctrl+D。执行该命令 4 次，从命令行中删除/usr。

(5) 单击 Enter 键。执行命令行。

在编辑命令行时，可以在命令行的任何位置添加常规字符。而这些字符将出现在文本光标的位置。可以使用左箭头(←)和右箭头(→)键将光标在命令行中移动。此外，还可以单击上箭头(↑)和下箭头(↓)键遍历历史命令列表中的命令，从而选择需要编辑的命令行。关于如何重复执行历史命令列表中的命令，请参阅"命令行重复执行"一节。

可以使用多种按键编辑命令行。表 3.1 列举了可用来在命令行中移动的按键。

表 3.1　用来导航命令行的按键

按键	全称	含义
Ctrl+F	向前一个字符	前进一个字符
Ctrl+B	向后一个字符	后退一个字符
Alt+F	向前一个单词	前进一个单词
Alt+B	向后一个单词	后退一个单词
Ctrl+A	命令行开头	转到当前命令行的开头
Ctrl+E	命令行结尾	转到当前命令行的结尾
Ctrl+L	清除屏幕	清除屏幕，并使光标停留在屏幕顶部

表 3.2 列举了可用来编辑命令行的按键。

表 3.2　用来编辑命令行的按键

按键	全称	含义
Ctrl+D	删除当前字符	删除当前字符
Backspace	删除前一个字符	删除前一个字符
Ctrl+T	调换字符	交换当前字符和前一个字符的位置
Alt+T	调换单词	交换当前单词和前一个单词的位置
Alt+U	大写单词	将当前单词改为大写
Alt+L	小写单词	将当前单词改为小写
Alt+C	首字母大写单词	把光标当前位置单词的头一个字母变为大写
Ctrl+V	插入特殊字符	添加一个特殊字符。例如，为了添加字符 Tab，单击 Ctrl+V+Tab

可使用表 3.3 所示的按键剪切和粘贴命令行中的文本。

表 3.3　用来剪切和粘贴命令行中文本的按键

按键	全称	含义
Ctrl+K	剪切到行末	剪切光标后面的所有字符
Ctrl+U	剪切到行首	剪切光标前面的所有字符
Ctrl+W	剪切前一个单词	剪切位于当前光标之后的一个单词
Alt+D	剪切后一个单词	剪切位于当前光标之前的一个单词
Ctrl+Y	粘贴当前文本	粘贴最近剪切的文本
Alt+Y	粘贴早期文本	转回到早期剪切的文本并粘贴
Ctrl+C	删除整行	删除整个命令行

3.4.2　命令行补齐

为了减少按键，Bash shell 提供了多种不同的方法来补齐部分输入值。为了尝试补齐一个值，需要输入前几个字符并单击 Tab 键。接下来列举一些可以通过 Bash shell 部分输入的值：

- **命令、别名或函数**——如果所输入的文本以常规字符开头，shell 将尝试使用命令、别名或者函数名来补齐该文本。
- **变量**——如果所输入的文本以美元符号($)开头，那么 shell 将使用来自当前 shell 的一个变量来补齐文本。
- **用户名**——如果所输入的文本以波浪号(~)开头，shell 将使用一个用户名补齐文本。因此，~username 表示指定用户的主目录。
- **主机名**——如果所输入的文本以 at 符号(@)开头，shell 将使用来自/etc/hosts 文件中的一个主机名补齐文本。

> **提示：**
> 如果想要添加来自其他文件的主机名，只需要将 HOSTFILE 变量设置为该文件名。但该文件是与/etc/hosts 相同的格式。

接下来列举一些命令补齐的示例(当看到<Tab>时，意味着单击键盘上的 Tab 键)。请输入以下代码：

```
$ echo $OS<Tab>
$ cd ~ro<Tab>
$ fing<Tab>
```

第一个示例将$OS 扩展为$OSTYPE 变量。第二个示例将~ro 扩展为 root 用户的主目录(~root/)。最后一个示例将 userm 扩展为 usermod 命令。

双击 Tab 键可能会产生一些令人惊奇的事情。有时，所输入的字符串可能会产生多种补齐结果。此时，通过双击 Tab 键，可对文本扩展的可能方式进行检查。

下面的示例显示了检查$P 可能的补齐结果后所得到的结果。

```
$ echo $P<Tab><Tab>
$PATH $PPID $PS1 $PS2 $PS4 $PWD
$ echo $P
```

此时，以$P 开头的可能变量有 6 个。在显示了可能值后，shell 又返回到原始命令行，以便根据选择完成文本。例如，如果输入另一个 P 并单击 Tab 键，则命令行将使用$PPID 补齐(即唯一的可能值)。

3.4.3　命令行重复执行

在输入完一行命令后，该命令行保存到 shell 的历史命令列表中。而该列表将一直保存在当前的 shell 中，直到退出 shell。在被写入一个历史文件后，可在下一个会话中重复执行该文件中的任何命令。而在重复执行某一命令时，还可像前面所描述的那样修改命令行。

为了查看历史命令列表，需要使用 history 命令。输入该命令时可以不带任何选项，或者紧跟一个数字(从而显示该数字所指定数量的最新命令)。下面是一个示例。

```
$ history 8
382 date
383 ls /usr/bin | sort -a | more
384 man sort
385 cd /usr/local/bin
386 man more
387 useradd -m /home/chris -u 101 chris
388 passwd chris
389 history 8
```

列表中的每一条命令行都显示了一个数字。通过使用一个感叹号(!)，可重复执行这些命令。请记住，当使用感叹号时，命令将盲目运行，而不会提供一个机会来确认所引用的命令。可使用多种方法直接运行该列表中的命令，包括：

- !n——运行命令编号。可用命令行编号替换 n，从而运行对应的命令行。例如，使用前面所示的历史命令列表中的命令编号 382，从而重复运行 date 命令。

  ```
  $!382
  date
  Fri Jun 29 15:47:57 EDT 2019
  ```

- !!——运行前一个命令。运行前一个命令行。例如，使用下面的代码直接运行相同的 date 命令：

  ```
  $ !!
  date
  Fri Jun 29 15:53:27 EDT 2019
  ```

- !?string? ——运行包含字符串的命令。运行包含了特定字符串的最新命令。例如，通过搜索命令行的部分内容来运行 date 命令，如下所示。

  ```
  $ !?dat?

  date
  Fri Jun 29 16:04:18 EDT 2019
  ```

除了直接运行 history 命令行外，还可重复执行特定命令行并进行编辑。为此，可以使用表 3.4 所示的单键或组合键。

表 3.4　使用命令历史记录的按键

按键	功能	描述
箭头键(↑ 和 ↓)	步骤	单击向上和向下箭头键，遍历历史命令列表中的每一个命令行，直到找到所需的命令行(此外，Ctrl+P 和 Ctrl+N 也可以分别完成相同的功能)
Ctrl+R	反向增量搜索	按下这些键后，可输入一个搜索字符串，完成反向搜索。当输入字符串时，会出现可以运行或者编辑的相匹配的命令行
Ctrl+S	向前增量搜索	该功能与上一个功能类似，只不过是向前搜索(并不是在所有情况下都可以使用该功能)
Alt+P	反向搜索	按下这些键后，可输入一个搜索字符串，完成反向。输入一个字符串并单击 Enter 键后，可看到包括该字符串的最新命令行
Alt+N	向前搜索	该功能与上一个功能类似，只不过是向前搜索(并不是在所有情况下都可使用该功能)

使用历史命令列表的另一种方法是使用 fc 命令。输入 fc，并紧跟一个历史命令行编号，将会在一个文本编辑器中打开该命令行(默认情况下为 vi 文本编辑器；如果想退出 vi，可以输入:wq，保存和退出；或者输入:q!，退出而不保存)。可以修改命令行。当退出编辑器时，该命令运行。此外，还可输入行编号的范围(如 fc 100 105)。此时，范围内的所有命令都会在文本编辑器中打开。当关闭编辑器后，命令会一个接一个地运行。

关闭 shell 后，历史命令列表保存到主目录的.bash_history 文件中。默认情况下，该文件最多可保存 1000 条历史命令。

> **注意:**
> 有些人通过将 shell 变量 HISTFILE 设置为/dev/null，或者保持 HISTSIZE 为空，对 root 用户禁用了历史功能，从而防止对 root 用户活动信息的利用。如果你是一名具有 root 权限的管理用户，可能会出于同样的原因，希望在退出时清空自己的文件。但是当 shell 正确退出时会永久保存 shell 历史，所以只有关闭一个 shell，才可以阻止保存 shell 的历史命令。例如，为关闭进程 ID 为 1234 的 shell，可以输入 kill -9 1234。

3.5　连接和扩展命令

shell 真正强大的功能在于能将命令的输入和输出重定向到其他命令或者文件中，反之亦然。为将命令串在一起，shell 使用了元字符(metacharacter)。*元字符*是对 shell 有特殊含义的输入字符，用于连接命令或请求扩展。

元字符包括管道字符(|)、与号(&)、分号(;)、右括号( ))、左括号(( )、小于号(<)和大于号(>)。接下来将介绍如何在命令行上使用元字符，从而更改命令行为。

3.5.1　命令之间的管道

管道字符(|)将一个命令的输出连接到另一个命令的输入。这样就可首先让一条命令使用数据，然后让下一条命令处理结果。具体示例如下所示:

```
$ cat /etc/passwd | sort | less
```

该命令列出了/ect/passwd 文件的内容,并将输出发送到 sort 命令。sort 命令首先获取/etc/passwd 文件中每一行开头的用户名,然后按字母顺序进行排序,最后将输出发送到 less 命令(以便显示输出)。

管道很好地解释了如何将 UNIX(Linux 的前身)创建为一个由构建基块组成的操作系统。UNIX 中的标准做法是以不同方式连接到实用工具,从而完成不同的工作。例如,在图形化字处理软件出现之前,用户通常创建纯文本文件,其中包括用来表示格式的宏。为了解文本是如何显示的,需要使用如下所示的命令。

```
$ gunzip < /usr/share/man/man1/grep.1.gz | nroff -c -man | less
```

在本示例中,grep 手册页(grep.1.gz)的内容重定向到 gunzip 命令,并解压缩。而 gunzip 的输出发送到 nroff 命令,以便使用手工宏(-man)格式化手册页。最后将 nroff 命令的输出发送到 less 命令,从而显示输出。因为文件以纯文本的形式显示,所以在显示之前可以替换任意数量的选项。此外,还可以对内容进行排序,更改或删除部分内容,或引入其他文档中的文本。实现这些操作的关键是在多个命令之间建立管道并重定向输入和输出,而不是将所有这些功能都集成在一个应用程序中。

3.5.2　连续命令

有时,可能需要运行一个命令序列,一条命令完成后开始运行下一条命令。为此,可以在同一命令行中输入多条命令,并使用分号(;)进行分隔。

```
$ date ; troff -me verylargedocument | lpr ; date
```

本示例对一个大型文档进行了格式化,并且显示格式化所需的时间。第一条命令(date)显示格式化开始之前的日期和时间。随后,troff 命令格式化文档,并将输出发送到打印机。当格式化完成后,打印日期和时间。这样一来,就可以知道完成 troff 命令花费了多长时间。

可以在较长的命令行结尾处添加另一条有用命令 mail。可将下面所示的代码添加到任何代码行的结尾处。

```
; mail -s "Finished the long command" chris@example.com
```

此时,在命令完成之后,将向用户发送一条邮件信息。

3.5.3　后台命令

一些命令可能需要花费很长时间才能完成。而有时,我们又不希望占用 shell 等待命令的完成。这种情况下,可使用与号(&)让命令在后台运行。

文本格式化命令(如 nroff 和 troff)就是此类命令的示例,通常需要在后台运行文本格式化命令来对大型文档进行格式化。此外,还可以创建在后台运行的自定义 shell 脚本,以便持续检查某些事件的发生,比如硬盘写入或者特殊用户登录等。

接下来是一个在后台运行的命令示例:

```
$ troff -me verylargedocument | lpr &
```

在该进程完成之前不要关闭 shell，或者杀死该进程。第 6 章将介绍其他用来管理后台和前台进程的方法。

3.5.4　扩展命令

通过命令替换，可以由 shell 解释命令的输出，而不是由命令自身解释。这样一来，可以使一条命令的标准输出变为另一条命令的一个参数。命令替换的两种形式是 $(command) 和 `command`(反引号，而不是单引号)。

两种形式中的命令可以包括选项、元字符和参数。接下来显示一个使用了命令替换的示例：

```
$ vi $(find /home | grep xyzzy)
```

本示例中，在 vi 命令运行之前完成了命令替换。首先，find 命令从/home 目录开始，并打印出文件系统中该目录下的所有文件和目录。然后将输出连接到 grep 命令，并将文件名中不包括字符串 xyzzy 的文件过滤掉。最后，vi 命令打开所有的文件进行编辑(每次打开一个文件)。如果对 vi 命令不熟悉，可以输入:q!退出文件。

当想要编辑某一个文件但只知道文件名而不知道具体位置时，本示例是非常有用的。只要字符串不常见，并且在所选择的文件系统目录中存在包含该字符串的文件名，就可以找到并打开该文件；换句话说，不要从根文件系统开始使用 grep，否则将会匹配并尝试编辑几千个文件。

3.5.5　扩展算术表达式

有时可能需要将算术结果传递给一条命令。可以使用两种形式来扩展算术表达式并将其传递给 shell：$[*expression*]或者$(*expression*)。如下面示例所示：

```
$ echo "I am $[2020 - 1957] years old."
I am 63 years old.
```

shell 首先解释算术表达式(2020 - 1957)，然后将该信息传递给 echo 命令。echo 命令显示该文本，其中插入了算术结果(63)。

另一种形式的示例如下所示：

```
$ echo "There are $(ls | wc -w) files in this directory."
There are 14 files in this directory.
```

该命令列出了当前目录(ls)的内容，并且运行了单词计数命令，计算出找到的文件数量(wc-w)。最终结果(此时为 14)与句子中的剩余部分相呼应。

3.5.6　扩展变量

可使用美元符号($)对 shell 中用来存储信息的变量进行扩展。当在命令行中扩展一个环境变量时，所打印的是变量的值，而不是变量名，如下所示。

```
$ ls -l $BASH
-rwxr-xr-x. 1 root root 1219248 Oct 12 17:59 /usr/bin/bash
```

使用$BASH 作为 ls -l 的一个参数，打印 bash 命令的长列表。

3.6　使用 shell 变量

shell 本身使用*变量*存储了对用户的 shell 会话非常有用的信息。变量的示例包括$SHELL(用来识别正在使用的 shell)、$PS1(用来定义 shell 提示符)以及$MALL(用来标识邮箱的位置)。

如果想要查看为当前 shell 设置的所有变量，可以输入 set 命令。其中，本地变量的一个子集被称为*环境变量*。环境变量对任何通过当前 shell 打开的新 shell 都是可用的。可以使用 env 命令查看环境变量。

可以输入 echo $*VALUE*，其中使用特定的环境变量名称替换 *VALUE*。由于在 Linux 中可以使用多种方法完成任何工作，因此，还可以输入 declare，从而获取当前环境变量列表及其变量值，以及 shell 函数列表。

除了所设置的变量之外，系统文件也会设置一些用来存储相关信息的变量，比如配置文件，邮箱以及路径目录的位置。此外，这些变量还可以存储关于 shell 提示符、历史命令列表的大小以及操作系统类型的相关值。如果想要引用这些变量的值，需要在变量之前添加一个美元符号($)，并可将其放置在命令行的任何位置。例如：

```
$ echo $USER
chris
```

该命令打印了变量 USER 的值，该变量保存了用户名(chris)。可以替换任何 USER 值，以便打印该值。

当启动一个 shell 时(通过虚拟控制台登录或者打开一个 Terminal 窗口)，许多环境变量已经设置了。表 3.5 显示了一些既可以在使用 Bash shell 时设置，又可以为了使用不同功能而设置的变量。

表 3.5　常见的 shell 环境变量

变量	描述
BASH	该变量包含了 Bash 命令的完整路径。其值通常为/bin/bash
BASH_VERISON	表示当前 Bash 命令版本的一个数字
EUID	表示当前用户有效的用户 ID 号。当启动 shell 时，根据/etc/passwd 文件中的用户项进行赋值
FCEDIT	如果设置了该变量，则变量表示 fc 命令用来编辑 history 命令的文本编辑器。如果没有设置，则使用 vi 命令
HISTFILE	表示历史命令文件的位置。该位置通常位于$HOME/bash_history
HISTFILESIZE	可以存储的历史命令条目的数量。当达到该数量时，最早的命令将被丢弃。其默认值为 1000
HISTCMD	该变量返回历史命令列表中当前命令的数量
HOME	表示主目录，即每次登录后或者输入带有任何选项的 cd 命令时的当前工作目录
HOSTTYPE	该变量值描述了 Linux 系统正在运行的计算机系统结构。对于与 Intel 兼容的 PC，其值为 i386、i486、i586、i686 或者与 i386-linux 类似的值。而对于 AMD 64 位计算机，其值为 x86_64
MAIL	表示邮箱文件的位置。该文件通常是/var/spool/mail 目录中的用户名
OLDPWD	该变量值表示修改当前工作目录之前的工作目录

（续表）

变量	描述
OSTYPE	该变量用来识别当前操作系统。对于 Fedora Linux，根据所使用的 shell 类型的不同，OSTYPE 值可以是 linux 或者 linux-gnu(此外，Bash 也可以在其他操作系统上运行)
PATH	该变量值为冒号分隔的目录列表，主要用来查找需要输入的命令。对于普通用户来说，其默认值根据发行版本的不同而变化，但通常包括以下值：/bin:/usr/bin:/usr/local/bin:/usr/bin/X11:/usr/X11R6/bin:~/bin。如果想要运行不在 PATH 中的命令，则需要输入完整路径或者该命令的相对路径。而对于 root 用户来说，其值还包括/sbin、/usr/sbin 和/usr/local/sbin
PPID	表示启动了当前 shell 的命令的进程 ID(例如，包含了 shell 的 Terminal 窗口)
PROMPT_COMMAND	可以将该变量设置为一个命令名，以便在每次 shell 提示符显示之前运行该命令。如果将该变量设置为 PROMPT_COMMAND=date，那么在提示符出现之前会列出当前日期/时间
PS1	该变量设置了 shell 提示符的值。可以将许多项目读取到提示符中(比如日期、时间、用户名、主机名等)。但有时一条命令需要额外的提示符，此时可以使用变量 PS2、PS3 等进行设置
PWD	该变量表示了当前目录。每次使用 cd 命令更改目录时，该值也会随之变化
RANDOM	访问该变量将会生成一个随机数。该数的范围为 0~99 999
SECONDS	表示自 shell 启动之后的秒数
SHLVL	表示与当前 shell 会话相关联的 shell 级别数。当登录到 shell 时，SHLVL 为 1。每执行一次 Bash 命令后(例如，使用 su 命令成为一名新用户，或者输入 bash)，该级别数将递增
TMOUT	可以为该变量设置一个数字，表示 shell 可以空闲的秒数。在秒数到达后，shell 将会退出。该安全功能能够减少无人值守的 shell 被未授权用户访问的可能性(该变量必须在登录 shell 中设置，实际上导致 shell 注销用户)

3.6.1　创建和使用别名

通过使用 alias 命令，可有效地为日后想要运行的任何命令和选项创建快捷方式。此外，使用 alias 命令还可以添加和列出别名。下面给出两个通过 Bash shell 使用 alias 的示例：

```
$ alias p='pwd ; ls –CF'
$ alias rm='rm -i'
```

在第一个示例中，字母 p 被赋值，运行 pwd 命令，然后运行 ls -CF，最终打印出当前工作目录并以列的形式列出该目录中的内容。

第二个示例运行了带有-i 选项的 rm 命令。对于 root 用户，该别名通常自动设置。而对于文件的删除，会针对每个单独文件的删除进行提示，以防止由于错误输入(比如 rm *)而自动删除目录中的所有文件。

当打开 shell 后，可以输入 alias 命令查看设置了哪些别名。如果想要删除一个别名，可以输入 unalias(请记住，如果在一个配置文件中设置了别名，那么当打开另一个 shell 时该别名会再次设置)。

3.6.2　退出 shell

当完成相关的操作之后，如果想要退出 shell，可以输入 exit 或者单击 Ctrl+D。如果是通过一个 Terminal 窗口打开 shell 或者正在使用该窗口的原始 shell，那么退出 shell 将会导致 Terminal 窗口关闭。如果正在使用虚拟控制台，那么退出 shell 后会返回到登录提示符。

如果从相同的 shell 会话打开多个 shell，那么退出一个 shell 将会返回到启动了当前 shell 的 shell。例如，su 命令打开了一个 shell 作为一个新用户，那么退出该 shell 之后将会返回到原始 shell。

3.7　创建自己的 shell 环境

可以通过调整 shell 来帮助我们更有效地工作。可以设置别名，从而为自己最喜欢的命令行以及环境变量创建快捷方式。通过向 shell 配置文件添加相关的设置，可以在每次启动 shell 时使用这些设置。

3.7.1　配置 shell

shell 的行为方式由多个配置文件所支持。一些文件针对每个用户和每个 shell 都会执行，而另一些文件则主要针对创建了该配置文件的用户。对于那些在 Linux 中使用 Bash shell 的人来说，会对表 3.6 所示的文件感兴趣(请注意，文件名中~的使用表示该文件位于每个用户的主目录中)。

表 3.6　Bash 配置文件

文件	描述
/etc/profile	该文件为每个用户设置了用户环境信息。当首次登录时执行该文件。此外，除了为诸如用户邮箱位置以及历史文件大小的信息设置环境变量，还提供了路径值。最后，该文件还从 /etc/profile.d 目录的配置文件中收集相关的 shell 设置
/etc/bashrc	针对运行了 Bash shell 的用户来说，每次打开一个 Bash shell 时都会执行该文件。该文件设置了默认的提示符，同时还可添加一个多个别名。此外，可以使用每个用户的~/.bashrc 文件中的信息重写/etc/bashrc 中的值
~/.bash_profile	该文件通常被每个用户用来输入 shell 具体用法的信息。只有当用户登录时才执行该文件。默认情况下，它设置一些环境变量并执行用户的.bashrc 文件。此外，该文件还是添加环境变量的绝佳位置。由于一旦设置了环境变量，这些变量就会被未来的 shell 所继承
~/.bashrc	该文件包含了特定于 Bash shell 的信息。当进行登录以及每次打开一个新的 Bash shell 时都会读取该文件。此外，该文件还是添加别名的好地方，从而方便 shell 获取这些别名
~/.bash_logout	每次注销时(即退出最后一个 Bash shell)执行该文件，并且在默认情况下清除屏幕

如果想要更改/etc/profile 或者/etc/bashrc 文件，则必须是 root 用户。不过，最好创建一个/etc/profile.d/custom.sh 文件来添加系统范围的设置，而不是直接编辑这些文件。用户可更改自己主目录中$HOME/.bash_profile、$HOME/.bashrc 和$HOME/.bash_logout 文件的信息。

由于到目前为止还没有学习使用 vi 编辑器(第 5 章将详细介绍该编辑器)，因此可以使用一种被称为 nano 的简单编辑器来编辑纯文本文件。例如，输入下面所示的代码编辑$HOME/.bashrc 文件并添加内容：

```
$ nano $HOME/.bashrc
```

在 nano 中打开文件，将光标向下移动到文件底部(使用向下箭头)。输入命令行(例如，输入alias d='date + %D')。为保存文件，请单击 Ctrl+O(字母 O)；而退出文件则单击 Ctrl+X。接下来登录或者打开一个新 shell，然后使用新的别名(此时只需要输入 d)。为从当前的 shell 中使用刚才新添加到文件中的信息，请输入以下代码：

```
$ source $HOME/.bashrc
$ d
06/29/19
```

接下来将介绍如何向 shell 配置文件添加内容。大多数情况下，都是向主目录中的.bashrc文件添加内容。然而，如果你正在管理一个系统，那么可能需要为所有的 Linux 系统用户设置一些默认值。

3.7.2　设置提示符

提示符由一组字符组成，每当 shell 准备接收命令时都会显示这组字符。PS1 环境变量设置了提示符所包含的内容，此外，大多数情况下也都是与之进行交互。如果 shell 需要额外的输入，可以使用 PS2、PS3 以及 PS4 的值。

安装好 Linux 系统后，提示符通常不仅包含一个美元符号或英镑符号。例如，在 Fedora 或者Red Hat Enterprise Linux 中，提示符设置为包含以下信息：用户名、主机名以及当前工作目录的基名。这些信息用方括号括起来，并且紧跟着一个美元符号(针对普通用户)或者一个英镑符号(针对root 用户)。具体示例如下所示：

```
[chris@myhost bin]$
```

如果更改了目录，那么名称 bin 将会变为新目录名称。同样，如果以不同的用户或不同的主机进行登录，那么上述信息也会发生变化。

在提示符中，可以使用多个特殊字符(通过在各种字母前添加一个反斜杠来表示)来包含不同信息。可以使用特殊字符输出终端号、日期、时间以及其他信息。表 3.7 提供了一些示例(可以从bash 手册页中找到更多示例)。

提示：
如果你正在临时设置提示符，则应该将 PS1 值放在引号中。例如，输入 export PS1="[\t \w]\$ "，可以看到如下所示的提示符：[20:26:32 /var/spool]$。

表 3.7　向 Bash 提示符添加信息的字符

特殊字符	描述
\\!	显示当前命令历史记录编号。它包括为用户名存储的所有以前的命令
\\#	显示当前命令的命令编号。它仅包括用于获取 shell 的命令
\\$	根据用户类型的不同，显示用户提示符($)或者 root 提示符(#)
\\W	仅显示当前工作目录的基名。例如，如果当前工作目录为/var/spool/mail，那么该值将显示为 mail
\\[	出现在非打印字符序列之前。可用来向提示符添加终端控制序列，比如更改颜色、添加闪烁效果或者使字符变粗(所使用的终端决定了最终可用的序列)
\\]	紧跟在非打印字符序列之后
\\\\	显示一个反斜杠
\\d	显示当前日期的星期数、月份以及日子—— 如星期六，1 月 23 日
\\h	显示正在运行 shell 的计算机的主机名
\\n	换行符
\\nnn	显示替换 nnn 的八进制数所表示的字符
\\s	显示当前 shell 的名称。对于 Bash shell 来说，该值为 bash
\\t	以小时、分钟、秒的格式打印当前时间—— 例如，10:14:39
\\u	打印当前用户名
\\w	显示当前工作目录的完整路径

为使对提示符的更改永久化，需要向主目录中的.bashrc 文件添加 PS1 值(假设你正在使用 Bash shell)。此外，在该文件中可能已经存在可以修改的 PS1 值。如果想了解更多关于如何更改颜色、命令以及 Bash shell 提示符其他功能的相关信息，可以参阅 Bash Prompt HOWTO(http://www.tldp.org/HOWTO/Bash-Prompt-HOWTO)。

3.7.3　添加环境变量

有时可能需要向.bashrc 文件添加一些环境变量。这些变量可以帮助我们更有效地使用 shell。
- TMOUT——设置在 Bash 自动退出之前 shell 可以处于非活动状态多长时间。该值以秒为单位计算 shell 没有接收输入的时间。如果你离开桌面时仍然登录到 Linux，该变量是一种非常好的安全功能。但为了防止在工作过程中被注销，可将该值设置为 TMOUT=1800 之类的值(即允许 30 分钟的空闲时间)。在设定的秒数后(例如，TMOUT=30)，可以使用任何终端会话关闭当前 shell。
- PATH——如前所述，PATH 变量设置了对所使用的命令进行搜索的目录。如果需要经常使用不在路径中的命令目录，那么可以永久性地添加这些目录。为此，需要向.bashrc 文件中添加一个 PATH 变量。例如，为了添加目录/getstuff/bin，可以添加如下代码：

```
PATH=$PATH:/getstuff/bin ; export PATH
```

该示例首先将所有当前的路径目录读取到新 PATH 变量中($PATH)，然后添加/getstuff/bin 目录，最后导出新的 PATH 变量。

> **警告:**
>
> 一些人通过添加一个以点(.)为标识的目录来添加当前目录,如下所示:
>
> PATH=.:$PATH ; export PATH
>
> 这样做能够在评估路径中的任何其他命令之前运行当前目录中的命令(如果你使用过 DOS,可能会习惯这种用法)。然而,该过程存在一定的安全风险,你所在的目录可能包含并不希望从该目录运行的命令。例如,一个怀有恶意的人在某一目录中放置了一条 ls 命令,而该命令将完成一些不正当的操作,而不是列举目录中的内容。因此,强烈建议不要在路径中添加点。

- WHATEVER——可以创建自己的环境变量,为工作提供快捷方式。可以为这些变量选择未被使用的任何名称,并赋予一个有用的值。例如,如果需要使用/work/time/files/info/memos 目录中的文件完成相关工作,可以设置以下变量:

    M=/work/time/files/info/memos ; export M

可以通过输入 cd $M 使/work/time/files/info/memos 目录成为当前目录。通过输入$M/hotdog 运行该目录中一个名为 hotdog 的程序。通过输入 vi $M/bun 可以编辑该目录中的文件。

3.8　获取关于命令的信息

当首次使用 shell 时,可能会非常诧异。所看到的只是一个提示符。那么如何知道哪些命令可用,命令使用了哪些选项或者如何使用高级功能呢? 幸运的是,可以获取很多帮助来解决这些问题。除了学习本章的内容之外,还可以了解一下以下内容。

- **检查 PATH**。输入 echo $PATH,可以看到一个目录列表,这些目录包含了可以使用的命令,其中大部分都是标准的 Linux 命令。例如:

```
$ ls /bin
arch        dd              fusermount      loadkeys     mv
awk         df              gawk            login        nano
basename    dmesg           gettext         ls           netstat
bash        dnsdomainname   grep            lsblk        nice
cat         domainname      gtar            lscgroup     nisdomainname
chgrp       echo            gunzip          lssubsys     ping
chmod       ed              gzip            mail         ping6
chown       egrep           hostname        mailx        ps
cp          env             ipcalc          mkdir        pwd
cpio        ex              kbd_mode        mknod        readlink
csh         false           keyctl          mktemp       red
cut         fgrep           kill            more         redhat_lsb_init
dash        find            link            mount        rm
date        findmnt         ln              mountpoint   rmdir
```

- **使用 help 命令**。一些命令内置于 shell 中,所以并不会出现在某一目录中。help 命令可以显示这些命令以及每条命令可用的选项(输入 help | less,查看该列表)。如果想查看某一特定的内置命令,可以输入 help *command*,其中使用想要查看的命令名替换 *command*。help 命令仅适用于 Bash shell。

- **在命令中使用--help 选项**。许多命令都包括一个--help 选项，通过该选项可以获取关于如何使用命令的相关信息。例如，如果输入 date --help | less，输出将不仅显示选项，还会显示 date 命令可以使用的时间格式。此外，有些命令还可以使用一个-h 选项，比如 fdisk –h。
- **使用 info 命令**。info 命令是 shell 中另一种用来显示关于命令的信息的工具。info 命令可以在节点间移动，找到关于命令以及其他项目的信息。虽然并不是所有命令都可以从该信息数据库中找到信息，但有时该数据库中的信息可能比手册页中的信息更丰富。
- **使用 man 命令**。如果想要更详细地学习某一特定命令，可以输入 man *command*(请使用想要学习的命令名替换 *command*)，此时在屏幕上会显示该命令的描述及其选项。

手册页是获取命令以及 Linux 系统中其他基本组件相关信息的最常用方法。每一个手册页都属于表 3.8 所列出的某一个类别。作为一名普通用户，可能最感兴趣的是第 1 节中的手册页。作为一名系统管理员，还会对第 5 节和第 8 节，甚至第 4 节感兴趣。而程序开发人员则对第 2 节和第 3 节的手册页感兴趣。

表 3.8　手册页章节

节数	节名称	描述
1	用户命令	可以由普通用户通过 shell 运行的命令(一般来说不需要管理特权)
2	系统调用	某一应用程序中用来调用系统内核的编程函数
3	C 库函数	为特定程序库提供接口的编程函数(例如，针对图形接口或其他库的函数)
4	设备和特殊文件	表示硬件设备(终端设备或 CD 驱动器)或者软件设备(如随机数生成器)的文件系统节点
5	文件格式和约定	文件类型(如图形或者字处理文件)或者特定的配置文件(如 passwd 或者 group 文件)
6	游戏	系统中可玩的游戏
7	杂项	对相关主题(如协议、文件系统、字符集标准等)的概述
8	系统管理工具和守护进程	需要 root 或其他管理特权的命令

通过使用 man 命令的相关选项，可以搜索手册页数据库，或者在屏幕上显示手册页。接下来列举一些 man 命令及其选项的示例：

```
$ man -k passwd
…
passwd              (1)  - update user's authentication tokens
passwd              (5)  - password file
$ man passwd
$ man 5 passwd
```

通过使用选项-k，可以对安装到系统中所有手册页的名称和概要部分进行搜索。其中命令的名称或者描述中包含 passwd 的手册页大概有十几个。

注意：

如果 man -k 没有显示任何输出，可能是因为手册页数据库还没有初始化。以 root 身份键入 mandb 来初始化手册页数据库。

假设你对 passwd 命令(位于手册页的第 1 节)和 passwd 文件(位于第 5 节)的手册页感兴趣。因为直接输入 man passwd 只会显示第 1 节的手册页,所以如果想要查看 passwd 文件,则需要显式地请求第 5 节的手册页(man 5 passwd)。

当正在显示一个手册页时,可以使用 Page Down 和 Page Up 键浏览文件的不同部分(每次移动一页)。也可以使用 Enter 键或者向上和向下箭头每次移动一行。如果想要搜索文档,可以按下正斜杠(/)并输入想要搜索的项目。按 n,重复向前搜索;而按 N 则重复向后搜索。输入 q 退出手册页。

3.9　小结

如果想要成为一名专家级的 Linux 用户,则必须能够使用 shell 输入命令。本章重点介绍了 Bash shell,它是 Linux 系统中最常用的一种 shell。在本章,学习了命令的结构以及特殊功能,比如变量、命令补齐以及别名的使用。

下一章介绍如何通过 shell 命令行在 Linux 文件系统中移动。

3.10　习题

使用以下习题测试关于 shell 使用的相关知识。这些任务假设正在运行的是 Fedora 或 Red Hat Enterprise Linux 系统(虽然有些任务也可以在其他 Linux 系统上完成)。如果陷入困境,可以参考附录 B 中这些习题的参考答案(虽然在 Linux 中可以使用多种方法完成某一任务)。

(1) 从桌面上切换到第二个虚拟控制台,并使用用户账号进行登录。然后运行一些命令。最后退出 shell 返回到桌面。

(2) 打开一个 Terminal 窗口,将字体颜色改为红色,将背景改为黄色。

(3) 找到 mount 命令和 tracepath 手册页的位置。

(4) 输入以下所示的 3 条命令,然后分别重复执行和更改这些命令。

```
$ cat /etc/passwd
$ ls $HOME
$ date
```

- 使用命令行重复执行功能重复执行 cat 命令,并将/etc/passwd 更改为/etc/group。
- 重复执行 ls 命令,确定如何按照时间列出文件(使用手册页),并将该选项添加到命令行 ls $HOME。
- 向 date 命令添加格式指示器,从而按照月/日/年的格式显示日期输出。

(5) 运行下面的命令,输入尽可能少的字符(使用 Tab 键补齐):

```
basename /usr/share/doc/
```

(6) 使用 cat 命令列出/etc/services 文件的内容,并将这些内容发送到 less 命令,从而可以浏览该文件(完成操作后按 q 退出)。

(7) 运行 date 命令,并且使命令输出星期几、月、日和年。然后将该输出读取到另一个命令行,从而按照下列格式显示文本:Today is Thursday, December 10, 2019(当然,你所显示的日期可能会有所不同)。

(8) 使用变量，找出当前主机名、用户名、shell 以及主目录的值。

(9) 创建一个名为 mypass 的别名，在屏幕上显示/etc/passwd 文件的内容，每次利用用户账户登录或者打开一个新 shell 时使用该别名。

(10) 显示 mount 系统调用的手册页。

第**4**章

在文件系统中移动

本章主要内容：
- 学习 Linux 文件系统
- 列出文件和目录属性
- 生成文件和目录
- 列举并更改权限和所有权
- 复制和移动文件

    Linux 文件系统存储了计算机上所有的信息。事实上，UNIX 系统中任何定义的属性(Linux 以这些属性为基础，同时这些属性也是系统中需要识别的内容，如数据、命令、符号链接、设备以及目录)都由文件系统中的一个项目表示。找到这些项目并且知道如何通过 shell 浏览文件系统是 Linux 中一项关键的技能。

    在 Linux 中，文件以目录层次结构的形式组织。每一个目录包含了文件及其他目录。可以使用完整路径(比如/home/joe/myfile.txt)或者相对路径(比如，如果当前目录为/home/joe，那么需要使用 myfile.txt 就可以找到该文件)。

    如果绘制出 Linux 中的文件和目录，将会看到一棵自上而下的树。在树的顶端是由一个单斜杠所表示的 root 目录(不要与 root 用户相混淆)。在 root 目录之下是一组 Linux 系统中常见的目录，比如 bin、dev、etc、lib 和 tmp。包括添加到 root 目录的目录在内的每一个目录都可以包含子目录。

    图 4.1 举例说明了 Linux 文件系统是如何组织为一个层次结构的。同时，为了演示目录是如何连接的，该图显示了一个/home 目录，其中包含了一个针对 joe 用户的子目录。在 joe 目录中包含了 Desktop、Documents 以及其他子目录。为找到 menos 目录中的 memo1.doc 文件，可以输入完整路径/home/joe/Documents/memos/memo1.doc。如果当前目录为/home/joe/Documents/memos，则只需要输入 memo1.doc 就可以找到该文件。

    你可能会对以下 Linux 目录感兴趣。
- /bin——包含常见的 Linux 用户命令，比如 ls、sort、date 和 chmod。
- /boot——包含可启动的 Linux 内核、最初的 RAM 盘和启动加载程序的配置文件(GRUB)。
- /dev——包含用来表示系统中设备访问点的文件。这些设备包括终端设备(tty*)、硬盘驱动器(hd*或者 sd*)、RAM(ram*)以及 CD-ROM(cd*)。用户可以直接通过这些设备文件访问相应的设备；然而，应用程序通常会对最终用户隐藏实际的设备名称。

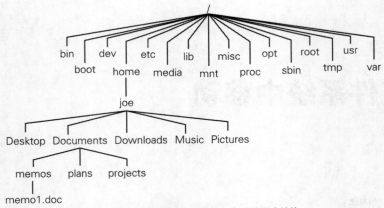

图 4.1   Linux 文件系统组织成一个目录层次结构

- /etc——包含管理配置文件。其中大多数文件都是纯文本文件，只要用户拥有适当的权限，就可以使用任何文本编辑器编辑这些配置文件。
- /home——包含分配给每个带有登录账号的普通用户的目录(root 用户是一个例外，使用/root 作为主目录)。
- /media——为自动挂载设备(特别是可移动介质)提供了一个标准位置。如果介质拥有一个卷名，那么一般来说使用该卷名作为挂载点。例如，一个卷名为 myusb 的 USB 驱动器将被挂载到/media/myusb。
- /lib——包含/bin 和/sbin 目录中的应用程序启动系统所需的共享库。
- /mnt——在该目录被标准的/media 目录取代之前，/mnt 目录是许多设备常见的挂载点。一些可启动的 Linux 系统仍使用该目录来挂载硬盘分区和远程文件系统。此外很多人也在使用该目录临时挂载那些不需要永久挂载的本地或远程文件系统。
- /misc——该目录有时用来根据请求自动挂载文件系统。
- /opt——用来存储附加应用程序软件的目录结构。
- /proc——包含关于系统资源的信息。
- /root——表示 root 用户的主目录。出于安全原因，该主目录没有位于/home 目录下。
- /sbin——包含管理命令和守护进程。
- /sys——包含用于调优块存储和管理 cgroups 的参数。
- /tmp——包含应用程序使用的临时文件。
- /usr——包含用户文档、游戏、图形文件(X11)、库(lib)以及其他不需要在启动过程中使用的命令和文件。/usr 目录中的文件在安装完毕后就不可更改(从理论上讲，/usr 可以采用只读方式挂载)。
- /var——包含不同应用程序所使用的数据目录。尤其是可以在该目录中放置作为 FTP 服务器(/var/ftp)或 Web 服务器(/var/www)共享的文件。此外，它还包括所有的系统日志文件(/var/log)以及假脱机文件(/var/spool，如 mail、cups 和 news)。/var 目录中所包含的目录和文件经常被修改。在服务器计算机上，通常会创建一个/var 目录作为一个单独的文件系统，使用一种易于扩展的文件系统。

如下面的边栏"Linux 文件系统与基于 Windows 的文件系统"所述，DOS 和 Microsoft Windows 操作系统中的文件系统不同于 Linux 的文件结构。

Linux 文件系统与基于 Windows 的文件系统

虽然在很多方面有相似之处，但 Linux 文件系统与 MS-DOS 和 Windows 操作系统中所使用的文件系统之间还是存在明显的差异。主要表现在以下几点：

- 在 MS-DOS 和 Windows 文件系统中，驱动器字母代表不同的存储设备。而在 Linux 中，所有的存储设备都连接到文件系统层次结构中。所以，事实是，所有的/usr 可能在一个单独的硬盘上，或者/mnt/remote 来自另一个对用户不可见的计算机上的一个文件系统。
- 在 Linux 中使用斜杠(而不是使用反斜杠)分隔目录。所以 Microsoft 系统中的目录 C:\home\joe 在 Linux 系统中应该表示为/home/joe。
- 在 DOS 中，文件名都带有后缀(比如针对文本文件的.txt，或者针对字处理文件的.docx)。虽然在 Linux 中也可以使用该约定，但所使用的三字符后缀并不包含所需的含义。可以使用这些后缀表示文件类型。许多 Linux 应用程序和桌面环境都使用文件后缀来确定文件的内容。然而在 Linux 中，诸如.com、.exe 以及.bat 的 DOS 命令扩展未必表示可执行文件(权限标志使 Linux 文件可执行)。
- Linux 系统中的每个文件和目录都有与之关联的权限和所有权。Linux 的安全性与 Microsoft 系统有很大的差异。因为 DOS 和 Microsoft Windows 最初为单用户系统，所以在设计时没有将文件所有权内置于系统中。在后续的版本中逐步添加了文件和文件夹属性等功能，从而解决了该问题。

4.1　使用基本的文件系统命令

为便于学习文件系统，下面介绍一些简单的命令。如果想完成后面的操作，请完成登录并打开一个 shell。当登录 Linux 系统并打开 shell 时，你将位于主目录中。在 Linux 中，所保存和使用的大多数文件都位于该目录以及所创建的子目录中。表 4.1 显示了用来创建和使用文件和目录的命令。

表 4.1　用来创建和使用文件的命令

命令	结果
cd	切换到另一个目录
pwd	打印当前工作目录的名称
mkdir	创建一个目录
chmod	更改文件或者目录上的权限
ls	列出目录中的内容

通过 shell 使用最频繁的基本命令之一就是 cd。可使用不带选项的 cd 命令(切换到主目录)，或使用完整路径或相对路径。请思考一下如下所示的命令：

```
$ cd /usr/share/
$ pwd
/usr/share
$ cd doc
$ pwd
/usr/share/doc
```

```
$ cd
$ pwd
/home/chris
```

/usr/share 选项表示系统中某一目录的*绝对路径*。因为该路径以斜线(/)开头，所以告诉 shell
从文件系统的根目录开始，切换到 usr 目录中所存在的 share 目录。doc 选项表示相对于当前目录
查找一个名为 doc 的目录，从而使/usr/share/doc 成为当前目录。

输入 cd，返回到主目录。如果想要知道目前在文件系统中的什么位置，pwd 命令可以帮助你。
接下来列举另外一些有趣的 cd 命令选项：

```
$ cd ~
$ pwd
/home/chris
$ cd ~/Music
$ pwd
/home/chris/Music
$ cd ../../../usr
$ pwd
/usr
```

波浪号(~)表示主目录。所以输入 cd ~，进入主目录。此外，还可以使用波浪号指向相对于主
目录的目录，比如/home/chris/Music 可以表示为~/Music。输入一个名称作为选项就可以进入当前
目录下的某一目录，同时，可以使用两点(..)进入当前目录的上一级目录。示例中使用了 3 个目录
级别(/)，最后进入/usr 目录。

接下来所述的步骤将引导你完成在主目录中创建目录的过程以及在目录之间的移动，此外还
会设置相应的文件权限。

(1) 进入主目录。为此，在 shell 中输入 cd，并单击 Enter 键(如果想了解其他进入主目录的方
法，请参阅后面的"确定目录"边栏)。

(2) 为了确定是否位于主目录中，请输入 pwd。此时，将会得到以下响应(显示你的主目录)：

```
$ pwd
/home/joe
```

(3) 在主目录中创建一个名为 test 的新目录，如下所示：

```
$ mkdir test
```

(4) 检查该目录的权限：

```
$ ls -ld test
drwxr-xr-x 2 joe sales 1024 Jan 24 12:17 test
```

该列表显示 test 是一个目录(d)。而在 d 之后跟着一些权限(rwxr-xr-x)。信息的其余部分则表示
所有者(joe)、组(sales)以及目录中文件被最近修改的日期(Jan 24 at 12:17 p.m.)。

> **注意：**
> 在 Fedora 和 Red Hat Enterprise Linux 中，当添加了一个新用户时，默认情况下该用户将被分
> 配到一个同名的组中。例如，在上述代码中，用户 joe 被分配到组 joe 中。这种分配组的方法被称
> 为用户专用组方案(user private group scheme)。

目前，输入以下代码：

```
$ chmod 700 test
```

上述代码更改了目录的权限，使你具有完全访问权限，而其他人则根本无法访问(新的权限应该读作 rwx------)。

(5) 使 test 目录成为当前目录，如下所示：

```
$ cd test
$ pwd
/home/joe/test
```

完成上述步骤后，此时主目录中的子目录 test 成为当前工作目录。可以使用本章后续部分所介绍的内容在 test 目录中创建文件和目录。

4.2　使用元字符和运算符

在 Linux 系统中，不管是列举、移动、复制、删除文件，还是在文件上完成其他操作，某些特殊字符(通常被称为元字符和运算符)都可以帮助更有效地使用文件。其中，元字符可以帮助我们匹配一个或多个文件，而不必完全输入每个文件名。而运算符能将来自某一命令或者文件的信息定向到另一个命令或文件。

4.2.1　使用文件匹配元字符

为减少击键次数，同时更快地引用一组文件，Bash shell 允许使用元字符。当需要引用一个文件或目录时，比如列举、打开或者删除，可以使用元字符匹配想要的文件。接下来介绍一些在文件匹配方面非常有用的元字符。

- *——匹配任何数量的字符。
- ?——匹配任何一个字符。
- [...]——匹配括号之间的任何一个字符，可以包括一个连字符分隔的字母或数字范围。

为了试用这些文件匹配元字符，请首先进入一个空目录(比如前一节创建的 test 目录)，然后创建一些空文件。

```
$ touch apple banana grape grapefruit watermelon
```

touch 命令用来创建空文件。而命令后面的选项则确定在 ls 命令中如何使用 shell 元字符匹配文件名。请输入下面的命令，看一下是否可以获取相同的结果。

```
$ ls a*
apple
$ ls g*
grape grapefruit
$ ls g*t
grapefruit
$ ls *e*
apple grape grapefruit watermelon
$ ls *n*
banana watermelon
```

第一个示例匹配任何以 a 开头的文件(apple)。第二个示例匹配任何以 g 开头的文件(grape、grapefruit)。第三个示例匹配以 g 开头且以 t 结尾的文件(grapefruit)。第四个示例匹配任何文件名中包含 e 的文件(apple、grape、grapefruit、watermelon)。最后一个示例匹配任何文件名中包含 n 的文件(banana、watermelon)。

接下来列举一些使用问号(?)进行模式匹配的示例:

```
$ ls ????e
apple grape
$ ls g???e*
grape grapefruit
```

第一个示例匹配任何文件名包含 5 个字符且以 e 结尾的文件(apple、grape)。第二个示例匹配任何以 g 开头且第五个字符为 e 的文件(grape、grapefruit)。

最后,列举一些使用括号完成模式匹配的示例:

```
$ ls [abw]*
apple banana watermelon
$ ls [agw]*[ne]
apple grape watermelon
```

在第一个示例中,匹配任何以 a、b 或 w 开头的文件。而在第二个示例中,匹配任何以 a、g、w 开头且以 n 或者 e 结尾的文件。此外,还可在括号内包含一个范围,例如:

```
$ ls [a-g]*
apple banana grape grapefruit
```

此时,匹配以字母 a 到字母 g 之间任何一个字母开头的文件。

4.2.2　使用文件重定向元字符

一般来说,命令从标准输入中接收数据,然后将数据发送到标准输出。通过使用前面介绍的管道,可将一条命令的标准输出定向到另一条命令的输入。而对于文件,可以使用小于号(<)和大于号(>)在文件之间定向数据。接下来介绍一下文件重定向字符:

- <——将文件的内容定向到命令。大多数情况下,这是命令所期待的默认行为,该字符的使用是可选的;使用 less bigfile 等同于使用 less < bigfile。
- >——将命令的标准输出定向到一个文件。如果文件存在,该文件的内容将被重写。
- 2>——将标准错误(错误消息)定向到文件。
- &>——将标准输出和标准错误都定向到文件。
- >>——将命令的输出定向到一个文件,并将该输出添加到现有文件的末尾。

下面是一些命令行示例,其中的消息被定向到文件,或者来自文件。

```
$ mail root < ~/.bashrc
$ man chmod | col -b > /tmp/chmod
$ echo "I finished the project on $(date)" >> ~/projects
```

在第一个示例中,将主目录中.bashrc 文件的内容以邮件消息的形式发送到计算机的 root 用户。第二个命令行分别设置了 chmod 手册页的格式(使用 man 命令),删除了额外的退格键(col –b)以及将输出发送到文件/tmp/chmod(如果该文件存在,则删除以前的/tmp/chmod 文件)。最后的命令行将下面所示的文本添加到用户的项目文件中：

```
I finished the project on Sat Jun 15 13:46:49 EDT 2019
```

重定向的另一种类型被称为 *here text*(也被称为 *here document*)。该类型能够让所输入的文本用作命令的标准输入。here documents 要求在命令之后输入两个小于字符(<<)，然后紧跟一个单词。该单词之后所输入的所有内容将作为用户输入，直到该单词在命令行中再次出现为止。请参见以下示例：

```
$ mail root cnegus rjones bdecker << thetext
> I want to tell everyone that there will be a 10 a.m.
> meeting in conference room B. Everyone should attend.
>
> -- James
> thetext
$
```

该示例分别向 root、cnegus、rjones 和 bdecker 用户名发送了一封邮件。<<thetext 和 thetext 之间输入的文本成为该邮件的内容。here text 常见的用法是将其与文本编辑器一起使用，从而通过脚本创建或添加到文件中。

```
/bin/ed /etc/resolv.conf <<resendit
a
nameserver 100.100.100.100
.
w
q
resendit
```

通过将上述命令行添加到 root 用户运行的脚本中，ed 文本编辑器将某一 DNS 服务器的 IP 地址添加到/etc/resolv.conf 文件中。

4.2.3　使用括号扩展字符

通过使用大括号({})，可以跨文件名、目录名或者命令中的其他参数扩展一组字符。例如，如果想要创建一组从 memo1 到 memo5 的文件，可以使用如下命令：

```
$ touch memo{1,2,3,4,5}
$ ls
memo1 memo2 memo3 memo4 memo5
```

被扩展的项目不一定必须是数字或个位数。例如，可以使用数字范围。此外，还可以使用任何字符串，只要使用逗号将它们分开就可以了。请查看以下示例。

```
$ touch {John,Bill,Sally}-{Breakfast,Lunch,Dinner}
$ ls
Bill-Breakfast Bill-Lunch John-Dinner Sally-Breakfast Sally-Lunch
Bill-Dinner John-Breakfast John-Lunch Sally-Dinner
$ rm -f {John,Bill,Sally}-{Breakfast,Lunch,Dinner}
$ touch {a..f}{1..5}
$ ls
```

```
a1 a3 a5 b2 b4 c1 c3 c5 d2 d4 e1 e3 e5 f2 f4
a2 a4 b1 b3 b5 c2 c4 d1 d3 d5 e2 e4 f1 f3 f5
```

在第一个示例中，两组括号使用的含义是 John、Bill 和 Sally 每个人都拥有与 Breakfast、Lunch 和 Dinner 相关联的文件名。如果出现错误，则可以重复执行该命令，并将 touch 更改为 rm -f，从而删除所有文件。在第二个示例中，字母 a 和 f 以及数字 1 和 5 之间两点的使用指定了使用范围。请注意根据这些字符所创建的文件。

4.3 列出文件和目录

ls 命令是列出文件和目录信息最常用的命令。ls 命令可以使用许多选项，从而获取不同的文件和目录集，以及查看不同类型的信息。

默认情况下，当输入 ls 命令时，输出将显示当前目录中包含的所有非隐藏文件和目录。然而，当输入 ls 时，许多 Linux 系统(包括 Fedora 和 RHEL)会分配一个别名 ls，以便添加选项。如果想知道 ls 是不是别名，可输入以下命令：

```
$ alias ls
alias ls='ls --color=auto'
```

选项--color=auto 使不同类型的文件和目录以不同的颜色显示。所以，请返回到本章前面创建的$HOME/test 目录，并添加几个不同类型的文件，然后使用 ls 命令查看这些文件是如何显示的。

```
$ cd $HOME/test
$ touch scriptx.sh apple
$ chmod 755 scriptx.sh
$ mkdir Stuff
$ ln -s apple pointer_to_apple
$ ls
apple pointer_to_apple scriptx.sh Stuff
```

虽然无法通过本书直接看到上述代码示例的结果，但实际上 docs 目录以蓝色显示，pointer_to_apple (一个符号链接)则显示为水绿色，而 scriptx.sh(一个可执行文件)以绿色显示，所有其他的常规文件则以黑色显示。输入 ls -1，显示一个长的文件列表，从而更清晰地看到这些不同类型的文件。

```
$ ls -l
total 4
-rw-rw-r--. 1 joe joe    0 Dec 18 13:38 apple
lrwxrwxrwx. 1 joe joe    5 Dec 18 13:46 pointer_to_apple -> apple
-rwxr-xr-x. 1 joe joe    0 Dec 18 13:37 scriptx.sh
drwxrwxr-x. 2 joe joe 4096 Dec 18 13:38 Stuff
```

当查看该列表时请注意，每行的第一个字符显示了文件类型。其中连字符(-)表示常规文件，d 表示一个目录，l(小写的 L)表示一个符号链接。可执行文件(可作为一条命令运行的脚本或者二进制文件)已经开启了执行位(x)。"了解文件权限和所有权"一节将详细介绍执行位。

此时，你应该已经非常熟悉主目录中的内容。在 ls 命令中使用-l 和-a 选项：

```
$ ls -la /home/joe
total 158
drwxrwxrwx 2    joe   sales   4096 May 12 13:55 .
drwxr-xr-x 3    root  root    4096 May 10 01:49 ..
-rw-------  1    joe   sales   2204 May 18 21:30 .bash_history
-rw-r--r--  1    joe   sales     24 May 10 01:50 .bash_logout
-rw-r--r--  1    joe   sales    230 May 10 01:50 .bash_profile
-rw-r--r--  1    joe   sales    124 May 10 01:50 .bashrc
drw-r--r--  1    joe   sales   4096 May 10 01:50 .kde
-rw-rw-r--  1    joe   sales 149872 May 11 22:49 letter


^          ^    ^     ^      ^    ^                  ^
col 1  col 2  col 3 col 4 col 5 col 6           col 7
```

上述命令显示了主目录内容的一个长列表(-l 选项)，其中显示了关于文件大小和目录的更多信息。total 行显示了列表中的文件所使用的磁盘空间总量(在本示例中为 158KB)。而诸如当前目录(.)以及父目录(.., 即当前目录的上一级目录)的目录则使用每个条目开头的字母 d 来表示。每个目录都以一个字母 d 开头，而每个文件则以一个破折号(-)开头。

第 7 列显示了文件和目录的名称。在本示例中，一个点(.)表示/home/joe，而两个点(..)则表示/home(即/joe 的父目录)。本示例中的大多数文件都是用来存储 GUI 属性(.kde 目录)或者 shell 属性(.bash 文件)的点(.)文件。列表中唯一的非点文件是 letter 文件。第 3 列显示了目录或文件的所有者。/home 目录由 root 用户所拥有，其他目录则由用户 joe 所拥有，该用户属于 sales 组(第 4 列显示了组)。

除了 d 或者-之外，每行的第 1 列还包含了文件或目录的权限集。列表中的其他信息还包括链接到该项目的数量(第 2 列)、每个文件的字节大小(第 5 列)以及每个文件最近一次修改的日期和时间(第 6 列)。

以下是一些关于文件和目录列表的其他事实。

- 针对某一目录所显示的字符数量(在上述示例中为 4096 字节)反映了包含该目录信息的文件的大小。虽然对于一个包含大量文件的目录而言，字符数量可以大于 4096 字节，但该值并没有反映该目录所包含的文件大小。

- 时间和日期列的格式可以更改。根据发行版本和语言设置(LANG 变量)的不同，可将日期显示为"2019-05-12"，而不是"May 12"。

- 有时，可能会在一个可执行文件上看到一个 s，而不是执行位(x)设置。如果在所有者(-rwsr-xr-x)或者组(-rwxr-sr-x)权限，又或者两者(-rwsr-sr-x)中出现了一个 s，则表示应用程序可以被任何用户访问，而运行进程的所有权分配给应用程序的用户/组，而不是启动该命令的用户。该过程分别称为 Set UID 或 Set GID 程序。例如，将 mount 命令的权限设置为-rwsr-xr-x，从而允许任何用户运行 mount 命令列出挂载文件系统(虽然大多数情况下，仍然必须是 root 用户来使用 mount 命令，从而通过命令行实际挂载文件系统)。

- 如果在目录的末尾出现了一个 t，则表示为该目录设置了一个*粘滞位*(例如，drwxrwxr-t)。通过在目录上设置一个粘滞位，目录的所有者可以允许其他用户和组向该目录中添加文件，却阻止用户删除目录中其他人添加的文件。通过为某一目录分配一个 Set GID，该目录中所创建的任何文件都分配到与目录组相同的组(如果在一个目录上看到的是一个大写 S 或 T，而不是执行位，则意味着分别设置了 Set GID 或粘滞位，而出于某些原因执行位没有开启)。

● 如果在权限位的末尾看到了一个加号(例如，-rw-rwr--+)，则意味着在文件上设置了扩展属性，如 ACL 或 SELinux。末尾的点表示在文件中设置了 SELinux。

确定目录

当需要在 shell 命令行上确定主目录时，可以使用以下方法:

● $HOME——该环境变量存储了主目录名。

● ~——波浪线表示命令行上的主目录。

此外，还可以使用波浪线确定其他人的主目录。例如，~joe 可以扩展为 joe 主目录(可能是 /home/joe)。所以，如果想要进入目录/home/joe/test，可以输入 cd ~joe/test。

接下来介绍一些在 shell 中确定目录的其他特殊方法:

● .——单点(.)指向当前目录。

● ..——双点(..)指向当前目录的上一级目录。

● $PWD——该环境变量指向当前工作目录。

● $OLDPWD——该环境变量指向更改当前工作目录之前的工作目录(输入 cd -返回到 $OLDPWD 所表示的目录)。

如前所述，ls 命令包含许多有用的选项。请返回到$HOME/test 目录。接下来列举一些 ls 选项的示例。如果输出与你目录中的内容不完全匹配，请不要担心。

任何以一个点(.)开头的文件或目录都被视为一个隐藏文件，默认情况下，使用 ls 命令并不会显示它们。这些点文件通常位于主目录中且在平时工作中不需要看见的配置文件或目录。使用-a 选项可以看到这些文件。

-t 选项可以按照文件最新修改的时间顺序显示文件。使用-F 选项，则在目录名的末尾出现一个反斜杠(/)，向可执行文件添加一个星号(*)以及在符号链接旁显示一个 at 符号(@)。

要显示隐藏和非隐藏文件，请使用以下命令:

```
$ ls -a
. apple docs grapefruit pointer_to_apple .stuff watermelon
.. banana grape .hiddendir script.sh .tmpfile
```

要按照最新修改的时间列出所有文件，请使用以下命令:

```
$ ls -at
.tmpfile .hiddendir .. docs watermelon banana script.sh
. .stuff pointer_to_apple grapefruit apple grape
```

要列出文件并附加文件类型指示符，请使用以下命令:

```
$ ls -F
apple banana docs/ grape grapefruit pointer_to_apple@ script.sh* watermelon
```

为在使用 ls 命令时避免显示某些文件或者目录，可使用--hide=选项。在接下来的示例中，任何以 g 开头的文件都不会显示在输出中。如果在某一目录上使用了-d 选项，则只会显示关于该目录的信息，而不会显示该目录所包含的文件和目录。-R 选项列出了当前目录中的所有文件以及与原目录相关联的任何文件或目录。-S 选项将按文件大小列出文件。

为了不列出任何以字母 g 开头的文件，请使用以下命令：

```
$ ls --hide=g*
apple banana docs pointer_to_apple script.sh watermelon
```

为列出某一目录的信息，而不是其所包含的文件，请使用以下命令：

```
$ ls -ld $HOME/test/
drwxrwxr-x. 4 joe joe 4096 Dec 18 22:00 /home/joe/test/
```

为创建多个目录层，请使用以下命令(需要使用-p 选项)：

```
$ mkdir -p $HOME/test/documents/memos/
```

为列出当前目录下的所有文件和子目录，请使用以下命令：

```
$ ls -R
...
```

为按文件大小列出文件，请使用以下命令：

```
$ ls -S
...
```

4.4　了解文件权限和所有权

在使用了 Linux 一段时间之后，几乎肯定会得到一个权限被拒绝的消息。在 Linux 中，设计与文件和目录相关联的权限的目的是防止用户访问其他用户的私有文件以及保护重要的系统文件。

针对每个文件的权限所分配的九位(权限位)定义了你和其他用户对你的文件的访问权。普通文件的权限位通常为-rwxrwxrwx。这些位用来定义谁可以读取、写入或者执行文件。

> **注意：**
> 对于普通文件，会在九位权限指示器之前出现一个破折号。而对于其他项目，则可能会看到一个 d(针对目录)、l(针对符号链接)、b(针对块设备)、c(针对字符设备)、s(针对套接字)或者 p(针对命名的管道)。

在九位权限中，前三位适用于所有者的权限，中间三位适用于文件所属组的权限，而最后三位适用于其他人的权限。其中，r 表示读取，w 表示写入，x 表示执行权限。如果用破折号替代字母，则意味着相关联的读取、写入或执行位的权限被关闭。

因为文件和目录是不同类型的元素，所以文件和目录上的读取、写入和执行权限是不同的。表 4.2 解释了使用每种权限可以完成的操作。

表4.2　设置读取、写入和执行权限

权限	文件	目录
Read	查看文件的内容	查看目录包含的文件和子目录
Write	更改文件的内容，重命名文件或者删除文件	向目录添加文件或者子目录。删除目录中的文件或者子目录
Execute	将文件作为一个程序运行	将目录更改为当前目录，搜索目录或者执行该目录中的一个程序，访问目录中文件的文件元数据(文件大小、时间戳等)

如前所述，通过输入命令 ls -ld 可查看任何文件或者目录的权限。下面的示例显示了命名文件或目录：

```
$ ls -ld ch3 test
-rw-rw-r-- 1 joe sales 4983 Jan 18 22:13 ch3
drwxr-xr-x 2 joe sales 1024 Jan 24 13:47 test
```

第一行显示了所有者和组拥有读取和写入权限。而所有其他用户只拥有读取权限，这意味着他们只能查看文件，而无法更改文件内容或删除文件。第二行显示了 test 目录(由在权限位之前的字母 d 表示)。所有者拥有读取、写入和执行权限，而组和其他用户只拥有读取和执行权限。也就是说，所有者可以添加、更改或者删除目录中的文件，而其他人只能读取内容、更改目录以及列出目录中的内容(如果对 ls 命令没有使用-d 选项，则只能列出 test 目录中的文件，而不是该目录的权限)。

4.4.1　使用命令 chmod(数字)更改权限

如果你拥有一个文件，那么可以使用 chmod 命令更改文件上的权限。在更改过程中，每种权限(读取、写入和执行)都被分配了一个数字：r=4、w=2、x=1，通过使用每组的总数建立权限。例如，如果想让所有者拥有所有权限，可以设置第一个数字为 7(即 4+2+1)，然后将第二个和第三个数字设置为 4(即 4+0+0)，使组以及其他人只拥有读取权限，其最终的数字为 744。权限的任何组合都会生成 0(无权限)到 7(完全权限)之间的数字。

接下来列举一些示例，说明如何更改命名文件上的权限，以及由此产生的权限是什么。

接下来的 chmod 命令生成以下权限：rwxrwxrwx

```
# chmod 777 file
```

接下来的 chmod 命令生成以下权限：rwxr-xr-x

```
# chmod 755 file
```

接下来的 chmod 命令生成以下权限：rw-r--r--

```
# chmod 644 file
```

接下来的 chmod 命令生成以下权限：---------

```
# chmod 000 file
```

此外，还可以递归使用 chmod 命令。例如，假设从$HOME/myapps 目录开始为整个目录结构赋予 755 权限(rwxr-xr-x)。为此，可使用-R 选项，如下所示：

```
$ chmod -R 755 $HOME/myapps
```

myapps 目录以下的所有文件和目录(包括 myapps 目录)都拥有了 755 权限设置。因为设置权限的数字方法将立即更改所有权限位，所以更常见的做法是在一个大的文件集上使用字母来递归地更改权限位。

4.4.2　使用 chmod(字母)更改权限

除了使用字母表示更改什么以及为谁更改之外，还可以分别使用加号(+)和减号(-)启用和关闭文件权限。针对每个文件，通过使用不同字母，可以更改用户(u)、组(g)、其他人(o)以及所有用户(a)的权限。而可以更改的包括读取(r)、写入(w)以及执行(x)位。运行下面使用了减号选项的 chmod 命令，由此生成的权限显示在每条命令的右边。

下面的 chmod 命令生成如下权限：r-xr-xr-x

```
$ chmod a-w file
```

下面的 chmod 命令生成如下权限：rwxrwxrw-

```
$ chmod o-x file
```

下面的 chmod 命令生成如下权限：rwx------

```
$ chmod go-rwx file
```

同样，下面的示例首选关闭所有权限(---------)。然后用加号启用权限：
下面的 chmod 命令生成如下权限：rw-------

```
$ chmod u+rw files
```

下面的 chmod 命令生成如下权限：--x--x--x

```
$ chmod a+x files
```

下面的 chmod 命令生成如下权限：r-xr-x---

```
$ chmod ug+rx files
```

通常，使用字母更改权限比使用数字更可行，因为可以有选择地更改权限位，而不是更改所有权限位。例如，假设想要删除"其他人"在一组文件和目录上的写入权限，同时不更改其他权限位，可以使用以下命令：

```
$ chmod -R o-w $HOME/myapps
```

该示例递归删除了"其他人"在 myapps 目录下任何文件和目录上的写入权限。如果使用数字(比如 644)，则会关闭目录的执行权限。如果使用 755，则启用普通文件的执行权限。使用 o-w，则只会关闭一个权限位，其他位保持不变。

4.4.3　使用 umask 设置默认的文件权限

当一名普通用户创建一个文件时，其赋予的默认权限为 rw-rw-r--。目录的默认权限为 rwxrwxr-x。而对于 root 用户，文件和目录的权限分别为 rw-r--r--和 rwxr-xr-x。这些默认值由 umask 值确定。输入 umask，查看 umask 值是什么，例如：

```
$ umask
0002
```

如果暂时忽略前导零，那么 umask 值将被视为对文件完全开放权限(666)或者对目录完全开放权限(777)。umask 值 002 生成对目录的权限 775(rwxrwxr-x)。而相同的 umask 值生成文件的权限

644(rw-rw-r--)；默认情况下，普通文件的执行权限被关闭。

如果想临时更改 umask 值，可运行 umask 命令。接下来创建一些文件和目录，以便查看 umask 值如何影响权限的设置。如下所示：

```
$ umask 777 ; touch file01 ; mkdir dir01 ; ls -ld file01 dir01
d---------. 2 joe joe 6 Dec 19 11:03 dir01
----------. 1 joe joe 0 Dec 19 11:02 file01
$ umask 000 ; touch file02 ; mkdir dir02 ; ls -ld file02 dir02
drwxrwxrwx. 2 joe joe 6 Dec 19 11:00 dir02/
-rw-rw-rw-. 1 joe joe 0 Dec 19 10:59 file02
$ umask 022 ; touch file03 ; mkdir dir03 ; ls -ld file03 dir03
drwxr-xr-x. 2 joe joe 6 Dec 19 11:07 dir03
-rw-r--r--. 1 joe joe 0 Dec 19 11:07 file03
```

如果要永久更改 umask 值，需要向主目录中的.bashrc 文件结尾处添加一条 umask 命令。接下来打开一个 shell，然后设置你自己的 umask 值。

4.4.4　更改文件所有权

作为一名普通用户，无法更改文件或者目录的所有权，使它们属于另一名用户。只有 root 用户才可以更改所有权。例如，假设你是一名 root 用户，并且在用户 joe 的主目录中创建了一个名为memo.txt 的文件。接下来演示如何更改该文件使其被 joe 所拥有。

```
# chown joe /home/joe/memo.txt
# ls -l /home/joe/memo.txt
-rw-r--r--. 1 joe root 0 Dec 19 11:23 /home/joe/memo.txt
```

注意，chown 命令仅将用户改为 joe，却将组保留为 root。为将用户和组都改为 joe，可输入以下命令：

```
# chown joe:joe /home/joe/memo.txt
# ls -l /home/joe/memo.txt
-rw-r--r--. 1 joe joe 0 Dec 19 11:23 /home/joe/memo.txt
```

还可以递归使用 chown 命令。如果需要将整个目录结构更改为被某一特定用户所拥有，使用递归选项(-R)是非常有帮助的。例如，如果插入一个 USB 驱动器(被挂载到/media/myusb 目录中)，并且希望将该驱动器内容的全部权限赋予用户 joe，则可以输入以下命令。

```
#chown -R joe:joe /media/myusb
```

4.5　移动、复制和删除文件

用来移动、复制和删除文件的命令非常简单。可以使用 mv 命令更改文件位置，使用 cp 命令将文件从一个位置复制到另一个位置，使用 rm 命令删除文件。这些命令可以应用在单个文件和目录上，或者递归地应用在多个文件和目录上。接下来看一些示例：

```
$ mv abc def
$ mv abc ~
$ mv /home/joe/mymemos/ /home/joe/Documents/
```

第一条 mv 命令将文件 abc 移动到同一目录下的文件 def(实际上就是对文件 abc 重命名)。第二条 mv 命令将文件 abc 移动到主目录(~)。最后一条命令将目录 mymemos(及其所有内容)移动到目录/home/joe/Documents。

默认情况下，如果移动的文件已经存在，mv 命令将重写已有文件。然而，许多 Linux 系统为 mv 命令指定了别名，以便使用-i 选项(此时，当 mv 重写现有文件时会给出提示)。下面看一下如何检查在系统上是否使用了别名：

```
$ alias mv
alias mv='mv -i'
```

接下来，列举一些使用 cp 命令将文件从一个位置复制到另一个位置的示例。

```
$ cp abc def
$ cp abc ~
$ cp -r /usr/share/doc/bash-completion* /tmp/a/
$ cp -ra /usr/share/doc/bash-completion* /tmp/b/
```

第一条复制命令(cp)将文件 abc 复制到同一目录下的新文件 def。第二条命令将文件 abc 复制到主目录下(~)，同时保持文件名不变。两个递归(-r)复制命令分别将 bash-completion 目录及其所包含的所有文件复制到目录/tmp/a/和/tmp/b/。如果在这两个目录上运行 ls -l，将会看到对于带有归档选项(-a)运行的 cp 命令，日期/时间戳以及权限在复制过程中得到保留。如果没有使用-a 选项，则使用当前日期和时间戳，并由 umask 确定权限。

为防止用户无意中覆盖文件，通常使用 cp 命令带有-i 选项的别名。

与 cp 和 mv 命令一样，通常也使用 rm 命令带有-i 选项的别名，从而防止由于无意中的递归删除(-r)选项而带来的危害。接下来看一些 rm 命令的示例：

```
$ rm abc
$ rm *
```

第一条删除命令删除了文件 abc；第二条删除了当前目录中的所有文件(除了无法删除目录或者任何以一个点开头的文件)。要删除目录，则需要使用递归(-r)选项，或者对于一个空目录而言，使用 rmdir 命令。请看以下示例：

```
$ rmdir /home/joe/nothing/
$ rm -r /home/joe/bigdir/
$ rm -rf /home/joe/hugedir/
```

在上述代码中，rmdir 命令仅删除了空目录。rm -r 命令删除了 bigdir 目录及其所有内容(文件和多级子目录)，但在删除之前会给出提示。通过添加强制选项(-f)，hugedir 目录及其所有内容被立即删除，并且没有给出任何提示。

警告：
当忽略 mv、cp 和 rm 命令上的-i 选项时，可能会误删一些(或者许多)文件。如果使用了通配符(比如*)而没有使用-i 选项，则犯错的可能性就更大。但有时你可能觉得删除文件太麻烦，此时可以有其他选择。
● 使用-f选项，强迫 rm 在删除时不进行提示。或者运行带有反斜杠的 rm、cp 或者 mv 命令(比如\rm bigdir)。反斜杠导致任何命令以非别名的方式运行。

● 另一种方式是使用带-b 选项的 mv 命令。使用-b 选项，如果在目标目录中存在一个同名的文件，则在移动新文件之前对旧文件进行备份复制。

4.6　小结

用来在文件系统中移动以及复制、移动和删除文件的命令是通过 shell 使用的最基本的命令。本章介绍了许多用来移动和操作文件的命令，以及用来更改所有权和权限的命令。

下一章将介绍用来编辑和搜索文件的命令。这些命令包括 vim/vi 文本编辑器、find 命令以及 grep 命令。

4.7　习题

使用以下习题测试关于在文件系统中移动以及使用文件和目录的相关知识。如果有可能，请尝试使用快捷方式输入尽可能少的内容，获取所期望的结果。这些任务假设正在运行的是 Fedora 或者 Red Hat Enterprise Linux 系统(虽然有些任务也可以在其他 Linux 系统上完成)。

如果陷入困境，可以参考附录 B 中这些习题的参考答案(虽然在 Linux 中可以使用多种方法完成某一任务)。

(1) 在主目录中创建一个名为 projects 的目录。在该目录中，创建 9 个空文件，分别命名为 house1、house2、house3 一直到 house9。假设在该目录中还有其他许多文件，请在 ls 命令中使用一个参数，仅列出这 9 个文件。

(2) 创建$HOME/projects/houses/doors/目录路径。在该目录路径中创建以下所示的空文件(尝试使用绝对路径以及相对主目录的相对路径):

```
$HOME/projects/houses/bungalow.txt
$HOME/projects/houses/doors/bifold.txt
$HOME/projects/outdoors/vegetation/landscape.txt
```

(3) 将文件 house1 和 house5 复制到$HOME/projects/houses/目录中。

(4) 将/usr/share/doc/initscripts*目录递归复制到$HOME/projects/目录。同时保留当前日期/时间戳和权限。

(5) 递归列出$HOME/projects/目录的内容，并将输出发送到 less 命令，从而查看输出。

(6) 在没有提示的情况下删除 house6、house7 和 house8。

(7) 将 house3 和 house4 移动到$HOME/projects/houses/doors 目录。

(8) 删除$HOME/projects/houses/doors 目录及其内容。

(9) 更改$HOME/projects/house2 文件上的权限，以便拥有该文件的用户可以读取和写入该文件，组只能读取文件，而其他用户没有权限。

(10) 递归更改$HOME/projects/目录的权限，以便没有人有权对该目录以下的任何文件或者目录执行写入操作。

第**5**章

使用文本文件

本章主要内容:
- 使用 vim 和 vi 编辑文本文件
- 搜索文件
- 在文件中搜索

当创建 UNIX 系统(Linux 以 UNIX 为基础)时,系统上的大多数信息都通过纯文本文件进行管理。因此,对于用户来说,至关重要的一点是知道如何使用这些工具搜索纯文本文件和内容,以及能够更改和配置这些文件。

如今,Linux 系统的大多数配置仍通过编辑纯文本文件来完成。无论是修改/etc 目录中的文件来配置本地服务,还是编辑 Ansible 目录文件来配置主机的集合,纯文本文件仍然在这些任务中普遍使用。

在成为成熟的系统管理员之前,需要学会使用一种纯文本编辑器。事实上,大多数专业的 Linux 服务器甚至没有提供图形界面,而仅使用非图形文本编辑器来编辑纯文本配置文件。

了解到如何编辑文本文件后,你会发现找到需要编辑的文件的位置仍然是一件非常难的事情。通过使用诸如 find 的命令,可以根据不同属性(文件名、大小、修改日期、所有者等)搜索文件。而通过使用 grep 命令,可在文本文件内部进行搜索,从而找到特定的搜索项。

5.1 使用 vim 和 vi 编辑文件

如前所述,仅使用 Linux 而不使用任何文本编辑器是不可能的,因为大多数 Linux 配置文件都是纯文本文件,在某些时候,只能通过手工进行更改。

如果正在使用 GNOME 桌面,那么可以运行 gedit(在 Search 框中输入 gedit,并单击 Enter 键,或者选择 Applications | Accessories | gedit),该编辑器可以相当直观地编辑文本。

此外,还可通过 shell 运行一个简单的文本编辑器 nano。然而,大多数 Linux shell 用户使用 vi 或者 emacs 命令来编辑文本文件。

相对于图形编辑器,vi 或 emacs 命令的优点是可以通过任何 shell、字符终端或者通过网络的基于字符的连接(如使用 telnet 或 ssh)来使用命令,而不需要图形界面。此外,它们还包含大量功能,所以需要不断地学习。

本节将简要介绍如何使用 vi 文本编辑器,可以通过任何 shell 使用该编辑器来手动编辑文本文件。此外,还描述了 vi 的改良版本 vim(如果 vi 不适合你,可以查看侧边栏"使用其他文本编辑器"进行其他选择)。

　　起初，vi 编辑器很难学，但熟悉了该编辑器后，几乎可以不使用鼠标或者任何功能键，而仅使用键盘就可以快速并高效地编辑文件以及在文件之间移动。

使用其他文本编辑器

　　Linux 可以使用数十种文本编辑器。而在你的 Linux 发行版本中可能使用了一些替代产品。如果发现 vi 使用起来太费力，可以尝试其他的文本编辑器。接下来列举一些可选的编辑器：

- nano——这是一种被许多可启动 Linux 系统以及其他空间有限的 Linux 环境所使用的流行且简化的文本编辑器。例如，可在 Gentoo Linux 安装过程中使用 nano 编辑文本文件。
- gedit——在桌面上运行的 GNOME 文本编辑器。
- jed——这是一种为编程人员开发的面向屏幕的编辑器。通过使用不同颜色，jed 可以突出显示所创建的代码，以便开发人员更容易地阅读代码并发现语法错误。可使用 Alt 键选择不同菜单来操作文本。
- joe——joe 编辑器与许多 PC 文本编辑器类似。使用控制键和箭头键进行移动。单击 Ctrl+C 进行无保存退出，或者单击 Ctrl+X 进行保存并退出。
- kate——来自 kdebase 包的外观漂亮的编辑器。它拥有许多附加功能，比如突出显示不同类型的编程语言以及用来管理自动换行的控件。
- kedit——KDE 桌面所提供的基于 GUI 的文本编辑器。
- mcedit——在该编辑器中，可以使用功能键获取、保存、复制、移动和删除文本。与 jed 和 joe 一样，mcedit 也是面向屏幕的。它来自 RHEL 和 Fedora 中的 mc 包。
- nedit——这是一种极佳的程序员编辑器。如果想使用该编辑器，需要安装可选的 nedit 包。

　　如果通过网络使用 ssh 登录到其他 Linux 计算机，那么可以使用任何可用的文本编辑器来编辑文本。如果使用 ssh –X 连接到远程系统，则会在本地屏幕上弹出一个基于 GUI 的编辑器。当没有 GUI 可用时，则需要通过 shell 运行一种文本编辑器，如 vi、jed 或 joe。

5.1.1　开始使用 vi

　　通常，启动 vi 打开一个特定文件。例如，为打开文件/tmp/test，请输入以下命令：

```
$ vi /tmp/test
```

如果是一个新文件，则会看到如下所示的内容：

```
□
~
~
~
~
~
"/tmp/test" [New File]
```

　　顶部的闪烁框表示光标的位置。底部的输出行则指出正在编辑的文件(此时仅打开一个新文件)。在两者之间显示了一些波浪线(~)作为填充，因为在文件中还没有任何文本。此时，令人畏惧的是：没有提示、菜单或者图标告诉我们做什么。更糟糕的是，无法输入命令。如果尝试输入，计算机可能会发出蜂鸣声(因此有些人抱怨 Linux 并不友好)。

　　首先,需要知道两种主要的操作模式:命令和输入。vi 编辑器通常以命令模式启动。在可以添加或者更改文件中的文本之前,需要输入一条命令(一两个字母,有时前面还要加上一个可选的数字),告诉 vi 你想要做什么。大小写非常重要,应该像下面示例那样正确地使用大小写!

> **注意:**
> 在 Red Hat Enterprise Linux、Fedora 以及其他 Linux 发布版本中,针对普通用户,vi 命令是使用别名 vim 来运行的。如果输入 alias vi,会看到 alias vi='vim'。vi 和 vim 的第一个明显不同之处在于任何已知的文本文件类型(比如 HTML、C 代码或者普通的配置文件)都以带颜色的方式显示。这些颜色表示了文件的结构。vim 还具备一些 vi 所不具备的功能,包括视觉突出显示和分屏模式。默认情况下,root 用户不使用 vi 的别名 vim。如果系统上没有 vim,请尝试安装 vm 增强包。

1. 添加文本

　　如果想进入输入模式,可以输入一个输入命令字母。首先,请尝试输入以下所示的字母。当完成文本的输入后,单击 Esc 键(有时需要单击两次)返回到命令模式。请记住是 Esc 键!

- a——添加命令。通过该命令,可以从光标的右边开始输入文本。
- A——在命令结束处添加。通过该命令,可以从当前行的末尾开始输入文本。
- i ——插入命令。通过该命令,可以从光标的左边开始输入文本。
- I——在命令开始前插入。通过该命令,可以从当前行的开头输入文本。
- o——在命令之下打开。该命令在当前行之下打开一个新行,并进入插入模式。
- O——在命令之上打开。该命令在当前行之上插入一个新行,并进入插入模式。

> **提示:**
> 当处于插入模式时,在屏幕的底部会出现--INSERT--。

　　输入一些单词,并单击 Enter 键。重复该操作多次,直到出现了多行文本。当完成输入后,单击 Esc 键返回到命令模式。到目前为止,已经创建了一个带有一些文本的文件。下一节将介绍如何使用键或字母在文本之间移动。

> **提示:**
> 请记住 Esc 键! 该键通常可以让你返回到命令模式。但有时可能需要单击 Esc 键两次。例如,如果输入一个冒号(:)进入 ex 模式,则必须单击 Esc 键两次才能返回到命令模式。

2. 在文本中移动

　　如果想要在文本中移动,可以使用上、下、左、右箭头键。然而,当打字时许多用来移动的键就在你的指尖下:

- **箭头键**——将光标在文件中一次向上、下、左或者右移动一个字符。如果向左或者向右移动,还可以分别使用 Backspace 和空格键。如果更喜欢使用键盘,则可以使用 h(向左)、l(向右)、j(向下)或者 k(向上)移动光标。
- **w**——将光标移到下一个单词的开头(用空格、制表符或标点符号分隔)。
- **W**——将光标移到下一个单词的开头(用空格或者制表符分隔)。
- **b**——将光标移到前一个单词的开头(用空格、制表符或标点符号分隔)。
- **B**——将光标移到前一个单词的开头(用空格或者制表符分隔)。

- **0(零)**——将光标移到当前行的开头。
- **$**——将光标移到当前行的末尾。
- **H**——将光标移到屏幕的左上角(屏幕上的第一行)。
- **M**——将光标移到屏幕中间行的第一个字符。
- **L**——将光标移到屏幕的左下角(屏幕上的最后一行)。

3. 删除、复制和更改文本

关于编辑文本的操作只需要知道如何删除、复制或更改文本。可以使用 x、d、y 和 c 命令来删除和更改文本。此外，这些命令还可以配合使用移动键(箭头、PgUp、PgDn、字母和特殊键)和数字来确切地指出将要删除、复制或者更改什么。请参考以下示例：

- **x**——删除光标下的字符。
- **X**——直接删除光标之前的字符。
- **d<?>**——删除一些文本。
- **c<?>**——更改一些文本。
- **y<?>**——复制一些文本。

在上面的示例中，每个字母后面的<?>确定了可使用移动命令的位置，从而选择删除、更改或者复制的内容。例如：

- **dw**——删除(d)当前光标位置之后的一个单词(w)。
- **db**——删除(d)当前光标位置之前的一个单词(b)。
- **dd**——删除(d)整个当前行(d)。
- **c$**——更改(c)从当前字符开始到当前行末尾的字符(实际上是删除这些字符)($)，并进入输入模式。
- **c0**——更改(c)从前一个字符到当前行开头的字符(同样也是删除这些字符)(0)，并进入输入模式。
- **cl**——删除(c)当前字母(l)，并进入输入模式。
- **cc**——删除(c)当前行(c)，并进入输入模式。
- **yy**——将当前行(y)复制(y)到缓冲区。
- **y)**——将光标右边的当前句子(())复制(y)到缓冲区。
- **y}**——将光标右边的当前段落(})复制(y)到缓冲区。

还可以使用数字对上述命令进行进一步修改。如下面的示例所示：

- **3dd**——从当前行开始，删除(d)3(3)行(d)。
- **3dw**——删除(d)接下来的 3(3)个单词(w)。
- **5cl**——更改(c)接下来的 5 个(5)字母(l)(也就是说删除这些字母并进入输入模式)。
- **12j**——向下(j)移动 12 行(12)。
- **5cw**——删除(c)接下来的 5 个(5)单词(w)，并进入输入模式。
- **4y)**——复制(y)接下来的 4 个(4)句子(())。

4. 粘贴(放置)文本

在将文本复制到缓冲区之后(通过删除、更改或复制文件)，可使用字母 p 或者 P 将该文本放回文件中。通过使用这两个命令，可采用不同方式将最新存储到缓冲区的文本放到文件中。

- P——如果被复制的文本由字母或单词组成，则将这些文本放到光标的左边；如果被复制的文本包含文本行，则将其放到当前行的上一行。
- p——如果被缓冲的文本由字母或者单词组成，则将其放到光标的右边；如果包含文本行，则放到当前行的下一行。

5. 重复命令

在删除、更改或者粘贴文本之后，可以通过输入一个句点(.)重复相关行为。例如，将光标移到名称 Joe 的开头，然后输入 cw 和 Jim，从而将 Joe 改为 Jim。随后在文件中搜索 Joe 的下一次出现，如果找到，将光标置于该名称的开头，并单击一个句点。此时 Joe 改为 Jim。以此类推完成后面的替换。可按这种方式搜索一个文件，单击 n 转到下一次出现的位置，然后单击句点更改单词。

6. 退出 vi

完成操作后可以使用下面所示的命令保存或者退出文件：
- ZZ——将当前更改保存到文件，并退出 vi。
- :w——保存当前文件，但不退出 vi。
- :wq——工作过程与 ZZ 命令相同。
- :q——退出当前文件。但只有在没有未保存的更改内容时该命令才起作用。
- :q!——退出当前文件，但不保存对文件所做的更改。

提示：

如果错误地破坏了文件，那么:q!命令是退出文件并放弃所做更改的最好方法。此时，文件将还原到最近更改的版本。所以，如果使用:w 保存了文件，将永久保存更改。然而，尽管已经保存了文件，也可以输入 u 退回所做的更改(如果愿意，可以一直返回到编辑会话的最初状态)，然后再次保存。

前面学习了一些 vi 编辑命令。接下来将介绍更多命令。然而首先请考虑以下的提示，以便理顺 vi 的使用：
- **Esc**——请记住，Esc 键可帮助我们返回命令模式(我曾经见过很多人为了退出文件而不停地单击键盘上的每一个键)。如果在 Esc 后面紧跟 ZZ，则可以退出命令模式(保存文件并退出)。
- **u**——单击 u 键撤销前一次所做的更改。继续单击 u 键可以撤销更早前所做的更改。
- **Ctrl+R**——如果决定不想撤销先前的撤销命令，可以使用 Ctrl+R 进行恢复(Redo)。从本质上讲，该命令撤销了先前的撤销操作。
- **Caps Lock**——谨防误击 Caps Lock 键。在 vi 中，字母大写与字母小写具有不同的含义。如果在输入大写字母时没有得到一个警告提示，那么后面的事情将变得非常怪异。
- **:!command**——在 vi 中使用:!并紧跟一个 shell 命令名，可以运行 shell 命令。例如，输入:!date 查看当前日期和时间，输入:!pwd 查看当前目录是什么，或者输入:!jobs 查看在后台是否执行了任何工作。当命令完成后，单击 Enter 键，返回 vi 继续编辑文件。甚至可以使用该方法通过 vi 启动一个 shell(:!bash)，然后通过该 shell 运行一些命令，最后输入 exit 返回 vi(建议在进入 shell 之前保存一下文件，以防忘记返回 vi)。

- Ctrl+g——如果忘记了正在编辑的文件名，则可以单击 Ctrl+g 键显示该文件名，并在屏幕底部显示当前所在行。此外，还可以显示文件的总行数，到当前所在位置为止的内容占文件的百分比以及光标所在的列号。当我们在 3 点钟喝完咖啡后，该命令可以帮助我们继续工作。

5.1.2　在文件中跳过

除了前面介绍的移动命令之外，还可以使用其他方法在 vi 文件中移动。为此，请打开一个无法做太多损坏的大文件(请尝试在 vi 中将/etc/services 复制到/tmp，并打开)。接下来是一些可供使用的移动命令：

- **Ctrl+f**——向前翻页，一次一页。
- **Ctrl+b**——向后翻页，一次一页。
- **Ctrl+d**——一次向前翻半页。
- **Ctrl+u**——一次向后翻半页。
- **G**——转到文件的最后一行。
- **1G**——转到文件的第一行。
- **35G**——转到任意行号(此时为 35)。

5.1.3　搜索文本

如果想要搜索文件中某一文本的下一次或者上一次出现，可以使用斜杠(/)或者问号(?)字符。紧跟在斜杠或者问号后面的是向前或者向后搜索的模式(文本字符串)。在搜索过程中，还可以使用元字符。请参见以下示例：

- /hello——向前搜索单词 hello。
- ?goodbye——向后搜索单词 goodbye。
- /The.*foot——向前搜索包含单词 The 并在此之后又包含单词 foot 的行。
- ?[pP]rint——向后搜索 print 或者 Print。记住，在 Linux 中是区分大小写的，所以可以使用括号来搜索可能有不同大小写的单词。

在输入了一个搜索词后，只需要输入 n 或者 N 就可在相同方向(n)或相反方向(N)上再次搜索该词。

5.1.4　使用 ex 模式

vi 编辑器最初是基于 ex 编辑器的，因此无法在全屏模式下工作。然而，它能够让我们运行命令，一次找到并更改一行或多行中的文本。当输入一个冒号并使光标转到屏幕的底部时，实际上已处于 ex 模式。接下来的示例列举一些用来搜索和更改文本的 ex 命令(在示例中使用了单词 Local 和 Remote 作为搜索对象，但也可以使用任何合适的单词)。

- :g/Local——搜索单词 Local，并打印文件中每次出现该单词的所在行(如果输出结果满屏，该输出将被发送到 more 命令)。
- :s/Local/Remote——将当前行中首次出现的单词 Local 替换为 Remote。
- :g/Local/s//Remote——将文件每一行中首次出现的单词 Local 替换为 Remote。

- :g/Local/s//Remote/g——将文件中所有出现的单词 Local 替换为 Remote。
- :g/Local/s//Remote/gp——将文件中所有出现的单词 Local 替换为 Remote。然后打印每一行，以便看到所做的更改(如果输出多于一页，可将输出发送到 less 命令)。

5.1.5　学习更多关于 vi 和 vim 的知识

如果想要学习更多关于 vi 编辑器的知识，可以尝试输入 vimtutor。vimtutor 命令将在 vim 编辑器中打开一个教程，介绍可以在 vim 中使用的常见命令和功能。要使用 vimtutor，请安装增强的 vim 包。

5.2　查找文件

即使是一个基本的 Linux 安装也可能安装数千个文件。为帮助找到系统中的文件，可使用诸如 locate(根据名称查找命令)、find(根据不同的属性查找文件)以及 grep(在文本文件内部搜索包含搜索文本的行)的命令。

5.2.1　使用 locate 命令根据名称查找文件

在大多数 Linux 系统上(包括 Fedora 和 RHEL)，每天会运行一次 updatedb 命令，收集 Linux 系统中的文件名并存入一个数据库中。通过运行 locate 命令，可以搜索该数据库并找到数据库中所存储的文件位置。

在使用 locate 命令搜索文件时应该注意以下几点：

- 相对于 find 命令，使用 locate 命令查找文件名有优点也有缺点。locate 命令查找文件的速度更快，因为它搜索的是一个数据库而非整个文件系统。而缺点是 locate 命令无法查找自上一次数据库创建以来新添加到系统中的任何文件。
- 并不是文件系统中的所有文件都存储在数据库中。通过选择挂载类型、文件类型、文件系统类型以及挂载点，/etc/updated.conf 文件的内容限制了被收集的文件名。例如，来自远程挂载的文件系统(cifs、nfs 等)以及本地挂载的 CD 或 DVD(iso9660)中的文件名就不会存入数据库。包含临时文件(/tmp)以及假脱机文件(/var/spool/cups)的路径也会被删除。可以添加一些项目来修剪(或者删除一些不想要修剪的项目)定位数据库，从而满足需求。在 RHEL 8 中，updatedb.conf 文件包含以下内容。

```
PRUNE_BIND_MOUNTS = "yes"
PRUNEFS = "9p afs anon_inodefs auto autofs bdev binfmt_misc cgroup cifs coda
configfs cpuset debugfs devpts ecryptfs exofs fuse fuse.sshfs fusectl gfs gfs2
gpfs hugetlbfs inotifyfs iso9660 jffs2 lustre mqueue ncpfs nfs nfs4 nfsd pipefs
proc ramfs rootfs rpc_pipefs securityfs selinuxfs sfs sockfs sysfs tmpfs ubifs
udf usbfs ceph fuse.ceph"
PRUNENAMES = ".git .hg .svn .bzr .arch-ids {arch} CVS"
PRUNEPATHS = "/afs /media /mnt /net /sfs /tmp /udev /var/cache/ccache
/var/lib/yum/yumdb /var/lib/dnf/yumdb /var/spool/cups /var/spool/squid
/var/tmp /var/lib/ceph"
```

作为一名普通用户，如果无法查看文件系统中的某一文件，也就不能从定位数据库中查看该文件。例如，如果不能输入 ls 命令查看/root 目录中的文件，也就无法找到该目录中存储的文件。

- 当搜索一个字符串时，该字符串可以出现在文件路径中的任何位置。例如，如果搜索 passwd，则可以找到/etc/passwd、/usr/bin/passwd、/home/chris/passwd/pwdfiles.txt 以及路径中包含 passwd 的其他文件。
- 如果在运行完 updatedb 之后又向系统添加了文件，那么在再次运行 updatedb 之前(运行时间可能是当天晚上)是无法找到这些文件的。为获取包含所有最新文件的数据库，可以 root 用户身份通过 shell 运行 updatedb 命令。

接下来列举一些使用 locate 命令搜索文件的示例。

```
$ locate .bashrc
/etc/skel/.bashrc
/home/cnegus/.bashrc
# locate .bashrc
/etc/skel/.bashrc
/home/bill/.bashrc
/home/joe/.bashrc
/root/.bashrc
```

当作为一名普通用户运行 locate 命令时，只会找到/etc/skel 以及用户自己主目录中的.bashrc文件。而如果作为一名 root 用户运行，则可以找到所有人的主目录中的.bashrc 文件。

```
$ locate dir_color
/usr/share/man/man5/dir_colors.5.gz
...
$ locate -i dir_color
/etc/DIR_COLORS
/etc/DIR_COLORS.256color
/etc/DIR_COLORS.lightbgcolor
/usr/share/man/man5/dir_colors.5.gz
```

如果使用 locate -i，不管文件名是大写还是小写都会被发现。在前面的示例中，因为使用了-i选项而找到了 DIR_COLORS，如果没有使用该选项，则无法找到它们。

```
$ locate services
/etc/services
/usr/share/services/bmp.kmgio
/usr/share/services/data.kmgio
```

与 find 命令不同的是(find 命令使用-name 选项查找文件名)，只要所输入的字符串存在于文件路径中的任何部分，locate 命令就可以找到该字符串。例如，如果使用 locate 命令搜索 services，则可以找到包含文本字符串 services 的文件和目录。

5.2.2　使用 find 命令搜索文件

find 命令是在文件系统中搜索文件的最佳命令，它可以基于不同的属性进行查找。找到文件之后，可以通过运行任何所需的命令处理这些文件(使用-exec 或-okay 选项)。

当运行 find 命令时，将搜索文件系统，而这也是 find 命令的运行速度比 locate 命令慢的原因，但运行该命令可以实时查看 Linux 系统中的文件。当然，在使用时还要告诉 find 命令从文件系统的哪个特定点开始搜索，以便限制文件系统的搜索范围，从而提高速度。

几乎可以将任何文件属性用作搜索选项。可以搜索文件名、所有权、权限、大小、修改时间以及其他属性。甚至可以使用属性的组合。接下来列举一些使用 find 命令的基本示例：

```
$ find
$ find /etc
# find /etc
$ find $HOME -ls
```

首先，find 命令找到当前目录下的所有文件和目录。如果想要从目录树中的某一特定点开始搜索，可以添加想要搜索的目录名(如/etc)。如果作为一名普通用户运行 find 命令，将无法找到那些只能由 root 用户读取的文件。此时 find 命令会生成一堆错误消息。如果是作为 root 用户运行 find 命令，find /etc 将找到/etc 下的所有文件。

find 命令有一个特殊的选项-ls。向 find 命令添加了-ls 选项后，会打印一个与每个文件相关的长清单(所有权、权限、大小等)；类似于 ls -l 命令的输出。当想要核实所找到的文件是否包含所尝试查找的所有权、大小、修改时间或其他属性时，该选项非常有帮助。

注意：

作为一名普通用户，如果对想要搜索的文件系统(如/etc 目录)范围内所包含的文件没有完全访问权限，那么当使用 find 命令时会接收到许多错误消息。为摆脱这些消息，需要将标准错误定向到/dev/null。为此，请在命令行的末尾添加以下代码：2>/dev/null。其中 2>将标准错误(STDERR)重定向到后面的选项(此时为/dev/null，输出被丢弃)。

1. 根据文件名查找文件

如果想要根据文件名查找文件，可使用-name 和-iname 选项。此时，搜索是根据文件的基本名称进行的；默认情况下目录名是不被搜索的。为使搜索更加灵活，可以使用文件匹配字符，如星号(*)和问号(?)，如下面示例所示。

```
# find /etc -name passwd
/etc/pam.d/passwd
/etc/passwd
# find /etc -iname '*passwd*'
/etc/pam.d/passwd
/etc/passwd-
/etc/passwd.OLD
/etc/passwd
/etc/MYPASSWD
/etc/security/opasswd
```

在第一个示例中使用了-name 选项但没有星号，所以列出了/etc 目录中文件名与 passwd 完全匹配的所有文件。而使用-iname 选项时，可以匹配大小写的任意组合。通过使用星号，可以匹配包括单词 passwd 的任何文件名。

2. 根据大小查找文件

如果磁盘被填满，并且想要找到最大的文件在什么位置，可以按照文件大小搜索系统。其中-size 选项能够搜索大于或者小于给定大小的文件，如下例所示。

```
$ find /usr/share/ -size +10M
$ find /mostlybig -size -1M
$ find /bigdata -size +500M -size -5G -exec du -sh {} \;
4.1G   /bigdata/images/rhel6.img
606M   /bigdata/Fedora-16-i686-Live-Desktop.iso
560M   /bigdata/dance2.avi
```

第一个示例查找大于 10MB 的文件。第二个示例查找小于 1MB 的文件。第三个示例则搜索文件大小介于 500MB 和 5GB 之间的 iSO 镜像文件和视频文件。此外该示例还使用了-exec 选项(后面将介绍该选项)针对每个文件运行 du 命令，查看文件大小。

3. 根据用户查找文件

当试图查找文件时，可以搜索一个特定的所有者(-user)或组(-group)。通过使用-not 和-or，可以优化对与特定用户和组相关联文件的搜索，如下面的示例所示。

```
$ find /home -user chris -ls
131077    4 -rw-r--r-- 1 chris   chris 379 Jun 29 2014 ./.bashrc
# find /home \( -user chris -or -user joe \) -ls
131077    4 -rw-r--r-- 1 chris   chris 379 Jun 29 2014 ./.bashrc
181022    4 -rw-r--r-- 1 joe     joe   379 Jun 15 2014 ./.bashrc
# find /etc -group ntp -ls
131438    4 drwxrwsr-x 3 root    ntp   4096 Mar  9 22:16 /etc/ntp
# find /var/spool -not -user root -ls
262100    0 -rw-rw---- 1 rpc     mail  0 Jan 27 2014 /var/spool/mail/rpc
278504    0 -rw-rw---- 1 joe     mail  0 Apr  3 2014 /var/spool/mail/joe
261230    0 -rw-rw---- 1 bill    mail  0 Dec 18 14:17 /var/spool/mail/bill
277373 2848 -rw-rw---- 1 chris   mail 8284 Mar 15 2014 /var/spool/mail/chris
```

第一个示例输出了/home 目录中由用户 chris 拥有的所有文件的列表。第二个示例列出了由 chris 或 joe 拥有的文件。在第三个示例中，find /etc 命令找出了所有以 ntp 作为主要组的文件。最后一个示例显示了/var/spool 下所有不被 root 用户拥有的文件。在该示例输出中可以查看被其他用户拥有的文件。

4. 根据权限查找文件

根据权限搜索文件是一种找到系统中安全问题或者发现访问问题的极好方法。在 chmod 命令中使用数字或字母更改文件权限后，可在 find 命令中使用-perm 选项，根据数字或字母找到文件(如果想了解如何在 chmod 中使用数字和字母反映文件权限，请参阅第 4 章)。

如果使用了数字表示权限(如下例所示)，那么请记住 3 个数字分别表示用户、组和其他人的权限。每一个数字的变化范围为 0(没有权限)~7(完全读取/写入/执行权限)，其中 7 由读取位(4)、写入位(2)和执行位(1)相加而来。如果在数字前使用了一个连字符(-)，那么所有三位都必须匹配；而如果使用加号(+)，那么任何一个数字都可以与搜索匹配，从而找到一个文件。如果连字符和加号都不使用，那么所有数字必须完整、精确匹配。

请参考以下示例：

```
$ find /usr/bin -perm 755 -ls
788884   28 -rwxr-xr-x  1 root    root    28176 Mar 10 2014 /bin/echo
```

```
$ find /home/chris/ -perm -222 -type d -ls
144503    4 drwxrwxrwx   8 chris  chris 4096 Jun 23  2014 /home/chris/OPENDIR
```

通过搜索-perm 755，任何与 rwxr-xr-x 权限相匹配的文件或目录都被找到。而通过使用-perm -222，只会找到与用户、组和其他人的写入权限匹配的文件。请注意，添加-type d 后只会匹配目录：

```
$ find /myreadonly -perm /222 -type f
685035    0 -rw-rw-r-- 1 chris   chris      0 Dec 30 16:34 /myreadonly/abc

$ find . -perm -002 -type f -ls
266230    0 -rw-rw-rw- 1 chris   chris      0 Dec 30 16:28 ./LINUX_BIBLE/abc
```

通过使用-perm /222，可以找到对用户、组或其他人启用了写入权限的任何文件(-type f)。此外，还可以确定在文件系统的某一特定部分中(此处为/myreadonly 目录下)所有文件都是只读的。最后一个示例使用了-perm /002，可以找到对"其他人"启用了写入权限的任何文件，而不管其他的权限位是如何设置的。

5. 根据日期和时间查找文件

当创建文件、访问文件、修改文件内容或者更改元数据时，文件的日期和时间戳就被保存下来。元数据包括所有者、组、时间戳、文件大小、权限以及存储在文件 inode 中的其他信息。有时出于以下原因，可能需要搜索文件数据或者元数据更改信息。

- 更改了某一配置文件的内容，却忘记更改了哪个文件。此时可搜索/etc，查看在过去 10 分钟内哪些内容被更改了。

  ```
  $ find /etc/ -mmin -10
  ```

- 怀疑 3 天前有人入侵了自己的系统。此时，可以搜索系统，查看在过去 3 天内是否有任何命令的所有权或权限被更改了。

  ```
  $ find /bin /usr/bin /sbin /usr/sbin -ctime -3
  ```

- 从 FTP 服务器(/var/ftp)和 Web 服务器(/var/www)中查找 300 多天没有访问过的文件，从而可以查看是否需要删除。

  ```
  $ find /var/ftp /var/www -atime +300
  ```

如示例所示，可以搜索一定天数或者分钟数内内容或者元数据的更改信息。time 选项(-atime、-ctime 和-mtime)能够基于自文件被访问、更改或者文件的元数据被更改以来所经历的天数进行搜索。而 min 选项(-amin、-cmin 和-mmin)则是基于所经历的分钟数进行搜索。

在作为 min 或 time 选项参数的数字之前应该添加一个连字符(表示从当前时间到数分钟或者数天前的时间)或者一个加号(表示分钟数或天数之前以及更久的时间)。如果没有使用连字符或者加号，则数字完全匹配。

6. 在查找文件时使用'not'和'or'

通过使用-not 和-or 选项，可以更好地优化搜索。某些情况下，-not 和-or 选项可以帮助我们处理很多问题，例如想要找到被某一特定用户拥有却没有分配给某一特定组的文件，要找到大于某一值又小于另一个值的文件，又或者找到被多个用户拥有的文件。请参考以下示例。

- 假设存在一个共享目录/var/allusers。下面的命令行可以找到被joe或chris所拥有的文件。

```
$ find /var/allusers \( -user joe -o -user chris \) -ls
679967      0 -rw-r--r-- 1 chris chris    0 Dec 31 12:57
  /var/allusers/myjoe
679977 1812 -rw-r--r-- 1 joe   joe   4379 Dec 31 13:09
  /var/allusers/dict.dat
679972      0 -rw-r--r-- 1 joe   sales    0 Dec 31 13:02
  /var/allusers/one
```

- 下面的命令行搜索被用户joe所拥有却没有被分配给组joe的文件。

```
$ find /var/allusers/ -user joe -not -group joe -ls
679972 0 -rw-r--r-- 1 joe sales  0 Dec 31 13:02 /var/allusers/one
```

- 可以在搜索中添加多个需求。例如，一个文件必须被用户joe所拥有，同时文件大小必须大于1MB。

```
$ find /var/allusers/ -user joe -and -size +1M -ls
 679977 1812 -rw-r--r-- 1 joe root 1854379 Dec 31 13:09
  /var/allusers/dict.dat
```

7. 查找文件和执行命令

　　find命令的其中一个最强大的功能是能够在找到的任何文件上执行命令。通过使用-exec选项，可以在每一个找到的文件上执行命令，而不必停下来询问是否执行。而使用-ok 选项则会在每个匹配的文件上停留，并询问是否想要在该文件上执行命令。

　　使用-ok 选项的好处是如果对文件进行了一些破坏性操作，那么在执行命令之前可以确认每个文件完好。使用-exec 和-ok 的语法是相同的。

```
$ find [options] -exec command {} \;
$ find [options] -ok command {} \;
```

　　可以运行带有任何选项的 find 命令，找到所需的文件。然后输入-exec 或者-ok 选项，并紧跟想要在每个文件上运行的命令。一组大括号表示前面 find 查找出来的文件名。如果你愿意，每个文件可以在命令行中被多次包含。在命令行末尾，需要添加一个反斜杠和分号(\ ;)，请参考以下示例。

- 以下命令找到/etc目录下任何名为iptables的文件，并在echo命令的输出中包含该名称。

```
$ find /etc -iname passwd -exec echo "I found {}" \;
I found /etc/pam.d/passwd
I found /etc/passwd
```

- 以下命令找到/usr/share 目录中大于 5MB 的所有文件。然后使用 du 命令列举出每个文件的大小。随后按照文件大小从大到小的顺序存储 find 命令的输出。最后通过使用-exec 对所有找到的项进行处理，而不进行提示。

```
$ find /usr/share -size +5M -exec du {} \; | sort -nr
116932  /usr/share/icons/HighContrast/icon-theme.cache
69048   /usr/share/icons/gnome/icon-theme.cache
20564   /usr/share/fonts/cjkuni-uming/uming.ttc
```

● -ok 选项能够选择是否使用所输入的命令对找到的每个文件进行操作(每次一个文件)。例如，找到/var/allusers 目录及其子目录中属于 joe 的所有文件，并将这些文件移动到/tmp/joe目录。

```
# find /var/allusers/ -user joe -ok mv {} /tmp/joe/ \;
< mv ... /var/allusers/dict.dat> ? y
< mv ... /var/allusers/five> ? y
```

注意，在上面的代码中，在将找到的每个文件移动到/tmp/joe 目录之前会对用户进行提示。只需要在每一行输入 y 并单击 Enter 键就可以移动文件，或者直接单击 Enter 键跳过。

如果想了解更多关于 find 命令的内容，可输入 man find。

5.2.3 使用 grep 命令在文件中搜索

如果想要搜索包含某一搜索项的文件，可以使用 grep 命令。通过使用该命令，可以搜索单个文件或者递归搜索整个目录结构。

当搜索时，可以让每一行包含在屏幕上打印的文本(标准输入)或者仅列出包含搜索词的文件名。默认情况下，grep 以区分大小写的方式搜索文本，但也可以进行不区分大小写的搜索。

除了搜索文件外，还可以使用 grep 命令搜索标准输出。所以，如果某一命令输出了许多文本，并且需要找到包含特定文本的行，可使用 grep 过滤出所需的文本。

接下来列举一些 grep 命令行的示例，这些命令行在一个或多个文本中查找文本字符串。

```
$ grep desktop /etc/services
desktop-dna      2763/tcp            # Desktop DNA
desktop-dna      2763/udp            # Desktop DNA

$ grep -i desktop /etc/services
sco-dtmgr        617/tcp             # SCO Desktop Administration Server
sco-dtmgr        617/udp             # SCO Desktop Administration Server
airsync          2175/tcp            # Microsoft Desktop AirSync Protocol
...
```

在第一个示例中，grep 命令在/etc/services 文件中查找单词 desktop，并输出两行。第二个示例使用了-i 选项，不区分大小写，并最终输出了 29 行。

如果要查找不包含所指定文本字符串的行，则可以使用-v 选项。在下面的示例中，除了那些包含文本 tcp 的行之外，/etc/services 文件中的所有文本行都会显示:

```
$ grep -vi tcp /etc/services
```

为了进行递归搜索，可以使用-r 选项和一个目录作为参数。下面的示例使用了-l 选项，仅显示包含搜索文本的文件而不显示实际的文本行。该搜索可以找到包含文本 peerdns 的文件(不区分大小写):

```
$ grep -rli peerdns /usr/share/doc/
/usr/share/doc/dnsmasq-2.66/setup.html
/usr/share/doc/initscripts-9.49.17/sysconfig.txt
...
```

接下来的示例在/etc/sysconfig 目录中递归搜索文本 root，并将该目录下所有文件中包含该文本的行列出来。为便于在每行中突出显示文本 root，可以添加--color 选项。默认情况下，匹配的文本以红色显示。

```
$ grep -ri --color root /etc/sysconfig/
```

要在命令的输出中搜索某一文本，可将该输出发送到 grep 命令。在本示例中，已经使用 ip 命令输出了包括字符串 inet 的 IP 地址。所以，可以使用 grep 显示这些行：

```
$ ip addr show | grep inet
inet 127.0.0.1/8 scope host lo
inet 192.168.1.231/24 brd 192.168.1.255 scope global wlan0
```

5.3　小结

如果想要使用 Linux，能够使用纯文本文件是一项非常重要的技能。因为许多配置文件和文档文件都以纯文本格式存在，所以需要熟悉一种文本编辑器，以便有效使用 Linux。此外，查找文件名以及文件中的内容也是非常重要的技能。在本章，学习了使用 locate 和 find 命令查找文件以及使用 grep 搜索文件。

下一章将介绍各种使用进程的方法。此外还将学习如何查看正在运行的进程、如何在后台和前台运行进程以及如何更改进程(发送信号)。

5.4　习题

使用以下习题测试使用 vi(或 vim)文本编辑器的相关知识以及查找文件(locate 和 find)和搜索文件(grep)的命令。这些任务假设正在运行的是 Fedora 或 Red Hat Enterprise Linux 系统(虽然有些任务也可以在其他 Linux 系统上完成)。如果陷入困境，可参考附录 B 中这些习题的参考答案(虽然在 Linux 中可以使用多种方法完成某一任务)。

(1) 将文件/etc/services 复制到目录/tmp。在 vim 中打开/tmp/services 文件，并搜索文本 WorldWideWeb。最后将 WorldWideWeb 改为 World Wide Web。

(2) 在/tmp/services 文件中查找以下段落(如果没有该段落，请另外选择一段)，并将该段移动到该文件的末尾。

```
# Note that it is presently the policy of IANA to assign a single well-known
# port number for both TCP and UDP; hence, most entries here have two entries
# even if the protocol doesn't support UDP operations.
# Updated from RFC 1700, "Assigned Numbers" (October 1994). Not all ports
# are included, only the more common ones.
```

(3) 使用 ex 模式，在/tmp/services 文件中搜索文本 tcp(区分大小写)每次出现的位置，并将其更改为 WHATEVER。

(4) 作为一名普通用户，在/etc 目录中搜索每个名为 passwd 的文件，并将搜索中产生的错误消息重定向到/dev/null。

(5) 在主目录中创建一个名为 TEST 的目录。然后在该目录中创建文件 one、two 和 three，并为每个人(即用户、组和其他人)赋予对这些文件的完全读取/写入/执行权限。最后使用一条 find 命令找到这些文件以及主目录及其子目录中对"其他人"启用写入权限的其他文件。

(6) 在/usr/share/doc 目录中查找 300 天以上没有被修改过的文件。

(7) 创建一个/tmp/FILES 目录。然后在/usr/share 目录中查找大于 5MB 且小于 10MB 的文件，并将这些文件复制到/tmp/FILES 目录中。

(8) 查找/tmp/FILES 目录中的所有文件，并在同一目录中完成每个文件的备份副本。请使用每个文件现有的名称，并添加后缀.mybackup，从而创建备份文件。

(9) 在 Fedora 和 Red Hat Enterprise Linux 中安装 kernel-doc 包。然后使用 grep 命令在/usr/share/doc/kernel-doc*目录所包含的文件中搜索文本 e1000(不区分大小写)，并列出包含该文本的文件名。

(10) 在同一目录中再次搜索文本 e1000，但此时列出包含该文本的每一行，并用不同颜色突出显示该文本。

第**6**章

管理运行中的进程

本章主要内容：
- 显示进程
- 在前台和后台运行进程
- 关闭(killing)和改变(renicing)进程

Linux 是一种多用户操作系统，也是一种多任务系统。*多任务*意味着可以同时运行多个程序。运行程序的实例通常被称为*进程*。Linux 提供了相关的工具列出运行中的进程，监视系统的使用情况以及在必要时停止(或杀死)进程。

可通过 shell 启动、暂停、停止或者杀死进程。此外，还可将进程放到后台以及带到前台。本章详细介绍 ps、top、kill、jobs 以及其他用来列出和管理进程的命令。

6.1 理解进程

进程是命令的运行实例。例如，可在系统上运行一条 vi 命令。但如果该命令被 15 名不同的用户同时运行，则该命令将由 15 个不同的运行进程表示。

系统中的进程通过一个进程 ID 进行识别。该进程 ID 对于当前系统来说是唯一的。换句话说，当前一个进程仍然在运行时，其他进程将无法使用该进程的进程 ID 作为其 ID。然而，当某一进程结束后，其他进程就可以重复使用该 ID。

除了进程 ID 号之外，还有其他属性与一个进程相关联。当运行一个进程时，该进程将与一个特定的用户账号和组账号相关联。该账号信息有助于确定进程可以访问哪些系统资源。例如，相对于以普通用户身份运行的进程，root 用户运行的进程可以访问更多系统文件和资源。

作为一名 Linux 系统管理员，有效地管理系统中的进程是一项非常重要的能力。有时失控的进程可能会大大降低系统性能。本章将介绍如何基于不同属性(例如，内存和 CPU 使用情况)查找并处理进程。

> **注意：**
> 用来显示运行进程相关信息的命令主要从/proc 文件系统中存储的原始数据获取信息。每个进程都在/proc 的一个子目录(以该进程的进程 ID 命名)中存储了自己的信息。如果想要查看这些原始数据，可以使用 cat 或 less 命令显示这些子目录中文件的内容。

6.2　列出进程

　　ps 命令是最早也是最常用的用来列出当前在系统上运行进程的命令。ps 的 Linux 版本包含来自旧 UNIX 和 BSD 系统的各种选项,其中一些选项是相互冲突的,并且是以非标准的方式实现的。有关这些不同选项的描述，请参阅 ps 手册页。

　　而 top 命令则提供了一种更面向屏幕的方式列出进程，还可用来更改进程的状态。如果正在使用 GNOME 桌面，则可以使用 gnome-system-monitor 提供一种使用进程的图形化方式。接下来的几节将介绍这些命令。

6.2.1　使用 ps 命令列出进程

　　用来检查运行中进程的最常用实用工具是 ps 命令。可以使用该命令查看哪些进程正在运行、进程使用的资源以及谁正在运行这些进程。接下来列举一个 ps 命令的示例:

```
$ ps u
USER    PID %CPU %MEM VSZ    RSS   TTY   STAT START  TIME COMMAND
jake   2147 0.0  0.7  1836   1020  tty1  S+   14:50  0:00 -bash
jake   2310 0.0  0.7  2592   912   tty1  R+   18:22  0:00 ps u
```

　　该示例使用了 u 选项，显示了用户名以及其他信息，比如与当前用户相关的进程的启动时间、进程的内容和 CPU 使用情况。示例中所示的进程与当前终端(tty1)相关联。很早以前就有了终端的概念，但当时的人们以独占方式通过字符终端进行工作，所以一个终端通常表示了一个在屏幕上工作的人。但现在可以在桌面上打开多个虚拟终端或 Terminal 窗口，从而可以在一个屏幕上拥有许多"终端"。

　　在本次 shell 会话中并没有发生很多事情。第一个进程显示了登录后打开一个 Bash shell 的用户 jake。第二个进程显示 jake 运行了 ps u 命令。终端设备 tty1 用于登录会话。STAT 列表示出进程的状态，其中 S 表示一个当前运行的进程，R 表示一个睡眠进程。

> **注意:**
> STAT 列中还可以出现其他值。例如，加号(+)表示进程与前台操作相关联。

　　USER 列显示了启动进程的用户名。每一个进程都由一个称为进程 ID(PID)的唯一 ID 号所表示。如果需要杀死一个失控的进程或者向某一进程发送另一种信号，则可以使用 PID。列%CPU 和%MEM 分别显示了进程使用的处理器和随机存取存储器的百分比。

　　VSZ(Virtual Set Size，虚拟内存大小)显示了镜像进程的大小(以 KB 为单位)，RSS(Resident Set Size)显示了内存中程序的大小。VSZ 和 RSS 值可能会不同，因为 VSZ 是分配给进程的内存数量，而 RSS 是进程实际使用的内存数量。RSS 内存表示不能被交换的物理内存。

　　START 显示了进程开始运行的时间，而 TIME 显示了进程运行的累积系统时间(许多命令仅使用了很少的 CPU 时间，如本示例中所示的 0:00，进程所使用的时间还不到 CPU 时间的 1 秒)。

　　许多在计算机上运行的进程并不与某一终端相关联。正常的 Linux 系统在后台会运行许多进程。后台系统进程可完成诸如记录系统行为或者监听来自网络的数据的任务。这些进程通常随着 Linux 的启动而启动，并持续运行，直到系统关闭为止。此外，登录到一个 Linux 桌面可以导致许多后台进程启动，比如用来管理音频、桌面面板、身份验证以及其他桌面功能的进程。

　　为了查看在 Linux 系统中运行的当前用户的所有进程，需要向 ps ux 命令添加管道(|)和 less

命令。

```
$ ps ux | less
```

如果想要查看系统中运行的所有用户的进程，可以使用 ps aux 命令，如下所示：

```
$ ps aux | less
```

一个管道(位于键盘中反斜杠字符的上面)能够直接将一条命令的输出定位到下一条命令的输入。在本示例中，ps 命令的输出(一个进程列表)被定位到 less 命令，从而浏览列表信息。可以使用空格键进行浏览，并输入 q 结束列表。此外，还可以使用箭头键一次移动一行来查看输出。

可以对 ps 命令进行自定义，显示所选列的信息，以及按照某一列对信息进行排序。通过使用 -o 选项，可以使用关键字表示想要通过 ps 命令列出的列。例如，下面的示例列出每一个运行中的进程(-e)，然后紧跟-o 选项，其中包含想要显示的列，包括进程 ID(PID)、用户名(user)、用户 ID(uid)、组名(group)、组 ID(gid)、所分配的虚拟内存(vsz)、所使用的驻留内存(rss)以及运行的完整命令行(comm)。默认情况下，输出按照进程 ID 号进行排序。

```
$ ps -eo pid,user,uid,group,gid,vsz,rss,comm | less
 PID USER      UID GROUP   GID     VSZ     RSS COMMAND
 1   root        0 root      0  187660   13296 systemd
 2   root        0 root      0       0       0 kthreadd
```

如果要按某一特定列进行排序，可使用 sort=选项。例如，为了查看哪些进程使用的内存最多，可以按照 rss 字段进行排序。排序顺序为从小到大。因为想要查看使用内存最多的进程，所以在选项之前加了一个连字符(sort=-vsz)。

```
$ ps -eo pid,user,group,gid,vsz,rss,comm --sort=-vsz | head
   PID USER     GROUP     GID     VSZ     RSS COMMAND
 2366 chris     chris    1000 3720060  317060 gnome-shell
 1580 gdm       gdm        42 3524304  205796 gnome-shell
 3030 chris     chris    1000 2456968  248340 firefox
 3233 chris     chris    1000 2314388  316252 Web Content
```

请参阅 ps 手册页，了解如何显示其他列的信息以及如何按照其他列进行排序。

6.2.2　使用 top 命令列出和更改进程

top 命令提供一种面向屏幕的方法来显示系统中运行的进程。在使用 top 命令时，默认情况下按照进程当前所使用的 CPU 时间来显示进程。当然，也可以按照其他列进行排序。在确定了一个行为不端的进程后，还可以使用 top 命令来杀死(完全终止)或者改变(重新确定优先次序)该进程。

如果想要杀死或改变进程，需要以 root 用户运行 top 命令。而如果只是显示进程，又或者想要杀死或改变自己的进程，则可以普通用户身份完成这些操作。图 6.1 显示了 top 窗口的一个示例。

关于系统的一般信息将在 top 输出的顶部显示，紧跟着每个运行进程的信息(尽可能适合屏幕)。在输出顶部，可以查看系统运行的时间，目前登录到系统的用户数量以及在过去的 1、5、10 分钟内系统上的需求数量。

其他一般信息还包括当前运行的进程(任务)数量、CPU 的使用情况以及 RAM 和 Swap 空间可用的数量和正在使用的数量。

在一般信息之后显示了按照 CPU 的使用百分比排序的进程列表。默认情况下，所有信息每 5 秒钟重新显示。

```
top - 14:59:56 up  1:02,  1 user,  load average: 0.44, 0.41, 0.31
Tasks: 254 total,   1 running, 253 sleeping,   0 stopped,   0 zombie
%Cpu(s):  3.7 us,  1.2 sy,  0.0 ni, 94.9 id,  0.0 wa,  0.2 hi,  0.2 si,  0.0 st
MiB Mem :  2336.0 total,   163.9 free,   1723.2 used,    448.9 buff/cache
MiB Swap:     0.0 total,     0.0 free,      0.0 used.    412.1 avail Mem

    PID USER      PR  NI    VIRT    RES    SHR S  %CPU  %MEM     TIME+ COMMAND
   2366 chris     20   0 3754664 360232  82412 S   4.3  15.1   5:04.14 gnome-shell
   3233 chris     20   0 2315412 323812 112896 S   2.3  13.5   1:55.87 Web Content
  15222 cockpit+  20   0  607588  13200  10212 S   0.7   0.6   0:06.82 cockpit-ws
  16924 chris     20   0  680312  49244  35320 S   0.7   2.1   0:22.68 gnome-system-mo
   1797 root      20   0   49132   2456   2084 S   0.3   0.1   0:00.83 spice-vdagentd
   3030 chris     20   0 2456968 252124 101972 S   0.3  10.5   0:48.93 firefox
  15246 root      20   0  887040  12060   7584 S   0.3   0.6   0:04.45 cockpit-bridge
      1 root      20   0  187660  13236   7884 S   0.0   0.6   0:04.81 systemd
      2 root      20   0       0      0      0 S   0.0   0.0   0:00.00 kthreadd
      3 root       0 -20       0      0      0 I   0.0   0.0   0:00.00 rcu_gp
      4 root       0 -20       0      0      0 I   0.0   0.0   0:00.00 rcu_par_gp
```

图 6.1　使用 top 命令显示运行中的进程

接下来介绍一些使用 top 命令可以完成的操作，从而以不同的方式显示信息并更改运行中的进程：

- 单击 h，查看帮助选项，然后单击任何键，返回到 top 显示界面。
- 单击 M，按照内存使用情况(而不是按照 CPU 使用情况)进行排序。然后单击 P 返回到按照 CPU 使用情况进行排序。
- 单击数字 1，切换显示所有 CPU 的使用情况(假设在系统上有多个 CPU)。
- 单击 R，对输出进行反向排序。
- 单击 u 并输入一个用户名，显示针对某一特定用户的进程。

常见的做法是使用 top 命令找到那些使用过多内存或者处理能力的进程，然后以某种方式对这些进程采取措施。对于使用过多 CPU 的进程，可以给予较低的处理器优先级。而使用过多内存的进程则可以被杀死。接下来介绍如何使用 top 命令改变或者杀死进程。

- **改变进程**：首先知道想要改变的进程的 ID，然后单击 r。当 "PID to renice:" 消息出现时，输入想要改变的进程 ID。当被提示 "Renice PID to value:" 时，输入从-20 到 19 之间的一个数字(关于不同 renice 值的含义，请参见本章 6.4.2 节 "使用 nice 和 renice 命令设置处理器优先级")。
- **杀死进程**：首先知道想要杀死的进程的 ID，然后单击 k。输入 15 彻底终止，或者输入 9 彻底杀死进程(关于可向进程发送的不同信号，请参见本章 6.4.1 节 "使用 kill 和 killall 命令杀死进程")。

6.2.3　使用 System Monitor 列出进程

如果在 Linux 系统上可以使用 GNOME 桌面，也就可以使用 System Monitor(gnome-system-monitor)，从而提供一种更趋图形化的方法来显示系统上的进程。通过单击列可以对进程进行排序。而右击进程可以停止、杀死或者改变进程。

如果想从 GNOME 桌面启动 System Monitor，请单击 Windows 键，然后输入 System Monitor 并单击 Enter 键。最后选择 Processes 选项卡。图 6.2 显示了 System Monitor 窗口的一个示例，按内存使用顺序显示当前用户的进程。

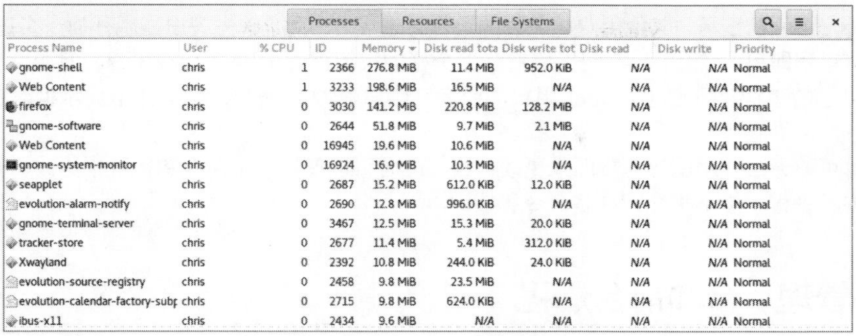
Processes
Resources
File Systems
Process Name User % CPU ID Memory Disk read tota Disk write tot Disk read Disk write Priority
gnome-shell chris 1 2366 276.8 MiB 11.4 MiB 952.0 KiB N/A N/A Normal
Web Content chris 1 3233 198.6 MiB 16.5 MiB N/A N/A N/A Normal
firefox chris 0 3030 141.2 MiB 220.8 MiB 128.2 MiB N/A N/A Normal
gnome-software chris 0 2644 51.8 MiB 9.7 MiB 2.1 MiB N/A N/A Normal
Web Content chris 0 16945 19.6 MiB 10.6 MiB N/A N/A N/A Normal
gnome-system-monitor chris 0 16924 16.9 MiB 10.3 MiB N/A N/A N/A Normal
seapplet chris 0 2687 15.2 MiB 612.0 KiB 12.0 KiB N/A N/A Normal
evolution-alarm-notify chris 0 2690 12.8 MiB 996.0 KiB N/A N/A N/A Normal
gnome-terminal-server chris 0 3467 12.5 MiB 15.3 MiB 20.0 KiB N/A N/A Normal
tracker-store chris 0 2677 11.4 MiB 5.4 MiB 312.0 KiB N/A N/A Normal
Xwayland chris 0 2392 10.8 MiB 244.0 KiB 24.0 KiB N/A N/A Normal
evolution-source-registry chris 0 2458 9.8 MiB 23.5 MiB N/A N/A N/A Normal
evolution-calendar-factory-subp chris 0 2715 9.8 MiB 624.0 KiB N/A N/A N/A Normal
ibus-x11 chris 0 2434 9.6 MiB N/A N/A N/A N/A Normal
图 6.2　使用 System Monitor 窗口查看和更改运行中的进程

默认情况下，System Monitor 窗口只会显示与你的用户账户相关联的运行中进程。这些进程最初按字母顺序列出来。如果想要对进程进行重排序，可以单击任何字段标题(正向和反向)。例如，单击%CPU 标题，可以查看哪些进程正在占用大部分的处理能力。而单击 Memory 标题，可查看哪些进程消耗的内存最多。

通过右击进程名称并从出现的菜单中进行选择，以不同的方法更改进程(如图 6.3 所示)。

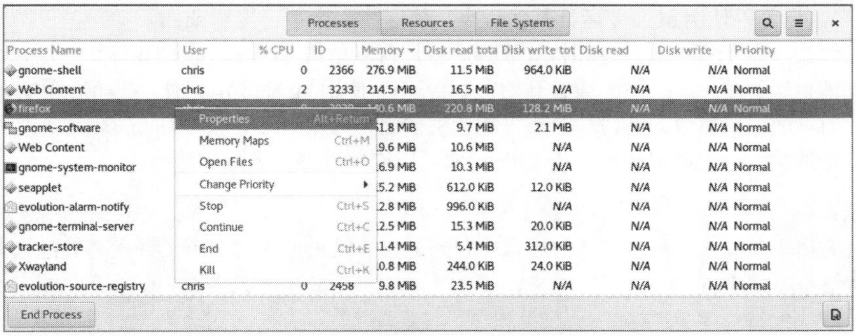
Processes
Resources
File Systems
Process Name User % CPU ID Memory Disk read tota Disk write tot Disk read Disk write Priority
Properties Alt+Return
Memory Maps Ctrl+M
Open Files Ctrl+O
Change Priority
Stop Ctrl+S
Continue Ctrl+C
End Ctrl+E
Kill Ctrl+K
End Process
图 6.3　通过 System Minitor 窗口改变、杀死或者暂停进程

接下来介绍通过单击菜单可以完成的一些操作：

- Stop——暂停进程，在选择 Continue Process 之前不进行任何处理(等同于通过 shell 在进程上单击 Ctrl+Z)。
- Continue——继续运行被暂停的进程。
- End——向进程发送一个 Terminate 信号(15)。大多数情况下，该信号彻底终止进程。
- Kill——向进程发送一个 Kill 信号(9)。该信号立即杀死进程，而不管是否彻底完成。
- Change Priority——列出从 Very Low 到 Very High 的优先级列表。选择 Custom，查看可以重新调整进程优先级的滑块。正常优先级为 0。为获取更高的处理器优先级，可以使用 -1~-20 的一个负数。而如果想获取较低的处理器优先级，则使用 0~19 的正数。但只有 root 用户可以分配负的优先级，所以当出现提示时需要提供 root 密码并设置一个负 nice 值。
- Memory Maps——查看系统内存映射，以便了解为了进程运行而将哪些库以及其他组件驻留在内存中。
- Open Files——查看目前哪些文件正在被进程打开。
- Properties——查看与进程相关联的其他设置(比如安全上下文、内存使用情况以及 CPU 利用率)。

此外，还可以显示与其他用户相关联的运行时进程。为此，首先突出显示任何一个进程(只需要单击该进程即可)，然后从菜单按钮(带有 3 个栏的按钮)中选择 All Processes。但如果想要修改不属于自己的进程，则必须是 root 用户，或者在尝试修改进程的过程中弹出提示框时提供 root 密码。

有时可能无法使用图形化界面来更改进程，此时可以使用一组命令和按键来更改、暂停或杀死运行中的进程。接下来介绍这些命令和按键。

6.3　管理后台和前台进程

如果通过网络或者一个 *dumb 终端*(一种只允许文本输入而不提供 GUI 支持的监视器)使用 Linux，就只能使用 shell 完成所有操作。你可能已经习惯使用一种图形化环境，在该环境中可以同时使用许多程序，并且根据需要进行切换。而相比之下，shell 看起来似乎功能非常有限。

虽然 Bash shell 没有包含一个 GUI 来运行许多程序，但可以在后台和前台之间移动活动程序。这样一来，就可以运行很多程序并选择目前想要处理的程序。

可以使用多种方法将一个活动程序放置到后台。首次运行命令时，可在命令行的末尾添加一个与号(&)。也可以使用 at 命令运行其他命令，使这些命令不连接到 shell。

为了停止一个运行中的命令并将其放到后台，可以单击 Ctrl+Z。在命令停止之后，可以将其重新带回前台运行(使用 fg 命令)或者开始在后台运行(使用 bg 命令)。记住，在随后通过 shell 运行其他命令时，运行在后台的任何命令都可能产生输出。例如，在 vi 会话期间显示了来自后台运行的某一命令的输出，此时只需要单击 Ctrl+L 就可以刷新屏幕，去除该输出。

> **提示:**
> 为避免出现该输出，应该将任何后台运行的进程的输出发送到一个文件或者 null(向命令行的末尾添加 2>/dev/null)。

6.3.1　启动后台进程

如果想要使某些程序在使用 shell 的过程中始终运行，可以将它们放到后台。为了将某一程序放到后台，需要在命令行的末尾输入一个与号(&)，如下所示：

```
$ find /usr> /tmp/allusrfiles &
[3] 15971
```

该示例命令首先查找 Linux 系统中的所有文件(从/usr 开始查找)，然后打印这些文件名，最后将这些文件名放到/tmp/allusrfiles 文件中。与号(&)可使该命令在后台运行。注意，当启动该命令后，显示了作业编号([3])和进程 ID 号(15971)。如果想要检查哪些命令在后台运行，可以使用 jobs 命令，如下所示：

```
$ jobs
[1]  Stopped (tty output) vi /tmp/myfile
[2]  Running         find /usr -print> /tmp/allusrfiles &
[3]  Running         nroff -man /usr/man2/*>/tmp/man2 &
[4]- Running         nroff -man /usr/man3/*>/tmp/man3 &
[5]+ Stopped         nroff -man /usr/man4/*>/tmp/man4
```

该命令的作业[1]是显示一条放到后台并在编辑过程中单击 Ctrl+Z 停止运行的文本编辑命令(vi)。作业[2]显示运行的 find 命令。作业[3]和作业[4]显示当前正在后台运行的 nroff 命令。作业[5]将持续在 shell(即前台)上运行，当管理员认为有太多的进程在运行并且作业[5]已经完成一些进程之后，可单击 Ctrl+Z 停止作业[5]。

数字 5 后面的加号(+)表示最近放到后台的作业。而数字 4 旁的减号(-)则表示在最近的后台作业之前放到后台的作业。因为作业[1]需要终端输入，所以不能在后台运行。因此该作业将被停止，直到再次带回前台后开始运行。

> **提示：**
> 如果想要查看后台作业的进程 ID，可以向 jobs 命令添加一个-l(L 的小写字母)选项。如果输入 ps，可以使用进程 ID 找出哪个命令针对特定的后台作业。

6.3.2　使用前台和后台命令

继续前面的示例，可将作业列表中的任何命令带回前台。例如，为了再次编辑 myfile，可以输入：

```
$ fg %1
```

其结果是 vi 命令再次打开。当停止 vi 作业时，所有文本都是一样的。

> **警告：**
> 在将文本处理程序、字处理程序或者类似程序放到后台之前，请确保保存了文件。有些人很容易忘记在后台还运行了某一程序，如果他们注销或者重启计算机，将会丢失所有数据。

如果想引用一个后台作业(以便取消该作业或者将其带回前台)，可以在作业编号之前使用一个百分号(%)。此外，还可以使用下面的方法引用一个后台作业。

- %——引用最近放到后台的命令(当输入 jobs 命令时，表示为一个加号)。该操作将命令带回前台。
- %string——引用命令以某一特定的 string 开头的作业。其中 string 必须是明确的(换句话说，当在后台有两个 vi 命令时，如果输入%vi，则会生成一个错误消息)。
- %?string——引用命令行的任何位置包含 string 的作业。该字符串必须明确，否则就匹配失败。
- %--——引用在最近停止的作业之前停止的作业。

如果停止了一个命令，可以通过使用 bg 命令在后台再次运行该命令。例如，停止上一示例作业列表中的作业[5]：

```
[5]+ Stopped nroff -man /usr/man4/*>/tmp/man4
```

然后输入以下命令：

```
$ bg %5
```

此时，该作业将在后台运行。jobs 条目如下所示：

```
[5] Running nroff -man /usr/man4/*>/tmp/man4 &
```

6.4　杀死和改变进程

就像可以使用图形化工具(比如本章前面介绍的 System Monitor)更改进程的行为一样,也可以使用命令行工具杀死进程或者更改 CPU 优先级。kill 命令可以向任何进程发送一个终止进程的 kill 信号(假设拥有杀死该进程的权限)。此外,还可以向进程发送不同的信号来更改其行为。可以使用 nice 和 renice 命令设置或更改进程的处理器优先级。

6.4.1　使用 kill 和 killall 命令杀死进程

虽然 kill 和 killall 命令常用来终止一个运行中的进程,但这两个命令实际上是用来向运行中的进程发送一些有效信号。除了告诉进程终止之外,还可以告诉进程重新读取配置文件、暂停(停止)或者在暂停之后继续运行等。

信号通过数字和名称来表示。一般来说,通过一条命令发送的最常用信号包括 SIGKILL(9)、SIGTERM(15) 和 SIGHUP(1)。默认的信号是 SIGTERM,即彻底终止一个进程。而如果想立即杀死一个进程,可以使用 SIGKILL。SIGHUP 信号告诉进程重新读取其配置文件。SIGSTOP 暂停进程,而 SIGCONT 则继续一个被暂停的进程。

不同的进程可以对不同的信号予以响应。然而,任何进程都不能阻止 SIGKILL 和 SIGSTOP 信号。表 6.1 显示了一些信号的示例(输入 man 7 signal,了解其他可用的信号)。

表 6.1　Linux 中可用的信号

信号	数字	描述
SIGHUP	1	挂断对控制终端或者控制进程死亡的探测
SIGIN	2	通过键盘中断
SIGQUIT	3	通过键盘退出
SIGABRT	6	调用 abort(3)生成的中止信号
SIGKILL	9	杀死信号
SIGTERM	15	终止信号
SIGCONT	19,18,25	继续被停止的进程
SIGSTOP	17,19,23	停止进程

注意,对于 SIGONT 和 SIGSTOP 来说,存在多种可能的信号数字,因为不同的数字被用在不同的计算机体系结构。对于大多数 x86 以及功能更强的 PC 体系结构,使用中间的值。而第一个值适用于 Alpha 和 SPARC,最后一个值适用于 MIPS 体系结构。

1. 使用 kill 命令并根据 PID 向进程发送信息

通过使用诸如 ps 和 top 的命令,可找到想要向其发送信号的进程。然后使用该进程的进程 ID 作为 kill 命令的一个参数,以及想要发送的信号。

例如,通过运行 top 命令,知道 bigcommand 进程占用了大部分处理能力:

```
  PID USER   PR NI  VIRT  RES  SHR S %CPU %MEM    TIME+   COMMAND
10432 chris  20  0  471m 121m  18m S 99.9  3.2  77:01.76  bigcommand
```

此时，bigcommand 进程占用了 99.9%的 CPU。因此，需要杀死该进程，以便其他进程有机会使用 CPU。通过 bigcommand 进程的进程 ID，可使用 kill 命令的不同形式杀死该进程。

```
$ kill 10432
$ kill -15 10432
$ kill -SIGKILL 10432
```

kill 命令发送的默认信号是 15(SIGTERM)，所以头两个示例可以得到相同的结果。但有时 SIGTERM 并不能杀死一个进程，所以可能需要使用 SIGKILL，或者使用-9。

另一个有用的信号是 SIGHUP。例如，如果 GNOME 桌面上的某些东西损坏了，可以向 gnome-shell 发送一个 SIGHUP 信号，以重新读取其配置文件并重新启动桌面。如果 gnome-shell 的进程 ID 是 1833，可以通过以下两种方式向它发送 SIGHUP 信号：

```
# kill -1 1833
# killall -HUP gnome-shell
```

2. 使用 killall 命令并根据名称向进程发送信号

通过使用 killall 命令，可以根据名称(而不是根据进程 ID)向进程发送信号。这样做的优点是不需要查找想要杀死的进程的进程 ID。但潜在的缺点是如果粗心大意的话，可能会杀死其他进程(例如，输入 killall bash，可能会杀死很多原本并不想杀死的 shell)。

与 kill 命令类似，如果没有显式地输入一个信号数字，killall 将使用 SIGTERM(信号 15)。此外，也可以通过 killall 向进程发送任何信号。例如，如果想要杀死正在系统中运行的进程 testme，可以输入以下命令：

```
$ killall -9 testme
```

当需要杀死许多同名的命令时，killall 命令就显得非常有用。

6.4.2　使用 nice 和 renice 命令设置处理器优先级

当 Linux 内核尝试决定哪些运行中的进程可以访问 CPU 时，其中一个需要考虑的因素就是进程上的 nice 值。每一个在系统中运行的进程都有一个-20~19 的 nice 值。默认情况下，该值被设置为 0。下面介绍 nice 值的相关内容。

- nice 值越低，进程就有更多访问 CPU 的机会。换句话说，一个进程的 nice 值超高，就越少得到 CPU 的关注。所以 nice 值为-20 的进程比 nice 值为 19 的进程可以获得更多关注。
- 普通用户只能在 0~19 的范围内设置 nice 值，而不允许设置负数值。所以默认情况下，普通用户无法设置一个使某一进程比大部分进程获得更多关注的 nice 值。
- 普通用户只能将 nice 值设置得更高，而不能更低。例如，如果某一用户将进程的 nice 值设置为 10，而日后又想将该值设置为 5，此时操作失败。同样，任何试图设置一个负数的尝试也都会失败。
- 普通用户只能在用户自己的进程上设置 nice 值。
- root 用户可将任何进程上的 nice 值设置为任意有效值，不管是设置得更高还是更低。

可以使用 nice 命令运行一个带有特定 nice 值的命令。当进程正在运行时，可以使用 renice 命令以及进程 ID 更改其 nice 值，如以下示例所示：

```
# nice -n +5 updatedb &
```

　　updatedb 命令通过收集文件系统中的文件名来手动生成定位数据库。这种情况下，可以让 updatedb 在后台运行(&)，并且不中断系统中其他进程的工作。运行 top 命令，以确保 nice 值正确设置：

```
PID USER        PR NI VIRT  RES  SHR S %CPU %MEM   TIME+ COMMAND
20284 root      25  5 98.7m 932  644 D 2.7  0.0  0:00.96 updatedb
```

　　请注意，在 NI 列中，nice 值设置为 5。因为 nice 命令由 root 用户运行，所以 root 用户可以通过使用 renice 命令减少 nice 值(记住，普通用户不能减少 nice 值，或者为其赋予负值)。接下来看一下如何将 updatedb 命令的 nice 值更改为-5：

```
# renice -n -5 20284
```

　　如果再次运行 top 命令，可以看到 updatedb 命令位于或者接近消耗 CPU 时间的进程列表的顶部，因为更改其优先级，从而得到更多的 CPU 关注。

6.5　使用 cgroups 限制进程

　　可以使用类似于 nice 之类的功能为单个进程赋予更多或者更少的 CPU 访问时间。然而，为一个进程所设置的 nice 值并不能应用于子进程(可能是启动的一个新进程，或者其他作为一个大型服务一部分的关联进程)。换句话说，nice 无法对特定用户或者应用程序可以使用的 Linux 系统资源总量进行限制。

　　随着云计算的日益成熟，许多 Linux 系统将被更多地用作虚拟机管理程序，而不仅仅是通用计算机。它们的内存、处理能力以及对存储器的访问将成为商品而被许多用户所共享。在这种应用模式下，需要对特定用户、应用程序、容器或者在 Linux 系统上运行的虚拟机所能访问的系统资源数量进行更多控制。

　　这种情况下，cgroups 命令应运而生。

　　可使用 cgroups 将一个进程确定为一个*任务(task)*，并从属于一个特定的*控制组*。可以在一个层次结构中设置任务，其中包含一个被称为守护进程(daemon)的任务(为所有后台服务器进程设置了默认限制)以及子任务；子任务设置某一 Web 服务器守护进程(httpd)或者 FTP 服务守护进程(vsftpd)上的特定限制。

　　当一个任务启动一个进程时，由该进程所启动的其他进程(被称为*子进程*)将继承其父进程的限制设置。这些限制的内容可能是属于某一控制组的所有进程只能访问特定的处理器和内存集，或者最多只允许访问计算机总处理能力的 30%。

　　可以使用 cgroups 限制的资源类型包括：

- 存储(blkio) ——对存储器设备(比如硬盘驱动器、USB 驱动器等)输入/输出访问进行限制
- 处理器调度(cpu) ——使用调度程序提供对 CPU 的 cgroup 任务访问。
- 进程报告(cpuacct) ——报告关于 CPU 的使用情况。该信息可用作根据所使用的处理量向客户收费的依据。
- CPU 分配(cpuset) ——在带有多个 CPU 核心的系统中，可将某一任务分配给一组特定的处理器以及相关联的内存。

- 设备访问(devices) ——允许 cgroup 中的任务打开或者创建(mknod)所选择的设备类型。
- 暂停/恢复(freezer) ——暂停和恢复 cgroup 任务。
- 内存使用情况(memory) ——显示任务的内存使用。此外还会创建关于所使用内存资源的报告。
- 网络带宽(net_cls) ——限制对所选择的 cgroup 任务的网络访问。其实现过程是通过对网络数据包进行标识，从而识别源自该数据包的 cgroup 任务。然后使用 Linux 流量控制程序监视和限制来自每个 cgroup 的数据包。
- 网络流量(net_prio) ——设置来自所选择 cgroups 的网络流量的优先级，并且让管理员实时地更改这些优先级。
- 名称空间(ns) ——将 cgroups 划分为不同的名称空间。所以某一 cgroup 内的进程只能查看与该 cgroup 关联的名称空间。名称空间可包括单独的进程表、挂载表和网络接口。

从最基本的水平上讲，创建和管理 cgroups 通常并不是新 Linux 系统管理员需要完成的工作。它包括编辑配置文件来创建 cgroups(/etc/cgconfig.conf)或者限制特定用户或者组(/etc/cgrules.conf)。可以使用 cgreate 命令创建 cgroups，从而将这些组添加到/sys/fs/cgroup 层次结构中。设置 cgroups 可能非常棘手；如果设置不正确，可能导致系统无法启动。

在此介绍 cgroups 的原因是帮助理解 Linux 中的一些底层功能，从而使用这些功能限制和监视资源的使用情况。在未来，可能会在一些用来管理云架构的控制器中遇到这些功能。到那时，可以设置相关规则，比如"允许营销部门的虚拟机消耗高达 40％的可用内存"或者"将数据库应用程序应用到一个特定的 CPU 和内存组"。

知道 Linux 如何通过分配给某一任务的进程集来限制和包含资源使用情况将有助于更好地管理计算资源。如果有兴趣学习更多关于 cgroups 的相关知识，可以参考以下内容：

- **Red Hat Enterprise Linux Resource Management and Linux Containers Guide**——https://access.redhat.com/documentation/en-us/red_hat_enterprise_linux/7/html-single/resource_management_guide/index。
- **Kernel documentation on cgroups**—— 参阅 /usr/share/doc/kernel-doc-*/Documentation/cgroups 目录中的文件(在安装 kernel-doc 包之后)。

6.6　小结

即使在一个没有太多活动的 Linux 系统中，通常也有几十甚至几百个进程在后台运行。通过使用本章介绍的工具，可以查看和管理在系统上运行的进程。

管理进程包括以不同方法查看进程，在前台或者后台运行进程以及杀死或改变进程。而通过 cgroups 功能，可以使用更高级的功能限制资源的使用。

在下一章，将学习如何将命令和编程功能合并成可以作为 shell 脚本运行的文件。

6.7　习题

使用以下习题测试以下知识：查看运行的进程，以及通过杀死进程或更改处理器优先级(nice 值)来更改进程。这些任务假设正在运行的是 Fedora 或 Red Hat Enterprise Linux 系统(虽然有些任务也可以在其他 Linux 系统上完成)。如果陷入困境，可以参考附录 B 中这些习题的参考答案(虽然在 Linux 中可以使用多种方法完成某一任务)。

(1) 通过显示一组完整的列，列出系统中运行的所有进程。然后将输出发送到 less 命令，以便浏览进程列表。

(2) 列出系统中运行的所有进程，并按照运行每个进程的用户名对它们进行排序。

(3) 列出系统中运行的所有进程，并按照下面所示的信息列显示：进程 ID、用户名、组名、虚拟内存大小、驻留内存大小和命令。

(4) 运行 top 命令，查看系统中运行的进程。然后按照 CPU 使用率和内存消耗进行排序。

(5) 从桌面启动 gedit 进程。请确保正确登录后作为用户运行该命令。

(6) 再次运行 gedit 进程。这一次使用 kill 命令向 gedit 进程发送一个信号，使其暂停(停止)。然后尝试在 gedit 窗口中输入一些文本，并确保没有文字出现。

(7) 使用 killall 命令告诉在习题(6)中暂停的 gedit 命令继续工作。并确保在 gedit 暂停后输入的文本出现在窗口中。

(8) 安装 xeyes 命令(在 Fedora 中，该命令位于 xorg-x11-apps 包中)。在后台运行 xeyes 命令 20 次，以便在屏幕上出现 20 个 xeyes 窗口。左右移动鼠标并观察鼠标指针。最后使用 killall 在一个命令中杀死所有 xeyes 进程。

(9) 作为一名普通用户，运行 gedit 命令，此时 nice 的起始值为 5。

(10) 使用 renice 命令将 gedit 命令的 nice 值更改为 7。然后使用你喜欢的任何命令来验证 gedit 命令的当前 nice 值设为 7。

## 第 7 章

编写简单的 shell 脚本

本章主要内容：

- 使用 shell 脚本
- 在 shell 脚本中完成算法
- 在 shell 脚本中运行循环和 case 语句
- 创建简单的 shell 脚本

如果在 Linux 系统启动之后输入每一条需要在系统上运行的命令，那么很多工作将无法及时完成。但如果可以将这些命令集合成若干个命令集，则可以更有效地工作。shell 脚本可以处理这些任务。

shell 脚本是一组包含命令、函数、变量或者其他任何可以通过 shell 使用的功能。这些项目被输入一个纯文本文件中。而该文件可以作为一条命令来运行。传统上，Linux 系统在系统启动期间使用了系统初始化 shell 脚本，从而运行所需的命令启动相关服务。此外，还可以创建自己的 shell 脚本，以便定期自动完成一些任务。

几十年来，构建 shell 脚本一直是 UNIX 和 Linux 系统中连接任务集所需的主要技能。随着对配置 Linux 系统的需求从单一系统的设置发展到复杂的、自动化的集群配置，出现了更结构化的方法。这些方法包括 Ansible 剧本和 Kubernetes YAML 文件，稍后将在云相关章节中描述。也就是说，从运行单个命令到在 Linux 系统中构建可重复任务，编写 shell 脚本仍然是最好的下一步。

本章将简要介绍 shell 脚本的内部工作原理以及如何使用 shell 脚本。学习如何在某一调度命令(比如 cron 或 at)中使用简单的脚本，从而简化管理任务或仅在需要时运行脚本。

7.1 理解 shell 脚本

你是否曾经遇到过这种情况：需要反复执行某一任务，而该任务又需要输入大量的命令行。是否曾经这样想过：哇，如果只输入一条命令就可以完成所有任务该多好啊！可能 shell 脚本就是你需要的工具。

shell 脚本等同于 Windows 中的批处理文件，可以包含冗长的命令列表、复杂的流程控制、算法评估、用户自定义变量、用户自定义函数以及复杂的条件测试。shell 脚本通过一行简单的命令就可以处理与启动 Linux 系统一样复杂的任务。虽然在 Linux 中可以使用数十个不同的 shell，但对于大多数 Linux 系统来说，默认的 shell 是 Bash(Bourne Again shell)。

7.1.1　执行和调试 shell 脚本

shell 脚本的其中一个主要优点是可以在任何文本编辑器中打开它们，以查看脚本内容。而最大缺点是大型或复杂的 shell 脚本的执行通常比编译后的程序要慢。可以通过两种基本的方法执行 shell 脚本：

- 将脚本文件名用作 shell 的一个参数(如 bash myscript)。在这种方法中，文件并不需要是可执行文件；它仅仅包含了一个 shell 命令列表。命令行中指定的 shell 用来解释脚本文件中的命令。对于快速、简单的任务来说，这是使用脚本文件最常用的方法。
- shell 脚本还可以在脚本的第一行添加解释器的名称，并在该名称之前加上#!(比如，#!/bin/bash)，以及添加包含了脚本集的文件的执行位(使用 chmod +x filename)。此后，就可以像路径中的其他程序一样，通过在命令行中输入脚本名称来运行脚本。

不管以哪种方法运行脚本，都需要在命令行指定程序的选项。跟在脚本名称之后的任何参数都称为命令行参数。

如同编写任何软件一样，清晰且周密的设计以及大量的注释是编写 shell 脚本文件所必不可少的。英镑符号(#)位于注释之前，可以占据一整行，或者位于现有代码之后(同一行)。最好的做法是分阶段实现更复杂的 shell 脚本，在继续编写下一阶段的脚本之前确保每一阶段的脚本是健全的。接下来介绍一些简明扼要的提示，确保在测试过程中脚本按照期望的那样工作。

- 在某些情况下，可以在循环体内每一行的开头添加一个 echo 声明，并且用引号包围该命令。这样一来，不必执行代码，就可以在不进行任何更改的情况下查看执行的内容。
- 为达到相同的目的，可以在整个代码中添加虚拟 echo 语句。通过打印的命令行，就可以知道正在使用的正确逻辑分支。
- 可以在脚本的开头使用 set -x，从而使用"$ bash -x myscript"显示正在执行或者启动脚本的每一条命令。
- 因为有用的脚本通常会随着时间不断增加，所以在编写过程中保持代码的可读性就显得非常重要。请尽量保持代码逻辑清晰且易于理解。

7.1.2　理解 shell 变量

通常在 shell 脚本中需要重复使用某些项目信息。而在处理 shell 脚本的过程中，表示该信息的名称或数字可能会变化。为以一种可重复使用的方式存储 shell 脚本所使用的信息，可以设置变量。shell 脚本中的变量名称是区分大小写的，并且可按如下所示的方式定义：

```
NAME=value
```

变量的第一部分是变量名，第二部分是为该变量名设置的值。请注意，NAME 和 *value* 都是紧贴着等号，中间没有任何空格。可以为变量分配常量，比如文本、数字以及下画线。定义变量对于初始化值或者节约因输入长常数而花费的时间都是非常有用的。下面的示例显示了为变量设置一个字符串(CITY)和数字(PI)的示例：

```
CITY="Springfield"
PI=3.14159265
```

变量可包含一条命令或命令序列的输出。为此需要在命令之前添加一个美元符号和左括号，然后在命令之后紧接着一个右括号。例如 MYDATE=$(date)将 date 命令的输出分配给 MYDATE 变量。此外,将命令括在引号(`)中也可以得到相同的结果。但这种情况下,只有当设置变量时才运行 date 命令,而每次读取变量则不会运行 date 命令。

转义特殊的 shell 字符

　　记住,有些字符对于 shell 来说有着特殊含义,比如美元符号($)、引号(`)、星号(*)、感叹号(!)以及其他符号,在本章的学习过程中将会看到这些字符。在某些情况下,你可能希望 shell 使用这些字符的特殊含义,但在其他情况下可能又不希望如此。例如,如果输入 echo $HOME,shell 将会认为你想要在屏幕上显示主目录(存储在$HOME 变量中)的名称(比如/home/chris),因为$表示跟在该字符后面的一个变量名。

　　如果想要从字面上显示$HOME,则需要转义$。输入 echo '$HOME'或者 echo\$HOME,会在屏幕上显示$HOME。所以,如果想要 shell 从字面上解释单个字符,则需要在该字符之前添加一个反斜杠(\)。而如果想要从字面上解释一组字符,则需要使用单引号(')包围这些字符。

　　使用双引号却有一点麻烦。如果想要从字面上解释一部分字符,可以使用双引号包围一组文本。例如,如果使用双引号包围文本,那么美元符号($)、引号(`)和感叹号(!)将被特别解释,而其他字符(比如星号)则不会。请输入下面的 3 行命令,并查看不同的输出(如右边所示)。

```
echo '$HOME * `date`'    $HOME * `date`
echo "$HOME * `date`"    /home/chris * Tue Jan 21 16:56:52 EDT 2020
echo $HOME * `date`      /home/chris file1 file2 Tue Jan 21 16:56:52 EDT 2020
```

如果想要获取那些因计算机不同而变化的信息或者获取日常的信息,使用变量是一种非常好的方法。下面的示例首先将 uname -n 命令的输出设置到 MACHINE 变量。然后使用括号将 NUM_FILES 变量设置为当前目录的文件数量,做法是将 ls 命令的输出发送(|)到单词计数命令(wc -l)。

```
MACHINE=`uname -n`
NUM_FILES=$(/bin/ls | wc -l)
```

变量还可以包含其他变量的值。当需要保存一个为了日后使用而不断变化的值时,该功能是非常有用的。在下面的示例中,BALANCE 设置为 CurBalance 变量的值。

```
BALANCE="$CurBalance"
```

注意:

　　当为变量赋值时,只需要使用变量名(如 BALANCE)。而当引用一个变量时,意味着想要获取变量的值,此时需要在变量名之前添加一个美元符号(如$CurBalance)。这样做的结果是获取变量的值,而不是变量名本身。

1. 特殊的 shell 位置参数

shell 提供了一些特殊变量。最常用的一组变量称为*位置参数*或者*命令行参数*,名为$0, $1, $2, $3...$n。其中$0 比较特殊,表示被调用脚本的名称;而其他位置参数则被赋予命令行传递而来的参数值(按照在命令行中出现的顺序赋值)。例如,有一个名为 myscript 的 shell 脚本包含了以下命令:

```
#!/bin/bash
```

```
# Script to echo out command-line arguments
echo "The first argument is $1, the second is $2."
echo "The command itself is called $0."
echo "There are $# parameters on your command line"
echo "Here are all the arguments: $@"
```

假设该脚本是可执行的，并且位于$PATH 中的某一目录中。此时如果使用 foo 和 bar 作为参数运行该命令，将会看到如下所示的输出。

```
$ chmod 755 /home/chris/bin/myscript
$ myscript foo bar
The first argument is foo, the second is bar.
The command itself is called /home/chris/bin/myscript.
There are 2 parameters on your command line
Here are all the arguments: foo bar
```

如你所见，位置参数$0 为 myscript 的完整路径或相对路径，$1 为 foo，$2 为 bar。

此外，还可以使用变量$#获取脚本被赋予的参数数量。在上面的示例中，$#为 2。而$@变量则保存了命令行中输入的所有参数。另一个非常有用的 shell 变量是$?，它接受最后一条被执行命令的退出状态。一般来说，0 值意味着命令成功退出，而非 0 值则表示某一种类型的错误。如果想要了解全部的特殊 shell 变量，请参阅 bash 手册页。

2. 读取参数

通过使用 read 命令，可以提示用户输入信息，并存储该信息，以便日后在脚本中使用。接下来列举一个使用了 read 命令的脚本示例：

```
#!/bin/bash
read -p "Type in an adjective, noun and verb (past tense): " adj1 noun1 verb1
echo "He sighed and $verb1 to the elixir. Then he ate the $adj1 $noun1."
```

在该脚本中，首先提示用户输入一个形容词、名词和动词，然后将用户输入的单词分配给变量 adj1、noun1 和 verb1。这 3 个变量包括在一个无聊的句子中，并最终显示在屏幕上。如果将该脚本命名为 sillyscript，那么下面的示例演示了如何运行该脚本。

```
$ chmod 755 /home/chris/bin/sillyscript
$ sillyscript
Type in an adjective, noun and verb (past tense): hairy football danced
He sighed and danced to the elixir. Then he ate the hairy football.
```

3. 在 Bash 中进行参数扩展

如前所述，如果想要获取一个变量值，需要在该变量前添加一个$(例如，$CITY)。此种写法为表示法${CITY}的简写；当需要将参数值与另一个文本放置在一起并且两者之间不留空格时，需要使用大括号。Bash 有一些特殊的规则，允许以不同的方式扩展参数值。本章只是简要地介绍 shell 脚本，没必要列出所有规则，但下面所列出的规则是一些在使用 Bash 脚本时最常见的结构。

- ${*var*:-*value*}——如果变量未设置或者为空，则将其扩展为 *value*。
- ${*var*#*pattern*}——从 *var* 值的前面开始砍掉与 *pattern* 最短的匹配项。
- ${*var*##*pattern*}——从 *var* 值的前面开始砍掉与 *pattern* 最长的匹配项。

- ${*var%pattern*}——从 *var* 值的末尾开始砍掉与 *pattern* 最短的匹配项。
- ${*var%%pattern*}——从 *var* 值的末尾开始砍掉与 *pattern* 最长的匹配项。

尝试从一个 shell 输入以下命令，测试参数扩展的工作原理：

```
$ THIS="Example"
$ THIS=${THIS:-"Not Set"}
$ THAT=${THAT:-"Not Set"}
$ echo $THIS
Example
$ echo $THAT
Not Set
```

在该示例中，变量 THIS 最初设置为单词 Example。而在接下来的两行中，变量 THIS 和 THAT 设置为当前值或者 NOT Set(如果它们当前没有设置)。注意，因为前面已经将 THIS 设置为字符串 Example，所以当回显 THIS 值时，将显示 Example。然而，由于 THAT 没有设置，将显示为 NOT Set。

> **注意：**
> 在本节的后续部分，将会介绍变量和命令如何出现在 shell 脚本中。如果想要尝试这些示例，只需要像前一个示例那样将示例输入 shell 中即可。

在接下来的示例中，首先将变量 MYFILENAME 设置为/home/digby/myfile.txt，然后分别将变量 FILE 和 DIR 设置为 myfile.txt 和/home/digby。在 NAME 变量中，文件名被删减为 myfile；而在 EXTENSION 变量中，文件扩展名设置为 txt(如果想要尝试这些示例，可以像前一个示例那样在 shell 中输入它们，并查看每个变量的值，从而了解设置原理)。在下面的示例中，输入的代码在左边，右边的内容描述操作。

MYFILENAME=/home/digby/myfile.txt——设置 MYFILENAME 的值
FILE=${MYFILENAME##*/}——FILE 变为 myfile.txt
DIR=${MYFILENAME%/*}——DIR 变为/home/digby
NAME=${FILE%.*}——NAME 变为 myfile
EXTENSION=${FILE##*.}——EXTENSION 变为 txt

7.1.3　在 shell 脚本中执行算法

Bash 使用了一种非类型化变量，意味着通常可将这些变量视为字符串或者文本，但在需要时可以动态地改变这些变量。

Bash 使用非类型化变量，这意味着不需要指定变量是文本还是数字。它通常将变量视为文本串，除非使用 declare 告诉 Bash，否则变量对于 Bash 来说只是一堆字母。但是当开始使用这些变量进行算术运算时，Bash 会将这些变量转换为整数(如果可以转换的话)。这样就可以在 Bash 中完成一些相当复杂的算法。

可以使用内置的 let 命令或外部的 expr 或 bc 命令完成整数运算。在下面的示例中，变量 BIGNUM 设置为 1024，随后的 3 个命令都将值 64 存储到 RESULT 变量中。其中 bc 命令是大多数 Linux 发行版本中都可用的一个计算器应用程序。最后一条命令获取了一个 0~10 的随机数，并将结果返回给用户。

```
BIGNUM=1024
let RESULT=$BIGNUM/16
RESULT=`expr $BIGNUM / 16`
RESULT=`echo "$BIGNUM / 16" | bc`
let foo=$RANDOM; echo $foo
```

另一种以增量方式增加变量的方法是使用带有++I 的表示法$(( ))。请输入以下命令：

```
$ I=0
$ echo "The value of I after increment is $((++I))"
The value of I after increment is 1

$ echo "The value of I before and after increment is $((I++)) and $I"
The value of I before and after increment is 1 and 2
```

重复执行任何一条命令，都会持续递增$I 的值。

> **注意：**
> 虽然 shell 脚本的大多数元素是相对自由的(诸如空格或制表符的空白是无关紧要的)，但 let 和 expr 对间距却有着特殊的要求。let 命令要求每个操作数和数学运算符之间不能存在空格，而 expr 命令的语法则要求每个操作数和数学运算符之间存在空格。与这两个命令形成对比的是，bc 命令对空格没有要求，但使用起来可能更加棘手，因为它可以完成浮点运算。

如果想要查看使用 let 命令可以完成的各种算法类型的列表，可以在 Bash 提示符处输入 help let。

7.1.4　在 shell 脚本中使用编程结构

使 shell 脚本如此强大的其中一个功能就是可以像更加复杂的脚本和编程语言那样实现循环和条件执行结构。可以根据需要使用几种不同类型的循环。

1. "if...then" 语句

最常用的编程结构是条件执行，或者 if 语句。只有在满足某些条件的情况下，才会执行相关操作。if 语句存在几种变化形式，以便测试各种类型的条件。

首先，if...then 示例测试了 VARIABLE 是否设置为数字 1。如果是，则使用 echo 命令显示该变量设置为 1。fi 语句表明 if 语句已完成，可以继续后面的处理。

```
VARIABLE=1
if [ $VARIABLE -eq 1 ] ; then
echo "The variable is 1"
fi
```

如下面示例所示，除了使用-eq 之外，还可以使用等号(=)。如果是比较字符串值，最好使用=。而如果是比较数字，则使用-eq 更好。通过使用 else 语句，可以根据 if 语句的标准是否满足($STRING = "Friday")显示不同的单词。请记住，把字符串放在双引号中是很好的做法。

```
STRING="Friday"
if [ $STRING = "Friday" ] ; then
echo "WhooHoo.  Friday."
else
```

```
echo "Will Friday ever get here?"
fi
```

此外，还可以使用一个感叹号(!)进行反向测试。在下面的示例中，如果 STRING 不为 Monday，则显示"At least it's not Monday"。

```
STRING="FRIDAY"
if [ "$STRING" != "Monday" ] ; then
   echo "At least it's not Monday"
fi
```

在下面的示例中，elif(代表"else if")用来测试额外的条件(例如，filename 是不是一个文件或者一个目录)。

```
filename="$HOME"
if [ -f "$filename" ] ; then
   echo "$filename is a regular file"
elif [ -d "$filename" ] ; then
   echo "$filename is a directory"
else
   echo "I have no idea what $filename is"
fi
```

可以看到，正在测试的条件放在方括号之间([])。当评估一个测试表达式时，要么返回一个值 0(意味着表达式为真)，或者值 1(为假)。请注意，echo 行被缩进了。缩进是可选的，其目的是为了让脚本具有可读性。

表 7.1 列举了可测试的条件，是一个不错的参考(如果你赶时间，也可以在命令行输入 help test，获取相同的信息)。

表 7.1　测试表达式的运算符

运算符	测试的内容
-a *file*	文件是否存在? (等同于-e)
-b *file*	文件是不是一个块专用设备?
-c *file*	文件是否是特殊字符(比如，字符设备)? 用来识别串行线路和终端设备
-d *file*	文件是不是一个目录?
-e *file*	文件是否存在? (等同于-a)
-f *file*	文件是否存在，是不是一个普通文件(例如，不是目录、套接字、管道、链接或者设备文件)?
-g *file*	文件是否设置了 SGID 位?
-h *file*	文件是不是一个符号链接? (等同于-L)
-k *file*	文件是否设置了粘滞位?
-L *file*	文件是不是一个符号链接?
-n *string*	字符串的长度是否大于 0 字节?
-O *file*	是否拥有该文件?
-p *file*	文件是不是一个命名管道?
-r *file*	文件是否可读?
-s *file*	文件是否存在，是否大于 0 字节?

（续表）

运算符	测试的内容
-S *file*	文件是否存在，是不是一个套接字？
-t *fd*	文件是不是一个连接到终端的描述符？
-u *file*	文件是否设置了 SUID 位？
-w *file*	文件是否可写？
-x *file*	文件是否可执行？
-z *string*	字符串的长度是否为 0 字节？
expr1 -a *expr2*	第一个表达式和第二个表达式是否都为真？
expr1 -o *expr2*	两个表达式是否有一个为真？
file1 -nt *file2*	第一个文件是否比第二个文件新(使用修改时间戳)？
file1 -ot *file2*	第一个文件是否比第二个文件旧(使用修改时间戳)？
file1 -ef *file2*	两个文件是否通过一个链接相关联(硬链接或者符号链接)？
var1 = *var2*	第一个变量是否等于第二个变量？
var1 -eq *var2*	第一个变量是否等于第二个变量？
var1 -ge *var2*	第一个变量是否大于或等于第二个变量？
var1 -gt *var2*	第一个变量是否大于第二个变量？
var1 -le *var2*	第一个变量是否小于或等于第二个变量？
var1 -lt *var2*	第一个变量是否小于第二个变量？
var1 != *var2*	第一个变量是否不等于第二个变量？
var1 -ne *var2*	第一个变量是否不等于第二个变量？

此外，还可以针对简单的单一命令操作使用一种性能测试的特殊速记方法。在下面的示例中，两个管道(||)表示如果被测试的目录不存在(-d dirname)，则创建该目录(mkdir $dirname)。

```
# [ test ] || action
# Perform simple single command if test is false
dirname="/tmp/testdir"
[ -d "$dirname" ] || mkdir "$dirname"
```

除了使用管道，还可以使用两个&符号来测试某条件是否为真。在下面的示例中，对一条命令进行测试，看它是否至少包括 3 个命令行参数。

```
# [ test ] && {action}
# Perform simple single action if test is true
[ $# -ge 3 ] && echo "There are at least 3 command line arguments."
```

可以组合使用&&和||运算符，生成一条简单的单行 if-then-else 语句。接下来的示例测试由 $dirname 所表示的目录是否已经存在。如果存在，则显示一条消息表明目录已存在。否则，创建该目录。

```
# dirname=mydirectory
[ -e $dirname ] && echo $dirname already exists || mkdir $dirname
```

2. case 命令

另一个使用频繁的结构是 case 命令。与编程语言中的 switch 语句类似，case 语句可以代替多个嵌套的 if 语句。下面是 case 语句的一般形式：

```
case "VAR" in
   Result1)
      { body };;
   Result2)
      { body };;
   *)
      { body } ;;
esac
```

此外，可使用 case 命令帮助备份。下面的 case 语句对当日的前 3 个字母进行测试(case 'date +%a' in)。然后根据当天日期设置特殊的备份目录(BACKUP)和磁带驱动器(TAPE)。

```
# Our VAR doesn't have to be a variable,
# it can be the output of a command as well
# Perform action based on day of week
case `date +%a` in
   "Mon")
        BACKUP=/home/myproject/data0
        TAPE=/dev/rft0
# Note the use of the double semi-colon to end each option
        ;;
# Note the use of the "|" to mean "or"
   "Tue" | "Thu")
        BACKUP=/home/myproject/data1
        TAPE=/dev/rft1
        ;;
   "Wed" | "Fri")
        BACKUP=/home/myproject/data2
        TAPE=/dev/rft2
        ;;
# Don't do backups on the weekend.
   *)

BACKUP="none"
        TAPE=/dev/null
        ;;
esac
```

其中，星号(*)用作一个 catchall，类似于 C 编程语言中的关键字 default。在本示例中，如果没有其他条目相匹配，则星号匹配，BACKUP 值变为 none。请注意 case 语句末尾的 esac(或 case 的反向拼写)的使用。

3. for...do 循环

循环用来反复执行某些操作，直到满足某一条件或者所有数据处理完毕。最常用的一种循环是 for...do 循环。它遍历一个值列表，并针对列表中的每个元素执行循环体。其基本语法如下所示：

```
for VAR in LIST
do
   { body }
done
```

for 循环每次将 *LIST* 中的值赋给 *VAR*。然后针对每个值，执行 do 和 done 之间括号中的循环体。*VAR* 可以是任何变量名，而 *LIST* 可以由任何值的列表或者生成列表的任意项组成。

```
for NUMBER in 0 1 2 3 4 5 6 7 8 9
do
   echo The number is $NUMBER
done

for FILE in `/bin/ls`
do
   echo $FILE
done
```

还可采用以下方式编写循环，使循环更清晰。

```
for NAME in John Paul Ringo George ; do
   echo $NAME is my favorite Beatle
done
```

通过使用空格，将 LIST 中的每个元素彼此隔开。但如果粗心大意的话，会产生麻烦，因为一些命令(比如 ls -l)会在每行输出多个字段，而字段之间使用空格隔开。字符串 done 结束 for 语句。

如果你是一名铁杆的 C 程序员，那么 Bash 还允许使用 C 语法控制循环。

```
LIMIT=10
# Double parentheses, and no $ on LIMIT even though it's a variable!
for ((a=1; a <= LIMIT ; a++)) ; do
  echo "$a"
done
```

4. while...do 和 until...do 循环

其他循环结构还包括 while...do 循环和 until...do 循环。每种结构如下所示：

```
while condition         until condition
do                      do
   { body }                { body }
done                    done
```

当条件为真时，执行 while 语句。until 语句会一直执行，直到条件为真时结束——换句话说，当条件为假时，执行 until 语句。

接下来是一个 while 循环示例，输出了数字 0123456789。

```
N=0
while [ $N -lt 10 ] ; do
   echo -n $N
   let N=$N+1
done
```

另一种输出数字 0123456789 的方法是使用 until 循环，如下所示。

```
N=0
until [ $N -eq 10 ] ; do
   echo -n $N
   let N=$N+1
done
```

7.1.5　使用一些有用的文本操作程序

Bash 的功能非常强大，包含了许多内置的命令，但通常需要一些帮助才可以使用它完成一些真正有用的事情。最常用的程序包括 grep、cut、tr、awk 和 sed。与所有性能卓越的 UNIX 工具一样，大部分程序都设计为使用标准的输入和输出，所以可以通过管道和 shell 脚本非常容易地使用它们。

1. 一般正则表达式分析器

一般正则表达式分析器(grep)听起来很吓人，但实际上 grep 只是一种查找文件或文本模式的方法。可以将其想象为一个有用的搜索工具。获取正则表达式的专业知识是一项挑战，但是在掌握之后，只需要使用最简单的形式就可以完成许多有用的工作。

例如，使用 grep 在/etc/passwd 文件中搜索所有包含文本/home 的行，显示一个所有常规用户账号的列表，如下所示。

```
$ grep /home /etc/passwd
```

或者使用下面的命令查找所有以 HO 开头的环境变量。

```
$ env | grep ^HO
```

注意:
上述代码中的^是实际的插入字符^，而不是通常所使用的退格键^H。输入^、H 和 O(大写字母)，查看哪些变量以大写字符 HO 开头。

如果想要查看 grep 命令可以使用的选项列表，可输入 man grep。

2. 删除文本的行段(cut)

cut 命令可以从文本或文件中提取字段，这有助于将系统配置文件解析为易于理解的区块。可指定要使用的字段分隔符以及要使用的字段，或者根据字段中断一行。

下面的示例列出了系统上所有用户的主目录。grep 命令行从/etc/passwd 文件中获取一个普通用户列表，并显示由冒号分隔(-d':')的第六个字段(-f6)。命令行最后的连字符告诉 cut 从标准输入中(从管道中)读取数据。

```
$ grep /home /etc/passwd | cut  -d':' -f6 -
/home/chris
/home/joe
```

3. 转换或者删除字符(tr)

tr 命令是一个基于字符的转换器，可用来替换一个或一组字符，或者从文本行中删除一个字符。

下面的示例将所有大写字母转换为小写字母，并显示"mixed upper and lower case"作为结果。

```
$ FOO="Mixed UPpEr aNd LoWeR cAsE"
$ echo $FOO | tr [A-Z] [a-z]
mixed upper and lower case
```

接下来的示例在一个文件名列表上使用了 tr 命令，对列表中的文件进行重命名，从而将文件名中所包含的任何制表符或空格(由[:blank:]选项表示)转换为下画线。请在一个测试目录中运行下面的代码：

```
for file in * ; do
   f=`echo $file | tr [:blank:] [_]`
   [ "$file" = "$f" ] || mv -i -- "$file" "$f"
done
```

4. 流编辑器(sed)

sed 命令是一个简单的脚本编辑器，所以只能执行一些简单的编辑，比如删除文本匹配特定模式的行，使用一种模式的字符替换另一种模式的字符等。如果想要更好地了解 sed 脚本的工作原理，只能使用在线文档，但接下来列举一些常用的示例。

从本质上讲，可以使用 sed 命令完成前面 grep 示例中所完成的操作：搜索/etc/passwd 文件，查找单词 home。sed 命令搜索整个/etc/passwd 文件，查找单词 home，并打印包含单词 home 的任意行。

```
$ sed -n '/home/p' /etc/passwd
chris:x:1000:1000:Chris Negus:/home/chris:/bin/bash
joe:x:1001:1001:Joe Smith:/home/joe:/bin/bash
```

在下面的示例中，sed 搜索文件 somefile.txt，并使用 Linux 替换字符串 Mac 的每个实例。注意，在替换命令的末尾需要添加一个字母 g，从而将每一行出现的每一个 Mac 都更改为 Linux(否则，只有每行的第一个 Mac 被更改)。随后将输出发送到 fixed_file.txt 文件。为了保证安全，sed 命令的输出发送到 stdout，以便该命令将输出重定向到一个文件。

```
$ sed 's/Mac/Linux/g' somefile.txt > fixed_file.txt
```

可以使用一个管道得到相同的结果：

```
$ cat somefile.txt | sed 's/Mac/Linux/g' > fixed_file.txt
```

如果想要删除原始模式，可以搜索该模式并使用空模式替换即可。下面的示例首先搜索 somefile.txt 文件的内容，然后使用"无"(//)替换每行末尾额外的空格(s/ *$)，最后将结果发送到 fixed_file.txt 文件。

```
$ cat somefile.txt | sed 's/ *$//' > fixed_file.txt
```

7.1.6　使用简单的 shell 脚本

有时，即使是最简单的脚本也可能非常有用。如果需要重复输入相同的命令序列，那么将这些命令存储到一个文件中可能更有意义。接下来将提供一些简单但非常有用的 shell 脚本。

1. 电话列表

这种想法从一代又一代老的 UNIX 黑客一直流传下来。虽然实现起来非常简单，却使用了刚刚介绍的一些概念。

```
#!/bin/bash
# (@)/ph
# A very simple telephone list
# Type "ph new name number" to add to the list, or
# just type "ph name" to get a phone number

PHONELIST=~/.phonelist.txt

# If no command line parameters ($#), there
# is a problem, so ask what they're talking about.
if [ $# -lt 1 ] ; then
  echo "Whose phone number did you want? "
  exit 1
fi

# Did you want to add a new phone number?
if [ $1 = "new" ] ; then
  shift
  echo $*>> $PHONELIST
  echo $* added to database
  exit 0
fi

# Nope. But does the file have anything in it yet?
# This might be our first time using it, after all.
if [ ! -s $PHONELIST ] ; then
  echo "No names in the phone list yet! "
  exit 1
else
  grep -i -q "$*" $PHONELIST     # Quietly search the file
  if [ $? -ne 0 ] ; then         # Did we find anything?
    echo "Sorry, that name was not found in the phone list"
    exit 1
  else
    grep -i "$*" $PHONELIST
  fi
fi
exit 0
```

所以，如果在当前目录中创建了电话列表文件作为 ph 脚本，那么可以从 shell 输入下面的命令试用 ph 脚本：

```
$ chmod 755 ph
$ ./ph new "Mary Jones" 608-555-1212
Mary Jones 608-555-1212 added to database
$ ./ph Mary
Mary Jones 608-555-1212
```

chmod 命令执行了 ph 脚本。./ph 命令带着 new 选项从当前目录运行 ph 命令，将 Mary Jones 作为姓名，608-555-1211 作为电话号码存储到数据库($HOME/.phone.txt)。接下来的 ph 命令搜索数据库，查找姓名 Mary，并显示 Mary 的电话号码。如果脚本工作正常，可以将其添加到路径的某一目录中(如$HOME/bin)。

2. 备份文件

因为没有任何程序会永远工作而不犯错误，所以当处理计算机数据时备份就显得非常重要。下面的简单脚本对 Fedora 或 RHEL 系统中所有用户主目录的数据都进行了备份。

```
#!/bin/bash
# (@)/my_backup
# A very simple backup script
#

# Change the TAPE device to match your system.
# Check /var/log/messages to determine your tape device.

TAPE=/dev/rft0

# Rewind the tape device $TAPE
mt $TAPE rew
# Get a list of home directories
HOMES=`grep /home /etc/passwd | cut -f6 -d':'`
# Back up the data in those directories
tar cvf $TAPE $HOMES
# Rewind and eject the tape.
mt $TAPE rewoffl
```

7.2　小结

通过编写 shell 脚本，可以自动完成许多最常见的系统管理任务。本章介绍了在 Bash shell 中编写脚本时常用的命令和函数，还提供了一些完成备份以及其他操作的脚本示例。

在下一章，将从学习用户功能转到学习系统管理主题。第 8 章将介绍如何成为 root 用户，以及如何使用管理命令、监视日志文件和配置文件。

7.3　习题

使用以下习题测试一下编写简单 shell 脚本的相关知识。这些任务假设正在运行的是 Fedora

或者 Red Hat Enterprise Linux 系统(虽然有些任务也可以在其他 Linux 系统上完成)。如果陷入困境，可以参考附录 B 中这些习题的参考答案(虽然在 Linux 中可以使用多种方法来完成某一任务)。

(1) 在$HOME/bin 目录中创建一个脚本 myownscript。当运行该脚本时，应该可以看到如下所示的输出信息：

```
Today is Sat Jan 4 15:45:04 EST 2020.
You are in /home/joe and your host is abc.example.com.
```

当然，首先需要读取当前日期/时间、工作目录以及主机名。此外还包括关于脚本主要目的以及提示脚本应该使用/bin/bash shell 运行的注释。

(2) 创建如下脚本：从命令行读取三个位置参数并将这些参数分别分配给变量 ONE、TWO 和 THREE，最后以下面所示的格式输出信息：

```
There are X parameters that include Y.
The first is A, the second is B, the third is C.
```

其中，使用参数数量替换 X，使用所有输入的参数替换 Y。然后分别使用变量 ONE、TWO 和 THREE 的内容替换 A、B、C。

(3) 创建一个脚本提示用户输入他们长大的街道和城镇名称。然后将输入的名称分配给变量 mytown 和 mystreet，并使用下面代码所示的句子输出这些名称(当然，$mystreet 和$mytown 将显示为用户实际输入的城镇和街道)：

```
The street I grew up on was $mystreet and the town was $mytown
```

(4) 创建一个名为 myos 的脚本，询问用户"你最喜欢的操作系统是什么？"如果用户输入 Windows 或者 Mac，则输出一个表达不满的句子，而如果输入 Linux，则输出"伟大的选择！"也可以是其他问题，比如"<正在输入的>是一个操作系统吗？"

(5) 创建通过一个 for 循环运行单词 moose、cow、goose 和 sow 的脚本，并将每个单词添加到"I have a..."行的末尾。

第**III**部分

成为一名 Linux 系统管理员

## 第 8 章

学习系统管理

本章主要内容:

- 进行图形化管理
- 使用 root 登录
- 了解管理命令、配置文件和日志文件
- 使用设备和文件系统

与其他基于 UNIX 的系统一样,Linux 也可以被多个人同时使用。*多用户*功能能够让多人在单个 Linux 系统上拥有账户,并且保护自己的数据不被他人破坏。而*多任务*功能能够让多人同时在计算机上运行多个程序,且每个人可以运行多个程序。复杂的网络协议和程序使 Linux 系统的功能扩展到网络用户和世界各地的计算机。负责管理所有 Linux 系统资源的人称为*系统管理员*。

即使你是唯一使用 Linux 系统的人,也仍然要设置系统管理,以便与其他计算机使用区分开来。如果想要完成大多数管理任务,则需要以 root 用户(也被称为*超级用户*)的身份进行登录,或者临时获取 root 权限(通常使用 sudo 命令)。没有 root 权限的普通用户不能更改,甚至在某些情况下不能查看 Linux 系统的某些配置信息。特别是诸如密码的安全功能更是受到了特别的保护。

因为 Linux 系统管理是一个非常宽泛的主题,所以本章将重点介绍 Linux 系统管理的一般原则。特别介绍一些为管理个人桌面或者小型服务器上的 Linux 系统而需要使用的基本工具。除了讲授基本知识之外,本章还将讲授如何使用文件系统以及监视 Linux 系统的设置和性能。

8.1　理解系统管理

将系统管理员的角色与其他用户的角色区分开来会产生几个方面的影响。对于那些多人使用的系统来说,限制谁来管理系统将使系统更加安全。当其他人使用系统编写文档或者浏览 Internet 时,单独的管理角色可以防止他们随意地伤害系统。

如果你是一名 Linux 系统的系统管理员,通常以普通用户账户登录到系统,并且想要在需要时请求管理权限,那么可以执行以下其中一种操作:

- **su 命令**——通常,su 命令用来以 root 用户身份打开一个 shell。打开之后,管理员可以运行多种命令,然后以普通用户身份返回到 shell。
- **sudo 命令**——只有当普通用户使用 sudo 命令来运行其他命令时,该用户才会被赋予 root 权限。在使用 sudo 命令运行完一条命令之后,该用户将马上返回 shell,并重新变回普通用户。在 Ubuntu 和 Fedora 上,默认将 sudo 权限分配给安装这些系统时的第一个用户账户。而在 RHEL 中则不是这样,虽然在 RHEL 安装期间也可以选择第一个用户拥有 sudo 权限。

- **基于浏览器的 Cockpit 管理**：RHEL、Fedora 和其他 Linux 发行版已经承诺将 Cockpit 作为主要的基于浏览器的系统管理工具。启用 Cockpit 后，可以监视和更改系统的一般活动、存储、网络、账户、服务及其他功能。
- **图形化窗口**——在 Cockpit 广泛使用之前，RHEL、Fedora 和其他 Linux 发行版提供了单独的图形化管理工具，这些工具由以 system-config-*开头的命令启动。尽管 RHEL 和 Fedora 的最新版本没有提供这些管理工具中的大多数，但是在这里要注意它们，因为它们在旧的 Linux 版本中仍然可用。

只能由 root 用户完成的任务往往是一些影响整个系统或影响系统的安全或健康的任务。下面列出了由系统管理员管理的常见功能：

- **文件系统**——当首次安装 Linux 时，对目录结构进行了设置，以便使系统可用。然而，如果用户日后想要添加额外的存储或者更改主目录以外的文件系统布局，则需要管理权限来完成相关操作。此外，root 用户还有权访问其他用户所拥有的文件。也就是说，root 用户可以对其他任何用户的文件进行复制、移动或者更改——当为了安全保管而创建文件系统备份副本时需要使用该权限。
- **软件安装**——因为恶意软件可能会损害系统或者使其处于不安全状态，所以需要 root 权限来安装软件，从而使其对系统上的所有用户可用。普通用户也可以在自己的目录中安装一些软件，并列出关于所安装系统软件的相关信息。
- **用户账户**——只有 root 用户可以添加和删除用户账户和组账户。
- **网络接口**——在以前，root 用户必须配置网络接口，并启动和停止这些接口。而现在，许多 Linux 桌面都允许普通用户通过在桌面上使用 Network Manager 来启动和停止网络接口。对于无线网络接口来说尤其如此，当移动笔记本电脑或手持设备时，需要根据位置的变化来回切换网络。
- **服务器**——就像启动和停止相关服务一样，配置 Web 服务器、文件服务器、域名服务器、邮件服务器以及其他类型的服务器也需要 root 权限。诸如 Web 页面的内容可以被非 root 用户添加到服务器中(如果系统被配置为允许这么做)。有些服务通常作为特殊管理用户账户运行，比如 apache(针对 httpd 服务)和 rpc(针对 rpcbind 服务)。所以即使有人攻击了一个服务，他们也不能获取其他服务或系统资源的 root 权限。
- **安全功能**——设置安全功能(比如防火墙和用户账户列表)通常需要使用 root 权限来完成。此外，监视服务如何使用以及确保服务器资源不被耗尽或者滥用也是由 root 用户来完成的。

进行系统管理的最简单方法是使用一些图形化管理工具。

8.2　使用图形化管理工具

在早期的 Linux 系统上，大部分系统管理任务都是通过命令行来完成的。然而，随着 Linux 日益流行，开始使用图形化和命令行界面来完成大部分 Linux 管理任务。

接下来介绍一些可用来完成 Linux 系统管理的点击式类型的界面。

使用基于浏览器的 Cockpit 管理

Cockpit 是我见过的最好的基于浏览器的 Linux 系统管理工具。它将一系列 Linux 管理活动聚集到一个接口中，并使用"驾驶台-桥"连接到一组不同的 Linux API。但是，作为 Linux 管理人员，只需要知道将使用 Cockpit 获得一种一致、稳定的方式来管理系统。

开始使用 Cockpit 非常简单，只需要启用 Cockpit 套接字并将 Web 浏览器指向 Cockpit 服务。由于 Cockpit 的插件设计，人们一直在创建新的工具，这些工具可以添加到系统的 Cockpit 界面。

如果使用的是最新的 RHEL 或 Fedora 系统，那么执行以下过程，允许在系统上启用和开始使用 Cockpit。

> **注意:**
> 启动此过程不需要配置。但可将 Cockpit 配置为使用自己的 OpenSSL 证书，而不是默认情况下使用的自签名证书。这样，从浏览器打开 Cockpit 界面时，就不必接受未经验证的自签名证书。

(1) 如果 Cockpit 还没有安装，请执行以下操作:

```
# dnf install cockpit
```

(2) 以 root 用户身份登录，启用 Cockpit 套接字:

```
# systemctl enable --now cockpit.socket
Created symlink /etc/systemd/system/sockets.target.wants/cockpit.socket
 → /usr/lib/systemd/system/cockpit.socket.
```

(3) 在刚刚启用了 Cockpit 的系统上，从 Web 浏览器打开端口 9090。

可以使用主机名或 IP 地址。默认情况下，端口 9090 是为 https 配置的，但是如果喜欢使用 http，可以重新配置该端口。以下是可以在浏览器地址栏中输入的地址示例:

```
https://host1.example.com:9090/
https://192.168.122.114:9090/
```

(4) 假设没有替换 Cockpit 的自签名证书，系统会警告连接不安全。为了接受它，考虑到浏览器，必须选择 Advanced 并同意，除非允许浏览器使用 Cockpit 服务。

(5) 输入你的用户名和密码。如果想更改系统配置，请使用根用户或具有 sudo 权限的用户。普通用户可以看到但不能改变大多数设置。图 8.1 显示了这个窗口的一个示例。

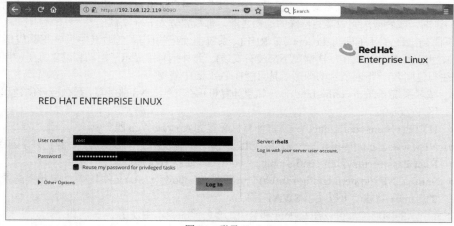

图 8.1　登录 Cockpit

(6) 开始使用 Cockpit。在 RHEL 和 Fedora 系统上，Cockpit 仪表板默认包含一组良好的特性(稍后可以添加更多特性)。图 8.2 显示了 Cockpit 仪表盘的系统区域示例。

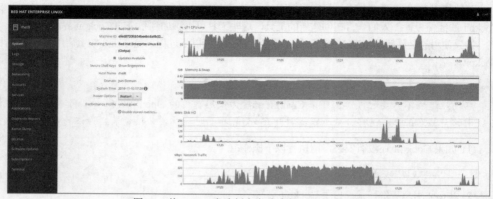

图 8.2　从 Cockpit 仪表板上查看系统活动和其他主题

在登录到 Cockpit 后，立即开始看到与 CPU 使用、内存和交换、磁盘输入/输出和网络流量相关的系统活动。左侧导航窗格中的选择允许开始处理系统上的日志、存储、网络、用户和组账户、服务和许多其他特性。

继续阅读本书的其余部分，会看到在适当的章节描述了如何使用 Cockpit 的不同特性。要更深入地了解在 Cockpit 内遇到的任何主题，建议查看 Cockpit 项目网站：https://cockpit-project.org。

8.2.1　使用 system-config-*工具

在 Cockpit 发布之前的 Fedora 和 Red Hat Enterprise Linux 系统附带一组图形工具，可通过 System 菜单的 Administration 子菜单(GNOME 2)、Activities 屏幕(GNOME 3)或者命令行启动这些工具。大多数通过命令行启动的 Fedora 和 RHEL 工具都以字符串 system-config 开头，比如 system-config-network。

这些 system-config 工具需要 root 权限。如果以普通用户身份登录，那么当打开 GUI 应用程序的窗口之前，或者请求完成某些特殊的活动之前，都需要输入 root 密码。

下面列出许多可在早期 Fedora 或 RHEL 系统上使用的图形工具(其中一些工具仅适用于 Fedora，并且大部分工具在默认情况下都没有安装)。此外括号中显示了启动相关工具所使用的命令(往往与包同名)。下面所示的图形工具只能在 Fedora 中使用：

- **域名系统**(system-config-bind)——如果计算机正在充当 DNS 服务器，那么应该创建和配置区域(Zone)。
- **HTTP**(system-config-httpd)——将计算机配置为 Apache Web 服务器。
- **NFS**(system-config-nfs)——设置系统上与网络中其他使用了 NFS 服务的计算机共享的目录。
- **Root Password**(system-config-rootpassword)——更改 root 密码。
- **Samba NFS(system-config-samba)**——配置 Windows(SMB)文件共享(如果想要配置其他的 Samba 功能，可以使用 SWAT 窗口)。

下面所示的图形工具可以在 Fedora 和 RHEL 8 之前的版本中使用：

- **Services**(system-config-services)——通过 Services Configuration 窗口，显示和更改 Fedora 系统中在不同运行级别运行的服务。

- **Authentication**(authconfig-gtk)——更改系统中对用户进行身份验证的方式。一般来说，选择 Shadow Passwords 和 MD5 Passwords。然而，如果网络支持 LDAP、Kerberos、SMB、NIS 或者 Hesiod 身份验证，则可以使用这些身份验证类型中的任何一种。
- **Date & Time**(system-config-date)——设置日期和时间或者选择让系统时间与 NTP 服务器保持同步。
- **Firewall**(system-config-firewall)——配置防火墙，从而允许或拒绝来自网络的服务。
- **Language**(system-config-language)——选择系统所使用的默认语言。
- **Printing**(system-config-printer)——配置本地和网络打印机。
- **SELinux Management**(policycoreutils-gui)——设置 SELinux 的强制模式和默认策略。
- **Users & Groups**(system-config-users)——添加、显示和更改 Fedora 系统的用户账户和组账户。

通过顶部面板的 Applications 菜单还可以使用其他管理实用工具。选择子菜单 System Tools(在 GNOME 2 中)或转到 Activities 屏幕(在 GNOME 3 中)，可以选择使用以下工具(如果这些工具已经安装)：

- **Configuration Editor**(gconf-editor)——直接编辑 GNOME 配置数据库。
- **Disk Usage Analyzer**(gnome-utils)——显示关于硬盘和可移动存储设备的详细信息。
- **Disk Utility**(gnome-disks)——管理磁盘分区和添加文件系统(gnome-disk-utility 软件包)。
- **Kickstart**(system-config-kickstart)——创建可用来安装多个 Linux 系统而不需要用户交互的 Kickstart 配置文件。

本书以前版本中对这些工具的描述已经被使用 Cockpit 的程序所取代。

8.2.2　使用基于浏览器的管理工具

为了简化许多企业级开源项目的管理，这些项目开始提供基于浏览器的图形管理工具。但在大多数情况下，这些项目也提供了命令行工具来管理项目。

例如，如果正在使用 Red Hat Enterprise Linux，那么可以使用基于浏览器的界面来管理下面所示的项目。

- **Red Hat OpenShift**——基于 Kubernetes 项目的 OpenShift 提供了一个基于浏览器的界面，用于部署和管理控制面板和工作节点的集群，以及用于部署和管理称为 pods 的容器的特性。详情请参阅 Red Hat OpenShift 网站 www.openshift.com 或上游 OKD 网站 www.okd.io。
- **Red Hat Enterprise Linux OpenStack Platform(RHELOSP)**——OpenStack 平台即服务 (platform-as-a-service)项目可以通过浏览器管理自己私有的混合云。其中包括来自 OpenStack Horizon 项目(http://horizon.openstack.org)的 OpenStack Dashboard。该界面可以启动并管理虚拟机以及所有相关资源：存储、网络、身份验证、进程分配等。关于如何使用 OpenStack Dashboard，请参见第 27 章。
- **Red Hat Virtualization(RHV)**——与RHEV 一样，RHV 管理器提供了基于浏览器的界面来管理虚拟机，包括分配存储以及访问资源的用户。许多开源项目还提供了其他基于浏览器的图形管理工具。即使你是 Linux 的初学者，也可以非常容易地开始使用这些界面。然而记住，如果需要解决相关问题，则需要使用命令行工具，因为图形工具在解决问题方面有很大局限性。

8.3　使用 root 用户账户

每个 Linux 系统至少拥有一个管理用户账户(即 root 用户),但可以拥有一个或者多个普通用户账户(可以为普通用户选择一个名称,或者由 Linux 发行版本自动分配一个名称)。大多数情况下,以普通用户登录,然后变为 root 用户完成管理任务。

root 用户可以完全控制 Linux 系统的操作。该用户可以打开任何文件或运行任何程序。此外,还可以安装软件包并为使用系统的其他人添加账户。

> **提示:**
> 可以将 Linux 中的 root 用户等同于 Windows 中的 Administrator 用户。

当首次安装大多数 Linux 系统(但不是所有的系统)时,需要为 root 用户添加一个密码。必须记住并保护该密码;当以 root 用户身份登录时,或者以其他用户身份登录并需要获取 root 权限时,都需要使用该密码。

为了熟悉 root 用户账户,最好以 root 用户身份登录。我建议通过虚拟控制台来试用 root 账户。为此,请按 Ctrl+Alt+F2。当看到登录提示符时,输入 root(按 Enter 键)和密码,随后打开一个登录会话。当完成操作之后,输入 exit,然后按 Ctrl+Alt+F1 返回到普通桌面登录。

以 root 用户身份登录后,root 用户的主目录通常为/root。主目录以及其他与 root 用户账户相关的其他信息都位于/etc/passwd 文件中。/etc/passwd 文件中的根条目如下所示:

```
root:x:0:0:root:/root:/bin/bash
```

从该根条目可以看出,用户名为 root,用户 ID 设置为 0(root 用户),组 ID 设置为 0(root 组),主目录为/root,用户的 shell 为/bin/bash(因为 Linux 使用/etc/shadow 文件来存储加密密码数据,所以密码字段包含了一个 x)。如果想要更改主目录或 shell,可以编辑该文件中的值。然而,更改这些值的更好方法是使用 usermod 命令(关于该命令的更多信息,请参见 11.1.3 节)。

此时,通过 shell 运行的任何命令都是使用 root 权限运行的。所以要格外当心。相对于普通用户,root 用户拥有多个权限来更改(和损坏)系统。再次强调,完成操作后,输入 exit,如果位于一个虚拟控制台上,同时在另一个控制台上运行了桌面界面,那么按 Ctrl+Alt+F1 返回图形登录屏幕。

> **注意:**
> 在 Ubuntu 中,默认情况下没有为 root 账户设置密码。这意味着即使 root 账户存在,也不能使用该账户登录或者使用 su 成为 root 用户。在以 root 用户身份执行任何命令之前,需要向 Ubuntu 添加进一步的安全级别并使用 sudo 命令。

8.3.1　通过 shell 成为 root 用户(su 命令)

虽然可以通过以 root 用户身份登录成为超级用户,但有时这样做并不是很方便。

例如,使用普通用户账户登录,并且想要对系统进行快速管理修改,而又不想注销并重新登录。此时需要通过网络登录并对 Linux 系统进行修改,却发现系统不允许根用户通过网络登录(安全的 Linux 系统通常都会这样做)。一种解决方法是使用 su 命令。通过 Terminal 窗口或 shell,输入下面的命令:

```
$ su
Password: ******
#
```

当出现提示时，输入 root 用户的密码。随后针对普通用户的提示符($)变为超级用户提示符(#)。此时你拥有了在系统上运行任何命令和使用任何文件的完全权限。然而，使用 su 命令不能完成的一件事是读取 root 用户的环境。如此一来，可能输入可用的命令但却得到 "命令没有找到" 的消息。为解决该问题，可以使用带有-选项的 su 命令，如下所示：

```
$ su -
Password: ******
#
```

此时仍需输入密码，但完成 su 命令后，一切就像 root 用户登录之后一样。当前目录为 root 用户的主目录(可能为/root)，此外可以使用诸如 root 用户的 PATH 变量之类的值。如果是通过输入 su 而不是 su -成为 root 用户，就无法更改当前登录会话的目录或环境。

此外，还可使用 su 命令成为 root 用户以外的其他用户。这对于解决计算机中某一特定用户所碰到的问题(比如无法打印或发送电子邮件)来说是非常有用的。例如，为了拥有用户 jsmith 的权限，可以输入下面的命令：

```
$ su - jsmith
```

即使在输入该命令之前你是 root 用户，那么在执行完上述命令之后，你也只有权限打开属于用户 jsmith 的文件以及运行属于 jsmith 的程序。然而，作为 root 用户，在输入 su 命令成为其他用户时并不需要输入密码。但如果是以普通用户身份运行该命令，则必须输入新用户的密码。

当使用完超级用户权限之后，需要退出当前 shell 而返回到前一个 shell。为此需要按 Ctrl+D 或者输入 exit。如果你是一名可以访问多个用户的计算机管理员，则不要在他人的屏幕上打开 root shell——除非允许他人在计算机上随心所欲地完成任何操作。

8.3.2　通过 GUI 允许管理访问权限

如前所述，当以普通用户身份运行 GUI 工具时(通过 Fedora、Red Hat Enterprise Linux 或者其他 Linux 系统)，在能够访问工具之前都会提示输入 root 密码。通过输入 root 密码，可以赋予 root 权限完成相关工作。

对于使用了 GNOME 2 桌面的 Linux 系统来说，输入 root 密码后，会在顶部面板中出现一个黄色徽章图标，表明根授权对于通过该桌面会话运行的其他 GUI 工具都是可用的。而对于 GNOME 3 桌面，则必须在每次启动任何 system-config 工具时输入 root 密码。

8.3.3　使用 sudo 获取管理访问权限

如果特定用户想要针对特定任务或者任何任务获取管理权限，可以通过输入 sudo 并紧跟想要运行的命令(不必提供 root 密码)。sudoers 实用工具是提供此类权限最常用的方法。通过使用 sudoers，可以为系统上的任何用户或组完成以下操作：

- 为他们使用 sudo 所运行的任何命令分配 root 权限。
- 为选定的一组命令分配 root 权限。

- 赋予用户 root 权限，而不必告诉他们 root 密码，因为他们只需提供自己的用户密码来获取 root 权限。
- 允许用户运行 sudo，而完全不必输入密码(如果你选择这么做)。
- 跟踪系统上哪些用户运行了管理命令(通过使用 su，只能知道哪些人使用 root 密码登录，而使用 sudo 命令可以记录哪些用户运行了管理命令)。

通过使用 sudoers 实用工具，只需要将用户添加到/etc/sudoers 就可以赋予该用户完全或者受限的 root 权限，并且可以定义用户所拥有的权限。然后通过在 sudo 命令后面紧跟命令，允许用户运行任何被授权的命令。

下面的示例演示了如何使用 sudo 实用工具使用户 joe 拥有完全的 root 权限。

> **提示：**
> 如果查看一下 Ubuntu 中的 sudoers 文件，会发现默认情况下系统上的初始用户已经拥有了 sudo 组成员的权限。为了向其他用户赋予相同权限，只需要在运行 visudo 命令时将其他用户添加到管理组即可。

(1) 以 root 用户身份运行 visudo 命令，编辑/etc/sudoers 文件：

```
# /usr/sbin/visudo
```

默认情况下使用 vi 打开文件，除非将 EDITOR 变量设置为 visudo 所接受的其他编辑器(例如，export EDITOR=gedit)。之所以使用 visudo，是因为该命令可以锁定/etc/sudoers 文件，并对文件执行一些基本检查，从而确保文件被正确编辑。

> **注意：**
> 如果感到疑惑，可以尝试运行 vimtutor 命令，查看使用 vi 和 vim 的快速教程。

(2) 添加下面所示的行，从而允许 joe 拥有计算机上的完全 root 权限：

```
joe     ALL=(ALL)     ALL
```

该行会让用户 joe 提供一个密码(注意，是 joe 自己的密码，而不是 root 密码)，以便使用管理命令。如果想要 joe 在不使用密码的情况下获取权限，可以输入下面所示的行：

```
joe     ALL=(ALL)     NOPASSWD: ALL
```

(3) 将更改保存到/etc/sudoers 文件(在 vi 中输入 Esc，然后输入:wq)。下面的示例演示了用户 joe 在分配了 sudo 权限之后的会话：

```
[joe]$ sudo touch /mnt/testfile.txt
  We trust you have received the usual lecture
  from the local System Administrator. It usually
  boils down to these two things:
    #1) Respect the privacy of others.
    #2) Think before you type.
Password: *********
[joe]$ ls -l /mnt/testfile.txt
-rw-r--r--. 1 root root 0 Jan  7 08:42 /mnt/testfile.txt
[joe]$ rm /mnt/testfile.txt
rm: cannot remove â€˜/mnt/testfile.txt': Permission denied
[joe]$ sudo rm /mnt/textfile.txt
 [joe]$
```

在该会话中，用户 joe 运行 sudo 命令在自己没有写入权限的目录中创建了一个文件(/mnt/textfile.txt)。此时会给出一个警告并要求提供密码(用户 joe 的密码，而不是 root 密码)。

即使 joe 提供了密码，也仍然必须使用 sudo 命令以 root 用户身份运行随后的管理命令(直接运行 rm 会失败，但运行 sudo rm 则会成功)。请注意，当第二次运行 sudo 时并没有提示输入密码。这是因为成功输入密码后，在接下来的 5 分钟之内可以输入任意多的 sudo 命令(在 RHEL 和 Fedora 系统上)而不必再次输入密码。对于 Ubuntu，它设置为 0，表示没有超时(如果想要将超时值从 5 分钟更改为任何时间长度，可设置/etc/sudoers 文件中的 passwd_timeout 值)。

前面的示例为 joe 赋予了简单的全无或全有管理权限。然而，/etc/sudoers 文件在允许个人用户和组使用单个应用程序或者应用程序组方面提供了极大的灵活性。关于如何调整 sudo 实用工具的相关信息，可以参阅 sudoers 和 sudo 手册页。

8.4　探索管理命令、配置文件和日志文件

不管使用的是哪种 Linux 发行版本，都可以在文件系统的相同位置找到许多命令、配置文件和日志文件。下面将介绍在什么地方查找这些重要的元素。

> **注意：**
> 既然 Linux 的 GUI 管理工具已经非常好用了，那为什么还需要了解管理文件呢？一方面，虽然不同的 Linux 版本拥有不同的 GUI 工具，但许多底层的配置文件都是相同的。所以，如果学会了如何使用这些文件，则可以使用几乎任何 Linux 系统。此外，如果某一功能被破坏，或者需要完成一些 GUI 不支持的操作，当请求帮助时，Linux 专家几乎都会告诉你如何运行命令或者直接更改配置文件。

8.4.1　管理命令

只有 root 用户才需要使用许多管理命令。当以 root 用户身份登录(或者通过 shell 使用 su –命令成为 root 用户)时，$PATH 变量会被设置为包含一些目录，而这些目录中包括了 root 用户的命令。在以前，这些目录有：

- **/sbin**——包含了启动系统所需的命令，包括检查文件系统(fsck)和启用交换设备(swapon)的命令。
- **/usr/sbin**——所包含的命令可用来完成管理用户账户(如 useradd)和检查保持文件为打开状态的进程(如 lsof)之类的操作。此外，该目录中还包含了以守护进程方式运行的命令。守护进程是在后台运行的进程，等待服务请求，比如访问某一打印机或 Web 页面的请求(可以在目录中查找以 d 结尾的命令，比如 sshd、pppd 和 cupsd)。

在 Ubuntu 中仍然使用了/sbin 和/usr/sbin 目录。然而，对于 REHL 以及 Fedora 版本来说，来自这两个目录的所有管理命令都被存储在/usr/sbin 目录(该目录符号链接到/sbin)。此外，只将/usr/sbin 添加到 root 用户的 PATH 变量以及所有普通用户的 PATH 变量。

一些管理命令被包含在普通用户的目录(如/bin 和/usr/bin)中。这些命令为所有人都提供了一些可用的选项。比如/bin/mount 命令，任何人都可以使用该命令列出所挂载的文件系统，但只有 root 用户可以使用该命令挂载文件系统(然而，一些桌面配置为让普通用户使用 mount 命令挂载 CD、DVD 或者其他可移动介质)。

> **注意:**
> 关于如何挂载一个文件系统, 可以参阅第 12.4 节。

如果想要查找主要供系统管理员使用的命令, 可以查看第 8 节的手册页(通常位于/usr/share/man/man8)。这些手册页包含了大多数 Linux 管理命令的说明和选项。如果想要向系统添加命令, 可以考虑将命令添加到相关目录, 比如/usr/local/bin 或/usr/local/sbin。一些 Linux 发行版本会自动将这些目录添加到 PATH 中(通常在标准的 bin 和 sbin 目录之前)。这样一来, 不仅可以访问安装到这些目录中的命令, 还可以重写其他目录中具有相同名称的命令。一些没有包括在 Linux 发行版本中的第三方应用程序有时会放在/usr/local/bin、/opt/bin 或/usr/local/sbin 目录中。

8.4.2 管理配置文件

配置文件是 Linux 管理的另一个支柱。为特定计算机所设置的所有内容(用户账户、网络地址后者 GUI 首选项)都存储在纯文本文件中。这样做有利有弊。

纯文本文件的优点是易于阅读和更改。可以使用任何文本编辑器打开和更改文件。然而, 缺点是在编辑配置文件时并不会执行错误检查。必须运行读取了该文件的程序(比如网络守护进程或 X 桌面)后才能发现文件是否被正确设置。

虽然一些配置文件使用了标准的结构(如 XML)来存储信息, 但更多文件并没有这么做。所以, 需要学习每种配置文件的具体结构规则。如果在错误的地方使用了逗号或引号, 有时可能会导致整个接口失败。

在启动一个服务前, 可使用一些软件包所提供的命令来测试软件包配置文件的完整性。例如, 可以使用 Samba 所提供的 testparm 命令来检查 smb.conf 文件的完整性。此外, 某些提供了相关服务的守护进程也提供了选项来检查配置文件。例如, 在启动 Web 服务器前, 运行 httpd -t, 检查 Apache Web 服务器配置。

> **注意:**
> 一些文本编辑器(如 vim 命令, 但不是 vi)可以理解某些类型的配置文件。如果在 vim 中打开一个配置文件, 可以看到文件的不同元素使用了不同的颜色显示。尤其是可以看到注释行使用了与数据行不同的颜色。

在本书中将会找到不同配置文件的说明, 可以使用这些文件设置构建 Linux 系统所需的不同功能。配置文件主要放在两个位置: 主目录(用来保存个人的配置文件)和/etc 目录(保存系统配置文件)。

接下来介绍一下包含了有用配置文件的目录(及其子目录)。随后介绍/etc 目录中一些有趣的配置文件。通过查看 Linux 配置文件的内容, 可以学习管理 Linux 系统的相关知识。

- **$HOME**——所有用户都将信息存储在自己的主目录中, 从而指示登录账户的行为。许多配置文件都直接位于每个用户的主目录中(比如/home/joe)并以一个点(.)开头, 所以当使用标准的 ls 命令时, 这些文件并没有出现在用户的目录中(为了看到这些文件, 需要输入 ls -a)。同样, 在默认情况下, 点文件和目录也不会在大多数文件管理器窗口中显示。此外, 还有些点文件定义了每个用户 shell 的行为、桌面的外观以及文本编辑器所使用的选项。每个用户的$HOME/.ssh 目录中甚至包含用来配置登录到远程系统所需权限的文件(如果想要查看主目录的名称, 可以通过 shell 输入 echo $HOME)。

- **/etc** ——该目录包含大部分基础 Linux 系统配置文件。
- **/etc/cron*** —— 该组中的目录所包含的文件定义了 crond 实用工具如何按照每天 (cron.daily)、每小时(cron.hourly)、每月(cron.monthly)或每周(cron.weekly)计划运行程序。
- **/etc/cups** ——包含用来配置 CUPS 打印服务的文件。
- **/etc/default** ——包含为各种实用工具设置默认值的文件。例如，useradd 命令的文件定义了创建新用户账户时所使用的默认组号、主目录、密码过期日期、shell 以及骨架目录(/etc/skel)。
- **/etc/httpd** ——包含用来配置 Apache Web 服务器行为(特别是 httpd 守护进程)的各种文件 (在 Ubuntu 和其他 Linux 系统上，使用的是/etc/apache 或/etc/apache2)。
- **/etc/mail** ——包含用来配置 sendmail 邮件传输代理的文件。
- **/etc/postfix** ——包含 Postfix 邮件传输代理的配置文件。
- **/etc/ppp** ——包含几个用来设置点对点协议(PPP)的配置文件，以便可以让计算机拨号到 Internet(在拨号调制解调器非常流行时，PPP 经常被使用)。
- **/etc/rc?.d** ——针对每一种有效的系统状态，都有一个单独的 rc?.d 目录：rc0.d(关闭状态)、rc1.d(单用户状态)、rc2.d(多用户状态)、rc3.d(多用户加网络状态)、rc4.d(用户定义的状态)、rc5.d(多用户、网络加 GUI 登录状态)和 rc6.d(重新启动状态)。维护这些目录是为了与旧的 UNIX SystemV init 服务兼容。
- **/etc/security** ——包含为计算机设置多种默认安全条件的文件(主要是定义如何完成身份验证)。这些文件是 pam 包(一种插入式身份验证模块)的一部分。
- **/etc/skel** ——当用户添加到系统时，该目录中所包含的任何文件都会自动复制到用户的主目录中。默认情况下，大部分文件都是点(.)文件，比如.kde(用来设置 KDE 桌面默认值的目录)和.bashrc(用来设置 Bash shell 所使用的默认值)。
- **/etc/sysconfig** ——包含由各种服务(包括 iptables、samba 以及大多数网络服务)所创建和维护的重要系统配置文件。相对于那些没有使用 GUI 管理工具的 Linux 系统来说，这些文件对于那些使用了 GUI 管理工具的 Linux 发布版本(比如 Fedora 和 RHEL)非常重要。
- **/etc/systemd** ——包含与 systemd 实用工具(用来管理启动进程和系统服务)相关联的文件。特别是当运行 systemctl 命令启用和禁用服务时，完成这些操作的文件将存储到 /etc/systemd/ system 目录的子目录中。
- **/etc/xinetd.d** ——包含一组文件，每一个文件定义了一个 xinetd 守护进程监听某一特定端口所需的点播网络服务。当 xinetd 守护进程接收到一个服务请求时，将会使用这些文件中的信息来确定启用哪些守护进程来处理该请求。

接下来是/etc 中一些有趣的配置文件。

- **aliases** ——可以包含 Linux 邮件服务所使用的通信组列表(当安装了 sendmail 包时，该文件将位于 Ubuntu 的/etc/mail 目录中)。
- **bashrc** ——为 Bash shell 用户设置系统范围的默认值(在某些 Linux 发行版本中，该文件也称为 bash.bashrc)。
- **crontab** ——为运行与 cron 实用工具相关联的自动化任务和变量而设置时间(比如与 cron 相关联的 SHELL 和 PATH)。
- **csh.cshrc**(或 **cshrc**) ——为 csh(C shell)用户设置系统范围的默认值。
- **exports** ——包含一个本地目录列表，该列表可被使用了 NFS 的远程计算机所共享。

- **fstab** —— 识别常用的存储介质(硬盘、软盘、CD-ROM 等)以及它们在 Linux 系统中所挂载的位置。当系统首次启动时，mount 命令通常使用该文件来选择挂载哪个文件系统。
- **group** —— 识别系统中所定义的组名和组 ID(GID)。每个文件和目录都拥有与之相关联的三组 rwx(读取、写入和执行)位，而 Linux 中的组权限则由第二组 rwx 位来定义。
- **gshadow** —— 包含组的隐藏密码。
- **host.conf** —— 早期的应用程序使用该文件来设置在 TCP/IP 网络(如 Internet)上搜索域名(如 redhat.com)的位置。默认情况下，首先搜索本地主机文件，然后搜索 resolv.conf 文件中任何名称服务器条目。
- **hostname** —— 包含本地系统的主机名(从 RHEL7 开始直到最近的 Fedora 和 Ubuntu 系统)。
- **hosts** —— 包含计算机上可用的 IP 地址和主机名(通常使用该文件保存 LAN 或者小型私人网络上的计算机名)。
- **inittab** —— 在早期的 Linux 系统中，该文件所包含的信息定义了 Linux 启动、关闭或者在不同状态之间进行切换时所需启动和停止的程序。当 Linux 启动初始进程时，该配置文件是被第一个读取的文件。而在支持 systemd 的 Linux 系统中，该文件不再使用。
- **mtab** —— 包含目前挂载的文件系统列表。
- **mtools.conf** —— 包含 Linux 中 DOS 工具所使用的设置。
- **named.conf** —— 如果你正在运行自己的 DNS 服务器(bind 或 bind9 包)，那么该文件包含了 DNS 设置。
- **nsswitch.conf** —— 包含名称服务转换设置，用来确定关键系统信息(用户账户、主机名/地址映射等)来自哪里(本地主机或者通过网络服务)。
- **ntp.conf** —— 包含运行 NTP(Network Time Protocol)所需的信息。
- **passwd** —— 存储本地系统中所有有效用户的账户信息。其外，还包括其他信息，比如主目录和默认 shell(但很少包括用户密码，通常用户密码保存在/etc/shadow 文件中)。
- **printcap** —— 包含为计算机所配置的打印机定义(如果 printcap 文件不存在，则会在/etc/cups 目录中搜索打印机信息)。
- **profile** —— 为所有的用户设置系统范围内的环境和启动程序。当用户登录时读取该文件。
- **protocols** —— 为各种 Internet 服务设置协议编号和名称。
- **rpc** —— 定义远程过程调用名称和编号。
- **services** —— 定义 TCP/IP 和 UDP 服务名及其端口分配。
- **shadow** —— 包含 passwd 文件所定义用户的加密密码(相对于直接在 passwd 文件中存储原始加密密码，这种方法更安全。passwd 文件必须是公开可读，但 shadow 文件只能由 root 用户读取)。
- **shells** —— 列举系统中可用的 shell 命令行解释器(比如 bash、sh、csh 等)及其位置。
- **sudoers** —— 该文件设置了那些没有权限运行某些命令的用户通过使用 sudo 命令可以运行的命令。特别是使用该文件为所选择的用户提供 root 权限。
- **rsyslog.conf** —— 定义 rsyslogd 守护进程收集哪些日志消息以及将这些信息存储在哪些文件中(一般来说，日志消息存储在/var/log 目录的文件中)。
- **xinetd.conf** —— 包含 xinetd 守护进程所使用的简单配置信息。该文件通常位于用来存储单个服务信息的/etc/xinetd.d 目录中。

另一个目录/etc/X11 包括若干子目录，而每个子目录包含 X 以及 Linux 可用的不同 X 窗口管理器所使用的系统范围的配置文件。此外，xorg.conf 文件(配置和监视计算机，使其可用于 X)以及包含 xdm 和 xinit 用来启动 X 的文件的配置目录也位于/etc/X11 目录中。

与窗口管理器相关联的目录所包含的文件指定了用户在系统上启动某一窗口管理器时所使用的默认值。twm 窗口管理器在这些目录中包含系统范围内的配置文件。

8.4.3 管理日志文件和 Systemd Journal

Linux 的一个优点是能够持续跟踪自己。当判断在一个复杂的操作系统中正在执行什么操作时，这一点是非常重要的。

有时，你正在尝试使用一种新的实用工具，但却在原因不明的情况下使用失败。或者将要监视系统，以便了解是否有人正在非法尝试访问自己的电脑。但不管是什么情况，都需要参考来自内核以及正在系统中运行服务的消息。

对于 Linux 系统来说，并不需要使用 Systemd，用来记录错误和调试信息的主要实用工具是 rsyslogd 守护进程(一些较早的 Linux 系统使用 syslog 和 syslogd 守护进程)。虽然仍然可以通过 Systemd 系统使用 rsyslogd，但 Systemd 有其自己收集和显示消息的方法(使用 journalctl 命令)，被称为 Systemd Journal。

1. 使用 journalctl 查看 Systemd Journal

查看 Systemd Journal 中消息的主要命令是 journalctl。启动进程、内核以及所有 Systemd 管理的服务都将状态和错误消息定向到 Systemd Journal 中。

通过使用 journalctl 命令，可采用多种方法显示 Journal 消息。如下面示例所示：

```
# journalctl
# journalctl --list-boots | head
-2 93bdb6164... Sat 2020-01-04 21:07:28 EST—Sat 2020-01-04 21:19:37 EST
-1 7336cb823... Sun 2020-01-05 10:38:27 EST—Mon 2020-01-06 09:29:09 EST
 0 eaebac25f... Sat 2020-01-18 14:11:41 EST—Sat 2020-01-18 16:03:37 EST
# journalctl -b 488e152a3e2b4f6bb86be366c55264e7
# journalctl -k
```

在这些示例中，不带有任何选项的 journalctl 命令显示了 Systemd Journal 中的所有消息。如果想要显示系统每次启动时的启动 ID，可使用-list -boots 选项。而如果想查看与特定启动实例相关联的消息，可以使用-b 选项以及一个启动实例。若仅想查看内核消息，则使用-k 选项。请看下面更多的示例：

```
# journalctl _SYSTEMD_UNIT=sshd.service
# journalctl PRIORITY=0
# journalctl -a -f
```

通过使用_SYSTEMD_UNIT=选项，可以显示针对特定服务(此时为 sshd 服务)或者针对任何其他 Systemd 单元文件(比如其他服务或挂载)的消息。还可以查看与特定 syslog 日志级别(从 0~7)相关联的消息。此时仅显示了紧急(0)消息。如果想要显示最新进入 Journal 的消息，可使用-f 选项；而要显示所有字段，可使用-a 选项。

2. 使用 rsyslogd 管理日志消息

rsyslogd 及其前身 syslogd 负责收集日志消息并定向到日志文件或远程日志主机。根据 /etc/rsyslog.conf 文件中的信息完成日志记录。消息通常被定向到/var/log 目录的日志文件中，但也可以为了更加安全而定向到日志主机中。下面列出一些常见的日志文件：

- **boot.log**——包含服务启动时的相关消息。
- **messages**——包含许多关于系统的一般信息消息。
- **secure**——包含与安全性相关的消息，比如登录行为或者任何对用户进行身份验证的行为。

如果想要更详细地了解如何配置 rsyslogd，可以参阅第 13 章。

8.5　使用其他管理账号

在 Linux 系统中，你可能很少听说使用其他管理用户(包括 root 用户)的账号进行登录。但是在 UNIX 系统中却是一种常见的做法。通过允许不同的管理用户登录，可以将管理任务划分给多个用户。例如，离打印机比较近的用户可拥有 lp 权限，这样当其中一台打印机不工作时可以将打印任务转到另一台打印机上。

在任何情况下，都可以使用 Linux 进行管理登录；但默认情况下禁止直接作为以下用户进行登录。账户的主要目的是提供文件以及与特定服务相关联进程的所有权。通过在单独的管理登录下运行守护进程，即使黑客破坏了某一个进程，也无法获取 root 权限并访问其他进程和文件。请参考下面的示例：

- **lp**——用户拥有/var/log/cups 打印日志文件以及各种打印缓存和假脱机文件。lp 的主目录是/var/spool/lpd。
- **apache**——在 Apache Web 服务器上可用来设置内容文件和目录。主要用来在 RHEL 和 Fedora 系统上运行 Web 服务器进程(httpd)，而 www-data 用户在 Ubuntu 系统上运行 Apache 服务(apache2)。
- **avahi**——用户运行 avahi 守护进程，从而在网络上提供 zeroconf 服务。
- **chrony**——用户运行 chronyd 守护进程，该进程用来维护精准的计算机时钟。
- **postfix**——用户拥有各种邮件服务器的假脱机目录和文件。用户运行该守护进程提供 Postfix 服务(master)。
- **bin**——在传统 UNIX 系统中，用户拥有/bin 中许多的命令。但在某些 Linux 系统(如 Ubuntu、Fedora 和 Gentoo)中却不是这样，因为 root 用户拥有了大部分可执行文件。bin 的主目录是/bin。
- **news**——根据对/var/spool/news 以及其他与新闻相关联资源的权限设置，用户可以进行 Internet 新闻服务的管理。新闻的主目录是/etc/news。
- **rpc**——用户运行远程过程调用守护进程(rpcbind)，该进程用来接收对主机系统中服务的调用。NFS 服务使用 RPC 服务。

默认情况下，上面所列出的管理登录都是禁止的。需要将默认的 shell 从当前设置(通常为/sbin/nologin 或/bin/false)更改为允许以这些用户身份登录的真实 shell(通常为/bin/bash)。然而，如前所述，这些用户并不真正适合交互式登录。

8.6　检查和配置硬件

在一个完美世界中，当安装完 Linux 并启动后，所有硬件都应该被检测到并可以访问。虽然 Linux 系统正在迅速地接近这样一个完美世界，但有时仍然需要采取特殊步骤，才能使计算机硬件正常工作。此外，随着可移动 USB 和 FireWire 设备(CD、DVD、闪存驱动器、数码照相机以及移动硬盘)的广泛使用，Linux 完成以下任务已显得越来越重要：

- 有效地管理硬件。
- 以不同的方式查看同一个硬件(例如，除了打印机的方式之外，还可以通过传真机、扫描仪以及存储设备的方式查看打印机)

在过去几年里，新增的 Linux 内核功能彻底改变了检测和管理硬件设备的方法，其中包括Udev(当发现硬件时，动态命名并创建设备)和HAL(将有关硬件更改的信息传递到用户空间)。

这一切听上去似乎很混乱，但不必担心。上面所讲的一切会使你作为 Linux 用户的生活更加轻松。内置于内核中的这些功能使 Linux 中的设备处理变得：

- **更加自动化**——对于大多数常见的硬件来说，当硬件设备被连接或者断开时，系统会自动检测并识别。此外，由于添加了访问硬件的接口，Linux 可以访问硬件。随后，硬件被添加或者删除的行为将被传递给用户级别，此时负责监听硬件更改的应用程序也做好准备挂载硬件以及/或者启动一个应用程序(如图像浏览器或音乐播放器)。
- **更加灵活**——当硬件被连接或者断开时，如果你不喜欢自动发生的事情，可以进行更改。例如，当插入音乐 CD 或者数据 DVD 时，或者当连接一个数码照相机时，内置于 GNOME 和 KDE 桌面的功能能够让你选择所发生的事情。如果更喜欢启动一个不同的程序进行处理，则可以非常容易地完成该修改。

本节将介绍让硬件在 Linux 中正常工作所涉及的几个问题。首先，讨论如何检查关于系统硬件组件的信息。其次介绍如何配置 Linux，以便处理可移动介质。最后描述在无法正确检测并加载的情况下如何使用相关工具手动加载和使用硬件的驱动程序。

8.6.1　检查硬件

当系统启动时，内核将检测硬件并加载允许 Linux 使用该硬件的驱动程序。因为在启动过程中关于硬件检测的消息会快速滚动出屏幕，所以如果想要查看潜在的问题消息，必须在系统启动完之后重新显示这些消息。

在 Linux 启动完毕后，可以使用多种方法查看内核启动消息。任何用户都可以运行 dmesg 命令来查看系统启动时所检测到的硬件以及被内核加载的驱动程序。当内核生成一条新消息时，也可以使用 dmesg 命令进行查看。

查看引导消息的第二种方法是 journalctl 命令，该命令显示与特定引导实例相关联的消息(如本章前面所示)。

> **注意：**
> 在系统运行后，许多内核消息发送到/var/log/messages 文件。所以，当插入一个 USB 驱动器之后，如果想要查看所发生的事情，可以输入 tail –f /var/log/messages，并查看所创建的设备和挂载点。同样，当这些消息进入 Systemd Journal 时，可使用 journalctl –f 命令查看消息。

下面的示例是一些被裁剪的来自 dmesg 命令的输出，显示了一些有趣的信息：

```
$ dmesg | less
[    0.000000] Linux version 5.0.9-301.fc30.x86_64
   (mockbuild@bkernel04.phx2.fedoraproject.org) (gcc version 9.0.1 20190312
   (Red Hat 9.0.1-0.10) (GCC)) #1 SMP Tue Apr 23 23:57:35 UTC 2019
[    0.000000] Command line:
   BOOT_IMAGE=(hd0,msdos1)/vmlinuz-5.0.9-301.fc30.x86_64
   root=/dev/mapper/fedora_localhost--live-root ro
   resume=/dev/mapper/fedora_localhost--live-swap
   rd.lvm.lv=fedora_localhost-live/root
   rd.lvm.lv=fedora_localhost-live/swap rhgb quiet
...
         S31B1102 USB DISK           1100 PQ: 0 ANSI: 0 CCS
[79.177466] sd 9:0:0:0: Attached scsi generic sg2 type 0
[79.177854] sd 9:0:0:0: [sdb]
         8343552 512-byte logical blocks: (4.27 GB/3.97 GiB)
[79.178593] sd 9:0:0:0: [sdb] Write Protect is off
```

从这个输出中，首先看到 Linux 内核版本，然后是内核命令行选项。最后几行显示了插入计算机的 4GB 的 USB 驱动器。

如果在检测硬件或者加载驱动程序的过程中出现了错误，可参考该信息来了解没有正常工作的硬件名称和型号。然后可以搜索 Linux 论坛或者文档，从而尝试解决该问题。在系统启动并运行以后，可以使用其他一些命令查看关于计算机硬件的详细信息。其中，lspci 命令列出了计算机上的 PCI 总线以及连接到这些总线上的设备。该命令的输出如下所示：

```
$ lspci
00:00.0 Host bridge: Intel Corporation
     5000X Chipset Memory ControllerHub
00:02.0 PCI bridge: Intel Corporation 5000 Series Chipset
     PCI Express x4 Port 2
00:1b.0 Audio device: Intel Corporation 631xESB/632xESB
     High Definition Audio Controller (rev 09)
00:1d.0 USB controller: Intel Corporation 631xESB/632xESB/3100
     Chipset UHCI USBController#1 (rev 09)
07:00.0 VGA compatible controller: nVidia Corporation NV44
0c:02.0 Ethernet controller: Intel Corporation 82541PI
     Gigabit Ethernet Controller (rev 05)
```

主桥(host bridge)将本地总线连接到 PCI 桥上的其他组件。此处对输出进行了删减，以便显示系统中用来处理各种功能的不同设备的信息：声音(音频设备)、闪存驱动器和其他 USB 设备(USB 控制器)、视频显示(VGA 兼容控制器)以及有线网卡(Ethernet 控制器)。如果在使用这些设备的过程中遇到困难，可以根据所知的硬件型号名称和编号到 Google 查找信息。

如果想要从 lspci 命令获取更详细的输出，可以添加一个或更多-v 选项。例如，通过使用 lspci –vvv，可以获取关于 Ethernet 控制器的信息，包括延迟、控制器的功能，以及设备所使用的 Linux 驱动程序(e1000)。

如果你对 USB 设备特别感兴趣，可尝试使用 lsusb 命令。默认情况下，lsusb 列出关于计算机 USB 集线器以及连接到 USB 接口的任何 USB 设备的信息：

```
$ lsusb
Bus 001 Device 001: ID 1d6b:0002 Linux Foundation 2.0 root hub
Bus 002 Device 001: ID 1d6b:0001 Linux Foundation 1.1 root hub
Bus 003 Device 001: ID 1d6b:0001 Linux Foundation 1.1 root hub
Bus 004 Device 001: ID 1d6b:0001 Linux Foundation 1.1 root hub
Bus 005 Device 001: ID 1d6b:0001 Linux Foundation 1.1 root hub
Bus 002 Device 002: ID 413c:2105 Dell Computer Corp.
    Model L100 Keyboard
Bus 002 Device 004: ID 413c:3012 Dell Computer Corp.
    Optical Wheel Mouse
Bus 001 Device 005: ID 090c:1000 Silicon Motion, Inc. -
    Taiwan 64MB QDI U2 DISK
```

通过上面的输出可以查看键盘、鼠标以及连接到计算机的 USB 闪存驱动器的型号。此外，还可向 lspci 命令添加一个或更多-v 选项，以便查看更详细的信息。

如果想要查看处理器的详细信息，可以运行 lscpu 命令。该命令提供了关于计算机处理器的基本信息。

```
$ lscpu
Architecture:         x86_64
CPU op-mode(s):       32-bit, 64-bit
CPU(s):               4
On-line CPU(s) list:  0-3
Thread(s) per core:   1
Core(s) per socket:   4
...
```

通过 lscpu 的示例输出，可以看到计算机是一个 64 位计算机，可使用 32 位或 64 位模式运行，并且包括 4 个 CPU。

8.6.2　管理可移动硬件

当将可移动设备连接到计算机时，诸如 Red Hat Enterprise Linux、Fedora 以及其他支持完整 KDE 和 GNOME 桌面环境的 Linux 系统都提供了简单的图形化工具来配置所要发生的事情。所以，通过运行 KDE 或 GNOME 桌面，只需要插上一个 USB 设备或插入 CD 或 DVD，就会弹出一个窗口来处理该设备。

虽然不同的桌面环境共享了许多相同的底层机制(尤其是 Udev)来检测和命名可移动硬件，但都提供了不同的工具来配置挂载或使用这些硬件的方法。当硬件添加以及从计算机删除时，Udev(使用 udevd 守护进程)创建和删除设备(/dev 目录)。而 HAL(Hardware Abstraction Layer)则提供了发现和配置硬件的整体平台。然而，通过易于使用的桌面工具，可以为使用桌面 Linux 系统的用户配置感兴趣的设置。

当通过 File Management Preferences 窗口连接可移动设备或插入可移动介质时，GNOME 桌面所使用的 Nautilus 文件管理器可以定义所发生的事情。本节的描述都是基于 Fedora 30 中的 GNOME 3.32 进行的。

在 GNOME 3.32 桌面上选择 Activities 并输入 Removable Media，然后选择 Removable Media Setting项。

通过 Removable Media 窗口可以选择以下设置。当插入可移动介质时，这些设置涉及如何处理这些介质。大多数情况下，会提示你如何处理插入或连接的介质。

- **CD 音频**——当插入一个音频 CD 时，可以选择做什么(默认情况)、什么也不做、在文件夹窗口中打开或者从各种音频 CD 播放器中选择一种来播放 CD 内容。还可以选择 Rhythmbox(音乐播放器)、Audio CD Extractor(CD 刻录机)和 Brasero(CD 刻录机)来处理所插入的音频 CD。

- **DVD 视频**——当插入一个商业视频 DVD 时，系统会提示使用该 DVD 完成什么操作。可以更改默认值，启动 Totem(视频)、Brasero(DVD 刻录机)或者其他已安装的媒体播放器(比如 MPlayer)。

- **音乐播放器**——当插入包含音频文件的介质时，系统会询问你想要做什么。可以通过选择 Rhythmbox 或者其他音乐播放器开始播放音频文件。

- **照片**——当插入包含数字图像的介质(比如来自数码照相机的内存卡)时，系统会询问如何处理这些图像。可以选择什么也不做，或者选择在 Shotwell 图像查看器(在 GNOME 桌面查看图像的默认应用程序)或其他已安装的照片管理器中打开图像。

- **软件**——当插入包含自动运行程序的介质时，会默认打开一个 Software 窗口。如果想要更改该行为(什么也不做，或者打开某一文件夹中的媒体内容)，可以进行相应的选择。

- **其他介质**——从 Other Media 标题下选择 Type 框，从而选择如何处理那些很少使用的介质。例如，可选择如何处理音频 DVD、空白的蓝光光盘、CD、DVD 或高清 DVD 光盘。此外，还可选择启动什么应用程序来处理蓝光视频光盘、电子书阅读器和图片光盘。

请注意，上述设置仅对当前登录的用户产生影响。如果多个用户拥有登录账号，每个人可以设置自己的方法来处理可移动介质。

> **注意:**
> Totem 电影播放器并不能播放电影 DVD，除非添加额外的软件来解密 DVD。如果想要通过 Linux 播放商业 DVD 电影，应该考虑法律问题和其他电影播放器选项。

用来连接普通 USB 闪存驱动器或硬盘驱动器的选项并没有在该窗口中列出。但如果想要将这些驱动器连接到计算机，当插入计算机时，设备将被创建(命名为/dev/sda、/dev/sdb 等)。在这些设备中找到的任何文件系统都会被自动挂载到/run/media/*username*，并且会提示是否想要打开一个 Nautilus 窗口查看这些文件。这一切都是自动完成的，所以不需要为此进行任何特殊配置。

使用完 USB 驱动器后，可在 Nautilus 文件管理器窗口中右击该设备名称，并选择 Safely Remove Drive。该操作将卸载驱动器并从/run/media/username 目录中删除挂载点。此后，可以安全地从计算机中拔出 USB 驱动器。

8.6.3　使用可加载模块

如果想要向计算机添加没有被正确检测到的硬件，则可能需要手动加载该硬件模块。Linux 提供了一组用来加载、卸载和获取硬件模块信息的命令。

内核模块被安装在/lib/modules/子目录中。每个子目录的名称都是根据内核的版本号确定的。例如，如果内核为 5.3.8-200.fc30.x86_64，那么/lib/modules/5.3.8-200.fc30.x86_64 目录将包含该内核的驱动程序。而这些目录中的模块可以根据需要加载和卸载。

Linux 可以使用一些命令来列出、加载、卸载以及获取模块信息。下面将描述如何使用这些模块。

1. 列出加载模块

如果想要查看当前计算机中哪些模块被加载到运行内核，可以使用 lsmod 命令。请参考以下示例：

```
# lsmod
Module                  Size   Used by
vfat                   17411   1
fat                    65059   1 vfat
uas                    23208   0
usb_storage            65065   2 uas
fuse                   91446   3
ipt_MASQUERADE         12880   3
xt_CHECKSUM            12549   1
nfsv3                  39043   1
rpcsec_gss_krb5        31477   0
nfsv4                 466956   0
dns_resolver           13096   1 nfsv4
nfs                   233966   3 nfsv3,nfsv4
.
.
.
i2c_algo_bit           13257   1 nouveau
drm_kms_helper         58041   1 nouveau
ttm                    80772   1 nouveau
drm                   291361   7 ttm,drm_kms_helper,nouveau
ata_generic            12923   0
pata_acpi              13053   0
e1000                 137260   0
i2c_core               55486   5 drm,i2c_i801,drm_kms_helper
```

该输出显示了 Linux 系统中所加载的各种模块，包括一个针对网络接口卡(e1000)的模块。

如果想要获取任何加载模块的信息，可使用 modinfo 命令，例如，可以输入以下命令：

```
# /sbin/modinfo -d e1000
Intel(R) PRO/1000 Network Driver
```

并不是所有模块都有描述信息，如果没有，则没有数据返回。然而，在本示例中，e1000 模块描述为一个 Intel(R) PRO/1000 Network Driver 模块。此外，还可以使用-a 选项查看模块的作者，或者使用-n 选项查看表示该模块的对象文件。而作者信息通常包含了驱动程序创建者的电子邮件地址，所以如果有什么问题或者疑问，可以联系作者。

2. 加载模块

可使用 modprobe 命令加载任何被编译并安装到运行内核(即安装到/lib/modules 子目录中)的模块(以 root 用户的身份)。加载模块的一个常见原因是临时使用一项功能(如加载一个模块，以便支持软盘中一个想要访问的特定文件系统)。而加载模块的另一个原因是确定该模块被一个无法自动检测的特殊硬件所使用。

接下来列举一个使用 modprobe 命令加载 parport 模块的示例，该模块提供了与多个设备共享并行端口的核心函数：

```
# modprobe parport
```

加载 parport 模块后，还可以加载 parport_pc 模块来定义可通过该接口提供的 PC 类型端口。parport_pc 模块能够随意定义与共享串行端口的每个设备关联的地址和 IRQ 号。例如：

```
# modprobe parport_pc io=0x3bc irq=auto
```

在本示例中，一个设备被识别为拥有地址 0x3bc，而 IRQ 则被自动检测。

modprobe 命令可以临时加载模块(重新启动系统后这些模块就会消失)。但如果想永久将模块添加到系统中，需要在启动时将 modprobe 命令行添加到某一个启动脚本中。

3. 删除模块

使用 rmmod 命令，可从运行内核中删除一个模块。例如，为从当前内核中删除模块 parport_pc，请输入以下命令：

```
# rmmod parport_pc
```

如果当前 parport_pc 模块不忙，则从运行内核中删除该模块。而如果忙，则尝试杀死任何可能正在使用该设备的进程。然后再次运行 rmmod 命令。但有时，试图删除的模块依赖于其他被加载的模块。例如，usbcore 模块不能卸载，因为它是一个内置模块。如下所示：

```
# rmmod usbcore
rmmod: ERROR: Module usbcore is builtin.
```

除了使用 rmmod 命令删除模块外，还可使用 modprobe -r 命令。该命令不但删除所请求的模块，还可以删除未被其他模块使用的依赖模块。

8.7　小结

如果想要运行 Linux 中的许多功能，尤其是那些可能损害系统或影响其他用户的功能，需要获取 root 权限。本章描述了获取 root 权限的不同方法：直接登录、使用 su 命令或 sudo 命令。此外，还介绍了系统管理员的一些主要职责以及对系统管理员工作至关重要的组件(配置文件、图形化工具等)。

下一章将介绍如何安装 Linux 系统。安装 Linux 的方法包括如何从 Live Media 安装以及从安装介质中安装。

8.8　习题

使用以下习题测试一下关于系统管理以及利用系统硬件信息的相关知识。这些任务假设正在运行的是 Fedora 或 Red Hat Enterprise Linux 系统(虽然有些任务也可以在其他 Linux 系统上完成)。如果陷入困境，可参考附录 B 中这些习题的参考答案(虽然在 Linux 中可以使用多种方法来完成某一任务)。

(1) 从作为根用户登录的 shell(或使用 sudo)，使用 systemctl 命令启用 Cockpit(cockpit.socket)。

(2) 打开 Web 浏览器，转到系统上的 Cockpit 界面(9090)。

(3) 在/var/spool 目录中找到除 root 用户之外其他用户拥有的所有文件，并显示一个长文件列表。

(4) 使用 su-命令成为 root 用户。为证明已经拥有 root 权限，请创建一个空白或者纯文本文件/mnt/test.txt。创建完毕后，退出 shell。如果正在使用 Ubuntu，则必须首先设置 root 密码(sudo passwd root)。

(5) 作为普通用户进行登录，并使用 su-命令成为 root 用户。然后编辑/etc/sudoers 文件，从而允许普通用户账户通过 sudo 命令拥有完全 root 权限。

(6) 作为仅被赋予 sudoers 权限的用户，使用 sudo 命令创建一个文件/mnt/test2.txt。并验证该文件存在且由 root 用户拥有。

(7) 运行 journalctl -f 命令，并将一个 USB 驱动器插入到计算机的一个 USB 端口中。如果没有自动挂载，则手动挂载到/mnt/test 中。在第二个终端，卸载该设备并将其删除，同时继续观察 journalctl -f 的输出。

(8) 运行一个命令，查看哪些 USB 设备被连接到计算机上。

(9) 假设向计算机添加了一个 TV 卡，但使用该卡所需的模块(bttv)并没有被正确检测和加载。请手动加载 bttv 模块，然后查看是否被加载。此外，是否还有其他模块被加载呢？

(10) 删除 bttv 模块以及与其一并加载的其他任何模块，并列出模块，以确保成功删除。

第**9**章

安装 Linux

本章主要内容:

- 选择一种安装方法
- 安装单一或者多重启动系统
- 执行 Fedora 的 Live 介质安装
- 安装 Red Hat Enterprise Linux
- 理解基于云的安装
- 为安装进行磁盘分区
- 了解 GRUB 启动加载程序

安装 Linux 已经成为一件非常容易的事情——但前提是必须使用符合规格的计算机(硬盘、RAM、CPU 等),并且不介意完全清除硬盘内容。有了云计算和虚拟化,安装可以更简单。它允许绕过传统安装,通过向预构建映像添加元数据,在几分钟内启动或关闭 Linux 系统。

本章首先介绍通过 Live 介质进行的简单安装,然后过渡到更复杂的安装主题。

为了便于读者更容易地进入安装 Linux 的相关主题,本章介绍了三种安装 Linux 的方法,并且逐步指导完成每个过程:

- **通过 Live 介质进行安装**——Linux Live 介质 ISO 是一个单一、只读的镜像,其中包含了启动一个 Linux 操作系统需要的所有内容。可将该镜像刻录到 DVD 或者 USB 驱动器中,并通过该介质启动。通过使用 Live 介质,可以完全忽略计算机的硬盘;事实上,可以在一台没有硬盘的计算机上运行 Live 介质。运行 Live Linux 系统之后,一些 Live 介质 IOS 还允许启动一个应用程序,并将 Live 介质的内容永久安装到硬盘中。本章的第一个安装程序将演示如何通过 Fedora Live 介质 ISO 永久安装 Linux。
- **通过安装 DVD 进行安装**——Fedora、RHEL、Ubuntu 以及其他 Linux 发行版本所使用的安装 DVD 提供了更灵活的方法来安装 Linux。特别是通过使用安装 DVD 可以选择想要安装的软件包,而不必像前一种方法那样将完整的 Live 介质内容复制到计算机中。本章所演示的第二个安装程序将通过 Red Hat Enterprise Linux 8 安装 DVD,引导完成安装过程。
- **在企业中安装**——如果正在安装一个单一系统,那么坐在电脑前并单击完成安装过程是非常方便的。而如果需要安装几十个或上百个 Linux 系统时怎么办?如果想要在多次安装过程中重复使用某种特定的方法安装这些系统又该怎么办呢?本章的最后一节将介绍一些高效的方法来安装多个 Linux 系统,即使用网络安装功能和启动文件。

第四种安装方法是在虚拟化主机上将 Linux 安装为一个虚拟计算机,比如 Virtual Box 或者

VMware 系统。但本章并不介绍这种方法。第 27 章和第 28 章将详细介绍在 Linux KVM 主机或者云环境中安装或者部署虚拟机的不同方法。

为了完成本章所介绍的过程，首先需要有一台不介意硬盘内容被完全清除的计算机。或者也可以使用一台安装有另一个操作系统(比如 Windows)的计算机，并且在操作系统之外要有足够未使用的磁盘空间。如果选择设置"双启动"(Linux 和 Windows)，那么在介绍过程中可能有数据丢失的危险。

9.1　选择计算机

可以在手持设备或者在仅配有 24MB 内存和 486 处理器的旧 PC 上运行 Linux 发行版本。但是为了使用 Linux 获得最佳的桌面 PC 体验，在选择计算机时应该考虑想要使用 Linux 完成哪些工作。

如果想要在一台 PC 类型的计算机上运行 Fedora 和 Red Hat Enterprise Linux 发行版本，则一定要考虑你所需要的基本规格。因为 Fedora 用作 Red Hat Enterprise Linux 版本的基础，所以硬件需求类似于这两个发布版本对基本桌面和服务器硬件的需求。

- **处理器**——如果想要安装 GUI，最少需要 400MHz Pentium 处理器。对于大多数应用程序来说，32 位处理器是最合适的(x86)。然而，如果想要设置系统实现虚拟化，则需要 64 位处理器(x86_64)。

注意:
如果计算机没有这里描述的最小值那么强大，那么可以考虑使用轻量级 Linux 发行版。轻量级 Ubuntu 发行版包括 Peppermint OS (https://peppermintos.com/)和 Lubuntu (https://lubuntu.net/)。对于基于 Fedora 的轻量级发行版，请尝试 LXDE 桌面(https://spins.fedoraproject.org/lxde/)。对于需要最少资源的 Linux 发行版，可以尝试 Tiny Core Linux (http://tinycorelinux.net/)。

- **RAM**——Fedora 建议最少使用 1GB RAM，但 2GB 或者 3GB RAM 将会更好。在我自己的 RHEL 桌面上，经常会运行 Web 浏览器、字处理软件以及邮件阅读器，所以所使用的 RAM 超过 2GB。
- **DVD 或 CD 驱动器**——需要能从 DVD、CD 或 USB 驱动器启动安装过程。在最新的版本中，Fedora Live 介质 ISO 变得太大而无法放在一张 CD 上，所以需要将其刻录到 DVD 或 USB 驱动器中。如果不能通过 DVD 或 USB 驱动器启动，则还可以通过硬盘或者使用 PXE 安装开始安装。启动安装过程后，可从不同位置(比如通过网络或硬盘)获取更多软件。

注意:
PXE(读作 pixie)表示 Preboot eXecution Environment。通过启用了 PXE 的 NIC(Network Interface Card)可以启动一台客户计算机。如果一台 PXE 启动服务器在网络上可用，那么它可以提供客户端计算机启动需要的所有内容。它启动的可以是一个安装程序。所以，通过使用 PXE 启动，可以在没有任何 CD、DVD 或者其他物理介质的情况下安装 Linux。

- **网卡**——需要有线或无线网络硬件，从而可以添加更多的软件或者获取软件更新。如果可以连接到 Internet 上，Fedora 提供了免费的软件库。而对于 RHEL，软件更新则是订阅价格的一部分。

- **磁盘空间**——虽然根据所选择安装的软件包的不同，所需磁盘空间可以从 600MB(无 GUI 的最小服务器)到 7GB(安装了 DVD 中所有的软件包)，但对于一般的桌面安装，Fedora 建议至少 10GB 的磁盘空间。此外，还要考虑所需存储的数据量。虽然文档只需要很少的空间，但视频却可以消耗大量的空间(相比之下，你可以使用大约 16MB 的磁盘空间将 Tiny Core Linux 安装到磁盘上，其中包括一个 GUI)。

- **特殊的硬件功能**——一些 Linux 功能需要使用特殊的硬件功能。例如，如果想要将 Fedora 或 RHEL 作为一个使用了 KVM 的虚拟主机来使用，那么计算机必须配备支持虚拟化的处理器，其中包括 AMD-V 或 Intel-VT 芯片。

如果无法确定计算机硬件，可使用多种方法来检查硬件。如果正在运行 Windows，System Properties 窗口可以显示处理器以及安装的 RAM 量。而对于 Fedora，可以使用 Fedora Live CD 启动，并打开一个 shell，然后输入 dmesg | less，查看系统中已检测到的硬件列表。

如果硬件满足要求，可以选择从 Live CD 或者安装介质中安装 Linux，如下所述。

9.2　从 Live 介质安装 Fedora

在第 2 章，学习了如何获取和启动 Linux Live 介质。本章将引导完成一个 Fedora Live DVD 的安装过程，从而将 Fedora 永久安装到硬盘中。

简单明了是从 Live 介质进行安装的主要优点。从本质上讲，只是将内核、应用程序以及设置从 ISO 镜像复制到硬盘中。在进行此类安装时，不必作出太多决定，但需要选择安装哪些软件包。在安装完成后，可以根据需要添加和删除软件包。

在进行 Live 介质安装时，所需要做的第一个决定是将系统安装到什么位置以及在安装过程中是否保留现有的操作系统:

- **单启动计算机**——安装 Linux 的最简单方法是不考虑其他操作系统或者计算机上的数据，使用 Linux 替换所有内容。安装完毕后，计算机将直接启动到 Fedora。

- **多启动计算机**——如果已经在计算机上安装了 Windows，并且不想清除该系统，则可以在安装 Fedora 时保留 Windows。当启动时，可以选择启动哪个操作系统。如果想要在已安装了其他操作系统的计算机上安装 Fedora，则必须有额外可用的磁盘空间(Windows 分区之外的空间)或能压缩 Windows 系统以获取足够自由的空间来安装 Fedora。由于设置多引导计算机的过程非常繁杂，而且可能会破坏已安装的系统，因此建议在单独的计算机上安装 Linux，甚至是旧的旧计算机，或者在虚拟机上安装 Linux，而不是在多引导上安装。

- **裸机或者虚拟系统**——Fedora 安装后，可直接从计算机硬件或者计算机中现有的操作系统中启动。如果有一台作为虚拟主机运行的计算机，那么可将 Fedora 安装到该计算机上作为虚拟访客。虚拟主机软件包括 KVM、Xen、VirtualBox(针对 Linux 和 UNIX 系统，以及 Windows 和 MAC)、Hyper-V(针对 Microsoft 系统)和 VMWare(针对 Linux 和 Microsoft 系统)。可从所选择的虚拟管理主机上使用来自磁盘或刻录到 DVD 的 Fedora Live ISO 镜像开始安装(第 27 章将详细介绍如何设置 KVM 虚拟主机)。

接下来引导你完成将第 2 章所描述的将 Fedora Live ISO 安装到本地计算机所需的步骤。因为 Fedora 30 的安装与本章稍后介绍的 Red Hat Enterprise Linux 5 的安装类似，所以如果想要学习更多选择内容(特别是关于存储区的配置)，可以参阅后面的过程。

> **警告:**
>
> 在开始安装过程之前，请确保备份任何想要保存的数据。虽然可以选择不清除所选磁盘分区(只要其他分区有足够可用的空间即可)，但在操作磁盘分区时通常都有丢失数据的风险。此外，请拔下插入计算机的任何 USB 驱动器，因为它们可能被覆盖。

(1) 获取 Fedora。首先，选择想要使用的 Fedora Live 介质镜像，并将其下载到本地系统，然后刻录到 DVD 中。关于如何获取 Fedora Live 介质以及刻录到 DVD 或 USB 驱动器的信息，可以参阅附录 A。

(2) 启动 Live 镜像。插入 DVD 或 USB 驱动器。当出现 BIOS 屏幕时，会显示一条消息，告诉你按一个特定的功能键(如 F12)来中断启动过程并选择启动介质。根据情况选择 DVD 或者 USB 驱动器，然后 Fedora 出现并显示启动屏幕。当看到启动屏幕时，请选择 Start Fedora-Workstation-Live。

(3) 开始安装。当 Welcome to Fedora 屏幕出现时，将鼠标移动到 Install to Hard Drive 区域，并选择。图 9.1 显示了 Fedora Live 介质中 Install to Hard Drive 选项的示例。

图 9.1　从 Live 介质启动安装过程

(4) 选择语言。当被提示时，请选择最适合你的语言类型(如 U.S.English)，然后选择 Next。此时应该看到 INSTALLATION SUMMARY 屏幕，如图 9.2 所示。

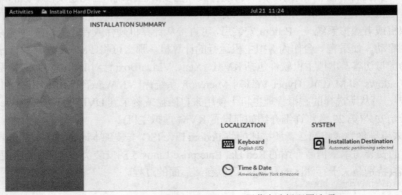

图 9.2　从 INSTALLATION SUMMARY 屏幕中选择配置选项

(5) 选择 Time & Date。在 Time & Date 屏幕上可通过单击地图或者从下拉框中选择区域和城市来选择时区。为设置日期和时间，如果已连接到 Internet，可以选择 Network Time 按钮并点击。或者可以选择 OFF，并在屏幕底部的框中手动设置日期和时间。完成后，选择右上角的 Done。

(6) 选择安装目的地。将显示可用的存储设备(如硬盘驱动器)，并选择硬盘驱动器作为安装目的地。如果想让安装程序自动安装 Fedora，回收现有的磁盘空间，请确保选择了磁盘(不是 USB 驱动器或连接到计算机的其他设备)，然后进行以下选择。

- Automatic——如果所选的磁盘驱动器有足够可用的磁盘空间，可选择 Continue 继续后面的安装。安装程序将确保有足够的磁盘空间来安装 Fedora。
- I would like to make additional space available——如果想要全部清除硬盘中的内容，可以选择该选项并单击 Continue。此时可以清除当前包含数据的全部或部分分区。
- Reclaim Disk Space。在这个屏幕中，可以选择 Delete All。然后选择 Reclaim Space。分区将自动设置，返回到 Installation Summary 屏幕。

(7) 选择 Keyboard。可选择默认的 English(U.S.)键盘或 Keyboard，选择一种不同的键盘布局。

(8) 开始安装。选择 Begin Installation 开始安装到硬盘上。

(9) 完成配置。当安装的第一部分完成时，单击 Quit。

(10) 重新启动。选择屏幕右上角的 on/off 按钮。当被提示时，单击 Restart 按钮。弹出或删除 Live 介质。此时，计算机应该启动到新安装的 Fedora 系统(实际上，为了启动备份，可能需要关闭计算机)。

(11) 开始使用 Fedora。这时会出现第一个引导屏幕，允许创建用户账户和密码等内容。完成配置后，自动作为该用户账户登录。该账户具有 sudo 特权，因此可以根据需要立即开始执行管理任务。

(12) 获取软件更新。为了保证系统安全和最新，安装完 Fedora 后的首要任务之一是获取所安装软件的最新版本。如果计算机连接到 Internet(插入一个有线 Ethernet 网络或者通过桌面选择一个可访问的无线网络)，那么可用新用户身份打开一个 Terminal，并输入 sudo dnf update，从 Internet 下载并更新所有的软件包。如果安装了一个新内核，可以重新启动计算机，以便新内核生效。

到目前为止，可开始像第 2 章所描述的那样使用桌面。还可使用该系统完成本书任意章节的习题。

9.3　从安装介质安装 Red Hat Enterprise Linux

除了提供 Live DVD 外，大多数 Linux 发行版本都提供了可用来安装的单一镜像或者镜像组。对于这种类型的安装介质，软件被拆分为多个软件包，可以根据需要选择安装，而不是像前面那样将介质的完整内容复制到磁盘上。例如，一个完整的安装 DVD 允许根据需要安装不同软件，从而成为一个最小的系统，或者一个全功能的桌面，甚至可以是提供多种服务的完整服务器。

本章使用 Red Hat Enterprise Linux 8 服务器版本安装 DVD 作为安装介质。在开始 RHEL 安装之前，请查看一下硬件信息及其上一节中所描述的双启动。

请按下面的程序从安装 DVD 安装 Red Hat Enterprise Linux。

(1) 获取安装介质。Red Hat Enterprise Linux 产品也描述了下载 RHEL 安装 ISO 镜像的程序。如果你还不是一名 Red Hat 客户，可以申请试用版，并从 http://www.redhat.com/en/technologies/linux-platforms/enterprise-linux 下载 ISO 镜像。

此时需要创建一个 Red Hat 账户。如果无法创建，可以从 CentOS 项目的镜像站点(http://wiki. centos.org/Download)下载安装 DVD，从而获得相似的体验。

例如，我曾经使用 6.7G RHEL 8 DVD ISO rhel-80-x86_64-dvd.iso。获得 DVD ISO 后，可以像附录 A 描述的那样将其刻录到 DVD 上。

(2) 启动安装介质。将 DVD 插入 DVD 驱动器中，然后重新启动计算机。如有必要，中断引导提示，从选中的 USB 或 DVD 引导。出现 Welcome 屏幕。

(3) 选择安装或者测试介质。可以选择 Install 或者 Test this media & install 进行 RHEL 新安装。介质测试将验证在复制或刻录期间 DVD 是否受损。如果需要修改安装过程，可以添加启动选项，其方法是点击 Tab 键突出显示一个启动项，然后输入所需的选项。请参见 9.6.4 "使用安装启动选项"一节。

(4) 选择一种语言。选择语言，并选择 Continue。出现 INSTALLATION SUMMARY 屏幕。通过该屏幕，可以选择更改任意可用的 LOCALIZATION、SOFTWARE 和 SYSTEM 功能，如图 9.3 所示。

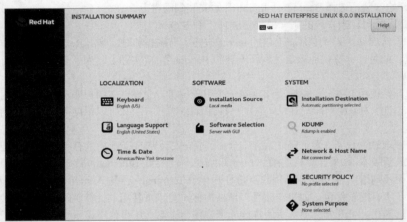

图 9.3　在 INSTALLATION SUMMARY 屏幕中选择 LOCALIZATION、SOFTWARE 和 SYSTEM 主题

(5) 选择键盘类型。选择之前所选语言可用的键盘类型。输入一些文本，了解一下键盘的布局。

(6) 选择语言支持类型。可以添加对额外语言的支持(超出前面默认设置的语言)。完成后选择 Done。

(7) 选择 Time & Date 类型。通过地图或所显示的列表为计算机选择一个时区(如 9.2 节所述)。可以使用上/下箭头手动设置时间，也可选择 Network Time，让系统尝试自动连接到网络时间服务器，从而保持系统时间同步。完成上述操作后，选择 Done。

(8) 选择安装源。默认情况下，使用安装 DVD 提供安装期间所使用的 RPM 包。当安装 Red Hat Enterprise Linux 软件库时可选择 On the network 以及一个 Web URL(http、https 或 ftp)。选择 DVD 或网络位置后，还可添加额外的"yum+软件库"，从而在安装期间使用这些软件库。完成后选择 Done。

(9) 软件选择。默认的 Server with GUI 选项在基本服务器安装上提供了一个 GNOME 3 桌面系统。其他选择包括 Server(没有 GUI)、Minimal Install(从基本包集开始)和 Workstation(面向最终用户)。可选择添加要包含的其他服务或其他基础环境。准备继续时，选择 Done。

(10) 选择安装目的地。默认情况下，新的 RHEL(使用自动分区)安装在本地硬盘驱动器上。此外，还可以选择安装到网络存储器或特殊存储器，比如 Firmware RAID(请参阅 9.6.6 "对硬盘进行分区" 一节，了解更多关于存储器配置的信息)。完成后选择 Done。此时可能会被询问是否确定删除现有存储器。

(11) 启用 kdump。启用 kdump 将留出 RAM，以便在内核崩溃时捕获生成的内核转储。没有 kdump，就无法诊断崩溃的内核。默认情况下，启用 kdump 为每 4KB RAM 留出 160MB 加上 2 位，以减缓内核崩溃。

(12) 选择网络和主机名。此时，可对任何发现的网络接口卡进行配置。如果在网络上可以使用 DHCP，那么在选择 ON 后把网络地址信息分配给该接口。如果喜欢手动配置网络接口，可选择 Configure。如果想要设置系统主机名，可填写 Hostname 框。在安装期间设置网络和主机名便于在安装后使用系统。单击 Done 继续。

(13) 选择安全策略。通过选择安全策略(默认情况下没有选择)，可以确保系统符合所选的安全标准。所有字段都是可选的，可在以后修改。

(14) 选择系统的目的。这是一个可选项，允许选择系统的角色、服务级别协议和用法。

(15) 开始安装。单击 Begin Installation 按钮，开始安装过程。进度栏表示了安装的进程。随着系统的安装，可以设置 root 密码以及为新系统创建新用户账号。

(16) 选择 root 密码。为 root 用户设置 root 密码，并进行确认(再次输入密码)。接受密码后单击 Done 按钮。如果密码太短或太弱，仍然会停留在该页面(即可以设置新密码的页面)。如果决定使用弱密码，可再次单击 Done，从而接受该密码。

(17) 创建用户。使用非 root 用户账户登录 Linux 系统并在需要时请求 root 权限是一种非常好的做法。可以设置用户账户，包括用户名、全名和密码。还可选择 Make this user administrator，赋予该用户 sudo 权限(允许根据需要以 root 用户的身份进行操作)。完成后选择 Done。如果所输入的密码太短或太弱，则必须更改密码，或再次单击 Done(仍然想要使用该弱密码)。

(18) 完成安装。安装完成后，单击 Reboot。在系统重新启动时会弹出 DVD，此时 Red Hat Enterprise Linux 将从硬盘启动。

(19) 运行 Firstboot。如果安装了一个桌面界面，那么在第一次启动系统时会出现 Firstboot 屏幕。可以完成以下工作。

- 许可证信息：阅读并单击复选框，接受许可信息，然后单击 Done。
- 订阅管理器：当出现提示时，可以保留默认的订阅管理系统(subscription.rhn.redhat.com)或输入 Red Hat Satellite 服务器的位置来注册系统。单击 Next。输入 Red Hat 账户和密码，然后单击 Register，注册和授权系统进行更新。如果找到的订阅可以接受，请单击 Attach 以启用该订阅。

(20) 完成后选择 Finish Configuration。

现在，应能登录到 Red Hat Enterprise Linux 系统。登录后做的第一件事应该是获取针对新系统的软件更新。为此，登录到系统，并在 Terminal 窗口中运行 sudo dnf upgrade 命令。

9.4　了解基于云的安装

将一个 Linux 系统安装到物理计算机上时，安装程序可知道计算机的硬盘、网络接口、CPU 以及其他硬件组件。当在一个云环境中安装 Linux 时，这些物理组件都抽象成一个资源池。所以如果想在 Amazon EC2、Google Compute Engine 或 OpenStack 云平台上安装 Linux 发布版本,则需要以不同的方式完成安装。

在云中安装 Linux 的最常用方法是从一个已安装 Linux 系统的镜像文件开始。一般来说,该镜像包括运行 Linux 系统需要的所有文件。添加到镜像中的元数据来自一个配置文件或通过从云控制器(该控制器创建并启动操作系统作为一个虚拟机)填写一个表单来提供。

添加到该镜像的信息类型包括一个特定的主机名、root 密码以及新用户账户。此外,还可以添加特定的磁盘空间量、网络配置以及一定数量的 CPU 处理器。

第 28 章讨论如何在类似本地云的 KVM 环境中安装 Linux。那一章介绍了如何在 KVM 环境、Amazon EC2 云或 OpenStack 环境中作为虚拟机映像运行 Linux 系统。

9.5　在企业中安装 Linux

如果你正在管理一个大型企业中数十个乃至数千个 Linux 系统,那么打开每一个计算机并输入和单击完成每次安装是非常低效的。幸运的是,如果使用的是 Red Hat Enterprise Linux 或其他发行版本,可实现自动安装,需要做的只是启动计算机,并通过计算机的网络接口卡启动以获取所需的 Linux 安装。

前面主要关注如何通过 DVD 或 USB 介质安装 Linux,其实还可以使用其他许多方法来启动 Linux 安装并完成安装。接下来将引导完成安装程序,并介绍修改安装程序的方法。

- **启动安装介质**。可通过任何可从计算机启动的介质(包括 CD、DVD、USB 驱动器、硬盘或者带有 PXE 支持的网络接口卡)启动一个安装程序。计算机完成启动顺序并查看物理介质上的主引导记录或在网络上搜索一个 PXE 服务器。
- **启动 Anaconda 内核**。启动加载程序的任务是指向一个启动 Linux 安装程序(被称为 Anaconda)的特定内核(也可能是初始 RAM 磁盘)。前面介绍的任何介质都需要指向内核和初始 RAM 磁盘的位置,从而启动安装程序。如果软件包不在同一个介质上,安装程序会提示你可从哪里得到这些软件包。
- **添加 Kickstart 或其他启动选项**。可将启动选项(本章后面将介绍启动选项)传递到 Anaconda 内核,从而配置启动方式。Fedora 和 RHEL 所支持的一个选项是允许将启动文件的位置传递给安装程序。该文件可以包含完成安装需要的所有信息:root 密码、分区、时区以及对安装的系统进行进一步配置的信息。在启动程序开始后,既可以通过提示获取所需信息,也可以使用启动文件中提供的信息。
- **找到软件包**。软件包不一定要在安装介质上。也就是说可以从一个仅包含内核和初始 RAM 磁盘的启动介质启动安装。通过启动文件或通过手动输入一个选项,可识别保存有 RPM 软件包的软件库的位置。该位置可以是本地 CD(cdrom)、网站(http)、FTP 站点(ftp)、NFS 共享(nfs)、NFS ISO(nfsiso)或本地磁盘(hd)。
- **使用启动脚本修改安装**。Kickstart 中包含的脚本可运行安装前或安装后所选择的命令,从而对 Linux 系统进行进一步配置。这些命令可以添加用户、更改权限、创建文件和目录、通过网络获取文件或者按照指定的要求配置所安装的系统。

虽然在企业环境中安装 Linux 已经超出了本书的范围,但还是希望你可以了解当想要自动完成 Linux 安装程序时可以使用的技术。接下来列举一些安装 Red Hat Enterprise Linux 时可以使用的技术,此外还带有链接,通过这些链接可以找到关于这些技术的更多信息。

- **安装服务器**——如果设置了一台安装服务器，则不需要将软件包复制到需要安装 RHEL 的每台计算机上。从本质上讲，可将 RHEL 安装介质中的所有软件包复制到一个 Web 服务器(http)、FTP 服务器(ftp)或 NFS 服务器(nfs)上。在启动安装程序时指向该服务器的位置即可。RHEL 8 安装指南描述了如何设置一台本地或网络安装源：

  ```
  https://access.redhat.com/documentation/en-us/red_hat_enterprise_linux/8/
    html-single/performing_a_standard_rhel_installation/index#prepare-
    installation-source_preparing-for-your-installation
  ```

- **PXE 服务器**——如果拥有一台带有网络接口且该接口支持 PXE 启动的计算机，那么可以设置计算机的 BIOS，以便从该 NIC 启动。如果在网络上设置了一台 PXE 服务器，那么该服务器可以向计算机提供一个菜单，其中包含启动安装程序的相关条目。RHEL 安装指南提供了关于如何为安装设置 PXE 服务器的信息：

  ```
  https://access.redhat.com/documentation/en-us/red_hat_enterprise_linux/8/
    html-single/performing_a_standard_rhel_installation/index#booting-the-
    installation-using-pxe_booting-the-installer
  ```

- **Kickstart 文件**——为了实现完全的自动安装，需要创建一个名为 Kickstart 的文件。通过将 Kickstart 文件作为一个启动选项传递给 Linux 安装程序，可为所有的安装问题提供答案。当安装 RHEL 时，前面创建的 Kickstart 文件(其中包含了安装中所有问题的答案)位于/root/anaconda-ks.cfg 文件中。可将该文件用于下一次安装，以便重复安装配置，或使用该文件作为不同安装的一个模型。
  有关执行 Kickstart 安装的信息，请参阅高级 RHEL 安装指南：

  ```
  https://access.redhat.com/documentation/en-us/red_hat_enter-
    prise_linux/8/html-single/performing_an_advanced_rhel_installation/
    index/#performing_an_automated_installation_using_kickstart
  ```

- 而关于创建自定义 Kickstart 文件的信息，可以参阅：

  ```
  https://access.redhat.com/documentation/en-us/red_hat_enterprise_linux/8/
    html-single/performing_an_advanced_rhel_installation/index/#creating-
    kickstart-files_ installing-rhel-as-an-experienced-user
  ```

9.6　探索共同的安装主题

本章前面简单提及的一些安装主题需要进一步进行解释，以便能够完全实现这些主题。通过学习本节所讨论的主题，可进一步理解特定的安装主题。

9.6.1　升级或者从头开始安装

如果已经在计算机上安装了 Linux 的早期版本，那么 Fedora、Ubuntu 以及其他 Linux 发布版本都提供了升级选项。Red Hat Enterprise Linux 则提供了从 RHEL 7 到 RHEL 8 的有限升级路径。通过升级，可将 Linux 系统从一个主要版本迁移到下一个主要版本。而在两个次要版本之间，可以仅升级需要的软件包(例如，输入 yum update)。在执行升级之前，需要了解一些一般规则：

- **删除额外的软件包**。如果有不需要的软件包，那么在更新之前请删除它们。一般来说，更新过程仅对系统上的软件包进行更新。相对于干净的系统安装，更新过程会进行更多检查和比较，所以删除任何不需要的软件包将节省更新时间。
- **检查配置文件**。Linux 更新过程通常会保留旧配置文件的副本。所以应该检查新的配置文件是否仍然正常工作。

提示：
从头开始安装 Linux 要比更新快得多，此外可生成一个更干净的 Linux 系统。所以，如果不需要系统中的数据(或者说对数据进行了备份)，那么建议完成一次全新的安装。然后将数据恢复到新安装的系统中。

　　一些 Linux 发布版本(最引人注目的是 Gentoo)提供了在线更新。这样一来，只要有更新的软件包，就可以马上获取并安装到系统中，而不必每隔几个月获取一个新版本。

9.6.2　双启动

　　有时可能会在同一个计算机上安装多个操作系统。而安装多操作系统的一种方法是在一块硬盘上划分多个区以及/或者拥有多个硬盘，然后在不同分区上安装不同的操作系统。只要启动加载程序包含了每个已安装操作系统的启动信息，就可以在启动时选择运行哪个操作系统。

警告：
虽然在近几年，用来调整 Windows 分区以及设置多启动系统的工具得到很大改进，但在 Windows/Linux 双启动系统中仍然存在丢失数据的风险。不同的操作系统通常拥有不同的分区表视图和主引导记录，这样一来就可能导致计算机无法启动(至少是临时的)或者永久丢失数据。所以，在尝试调整 Windows 文件系统(NTFS 或者 FAT)大小以便为安装 Linux 腾出空间之前，最好备份一下数据。

　　如果正在使用的计算机已经安装了 Windows 操作系统，那么可能整个硬盘都专用于 Windows。虽然可运行一个可启动的 Linux(如 KNOPPIX 或 Tiny Core Linux)完成一次永久性安装而不必接触硬盘，但可能你更想在 Windows 安装之外找到一些磁盘空间。为此，可以使用以下方法：

- **添加一个硬盘**。为避免干扰 Windows 分区，可另外添加一个硬盘，并将其专用于 Linux。
- **调整 Windows 分区**。如果在 Windows 分区中还有空间可用，可缩小该分区，以便将可用的空间留给 Linux 使用。可使用诸如 Acronis Disk Director(http://www.acronis.com)的工具调整磁盘分区大小并设置一个可行的启动管理器。一些 Linux 发布版本(特别是那些用作救援媒介的可启动 Linux)提供了一个名为 GParted 的工具(该工具包含了 Linux-NTFS 项目中用来调整 Windows NTFS 分区大小的软件)。

注意：
如果想要安装 GParted，可输入 dnf install gparted(在 Fedora 中)或者 apt-get install gparted(在 Ubuntu 中)。以 root 用户身份运行 Gparted，从而启动该工具。

　　在尝试调整 Windows 分区大小之前，需要运行磁盘碎片整理程序。为了在 Windows 系统中对磁盘进行碎片整理以便让所有使用的空间按顺序排列，请打开 My Computer，右击硬盘图标(通常为 C:)，选择 Properties，单击 Tools 并选择 Defragment Now。

对磁盘进行碎片整理是一个相当长的过程。整理后的结果是磁盘上的所有数据都是连续的，并且在分区的末尾创建许多连续的自由空间。但是，只有完成下面所示的特定任务，才会取得上述结果：

- 如果在碎片整理期间 Windows 交换文件没有被移动，则必须将其删除。然后再次对磁盘进行整理和大小调整，此后需要恢复该交换文件。如果要删除交换文件，请打开 Control Panel，再打开 System 图标并单击 Performance 选项卡，最后选择 Virtual Memory。如果要禁用交换文件，单击 Disable Virtual Memory。
- 如果 DOS 分区中有隐藏文件，且该文件所占用的空间正是想要释放的空间，那么需要找到它们。某些情况下，这些文件是不能删除的。但其他情况下，可以安全地删除这些文件，比如有某一应用程序创建的交换文件。删除隐藏文件是一件非常棘手的事情，因为某些文件不应该被删除，比如 DOS 系统文件。可以从根目录开始使用 attrib -s -h 命令，处理这些隐藏文件。

磁盘整理完毕后，可以使用前面介绍的商业工具(Acronis Disk Director)对硬盘进行重新分区，从而为 Linux 留出空间。或者使用开源的 GParted。

在清理出足够安装 Linux 的磁盘空间之后(具体大小请查看本章前面介绍的磁盘空间需求)，可以安装 Ubuntu、Fedora、RHEL 或其他 Linux 发布版本。在安装期间设置启动加载程序时，可识别 Windows、Linux 以及其他任何可启动分区，以便在启动计算机时可以选择启动哪个操作系统。

9.6.3　安装 Linux 并以虚拟方式运行

通过使用虚拟化技术(如 KVM、VMWare、VirtualBox 或 Xen)，可将计算机配置为同时运行多个操作系统。一般来说，首先运行一个主操作系统(如 Linux 或 Windows 桌面)，然后配置来宾(guest)操作系统，以便在该环境中运行。

如果主操作系统为 Windows 系统，那么可以使用商业 VMWare 产品让 Linux 在 Windows 桌面上运行。请访问 http://www.vmware.com/try-vmware，试用 VMWare 工作站，然后使用免费的 VMWare Player 运行安装的虚拟来宾。如果使用 VMWare 工作站的完整版本，则可以同时运行多个发行版本。

Linux 系统可用的开源虚拟化产品包括 VirtualBox (http://www.virtualbox.org)、Xen (http://www.xen.org)和 KVM (http://www.linux-kvm.org)。一些 Linux 发行版本仍在使用 Xen。然而，所有 Red Hat 系统目前都使用 KVM 作为 RHEL 中虚拟机管理程序、Red Hat Enterprise Virtualization 以及其他云项目的基础。请参阅第 28 章，了解如何在 Linux KVM 主机上安装 Linux 作为虚拟机。

9.6.4　使用安装启动选项

当在 RHEL 或者 Fedora 启动过程中启动了 Anaconda 内核时，内核命令行上提供的启动选项可修改安装程序的行为。在安装内核启动之前，通过中断启动加载程序，可以添加自己的启动选项，以便指示安装行为如何进行。

当看到安装启动屏幕时，根据启动加载程序的不同，可以按 Tab 或者其他键来编辑 Anaconda 内核命令行。用来识别内核的命令行如下所示：

```
vmlinuz initrd=initrd.img ...
```

其中，vmlinuz 是压缩的内核，而 initrd.img 是初始 RAM 磁盘(包含了启动安装程序所需的模块和其他工具)。如果想要添加更多选项，只需要在命令行末尾输入选项并单击 Enter 键即可。

例如，如果在 CD 上的/root/ks.cfg 提供了 Kickstart 文件，那么使用该 Kickstart 文件启动安装的 Anaconda 启动提示符如下所示：

```
vmlinuz initrd=initrd.img ks=cdrom:/root/ks.cfg
```

对于 Red Hat Enterprise Linux 8 以及最新的 Fedora 版本，安装期间所使用的内核启动选项正在过渡到一种新的命名方法。通过这种新的命名，可以在特定于安装过程的任何启动选项之前放置一个前缀 inst.(例如，inst.xdriver 或者 inst.repo=dvd)。然而，目前暂且仍然使用以下几节所介绍的选项。

1. 禁用功能的启动选项

有时，Linux 安装会因为计算机装有一些非正常工作或者不受支持的硬件而失败。通常，解决这些问题的方法为安装程序提供一些选项，比如当需要选择自己的驱动程序时禁用所选择的硬件。表 9.1 提供了一些示例。

表9.1　禁用功能的启动选项

安装程序选项	告知系统做什么
nofirewire	不要加载对防火墙设备的支持
nodma	不要加载对硬盘的 DMA 支持
noide	不要加载对 IDE 设备的支持
nompath	不要启用对多路径设备的支持
noparport	不要加载对并行端口的支持
nopcmcia	不要加载对 PCMCIA 控制器的支持
noprobe	不要探测硬件，而是提示用户提供驱动程序
noscsi	不要加载对 SCSI 设备的支持
nousb	不要加载对 USB 设备的支持
noipv6	不要启用 IPV6 网络
nonet	不要探测网络设备
numa-off	针对 AMD64 体系结构禁用 NUMA(Non-Uniform Memory Access)
acpi=off	禁用 ACPI(Advanced Configuration and Power Interface)

2. 针对视频问题的启动选项

如果在播放视频时遇到了问题，可指定如表 9.2 所示的视频设置。

表 9.2　针对视频问题的启动选项

启动选项	告诉系统干什么
xdriver=vesa	使用标准的 vesa 视频驱动程序
resolution=1024×768	选择精确的分辨率来使用
nofb	不要使用 VGA 16 帧缓冲驱动程序
skipddc	不要探测监视器的 DDC(探测可能会暂停安装程序)
graphical	强制进行图形化安装

3. 针对特定安装类型的启动选项

默认情况下，安装以图形化模式运行，只需要坐在控制台前回答一些问题即可。而如果只有一台纯文本的控制台，或者如果 GUI 不能正常工作，也可采用纯文本模式运行安装；输入 text，可以让安装在文本模式下运行。

如果想要在一台计算机上启动安装，但又想在另一台计算机上回答安装问题，此时可以启动 vnc(虚拟网络计算)安装。启动该类型的安装后，可以进入另一个系统并打开一个 vnc 查看器，然后在该查看器中输入安装计算机的地址(如 192.168.0.99:1)。表 9.3 提供了所需的命令以及要告诉系统做什么。

表 9.3　针对 VNC 安装的启动选项

启动选项	告诉系统做什么
vnc	作为一个 VNC 服务器运行安装
vncconnect=hostname[:port]	连接到 VNC 客户端主机名和可选的端口
vncpassword=\<password>	客户端使用密码(至少 8 个字符)，以便连接到安装程序

4. 针对 Kickstart 和远程软件库的启动选项

可以从一种安装介质启动安装程序，而该介质所包含的内容略少于内核和初始 RAM 磁盘所包含的内容。如果是这样，则需要确定软件包所在的软件库。确定的方法包括提供一个 Kickstart 文件或确定软件库的位置。为强制安装程序提示用户输入软件库的位置(CD/DVD、硬盘、NFS 或者 URL)，可向安装启动选项添加 askmethod。

通过使用 repo=选项，可以确定软件库的位置。下面的示例演示了用来创建 repo=条目的语法：

```
repo=hd:/dev/sda1:/myrepo
Repository in /myrepo on disk 1 first partition
repo=http://abc.example.com/myrepo
Repository available from /myrepo on web server
repo=ftp://ftp.example.com/myrepo
Repository available from /myrepo on FTP server
repo=cdrom
Repository available from local CD or DVD
repo=nfs::mynfs.example.com:/myrepo/
Repository available from /myrepo on NFS share
repo=nfsiso::nfs.example.com:/mydir/rhel7.iso
Installation ISO image available from NFS server
```

除了直接指定软件库之外，还可以在 Kickstart 文件中指定。下面的示例演示了一些用来确定 Kickstart 文件位置的方法。

```
ks=cdrom:/stuff/ks.cfg
Get kickstart from CD/DVD.
ks=hd:sda2:/test/ks.cfg
Get kickstart from test directory on hard disk(sda2).
ks=http://www.example.com/ksfiles/ks.cfg
Get kickstart from a web server.
ks=ftp://ftp.example.com/allks/ks.cfg
Get kickstart from a FTP server.
ks=nfs:mynfs.example.com:/someks/ks.cfg
Get kickstart from an NFS server.
```

5. 其他启动选项

接下来介绍一些并不属于某一个类别，却可传递到安装程序的其他选项。

rescue
不安装，而是运行内核以打开 Linux 救援模式

mediacheck
检查安装 CD/DVD 是否存在校验和错误。

如果想要更详细地了解如何在救援模式(拯救被破坏的 Linux 系统)下使用 Anaconda 安装程序，可以参见第 21 章。而要学习 RHEL 8 中最新的启动选项，可以参阅 RHEL 8 安装指南：

```
https://access.redhat.com/documentation/en-us/red_hat_enterprise_linux/8/html-
  single/performing_a_standard_rhel_installation/index#custom-boot-options_
  booting-the-installer
```

9.6.5　使用专门的存储器

在大型企业计算环境中，通常会在本地计算机之外存储操作系统和数据。安装程序不仅可以识别本地硬盘，还可识别一些特殊的存储设备，并且在安装期间可以使用这些设备。

一旦完成识别，就可以像使用本地磁盘一样使用安装期间所指定的其他存储设备。可以对这些设备进行分区并分配结构(文件系统、交换空间等)，也可以不去管它们，而只是将它们挂载到想要使用设备中数据的地方。

当安装 Red Hat Enterprise Linux、Fedora 或者其他 Linux 发行版本时，可以从 Specialized Storage Devices 屏幕中选择以下的专门存储设备类型。

- **固件 RAID**——固件 RAID 设备是一种在 BIOS 中有挂钩的设备类型，可用来启动操作系统(如果选择的话)。
- **多路径设备**——顾名思义，多路径设备在计算机和存储设备之间提供了多条路径。这些路径被聚合在一起，所以对于使用这些存储设备的系统来说就好像使用单个设备一样。而底层技术提供了改进的性能、冗余，或两者兼而有之。iSCSI 或 FCoE 设备提供了对多路径设备的连接。
- 其他 SAN 设备——任何表示存储区域网络 (SAN) 的设备。

虽然配置这些专门的存储设备超出了本书的讨论范围，但是要知道，如果在一个启用了 iSCSI 和 FCoE 设备的企业中工作，可以在安装时对 Linux 系统进行配置，从而使用这些设备。此时，需要了解以下信息：

- **iSCSI 设备**——要求存储管理员提供使用 iSCSI 设备所需的 iSCSI 设备目标 IP 地址以及发现身份验证类型。iSCSI 设备还可能需要凭据。
- **FCoE(Fibre Channel over Ethernet Devices)**——对于 FCoE，需要知道连接到 FCoE 交换机的网络接口。可以为可用的 FCoE 设备搜索该接口。

9.6.6　对硬盘进行分区

计算机的硬盘(或者磁盘)为数据文件、应用程序以及操作系统本身提供了永久存储区域。分区是一种将磁盘划分为若干个可以单独使用的逻辑区域的行为。在 Windows 中，通常可以有一个分区使用全部硬盘。然而，由于以下原因，在 Linux 系统中需要使用多个分区：

- **多个操作系统**——如果想要在一个已经安装了 Windows 操作系统的 PC 上再安装 Linux，则可能希望这两种操作系统都可以在计算机上正常工作。出于实际目的，每种操作系统必须存在于一个完全隔离的分区中。当计算机启动时，可以选择运行哪个系统。
- **在一个操作系统中存在多个分区**——为了防止整个操作系统用完所有的磁盘空间，通常会将不同分区分配给 Linux 文件系统的不同区域。例如，如果/home 和/var 被分配到不同的分区，那么某一个填满了/home 分区的贪心用户将无法阻止日志守护进程继续向/var/log 目录中的日志文件写入内容。

  此外，多分区还可以更容易地完成某些类型的备份(比如图像备份)。例如，/home 中的图像备份将比根文件系统(/)中的图像备份更快，也更有用。
- **不同的文件系统类型**——不同类型的文件系统有不同的结构。不同类型的文件系统必须在自己的分区中。此外，不同的文件系统还需要针对特殊功能(比如只读或者用户配额)提供不同的挂载选项。在大多数 Linux 系统中，针对文件系统的根目录和交换空间分别至少需要一种文件类型。CD-ROM 上的文件系统使用的是 iso9660 文件系统类型。

> **提示：**
>
> 当为 Linux 创建分区时，通常将文件系统类型指定为 Linux Native(在大多数 Linux 系统中使用 ext2、ext3、ext4 或 xfs 类型)进行分配。如果正在运行的应用程序需要特别长的文件名、文件较大或索引节点(inode)较多(每个文件占用一个索引节点)，则可能需要选择不同的文件类型。

来自 Windows

如果在以前你仅用过 Windows 操作系统，那么可能将整个硬盘都分配给 C:，并且从来没有考虑过分区。但在使用许多 Linux 系统时，可根据自己使用系统的方式查看并更改默认的分区。

在安装期间，诸如 Fedora 和 RHEL 的系统可以使用图形化分区工具对硬盘进行分区。下面将描述如何在 Fedora 安装期间对磁盘进行分区。关于创建磁盘分区的一些概念，请参见"创建分区的提示"一节。

1. 了解不同的分区类型

当在安装期间对硬盘进行分区时，许多 Linux 发行版本都提供了不同的分区类型以供选择。主要分区类型如下所示：

- **Linux 分区**——使用该选项为 ext2、ext3 或者 ext4 文件系统类型(可以直接将该文件系统类型添加到硬盘或者其他存储介质的一个分区中)创建分区。此外，xfs 文件系统类型也可以在 Linux 分区中使用。实际上，xfs 现在是 RHEL 8 系统的默认文件系统类型。
- **LVM 分区**——如果想要创建或者添加一个 LVM 卷组，则可以创建一个 LVM 分区。相对于普通分区，LVM 分区在增加、缩小和移动分区等方面提供了更大的灵活性。
- **RAID 分区**——创建两个或者更多 RAID 分区，从而创建一个 RAID 阵列。这些分区应该位于单独的磁盘上，以便创建一个有效的 RAID 阵列。RAID 阵列有助于提高与读取、写入和存储数据相关功能的性能和可靠性。
- **Swap 分区**——创建一个 Swap 分区，可以扩展系统中可用的虚拟内存量。

接下来将介绍如何通过使用 Fedora 图形化安装程序添加普通 Linux 分区以及 LVM、RAID 和 Swap 分区。如果你仍然无法确定何时应该使用这些不同的分区类型，请参阅第 12 章，了解关于配置磁盘分区的更多信息。

2. 创建分区的提示

为了处理多个操作系统而更改磁盘分区是一件非常棘手的事情，因为每一种操作系统对于如何处理分区信息都有自己的方法，同时使用了不同的工具来进行处理。接下来给出几点提示，以帮助正确分区：

- 如果你正在创建一个双启动系统，尤其是针对 Windows 系统，则最好在对磁盘进行分区之后首先安装 Windows 操作系统。否则，Windows 安装程序可能会使 Linux 分区无法访问。
- fdisk 手册页推荐使用某一操作系统自带的分区工具为该系统创建分区。例如，DOS 的 fdisk 知道如何创建 DOS 想要的分区，而 Linux 的 fdisk 则更适于创建 Linux 分区。然而，在为双启动而设置硬盘后，不应该再使用 Windows 专有的分区工具，而是使用 Linux fdisk 或者其他针对双启动系统而开发的产品(如 Acronis Disk Director)。
- 主引导记录(MBR)分区表可包含四个主分区，其中一个可以标记为包含 184 个逻辑驱动器。在大多数操作系统(包括 Linux)的 GPT 分区表上，最多可以有 128 个主分区。通常不需要那么多分区。如果需要更多分区，可使用 LVM 并创建任意数量的逻辑卷。

如果你正在使用 Linux 作为桌面系统，则可能并不需要太多不同的分区。然而，存在一些比较好的理由需要 Linux 系统拥有多个分区，比如系统被多个用户所共享，或者用作公共 Web 服务器或文件服务器。例如，在 Fedora 或 RHEL 中拥有多个分区可以带来以下优点：

- **保护免受攻击**——拒绝服务攻击有时会采取行动试图填满硬盘。如果公共区域(比如/var)位于一个单独的分区中，那么一次成功攻击可以填满一个分区，却无法关闭整个计算机。因为/var 是 Web 和 FTP 服务器的默认位置，预计将存储大量的数据，所以通常将整个硬盘单独分配给/var 文件系统。
- **避免受损坏文件系统的影响**——如果只有一个文件系统(/)，那么该文件系统的损坏可以导致整个 Linux 系统被破坏。遭受损坏的分区越小，修复就越容易，而且在修复损坏时仍然允许计算机提供服务。

表 9.4 列举了一些可能需要分配单独文件系统分区的目录。

表 9.4 为特殊目录分配分区

目录	解释
/boot	有时，一些旧 PC 上的 BIOS 只能访问硬盘的前 1024 个柱面。为了确保 BIOS 可以访问/boot 目录中的信息，可以为/root 创建一个单独的磁盘分区(默认情况下，RHEL 8 将这个分区设置为 1024 MB)。即使安装了多个内核，/root 的大小也很少大于 1024MB
/usr	该目录结构包含了 Linux 用户可用的大部分应用程序和实用工具。最初理论认为如果将/usr 目录放在一个单独的分区上，那么在操作系统安装完毕后可以只读方式挂载该文件系统。同时，还可以防止黑客删除重要的系统应用程序或者使用可能导致安全问题的应用程序替换这些重要的系统应用程序。如果在本地网络上存在无盘工作站，那么单独的/usr 分区也是非常有用的。通过使用 NFS，可以通过网络与其他无盘工作站共享/usr 目录
/var	在许多 Linux 系统中，FTP(/var/ftp)和 Web 服务器(/var/www)目录默认保存在/var 目录中。拥有一个单独的/var 分区可以防止针对这些实用工具的攻击损坏或者填满整个硬盘
/home	因为用户账户目录位于该目录中，所以拥有一个单独的/home 分区可以防止鲁莽的用户填满整个硬盘。此外，还可以方便地将用户数据和操作系统分离开来(从而便于备份或者新的安装)。通常，/home 创建为一个 LVM 逻辑卷，所以随着用户需求增加，该目录的大小也会增加。也可以向其分配用户配额，以限制磁盘的使用
/tmp	通过将该目录放置到一个单独的分区，可以避免/tmp 受到磁盘其他部分的影响，从而确保那些对/tmp 中的临时文件进行写入操作的应用程序可以完成写入操作，即使磁盘的其他部分已经填满

虽然使用 Linux 系统的人很少需要大量的分区，但是当需要修复的系统拥有多个分区时，那些负责管理系统以及偶尔需要恢复大型系统的人会心存感激。多个分区可以减少恶意损坏(如拒绝服务攻击)的影响、犯错用户带来的问题以及意外的文件系统损坏。

9.6.7 使用 GRUB 启动加载程序

启动加载程序能够让我们选择何时以及如何启动安装到计算机硬盘上的操作系统。而 GRUB(GRand Unified Bootloader)是用于已安装 Linux 系统的最流行启动加载程序。如今，主要使用两个 GRUB 版本：

- GRUB Legacy(版本 1)——到撰写本书时为止，GRUB 的该版本由 RHEL、Fedora 和 Ubuntu 的早前版本使用。
- GRUB 2——Red Hat Enterprise Linux、Fedora 和 Ubuntu 的当前版本都使用 GRUB 2 作为其默认的启动加载程序。

注意：
在使用 Linux 系统过程中，可能遇到另一种启动加载程序 SYSLINUX。一般来说，已安装的 Linux 系统并不使用 SYSLINUX 启动加载程序。然而，SYSLINUX 常用作 Linux CD 和 DVD 的启动加载程序。SYSLINUX 特别适合启动 ISO9660 CD 镜像(isolinux)和 USB 棒(syslinux)，以及在较老的硬件上工作，或者通过网络 PXE 启动系统(pxelinux)。

如果想要启动到一个特定的运行级别，可以在内核行的末尾添加所需的运行级别。例如，为将 RHEL 启动到运行级别 3(多用户+网络模式)，则可以在内核行末尾添加 3。此外，还可以启动到单一用户模式(1)、多用户模式(2)或者 X GUI 模式(5)。如果 GUI 被临时破坏，级别 3 是比较好的选择。而如果是忘记了 root 密码，则级别 1 比较适用。

默认情况下，当 Linux 启动时只会看到一个闪屏。如果想在系统启动时查看用来显示所发生活动的消息，可从内核行删除选项 rhgb quiet，从而能滚动查看消息。此外，在启动期间单击 Esc 键可得到同样的结果。

GRUB 2 对 GRUB Legacy 项目进行了重大修改，并被 Red Hat Enterprise Linux、Fedora 和 Ubuntu 采用为默认的启动加载程序。GRUB 2 启动加载程序的主要功能仍然是查找并启动操作系统，但现在在工具和配置文件中内置了更多功能和灵活性。

在 GRUB 2 中，配置文件命名为/boot/grub2/grub.cfg(在 Fedora 或者其他使用 GRUB 2 的 Linux 系统中)。与 GRUB Legacy 的 grub.conf 文件相比，GRUB 2 的 grub.cfg 文件在内容和创建方法上都有很大的不同。接下来介绍一些应该知道的关于 grub.cfg 文件的事情：

- grub.cfg 文件由/etc/default/grub 文件内容和/ect/grub.d 目录内容所生成，而不是手动编辑 grub.cfg 文件或将内核 RPM 包添加到该文件。应该亲自修改或添加这些文件，从而配置 GRUB 2。
- grub.cfg 文件可以包含脚本语法，包括函数、循环和变量。
- 通过使用标签或者 UUID(Universally Unique Identifier，通用唯一识别码)，可以更可靠地确定设备名称，当添加新磁盘时，可以防止磁盘被更改，比如，将/dev/sda 更改为/dev/sdb。否则，将可能无法找到内核。
- 对于 Fedora 和 RHEL 系统，/boot/loader/entries 目录中的*conf 文件用于创建在引导时出现在 GRUB 菜单上的条目。

可以按照现有条目的格式为 GRUB 引导菜单创建自己的条目。下面的文件在/boot/loader/entries 目录中创建了一个用于引导 RHEL 8 内核和 initrd 的菜单项：

```
title Red Hat Enterprise Linux (4.18.0-80.el8.x86_64) 8.0 (Ootpa)
version 4.18.0-80.el8.x86_64
linux /vmlinuz-4.18.0-80.el8.x86_64
initrd /initramfs-4.18.0-80.el8.x86_64.img $tuned_initrd
options $kernelopts $tuned_params
id rhel-20190313123447-4.18.0-80.el8.x86_64
grub_users $grub_users
grub_arg --unrestricted
grub_class kernel
```

在 GRUB 2 引导菜单上，此选项的菜单条目显示为 Red Hat Enterprise Linux(4.18.0-80.el8.x86_64) 8.0 (Ootpa)。

linux 行标识内核的位置(/vmlinux -4.18.0-80.el8.x86_64)，后面是 initrd 的位置(/initramfs-4.18.0-80.el8.x86_64.img)。

如果想要更深入地学习系统的启动加载程序，则需要学习 GRUB 2 的更多功能。可以从 Fedora 系统中获取 GRUB 2 的最好文档：在 shell 中输入 info grub2。GRUB 2 的 info 项提供了大量关于启动不同操作系统、编写自定义配置文件、使用 GRUB 镜像文件、设置 GRUB 环境变量以及使用其他 GRUB 功能的信息。

9.7　小结

虽然每一种 Linux 发行版本都包括了不同的安装方法,但不管安装哪种 Linux 系统,都需要完成许多共同的活动。针对每种 Linux 系统,需要处理磁盘分区、启动选项以及配置启动加载程序等问题。

本章逐步引导完成了 Fedora(使用 Live 介质安装)和 Red Hat Enterprise Linux(通过安装介质)的安装过程;介绍了将 Linux 部署到云环境的方法(将元数据与预制的基础操作系统镜像文件相结合,以便在大型计算资源池中运行)与传统的安装方法之间的区别。

本章还介绍了一些特殊的安装主题,包括使用启动选项和磁盘分区。安装好 Linux 系统之后,第 10 章将学习如何管理 Linux 系统中的软件。

9.8　习题

使用以下习题测试一下安装 Linux 的相关知识。我建议在一台没有安装任何操作系统或者不担心丢失数据(换句话说,不介意清除计算机中的数据)的计算机上完成这些习题。如果你拥有一台可以安装虚拟系统的计算机,那么在该计算机上完成习题是最安全的方法。以下习题都使用 Fedora 30 Workstation Live 介质和 RHEL 8 Installation DVD 进行了测试。

(1) 从 Fedora Live 介质启动安装,并尽可能使用默认选项。

(2) 完全安装好 Fedora 后,更新系统中的所有软件包。

(3) 通过 RHEL 安装 DVD 开始安装,并且在文本模式下运行安装。可以选择任何方法完成安装。

(4) 从 RHEL 安装 DVD 启动安装,并将磁盘按下列方式分区: /boot(400MB)、/(3GB)/var(2GB)和/home(2GB)。其他磁盘空间保留为未使用空间。

> **警告:**
> 完成习题(4)将最终删除硬盘中的所有内容。如果只想通过该习题练习硬盘的分区,那么可以在单击 Accept Changes 之前重新启动计算机即可,从而不损害硬盘。如果一直操作并完成了磁盘分区,那么那些没有显式更改的数据将被删除。

## 第10章

获取和管理软件

本章主要内容：

- 通过桌面安装软件
- 使用 RPM 包
- 使用 yum 来管理软件包
- 使用 rpm 来处理软件包
- 在企业中安装软件

在诸如 Fedora 和 Ubuntu 的 Linux 发行版本中，不需要知道太过关于软件打包和管理的工作原理就可以获取所需的软件。这些发行版本都提供了性能良好的软件安装工具，可自动指向庞大的软件库。相对于下载软件所花费的时间，使用这些工具只需要单击几下就可以在很短时间内使用所需的软件。

Linux 社区始终坚信这样一个事实：Linux 软件管理是非常容易的，并且也在致力于创建软件打包格式、复杂的安装工具以及高质量的软件包。不仅可以非常容易地获取软件，在安装好软件后，还可以非常容易地管理、查询、更新和删除软件。

本章将首先介绍如何使用新的软件图形安装工具在 Fedora 中安装软件。如果只是在桌面系统中安装一些新的桌面应用程序，则不需要进行太多的安全更新。

为深入学习如何管理 Linux 软件，本章还将描述 Linux 软件包的组成部分(比较 DEB 和 RPM 格式化包装)、底层软件管理组件及 Fedora 和 Red Hat Enterprise Linux 中用来管理软件的命令(dnf、yum 和 rpm)。最后简要介绍一下如何在企业计算中管理软件包。

10.1　在桌面管理软件

Fedora Software 窗口提供了一种与典型 Linux 安装做法不一致且更直观的方法来选择和安装桌面程序。Ubuntu 软件窗口为 Ubuntu 用户提供了相同的界面。在任何一种情况下，通过 Software 窗口可以安装的最小软件是一个应用程序。而使用 Linux 则可以安装软件包。

图 10.1 显示了一个 Software 窗口示例。

要进入 Fedora 或 Ubuntu 中的 Software 窗口，选择 Activities，然后输入 Software，并按回车键。第一次打开这个窗口时，可以选择 Enable 来允许不属于官方可重新分配的 Fedora 存储库的第三方软件存储库。使用 Software 窗口是安装面向桌面应用程序(如文字处理程序、游戏、图形编辑器和教育应用程序)的最佳方式。

图 10.1　通过 Software 窗口安装和管理软件包

　　通过 Software 窗口，可使用以下方式选择想要安装的应用程序：从编辑器的 Picks 组(包含了少数流行的应用程序)中选择；根据应用程序类别(Internet、Games、Audio、Video 等)选择；通过应用程序名称或者描述进行搜索。单击 Install 按钮后，Software 窗口将下载并安装使所选择应用程序正常工作需要的所有软件包。

　　此外，通过 Software 窗口还可查看所有已安装的应用程序(Installed 选项卡)或者查看可以安装更新软件包的应用程序列表(Updates 选项卡)。如果想要删除一个已安装的应用程序，只需要单击软件包名称旁边的 Remove 按钮即可。

　　如果纯粹使用 Linux 作为桌面系统，并且想写文件、播放音乐以及执行其他常见的桌面任务，那么只需要通过 Software 窗口就可以获取所需的基础软件。默认情况下，系统会连接到主要的 Fedora 软件库并允许访问数以百计的软件应用程序。如前所述，还可以选择访问第三方应用程序，这些应用程序仍可免费使用，但不能重新分发。

　　Software 窗口能从 Fedora 软件库中下载并安装数以百计的应用程序，但实际上，该库包含了数以万计的软件包。该软件库中的哪些软件包无法看到？什么时候可能需要其他软件包？如何才能访问这些软件包(以及其他软件库中的软件包)？

10.2　超越 Software 窗口

　　如果你正在管理单一的桌面系统，那么可能满足于通过 Software 窗口找到的数百个软件包。在使用 Internet 连接将 Fedora 连接到 Internet 后，可通过 Software 窗口查看最常见类型的桌面应用程序的开源代码版本。

　　然而，有时候出于以下几点原因，可能需要完成超出 Software 窗口能力之外的事情。

- 更多软件库——Fedora 和 Red Hat Enterprise Linux 仅分发了开源、可自由发布的软件。但有时可能需要安装一些商业软件(如 Adobe Flash Player)或者非免费软件(如通过 rpmfusion.org 获取的软件)。

- **超出桌面应用程序**——Fedora 软件库中数以万计的软件包都无法通过 Software 窗口使用。其中的大部分软件包都与图形化应用程序没有关联。例如，包含纯命令行工具、系统服务、编程工具以及其他没有在 Software 窗口中显示的文档的软件包。

- **灵活性**——虽然你可能对此一无所知，但是当通过 Software 窗口安装一个应用程序时，实际上正在安装多个 RPM 包。这组包可能是一个默认的软件包，其中包括文件、额外字体、额外软件插件或可能需要使用的多种语言包。而通过 yum 和 rpm 命令，可以更加灵活地确定在系统上安装哪些与应用程序相关联的软件包或者其他软件功能。

- **更复杂的查询**——通过使用诸如 yum 和 rpm 的命令，可获取关于软件包、软件包组以及软件库的详细信息。

- **软件验证**——通过使用 rpm 和其他工具，可以检查在安装一个签名软件包之前该包是否被修改过，或者检查在软件包安装完毕后该包的任何组件是否被篡改过。

- **管理软件安装**——如果在单一系统上安装桌面软件，Software 窗口可以很好地工作。但如果在多系统中管理软件，该窗口则无法胜任。而基于 rpm 实用工具构建的其他工具却可以完成这一工作。

在学习一些用来在 Linux 中安装和管理软件的命令行工具之前，先了解一下 Linux 中底层打包和软件包关系系统的工作原理。特别是重点介绍一下在 Fedora、Red Hat Enterprise Linux 以及相关发行版本中使用的 RPM 包和 DEB 软件包(与 Debian、Ubuntu、Linux Mint 等发行版本有关)。

10.3　了解 Linux RPM 和 DEB 软件包

在最初的 Linux 系统中，如果想要添加软件，则必须从生成该软件的项目中获取源代码，然后将其编译为可运行的二进制代码，最后将这些二进制代码放到计算机中。如果足够幸运的话，某些人可能已将软件编译为一种可在计算机运行的形式。

这种软件包形式被称为 *tarball*(压缩包)，包含了可执行文件(命令)、文档、配置文件以及库(一个压缩包就是一个单一文件，它将多个文件集合在一起，以便于存储或者分发)。当通过一个压缩包安装软件时，来自该压缩包的文件可能被散布到 Linux 系统的合适目录中(比如/usr/share/man、/etc、/bin 和/lib)。虽然创建一个压缩包并将一组软件放置到 Linux 系统中非常容易，但是这种安装软件的方法却很难完成以下工作。

- **获取依赖软件**——需要知道的是，如果正在安装的软件依赖其他软件的安装才能正常工作，就必须获取该软件并进行安装(该软件自身可能又有其他依赖项)。

- **列出软件**——即使知道该命令的名称，在日后查找该命令时也不可能知道其文档或者配置文件的位置。

- **删除软件**——除非保留原始的压缩包或文件列表，否则当需要删除软件时将无法知道所有文件的位置。即使知道，也不得不单独删除每个文件。

- **更新软件**——压缩包并没有保存关于其所包含内容的元数据。安装完压缩包中的内容后，可能无法知道正在使用的软件版本，从而难以跟踪软件的 Bug 并获取新版本。

为解决这些问题，软件包从简单的压缩包发展成更复杂的打包。除了少数例外(例如 Gentoo、Slackware等)，主要的 Linux 发行版本都使用了两种打包格式中的一种——DEB 和 RPM。

- **DEB(.deb)包**——Debian GNU/Linux 项目创建了.deb 文件包，该种包被 Debian 以及其他基于 Debian 的发行版本(Ubuntu、Linux Mint、KNOPPIX 等)所使用。通过使用诸如 apt -get 和 dpkg 的工具，Linux 发行版本可以安装、管理、更新和删除软件。

● **RPM(.rpm)包**——该种包最初称为 Red Hat Package Manager，但后来重命名为 RPM Package Manager，RPM 是 SUSE、Red Hat 发行版本(RHEL 和 Fedora)以及其他发行版本(需要基于 Red Hat 发行版本，比如 CentOS、Oracle Linux 等)的首选软件包格式。rpm 命令是第一个管理 RPM 的工具，但后来增加的 yum 命令增强了 RPM 实用工具。现在，dnf 准备最终取代 yum。

针对单个系统上的软件管理，RPM 与 DEB 争论双方的支持者都提供了有效的论点。虽然 RPM 是管理企业级软件安装、更新和维护的首选格式，但 DEB 在许多 Linux 爱好者中也很受欢迎。本章将介绍 RPM(Fedora 和 Red Hat Enterprise Linux)和 DEB 包以及软件管理。

10.3.1　理解 DEB 包

Debian 软件包以存档文件格式保存了许多文件以及与一些软件相关的元数据。这些文件可以是可执行文件(命令)、配置文件、文档以及其他软件项目。而元数据包括依赖项、许可、包大小、描述以及其他信息。在 Ubuntu、Debian 以及其他 Linux 发行版本中，可以利用多种命令行和图形化工具来使用 DEB 文件。具体包括：

● **Ubuntu Software Center**——选择 Ubuntu 桌面中的 Ubuntu Software 应用程序。通过在所显示的窗口中搜索关键字或者分类导航，可找到所需的应用程序和软件包。

● **aptitude**——aptitude 命令是一种软件包安装工具，提供了一个可在 shell 中运行的面向屏幕的菜单。运行该命令后，可以使用箭头键突出显示所需的选项，并按 Enter 键选择。还可更新软件包、获取新软件包以及查看已安装软件包。

● **apt***——这是一组可用来管理软件包安装的 apt 命令(apt-get、apt-config、apt-cache 等)。

Ubuntu Software Center 查找和安装软件包是相当直观的。然而，接下来的"注意"栏中命令示例演示了如何使用 apt*命令安装和管理软件包。

> **注意：**
> 请注意，在下面的示例中，apt*命令放在 sudo 命令之后。这是因为对于 Ubuntu 管理员来说常见的做法是通过 sudo 权限以普通用户的身份运行管理命令。

```
$ sudo apt-get update           Get the latest package versions
$ sudo apt-cache search vsftpd   Find package by key word (such as vsftpd)
$ sudo apt-cache show vsftpd     Display information about a package
$ sudo apt-get install vsftpd    Install the vsftpd package
$ sudo apt-get upgrade           Update installed packages if upgrade ready
$ sudo apt-cache pkgnames        List all packages that are installed
```

apt*命令还有许多其他的用法可以尝试。如果已经安装了 Ubuntu 系统，那么我建议运行 man apt，了解 apt 以及相关的命令能够做什么。

10.3.2　理解 RPM 包

RPM 包是不同文件的合并，而每个文件提供了一项功能，如文字处理器、照片浏览器或文件服务器。RPM 内部可以是构成软件功能的命令、配置文件以及文档。此外，RPM 文件还可以包含元数据，其中存储了关于软件包的内容、软件包的来源、运行所需的条件以及其他信息。

1. RPM 中有什么？

在深入了解 RPM 内部机制之前，仅通过 RPM 软件包自身的名字就可以知道关于 RPM 的一些内容。为了找出目前安装在系统中的 RPM 软件包的名称(如 Firefox Web 浏览器)，可以在 Fedora 或者 Red Hat Enterprise Linux 中通过 shell 输入下面的命令：

```
# rpm -q firefox
firefox-67.0-4.fc30.x86_64
```

通过该名字可以知道软件包的基名为 firefox。其中，发行版号(由 Firefox 的上游生产商 Mozilla Project 分配)为 67.0。版本号(在相同的发行版号下每次重建软件时由软件打包者 Fedora 分配)为 4。firefox 软件包是为 Red Hat Enterprise Linux 30(fc30)而构建的，并被编译为 x86 64 位架构(x86_64)。

当需要安装 firefox 软件包时，可从安装介质(如 CD 或 DVD)上复制该包，或从 YUM 软件库下载(后面将介绍如何进行下载)。如果已经得到了 RPM 文件且位于本地目录中，那么该文件的名称将是 firefox-67.0-4.fc30.x86_64.rpm，此时可以通过 RPM 文件进行安装。不管 firefox 软件包来自哪里，在安装完毕后，软件包的名称及其相关信息都会存储在本地计算机的 RPM 数据库中。

为了解 RPM 软件包内部的更多内容，除了使用 rpm 命令查询本地 RPM 数据库之外，还可以使用一些选项：

```
# rpm -qi firefox
Name         : firefox
Version      : 67.0
Release      : 4.fc30
Architecture : x86_64
Install Date : Sun 02 Jun 2019 09:37:25 PM EDT
Group        : Unspecified
Size         : 266449296
License      : MPLv1.1 or GPLv2+ or LGPLv2+
Signature    : RSA/SHA256, Fri 24 May 2019 12:09:57 PM EDT, Key ID ef3c111fcfc659b9
Source RPM   : firefox-67.0-4.fc30.src.rpm
Build Date   : Thu 23 May 2019 10:03:55 AM EDT
Build Host   : buildhw-08.phx2.fedoraproject.org
Relocations  : (not relocatable)
Packager     : Fedora Project
Vendor       : Fedora Project
URL          : https://www.mozilla.org/firefox/
Bug URL      : https://bugz.fedoraproject.org/firefox
Summary      : Mozilla Firefox Web browser
Description  :
Mozilla Firefox is an open-source web browser, designed for standards
compliance, performance and portability.
```

除了通过软件包名称自身所获取的信息外，还可使用-qi(query information，查询信息)选项查看软件的创建者(Red Hat, Inc.)、创建的时间以及安装的时间。此外，软件包所在的组(Unspecified)、大小以及许可也被列出。如果想了解关于软件包的更多信息，指向 Internet 上项目页面的 URL 以及 Summary 和 Description 将告诉你软件包的主要用途。

2. RPM 的来源

Linux 发行版本所包括的软件，或者为使用这些发行版本而创建的软件都来自世界各地数以千计的开源项目。这些通常称为*上游软件提供商*的项目可以让任何需要的人在一定的许可条件下使用这些软件。

Linux 发行版本获取源代码之后将其构建为二进制文件。然后将这些二进制文件与文档、配置文件、脚本以及由上游提供商提供的其他组件聚集在一起。

将所有的组件聚集到 RPM 后，该 RPM 包将被签名(此时用户可以测试软件包的有效性)，并放到针对特定发行版本和结构(32 位 x86、64 位 x86 等)的 RPM 软件库中。而该软件库可以放在安装 CD 或者 DVD 中，或者作为 FTP、Web 或 NFS 服务器使用的一个目录中。

3. 安装 RPM

当首次安装 Fedora 或者 Red Hat Enterprise Linux 系统时，将会安装许多单独的 RPM 包。而在安装完毕后，可以通过使用 Software 窗口添加更多软件包(如前所述)。请参阅第 9 章了解更多关于 Linux 安装的相关信息。

为安装 RPM 包而开发的第一个工具是 rpm 命令。通过使用 rpm 命令，可以安装、更新、查询、验证和删除 RPM 包。然而，该命令存在一些主要缺点：

- 依赖项——大多数 RPM 包的正常工作都依赖系统中已安装的其他一些软件(库、可执行文件等)。当尝试使用 rpm 命令安装一个包时，如果某一个依赖包没有安装，那么包的安装就会失败，并且会告知需要哪些组件。此时，必须四处查找包含这些组件的软件包。当找到并安装时，依赖包自身可能也有需要预先安装的其他依赖包。这种情况通常称为"依赖地狱"，这也就是为什么 DEB 包比 RPM 更适用的原因。在 RPM 相关的打包工具解决该问题之前，DEB 打包工具已经很好地解决了软件包的依赖问题。
- RPM 的位置——当试图安装 RPM 文件时，rpm 命令期望你提供 RPM 文件的确切位置。换句话说，如果 RMP 位于当前目录，则必须提供 firefox-24.7.0-1.el7_0.x86_64.rpm 作为一个选项，或者如果 RMP 位于一台服务器上，则必须提供 http://example.com/firefox-67.0-4.fc30.x86_64.rpm 作为一个选项。

随着 Red Hat Linux 以及其他基于 RPM 的应用程序越来越普及，使软件包的安装更加简便已成为越来越迫切的需求。而解决方法是使用 yum 实用工具。

10.4　使用 yum 管理 RPM 软件包

yum(yellowdog updater modified)项目着手解决了管理 RMP 软件包依赖项的问题。其主要贡献是不再将 RPM 软件包视为单独的组件，而将它们视为大型软件库的一部分。

借助于软件库，安装软件的人不再负责处理依赖问题，转而由 Linux 发行版本或者第三方软件经销商负责解决。例如，Fedora 项目将负责确保该 Linux 发行版本中每个软件包需要的所有组件都可以由软件库中的其他软件包解决。

软件库可以彼此为基础进行构建。例如，rpmfusion.org 软件库可以假定用户已经访问了主 Fedora 软件库。所以，如果正在安装的来自 fpmfusion.org 中的一个软件包需要来自主 Fedora 软件库的库或者命令，那么在安装 rpmfusion.org 软件包的同时也会下载并安装所需的 Fedora 软件包。

可将 yum 软件库放到 Web 服务器(http://)、FTP 服务器(ftp://)的一个目录中，或者本地介质中，比如 CD、DVD，又或者本地目录中(file://)。然后将这些软件库的位置存储到用户系统的/etc/yum.conf 文件中，或者/etc/yum.repos.d 目录的一个单独配置文件中。

10.4.1　从 yum 到 dnf 的转换

dnf 命令行界面代表了下一代 yum。DNF 自称为 Dandified yum(https://github.com/rpm-softwes-management/dnf/)，它从版本 18 开始就是 Fedora 的一部分，刚刚添加为 RHEL 8 的默认 RPM 包管理器。与 yum 一样，dnf 也是一个从远程软件库到本地 Linux 系统查找、安装、查询和管理 RPM 包的工具。

虽然 dnf 与 yum 保持了基本的命令行兼容性，但它的主要区别之一是它遵循严格的 API。该 API 鼓励开发 dnf 的扩展和插件。

出于本书的目的，本章中描述的几乎所有 yum 命令都可以被 dnf 替换或原样使用。yum 命令是 Fedora 和 RHEL 中指向 dnf 的符号链接，因此输入任意一个命令都会得到相同的结果。有关 dnf 的更多信息，请参考 dnf 页面 https://dnf.readthedocs.io/。

10.4.2　了解 yum 的工作原理

yum 命令的基本语法如下所示:

```
# yum [options] command
```

通过使用该语法，可以找到软件包、查看软件包信息、查找包组、更新软件包或者删除软件包等。而借助于 yum 软件库和配置，用户只需要输入以下命令就可以安装一个软件包:

```
# yum install firefox
```

用户只需要知道软件包名称(如本章"搜索软件包"一节所述，可以使用不同的方法查询软件包的名称)即可。yum 实用工具首先从软件库中查找软件包最新的可用版本，然后将其下载到本地系统，最后进行安装。

为获取更多使用 yum 实用工具的经验，并且了解在什么地方有机会自定义 yum 在系统中的工作方式，请按照 yum 安装过程的每一个步骤描述执行操作。

> **注意:**
> 在最新的 Fedora 和 RHEL 系统中，yum 配置文件现在实际上链接到/etc/ DNF 目录中的 dnf 文件。除了主 dnf 配置文件(/etc/dnf/dnf.conf)外，该目录主要包含模块和插件,可以增强你管理 RPM 包的能力。

1. 检查/etc/yum.conf

当启用任何 yum 命令时，都需要检查/etc/yum.conf 文件的默认设置。该文件是基本的 yum 配置文件。此外，通过该文件还可以确定软件库的位置，虽然一般来说更多的是使用/etc/yum.repos.d 目录来确定软件库的位置。RHEL 8 系统中的/etc/yum.conf 文件示例如下所示:

```
[main]
    gpgcheck=1
```

```
installonly_limit=3
clean_requirements_on_remove=True
best=True

cachedir=/var/cache/yum/$basearch/$releasever
keepcache=0
debuglevel=2
logfile=/var/log/yum.log
exactarch=1
plugins=1
```

gpgcheck 表明是否根据从该 RPM 的创建者处获取的密钥对每个软件包进行验证。它在默认情况下是开启的(gpgcheck=1)。对于 Fedora 或 RHEL 自带的软件包，密钥包含在发行版本中，用来检查所有软件包。然而，如果试图安装发行版本之外的软件包，则需要导入签署这些软件包所需的密钥，或者关闭该功能(gpgcheck=0)。

installonly_limit=3 设置允许在系统中保存同一包的最多三个版本(不要将其设置为小于 2，以确保始终拥有至少两个内核包)。clean_requirements_on_remove=True 告诉 yum 在删除一个包时删除依赖的包(如果不需要这些包的话)。使用 best=True，当升级包时，总是尝试使用可用的最高版本。

可以添加到 YUM.conf 中的其他设置告诉 yum 在哪里保存缓存文件(/var/cache/YUM)和日志条目(/var/log/YUM.log)，以及在包安装后是否保留缓存文件(0 表示没有)。如果希望在日志文件中看到更多细节，可以将 yum.conf 文件中的 debuglevel 值提高到 2 以上。

接下来，可以看到在选择要安装的包时，是否应该匹配确切的体系结构(如 x86、x86_64 等；1 表示是)，以及是否使用插件(1 表示是)来允许黑名单、白名单或包连接到 Red Hat 网络。

如果想要了解 yum.conf 文件中其他可以设置的功能，可输入 man yum.conf。

2. 检查/etc/yum.repos.d/*.repo 文件

如果想要启用软件库，可将以.repo 结尾的文件拖放至/etc/yum.repos.d/目录(该目录指向一个或多个软件库的位置)中。在 Fedora 中，甚至可通过该目录中的.repo 文件启用基本 Fedora 库。接下来的示例是一个简单的配置文件/etc/yum.repos.d/myrepo.repo：

```
[myrepo]
name=My repository of software packages
baseurl=http://myrepo.example.com/pub/myrepo
enabled=1
gpgcheck=1
gpgkey=file:///etc/pki/rpm-gpg/MYOWNKEY
```

每一个软件库条目都以库名开头并用方括号括起来。其中，name 行包含了软件库的相关描述。baseurl 行确定了包含 RPM 文件的目录，可以是 httpd://、ftp://或者 file://条目。

enabled 行表示该条目是否处于活动状态。1 表示活动；0 表示不活动。如果没有 enabled 行，则该条目为活动状态。最后两行表明是否检查软件库中软件包的签名。gpgkey 行显示了用来检查软件包的密钥位置。

可以启用任意数量的软件库。然而记住，当使用 yum 命令时，每一个软件库都将被检查，所有软件包的元数据也会下载到运行 yum 命令的本地系统中。所以为了更高效地工作，不要启用不需要的软件库。

4. 从 YUM 库中下载 RPM 软件包和元数据

在 yum 命令知道了软件库的位置之后，来自每个库的 repodata 目录中的元数据下载到本地系统。事实上，正是因为 RPM 目录中存在一个 repodata 目录，才表明该库是一个 YUM 软件库。

元数据信息存储在本地系统的/var/cache/yum 目录中。在到达超时时间之前，任何对包、包组或者软件库其他信息的进一步查询都来自缓存的元数据。

在超时时间到达之后，如果再次运行 yum 命令，将会获取最新的元数据。默认情况下，yum 的超时时间为 6 小时，dnf 分钟的超时时间为 48 小时。通过设置/etc/yum.conf 文件中的 metadata_expire 值可以更改超时时间。

接下来，yum 看一下所要求安装的软件包，并检查是否需要任何依赖软件包。聚集好所有软件包后，yum 会询问是否下载所有的软件包。如果选择是，则将软件包下载到缓存目录中并进行安装。

4. 将 RPM 软件包安装到 Linux 文件系统

在将所有需要的软件包下载到缓存目录后，yum 命令将运行 rpm 命令来安装每个软件包。如果某一软件包包含了预安装脚本(可能用来创建一个特殊用户账户或者目录)，这些脚本将被运行。软件包的内容(命令、配置文件、文档等)首先复制到文件系统中 RPM 元数据指定的位置。然后运行安装后执行的脚本(在安装完每个软件包之后，安装后执行的脚本将运行配置系统所需要的额外命令)。

6. 将 YUM 库的元数据存储到本地 RPM 数据库

包含在每个 RPM 软件库中的元数据最终被复制到本地的 RPM 数据库中。而 RPM 数据库存储在/var/lib/rpm 目录的多个文件中。当所安装的软件包的信息存储到本地 RPM 数据库中后，可以对数据库进行各种查询。可以查看所安装的软件包，列出软件包的组件以及查看脚本或者更改与每个软件包相关的日志。甚至可以根据 RPM 数据库验证已安装的软件包，以查看是否有人对已安装组件进行了篡改。

rpm 命令(本章的 10.5 节"使用 rpm 命令安装、查询和验证软件"将介绍该命令)是查询 RPM 数据库最好的工具。可以使用 rpm 命令进行单独的查询，或者在脚本中使用该命令，从而生成报告或反复运行普通查询。

到目前为止，你已经了解了 yum 命令的基本功能，现在可以对自己的 Fedora 系统进行配置，使其自动连接到主 Fedora 库和 Fedora Updates 库。此外，还可以尝试一些 yum 命令行来安装软件包。或者启用其他第三方的 YUM 库来获取软件。

10.4.3　借助第三方软件库使用 yum

Fedora 和 Red Hat Enterprise Linux 软件库都经过了过滤，仅包含那些满足开放和再发行标准的软件。然而，在某些情况下，可能需要使用这些库之外的软件包。但在使用之前，应该了解一些第三方软件库的局限性：

- 相对于 Fedora 和 RHEL 软件库，第三方软件库对于再发行和免于专利限制的要求可能不那么高。
- 它们可能会产生一些软件冲突。

- 它们所包括的软件可能不是开源的(虽然这些软件对于个人使用来说是免费的)且不能再发行。
- 它们可能会放慢安装所有程序包的过程(因为需要下载每一个启用的软件库的元数据)。

出于上述理由，我建议不要启用任何额外的软件库，或者针对 Fedora 仅启用 RPM Fusion 软件库(http://rpmfusion.org)，针对 Red Hat Enterprise Linux 仅启用 EPEL 软件库(http://fedoraproject.org/ wiki/EPEL)。RPM Fusion 融合了多种流行的第三方 Fedora 库(Freshrpms、Livna.org 和 Dribble)。请参阅该库的 FAQ，了解详细信息(http:// rpmfusion.org/FAQ)。如果想要在 Fedora 中启用免费的 RPM Fusion 库，请按照以下步骤操作：

(1) 打开一个 Terminal 窗口。

(2) 输入 su -，当出现提示时输入 root 密码。

(3) 输入下面所示的命令行，请注意在斜线和 rpmfusion 之间没有空格(如果这不起作用，转到 fedora 目录并选择适合 Fedora 版本的 RPM)：

```
# rpm -Uvh http://download1.rpmfusion.org/free/fedora/
rpmfusion-free-release-stable.noarch.rpm
```

RPM Fusion 的非免费软件库包含了播放多种流行的多媒体格式所需的代码。为了在 Fedora 中启用这些非免费库，请输入以下命令(再次声明，请在单一行中输入下面的两行，并且之间没有空格)：

```
# rpm -Uhv http://download1.rpmfusion.org/nonfree/fedora/
rpmfusion-nonfree-release-stable.noarch.rpm
```

你可能感兴趣的大多数第三方软件库所包含的软件都不是开源的。例如，如果想要安装针对 Linux 的 Adobe Flash 插件，可从 Adobe 下载 YUM 软件库包，并使用 yum 命令安装该插件，当有可用的更新时，通过运行 yum update 命令，获取软件更新。

10.4.4　使用 yum 命令管理软件

yum 命令包含了几十个可用来使用系统中 RPM 软件包的子命令。下面将提供一些有用的 yum 命令行示例，从而完成搜索、安装、查询以及更新与 YUM 库相关的软件包。此外，还会介绍如何使用 yum 命令删除已安装的软件包。

> **注意：**
> 当首次运行 yum 命令时，将会从启用的每一个 YUM 库中下载用来描述 YUM 库内容的元数据。在 metadata_expire 时间(默认为 90 分钟)到达之后会再次下载元数据。启用的 YUM 库越多，YUM 库越大，加载元数据所花费的时间也就越长。如果想要缩短下载时间，可以增加过期时间(位于/etc/yum.conf 文件中)或者禁用不需要的软件库。

1. 搜索软件包

通过使用不同的搜索子命令，可以根据关键字、软件包的内容以及其他属性查找软件包。

假设想要使用一个不同的文本编辑器，但不记得该编辑器的名称。此时，可以通过使用 search 子命令在名称或说明中查找单词 editor：

```
# yum search editor
...
```

```
eclipse-veditor.noarch : Eclipse-based Verilog/VHDL plugin
ed.x86_64 : The GNU line editor
emacs.x86_64 : GNU Emacs text editor
```

该搜索会发现很多名字或者描述中包含 editor 的软件包。我们所需要找的是一个名为 emacs 的软件包。要获取该软件包的信息，可以输入 info 子命令：

```
# yum info emacs
Name        : emacs
Epoch       : 1
Version     : 26.2
Release     : 1.fc30
Architecture : x86_64
Size        : 3.2 M
Source      : emacs-26.2-1.fc30.src.rpm
Repository  : updates
Summary     : GNU Emacs text editor
URL         : http://www.gnu.org/software/emacs/
License     : GPLv3+ and CC0-1.0
Description : Emacs is a powerful, customizable, self-documenting, modeless text
            : editor. Emacs contains special code editing features, a scripting
            : language (elisp), and the capability to read mail, news, and more
            : without leaving the editor.
```

如果知道所需的命令、配置文件或者库名，但不知道它们位于哪个软件包中，可以使用 provides 子命令搜索该软件包。从下面的示例可以看出 dvdrecord 命令是 wodim 软件包的一部分：

```
# yum provides dvdrecord
wodim-1.1.11-41.fc30.x86_64 : A command line CD/DVD recording program
Repo        : fedora
Matched from:
Filename    : /usr/bin/dvdrecord
```

可以使用 list 子命令以不同方式列出软件包的名称。将该命令与软件包的基名一起使用可以找到软件包的版本和库。此外，还可仅列出可用或已安装的软件包，或者所有软件包。

```
# yum list emacs
emacs.i686     1:26.2-1.fc30    updates
# yum list available
CUnit.i686     2.1.3-17.el8  rhel-8-for-x86_64-appstream-rpms
CUnit.x86_64   2.1.3-17.el8  rhel-8-for-x86_64-appstream-rpms
GConf2.i686    3.2.6-22.el8  rhel-8-for-x86_64-appstream-rpms
LibRaw.i686    0.19.1-1.el8  rhel-8-for-x86_64-appstream-rpm
...
# yum list installed
Installed Packages
GConf2.x86_64       3.2.6-22.el8       @AppStream
ModemManager.x86_64 1.8.0-1.el8        @anaconda
...
# yum list all
...
```

如果找到了一个软件包，但又想查看一下该软件包依赖了哪些组件，可以使用 deplist 子命令。通过 deplist 子命令，不仅可以查看组件(依赖项)，还可以查看组件所在的软件包(提供者)。如果当前软件库中没有软件包提供依赖组件，但又想知道依赖组件是什么以便在其他软件库中进行搜索，deplist 命令也可以提供帮助。请考虑下面的示例：

```
# yum deplist emacs | less
package: emacs-1:26.1-8.fc30.x86_64
 dependency: /bin/sh
  provider: bash-5.0.7-1.fc30.i686
  provider: bash-5.0.7-1.fc30.x86_64
 dependency: /usr/sbin/alternatives
  provider: alternatives-1.11-4.fc30.x86_64
```

2. 安装和删除软件包

install 子命令可以安装一个或者多个软件包，以及任何所需的依赖软件包。可以使用 yum install 搜索多个软件库，以便找到所需的依赖项。请考虑下面的 yum install 示例：

```
# yum install emacs
...
Package               Architecture Version            Repository Size
===============================================================================
Installing:
 emacs                 x86_64       1:26.2-1.fc30      updates    3.2 M
Installing dependencies:
 emacs-common          x86_64       1:26.2-1.fc30      updates     38 M
 ImageMagick-libs      x86_64       1:6.9.10.28-1.fc30 fedora     2.2 M
 fftw-libs-double      x86_64       3.3.8-4.fc30       fedora     984 k
 ...

Transaction Summary
===============================================================================
Install  7 Packages

Total download size: 45 M
Installed size: 142 M
Is this ok [y/N]: y
```

可以看出，emacs 要求安装 emacs-common 和几个其他软件包，所以它们都排队等候安装。六个软件包总共 45MB，但安装后使用 142MB 空间。请按 y 键安装这些软件包。也可以在命令行中输入-y(在 yum 命令之后)，从而避免必须按 y 键来安装软件包，但从个人观点看，我通常希望在同意安装之前查看一下所有将要安装的软件包。

如果错误地删除已安装软件包的组成部分，可以重新安装该软件包。如果尝试进行普通安装，系统将响应 nothing to do。此时，必须使用 reinstall 子命令。例如，假设安装了 zsh 软件包，此后又误删除了/bin/zsh。那么可以通过输入以下命令恢复丢失的部分：

```
# yum reinstall zsh
```

可以使用 remove 子命令删除单个包以及其他包不需要的依赖项。例如，为了删除 emacs 软件包，可以输入以下命令：

```
# yum remove emacs
Removing:
 emacs                  x86_64      1:26.2-1.fc30       updates     38 M
Removing unused dependencies:
 ImageMagick-libs       x86_64      1:6.9.10.28-1.fc30  fedora     8.9 M
 emacs-common           x86_64      1:26.2-1.fc30       updates     89 M
 fftw-libs-double       x86_64      3.3.8-4.fc30        fedora     4.2 M
 ...

Transaction Summary
================================================================
Remove  7 Packages

Freed space: 142 M
Is this ok [y/N]: y
```

请注意，为每个包显示的空间是该包在文件系统中使用的实际空间，而不是下载大小(下载大小要小得多)。

删除一组已安装软件包的另一种方法是使用 history 子命令。通过使用 history，可以查看 yum 的活动并撤销整个事务。换句话说，通过在 history 子命令中使用 undo 选项，可以卸载所有已安装的软件包。例如：

```
# yum history
ID     | Command line  | Date and time    | Action(s)    | Altered
----------------------------------------------------------------
   12 | install emacs  | 2019-06-22 11:14 | Install      | 7
...
# yum history info 12
Transaction ID : 12
...
Command Line   : install emacs
...
# yum history undo 12
Undoing transaction 12, from Sat 22 Jun 2019 11:14:42 AM EDT

Install emacs-1:26.2-1.fc30.x86_64                @updates
   Install emacs-common-1:26.2-1.fc30.x86_64        @updates
 ...
```

在撤销事务之前，可以先查看事务，以便准确了解包括了哪些软件包。此外，查看事务还可以避免误删除想要保留的软件包。通过撤销事务 12，可以删除在该事务期间安装的所有软件包。如果需要撤销一次包含了几十甚至上百个软件包的安装，那么 undo 选项是非常有用的。

3. 更新软件包

随着软件包新版本的不断出现，有时这些新版本可能位于单独的更新库中，或者添加到初始软件库中。如果某一软件包存在多个可用的版本(不管是位于相同的软件库或是其他启用的软件

189

库)，那么当安装该软件包时应该提供最新的版本。对于某些包，比如 Linux 内核包，可以保留同一个包的多个版本。

当出现了新版本，可以通过使用 update 子命令下载并安装该新版本。

check-update 子命令可以进行更新检查。而 update 子命令可用来更新单个软件包或者对当前安装的所有软件包进行更新。更新单个软件包(如 cups 软件包)非常简单。例如：

```
# yum check-update
...
file.x86_64        5.36-3.fc30     updates
file-libs.x86_64   5.36-3.fc30     updates
firefox.x86_64     67.0.4-1.fc30   updates
firewalld.noarch   0.6.4-1.fc30    updates
...
# yum update
Dependencies resolved.
================================================================
 Package            Arch   Version          Repository   Size
================================================================
Upgrading:
 NetworkManager         x86_64 1:1.16.2-1.fc30 updates      1.7 M
 NetworkManager-adsl x86_64 1:1.16.2-1.fc30 updates       25 k
...
Transaction Summary
================================================================
Install     7 Packages
Upgrade   172 Package(s)
Total download size: 50 M
Is this ok [y/N]: y
# yum update cups
```

上述命令请求对 cups 软件包进行更新。如果在更新 cups 时还需要对其他依赖软件包进行更新，则会下载并安装这些软件包。

4. 更新软件包组

为更方便地管理一套完整的软件包，yum 支持软件包组。例如，可以安装 GNOME Desktop Environment(从而获取整个桌面)或者 Virtualization(从而获取将计算机设置为一台虚拟主机所需的软件包)。首先运行 grouplist 子命令，查看一个组名称列表：

```
# yum grouplist | less
Available Environment Groups:
   Fedora Custom Operating System
   Minimal Install
   Fedora Server Edition
...
Installed Groups:
   LibreOffice
   GNOME Desktop Environment
   Fonts
...
```

```
Available Groups:
  Authoring and Publishing
  Books and Guides
  C Development Tools and Libraries
...
```

假设想要试用一个不同的桌面环境，并且想知道 LXDE 组的内容。此时，可以使用 groupinfo 子命令：

```
# yum groupinfo LXDE
Group: LXDE
 Description: LXDE is a lightweight X11 desktop environment...
 Mandatory Packages:
...
   lxde-common
   lxdm
   lxinput
   lxlauncher
   lxmenu-data
...
```

除了显示关于组的说明之外，groupinfo 还显示了 Mandatory Packages(通常随着该组一起安装)、Default Packages(默认情况下被安装，但也可以不进行安装)和 Optional Packages(属于组的一部分，但默认情况下并不会安装)。当使用一些图形化工具安装软件包组时，可以取消选中默认软件包或者选中可选软件包，从而确定哪些软件包随着组一起安装。

如果确定安装某一软件包组，可使用 groupinstall 子命令：

```
# yum groupinstall LXDE
```

上面的 groupinstall 子命令将会安装组中的 101 个软件包并更新 5 个现有的软件包。如果不喜欢该软件包组，可以使用 groupremove 子命令删除整个组：

```
# yum groupremove LXDE
```

5. 维护 RPM 软件包数据库和缓存

有多个 yum 子命令可以帮助我们维护任务，比如检查 RPM 数据库的错误或者清除缓存。yum 实用工具提供了多种工具来维护 RPM 软件包并保持系统软件的高效和安全。

清除缓存是需要经常完成的工作。如果在安装完之后决定保留下载的软件包(根据 /etc/yum.conf 文件的 keepcache=0 设置可知，在默认情况下删除下载的软件包)，那么缓存目录(位于/var/cache/yum 之下)将被填满。缓存目录中存储的元数据可以清除，这样一来，当下次运行 yum 时，可以从所有启用的 YUM 库中下载新的元数据。清除相关信息的方法如下所示：

```
# yum clean packages
14 files removed
# yum clean metadata
Cache was expired
16 files removed
# yum clean all
68 files removed
```

虽然可能性不大，但 RPM 数据库也有受损的可能。如果发生了意外(比如当软件包被部分安装时拔出电源线)，这种可能性就会变成现实。可以检查 RPM 数据库，查找错误(yun check)或者重建 RPM 数据库文件，下面的例子是一个损坏的 RPM 数据库和可以用它修复的 RPM 命令：

```
# yum check
error: db5 error(11) from dbenv->open: Resource temporarily unavailable
error: cannot open Packages index using db5-Resource temporarily unavailable(11)
error: cannot open Packages database in /var/lib/rpm
Error: Error: rpmdb open failed
# rpm --rebuilddb
# yum check
```

前面命令行中的 yum clean 示例从/ var/cache/yum 子目录中删除缓存的数据。rpm --ebuilddb 示例重新构建数据库。yum check 示例可以检查本地 RPM 缓存和数据库的问题，但是请注意，我们使用了 RPM 命令来修复问题。

一般来说，使用本地 RPM 数据库的最适合命令是 rpm 命令。

6. 从 YUM 库下载 RPM

如果只是想检查一个包而不实际安装它，可以使用 dnf 命令下载该包，或者在早期版本中使用 yumdownloader 命令。这两种情况都会导致从 YUM 存储库下载命名的包，并将其复制到当前目录。

例如，如果想要从 YUM 库中将 Firefox Web 浏览器软件包的最新版本下载到当前目录，可以输入以下命令：

```
# yumdownloader firefox
firefox-67.0.4-1.fc30.x86_64.rpm    6.1 MB/s |  92 MB    00:14
```

要使用 dnf 命令，请键入：

```
# dnf download firefox
firefox-60.7.0-1.el8_0.x86_64.rpm    6.1 MB/s |  93 MB    00:15
```

目前，在当前目录中已经有了一些下载的 RPM 软件包，可以使用各种 rpm 命令以不同的方式查询或使用这些软件包(如下一节所述)。

10.5　使用 rpm 命令安装、查询和验证软件

在本地 RPM 数据库中包含了关于已安装软件包的大量信息。rpm 命令包含了几十个不同的选项，能够找到关于每个软件包的信息，比如软件包所包含的文件、创建者、安装时间、大小以及其他属性。因为该数据库包含了每个软件包中每个软件的指纹(md5sums)，所以可以使用 RPM 对其进行查询，从而了解任何软件包中的文件是否被篡改。

此外，rpm 命令仍然可以进行基础安装和更新活动，但大部分人只会在软件包处于本地目录中时才会使用 rpm 命令。所以接下来获取本地目录中的一个软件包来使用。输入下面的命令，下载 zsh 软件包的最新版本：

```
# dnf download zsh
zsh-5.5.1-6.el8.x86_64.rpm    3.0 MB/s | 2.9 MB    00:00
```

将 zsh 软件包下载到当前目录后，接下来试用一些 rpm 命令。

10.5.1 使用 rpm 安装和删除软件包

请使用 rpm 命令安装一个软件包，如下所示：

```
# rpm -i zsh-5.5.1-6.el8.x86_64.rpm
```

注意，在使用 rpm 命令进行安装时提供了完整的包名，而不是包的基名。如果已经安装了 zsh 的较早版本，可以使用-U 升级软件包。在升级期间，通常可以使用-h 和-v 选项打印#标识以及更详细的输出：

```
# rpm -Uhv zsh-5.5.1-6.el8.x86_64.rpm
Verifying...          ######################### [100%]
Preparing...         ######################### [100%]
  1:zsh-5.5.1-6.el8  ######################### [100%]
```

如果某一软件包还没有被安装过，那么可以安装该软件包(-i)。即使该软件包已经安装过，也可以升级(-U)该软件包。第三种被称为更新(Freshen)的安装类型只有在现有且较早版本的软件包已经安装到计算机时才会安装软件包。例如：

```
# rpm -Fhv *.rpm
```

如果在一个目录中包含了数以千计的 RPM，但只想对那些已经安装到计算机上的软件包(即较早的版本)进行更新而跳过暂没有安装的软件包，此时可以使用上面所示的更新命令。

此外，还可以添加一些有趣的选项。其中，--replacepkgs 选项能够重新安装软件包的一个现有版本(例如，错误地删除了软件包的组成部分)，--oldpackage 选择能够安装软件包的一个较早版本。

```
# rpm -Uhv --replacepkgs emacs-26.1-5.el8.x86_64.rpm
# rpm -Uhv --oldpackage zsh-5.0.2-25.el7_3.1.x86_64.rpm
```

可以使用-e 选项删除一个软件包，此时只需要软件包的基名即可。例如：

```
# rpm -e emacs
```

如果运行 rpm –e emacs 命令，会取得成功，因为没有其他软件包依赖 emacs。然而，会留下前面作为 emacs 依赖而安装的 emacs-common。但如果尝试首先删除 emacs-common，命令将失败，并给出 Failed dependencies 消息。

10.5.2 查询 rpm 信息

安装完软件包后，通过使用-q 选项，可以查询关于该软件包的信息，比如相关描述(-qi)、文件列表(-ql)、文档(-qd)以及配置文件(-qc)。

```
# rpm -qi zsh
Name      : zsh
Version   : 5.5.1
Release   : 6.el8
...
```

```
# rpm -ql zsh
/etc/skel/.zshrc
/etc/zlogin
/etc/zlogout
...
# rpm -qd zsh
/usr/share/doc/zsh/BUGS
/usr/share/doc/zsh/CONTRIBUTORS
/usr/share/doc/zsh/FAQ
...
# rpm -qc zsh
/etc/skel/.zshrc
/etc/zlogin
/etc/zlogout
...
```

可以使用参数查询 rpm 中所包含的任何信息，包括：为了安装一个 rpm 需要什么(--requires)，软件包所提供的软件版本(--provides)，在 rpm 安装或者删除之前和之后运行了哪些脚本(--scripts)以及对 rpm 进行了哪些更改(--changelog)。

```
# rpm -q --requires emacs-common
/bin/sh
/usr/bin/pkg-config
/usr/sbin/alternatives
...
# rpm -q --provides emacs-common
config(emacs-common) = 1:26.2-1.fc30
emacs-common = 1:26.2-1.fc30
emacs-common(x86-64) = 1:26.2-1.fc30
emacs-el = 1:26.2-1.fc30
pkgconfig(emacs) = 1:26.2
# rpm -q --scripts httpd
postinstall scriptlet (using /bin/sh):
if [ $1 -eq 1 ] ; then
        # Initial installation
        systemctl --no-reload preset httpd.service...
...
# rpm -q --changelog httpd | less
* Thu May 02 2019 Lubos Uhliarik <luhliari@redhat.com> - 2.4.39-4
- httpd dependency on initscripts is unspecified (#1705188)
* Tue Apr 09 2019 Joe Orton <jorton@redhat.com> - 2.4.39-3
...
```

从前面两个示例可以看出，httpd 包中的脚本使用 chkconfig 命令启用了 httpd 服务。通过--changelog 选项可以了解对软件包的每个版本进行更改的原因。

通过使用--queryformat 选项，可以查询信息的不同标记，并以所希望的形式输出。而运行--querytags 选项可以查看所有可用的标记：

```
# rpm --querytags | less
ARCH
ARCHIVESIZE
```

```
BASENAMES
BUGURL
...
# rpm -q binutils --queryformat "The package is %{NAME} \
    and the release is %{RELEASE}\n"
The package is binutils and the release is 29.fc30
```

到目前为止，所有的查询都是针对本地 RPM 数据库进行的。通过向这些查询选项中添加-p，可以查询位于本地目录中的 RPM 文件。-p 选项是查看软件包内容非常好的方法，如果某人给了你一个软件包，那么在将其安装到系统之前可以使用-p 选项研究一下该软件包的内容。

获取 zsh 软件包并将其放到本地目录中(dnf downloader zsh)。然后在该 RPM 文件上运行一些查询命令。

```
# rpm -qip zsh-5.7.1-1.fc30.x86_64.rpm View info about the RPM file
# rpm -qlp zsh-5.7.1-1.fc30.x86_64.rpm List all files in the RPM file
# rpm -qdp zsh-5.7.1-1.fc30.x86_64.rpm Show docs in the RPM file
# rpm -qcp zsh-5.7.1-1.fc30.x86_64.rpm List config files in the RPM file
```

10.5.3　验证 rpm 软件包

通过使用-v 选项，可以对已经安装到系统中的软件包进行检查，以便了解自软件包首次安装以来其组成部分是否更改。虽然在安装完毕后，不断更改配置文件是非常常见的，但更改二进制(/bin、/sbin 等中的命令)却很少见。如果二进制文件被更改，则可能表明系统被破解。

在下面的示例中，将安装 zsh 软件包并进行相应的破坏。如果想要尝试本示例，那么请在完成后删除或重新安装 zsh 软件包。

```
# rpm -i zsh-5.7.1-1.fc30.x86_64.rpm
# echo hello> /bin/zsh
# rm /etc/zshrc
# rpm -V zsh
missing   c /etc/zshrc
S.5....T.   /bin/zsh
```

从该输出中可以看出，/bin/zsh 文件被篡改，而/etc/zshrc 文件被删除。每当从 rpm -v 输出中看到一个字母或数字而不是一个点，则表明什么地方被更改了。可以替换点的字母包括:

S　　文件大小不一致
M　　模式不一致(包括许可和文件类型)
5　　MD5 校验不一致
D　　设备主要/次要编号不匹配
L　　readLink(2)路径不匹配
U　　用户所有权不一致
G　　组所有权不一致
T　　mTime 不一致
P　　caPabilities 不一致

这些指示符来自 rpm 手册页的 Verify 部分。在示例中，可以看到文件大小被更改了(S)，根据文件的指纹所检查的 md5sum 被更改了(5)，以及文件上的修改时间(T)不一致。

为让软件包恢复到原始状态，可以使用带有--replacekgs 选项的 rpm 命令，如下所示(也可以使用 yum reinstall zsh 命令)。然后使用-V 选项进行检查。如果没有输出，则意味着每个文件都恢复到其原始状态。

```
# rpm -i --replacepkgs zsh-5.7.1-1.fc30.x86_64.rpm
# rpm -V zsh
```

比较好的做法是从/var/lib/rpm 备份 RPM 数据库，并将其复制到一些只读介质(如 CD)上。然后，当对怀疑被破解的软件包进行验证时，就知道并不是根据一个也被破解的数据库对软件包进行检查。

10.6　在企业中管理软件

到目前为止，已经学习了如何使用图形化工具、yum 命令和 rpm 命令来安装、查询、删除以及操作软件包。但是当在一家大型企业中使用 RPM 文件时，则需要扩展上述知识。

Red Hat Enterprise Linux 中用来在企业中管理 RPM 软件包的功能提供了更复杂和更强大的处理能力。与 Fedora 不同的是(Fedora 提供了一个庞大的软件库)，RHEL 提供了通过 Red Hat Network 的部署，需要针对各种软件渠道(RHEL、Red Hat Enterprise Virtualization、Red Hat Cluster Suite 等)进行付费订阅和授权。

在企业计算方面，设计 RPM 软件包的其中一个最大好处是它们的管理可以自动化。安装其他 Linux 打包方案时允许停止并提示输入相关信息(比如请求目录位置或者用户名)，而安装 RPM 软件包时没有中断，从而提供了下列优点。

- **Kickstart 文件**——手动安装过程中需要回答的所有问题以及选择的所有软件包可以添加到一个 Kickstart 文件中。当启动 Fedora 或 Red Hat Enterprise Linux 安装程序时，可以在启动提示符处提供一个 Kickstart 文件。此后，全部的安装程序按照该文件完成。如果想要对默认的软件包安装进行任何更改，可以运行 Kickstart 文件中的 Pre 和 Post 脚本，比如添加用户账户或修改配置文件。
- **PXE 启动**——可以配置一个 PXE 服务器，允许客户端计算机启动一个 Anaconda(安装程序)内核以及选择一个 Kickstart 文件。一台装有支持 PXE 启动的 NIC 的计算机可以非常容易地通过该 NIC 启动，并开始全新安装。换句话说，启动计算机，如果在启动顺序中遇到 NIC，那么几分钟之后你就可以拥有一个新安装的系统，并且完全按照你的规范进行配合而不必干涉。
- **Satellite 服务器(Spacewalk)**——通过使用所谓的Satellite服务器，可以部署Red Hat Enterprise Linux 系统。内置于 Satellite 服务器的功能与来自 Red Hat CDN 的功能是相同的，用来管理和部署新系统和更新。可将 RHEL 系统配置为按照时间设置从 Satellite 服务器上获取软件更新。一种被称为 Errata 的软件包组解决了很多具体问题，可以根据需要将它们快速、自动地部署到系统中。
- **容器映像**——可以将几个或几百个 RPM 打包到一个容器映像中，而不是在系统上安装单个 RPM。容器映像与 RPM 类似，因为它包含一组软件，但与 RPM 不同的是，它比 RPM 更容易添加到系统、直接运行和从系统中删除。

介绍如何使用 Kickstart 文件、Satellite 服务器、容器以及其他企业就绪安装功能已经超出了本书的讨论范围。但通过学习 yum 和 rpm 所获取的知识将为日后学习任何 RHEL 软件安装打下坚实基础。

10.7　小结

Fedora、Red Hat Enterprise Linux 以及其他相关系统中的软件打包通过使用基于 RPM(Red-Hat Package Manager)工具的软件打包技术实现。Debian、Ubuntu 和相关系统将软件打包成 DEB 文件。可以尝试易于使用的图形化工具(如 Software 窗口)来查找和安装软件包。而主要的命令行工具包括与 Red Hat 相关联系统的 yum、dnf 和 rpm 命令以及与 Debian 相关联系统的 aptitude、apt*和 dpkg。

通过使用这些软件管理工具，可以安装、查询、验证、更新和删除软件包。此外，还可以完成维护工作，比如清除缓存文件和重建 RPM 数据库。本章还介绍了许多 Software 窗口的功能以及 yum、dnf 和 rpm 命令。

安装完所需的系统和软件包后，可对 Fedora、RHEL、Debian 或者 Ubuntu 系统进行进一步配置。如果是多个人使用同一系统，那么下一步的任务是添加和管理系统中的用户账户。第 11 章将介绍 Fedora、RHEL 和其他 Linux 系统中的用户管理。

10.8　习题

使用以下习题测试一下在 Fedora 或 Red Hat Enterprise Linux 中使用 RPM 软件的相关知识。为了完成这些习题，建议拥有一个连接到 Internet 的 Fedora 系统(大部分过程在已注册的 RHEL 系统中也可以很好地工作)。

需要能够访问 Fedora 软件库(该库会自动设置)。如果陷入困境，可以参考附录 B 中这些习题的参考答案(虽然在 Linux 中可以使用多种方法来完成某一任务)。

(1) 搜索 YUM 库，查找提供了 mogrify 命令的软件包。

(2) 显示提供了 mogrify 命令的软件包的信息，并确定该软件包的主页(URL)是什么。

(3) 安装包含了 mogrify 命令的软件包。

(4) 列出提供了 mogrify 命令的软件包中包含的所有文档文件。

(5) 浏览提供了 mogrify 命令的软件包中的 changelog 文件。

(6) 从系统中删除 mogrify 命令，并根据 RPM 数据库验证该软件包，查看该命令是否真正删除。

(7) 重新安装提供了 mogrify 命令的软件包，并确保整个软件包没有篡改过。

(8) 将提供了 mogrify 命令的软件包下载到当前目录。

(9) 通过查询当前目录中软件包的 RPM 文件，显示所下载软件包的一般信息。

(10) 从系统中删除包含了 mogrify 命令的软件包。

## 第 11 章

获取用户账户

本章主要内容：

- 使用用户账户
- 使用组账户
- 配置集中式用户账户

对于 Linux 系统管理员来说，添加和管理用户是常见的任务。*用户账户*保持了使用系统的人与运行在系统中的进程之间的边界。而*组*是一种将系统的权限一次性分配给多个用户的方法。

本章不仅介绍如何创建新用户，还介绍如何创建预定义的设置和文件来配置用户环境。通过使用诸如 useradd 和 usermod 命令的工具，可以分配相关设置，比如主目录的位置、默认 shell、默认组以及特定的用户 ID 和组 ID 值。使用 Cockpit，可以通过 Web UI 添加和管理用户账户。

11.1 创建用户账户

每一个使用 Linux 系统的人都应该有一个单独的用户账户。通过拥有一个用户账户，可以提供用来完全存储文件的区域，以及调整用户界面(GUI、路径、环境变量等)，从而适合用户使用电脑的习惯。

可使用多种方法向大多数 Linux 系统添加用户账户。Fedora 和 Red Hat Enterprise Linux 系统提供了 Cockpit，它包括用于创建和管理用户账户的账户选择。如果还没有安装和启用 Cockpit，请执行如下操作：

```
# yum install cockpit -y
# systemctl enable --now cockpit.socket
```

要通过 Cockpit 创建用户账户，请执行以下操作：

(1) 从 Web 浏览器(主机名：9090)打开 Cockpit 界面。

(2) 以根用户(或具有根权限的用户)的身份登录，选择 Reuse my password for privileged tasks 复选框，然后选择 Accounts。

(3) 选择 Create New Account。

图 11.1 显示了 Create New Account 弹出窗口的示例。

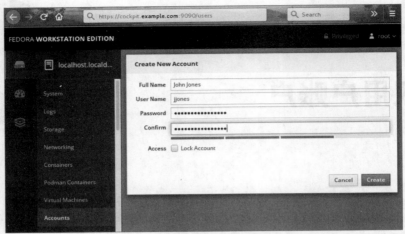

图 11.1 在 Cockpit 中添加和修改用户账户

(4) 现在，可以开始向 Linux 系统添加新的用户账户。需要填写以下字段：

- **Full Name**——使用用户的真实名称，在现实生活中，当用户书写姓名时通常采用大写和小写字母。从技术角度看，该信息应该存储在 passwd 文件的注释字段中，但是按照惯例，大多数 Linux 和 UNIX 系统使用该字段来保存每个用户的全名。

- **User Name**——以用户身份进行登录时所使用的名称。在选择用户名时，不要以一个数字开头(例如，26jsmith)。此外，最好全部使用小写字母，不包括控制字符或者空格，以及最多八个字符。useradd 命令允许 32 字符，但一些应用程序并不能处理这么长的用户名。如果用户名太长，那么诸如 ps 的工具将只会显示用户 ID(UID)，而不是用户名。用户名 Jsmith 和 jsmith 将使某些程序(比如发送邮件)产生混乱而无法区分大小写。

- **Password、Confirm**——在 Password 和 Confirm 字段输入想要用户拥有的密码。密码应该最少八个字符且混合包含大小写字母、数字和标点符号。但不应该包含真正的单词、重复字母或者键盘中某一行中的连续字母。通过该界面所输入的密码必须满足上述标准(如果想要添加一个不满足上述标准的密码，可以使用 useradd 命令，如本章后面所述)。当提高密码强度时，密码栏下的红色变为绿色。

- **Access：**要创建尚未完全准备好使用的账户，请选中 Lock Account 复选框。这将防止任何人登录账户，直到你取消选中该框或更改 passwd 文件中的信息。

(5) 选择 Create 将用户添加到系统中。新用户账户的条目添加到/etc/passwd 文件中，新组账户添加到/etc/group 文件中。本章稍后将描述它们。

选择 Add，向系统添加用户。此时，新用户账户的条目将被添加到/etc/passwd 文件中，而新组账户则被添加到/etc/group 文件。本章后面将介绍这些内容。

Cockpit Accounts 屏幕允许在创建一个常规用户之后修改它的一小部分信息。为了以后修改用户信息，请执行以下操作。

(1) 选择要更改的用户账户。出现一个屏幕，其中有该用户账户的可用选项。

(2) 可以删除但不能修改用户名，但可以更改以下内容。

- **Full Name：**因为用户的全名只是一个注释，所以可以随意更改。

- **Roles：**在默认情况下，有机会选择允许把用户添加到 Server Administrator (把用户添加到 wheel 组中，提供了根权限)或 Image Builder (通过 weldr 组，允许用户构建容器和其他类型的映像)角色的复选框。其他 Cockpit 组件可能会将其他角色添加到这个列表中。如果用户已登录，则该用户必须注销以获得这些特权。

- **Access:** 可以选择 Lock Account 来锁定账户，在特定的日期选择锁定账户，或从不锁定账户(设置没有账户过期日期)。
- **Password:** 可以选择 Set Password 为该用户设置新密码，或者选择 Force Change 来强制用户在下次登录时更改密码。默认情况下，密码永远不会过期。可以将其更改为让密码在设置的数天后过期。
- **Authorized Public SSH Keys:** 如果用户有一个公共 SSH 密钥，则可以为该字段选择加号(+)，将该密钥粘贴到文本框中，然后选择 Add key。有了该密钥，就允许具有相关私钥的用户通过 SSH 登录到该用户账户，而不需要输入密码。

(3) 更改会立即生效，因此可以在修改完用户账户后离开窗口。

Cockpit Web UI 的 Accounts 区域旨在简化创建和修改用户账户的过程。而通过命令行，可以添加或者修改与用户账户相关联的大多数特性。下一节将介绍如何通过命令行(使用 useradd 命令)添加用户账户，或者使用 usermod 命令修改用户账户。

11.1.1　使用 useradd 命令添加用户

有时，Linux 系统并没有可用于添加用户的桌面或 Web UI。而另一些时候可能使用 shell 脚本一次性添加多个用户会更加方便，又或者需要更改 Cockpit 不可用的用户账户功能。这些情况下，通过命令行使用相关的命令，能够添加和修改用户账户。

通过 shell 创建新用户的最简单方法是使用 useradd 命令。在使用 root 权限打开一个 Terminal 窗口后，可在命令提示符处调用 useradd 命令，并提供新账户的详细信息作为参数。

唯一必需的参数是用户的登录名，但有时也可以在参数前包括一些额外信息。账户信息的每一项之前都添加了一个带有破折号的单字母选项编码。useradd 命令的可用选项包括:

- **-c "*comment*"** ——提供了对新用户账户的描述。一般来说为用户的全名。可以使用用户账户名(-c Jake)替换 *comment*。使用双引号输入多个单词(例如，-c "*Jake Jackson*")。
- **-d *home_dir*** ——设置账户所使用的主目录。默认情况下使用登录名命名该目录，并将其放到/home 中。请使用目录名替换 *home_dir*(例如，-d/mnt/homes/jake)。
- **-D** ——该选项并不创建新的账户，而是将所提供的信息保存为任何新创建账户的默认设置。
- **-e *expire_date*** ——以 YYYY-MM-DD 格式分配账户的有效期限。可以使用一个日期替换 *expire_date*(例如，如果想要使某一账户在 2022 年 5 月 5 日到期，可以使用-e 2022-05-05)。
- **-f -1** ——设置密码过期之后多少天账户被永久禁用。默认值-1 禁用了该选项。而如果将其设置为 0，则表示在密码过期之后马上禁用账户。请使用一个数字替换-1(即负 1)。
- **-g *group*** ——设置新用户所在的主组(必须已经存在于/etc/group 文件中)。请使用组名替换 *group*(例如，-g wheel)。如果没有使用该选项，则会创建一个新组(使用用户名作为组名)，并将其作为用户的主组。
- **-G *grouplist*** ——将新用户添加到以逗号分隔的增补组列表中(例如，-G wheel, sales, tech, lunch)。如果在后面的 usermod 命令中使用了-G，请确保使用的是-aG，而不是-G。否则，现有的增补组将被删除，而所提供的组将成为唯一可分配的组。

201

- **-k** *skel_dir*——设置包含了初始配置文件和登录脚本(这些配置文件和脚本将复制到新用户的主目录)的框架目录。该参数可以与-m 选项一起使用。请使用目录名替换 *skel_dir*(如果没有使用该选项，则使用/etc/skel 目录)。
- **-m**——自动创建用户的主目录，并将框架目录(/etc/skel)中的文件复制到该主目录中(对于 Fedora 和 RHEL 来说，该选项是默认行为，所以不是必需的。但对于 Ubuntu 来说却不是默认行为)。
- **-M**——当使用该选项时，即使默认行为被设置为创建主目录，也不会创建新用户的主目录。
- **-n**——禁用创建一个与新用户名和用户 ID 相匹配的新组的默认行为。Fedora 和 RHEL 系统可以使用该选项。而其他 Linux 系统通常将新用户分配给名为 users 的组。
- **-o**——使用-u uid 创建一个与另一个用户账户具有相同 UID 的用户账户(如果想要让两个不同的用户名拥有对相同文件和目录组的权限，使用该选项是非常有效率的)。
- **-p** *passwd*——为当前添加的账户输入一个密码，且必须是一个加密后的密码。如果此时不添加加密密码，日后还可以使用 passwd user 命令为用户添加密码(如果想要生成一个 MD5 加密密码，请输入 openssl passwd)。
- **-s** *shell*——指定账户所使用的命令 shell。请使用命令 shell 替换 *shell*(例如，*-s /bin/csh*)。
- **-u** *user_id*——为账户指定用户 ID 号(例如，-u 793)。如果没有使用-u 选项，默认行为是自动分配下一个可用的数字。请使用 ID 号替换 *user_id*。自动分配给常规用户的用户 id 从 1000 开始，因此对于高于该数字的常规用户，应该以不与自动分配冲突的方式使用 id。

接下来，为新用户创建账户。用户的全名为 Sara Green。其登录名为 sara。首先，成为一名 root 用户，并输入下面的命令：

```
# useradd -c "Sara Green" sara
```

然后使用 passwd 命令为 Sara 设置初始密码。当被提示时输入两次密码：

```
# passwd sara
Changing password for user sara.
New password: **********
Retype new password: **********
```

注意:

示例中的星号表示所输入的密码。当输入密码时不会实际显示所输入的值。此外，请记住，如果以 root 用户身份运行 passwd，则可以添加短的或者空白密码，但普通用户却不能这么做。

在为 Sara 创建账户的过程中，useradd 命令完成了以下活动：
- 读取/etc/login.defs 和/etc/default/useradd 文件，获取创建账户时所使用的默认值。
- 检查命令行参数，找出哪些默认值被重写。
- 根据默认值和命令行参数，在/etc/passwd 和/etc/shadow 文件中创建新用户条目。
- 在/etc/group 文件中创建新的组条目(Fedora 使用新用户名创建组)。
- 在/home 目录中根据用户名创建一个主目录。
- 将/etc/skel 目录中的所有文件复制到新的主目录中。其中通常包括登录和应用程序启动脚本。

上面所示的示例仅使用了部分可用的 useradd 选项。大部分账户设置都使用了默认值。如果愿意，可以显式地设置更多的值。如下面示例所示：

```
# useradd -g users -G wheel,apache -s /bin/tcsh -c "Sara Green" sara
```

上面的命令行告诉 useradd：使 users 成为 Sara 所属的主组(-g)；将其添加到 wheel 和 apache 组；将 tcsh 作为其主要的命令行 shell(-s)。默认情况下，在/home 中根据用户名创建了主目录(/home/sara)。此外，该命令行将下面所示的数据行添加到/etc/passwd 文件中：

```
sara:x:1002:1007:Sara Green:/home/sara:/bin/tcsh
```

/etc/passwd 文件的每一行都表示单一的用户账户记录。字段之间由冒号(:)相分离。序列中的字段位置确定了其含义。登录名是第一个字段。密码字段只包含了一个 x，因为在本示例中使用了影子密码文件(shadow password file)来存储加密的密码数据(位于/etc/shadow 中)。

useradd 所选择的用户 ID 为 1002。主组 ID 为 1007，与/etc/group 文件中的私有 sara 组对应。注释字段正确设置为 Sara Green。而主目录自动分配为/home/sara。最后，命令 shell 分配为/bin/tcsh，实际上是由 useradd 选项所指定。

如果忽略大部分选项(如第一个 useradd 示例所示)，那么在大多数情况下会使用默认值。例如，如果没有使用-g sales 或-G wheel, apache，则会将组名 sara 分配给新用户。一些 Linux 系统(除了 Fedora 和 RHEL 之外)默认分配 users 作为组名。同样，如果不使用-s /bin/tcsh，则会将/bin/bash 分配为默认 shell。

/etc/group 文件保存了 Linux 系统中不同组以及属于不同组的用户的信息。如果想要让多个用户共享访问相同文件同时拒绝访问其他文件，分组是非常有用的。为 sara 所创建的/etc/group 条目为：

```
sara:x:1007:
```

组文件中的每一行包含了组名、组密码(通常用 x 填充)、与之关联的组 ID 号以及组中的用户列表。默认情况下，每个用户添加到自己的组中，这些组以下一个可用的 GID 开头(从 1000 开始)。

11.1.2　设置用户默认值

useradd 命令通过读取/etc/login/defs 和/etc/default/useradd 文件确定新账户的默认值。如果想要修改这些默认值，可以使用标准的文本编辑器手工编辑这些文件。虽然在不同的 Linux 系统中 login.defs 是不同的，但下面的示例包含了 login.defs 文件中的大部分设置：

```
PASS_MAX_DAYS   99999
PASS_MIN_DAYS   0
PASS_MIN_LEN    5
PASS_WARN_AGE   7
UID_MIN             1000
UID_MAX            60000
SYS_UID_MIN          200
SYS_UID_MAX          999
GID_MIN             1000
GID_MAX            60000
SYS_GID_MIN          201
SYS_GID_MAX          999
CREATE_HOME yes
```

所有非注释行都包含键/值对。例如，关键字 PASS_MIN_LEN 后跟一些空格和值 5，从而告诉 useradd，用户的密码必须至少 5 个字符。其他的行则对自动分配的用户 ID 或组 ID 号的有效范围进行了自定义(Fedora 中的 UID 从 1000 开始；而早期的系统则从 100 开始)。永久管理用户和组账号分别保留为 199 和 200。因此，可以分配自己的管理用户和组账户，分别从 200 和 201 开始，直到 ID 号 999 为止。

而相关的注释部分则在每个关键字前面解释用途(为了节约篇幅，此处删除了这些注释)。更改默认值只须编辑相关关键字的值即可，并且在运行 useradd 命令之前保存文件。

如果想要查看其他的默认设置，可以参阅/etc/default/useradd 文件。此外，还可以通过输入带有-D 选项的 useradd 命令查看默认设置，如下所示：

```
# useradd -D
GROUP=100
HOME=/home
INACTIVE=-1
EXPIRE=
SHELL=/bin/bash
SKEL=/etc/skel
CREATE_MAIL_SPOOL=yes
```

还可以使用-D 选项来更改默认值。当运行带有该选项的命令时，useradd 不实际创建一个新用户账户；而是在/etc/default/useradd 中将任何额外提供的选项保存为新默认值。并不是所有的 useradd 选项可以与-D 选项一起使用。可以使用的只有 5 个选项，如下所示：

- **-b** *default_home*——设置所创建的主目录所在的默认目录。用目录名替换 *default_home*(例如，-b /gargae)。通常默认目录为/home。
- **-e** *default_expire_date*——设置禁用用户账户的默认的截止日期。应该使用格式为 YYYY-MM-DD 的日期替换 *dafault_expire_date* 值(例如，-e 2011-10-17)。
- **-f** *default_inactive*——设置密码过期后多少天账户被禁用。用一个表示天数的数字替换 *default_inactive*(例如，-f 7)。
- **-g** *default_group*——设置新用户所在的默认组。通常，useradd 命令创建与用户具有相同名称和 ID 号的新组。用组名替换 *default_group*(例如，-g bears)。
- **-s** *default_shell*——设置新用户的默认 shell。通常为/bin/bash。用默认 shell 的完整路径替换 *default_shell*(例如，-s /usr/bin/ksh)。

如果想要设置任何默认值，可以首先提供-D 选项，然后添加想要设置的默认值。例如，为将默认主目录设置为/home/everyone，将默认 shell 设置为/bin/tcsh，请输入以下命令：

```
# useradd -D -b /home/everyone -s /bin/tcsh
```

除了设置用户默认值，管理员还可以创建被复制到每个用户主目录的默认文件。这些文件可以包括登录脚本和 shell 配置文件(比如.bashrc)。请记住，设置这些类型的文件是默认/etc/skel 目录的目的。

其他对于使用用户账户非常有用的命令包括 usermod(用来修改现有账户的设置)和 userdel(用来删除现有用户账户)。

11.1.3 使用 usermod 修改用户

usermod 命令提供了一种简单明了的方法来更改账户参数。该命令可用的许多选项与 useradd 命令中的选项相对应。主要包括:

- **-c** *username*——更改与用户账户相关联的描述。请使用用户账户名替换 *username*(-c jake)。如果输入多个单词,则使用双引号(例如, -c "Jake Jackson")。
- **-d** *home_dir* ——更改账户的主目录。默认情况下,主目录名称与登录名相同,且放在/home 中。用目录名替换 *home_dir*(例如, -d /mnt/homes/jake)。
- **-e** *expire_date* ——为账户分配一个 YYYY-MM-DD 格式的新过期日期。用一个日期替换 *expire_date*(对于 2022 年 10 月 15 日,使用-e 2022-10-15)。
- **-f -1**——更改密码过期之后多少天永久禁用账户。默认值-1 表示禁用该选项。而如何设置为 0 则表示密码过期后马上禁用账户。用一个数字替换-1。
- **-g** *group*——更改用户所在的主组(/etc/group 文件中所列出)。用组名替换 *group*(例如, -g wheel)。
- **-G** *grouplist*——将用户的附属组(secondary groups)设置为以逗号分隔的组列表。除了用户的私有组之外,如果用户还属于另一个组,则还必须添加-a 选项(-Ga)。如果没有添加,用户将只会属于新的组,而失去任何其他组的成员资格。
- **-l** *login_name*——更改账户的登录名。
- **-L**——通过在/etc/shadow 文件中的加密密码前添加一个感叹号,可以锁定账户。虽然账户被锁定,但仍然允许用户保持密码不变(使用-U 选项解除账户锁定)。
- **-m**——只有当使用-d 选项时该选项才可用,并将用户主目录中的内容复制到新目录中。
- **-o**——只能与-u uid 一起使用,才能取消 UID 必须唯一的限制。
- **-s** *shell* ——为账户指定一个不同的命令 shell。用命令 shell 替换 *shell*(例如, -s bash)。
- **-u** *user_id*——更改账户的用户 ID 号。用 ID 号替换 *user_id*(例如, -u 1474)。
- **-U**——解除用户账户的锁定(通过删除加密密码开头的感叹号)。

接下来列举一些 usermod 命令的示例:

```
# usermod -s /bin/csh chris
# usermod -Ga sales,marketing, chris
```

第一个示例将用户 chris 的 shell 更改为 csh。而在第二个示例中,为用户 chris 添加了增补组。-a 选项(-Ga)确保将该增补组添加到用户 chris 的所有现有组。如果没有使用-a,则 chris 的现有增补组将被清除,而分配给该用户的新组列表只包括新的增补组。

11.1.4 使用 userdel 删除用户

就像 usermod 用来更改用户设置,useradd 用来创建用户一样,userdel 用来删除用户。删除用户 **chris** 的命令如下所示:

```
# userdel -r chris
```

此时,用户 chris 从/etc/passwd 文件中删除。而-r 选项还删除了用户的主目录。如果不使用-r,则不删除 chris 的主目录,如下所示:

```
# userdel chris
```

记住，仅删除用户账户并不能删除用户遗留在系统中关于文件的相关属性(除非使用-r 选项删除了这些文件)。然而，当在这些文件上运行 ls -l 时会发现遗留文件的所有权显示为属于前一个所有者的用户 ID 号。

在删除用户之前，可以运行 find 命令，找到该用户遗留的所有文件。然后在删除用户之后，搜索用户 ID 找到遗留的文件。可以使用两种 find 命令：

```
# find / -user chris -ls
# find / -uid 504 -ls
```

因为没有分配给任何用户的文件被视为一个安全隐患，所以较好的做法是找到这些文件并将它们分配给一个真实的用户账户。下面所示的 find 命令示例找到了文件系统中不与任何用户关联的所有文件(文件按照 UID 顺序列出)：

```
# find / -nouser -ls
```

11.2　了解组账户

如果要在多个用户中共享一组文件，那么组账户是非常有用的。可以创建一个组，并更改与该组相关联的文件组。root 用户可以将用户分配给该组，所以这些用户可以根据组的权限访问这些文件。考虑下面的文件和目录：

```
$ ls -ld /var/salesdocs /var/salesdocs/file.txt
drwxrwxr-x. 2 root sales 4096 Jan 14 09:32 /var/salesstuff/
-rw-rw-r--. 1 root sales    0 Jan 14 09:32 /var/salesstuff/file.txt
```

查看一下/var/salesdocs 目录的权限(rwxrwxr-x)，可以看到第二组的 rwx 表明组(sales)中的任何成员都有权读取目录中的文件(r 表示读取)，创建和删除目录中的文件(w 表示写入)以及切换到该目录(x 表示执行)。此外，sales 组中的成员还可以读取和更改文件 file.txt(根据第二个 rw-)。

11.2.1　使用组账户

每一个用户都分配给一个主组。在 Fedora 和 RHEL 中，主组默认为与用户同名的一个新组。所以，如果将用户命名为 sara，那么分配给该用户的组也为 sara。主组由/etc/passwd 文件中每一条目的第三个字段的数字来表示。例如，组 ID1007 如下所示：

```
sara:x:1002:1007:Sara Green:/home/sara:/bin/tcsh
```

该组在/etc/group 文件中条目的入口点为：

```
sara:x:1007:
```

接下来以 sara 用户和组账户为例列举一些关于组使用的事实：

- 默认情况下，当 sara 创建一个文件或目录时，该文件或目录将分配给 sara 的主组(也称为 sara)。
- 用户 sara 可以属于多个增补组，或者不属于任何增补组。如果 sara 是组 sales 和组 marketing

的一名成员，那么在/etc/group 文件中的条目将如下所示：

```
sales:x:1302:joe,bill,sally,sara
marketing:x:1303:mike,terry,sara
```

- 用户 sara 不能将自己添加到一个增补组中。他甚至不能将另一个用户添加自己的 sara 组中。只有拥有 root 权限的人才可将用户分配到组。
- 拥有组和其他权限(两者都提供了大部分的访问)的 sara 可以访问分配给 sales 和 marketing 组的任何文件。如果 sara 想要使用 sales 或者 marketing 组创建一个文件，可以使用 newgrp 命令。在下面的示例中，sara 使用 newgrp 命令使 sales 临时成为自己的主组并创建了一个文件：

```
[sara]$ touch file1
[sara]$ newgrp sales
[sara]$ touch file2
[sara]$ ls -l file*
-rw-rw-r--. 1 sara sara 0 Jan 18 22:22 file1
-rw-rw-r--. 1 sara sales 0 Jan 18 22:23 file2
[sara]$ exit
```

此外，还可通过使用 newgrp 命令允许用户临时成为某一组的成员，而不是实际成为该组成员。为此，拥有 root 权限的人可以使用 gpasswd 命令设置一个组密码(比如 gpasswd sales)。此后，任何用户通过输入 newgrp sales 进入一个 shell，当出现提示时输入组密码，从而临时使用 sales 作为其主组。

11.2.2 创建组账户

作为 root 用户，可以通过使用 groupadd 命令来创建新组。此外，如前所述，当创建了一个用户账户时会自动创建组。

可将 0~999 的组 ID 号(GID)分配给特殊的管理组。例如，root 组与 GID 0 相关联。在 Red Hat Enterprise Linux 和 Fedora 中，普通组从 1000 开始。而在最初的 UNIX 系统中，GID 从 0~99。其他的 Linux 系统则为管理组保留了 0~500 的 GID。前面介绍的一个较新的特性将管理用户和组账户分别保留到 199 和 200，并允许在这些号码和 999 之间创建自己的管理账户。

接下来列举一些使用 groupadd 命令创建组账户的示例：

```
# groupadd kings
# groupadd -g 1325 jokers
```

在该示例中，创建了一个名为 kings 的组(使用了下一个可用的组 ID 号)。随后，使用了组 ID 1325 创建了组 jokers。有些管理员喜欢使用 200 以上、1000 以下未定义的组编号，所以他们所创建的组不会影响 1000 以上的组(所以 UID 和 GID 号可以平行存在)。

如果想更改一个组，可以使用 groupmod 命令。例如：

```
# groupmod -g 330 jokers
# groupmod -n jacks jokers
```

在第一个示例中，jokers 的组 ID 更改为 330。而在第二个示例中，将组名从 jokers 更改为 jacks。如果想要将任何组作为增补组分配给某一用户，可以使用 usermod 命令(如本章前面所述)。

11.3　在企业中管理用户

从最初的 UNIX 系统被开发以来数十年间，用来处理用户账户和组账户的基本 Linux 方法没有发生变化。然而，随着使用 Linux 系统的方法越来越复杂，用来管理用户、组以及相关权限的功能添加到基础用户/组模型中，从而使该模型：

- **更加灵活**——在基本模型中，只能将一个用户和一个组分配给每个文件。普通用户不能将特定的权限分配给不同的用户或者组，此外，也很难灵活地设置协作文件/目录。通过对该模型的改进，允许普通用户设置特殊的协作目录(使用诸如粘滞位以及设置 GID 位目录等功能)。通过使用 ACL(Access Control Lists)，任何用户可将针对文件和目录的特定权限分配给任何用户和组。
- **更加集中**——如果只有一台计算机，那么在/etc/passwd 文件中存储所有用户的用户信息并非难事。然而，如果需要跨数千个 Linux 系统对同一组用户进行身份验证，那么将用户信息集中存储可以节省大量时间以及避免很多问题。Red Hat Enterprise Linux 包括了相关的功能，以便通过 LDAP 服务器或者 Microsoft Active Directories 服务器对用户进行身份验证。

下面将介绍如何使用诸如 ACL 和共享位(粘滞位和设置 GID 位目录)的功能来提供有选择的共享文件和目录的方法。

11.3.1　使用 ACL 设置权限

开发 ACL 功能的目的是让普通用户可与其他用户和组有选择性地共享自己的文件和目录。通过使用 ACL，用户可以允许其他用户读取、写入和执行文件和目录，而无需这些文件系统元素保持打开状态，或者请求 root 用户更改所分配的文件或者目录。

接下来介绍一些关于 ACL 的内容：

- 如果想要使用 ACL，必须在文件系统被挂载时在该文件系统上启用 ACL。
- 在 Fedora 和 Red Hat Enterprise Linux 中，当系统安装时，会自动在每个文件系统上启用 ACL。
- 如果在安装完毕后(比如添加了硬盘)创建了文件系统，则需要确保在挂载该系统时使用 acl 挂载选项。
- 为向文件添加 ACL，可以使用 setfacl 命令；而如果查看文件上的 ACL 设置，可以使用 getfacl 命令。
- 如果想要在任何文件或者目录上设置 ACL，必须是分配到该文件或目录上的实际拥有者(用户)。换句话说，使用 setfacl 所设置的用户或组权限并没有赋予更改文件中 ACL 的权限。
- 因为可将多个用户和组分配给一个文件/目录，所以一个用户拥有的实际权限等于用户所属的所有用户/组权限的并集。例如，如果针对 sales 组的文件具有只读权限，而针对 market 组的文件具有读取/写入/执行权限(rwx)，同时 mary 属于这两个组，那么 mary 最终拥有 rwx 权限。

> **注意：**
> 如果没有使用 setfacl 在正在使用的文件系统上启用 ACL，请参见本章"启用 ACL"一节，了解如何挂载启动了 ACL 的文件系统。

1. 使用 setfacl 设置 ACL

通过使用 setfacl 命令，可以修改权限(-m)或者删除 ACL 权限(-x)。下面是 setfacl 命令语法的一个示例：

```
setfacl -m u:username:rwx filename
```

在该示例中，修改选项(-m)之后紧跟着字母 u，表明正在为用户设置 ACL 权限。在一个冒号(:)之后是用户名，紧跟着又是一个冒号以及想要分配的权限。与使用 chmod 命令一样，使用 setfacl 可以为用户或组分配读取(r)、写入(w)和/或执行(x)权限(在本示例中给予了全 rwx 权限)。最后一个参数 *filename* 由正在修改的实际文件名所替代。

下面列举用户 mary 使用 setfacl 命令为其他用户和组在某一文件上添加权限的示例：

```
[mary]$ touch /tmp/memo.txt
[mary]$ ls -l /tmp/memo.txt
-rw-rw-r--. 1 mary mary 0 Jan 21 09:27 /tmp/memo.txt
[mary]$ setfacl -m u:bill:rw /tmp/memo.txt
[mary]$ setfacl -m g:sales:rw /tmp/memo.txt
```

在上面的示例中，mary 创建了一个名为/tmp/memo.txt 的文件。通过使用 setfacl 命令，对用户 bill 的权限进行了修改，从而拥有了对该文件的读取/写入(rw)权限。随后，又修改了组 sales 的权限，以便属于该组的每个人也都拥有读取/写入权限。此时查看一下 ls -l 和 getfacl 的输出：

```
[mary]$ ls -l /tmp/memo.txt
-rw-rw-r--+ 1 mary mary 0 Jan 21 09:27 /tmp/memo.txt
[mary]$ getfacl /tmp/memo.txt
# file: tmp/memo.txt
# owner: mary
# group: mary
user::rw-
user:bill:rw-
group::rw-
group:sales:rw-
mask::rw-
other::r--
```

通过 ls -l 的输出可以看到，在 rw-rw-r--+输出中有一个加号(+)。该加号表明已经在文件上设置了 ACL，所以可以运行 getfacl 命令，了解 ACL 是如何设置的。该输出将 mary 显示为拥有者和组(与使用 ls -l 所产生的输出相同)，普通用户权限(rw-)以及 ACL 用户 bill 的权限(rw-)。组权限和组 sales 的权限是相同的。而其他权限为 r--。

此处需要对 mask 行(位于上面 getfacl 示例的末尾处)进行一些专门的讨论。一旦在某一文件上设置了 ACL，普通组权限就可以像 ACL 用户或组那样在文件上设置最大权限的 mask。所以，即使为单人提供了比组权限所允许的更多的 ACL 权限，其有效权限也不会超过组权限。例如：

```
[mary]$ chmod 644 /tmp/memo.txt
[mary]$ getfacl /tmp/memo.txt
# file: tmp/memo.txt
# owner: mary
# group: mary
user::rw-
```

```
user:bill:rw-    #effective:r--
group::rw-       #effective:r--
group:sales:rw- #effective:r--
mask::r--
other::r--
```

注意在上面的示例中，即使用户 bill 和组 sales 拥有 rw-权限，他们的有效权限也为 r--。也就是说，bill 或者 sales 组中的任何人都不能更改文件，除非 mary 再次打开权限(例如输入 chmod 664 /tmp/momo.txt)。

2. 设置默认的 ACL

通过在某一目录上设置默认的 ACL，可以让 ACL 得到继承。这也就意味着当在该目录中创建新文件和目录时，它们也会被分配相同的 ACL。为将某一用户或者组 ACL 权限设置为默认值，需要在用户或者组名称中添加一个 d:。请参考以下示例：

```
[mary]$ mkdir /tmp/mary
[mary]$ setfacl -m d:g:market:rwx /tmp/mary/
[mary]$ getfacl /tmp/mary/
# file: tmp/mary/
# owner: mary
# group: mary
user::rwx
group::rwx
other::r-x
default:user::rwx
default:group::rwx
default:group:sales:rwx
default:group:market:rwx
default:mask::rwx
default:other::r-x
```

为确保默认的 ACL 正常工作，请创建一个子目录。然后再次运行 getfacl。此时将看到为 user、group、mask 以及 other 所添加的默认行，它们都继承了目录的 ACL。

```
[mary]$ mkdir /tmp/mary/test
[mary]$ getfacl /tmp/mary/test
# file: tmp/mary/test
# owner: mary
# group: mary
user::rwx
group::rwx
group:sales:rwx
group:market:rwx
mask::rwx
other::r-x
default:user::rwx
default:group::rwx
default:group:sales:rwx
default:group:market:rwx
default:mask::rwx
default:other::r-x
```

注意，当在该目录中创建了一个文件时，所继承的权限是不同的。如果在没有执行权限的情况下创建一个普通文件，那么有效权限将减为 rw-:

```
[mary@cnegus ~]$ touch /tmp/mary/file.txt
[mary@cnegus ~]$ getfacl /tmp/mary/file.txt
# file: tmp/mary/file.txt
# owner: mary
# group: mary
user::rw-
group::rwx          #effective:rw-
group:sales:rwx     #effective:rw-
group:market:rwx    #effective:rw-
mask::rw-
other::r--
```

3. 启用 ACL

在最近的 Fedora 和 RHEL 系统中，可以在支持 ACL 的情况下自动创建 xfs 和 ext 文件系统类型(ext2、ext3 和 ext4)。在其他 Linux 系统上，或者在其他 Linux 系统上创建的文件系统上，可以通过以下几种方式添加 acl mount 选项：

- 在/etc/fstab 文件中有一行命令负责在系统启动时自动挂载文件系统，请在该命令的第 5 个字段添加 acl 选项。
- 在文件系统超级块的 Default mount options 字段中植入 acl 行，这样无论文件系统是自动挂载还是手动挂载，都将使用 acl 选项。
- 当使用 mount 命令手动挂载文件系统时，将 acl 选项添加到 mount 命令行。

记住，在 Fedora 和 Red Hat Enterprise Linux 系统中，只能将 acl 挂载选项添加到 Linux 安装完毕后创建的文件系统。在安装 Anaconda 的过程中，安装程序会自动将 ACL 支持添加到所创建的每一个文件系统中。如果想要检查 acl 选项是否被添加到某一文件系统，请先确定与该文件系统相关联的设备名，然后运行 tune2fs -l 命令，查看所插入的挂载选项。例如：

```
# mount | grep home
/dev/mapper/mybox-home on /home type ext4 (rw)
# tune2fs -l /dev/mapper/mybox-home | grep "mount options"
Default mount options:    user_xattr acl
```

首先，输入 mount 命令，查看目前所挂载的所有文件系统的列表，并通过对单词 home 的查找限制了输出内容(因为我们只想查看挂载在/home 上的文件系统)。查看了文件系统的设备名后，使用该名称作为 tune2fs -l 的一个选项，查找默认的挂载选项行。此时，可以看到挂载选项 user_xattr(用于扩展的属性，如 SELinux)和 acl 被插入文件系统超级块中，因此当挂载文件系统时会使用这些挂载选项。

如果 Default mount options 字段为空(比如在创建了一个新文件系统之后)，则可以使用 tune2fs -o 命令添加 acl 挂载选项。例如，在另一个 Linux 系统的可移动 USB 驱动器(被分配为/dev/sdc1 设备)上创建了一个文件系统。如果要插入 acl 挂载选项并进行检查，可运行下面所示的命令：

```
# tune2fs -o acl /dev/sdc1
# tune2fs -l /dev/sdc1 | grep "mount options"
Default mount options:    acl
```

如果想要测试上面命令行是否正常工作，可以重新挂载文件系统并在文件系统的某一文件上使用 setfacl 命令。

向文件系统添加ACL支持的第二种方法是向/etc/fstab 文件中用来在启动时自动挂载文件系统的命令行中添加 acl 选项。下面的示例显示了将/dev/sdcl 设备上的 ext4 文件系统挂载到/var/stuff 目录的命令行：

```
/dev/sdc1    /var/stuff    ext4    acl    1 2
```

在第 4 个字段添加了 acl，而不是 defaults。如果在该字段已经添加了其他选项，可以在最后一个选择之后添加一个逗号，再添加 acl。当再次挂载该文件系统时，ACL 将被启用。如果文件系统已经挂载，则可以 root 用户的身份输入下面所示的 mount 命令(使用 acl 或者添加到/etc/fstab 文件的其他值)，以便重新挂载文件系统：

```
# mount -o remount /dev/sdc1
```

第三种向文件系统添加 ACL 支持的方法是手动挂载文件系统并专门请求 acl 挂载选项。所以，如果在/etc/fstab 文件中没有文件系统的条目，则可在创建了挂载点(/var/stuff)后，输入下面的命令挂载文件系统并包括 ACL 支持：

```
# mount -o acl /dev/sdc1 /var/stuff
```

记住，mount 命令只能临时挂载文件系统。当系统重新启动时，文件系统将不会再次挂载，除非在/etc/fstab 文件中添加一个条目。

11.3.2　为用户添加目录以便进行协作

当使用 chmod 命令更改文件系统上的权限时，一般会忽略一组特殊的三权限位。这些权限位可以在命令和目录上设置特殊权限。本章将重点介绍如何设置这些位来帮助创建用于协作的目录。

就像 user、group 和 other 的读取、写入和执行位，可以使用 chmod 命令设置这些特殊文件权限位。例如，如果运行 chmod 775/mnt/xyz，所隐含的权限实际为 0775。如果想更改权限，可以使用 3 个权限位(4、2 和 1)的任意组合替换数字 0，或者使用字母值(如果需要回顾权限的工作原理，可以参阅第 4 章)。表 11.1 显示了这些数字和字母。

表 11.1　用来创建和使用文件的命令

名称	数值	字母值
设置用户 ID 位	4	u+s
设置组 ID 位	2	g+s
粘滞位	1	o+t

为了创建合作目录而需要使用的位包括设置组 ID 位(2)和粘滞位(1)。如果你对设置用户 ID 位和设置组 ID 位的用法感兴趣，可以参阅侧边栏"使用 Set UID 和 Set GID 位命令。"

1. 创建组协作目录(设置 GID 位)

如果创建一个 set GID 目录并将一个组分配给该目录，那么任何在该目录中创建的文件都将分配给该组。其主要思想是创建一个目录，该目录中的所有组成员可以共享文件，但仍然保护这些文件免受其他用户破坏。下面所示的步骤为前面所创建组 sales 中的所有用户创建了一个协作目录。

(1) 创建一个用来协作的组：

```
# groupadd -g 301 sales
```

(2) 向该组添加一些允许共享文件的用户(我使用了 mary)：

```
# usermod -aG sales mary
```

(3) 创建协作目录：

```
# mkdir /mnt/salestools
```

使用 Set UID 和 Set GID 位命令

通常在特殊的可执行文件(这些文件允许以与众不同的方式运行命令集)上使用 Set UID 和 Set GID 位。一般来说，当用户运行一个命令时，该命令将使用用户的权限运行。换句话说，如果以 chris 身份运行 vi 命令，那么 vi 命令的实例将有权读取和写入用户 chris 可读取和写入的文件。

带有 set UID 或 set GID 位的命令则不同。分别由分配给命令的拥有者和组来确定命令访问计算机上资源所需的权限。所以，root 用户所拥有的 set UID 命令将使用 root 权限运行；而 Apache 所拥有的 set GID 命令将拥有 Apache 组的权限。

设置了 set UID 位开启的应用程序示例为 su 和 newgrp 命令。这些命令必须以 root 用户身份来完成它们的工作。然而，为了实际获取 root 权限，用户必须提供一个密码。可以告知 su 是一个 set UID 位命令，因为第一个执行位(x)通常为 s：

```
$ ls /bin/su
  -rwsr-xr-x. 1 root root  30092 Jan 30 07:11 su
```

(4) 将组 sales 分配给该目录：

```
# chgrp sales /mnt/salestools
```

(5) 将目录的权限更改为 2775，分别表示启用了 set GID 位(2)、用户的完全 rwx 权限(7)、组的完全 rwx 权限(7)以及其他人的 r-x 权限(5)：

```
# chmod 2775 /mnt/salestools
```

(6) 成为 mary 用户(运行 su -mary)。然后在共享目录中创建一个文件并查看权限。当列出权限时，可以看到该目录是一个 set GID 目录，因为在组的执行权限位上出现了一个小写的 s(rwxrwsr-x)：

```
# su - mary
 [mary]$ touch /mnt/salestools/test.txt
 [mary]$ ls -ld /mnt/salestools/ /mnt/salestools/test.txt
drwxrwsr-x. 2 root sales 4096 Jan 22 14:32 /mnt/salestools/
  -rw-rw-r--. 1 mary sales    0 Jan 22 14:32 /mnt/salestools/test.txt
```

通常，当 mary 创建一个文件时，会将组 mary 分配给它。但因为 test.txt 文件是在一个 set GID 位目录中创建的，所以该文件分配给 sales 组。现在，任何属于 sales 组的人都可以根据组权限读取或者写入 test.txt 文件。

2. 创建受限制的删除目录(粘滞位)

通过启用目录的粘滞位，可以创建一个受限制的删除目录。那么是什么使受限制的删除目录不同于其他目录呢？通常，如果对某一用户开启了对某一文件或者目录的写入权限，那么该用户就可以删除该文件或者目录。然而，在受限制的删除目录中，除非是 root 用户或者目录的拥有者，否则不能删除其他用户的文件。

一般来说，可以将受限制的删除目录用作一个允许多个不同用户创建文件的地方。例如，/tmp 目录就是一个受限制的删除目录:

```
$ ls -ld /tmp
drwxrwxrwt. 116 root root 36864 Jan 22 14:18 /tmp
```

可以看到权限都是开放的，但对于其他用户来说执行位不是 x，而是 t，这表明设置了一个粘滞位。下面的示例创建了一个受限制的删除目录，其中包含了一个对任何人开放写入权限的文件:

```
[mary]$ mkdir /tmp/mystuff
[mary]$ chmod 1777 /tmp/mystuff
[mary]$ cp /etc/services /tmp/mystuff/
[mary]$ chmod 666 /tmp/mystuff/services
[mary]$ ls -ld /tmp/mystuff /tmp/mystuff/services
drwxrwxrwt. 2 mary mary   4096 Jan 22 15:28 /tmp/mystuff/
-rw-rw-rw-. 1 mary mary 640999 Jan 22 15:28 /tmp/mystuff/services
```

上述命令将/tmp/mystuff 目录上的权限设置为 1777，可以看到所有权限都是开放的，但最后一个执行位被替换为 t。因为/tmp/mystuff/services 文件开放了写入权限，所以任何人都可以打开并更改文件内容。然而，由于该文件位于一个粘滞位目录中，因此只有 root 用户和 mary 可以删除该文件。

11.4　集中用户账户

虽然在 Linux 中对用户进行身份验证的默认方法是根据/etc/passwd 文件以及来自/etc/shadow 文件的密码对用户信息进行检查，但也可以使用其他方法进行身份验证。在大多数大型企业中，用户账户信息被存储在一个集中式身份验证服务器中，以便每次安装新的 Linux 系统时不必将用户账户添加到该系统中，当某人尝试登录时，Linux 系统可以查询身份验证服务器。

与使用本地 passwd/shadow 身份验证一样，配置集中式身份验证需要提供两种类型的信息: 账户信息(用户名、用户/组 ID、主目录、默认 shell 等)和身份验证方法(不同类型的加密密码、智能卡、视网膜扫描等)。Linux 提供了配置这些类型信息的方法。

通过 authconfig 命令支持的身份验证域包括 LDAP、NIS 和 Windows Active Directory。

所支持的集中式数据库类型包括:

● **LDAP** ——LDAP(Lightweight Directory Access Protocol)是一种比较流行的用来提供目录服务(比如电话本、地址和用户账户)的协议。它是一种开放标准，可以在多种类型的计算环境中进行配置。

- **NIS**——NIS(Network Information Service)最初是由 Sun Microsystems 创建用来跨多个 UNUX 系统传递用户账户、主机配置以及其他类型的系统信息。因为 NIS 以明文形式传递信息，所以目前许多企业使用更安全的 LDAP 或者 Winbind 协议进行集中式身份验证。
- **Winbind**——通过从 Authentication Configuration 窗口选择 Winbind，可以根据一个 Microsoft AD(Active Directory)服务器对用户进行身份验证。许多大型的公司都扩展了各自的桌面身份验证设置，从而进行服务器配置以及使用 AD 服务器。

如果正在考虑建立自己的集中式身份验证服务，并且希望使用开源项目，建议查看一下 389 目录服务器(https://directory.fedoraproject.org/)。Fedora 和其他 Linux 系统提供这种企业级质量的 LDAP 服务器。

11.5　小结

设置单独的用户账户是保持使用 Linux 系统的用户之间安全边界的主要方法。一般来说，普通用户可以控制各自的主目录中的文件和目录，却不能控制这些目录之外的文件和目录。

本章学习了如何添加和修改用户和组账户，以及如何对用户和组账户进行扩展从而超越本地 /etc/password 文件的边界。此外，还学习了可以通过访问集中式 LDAP 服务器进行身份验证。

下一章将介绍 Linux 系统管理员需要掌握的另一个基本主题：如何管理磁盘。将学习如何对磁盘进行分区，添加文件系统以及挂载磁盘，以便访问磁盘分区中的内容。

11.6　习题

使用以下习题测试一下在 Linux 中添加和管理用户和组账户的相关知识。这些任务假设正在运行的是 Fedora 或者 Red Hat Enterprise Linux 系统(虽然有些任务也可以在其他 Linux 系统上完成)。如果陷入困境，可以参考附录 B 中这些习题的参考答案(虽然在 Linux 中可以使用多种方法来完成某一任务)。

(1) 向 Linux 系统添加一个本地用户账户，其用户名为 jbaxter，全名为 John Baxter，同时使用/bin/sh 作为默认 shell。然后默认分配 UID，将 jbaxter 的密码设置为 My1N1te0ut!

(2) 创建一个名为 testing 的组账户(使用组 ID 315)。

(3) 将 jbaxter 添加到组 testing 和组 bin。

(4) 以 jbaxter 身份打开一个 shell(一个新的登录会话或者使用当前的 shell)，并使 testing 组成为临时默认组，以便在输入 touch /home/jbaxter/file.txt 时，分配 testing 组作为该文件的组。

(5) 注意为 jbaxter 分配的用户 ID，然后在不删除分配给 jbaxter 的主目录的前提下删除该用户账户。

(6) 在/home 目录(以及任何子目录)中查找分配给属于用户 jbaxter 的用户 ID 的任何文件。

(7) 将/etc/services 文件复制到默认框架目录中，以便该主目录中的任何新用户都可以查看该文件。然后向系统添加一个新用户，其用户名为 mjones，全名为 Mary Jones，主目录为 /home/maryjones。

(8) 查找/home 目录下所有属于 mjones 的文件。其中是否有属于 mjone 却不想查看的文件？

(9) 以 mjones 身份进行登录，并创建一个文件/tmp/maryfile.txt。通过使用 ACL，将用户 bin 的读取/写入权限分配给该文件。然后将 lp 组的读取/写入权限分配给该文件。

(10) 仍然以 mjones 身份进行登录，并创建一个目录/tmp/mydir。通过使用 ACL，为该目录分配默认权限，以便用户 adm 拥有对该目录以及该目录中所创建的任何文件和目录的读取/写入/执行权限。创建/tmp/mydir/testing/目录和/tmp/mydir/newfile.txt 文件，并确保用户 adm 拥有完全的读取/写入/执行权限。尽管为用户 adm 分配了 rwx 权限，但在 newfile.txt 文件上的有效权限仅为 rw；那么应该做什么才能使 adm 获取执行权限呢？

## 第12章

管理磁盘和文件系统

本章主要内容:
- 使用 shell 脚本
- 使用 LVM 创建逻辑卷
- 添加文件系统
- 挂载文件系统
- 卸载文件系统

操作系统、应用程序以及数据都需要被保存在某些类型的永久存储器上,以便在关闭计算机又重新启动时仍然可以使用它们。传统上,该存储器由计算机中的硬盘提供。为了在硬盘上更好地组织信息,通常将硬盘划分为多个分区,而大部分分区都具备一种称为*文件系统*的结构。

本章介绍了如何使用硬盘。硬盘任务包括分区、添加文件系统以及以不同的方法管理这些文件系统。此外,可以使用相同的方法对通过可移动设备和网络设备附加到系统的存储设备进行分区和管理。

讨论完基本分区后,还将介绍如何使用 LVM(Logical Volume Management,逻辑卷管理)从而更容易地扩大、缩小以及更高效地管理文件系统。

12.1 了解磁盘存储器

在大多数现代操作系统中,数据存储器的基本工作原理都是相同的。当安装操作系统时,磁盘分为一个或者多个分区。然后使用一种文件系统格式化每个分区。对于 Linux 系统来说,可能为了相关元素(比如交换区或 LVM 物理卷)而对一些分区进行特殊分区。磁盘用作永久存储器;而RAM(Random Access Memory,随机存储器)和交换区则用作临时存储器。例如,当运行一条命令时,该命令将从硬盘复制到 RAM,以便计算机处理器(CPU)可以更快速地访问该命令。

相对于从硬盘中访问数据,CPU 可以更快地从 RAM 中访问数据。然而,磁盘通常要比 RAM大很多,而 RAM 要更加昂贵且当计算机重启时会清除 RAM。如果将 RAM 和磁盘比喻成办公设施,那么磁盘就类似于一个文件柜,可以存储所需信息的文件夹。而 RAM 类似于办公桌面,当需要使用时,可以将其放在桌面上,当不使用时则将它们放回文件柜。

当因为运行太多进程或者运行了一个带有内存泄漏的进程而将 RAM 填满时,如果系统没有提供一种扩展系统内存的方法,则会导致新进程失败。此时交换空间就派上用场了。交换空间是一个硬盘交换分区或者交换文件,在该空间里,计算机可以从 RAM 中"换出"暂时不使用的数据，然后在需要时将该数据"换回"RAM。虽然不超过 RAM 是最好的(因为当进行数据交换时会降低系统性能)，但交换数据总比进程运行失败强。

另一个特殊的分区是逻辑卷管理(LVM)物理卷。LVM 物理卷能够创建被称为*卷组*的存储空间池。相对于直接调整磁盘分区的大小，通过这些卷组，可以更灵活地扩大和缩小逻辑卷。

对于 Linux，至少需要一个磁盘分区，并且将整个 Linux 文件系统的根(/)分配给该分区。然而，更常见的做法是划分多个分区，并分配给特定的目录，比如/home、/var 和/tmp。通过在文件系统中想要使用分区的位置挂载分区，可以将每个分区与 Linux 文件系统连接起来。添加到分区挂载点目录中(或子目录中)的任何文件都存储在该分区中。

> **注意:**
> 单词"挂载(mount)"是指将来自硬盘、USB 驱动器或者网络存储设备中的文件系统连接到文件系统中某一特定点的行为。该行为通常使用 mount 命令完成，并通过相关选项告诉该命令存储设备的位置以及连接到文件系统中的哪个目录。

将磁盘分区连接到 Linux 文件系统是自动完成的，该过程对终端用户不可见。那么该过程是如何发生的呢？当安装 Linux 时，所创建的每一个普通磁盘分区都与一个设备名相关联。/etc/fstab 文件中的每一个条目告诉 Linux 每个分区的设备名称以及挂载的位置(当然还包括其他信息)。当系统启动时完成挂载操作。

本章的大部分内容将分别重点介绍如何对计算机磁盘进行分区并连接在一起构成 Linux 文件系统，如何划分磁盘、格式化文件系统和交换空间以及在启动系统时如何使用这些项目。最后还将讨论如何手动完成分区和文件系统创建。

来自 Windows

在 Linux 中文件系统的组织方式不同于 Microsoft Windows 操作系统中文件系统的组织方式。在 Windows 操作系统中，针对每一个本地磁盘、网络文件系统、CD-ROM 或者其他类型的存储介质都有一个对应的驱动器字母(例如，A:、B:、C:)，而在 Linux 中，所有存储介质都放到 Linux 目录结构中。

当插入可移动介质时，会自动将一些驱动器连接(挂载)到文件系统。例如，CD 可能挂载到 /media/cdrom。如果驱动器没有自动挂载，则由管理员负责在文件系统中创建一个挂载点，然后将磁盘连接到该点。

Linux 可以理解 VFAT 文件系统，当购买一个 USB 闪存驱动器时，该文件系统为默认格式。VFAT 和 exFAT USB 闪存驱动器为 Linux 和 Windows 系统之间的数据共享提供了一种非常好的方法。Linux 内核支持适用于 NTFS 文件系统，而目前该文件系统也被 Windows 所使用。然而，NTFS(有时是 exFAT)通常要求在 Linux 中安装额外的内核驱动程序。

当需要在不同类型的操作系统之间交换文件时，通常使用 VFAT 文件系统。因为 VFAT 主要用于 MS-DOS 以及早期的 Windows 操作系统中，所以它提供了一种与许多类型的系统(包括 Linux)共享文件的最低共同标准。而 NTFS 是现代 Microsoft Windows 系统常用的文件系统类型。

12.2　对硬盘进行分区

Linux 提供了多种工具来管理硬盘分区。如果想要向系统添加磁盘或者更改现有的磁盘配置，则需要知道如何对磁盘进行分区。

本节将使用一个可移动 USB 闪存驱动器和一个固定硬盘演示磁盘的分区。为安全起见，使用了一个不包含任何有用数据的 USB 闪存驱动器来练习分区。

更改分区可能导致系统无法启动

我并不建议使用系统的主硬盘来练习更改分区,因为任何一个错误都可能导致系统无法启动。即使是使用了一个单独的闪存驱动器来进行练习,/etc/fatab 文件中任何一个错误条目也可能在重新启动时挂起系统。如果在更改完分区之后系统启动失败,可以参考第 21 章来了解如何解决该问题。

12.2.1　理解分区表

从传统上讲，PC 体系结构的计算机使用 MBR(Master Root Record)分区表来存储关于硬盘分区大小和布局的信息。目前可以使用许多非常稳定且众所周知的工具来管理 MBR 分区。然而，在过去几年里，一种称为 GUID(Global Unique Identifier)分区表的新标准在部分 UEFI 计算机体系结构的计算机上得到了应用，从而取代了较老的 BIOS 系统启动方法。

一些 Linux 分区工具为了能够处理 GUID 分区表而进行了升级。此外，还新增了一些专门用来处理 GUID 分区表的工具。因为流行的 fdisk 命令不支持 gpt 分区，所以在本章中使用 parted 命令来介绍分区。

MBR 规范所固有的局限性带来了对 GUID 分区的需求。特别是 MBR 分区的大小被限制在2TB。而 GUID 分区可以创建最大 9.4ZB 的分区。

12.2.2　查看磁盘分区

如果想要查看磁盘分区，可以使用带有-1 选项的 fdisk 命令。下面所示的示例对 Red Hat Enterprise Linux 8 系统上的 160GB 固定硬盘驱动器进行了分区：

```
# parted -l /dev/sda
Disk /dev/sda: 160.0 GB, 160000000000 bytes, 312500000 sectors
Units = sectors of 1 * 512 = 512 bytes
Sector size (logical/physical): 512 bytes / 512 bytes
I/O size (minimum/optimal): 512 bytes / 512 bytes
Disk label type: dos
Disk identifier: 0x0008870c
   Device Boot      Start         End      Blocks   Id  System
/dev/sda1    *       2048     1026047      512000   83  Linux
/dev/sda2         1026048   304281599   151627776   8e  Linux LVM
```

当插入一个 USB 闪存驱动器时，会将其分配给下一个可用的 sd 设备。下面的示例演示了对一个 Fedora 30 系统中的 USB 驱动器(/dev/sda)进行分区，其中/dev/sdc 为被分配的设备名(系统上的第二个磁盘)。这个 USB 驱动器是一个新的 128GB USB 闪存驱动器：

```
# fdisk -l /dev/sdb
```

虽然这个驱动器被分配到/dev/sdb，但是驱动器可能被分配到不同的设备名。此外，还有一些注意事项：

- 由 sd?设备(比如 sda、sdb、sdc 等)所表示的 SCSI 或者 USB 存储设备最多可以有 16 个次要设备(比如主/dev/sdc 设备以及/dev/sdc1 到/dev/sdc15)。所以共有 15 个分区。由 nvme 设备(如 nvme0、nvme1、nvme2 等)表示的 NVMe SSD 存储设备可以划分为一个或多个名称空间(大多数设备只使用第一个名称空间)和分区。例如，/dev/nvme0n1p1 表示第一个 NVMe SSD 上第一个名称空间中的第一个分区。
- 对于 x86 计算机，磁盘最多可以有 4 个主分区。所以，如果想要 4 个以上的总分区，则至少有一个分区是扩展分区。四个主分区之外的任何分区都是逻辑分区，使用了来自扩展分区的空间。
- id 字段表明了分区的类型。注意，第一个示例还包含 Linux LVM 分区。

第一个主磁盘通常显示为/dev/sda。在安装 RHEL 和 Fedora 时，安装程序至少会创建一个 LVM 分区，在该分区之外再分配其他分区。所以 fdisk 命令的输出可能如下所示：

```
# parted -l
Disk /dev/sda: 500.1 GB, 500107862016 bytes
```

第一个分区大约为 210MB，挂载在/boot/efi 目录上。第二个分区(1074MB)挂载在/boot 分区上。对于旧的 MBR 分区表，只有一个/boot 分区。Flag 列下的 boot 指示该分区是可引导的。磁盘的其余部分由 LVM 分区使用，该分区最终用于创建逻辑卷。

我建议暂时不要管硬盘，先找一个不担心被清除的 USB 闪存驱动器。然后在该设备上尝试一下相关的命令。

12.2.3　创建单分区磁盘

为向计算机添加一个可被 Linux 使用的新的存储介质(硬盘、USB 闪存驱动器或者类似设备)，首先需要将该磁盘设备连接到计算机，然后对磁盘进行分区。一般过程如下所示：

(1) 安装新的硬盘或者插入新的 USB 闪存驱动器。

(2) 对新磁盘进行分区。

(3) 在新磁盘上创建文件系统。

(4) 挂载文件系统。

向 Linux 添加磁盘或者闪存驱动器的最简单方法是将整个磁盘专用于单个 Linux 分区。然而，如果愿意，也可以有多个分区，并将它们分配给不同类型的文件系统和不同的挂载点。

下面的程序将引导完成对一个 USB 闪存驱动器的分区，其中只包含一个分区。如果你有一个不介意被清除的 USB 闪存驱动器(任何大小都可以)，那么可以完成下面的示例。随后还将介绍如何将磁盘划分为多个分区。

> **警告：**
>
> 如果使用 parted 对磁盘进行分区时出现错误，请确保纠正了该更改。与 fdisk 不同的是，在 fdisk 中，只需要输入 q 就可以退出，而不需要保存更改，而 parted 会立即进行更改，所以不能放弃更改。

(1) 对于一个 USB 闪存驱动器，请将其插入一个可用的 USB 端口。此时，我使用了一个 128GB 的 USB 闪存驱动器，但可以使用任意大小的 USB 闪存驱动器。

(2) 确定该 USB 驱动器的设备名称。以 root 用户的身份从 shell 中输入下面所示的 journalctl

命令，然后插入 USB 闪存驱动器。此时会出现相关的消息，表明了刚插入设备的名称(完成操作后按 Ctrl+C，退出 tail 命令)：

```
# journalctl -f
kernel: usb 4-1: new SuperSpeed Gen 1 USB device number 3 using
                 xhci_hcd
kernel: usb 4-1: New USB device found, idVendor=0781,
                 idProduct=5581, bcdDevice= 1.00
kernel: usb 4-1: New USB device strings: Mfr=1, Product=2,
                 SerialNumber=3
kernel: usb 4-1: Product: Ultra
kernel: usb 4-1: Manufacturer: SanDisk
...
kernel: sd 6:0:0:0: Attached scsi generic sg2 type 0
kernel:  sdb: sdb1
kernel: sd 6:0:0:0: [sdb] Attached SCSI removable disk
udisksd[809]: Mounted /dev/sdb1 at /run/media/chris/7DEB-B010
              on behalf of uid 1000
```

(3) 通过输出可以看到，USB 闪存驱动器被找到并分配给/dev/sdc(你的设备名称可能与之有所不同)。此外，该输出还包含一个已格式化的分区：sdb1。请确保使用了正确的磁盘，否则可能丢失该磁盘中想要保留的所有数据！

(4) 如果 USB 闪存驱动器自动挂载，则需要对其进行卸载。下面找到本例中的 USB 分区并卸载：

```
# mount | grep sdb
/dev/sdb1 on /run/media...
# umount /dev/sdb1
```

(5) 使用 parted 命令在 USB 驱动器上创建分区。例如，如果正在格式化第二个 USB、SATA 或 SCSI 磁盘(sdc)，可输入以下命令：

```
# parted /dev/sdb
GNU Parted 3.2
Using /dev/sdb
Welcome to GNU Parted! Type 'help' to view a list of commands.
(parted)
```

目前，正处于 parted 命令模式，可以使用 parted 单字母命令设置来使用分区。

(6) 如果开始使用一个新的 USB 闪存驱动器，那么该驱动器可能只有一个专用于与 Windows 兼容的文件系统(比如 VFAT)的分区。使用 p 可查看所有分区，而使用 rm 则删除分区。具体代码如下所示：

```
(parted) p
Model: SanDisk Ultra (scsi)
Disk /dev/sdb: 123GB
Sector size (logical/physical): 512B/512B
Partition Table: msdos
Disk Flags:

Number  Start   End    Size   Type    File system   Flags
```

```
1      16.4kB  123GB  123GB  primary  fat32              lba
(parted) rm
Partition number? 1
```

(7) 将磁盘重新定位为具有 gpt 分区表。

```
(parted) mklabel gpt
Warning: The existing disk label on /dev/sdb will be destroyed and all data
on this disk will be lost. Do you want to continue?
Yes/No? Yes
(parted)
```

(8) 要创建一个新分区，输入 mkpart。系统会提示输入文件系统类型，然后是分区的开始和结束。这个例子将分区命名为 alldisk，使用 xfs 作为文件系统类型，分区从 1MB 开始，到 123GB 结束：

```
(parted) mkpart
Partition name? []? alldisk
File system type? [ext2]? xfs
Start? 1
End? 123GB
```

(9) 按 p 键检查驱动器是否你希望的方式分区(具体输出因驱动器的大小而异)。

```
(parted) p
Model: SanDisk Ultra (scsi)
Disk /dev/sdb: 123GB
Sector size (logical/physical): 512B/512B
Partition Table: gpt
Disk Flags:

Number  Start    End    Size   File system  Name     Flags
 1      1049kB   123GB  123GB  xfs          alldisk
```

(10) 虽然分区已经完成，但新分区还不能使用。为此，必须在新分区上创建一个文件系统。要在新的磁盘分区上创建文件系统，使用 mkfs 命令。默认情况下，这个命令创建一个 ext2 文件系统，它可用于 Linux。但大多数情况下，希望使用日志记录文件系统(如 ext3、ext4 或 xfs)。要在第二个硬盘的第一个分区上创建 xfs 文件系统，键入以下命令：

```
# mkfs -t xfs /dev/sdb1
```

> **提示：**
> 还可以使用其他命令，或者 mkfs 命令的其他选项来创建其他文件系统类型。例如，使用 mkfs.exfat 来创建 VFAT 文件系统，使用 mkfs.msdos 创建 DOS，或者使用 mkfs.ext4 创建 ext4 文件系统类型。如果想要在 Linux、Windows 和 macOS 系统之间共享文件，需要一个 VFAT 或 exFAT 文件系统(可用于 Ubuntu)。

(11) 为了能够使用新的文件系统，需要创建一个挂载点，并将其挂载到分区。下面的示例演示了如何完成该操作。可以进行检查，以确保挂载成功。

```
# mkdir /mnt/test
```

```
# mount /dev/sdb1 /mnt/test
# df -h /mnt/sdb1
Filesystem      Size Used Avail Use% Mounted on
/dev/sdb1       115G 13M  115G   1%  /mnt/test
```

df 命令表示将/dev/sdc1 挂载到/mnt/test，并且提供了大约 115GB 的磁盘空间。mount 命令可以显示所有被挂载的文件系统，但这里只列出了 dc1，说明它已挂载。

在/mnt/test 目录中创建的任何文件或目录以及任何子目录都被存储在/dev/sdc1 设备中。

(12) 当使用完毕时可以使用 umount 卸载驱动器，然后就可以安全地移除该设备(如果 umount 命令失败，可以参阅后面关于 umount 命令的相关说明)：

```
# umount /dev/sdb1
```

(13) 每次系统启动时通常不需要为了实现自动挂载而设置 USB 闪存驱动器，因为当插入驱动器时会自动进行挂载。但如果确实想要手动完成挂载过程，可以编辑/etc/fstab 文件并添加一行命令，表明挂载什么以及在何处挂载。该命令行的示例如下所示：

```
/dev/sdb1    /mnt/test    xfs    defaults    0 1
```

在本示例中，分区/dev/sdb1 作为 ext4 文件系统挂载到/mnt/test 目录。其中 defaults 关键字可以让分区在启动时挂载。而数字 0 则告诉系统不要使用 dump 命令备份文件系统中的文件(虽然 dump 很少使用，但该字段仍然在使用)。最后一列的 1 告诉系统在一定的挂载数量之后对分区进行错误检查。

到目前为止，已经有了一个工作并永久挂载的磁盘分区。下一节介绍如何将磁盘划分为多个分区。

12.2.4　创建一个多分区磁盘

既然已经了解了磁盘分区、添加文件系统以及使文件系统临时或者永久可用的基本程序，接下来可以尝试一些更复杂的示例。同样使用相同的 128GB USB 闪存驱动器，并使用下面所示的程序在该磁盘上创建多个分区。

在这个过程中，配置了一个主引导记录(MBR)分区，以说明扩展分区是如何工作的，并使用较旧的 fdisk 命令。我创建了两个分区，分别为 5GB (sdb1 和 sdb2)、两个 3GB (sdb3 和 sdb5)和 4GB (sdb6)。sdb4 设备是一个扩展，使用了所有剩余的磁盘空间。sdb5 和 sdb6 分区的空间取自扩展分区。这为创建新分区留下了大量空间。

与前面一样，插入 USB 闪存驱动器并确定设备名称(此时为/dev/sdb)。同样，当插入 USB 闪存驱动器时请确保卸载任何自动挂载的分区。

提示：
当指定每个分区的大小时，可输入加号以及想要分配给分区的 MB 数或 GB 数。例如，+1024 将创建一个 1024MB 分区，+10GB 将创建一个 10GB 分区。请记住是加号(+)和 M 或 G！如果忘记了 M 或者 G，fdisk 将会认为是扇区，并得到意想不到的结果。

(1) 首先，用 dd 命令覆盖 USB 驱动器(dd if=/dev/zero of=/dev/sd<number>bs=1M count=100)。这允许从一个新的主引导记录开始。请小心使用正确的驱动器号，否则可能会删除操作系统！

(2) 创建 6 个新分区，如下所示：

```
# fdisk /dev/sdb
Welcome to fdisk (util-linux 2.33.2).
 Changes will remain in memory only, until you decide to write them.
Be careful before using the write command.

Device does not contain a recognized partition table.
Created a new DOS disklabel with disk identifier 0x8933f665.

Command (m for help): n
Partition type
   p   primary (0 primary, 0 extended, 4 free)
   e   extended (container for logical partitions)
Select (default p): p
Partition number (1-4, default 1): 1
First sector (2048-240254975, default 2048):
Last sector, +/-sectors or +/-size{K,M,G,T,P} (2048-240254975, default 240254975): +5G

Created a new partition 1 of type 'Linux' and of size 5 GiB.

Command (m for help): n
Partition type
   p   primary (1 primary, 0 extended, 3 free)
   e   extended (container for logical partitions)
Select (default p): p
Partition number (2-4, default 2): 2
First sector (10487808-240254975, default 10487808):
Last sector, +/-sectors or +/-size{K,M,G,T,P} (10487808-240254975, default
240254975): +5G

Created a new partition 2 of type 'Linux' and of size 5 GiB.

Command (m for help): n
Partition type
   p   primary (2 primary, 0 extended, 2 free)
   e   extended (container for logical partitions)
Select (default p): p
Partition number (3,4, default 3): 3
First sector (20973568-240254975, default 20973568):
Last sector, +/-sectors or +/-size{K,M,G,T,P} (20973568-240254975, default
240254975): +3G

Created a new partition 3 of type 'Linux' and of size 3 GiB.

Command (m for help): n
Partition type
   p   primary (3 primary, 0 extended, 1 free)
   e   extended (container for logical partitions)
Select (default e): e

Selected partition 4
```

```
First sector (27265024-240254975, default 27265024):
Last sector, +/-sectors or +/-size{K,M,G,T,P} (27265024-240254975, default
240254975): <ENTER>

 Created a new partition 4 of type 'Extended' and of size 101.6 GiB.

Command (m for help): n
All primary partitions are in use.
Adding logical partition 5
First sector (27267072-240254975, default 27267072):
Last sector, +/-sectors or +/-size{K,M,G,T,P} (27267072-240254975, default
240254975): +3G

Created a new partition 5 of type 'Linux' and of size 3 GiB.

Command (m for help): n
All primary partitions are in use.
Adding logical partition 6
First sector (33560576-240254975, default 33560576):
Last sector, +/-sectors or +/-size{K,M,G,T,P} (33560576-240254975, default
240254975): +4G

Created a new partition 6 of type 'Linux' and of size 4 GiB.

Created a new partition 6 of type 'Linux' and of size 4 GiB.
```

(3) 在输入 p 保存之前检查一下分区。注意，此时有 5 个可用分区(sdc1、sdc2、sdc3、sdc5
和 sdc6)，sdc4 的 Start 和 End 之间的扇区被 sdc5 和 sdc6 使用。

```
Command (m for help): p
...
Device     Boot     Start       End    Sectors   Size Id Type
/dev/sdb1              2048  10487807  10485760     5G 83 Linux
/dev/sdb2          10487808  20973567  10485760     5G 82 Linux
/dev/sdb3          20973568  27265023   6291456     3G 83 Linux
/dev/sdb4          27265024 240254975 212989952 101.6G  5 Extended
/dev/sdb5          27267072  33558527   6291456     3G 83 Linux
/dev/sdb6          33560576  41949183   8388608     4G 83 Linux
```

(4) 默认的分区类型为 Linux。但我想要使用一些针对交换空间(type 82)、FAT32(type x)和
Linux LVM(type 8e)的分区。为此，输入 t，表明想要使用的分区类型。然后输入 L，查看分区类
型列表。

```
Command (m for help): t
Partition number (1-6): 2
Hex code (type L to list codes): 82
Changed type of partition 'Linux' to 'Linux swap / Solaris'.

Command (m for help): t
Partition number (1-6): 5
Hex code (type L to list codes): c
```

```
Changed type of partition 'Linux' to 'W95 FAT32 (LBA)'.

Command (m for help): t
Partition number (1-6): 6
Hex code (type L to list codes): 8e
Changed type of partition 'Linux' to 'Linux LVM'.
```

(5) 检查分区表，然后进行相关的更改：

```
Command (m for help): p
...
Device     Boot    Start        End     Sectors    Size Id Type
/dev/sdb1           2048    10487807    10485760      5G 83 Linux
/dev/sdb2       10487808    20973567    10485760      5G 82 Linux swap / Solaris
/dev/sdb3       20973568    27265023     6291456      3G 83 Linux
/dev/sdb4       27265024   240254975   212989952  101.6G  5 Extended
/dev/sdb5       27267072    33558527     6291456      3G  c W95 FAT32 (LBA)
/dev/sdb6       33560576    41949183     8388608      4G 8e Linux LVM

Command (m for help): w
The partition table has been altered!
The kernel still uses the old partitions. The new table will be used at the next
reboot.
Syncing disks.
```

(6) 更改完毕后，检查内核是否知道对分区表所做的更改。为此，搜索/proc/partitions，找到 sdb。如果没有看到新设备，可在设备上运行 partprobe　/dev/sdb 命令或重启计算机。

```
# grep sdb /proc/partitions
   8    16   120127488 sdb
   8    17   120125440 sdb1
# partprobe /dev/sdb
# grep sdb /proc/partitions
   8    16   120127488 sdb
   8    17     5242880 sdb1
   8    18     5242880 sdb2
   8    19     3145728 sdb3
   8    20           1 sdb4
   8    21     3145728 sdb5
   8    22     4194304 sdb6
```

(7) 虽然针对不同类型的内容设置了分区，但仍然需要使用其他命令将分区构造成文件系统或交换区。下面演示了针对所创建的分区的具体做法：

- **sdb1**——为使其成为普通的 Linux ext4 文件系统，可输入下面的命令：

  ```
  # mkfs -t ext4 /dev/sdb1
  ```

- **sdb2**——为将其格式化为一个交换区，可输入下面的命令：

  ```
  # mkswap /dev/sdb2
  ```

- **sdb3**——为使其成为 ext2 文件系统(默认值)，可以输入下面的命令：

  ```
  # mkfs /dev/sdb3
  ```

- **sdb5**——为使其成为 VFAT 文件系统(默认值)，可以输入下面的命令：

  ```
  # mkfs -t vfat /dev/sdb5
  ```

- **sdb6**——为使其成为 LVM 物理卷，可以输入下面的命令：

  ```
  # pvcreate /dev/sdb6
  ```

现在，这些分区已经做好了被挂载的准备，可分别用作交换区，或者添加到一个 LVM 卷组。请参阅下一节"使用逻辑卷管理分区"，学习如何使用 LVM 物理卷来最终从卷组创建 LVM 逻辑卷。另外，还可以参阅"挂载文件系统"一节来了解如何挂载文件系统和启用交换区。

12.3　使用逻辑卷管理分区

Linux 中基本的磁盘分区是存在缺点的。如果磁盘空间后不足发生什么事情呢？在以前，常用的解决方案是将数据复制到一个更大的磁盘中，然后使用新磁盘重新启动系统，最后希望不要那么快再次用完磁盘空间。该过程需要停机且效率低下。

LVM(Logical Volume Management，逻辑卷管理)可采用灵活且高效的方式处理经常更改存储器的需求。通过使用 LVM，可将物理磁盘分区添加到被称为*卷组*的空间池。逻辑卷根据需要从卷组分配空间。这样可以提供以下能力：

- 虽然卷仍然在使用中，但仍可从卷组中向逻辑卷添加更多空间。
- 如果卷组快要用完磁盘空间，可以向卷组添加更多物理卷。而物理卷可以来自磁盘。
- 可将数据从一个物理卷移到另一个物理卷，因此可以在文件系统仍然在使用的情况下移除较小的磁盘而添加更大的磁盘，同时不必停机。

通过使用 LVM，还可以非常容易地缩小文件系统，以便回收磁盘空间，但缩小过程需要卸载逻辑卷(但不需要重新启动)。此外，LVM 还支持一些高级功能，比如集群中的镜像和工作。

12.3.1　检查现有的 LVM

现在，让我们看一下 Red Hat Enterprise Linux 系统中一个现有的 LVM 示例。下面的命令显示了第一个硬盘上的分区：

```
# fdisk -l /dev/sda | grep /dev/sda
Disk /dev/sda: 160.0 GB, 160000000000 bytes
/dev/sda1   *      2048     1026047      512000    83  Linux
/dev/sda2   *   1026048   312498175   155736064    8e  Linux LVM
```

在该 RHEL 系统中，160GB 的硬盘划分为一个 500MB Linux 分区(sda1)以及一个使用了磁盘剩余空间的 Linux LVM 分区(sda2)。接下来，使用 pvdisplay 命令查看该 LVM 分区是否在 LVM 组中使用：

```
# pvdisplay /dev/sda2
--- Physical volume ---
PV Name               /dev/sda2
VG Name               vg_abc
PV Size               148.52 GiB / not usable 2.00 MiB
Allocatable           yes (but full)
PE Size               4.00 MiB
Total PE              38021
Free PE               0
Allocated PE          38021
PV UUID               wlvuIv-UiI2-pNND-f39j-oH0X-9too-AOII7R
```

可以看到，由/dev/sda2 所表示的 LVM 物理卷的空间为 148.52GB，并且分配给一个名为 vg_abc 的卷组。可以从物理卷使用的最小存储单位是 4.0MB，称为 PE(Physical Extent)。

接下来，查看关于该卷组的信息：

```
# vgdisplay vg_abc
--- Volume group ---
VG Name               vg_abc
System ID
Format                lvm2
Metadata Areas        1
Metadata Sequence No  4
VG Access             read/write
VG Status             resizable
MAX LV                0
Cur LV                3
Open LV               3
Max PV                0
Cur PV                1
Act PV                1
VG Size               148.52 GiB
PE Size               4.00 MiB
Total PE              38021
Alloc PE / Size       38021 / 148.52 GiB
Free  PE / Size       0 / 0
VG UUID               c2SGHM-KU9H-wbXM-sgca-EtBr-UXAq-UnnSTh
```

可以看到，总共分配了 38 021 个 PE。通过使用下面所示的 lvdisplay 命令，可以查看这些 PE 分配到哪里(输出内容过多，此处有删节)：

```
# lvdisplay vg_abc
--- Logical volume ---
LV Name               /dev/vg_abc/lv_root
VG Name               vg_abc
LV UUID               33VeDc-jd0l-hlCc-RMuB-tkcw-QvFi-cKCZqa
LV Write Access       read/write
LV Status             available
# open                1
LV Size               50.00 GiB
Current LE            12800
```

```
Segments              1
Allocation            inherit
Read ahead sectors    auto
- currently set to    256
Block device          253:0
--- Logical volume ---
LV Name               /dev/vg_abc/lv_home
VG Name               vg_abc
...
LV Size               92.64 GiB
--- Logical volume ---
LV Name               /dev/vg_abc/lv_swap
VG Name               vg_abc
...
LV Size               5.88 GiB
```

示例中显示了从 vg_abc 获取空间的三个逻辑卷。每个逻辑卷与一个设备名(包括卷组和逻辑卷名)相关联：/dev/vg_abc/lv_root(50GB)、/dev/vg_abc/lv_home(92.64GB)和/dev/vg_abc/lv_swap(5.88GB)。与这些名称相链接的其他设备则位于/dev/mapper 目录中：vg_abc-lv_home、vg_abc-lv_root 和 vg_abc-lv_swap。任意一组名称都可以用来查阅这些逻辑卷。

根和主逻辑卷格式化为 ext4 文件系统，而交换逻辑卷格式化为交换空间。查看一下/etc/fstab文件，了解这些逻辑卷是如何使用的：

```
# grep vg_ /etc/fstab
/dev/mapper/vg_abc-lv_root / 		ext4  defaults  1 1
/dev/mapper/vg_abc-lv_home /home	ext4  defaults  1 2
/dev/mapper/vg_abc-lv_swap swap 	swap  defaults  0 0
```

图 12.1 演示了不同的分区、卷组和逻辑卷是如何与完整的 Linux 文件系统相关联的。设备 sda1格式化为一个文件系统并挂载到/boot 目录。设备 sda2 为 vg_abc 卷组提供了空间，然后将逻辑卷lv-home 和 lv-root 分别挂载到/home 和/目录上。

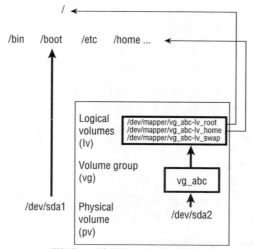

图 12.1　LVM 逻辑卷可以像普通分区那样挂载到 Linux 文件系统

如果使用完了任何逻辑卷上的空间，可以从卷组分配更多空间。如果卷组也用完了空间，可以添加另一个硬盘驱动器或网络存储驱动器，并由这些驱动器向卷组添加空间，以便可使用更多空间。

到目前为止，已经学习了 LVM 的工作原理，下一节介绍如何从头创建 LVM 逻辑卷。

12.3.2　创建 LVM 逻辑卷

LVM 逻辑卷的使用是自上而下进行的，而创建 LVM 逻辑卷的过程则是从下而上进行。如图 12.1 所示，首先创建一个或多个物理卷(pv)，然后使用物理卷创建卷组(vg)，最后从卷组创建逻辑卷(lv)。

用来处理每个 LVM 部分的命令通常以字母 pv、vg 和 lv 开头。例如，pvdisplay 显示物理卷，vgdisplay 显示卷组，而 lvdisplay 显示逻辑卷。

下面的程序将引导完成从头创建 LVM 卷所需的步骤。为此，需要使用 USB 闪存驱动器以及本章前面所介绍的分区。具体步骤如下所示：

(1) 准备一个留有一定空间的磁盘，并在磁盘上创建 LVM 类型(8e)的磁盘分区。然后使用 pvcreate 命令确定该分区为一个 LVM 物理卷。该过程已经在 "创建一个多分区磁盘" 一节的示例 (使用/dev/sdc6 设备)中有所介绍。

(2) 为将该物理卷添加到新的卷组，可使用 vgcreate 命令。下面的命令演示如何创建一个使用 /dev/sdc6 设备的卷组 myvg0：

```
# vgcreate myvg0 /dev/sdc6
  Volume group "myvg0" successfully created
```

(3) 为查看新的卷组，请输入下面的命令：

```
# vgdisplay myvg0
--- Volume group ---
VG Name            myvg0
...
VG Size            <4.00 GiB
PE Size            4.00 MiB
Total PE           1023
Alloc PE / Size    0 / 0
Free  PE / Size    1023 / <4.00 MiB
```

(4) 在 400MB 分区中，可以使用 396MB 空间(以 4MB 为单位)。下面的命令演示了如何从该卷组的部分空间创建一个逻辑卷，然后检查该逻辑卷的设备是否存在：

```
# lvcreate -n music -L 1G myvg0
  Logical volume "music" created
# ls /dev/mapper/myvg0*
/dev/mapper/myvg0-music
```

(5) 创建一个名为/dev/mapper/myvg0-music 的设备。然后可以像本章前面使用普通分区那样，使用该设备来放入文件系统并进行挂载。例如：

```
# mkfs -t ext4 /dev/mapper/myvg0-music
# mkdir /mnt/mymusic
```

```
# mount /dev/mapper/myvg0-music /mnt/mymusic
# df -h /mnt/mymusic
Filesystem                  Size   Used    Avail   Use%  Mounted on
/dev/mapper/myvg0-music     976M   2.6M    987M    1%    /mnt/mymusic
```

(6) 与使用普通分区一样，通过在/etc/fstab 文件添加一个条目，从而可以永久挂载逻辑卷：

```
/dev/mapper/myvg0-music /mnt/mymusic ext4 defaults 1 2
```

接下来重新启动，逻辑卷将自动挂载到/mnt/mymusic 上(如果想要从计算机移除该 USB 闪存驱动器，请确保卸载该逻辑卷并删除上面的命令行)。

12.3.3　扩大 LVM 逻辑卷

如果用完了逻辑卷的空间，可添加空间而不必卸载该逻辑卷。为此，在卷组中必须有可用的空间，然后扩大逻辑卷，最后扩大文件系统来填充逻辑卷。以前一节的示例为基础，接下来演示如何扩大逻辑卷。

(1) 留意一下目前逻辑卷有多大空间，然后检查一下逻辑卷的卷组中可用的空间：

```
# vgdisplay myvg0
...
  VG Size              <4.00 MiB
  PE Size              4.00 MiB
  Total PE             1023
  Alloc PE / Size      256 / 1.00 GiB
  Free  PE / Size      767 / <3.00 GiB
# df -h /mnt/mymusic/
Filesystem              Size  Used  Avail Use% Mounted on
/dev/mapper/myvg0-music 976M  2.6M  987M   1% /mnt/mymusic
```

(2) 使用 lvextend 命令扩展逻辑卷：

```
# lvextend -L +1G /dev/mapper/myvg0-music
  Size of logical volume myvg0/music changed
        from 1.00GiB to 2.00 GiB (512 extents).
  Logical volume myvg0/music successfully resized
```

(3) 重新调整文件系统的大小，以便适合新逻辑卷的大小：

```
# resize2fs -p /dev/mapper/myvg0-music
```

(4) 检查文件系统是否重新调整大小，从而包括额外的磁盘空间。

```
# df -h /mnt/mymusic/
Filesystem              Size  Used  Avail Use% Mounted on
/dev/mapper/myvg0-music 2.0G  3.0M  1.9G   1% /mnt/mymusic
```

此时可以看到文件系统已经大约有 1GB 了。

12.4　挂载文件系统

到目前为止已经学习了磁盘分区和文件系统，那么接下来讨论一下如何设置文件系统，从而永久连接到 Linux 系统。

安装 Linux 时所创建的大多数硬盘分区会在启动系统时自动挂载。当安装 Fedora、Ubuntu、Red Hat Enterprise Linux 以及其他 Linux 系统时，可以选择是让安装程序自动配置硬盘还是手动创建分区，并指明这些分区的挂载点。

当启动 Linux 时，/etc/fstab 文件中所列出硬盘上的所有 Linux 分区通常都会挂载。为此，本节将介绍该文件的内容，以及如何挂载其他分区，以便成为 Linux 文件系统的一部分。

mount 命令不仅可以用来挂载本地存储设备，还可以挂载 Linux 系统上的其他类型的文件系统。例如，可以使用 mount 命令通过网络挂载来自 NFS 或者 Samba 服务器的目录(文件夹)。或者用来挂载来自并没有配置为自动挂载的新硬盘驱动器或者 USB 闪存驱动器的文件系统。此外，还可以使用循环设备挂载文件系统镜像文件。

> **注意:**
> 在 Linux 2.6 内核(使用了诸如 Udev 和 Hareware Abstraction Layer 的功能)中新增了自动挂载功能，并在识别可移动介质方面进行了一些修改，因此对于许多 Linux 桌面系统来说不必手动挂载可移动介质。然而，如果想要挂载远程文件系统或者临时在特定位置挂载分区，那么了解如何手动在 Linux 服务器上挂载和卸载文件系统是一项非常有用的技能。

12.4.1　被支持的文件系统

如果想要查看加载到内核的文件系统类型，可以输入 cat /proc/filesystems。该列表显示了目前在 Linux 中支持的文件系统类型，虽然有些类型暂时还用不到或者甚至在所使用的 Linux 发行版本中不可用。

- **befs**——由 BeOS 操作系统所使用的文件系统。
- **btrfs**——一种实现了高级文件系统功能的 COW(Copy-On-Write，写入时复制)文件系统。该文件系统提供了容错能力且易于管理。btrfs 文件系统目前在企业应用程序中得到广泛应用。
- **CIFS**——CIFS(Common Internet Filesystem)，一种虚拟的文件系统，用来访问符合 SNIA CIFS 规范的服务器。CIFS 试图对 Samba 和 Windows 文件共享所使用的 SMB 协议进行细化和标准化。
- **ext4**——流行的 ext3 文件系统的继承者。它包括对 ext3 的许多改进，比如支持最大 1EB 的卷以及最大 16TB 的文件(在 Fedora 和 RHEL 中，ext4 取代了 ext3 作为默认的文件系统。而在 RHEL 中，xfs 已经取代了 ext4)。
- **ext3**——ext 是大多数 Linux 系统中最常见的文件系统。ext3 也称为第三个扩展的文件系统，它包括了日志功能；相对于 ext2，还增强了文件系统从崩溃中恢复的能力。
- **ext2**——早期 Linux 系统的默认文件系统类型。除了不包括日志功能之外，其他功能与 ext3 一样。
- **ext**——这是 ext3 的第一个版本。很少有人再使用它了。

- **iso9660**——从 High Sierra 文件系统(CD-ROM 的原始标准)演变而来。对 High Sierra 标准的扩展(也称为 Rock Ridge 扩展)允许 iso9660 文件系统支持更长的文件名和 UNIX 风格的信息(如文件权限、所有权和链接)。数据 CD-ROM 通常使用该文件系统类型。
- **kafs**——AFS 客户端文件系统。应用于与 Linux、Windows 和 Macintosh 客户端共享文件的分布式计算环境。
- **Minix**——Minix 文件系统类型，最初用于 UNIX 的 Minix 版本。它支持最多只有 30 个字符的文件名。
- **msdos**——MS-DOS 文件系统类型。可用来挂载来自 Windows 操作系统的软盘。
- **vfat**　——Microsoft 扩展的 FAT(VFAT)文件类型。
- **exfat**——为 SD 卡、USB 驱动器和其他闪存优化的扩展 FAT (exfat)文件系统。
- **umsdos**——允许类似 UNIX 特性的 MS-DOS 文件系统扩展(包括长文件名)。
- **proc**——不是真正的文件系统，而是一个 Linux 内核的文件系统接口。不必做任何特殊事情就可设置一个 proc 文件系统。但/proc 挂载点应该是一个 proc 文件系统。许多实用工具依赖/proc 才能访问 Linux 内核信息。
- **ReiserFS**——ReiserFS 日志文件系统。ReiserFS 曾经是多个 Linux 发行版本的默认文件系统类型。然而，如今 ext 和 xfs 文件系统是 Linux 最常用的文件系统类型。
- **swap**——用于交换分区。当 RAM 用尽时，交换区用来临时保存数据。数据交换到交换区，再次需要该数据时则回到 RAM 中。
- **squashfs**——压缩且只读的文件系统类型。squashfs 在 Live CD 上很流行，只是空间有限且是只读的介质(如 CD 或 DVD)。
- **NFS**——NFS(Network Filesystem)文件系统类型。NFS 用来在其他 Linux 或者 UNIX 计算机上挂载文件系统。
- **hpfs**——用来对 OS/2 HPFS 文件系统进行只读挂载的文件系统。
- **ncpfs**——Novell NetWare 使用的文件系统。可通过网络挂载 NetWare 文件系统。
- **ntfs**——Windows NT 文件系统。根据发行版本的不同，可能作为一个只读系统被支持(以便可以从它挂载并复制文件)。
- **ufs**——在 Sun Microsystem 的操作系统(即 Solaris 和 SunOS)中非常流行的文件系统。
- **jfs**——IBM 所使用的 64 位轻量级日志文件系统。
- **xfs**——最早由 Silicon Graphics 开发的高性能文件系统，可很好地使用大文件。该文件系统是 RHEL 7 的默认类型。
- **gfs2**——一种共享磁盘文件系统，允许多台计算机使用相沟通的共享磁盘，而不必通过网络文件系统层，如 CIFS、NFS 等。

如果想要查看目前正在使用的随内核一起提供的文件系统列表，可以输入 ls /lib/modules/*kernelversion*/kernel/fs/。实际模块存储在该目录的子目录中。挂载一种支持的文件系统类型将加载对应的文件系统模块(如果该模块尚未加载的话)。

输入 man fs，了解关于 Linux 文件系统的更多信息。

12.4.2　启用交换区

交换区是一块磁盘区域，当 Linux 系统用完了内存(RAM)时可以使用该区域。如果在 RAM 被填满且没有交换区的情况下尝试启动另一个用应用程序，那么该应用程序启动将会失败。

通过使用交换区，Linux 可以临时将数据从 RAM 交换出到交换区，然后在需要时将数据交换回 RAM。虽然这样做有一定的性能损失，但相对于进程失败，这点损失也不算什么了。

如果想要从一个分区或者文件创建一个交换区，可以使用 mkswap 命令。而为了临时启用交换区，可以使用 swapon 命令。例如，下面的命令演示了如何检查可用的交换空间、创建交换文件、启动交换文件以及检查该空间在系统中是否可用：

```
# free -m

          total     used     free    shared    buffers    cached
Mem:       1955      663     1291         0        42       283
-/+ buffers/cache:          337      1617
Swap:       819        0      819


# dd if=/dev/zero of=/var/tmp/myswap bs=1M count=1024
# mkswap /var/opt/myswap
# swapon /var/opt/myswap
# free -m

          total     used     free    shared    buffers    cached
Mem:       1955     1720      235         0        42      1310
-/+ buffers/cache:          367      1588
Swap:      1843        0     1843
```

free 命令显示了使用 swapon 命令创建、生成和启用交换区前后的交换分区数量。系统可以马上(且临时)使用这些交换分区。如果想使这些交换区永久化，需要将其添加到/etc/fstab 文件。如下面示例所示：

```
/var/opt/myswap  swap    swap    defaults  0 0
```

该条目表明在启动时应该启用交换文件/var/opt/myswap。因为没有交换区的挂载点，所以第二个字段设置为 swap(就像是分区类型一样)。若要测试交换文件是否在重新启动之前就开始工作，可以马上启用该交换区(swapon -a)并检查是否出现了额外的交换区：

```
# swapon -a
```

12.4.3　禁用交换区

如果想在任何时候禁用交换区，可以使用 swapoff 命令。特别是在不再需要使用交换区并且想要收回交换文件所使用的空间时或者移除一个提供了交换分区的 USB 驱动器时，可能需要禁用交换区。

首先，确保交换设备上没有空间正在使用(使用 free 命令)。然后使用 swapoff 关闭交换区，以便可以重新使用空间。如下面示例所示：

```
# free -m
          total     used     free    shared    buffers    cached
Mem:       1955     1720      235         0        42      1310
-/+ buffers/cache: 367      1588
Swap:      1843        0     1843
```

```
# swapoff /var/opt/myswap
# free -m
Mem:       1955     1720      235         0        42      1310
-/+ buffers/cache: 367      1588
Swap:       819        0      819
```

注意，在运行 swapoff 命令后，可用交换区的数量减少了。

12.4.4　使用 fstab 文件定义可挂载的文件系统

当启动 Linux 时，可以将每天使用的本地计算机上的硬盘分区和远程文件系统设置为自动挂载。/etc/fstab 文件包含了每个分区的定义以及用来描述如何挂载分区的相关选项。下面是/etc/fstab 文件的一个示例：

```
# /etc/fstab
/dev/mapper/vg_abc-lv_root     /         ext4    defaults     1 1
UUID=78bdae46-9389-438d-bfee-06dd934fae28 /boot ext4 defaults 1 2
/dev/mapper/vg_abc-lv_home     /home     ext4    defaults     1 2
/dev/mapper/vg_abc-lv_swap     swap      swap    defaults     0 0
# Mount entries added later
/dev/sdb1                      /win      vfat    ro           1 2
192.168.0.27:/nfsstuff         /remote   nfs     users,_netdev 0 0
//192.168.0.28/myshare         /share    cifs    guest,_netdev 0 0
# special Linux filesystems
tmpfs                          /dev/shm  tmpfs   defaults     0 0
devpts                         /dev/pts  devpts  gid=5,mode=620 0 0
sysfs                          /sys      sysfs   defaults     0 0
proc                           /proc     proc    defaults     0 0
```

上面所示的/etc/fstab 文件来自默认的 Red Hat Enterprise Linux 6 服务器安装，还添加了几行代码。

目前，可以忽略条目 tmpfs、devpts、sysfs 和 proc。它们分别是与共享内存、终端窗口、设备信息和内核参数相关联的特殊设备。

一般来说，/etc/fstab 的第一列显示了设备或者共享(挂载了什么)，第二列显示了挂载点(挂载的位置)。其后紧跟着文件系统类型、任何挂载选项(或默认值)以及两个数字(用来告诉诸如 dump 和 fsck 的命令如何使用文件系统)。

头三行分别表示分配给文件系统的根(/)、/boot 目录和/home 目录的磁盘分区。它们都是 ext4 文件系统。第四行是交换设备(当 RAM 溢出时用来存储数据)。注意，针对/、/home 和 swap 的设备名称都以/dev/mapper 开头。这是因为它们都是 LVM 逻辑卷，都从一个被称为 LVM 卷组的空间池中分配空间("使用逻辑卷管理分区"一节详细介绍过 LVM)。

/boot 分区位于其自己的物理分区/dev/sda1 上。然而，通常使用 UUID(Universally Unique Identifier，通用唯一识别码)来识别该设备，而不是/dev/sda1。那么为什么使用 UUID 而不是/dev/sda1 来识别设备呢？假设将另一个磁盘插入计算机并启动。根据计算机在引导时迭代连接设备的方式，可能会将新磁盘标识为/dev/sda，从而导致系统在该磁盘的第一个分区上查找/boot 的内容。

如果想要查看系统中分配给存储设备的所有 UUID，可以输入 blkid 命令，如下所示：

```
# blkid
/dev/sda1:
  UUID="78bdae46-9389-438d-bfee-06dd934fae28" TYPE="ext4"
/dev/sda2:
  UUID="wlvuIv-UiI2-pNND-f39j-oH0X-9too-AOII7R" TYPE="LVM2_member"
/dev/mapper/vg_abc-lv_root:
  UUID="3e6f49a6-8fec-45e1-90a9-38431284b689" TYPE="ext4"
/dev/mapper/vg_abc-lv_swap:
  UUID="77662950-2cc2-4bd9-a860-34669535619d" TYPE="swap"
/dev/mapper/vg_abc-lv_home:
  UUID="7ffbcff3-36b9-4cbb-871d-091efb179790" TYPE="ext4"
/dev/sdb1:
  SEC_TYPE="msdos" UUID="75E0-96AA" TYPE="vfat"
```

任何设备名称都可以被/etc/fstab 条目左列中的 UUID 名称所替代。

为了举例说明一些不同类型的条目，我在/etc/fstab 文件中添加了另外三个条目。首先，从较早的 Microsoft Windows 系统中连接一块硬盘，并将其挂载到/win 目录中。同时添加了 ro 选项，以便将其挂载为只读。

接下来两个条目表示远程文件系统。将来自地址为 192.168.0.27 的主机上的/nfsstuff 目录挂载到/remote 目录中(读取/写入，rw)，从而作为 NFS 共享。而在/share 目录上，挂载了来自主机 192.168.0.28 上的 myshar Windows 共享。这两种情况下都添加了_netdev 选项，从而告诉 Linux 在尝试挂载共享之前等待网络启动。如果想要了解更多关于挂载 CIFS 和 NFS 共享的信息，请分别参阅第 19 章以及第 20 章。

来自 Windows

"使用 fstab 文件定义可挂载的文件系统"一节演示了如何从 Windows 所使用的较早的 VFAT 文件系统挂载一个硬盘分区。如今，大多数 Windows 系统都使用了 NTFS 文件系统。然而对该系统的支持并没有传递给每个 Linux 系统。如果想要 Fedora 使用 NTFS，可以安装 ntfs-3g 软件包

为帮助理解/etc/fstab 文件的内容，接下来对该文件的每个字段进行说明：

- **字段 1**——代表文件系统的设备名称。该字段可以包括 LABEL 或 UUID 选项，通过这些选项可以表示卷标签或者 UUID，而不是设备名称。这样做的优势是因为分区是通过卷名识别的，所以可以将一个卷移动到一个不同的设备名称，而不必更改 fstab 文件(请参阅"使用 mkfs 命令创建文件系统"一节中关于 mkfs 命令的介绍，了解更多关于创建和使用标签的信息)。
- **字段 2**——文件系统中的挂载点。文件系统包含了目录树结构中挂载点以下的所有数据，除非在该挂载点以下某点又挂载了另一个文件系统。
- **字段 3**——文件系统类型。本章前面的"被支持的文件系统"一节已经介绍了有效的文件系统类型(仅能使用所包括的内核驱动程序对应的文件系统)。
- **字段 4**——当条目被挂载时想要使用的 defaults 选项或者一个以逗号分隔的选项列表(没有空格)。请参阅 mout 命令手册页(使用-o 选项)了解支持的其他选项。

提示:

一般来说，只允许 root 用户使用 mount 命令挂载一个文件系统。然而，如果想允许任何用户挂载一个文件系统(比如 CD 上的一个文件系统)，可以在/etc/fstab 文件中的字段 4 添加 user 选项。

- **字段 5**——该字段的数字表明文件系统是否需要被转储(也就是说是否需要备份数据)。其中，1 意味着文件系统需要被转储，而 0 则意味着不需要(该字段没有多大用处，因为大多数 Linux 管理员使用比 dump 命令更加复杂的备份选项。所以在大多数情况下，该字段为 0)。
- **字段 6**——该字段的数字表明当检查的时机成熟时是否应该使用 fsck 命令检查指定的文件系统: 其中 1 意味着首先需要检查，2 意味着在被 1 指定的所有文件系统已经检查之后进行检查，0 意味着不执行检查。

如果要了解更多关于挂载选项以及/etc/fstab 文件中其他功能的信息，可以参阅手册页，包括 man 5 nfs 和 man 8 mount。

12.4.5　使用 mount 命令挂载文件系统

每次启动时 Linux 系统会自动运行 mount -a(挂载来自/etc/fstab 文件中的所有文件系统)。因此，只有在某些特殊的情况下才需要手动使用 mount 命令。特别是在以下情况下，一般用户或者管理员需要使用 mount 命令:

- 为了显示磁盘、分区以及目前已挂载的远程文件系统。
- 为了临时挂载一个文件系统

任何用户都可以输入 mount(不带任何选项)来查看目前在本地 Linux 系统中挂载的文件系统。下面显示了一个 mount 命令的示例，显示了一个包含了根文件系统(/)的单个硬盘分区(/dev/sda1)，以及分别挂载到/proc 和/dev 的 proc 和 devpts 文件系统类型:

```
$ mount
/dev/sda3 on / type ext4 (rw)
/dev/sda2 on /boot type ext4 (rw)
/dev/sda1 on /mnt/win type vfat (rw)
/dev/proc on /proc type proc (rw)
/dev/sys on /sys type sysfs (rw)
/dev/devpts on /dev/pts type devpts (rw,gid=5,mode=620)
/dev/shm on /dev/shm type tmpfs (rw)
none on /proc/sys/fs/binfmt_misc type binfmt_misc (rw)
/dev/cdrom on /media/MyOwnDVD type iso9660 (ro,nosuid,nodev)
```

从传统上讲，大多数手动挂载的普通设备都是可移动设备，比如 DVD 或者 CD。然而，根据所使用的桌面类型的不同，当插入 CD 和 DVD 时也可能会自动进行挂载(某些情况下，当插入介质时还会启动相应的应用程序，比如当插入包含音乐或者数字图像的介质时，可能启动 CD 音乐播放器或图像编辑器)。

然而，有时手动挂载一个文件系统可能会更有用。例如，想要查看一块旧硬盘中的内容，并将其作为第二块磁盘安装到计算机中。此时，如果磁盘上的分区没有自动挂载，那么可以手动进行挂载。例如，为了挂载一个包含较早的 ext3 文件系统的只读磁盘分区，可以输入下面的命令:

```
# mkdir /mnt/temp
# mount -t ext3 -o ro /dev/sdb1 /mnt/tmp
```

使用 mount 命令的另一个理由是为了更改挂载选项而重新挂载某一分区。假设想要将 /dev/sdb1 重新挂载为读取/写入，又不想进行卸载(因为可能有某些人正在使用该分区)，此时可以使用 remount 选项，如下所示:

```
# mount -t ext3 -o remount,rw /dev/sdb1
```

12.4.6　以环回方式挂载磁盘镜像

使用 mount 命令的另一种有价值的方法是使用磁盘镜像。如果从 Internet 下载了 SD 卡或 DVD ISO 映像文件，并想查看它的内容，那么不必将其刻录到 DVD 或者其他媒介上就可以做到。使用硬盘上的镜像，创建一个挂载点并使用-o loop 选项在本地挂载它。如下面示例所示:

```
# mkdir /mnt/mydvdimage
# mount -o loop whatever-i686-disc1.iso /mnt/mydvdimage
```

在本示例中，首先创建了/mnt/mycdimage 目录，然后将驻留在当前目录中的磁盘镜像文件 (whatever-i686-disc1.iso)挂载到该目录上。现在可使用 cd 命令进入该目录，查看其内容，甚至可以复制或者使用其内容。这对于下载的 CD 镜像来说是非常有用的，可以从该镜像安装软件，而不必将其刻录到 DVD。此外，还可通过 NFS 共享该挂载点，这样就可以在另一台计算机上安装软件。完成后，输入 umount/mnt/mycdimage 卸载它。

mount 的其他选项仅适用于一些特殊的文件类型。有关这些选项和其他有用选项的信息，请参见 mount 手册页。

12.4.7　使用 umount 命令

当使用完临时文件系统，或者想要临时卸载永久文件系统时，可以使用 umount 命令。该命令从 Linux 文件系统中的挂载点分离文件系统。要使用 umount 命令，需要提供一个目录名称或者设备名称。例如:

```
# umount /mnt/test
```

上面的命令从挂载点/mnt/test 卸载设备。此外，还可使用其他形式的卸载:

```
# umount /dev/sdb1
```

通常，最好使用目录名(/mnt/test)，因为如果在多个地方挂载了设备，umount 命令可能会失败(设备名都以/dev 开头)。

如果得到了消息 device is busy，则表示 umount 请求失败，其原因可能是某一应用程序在该设备上打开一个文件，或者在设备上使用 shell 打开了一个目录作为当前目录。此时，请停止该应用程序进程或者将当前目录更改为试图卸载的设备之外的目录，这样才能使 umount 请求成功。

卸载处于繁忙状态的设备的另一个方法是使用-l 选项。通过使用 umount -l(延迟卸载)，一旦设备不再繁忙，就会进行卸载。如果想要卸载一个不再可用的远程 NFS 文件系统(例如，服务器出现故障)，可以使用 umount -f 选项来强制卸载该 NFS 文件系统。

提示：

让欲卸载的设备保持打开状态的有用工具是 lsof 命令。输入 lsof 以及想要卸载的分区名称(如 lsof /mnt/test)。输出将显示哪些命令支持打开该分区上的文件。此外，还可以采用相同的方式使用 fuser -v /mnt/test 命令。

12.5　使用 mkfs 命令创建文件系统

可在所选磁盘或者分区上为所支持的文件系统类型创建文件系统。可以使用 mkfs 命令来完成。对在硬盘分区上创建文件系统而言，这是最有用的，但也可以在 USB 闪存驱动器软盘或者可重写的 CD 上创建文件系统。

在创建新文件系统之前，请确保满足以下条件：

- 按照自己的要求对磁盘进行分区(使用 fdisk 命令)。
- 获取正确的设备名称，或者避免对硬盘的错误覆盖。例如，系统第二个 SCSI 或 USB 闪存驱动器上的第一个分区为/dev/sdb1，第三个磁盘为/dev/sdc1。
- 在创建文件系统之前，将已经挂载的分区进行卸载。

下面所示的两个示例使用了 mkfs 命令在一个 USB 闪存驱动器的两个分区上分别创建了一个文件系统，而这两个分区分别作为第三个 SCSI 磁盘的第一个和第二个分区(/dev/sdc1 和/dev/sdc2)。第一条 mkfs 命令创建了一个 xfs 分区，而第二条命令创建了一个 ext4 分区。

```
# mkfs -t xfs /dev/sdc1
meta-data =/dev/sda3          isize=256       agcount=4, agsize=256825 blks
          =                   sectsz=512      attr=2, projid32bit=1
          =                   crc=0
data      =                   bsize=4096      blocks=1027300, imaxpct=25
          =                   sunit=0         swidth=0 blks
naming    =version 2          bsize=4096      ascii-ci=0 ftype=0
log       =internal log       bsize=4096      blocks=2560, version=2
          =                   sectsz=512      sunit=0 blks, lazy-count=1
realtime  =none               extsz=4096      blocks=0, rtextents=0

# mkfs -t ext4 /dev/sdc2
mke2fs 1.44.6 (5-Mar-2019)
Creating filesystem with 524288 4k blocks and 131072 inodes
Filesystem UUID: 6379d82e-fa25-4160-8ffa-32bc78d410eee
Superblock backups stored on blocks:
     32768, 98304, 163840, 229376, 294912
Allocating group tables: done
Writing inode tables: done
Creating journal (16384 blocks): done
Writing superblocks and filesystem accounting information: done
```

现在，可以挂载该文件系统(mkdir /mnt/myusb; mount /dev/sdc1 /mnt/myusb)，并将/mnt/myusb 改为当前目录(cd /mnt/myusb)，然后在该目录上创建文件。

12.6　使用 Cockpit 管理存储

本章中描述的使用命令行工具处理磁盘分区和文件系统的大多数特性都可以通过使用 Cockpit Web 用户界面来完成。在系统上运行 Cockpit 后,打开 Web UI(主机名:9090)并选择 Storage 选项卡。图 12.2 显示了 Fedora 系统上的 Cockpit Storage 选项卡示例。

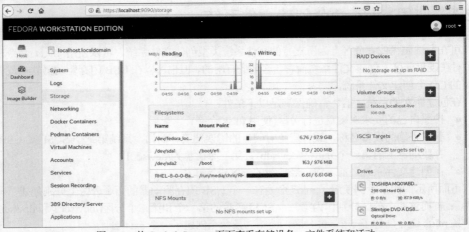

图 12.2　从 Cockpit Storage 页面查看存储设备、文件系统和活动

Storage 选项卡提供了系统存储的可靠概述。它记录每分钟存储设备的读写活动。它显示本地文件系统和存储(包括 RAID 设备和 LVM 卷组),以及远程挂载的 NFS 共享和 iSCSI 目标。每个硬盘、DVD 和其他物理存储设备也显示在 Storage 选项卡上。

选择一个已挂载的文件系统,就可以看到并更改该文件系统的分区。例如,通过选择自动挂载到/run/media 的文件系统的条目,可以看到它所在设备的所有分区(/dev/sdb1 和/dev/sdb2)。图 12.3 显示在两个分区上有一个 ISO9660 文件系统(典型的可启动文件系统)和一个更小的 VFAT 文件系统。

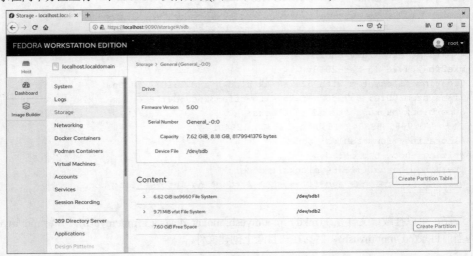

图 12.3　查看和更改所选存储设备的磁盘分区

显示存储设备信息后，可以重新格式化整个存储设备(Create Partition Table)，或者，假设设备上有可用的空间，添加一个新的部分(Create Partition)。图 12.4 显示了选择 Create Partition Table 时出现的窗口示例。

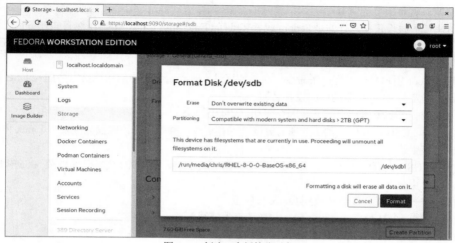

图 12.4　创建一个新的分区表

如果决定要格式化磁盘或 USB 驱动器，更改 Erase 设置以允许覆盖驱动器上的所有数据，然后选择分区的类型。选择 Format 从驱动器卸载任何已挂载的分区，并创建一个新的分区表。然后，可以向存储设备添加分区，选择大小、文件系统类型以及是否加密数据。甚至可以选择在操作系统的文件系统中挂载新分区的位置。只需要几个选择，就可以快速创建所需的磁盘布局，这比从命令行执行的方法更直观。

12.7　小结

管理文件系统是管理 Linux 系统中非常重要的一部分。通过使用诸如 fdisk 的命令，可以查看和更改磁盘分区。而使用 mkfs 命令可以将文件系统添加到分区。一旦创建完毕，就可以分别使用 mount 和 umount 命令挂载和卸载文件系统。

逻辑卷管理(LVM)提供了一种功能强大且灵活的方法来管理磁盘分区。通过使用 LVM，可以创建被称为卷的存储池，允许扩大和缩小逻辑卷，并通过添加更多物理卷来扩展卷组的大小。

为更直观地使用存储设备，Cockpit 提供了一个直观的、基于 Web 的界面，用于查看和配置 Linux 系统上的存储。使用 Web UI，可以看到本地和网络存储，以及重新格式化磁盘和修改磁盘分区。

到目前为止，已经介绍了成为一名系统管理员所需的基本技能。第 13 章将介绍另外一些重要概念，从而将这些技能扩展到管理网络服务器，主题包括如何安装、管理服务器以及确保服务器安全。

12.8　习题

使用以下习题测试一下创建磁盘分区、逻辑卷管理以及使用文件系统的相关知识。为了完成以下习题，需要一个至少 1GB 且可以清除的 USB 闪存驱动器。

这些任务假设正在运行的是 Fedora 或者 Red Hat Enterprise Linux 系统(虽然有些任务也可以在其他 Linux 系统上完成)。如果陷入困境，可以参考附录 B 中这些习题的参考答案(虽然在 Linux 中可以使用多种方法来完成某一任务)。

(1)以 root 用户身份运行一条命令，在新数据进来时查看终端中的系统日志并插入 USB 闪存驱动器。确定 USB 闪存驱动器的设备名称。

(2) 运行一条命令，列出 USB 闪存驱动器的分区表。

(3) 删除 USB 闪存驱动器上的所有分区，保存更改，并确保在该磁盘分区表和 Linux 内核中都完成了该更改。

(4) 向 USB 闪存驱动器添加三个分区：100MB Linux 分区、200MB 交换分区以及 500MB LVM 分区。保存更改。

(5) 将一个 ext3 文件系统放到 Linux 分区上。

(6) 创建一个挂载点/mnt/mypart，并在该点上挂载 Linux 分区。

(7) 启用交换分区，以便使用额外的交换空间。

(8) 从 LVM 分区创建一个卷组 abc，然后从该组创建一个 200MB 逻辑卷 data，并添加一个 VFAT 分区。最后临时在新的目录/mnt/test 上挂载该逻辑卷，并检查是否挂载成功。

(9) 将该逻辑卷的大小从 200MB 扩大到 300MB。

(10) 从计算机安全移除 USB 闪存驱动器：卸载 Linux 分区、关闭交换分区、卸载逻辑卷、从 USB 闪存驱动器中删除卷组。

第 **IV** 部分

成为一名 Linux 服务器管理员

第**13**章

了解服务器管理

本章主要内容:

- 管理 Linux 服务器
- 通过网络与服务器进行通信
- 在本地和远程设置日志记录
- 监视服务器系统
- 管理企业中的服务器

虽然在桌面系统上可以完成一些系统管理任务(安装软件、设置打印机等),但当出现许多新的任务时则需要设置一个 Linux 系统作为服务器。特别是将服务器配置为对 Internet 上的任何人都公开时更是如此,此时,服务器可能被来自合法用户的请求所超载,还要不断提防来自坏人的攻击。

Linux 系统可使用几十种不同类型的服务器。大多数服务器都向远程客户端提供数据,但还有一些服务器服务本地系统(比如收集日志消息的服务器或者在设定的时间使用 cron 实用工具完成维护任务的服务器)。许多服务器表现为在后台持续运行并对请求加以响应的进程。这些进程称为*守护进程(daemon processes)*。

顾名思义,服务器之所以存在就是为了提供服务。它们所提供的数据包括 Web 页面、文件、数据库信息、E-Mail 以及许多其他类型的内容。作为一名服务器管理员,需要掌握比系统管理员更多的额外技能,包括:

- **远程访问**——为使用一个桌面系统,通常只须坐在控制台前进行操作即可。但与之形成鲜明对照的是,服务器系统通常摆放在机架中,温度和湿度受到控制,并使用锁和钥匙保护起来。有时,将物理计算机放在适当地方后,通过远程访问工具完成计算机上的大部分管理工作。但通常没有图形化界面可以使用,所以必须依赖命令行工具来完成远程登录、远程复制以及远程执行等工作。这些常用工具都内置于 SSH(Secure Shell)实用工具中。

- **持续的安全**——为了实用,服务器必须能够接收来自远程用户和系统的请求。与桌面系统不同(在桌面系统中,可以简单地关闭允许传入访问请求的所有网络端口),服务器则必须允许对其端口的访问,从而使自己更易受攻击。这也就是为什么服务器管理员必须在需要时打开端口,而在不需要时锁定端口的原因。可使用 iptables 和 firewalld(防火墙工具)以及 Security Enhanced Linux(限制服务可从本地系统中访问的资源)等工具来确保服务的安全。

- **持续监视**——当不使用便携式计算机或者桌面系统时可以关闭，但服务器通常每年 365 天 (8760 小时)不间断运行。由于不可能亲自坐在每一台服务器旁边进行持续监视，因此可以配置一些工具来监视每一个服务器、收集日志消息，甚至向所选择的 E-Mail 账号发送可疑消息。可启用系统活动报告来日夜不停地收集 CPU 使用情况、内存使用情况、网络活动以及磁盘访问等数据。

本章将介绍管理远程 Linux 服务器需要了解的一些基本工具和技术。学习如何使用 SSH 工具来安全地访问服务器、来回传递数据，甚至启动远程的桌面或者图形化应用程序并在本地系统上显示。最后学习如何使用远程日志记录和系统活动报告来持续监视系统活动。

13.1 开始学习服务器管理

不管是安装文件服务器、Web 服务器或者 Linux 系统所使用的其他任何服务器实用工具，启动和运行服务器的许多步骤都是相同的。因此，服务器设置的不同主要体现在配置和优化方面。

后续章节将介绍一些特殊的服务器以及它们之间的区别。在后面与服务器相关的每一章中，将完成相同的步骤来启动服务器以及为客户端提供服务。

步骤 1：安装服务器

虽然在典型的 Linux 系统上都没有预安装大多数服务器软件，但任何通用的 Linux 系统都为主要类型的服务器提供了所需的软件包。

有时，与某一特定类型的服务器相关联的多个软件包集合在一个软件包组(有时也称为软件包集合)中。而有时则需要单独安装所需的服务器包。下面列举 Fedora 中的一些服务器软件包类别以及每一类别中可用的软件包。

- **系统日志服务器**——rsyslog 服务允许本地系统收集来自系统各个组成部分的日志消息。此外，还可充当远程日志服务器，收集来自其他日志服务器的日志消息(本章后面将介绍 rsyslog 服务)。在最新的 Ubuntu、Fedora 和 RHEL 系统中，日志消息收集在 systemd 日志中，rsyslog 服务可以获取并重定向这些日志消息，或者使用 journalctl 命令在本地显示这些消息。

- **打印服务器**——通常在 Linux 系统中使用 Common UNIX Printing Service(CUPS) 软件包来提供打印服务器功能。当安装 CUPS 时还可以使用提供了 CUPS 图形化管理 (system-config-printer)和打印机驱动程序(foomatic、hpijs 等)的软件包(请参阅第 16 章)。

- **Web 服务器**——Apache(httpd 或 apache2 软件包)Web 服务器是用来提供 Web 页面(HTTP 内容)的软件。相关联的软件包包括帮助提供特定类型内容(Perl、Python、PHP 和 SSL 连接)的模块。同样，还有相关文档包(httpd-manual)、用来监视 Web 数据的工具(webalizer)以及用来提供 Web 代理服务的工具(squid)；请参阅第 17 章。

- **FTP 服务器**——Very Secure FTP 守护进程(vsftpd 软件包)是 Fedora 和 RHEL 中所使用的默认 FTP 服务器。其他的 FTP 服务器软件包包括 proftpd 和 pureftpd(请参阅第 18 章)。

- **Windows 文件服务器**——Samba(samba 软件包)允许 Linux 系统充当 Windows 文件和打印服务器(请参阅第 19 章)。

- **NFS 文件服务器**——NFS(Network File System)是标准的 Linux 和 UNIX 功能，通过网络与其他系统共享目录。nfs-utils 软件包提供了 NFS 服务以及相关命令(请参阅第 20 章)。
- **邮件服务器**——通过使用该类别的软件包可以配置邮件服务器，有时也称为 MTA(Mail Transport Agent)服务器。可选择的邮件服务器包括 sendmail、postfix(Fedora 和 RHEL 中的默认邮件服务器)和 exim。相关的软件包(比如 dovecot)允许邮件服务器向客户端发送邮件。
- **目录服务器**——该类别的软件包提供了远程和本地身份验证服务，包括 Kerberos (krb5-server)、LDAP(openldap-servers)和 NIS(ypserv)。
- **DNS 服务器**——Berkeley Internet Name Domain 服务(bind 软件包)提供了配置一台可将主机名解析为 IP 地址的服务器所需的软件。
- **网络时间协议服务器**——ntpd 或 chronyd 软件包所提供的服务能让系统时钟与来自公有或私有 NTP 服务器的时钟保持同步。
- **SQL 服务器**——PostgreSQL(postgresql 和 postgresql-server 软件包)服务提供了一种对象关系数据库管理系统。相关的软件包提供了 PostgreSQL 文档以及有关工具。MySQL(mysql 和 mysql-server 软件包)服务是另一种流行的开源 SQL 数据库服务器。目前，在许多 Linux 发行版本中，MySQL 的一个新社区开发分支(称为 MariaDB)替代了 MySQL。

步骤 2：配置服务器

大多数服务器软件包都使用默认配置进行安装，这些配置更多地倾向于安全性，而不是充分利用软件包的功能。当着手配置一台服务器时需要考虑以下事项。

1. 使用配置文件

大多数 Linux 服务器都是使用/etc 目录或其子目录中的纯文本文件进行配置。通常有一个主配置文件；有时，也有一个与之相关的配置目录，可将该目录中以.conf 结尾的文件放到主配置文件中。

httpd 软件包(Apache Web 服务器)是服务器软件包中的一种，它拥有一个主配置文件以及一个目录，可以在该目录中放置其他配置文件与服务一起使用。在 Fedora 和 RHEL 中，主配置文件为/etc/httpd/conf/httpd.conf。配置目录为/etc/httpd/conf.d/。

安装完 httpd 和相关的软件包后，会在/etc/httpd/conf.d/目录中看到不同软件包(mod_ssl、mod_perl 等)所放置的文件。通过这种方法，可在 httpd 服务器中启用某一服务的附加软件包的配置信息，而无需软件包尝试运行一个脚本来编辑主 httpd.conf 文件。

纯文本配置文件的一个缺点是无法像使用图形化管理工具那样进行即时错误检查。此时，必须运行 test 命令(如果该服务包括该命令)或者尝试实际启动服务，以便查看配置文件是否存在问题。

> **提示：**
>
> 通常使用 vim 来编辑配置文件，而不使用 vi。通过使用 vim 命令，有助于在编辑时捕获配置文件错误。
>
> vim 命令知道许多配置文件的格式(passwd、httpd.conf、fstab 等)。如果错误地在这些文件中输入了一个无效的术语或选项，或者在某种程度上破坏了格式，文本的颜色会发生变化。例如，在/etc/fstab 中，如果将选项 defaults 改为 default，该单词的颜色将由绿色变为黑色。

2. 检查默认配置

Fedora 和 RHEL 中的大多数服务器软件包都是使用最小配置进行安装的,更多地倾向于安全,而不是更有用的开箱即用(out of the box)。当安装一个软件包时,一些 Linux 发行版本会询问一些事情,比如将该软件包安装到哪个目录,或者使用哪个用户账户来管理该软件包。

因为 RPM 软件包设计为无人值守性安装,所以安装该包的人无法选择安装方式。文件安装到设置好的位置,并且启用了特定的用户账户来进行管理,当启动服务时,可能提供了有限的可访问性。在软件包安装完毕后需要对软件进行配置,以便使服务器功能更加齐全。

安装了有限功能的服务器示例包括邮件服务器(sendmail 或者 postfix 软件包)和 DNS 服务器(bind 软件包)。这两个服务器都使用了默认配置进行安装,并在系统重启时启动。然而,它们仅监听本地主机上的请求。所以,除非配置这些服务器,否则没有登录到本地服务器的人将无法向该服务器发送邮件或者无法将你的计算机作为公共 DNS 服务器。

步骤 3:启动服务器

安装到 Linux 中的大多数服务都配置为随系统启动,然后持续运行,监听对服务的请求,直到系统关闭。可使用两种主要的实用工具来管理服务:systemd(目前被 RHEL、Ubuntu 和 Fedora 所使用)和 SysVinit 脚本(被 RHEL6.x 以及前面的版本所使用)。

不管在 Linux 系统中使用哪种实用工具,都将由你来设置系统启动时服务是否启动以及是否在需要时启动、停止和重载服务(可能是为了加载新的配置文件,或者临时停止对服务的访问)。第 15 章将介绍完成这些任务的命令。

大多数服务(但不是全部服务)都实现为守护进程。关于这些进程应该了解以下内容:

- **用户和组权限**——通常以用户和组的身份运行守护进程,而不是 root 用户身份。例如,以 apache 身份运行 httpd,以 ntp 身份运行 ntpd。这样做的理由是即使有人破解了这些守护进程,他们的访问权限也无法超出该服务可访问的文件范围。
- **守护进程配置文件**——通常,每个服务都在 etc/sysconfig 目录中存储了一个守护进程的配置文件。该配置文件不同于服务配置文件,因为它的任务主要是向服务器进程传递参数,而不是配置服务。例如,当启动时,/etc/sysconfig/rsyslogd 文件中所设置的选项将传递给 rsyslogd 守护进程,从而告诉守护进程输出额外的调试信息,或者接收远程登录消息。请参阅 rsyslogd 访问的手册页(例如,man rsyslogd),查看所支持的选项。
- **端口号**——通过网络接口并经由针对每个受支持协议(通常为 UDP 或者 TCP)的端口,实现了数据包在不同系统之间的传递。大多数标准的服务都拥有特定的端口号,守护进程对该端口进行监听,而客户端则连接到该端口。除非想要隐藏服务的位置,否则通常不必更改守护进程所监听的端口。为确保一个服务的安全,必须在防火墙上打开服务端口(请参阅第 25 章,了解关于 iptables 和 firewalld 防火墙的知识)。此外,如果更改了守护进程正在监听的端口,并且 SELinux 正处于 enforcing 模式,那么 SELinux 可能阻止守护进程对该端口的监听(关于 SELinux 的内容,请参阅第 24 章)。

注意：

更改服务上端口号的其中一个理由是"基于模糊即安全(security by obscurity)"的理念。例如，很多心怀恶意的人往往通过猜测 TCP port 22 上的登录名和密码来尝试侵入一个系统，而他们通常将 sshd 服务作为是一个侵入目标。我曾经听说过有些人更改他们面向 Internet 的 sshd 服务，从而监听一些其他端口号(可能是一些未使用且极高的端口号)。然后告诉他们的朋友或者同事从 ssh(通过指向其他端口)登录到自己的计算机。这样做的理由是那些尝试入侵某一系统的端口扫描程序可能不会扫描通常不使用的端口。

并不是所有的服务都作为守护进程而持续运行。一些服务只有在请求时才运行(比如使用 xinetd 超级服务器)。一些服务仅在系统启动时运行一次，然后就退出。而还有一些服务仅运行设定的次数(当 crond 守护进程了解到这些服务配置为在特定时间运行时会启动它们)。

近年来，RHEL 和 Fedora 中以前的 xinetd 服务(如 telnet 和 tftp)已经转换为 systemd 服务。包括 Cockpit 在内的许多服务都使用 systemd 套接字来达到同样的效果。

步骤 4：保护服务器安全

你应该慎重地决定是否打开自己的系统允许远程用户通过网络进行访问。世界各地存在大量的黑客，他们运行相关程序，扫描易受攻击的服务器，然后接管这些服务器并获取数据或者处理能力。但幸运的是，在 Linux 系统中可以采取相关的措施来保护服务器和服务免受攻击和滥用。

下面各节将会介绍一些常用的安全技术。更深层次的安全话题将在第 V 部分介绍。

1. 密码保护

好的密码和密码策略是保护 Linux 系统的第一道防线。如果有人使用密码 foobar 以 root 用户的身份通过 ssh 登录到你的服务器，可以认为服务器被破解。一种较好的方法是禁止以 root 身份直接登录，而要求每个用户以普通用户的身份进行登录，然后使用 su 或者 sudo 命令成为 root 用户。

此外，还可使用 PAM(Pluggable Authentication Module)实用工具来调整允许的登录失败次数。PAM 还包括其他功能，比如锁定 Linux 服务器的身份验证。关于 PAM 的描述，请参见第 23 章。

当然，可通过请求公有密钥身份验证绕过密码。为使用这种类型的身份验证，任何允许访问服务器的用户都必须将他们的公钥复制到服务器(比如通过 ssh -copy -id)。然后他们可以使用 ssh、scp 或者其他相关的命令来访问服务器而不必输入用户密码。请参阅本章后面的"使用基于密钥(无密码)身份验证"一节了解更多信息。

2. 防火墙

iptables 防火墙服务可对通过计算机上网络接口的每一个数据包进行跟踪和响应。通过使用 iptables，可以删除或拒绝请求系统服务的数据包(除了那些已经启用的服务之外)。此外，还可以告知 iptables 仅允许来自某些 IP 地址(好人)的服务请求而拒绝来自其他地址(坏人)的请求。

在最近的 RHEL 和 Fedora 版本中，较新的 firewalld 功能向 Linux 防火墙规则添加了一个功能层。firewalld 不仅可将 iptables 防火墙规则插入内核，还可帮助建立防火墙规则：将相应防火墙规则划分到不同的区域，然后实时更改规则，以响应不同的事件。

在后续的每一个服务器章节中，都将介绍需要打开哪些端口来允许访问服务。而关于 iptables 和 firewall 的工作原理，将在第 25 章中介绍。

3. TCP 包装程序

TCP 包装程序使用/etc/hosts.allow 和/etc/hosts.deny 文件以各种方式允许和拒绝对所选服务的访问，主要用于保护旧的 UNIX 服务，它不再被认为是非常安全的。虽然 TCP 包装程序 (/usr/sbin/tcpd)的使用只在使用 xinetd 的系统上常见，但 TCP 包装程序在授予网络服务访问权之前检查的/etc/hosts.allow 和/etc/hosts.deny 文件通常由配置为这样做的守护进程检查。这些守护进程的配置文件中的配置选项通常标记为 TCP 包装程序支持。

4. SELinux

Fedora、Red Hat Enterprise Linux 和其他 Linux 发行版本都提供了 SELinux(Security Enhanced Linux，安全增强式 Linux)功能和 enforcing 模式。虽然默认的目标模式并不会对 Linux 中运行的大多数应用程序产生影响，却会对大多数主要的服务产生影响。

SELinux 的主要功能是保护 Linux 系统的内容免受系统中运行进程的影响。换句话说，SELinux 可以确保 Web 服务器、FTP 服务器、Samba 服务器或者 DNS 服务器仅能访问系统中一组有限的文件(由文件上下文定义)以及一组有限的功能(由 Boolean 和受限的端口访问来定义)。

第 24 章将详细讨论如何使用 SELinux。

5. 在配置文件中完成安全设置

通过设置大多数服务的配置文件，可以进一步地确保服务的安全。例如，对于文件服务器和 Web 服务器，可以根据用户名、主机名、客户端的 IP 地址或者其他属性限制对某些文件或数据的访问。

步骤 5：监视服务器

因为你可能无法时刻监视每个服务，所以需要使用监视工具来帮助监视服务器，当需要注意某些事项时可以更容易地找到监视位置。下面将介绍一些可用来监视服务器的工具。

1. 配置日志

通过使用 rsyslog 服务(rsyslogd 守护进程)，可以将关于不同服务的关键信息和错误条件收集到日志文件中。在 RHEL 中，来自应用程序的日志消息默认定向到/var/log 目录的日志文件中。为更加安全和便利，还可将日志消息定向到一个集中服务器中，以便在一个统一的地方查看和管理系统组的日志。

可利用多种不同的软件包来使用 rsyslogd 和管理日志消息。logwatch 功能每夜对日志文件进行扫描，并将从这些文件中收集的关键信息发送到所选的邮箱账户中。当日志文件达到一定的大小或者上一次备份之后经过一个设定时间，logrotate 功能将日志文件备份为压缩文档。

配置和管理系统日志的功能将在本章的"配置系统日志"一节中介绍。

2. 运行系统活动报告

可以配置 sar 实用工具(通过 sysstate 软件包启用)来查看系统中的活动，比如内存使用情况、CPU 使用情况、磁盘延迟、网络活动以及其他资源损耗。默认情况下，不管白天和夜晚，sar 实用工具都会每隔几分钟启动 sadc 程序来收集数据。通过查看这些数据，有助于回到过去，弄清楚什么地方和什么时候系统上的需求达到了峰值。本章的"使用 sar 检查系统资源"一节将介绍 sar

实用工具。

3. 使用 Cockpit 现场观看活动

在系统上运行 Cockpit，可以实时观察系统活动。打开 Web 浏览器以显示 Cockpit 控制台 (https://localhost:9090)。可以实时观察 CPU 使用百分比、内存和交换消耗、写入磁盘和从磁盘写入的数据量(磁盘 I/O)以及收集和显示在屏幕上的网络流量。图 13.1 显示了 Cockpit 控制台的 System 区域示例，显示了活动数据。

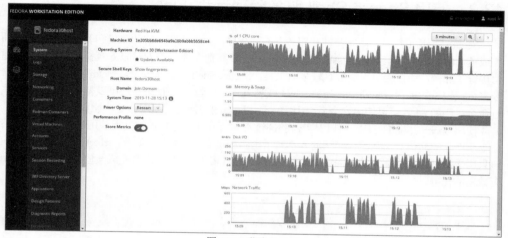

图 13.1　登录 Cockpit

4. 保持系统软件最新

随着安全漏洞不断被发现和修补，必须确保在服务器上安装了包含这些修补程序的最新软件包。同时，如果使用关键任务服务器，最安全和最有效的方法是为服务器使用订阅的 Red Hat Enterprise Linux 系统，然后一旦发布并测试了与安全相关的软件包更新，就应该将该更新部署到系统。

为了保持个人服务器和桌面系统最新，可以使用各种不同的图形化工具来添加软件和检查更新。此外，还可以使用 yum 命令检查并安装对 RHEL 或 Fedora 系统可用的所有软件包(输入 dnf update 或 yum update)。

5. 检查文件系统，找到黑客的迹象

为了检查文件系统可能遭到的入侵，可以运行诸如 rpm -V 的命令来检查系统中的任何命令、文档文件或者配置文件是否被篡改。如果想要了解更多关于 rpm -V 的信息，可以参考第 10 章对 rpm -V 的介绍。

到目前为止，已经简要介绍了 Linux 服务器配置的工作原理，本章的后续部分将重点讨论访问、保护和维护 Linux 服务器系统所需的工具。

13.2　检查和设置服务器

如果任务是管理 Linux 服务器，那么下面的部分包括一些可以检查的项。请记住，现在许多大数据处理器中的服务器都是由更大的平台部署和管理的。因此，在对其进行任何更改之前，了解服务器是如何管理的。如果你更改了系统的定义状态，更改可能会被自动覆盖。

13.3　使用 Secure Shell 服务管理远程访问

Secure Shell 工具是一组客户端和服务器应用程序，允许在客户端计算机和 Linux 服务器之间完成基本的通信。该工具包括 ssh、scp、sftp 和许多其他命令。因为对服务器和客户端之间的通信进行了加密，所以相对于类似且较早的工具，Secure Shell 工具更安全。例如，可以使用 ssh 命令来替代较早的远程登录命令，比如 telnet 或者 rlogin。此外，ssh 命令还可以替代较早的远程执行命令，比如 rsh。可以使用安全命令(比如 scp 和 rsync)替换远程复制命令，比如 rcp。

使用 Secure Shell 工具，可以对身份验证过程和所有通信进行加密。而使用 telnet 和较早的 r 命令所产生的通信对那些嗅探网络的人暴露了密码和所有相关数据。如今，telnet 和类似的命令应该只用于测试对远程端口的访问，提供公开服务(比如 PXE 启动)，或者完成其他一些不会暴露私有数据的任务。

> **注意:**
> 对于加密技术的深入讨论，请参阅第 23 章。

大多数 Linux 系统都包括了 Secure Shell 客户端，许多系统甚至还包括了 Secure Shell 服务器。例如，如果正在使用 Fedora 或者 RHEL 发行版本，那么包含 ssh 工具的客户端和服务器软件包是 openssh、openssh-clients 和 openssh-server 包，如下所示:

```
# yum list installed | grep openssh
...
openssh.x86_64          7.9p1-5.fc30    @anaconda
openssh-clients.x86_64  7.9p1-5.fc30    @anaconda
openssh-server.x86_64   7.9p1-5.fc30    @anaconda
```

在 Ubuntu 上，只安装了 openssh-clients 软件包，它包括 openssh 软件包的相关功能。如果需要安装服务器，可使用 sudo apt-get install openssh-server 命令。

```
$ sudo dpkg --list | grep openssh
openssh-client/bionic-updates,bionic-security,now 1:7.6p1-4ubuntu0.3 amd64
[installed]
    secure shell (SSH) client, for secure access to remote machines
openssh-client-ssh1/bionic 1:7.5p1-10 amd64
  secure shell (SSH) client for legacy SSH1 protocol

openssh-sftp-server/bionic-updates,bionic-security,now 1:7.6p1-4ubuntu0.3 amd64
[installed]
    secure shell (SSH) sftp server module, for SFTP access from remote machines
$ sudo apt-get install openssh-server
```

13.3.1　启动 openssh-server 服务

附带 openssh-server 软件包(有时已安装)的 Linux 系统并没有配置为自动启动该服务。根据不同的发行版本，管理 Linux 服务的方法(请参见第 15 章)也会有所不同。表 13.1 显示为了确保 ssh 服务器守护进程(sshd)在 Linux 系统上启动并运行而使用的命令。

表 13.1　确定 sshd 状态的命令

发行版本	确定 sshd 状态的命令
RHEL 6	chkconfi g --list sshd
Fedora 和 RHEL 7 或更高版本	systemctl status sshd.service
Ubuntu	systemctl status ssh.service

如果 sshd 当前没有运行，可以使用表 13.2 所列举的其中一条命令启动它。而使用这些命令需要 root 权限。

表 13.2　启动 sshd 的命令

发行版本	启动 sshd 的命令
RHEL 6	service sshd start
Fedora 和 RHEL 7 或更高版本	systemctl start sshd.service
Ubuntu	systemctl start ssh.service

表 13.2 中的命令仅启动了 ssh 或者 sshd 服务，但并没有将其配置为在系统启动时自动启动。如果想要将服务器服务设置为自动启动，需要使用 root 权限运行表 13.3 所示的命令。

表 13.3　在系统启动时启动 sshd 的命令

发行版本	在系统启动时启动 sshd 的命令
RHEL 6	chkconfi g sshd on
Fedora 和 RHEL 7 或更高版本	systemctl enable sshd.service
Ubuntu	systemctl enable ssh.service

当在 Ubuntu 上安装了 openssh-server，sshd 守护进程配置为在系统启动时自动启动。因此，对于 Ubuntu 服务器来说，不需要运行表 13.3 所示的命令。

修改防火墙设置，从而允许 openssh-client 访问端口 22(第 25 章将讨论防火墙)。在该服务启动并运行以及正确配置了防火墙后，应该能使用 ssh 客户端命令通过 ssh 服务器访问系统。

可以在/etc/ssh/sshd_config 文件中进一步配置允许 sshd 守护进程完成的任务。至少应该将 PermitRoogLogin 设置从 yes 更改为 no，这样就可以阻止任何人以 root 用户的身份进行远程登录。

```
# grep PermitRootLogin /etc/ssh/sshd_config
PermitRootLogin no
```

更改完 sshd_config 文件后，重新启动 sshd 服务。此时如果想从远程客户端使用 ssh 登录到该系统，则必须以普通用户身份登录，然后使用 su 或 sudo 命令成为 root 用户。

13.3.2　使用 SSH 客户端工具

许多用来访问远程 Linux 系统的工具都使用了 SSH 服务。而这些工具最频繁使用的是 ssh 命令，可以使用该命令完成远程登录、远程执行以及其他任务。诸如 scp 和 rsync 的命令可以每次在 SSH 客户端和服务器系统之间复制一个或多个文件。sftp 命令提供了一个类似于 FTP 的接口，可以遍历远程文件系统，并在系统之间以交互方式获取和放置文件。

默认情况下，所有与 SSH 相关联的工具都使用标准的 Linux 用户名和密码来进行身份验证，而验证过程都通过加密连接完成。然而，SSH 还支持基于密钥的身份验证，可用来在客户端和 SSH 服务器之间配置无密码身份验证(如本章"使用基于密钥(无密码)的身份验证"一节所述)。

1. 使用 ssh 进行远程登录

从另一台 Linux 计算机上使用 ssh 命令测试是否可以登录到运行 sshd 服务的 Linux 系统。通常使用 ssh 命令访问正在配置的服务器上的 shell。

可以使用 ssh 命令尝试从另一个 Linux 系统登录到你的 Linux 服务器(如果没有另一个 Linux 系统，可以输入 localhost(而不是 IP 地址)并以本地用户身份登录，从而模拟一个 Linux 系统)。下面的示例演示了远程登录到 10.140.67.23 上 johndoe 的账户：

```
$ ssh johndoe@10.140.67.23
The authenticity of host '10.140.67.23 (10.140.67.23)'
    can't be established.
RSA key fingerprint is
    a4:28:03:85:89:6d:08:fa:99:15:ed:fb:b0:67:55:89.
Are you sure you want to continue connecting (yes/no)? yes
Warning: Permanently added '10.140.67.23' (RSA) to the
    list of known hosts.
johndoe@10.140.67.23's password: *********
```

如果是第一次使用 ssh 命令登录到远程系统，该系统会询问是否确认连接。输入 yes 并按 Enter 键。当出现提示时输入用户的密码。

再次输入 yes 继续时，表示接受远程主机的公钥。随后，远程主机的公有密钥下载到客户端的~/.ssh/known_hosts 文件。现在，可以使用 RSA 非对称加密对这两个系统之间交换的数据进行加密和解密(请参见第 23 章)。登录到远程系统后，可以开始输入 shell 命令。该连接功能与普通登录相类似。唯一的不同点是通过网络传输的数据被加密了。

完成操作后，输入 exit，终止远程连接。连接关闭之后返回到本地系统的命令提示符(如果在退出了远程 shell 之后没有返回到本地 shell，通常输入~.关闭连接)。

```
$ exit
logout
Connection to 10.140.67.23 closed
```

远程连接到一个系统后，将在本地系统的子目录~.ssh/known_hosts 中存在一个文件。该文件包含了远程主机的公有密钥及其 IP 地址。而服务器的公钥和私钥存储在/etc/ssh 目录中。

```
$ ls .ssh
known_hosts
$ cat .ssh/known_hosts
```

```
10.140.67.23 ssh-rsa
AAAAB3NzaC1yc2EAAAABIwAAAQEAoyfJK1YwZhNmpHE4yLPZAZ9ZNEdRE7I159f3I
yGiH21Ijfqs
NYFR10ZlBLlYyTQi06r/9O19GwCaJ753InQ8FWHW+OOYOG5pQmghhn
/x0LD2uUb6egOu6zim1NEC
JwZf5DWkKdy4euCUEMSqADh/WYeuOSoZ0pp2IAVCdh6
w/PIHMF1HVR069cvdv+OTL4vDOX8llSpw
OozqRptz2UQgQBBbBjK1RakD7fY1TrWv
NQhYG/ugt gPaY4JDYeY6OBzcadpxZmf7EYUw0ucXGVQ1a
NP/erIDOQ9rA0YNzCRv
y2LYCm2/9adpAxc+UYi5UsxTw4ewSBjmsXYq//Ahaw4mjw==
```

提示:

以后，任何用户尝试连接到地址为 10.140.67.23 的服务器，都需要使用该存储的密钥进行身份验证。如果服务器更改了密钥(比如重新安装了操作系统)，那么使用 ssh 命令连接该系统的尝试会导致拒绝连接，并会给出可怕的警告：你可能被攻击了。如果确实更改了密钥，可以使用 ssh 再次连接该地址，同时从 known_hosts 文件中删除主机密钥(整行)并复制新的密钥。

2. 使用 ssh 进行远程执行

除了可登录到远程 shell，还可以使用 ssh 命令在远程系统上执行命令，并将输出返回到本地系统。如下面示例所示：

```
$ ssh johndoe@10.140.67.23 hostname
johndoe@10.140.67.23's password: **********
host01.example.com
```

本示例中，在 IP 地址为 10.140.67.23 的 Linux 系统上以用户 johndoe 身份运行了 hostname 命令。该命令的输出为远程主机名(此时为 host01.example.com)，并显示在本地屏幕上。

如果使用 ssh 运行带有选项或参数的远程执行命令，则应该确保将整个远程命令行包含在引号中。请记住，如果在远程命令中引用文件或目录，则会相对于用户主目录来解释相对路径。例如：

```
$ ssh johndoe@10.140.67.23 "cat myfile"
johndoe@10.140.67.23's password: **********
Contents of the myfile file located in johndoe's home directory.
```

上面所示的 ssh 命令进入 IP 地址为 10.140.67.23 的远程主机，并以用户 johndoe 身份运行命令 cat myfile。从而将该系统中 myfile 文件的内容显示在本地屏幕上。

可以使用 ssh 完成的另一种类型的远程执行为 X11 转发。如果在服务器上启用了 X11 转发(在 /etc/sshd/sshd_config 文件中设置 X11Forwarding yes)，则可以使用 ssh -X 通过 SSH 连接安全地从服务器运行图形化应用程序。对于一名新的服务器管理员来说，这意味着如果服务器上安装了图形化管理工具，则可以运行这些工具而不必使用控制台。例如：

```
$ ssh -X johndoe@10.140.67.23 system-config-printer
johndoe@10.140.67.23's password: **********
```

运行上述命令后，会提示输入 root 密码。随后，出现 Properties 窗口，可以配置打印机。完成后关闭该窗口，返回到本地提示符。可以像这样使用任何图形化管理工具或者常规的 X 应用程序(比如 gedit 图形编辑器，所以不必使用 vi)。

如果想要运行多个 X 命令又不想每次都重复连接，也可以从远程 shell 直接使用 X11 转发。通过将它们放到后台，可以在本地桌面上运行多个远程 X 应用程序。例如：

```
$ ssh -X johndoe@10.140.67.23
johndoe@10.140.67.23's password: **********
$ system-config-printer &
$ gedit &
$ exit
```

在使用完图形化应用程序后，可以像平时一样关闭它们。然后如上面的代码所示输入 exit，离开远程 shell 并返回到本地 shell。

3. 使用 scp 和 rsync 在系统之间复制文件

除了所有通信都加密之外，scp 命令与较早的 UNIX rcp 命令类似，都是用于在 Linux 系统之间复制文件。可以将文件从远程系统复制到本地系统，反之亦然。此外，还可以递归复制整个目录结构中的文件。

下面的示例以用户 johndoe 的身份使用了 scp 命令将用户 chris 主目录中的文件 memo 复制到远程计算机的/tmp 目录中：

```
$ scp /home/chris/memo johndoe@10.140.67.23:/tmp
johndoe@10.140.67.23's password: ****************
memo        100%|****************|  153    0:00
```

必须输入 johndoe 的密码。在接受密码之后，文件成功地复制到远程系统中。

通过使用-r 选项，可以完成递归复制。向 scp 命令传入一个目录名(而不是一个文件名)，从而将文件系统中该目录以下的所有文件和目录都复制到另一个系统中。

```
$ scp johndoe@10.140.67.23:/usr/share/man/man1/ /tmp/
johndoe@10.140.67.23's password: ****************
volname.1.gz                      100%  543   0.5KB/s  00:00
mtools.1.gz                       100% 6788   6.6KB/s  00:00
roqet.1.gz                        100% 2496   2.4KB/s  00:00
...
```

只要用户 johndoe 可以访问远程系统中的文件和目录，而本地用户可以对目标目录进行写入操作(此时两种情况都是成立的)，那么自/usr/share/man/man1 以下的目录结构都会复制到/tmp 目录。

可使用 scp 命令通过网络备份文件和目录。然而，如果将 scp 命令与 rsync 命令进行比较，会发现 rsync(同样通过 SSH 连接进行工作)是一种更好的备份工具。尝试运行前面所示的 scp 命令复制 man1 目录(如果仅有一个可访问的 Linux 系统，那么可以通过使用 localhost 来代替 IP 地址模拟该命令)。现在，在接收被复制文件的系统上输入下面的命令：

```
$ ls -l /usr/share/man/man1/batch* /tmp/man1/batch*
-rw-r--r--.1 johndoe johndoe 2628 Apr 15 15:32 /tmp/man1/batch.1.gz
lrwxrwxrwx.1 root root 7 Feb 14 17:49 /usr/share/man/man1/batch.1.gz
    -> at.1.gz
```

接下来，再次运行 scp 命令，并再次列出文件：

```
$ scp johndoe@10.140.67.23:/usr/share/man/man1/ /tmp/
johndoe@10.140.67.23's password: ***************
$ ls -l /usr/share/man/man1/batch* /tmp/man1/batch*
-rw-r--r--.1 johndoe johndoe 2628 Apr 15 15:40 /tmp/man1/batch.1.gz
lrwxrwxrwx.1 root root 7 Feb 14 17:49 /usr/share/man/man1/batch.1.gz
    -> at.1.gz
```

这些命令的输出指出了一些关于 scp 工作原理的事实：

- **属性丢失**——当文件复制时，权限或者日期/时间戳属性都没有保留。如果使用 scp 作为备份工具，那么可能希望在文件中保留权限和时间戳，以便日后恢复文件。
- **符号链接丢失**——batch.1.gz 文件实际上是对 at.1.gz 文件的符号链接。scp 根据该链接实际复制的是文件，而不是链接。如果想要还原该目录，batch.1.gz 将被实际的 at.1.gz 文件所替换，而不是指向它的链接。
- **不必要地重复复制**——如果观察一下第二个 scp 的输出，会注意到所有的文件会重复复制，即使需要复制的文件已经在目标目录中。最新的修改日期证实了这一点。相比之下，rsync 可以确定某一文件是否已经复制过，从而不会再次复制文件。

rsync 命令是较好的网络备份工具，因为它可以克服前面列出的 scp 命令的缺点。请尝试运行 rsync 命令，完成前面 scp 命令所完成的相同操作，但需要添加一些选项：

```
$ rm -rf /tmp/man1/
$ rsync -avl johndoe@10.140.67.23:/usr/share/man/man1/ /tmp/
johndoe@10.140.67.23's password: ***************
sending incremental file list
man1/
man1/HEAD.1.gz
man1/Mail.1.gz -> mailx.1.gz
...
$ rsync -avl johndoe@10.140.67.23:/usr/share/man/man1/ /tmp/
johndoe@10.140.67.23's password: ***************
sending incremental file list
sent 42362 bytes  received 13 bytes  9416.67 bytes/sec
total size is 7322223  speedup is 172.80
$ ls -l /usr/share/man/man1/batch* /tmp/man1/batch*
lrwxrwxrwx.1 johndoe johndoe 7 Feb 14 17:49 /tmp/man1/batch.1.gz
    -> at.1.gz
lrwxrwxrwx.1 root root 7 Feb 14 17:49 /usr/share/man/man1/batch.1.gz
    -> at.1.gz
```

删除了/tmp/man1 目录后，运行 rsync 命令，使用-a(递归存档)、-v(详细)和-l(复制符号链接)将所有文件复制到/tmp/man1 目录。然后马上再次运行该命令，会发现没有复制任何文件。因为 rsync 命令知道所有文件都已经在目标目录中了，所以不会再次复制这些文件。这样一来，对于那些带有只更改了几 MB 文件的目录来说，可以节省大量的网络宽带。

从 ls -l 的输出还会注意到在 batch.1.gz 文件中保留了符号链接和日期/时间戳。如果日后需要恢复这些文件，可以非常准确地将它们放回原处。

rsync 的使用是非常好的备份方法。但如果想要对两个目录进行镜像，使两台计算机上的两个目录结构内容完全相同，又该怎么做呢？下面所示的命令演示了如何在两台计算机上创建目录结构的完全镜像，其中使用了前面 rsync 命令所使用的目录。

首先，在远程系统上，向被复制的目录复制一个新文件：

```
# cp /etc/services /usr/share/man/man1
```

然后，在本地系统上运行 rsync，在任何新文件之间复制(此时为目录和新文件 services)：

```
$ rsync -avl johndoe@10.140.67.23:/usr/share/man/man1 /tmp
johndoe@10.140.67.23's password:
****************
sending incremental file list
man1/
man1/services
```

接下来，返回到远程系统，删除该新文件：

```
$ sudo rm /usr/share/man/man1/services
```

最后在本地系统，再次运行 rsync，会看到没有发生任何事情。此时，远程目录和本地目录是不一样的，因为本地系统有 services 文件，而远程系统则没有。这是一个备份目录的正确行为(备份相关文件，以防文件被误删除)。然而，如果想要远程目录和本地目录之间生成镜像，则必须添加--delete 选项。其结果是也在本地系统中删除了 services 文件，从而保持远程目录和本地目录结构同步。

```
$ rsync -avl /usr/share/man/man1 localhost:/tmp
johndoe@10.140.67.23's password: ****************
sending incremental file list
man1/
$ rsync -avl --delete johndoe@10.140.67.23:/usr/share/man/man1 /tmp
johndoe@10.140.67.23's password: ****************
sending incremental file list
deleting man1/services
```

4. 使用 sftp 进行交互式复制

如果无法准确知道想要从远程系统中或者向远程系统复制什么内容，可以使用 sftp 命令通过 SSH 服务创建一个交互式 FTP 类型会话。使用 sftp，可以通过 SSH 连接到一个远程系统，更改目录，列出目录内容以及从服务器获取(赋予适当的权限)文件。请记住，不管命令名是什么，sftp 与 FTP 协议没有任何关系，也不使用 FTP 服务器。它只是在客户端和 sshd 服务器之间使用了一种 FTP 类型的交互。

下面的示例显示了用户 johndoe 连接到 jd.example.com：

```
$ sftp johndoe@jd.example.com
Connecting to jd.example.com
johndoe@jd.example.com's password: ****************
sftp>
```

此时，可以开始一个交互式 FTP 会话。就像使用任何 FTP 客户端一样，可以在文件上使用 get 和 put 命令，但需要知道的是正在一个加密且安全的连接上工作。因为 FTP 协议以明文方式传递用户名、密码和数据，所以通过 SSH 使用 sftp 命令是一个非常好的替代方法，允许用户以交互方式从系统复制文件。

13.3.3　使用基于密钥(无密码)的身份验证

如果全天不断使用 SSH 工具连接到相同的系统，会发现一次又一次地输入密码非常不方便。为此，SSH 允许设置使用基于密钥的身份验证来替换基于密码的身份验证。具体工作过程如下所示：

- 创建一个公钥和私钥。
- 确保私有密钥安全，但将公钥复制到想要进行基于密钥身份验证的远程主机上的用户账户。
- 将密钥复制到合适的位置，使用任何 SSH 工具连接到远程主机上的该用户账户，此时远程 SSH 服务并不会要求输入密码，而是将公钥和私钥进行比较，如果两个密钥匹配，则允许进行访问。

当创建密钥时，可以选择向私钥添加一个密码短语。如果决定添加一个密码短语，即使不需要输入密码进行身份验证，也仍然需要输入密码短语，以便解除私钥的锁定。如果不添加密码短语，则可以使用私钥/公钥对(完全的无密码方式)进行通信。然而，如果有人获取了你的私钥，就可以在任何需要该密钥的通信中以你的身份进行操作。

下面的程序演示了一个本地用户 chris 如何为位于 IP 地址为 10.140.67.23 的远程用户 johndoe 设置基于密钥的身份验证。如果没有两个 Linux 系统，可以在本地系统中使用两个用户账户来模拟两个 Linux 系统。首先，以本地用户 chris 的身份进行登录，然后输入下面的命令，生成本地的公钥/私钥对：

```
$ ssh-keygen
Generating public/private rsa key pair.
Enter file in which to save the key (/home/chris/.ssh/id_rsa): ENTER
Enter passphrase (empty for no passphrase): ENTER
Enter same passphrase again: ENTER
Your identification has been saved in /home/chris/.ssh/id_rsa.
Your public key has been saved in /home/chris/.ssh/id_rsa.pub.
The key fingerprint is:
bf:06:f8:12:7f:f4:c3:0a:3a:01:7f:df:25:71:ec:1d chris@abc.example.com
The key's randomart image is:
...
```

接受默认的 RSA 密钥(也可以使用 DSA 密钥)，按两次 Enter 键，使一个空白的密码短语与密钥相关联。操作结果是私钥(id_rsa)和公钥(id_rsa.pub)复制到本地主目录的.ssh 目录中。接下来将公钥复制给远程用户，以便每次使用 ssh 工具连接到该用户账户时可以使用基于密钥的身份验证：

```
$ ssh-copy-id -i ~/.ssh/id_rsa.pub johndoe@10.140.67.23
johndoe@10.140.67.23's password:
****************
```

当出现提示，输入 johndoe 的密码。随后，属于 chris 的公钥复制到远程系统上 johndoe 的.ssh 目录的 authorized_keys 文件中。当 chris 再次尝试连接到 johndoe 的账户时，将使用这些密钥对 SSH 连接进行验证。因为私钥上没有添加密码短语，所以当使用该密钥时不需要提供密码短语来解锁密钥。

使用 ssh johndoe@10.140.67.23 登录到计算机，并签入$HOME/.ssh/ authorized_keys，以确保没有添加意料之外的额外密钥。

```
[chris]$ ssh johndoe@10.140.67.23
Last login: Sun Apr 17 10:12:22 2016 from  10.140.67.22
[johndoe]$
```

通过密钥，chris 可使用 ssh、scp、rsync 或任何其他启用了 SSH 的命令来完成基于密钥的身份验证。例如，使用这些密钥，rsync 命令可以每晚进入 cron 脚本并自动备份 johndoe 的主目录。

是否想要进一步保护远程系统的安全呢？在将密钥放到远程系统中的合适位置(针对那些允许登录到该系统的用户)之后将/etc/ssh/sshd_config 文件中的 PasswordAuthentication 设置更改为 no，从而使远程系统上的 sshd 服务不允许进行密码身份验证，如下所示：

```
PasswordAuthentication no
```

然后，重新启动 sshd 服务(systemctl restart sshd)。此后，任何拥有有效密钥的人仍然被接受，而那些没有密钥而又尝试登录的人将得到下面所示的失败消息，甚至没机会输入用户名和密码：

```
Permission denied (publickey,gssapi-keyex,gssapi-with-mic).
```

13.4　配置系统日志

在了解了如何使用 SSH 工具访问远程服务器后，可登录到该服务器并设置一些确保服务器平稳运行所需的服务。系统日志是为 Linux 所设置的基本服务之一，主要用来跟踪系统中所发生的一切。

rsyslog 服务(rsyslogd 守护进程)提供了相关的功能收集来自 Linux 系统中运行软件的日志消息，并将这些消息定向到本地日志文件、设备或者远程日志主机中。rsyslog 的配置与其前辈 syslog 的配置类似。然而，rsyslog 允许添加模块，以便具体管理和定向日志消息。

在最新的 Red Hat Enterprise Linux 和 Fedora 版本中，rsyslog 实用工具利用了收集并存储在 systemd 日志中的消息。如果想要显示直接来自 systemd 日志的日志消息，可以使用 journalctl 命令(而不是查看来自/var/log 目录中的文件)。

13.4.1　使用 rsyslog 启用系统日志

/var/log 目录中的大部分文件都被来自 rsyslog 服务的日志消息所填充。rsyslogd 守护进程是系统日志守护进程。它从其他各种程序接收日志消息，并将它们写入合适的日志文件。相对于让每个应用程序将日志消息写入自己的日志文件，这样做更合适，因为可以集中管理如何处理日志文件。

还可以配置 rsyslogd，以便在日志文件中记录不同级别的详细信息。可以告诉 rsyslogd 忽略除最重要的信息之外的所有日志消息，或者记录所有的详细信息。

rsyslogd 守护进程甚至可接收来自网络中其他计算机的消息。该远程日志功能非常方便，因为它能集中管理和检查网络中多个系统的日志文件。这也是使用 rsyslogd 守护进程又一大主要安全优点。

使用远程日志，即使网络上的某一系统被侵入了，黑客也不能删除或修改日志文件，因为这些文件存储在一台单独的计算机上。然而，需要重点记住的是默认情况下这些日志消息并不会加密(可以根据需要启用加密功能)。任何攻击本地网络的人都可以在日志消息从一台计算机传递到另一台计算机的过程中进行窃听。此外，虽然黑客不能更改较早的日志条目，却可影响系统，从而使任何新的日志消息都不可信。

运行一台仅负责记录来自网络中其他计算机的日志消息的计算机(专门的日志主机)是很常见的。因为该系统不运行其他服务，所以不大可能被侵入，黑客也无法完全抹去他们的踪迹。

1. 理解 rsyslog.conf 文件

etc/rsyslog.conf 文件是 rsyslog 服务的主要配置文件。在/etc/rsyslog.conf 文件中，模块部分允许在 rsyslog 服务中包含或不包含特定特性。在 RHEL 8 中，/etc/rsyslog.conf 模块部分的示例如下：

```
module(load="imuxsock"
    # provides support for local system logging (e.g. via logger command)
    SysSock.Use="off") # Turn off message reception via local log socket;
                       # local messages are retrieved through imjournal now.
module(load="imjournal"
    # provides access to the systemd journal
        StateFile="imjournal.state") # File to store the position in the journal
#module(load="imklog")
    # reads kernel messages (the same are read from journald)
#module(load="immark")
    # provides --MARK-- message capability

# Provides UDP syslog reception
# for parameters see http://www.rsyslog.com/doc/imudp.html
#module(load="imudp") # needs to be done just once
#input(type="imudp" port="514")

# Provides TCP syslog reception
# for parameters see http://www.rsyslog.com/doc/imtcp.html
#module(load="imtcp") # needs to be done just once
#input(type="imtcp" port="514")
```

以 "module(load=" 开头的条目加载了后续模块。当前被禁用的模块前面都添加了一个英镑符号(#)。其中，imjournal 模块可以让 rsyslog 访问 systemd 日志。imuxsock 模块用来接收来自本地系统的消息；该模块不应该被注释掉(即在前面添加一个英镑符号)，除非有特殊理由需要这么做。imklog 模块负责记录内核消息。

默认情况下没有启用的模块包括 immark 模块，该模块允许记录--MARK--消息(该消息用来表示某一服务是否处于活动状态)。imudp 和 imtcp 模块以及相关的端口号条目用来允许 rsyslog 服务接收远程日志消息，"利用 rsyslog 设置和使用日志主机"一节将详细讨论该部分内容。

/etc/rsyslog.conf 配置文件所完成的大部分工作是修改 RULES 节。下面的示例显示了/etc/rsyslog.conf 文件中 RULES 节的一些规则(注意，在 Ubuntu 中，需要在/etc/rsyslog.d 目录中查看该配置信息)：

```
#### RULES ####
# Log all kernel messages to the console.
```

261

```
# Logging much else clutters up the screen.

#kern.*                                       /dev/console
# Log anything (except mail) of level info or higher.
# Don't log private authentication messages!
*.info;mail.none;authpriv.none;cron.none      /var/log/messages
# The authpriv file has restricted access.
authpriv.*                                    /var/log/secure
# Log all the mail messages in one place.
mail.*                                       -/var/log/maillog
# Log cron stuff
cron.*                                        /var/log/cron
```

规则条目分为两列。左列表示比较哪些消息；右列表示将被比较的消息发送到什么地方。根据便利性(mail、cron、kern 等)和优先权(从 debug、info、notice 一直到 crit、alert 和 emerg)对消息进行比较，且使用一个点(.)分隔。所以，mail.info 表示对来自 mail 服务的 info 及更高级别的所有消息进行比较。

至于将消息发送到什么地方，大部分消息都定向到/var/log 目录中的文件。然而，也可以将消息定向到一个设备(比如/dev/console)或者一个远程日志主机(比如@loghost.example.com)。其中 at 符号(@)表示跟在其后面的名称是日志主机名。

默认情况下，仅将日志记录到/var/log 目录的本地文件中。然而，如果注释掉 kern.*条目，则可以很容易地将所有级别的内核消息定向到计算机的控制台屏幕上。

上面示例中所显示的第一个工作条目表示按照规则对几乎所有服务(*)的 info 级别的消息进行比较，但来自 mail、authpriv 和 cron 服务的消息除外(使用单词 none 将这些服务排除在外)。所有的比较消息定向到/var/log/messages 文件中。

如每个服务的右边列所示，mail、authpriv(身份验证消息)和 cron(cron 实用工具消息)服务器都有各自的日志文件。为理解这些以及其他日志文件的格式，接下来介绍一下/var/log/messages 文件的格式。

2. 理解消息日志文件

由于许多程序和服务都在 messages 日志文件中记录信息，因此理解该文件的格式显得非常重要。通过检查该文件，可以获得系统问题的早期预警。文件中的每一行都是一些程序或服务所记录的一条消息。下面是一个 messages 日志文件的代码片段：

```
Feb 25 11:04:32 toys network: Bringing up loopback:  succeeded
Feb 25 11:04:35 toys network: Bringing up interface eth0:  succeeded
Feb 25 13:01:14 toys vsftpd(pam_unix)[10565]: authentication failure;
    logname= uid=0 euid=0 tty= ruser= rhost=10.0.0.5 user=chris
Feb 25 14:44:24 toys su(pam_unix)[11439]: session opened for
    user root by chris(uid=500)
```

/var/log/messages 文件的默认消息格式划分为五个主要部分。该格式由/etc/rsyslog.conf 文件中下面所示的条目所确定：

```
module(load="builtin:omfile" Template="RSYSLOG_TraditionalFileFormat")
```

当查看来自/var/log 目录的文件的消息时，从左到右，消息部分依次包括：

- 消息记录的日期和时间
- 消息来源的计算机名
- 消息所属的程序名或服务名
- 发送该消息的程序的进程号(由方括号括起来)
- 实际的文本消息

再看一下前面的文件片段。在头两行，可以看到网络重启了。接下来的一行表示用户 chris 尝试从 IP 地址为 10.0.0.5 的计算机上连接到该系统上的 FTP 服务器，但最终失败了(因为他输入了错误的密码，从而导致身份验证失败)。最后一行表明 chris 使用 su 命令成为 root 用户。

不定期地检查一下 messages 文件和 secure 文件，可以在破解成功之前将其发现。如果看到针对某一特定服务存在过多的连接尝试，特别是当这些连接尝试来自 Internet 的系统时，则表明你可能正在被攻击。

3. 利用 rsyslogd 设置和使用日志主机

为将计算机的日志文件重定向到另一台计算机的 rsyslogd，必须更改本地和远程 rsyslog 配置文件，即/etc/rsyslog.conf。首先使用 su-命令成为 root 用户，然后在一个文本编辑器(如 vi)中打开/etc/rsyslog.conf 文件。

在客户端

为将消息发送另一台计算机(日志主机)而不是一个文件，首先使用"@字符+日志主机名"替换日志文件名。例如，为将发送到 messages、secure 和 maillog 日志文件的消息输出重定向到一个日志主机，需要向消息文件添加下面粗体显示的行：

```
# Log anything (except mail) of level info or higher.
# Don't log private authentication messages!
*.info;mail.none;news.none;authpriv.none;cron.none  /var/log/messages
*.info;mail.none;news.none;authpriv.none;cron.none  @loghost
# The authpriv file has restricted access.
authpriv.*                              /var/log/secure
authpriv.*                              @loghost
# Log all the mail messages in one place.
mail.*                                  -/var/log/maillog
mail.*                                  @loghost
```

现在，这些消息发送到在计算机 loghost 上运行的 rsyslogd。计算机名 loghost 并不是随便选择的。创建一个此类主机名并使其成为实际充当日志主机的计算机的别名是一种习惯做法。如果日后需要将日志主机的职责交给另一台计算机来担任，则只需要更改日志主机别名即可，而不必在每台计算机上重新编辑 syslog.conf 文件。

在日志主机端

设置为接收消息的日志主机必须监听标准端口(通常为 514 UDP，但也可以配置为接收 514 TCP 上的消息)上的消息。接下来介绍一下如何配置 Linux 日志主机(正在运行 rsyslog 服务)：

- 编辑日志主机系统上的/etc/rsyslog.conf 文件，取消对启用 rsyslogd 守护进程监听远程日志消息的命令行的注释。取消头两行注释，从而启用端口 514 上传入的 UDP 日志消息。然后取消接下来的两行注释，从而允许使用 TCP 协议(端口 514)的消息：

```
module(load="imudp") # needs to be done just once
input(type="imudp" port="514")
module(load="imtcp") # needs to be done just once
input(type="imtcp" port="514")
```

- 打开防火墙,允许将新消息定向到日志主机(请参阅第 25 章,了解如何打开特定端口,从而允许访问系统)。
- 重新启动 rsyslog 服务(service rsyslog restart 或 systemctl restart rsyslog.service)。
- 如果服务正在运行,应该能够看到该服务正在监听所启用的端口(UDP 和/或 TCP 端口 514)。运行 netstate 命令,可以看到 rsyslogd 守护进程正在为 UDP 和 TCP 服务监听 IPv4 和 IPv 6 端口 514,如下所示:

```
# netstat -tupln | grep 514
tcp      0    0 0.0.0.0:514   0.0.0.0:*      LISTEN     25341/rsyslogd
tcp      0    0 :::514        :::*           LISTEN     25341/rsyslogd
udp      0    0 0.0.0.0:514   0.0.0.0:*                 25341/rsyslogd
udp      0    0 :::514        :::*                      25341/rsyslogd
```

13.4.2　使用 logwatch 查看日志

大多数使用 rsyslog 记录系统日志的 Linux 系统中都运行了 logwatch 服务。随着时间的推移,繁忙系统上的日志会变得越来越大,而使用 logwatch 服务可以帮助系统管理员更快地查看每个日志中的每条消息。为安装 logwatch 实用工具,请输入下面的命令:

```
# yum install logwatch
```

logwatch 主要负责在每天晚上收集那些看起来可能有问题的消息,然后将它们以 E-Mail 消息的形式发送到管理员所指定的任何 E-Mail 地址。如果想启用 logwatch,只须安装 logwatch 软件包即可。

logwatch 服务通过位于/etc/cron.daily 的 cron 作业(ologwatch)来运行。/etc/logwatch/conf/logwatch.conf 文件保存了本地设置。而/usr/share/logwatch/default.conf/logwatch.conf 文件设置了用来收集日志消息的默认选项。

一些默认的设置定义了日志文件的位置(/var/log)、临时目录的位置(/var/cache/logwatch)以及日常 logwatch E-Mail 的接收者(本地 root 用户)。除非想要登录到服务器来读取 logwatch 消息,否则可能希望更改/etc/logwatch/conf/logwatch.conf 文件中 MailTo 设置:

```
MailTo = chris@example.com
```

查看一下/usr/share/logwatch/default.conf/logwatch.conf 文件中想要更改的其他设置(比如详细级别或者每个报告的时间范围)。然后按照前面所述的那样向/etc/logwatch/conf/logwatch.conf 文件添加其他内容。

启用 logwatch 服务后(只须通过安装 logwatch 软件包即可启动该服务),每晚会在 root 用户的邮箱里看到一条消息。以 root 用户身份登录后,可使用旧的 mail 命令查看 root 用户的邮箱:

```
# mail
Heirloom Mail version 12.5 7/5/10.  Type ? for help.
"/var/spool/mail/root": 2 messages 2 new
```

```
>N  1 logwatch@abc.ex  Sun Feb 15 04:02 45/664   "Logwatch for abc"
    2 logwatch@abc.ex  Mon Feb 16 04:02 45/664   "Logwatch for abc"
& 1
& x
```

在该邮件中，可以看到 E-Mail 消息来自每天运行的 logwatch(此时为凌晨 4:02)。输入想要查看的消息编号，然后通过空格键，或者按 Enter 键逐行查看。查看完毕后，输入 x 退出。

可以查看的信息类型包括内核错误、已安装的软件包、身份验证失败信息以及故障服务。此外，还报告了磁盘空间使用情况，所以可以了解存储器是否被填满。通过浏览 logwatch 消息，就可以知道持续的进攻是否正在进行或者是否发生了一些重复的失败。

13.5　使用 sar 检查系统资源

sar(System Activity Reporter)是为早期 UNIX 系统(比 Linux 早几十年)而创建的最早的系统监视实用工具之一。sar 命令本身可以按照设置的间隔(每一秒或者两秒)持续地显示系统活动，并在屏幕上显示。此外，还可显示早期收集的系统活动数据。

sar 命令是 sysstat 软件包的一部分。一旦安装了 sysstat 并启用 sysstat 服务，系统会马上开始收集系统活动数据，日后可通过使用 sar 命令的某些选项查看这些数据。

```
# systemclt enable sysstat
# systemctl start sysstat
```

要读取/var/log/sa/sa??文件中的数据，可以使用以下 sar 命令:

```
# sar -u | less
Linux 5.3.8-200.fc30.x86_64 (fedora30host) 11/28/2019  _x86_64_  (1 CPU)

23:27:46    LINUX RESTART (1 CPU)


11:30:05 PM  CPU   %user   %nice  %system   %iowait   %steal    %idle
11:40:06 PM  all    0.90    0.00     1.81      1.44     0.28     95.57
Average:     all    0.90    0.00     1.81      1.44     0.28     95.57
```

其中-u 选项显示了 CPU 使用情况。默认情况下，输出从当天的午夜开始，然后显示系统不同部分所消耗的处理时间。最后每个 10 分钟持续显示系统活动，直至到达当前时间。

为查看磁盘活动输出，可运行 sar -d 命令。通常，输出也是从午夜开始，并每隔 10 分钟显示相关信息。

```
# sar -d | less
Linux 5.3.8-200.fc30.x86_64 (fedora30host) 11/28/2019 _x86_64_ (1 CPU)

23:27:46    LINUX RESTART  (1 CPU)


11:30:05 PM          DEV    tps    rkB/s    wkB/s   areq-sz   aqu-sz  await...
11:40:06 PM        dev8-0  49.31  5663.94    50.38   115.89     0.03    1.00
11:40:06 PM      dev253-0  48.99  5664.09     7.38   115.78     0.05    0.98
11:40:06 PM      dev253-1  10.84     0.01    43.34     4.00     0.04    3.29
Average:           dev8-0  49.31  5663.94    50.38   115.89     0.03    1.00
```

```
Average:       dev253-0  48.99 5664.09      7.38    115.78    0.05   0.98
Average:       dev253-1  10.84   0.01      43.34      4.00    0.04   3.29
```

如果想要实时运行 sar 活动报告，可以向命令添加次数和时间间隔。例如：

```
# sar -n DEV 5 2
Linux 5.3.8-200.fc30.x86_64 (fedora30host)  11/28/2019 _x86_64_  (1 CPU)
11:19:36 PM IFACE rxpck/s txpck/s  rxkB/s  txkB/s rxcmp/s txcmp/s...
11:19:41 PM   lo   5.42    5.42    1.06    1.06    0.00    0.00...
11:19:41 PM ens3   0.00    0.00    0.00    0.00    0.00    0.00...
...
Average: IFACE rxpck/s txpck/s rxkB/s txkB/ rxcmp/s txcmp/s rxmcst/s
Average:    lo   7.21    7.21   1.42  1.42    0.00    0.00    0.00
Average:  ens3   0.00    0.00   0.00  0.00    0.00    0.00    0.00
Average: wlan0   4.70    4.00   4.81  0.63    0.00    0.00    0.00

Average:  pan0   0.00    0.00   0.00  0.00    0.00    0.00    0.00
Average:  tun0   3.70    2.90   4.42  0.19    0.00    0.00    0.00
```

通过使用上面所示的-n DEV 示例，可以跨系统上不同的网络接口查看活动数量。可以查看发送和接收了多少包以及发送和接收了多少 KB 的数据。在本示例中，每 5 秒钟获取一次采样数据，并重复两次。

请参阅 sar、sadc、sa1 和 sa2 手册页，了解更多关于如何获取和显示 sar 数据的相关信息。

13.6　检查系统空间

虽然 logwatch 可以提供系统磁盘消耗的每日快照，但 df 和 du 命令可以帮助立即查看可用的磁盘空间。下面将演示这些命令的示例。

13.6.1　使用 df 显示系统空间

可以使用 df 命令显示文件系统可用的空间。如果想要查看 Linux 计算机上所有挂载文件系统可用的空间量，请输入不带选项的 df 命令：

```
$ df
Filesystem 1k-blocks      Used  Available  Use%  Mounted on
/dev/sda3  30645460   2958356   26130408   11%  /
/dev/sda2     46668      8340      35919   19%  /boot
...
```

该示例输出了挂载在/(根)目录(/dev/sda1)和/boot 分区(/dev/sda2)上的硬盘分区的可用空间。磁盘空间以 1KB 块为单位显示。如果想要生成更易于阅读的输出，可以使用-h 选项：

```
$ df -h
Filesystem      Size Used  Avail  Use%  Mounted on
/dev/sda3       29G  2.9G   24G   11%  /
/dev/sda2       46M  8.2M   25M   19%  /boot
...
```

通过使用 df -h 选项，输出以更友好的 MB 字节或 GB 字节列表显示。df 的其他选项还可以完成以下工作：

- 仅显示某一特定类型的文件系统(-t type)。
- 排除显示某一特定类型的文件系统(-x type)。例如，输入 df -x tmpfs -x devtmpfs，排除临时文件系统类型(仅输出代表真正存储区域的文件系统)。
- 显示包括没有空间的文件系统，比如/proc 和/dev/pts(-a)。
- 仅列出可用且已用的 inodes(-i)。
- 按照某些块大小显示磁盘空间(--block-size=#)。

13.6.2　使用 du 检查磁盘使用情况

如果想要知道某一特定目录(及其子目录)使用了多少空间，可以使用 du 命令。若不使用任何选项，du 命令将列出当前目录下的所有目录以及每个目录使用的空间。最后，du 还会生成整个目录结构所使用的总磁盘空间。

du 命令非常适合用来检查某一特定用户(du /home/jake)或者某一特定文件系统分区(du /var)使用多少磁盘空间。默认情况下，磁盘空间以 1KB 块为单位进行显示。如果想要使输出更友好(以 KB、MB 和 GB 字节)，可使用-h 选项，如下所示：

```
$ du -h /home/jake
114k    /home/jake/httpd/stuff
234k    /home/jake/httpd
137k    /home/jake/uucp/data
701k    /home/jake/uucp
1.0M    /home/jake
```

该输出显示了用户 jake 主目录(/home/jake)下每个子目录所使用的磁盘空间。所使用的磁盘空间以 KB 和 MB 为单位显示。最后一行显示了/home/jake 所用的总磁盘量。可以添加-s 选项，查看每个目录及其子目录所使用的总磁盘空间。

13.6.3　使用 find 确定磁盘消耗

使用 find 命令可以非常容易地确定使用了不同标准的硬盘文件消耗。通过查找那些超过一定大小或者由某一特定的人所创建的文件，可以确定哪些磁盘空间可被收回。

> **注意:**
> 除非是检查自己个人的文件，否则只有 root 用户才能有效地运行 find 命令。如果不是 root 用户，文件系统中的许多地方是没有权限进行检查的。普通用户通常只能检查自己的主目录，而无法检查其他用户的主目录。

在下例中，find 命令搜索根文件系统(/)中用户 jake 所拥有的所有文件(-user jake)，并打印文件名。find 命令的输出按照文件大小顺序以长列表的形式显示(ls -ldS)。最后，该输出发送到文件/tmp/jake。当查看文件/tmp/jake 时(例如，less /tmp/jake)，会发现用户 jake 所拥有的所有文件都按大小顺序列出：

```
# find / -xdev -user jake -print | xargs ls -ldS> /tmp/jake
```

> 提示:
> -xdev 选项可以防止搜索被选择文件系统之外的文件系统。这是一种非常好的方法,可用来减少可能从/proc 文件系统输出的许多垃圾信息。此外,还可以避免搜索大型的远程挂载文件系统。

接下来的示例查找大于 100KB 的文件(-size +100M),而不是查找某一用户的文件:

```
# find / -xdev -size +100M | xargs ls -ldS> /tmp/size
```

通过删除一些不再需要使用的较大文件,可以节省大量磁盘空间。在本示例中,可以看到在/tmp/size 文件中,较大的文件按照大小排序。

13.7　管理企业中的服务器

本书中涵盖的大部分服务器配置描述了如何人工安装系统和直接在主机上工作。对于由数十台、数百台甚至数不清的计算机组成的现代数据中心来说,单独设置每台主机的效率太低。为使在大型数据中心中设置 Linux 服务器的过程更加高效,使用了以下方法。

自动部署: 不必手动安装就以安装系统的一种方法是使用 PXE 启动。通过设置 PXE 服务器并从支持 PXE 的网络接口卡引导该网络上的计算机,可以简单地通过引导系统启动该系统的完整安装。安装完成后,系统可以重新启动,以从已安装的系统运行。

通用主机系统: 通过使主机系统尽可能通用,可以极大地简化单独的安装、配置和升级。这可以在层中自动完成,在这些层中,基本系统是通过 PXE 启动安装的,配置是通过云 int 之类的特性完成的,应用程序在运行时可以携带它们自己的依赖项。在应用程序级别,这可以通过在虚拟机或容器内运行应用程序来实现。当应用程序完成运行时,可以将其丢弃,而不将其依赖的软件留在主机上。

管理系统和工作系统的分离: 不是单独管理主机系统,独立的平台可以提供一种管理大型系统集的方法。为此,诸如 OpenStack 或 OpenShift 的平台可以使用管理节点(在某些情况下称为控制平面或主节点)来管理实际运行工作负载的机器(有时称为工人、worker 或节点)。这种按主机类型进行的任务分离可将应用程序部署到满足应用程序需求的任何可用 worker(如可用内存或CPU)上。

记住,了解配置单独的应用程序、运行服务仍然是管理数据中心资源的这些更高级方法的基础。虽然对企业部署和监视工具的深入介绍超出了本书的范围,但请参阅第 VI 部分,以了解不同的基于 Linux 的云平台如何管理这些问题。

13.8　小结

虽然 Linux 系统可以使用许多不同类型的服务器,但安装和配置服务器的程序本质上讲都是相同的。基本过程是安装、配置、启动、保护和监视服务器。应用于所有服务器的基本任务包括使用网络工具(特别是 SSH 工具)进行登录、复制文件或者执行远程命令。

因为管理员不可能始终监视服务器,所以在管理 Linux 服务器时使用用来收集数据和查看日志数据的工具是非常重要的。可使用 rsyslog 实用工具实现本地和远程日志。sar 实用工具收集实时数据或每隔 10 分钟回放以前收集的数据。Cockpit 可从一个 Web 用户界面实时观察 CPU、内存、磁盘和网络活动。而为了查看磁盘空间,可运行 df 和 du 命令。

本章所介绍的技能有助于为日后企业质量体系管理打下良好基础。虽然这些技能在同时管理多个 Linux 系统时非常有用，但仍需要使用自动部署和监视工具来扩展技能，如本书介绍云计算的内容所示。

虽然在简单、默认的情况下，可以非常容易地设置网络来到达服务器，但更复杂的网络配置需要了解网络配置文件和相关的工具。下一章将介绍如何在 Linux 中设置和管理网络。

13.9　习题

本节的习题覆盖了用来连接和查看 Linux 服务器的基本工具。通常，可用多种方法完成这些习题。所以，即使无法按照参考答案的方法完成习题也不要担心，只要得到相同的结果就行。如果陷入困境，可以参考附录 B 中这些习题的参考答案。

其中一些习题假设拥有第二个 Linux 系统，可以登录到该系统并尝试不同命令。在第二个系统上，需要确保 sshd 服务正在运行，防火墙被打开，ssh 允许用户账户登录(root 用户通常被 sshd 所阻止)。

如果只有一个 Linux 系统，可以创建一个额外的用户账户，并通过连接到 localhost 来模拟与另一个系统的通信。例如：

```
# useradd joe
# passwd joe
# ssh joe@localhost
```

(1) 通过 ssh 命令并使用任何可以访问的账户登录到另一台计算机(或本地计算机)。当出现提示时输入密码。

(2) 使用 ssh 命令实现远程执行，获取远程/etc/system-release 文件的内容并在本地系统上显示其内容。

(3) 使用 ssh 命令和 X11 转发，在本地系统上显示 gedit 窗口；然后在远程用户的主目录中保存一个文件。

(4) 将远程系统的/usr/share/selinux 目录中所有文件递归复制到本地系统的/tmp 目录中，在复制过程中将文件的所有修改时间更新为本地系统上的时间。

(5) 将远程系统的/usr/share/logwatch 目录中所有文件递归复制到本地系统的/tmp 目录中，并在本地系统上保留来自远程系统的文件上的所有修改时间。

(6) 创建一个 SSH 通信所使用的公钥/私钥对(在密钥上不添加密码短语)，使用 ssh -copy -id 将公钥文件复制到远程用户账户，然后使用基于密钥身份验证在不必输入密码的情况下登录到该用户账户。

(7) 在/etc/rsyslog.conf 文件中创建一个条目，将所有 info 及以上级别的身份验证消息存储到/var/log/myauth 文件中。通过一个终端，当数据记录到该文件时查看该文件，而在另一个终端，尝试使用 ssh 以任何有效用户的身份进入本地计算机，使用错误密码。

(8) 使用 du 命令确定/usr/share 下最大的目录结构，然后从大到小对这些目录进行排序，最后根据大小列出前 10 个目录。

(9) 使用 df 命令显示当前挂载到本地系统的所有文件系统(排除 tmpfs 和 devtmpfs 文件系统)已用和可用的空间。

(10) 查找/usr 目录中文件大于 10MB 的任何文件。

第 **14** 章

管 理 网 络

本章主要内容:
- 自动将 Linux 连接到网络
- 使用 NetworkManager 实现简单的网络连接
- 通过命令行配置网络
- 使用网络配置文件
- 为企业配置路由、DHCP、DNS 和其他网络基础设施功能

目前，将单个桌面系统或便携式计算机连接到网络(特别是连接到 Internet)已变得非常简单，所以我将介绍 Linux 网络的章节推迟到现在。如果你正在尝试将 Fedora、RHEL、Ubuntu 或者其他 Linux 桌面系统连接到 Internet，下面将介绍可以尝试的内容，但前提是有一个可用的有线或无线网络接口:

- **有线网络**——如果家里或者办公室拥有一个提供了 Interent 路径的有线 Ethernet 端口，并且计算机有一个 Ethernet 端口，那么可以使用 Ethernet 电缆连接这两个端口。启动计算机后，再启动 Linux 并进行登录。单击桌面上的 NetworkManager 图标，此时会看到已连接到 Internet 或者仅单击就可以连接到 Internet 上。

- **无线网络**—— 对于运行了 Linux 的无线计算机来说，同样需要登录并单击桌面上的 NetworkManager 图标。从出现的无线网络列表中，选择想要连接的网络，当出现提示时，输入所需的密码。然后每次从相同位置的计算机进行登录之后，都会自动连接到该无线网络。

如果可使用上述任何一种类型的网络连接，并且并不想了解 Linux 中网络的工作原理，那么上面所讲的就是连接网络所需的全部知识。然而，如果 Linux 系统没有自动连接到 Internet，该怎么办呢? 如果想要配置桌面从而连接到 VPN(Virtual Private Network，虚拟专用网络)，该怎么办呢? 如果想要锁定服务器上的网络设置或者配置 Linux 系统成为一台路由器使用，又该怎么办呢?

在本章中，与网络相关的主题将划分成桌面网络、服务器网络和企业计算。在三种主要类型的 Linux 系统中，常用配置网络的方法如下所示。

- **桌面/便携式计算机网络**——在桌面系统中，默认运行 NetworkManager 来管理网络接口。通过 NetworkManager，可以自动接受连接到 Internet 所需的地址和服务器信息。此外，还可以手动设置地址信息。通过配置代理服务器或 VPN 连接，可以允许桌面在防火墙后面工作，或者通过防火墙进行连接。

- 服务器网络——虽然 NetworkManager 可以非常出色地完成桌面和便携式计算机网络配置，但一直以来无法在服务器上很好地工作。目前，可以在 NetworkManager 中使用一些非常有用的功能来配置服务器，比如 Ethernet 通道连接和配置别名。
- 企业网络——在大型企业中配置网络需要使用很多技术。然而，为了便于开始学习在企业环境中使用 Linux，本章仅讨论基本的网络技术，比如 DHCP 和 DNS(这些技术使桌面系统可以自动连接到 Internet)。并根据名称查找系统，而不仅是 IP 地址。

14.1　配置桌面网络

不管是从 Linux、Windows、智能手机或者其他任何类型的启用网络功能的设备连接到 Internet，都需要某些信息来维持网络工作。计算机必须拥有一个网络接口(有线或无线)、IP 地址、分配的 DNS 服务器以及连接到 Internet 的路由(通过一个网关设备来识别)。

在讨论如何更改 Linux 中的网络配置之前，先看一下当使用 NetworkManager 将 Linux 设置为自动连接到 Internet 时所发生的一般活动。

- 活动网络接口——NetworkManager 查看哪些网络接口(有线或无线)设置为启动。默认情况下，外部接口设置为使用 DHCP 自动启动。但可以在安装时设置静态的名称和地址。
- 请求 DHCP 服务——Linux 系统充当了 DHCP 客户端，在每个启用的接口上发送对 DHCP 服务的请求，并且在请求中使用网络接口的 MAC 地址来识别自己。
- 从 DHCP 服务器获取响应——DHCP 服务器(可能运行在 DSL 调制解调器、电缆调制解调器或者其他提供了从本地到 Internet 的路由的设备上)对 DHCP 请求加以响应。它可向 DHCP 客户端提供许多不同类型的信息。该信息至少包含以下内容。
  - IP 地址——DHCP 服务器通常拥有一个 IP 地址范围，可以向网络上任何请求地址的系统分发这些 IP 地址。在一个更安全的环境中，或者在一个想要确保特定计算机获取特定地址的环境中，DHCP 服务器还可以为来自特定 MAC 地址的请求提供特定的 IP 地址(MAC 地址使所有网络接口卡具有唯一性，它由每种网络接口卡的制造商进行分配)。
  - 子网掩码——当 DHCP 客户端分配了 IP 地址后，随附的子网掩码告诉客户端：IP 地址的哪一部分确定了子网，哪一部分确定了主机。例如，如果 IP 地址为 192.168.0.100，子网掩码为 255.255.255.0，则告诉客户端：子网部分为 192.168.0，主机部分为 100。
  - 租赁时间——当 IP 地址动态分配给 DHCP 客户端(Linux 系统)时，该客户端还分配了租赁时间。客户端并不拥有该地址，当时间到期时必须再次租赁，此外，当网络接口重启时也会再次请求租赁。通常，当系统重新启动或者要求续租时，DHCP 服务器会记住客户端并分配相同的地址。默认情况下，更多的 IPV6 地址分配为 2 592 000 秒 (30 天)。
  - 域名服务器——因为计算机习惯以数字方式"思考"(比如 IP 地址 192.168.0.100)，而人们则喜欢以名字的形式思考(如主机名 www.example.com)，所以计算机需要一种方法将主机名转换为 IP 地址，有时反之亦然。域名系统(DNS)通过提供一个服务器层次结构来完成 Internet 上名称到地址的映射，从而解决了上述问题。通常从 DHCP 主机将一个或者多个 DNS 主机(通常为两个或三个)的地址分配给 DHCP 客户端。

◆ **默认网关**——虽然 Internet 有一个唯一的命名空间，但实际上由一系列相互关联的子网所组成。为让一个网络请求离开本地网络，必须知道网络上的哪个节点提供了到本地网络之外地址的路由。DHCP 服务器通常提供了"默认网关"IP 地址。通过将子网和邻近网络上的网络接口设定到最终目的地，网关就可将数据包路由到它们的目的地。

◆ **其他信息**——可将 DHCP 服务器配置为提供各种类型的信息来帮助 DHCP 客户端。例如，可提供 NTP 服务器(保持客户端之间时间同步)、字体服务器(获取 X 显示的字体)、IRC 服务器(针对在线聊天)或者打印服务器(指定可用的打印机)的位置。

● **更新本地网络设置**——在接收到来自 DHCP 服务器的设置后，将在本地 Linux 系统上正确地实现这些设置。例如，设置网络接口上的 IP 地址，向本地/etc/resolv.conf 文件添加 DNS 服务器条目(由 NetworkManager 来完成)以及在本地系统存储租赁时间，从而知道何时请求续租。

只要启动 Linux 系统并完成登录，上述所有步骤会自动发生而不需要任何干预。如果想要检验网络接口或者更改一些设置，可使用下面介绍的工具完成相关操作。

14.1.1 检查网络接口

在 Linux 中，可以使用图形化和命令行工具来查看关于网络接口的相关信息。通过桌面上的 NetworkManager 工具和 Cockpit Web 用户界面启动这些工具。

1. 使用 NetworkManager 检查网络下拉菜单

检查网络接口基本设置的最简单方法是打开桌面上右上角的下拉菜单，选择活动的网络界面。图 14.1 显示了 Fedora GNOME 3 桌面上活动网络的 Wi-Fi 设置。

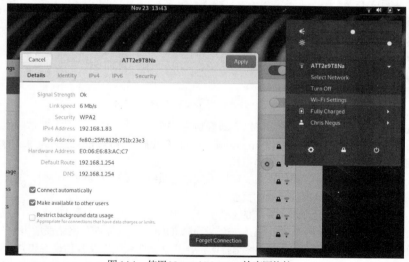

图 14.1 使用 NetworkManager 检查网络接口

如图 14.1 所示，IPv4 和 IPv6 地址都分配给接口。IP 地址 192.168.1.254 提供了 DNS 服务和到外部网络的路由。

要查看有关 Linux 系统如何配置的更多信息，请单击窗口顶部的一个选项卡。例如，图 14.2

显示了 Security 选项卡，可以在其中选择到网络的安全连接的类型，并设置连接到该网络所需的密码。

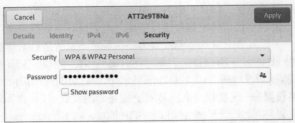

图 14.2　使用 NetworkManager 查看网络设置

2. 在 Cockpit 中检查网络

如果启用了 Cockpit，可以通过 Web 浏览器查看和更改有关网络界面的信息。在本地系统上，打开 https:/localhost:9090/network，直接转到本地系统的 Cockpit 网络页面。图 14.3 显示了这样一个示例。

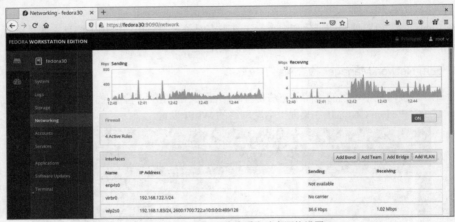

图 14.3　在 Cockpit 中查看和改变网络设置

在 Cockpit Networking 页面上，可以立即看到关于所有网络接口的信息。在本例中，有三个网络接口：wlp2s0(活动的无线接口)、enp4s0(非活动的有线接口)和 virbr0(连接到网络的非活动接口，连接到运行在本地系统上的任何虚拟机)。

在 Cockpit Networking 页面的顶部，可以看到本地系统上发送和接收的数据。选择一个网络接口，以查看显示该特定接口的活动的页面。

选择 Firewall 以查看允许进入系统的服务列表。例如，图 14.4 显示 UDP 端口为三个服务(DHCPv6 客户端、多播 DNS 和 Samba 客户端)打开。DHCPv6 让系统从网络获取 IPv6 地址。多播 DNS 和 Samba 客户端服务允许自动检测打印机、共享文件系统以及各种设备和共享资源。

这里显示的唯一开放的 TCP 服务是 SSH。打开 SSH 服务(TCP 端口 22)后，在本地系统上运行的 sshd 服务可让远程用户登录到本地系统中。

这些端口是开放的，这一事实并不一定意味着服务正在运行。然而，如果它们正在运行，计算机的防火墙允许访问它们。

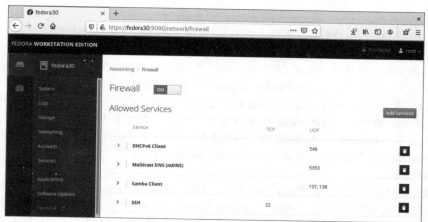

图 14.4 可在 Cockpit 中通过防火墙访问的视图服务

Cockpit Networking 页面提供的更高级特性允许将绑定、团队、桥接和 VLAN 添加到本地网络接口。

3. 通过命令行检查网络

为获取关于网络接口的更详细信息，可运行一些命令。这些命令可显示关于网络接口、路由、主机和网络流量的相关信息。

查看网络接口
如果想要查看本地 Linux 系统上每个网络接口的信息，可输入下面的命令：

```
# ip addr show
1: lo: <LOOPBACK,UP,LOWER_UP> mtu 65536 qdisc noqueue
      state UNKNOWN group default qlen 1000
    link/loopback 00:00:00:00:00:00 brd 00:00:00:00:00:00
    inet 127.0.0.1/8 scope host lo
      valid_lft forever preferred_lft forever
    inet6 ::1/128 scope host
      valid_lft forever preferred_lft forever
2: enp4s0: <NO-CARRIER,BROADCAST,MULTICAST,UP> mtu 1500
      qdisc fq_codel state DOWN group default qlen 1000
    link/ether 30:85:a9:04:9b:f9 brd ff:ff:ff:ff:ff:ff
3: wlp2s0: <BROADCAST,MULTICAST,UP,LOWER_UP> mtu 1500
      qdisc mq state UP group default qlen 1000
    link/ether e0:06:e6:83:ac:c7 brd ff:ff:ff:ff:ff:ff
    inet 192.168.1.83/24 brd 192.168.1.255 scope global
      dynamic noprefixroute wlp2s0
      valid_lft 78738sec preferred_lft 78738sec
    inet6 2600:1700:722:a10::489/128 scope global dynamic noprefixroute
      valid_lft 5529sec preferred_lft 5229sec
    inet6 fe80::25ff:8129:751b:23e3/64 scope link noprefixroute
      valid_lft forever preferred_lft forever
4: virbr0: <NO-CARRIER,BROADCAST,MULTICAST,UP> mtu 1500
      qdisc noqueue state DOWN group default qlen 1000
```

```
link/ether 52:54:00:0c:69:0a brd ff:ff:ff:ff:ff:ff
inet 192.168.122.1/24 brd 192.168.122.255 scope global virbr0
   valid_lft forever preferred_lft forever
```

ip addr show 命令的输出显示了网络接口的信息，此时这些信息来自一台运行了 Fedora 30 的便携式计算机。输出的第一行中的 lo 条目显示了环回接口，它用于允许在本地系统上运行的网络命令连接到本地系统。本地主机的 IP 地址是 127.0.0.1/8(/8 是 CIDR 符号，表示 127.0 是网络号，0.1 是主机号)。添加-s 选项(ip -s addr show)来查看每个接口的数据包传输和错误统计数据。

此时，有线 Ethernet 接口(eth0)是掉线的(没有插入电缆线)，但无线接口是上线的(wlp2s0)。无线接口(wlp2s0)上的 MAC 地址为 e0:06:e6:83:ac:c7，Internet(IPv4)地址为 192.168.1.83。此外，还启用了 IPv6 地址。

旧版本的 Linux 用于分配更通用的网络接口名称，如 eth0 和 wlan0。现在接口是根据它们在计算机总线上的位置来命名的。例如，在 Fedora 系统中，位于第三个 PCI 总线的网卡的第一个端口的名称为 p3p1。第一个内置的 Ethernet 端口为 em1。有时，所显示的无线接口使用无线网络名作为其设备名称。

另一个用来查看网络接口信息的流行命令是 ifconfig 命令。默认情况下，ifconfig 显示与 ip addr 类似的信息，但 ifconfig 还可以显示接收(RX)和发送(TX)的数据包数量，以及数据量和任何错误或被丢弃的数据包数量：

```
# ifconfig wlp2s0
wlp2s0: flags=4163<UP,BROADCAST,RUNNING,MULTICAST>  mtu 1500
        inet 192.168.1.83  netmask 255.255.255.0
            broadcast 192.168.1.255
        inet6 2600:1700:722:a10:b55a:fca6:790d:6aa6
            prefixlen 64  scopeid 0x0<global>
        inet6 fe80::25ff:8129:751b:23e3
            prefixlen 64  scopeid 0x20<link>
        inet6 2600:1700:722:a10::489
            prefixlen 128  scopeid 0x0<global>
        ether e0:06:e6:83:ac:c7  txqueuelen 1000  (Ethernet)
        RX packets 208402  bytes 250962570 (239.3 MiB)
        RX errors 0  dropped 4  overruns 0  frame 0
        TX packets 113589  bytes 13240384 (12.6 MiB)
        TX errors 0  dropped 0 overruns 0  carrier 0  collisions 0
Checking connectivity to remote systems
```

如果想要确定是否可以到达网络上可用的系统，可使用 ping 命令。只要远程系统对 ping 请求作出响应(并不是所有 ping 请求都会被响应)，就可使用 ping 命令向该系统发送数据包。如下面示例所示：

```
$ ping host1
PING host1 (192.168.1.15 ) 56(84) bytes of data.
64 bytes from host1 (192.168.1.15 ): icmp_seq=1 ttl=64 time=0.062 ms
64 bytes from host1 (192.168.1.15 ): icmp_seq=2 ttl=64 time=0.044 ms
^C
--- host1 ping statistics ---
2 packets transmitted, 2 received, 0% packet loss, time 1822ms
rtt min/avg/max/mdev = 0.044/0.053/0.062/0.009 ms
```

上面所示的 ping 命令持续对主机 host1 执行 ping 操作。然后按 Ctrl+C，终止操作，最后几行显示了成功的 ping 请求的数量。

虽然可以使用 IP 地址(此时为 192.168.0.15)来了解是否可以到达指定系统,但使用主机名可提供额外的好处,不过前提是正确地完成名称-IP 地址的转换(可由 DNS 服务器或者本地主机文件来完成)。在本示例中,host1 出现在本地/etc/hosts 文件中。

检查路由信息

下一个可以检查的关于网络接口的信息是路由信息。下例显示了如何使用 route 命令完成该任务:

```
# ip route show
default via 192.168.122.1 dev ens3 proto dhcp metric 20100
192.168.122.0/24 dev ens3 proto kernel scope link src 192.168.122.194 metric 100
```

ip route show 命令示例说明了 192.168.122.1 地址提供了通过 ens3 网络接口从 RHEL 8 VM 到主机的路由。在 192.168.122.0/24 中从 VM(192.168.122.194)到任何地址的通信都通过该接口。route 命令可以提供类似的信息:

```
# route
Kernel IP routing table
Destination    Gateway       Genmask         Flags Metric Ref Use Iface
default        homeportal    0.0.0.0         UG    600    0   0   wlp2s0
192.168.1.0    0.0.0.0       255.255.255.0   U     600    0   0   wlp2s0
192.168.122.0  0.0.0.0       255.255.255.0   U     0      0   0   virbr0
```

示例中内核路由表的输出来自一个带有单个活动外部网络接口的 Fedora 系统。该无线网络接口卡位于第 2 个 PCI 插槽的第一个端口(w1p2)。任何发往 192.168.1 网络的数据包都使用了 w1p2 NIC。而发往任何其他位置的数据包则被转发到位于 192.168.0.1 的网关系统。该系统代表到 Internet 的路由器。接下来列举一个更复杂的路由表:

```
# route
Kernel IP routing table
Destination    Gateway       Genmask          Flags Metric Ref Use Iface
default        gateway       0.0.0.0          UG    600    0   0   wlp3s0
10.0.0.0       vpn.example.  255.0.0.0        U     50     0   0   tun0
10.10.135.0    0.0.0.0       255.255.217.0    U     50     0   0   tun0
vpn.example.   gateway       255.255.255.255  UGH   600    0   0   wlp3s0
172.17.0.0     0.0.0.0       255.255.0.0      U     0      0   0   docker0
192.168.1.0    *             255.255.255.0    U     600    0   0   wlp3s0
```

在上面所示的路由示例中,有一个无线接口(wlp3s0)以及一个表示 VPN 隧道的接口。VPN 提供了一种方法对客户端和远程网络之间通过非安全网络(比如 Internet)实现的私有通信进行加密。在本示例中,隧道通过 wlan0 接口从本地系统到达主机 vpn.example.com(示例中删除了部分名称)。

所有与 192.168.0.0/24 网络的通信仍然通过无线 LAN 来完成。然而,面向 10.10.135.0/24 和 10.0.0.0/8 网络的数据包直接路由到 VPN.example.com,以便通过隧道接口(tun0)与 VPN 连接另一端的主机进行通信。

在网络 172.17.0.0 上为运行在本地系统上的容器(docker0)设置了一个特殊的通信路由。所有其他数据包通过地址 192.168.1.0 到达默认路由。至于输出中所显示的标志,U 表示此路由当前为开启状态，G 将接口识别为一个网关，H 表明目标是一个主机(就像 VPN 连接一样)。

到目前为止，已经显示了离开本地系统的路由。如果想要从开始到结束跟随到达某个主机的路由，可以使用 traceroute 命令(dnf install traceroute)。例如，如果想要跟踪数据包从本地系统到 google.com 网站的路由，可以输入下面的 traceroute 命令：

```
# traceroute google.com
traceroute to google.com (74.125.235.136), 30 hops max, 60 byte pkts
...
 7  rrcs-70-62-95-197.midsouth.biz.rr.com (70.62.95.197) ...
 8  ge-2-1-0.rlghncpop-rtr1.southeast.rr.com (24.93.73.62) ...
 9  ae-3-0.cr0.dca10.tbone.rr.com (66.109.6.80) ...
10  107.14.19.133 (107.14.19.133)  13.662 ms ...
11  74.125.49.181 (74.125.49.181)  13.912 ms ...
12  209.85.252.80 (209.85.252.80)  61.265 ms ...
13  66.249.95.149 (66.249.95.149)  18.308 ms ...
14  66.249.94.22 (66.249.94.22)  18.344 ms ...
15  72.14.239.83 (72.14.239.83)  85.342 ms ...
16  64.233.174.177 (64.233.174.177)  167.827 ms ...
17  209.85.255.35 (209.85.255.35)  169.995 ms ...
18  209.85.241.129 (209.85.241.129)  170.322 ms ...
19  nrt19s11-in-f8.1e100.net (74.125.235.136)  169.360 ms ...
```

在此，删除了部分输出，以便减少部分初始路由以及数据包遍历每个路由所花费的时间(以毫秒为单位)。如果网络通信发生延迟，可以使用 traceroute 查看瓶颈所在位置。

查看主机名和域名

为查看分配给本地系统的主机名，可以输入 hostname。而如果仅想查看主机名中的域名部分，可以使用 dnsdomainname 命令。

```
# hostname
spike.example.com
# dnsdomainname
example.com
```

14.1.2　配置网络接口

如果不想从 DHCP 服务器自动分配网络接口(或者如果没有 DHCP 服务器)，可以手动配置网络接口。这可以包括分配 IP 地址、DNS 服务器和网关机器的位置以及路由。可以使用 NetworkManager 设置这些基本信息。

1. 手动设置 IP 地址

如果想要通过 NetworkManager 更改有线网络接口的网络配置，可以完成以下步骤：

(1) 从桌面的右上角选择 Settings 图标，然后选择 Network。

(2) 假设有一个尚未使用的有线网卡，选择想要更改的界面旁边的设置按钮(小齿轮图标)。

(3) 选择 IPv4，将 IPv4 Method 设置从 Automatic(DHCP)更改为 Manual。

(4) 填充下面所示的信息(只有 Address 和 Netmask 是必须填写的):

- **Address**——想要分配给本地网络接口的 IP 地址。例如，192.168.0.40。
- **Netmask**——定义了 IP 地址中那些部分表示网络以及那些部分表示主机的子网掩码。例如，子网掩码 255.255.255.0 表明上述 IP 地址的网络部分为 192.168.100，主机部分为 100。
- **Gateway**——网络上充当默认路由的计算机或设备的 IP 地址。默认路由将数据包从本地网络路由到本地网络不能使用的任何地址(或者通过一些其他的自定义路由)。
- **DNS Servers**——填写为计算机提供 DNS 服务的系统的 IP 地址。如果有多个 DNS 服务器，则将其他服务器添加到以逗号分隔的服务器列表中。

(5) 单击 Apply 按钮，保存新信息。然后使用新信息重启网络。图 14.5 显示了这些网络设置的示例。

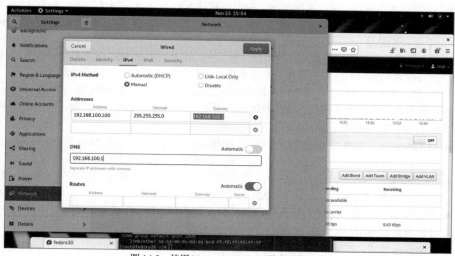

图 14.5 使用 NetworkManager 更改网络设置

2. 设置 IP 地址别名

可以将多个 IP 地址分配给单一网络接口。在上面所示的 NetworkManager 屏幕中，只需要单击 Address 框底部的加号(+)并添加新的 IP 地址信息即可。关于添加地址别名，应该了解以下一些事情：

- 每一个地址都需要设置 Netmask，但网关不是必需的。
- 在所有字段输入有效信息前，Apply 按钮将一直显示为灰色。
- 虽然新地址会一直监听同一物理网络上的流量，但其所在的子网络不必与原始地址所在的子网络相同。

向有线接口添加地址 192.168.100..103 后，运行 **ip addr show enp4s0**，显示该接口上两个 IP 地址的以下信息：

```
2: enp4s0: <BROADCAST,MULTICAST,UP,LOWER_UP> mtu 1500 qdisc fq_codel state UP group
default qlen 1000
    link/ether 30:85:a9:04:9b:f9 brd ff:ff:ff:ff:ff:ff
    inet 192.168.100.100/24 brd 192.168.100.255 scope
        global noprefixroute enp4s0
```

```
        valid_lft forever preferred_lft forever
    inet 192.168.100.103/24 brd 192.168.100.255 scope
        global secondary noprefixroute enp4s0
        valid_lft forever preferred_lft forever
```

关于直接在配置文件中设置别名的内容，可参阅本章"设置别名网络接口"一节。

3. 设置路由

当请求连接到一个 IP 地址时，系统会查看路由表，以确定可以连接到该地址的路径。相关信息以数据包的形式发送。根据其目的地，数据包以下列方式发送出去：

- 打算供本地系统使用的数据包被发送到 lo 接口。
- 打算供本地网络上某一系统使用的数据包通过 NIC 直接定向到预期接收系统的 NIC。
- 打算供任何其他系统使用的数据包被发送到网关(路由器)，然后将数据包定向到 Internet 上的预期地址。

当然，上面所列举的只是最简单的情况。事实上，可能有多个 NIC 以及多个针对不同网络的接口，此外在本地网络上还可能存在多个路由器，提供了指向特定私有网络的路由。

例如，假设在本地网络上有一个路由器(或者其他系统充当一个路由器)；通过 NetworkManager 向该路由器添加一个自定义路由。继续使用前面所示的 NetworkManager 示例，向下滚动页面，查看 Routes 框。然后添加下面所示的信息：

- **Address**—— 想要路由到的子网络的网络地址。例如，如果路由器(网关)提供了对 192.168.199 网络上所有系统的访问，那么该地址为 192.168.100.0。
- **Netmask**——添加识别子网络所需的子网掩码。例如，如果路由器提供了对 C 类地址 192.168.100 的访问，那么可以使用子网掩码 255.255.255.0。
- **Gateway**——添加提供对新路由访问的路由器(网关)的 IP 地址。例如，如果路由器在 192.168.1.199 的 192.168.1 网络上有一个 IP 地址，可将该地址填写到该字段。

单击 Apply 按钮，应用新的路由信息。此外，还可能需要重启接口(例如，ifup enp4s0)。输入 route -n，确保新路由信息被应用。

```
# route -n
Kernel IP routing table
Destination     Gateway         Genmask         Flags Metric Ref Use Iface
0.0.0.0         192.168.100.1   0.0.0.0         UG    1024   0     0 p4p1
192.168.100.0   0.0.0.0         255.255.255.0   U     0      0     0 p4p1

192.168.200.0   192.168.1.199   255.255.255.0   UG    1      0     0 p4p1
```

在该示例中，默认网关为 192.168.100.1。然而，任何发往 192.168.200 网络的数据包都通过 IP 地址为 192.168.1.199 的网关主机进行发送。该主机拥有一个面对 192.168.200 网络的网络接口，并且设置为允许其他主机通过该网关主机访问网络。

请参阅本章"设置自定义路由"一节，了解如何在配置文件中直接设置路由。

14.1.3 配置网络代理连接

如果桌面系统在企业防火墙后面运行，那么可能无法直接访问 Internet。此时必须通过一个代理服务器访问 Internet。通过代理服务器只能请求本地网络之外某些服务，而无法完全访问 Internet。

随后代理服务器将这些请求发送到 Internet 或其他网络。

通常，代理服务器提供了对 Web 服务器(http://和 https://)和 FTP 服务器(ftp://)的访问。然而，支持 SOCKS 的代理服务器为本地网络之外不同的协议提供了代理服务(SOCKS 是一种网络协议，允许客户端计算机通过防火墙访问 Internet)。可以在 NetworkManager 中确定一个代理服务器，并通过该服务器实现所选择协议的通信(在 Settings 窗口选择 Network，再选择 Network Proxy)。

除了通过 NetworkManager 让网络接口识别一个代理服务器，还可以将 Firefox 首选项更改为直接使用一个代理服务器，从而配置浏览器直接使用代理服务器。接下来介绍一下如何通过 Firefox 窗口定义一个代理服务器：

(1) 从 Firebox 窗口选择 Preferences。出现 Firefox Preferences 窗口。

(2) 在该窗口中滚动到 Network Settings，选择 Settings。

(3) 在出现的 Connection Settings 窗口中，可以尝试自动探测代理设置，或者如果在 NetworkManager 中设置了代理，可以选择使用系统代理设置。还可以选择 Manual proxy configuration，然后填写下面所示的信息，最后单击 OK 按钮。

- **HTTP Proxy**——提供了代理服务的计算机的 IP 地址。该设置可以将所有针对 Web 页面 (http://协议)的请求都转发到代理服务器。

- **Port**——与代理服务相关的端口。该端口号的默认值为 3128，但也可以不同。

- **Use this proxy server for all protocols**——如果选择了该复选框，则针对所有的其他服务请求，使用与 HTTP 代理相关的相同代理服务和端口。同时，其他代理设置变为灰色(除了选择该复选框之外，还可以分别设置这些代理服务)。

- **No proxy for**——为任何系统添加主机名或 IP 地址，以便不通过代理服务器直接与 Firefox 联系。不需要在此框中添加 localhost 和本地 IP 地址(127.0.0.1)，因为这些地址已经设置为不重定向。

图 14.6 显示了一个 Configure Proxies 窗口的示例，其中为所有协议配置了一个指向 IP 地址为 10.0.100.254 的代理服务器的连接。单击 OK 按钮后，所有来自 Firefox 浏览器对本地系统之外的位置的请求都定向到代理服务器，该服务器将这些请求转发到合适的服务器。

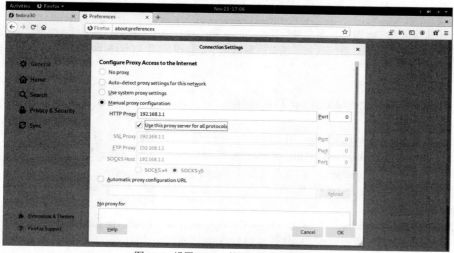

图 14.6　设置 Firefox 使用一个代理服务器

14.2　使用命令行配置网络

虽然 NetworkManager 可以自动探测有线网络或者列举出可以连接的无线网络列表，有时需要放弃使用 NetworkManager GUI 而直接使用命令或 Cockpit 来配置所需的功能。下面几节将介绍 RHEL 和 Fedora 中的一些网络功能：

- **基本配置**——请参阅如何通过 shell 使用 nmtui 配置基于菜单的接口的基本网络。这个工具为服务器上的网络建模提供了一个直观的界面，这些服务器没有运行基于 GUI 的工具的图形界面。
- **配置文件**——理解与 Linux 网络相关的配置文件以及如何直接配置它们。
- **Ethernet 通道捆绑**——设置 Ethernet 通道捆绑(多个网卡对同一个 IP 地址进行监听)。

14.2.1　使用 nmtui 命令来配置网络

许多服务器并没有可用的图形化界面。所以，如果要配置网络，则必须能够通过 shell 来完成配置。一种方法是直接编辑网络配置文件。而另一种方法是使用基于菜单的命令(可通过按箭头键和 Tab 键进行导航)以及填充相关表单来配置网络接口。

nmtui 命令(yum install NetworkManager-tui)提供了一个在 shell 中运行的基于菜单的界面。以 root 用户身份输入 nmtui，将看到一个类似于图 14.7 的屏幕。

图 14.7　使用 NetworkManager TUI 来配置网络

使用箭头键和 Tab 键在界面中进行移动。当所需的项目突出显示时，单击 Enter 键进行选择。该界面只限于修改以下类型的信息：编辑或激活一个连接(网络接口卡)和设置系统主机名(主机名和 DNS 配置)。

14.2.2　编辑 NetworkManager TUI 连接

通过所显示的 NetworkManager TUI 屏幕，学习一下如何编辑一个现有连接。

(1) **Edit a connection**——当 Edit a connection 突出显示时，按下 Enter 键。显示一个网络设备列表(通常为有线或无线 Ethernet 卡)以及过去曾经连接过的任何无线网络。

(2) **Network devices**——突出显示某一个网络设备(此时我选择了一个有线 Ethernet 接口)，并按 Enter 键。

(3) **IPv4 Configuration**——移动到 IPv4 Configuration 显示按钮，按 Enter 键。通过所显示的 Edit Connection 窗口，更改与所选网络设备相关的信息。

(4) **Change to Manual**——保持 Profile 名称和 Device 字段不变。默认情况下，会启用 Automatic，从而允许网络接口在 DHCP 服务可用的情况下自动出现在网络上。如果想要查看地址和其他信息，可以使用 Tab 键突出显示 Automatic 字段，并单击空格键；然后使用箭头键突出显示 Manual，并按 Enter 键。

(5) Address——填充地址信息(IP 地址和子网掩码)，例如 192.168.0.150/24(其中 24 是与子网掩码 255.255.255.0 等同的 CIDR)。

(6) Gateway——输入正在提供指向 Internet 路由的计算机或路由器的 IP 地址。

(7) DNS servers——输入一个或者多个 DNS 服务器的 IP 地址，从而告诉系统去什么地方将请求的主机名翻译为 IP 地址。

(8) Search domains——当从一个没有使用完全限定域名的应用程序中请求一个主机时，需要使用 Search domains 条目。例如，如果输入带有 example.com 搜索路径的 ping host1，该命令会尝试将 ping 数据包发送到 host1.example.com。

(9) Routing——如果想要设置自定义路由，可以突出显示 Routing 字段中的 Edit，并按 Enter 键。填写 Destination/Prefix 和 Next Hop，然后选择 OK，保存新的自定义路由。

(10) 其他选择——在屏幕上的其他选择中，如果网络没有连接到更宽的网络，考虑设置 Never use this network for default route(永远不要使用这个网络作为默认路由)；如果不想从网络上自动设置这些特性，考虑设置 Ignore automatically obtained routes(忽略自动获得的路由)。图 14.8 所示为选择 Manual 并填写好地址信息后的屏幕。

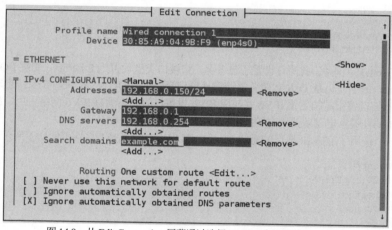

图 14.8　从 Edit Connection 屏幕通过选择 Manual 来设置静态 IP 地址

移动到 OK 按钮，并按空格键。最后单击 Quit 退出。

14.2.3　了解网络配置文件

不管是使用 NetworkManager 还是 nmtui 更改网络设置，所更新的大部分配置文件都是相同的。在 Fedora 和 RHEL 中，网络接口和自定义路由都在/etc/sysconfig/network-scripts 目录的文件中设置。

打开/usr/share/doc/initscripts/sysconfig.txt 文件来描述网络工作脚本配置文件(可以从 initscripts 包中获得)。

需要注意的一件事是，NetworkManager 相信它控制网络脚本目录中的文件。所以请记住，如果在 NetworkManager 为 DHCP 配置的接口上手动设置地址，它可能覆盖对文件所做的手动更改。

1. 网络接口文件

针对每个有线、无线、ISDN、拨号以及其他类型的网络接口的配置文件都由/etc/sysconfig/network-scripts 目录中以 ifcfg-*interface* 开头的文件表示。其中，*interface* 由网络接口的名称所替换。

对于有线网卡 enp4s0 的网络接口，下面是用于该接口的 ifcfg-enp4s0 文件例子，配置为使用 DHCP：

```
DEVICE=enp4s0
TYPE=Ethernet
BOOTPROTO=dhcp
ONBOOT=yes
DEFROUTE=yes
UUID=f16259c2-f350-4d78-a539-604c3f95998c
IPV4_FAILURE_FATAL=no
IPV6INIT=yes
IPV6_AUTOCONF=yes
IPV6_DEFROUTE=yes
IPV6_FAILURE_FATAL=no
NAME="System enp4s0"
PEERDNS=yes
PEERROUTES=yes
IPV6_PEERDNS=yes
IPV6_PEERROUTES=yes
```

在 ifcfg-eth0 示例中，前两行设置了设备名，将接口类型设置为 Ethernet。变量 BOOTPROTO 设置为 dhcp，表明可以从 DHCP 服务器请求地址信息。ONBOOT=yes 表明在系统启动时接口自动启用。IPV6 设置指定初始化 IPV6 并使用 IPV6 设置，但如果没有 IPV6 网络可用，接口将继续初始化。其他设置指定自动使用对等的 DNS 和检测的路由值。

对于一个使用了静态 IP 地址的有线 Ethernet 接口，ifcfg-enp4s1 文件可能如下所示：

```
DEVICE=enp4s1
HWADDR=00:1B:21:0A:E8:5E
TYPE=Ethernet
BOOTPROTO=none
ONBOOT=yes
USERCTL=no
IPADDR=192.168.0.140
NETMASK=255.255.255.0
GATEWAY=192.168.0.1
```

在 ifcfg-enp4s1 示例中，因为需要静态设置地址和其他信息，所以 BOOTPROTO 设置为 none。此外，为设置从 DHCP 服务器收集而来的地址信息，还需要其他一些不同的信息。在该示例中，IP 地址设置为 192.168.0.140，子网掩码为 255.255.255.0。GATEWAY=192.168.0.1 确定了指向 Internet 的路由器地址。

接下来介绍一些你可能感兴趣的其他设置。

- **PEERDNS**——设置 PEERDNS=NO，可以防止 DHCP 覆盖/etc/resolv.conf 文件。这样就可以放心地设置系统所使用的 DNS 服务器，而不必担心 DNS 服务器所写入的信息被 DHCP 服务器提供的数据所清除。

- **DNS？**——如果 NetworkManager 管理了一个 ifcfg 文件，就会使用 DNS？条目来设置 DNS 服务器的地址。例如，DNS1=192.168.0.2 会导致该 IP 地址作为系统上所使用的第一个 DNS 服务器的 IP 地址而写入/etc/resolv.conf 文件。此外，还可以添加多个 DNS?条目(DNS2=、DNS3=等)。

除了配置主网络接口之外，还可以在/etc/sysconfig/network-scripts 目录中创建文件，这些文件可用于设置别名(同一接口的多个 IP 地址)、绑定接口(监听同一地址的多个 NIC)和自定义路由。本节后面将详细介绍这些文件。

2. 其他网络文件

除了网络接口文件之外，还可以直接编辑其他网络配置文件来配置 Linux 网络。主要包括以下几个文件。

/etc/sysconfig/network 文件

在/etc/sysconfig/network 文件中包括与本地网络相关的系统设置。直到 RHEL 6，系统的主机名都在该文件中设置，此外，该文件还添加了其他设置。下面是/etc/sysconfig/network 文件内容的一个示例：

```
GATEWAY=192.168.0.1
```

该示例将默认的 GATEWAY 设置为 192.168.0.1。不同的接口可使用不同的 GATEWAY 地址。如果想要了解可以向 network 文件中添加的其他设置，可以查看/usr/share/doc/initscripts 目录中的 sysconfig.txt 文件。

/etc/hostname 文件

在 RHEL 和最新的 Fedora 版本中，系统的主机名存储在/etc/hostname 文件中。例如，如果该文件包括主机名 host1.example.com，那么每次系统启动时都会设置该主机名。可以在任何时候输入 hostname 命令，从而查看当前主机名是如何设置的。

/etc/hosts 文件

在 DNS 创建之前，将主机名转换为 IP 地址的工作主要通过传递单个 hosts 文件来完成。当 Internet 上只有几十甚至上百个主机时，这种方法非常奏效。但随着 Internet 不断增长，单个 hosts 文件变得很难扩展，于是出现了 DNS。

/etc/hosts 文件仍然存在于 Linux 系统中。仍然用来将 IP 地址映射到主机名。可以使用/etc/hosts 文件为小型本地网络设置名称和地址或者创建别名，从而更容易地随时访问系统。

/etc/hosts 文件的示例如下所示：

```
127.0.0.1    localhost localhost.localdomain
::1          localhost localhost.localdomain
192.168.0.201  node1.example.com node1 joe
192.168.0.202  node2.example.com node2 sally
```

头两行(127.0.0.1 和::1)设置了本地系统的地址。本地主机的 IPv4 地址为 127.0.0.1；IPv6 地址为::1。此外，还包括两个 IP 地址条目。通过名称 node1.example.com、node1 或者 joe 都可以到达第一个 IP 地址(192.168.0.201)。例如，输入 **ping joe**，将导致向 192.168.0.201 发送数据包。

/etc/resolv.conf 文件

DNS 服务器和搜索域在/etc/resolv.conf 文件中设置。如果启用并运行了 NetworkManager，则不应该直接编辑该文件。NetworkManager 将使用 ifcfg-*文件中的 DNS?=条目来重写/etc/resolv.conf 文件，所以将丢失添加到该文件的所有内容。接下来显示一个被 NetworkManager 所修改的/etc/resolv.conf 文件示例。

```
# Generated by NetworkManager
nameserver 192.168.0.2
nameserver 192.168.0.3
```

其中，每一个名称服务器条目都确定了一个 DNS 服务器的 IP 地址。其排列顺序是按照检查 DNS 服务器的顺序完成的。一般来说都会有两个或者三个名称服务器条目，以防第一个服务器不可用。但如果有太多的名称服务器，则可能会为了一个解析的主机名而花费很长时间来检查每一个服务器。

可以添加到该文件的另一种条目类型是搜索条目。通过搜索条目可以指定要搜索的域，这样一来可以通过基名来请求主机名，而不必使用完全限定域名。可以在 search 关键字之后添加多个搜索条目来识别一个或多个域名。例如：

```
search example.com example.org example.net
```

搜索选项之间用空格或制表符分隔。

/etc/nsswitch.conf 文件

与早期版本不同，/etc/nsswitch.conf 文件是由 authselect 命令管理的，不应该手动修改。要进行更改，请编辑/etc/authselect/user-nsswitch.conf 文件并运行 authselect apply-changes。

/etc/nsswitch.conf 文件中的设置确定了主机名解析过程，即首先搜索/etc/hosts 文件，然后搜索/etc/resolv.conf 文件中列出的 DNS 服务器(dns)。myhostname 值用于确保始终为主机返回地址。这也就是/etc/resolv.conf 文件中主机条目的显示方式(在 Red Hat Enterprise Linux 中)：

```
hosts:      files dns myhostname
```

还可添加其他位置来查询主机名到 IP 地址的解析，比如 Network Information Service(nis 或 nisplus)数据库。可以更改不同服务被查询的顺序。通过使用不同命令，可以检查主机到 IP 地址解析是否工作正常。

如果想要检查 DNS 服务器是否被正确查询，可以使用 host 或 dig 命令。例如：

```
$ host redhat.com
redhat.com has address 209.132.183.105
redhat.com mail is handled by 10 us-smtp-inbound-1.mimecast.com.
redhat.com mail is handled by 10 us-smtp-inbound-2.mimecast.com.
$ dig redhat.com
; <<>> DiG 9.11.11-RedHat-9.11.11-1.fc30 <<>> redhat.com
;; global options: +cmd
;; Got answer:
;; ->>HEADER<<- opcode: QUERY, status: NOERROR, id: 9948
;; flags: qr rd ra; QUERY: 1, ANSWER: 1, AUTHORITY: 0, ADDITIONAL: 1
;; OPT PSEUDOSECTION:
; EDNS: version: 0, flags:; udp: 4096
;; QUESTION SECTION:
```

```
;redhat.com.          IN  A
...
;; ANSWER SECTION:
redhat.com.    3600 IN A 209.132.183.105
;; Query time: 49 msec
;; SERVER: 8.8.8.8#53(8.8.8.8)
;; WHEN: Sat Nov 23 19:16:14 EST 2019
```

默认情况下，host 命令会生成较简单的 DNS 查询输出，显示了 redhat.com 的 IP 地址以及服务于 redhat.com 的邮箱服务器名(以 MX 标注)。dig 命令所显示的信息与用来保存 DNS 记录的文件中的内容类似。其中输出的 QUESTION 部分显示了所请求 redhat.com 地址的地址部分，而 ANSWER 部分显示了答案(209.132.183.105)。此外，还可以看到被查询的 DNS 服务器的地址。

host 和 dig 命令仅用于查询 DNS 服务器，而不能通过检查 nsswitch.conf 文件到其他地方进行查询，比如本地主机文件。为此，必须使用 getent 命令。例如：

 # getent hosts node1
```
192.168.0.201  node1
```

getent 示例找到一个被写入本地/etc/hosts 文件的主机 node1。使用 getent 命令不仅可以查询 nsswitch.conf 文件中的任何信息设置(如输入 getent passwd root，显示本地文件中 root 用户账户条目)，还可查询远程 LDAP 数据库中的用户信息，但前提是配置了该功能。具体内容请参阅第 11 章)。

14.2.4 设置别名网络接口

有时，可能需要网络接口卡监听多个 IP 接口。例如，如果正在创建一个为多个域(example.com、example.org 等)提供安全内容(https)的 Web 服务器，那么每个域将需要一个单独的 IP 地址(与单独的证书相关联)。此时，不必向计算机添加多个网络接口卡，而只需要在单个 NIC 上创建多个别名即可。

如果想要在 RHEL 6 和早期的 Fedora 版本中创建别名网络接口，必须创建另一个 ifcfg-文件。假设在 RHEL 系统上有一个 eth0 接口，可创建一个与相同网络接口卡相关的 eth0:0 接口。为此，在/etc/sysconfig/network-scripts 目录中创建一个包含如下信息的 ifcfg-eth0:0 文件：

```
DEVICE=eth0:0
ONPARENT=yes
IPADDR=192.168.0.141
NETMASK=255.255.255.0
```

示例代码为网络接口 eth0 创建了名为 eth0:0 的别名。与 ONBOOT 不同，ONPARENT 条目表示，如果父接口(eth0)启动并侦听地址 192.168.0.141，则打开该接口。可通过键入 ifup eth0:0 打开该接口。然后使用 ip 命令检查接口：

```
$ ip addr show eth0
2: eth0: <BROADCAST,MULTICAST,UP,LOWER_UP> mtu 1500 qdisc
     pfifo_fast state UP qlen 1000
   link/ether f0:de:f1:28:46:d9 brd ff:ff:ff:ff:ff:ffinet
   192.168.0.140/24 brd 192.168.0.255 scope global
   eth0inet 192.168.0.141/24 brd 192.168.0.255 scope global secondary
```

```
eth0:0inet6 fe80::f2de:f1ff:fe28:46d9/64 scope link
    valid_lft forever preferred_lft forever
```

可以看到，由 eth0 所表示的网络接口卡正在监听两个地址：192.168.0.140(eth0) 和 192.168.0.141(eth0:0)。所以系统将对发往这两个地址的数据包加以响应。通过创建更多 ifcfg-eth0:? 文件(ifcfg-eth0:1、ifcfg-eth0:2 等)，可以向该接口添加更多 IP 地址。

在 RHEL 和 Fedora 系统中，可以直接在主 ifcfg 文件中创建别名。例如，在 ifcfg-p4p1 文件中，下面所示的地址分别表示了 NIC 接口 p4p1 的主要地址(192.168.0.187)和别名地址(192.168.99.1)：

```
IPADDR=192.168.0.187
PREFIX=24
IPADDR1=192.168.99.1
PREFIX1=24
```

14.2.5　设置 Ethernet 通道捆绑

Ethernet 通道捆绑允许在一台计算机(与单个 IP 地址相关联)上拥有多个网络接口卡。这样做的原因有两点：

- **高可用性**——在同一 IP 地址上有多个 NIC 可确保在某一子网停止或者某一 NIC 中断的情况下地址仍然可以到达与另一个子网相连的 NIC。
- **性能**——如果某一 NIC 需要处理大量的网络流量，那么可将这些流量分散到多个 NIC。

在 Red Hat Enterprise Linux 和 Fedora 中(所在的计算机装有多个 NIC)，通过创建多个 ifcfg 文件并加载所需的模块，可以设置 Ethernet 通道捆绑。首先从一个捆绑文件开始(例如，ifcfg-bond0)，然后让多个 ifcfg-eth?文件指向该捆绑接口。最后加载捆绑模块(bond module)。

根据想要完成的捆绑类型不同，可将捆绑接口设置为不同模式。使用 BONDING_OPTS 变量，可以定义模式和其他捆绑选项(所有这些选项都传递给捆绑模式)。如果想要读取捆绑模块，可以输入 modinfo bonding 或安装 kernel-docs 软件包，并读取/usr/share/doc/kernel-doc*/Documentation/networking/目录中的 bonding.txt 文件。

下面是一个定义了捆绑接口的文件示例。该文件为/etc/sysconfig/network-scripts/ifcfg-bond0：

```
DEVICE=bond0
ONBOOT=yes
IPADDR=192.168.0.50
NETMASK=255.255.255.0
BOOTPROTO=none
BONDING_OPTS="mode=active-backup"
```

示例中的 bond0 接口使用了 IP 地址 192.168.0.50。它在系统启动时启用。BONDING_OPTS 将捆绑模式设置为 active-backup。这意味着同一时间只能有一个 NIC 处于活动状态，并且只有当前一个 NIC 失败(failover)时下一个 NIC 才会接管。没有网络接口卡与 bond0 接口相关联。为此，必须创建单独的 ifcfg 文件选项。例如，创建一个如下所示的/etc/sysconfig/network-scripts/ifcfg-eth0 文件(然后针对每一个想要在捆绑接口中使用 NIC 创建 eth1、eth2、eth3 等)：

```
DEVICE=eth0
MASTER=bond0
```

```
SLAVE=yes
BOOTPROTO=none
ONBOOT=yes
```

虽然 eth0 接口用作 bond0 接口的一部分，却没有分配 IP 地址。这是因为 eth0 接口定义为 bond0(MASTER=bond0)的一个从属(SLAVE=yes)，所以它使用 bond0 接口的 IP 地址。

最后需要做的是确保 bond0 接口设置为使用捆绑模型。为此，创建一个包含了如下条目的 /etc/modprobe.d/bonding.conf 文件：

```
alias bond0 bonding
```

因为所有接口都设置为 ONBOOT=yes，所以 bond0 接口启用并且可以在需要时使用这些 eth? 接口。

14.2.6 设置自定义路由

在简单的网络配置中，发往本地网络的通信定向到 LAN 上的合适接口，而与 LAN 之外的主机所进行的通信则定向到一个默认网关，从而发送到远程主机。作为一种替换方法，也可以设置自定义路由，从而为特定的网络提供可选路径。

如果想要在 Fedora 和 RHEL 中设置自定义路由，需要在/etc/sysconfig/network-scripts 目录中创建一个配置文件。在该路由中，需要定义：

- GATEWAY?——本地网络中节点的 IP 地址，提供了指向由静态路由所表示的子网络的路由。
- ADDRESS?——表示静态路由可以到达的网络的 IP 地址。
- NETMASK?——子网掩码，确定了 ADDRESS?中哪些部分表示网络，哪些部分表示网络上可到达的主机。

自定义路由文件名为 *route-interface*。例如，通过 eth0 接口可以到达的自定义路由被命名为 route-eth0。该文件中可包含多个自定义路由，其中使用接口号替换每个路由条目中的?。例如：

```
ADDRESS0=192.168.99.0
NETMASK0=255.255.255.0
GATEWAY0=192.168.0.5
```

在本示例中，任何发往 192.168.99 网络上主机的数据包都会通过本地 eth0 接口发送，并定向到位于 192.168.0.5 的网关节点。该节点将提供到另一个网络的路由，而该网络包含了 192.168.99 地址范围的主机。当 eth0 网络接口重启时，该路由生效。

重启网络接口后，为检查路由是否正在工作，可输入下面的命令：

```
# route
Kernel IP routing table
Destination    Gateway       Genmask        Flags Metric Ref Use Iface
default        192.168.0.1   0.0.0.0        UG    0      0   0   eth0
192.168.0.0    *             255.255.255.0  U     1      0   0   eth0
192.168.99.0   192.168.0.5   255.255.255.0  UG    0      0   0   eth0
```

route -n 命令的输出显示了默认路由(不用于本地网络 192.168.0 或者 192.168.00 网络)将通过地址 192.168.0.1。而任何发送 192.168.99 网络的数据包将直接通过 192.168.0.5。

如果想要添加更多的自定义路由，可以将它们添加到相同的 route-eth0 文件。后面的信息设置命名为 ADDRESS1、NETMASK1、GAGEWAY1，以此类推。

14.3　配置企业中的网络

到目前为止，本章介绍的网络配置都是设置单个系统连接到一个网络。Linux 中的可用功能远不止这些，它提供了相关的软件来支持主机计算机实现通信所需的实际网络基础设施。

本节将介绍一些 Linux 中可用的网络基础设施类型的服务。虽然完全实现这些功能已经超出了本书的范围，但是要知道当需要管理网络基础设施功能时，本章所讨论的内容将有助于理解这些功能在 Linux 中是如何实现的。

14.3.1　将 Linux 配置为一个路由器

如果在一台计算机上有多个网络接口(通常有两个或更多 NIC)，那么可将 Linux 配置为一个路由器。配置过程非常简单，只需要更改一个允许数据包转发的内核参数。为临时性快速启用 ip_forward 参数，可以 root 身份输入下面的命令：

```
# cat /proc/sys/net/ipv4/ip_forward
0
# echo 1> /proc/sys/net/ipv4/ip_forward
# cat /proc/sys/net/ipv4/ip_forward
1
```

默认情况下，数据包转发(路由)被禁用(ip_forward 值设置为 0)。如果将其设置为 1，则马上启用数据包转发。如果想将该更改永久化，则必须将该值添加到/etc/sysctl.conf 文件中。如下所示：

```
net.ipv4.ip_forward = 1
```

按上述方式修改文件后，每次系统启动时，ip_forward 值都会设置为 1。注意，net.ipv4.ip_forward 反映了 ip_forward 文件的实际位置，其中删除了/proc/sys 并用点(.)替换了斜杠。可以像这样更改/proc/sys 目录结构中的任何内核参数。

将 Linux 系统作为路由器使用时，通常用作私有网络和公共网络(如 Internet)之间的防火墙。如果是这样的话，你可能还希望使用相同的系统作为一个完成网络地址转换(Network Address Translation, NAT)并提供 DHCP 服务的防火墙，以便私有网络上的系统可以使用私有 IP 地址路由通过 Linux 系统(请参阅第 25 章，学习如何借助 iptables 实用工具使用 Linux 防火墙规则)。

14.3.2　将 Linux 配置为 DHCP 服务器

Linux 系统不仅可以使用 DHCP 服务器来获取 IP 地址和其他信息，还可以对其进行相关配置，从而充当 DHCP 服务器。在最基本的形式中，DHCP 服务器可从一个地址池中向任何请求 IP 地址的系统分发地址。此外，DHCP 服务器还可以分发 DNS 服务器和默认网关的位置。

在配置 DHCP 服务器之前应该仔细思考。不要在一个无法控制或已经存在 DHCP 服务器的网络上再添加新的 DHCP 服务器。许多客户端都设置为从任何可分发相关信息的 DHCP 服务器上获取地址信息。

在 Fedora 和 RHEL 中，DHCP 服务由 dhpc 软件包提供。该服务命名为 dhcpd，针对 IPv4 网络的主要配置文件为/etc/dhcp/dhcp.conf(同一目录中的 dhcpd6.conf 文件提供了针对 IPv6 网络的 DHCP 服务)。默认情况下，dhcpd 守护进程监听 UDP 端口 67，所以请记住在防火墙上打开该端口。

为配置 DHCP 服务器，可从/usr/share/doc/dhcp-server 目录复制 dhcpd.conf.example 文件并替换/etc/dhcp/dhcpd.conf 文件。然后对该文件进行修改。在使用该文件之前，应该更改域名选项，以便使域和 IP 地址范围适合正在使用的域名和 IP 地址。该文件中的注释可以帮助完成更改操作。

当在 Linux 系统上安装了一些虚拟化和云服务时，默认情况下在系统内部设置了一个 DHCP 服务器。例如，当在 RHEL 或 Fedora 中安装了 KVM 并启动 libvirtd 服务，该服务会自动在 192.168.122.0/24 地址范围内配置一个默认私有网络。启动虚拟机时，将在该范围内为它们分配 IP 地址。同样，当在 Linux 发行版本中安装并启动了 Docker 服务，该服务器也会设置一个私有网络并向在该系统上启动的 Docker 容器分发 IP 地址。

14.3.3　将 Linux 配置为 DNS 服务器

在 Linux 中，大部分专业 DNS 服务器都是通过使用 BIND 服务(Berkeley Internet Name Domain)实现的。而在 Fedora 和 RHEL 中，通过安装 bind、bind-utils 和 bind-libs 软件包实现 DNS 服务器。有时为了更加安全，还会安装 bind-chroot 软件包。

默认情况下，通过编辑/etc/named.conf 文件来配置 bind。而主机名-IP 地址映射则是在/var/named 目录的区域文件中完成。如果安装了 bind-chroot 软件包，bind 配置文件则移动到/var/named/chroot 目录下，同时将/etc 和/var 目录下用来配置 bind 的文件复制到/var/named/chroot 目录下，以便将指定守护进程(提供了 bind 服务)限制在/etc/named/chroot 目录结构。

如果想要试用一下 bind 服务，我建议在防火墙后面为小型的家庭网络配置一个 DNS 服务器，以便家庭成员可以更容易地彼此通信。如果想要锁定家中计算机的 IP 地址，可以首先将每台计算机的网络接口卡的 MAC 地址附加到 DHCP 服务器上的特定 IP 地址，然后在 DNS 服务器中将计算机名与地址相映射。

> **警告：**
> 在创建公共的 DNS 服务器之前，请记住保护 DNS 服务器是非常重要的。通过使用一个被破解的公共 DNS 服务器，可以将流量重定向到黑客所选择的任务服务器。所以，如果你正在使用该 DNS 服务器，就有访问一些意料之外的网站的危险。

14.3.4　将 Linux 配置为代理服务器

代理服务器提供了一种方法来限制从私有网络到公共网络(如 Internet)的网络流量。此类服务器还提供一种非常好的方法来锁定学校的计算机实验室或者限制网站员工工作时可以访问的网站。

在物理上，将 Linux 设置为一个路由器，但将其配置为代理服务器，这样一来，可以对家庭或者商业网络上的所有系统进行相关的配置，使它们仅能使用某些协议并对流量进行过滤之后才能访问 Internet。

通过使用大多数 Linux 系统所提供的 Squid Proxy Server(使用 Fedora 和 RHEL 中的 squid 软件包)，可以让系统接收对 Web 服务器(HTTP 和 HTTPS)、文件服务器(FTP)以及其他协议的请求，从而限制哪些系统可以使用代理服务器(根据主机名或 IP 地址),甚至可以限制所访问的网站(根据特定地址、地址范围、主机名或者域名)。

　　配置 Squid 代理服务器非常简单:安装 squid 软件包、编辑/etc/squid/squid.conf 文件并启动 squid 服务。/etc/squid/squid.conf 文件提供了推荐的最小配置。然而,还应该定义允许访问这些服务的主机(根据 IP 地址或主机名)。此外,squid 服务还可以使用一个黑名单来拒绝访问那些不适合儿童访问的网站集。

14.4　小结

　　大多数来自 Linux 桌面或便携式计算机系统的网络连接都不需要用户的过多干预。如果通过有线或无线 Ethernet 连接使用 NetworkManager,可以自动从 DHCP 服务器上获取启动所需的地址和服务器信息。

　　通过使用 NetworkManager 的图形化界面,可以完成一些网络配置。可以设置静态 IP 地址并选择名称服务器和网关计算机。但如果想完成更多手动和复杂的网络配置,则可以考虑直接使用网络配置文件。

　　Linux 中的网络配置文件可用来设置一些高级功能,比如 Ethernet 通道捆绑。

　　除了 Linux 中网络连接的基础之外,还有一些特性能够提供网络基础设施类型的服务。本章介绍了在 Linux 中使用更高级的网络特性时需要了解的服务和特性,如路由、DHCP 和 DNS。

　　正确配置网络后,可开始配置在网络上运行的服务。第 15 章将介绍启用、禁用、启动、停止和检查服务状态所需的工具。

14.5　习题

　　本节的习题将帮助你检查和更改自己 Linux 系统中的网络接口,并了解如何配置更高级的网络功能。请在一个带有活动网络连接(但不要涉及重要的网络活动)的 Linux 系统中完成以下习题。

　　我建议直接通过计算机控制台完成这些习题(换句话说,不要使用 ssh 进入计算机完成习题)。所运行的一些命令可能会中断网络连接,而如果配置有误,可能临时导致无法通过网络使用你的计算机。

　　可以使用多种方法完成习题中所描述的任务。如果陷入困境,可以参考附录 B 中这些习题的参考答案。

　　(1) 使用桌面来检查 NetworkManager 是否成功地启用了网络接口(有线或无线)。如果没有,请尝试启用该网络接口。

　　(2) 运行一条命令检查计算机上可用的活动网络接口。

　　(3) 尝试通过命令行联系 google.com,并确保 DNS 正常工作。

　　(4) 运行一条命令来检查用于在本地网络之外进行通信的路由。

　　(5) 对用来连接到 google.com 的路由进行跟踪。

　　(6) 从 Cockpit Web 用户界面查看 Linux 系统的网络活动。

　　(7) 创建一个主机条目,从而允许与本地主机系统(使用名称 myownhost)进行通信。

第**15**章

启动和停止服务

本章主要内容:

- 了解各种 Linux 初始化服务
- 审核 Linux 守护进程控制的服务
- 启动和停止服务
- 更改 Linux 服务器的默认运行级别
- 删除服务

Linux 服务器系统的主要任务是为本地或者远程用户提供服务。服务器可以提供对 Web 页面、文件、数据库信息、流媒体音乐或者其他类型内容的访问。而名称服务器可以提供对主机计算机或用户名列表的访问。在 Linux 系统中可以配置数百种服务。

Linux 系统所提供的持续服务(如访问打印机服务或者登录服务)通常由守护进程所实现。大多数 Linux 系统将管理每一个守护进程的方法作为一个服务,并且使用了某一种流行的初始化系统(有时也称为 init 系统)。使用 init 系统的优势是可以完成以下任务:

- **确定运行级别**——将服务集放在一起,称之为运行级别(runlevel)或者目标(target)。
- **建立依赖关系**——设置服务依赖关系。例如,在所有网络启动服务成功启动之前,需要使用网络接口的服务不会启动。
- **设置默认运行级别**——当系统启动时选择启用哪个运行级别或者目标。
- **管理服务**——运行相关命令,告诉各个服务启动、停止、暂停、重启甚至重新加载配置文件。

如今,Linux 系统可以使用多种不同的 init 系统。具体使用哪种要根据 Linux 发行版本来确定。本章将主要介绍 Fedora、Red Hat Enterprise Linux、Ubuntu 和其他 Linux 发行版本中所使用的 init 系统:

- **SysVinit**——SysVinit 是在 20 世纪 80 年代早期为 UNIX System V 系统所创建的传统 init 系统。它提供了一种可根据运行级别启动和停止服务的易于理解的方法。几年前,大多数 UNIX 和 Linux 系统都使用 SysVinit。
- **systemd**——RHEL 和 Fedora 的最新版本都使用了 systemd init 系统。它是最复杂的 init 系统,但提供了更大的灵活性。systemd 不仅提供了启动和使用服务的功能,还可以管理套接字、设备、挂载点、交换区以及其他单元类型。

> **注意:**
>
> 如果使用的是旧版本的 Ubuntu,就可能会使用 Upstart 作为初始化系统。从 Ubuntu 15.04(2015年 4 月 28 日发布)开始,Upstart 被 systemd 初始化守护进程所取代。因此,本书不会描述 Upstart。

本章将介绍这两种主要的 init 系统 SysVinit 和 systemd。在 Linux 发布版本使用 init 系统的过程中,将学习启动过程是如何启动服务的,如何单独启动和停止服务以及如何启用和禁用服务。

15.1　了解初始化守护进程(init 或 systemd)

为学习服务管理,需要首先了解初始化守护进程。可以将初始化守护进程想象为“所有进程之母”。该守护进程是 Linux 服务器中内核所启动的第一个进程。对于使用 SysVinit 的 Linux 发行版本来说,初始化守护进程在字面上命名为 init。而对于 systemd 的 Linux 发行版本来说,初始化守护进程则命名为 systemd。

Linux 内核有一个为 0 的进程 ID(PID)。因此,初始化守护进程(init 或者 systemd)的父进程 ID(PPID)为 0,PID 为 1。一旦启动,init 将负责生成(启动)被配置为在服务器启动时启动的服务,比如登录 shell(getty 或者 mingetty 进程)。此外,还负责管理服务。

最初,Linux init 守护进程以 UNIX System V init 守护进程为基础。因此也称为 SysVinit 守护进程。然而,该进程并不是唯一的经典 init 守护进程。init 守护进程并不是 Linux 内核的一部分。因此,它有不同的版本,Linux 发行版本可以选择使用哪种版本。另一个经典 init 守护进程是基于 Berkeley UNIX,也称为 BSD。因此,两个最初的 Linux init 守护进程分别为 BSD init 和 SysVinit。

经典 init 守护进程已经正常使用很多年了。然而,这些守护进程仅能在静态环境中工作。随着新硬件(如 USB 设备)的不断出现,经典 init 守护进程已经难以处理这些热插拔设备。计算机硬件已经从静态变为基于事件。因此需要新的 init 守护进程来处理这些流体环境(fluid environments)。

此外,随着新服务的不断出现,经典 init 守护进程必须处理越来越多的服务。因此,整个系统初始化过程变得越来越低效,越来越慢。

现代的初始化守护进程正在尝试解决低效率系统启动以及非静态环境等问题,其中包括 Upstart init 和 systemd 守护进程。最流行的新初始化守护进程是 systemd。Ubuntu、RHEL 和 Fedora 发行版本已经转向使用较新的 systemd 守护进程,同时保持了与经典 SysVinit、Upstart 或者 BSD init 守护进程的向后兼容。

systemd 守 护 进 程 可 以 从 http://docs.fedoraproject.org/en-us/quick-docs/understanding-and-administering-systemd 获得,它主要是由 Red Hat 开发人员 Lennart Poettering 编写的。它目前被 Fedora、RHEL、openSUSE 和 Ubuntu 的所有最新版本所使用。

为妥善管理服务,需要知道服务器拥有哪些初始化守护进程。搞清楚这一点可能会比较棘手。运行在 SysVinit 或者 Upstart 上的初始化进程命名为 init。而对于最新的 systemd 系统,也称为 init,但现在命名为 systemd。运行 ps -e 可以马上知道是否正在使用 systemd 系统:

```
# ps -e | head
  PID TTY          TIME CMD
    1 ?        00:04:36 systemd
    2 ?        00:00:03 kthreadd
    3 ?        00:00:15 ksoftirqd/0
```

如果 PID 1 是系统的 init 守护进程,请尝试查看“其他实现”下的 init Wikipedia 页面

(http://wikipedia.org/wiki/Init)。这将帮助了解 init 守护进程是 SysVinit、Upstart 还是其他初始化系统。

15.1.1　了解经典的 init 守护进程

虽然你的 Linux 服务器可能使用了不同的 init 守护进程，但了解经典的 init 守护进程(SysVinit 和 BSD init)还是非常值得的。较新的 init 守护进程不仅向后兼容这些经典 init 守护进程，而且很多是以这些经典守护进程为基础的。

经典的 SysVinit 和 BSD init 守护进程以类似的方式工作。虽然刚开始时两者有很大的不同，但随着时间的推移，差别会越来越小。例如，较早的 BSD init 守护进程从/etc/ttytab 文件中获取配置信息。而现在与 SysVinit 守护进程一样，在启动时从/etc/inittab 文件中获取 BSD init 守护进程的配置信息。下面显示的是经典 SysVinit 的/etc/inittab 文件：

```
# cat /etc/inittab
# inittab  This file describes how the INIT process should set up
# Default runlevel. The runlevels used by RHS are:
#   0 - halt (Do NOT set initdefault to this)
#   1 - Single user mode
#   2 - Multiuser, no NFS (Same as 3, if you do not have networking)
#   3 - Full multiuser mode
#   4 - unused
#   5 - X11
#   6 - reboot (Do NOT set initdefault to this)
#
id:5:initdefault:

# System initialization.
si::sysinit:/etc/rc.d/rc.sysinit

l0:0:wait:/etc/rc.d/rc 0
l1:1:wait:/etc/rc.d/rc 1
l2:2:wait:/etc/rc.d/rc 2
l3:3:wait:/etc/rc.d/rc 3
l4:4:wait:/etc/rc.d/rc 4
l5:5:wait:/etc/rc.d/rc 5
l6:6:wait:/etc/rc.d/rc 6

# Trap CTRL-ALT-DELETE
ca::ctrlaltdel:/sbin/shutdown -t3 -r now
pf::powerfail:/sbin/shutdown -f -h +2
"Power Failure; System Shutting Down"


# If power was restored before the shutdown kicked in, cancel it.
pr:12345:powerokwait:/sbin/shutdown -c
"Power Restored; Shutdown Cancelled"
```

```
# Run gettys in standard runlevels
1:2345:respawn:/sbin/mingetty tty1
2:2345:respawn:/sbin/mingetty tty2
3:2345:respawn:/sbin/mingetty tty3
4:2345:respawn:/sbin/mingetty tty4
5:2345:respawn:/sbin/mingetty tty5
6:2345:respawn:/sbin/mingetty tty6

# Run xdm in runlevel 5
x:5:respawn:/etc/X11/prefdm -nodaemon
```

　　/etc/inittab 文件告诉 init 守护进程默认运行级别是什么。运行级别是一个分类号，决定了启动什么服务，停止什么服务。在前面的示例中，命令行 id:5:initdefault:将默认运行级别设置为 5。表 15.1 显示了标准的 Linux 运行级别(共 7 级别)。

表 15.1　标准的 Linux 运行级别

运行级别	名称	描述
0	Halt	关闭所有服务，服务器停止
1 或者 S	Single User Mode	root 账户自动登录到服务器。而其他用户不能登录到服务器。只可以使用命令行界面。不启动网络服务
2	Multiuser Mode	用户可以登录到服务器，但只能使用命令行。在某些系统上，启动了网络接口和服务；而在另一些系统上则没有启动。该运行级别最初用来启动哑终端设备，以便用户进行登录(但不启动网络服务)
3	Extended Multiuser Mode	用户可以登录到服务器，但只能使用命令行。网络接口和服务都启动。这是服务器最常用的运行级别
4	User Defined	用户可以自定义运行级别
5	Graphical Mode	用户可以登录到服务器。可以使用命令行和图形化界面。启动了网络服务。这是桌面系统最常用的运行级别
6	Reboot	服务器重启

　　不同的 Linux 发行版本在每种运行级别的定义以及提供哪些运行级别方面会有所不同。

警告：
　　在/etc/inittab 文件中只能使用运行级别 2~5。而使用其他运行级别则会产生问题。例如，如果在/etc/inittab 文件中使用运行级别 6 作为默认运行级别，那么当服务器重启时，服务器将进入一个循环从而不断重启。

　　上述运行级别不仅可以用作/etc/inittab 文件中的默认运行级别，还可以使用 init 守护进程直接调用这些运行级别。因此，如果想要立即暂停服务器，可以输入命令行 init 0:

```
# init 0
...
System going down for system halt NOW!
```

　　init 命令可以接受表 15.1 中的任何运行级别数，从而允许快速地将服务器从一种运行级别切换到另一种运行级别。例如，如果需要完成故障排除，并要求关闭图形化界面，那么可以在命令

行输入 init 3:

```
# init 3
INIT: Sending processes the TERM signal
starting irqbalance:                    [ OK ]
Starting setroubleshootd:
Starting fuse:  Fuse filesystem already available.
...
Starting console mouse services:        [ OK ]
```

如果想要查看 Linux 系统当前的运行级别,可以输入命令 runlevel。第一项显示了服务器前一个运行级别(在本示例中为 5)。第二项显示了服务器的当前运行级别(在本示例中为 3)。

```
$ runlevel
5 3
```

除了 init 命令之外,还可以使用 telinit 命令,两个命令的功能是相同的。在下面的示例中,使用 telinit 命令将服务器重启到运行级别 6:

```
# telinit 6
INIT: Sending processes the TERM signal
Shutting down smartd:                       [ OK ]
Shutting down Avahi daemon:                 [ OK ]
Stopping dhcdbd:                            [ OK ]
Stopping HAL daemon:                        [ OK ]
...
Starting killall:
Sending all processes the TERM signal...    [ OK ]
Sending all processes the KILL signal...    [ OK ]
...
Unmounting filesystems                      [ OK ]
Please stand by while rebooting the system
...
```

在刚启动的 Linux 服务器上,当前运行级别数应该与/etc/inittab 文件中默认的运行级别数相同。然而注意,在本示例中,前一个运行级别为 N。N 代表 Nonexistent,表示服务器刚启动到当前运行级别。

```
$ runlevel
N 5
```

选择了某一特定运行级别后,服务器如何知道停止哪些服务,启动哪些服务呢?选择一种运行级别后,将运行位于/etc/rc.d/rc#.d(其中#为所选择的运行级别)目录中的脚本。不管是通过服务器启动以及/etc/inittab initdefault 设置来选择运行级别,还是使用 init 或 telinit 命令选择运行级别,都会运行这些脚本。例如,如果选择运行级别 5,将运行/etc/rc.d/rc5.d 目录中的所有脚本;根据所安装和启动的服务不同,下面所示的列表也可能有所不同。

```
# ls /etc/rc.d/rc5.d
K01smolt                        K88wpa_supplicant   S22messagebus
K02avahi-dnsconfd               K89dund             S25bluetooth
K02NetworkManager               K89netplugd         S25fuse
K02NetworkManagerDispatcher     K89pand             S25netfs
```

```
K05saslauthd        K89rdisc              S25pcscd
K10dc_server        K91capi               S26hidd
K10psacct           S00microcode_ctl      S26udev-post
K12dc_client        S04readahead_early    S28autofs
K15gpm              S05kudzu              S50hplip
K15httpd            S06cpuspeed           S55cups
K20nfs              S08ip6tables          S55sshd
K24irda             S08iptables           S80sendmail
K25squid            S09isdn               S90ConsoleKit
K30spamassassin     S10network            S90crond
K35vncserver        S11auditd             S90xfs
K50netconsole       S12restorecond        S95anacron
K50tux              S12syslog             S95atd
K69rpcsvcgssd       S13irqbalance         S96readahead_later
K73winbind          S13mcstrans           S97dhcdbd
K73ypbind           S13rpcbind            S97yum-updatesd
K74nscd             S13setroubleshoot     S98avahi-daemon
K74ntpd             S14nfslock            S98haldaemon
K84btseed           S15mdmonitor          S99firstboot
K84bttrack          S18rpcidmapd          S99local
K87multipathd       S19rpcgssd            S99smartd
```

注意，/etc/rc.d/rc5.d 目录中的一部分脚本以 K 开头，而另一部分脚本以 S 开头。K 表示杀死(停止)一个进程的脚本。而 S 表示启动进程的脚本。此外，在每个 K 和 S 脚本所控制的服务或守护进程前都有一个数字。该数字允许以一种特定的控制顺序停止或启动服务。因为在某些情况下，在网络没有启动之前可能并不希望启动 Linux 服务器的网络服务。

针对所有标准的 Linux 运行级别，都存在一个/etc/rc.d/rc?.d 目录。每一个目录所包含的脚本可启动和停止特定运行级别的服务。

```
# ls -d /etc/rc.d/rc?.d
/etc/rc.d/rc0.d  /etc/rc.d/rc2.d  /etc/rc.d/rc4.d  /etc/rc.d/rc6.d
/etc/rc.d/rc1.d  /etc/rc.d/rc3.d  /etc/rc.d/rc5.d
```

实际上，/etc/rc.d/rc?.d 目录中的文件并不是脚本，而是对/etc/rc.d/init.d 目录中脚本的符号链接。因此，没必要多次复制特定的脚本。

```
# ls -l /etc/rc.d/rc5.d/K15httpd
lrwxrwxrwx 1 root root 15 Oct 10 08:15
 /etc/rc.d/rc5.d/K15httpd -> ../init.d/httpd
# ls /etc/rc.d/init.d
anacron        functions     multipathd              rpcidmapd
atd            fuse          netconsole              rpcsvcgssd
auditd         gpm           netfs                   saslauthd
autofs         haldaemon     netplugd                sendmail
avahi-daemon   halt          network                 setroubleshoot
avahi-dnsconfd hidd          NetworkManager          single
bluetooth      hplip         NetworkManagerDispatcher smartd
btseed         hsqldb        nfs                     smolt
bttrack        httpd         nfslock                 spamassassin
capi           ip6tables     nscd                    squid
```

ConsoleKit	iptables	ntpd	sshd
cpuspeed	irda	pand	syslog
crond	irqbalance	pcscd	tux
cups	isdn	psacct	udev-post
cups-config-daemon	killall	rdisc	vncserver
dc_client	kudzu	readahead_early	winbind
dc_server	mcstrans	readahead_later	wpa_supplicant
dhcdbd	mdmonitor	restorecond	xfs
dund	messagebus	rpcbind	ypbind
firstboot	microcode	rpcgssd	yum-updatesd

请注意，每个服务在/etc/rc.d/init.d 中都有一个脚本。没有用来启动和停止服务的单独脚本。这些脚本将根据 init 守护进程所传入的参数来停止或启动某一服务。

/etc/rc.d/init.d 目录中的每个脚本包含了启动或者停止服务器上某一特定服务所需的内容。下面的示例显示了一个使用 SysVinit 守护进程的 Linux 系统中的 httpd 脚本。其中包含一个 case 语句，用于处理传入的参数($1)，如 start、stop、status 等。

```
# cat /etc/rc.d/init.d/httpd
#!/bin/bash
#
# httpd        Startup script for the Apache HTTP Server
#
# chkconfig: - 85 15
# description: Apache is a World Wide Web server.
#              It is used to serve \
#              HTML files and CGI.
# processname: httpd
# config: /etc/httpd/conf/httpd.conf
# config: /etc/sysconfig/httpd
# pidfile: /var/run/httpd.pid

# Source function library.
. /etc/rc.d/init.d/functions
...
# See how we were called.
case "$1" in
  start)
        start
        ;;
  stop)
        stop
        ;;
  status)
        status $httpd
        RETVAL=$?
        ;;
...
esac

exit $RETVAL
```

在执行完从相应的/etc/rc.d/rc#.d 目录链接的运行级别脚本后，完成了 SysVinit 守护进程的生成。init 过程的最后一步是完成/etc/inittab 文件中指定的任何事情(比如为虚拟控制台生成 mingetty 进程以及启动桌面界面，但前提是运行级别为 5)。

15.1.2　了解 systemd 初始化守护进程

systemd 初始化守护进程是 SysVinit 和 Upstart init 守护进程的更新替代。这个现代的初始化守护进程是在 Fedora 15 和 RHEL 7 中引入的，现在仍然在使用。它向后兼容 SysVinit 和 Upstart。systemd 减少了系统初始化时间，因为它可采用并行方式启动服务。

1. 学习 systemd 基本知识

当使用 SysVinit 守护进程时，根据运行级别停止和启动服务。systemd 同样关注运行级别，但这些运行级别被称为*目标单元(target units)*。虽然 systemd 的主要任务是启动停止服务，但它也可管理其他类型的事务(被称为*单元, unit*)。一个单元是一个由名称、类型和配置文件组成的组，关注于某一特定服务或行为。目前有 12 种 systemd 单元类型：

- 自动挂载
- 设备
- 挂载
- 路径
- 服务
- 快照
- 套接字
- 目标
- 计数器
- 交换
- 片
- 范围

在处理服务时，需要重点关注的两个主要 systemd 单元是服务单元和目标单元。*服务单元*可以管理 Linux 服务器上的守护进程。而*目标单元(target unit)*只是一组其他的单元。

下例显示了多个 systemd 服务单元和目标单元。服务单元使用了非常熟悉的守护进程名称，如 cups 和 sshd。请注意，每一个服务单元名都以.service 结尾。目标单元使用了类似于 sysinit(sysinit 用来在系统初始化时启动服务)的名称。目标单元名以.target 结尾。

```
# systemctl list-units | grep .service
...
cups.service              loaded active running CUPS Printing Service
dbus.service              loaded active running D-Bus Message Bus
...
NetworkManager.service    loaded active running Network Manager
prefdm.service            loaded active running Display Manager
remount-rootfs.service    loaded active exited  Remount Root FS
rsyslog.service           loaded active running System Logging
...
sshd.service              loaded active running OpenSSH server daemon
```

```
systemd-logind.service    loaded active running Login Service
...
# systemctl list-units | grep .target
basic.target              loaded active active  Basic System
cryptsetup.target         loaded active active  Encrypted Volumes
getty.target              loaded active active  Login Prompts
graphical.target          loaded active active  Graphical Interface
local-fs-pre.target       loaded active active  Local File Systems (Pre)
local-fs.target           loaded active active  Local File Systems
multi-user.target         loaded active active  Multi-User
network.target            loaded active active  Network
remote-fs.target          loaded active active  Remote File Systems
sockets.target            loaded active active  Sockets
sound.target              loaded active active  Sound Card
swap.target               loaded active active  Swap
sysinit.target            loaded active active  System Initialization
syslog.target             loaded active active  Syslog
```

Linux 系统单元配置文件位于/lib/systemd/system 和/etc/systemd/system 目录中。可以使用 ls 命令浏览这些目录，但更好的方法是在 systemctl 命令中使用一个选项，如下所示：

```
# systemctl list-unit-files --type=service
UNIT FILE                      STATE
...
cups.service                   enabled
...
dbus.service                   static
...
NetworkManager.service         enabled
...
poweroff.service               static
...
sshd.service                   enabled
sssd.service                   disabled
...
276 unit files listed.
```

上面所显示的单元配置文件全部与一个服务单元相关。而目标单元的配置文件可以使用下面的方法显示。

```
# systemctl list-unit-files --type=target
UNIT FILE             STATE
anaconda.target       static
basic.target          static
bluetooth.target      static
cryptsetup.target     static
ctrl-alt-del.target   disabled
default.target        enabled
...
shutdown.target       static
sigpwr.target         static
```

```
smartcard.target              static
sockets.target                static
sound.target                  static
swap.target                   static
sysinit.target                static
syslog.target                 static
time-sync.target              static
umount.target                 static
43 unit files listed.
```

注意，上面所示的两个单元配置文件都显示了一种状态(static、enabled 或 disabled)。其中，enabled 状态意味着单元目前启用。disabled 状态意味着单元目前被禁用。而 static 状态则令人有些困惑，它表示"静态启用"，意味着单元默认被启用，且不能被禁用，即使是 root 用户也无法禁用。

服务单元配置文件包含许多信息，比如哪些服务必须被启动，何时启动，使用哪种文件环境等。下面的示例显示了 sshd 的单元配置文件：

```
# cat /lib/systemd/system/sshd.service
[Unit]
Description=OpenSSH server daemon
Documentation=man:sshd(8) man:sshd_config(5)
After=network.target sshd-keygen.target

[Service]
Type=notify
EnvironmentFile=-/etc/crypto-policies/back-ends/opensshserver.config
EnvironmentFile=-/etc/sysconfig/sshd
ExecStart=/usr/sbin/sshd -D $OPTIONS $CRYPTO_POLICY
ExecReload=/bin/kill -HUP $MAINPID
KillMode=process
Restart=on-failure
RestartSec=42s

[Install]
WantedBy=multi-user.target

[Install]
WantedBy=multi-user.target
```

基本的服务单元配置文件有以下选项：
- **Description**——服务的自由格式描述(命令行)。
- **Documentation**——列出 sshd 守护进程和配置文件的手册页。
- **After**——配置排序。换句话说，它列举了在启动服务之前应该激活哪些单元。
- **EnvironmentFile**——服务的配置文件。
- **ExecStart**——用来启动服务的命令。
- **ExecReload**——用来重新加载服务的命令
- **WantedBy**——服务所属的目标单元。

注意，在 sshd 服务单元配置文件中使用了目标单元 multi-user.target。multi-user.target 需要使用 sshd 服务单元。换句话说，当激活 multi-user.target 单元时，启动 sshd 服务单元。

可以使用下面所示的命令查看一个目标单元将启动的各种单元：

```
# systemctl show --property "Wants" multi-user.target
Wants=irqbalance.service firewalld.service plymouth-quit.service
systemd-update-utmp-runlevel.service systemd-ask-password-wall.path...
(END) q
```

遗憾的是，systemctl 命令并没有对输出进行格式化。它从屏幕的右边缘溢出，从而不能看到全部结果。并且必须输入 q，才能返回到命令行提示符。为解决这个问题，可将输出发送到一些格式化命令，从而生成一个美观的按字母顺序排序的显示，如下例所示：

```
# systemctl show --property "Wants" multi-user.target \
    | fmt -10 | sed 's/Wants=//g' | sort
atd.service
auditd.service
avahi-daemon.service
chronyd.service
crond.service
...
```

该输出显示了 multi-user.target 单元被激活时启动的所有服务以及其他单元，包括 sshd。记住，如前例所示，目标单元只是其他单元的组。此外，该组中的单元并不都是服务单元，可能有路径单元以及其他目标单元。

一个目标单元包括 Wants 和 Requires。Wants 意味着列出的所有单元都触发而激活(启动)。如果有单元启动失败或无法启动，也没有问题——目标单元仍会继续自己的愉快之旅。前面的示例仅展示了 Wants。

Requires 比 Wants 更严格且具有潜在的灾难性。Requires 同样意味着列出的所有单元都被触发而激活(启动)。但如果有单元启动失败或无法启动，整个单元(单元组)将被停用。

可使用下面示例所示的命令查看一个目标单元所需的各种单元(要么单元激活，要么单元失败)。注意，对于 multi-user.target 来说，Requires 输出要比 Wants 输出少很多。因此，没必要对 Requires 输出进行特殊格式化。

```
# systemctl show --property "Requires" multi-user.target
Requires=basic.target
```

与服务单元一样，目标单元也有配置文件。下面的示例显示了 multi-user.target 配置文件的内容。

```
# cat /lib/systemd/system/multi-user.target
#  This file is part of systemd.
#
...

[Unit]
Description=Multi-User
Documentation=man:systemd.special(7)
Requires=basic.target
Conflicts=rescue.service rescue.target
```

```
After=basic.target rescue.service rescue.target
AllowIsolate=yes
```

基本的目标单元配置文件包含以下选项:

- **Description**——服务的自由格式描述。
- **Documentation**——列出适当的 systemd 手册页。
- **Requires**——如果 multi-user.target 激活,所列出的目标单元也激活。如果所列出的目标单元停用或失败,multi-user.target 也停用。如果没有使用 After 和 Before 选项,那么 multi-user.target 和列出的目标单元同时激活。
- **Conflicts**——该设置避免了服务之间的冲突。启动 multi-user.target 将停止所列出的目标和服务,反之亦然。
- **After**——该设置配置顺序。换句话说,它确定了在服务启动之前应该激活哪些单元。
- **AllowIsolate**——该选项是 Boolean 设置(yes 或 no)。如果设置为 yes,目标单元 multi-user.target 连同依赖项和其他所有单元都被取消激活。

如果想要获取关于这些配置文件及其选项的更多信息,可在命令行输入man systemd.service、man systemd.target和man systemd.unit。

了解systemd 目标单元后,可更加容易地理解使用了systemd的Linux服务器的启动过程。在启动时,systemd激活default.target单元。该单元的别名称为multi-user.target或graphical.target。因此,根据alias设置,启动目标单元所针对的服务。

如果需要更多帮助来了解systemd守护进程,可在命令行输入man -k systemd,获取各种systemd实用工具文档列表。

2. 学习 systemd 对 SysVinit 的向后兼容

systemd守护进程保留了对SysVinit守护进程的向后兼容,从而允许Linux发行版本逐步向systemd过渡。

虽然运行级别并不真正是systemd的一部分,但systemd基础设施了与运行级别兼容。为实现对SysVinit的向后兼容,特别创建了七个目标单元配置文件:

- runlevel0.target
- runlevel1.target
- runlevel2.target
- runlevel3.target
- runlevel4.target
- runlevel5.target
- runlevel6.target

你可能已经看到,针对七种经典 SysVinit 运行级别,都有一个对应的目标单元配置文件。而这些目标单元配置文件又被链接到与最初的运行级别概念最匹配的目标单元配置文件。在下面的示例中,显示了针对运行级别目标单元的符号链接。注意,针对运行级别 2、3、4 的运行级别目标单元都以符号形式链接到 multi-user.target。multi-user.target 单元类似于传统的扩展的多用户模式(Extended Multi-user Mode)。

```
# ls -l /lib/systemd/system/runlevel*.target
lrwxrwxrwx. 1 root root 15 Apr  9 04:25 /lib/systemd/system/runlevel0.target
    -> poweroff.target
```

```
lrwxrwxrwx. 1 root root 13 Apr  9 04:25 /lib/systemd/system/runlevel1.target
    -> rescue.target
lrwxrwxrwx. 1 root root 17 Apr  9 04:25 /lib/systemd/system/runlevel2.target
    -> multi-user.target
lrwxrwxrwx. 1 root root 17 Apr  9 04:25 /lib/systemd/system/runlevel3.target
    -> multi-user.target
lrwxrwxrwx. 1 root root 17 Apr  9 04:25 /lib/systemd/system/runlevel4.target
    -> multi-user.target
lrwxrwxrwx. 1 root root 16 Apr  9 04:25 /lib/systemd/system/runlevel5.target
    -> graphical.target
lrwxrwxrwx. 1 root root 13 Apr  9 04:25 /lib/systemd/system/runlevel6.target
    -> reboot.target
```

/etc/inittab 文件仍然存在，但它仅包含相关注释，表明该配置文件没有使用，只是提供一些基本的 systemd 信息。/etc/inittab 文件不再拥有任何真正的用途。下面的示例显示了一台 Linux 服务器(使用了 systemd)上的/etc/inittab 文件示例。

```
# cat /etc/inittab
# inittab is no longer used.
#
# ADDING CONFIGURATION HERE WILL HAVE NO EFFECT ON YOUR SYSTEM.
#
# Ctrl-Alt-Delete is handled by
# /etc/systemd/system/ctrl-alt-del.target
#
# systemd uses 'targets' instead of runlevels.
# By default, there are two main targets:
#
# multi-user.target: analogous to runlevel 3
# graphical.target: analogous to runlevel 5
#
# To view current default target, run:
# systemctl get-default
#
# To set a default target, run:
# systemctl set-default TARGET.target
```

/etc/inittab 说明，如果想要使用类似于经典运行级别 3~5 作为默认运行级别，则需要创建一个从 default.target 单元到所选择的运行级别目标单元的符号链接。为检查目前 default.target 被链接到哪个单元(或用传统术语讲，检查默认的运行级别)，可使用下面所示的命令。可以看到，默认情况下该 Linux 服务器以传统运行级别 3 启动。

```
# ls -l /etc/systemd/system/default.target
lrwxrwxrwx. 1 root root 36 Mar 13 17:27
 /etc/systemd/system/default.target ->
   /lib/systemd/system/runlevel3.target
```

使用 init 或 telint 命令切换运行级别的功能仍然是可用的。当发出命令时，任何一个命令都会转化为一个 systemd 目标单元激活请求。因此，在命令行输入 init 3 时，实际发出了命令 systemctl isolate multi-user.target。此外，可使用 runlevel 命令来确定传统的运行级别，但不建议使用该命令。

经典的 SysVinit /etc/inittab 负责处理生成 getty 或 mingetty 进程。而 systemd init 则通过 getty.target 单元处理它们。getty.target 由 multi-user.target 单元激活。使用下面的命令，可看到这两个目标单元是如何链接起来的：

```
# systemctl show --property "WantedBy" getty.target
WantedBy=multi-user.target
```

到目前为止，已经基本了解了经典和现代 init 守护进程，接下来完成一些包含了 init 守护进程的实际的服务器管理员操作。

15.2　检查服务的状态

作为一名 Linux 管理员，需要经常检查服务器所提供服务的状态。出于安全考虑，应该禁用和删除任何通过进程所发现的未使用系统服务。最重要的是为了进行故障排除，需要能够快速地知道哪些服务应该在 Linux 服务器上运行，而哪些服务不应该运行。

当然，首先需要获取的信息是 Linux 服务器正在使用哪些初始化服务。本章的 15.1 节介绍了获取该信息的方法。下面将讨论各初始化守护进程。

检查 SysVinit 系统的服务

如果想要查看一台使用了经典 SysVinit 守护进程的 Linux 服务器提供的所有服务，可以使用 chkconfig 命令。下面的示例显示了经典 SysVinit Linux 服务器上可用的所有服务。注意，示例针对每一个服务(状态为 on 或者 off)显示每一种运行状态(0~6)。其中状态表示针对每种运行级别，某一特定服务是否启动(on)或禁用(off)。

```
# chkconfig --list
ConsoleKit       0:off   1:off   2:off   3:on    4:on    5:on    6:off
NetworkManager   0:off   1:off   2:off   3:off   4:off   5:off   6:off
...
crond            0:off   1:off   2:on    3:on    4:on    5:on    6:off
cups             0:off   1:off   2:on    3:on    4:on    5:on    6:off
...
sshd             0:off   1:off   2:on    3:on    4:on    5:on    6:off
syslog           0:off   1:off   2:on    3:on    4:on    5:on    6:off
tux              0:off   1:off   2:off   3:off   4:off   5:off   6:off
udev-post        0:off   1:off   2:off   3:on    4:on    5:on    6:off
vncserver        0:off   1:off   2:off   3:off   4:off   5:off   6:off
winbind          0:off   1:off   2:off   3:off   4:off   5:off   6:off
wpa_supplicant   0:off   1:off   2:off   3:off   4:off   5:off   6:off
xfs              0:off   1:off   2:on    3:on    4:on    5:on    6:off
ypbind           0:off   1:off   2:off   3:off   4:off   5:off   6:off
yum-updatesd     0:off   1:off   2:off   3:on    4:on    5:on    6:off
```

示例中的一些服务(如 vncserver)没有启动。而其他服务(如 cups 守护进程)则在运行级别 2~5 上启动。

使用 chkconfig 命令无法知道某一服务目前是否正在运行。为此，需要使用 service 命令。为了帮助隔离当前正在运行的服务，service 命令通过管道进入 grep 命令，然后进行排序，如下所示：

```
# service --status-all | grep running... | sort
anacron (pid 2162) is running...
atd (pid 2172) is running...
auditd (pid 1653) is running...
automount (pid 1952) is running...
console-kit-daemon (pid 2046) is running...
crond (pid 2118) is running...
cupsd (pid 1988) is running...
...
sshd (pid 2002) is running...
syslogd (pid 1681) is running...
xfs (pid 2151) is running...
yum-updatesd (pid 2205) is running...
```

此外，还可以使用 chkconfig 和 service 命令来查看单个服务的设置。在下面的示例中使用这两个命令，可以查看 cups 守护进程的设置。

```
# chkconfig --list cups
cups            0:off   1:off   2:on    3:on    4:on    5:on    6:off
#
# service cups status
cupsd (pid 1988) is running...
```

通过 chkconfig 命令，可以看到 cupsd 守护进程设置为在 2、3、4、5 运行级别上启动，而通过 service 命令，可以看到该进程目前正在运行。此外，还给出了该守护进程的进程 ID(PID) 号。

为查看一个使用了 systemd 的 Linux 服务提供的所有服务，可使用下面的命令：

```
# systemctl list-unit-files --type=service | grep -v disabled
UNIT FILE                               STATE
abrt-ccpp.service                       enabled
abrt-oops.service                       enabled
abrt-vmcore.service                     enabled
abrtd.service                           enabled
alsa-restore.service                    static
alsa-store.service                      static
anaconda-shell@.service                 static
arp-ethers.service                      enabled
atd.service                             enabled
auditd.service                          enabled
avahi-daemon.service                    enabled
bluetooth.service                       enabled
console-kit-log-system-restart.service  static
console-kit-log-system-start.service    static
console-kit-log-system-stop.service     static
crond.service                           enabled
cups.service                            enabled
...
sshd-keygen.service                     enabled
```

```
sshd.service                              enabled
system-setup-keyboard.service             enabled
...
134 unit files listed.
```

记住，systemd 服务的三种可能状态为 enabled、disabled 或 static。没必要使用 disabled 状态来查看哪些服务设置为活动，因为在 grep 命令上使用-v 选项可以很好地完成该任务，如前面示例所示。从本质上讲，static 状态基本上是启用的，因此应该被包含进来。

为查看某一特定服务是否正在运行，可使用下面的命令：

```
# systemctl status cups.service
cups.service - CUPS Scheduler
  Loaded: loaded (/lib/systemd/system/cups.service; enabled)
  Active: active (running) since Wed 2019-09-18 17:32:27 EDT; 3 days ago
    Docs: man:cupsd(8)
 Main PID: 874 (cupsd)
  Status: "Scheduler is running..."
   Tasks: 1 (limit: 12232)
  Memory: 3.1M
  CGroup: /system.slice/cups.service
        └─874 /usr/sbin/cupsd -l
```

可以使用 systemctl 命令查看单个服务的状态。在上面的示例中，选择了 printing 服务。注意，该服务名为 cups.service。此处提供了大量关于该服务的有帮助信息，比如该服务被启动并处于活动状态，以及启动时间和进程 ID(PID)。

检查完服务的状态并确定相关信息后，还需要知道如何在 Linux 服务器上启动、停止和重新加载服务。

15.3 停止和启动服务

启动、停止和重启服务的任务通常指的是即时需要——换句话说，在不必重启服务器的情况下管理服务。例如，如果想要临时停止服务，可使用本节介绍的内容。然而，如果想要停止一个服务，并且不允许在服务器重启时再次启动，则需要实际禁用该服务，本章"启动持续性服务"一节将介绍相关内容。

停止和启动 SysVinit 服务

用来停止和启动 SysVinit 服务的主要命令是 service。使用 service 命令，然后紧跟想要控制的服务名，最后一个选项是想要对服务完成的操作(stop、start、restart 等)。下面的示例显示了如何停止 cups 服务。注意，示例给出了一个 OK，从而让你知道 cupsd 被成功停止了。

```
# service cups status
cupsd (pid 5857) is running...
# service cups stop
Stopping cups:       [  OK  ]
# service cups status
```

```
cupsd is stopped
```

为启动服务，需要在 service 命令末尾使用一个 start 选项，而不是 stop 选项，如下所示。

```
# service cups start
Starting cups:        [  OK  ]
# service cups status
cupsd (pid 6860) is running...
```

为重启 SysVinit 服务，需要使用 restart 选项。该选项将停止服务，然后马上再启动服务。

```
# service cups restart
Stopping cups:        [  OK  ]
Starting cups:        [  OK  ]
# service cups status
cupsd (pid 7955) is running...
```

当一个服务已经停止，那么 restart 在尝试停止该服务时会产生一个 FAILED 状态。然而，如下例所示，当尝试重启时该服务成功启动。

```
# service cups stop
Stopping cups:        [  OK  ]
# service cups restart
Stopping cups:        [FAILED]
Starting cups:        [  OK  ]
# service cups status
cupsd (pid 8236) is running...
```

重新加载服务不同于重启服务。当重新加载一个服务时，服务本身并不停止，只是重新加载服务的配置文件。下例显示了如何重新加载 cups 守护进程。

```
# service cups status
cupsd (pid 8236) is running...
# service cups reload
Reloading cups:       [  OK  ]
# service cups status
cupsd (pid 8236) is running...
```

如果当尝试重启加载 SysVinit 服务时服务被停止了，将会得到 FAILED 状态。如下面示例所示：

```
# service cups status
cupsd is stopped
# service cups reload
Reloading cups: [FAILED]
Stopping and starting systemd services
```

对于 systemd 守护进程，主要使用 systemctl 命令来停止、启动、重新加载和重启服务。

1. 使用 systemd 停止服务

在下面的示例中，检查 cups 守护进程的状态，并使用 systemctl stop cups.service 命令停止该进程：

```
# systemctl status cups.service
cups.service - CUPS Printing Service
    Loaded: loaded (/lib/systemd/system/cups.service; enabled)
    Active: active (running) since Mon, 20 Apr 2020 12:36:3...
 Main PID: 1315 (cupsd)
    CGroup: name=systemd:/system/cups.service
            1315 /usr/sbin/cupsd -f
# systemctl stop cups.service
# systemctl status cups.service
cups.service - CUPS Printing Service
    Loaded: loaded (/lib/systemd/system/cups.service; enabled)
    Active: inactive (dead) since Tue, 21 Apr 2020 04:43:4...
    Process: 1315 ExecStart=/usr/sbin/cupsd -f
 (code=exited, status=0/SUCCESS)
    CGroup: name=systemd:/system/cups.service
```

注意，当获取状态并停止了 cups 守护进程后，该服务处于非活动(死亡)状态但仍然被视为启动。这意味着在服务器启动时 cups 守护进程仍然启动。

2. 使用 systemd 启动服务

启动 cups 守护进程与停止一样简单。下面的示例证明确实如此。

```
# systemctl start cups.service
# systemctl status cups.service
cups.service - CUPS Printing Service
    Loaded: loaded (/lib/systemd/system/cups.service; enabled)
    Active: active (running) since Tue, 21 Apr 2020 04:43:5...
 Main PID: 17003 (cupsd)
    CGroup: name=systemd:/system/cups.service
          └ 17003 /usr/sbin/cupsd -f
```

启动 cups 守护进程后，使用带有 status 选项的 systemctl 命令显示该服务处于活动状态(运行中)。此外进程 ID(PID)为 17003。

3. 使用 systemd 重启服务

重启一个服务意味着停止服务后再启动。如果服务目前没有运行，那么重启仅启动了该服务。

```
# systemctl restart cups.service
# systemctl status cups.service
cups.service - CUPS Printing Service
    Loaded: loaded (/lib/systemd/system/cups.service; enabled)
    Active: active (running) since Tue, 21 Apr 2020 04:45:2...
 Main PID: 17015 (cupsd)
    CGroup: name=systemd:/system/cups.service
        └ 17015 /usr/sbin/cupsd -f
```

此外，还可通过使用 systemctl 执行服务的有条件重启。有条件重启仅重启那些目前正在运行的服务。任何处于非活动状态的服务都不会启动。

```
# systemctl status cups.service
cups.service - CUPS Printing Service
  Loaded: loaded (/lib/systemd/system/cups.service; enabled)
  Active: inactive (dead) since Tue, 21 Apr 2020 06:03:32...
 Process: 17108 ExecStart=/usr/sbin/cupsd -f
 (code=exited, status=0/SUCCESS)
  CGroup: name=systemd:/system/cups.service
# systemctl condrestart cups.service
# systemctl status cups.service
cups.service - CUPS Printing Service
  Loaded: loaded (/lib/systemd/system/cups.service; enabled)
  Active: inactive (dead) since Tue, 21 Apr 2020 06:03:32...
 Process: 17108 ExecStart=/usr/sbin/cupsd -f
 (code=exited, status=0/SUCCESS)
  CGroup: name=systemd:/system/cups.service
```

注意，在示例中，cups 守护进程处于非活动状态。当发出有条件重启命令后，没有生成任何错误消息。cups 守护进程没有启动，因为有条件重启只对处于活动的服务产生影响。因此，较好的做法是在停止、启动以及有条件重启操作之后检查一下服务的状态。

4. 使用 systemd 重新加载服务

重新加载服务不同于重启服务。当重新加载一个服务时，该服务本身并没有停止，只是重新加载了服务的配置文件。注意，并不是所有的服务都实现为使用重新加载特性。

```
# systemctl status sshd.service
sshd.service - OpenSSH server daemon
  Loaded: loaded (/usr/lib/systemd/system/sshd.service; enabled)
  Active: active (running) since Wed 2019-09-18 17:32:27 EDT; 3 days ago
Main PID: 1675 (sshd)
  CGroup: /system.slice/sshd.service
          └─1675 /usr/sbin/sshd -D
# systemctl reload sshd.service
# systemctl status sshd.service
sshd.service - OpenSSH server daemon
  Loaded: loaded (/lib/systemd/system/sshd.service; enabled)
  Active: active (running) since Wed 2019-09-18 17:32:27 EDT; 3 days ago
 Process: 21770 ExecReload=/bin/kill -HUP $MAINPID (code=exited, status=0/SUCCESS)
     (code=exited, status=0/SUCCESSd)
Main PID: 1675 (sshd)
  CGroup: /system.slice/sshd.service
          └─1675 /usr/sbin/sshd -D ...
```

在重新加载服务(而不是重启服务)时，会防止任何挂起的服务操作被中止。因此对于一台繁忙的 Linux 服务来说，重新加载是一种非常好的方法。

现在了解了如何停止和启动服务以进行故障排除和紧急启动，可以学习如何启用和禁用服务。

15.4　启用持续性服务

通常使用 stop 和 start 来满足即时需求，而不适用于需要持续性的服务。*持续性(persistent)*服务是一个在服务器启动或者在某一特定运行级别启动的服务。需要设置为持续性的服务通常是 Linux 服务器正在提供的新服务。

配置 SysVinit 的持续性服务

经典 SysVinit 守护进程的一个非常不错的功能是可以非常容易地使特定服务具有持续性或者去除服务的持续性。请参考下面的示例：

```
# chkconfig --list cups
cups            0:off 1:off 2:off 3:off 4:off 5:off 6:off
```

在该 Linux 服务器上，如 chkconfig 命令所示，cups 服务在任何运行级别都不会启动。此外，还可以检查在每个运行级别目录(/etc/rc.d/rc?.d，?等于 0~6)中是否创建了任何启动(S)符号链接。请记住，SysVinit 保留符号链接的目的是在任何运行级别启动和停止各种服务。每个目录都代表一个特定的运行级别；例如，rc5.d 表示运行级别 5。在下面的示例中，只会列出以 K 开头的文件，所以只有用来杀死 cups 守护进程的链接。而以 S 开头的文件没有列出，这与 chkconfig 命令显示的内容是一致的，即 cups 守护进程没有在服务器上的任何运行级别启动。

```
# ls /etc/rc.d/rc?.d/*cups
/etc/rc.d/rc0.d/K10cups /etc/rc.d/rc3.d/K10cups
/etc/rc.d/rc1.d/K10cups /etc/rc.d/rc4.d/K10cups
/etc/rc.d/rc2.d/K10cups /etc/rc.d/rc5.d/K10cups
/etc/rc.d/rc6.d/K10cups
```

为使服务在特定运行级别持续化，需要再次使用 chkconfig 命令。此时，使用--level 选项，而不是--list 选项，如下面的代码所示：

```
# chkconfig --level 3 cups on
# chkconfig --list cups
cups            0:off 1:off 2:off 3:on  4:off 5:off 6:off
# ls /etc/rc.d/rc3.d/S*cups
/etc/rc.d/rc3.d/S56cups
```

通过使用 chkconfig --list 命令以及查看 rc3.目录中任何以字母 S 开头的文件，可以验证该服务在运行级别 3 的持续化。

要在多个运行级别上使服务持续化，可使用下面的命令：

```
# chkconfig --level 2345 cups on
# chkconfig --list cups
cups            0:off 1:off 2:on  3:on  4:on  5:on  6:off
# ls /etc/rc.d/rc?.d/S*cups
/etc/rc.d/rc2.d/S56cups /etc/rc.d/rc4.d/S56cups
/etc/rc.d/rc3.d/S56cups /etc/rc.d/rc5.d/S56cups
```

禁用服务与启用服务一样简单。只需要将 chkconfig 命令中的 on 改为 off。下面的示例演示了如何使用 chkconfig 命令在运行级别 5 禁用 cups 服务。

```
# chkconfig --level 5 cups off
# chkconfig --list cups
cups            0:off  1:off  2:on   3:on   4:on   5:off  6:off
# ls /etc/rc.d/rc5.d/S*cups
ls: cannot access /etc/rc.d/rc5.d/S*cups: No such file or directory
```

与预想的一样，在/etc/rc.d/rc5.d 目录中没有针对 cups 服务的以字母 S 开头的符号链接。

对于 systemd 守护进程，同样使用 systemctl 命令。有了它，就可以在 Linux 服务器上修改和启用服务。

1. 使用 systemd 启用服务

通过在 systemctl 命令上使用 enable 选项，可将一个服务设置为在服务器启动时始终启动(即持续化)。下面的示例显示了具体的完成过程：

```
# systemctl status cups.service
cups.service - CUPS Printing Service
   Loaded: loaded (/lib/systemd/system/cups.service; disabled)
   Active: inactive (dead) since Tue, 21 Apr 2020 06:42:38 ...
 Main PID: 17172 (code=exited, status=0/SUCCESS)
   CGroup: name=systemd:/system/cups.service
# systemctl enable cups.service
Created symlink /etc/systemd/system/printer.target.wants/cups.service
    → /usr/lib/systemd/system/cups.service.
Created symlink /etc/systemd/system/sockets.target.wants/cups.socket
    → /usr/lib/systemd/system/cups.socket.
Created symlink /etc/systemd/system/multi-user.target.wants/cups.path
    → /usr/lib/systemd/system/cups.path.
# systemctl status cups.service
cups.service - CUPS Printing Service
   Loaded: loaded (/lib/systemd/system/cups.service; enabled)
   Active: inactive (dead) since Tue, 21 Apr 2020 06:42:38...
 Main PID: 17172 (code=exited, status=0/SUCCESS)
   CGroup: name=systemd:/system/cups.service
```

注意，在 systemctl 命令上使用了 enable 选项后，cups.service 的状态从 disabled 变为 enabled。此外，enable 选项还创建了一些符号链接。当然，也可以自己创建这些链接。但首选方法是使用systemctl 命令来完成。

2. 使用 systemd 禁用服务

可在 systemctl 命令上使用 disable 选项，从而防止在服务器启动时启动某一服务。然而，该选项无法直接停止服务，需要使用"使用 systemd 停止服务"一节所讨论的 stop 选项来完成。下面的示例显示了如何禁用一个目前已启用的服务。

```
# systemctl disable cups.service
rm '/etc/systemd/system/printer.target.wants/cups.service'
rm '/etc/systemd/system/sockets.target.wants/cups.socket'
rm '/etc/systemd/system/multi-user.target.wants/cups.path'
# systemctl status cups.service
```

```
cups.service - CUPS Printing Service
   Loaded: loaded (/lib/systemd/system/cups.service; disabled)
   Active: active (running) since Tue, 21 Apr 2020 06:06:41...
 Main PID: 17172 (cupsd)
   CGroup: name=systemd:/system/cups.service
           17172 /usr/sbin/cupsd -f
```

通过 systemctl 命令的首选方法，disable 选项删除了一些文件。注意，在该示例中，虽然 cups 服务被禁用了，但 cups 守护进程仍然处于活动状态(运行中)。此外，使用 systemd 有时可能无法禁用某些服务。这些服务一般都是静态服务。请分析服务 dbus.service：

```
# systemctl status dbus.service
dbus.service - D-Bus System Message Bus
  Loaded: loaded (/lib/systemd/system/dbus.service; static)
  Active: active (running) since Mon, 20 Apr 2020 12:35:...
 Main PID: 707 (dbus-daemon)
...
# systemctl disable dbus.service
# systemctl status dbus.service
dbus.service - D-Bus System Message Bus
  Loaded: loaded (/lib/systemd/system/dbus.service; static)
  Active: active (running) since Mon, 20 Apr 2020 12:35:...
 Main PID: 707 (dbus-daemon)
...
```

在 dbus.service 上使用 systemctl disable 命令时，该命令将被忽略。记住，static 意味着服务默认情况下启用，并且不能禁用，即使是 root 用户也无法禁用。

有时，禁用一个服务并不能确保该服务不再运行。例如，假设想要使用 network.service 替代 NetworkManager.service 来启用系统上的网络接口。禁用 NetworkManager 可以防止该服务自行启用。然而，如果某些其他服务将 NetworkManager 服务作为其依赖项，那么该服务会在启动时尝试启动 NetworkManager 服务。

如果想要在禁用一个服务的同时防止它在系统中再次运行，可以使用 mask 选项。例如，为设置 NetworkManager 服务，使其不再运行，可输入下面的命令：

```
# systemctl mask NetworkManager.service
ln -s '/dev/null' '/etc/systemd/system/NetworkManager.service'
```

如输出所示，/etc 中的 NetworkManager.service 文件链接到/dev/null。所以，即使有人尝试运行该服务，也不会发生任何事情。而如果想再次使用该服务，可输入 systemctl unmask NetworkManager. service。

到目前为止，已经学习了如何让单个服务持续化(以及如何禁用或屏蔽单个服务)，接下来需要将服务组视为一个整体。下一节将介绍如何在服务器启动时启动服务组。

15.5　配置默认的运行级别或者目标单元

持续性服务是在服务器启动时启动的服务，而持续性(默认)运行级别或目标单元则是在服务器启动时启动的服务组。经典 SysVint 和 Upstart 将这些服务组定义为*运行级别(runlevels)*，而

systemd 则定义为*目标单元(target units)*。

配置 SysVinit 默认运行级别

可以在/etc/inittab 文件为使用 SysVinit 的 Linux 服务器设置持续性运行级别。该文件的部分内容如下所示：

```
# cat /etc/inittab
#
# inittab      This file describes how the INIT process should
#              set up the system in a certain run-level.
...
id:5:initdefault:
...
```

示例中的 initdefault 行显示了当前的默认运行级别为 5。如果想要更改运行级别，需要使用所喜欢的编辑器编辑/etc/inittab 文件，并将 5 改为 2、3 或 4 中的一个。记住，在该文件中不要使用运行级别 0 或 6！否则当服务器启动时会导致服务器停止或重启。

对于 systemd 来说，术语*目标单元*表示启动的服务组。下面显示了可以配置为持续化的各种目标单元以及与之等价的向后兼容、特定运行级别的目标单元。

- multi-user.target =
  - runlevel2.target
  - runlevel3.target
  - runlevel4.target
- graphical.target = runlevel5.target

通过一个指向 default.target 单元文件的符号链接来设置持续性目标单元。请参考下面的代码：

```
# ls -l /etc/systemd/system/default.target
lrwxrwxrwx. 1 root root 36 Mar 13 17:27
 /etc/systemd/system/default.target ->
 /lib/systemd/system/runlevel5.target
# ls -l /lib/systemd/system/runlevel5.target
lrwxrwxrwx. 1 root root 16 Mar 27 15:39
 /lib/systemd/system/runlevel5.target ->
 graphical.target
```

示例显示服务器上当前持续性目标单元为 runlevel5.target，因为 default.target 是一个指向 runlevel5.target 单元文件的符号链接。然而注意，runlevel5.target 本身也是一个符号链接，指向 graphical.target。因此，该服务器当前持续性目标单元为 graphical.target。

为将不同的目标单元设置为持续化，需要更改 default.target 的符号链接。但为了保持一致，如果目标单元被服务器所使用，则必须保持原来的运行级别目标单元。

下面的 systemctl 示例将服务器的持久目标单元从 graphicaltarget 更改为 multi-user.target：

```
# systemctl get-default
graphical.target
#
 systemctl set-default runlevel3.target
```

```
Removed /etc/systemd/system/default.target.
Created symlink /etc/systemd/system/default.target →
/usr/lib/systemd/system/multi-user.target.
# systemctl get-default
multi-user.target
```

当服务器重启时，multi-user.target 成为持续性目标单元。同时，该单元中的所有服务也会启动(激活)。

15.6　添加新的或自定义服务

有时，可能需要向 Linux 服务器添加一个新服务。此外，还可能需要自定义一个特殊服务。为了满足这些需要，必须针对 Linux 服务器的初始化守护进程完成一些特定的步骤，从而接管服务管理或者认可自定义服务。

15.6.1　向 SysVinit 添加新服务

当向 Linux SysVinit 服务器添加新服务或自定义服务时，为由 SysVinit 来管理服务，必须完成以下步骤。

(1) 创建新的或自定义服务脚本文件。
(2) 为实现 SysVinit 管理，将新的或自定义服务脚本移到合适位置。
(3) 在脚本上设置适当的权限。
(4) 将服务添加到特定的运行级别。

步骤 1：创建新的或自定义服务脚本文件

如果正在自定义一个服务脚本，请从/etc/rc.d/init.d 中复制原始的单元文件，并添加所需的自定义内容。

如果正在创建一个新脚本，则需要确保对所有想要 service 命令接收的各种选项(如 start、stop、restart 等)进行相应处理。

对于新脚本，如果以前从来没有创建过服务脚本，那么比较明智的做法是从/etc/rc.d/init.d 中复制一个当前的服务脚本并进行修改，从而满足新服务的需要。请参考下面所示的 cupsd 服务脚本的部分内容。

```
# cat /etc/rc.d/init.d/cups
#!/bin/sh
#
...
#  chkconfig: 2345 25 10

...
start () {
        echo -n $"Starting $prog: "
        # start daemon
        daemon $DAEMON
        RETVAL=$?
```

```
        echo
        [ $RETVAL = 0 ] && touch /var/lock/subsys/cups
        return $RETVAL
}

stop () {
        # stop daemon
        echo -n $"Stopping $prog: "
        killproc $DAEMON
        RETVAL=$?
        echo           [ $RETVAL = 0 ] && rm -f /var/lock/subsys/cups
}

restart() {
        stop
        start
}

case $1 in
...
```

cups 服务脚本为每个 start、stop 和 restart 选项都创建了函数。如果你觉得 shell 脚本编写有困难，可复习第 7 章，提高编写技能。

应该重点检查且可能在新的脚本中更改的命令行是被注销的 chkconfig 行。例如：

```
#  chkconfig: 2345 25 10
```

在后续步骤中添加服务脚本时，chkconfig 命令将读取该行，并设置服务启动时的运行级别(2、3、4 和 5)、运行顺序(当脚本设置为启动时(25))以及杀死顺序(当脚本被设置为停止时(10))。

添加自己的脚本前，需要检查在默认运行级别的启动顺序。例如：

```
# ls /etc/rc5.d
...
/etc/rc5.d/S22messagebus
/etc/rc5.d/S23NetworkManager
/etc/rc5.d/S24nfslock
/etc/rc5.d/S24openct
/etc/rc5.d/S24rpcgssd
/etc/rc5.d/S25blk-availability
/etc/rc5.d/S25cups
/etc/rc5.d/S25netfs
/etc/rc5.d/S26acpid
/etc/rc5.d/S26haldaemon
/etc/rc5.d/S26hypervkvpd
/etc/rc5.d/S26udev-post

...
```

此时，S25My_New_Service 脚本中的 chkconfig 行按照启动顺序将脚本添加到 S25cups 之后且 S25netfs 之前。如果想要该服务更早启动(使用更小的数字)或更晚启动(使用更大的数字)，可以更改服务脚本中的 chkconfig 行。

步骤 2：向/etc/rc.d/init.d 添加服务脚本

在修改或者创建并测试服务脚本文件后，可将其移动到合适的位置：/etc/rc.d/init.d：

```
# cp My_New_Service /etc/rc.d/init.d
# ls /etc/rc.d/init.d/My_New_Service
/etc/rc.d/init.d/My_New_Service
```

步骤 3：在脚本上设置适当的权限

脚本应该是可执行的：

```
# chmod 755 /etc/rc.d/init.d/My_New_Service
```

步骤 4：将服务添加到特定的运行级别

创建服务脚本的最后一个步骤是在不同的运行级别启动和停止，并检查服务脚本是否正常工作。

(1) 根据服务脚本中的 chkconfig 行添加脚本，输入下面的命令：

```
<![CDATA[    # chkconfig --add My_New_Service
# ls /etc/rc?.d/*My_New_Service
/etc/rc0.d/K10My_New_Service   /etc/rc4.d/S25My_New_Service
/etc/rc1.d/K10My_New_Service   /etc/rc5.d/S25My_New_Service
/etc/rc2.d/S25My_New_Service   /etc/rc6.d/K10My_New_Service
/etc/rc3.d/S25My_New_Service
```

根据前面的示例(chkconfig: 2345 25 10)，指向脚本的符号链接将服务设置为针对运行级别 2、3、4 和 5 在位置 25(S25)处启动。此外，该服务还设置为在运行级别 0、1、6 停止(或者不启动)。

(2) 完成符号链接后，重启服务器前，测试一下新建或修改的服务是否按照预期的那样工作。

```
# service My_New_Service start
Starting My_New_Service:        [  OK  ]
# service My_New_Service stop
```

完成上述步骤后，新的或者修改的服务就可以在所选的任一运行级别上启动。此外，还可通过使用 service 命令手动启动或停止服务。

15.6.2　向 systemd 添加新服务

向 Linux systemd 服务器添加新服务或自定义服务时，为让 systemd 管理服务，必须完成三个步骤：

(1) 创建新的或自定义服务配置单元文件。

(2) 将该服务配置单元文件移动到合适的位置，以便实现 systemd 管理。

(3) 将服务添加到特定目标单元的 Wants 目录，从而让新的或者自定义服务与其他服务一起自动启动。

步骤 1：创建新的或自定义服务配置单元文件

如果正在自定义一个服务配置单元文件，可从/lib/systemd/system 复制原始的单元文件，并添加所需的自定义内容。

而对于新文件，则需要从头创建一个服务单元配置文件。请参考下面所示的基本服务单元文件模板。服务单元配置文件至少需要使用 Description 和 ExecStart 选项。

```
# cat My_New_Service.service
[Unit]
Description=My New Service
[Service]
ExecStart=/usr/bin/My_New_Service
```

如果想进一步了解自定义和创建配置单元文件及其所需的各种选项，可以使用手册页。在命令行输入 man systemd.service，找到更多不同的服务单元文件选项。

步骤2：移动服务配置单元文件

在移动新的或自定义服务配置单元文件前，需要知道有两个可能的位置用来存储服务配置单元文件。所选的位置可以决定自定义内容是否生效以及通过软件升级这些服务是否保持持续性。

可以将系统服务配置单元文件放在以下所示的两个位置：

- /etc/systemd/system
  - 该位置用来存储自定义本地服务配置单元文件。
  - 位于该位置中的文件将不会被软件安装程序或更新程序所覆盖。

即使在/lib/systemd/system 目录中有一个同名的文件，系统仍会使用/etc/systemd/system 目录中的文件。

- /lib/systemd/system
  - 该位置用来存储系统服务配置单元文件。
  - 位于该位置中的文件将被软件安装程序或更新程序所覆盖。

只有在/etc/systemd/system 目录中不存在同名的文件时，才会使用该目录中的文件。

因此，存储新的或者自定义服务配置单元文件的最佳位置是/etc/systemd/system。

提示：

当创建一个新的或者自定义服务时，为了在不重启服务器的情况下使所做的更改生效，需要发出一个特殊命令。在命令行输入 systemctl daemon -reload。

步骤3：向 Wants 目录添加服务

最后一个步骤是可选的。只有当想要使用某一特定的 systemd 目标单元启动新服务时才完成本步骤。对于由某一特定目标单元激活(启动)的服务，服务必须位于该目标单元的 Wants 目录中。

首先在服务配置单元文件的末尾添加命令行 WantedBy=*desired.target*。下面的示例显示该新服务所期望的目标单元为 multi-user.target。

```
# cat /etc/systemd/system/My_New_Service.service
[Unit]
Description=My New Fake Service
[Service]
ExecStart=/usr/bin/My_New_Service
[Install]
WantedBy=multi-user.target
```

为向目标单元添加新服务，需要创建一个符号链接。下面的示例显示了位于 multi-user.target 单元的 Wants 目录中的文件。在"了解 systemd 初始化守护进程"一节，systemctl 命令用来列出

Wants，并且是首选方法。注意，该目录中的文件是指向/lib/systemd/system 目录中服务单元配置文件的符号链接。

```
# ls /etc/systemd/system/multi-user.target.wants
abrt-ccpp.service       cups.path             remote-fs.target
abrtd.service           fcoe.service          rsyslog.service
abrt-oops.service       irqbalance.service    sendmail.service
abrt-vmcore.service     lldpad.service        sm-client.service
atd.service             mcelog.service        sshd-keygen.service
auditd.service          mdmonitor.service     sshd.service
...
# ls -l /etc/systemd/system/multi-user.target.wants
total 0
lrwxrwxrwx. 1 root root 37 Nov  2 22:29 abrt-ccpp.service ->
    /lib/systemd/system/abrt-ccpp.service
lrwxrwxrwx. 1 root root 33 Nov  2 22:29 abrtd.service ->
    /lib/systemd/system/abrtd.service
...
lrwxrwxrwx. 1 root root 32 Apr 26 20:05 sshd.service ->
    /lib/systemd/system/sshd.service
```

下面的代码演示了为 My_New_Service 添加一个符号链接的过程：

```
# ln -s /etc/systemd/system/My_New_Service.service
 /etc/systemd/system/multi-user.target.wants/My_New_Service.service
```

在 multi-user.target.wants 目录中创建了一个符号链接。现在，当激活 multi-user.target 单元时会激活(启动)新服务 My_New_Service。

> **提示：**
> 如果想更改某一服务的 systemd 目标单元，需要将符号链接更改为指向新的 target Wants 目录位置。可使用 ls -sf 命令强制破坏当前的任何符号链接并使用新指定的符号链接。

通过以上三步，可以将新服务或者自定义服务添加到 Linux systemd 服务器中。记住，在服务器重启之前，新服务还没有运行。关于如何在重启之前启动一个新服务，请参阅"停止和启动服务"一节所介绍的命令。

15.7　小结

如何启动和停止服务依赖于 Linux 服务器所使用的初始化守护进程：SysVinit、Upstart 或 Systemd。在进行任何服务管理之前，可以使用本章的示例帮助确定 Linux 服务器所使用的初始化守护进程。

启动和停止服务的概念还夹杂着其他服务管理的概念，比如使服务持续化，在服务器启动时启动某些服务，重新加载服务以及重启服务。这些概念对于配置和管理下一章所学习的 Linux 打印服务器有很大的帮助。

15.8　习题

　　请参考本章所介绍的内容完成下面的任务。如果陷入困境，可以参考附录 B 中这些任务的参考答案(不过在 Linux 中，可以使用多种方法完成这些任务)。在查看答案之前可以尝试一下每一个习题。这些任务假设正在运行的是 Fedora 或 Red Hat Enterprise Linux 系统(虽然有些任务也可在其他 Linux 系统上完成)。

　　(1) 确定服务器上正在运行哪种初始化守护进程。

　　(2) 根据 Linux 服务器上所使用的初始化守护进程，可以使用哪些命令检查 sshd 守护进程的状态?

　　(3) 确定服务器以前和当前的运行级别。

　　(4) 如何更改 Linux 服务器上默认的运行级别或目标单元?

　　(5) 针对每一种初始化守护进程，可以使用哪些命令列出服务器上正在运行(或激活)的服务?

　　(6) 列出 Linux 服务器上运行(或激活)的服务。

　　(7) 针对每一种初始化守护进程，可以使用哪些命令显示特定服务的当前状态?

　　(8) 显示 Linux 服务器上 cups 守护进程的状态。

　　(9) 尝试重启 Linux 服务器上的 cups 守护进程。

　　(10) 尝试重新加载 Linux 服务器上的 cups 守护进程。

## 第 16 章

配置打印服务器

本章主要内容:
- 理解 Linux 中的打印
- 设置打印机
- 使用打印命令
- 管理文档打印
- 共享打印机

可对 Linux 系统进行相应的配置,从而使用直接连接到系统(通过 USB 或并行端口)的打印机,或者通过网络使用打印机。同样,通过将打印机开放为一个打印服务器,可以与 Linux、Windows或者 Mac 系统上的其他用户共享本地系统上配置的任何打印机。

在 Fedora、RHEL、Ubuntu 以及其他 Linux 系统中,可以使用 CUPS(Common UNIX PrintingSystem,通用 UNIX 打印系统)将一台打印机配置为一台本地 Linux 打印机。但如果想要将一台打印机配置为以 Microsoft Windows 打印服务器方式工作,则需要使用 Linux 中的 Samba 服务。

本章将重点介绍 CUPS。尤其是要重点讨论 Fedora、Red Hat Enterprise Linux 以及其他 Linux发行版本所提供的针对 CUPS 的图形化前端,也称为 Print Settings 窗口。通过使用该窗口,可以将打印机配置为打印机服务器,以便其他人可以通过自己的计算机找到你的打印机。

如果没有使用桌面或者想要通过 shell 脚本进行打印,本章还介绍了如何使用打印命令。通过命令行,可以使用诸如 lpr 的打印命令实现打印。此外,还可以使用查询打印队列(lpq)、操作打印队列(cupsenable、cupsdisable 和 cupsreject)以及删除打印队列(lprm)的命令。

16.1   通用 UNIX 打印系统(CUPS)

CUPS 已经成为 Linux 以及其他类似 UNIX 的操作系统上的打印标准。其设计目的是满足如今对标准化打印机定义以及在基于 IP 的网络(目前大多数计算机网络都是这种网络)上共享的需求。如今,几乎每个 Linux 发行版本都附带了 CUPS 作为其打印服务。接下来列举该服务的一些功能:

- **IPP**——CUPS 是基于 Internet 打印协议(http://www.pwg.org/ipp)的,该协议的创建目的是简化通过 IP 网络实现打印机共享的过程。在 IPP 模式中,打印机服务器和想要进行打印的客户端可通过使用 HTTP 协议来交换关于打印机型号和功能的相关信息(即 Web 内容)。此外,服务器还可以广播打印机的可用性,使打印客户端可以容易地找到本地可用的打印机列表，而不必进行任何配置。

- **驱动程序**——CUPS 还对打印机驱动程序的创建方法进行了标准化。其主要想法是创建一种打印机生产商可以使用的通用格式，以便驱动程序可以在所有不同类型的 UNIX 系统中使用。这样一来，打印机生产商只须创建一次驱动程序，就可在 Linux、Mac OS X 以及各种 UNIX 衍生系统上使用。

- **打印机类**——可以使用打印机类创建多个指向同一打印机的打印服务器项，或者创建一个指向多个打印机的打印服务器项。在第一种情况下，多个项中每一个都允许使用不同选项(比如指向某一特定的纸盒，或者使用某种字符大小或边距进行打印)。而在第二种情况下，可建立一个打印机池，从而可以分发打印作业。此时，存在故障的打印机或者正在处理大型文档的打印机都不会使整个打印作业中断。此外，CUPS 还支持*隐式类(implicit classes)*，这是一些通过自动合并相同的网络打印机而形成的打印类。

- **打印机浏览**——通过使用打印机浏览，客户端计算机可以查看本地网络上任何启用了浏览功能的 CUPS 打印机。这样一来，客户端可以容易地从打印机名称广播中选择网络上想要使用的打印机，而不必事先知道打印机的名称以及位置。此外，也可以关闭该功能，以防止本地网络上的其他人看到某一打印机。

- **UNIX 打印命令**——为了整合到 Linux 以及其他 UNIX 环境中，CUPS 提供了用于打印和管理打印机的标准命令版本，而这些命令通常由 UNIX 系统提供。

除了使用 Print Settings 窗口之外，还可用其他方法配置 CUPS 打印：

- **通过浏览器配置 CUPS**——CUPS 项目本身提供一个用来添加和管理打印机的基于 Web 的界面。运行 cupsd 服务，然后在运行了 CUPS 服务的计算机上通过 Web 浏览器输入 localhost:631 来管理打印(请参见本章 "使用基于 Web 的 CUPS 管理" 一节)。

- **手动配置 CUPS**——还可以手动配置 CUPS(也就是说，编辑配置文件并通过命令行启动 cupsd 守护进程)。CUPS 的配置文件位于/etc/cups 目录中。需要特别注意的是 cupsd.conf 文件(确定了权限、身份验证以及关于打印机守护进程的其他信息)以及 printers.conf 文件 (确定了被配置打印机的地址和选项)。此外，还可以使用 classes.conf 文件定义本地打印机类。

从 Windows 直接打印到 CUPS

也可从非 UNIX 系统中打印到 CUPS。例如，可使用 PostScript 打印机驱动程序直接从 Windows 系统打印到 CUPS 服务器。对于包含 PostScript 驱动程序的 Windows 计算机来说，不必进行任何修改就可以使用 CUPS，其方法是使用 PostScript 驱动程序对 Windows 计算机进行配置，而该驱动程序使用 http://printservername:631/printers/targetPrinter 作为其打印接口。

除了使用 PostScipt 驱动程序之外，还可以使用打印机的本地 Windows 打印机驱动程序。如果本地 Windows 驱动程序无法在 CUPS 打印队列中实时工作，可以在 CUPS 下创建并使用 Raw Print Queue。Raw Print Queue 直接将数据从 Windows 本地打印驱动程序传递到打印机。

为使用 CUPS，必须在 Fedora 或 RHEL 中安装 cups 软件包。大多数桌面 Linux 发行版本在初始系统安装时安装了 CUPS。如果没有安装，可输入下面的命令进行安装：

```
# yum install cups cups-client
```

16.2　设置打印机

虽然最好使用专门针对所用的发行版本而创建的打印机管理工具，但许多 Linux 系统只需依赖 CUPS 软件包所提供的工具既可。

本章将首先探讨如何使用每个 Linux 发行版本所提供的基于 Web 的 CUPS 管理工具，然后分析 Fedora 和 Red Hat Enterprise Linux 系统所使用的打印设置工具 system-config-printer 来设置打印机。在某些情况下，不必进行任何配置，因为可以自动探测并配置所连接的打印机。为了在 Fedora 中安装该打印配置工具，请输入下面的 dng(或 yum)命令：

```
# yum install system-config-printer
```

16.2.1　自动添加打印机

可将 CUPS 打印机配置为自动在网络上广播其可用性，以便客户端系统可以探测并使用它们，而不需要任何配置。将一台 USB 打印机连接到计算机，此时打印机将被自动探测并可用。事实上，如果将一个本地打印机附加到 Fedora 并且没有安装打印驱动程序，那么会提示安装使用该打印机所需的软件包。

只要可以打印文档或者查看 Print Settings 工具，就表示该打印机可以使用了。可以使用基于 Web 的 CUPS 管理工具或 Print Settings 窗口完成更多配置。

16.2.2　使用基于 Web 的 CUPS 管理

CUPS 提供了自己的基于 Web 的管理工具，用于添加、删除和修改计算机上的打印机配置。CUPS 打印服务(使用 cupsd 守护进程)监听端口 631，从而提供对基于 Web 的 CUPS 管理接口的访问以及共享的打印机。

如果 CUPS 已经在计算机上运行，则可以通过 Web 浏览器使用基于 Web 的 CUPS 管理。为了查看 CUPS 是否正在运行并开始设置打印机，可在本地计算机上打开一个 Web 浏览器，并在地址栏输入 http://localhost:631/。

当请求某些功能时，系统会提示输入有效的登录名和密码。此时，输入 root 登录名和 root 用户密码，并单击 OK。随后出现一个如图 16.1 所示的屏幕。

允许远程打印管理

默认情况下，只能在本地主机上使用基于 Web 的 CUPS 管理。要想通过另一台计算机访问基于 Web 的 CUPS 管理，从主 CUPS 页面上：

(1) 选择 Administration 选项卡，

(2) 选择 Allow remote administration 旁边的复选框，

(3) 选择 Change Settings 按钮。

然后打开计算机的防火墙，允许连接到 TCP 端口 631，以允许访问该服务。此后，从任何可以访问本地网络的浏览器，可以通过访问 CUPS 服务器上的端口 631 来访问 CUPS Administration 页面(例如 http://host.example.com: 631)。此时，通过远程浏览器并转到 CUPS 服务器端口 631，只有重启 CUPS，才能让所做的更改生效：systemctl restart cups.service。如果不是以 root 用户的身份运行浏览器，则还必须输入 root 用户名和密码。

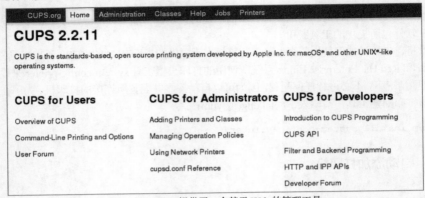

图 16.1　CUPS 提供了一个基于 Web 的管理工具

添加未自动检测到的打印机

为了对那些没有被自动探测到的打印机进行配置，可通过 Administration 屏幕添加打印机。请按照下面的步骤添加打印机：

(1) 单击 Add Printer 按钮。出现 Add New Printer 屏幕。

(2) 选择打印机要连接的设备。打印机可以直接本地连接到计算机的并口、SCSI、串口或 USB 端口。或者，也可为 Apple 打印机(AppleSocket/HP JetDirect)、Internet 打印协议(http 或 ipp)或 Windows 打印机(使用 Samba 或 SMB)选择一种网络连接类型。

(3) 如果提示输入更多信息，则可能需要提供打印机的进一步说明。例如，需要输入 IPP 或 Samba 打印机的网络地址。

(4) 输入打印机的 Name、Location 和 Description；选择是否想要共享该打印机，最后单击 Continue。

(5) 选择打印驱动程序的厂家。如果没有看到打印机的生产厂家，可以为 PostScript 打印机选择 PostScript，或为 PCL 打印机选择 HP。针对所选择的生产厂商，可以选择某一特定打印机型号。

(6) 如果被要求为打印机设置选项，请按照需求设置。然后选择 Set Printer Options 继续。

(7) 打印机可用。如果成功添加了打印机，单击打印机名称，显示新打印机页面；从该页面，可以选择 Maintenance 或 Administration，从而打印测试页或者修改打印机设置。

完成基本打印机配置之后，接下来可以使用该打印机完成更多工作。比如：

- 列出打印作业。单击 Show All Jobs，查看为该服务器配置的任何打印机上活动的打印作业。单击 Show Completed Jobs，查看已经打印的作业信息。

- 创建打印机类。单击 Administration 选项卡，选择 Add Class，然后确定打印机类的名称、描述和位置。从服务器上已配置的打印机(成员)列表中选择属于该类的打印机。

- 取消或者移动打印作业。如果错误地选择打印 100 页的作业或者打印机打印出错误内容，可以使用 Cancel 功能。同样，如果将一个打印作业发送到错误的打印机，Move Job 选项也是很有用的。从 Administration 选项卡中单击 Manage Jobs；然后单击 Show Active Jobs，查看当前在该打印机队列中的打印作业。如果想要取消打印作业，可单击 Cancel Job 按钮，或者选择 Move Job 将打印作业移动另一台不同的打印机上。

- **查看打印机**。单击基于 Web 的 CUPS 管理页面顶部的 Printers 选项卡，查看已经配置的打印机。对于每一个出现的打印机，可以选择 Maintenance 或者 Administrative 任务。当选择 Maintenance 时，可以单击 Pause Printer(阻止打印机继续打印，但仍然可以接受打印作业并放入队列)、Reject Jobs(暂时不接受任何打印作业)、Move All Jobs(将所有打印作业移动到另一台打印机)、Cancel All Jobs(删除所有打印作业)或者 Print Test Page(打印一个测试页面)。图 16.2 显示了 Printers 选项卡中关于特定打印机的信息。

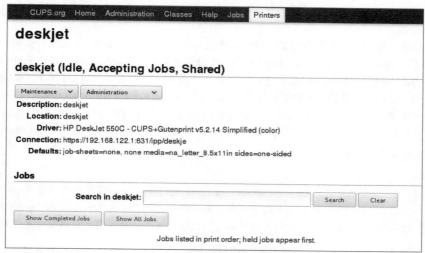

图 16.2　通过 Printers 选项卡完成管理任务

16.2.3　使用 Print Settings 窗口

如果正在使用 Fedora 系统，则可以使用 Print Settings 窗口来设置打印机。事实上，我建议使用该窗口，而不使用基于 Web 的 CUPS 管理，因为由此生成的打印机配置文件仅针对在这些系统上启动的 CUPS 服务。

安装了相应软件包后(dnf install system-config-printer)，为在 GNOME 桌面上安装打印机，可从 Activity 屏幕输入 Print Settings 或者以 root 用户身份输入 system-config-printer，从而启动 Print Settings 窗口。该工具允许添加和删除打印机以及编辑打印机属性。此外，还可向打印机发送测试页，以确保它们工作正常。

此处的关键在于，正在配置的打印机是由打印守护进程(对于 CUPS 服务来说为 cupsd)来管理的。配置完打印机后，本地系统上的用户就可以使用它了。可以参阅"配置打印服务器"一节，学习如何让来自网络上其他计算机上的用户使用本地打印机。

已经设置完毕的打印机可直接连接到计算机上(如使用 USB 端口)或者网络上的其他计算机上(比如从另一台 UNIX 系统或者 Windows 系统)。

1. 使用 Print Settings 窗口配置本地打印机

按照下面所示的步骤，使用 Print Settings 窗口添加本地打印机(换句话说，将打印机直接连接到计算机上)。

添加本地打印机

为在 Fedora 的最新版本中通过 GNOME 桌面添加本地打印机，请按照下列步骤进行操作。

(1) 输入下面的命令，打开 **Print Settings** 窗口：

```
# system-config-printer &
```

出现 Printing 窗口。

(2) 单击 **Add(**如果被询问，可以选择 Adjust Firewall 按钮，允许访问打印机端口 631)。出现 New Printer 窗口。

(3) 如果系统探测到想要配置的打印机，请选择它并单击 **Forward**。如果没有探测到，可以选择打印机所连接的设备(LPT #1 和 Serial Port #1 分别是第一个并口和串口)并单击 Forward(可以在 shell 中输入/usr/sbin/lpinfo -v|less，查看打印机连接类型)，此时会请求确定打印机驱动程序。

(4) 为了使用已安装的打印机驱动程序，可以选择 **Select Printer from Database**，然后选择打印机的生产厂商。或者，也可以选择 Provide PPD File 并提供自己的 PPD 文件(例如，Linux 不支持某一打印机，而你拥有该打印机的驱动程序)。PPD 表示 PostScript Printer Description。选择 Forward，查看可选择的打印机型号列表。

> **提示：**
> 如果打印机没有出现在该列表中，却支持 PCL(HP 的打印机控制语言)，可以尝试选择其中一种 HP 打印机(比如 HP LaserJet)。如果打印机支持 PostScript，则可从列表中选择 PostScript 打印机。通过选择 Raw Print Queue，可以向特定打印机发送已经针对某一特定打印机类型格式化的文档。

(5) 选择了打印机型号后，单击想要使用打印机的驱动程序，然后单击 **Forward**。

(6) 添加下面的信息，然后单击 **Forward**：

- **Printer Name**——添加用于识别打印机的名称。该名称必须以一个字母开头，初始字母之后可以包含字母、数字、连接符(-)和下画线(_)的组合。例如，在 maple 计算机上的 HP 打印机可以命名为 hp-maple。
- **Description**——添加一些描述打印机的文字，比如打印机的功能(例如，支持 PCL 和 PS 的 HP LaserJet 2100M)。
- **Location**——添加一些描述打印机位置的文字(例如，"In Room 205 under the coffee maker")。

(7) 添加完打印机后，如果系统询问是否打印测试页，可以单击 **No** 或者 **Yes**。此时在 Print Settings 窗口出现了新打印机项。双击该打印机，查看该打印机的 Properties 窗口，如图 16.3 所示。

图 16.3　添加了打印机后的 Printer Properties 窗口

(8) **如果想要让新添加的打印机成为默认打印机，请右击该打印机并选择 Set as Default。**当添加其他打印机时，也可以使用相同的方法将其设置为默认打印机。

(9) **确保打印正常工作。**打开一个 Terminal 窗口，使用 lpr 命令打印一个文档(比如 lpr /etc/hosts)。如果想要与网络上的其他计算机共享打印机，请参阅本章"配置打印服务器"一节。

编辑本地打印机

双击想要配置的打印机，从下面所示的菜单选项中进行选择，从而更改相关配置。

- **Settings**——在该对话框中显示了前面所创建的 Description、Location、Device URI 以及 Make 和 Model 信息。

- **Policies**——单击 Policies，设置以下内容：

  - **State**——选择复选框指明打印机是否打印队列中的作业(Enabled)、是否接受新作业 (Accepting Jobs)或者是否与可以通信的其他计算机共享打印机(Shared)。此外，在打印机接受来自其他计算机的打印作业之前，必须选择 Server Settings 并单击复选框 Share published printer connected to this system。

  - **Policies**——在出现错误的情况下，stop-printer 选项可以让发往该打印机的所有打印作业停止。此外，也可以选择在出错的情况下丢弃打印作业(abort-job)或者重试打印作业 (retry-job)。

  - **Banner**——默认情况下，不会为打印机添加开始或结尾横幅页。开始或结尾横幅页可包括诸如 Classified、Confidential、Secret 的文本。

- **Access Control**——如果该打印机是共享打印机，可以选择该窗口来创建允许访问该打印机的用户列表(拒绝其他用户)或者拒绝访问该打印机的用户列表(允许其他用户)。

- **Printer Options**——单击 Printer Options，设置与打印机驱动程序相关联的选项。打印机不同，可用的选项也不相同。打印文档时可以忽略许多这些选项。接下来列举一些可能需要设置的选项示例：

  - **Watermark**——可使用不同的 Watermark 设置来添加和更改打印页面上的水印。默认情况下，Watermark 和 Overlay 是关闭的(None)。通过选择 Watermark(文字下边)或 Overlay(文字上边)，可以设置其他 Watermark 设置来确定水印和覆盖是如何实现的。可在每页都出现水印(All)或者只在第一页出现(First Only)。选择 Watermark Text 可选择水印或覆盖使用的文字(Draft、Copy、Confidential、Final 等)。再选择字体类型、大小、样式和水印或覆盖的浓度。

  - **Resolution Enhancement**——可以使用打印机的当前设置，或者选择启用或关闭分辨率增强。

  - **Page Size**——默认值为 U.S.字母大小，但也可以让打印机打印 legal 大小、信封、ISO A4 标准或其他多种页面大小。

  - **Media Source**——选择使用哪个纸盒进行打印。选择 Tray1 可手动插入页面。

  - **Levels of Gray**——选择使用打印机当前的灰阶，还是打开增强或标准灰阶。

  - **Resolution**——选择默认的打印分辨率(比如，300、600 或 1200 点/英寸)。较高的分辨率可得到更好的打印品质，但打印时间较长。

  - **EconoMode**——使用打印机的当前设置，或选择节省碳粉的模式，或使用最高打印品质的模式。

- **Job Options**——单击 Job Options，设置常用的默认选项。当负责打印作业的应用程序没有设置相关选项时，可以使用这些默认选项值。这些选项包括 Common Options(副本数量、方向、缩放以适合以及每面的页数)、Image Options(缩放、饱和度、色调和 Gamma 值)和 Text Options(字符/英寸、线/英寸、页边距设置)。

- **Ink/Toner Levels**——单击 Ink/Toner Levels，查看打印机所剩墨水或碳粉量(并不是所有的打印机都会报告这些值)。

对所做的本地打印机更改满意后，单击 Apply。

2. 配置远程打印机

为使用网络上可用的打印机，必须为 Linux 系统识别该打印机。支持的远程打印机连接包括 Networked CUPS(IPP)打印机、Networked UNIX(LPD)打印机、Networked Windows(Samba)打印机以及 JetDirect 打印机(当然，可以在 Linux 系统和其他 UNIX 系统上运行 CUPS 和 UNIX 打印机)。

无论是哪种情况，都需要在 Linux 系统和打印机所连接的服务器之间具有网络连接。要使用远程打印机，需要事先在远程服务器计算机上设置该打印机。关于如何在 Linux 服务器上设置打印机的信息，请参阅本章"配置打印服务器"一节。

可以使用 Print Settings 窗口(system-config-printer)配置每一种远程打印机类型。完成步骤如下所示。

(1) 从 GNOME 3 Activit 屏幕输入 **Print Settings**，并单击 **Enter** 键。

(2) 单击 **Add**。出现 New Printer 窗口。

(3) 根据计算机上端口的类型，选择下面所示的其中一个端口：

- **LPT #1**——用于连接到并行端口的打印机。
- **Serial Port #1**——用于连接到串行端口的打印机。
- **Network Printer**——在该标题下，可以通过主机或 IP 地址搜索网络打印机，或者输入多种不同打印机类型的 URI。
  - **Find Network Printer**——可以提供网络上拥有打印机的系统的主机名或 IP 地址，而不必提供打印机的 URI。在该主机上找到的任何打印机都会显示在窗口，并可以添加。
  - **AppleSocket/HP JetDirect**——用于 JetDirect 打印机。
  - **Internet Printing Protocol(IPP)** ——用于 CUPS 或其他 IPP 打印机。大部分 Linux 和 Mac OS X 打印机都属于该类别。
  - **Internet Printing Protocol(HTTPS)** ——用于 CUPS 或者其他通过安全网络(需要有效证书)共享的 IPP 打印机。
  - LPD/LPR Host or Printer——用于 UNIX 打印机。
  - Windows Printer via SAMBA——用于 Windows 系统打印机。

继续执行下面相应各节中的步骤。

3. 添加远程 CUPS 打印机

如果选择从 Print Settings 窗口添加可通过本地网络使用的 CUPS(IPP)打印机，则必须向该窗口添加下面所示的信息。

- **Host**——连接打印机(或者可以访问的)的计算机主机名，可以是计算机的 IP 地址或者 TCP/IP 主机名(可以从/etc/hosts 文件或者通过 DNS 名称服务器得到 TCP/IP 名)。
- **Queue**——远程 CUPS 打印服务器上的打印机名称。CUPS 支持打印机实例概念，它允许每台打印机有多个选项组。如果使用这种方式配置远程 CUPS 打印机，那么可以选择具体的打印机路径，如 hp/300dpi 或 hp/1200dpi。斜线字符将打印机实例和打印队列名分开。

按照本地打印机的设置步骤完成其余流程(请参阅本章前面"添加本地打印机"一节)。

4. 添加远程 UNIX(LDP/LPR)打印机

如果选择从 Print Settings 窗口添加 UNIX 打印机(LPD/LPR)，则必须向该窗口添加下面所示的信息：

- **Host**——连接打印机(或者可以访问的)的 IP 地址或者主机名。可以从/etc/hosts 文件或者通过 DNS 名称服务器得到主机名。选择 Probe 按钮，搜索主机。
- **Queue**——远程 UNIX 计算机上的打印机名称。

按照本地打印机的设置步骤完成其余流程(请参阅本章前面"添加本地打印机"一节)。

> **提示：**
>
> 如果发送用于测试打印机的打印作业被拒绝，打印服务器计算机可能不允许访问该打印机。此时可以请求远程计算机管理员将你的主机名添加到/etc/lpd.perms 文件中(输入 lpq -P *printer* 查看打印作业的状态)。

5. 添加 Windows(SMB)打印机

如果想要允许计算机访问 SMB 打印机(Windows 打印服务)，需要在 Print Settings 窗口中添加该打印机项。

当选择向 Print Settings 窗口添加 Windows 打印机时(通过 Samba 的 Windows 打印机)，选择 Browse，查看网络上的计算机列表，这些计算机已经检测出来可提供 SMB 服务(文件和/或打印服务)。通过该窗口配置打印机，具体步骤如下所示：

(1) 输入打印机的 **URI**，但不输入 **smb://**。例如，可以输入/host1/myprinter 或者/mygroup/host1/myprinter。

(2) 选择 **Prompt user if authentication is required**，或者 **Set authentication details now**。

(3) 如果选择 **Set authentication details now**，请填写访问 **SMB** 打印机所需的用户名和密码；然后单击 **Verify**，检查是否实现对服务器的身份验证。

(4) 单击 **Forward** 继续操作。

另外，也可以标识那些没有出现在服务器列表中的服务器。创建 SMB URI 所需的信息如下所示。

- **Workgroup**——分配给 SMB 服务器的工作组名。并不是在所有情况下都需要输入工作组名。
- **Server**——该计算机的 NetBIOS 名或 IP 地址，可能与其 TCP/IP 名一样，也可能不一样。要将该名称转换为到达 SMB 主机所需的地址，Samba 会检查多个地方，在这些地方可能已将该名称分配给某个 IP 地址。Samba 将按如下顺序进行检查(按照显示的顺序)直到找到匹配项：本地/etc/hosts 文件、本地/etc/lmhosts 文件、网络上的 WINS 服务器，并对每个本地网络接口上的广播进行响应，以便解析该名称。
- **Share**——与远程计算机共享的打印机名称。该名称可能与 SMB 打印机用户所知道的名称不同。
- **User**——SMB 服务器所需的用户名，用于访问 SMB 打印机。如果正在根据共享级别而不是用户级别访问控制来认证计算机，则不需要用户名。使用共享级别访问，可以为每一个共享的打印机或文件系统添加一个密码。
- **Password**——根据所用的访问控制类型，使用与 SMB 用户名或共享资源相关联的密码。

下面显示了可以添加到 SMB://框中的 SMB URI 示例:

```
jjones:my9passwd@FSTREET/NS1/hp
```

此时所示的 URI 确定了用户名(jjones)、用户密码(my9passwd)、工作组(FSTREET)、服务器(NS1)以及打印机队列名(hp)。

按照本地打印机的设置步骤完成其余流程(请参阅本章前面"添加本地打印机"一节)。

如果正确设置了所有的内容,就可以使用标准的 lpr 命令将文件打印到打印机上。使用该例子,用下面的命令进行打印:

```
$ cat file1.ps | lp -P NS1-PS
```

16.3　使用 CUPS 打印

诸如基于 Web 的 CUPS 管理和 Print Settings 窗口之类的工具可以有效地隐藏底层的 CUPS 设施。然而,有时可能想要直接使用 CUPS 所提供的工具和配置文件。下面将描述如何使用一些特殊的 CUPS 功能。

16.3.1　配置 CUPS 服务器(cupsd.conf)

cupsd 守护进程负责监听对 CUPS 打印服务器的请求,并根据/etc/cups/cupsd.conf 文件中的设置对这些请求进行响应。cupsd.conf 文件中的配置变量与 Apache 配置文件(httpd.conf 或 apache2.conf)的配置变量在格式上是相同的。输入 man cupsd.conf,查看相关设置的详细信息。

Print Settings 窗口给 cupsd.conf 文件添加访问信息。对于其他 Linux 系统,或你不拥有服务器桌面,可能需要手动配置 cupsd.conf 文件。可以遍历 cupsd.conf 文件,以进一步调整 cups 服务器。大多数设置都是可选的,也可以使用默认值。下面分析可在 cupsd.conf 文件中使用的一些设置。

默认情况下没有设置分类。如果将分类设置为 topsecret,可以在打印服务器的所有页面上显示 topsecret:

```
Classification topsecret
```

除了 topsecret 之外,其他分类还包括 classified、confidential、secret 和 unclassified。

术语*浏览*表示在本地网络上广播有关打印机的信息以及监听其他服务信息的行为。默认情况下,浏览仅针对本地主机进行(@LOCAL)。此外,还允许 CUPS 浏览其他选中地址的信息

(BrowseAllow)。默认情况下，浏览信息是在地址 255.255.255.255 上广播的。下面列举一些浏览设置的示例：

```
Browsing On
BrowseProtocols cups
BrowseOrder Deny,Allow
BrowseAllow from @LOCAL
BrowseAddress 255.255.255.255
Listen *:631
```

为启用基于 Web 的 CUPS 管理以及与网络上的其他计算机共享打印机，可以根据 Listen *:631 项对 cupsd 守护进程进行相关设置，从而监听计算机所有网络接口的端口 631。默认情况下，该守护进程仅监听大多数 Linux 系统上的本地接口(Listen localhost:631)。而对于 Fedora，CUPS 默认监听所有接口。

这是让多个相连 LAN 上的用户能够发现并使用邻近 LAN 上打印机的一种极佳方法。

可允许或拒绝对 CUPS 服务器不同功能的访问。CUPS 打印机的访问定义(通过 Print Settings 窗口创建)可以如下所示：

```
<Location /printers/ns1-hp1>
Order Deny,Allow
Deny From All
Allow From 127.0.0.1
AuthType None
</Location>
```

其中，只允许本地主机(127.0.0.1)上的用户打印到 ns1-hp1 打印机，并且不需要提供密码(AuthType None)。为了允许对管理工具的访问，必须将 CUPS 配置为提示输入密码(AuthType Basic)。

16.3.2　启动 CUPS 服务器

对于使用了 SystemV 样式启动脚本的 Linux 系统(比如 Fedora 和 RHEL 的早期版本)来说，启动和关闭 CUPS 打印服务器是非常简单的。使用 chkconfig 命令启用 CUPS，以便在服务器每次重启时启动它。而运行 cups 启动脚本可以让 CUPS 服务立即启动。在 RHEL 6.0 或更早版本中，以 root 用户身份输入下面的命令：

```
# chkconfig cups on
# service cups start
```

如果 CUPS 服务已经正在运行，则应该使用 restart，而不是 start。此外，使用 restart 选项也是一种好方法，可以重新读取 cupsd.conf 文件中已经被修改的任何配置选项(如果 CUPS 正在运行，service cups reload 也可以重新读取配置文件，而不必重启)。

在 Fedora 30 和 RHEL 8 中，使用 systemctl 命令来启动和停止服务，而不使用 service 命令：

```
# systemctl status cups.service

* cups.service - CUPS Printing Service
    Loaded: loaded (/usr/lib/systemd/system/cups.service; enabled)
```

```
   Active: active (running) since Sat 2016-07-23 22:41:05 EDT; 18h ago
 Main PID: 20483 (cupsd)
   Status: "Scheduler is running..."
   CGroup: /system.slice/cups.service
           ├─20483 /usr/sbin/cupsd -f
```

通过上述代码可以知道CUPS服务正在运行，因为Status显示了cupsd守护进程(PID为20483)
处于活动状态。如果该服务没有运行，可以使用下面的命令启动CUPS服务：

```
# systemctl start cups.service
```

关于 systemctl 和 service 命令的更多信息，请参阅第 15 章 "启动和停止服务"。

16.3.3　手动配置 CUPS 打印机选项

如果所使用的 Linux 发行版本没有提供图形化方式来配置 CUPS，那么可以直接编辑配置文
件。例如，当通过 Print Settings 窗口创建了一个新的打印机时，该打印机的定义位于
/etc/cups/printer.conf 文件中。文件中的打印机项如下所示：

```
<DefaultPrinter printer>
Info HP LaserJet 2100M
Location HP LaserJet 2100M in hall closet
DeviceURI parallel:/dev/lp0
State Idle
Accepting Yes
Shared No
JobSheets none none
QuotaPeriod 0
PageLimit 0
KLimit 0
</Printer>
```

这是一个本地打印机作为本地系统默认打印机的示例。其中设置了 Shared No 值，因为该打
印机目前只能在本地系统上使用。最感兴趣的是与 DeviceURI 相关的信息，该信息显示打印机被
连接到并行端口/dev/lp0 上。状态为 Idle(准备接受打印作业)，Accepting 值为 Yes(打印机默认情况
下接受打印作业)。

DeviceURI 有多种方法来识别打印机的设备名称，这些名称反映了打印机的连接位置。接下
来列举 printers.conf 文件中的一些示例：

```
DeviceURI parallel:/dev/plp
DeviceURI serial:/dev/ttyd1?baud=38400+size=8+parity=none+flow=soft
DeviceURI scsi:/dev/scsi/sc1d6l0
DeviceURI usb://hostname:port
DeviceURI socket://hostname:port
DeviceURI tftp://hostname/path
DeviceURI ftp://hostname/path
DeviceURI http://hostname[:port]/path
DeviceURI ipp://hostname/path
DeviceURI smb://hostname/printer
```

前 4 个示例显示了本地打印机的形式(并口、串口和 SCSI)。其他示例则针对远程主机。在所有示例中，*hostname* 可以是主机名或 IP 地址。端口号或路径确定了主机上每台打印机的位置，例如，*hostname* 可以是 myhost.example.com:631，*path* 可以用喜欢的任何名称替换，例如 printers/myprinter。

16.4　使用打印命令

为了与较早的 UNIX 和 Linux 打印设施保持向后兼容，CUPS 支持许多旧的打印命令。lpr 命令可以执行大多数使用 CUPS 进行的命令行打印。诸如 LibreOffice、OpenOffice 和 AbiWord 的字处理应用程序可使用该设施进行打印。

可使用 Print Settings 窗口来定义每台打印机所需的过滤器，从而正确地格式化文本。lpr 命令的选项可添加过滤器，从而正确地处理文本。其他用来管理打印文档的命令包括 lpq(查看打印队列的内容)、lprm(从队列中删除打印作业)和 lpc(控制打印机)。

16.4.1　使用 lp 命令进行打印

可使用 lp 命令将文档打印到本地和远程打印机(假设打印机在本地进行配置)。可以将文档文件添加到 lp 命令行的末尾，或者使用管道(|)将文件定向到 lp 命令。下面是一个简单的 lp 命令示例：

```
$ lp doc1.ps
```

当使用 lp 命令仅指定一个文档文件时，输出被定向到默认打印机。作为单独的用户，可以通过设置 PRINTER 变量的值来改变默认打印机。通常，将 PRINTER 变量添加到某个启动文件中，比如$HOME/.bashrc。例如，将下面的命令行添加到.bashrc 文件中，将默认打印机设置为 lp3：

```
export PRINTER=lp3
```

为覆盖默认打印机，需要在 lpr 命令行指定特定打印机。下面的示例使用了-P 选项来选择不同的打印机：

```
$ lp -P canyonps doc1.ps
```

lp 命令拥有多个选项来解释并格式化不同类型的文档。其中包括-# *num*，可以使用打印的份数(1~100)和-1(以原始模式发送文档，并假定该文档已经被格式化)来替换 *num*。如果想学习 lp 命令的更多选项，可以输入 man lp。

16.4.2　使用 lpstat -t 命令列出状态

使用 lpstat -t 命令列出打印机的状态，如下面示例所示：

```
$ /usr/sbin/lpstat -t
printer hp disabled since Wed 10 Jul 2019 10:53:34 AM EDT
printer deskjet-555 is idle.  enabled since Wed 10 Jul 2019 10:53:34 AM EDT
```

输出显示了两台活动的打印机。hp 打印机当前是禁用的(脱机)，deskjet_555 打印机是启用的。

16.4.3　使用 lprm 命令删除打印作业

用户可以使用 lprm 命令从队列中删除自己的打印作业。lprm 命令在命令行中单独使用，可以从默认打印机中删除所有用户的打印作业。而如果想删除特定打印机中的作业，则需要使用-P选项，如下所示：

```
$ lprm -P lp0
```

如果想删除当前用户的所有打印作业，输入下面的命令行：

```
$ lprm -
```

root 用户通过在 lprm 命令行中指定某一用户，从而删除该用户的所有打印作业。例如，为删除用户 mike 的所有打印作业，root 用户可以输入以下命令行：

```
# lprm -U mike
```

为从队列中删除单独的打印作业，需要在 lprm 命令行中指出作业编号。而为了查找作业编号，可以输入 lpq 命令。该命令的输出如下所示：

```
# lpq
printer is ready and printing
Rank    Owner           Job Files           Total Size Time
active  root            133 /home/jake/pr1      467
2       root            197 /home/jake/mydoc  23948
```

该输出显示队列中有两个正在等待的可打印作业(打印机已准备就绪并且正在打印处于活动状态的作业)。在 Job 列中，可以看到和每个文档关联的作业编号。为删除第一个打印作业，可输入下面的命令行：

```
# lprm 133
```

16.5　配置打印服务器

现在已经配置了一台打印机，计算机上的所有用户都可以使用它进行打印。但如果想要与家庭、学校或者办公室的其他人共享该打印机，则意味着需要将该打印机配置为一台打印服务器。

可采用不同方法将在 Linux 系统上配置的打印机与网络上的其他计算机共享。你的计算机不但可以作为 Linux 打印服务器(通过配置 CUPS)，而且可以充当客户端计算机的 SMB(Windows)打印服务器。当将本地打印机连接到 Linux 系统，同时计算机连接到本地网络时，可以使用本节介绍的步骤与其他使用 Linux 或者 SMB 接口的客户端计算机共享打印机。

16.5.1　配置共享的 CUPS 打印机

将本地打印机添加到网络上其他计算机可访问的 Linux 计算机中是相当容易的。如果在共享打印机的计算机之间存在 TCP/IP 网络连接，那么只需要为所有主机、单个主机或远程主机上的用户授予权限，允许它们访问计算机的打印服务。

如果想要手动配置/etc/cups/printers.conf 文件中的打印机项，以便接受来自其他计算机的打印作业，请确保正确设置了 Shared Yes 行。下面的示例来自本章前面的 printers.conf 内容，演示了新项的内容：

```
<DefaultPrinter printer>
Info HP LaserJet 2100M
Location HP LaserJet 2100M in hall closet
DeviceURI parallel:/dev/lp0
State Idle
Accepting Yes
Shared Yes
JobSheets none none
QuotaPeriod 0
PageLimit 0
KLimit 0
</Printer>
```

在使用了前面所介绍的 Print Settings 窗口的 Linux 系统上，最好使用该窗口将打印机设置为共享打印机。在 Fedora 30 中，具体设置过程如下所示。

(1) 从 **Fedora GNOME 3 桌面**的 **Activities 屏幕**中输入 **Print Settings**，并按 **Enter 键**。出现 Print Settings 窗口。

(2) 为允许共享所有打印机，选择 **Server | Settings**。如果你不是一名 root 用户，则会提示输入 root 密码。随后弹出 Basic Server Settings 窗口。

(3) 选择 **Publish shared printers connected to this system** 旁边的复选框，单击 **OK**。此时可能会要求修改防火墙，为远程系统访问打印机打开所需的端口。

(4) 为了进一步允许或者限制针对某一特定打印机的打印，请双击想要共享的打印机名称(如果打印机还没有被配置，请参阅本章前面的"设置打印机"一节)。

(5) 选择 **Policies 标题**，再选择 **Shared**，从而出现一个复选标记。

(6) 如果想要限制所选用户对打印机的访问，请选择 **Access Control 标题**，然后选择下面所示的一个选项：

- **Allow Printing for Everyone Except These Users**——如果选择该选项，所有用户都被允许访问打印机。通过在 Users 框中输入用户名并单击 Add，可以排除所选的用户。
- **Deny Printing for Everyone Except these Users**——如果选择该选项，所有用户都被拒绝访问打印机。通过在 Users 框中输入用户名并单击 Add，就只允许所输入的用户访问打印机。

现在可以按照本章"设置打印机"一节介绍的内容配置其他计算机使用该打印机。如果试图从另一台计算机进行打印，却无法进行，可以尝试下面的故障排除技巧。

- **打开防火墙**——如果使用了限制性防护墙，它可能会阻止打印。此时必须允许对 TCP 端口 631 的访问，以便允许在计算机上进行打印。
- **检查名称和地址**——当在其他计算机上进行配置时，确保输入了正确的计算机名和打印队列。尝试使用 IP 地址而不是主机名(如果可以工作，则表明 DNS 名称解析存在问题)。运行诸如 tcpdump 的工具，查看事务失败的位置。
- **检查 cupsd 正在监听的地址**——cupsd 守护进程必须在本地主机之外监听打印到该主机的远程系统。可以使用 netstat 命令进行检查，如下面示例所示。第一个示例显示了 cupsd 仅监听本地主机(127.0.0.1)；第二个示例显示 cupsd 监听所有网络接口(0.0.0.0:631)。

```
# netstat -tupln | grep 631
tcp      0     0 127.0.0.1:631      0.0.0.0:*        LISTEN      6492/cupsd
# netstat -tupln | grep 631
tcp      0     0 0.0.0.0:631        0.0.0.0:*        LISTEN      6492/cupsd
```

对共享打印机的访问更改是在/etc/cups 目录的 cupsd.conf 和 printers.conf 文件中完成的。

16.5.2　配置共享 Samba 打印机

可将 Linux 打印机配置为共享 SMB 打印机，以便通过 Windows 系统使用。要共享打印机使之成为 Samba(SMB)打印机，只需要按照第 19 章介绍的那样配置基本 Samba 服务器设置即可。默认情况下，本地网络上的所有打印机都被共享。下一节将介绍最终的设置结果以及如何更改设置。

1. 了解用于打印的 smb.conf

当配置 Samba 时，会构造/etc/samba/smb.conf 文件，从而允许共享所有被配置好的打印机。下面显示了 smb.conf 文件中关于打印机共享的几行命令：

```
[global]
    ...
  load printers = yes
  cups options = raw
  printcap name = /etc/printcap
  printing = cups
    ...
[printers]
        comment = All Printers
        path = /var/spool/samba
        browseable = yes
        writeable = no
        printable = yes
```

可以读取这些命令行，了解更多文件的内容。以分号(;)开头的命令行指明了选项的默认设置。删除分号，更改相关设置。

所显示的代码行表明来自/etc/printcap 的打印机被加载，并且正在使用 CUPS 服务。通过将 cups options 设置为 raw，Samba 假定打印文件在到达打印服务器时已经被格式化了。这样一来就可以允许 Linux 或者 Windows 客户端使用它们自己的打印驱动程序。

最后几行是实际的打印机定义。如果将 browseable 选项从 no 改为 yes，则用户可以打印到所有打印机(printable=yes)。此外，还可以在 Samba 服务器上存储 Windows 本地打印驱动程序。当 Windows 客户端使用打印机时，会自动使用该驱动程序，此时就不需要从生产厂商的网站下载驱动程序。为了共享打印机驱动程序，可以添加一个 Samba 共享 print$，如下所示：

```
[print$]
comment = Printer Drivers
path = /var/lib/samba/drivers
browseable = yes
guest ok = no
```

```
read only = yes
write list = chris, dduffey
```

共享可用后，可将 Windows 打印驱动程序复制到/var/lib/samba/drivers 目录。

2. 设置 SMB 客户端

如果在 Linux 计算机上配置了一台 Samba 打印机，就可以与 Windows 客户端共享该打印机。如果在计算机上正确设置了 Samba，并且客户端计算机可以通过网络到达该计算机，那么用户可以找到并使用打印机。

对于许多 Windows 系统，单击 Start | Devices and Printers，从列表中选择想要配置的打印机。

如果使用的是 Windows Vista，则打开 Network 图标。此时在屏幕上显示主机计算机名(NetBIOS 名，也可能是 TCP/IP 名)或者所在的工作组文件夹。打开代表计算机的图标，所打开的窗口显示了共享打印机和文件夹。

> **提示：**
> 如果在 Network Neighborhood 或者 My Network Places 中没有出现计算机图标，请尝试使用 Search 窗口。对于 Windows XP，选择 Start | Computer or People | A Computer on the Network。在 Computer Name 框中输入计算机名，单击 Search。在 Search 窗口结果面板中双击计算机。所出现的窗口显示了计算机上的共享打印机和文件夹。

当共享窗口中所显示的打印机后，打开该打印机图标(通过双击)，配置一个指针指向该打印机。此时出现一条消息，告知在使用之前必须设置打印机。单击 Yes，对打印机进行配置。出现 Add Printer Wizard，并询问如何使用打印机，然后添加合适的驱动程序。完成之后，打印机出现在打印机窗口。

通过 Windows XP 操作系统配置 SMB 打印机的另一种方法是选择 Start | Printers and Faxes。在 Printers and Faxes 窗口中，单击窗口左上角的 Add a Printer 图标，从第一个窗口中选择 Network Printer。然后可以浏览和/或配置 SMB 打印机。

16.6　小结

对于如今商业网络来说，提供网络打印服务是非常重要的。通过使用一些网络连接设备，就可以关注少量的高质量打印机设备，让更多用户共享它，而不是大量使用低成本的设备。此外，集中放置的打印机更易于维护，同时仍然保证每个用户可以完成其打印作业。

如今，几乎所有主流的 Linux 发行版本中的默认打印服务都是通用 UNIX 打印系统(CUPS)。任何包含了 CUPS 的 Linux 系统都提供了基于 Web 的 CUPS 管理界面来配置 CUPS 打印。此外，还在/etc/cups 目录中提供了用来配置打印机和 CUPS 服务(cupsd 守护进程)的配置文件。

在 RHEL、Fedora、Ubuntu 以及其他 Linux 系统中，可以使用 KDE 和 GNOME 桌面提供的打印配置窗口来配置打印机。各种不同的驱动程序支持不同类型的打印机以及连接到计算机的网络打印机。

可将计算机设置为 Linux 打印服务器，还可使用计算机模拟 SMB(Windows)打印服务器。正确配置网络并安装完本地打印机后，通过网络将该打印机配置为 UNIX 或 SMB 打印服务器则轻而易举。

16.7　习题

使用以下习题测试一下在 Linux 中配置打印机的相关知识。这些作业假设正在运行的是 Fedora 或者 Red Hat Enterprise Linux 系统(虽然有些作业也可以在其他 Linux 系统上完成)。如果陷入困境,可以参考附录 B 中这些习题的参考答案(虽然在 Linux 中可以使用多种方法来完成某一作业)。

(1) 使用 Print Settings 窗口(system-config-printer 软件包)向系统添加新打印机 myprinter(不必连接该打印机设置其打印队列),并使其成为一台连接到本地串口、LPT 或其他端口的通用 PostScript 打印机。

(2) 使用 lpc 命令查看所有打印机的状态。

(3) 使用 lpr 命令将/etc/hosts 文件打印到该打印机。

(4) 检查该打印机的打印队列,查看上述打印作业是否在队列中。

(5) 从队列中删除(取消)打印作业。

(6) 使用 Printing 窗口设置打印机的基本服务器设置,以便本地网络上的其他系统可以使用该打印机。

(7) 通过 Web 浏览器允许系统的远程管理。

(8) 从另一个系统中打开一个 Web 浏览器,并通过端口 631 转到运行打印机服务器的 Linux 系统,从而演示对系统的远程管理。

(9) 使用 netstat 命令查看 cupsd 守护进程正在监听的地址(打印端口为 631)。

(10) 从系统中删除 myprinter 打印机项。

第**17**章

配置 Web 服务器

本章主要内容：

- 安装 Apache Web 服务器
- 配置 Apache
- 使用 iptables 和 SELinux 保护 Apache 安全
- 创建虚拟主机
- 构建安全(HTTPS)网站
- 检查 Apache 中的错误

Web 服务器负责每天提供 Internet 上所看到的内容。到目前为止，最流行的 Web 服务器是 Apache(HTTPD)Web 服务器，它由 Apache Software Foundation(http://apache.org)所赞助。因为 Apache 是一个开源项目，所以主要的 Linux 发行版本都可以使用该服务器，包括 Fedora、RHEL 和 Ubuntu。

只需要几分钟就可以配置在 Linux 中运行的基本 Web 服务器。同时，配置 Apache Web 服务器的方法非常多。可以配置一台 Apache Web 服务器为多个域(虚拟主机)提供内容，提供加密通信 (HTTPS)以及保护使用不同类型的身份验证的网站安全。

本章将指导完成安装和配置 Apache Web 服务器所需的步骤。这些步骤包括保护服务器安全的程序，以及使用各种不同的模块，以便可以将不同的身份验证方法和脚本语言合并到 Web 服务器中。最后将介绍如何生成证书来创建一个 HTTPS SSL(Security Sockets Layer，安全套接字层)网站。

17.1 了解 Apache Web 服务器

Apache HTTPD(也称为 Apache HTTPD Server)提供了与客户端 Web 浏览器进行通信的服务。该守护进程(httpd)运行在服务器的后台，等待来自 Web 客户端的请求。Web 浏览器连接到 HTTP 守护进程并发送经守护进程解析的请求，然后发回合适的数据(如 Web 页面或其他内容)。

Apache HTTPD 包括一个接口，允许不同模块与守护进程相连，以便处理请求的特定部分。此外，还可以使用相关模块处理 Web 文档中的脚本语言过程(如 Perl 或 PHP)以及对客户端和服务器之间的连接进行加密。

Apache 最初是由 NCSA(National Center for Supercomputing Applications)、伊利诺斯大学和 Urbana-Champain 为 HTTP 守护进程提供的补丁和改进集合。NCSA HTTP 守护进程曾经是最流行

的 HTTP 服务器，但是在其创始人 Rob McCool 于 1994 年中期离开 NCSA 后，它开始显露出过时的迹象。

> **提示：**
> NCSA 承担的另一个项目是 Mosaic。大多数现代 Web 浏览器的起源都可追溯到 Mosaic。

在 1995 年初，一组开发人员组成了 Apache Group，开始大量修改 NCSA HTTPD 代码库。Apache 很快地替代了 NCSA HTTPD 成为最流行的 Web 服务器，而该名一直沿用至今。

Apache Group 后来组成了 Apache 软件基金会(Apache Software Foundation，ASF)，促进 Apache 和其他免费软件的开发。随着 ASF 新项目的启动，Apache 服务器已经因 Apache HTTPD 而闻名，尽管这两个术语仍旧互换使用。目前，ASF 有超过 350 个高水平的项目，包括 Tomcat(包括开源 Java Servlet 和 JavaScript Pages 技术)、Hadoop(一个提供了高可用性分布式计算功能的项目)和 SpamAssassin(一种电子邮件过滤程序)。

17.2　获取和安装 Web 服务器

虽然大多数主流 Linux 发行版本都可以使用 Apache，却使用了不同的方法对其进行了封装。大多数情况下，一个简单 Apache Web 服务器只需要包含 Apache 守护进程的软件包(/usr/sbin/httpd)及其相关的文件。在 Fedora、RHEL 以及其他发行版本中，Apache Web 服务器自带了 httpd 软件包。

17.2.1　了解 httpd 软件包

一般来说，在 Fedora 或 RHEL 中安装 httpd 软件包之前可以检查一下该包，为此可以先使用 yumdownloader 命令下载该包，然后运行一些 rpm 命令，查看其内容：

```
# yumdownloader httpd
# rpm -qpi httpd-*rpm
Name         : httpd
Version      : 2.4.41
Release      : 1.fc30
Architecture : x86_64
Install Date : (not installed)
Group        : Unspecified
Size         : 5070831
License      : ASL 2.0
Signature    : RSA/SHA256, Mon 19 Aug 2019 06:06:09 AM EDT, Key ID ef3c111fcfc659b9
Source RPM   : httpd-2.4.41-1.fc30.src.rpm
Build Date   : Thu 15 Aug 2019 06:07:29 PM EDT
Build Host   : buildvm-30.phx2.fedoraproject.org
Relocations  : (not relocatable)
Packager     : Fedora Project
Vendor       : Fedora Project
URL          : http://httpd.apache.org/
Bug URL      : https://bugz.fedoraproject.org/httpd
Summary      : Apache HTTP Server
```

```
Description :
The Apache HTTP Server is a powerful, efficient, and extensible
web server.
```

yumdownloader 命令将 httpd 软件包的最新版本下载到当前目录。rpm -qpi 命令查询所下载的 httpd RPM 包，获取相关信息。可以看到，该软件包由 Fedora 项目创建，并附有签名，确实是 Apache HTTP Server 软件包。接下来，看一下该包的内部，查看配置文件：

```
# rpm -qpc httpd-*rpm
/etc/httpd/conf.d/autoindex.conf
/etc/httpd/conf.d/userdir.conf
/etc/httpd/conf.d/welcome.conf
/etc/httpd/conf.modules.d/00-base.conf
/etc/httpd/conf.modules.d/00-dav.conf
...
/etc/httpd/conf/httpd.conf
/etc/httpd/conf/magic
/etc/logrotate.d/httpd
/etc/sysconfig/htcacheclean
```

Apache 的主配置文件为/etc/httpd/conf/httpd.conf。welcome.conf 文件定义了网站的默认主页(在添加相关内容之前)。magic 文件定义了相关的规则，当服务器尝试打开某一文件时，服务器可以使用这些规则来确定文件类型。

/etc/logrotate.d/httpd 文件定义了如何转储 Apache 所创建的日志文件。/etc/tmpfiles.d/httpd.conf 文件定义了一个包含临时运行时文件(不必更改该文件)的目录。

一些 Apache 模块将配置文件(*.conf)放入/etc/httpd/conf.modules.d/ 目录中。该目录中任何以.conf 结尾的文件都将置入主 httpd.conf 文件，并用来配置 Apache。大多数附带配置文件的模块包都将配置文件放置在/etc/httpd/conf.d 目录中。例如，mod_ssl(用来保护 Web 服务器安全)和 mod_python(用来解释 Python 代码)模块分别将相关的配置文件 ssl.conf 和 python.conf 放在/etc/httpd/conf.d 目录下。

安装 httpd 软件包后，就可开始设置 Web 服务器。然而，有时可能需要添加一些与 httpd 软件包相关的其他软件包。其中一种方法是安装整个 Web Server 组(Fedora) 或 Basic Web Server 组 (RHEL)，如下所示：

```
# yum groupinstall "Web Server"
```

除了安装一些 httpd 外部的包(如 rsyslogd、irqbalance)，以下是在 Fedora 的 Web 服务器组中的其他包，可以和 httpd 一起默认获得。

- **httpd_manual**——使用 Apache 文档手册填充/var/www/manual 目录。启动 httpd 服务之后 (启动步骤如后面所示)，可以通过在本地计算机 Web 浏览器的地址栏输入 http://localhost/manual 来访问该组手册。

  从外部看，可以使用系统的完全限定域名或 IP 地址，而不是用 localhost。Apache Documentation 屏幕如图 17.1 所示。

- **mod_ssl**——包含 Web 服务器为使用了 SSL 和 TLS 的客户端提供安全连接所需的模块和配置文件。对于在线购物或者其他需要保密的数据来说，使用加密连接是非常必要的，配置文件位于/etc/httpd/conf.d/ssl.conf。

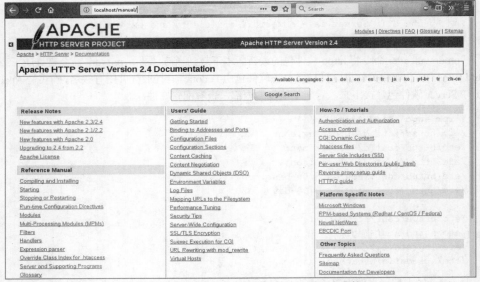

图 17.1   通过本地 Apache 服务器直接访问 Apache 文档

- **crypto_utils**——所包含的命令可以生成为实现与 Apache Web 服务器的安全通信所需的密钥和证书。
- **mod_perl**——包含了允许 Apache Web 服务器直接执行任何 Perl 代码所需的 Perl 模块 (mod_perl)、配置文件以及相关联的文件。
- **php**——包含了直接在 Apache 中运行 PHP 脚本所需的 PHP 模块和配置文件。相关的软件包包括 php-ldap(用来运行访问 LDAP 数据库所需的 PHP 代码)和 php-mysql(用来向 Apache 服务器添加数据库支持)。
- **php_ldap**——向 PHP 模块添加对 LDAP 的支持，从而允许通过网络进行目录服务访问。
- **squid**——为特定协议(如 HTTP)提供代理服务，如第 14 章所述。虽然 squid 代理服务器本身没有提供 HTTP 内容，却可将来自代理客户端的请求发送到 Internet 或其他提供 Web 内容的网络。这样一来就提供了一种方法来控制或过滤客户端可以从家庭、学校或商业场所获取的内容。
- **webbalizer**——包含用来分析 Web 服务器数据的工具。

Web Server 组中的可选软件包来自 web-server 子组。运行 yum groupinfo web-server，显示这些软件包。其中一些软件包中包括一些提供内容的特殊方法，比如 wikis(moin)、内容管理系统(drupal7)和播客(wordpress)。而另一些软件包则包括用来绘制 Web 统计表的工具(awstats)，或提供 Apache 的轻量级 Web 服务器替代品(lighttpd 和 cherokee)。

17.2.2   安装 Apache

虽然只需要 httpd 就可以开始使用 Apache Web 服务器，但为了更好地学习 Apache，还应该安装手册(httpd-manual)。如果想要创建一个安全(SSL)网站并生成一些关于网站的统计表，则应该在 Fedora 30 中整个组。

```
# yum groupinstall "Web Server"
```

假设拥有一个连接到 Fedora 软件库(或者如果正在使用 RHEL，则连接到 RHEL 软件库)的 Internet 连接，那么上面的命令行会安装所有的强制性和默认软件包。本章将介绍完成示例和习题需要的所有软件。

17.3 启动 Apache

为让 Apache Web 服务器运行，可能需要在每次重启时启动该服务，并且马上启动。在 Red Hat Enterprise Linux(RHEL 6 及以下版本)和较早的 Fedora 发行版本中，可以 root 用户身份输入下面的命令：

```
# chkconfig httpd on
# service httpd start
Starting httpd:                    [ OK ]
```

而在最新的 Fedora 30 系统和 RHEL 8 中，可以使用 systemctl 命令启用 httpd 服务：

```
# systemctl enable httpd.service
# systemctl start httpd.service
# systemctl status httpd.service
• httpd.service - The Apache HTTP Server
  Loaded: loaded (/usr/lib/systemd/system/httpd.service; enabled;
    vendor preset: disabled)
  Drop-In: /usr/lib/systemd/system/httpd.service.d
          └─php-fpm.conf
  Active: active (running) since Mon 2019-09-02 16:16:56 EDT;
    21min ago
    Docs: man:httpd.service(8)
Main PID: 11773 (/usr/sbin/httpd)
  Status: "Total requests: 14; Idle/Busy workers 100/0;Requests/sec:
    0.0111; Bytes served/s>
  Tasks: 214 (limit: 2294)
  Memory: 24.6M
  CGroup: /system.slice/httpd.service
          ├─11773 /usr/sbin/httpd -DFOREGROUND
          ├─11774 /usr/sbin/httpd -DFOREGROUND
          ├─11775 /usr/sbin/httpd -DFOREGROUND
          ├─11776 /usr/sbin/httpd -DFOREGROUND
          ├─11777 /usr/sbin/httpd -DFOREGROUND
          └─11778 /usr/sbin/httpd -DFOREGROUND
  ...
```

当 httpd 服务启动后，默认情况下会启动五或六个 httpd 守护进程(具体取决于 Linux 系统)，以响应对 Web 服务器的请求。此外，可根据 httpd.conf 文件中的设置，配置更多或者更少的 httpd 守护进程启动(如"了解 Apache 配置文件"一节所述)。

为了改变 httpd 守护进程的行为，可以运行 systemctl edit httpd，编辑 httpd 服务。

由于存在 httpd 守护进程的不同版本，因此需要查看手册页(man httpd)，了解哪些选项可以传递给 httpd 守护进程。例如，运行 systemctl edit httpd，添加如下项：

```
[Service]
Environment=OPTIONS='-e debug'
```

保存更改(Ctrl+O、Ctrl+X)。添加-e debug 将增加日志级别，以便给日志文件发送 Apache 消息的最大数量。重新启动 httpd 服务，使更改生效。键入 ps 命令以确保选项生效：

```
$ ps -ef | grep httpd
root   14575 1    0 08:49 ? 00:00:01 /usr/sbin/httpd -e debug -DFOREGROUND
apache 14582 14575 0 08:49 ? 00:00:00 /usr/sbin/httpd -e debug -DFOREGROUND
```

如果添加了一个调试选项(-e debug)，请记住再次运行 systemctl edit httpd，在完成 Apache 调试后删除该条目，并重新启动服务。打开调试将很快填满日志文件。

17.3.1　确保 Apache 安全

为确保 Apache 安全，需要了解标准的 Linux 安全功能(权限、所有权、防火墙和 SELinux Enhanced Linux)以及特定于 Apache 的安全功能。下面将介绍与 Apache 相关的安全功能。

1. Apache 文件权限和所有权

httpd 守护进程以用户 apache 和组 apache 身份运行。默认情况下，HTML 内容存储在/var/www/html 目录中(该目录由 httpd.conf 文件中的 DocumentRoot 值确定)。

为让 httpd 守护进程能够访问 HTML 内容，应该应用标准的 Linux 权限：如果对"其他"用户没有启用读取权限，那么必须对 apache 用户或者组启用读取权限，以便读取文件并提供给客户端。同样，httpd 守护进程为了获取内容而遍历的任何目录必须对 apache 用户、apache 组或者其他用户启用执行权限。

虽然不能够以 apache 用户身份进行登录(/sbin/nologin 是默认的 shell)，但可以 root 用户身份创建内容并更改所有权(chown 命令)或权限(chmod 命令)。然而，通常的做法是添加单独的用户或者组账户来创建可被所有人读取但只能由特定用户或组写入的内容。

2. Apache 和防火墙

如果在 Linux 中锁定了防火墙，则需要为客户端开启多个端口，以便通过防火墙与 Apache 进行对话。标准的 Web 服务(HTTP)通过 TCP 端口 80 访问；安全 Web 服务(HTTPS)通过 TCP 端口 443 访问(端口 443 仅在安装了 mod_ssl 包时才会出现，稍后论述)。

为了核实 httpd 服务器正在使用哪些端口，可以使用 netstat 命令：

```
# netstat -tupln | grep httpd
tcp6  0   0 :::80      :::*           LISTEN     29169/httpd
tcp6  0   0 :::443     :::*           LISTEN     29169/httpd
```

输出显示 httpd 守护进程(进程 ID 为 29169)正在监听端口为 80(:::80)和 443(:::443)的所有地址。两个端口都与 TCP 协议(tcp6)相关。如果想要在 Fedora 或 Red Hat Enterprise Linux 中开启这些端口，需要添加一些防火墙规则。

在当前 Fedora 30 或 RHEL 7、8 系统上打开 Firewall 窗口(在 GNOME 3 桌面的 Activities 屏幕上输入 Firewall，并按 Enter 键)。从该窗口选择 Permanent as the Configuration。然后，选择公共区

域，单击 http 和 https 服务框旁边的复选框。此时这些端口会马上开启。

对于 RHEL 6 或较早的 Fedora 版本，需要向/etc/sysconfig/iptables 文件添加规则(添加位置为最后的 DROP 或 REJECT 之前)，如下例所示:

```
-A INPUT -m state --state NEW -m tcp -p tcp --dport 80 -j ACCEPT
-A INPUT -m state --state NEW -m tcp -p tcp --dport 443 -j ACCEPT
```

重启 iptables(service iptables restart)，使新规则生效。

3. Apache 和 SELinux

如果 SELinux(Security Enhanced Linux)设置为 enforcing(在 Fedora 和 Red Hat Enterprise Linux 中该值为默认值)，SELinux 会在 httpd 服务之上添加另一个安全层。其实，SELinux 实际上规定了保护系统免受那些试图破解 httpd 守护进程的人的破坏。SELinux 通过创建一些策略来保护系统，具体如下所示:

- 拒绝访问那些没有设置正确文件上下文的文件。对于 SELinux 中的 httpd 来说，针对配置文件、日志文件、脚本以及其他与 httpd 相关的文件有不同的文件上下文。任何没有设置正确上下文的文件都不能被 httpd 守护进程访问。
- 通过将不安全功能(比如文件上传，纯文本身份验证等)的 Booleans 设置为关闭位置，从而防止使用这些功能。此外，如果这些功能满足你的安全需求，也可以有选择地根据需要启用相关功能。
- 防止 httpd 守护进程访问非标准功能，比如服务想要使用的默认端口之外的端口。

第 24 章将详细介绍 SELinux。然而，关于 Apache httpd 服务使用 SELinux 方面，应该知道以下几点。

- **关闭 SELinux**。有时不一定必须使用 SELinux。如果你认为很难并且没必要创建 SELinux 策略，从而让 Web 服务器在 enforcing 模式下使用 SELinux，那么可以将 SELinux 设置为 permissive 模式。通过编辑/etc/sysconfig/selinux 文件中的 SELINUX 值(SELINUX=permissive)，可以将模式更改为 permissive。当下次重启系统之后，SELinux 将处于 permissive 模式。这意味着如果某一事件破坏了 SELinux 策略，该事件将被记录，但不会像 enforcing 模式那样被阻止。

  ```
  SELINUX=permissive
  ```

- **读取 httpd_selinux 手册页**。从 shell 输入 man httpd_selinux。该手册页将显示正确的文件上下文和可用的 Boolean。如果没有手册页，请用 yum install selinux-policy-doc 安装它。
- **使用文件的标准位置**。当创建新文件时，这些文件将继承所在目录中的文件上下文。因为/etc/httpd 设置为配置文件的正确文件上下文，所以/var/ww/html 是正确的内容文件。不管是复制文件还是创建新文件，都会正确设置文件上下文。
- **修改 SELinux，从而允许使用非标准功能**。有时可能想要从/mystuff 目录中提供 Web 内容或将配置文件放置到/etc/whatever 目录中。同样，有时想要允许服务器的用户上传文件，运行脚本或者启用默认情况下 SELinux 所禁用的其他功能。这些情况下，可以使用 SELinux 命令来设置文件上下文和布尔值，从而让 SELinux 按所希望的方式工作。

如果想要了解更多关于 SELinux 的信息，请参阅第 24 章。

17.3.2　了解 Apache 配置文件

Apache HTTPD 的配置文件非常灵活，这意味着可以配置服务器以任何所需的方式来运行。但这种灵活性却是以增加复杂性为代价，需要使用大量的配置选项(也称为*指令*)。但在实践中，大部分情况下仅需要熟悉一部分指令即可。

> **注意:**
> 访问 http://httpd.apache.org/docs/current/mod/directives.html，查看 Apache 所支持的指令完整列表。如果已经安装了 httpd-manual，可以从运行 Apache 的服务器上打开手册，查看这些指令以及其他 Apache 功能的相关描述: http://localhost/manual。

在 Fedora 和 RHEL 中，基本 Apache 服务器的主配置文件位于/etc/httpd/conf/httpd.conf。除了该文件之外，/etc/httpd/conf.d 目录中任何以.conf 结尾的文件也都用作 Apache 配置(根据 httpd.conf 文件中 Include 行来确定)。在 Ubuntu 中，Apache 配置存储在可由 Apache 服务器读取的文本文件中，并且以/etc/apache2/apache2.conf 开头。文件中的配置按从头到尾的顺序读取，且大部分指令按照读取顺序进行处理。

1. 使用指令

可以根据上下文对许多配置指令的适用范围进行更改。换句话说，可以在全局级别设置一些参数，随后针对某一特定文件、目录或者虚拟主机进行修改。一些指令实际上始终是全局性的，比如用来指定服务器监听哪些 IP 地址的指令。但也有一些指令仅当应用于特定位置时才有效。

位置的配置形式为一个包含位置类型和资源位置的开始标签，然后紧跟位置的配置选项，最后是一个结束标签。该形式通常称为*配置块(configuration block)*，它看起来与 HTML 代码非常类似。一种配置块的特殊类型(称为 *Location 块*)用来将指令的适用范围限制为特定的文件或者目录。该块的形式如下所示:

```
<locationtag specifier>
(options specific to objects matching the specifier go within this block)
</locationtag>
```

存在不同类型的位置标签，可以根据所指定的资源位置类型进行选择。开始标签中所包括的说明符将根据位置标签类型进行相应处理。通常使用和遇到的位置标签有 Directory、Files 和 Location，它们分别将指令的适用范围限制为特定目录、文件或位置。

- Directory 标签用来指定一个基于文件系统位置的路径。例如，<Directory/>表示计算机上的主目录。目录可以继承来自其上一级目录的设置，其中，更具体的 Directory 块将覆盖不太具体的 Directory 块，而不管它们在配置文件中出现的顺序如何。
- Files 标签用来根据名称来指定文件。可以在 Directory 块中包含 Files 标签，从而限制使用该目录中的文件。Files 块中的设置将覆盖 Directory 块中的设置。
- Location 标签用来指定访问文件和目录的 URI。该标签与 Directory 标签的不同之处在于 Location 标签与请求中包含的地址有关，而与驱动器上文件的实际位置无关。Location 标签最后一个处理，并且覆盖 Directory 和 Files 块中的设置。

这些标签的 Match 版本(包括 DirectoryMatch、FilesMatch 和 LocationMatch)具有相同的功能，但可以在资源指定中包含正则表达式。FilesMatch 和 LocationMatch 块分别与 Files 块和 Location

块一起处理，而 DirectoryMatch 块则在 Directory 块之后处理。

此外，Apache 也可以配置为处理文件中的相关配置选项，而该文件的名称由 AccessFileName 指令值指定(一般设置为.htaccess)。访问配置文件中的指令应用于目录下包含的所有对象，包括子目录及其内容。访问配置文件与 Directory 块同时处理，使用类似于"最具体匹配"顺序。

> **注意:**
>
> 访问控制文件很有用，用户不必访问服务器配置文件就可更改特定设置。访问配置文件内允许的配置指令应该由它们所处目录上的 AllowOverride 设置确定。有些指令在该级别上没有意义，并且尝试访问该 URI 时，一般会导致"服务器内部错误"消息。请参阅 http://httpd.apache.org/docs/mod/core.html#allowoverride，了解 AllowOverride 选项的详细信息。

在 Location 块和访问控制文件中通常会看到三条指令，分别是 DirectoryIndex、Options 和 ErrorDocument:

- DirectoryIndex 告诉 Apache，当 URI 包含一个目录而不是一个文件名时应该加载哪个文件。该指令并不在 Files 块中工作。

- Options 用来调整 Apache 如何处理目录中的文件。ExecCGI 选项告诉 Apache 该目录中的文件可以作为 CGI 脚本运行，Includes 选项告诉 Apache 允许使用服务器端包含(Server-Side Includes，SSI)。另一个常用选项是 Indexes，它告诉 Apache 如果 DirectoryIndex 设置中某一文件名丢失，则生成一个文件列表。可以指定一个选项的完整列表，或者在选项名前添加"+"或"-"来修改这个选项列表。有关更多信息，请参见 http://httpd.apache.org/docs/mod/core.html#options。

- ErrorDocument 指令用来指定一个包含相关消息的文件，当出现特定错误时向 Web 客户端发送该文件。文件的位置相对于/var/www 目录。该指令必须制定一个错误代码以及错误文档的完整 URI。可能的错误代码包括 403(访问拒绝)、404(未找到文件)和 500(服务器内部错误)。可以从 http://httpd.apache.org/docs/mod/core.html#errordocument 找到关于 ErrorDocument 指令的更多信息。例如，当客户端所请求的 URL 没有找到时，下面所示的 ErrorDocument 行将生成错误代码 404，并向客户端发送/var/www/error/HTTP_NOT_FOUND.html.var 文件中列举的一条错误消息。

```
ErrorDocument 404 /error/HTTP_NOT_FOUND.html.var
```

Location 块和访问控制文件的另一种常见用途是限制或扩展对资源的访问。Allow 指令可用于允许访问匹配主机，而 Deny 指令则用于禁止访问匹配主机。这两个选项可以在一个块中多次出现，并根据 Order 设置进行处理。将 Order 设置为"Deny, Allow"将允许访问任何没有在 Deny 指令中列出的主机。而如果设置 Order 为"Allow, Deny"，将拒绝访问任何没有在 Allow 指令中允许的主机。

与多数其他选项一样，为主机使用最具体的 Allow 或 Deny 选项，这意味着可以拒绝(Deny)访问一个范围，而允许(Allow)访问该范围的子集。通过使用 Satisfy 选项和其他额外参数，可以添加密码身份验证。关于 Allow、Deny 或 Satisfy 或其他指令的更多信息，可以参见 Apache Directive Index: http://httpd.apache.org/docs/current/mod/directives.html。

2. 了解默认设置

之所以可在安装完 Apache Web 服务器之后马上使用，其原因是 httpd.conf 文件包含了默认设

置，从而告诉服务器在什么地方可以找到 Web 内容、脚本、日志文件以及运行服务器所需的其他
项目。此外，该文件还包含相关设置，告诉服务器运行了多少服务器进程，以及如何显示目录
内容。

如果想要提供单个网站(比如 example.com 域)，首先需要向/var/www/html 目录添加内容，然
后向 DNS 服务器添加该网站的地址，以便其他人可以浏览网站。然而也可以按前一节所描述的
那样更改相关指令。

为了帮助理解默认 httpd.conf 文件中的设置，下面显示了一些带有说明的设置。为清晰起见，
删除了注释并对设置进行重新排列。

下面所示的设置显示了默认情况下 httpd 服务器获取和放置内容的位置：

```
ServerRoot "/etc/httpd"
Include conf.d/*.conf
ErrorLog logs/error_log
CustomLog "logs/access_log" combined
DocumentRoot "/var/www/html"
ScriptAlias /cgi-bin/ "/var/www/cgi-bin/"
```

ServerRoot 指令将/etc/httpd 确定为配置文件的存储位置。

Include 行表明，/etc/httpd/conf.d 目录中任何以.conf 结尾的文件都包括在 httpd.conf 文件中。
配置文件通常与 Apache 模块(通常包括在软件包中)或者虚拟主机块(可以将自己添加到单独文件
的虚拟主机配置中)相关联。请参见"向 Apache 添加虚拟主机"一节。

当遇到错误以及提供相关内容时，关于这些活动的消息将存储在文件的 ErrorLog 和
CustomLog 条目中。在本示例中，这些日志分别存储在/etc/httpd/logs/error_log 和/etc/httpd/logs/
access_log 目录中。此外，还将这些日志硬链接到/var/log/httpd 目录，以便从该目录访问相同文件。

DocumentRoot 和 ScriptAlias 指令确定了 httpd 服务器所提供内容的存储位置。传统上，在
DocumentRoot 目录(默认为/var/www/html)中放置一个 index.html 文件作为主页，然后根据需要添
加其他内容。ScriptAlias 指令告诉 httpd 守护进程 cgi-bin 目录所请求的任何脚本都应该在
/var/www/cig-bin 目录中查找。例如，客户端通过输入 http://example.com/cgi-bin/script.cgi 之类的
URL，可以访问位于/var/www/cgi-bin/script.cgi 的脚本。

除了文件位置之外，还可以在 httpd.conf 文件中找到其他信息。例如：

```
Listen 80
User apache
Group apache
ServerAdmin root@localhost
DirectoryIndex index.html index.php
AccessFileName .htaccess
```

Listen 80 指令告诉 httpd 守护进程监听端口 80 传入的请求(端口 80 是 HTTP Web 服务器协议
的默认端口)。默认情况下，httpd 监听所有网络接口，但也可以根据 IP 地址限制其监听所选择
的接口(例如，Listen 192.168.0.1: 80)。

User 和 Group 指令告诉将 httpd 作为用户和组的 apache 来运行。ServerAdmin 的值(默认情况
下为 root@localhost)在一些 Web 页面上公布，从而告诉用户在使用服务器时如果遇到问题应该向
哪里发送电子邮件。

DirectoryIndex 列出请求某一目录时 httpd 所提供的文件。例如，如果 Web 浏览器请

求 http://host/whatever/，httpd 将要查看/var/www/html/whatever/index.html 是否存在，如果该文件存在，则提供它。而如果不存在，在该示例中，httpd 将搜索 index.php。如果该文件也没有找到，则显示目录内容。

可添加 AccessFileName 指令告诉 httpd 守护进程使用.htaccess 文件(如果在目录中存在的话)中的内容，读入对目录访问的设置。例如，可以使用.htaccess 文件请求对目录的密码保护或者指明目录中的内容应该以某种方式显示。然而，为了使用该文件，Directory 容器(如下所述)必须打开 AllowOverride(默认情况下，AllowOverride None 设置防止.htaccess 文件被任何指令所使用)。

下面所示的 Directory 容器定义了根目录(/)、/var/www 和/var/www/html 目录被访问时的行为：

```
<Directory/>
    AllowOverride none
    Require all denied
</Directory>
<Directory "/var/www">
    AllowOverride None
    # Allow open access:
    Require all granted
</Directory>
<Directory "/var/www/html">
    Options Indexes FollowSymLinks
    AllowOverride None
    Require all granted
</Directory>
```

第一个 Directory 容器(/)表明，如果 httpd 尝试访问 Linux 文件系统中的任何文件，访问将被拒绝。AllowOverride none 指令防止.htaccess 文件覆盖目录中的设置。而这些设置将应用于没有在其他 Directory 容器中定义的任何子目录。

访问/var/www 目录中的内容相对宽松。可以访问添加到该目录下的内容，但不允许覆盖设置。

/var/www/html Directory 容器遵循符号链接并且不允许覆盖。通过使用 Require all granted 设置，httpd 不能阻止对服务器的任何访问。

如果上述所有设置都正常工作，那么接下来可以向 var/www/html 和 var/www/cgi-bin 目录中添加所需的内容。但有时可能需要为多个域(比如 example.com、example.org 和 example.net)提供内容，此时默认设置就无法满足需求了。为此，需要配置虚拟主机。下一节所要详细介绍的虚拟主机是一种便利且必不可少的工具，可以根据请求所定向到的服务器地址或名称向客户端提供不同的内容。大多数全局配置选项都应用于虚拟主机，并且 VirtualHost 块中的指令可以覆盖这些选项。

17.3.3　向 Apache 添加虚拟主机

Apache 支持在单个服务器中创建独立的网站，从而保持内容分离。在相同服务器上所配置的独立网站被称为虚拟主机。

虚拟主机实际上是一种让多个域名使用来自同一 Apache 服务器上内容的方法。也就是说，虚拟主机可以为多个域提供来自相同操作系统的内容，而不必为每个域创建一个提供内容的物理系统。

正在充当虚拟主机的 Apache 服务器可能有多个可解析为该服务器 IP 地址的域名。而提供给客户端的内容将根据访问服务器时所使用的域名来确定。

例如，如果客户端通过请求 www.example.com 到达服务器，客户端将定向到一个虚拟主机容器，其中包含了响应 www.example.com 的 ServerName 设置。该容器根据全局设置提供内容的位置以及不同的错误日志或者 Directory 指令。这样一来，可以非常方便地管理每一台虚拟主机，就像它们分别位于单独的计算机上一样。

为了使用基于名称的虚拟主机，需要启用 NameVirtualHost 指令。然后添加 VirtualHost 容器。下面的示例演示了如何配置一台虚拟主机。

> **注意:**
> 启用 NameVirtualHost 后，如果有人通过 VirtualHost 容器中没有设置的 IP 地址获取名称来访问服务器，将不再使用默认的 DocumentRoot(/var/www/html)。相反，使用第一个 VirtualHost 容器作为服务器的默认位置。

(1) 在**Fedora或RHEL**中，创建一个使用了以下模板的文件**/etc/httpd/conf.d/example.org.conf**:

```
<VirtualHost *:80>
    ServerAdmin     webmaster@example.org
    ServerName      www.example.org
    ServerAlias     web.example.org
    DocumentRoot    /var/www/html/example.org/
DirectoryIndex  index.php index.html index.htm
</VirtualHost>
```

该示例包括了以下设置。

- VirtualHost 块中的*:80 指明了虚拟主机所适用的地址和端口。由于有多个 IP 地址与 Linux 系统相关联，因此可以使用一个特定的 IP 地址替换*。虽然对于 VirtualHost 规范来说端口是可选的，但端口通常应该用来防止与 SSL 虚拟主机(默认情况下使用端口 443)发生冲突。
- ServerName 和 ServerAlias 行告诉 Apache 虚拟主机的识别名称是什么，以便使用合适的网站名称替换它。如果服务器没有任何替代名，可以省去 ServerAlias 行，但如果有多个替代名，则可以在每个 ServerAlias 行中指定多个名称，或者使用多个 ServerAlias 行。
- DocumentRoot 指定了 Web 文档(即网站所提供的内容)的存储位置。虽然示例中显示了在默认 DocumentRoot(/var/www/html)下创建了一个子目录，但通常将网站放在具体用户的主目录(如/home/chris/pubic_html)中，以便每个网站由不同的用户管理。

(2) 启用主机，使用 **apachectl** 检查配置信息，然后重启(**graceful**):

```
# apachectl configtest
Syntax OK
# apachectl graceful
```

如果使用一个 DNS 服务器注册了该系统，那么 Web 浏览器应该能够通过使用 www.example.org 或 web.example.org 访问该网站。如果一切顺利，则还可向系统添加其他虚拟主机。

扩展网站用途的另一种方法是允许多个用户在服务器上共享彼此的内容。可以允许用户通过服务器在自己主目录下的子目录中添加想要共享的内容，如下一节所述。

> **注意:**
> 为便于管理虚拟主机，可将每个虚拟主机放在单独文件中。但是要格外小心，应该确保优先读取文件中的主虚拟主机，因为第一个虚拟主机接收对网站名的请求(此网站名称与配置中的名称

不匹配)。在商业 Web 托管环境中，常见做法是创建一个特殊的默认虚拟主机，它包含错误消息，指明尚未根据该名称配置网站。

17.3.4 允许用户发布自己的 Web 内容

某些情况下可能无法为每个用户设置虚拟主机，但又想为每个用户提供 Web 空间，此时，可以利用 Apache 中的 mod_userdir 模块。通过启用该模块(默认情况下该模块被禁用)，每个用户主目录下的 public_html 目录都可以向 http://*servername*/~*username*/提供 Web 内容。

例如，www.example.org 上的用户 wtucker 在/home/wtucker/public_html 上存储 Web 内容。可以通过 http://www.example.org/~wtucker 获取该内容。

对/etc/httpd/conf/httpd.conf 文件进行如下更改，从而允许用户发布主目录中的 Web 内容。并不是所有的 Apache 版本在 httpd.conf 文件中包含以下所示的块，所以可能需要从头创建它们。

(1) 创建一个**<IfModule mod_userdir.c>块**。可将 chris 更改为任何允许创建 public_html 目录的用户名。还可以添加多个用户名。

```
<IfModule mod_userdir.c>
    UserDir enabled chris
    UserDir public_html
</IfModule>
```

(2) 创建**<Directory /home/*/public_html>指令块**，并更改相关设置。该指令块如下所示：

```
<Directory "/home/*/public_html">
    Options Indexes Includes FollowSymLinks
    Require all granted
</Directory>
```

(3) 让用户在自己的主目录中创建 **public_html** 目录。

```
$ mkdir $HOME/public_html
```

(4) 设置执行权限(以 **root** 用户身份完成)，从而允许 **httpd** 守护进程访问主目录。

```
# chmod +x /home /home/*
```

(5) 如果 **SELinux** 处于 **enforcing** 模式(在 **Fedora** 和 **RHEL** 中，该模式为默认值)，请正确设置 **SELinux** 文件上下文，以便 SELinux 允许 **httpd** 守护进程自动访问相关内容：**/home/*/www**、**/home/*/web** 和 **/home/*/public_html**. 如果由于某些原因没有设置上下文，可以采用如下方式设置：

```
ttpd_user_content_t to /home/*/
# chcon -R --reference=/var/www/html/ /home/*/public_html
```

(6) 设置 **SELinux Boolean**，允许用户共享主目录中的 **HTML** 内容：

```
# setsebool -P httpd_enable_homedirs true
```

(7) 重启或者重新加载 **httpd** 服务。

此时，通过在 Web 浏览器中输入 http://*hostname*/~*user*，可以访问用户 public_html 目录中所放置的内容。

17.3.5　使用 SSL/TLS 保护 Web 流量

任何从使用标准 HTTP 协议的网站中共享的数据都以明文形式发送。这意味着可以监视服务器和客户端之间网络流量的任何人都可查看未受保护的数据。为确保信息安全，可向网站添加证书(以便客户端可以验证你是谁)并对数据进行加密(以防止他人嗅探网络和查看数据)。

诸如在线购物和在线银行的电子商务应用程序通常使用 SSL(Secure Sockets Layer，安全套接字层)或 TLS(Transport Layer Security，传输层安全)规范进行加密。TLS 以 SSL 规范 3.0 版本为基础，所以从本质上讲两种规范是类似的。因为类似性(原因也是 SSL 已过时)，所以通常使用 SSL 表示任意二者的变体。对于 Web 连接，首先建立 SSL 连接，然后普通的 HTTP 通信才能像通过管道那样通过它。

> **注意:**
> 因为 SSL 协商发生在任何 HTTP 通信之前，所以基于名称的虚拟主机托管(发生在 HTTP 层)不能使用 SSL。因此所配置的每个 SSL 虚拟主机都应该有一个唯一的 IP 地址(关于 Apache 网站的更多信息，请参见 httpd.apache.org/docs/vhosts/namebased.html)。

当建立 SSL 客户端和 SSL 服务器之间的连接时，可以使用非对称(公钥)加密来检验身份并建立会话参数和会话密钥。然后使用诸如 DES 或 RC4 的对称加密算法以及已协商的密钥对会话期间传输的数据进行加密。握手期间所使用的非对称加密方法允许在不使用预先共享密钥的情况下实现安全通信，而在会话数据上使用对称加密更加快速，且更实用。

为便于客户端验证服务器的身份，服务器必须有一个以前生成的私钥，以及一个包含公钥和服务器信息的证书。该证书必须使用客户端所知晓的公钥进行验证。

证书通常由第三方证书机构(CA)数字签署，并且验证了请求者的身份以及签署证书请求的有效性。大多数情况下，CA 是一家公司，与 Web 浏览器厂家指定了一些方案，以便默认的客户端安装程序可以安装并信任它自己的证书。然后 CA 向服务器操作员收取服务费。

商业证书机构在价格、功能及浏览器支持方面不尽相同，但请记住，价格并不是一个质量指数。一些流行的 CA 包括 InstantSSL(http://www.instantssl.com)、Encrypt(https://www.letsencrypt.org)和 DigiCert(https://www.digicert.com)。

此外，还可以选择创建自签名证书，但这些证书仅用于测试，或者当仅有少量的人访问服务器并且不打算在多台计算机上使用证书时使用。生成自签名证书的指令将在"生成 SSL 密钥和自签名证书"一节介绍。

最后一个选择是运行自己的证书机构。只有在预期用户比较少并且分发 CA 证书的手段(包括帮助用户在浏览器中安装证书)比较有限的情况下，才可以使用自己的证书机构。创建 CA 的过程非常复杂，已经超出了本书的讨论范围，但运行自己的 CA 却是替代生成自签名证书的一种很好的方法。

下面各节将介绍在 Fedora 和 RHEL 中安装了 mod_ssl 软件包之后如何默认配置 HTTPS 通信。同时，将描述如何通过生成自己的 SSL 密钥以及证书并在本章配置的 Web 服务器(运行在 Fedora 或 RHEL 系统上)上使用从而更好地配置 SSL 通信。

1. 理解 SSL 的配置原理

如果已经在 Fedora 或 RHEL 中安装了 mod_ssl 软件包(如果安装了 Web Server 组，则会默认安装该软件包)，就可以创建自签名证书和私有密钥，从而允许直接使用 HTTPS 协议与 Web 服务器进行通信。

虽然 mod_ssl 的默认配置允许在 Web 服务器和客户端之间进行加密通信，但因为证书是自签名的，所以访问网站的客户端将被警告该证书是不可信赖的。为将 SSL 配置应用到 Apache Web 服务器，要确保在运行了 Apache(httpd)服务的服务器上安装 mod_ssl 软件包：

```
# yum install mod_ssl
```

mod_ssl 软件包包括了在 Web 服务器上实现 SSL 所需的模块(mod_ssl.so)以及一个针对 SSL 主机的配置文件(/etc/httpd/conf.d/ssl.conf)。在该文件中有很多注释，可以帮助理解所更改的内容，而那些没有被注释的行定义了一些初始设置和一个默认虚拟主机。部分行如下所示：

```
Listen 443 https
...
<VirtualHost _default_:443>
ErrorLog logs/ssl_error_log
TransferLog logs/ssl_access_log
LogLevel warn
SSLEngine on
...
SSLCertificateFile /etc/pki/tls/certs/localhost.crt
SSLCertificateKeyFile /etc/pki/tls/private/localhost.key
...
</VirtualHost>
```

SSL 服务设置为监听所有系统网络接口上的标准 SSL 端口 443。

所创建的 VirtualHost 块将错误消息和访问消息记录到一个与服务器所使用的标准日志分离的日志文件中(/var/log/httpd/目录中的 ssl_error_log 和 ssl_access_log 文件)。日志消息的级别设置为 warn，并启用了 SSLEngine。

在上面的示例代码中，VirtualHost 块中两个与 SSL Certificates 相关的条目确定了密钥和证书信息。当安装 mod_ssl 时生成一个密钥，并将其放在文件/etc/pli/tls/private/localhost.key 中。随后创建一个使用了该密钥的自签名证书/etc/pki/tls/certs/localhost.crt。创建了自己的密钥和证书后，需要替换文件中 SSLCertificateFile 和 SSLCertificateKeyFile 的值。

安装了 mod_ssl 软件包并重新加载配置文件后，可以使用下面所示的步骤测试默认证书是否正在工作。

(1) 从 Web 浏览器上使用了 HTTP 协议打开网站连接。例如，如果在一个正在运行 Web 服务器的系统上运行 Firefox，则可在地址栏输入 http://localhost 并按 Enter 键。出现如图 17.2 所示的页面示例。

(2) 此页警告，无法验证本网站的真实性。这是因为无法知道是谁创建了要接受的证书。

(3) 因为正在通过本地主机上的浏览器访问网站，所以请单击 Advanced，然后选择 View，查看所生成的证书。其中包括主机名、关于证书何时发布和何时过期的信息以及其他许多组织信息。

(4) 选择 Accept the Risk and Continue，允许连接到本网站。

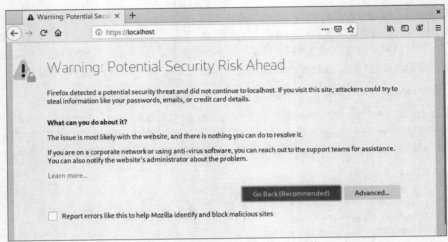

图 17.2　使用默认证书访问一个 SSL 网站

(5) 关闭窗口，然后选择 **Confirm Security Exception**，接受连接。此时应该看到使用了 HTTPS 协议的默认 Web 页面。到目前为止，浏览器接受了对使用该证书的 Web 服务器的 HTTPS 连接，并且对服务器和浏览器之间的所有通信进行了加密。

因为并不想要该网站吓跑用户，所以最好获取一个有效的证书来使用网站。接下来创建一个自签名证书，其中至少包括关于网站和组织的相关信息。下一节介绍如何创建自签名证书。

2. 生成 SSL 密钥和自签名证书

要设置 SSL，可使用 openssl 命令，它是 openssl 软件包的一部分，用来生成公钥和私钥。随后，可以生成自签名证书来测试网站或内部使用。

(1) 如果尚未安装 **openssl** 软件包，请使用下面的命令进行安装：

```
# yum install openssl
```

(2) 生成一个 **1024** 位的 **RAS** 私有密钥，并保存到一个文件中：

```
# cd /etc/pki/tls/private
# openssl genrsa -out server.key 2048
# chmod 600 server.key
```

> **注意：**
> 可以使用非 server.key 的文件名，特别是计划在计算机上安装多个 SSL 主机(需要多个 IP 地址)时更要这样做。只需要确保在 Apache 配置中指定了正确的文件名即可。

在一个安全性更高的环境中，比较好的做法是，在 openssl 命令行 genrsa 参数之后添加-des3 参数，从而对密钥进行加密。当提示输入密码短语时，按 Enter 键：

```
# openssl genrsa -des3 -out server.key 1024
```

(3) 如果不打算签名已有的证书，或者想要测试一下配置，可以生成自签名证书，并将其保存到**/etc/pki/tls/certs** 目录的 **server.crt** 文件中：

```
# cd /etc/pki/tls/certs
# openssl req -new -x509 -nodes -sha1 -days 365 \
   -key /etc/pki/tls/private/server.key \
   -out server.crt
Country Name (2 letter code) [AU]: US
State or Province Name (full name) [Some-State]: NJ
Locality Name (eg, city) [Default City]: Princeton
Organization Name (eg, company) [Default Company Ltd
Ltd]:TEST USE ONLY
Organizational Unit Name (eg, section) []:TEST USE ONLY
Common Name (eg, YOUR name) []:secure.example.org
Email Address []:dom@example.org
```

(4) 编辑**/etc/httpd/conf.d/ssl.conf** 文件，更改密钥和证书的位置，从而使用刚才创建的密钥和证书。例如：

```
SSLCertificateFile /etc/pki/tls/certs/server.crt
SSLCertificateKeyFile /etc/pki/tls/private/server.key
```

(5) 重启或者重新加载 **httpd** 服务器。

(6) 再次从本地浏览器打开 **http://localhost**，重复前面的程序，接受新的证书。

此外，自签名证书还可以用于内部使用或者测试。然而，对于公共网站，则应该使用由 CA 验证的证书。接下来介绍 CA 如何进行验证。

3. 生成一个证书签名请求

如果计划使用由 CA(包括自己运行的 CA)签署的证书，可以使用私钥生成一个证书签名请求 (Certificate Signing Request，CSR)。

(1) 创建一个用来存储 **CSR** 的目录：

```
# mkdir /etc/pki/tls/ssl.csr
# cd /etc/pki/tls/ssl.csr/
```

(2) 使用 **openssl** 命令生成 **CSR**。其结果是在当前目录中生成一个名为 server.csr 的 CSR 文件。当输入信息时，Common Name 应该与客户端用来访问其服务器的名称相匹配。为了第三方 CA 可以验证 CSR，还需要获取其他详细信息。此外，如果输入了密钥的密码短语，还会提示输入该短语，以便使用密钥。

```
# openssl req -new -key ../private/server.key -out server.csr

Country Name (2 letter code) [AU]:US
State or Province Name (full name) [Some-State]:Washington
Locality Name (eg, city) []:Bellingham
Organization Name (eg, company) [Internet Widgits Pty
Ltd]:Example Company, LTD.
Organizational Unit Name (eg, section) []:Network
 Operations
Common Name (eg, YOUR name) []:secure.example.org
Email Address []:dom@example.org

Please enter the following 'extra' attributes
```

```
to be sent with your certificate request
A challenge password []:
An optional company name []:
```

(3) 访问所选择的证书签名机构的网站，并请求已签名证书。在某些时候，CA 网站可能会要求将 CSR 的内容(本示例中，为 server.csr 文件中的内容)复制并粘贴到一个生成请求所需的表格中。

(4) 当 CA 发送证书后(可能通过电子邮件形式发送)，请将其保存在**/etc/pki/tls/certs/**目录的一个文件中，文件名以托管的网站为基础，例如，**example.org.crt**。

(5) 将**/etc/httpd/conf.d/ssl.conf** 文件中的 **SSLCertificateFile** 值更改为指向新的 **CRT** 文件。或者，如果有多个 SSL 主机，可以创建一个单独的条目(可能在一个单独的.conf 文件中)，如下所示：

```
Listen 192.168.0.56:443
<VirtualHost *:443>
    ServerName       secure.example.org
    ServerAlias      web.example.org
    DocumentRoot     /home/username/public_html/
    DirectoryIndex   index.php index.html index.htm
    SSLEngine        On
    SSLCertificateKeyFile /etc/pki/tls/private/server.key
    SSLCertificateFile /etc/pki/tls/certs/example.org.crt
</VirtualHost>
```

Listen 指令中所示的 IP 地址可以由表示 SSL 主机的公共 IP 地址所替代。记住，每个 SSL 主机都应该有其自己的 IP 地址。

17.4　对 Web 服务器进行故障排除

在任何复杂的环境中，都可能碰到问题。本节将介绍一些隔离和解决大多数常见问题的技巧。

17.4.1　检查配置错误

有时可能会碰到一些配置错误或者脚本问题，从而使 Apache 无法启动，或者无法访问某些特定文件。通常可以使用 Apache 所提供了两种工具来隔离和解决多数问题：apachectl 程序和系统错误日志。

当碰到问题时，首先使用带有 configtest 参数的 apachectl 程序来测试配置。事实上，在每次更改配置时都运行该程序测试一下是非常好的习惯：

```
# apachectl configtest
Syntax OK
# apachectl graceful
/usr/sbin/apachectl graceful: httpd gracefully restarted
```

如果出现语法错误，apachectl 会指出错误发生的位置，并尽可能对错误的性质提供一些提示。然后使用 graceful 重启选项(apachectl graceful)指示 Apache 重新加载配置，而不必断开与任何活动客户端的连接。

注意:
虽然在向 apache 发送重新加载的信息之前，apachectl 中的 graceful 重启选项可以自动测试配置，但在对配置进行了任何更改之后进行手动配置测试仍然是一个非常好的习惯。

一些配置问题可能会通过 apachectl 所完成的语法测试，但是在重新加载配置之后会导致 HTTP 守护进程立即退出。如果是这样，可以使用 tail 命令检查 Apache 的错误日志，以便找到有用的信息。在 Fedora 和 RHEL 系统上，错误日志位于/var/log/httpd/error.log。而在其他系统上，可以通过在 Apache 配置中查找 ErrorLog 指令，从而找到错误日志的位置。

有时，可能会遭遇到如下所示的错误消息:

`[crit] (98)Address already in use: make_sock: could not bind to port 80`

该错误通常表示其他内容也绑定到端口 80(除非试图安装另一个 Web 服务器，否则这种情况并不常见)，另一个 Apache 进程已经运行(apachectl 通常可以捕获该情况)，或者曾经让 Apache 在多个位置绑定相同的 IP 地址和端口组合。

可使用 netstat 命令查看使用 TCP 端口且处于 LISTEN 状态的程序列表(包括 Apache):

```
# netstat -nltp
Active Internet connections (only servers)
Proto  Local Address  Foreign Address  State    PID/Program name
tcp6   :::80          :::*             LISTEN   2105/httpd
```

该命令的输出(此处缩减了相关内容)表明进程 ID 为 2105 的 httpd 进程示例正在端口 80(标准的 HTTP 端口)上监听(如 LISTEN 状态所示)对本地 IP 地址的连接(如::80 所示)。如果另一个不同的程序也在监听端口 80，则也会在该输出中显示。可使用 kill 命令终止进程，但如果不是 httpd，则应该弄明白为什么它正在运行。

如果没有看到任何正在监听端口 80 的进程，则可能是因为你无意间告诉 Apache 监听多个位置中相同的 IP 地址和端口组合。此时，可以使用三种配置指令: BindAddress、Port 和 Listen。

- BindAddress 能指定一个单一的 IP 地址来监听，或者可以使用通配符*指定所有的 IP 地址。在配置文件中，不能有多个 BindAddress 语句。
- Port 能够指定所监听的 TCP 端口，而不能指定 IP 地址。在配置中也只能使用一次 Port 语句。
- Listen 能指定 IP 地址以及所绑定的端口。IP 地址可以是一个通配符的形式，并且在配置文件中可以多次使用 Listen 语句。

为避免混淆，较好的做法是仅使用其中一种指令类型。在三种指令类型中，Listen 是最灵活的，也可能是最想使用的指令。当使用 Listen 时，常见的错误是在所有的 IP 地址上指定一个端口(*:80)同时在特定的 IP 地址上使用相同的端口(1.2.3.4:80)，此时会导致来自 make_sock 的错误。

与 SSL 相关的配置错误通常会导致 Apache 无法正确启动。请确保所有密钥和证书文件都存在，并且都以适当格式保存(可使用 openssl 命令进行检查)。

对于其他错误消息，可以进行 Web 搜索，了解一下是否还有其他人遇到了相同的问题。大多数情况下，可在搜索开头的几个匹配项中找到解决方案。

如果无法从 ErrorLog 中获取足够信息，可使用 LogLevel 指令进行配置，从而记录更多信息。该指令的可用选项按照信息详细程度的递增顺序依次为 emerg、alert、crit、error、warn、notice、info 和 debug。并且只能选择一个选项。

任何与所选择的 LogLevel 同等重要或者更重要的信息都存储到 ErrorLog 中。在典型的服务器上，LogLevel 被设置为 warn。一般来说，不应该将 LogLevel 设置得比 crit 还低，同时应该避免将其设置为 debug，因为这样会降低服务器的速度并生成一个庞大的 ErrorLog。

最后一种方法是手动运行 httpd -X，检查崩溃或其他错误消息。-X 会在屏幕上显示调试以及更高级的信息。

17.4.2　禁止访问和服务器内部错误

当尝试浏览服务器上的特定页面时，可能碰到的两种最常见错误类型是权限错误和服务器内部错误。通常使用错误日志中的信息将这两种错误类型分离开来。在完成下面介绍的用来解决这些问题的更改后，可尝试再次访问，并检查错误日志，看消息是否改变(例如，显示操作成功完成)。

> **注意：**
> 可以按照检查"禁止访问"和"服务器内部错误"所用的方法检查"文件未找到"错误。有时，你会发现 Apache 并没有在你所想象的位置查找特定文件。通常，该文件的完整路径会显示在错误日志中。请确保正在访问正确的虚拟主机并检查 Alias 设置，以防将你的位置定向到一个不期望的地方。

- **文件权限**——错误 File permissions prevent access 表明正在以一个不能打开所请求文件的用户身份运行 Apache 进程。默认情况下，httpd 由 Apache 用户和组运行。请确保所使用的账户对所访问目录以及它上面的每一个目录都拥有执行权限，并对这些目录中的文件拥有读取权限。如果想要 Apache 生成文件索引，那么目录上的读取权限也是必需的。关于如何查看和更改权限的更多内容，请参见 chmod 的手册页。

> **注意：**
> 对于已编译的二进制文件(比如使用 C 或 C++编写的二进制文件)来说，读取权限并不是必需的。但如果需要对程序内容进行保密，也可以安全地添加读取权限。

- **拒绝访问**——错误 Client denied by server configuration 表明 Apache 配置为拒绝访问对象。请检查配置文件中可能对正在尝试访问的文件产生影响的 Location 和 Directory 部分。请记住，应用于一条路径的设置将同样应用于该路径下的所有路径。可以通过仅为希望允许访问的更具体路径更改权限来重写相关配置。
- **未找到索引**——错误 Directory index forbidden by rules 表明 Apache 无法使用 DirectoryIndex 指令中指定的一个名称找到一个索引文件，并且配置为不创建包含目录中的文件列表的索引。如果定义了索引，请确保索引页面拥有相应 DirectoryIndex 指令中指定的其中一个名称，或者可以向合适的 Directory 或 Location 部分添加针对该对象的 Options Indexes 行。
- **脚本崩溃**——错误 Premature end of script headers 表明某一脚本在执行完毕前崩溃了。有时，导致该错误的错误也会显示在错误日志中。当使用 suexec 或 suPHP 时，还可能因为文件所有权或权限问题而产生该错误。这些错误都会显示在/var/log/httpd 目录的日志文件中。
- **SELinux 错误**——如果文件权限被打开，但拒绝权限的消息却出现在日志文件中，那么可能是 SELinux 引起的问题。可将 SELinux 临时设置为 permissive 模式(setenforce 0)，然后再次尝试访问文件。如果此时可以访问文件，则将 SELinux 设置回 enforcing 模式(setenforce 1)，并检查文件上下文和 Booleans。文件上下文必须正确，以便 httpd 可以访问文件。而

Boolean 可以防止文件由远程挂载目录提供或防止页面发送 E-Mail 或上传文件。输入 man httpd_selinux，详细了解与 httpd 服务相关的 SELinux 配置设置(安装 selinux_policy_devel 软件包，从而将该手册页添加到系统中)。

17.5　小结

开源 Apache 项目是世界上最流行的 Web 服务器。虽然 Apache 提供了极大的灵活性、安全性和复杂性，但在 Fedora、RHEL 以及大多数其他 Linux 发行版本中，只需要几分钟就可以配置一个基本的 Apache Web 服务器。

本章介绍了安装、配置、保护基本的 Apache Web 服务器以及排除故障所需的步骤。学习了如何配置虚拟主机以及确保 SSL 主机的安全。还学习了如何配置 Apache，从而允许系统上的任何用户账户从自己的 public_html 目录中发布内容。

在第 18 章，将继续服务器配置的主题，学习如何在 Linux 中设置 FTP 服务器。相关的示例演示了如何使用 vsftpd 软件包配置 FTP 服务器。

17.6　习题

本章的习题覆盖了与安装和配置 Apache Web 服务器相关的主题。与前面一样，建议使用一个备用的 Fedora 或 Red Hat Enterprise Linux 系统来完成习题。不要在一台生产计算机上进行练习，因为这些习题可能会修改 Apache 配置文件和服务器，还可以破坏已经配置的服务。所以，请尝试找一台不会因为系统上的服务中断而遭受破坏的计算机。

这些习题假设从 Fedora 或 RHEL 安装开始，并且没有安装 Apache 服务器(httpd 软件包)。

如果陷入困境，可以参考附录 B 中这些习题的参考答案(虽然在 Linux 中可使用多种方法来完成某一任务)。

(1) 在 Fedora 系统中安装与 Basic Web Server 组相关的所有软件包。

(2) 为主 Apache 配置文件的 DocumentRoot 分配一个目录，并在该目录中创建一个名为 index.html 的文件。该文件应该包含单词 My Own Web Server。

(3) 启动 Apache Web 服务器，并将其设置为在系统启动时自动启动。检查通过本地主机上的 Web 浏览器是否可以访问该服务器(如果服务器工作正常，应该可以看到单词 My Own Web Server)。

(4) 使用 netstat 命令查看 httpd 服务器正在监听哪个端口。

(5) 尝试从本地系统之外的一个 Web 浏览器上连接该 Apache Web 服务器。如果连接失败，通过研究防火墙、SELinux 以及其他安全功能来解决所碰到的任何问题。

(6) 通过使用 openssl 或者类似命令，创建自己的私有 RSA 密钥以及自签名 SSL 证书。

(7) 将 Apache Web 服务器配置为使用自己的密钥和自签名证书来提供安全(HTTPS)内容。

(8) 使用 Web 浏览器创建一个到 Web 服务器的 HTTPS 连接，并查看所创建的证书内容。

(9) 创建一个名为/etc/httpd/conf.d/example.org.conf 的文件，启用基于名称的虚拟主机，并创建一个完成以下事项的虚拟主机：

- 在所有接口上监听端口 80
- 有一个服务器管理员 joe@example.org
- 有一个服务器名 joe.example.org

- 有一个 DocumentRoot 值为/var/www/html/example.org
- 有一个至少包括 index.html 的 DirectoryIndex
- 在 DocumentRoot 中创建一个 index.html 文件，其中包含单词 Welcome to the House of Joe。

(10) 向/etc/hosts 文件(该文件所在的计算机正在运行 Web 服务器)中的 localhost 条目的末尾添加文本 joe.example.org。然后在 Web 浏览器的地址框中输入 http://joe.example.org。当页面显示时应该可以看到 Welcome to the House of Joe。

## 第 18 章

配置 FTP 服务器

本章主要内容：

- 学习 FTP 的工作原理
- 安装 vsftpd 服务器
- 为 vsftpd 选择安全设置
- 设置 vsftpd 配置文件
- 运行 FTP 客户端

　　文件传输协议(FTP)是如今通过网络来共享文件所使用的最早协议之一。虽然目前可以使用更多安全协议来实现网络文件共享，但 FTP 仍然用来在 Internet 上提供免费文件。

　　如今，Linux 可以使用多个 FTP 服务器项目。然而，Fedora、Red Hat Enterprise Linux、Ubuntu 以及其他 Linux 发行版本最常用的是 Very Secure FTP Daemon(vsftpd 软件包)。本章将介绍如何通过使用 vsftpd 软件包安装、配置、使用和保护 FTP 服务器。

18.1　了解 FTP

　　FTP 以客户端/服务器模式运行。FTP 服务器守护进程在 TCP 端口 21 上监听从 FTP 客户端传入的请求。客户端提供登录名和密码。如果服务器接受该登录信息，客户端就可以交互方式遍历文件系统，列出文件和目录，以及下载或者上传文件。

　　由于在 FTP 客户端和服务器之间以明文形式发送信息，因此使 FTP 非常不安全。最初创建 FTP 协议时大多数计算机通信都是通过私有网络或者拨号进行的，所以在当时通信加密并不认为是非常重要的事情。但如果通过公共网络使用 FTP，那么在客户端和服务器之间进行嗅探的人不仅可能看到正在传输的数据，还可能看到身份验证过程(即登录名和密码信息)。

　　基于上述原因，FTP 并不适用于秘密共享文件(如果需要专用的加密文件传输，可以使用 sftp、scp 或者 rsync 之类的 SSH 命令来传输加密文件)。然而，如果是共享公共文档、开源软件库或者其他公开可用的数据，那么 FTP 是非常好的选择。不管使用的是哪种操作系统，都肯定拥有一款可以从 FTP 服务器获取文件的 FTP 文件传输应用程序。

　　当用户通过 Linux 的一个 FTP 服务器的身份验证时，将根据标准的 Linux 用户账户和密码对他们所提供的用户名和密码进行验证。此外，FTP 服务器还使用了一种特殊的、非经身份验证的账户，被称为*匿名账户(anonymous)*。匿名账户可以被任何人访问，因为它并不需要一个有效的密码。事实上，术语*匿名 FTP 服务器*通常用来描述一个不需要(甚至允许)合法用户账户身份验证的公共 FTP 服务器。

在身份验证阶段之后(在控制端口 TCP 端口 21 上),就会在客户端和服务器之间产生第二个连接。FTP 支持*主动(active)*和*被动(passive)*连接类型。当使用一个主动 FTP 连接时,服务器可以从其 TCP 端口 20 向任何随机端口发送数据,而这些随机端口是服务器在客户端上所选的端口 1023 以上的端口。而如果使用被动 FTP,客户端将请求被动连接,并从服务器上请求一个随机端口。

许多浏览器都支持被动 FTP 模式,以便在客户端安装了防火墙的情况下不会阻塞 FTP 服务器在主动模式下可能使用数据端口。如果想要支持被动模式,需要对服务器的防火墙进行一些额外的操作,以便允许随机连接到服务器 1023 以上的端口。本章后面的"为 FTP 打开防火墙"一节将介绍需要对 Linux 防火墙执行哪些操作,以便使用被动和主动 FTP 连接。

在建立起客户端和服务器之间的连接后,将创建客户端的当前目录。对于匿名用户来说,/var/ftp 目录就是用户的主目录(对于 Fedora 或 RHEL)或者/srv/ftp(对于 Ubuntu 和大多基于 Debian 的发行版本)。匿名用户不能够超出/var/ftp 目录结构。而如果是普通用户(比如说 joe)登录到 FTP 服务器,那么 joe 的当前目录为/home/joe,但 joe 可以对拥有权限的文件系统的任何部分进行更改。

连接到服务器后,面向命令的 FTP 客户端(如 lftp 和 ftp 命令)都会进入交互模式。通过所看到的提示符,可运行许多通过 shell 使用的相似的命令。可以使用 pwd 命令查看当前目录,ls 命令列出目录内容,以及 cd 命令切换目录。当看到所需的文件时,分别使用 get 和 put 命令下载文件或者上传到服务器。

如果使用图形化工具来访问 FTP 服务器(比如 Web 浏览器),可以在浏览器的地址框输入想要访问网站的 URL(比如 ftp://docs.example.com)。如果没有添加用户名或者密码,将创建一个匿名连接并显示网站主目录的内容。单击目录链接,切换到所需目录。然后单击文件链接,显示文件或者将文件下载到本地系统。

了解了 FTP 的工作原理后,接下来可在 Linux 系统上安装一个 FTP 服务器(vsftpd 软件包)。

18.2　安装 vsftpd FTP 服务器

设置 Very Secure FTP 服务器仅需要 Fedora、RHEL 以及其他 Linux 发行版本中的一个软件包:vsftpd。假设你已经连接到了自己的软件库,为了安装 vsftpd,只需要以 Fedora 或 RHEL 的 root 用户身份输入下面的命令:

```
# yum install vsftpd
```

如果正在使用 Ubuntu(或者其他基于 Debian 软件包的 Linux 发行版本),则可以输入下面的命令来安装 vsftpd:

```
$ sudo apt-get install vsftpd
```

安装 vsftpd 软件包后，可以运行一些命令来熟悉一下该软件包的内容。在 Fedora 或 RHEL 中，运行下面的命令可以获取软件包的一般信息：

```
# rpm -qi vsftpd
...
Packager    : Fedora Project
Vendor      : Fedora Project
URL         : https://security.appspot.com/vsftpd.html
Summary     : Very Secure Ftp Daemon
Description : vsftpd is a Very Secure FTP daemon. It was written
              completely from scratch.
```

如果想要获取更多关于 vsftpd 的信息，可以输入下面所列出的相关网址(https://security.appspot.com/vsftpd.html)，从而获取关于 vsftpd 最新版本的额外文档和信息。

可使用命令 rpm -ql vsftpd 来查看 vsftpd 软件包的所有内容，或者仅查看文档(-qd)或配置文件(-qc)。例如，为了查看 vsftpd 软件包中的文档文件，可以使用下面的命令：

```
# rpm -qd vsftpd
/usr/share/doc/vsftpd/EXAMPLE/INTERNET_SITE/README
...
/usr/share/doc/vsftpd/EXAMPLE/PER_IP_CONFIG/README
...
/usr/share/doc/vsftpd/EXAMPLE/VIRTUAL_HOSTS/README
/usr/share/doc/vsftpd/EXAMPLE/VIRTUAL_USERS/README
...
/usr/share/doc/vsftpd/FAQ
...
/usr/share/doc/vsftpd/vsftpd.xinetd
/usr/share/man/man5/vsftpd.conf.5.gz
/usr/share/man/man8/vsftpd.8.gz
```

/usr/share/doc/vsftpd-*/EXAMPLE 目录结构中包括了一些示例配置文件，其目的是帮助以适合 Internet 网站、多个 IP 地址网站以及虚拟主机的方式配置 vsftpd。主/usr/share/doc/vsftpd*目录包含了 FAQ(Frequently Asked Questions，常见问题)、安装提示以及版本信息。

当着手配置 vsftpd 服务器时，手册页还会提供更有用的信息。输入 man vsftpd.conf，读取配置文件；而输入 man vsftpd 则读取关于守护进程的信息，了解如何将其作为 systemd 服务进行管理。

为列出配置文件，可输入下面的命令：

```
# rpm -qc vsftpd
/etc/logrotate.d/vsftpd
/etc/pam.d/vsftpd
/etc/vsftpd/ftpusers
/etc/vsftpd/user_list
/etc/vsftpd/vsftpd.conf
```

主配置文件是/etc/vsftpd/vsftpd.conf(对于 RHEL 和 Fedora)或/etc/vsftpd.conf (对于 Ubuntu)。同一目录中的 ftpusers 和 user_list 文件(适用于 Fedora 和 RHEL，但不适用于 Ubuntu)存储了那些限制访问服务器的用户账户的相关信息。/etc/pam.d/vsftpd 文件设置了如何通过身份验证来连接 FTP

服务器。而/etc/logrotate.d/vsftpd 文件配置了日志文件如何轮替。

到目前为止，已经安装了 vsftpd，并查看了其中的内容。下一步是启动并测试 vsftpd 服务。

18.3　启动 vsftpd 服务

如果只是想使用默认设置，那么并不需要任何配置就可以启动 vsftpd 服务。如果按照 Fedora 所提供的默认设置启动 vsftpd，将会得到以下功能：

- vsftpd 服务启动了在后台运行的 vsftpd 守护进程。
- vsftpd 守护进程所监听的标准端口是 TCP 端口 21。默认情况下，连接生成后，数据传输到 TCP 端口 20 上的用户。TCP 端口 21 必须在防火墙中打开，以便允许新的连接访问服务。默认情况下，IPv4 和 IPv6 连接都是可用的。此过程更改为 TCP IPv4 服务。请参阅本章后面的"确保 FTP 服务器安全"一节，了解有关打开端口、启用被动 FTP 所需的连接跟踪以及设置与 FTP 相关的其他防火墙规则的详细信息。
- vsftpd 守护进程读取 vsftpd.conf 文件，从而确定该服务允许哪些功能。
- Linux 用户账户(不包括管理用户)可以访问 FTP 服务器。可以启用匿名用户账户(不需要密码)。如果 SELinux 处于强制模式，则需要设置一个布尔值来允许普通用户登录到 FTP 服务器。有关详细信息，请参阅"确保 FTP 服务器安全"一节。
- 匿名用户只能访问/var/ftp 目录及其子目录。普通用户以自己的主目录作为当前目录，并可访问可通过普通登录或 SSH 会话访问的任何目录。/etc/vsftpd/user_list 和/etc/vsftpd/ftpusers 文件中的用户列表定义了一些不能访问 FTP 服务器的管理用户和特殊用户(root、bin、daemon 等)。
- 默认情况下，匿名用户可从服务器下载文件，但不能上传文件。而普通用户可以根据普通 Linux 权限上传或下载文件。
- 详细记录上传或下载的日志消息写入/var/log/xferlogs 文件。这些日志消息以标准的 xferlog 格式存储。

如果准备使用上述的默认值启动服务器，那么下面的示例演示了启动方法。而如果想要更改一些设置，可以转到"配置 FTP 服务器"一节，完成设置，然后返回本节学习如何启用和启动服务器。

(1) 启动 vsftpd 服务前，可检查该服务是否正在运行。在 Fedora 或 Red Hat Enterprise Linux 7、8 中，可以使用下面的命令：

```
# systemctl status vsftpd.service
vsftpd.service - Vsftpd ftp daemon
     Loaded: loaded (/usr/lib/systemd/system/vsftpd.service; disabled)
     Active: inactive (dead)
```

而在 Red Hat Enterprise Linux 6 中，需要使用两条命令来查看相同信息：

```
# service vsftpd status
vsftpd is stopped
# chkconfig --list vsftpd
vsftpd 0:off 1:off 2:off 3:off 4:off 5:off 6:off
```

在上面的 Fedora 和 RHEL 示例中，service、chkconfig 和 systemctl 命令都显示状态为被停止。此外可以看到，在 Fedora 和 RHEL 7 显示为 disabled，而在 RHEL 6 的每个运行级别上都显示为 off。Disabled(off)意味着当启动系统时，vsftpd 服务不会自动启用。

(2) 为了在 Fedora 或 RHEL 7、8 中启动并启用 vsftpd 服务(然后检查其状态)，输入下面的命令：

```
# systemctl start vsftpd.service
# systemctl enable vsftpd.service
ln -s '/lib/systemd/system/vsftpd.service'
  '/etc/systemd/system/multi-user.target.wants/vsftpd.service'
# systemctl status vsftpd.service
vsftpd.service - Vsftpd ftp daemon
      Loaded: loaded (/usr/lib/systemd/system/vsftpd.service;
        enabled vendor preset: disabled))
      Active: active (running) since Wed, 2019-09-18 00:09:54 EDT; 22s ago
     Main PID: 4229 (vsftpd)
       Tasks: 1 (limit: 12232)
      Memory: 536.0K
       CGroup: /system.slice/vsftpd.service
      └ 4229 /usr/sbin/vsftpd /etc/vsftpd/vsftpd.conf
```

在 Red Hat Enterprise Linux 6 中，使用下面的命令启动和启用 vsftpd(然后检查其状态)：

```
# service vsftpd start
Starting vsftpd for vsftpd:                [ OK ]
# chkconfig vsftpd on ; chkconfig --list vsftpd
vsftpd       0:off   1:off   2:on   3:on   4:on   5:on   6:off
```

(3) 现在，不管使用哪种操作系统，都可以使用 netstat 命令检查该服务是否正在运行：

```
# netstat -tupln | grep vsftpd
tcp 0  0 0.0.0.0:21 0.0.0.0:*  LISTEN   4229/vsftpd
```

通过 netstat 输出，可以看到 vsftpd 进程(进程 ID 为 4229)正在监听(LISTEN)所有 IP 地址，以便对 TCP(tcp)协议的端口 21(0.0.0.0:21)上传入的连接进行响应。

(4) 一种检查 vsftpd 是否正在工作的快速方法是将一个文件放到/var/fpt 目录中，然后尝试从本地主机上的 Web 浏览器打开该文件：

```
# echo "Hello From Your FTP Server"> /var/ftp/hello.txt
```

在本地系统上的 Web 浏览器(Firefox 或者其他浏览器)的地址栏输入下面的内容：

```
ftp://localhost/hello.txt
```

如果文本 "Hello From Your New FTP Server" 出现在 Web 浏览器中，则表明 vsftpd 服务器正在工作，并且可以通过本地系统访问。接下来从另一个系统的浏览器中再试一次，此时使用你自己主机的 IP 地址或者完全限定主机名替换 localhost。如果一切顺利，则表明 vsftpd 服务器是可公开访问的。否则，表明不可公开访问，请参见 "确保 FTP 服务器安全" 一节。该节将介绍如何打开防火墙并修改其他安全特性，以便允许访问 FTP 服务器并确保安全。

18.4 确保 FTP 服务器安全

虽然可以非常容易地启动 vsftpd FTP 服务器, 但并不意味着可以马上完全访问。如果在 Linux 系统中使用了防火墙, 则可能阻止对系统中所有服务的访问, 除了那些被显式允许的服务之外。

如果决定默认的 vsftpd 配置按照前一节所描述的那样工作, 那么可以进行相关设置, 从而允许合适的访问以及保护 vsftpd 服务。而为了保护 vsftpd 服务器, 下一节将介绍如何配置防火墙以及 SELinux(布尔值和文件上下文)。

18.4.1 为 FTP 打开防火墙

如果在系统上实现了防火墙功能, 则需要添加防火墙规则, 以便允许针对 FTP 站点的传入请求, 并通过建立的连接向系统返回软件包。防火墙是通过使用 iptables 规则来实现的, 并且使用 iptables 服务或者 firewalld 服务进行管理(关于防火墙服务的详细内容, 请参见第 25 章 "保护网络上的 Linux")。

在 Fedora 和 Red Hat Enterprise Linux 中, 防火墙规则通常存储在/etc/sysconfig/iptables 文件中, 底层服务为 iptables(针对 RHEL 6)或 iptables.service(针对 Fedora)。相关的模块从/etc/sysconfig/iptables-config 文件加载到防火墙。在 RHEL 7 和 Fedora 21 或更高版本中, 新的 firewalld 服务负责管理这些规则, 而规则存储在/etc/firewalld/zones 目录中。

> **注意:**
> 如果可能的话, 最好通过系统控制台直接在防火墙上进行操作, 而不是通过远程登录(比如 ssh), 因为一个小小的错误就可能立即锁定服务器。如果想要解锁, 必须转到控制台并重新进入服务器, 然后才能解决问题。为允许访问 FTP 服务器, 同时又不开放对其他服务的访问, 还需要对防火墙完成一些工作。首先, 需要系统允许接受 TCP 端口 21 上的请求; 其次需要确保加载了连接, 来跟踪模块。

在 RHEL 7 和 Fedora 20 或更高版本中, 可使用新的 Firewall Configuration 窗口启用防火墙并打开对 FTP 服务的访问。安装 firewall-config 包, 并运行 firewall-config 以启动 Firewall Configuration 窗口, 如图 18.1 所示。

接下来, 为永久打开对 FTP 服务的访问, 单击 Configuration 框并选择 Permanent。然后选中 Services 选项卡中 ftp 旁边的复选框。这样一来, 将会自动在防火墙上打开 TCP 端口 21(FTP), 并加载访问被动 FTP 服务所需的核心模块。选择 Options | Reload Firewalld, 永久应用防火墙。

对于 RHEL 6 以及早期的系统来说, 可以直接向/etc/sysconfig/iptables 文件添加规则。如果正在使用默认的防火墙, 那么最初的几条规则允许访问对本地主机任何服务的请求, 同时允许来自所建立连接的数据包进入系统。中间的规则为已经被允许的服务请求, 比如安全 shell 服务(TCP 端口 22 上的 sshd 服务)打开端口。最后几条规则通常丢弃(DROP)或者拒绝(REJECT)任何没有被明确允许的请求。

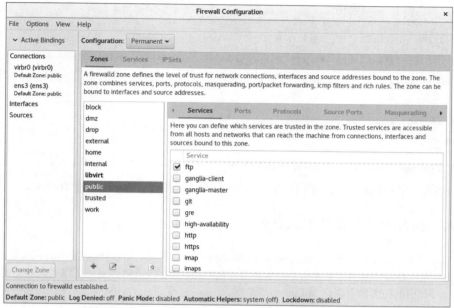

图 18.1　通过 Firewall Configuration 窗口打开对 FTP 服务的访问

为了允许那些请求 FTP 服务器的人进行公共访问，需要允许对 TPC 端口 21 的新请求。一般来说，在最后的 DROP 或 REJECT 规则之前添加一些规则。下面的输出显示了 /etc/sysconfig/iptables 文件中的部分内容，其中以粗体方式显示了允许访问 FTP 服务器的规则。

```
*filter
:INPUT ACCEPT [0:0]
:FORWARD ACCEPT [0:0]
:OUTPUT ACCEPT [0:0]
-A INPUT -m state --state ESTABLISHED,RELATED -j ACCEPT
-A INPUT -i lo -j ACCEPT
-A INPUT -m state --state NEW -m tcp -p tcp --dport 22 -j ACCEPT
-A INPUT -m state --state NEW -m tcp -p tcp --dport 21 -j ACCEPT
...
-A INPUT -j REJECT --reject-with icmp-host-prohibited
COMMIT
```

该示例所示的过滤器表明：防火墙接受来自已建立连接的数据包、本地主机的连接以及任何 TCP 端口 22 上的新请求(SSH 服务)。而我们所添加的行(--dport 21)允许防火墙接受任何新连接(连接到 TCP 端口 21)上的数据包。

注意：

在 iptables 防火墙规则中，使用 ESTABLISHED 的 RELATED 行是非常重要的。如果没有这些行，即使用户可能连接到 SSH(端口 21)和 FTP(端口 21)服务，也无法与之进行通信。也就是说，用户可以得到验证，但不能传输数据。

在 RHEL 6 和早期的系统中，接下来需要做的是设置 FTP 连接跟踪模块，以便防火墙每次启动时加载该模块。编辑/etc/sysconfig/iptables-config 文件开头如下所示的行：

```
IPTABLES_MODULES="nf_conntrack_ftp"
```

此时，可以重启防火墙(请记住，如果是远程登录，那么任何一个错误都可能将你锁定)。根据系统正在使用的是较早的 iptables 服务还是较新的 firewalld 服务，可以使用下面所示的其中一条命令重启防火墙：

```
# service iptables restart
```

或者

```
# systemctl restart firewalld.service
```

重新尝试从远程系统上访问 FTP 服务器(使用 Web 浏览器或其他一些 FTP 客户端)。

18.4.2　为 FTP 服务器配置 SELinux

如果将 SELinux 设置为 permissive 或 disabled，则不会阻止对 vsftpd 服务的访问。然而，如果 SELinux 处于 enforcing 模式，那么一些 SELinux 问题可能导致 vsftpd 服务器无法像所希望的那样工作。可使用下面的命令检查 SELinux 的状态：

```
# getenforce
enforcing
# grep ^SELINUX= /etc/sysconfig/selinux
SELINUX=enforcing
```

getenforce 命令显示了 SELinux 目前是如何设置的(此时 SELinux 处于 enforcing 模式)。而 /etc/sysconfig/selinux 中的"SELINUX="变量表明系统启动时如何设置 SELinux。如果 SELinux 处于 enforcing 模式(如本例所示)，可以查看一下 ftpd_selinux 手册页，了解哪些 SELinux 设置可能会影响 vsftpd 服务的操作。安装 selinux-policy-doc 包以获得 ftpd_selinux 手册页，以及其他使用 selinux 策略的服务手册页。

下面列举一些必须为 SELinux 设置的文件上下文示例，从而允许 vsftpd 访问相关文件和目录：

- 为共享文件或目录内容以便下载到 FTP 客户端，必须使用 public_content_t 文件上下文标记这些内容。/var/ftp 目录及其子目录中所创建的文件自动继承 public_content_t 文件上下文(请确保创建新内容或将现有内容复制到/var/ftp 目录中。移动文件可能不会正确地改变文件上下文)。
- 为允许任何匿名用户上传文件，上传目录中的文件上下文必须设置为 public_content_rw_t (也必须具有适当的其他权限、SELinux 布尔值和 vsftpd.conf 设置)。

如果/var/ftp 目录结构中的文件拥有错误的文件上下文(如果将文件从其他目录中移动到该目录而不是复制文件，就会出现文件上下文错误的情况)，则需要更改或者恢复这些文件上的文件上下文，以便共享文件。例如，为了递归更改/var/ftp/pub/stuff 目录中的文件上下文，以便通过 SELinux 从 FTP 服务器读取相关内容，可输入下面的命令：

```
# semanage fcontext -a -t public_content_t "/var/ftp/pub/stuff(/.*)?"
# restorecon -F -R -v /var/ftp/pub/stuff
```

如果想要允许用户既能读取又能写入目录，则需要将 public_context_rw_t 文件上下文分配给允许上传的目录。下面的示例告诉 SELinux 允许将文件上传到/var/ftp/pub/uploads 目录：

```
# semanage fcontext -a -t public_content_rw_t\    "/var/ftp/pub/uploads(/.*)?"
# restorecon -F -R -v /var/ftp/pub/uploads
```

被 SELinux 认为不安全的 FTP 服务器功能都拥有一个允许或禁止这些功能的布尔值。如下面示例所示：

- 为让 SELinux 允许匿名用户读取和写入文件和目录，需要打开 allow_ftpd_anon_write(RHEL 6)或 ftpd_anon_write(RHEL 7 或更高版本)布尔值：

```
 # setsebool -P ftpd_anon_write on
```

- 为能挂载远程 NFS 或 CIF(Windows)共享文件系统，并从 vsftpd 服务器共享它们，需要分别打开下面所示的两个布尔值：

```
# setsebool -P allow_ftpd_use_nfs on
# setsebool -P allow_ftpd_use_cifs on
```

如果你发现无法访问 FTP 服务器中的文件或者目录，但自己确信应该可以访问，那么可以尝试临时关闭 SELinux：

```
# setpenforce 0
```

如果在 permissive 模式下可以使用 SELinux 访问这些文件和目录，那么请将 SELinux 系统恢复到 enforcing 模式(setenfoce 1)。接下来需要查看 SELinux 设置，找出哪些设置阻止了访问(更多关于 SELinux 的内容，请参阅第 24 章)。

18.4.3　使 Linux 文件权限与 vsftpd 相关联

vsftpd 服务器依赖标准的 Linux 文件权限来允许或拒绝访问文件和目录。正如所期望的那样，为了允许匿名用户查看或下载文件，至少应该为 other 打开读取权限(------r--)。而为了访问目录，至少应该为 other 打开执行权限(---------x)。

对于普通用户账户来说，一般规则是如果用户可以通过 shell 访问文件，那么该用户也可以从 FTP 服务器访问相同的文件。所以，普通用户至少应该能够获取(下载)文件以及将文件放入(上传到)自己的主目录中。在为 FTP 服务器完成了权限和其他安全规定后，接下来可以考虑为 FTP 服务器设置其他配置。

18.5　配置 FTP 服务器

大多数 vsftpd 服务的配置都是在/etc/vsftpd/vsftpd.conf 文件中完成的。在/usr/share/doc/vsftpd-* 目录中，包括了针对不同类型站点的 vsftpd.conf 文件示例。根据使用 FTP 站点的方法不同，下面各节讨论了配置 FTP 服务器的不同方法。

请记住，在更改完任何配置之后，重启 vsftpd 服务。

18.5.1　设置用户访问

vsftpd 服务器自带了匿名用户和所有本地 Linux 用户(在/etc/passwd 文件中列出)，根据 vsftpd.conf 设置确定这些用户是否可以访问服务器，示例如下所示:

```
anonymous_enable=NO
local_enable=YES
```

一些 Web 服务器公司让用户使用 FTP 上传在自己的 Web 服务器上使用的内容。某些情况下，用户只拥有 FTP 账户，这意味着他们不能登录到 shell，而只能通过 FTP 登录来管理内容。如果想要阻止某一用户登录到 shell，却允许 FTP 访问，那么可以为其创建一个没有默认 shell(实际上就是/sbin/nologin)的用户账户。例如，针对 FTP-only 的用户账户 bill 的/etc/passwd 条目可能如下所示:

```
bill:x:1000:1000:Bill Jones:/home/bill:/sbin/nologin
```

上述代码中将用户账户 bill 的默认 shell 设置为/sbin/nologin，此时任何以用户 bill 的身份尝试通过控制台或者 ssh 进行登录的操作都将被拒绝。然而，只要 bill 拥有一个密码以及启动了对 FTP 服务器访问的账户，就能通过一个 FTP 客户端登录到 FTP 服务器。

并不是在 Linux 系统上拥有账户的所有用户都可以访问 FTP 服务器。vsftpd.conf 文件中的设置 userlist_enable=YES 表明拒绝/etc/vsftpd/user_list 文件中列出的所有账户对 FTP 服务器的访问。该列表包括管理用户 root、bin、daemon、adm、lp 以及其他用户。此外，还可将要拒绝访问的其他用户添加到该列表中。

如果将 userlist_enable 更改为 NO，user_list 文件将变成一个允许访问 FTP 服务器的用户列表。换句话说，如果将 userlist_enable 设置为 NO，同时从 user_list 文件中删除所有用户名，然后将用户名 chris、joe 和 mary 添加到该文件中，就只有这三个用户被允许登录到 FTP 服务器。

不管如何设置 userlist_enable 值，/etc/vsftpd/ftpusers 文件始终包括被拒绝访问服务器的用户。与 user_list 文件类似，ftpusers 文件也包括管理用户列表。可以向该文件添加更多用户，以便拒绝他们访问 FTP。

使用系统上通过普通用户账户限制用户访问的一种方法是使用 chroot 设置。下面列举了一些 chroot 设置示例:

```
chroot_local_user=YES
chroot_list_enable=YES
chroot_list_file=/etc/vsftpd/chroot_list
```

注销掉上面所示的设置，然后创建一个本地用户列表并添加到/etc/vsftpd/chroot_list 文件中。当其中一个用户登录后，该用户只能在自己的主目录结构中进行操作。

如果允许向 FTP 服务器上传数据，那么用户尝试上传的目录对该用户必须是可写入的。然而，所上传的数据可存储在非上传人的用户名下。这也是下一节"允许上传"将讨论的功能之一。

18.5.2　允许上传

为允许对 vsftpd 服务器进行任何形式的写入，必须将 vsftpd.conf 文件中的 write_enable 设置为 YES(此为默认值)。因此，如果启用了本地账户，用户可进行登录并开始向自己的主目录中上传文件。然而，默认情况下，匿名用户没有上传文件的能力。

为了允许匿名用户使用 vsftpd 上传文件，必须像下面代码示例那样设置第一个选项，并且有可能还要设置第二行(只需要从 vsftpd.conf 文件中取消注释下面所示的行，就可以启用它们)。第一行允许匿名用户上传文件；而第二行则允许匿名用户创建目录：

```
anon_upload_enable=YES
anon_mkdir_write_enable=YES
```

接下来是创建一个匿名用户可以写入的目录。用户 ftp、组 ftp 以及 other 都拥有/var/ftp 目录下任何子目录的写入权限，此外，这些目录也可以被匿名用户写入。常见的做法是创建一个打开了写入权限的上传目录。下面的示例显示了在服务器上运行的命令：

```
# mkdir /var/ftp/uploads
# chown ftp:ftp /var/ftp/uploads
# chmod 775 /var/ftp/uploads
```

只要防火墙打开并且正确地设置了 SELinux 布尔值，匿名用户就可以使用 cd 命令切换到上传目录，并将本地系统中的文件放置到上传目录中。而在服务器端，上传的文件由用户 ftp 和组 ftp 所拥有。上传目录上所设置的权限(775)只允许查看上传文件，但不能更改或者覆盖。

之所以允许匿名 FTP 并启用匿名上传，是为了允许那些不认识的人将自己的文件放置到上传文件夹中。但由于找到该 FTP 服务器的任何人都可以写入上传目录，因此需要使用某些形式的安全。你可能想要阻止匿名用户查看其他用户上传的文件以及获取或删除其他匿名 FTP 用户所上传的文件，此时可使用 FTP 的 chown 功能。

通过设置下面所示的两个值，将允许匿名上传，并且当匿名用户上传一个文件时，该文件将立即分配一个不同用户的所有权。下面的示例显示了可以写入 vsftpd.conf 文件的一些 chown 设置，从而使用匿名上传目录：

```
chown_uploads=YES
chown_username=joe
```

如果 vsftpd 使用了这些设置进行重启，一个匿名用户上传了一个文件，那么该上传文件将被用户 joe 和组 ftp 所有。所有者拥有读取/写入权限，而其他人没有任何权限(rw-------)。

到目前为止，已经学习了 vsftpd 服务器上各个功能的配置选项。某些 vsftpd.conf 变量集合可采用适合于某些类型的 FTP 站点的方式工作。下一节所示的示例使用了 vsftpd 软件包所附带的一个示例 vsftpd.conf 配置文件。可将该文件从示例文件目录复制到/etc/vsftpd/vsftpd.conf 文件，以便用作 Internet 上一个可用的 FTP 服务器。

18.5.3　为 Internet 设置 vsftpd

为安全地从 FTP 服务器向 Internet 共享文件，可以通过限制服务器仅允许下载以及仅允许匿名用户访问来锁定 FTP 服务器。首先进行相关的配置，以便 vsftpd 可以通过 Internet 安全地共享文件，然后备份当前的/etc/vsftpd/vsftpd.conf 文件，最后复制该文件并覆盖你自己的 vsftpd.conf：

/usr/share/doc/vsftpd/EXAMPLE/INTERNET_SITE/vsftpd.conf

下面描述 vsftpd.conf 文件的内容。第一个节的设置为服务器设置了访问权限：

```
# Access rights
anonymous_enable=YES
```

```
local_enable=NO
write_enable=NO
anon_upload_enable=NO
anon_mkdir_write_enable=NO
anon_other_write_enable=NO
```

开启 anonymous_enable(YES)和关闭 local_enable(NO)确保没有人能够使用普通的 Linux 用户账户登录到 FTP 服务器。也就是说所有人必须使用匿名账户进行登录。剩下的各节分别表示：没有人可以上传文件(write_enable=NO)、匿名用户不能上传文件(anon_upload_enable=NO)、不能创建目录(anon_mkdir_write_enable=NO)以及不能写入服务器(anon_other_write_enable=NO)。Security 设置如下所示：

```
# Security
anon_world_readable_only=YES
connect_from_port_20=YES
hide_ids=YES
pasv_min_port=50000
pasv_max_port=60000
```

因 为 vsftpd 守 护 进 程 可 以 读 取 分 配 给 ftp 用 户 和 组 的 文 件 ， 所 以 设 置 anon_world_readable_only= YES 可确保匿名用户可查看那些针对 other 开启了读取权限位(------r--)的文件，却不能写入这些文件。connect_from_port_20=YES 设置通过允许 PORT 样式的数据通信给予 vsftpd 守护进程更多权限，从而可按客户可能请求的方式发送数据。

使用 hide_ids=YES 设置隐藏了文件上设置的实际权限(主要是针对访问 FTP 站点的用户)，从而使所有文件看起来都由用户 ftp 所有。两个 pasv 设置将被动 FTP(在被动 FTP 中，服务器将选择一个更高的端口号来发送数据)可以使用的端口范围限制在 50 000 到 60 000 之间。

下面示例包含了 vsftpd 服务器的相关功能：

```
# Features
xferlog_enable=YES
ls_recurse_enable=NO
ascii_download_enable=NO
async_abor_enable=YES
```

通过设置 xferlog_enable=YES，所有传输到服务器或者从服务器传出的文件都记录到/var/log/xferlog 文件中。而设置 ls_recurse_enable=NO 可以防止用户递归列出 FTP 目录中的内容(换句话说，该设置防止使用 ls -R 命令获取递归列出类型)，因为如果 FTP 网站非常庞大的话，这种递归列出会耗尽系统资源。禁用 ASCII 下载可迫使所有下载都以二进制模式进行(防止文件转换为 ASCII 文件，因为它是不恰当的二进制文件)。设置 async_abor_enable=YES 确保了中止传输时那些可能会挂起的 FTP 客户端不会挂起。

下面的设置对 FTP 服务器性能有很大的影响：

```
# Performance
one_process_model=YES
idle_session_timeout=120
data_connection_timeout=300
accept_timeout=60
connect_timeout=60
anon_max_rate=50000
```

通过 one_process_model=YES 设置可提高性能,因为 vsftpd 会针对每个连接启动一个进程。将 idle_session_timeout 从默认 300 减少到 120 秒,从而在 FTP 客户端闲置时间超过 2 分钟时断开连接。这样一来将会花更少的时间管理那些不再使用的 FTP 会话。如果数据传输的延迟时间超过 data_connection_timeout 秒(此时为 300 秒),与客户端的连接就会断开。

设置 accept_timeout=60 允许远程客户端接受 1 分钟的 pasv 连接。connect_timeout 设置了远程客户端对于建立一个 PORT 样式的数据连接请求需要响应多长时间。通过使用 anon_max_rate 将传输速率限制为 50 000,可以限制每个客户端可以使用的带宽,最终提高服务器的整体性能。

18.6 使用 FTP 客户端连接服务器

可以使用许多 Linux 所附带的客户端程序连接到 FTP 服务器。如果想要从 FTP 服务器匿名下载一些文件,Firefox Web 浏览器为此提供了非常便捷的界面。如果想在 FTP 客户端和服务器之间完成更复杂的交互,可以使用命令行 FTP 客户端。下面描述了一些此类工具。

18.6.1 通过 Firefox 访问 FTP 服务器

Firefox Web 浏览器提供了一种快速而简单的方法来测试对 FTP 服务器或任何公共 FTP 服务器的访问。在自己的系统上,在 location 框中键入 ftp://localhost。系统会提示你登录,你可以作为普通用户登录,也可以作为匿名用户登录(如果可以通过匿名 FTP 访问服务器)。匿名用户应该会看到如图 18.2 所示的示例。

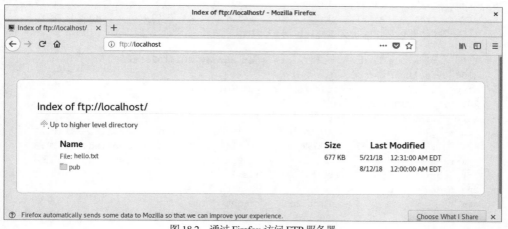

图 18.2 通过 Firefox 访问 FTP 服务器

如果想通过 Firefox 以某一特殊用户登录到 FTP 服务器,可以在主机名之前添加标注 username:password@。例如:

`ftp://chris:MypassWd5@localhost`

如果提供了正确的用户名和密码,则应该马上看到主目录的内容。单击并打开一个文件夹。然后单击一个文件,下载或查看该文件。

18.6.2　使用 lftp 命令访问 FTP 服务器

为了通过命令行测试 FTP 服务器，可以使用 lftp 命令。可以通过命令行输入下面的命令，从而在 Fedora 或 RHEL 中安装 lftp 命令：

```
# yum install lftp
```

如果在 lftp 命令中仅使用了想要尝试访问命令的 FTP 服务器名称，该命令将会以匿名用户的身份连接到 FTP 服务器。而如果添加-u 用户名，则会在连接时提示输入用户密码，当输入正确的密码后就可以登录用户的身份访问 FTP 服务器。

输入用户名和密码信息后，会出现一个 lftp 提示符，此时可以开始输入命令了。当输入第一条命令时会建立与服务器的连接。随后可以使用相关命令在 FTP 服务器中移动，并使用 get 和 put 命令下载和上传文件。

下面的示例演示了如何使用上述命令。该示例假设 FTP 服务器(以及相关联的安全措施)配置为允许本地用户连接并读取和写入文件：

```
# lftp -u chris localhost
Password:
********
lftp chris@localhost:~> pwd
ftp://chris@localhost/%2Fhome/chris
lftp chris@localhost:~> cd stuff/state/
lftp chris@localhost:~/stuff/state> ls
-rw-r--r--   1 13597       13597           1394 Oct 23   2014 enrolled-20141012
-rw-r--r--   1 13597       13597            514 Oct 23   2014 enrolled-20141013
lftp chris@localhost:~/stuff/state> !pwd
/root
lftp chris@localhost:~/stuff/state> get survey-20141023.txt
3108 bytes transferred
lftp chris@localhost:~/stuff/state> put /etc/hosts
201 bytes transferred
lftp chris@localhost:~/stuff/state> ls
-rw-r--r--   1 13597       13597           1394 Oct 23   2014 enrolled-20141012
-rw-r--r--   1 13597       13597            514 Oct 23   2014 enrolled-20141013
-rw-r--r--   1 0           0                201 May 03 20:22 hosts
lftp chris@localhost:~/stuff/state> !ls
anaconda-ks.cfg         bin             install.log
dog                     Pictures        sent
Downloads               Public          survey-20141023.txt
lftp chris@localhost:~/stuff/state> quit
```

提供了用户名后(-u chris)，会出现输入 chris 的 Linux 用户密码的 lftp 提示符。输入 pwd 命令将显示 chris 已经登录到本地主机，同时/home/chris 为当前目录。就像使用普通的 Linux 命令行 shell 一样，可以使用 cd 切换到另一个目录并使用 ls 列出目录中的内容。

为让运行的命令由客户端系统进行解释，需要在命令之前放置一个感叹号(!)。例如，运行!pwd 表示系统中启动 lftp 的当前目录是/root。了解启动 lftp 的当前目录是非常有帮助的，因为如果在没有指定目的地的情况下从服务器获取一个文件，会直接进入客户端的当前目录(此时为/root)。其他可以由客户端系统解释的命令还包括!cd(切换目录)或!ls(列出文件)。

假设你已经拥有了服务器上某一文件的读取权限以及启动系统上当前目录的写入权限，可以使用 get 命令从服务器下载该文件(get survey-20141023.txt)。如果拥有服务器上当前目录的写入和上传权限，可以使用 put 命令将文件复制到服务器(put /etc/hosts)。

运行 ls 命令，可以看到/etc/hosts 文件上传到服务器。而运行!ls 命令可以看到 survey-20141023.txt 文件已经从服务器下载到启动系统。

18.6.3　使用 gFTP 客户端

Linux 还可以使用许多其他的 FTP 客户端。可以尝试使用的另一个 FTP 客户端是 gFTP。gFTP 客户端提供了一个界面来查看 FTP 会话的本地端和远程端。为在 Fedora 中安装 gFTP，需要运行下面的命令安装 gftp 软件包：

```
# yum install gftp
```

可以通过应用程序菜单或者通过 shell 运行 gftp &来启动 gFTP。然后输入想要连接的 FTP 服务器 URL，并输入想要使用的用户名(比如匿名用户)，最后按 Enter 键。图 18.3 所显示的 gFTP 示例连接到 gnome.org 站点 ftp://kernel.org。

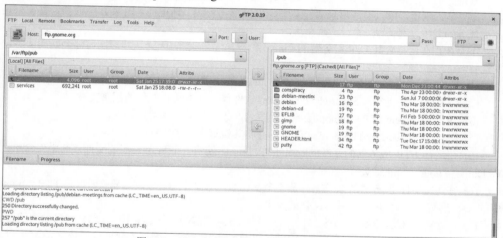

图 18.3　gFTP FTP 客户端可以查看 FTP 会话的两端

如果想使用 gFTP 遍历 FTP 站点，只需要双击文件夹即可(就像使用文件管理器窗口一样)。在文件和文件夹列表的上面显示了本地目录的完整路径(左边)和远程目录的完整路径(右边)。

为将一个文件从远程端传输到本地端，需要从右边窗格中选择需要传输的文件，然后单击屏幕中间指向左边的箭头。此时可以通过屏幕底部所显示的消息来查看文件传输的进度。当传输结束后，该文件将出现在左边窗格中。

可将连接 FTP 站点所需的地址信息添加为书签，该地址添加到一组书签中(该组书签存储在 Bookmarks 菜单下)。可从列表中选择站点试用 gFTP。大多数站点都针对 Linux 发行版本以及其他开源软件站点。

18.7　小结

设置 FTP 服务器是通过 TCP 网络共享文件非常简单的方法。Very Secure FTP Daemon(vsftpd 软件包)可用于 Fedora、Red Hat Enterprise Linux、Ubuntu 以及其他 Linux 系统。

默认的 vsftpd 服务器分别允许匿名用户从服务器下载文件,允许普通用户上传或下载文件(需要对一些安全设置进行更改)。在 FTP 服务器中移动与在 Linux 文件系统中移动是类似的。上下移动目录结构,找到所需的内容。

可以使用图形化和基于文本的 FTP 客户端。对于 Linux 来说,流行的基于文本的客户端是 lftp。至于图形化 FTP 客户端,可以使用普通的 Web 浏览器(如 Firefox)或者专用的 FTP 客户端(如 gFTP)。

FTP 服务器并不是通过网络从 Linux 共享文件的唯一方法。Samba 服务也提供了通过网络共享文件的方法,并且所共享的 Linux 目录看起来非常像 Windows 系统中的共享目录。第 19 章将介绍如何使用 Samba 提供 Windows 样式的文件共享。

18.8　习题

本部分的习题涉及在 RHEL 或者 Fedora 上设置 FTP 服务器以及使用 FTP 客户端连接到服务器。如果陷入困境,可以参考附录 B 中这些习题的参考答案。请记住,附录 B 中的参考答案只是完成任务的其中一种方法。

不要在正在运行公共 FTP 服务器的 Linux 系统中完成习题,因为这些习题可能会妨碍服务器的运行。

(1) 确定哪个软件包提供了 Very Secure FTP Daemon 服务。

(2) 在系统上安装 Very Secure FTP Daemon 软件包,并搜索软件包的配置文件。

(3) 为 Very Secure FTP Daemon 服务启用匿名 FTP,禁用本地用户登录。

(4) 启动 Very Secure FTP Daemon 服务,并将其设置为系统启动时启动。

(5) 在运行 FTP 服务器的系统的匿名 FTP 目录中创建一个名为 test 的文件,其中包含单词 Welcome to your vsftpd server。

(6) 在运行 FTP 服务器的系统上打开一个 Web 浏览器,并通过该浏览器查看匿名 FTP 主目录中的 test 文件。请确保可以查看该文件的内容。

(7) 从运行 FTP 服务器的系统之外打开一个 Web 浏览器,并尝试访问匿名 FTP 主目录中的 test 文件。如果不能访问,请将防火墙、SELinux 以及 TCP Wrappers 配置为允许访问该文件。

(8) 配置 vsftpd 服务器,允许匿名用户向 in 目录上传文件。

(9) 安装 lftp FTP 客户端(如果没有第二个 Linux 系统,可以在运行 FTP 服务器的同一主机上安装 lftp)。如果不能向 in 目录上传文件,请将防火墙、SELinux 以及 TCP Wrappers 配置为允许访问该文件。

(10) 使用任何所选的 FTP 客户端访问站点 ftp://kernel.org 上的/pub/linux/docs/man-pages 目录,并列出该目录中的内容。

第**19**章

配置 Windows 文件共享(Samba)服务器

本章主要内容：
- 获取和安装 Samba
- 使用 Samba 安全功能
- 编辑 smb.conf 配置文件
- 通过 Linux 和 Windows 客户端访问 Samba
- 在企业中使用 Samba

    Samba 项目实现了 Windows 系统之间共享文件和打印机、验证用户身份以及限制主机所使用协议的开源版本。Samba 提供了许多方法在众所周知的 Windows、Linux 以及 macOS 系统之间共享文件，此外对这些系统上的用户都可用。

    本章将指导完成安装和配置 Samba 服务器所需的程序。同时介绍共享文件和打印机资源需要了解的一些安全功能以及如何通过 Linux 和 Windows 系统访问这些资源。

19.1　了解 Samba

    Samba(www.samba.org)是一套程序，允许 Linux、UNIX 和其他系统与 Microsoft Windows 文件和打印机共享协议进行互操作。Windows、macOS 以及其他客户端系统可以像从 Windows 文件和打印服务器那样访问 Samba 服务器来共享文件和打印机。

    通过 Samba，可使用标准 TCP/IP 网络与客户端进行通信。对于名称服务，Samba 支持普通的 TCP/IP 主机名以及 NetBIOS 名。因此，Samba 并不需要 NetBEUI(Microsoft Raw NetBIOS 框架)协议。而文件共享则是通过使用 CIFS(Common Internet File System，通用互联网文件系统)实现的，CIFS 是 SMB(Server Message Block，服务器消息块)的开放实现。

    Samba 项目已经竭力使其软件安全可靠。事实上，很多人更喜欢使用 Samba 服务器，而不是 Windows 文件服务器，因为 Samba 服务器更安全，同时可在 Linux 或其他类似 UNIX 的操作系统上运行 Windows 样式的共享服务。

    然而，除了技术上的繁杂之外，Samba 可非常容易地在 Linux 服务器和 Windows 桌面系统之间共享文件和打印机。对于服务器来说，只需要使用一些配置文件和工具来管理 Samba。而对于客户端,共享资源将显示在窗口管理器的 Network 选项之下或者显示在较早的 Windows 系统的"网络邻居"中。

　　要配置 Samba 服务,可直接编辑 Samba 配置文件(特别是 smb.conf)并运行一些命令。图形化和基于 Web 的接口,例如 sys-teml-config-Samba 和 Samba SWAT,不再包含在最新的 Fedora 和 RHEL 系统中。

　　要开始在 Linux 系统上使用 Samba,需要安装几个软件包,如下一节所述。

19.2　安装 Samba

　　在 Red Hat Enterprise Linux 和 Fedora 中,配置 Samba 文件和打印机服务器所需的软件包为 samba。除了其他组件之外,samba 软件包还包括了 Samba 服务守护进程(/usr/sbin/smbd)和 NetBIOS 名称服务器守护进程(/usr/sbin/nmbd)。安装 samba 包需要引入 samba-common 包,其中包含服务器配置文件(smb.conf/lmhosts 等),和用于添加密码和测试配置文件的命令,以及其他 Samba 特性。

　　此外,本章会引用来自其他软件包的功能,所以还会介绍如何安装这些软件包,其中包括:

- **samba-client 软件包**——包含许多命令行工具,比如 smbclient(用来连接到 Samba 或 Windows 共享)、nmblookup(用来查找主机地址)和 findsmb(用来查找网络上的 SMB 主机)。
- **samba-winbind 软件包**——所包含的组件 Linux 中的 Samba 服务器成为 Windows 域中的完整成员,包括在 Linux 中使用 Windows 用户和组账户。

　　为安装上面描述的所有软件包(因为 samba-common 是作为 Samba 的一个依赖项进行安装的,所以不需要特别关注它),可在 Fedora 或 RHEL 的命令行中以 root 用户身份输入下面的命令:

```
# yum install samba samba-client samba-winbind
...
Last metadata expiration check: 0:01:44 ago on Sun 24 Jan 2020 11:35:37 AM EST.
Dependencies resolved.
================================================================================
 Package        Architecture   Version        Repository                  Size
================================================================================
Installing:
 samba          x86_64  4.10.4-101.el8_1  rhel-8-for-x86_64-baseos-rpms 739 k
 samba-winbind x86_64  4.10.4-101.el8_1  rhel-8-for-x86_64-baseos-rpms 570 k
Installing dependencies:
 samba-common-tools
                x86_64  4.10.4-101.el8_1  rhel-8-for-x86_64-baseos-rpms 469 k
 samba-libs     x86_64  4.10.4-101.el8_1  rhel-8-for-x86_64-baseos-rpms 185 k
 samba-winbind-modules
                x86_64  4.10.4-101.el8_1  rhel-8-for-x86_64-baseos-rpms 122 k
 samba-client   x86_64  4.10.4-101.el8_1  rhel-8-for-x86_64-baseos-rpms 658 k

Transaction Summary
================================================================================
Install  6 Packages

Total download size: 2.5 M
```

```
Installed size: 6.8 M
Is this ok [y/d/N]: y
```

安装完 Samba 软件包之后，看一下 samba-common 软件包中的配置文件：

```
# rpm -qc samba-common
/etc/logrotate.d/samba
/etc/samba/lmhosts
/etc/samba/smb.conf
/etc/sysconfig/samba
```

/etc/logrotate.d/samba 和/etc/sysconfig/samba 文件通常不需要修改。/etc/logrotate.d/samba 文件设置了 /var/log/samba 日志文件如何进行轮替(即复制到其他文件并删除原文件)。/etc/sysconfig/samba 文件中放置可发送到 smbd、nmbd 或 winbindd 守护进程的相关选项，从而关闭某些功能，比如调试功能。

大部分针对 Samba 所修改的配置文件都位于/etc/samba 目录中。smb.conf 文件是主要的配置文件，其中放置了针对 Samba 服务器的全局设置以及单个文件和打印机共享信息(更多内容将在后面介绍)。lmhosts 文件能将 Samba NetBIOS 主机名映射到 IP 地址。

虽然在默认情况下并不存在，却可以创建一个/etc/samba/smbusers 的文件，从而将 Linux 用户名映射到 Windows 用户名。在配置 Samba 服务器的过程中，可以参考 smb.conf 手册页(输入 man smb.conf)。此外，还可参考 Samba 命令的手册页，比如 smbpasswd(用来更改密码)、smbclient(用来连接到 Samba 服务器)以及 nmblookup(用来查找 NetBIOS 信息)。

在安装完 Samba 软件包并了解了各个软件包所包含的内容之后，可以尝试启动 Samba 服务并查看默认配置。

19.3　启动和停止 Samba

安装完 Samba 和 samba-common 后，可启动服务器并查看在默认配置下服务器是如何运行的。其中存在两个与 Samba 服务器相关联的主要服务，它们都有自己的服务守护进程。这两个服务包括：

- **smb**——该服务负责控制 smbd 守护进程，而该进程提供了 Windows 客户端可以访问的文件和打印共享访问。
- **nmb**——该服务负责控制 nmbd 守护进程。nmbd 提供了 NetBIOS 名称服务名称-地址映射，从而将来自 Windows 客户端对 NetBIOS 名称的请求映射为 IP 地址。

为使用 Samba 与其他 Linux 系统共享文件和打印机，仅需要 smb 服务即可。下一节将介绍如何启动和启用 smb 服务。

19.3.1　启动 Samba(smb)服务

smb 服务负责启动 smbd 服务器，并且使来自本地系统的文件和打印机与网络上的其他计算机实现共享。通常，在不同 Linux 系统上启用和启动服务是不一样的。针对不同的 Linux 系统，需要找到对应的服务名称和正确工具来启动 smbd 守护进程。

在 Fedora 和 RHEL 中，为在系统启动时启用 Samba 服务，可以 root 用户身份通过命令行输入下面的命令：

```
# systemctl enable smb.service
# systemctl start smb.service
# systemctl status smb.service
smb.service - Samba SMB Daemon
   Loaded: loaded (/usr/lib/systemd/system/smb.service; enabled)
   Active: active (running) since Fri 2020-01-31 07:23:37 EDT; 6s ago
     Docs: man:smbd(8)
           man:samba(7)
           man:smb.conf(5)
   Status: "smbd: ready to serve connections..."
    Tasks: 4 (limit: 12216)
   Memory: 20.7M
Main PID: 4838 (smbd)
CGroup: /system.slice/smb.service
  ├ 4838 /usr/sbin/smbd --foreground --no-process-group
  └ 4840 /usr/sbin/smbd --foreground --no-process-group
```

第一条 systemctl 命令启用了该服务，而第二条命令马上启动该服务，第三条命令显示了服务状态。要进一步研究，请注意服务文件位于/usr/lib/systemd/system/smb.service。查看该文件的内容：

```
# cat /usr/lib/systemd/system/smb.service
[Unit]
Description=Samba SMB Daemon
Documentation=man:smbd(8) man:samba(7) man:smb.conf(5)
Wants=network-online.target
After=network.target network-online.target nmb.service winbind.service
[Service]
Type=notify
NotifyAccess=all
PIDFile=/run/smbd.pid
LimitNOFILE=16384
EnvironmentFile=-/etc/sysconfig/samba
ExecStart=/usr/sbin/smbd --foreground --no-process-group $SMBDOPTIONS
ExecReload=/bin/kill -HUP $MAINPID
LimitCORE=infinity
Environment=KRB5CCNAME=FILE:/run/samba/krb5cc_samba
[Install]
WantedBy=multi-user.target
```

Samba 守护进程(smbd)在 network、network_online、nmb 和 winbind 服务之后启动。当 nmbd、winbindd、smbd 守护进程启动时，/etc/sysconfig/samba 文件所包含的变量将作为参数传递给相应的守护进程。默认情况下，没有为 smbd 守护进程设置任何选项。WantedBy 行表明当系统启动进入多用户模式 multi-user.target(此为默认模式)时，smb.service 应该启动。

在 RHEL 6 以及更早的系统中，可使用下面的命令启动 Samba 服务：

```
# service smb start
Starting SMB services:            [ OK ]
# chkconfig smb on
# service smb status
```

```
smbd (pid 28056) is running...
# chkconfig --list smb
smb             0:off  1:off  2:on  3:on  4:on  5:on  6:off
```

不管是在 RHEL、Fedora 或者其他 Linux 系统上运行 Samba 服务器,都可以通过使用 smbclient 命令(来自 samba-client 软件包)检查对 Samba 服务器的访问。可以使用下面所示的命令从 Samba 服务器获取基本信息:

```
# smbclient -L localhost
Enter SAMBA\root's password: <ENTER>
Anonymous login successful

  Sharename    Type        Comment
  ---------    ----        -------
  print$       Disk        Printer Drivers
  IPC$         IPC         IPC Service
(Samba Server Version 4.10.10)
  deskjet      Printer deskjet
Reconnecting with SMB1 for workgroup listing.
Anonymous login successful
  Server            Comment
  ---------         -------

  Workgroup         Master
  ---------         -------
```

通过 smbclient 命令的输出可以查看 Samba 服务器提供了哪些服务。默认情况下,当查询服务器时是允许匿名登录的(当提示输入密码时直接按 Enter 键)。

通过上面的输出,还可以了解一些关于默认 Samba 服务器设置的内容:

- 在 Linux 系统中,所有通过 CUPS 服务器实现共享的打印机都可以由运行在相同系统上的 Samba 服务器所使用。
- Samba 服务器尚未共享任何目录。
- Samba 服务器尚未运行 NetBIOS 名称服务。

接下来,可以决定是否在 Samba 服务器上运行 NetBIOS 名称服务。

19.3.2　启动 NetBIOS(nmbd)名称服务器

如果在网络上没有运行任何 Windows 域服务器,可以在 Samba 主机上启动 nmb 服务来提供域服务。在 Fedora 或 RHEL 7 中,可以输入下面的命令启动 nmb 服务(nmbd 守护进程):

```
# systemctl enable nmb.service
# systemctl start nmb.service
# systemctl status nmb.service
```

而在 RHEL 6 以及更早的系统中,可以使用下面的命令启动 nmb 服务:

```
# service nmb start
# service nmb status
# chkconfig nmb on
# chkconfig --list nmb
```

不管如何启动 NetBIOS 服务，都应该运行 nmbd 守护进程，并提供 NetBIOS 名称-地址映射。再次运行 smbclient -L 命令，然后紧跟着服务器的 IP 地址。此时，输出的最后几行应该显示了从运行在服务器上的 NetBIOS 服务器获取的信息。在本示例中，最后几行应该如下所示：

```
# smbclient -L localhost
  ...
  Workgroup    Master
  ---------    -------
  SAMBA        FEDORA30
```

从该输出可以看到，新的 NetBIOS 服务器名为 FEDORA30，并且是所在工作组的主服务器。为查询 nmbd 服务器以便找到 FEDORA30 的 IP 地址，可以使用下面的命令：

```
# nmblookup -U localhost FEDORA30
querying FEDORA30 on 127.0.0.1
192.168.122.81 FEDORA30<00>
```

此时，应该能够看到运行在本地系统上的 Samba 服务器。默认情况下，将分配给系统的主机名分配给 Samba 服务器(此时为 FEDORA30)。

然而，如果配置了一个防火墙或启用了 SELinux，那么可能无法通过远程系统完全访问 Samba 服务器。下一节将向本地系统之外的系统开放 Samba 服务器，此外还允许使用一些被 SELinux 关闭的 Samba 功能。

19.3.3　停止 Samba(smb)和 NetBIOS(nmb)服务

为在 Fedora 或 RHEL 中停止 smb 和 nmb 服务，可使用启动它们所使用的相同的 systemctl 命令。此外，还可使用该命令禁用这些服务，以便在系统启动时不会再次启动。下面示例演示了如何立即停止 smb 和 nmb 服务：

```
# systemctl stop smb.service
# systemctl stop nmb.service
```

在 RHEL 6 以及更早的版本中，可以输入下面的命令停止 smb 和 nmb 服务：

```
# service smb stop
# service nmb stop
```

在 Fedora 或 RHEL 中，为了防止 smb 和 nmb 服务在系统重启时启动，可以输入下面的命令：

```
# systemctl disable smb.service
# systemctl disable nmb.service
```

而在 RHEL 6 和更早版本中，可以输入下面的命令禁用 smb 和 nmb 服务：

```
# chkconfig smb off
# chkconfig nmb off
```

当然，如果不再需要使用 Samba 服务，也可停止或禁用 smb 和 nmb 服务。接下来，如果做好了继续配置 Samba 服务的准备，可继续并开始配置 Linux 安全功能，以便网络上的其他系统也可以使用 Samba 服务。

19.4　确保 Samba 的安全

如果在启动之后并不能马上访问 Samba 服务器，那么可能还需要完成一些安全工作。因为许多默认安装的 Linux 会阻止(而不是允许)进入系统，所以当为诸如 Samba 的服务进行安全处理时，相对于使这些服务更加"安全"，使这些服务"可用"需要完成更多工作。

当配置 Samba 系统时，应该了解下面所示的安全功能：

- **防火墙**——Fedora、RHEL 以及其他 Linux 系统的默认防火墙会阻止外部系统对本地服务的任何访问。所以，为了允许来自其他计算机的用户访问 Samba 服务，必须创建防火墙规则，为所选择的协议(特别是 TCP)打开一个或多个端口。
- **SELinux**——Samba 的许多功能都被 SELinux 指定为潜在的不安全。因为默认的 SELinux 布尔值(某些功能的开启/关闭)只提供所需的最低限度的访问权，所以需要开启某些功能的布尔值，以便允许用户使用 Samba 访问他们自己的主目录。换句话说，可将 Samba 配置为共享用户主目录，但同时由于 SELinux 阻止尝试使用该功能，因此还需要显式地将 SELinux 配置为允许使用该功能。
- **主机和用户限制**——在 Samba 配置文件中，可以指定哪些主机和用户可以访问整个 Samba 服务器或者访问特定的共享文件夹。

下一节将介绍如何为 Samba 设置前面所示的安全功能。

19.4.1　为 Samba 配置防火墙

如果在首次安装系统时配置了 iptables 或 firewalld 防火墙，那么该防火墙通常会允许本地用户对系统服务的任何请求，但对外部用户却是禁止的。这也就是为什么在安装完 Samba 之后可以从本地系统使用 smbclient 命令测试 Samba 服务器是否正在工作的原因。然而，如果该测试请求来自另一个系统，将被拒绝。

为 Samba 配置防火墙规则主要是打开 smbd 和 nmbd 守护进程正在监听的传入端口。这些应该打开的端口可以获取 Linux 系统上正在工作的 Samba 服务：

- **TCP 端口 445**——这是 smbd 守护进程监听的主要端口。为了 Samba 服务器可以正常工作，防火墙必须支持该端口上的输入数据包请求。
- **TCP 端口 139**——smbd 守护进程还需要监听 TCP 端口 139，以便处理与 NetBIOS 主机名相关的会话。即使不打开该端口，也可能通过 TCP 使用 Samba，但这种做法不推荐使用。
- **UDP 端口 137 和 138**——nmbd 守护进程使用这两个端口处理传入的 NetBIOS 请求。如果正在使用 nmbd 守护进程，则必须为新的数据包请求打开这两个端口，以便完成 NetBIOS 名称解析。

对于 Fedora 和 RHEL 来说，允许对这四个端口的传入访问是非常简单的。只需要打开 Firewall Configuration 窗口，选择公共区域 Services 选项卡中 samba 和 samba-client 项旁边的复选框。此时，这些端口将立即可访问(不必重启 firewalld 服务)。

而对于那些直接使用 iptables 而不是 firewalld 服务的早期 Fedora 和 RHEL 系统来说，打开防火墙则需要更多的手动操作。来自 Fedora 的默认防火墙允许从本地主机、已建立的连接传入的数据包，却拒绝其他所有的传入数据包。下例展示了/etc/sysconfig/iptables 文件中的一组防火墙规则，其中添加了用来为 Samba 打开端口的四条规则(示例中突出显示了这四条规则)：

```
*filter
:INPUT ACCEPT [0:0]
:FORWARD ACCEPT [0:0]
:OUTPUT ACCEPT [0:0]
-A INPUT -m state --state ESTABLISHED,RELATED -j ACCEPT
-A INPUT -p icmp -j ACCEPT
-A INPUT -i lo -j ACCEPT
-I INPUT -m state --state NEW -m udp -p udp --dport 137 -j ACCEPT
-I INPUT -m state --state NEW -m udp -p udp --dport 138 -j ACCEPT
-I INPUT -m state --state NEW -m tcp -p tcp --dport 139 -j ACCEPT
-I INPUT -m state --state NEW -m tcp -p tcp --dport 445 -j ACCEPT
-A INPUT -j REJECT --reject-with icmp-host-prohibited
-A FORWARD -j REJECT --reject-with icmp-host-prohibited
COMMIT
```

防火墙还可包括额外的规则来允许对其他服务的传入数据包请求，这些服务包括 Secure shell(sshd)或 Web(httpd)。目前先不管这些问题。重点是将 Samba 规则放在最后的 REJECT 规则之前。

如果已经启用了 iptables 防火墙，可使用命令 systemctl restart iptables.service(在较早的 Fedora 系统中使用)或 service restart iptables(在 RHEL 6 或更早的系统中使用)重启防火墙，以便新规则生效。可以通过再次使用 smbclient 命令或者本章后面"访问 Samba 共享"一节中所介绍的其他技术连接到 Samba 服务。

关于使用 iptables 的更多信息，可参阅第 25 章。

19.4.2　为 Samba 配置 SELinux

当在 enforcing 模式下使用 SELinux 时，为了使用 Samba，需要考虑相关的文件上下文和布尔值。必须在 Samba 所共享的目录上设置正确的文件上下文。而相关的布尔值允许重写某些 Samba 功能的默认安全方法。

可以从 samba-selinux 手册页(man samba-selinux)中找到 SELinux 如何限制 Samba 的相关信息。为了获取该手册页，必须安装 selinux-policy-devel 软件包。如果想要更深入地了解 SELinux，可参见第 24 章。

1. 为 Samba 设置 SELinux 布尔值

列出和更改 Samba 的 SELinux 布尔值的一种简单方法是通过命令行。要使用 semanage 命令列出与 samba 相关的布尔值，输入以下内容:

```
# semanage boolean -l | egrep "smb|samba"
```

下面是应用于 Samba 的 SELinux 布尔值及其描述。大多数布尔值允许设置 Samba 服务器可以代表 Samba 用户读写哪些文件和目录。其他布尔值允许潜在的不安全特性:

- **samba-run-unconfined**——允许 Samba 运行 Samba 共享上未限制的脚本。
- **smbd-anon-write**——允许 Samba 让匿名用户修改用于公共文件传输服务的公共文件。这些文件和目录必须使用 public_content_rw_t 进行标记。
- **samba-enable-home-dirs**——允许 Samba 共享用户的主目录。
- **samba-export-all-ro**——允许 Samba 共享任何只读的文件和目录。

- **use-samba-home-dirs**——允许远程 Samba 服务器访问本地计算机上的主目录。
- **samba-create-home-dirs**——允许 Samba 创建新主目录(例如，通过 PAM)。
- **samba-export-all-rw**——允许 Samba 共享读取/写入任何文件或目录的权限。

下面所示的布尔值会影响 Samba 对那些通过其他远程服务挂载的目录(比如 NFS)的共享能力或者作为 Windows 域控制器的能力：

- **samba-share-fusefs**——允许 Samba 导出 ntfs/fusefs 卷。
- **samba-share-nfs**——允许 Samba 导出 NFS 卷。
- **samba-domain-controller**——允许 Samba 作为域控制器，添加用户和组以及更改密码。

可以使用 setsebool 命令打开或关闭 SELinux 布尔值。通过使用-P 选项，setsebool 可以按照指示永久设置布尔值。例如，为了允许 Samba 共享服务器中具有只读权限的任何文件或目录，可以 root 用户身份通过 shell 输入下面的命令：

```
# setsebool -P samba_export_all_ro on
# getsebool samba_export_all_ro
samba_export_all_ro --> on
```

此时，setsebool 命令将布尔值设置为 on。而 getsebool 命令可以查看布尔值。

2. 为 Samba 设置 SELinux 文件上下文

SELinux 对 Samba 服务可以访问的文件进行了限制。限制方法并不是只允许 Samba 服务器共享具有正确读取和写入权限的文件，而是在 Samba 服务可以查看已存在的文件之前，SELinux(处于 enforcing 模式)要求在这些文件和目录上设置正确的文件上下文。

为让 Samba 服务立即使用 SELinux 功能，一些文件和目录都预先设定了正确的文件上下文。例如，为 Samba 配置文件(/etc/samba/*)、日志文件(/var/log/samba/*)和库(/var/lib/samba/*)分配规则，从而确保它们获取正确的上下文。如果想要找到与 Samba 服务和 smbd 守护进程相关联的哪些文件和目录需要预先设定文件上下文，可以运行下面的命令：

```
# semanage fcontext -l | grep -i samba
# semanage fcontext -l | grep -i smb
```

你所感兴趣的文件上下文部分以_t 结尾，例如，针对/etc/samba、/var/log/samba 和/var/lib/samba 目录的文件上下文分别为 samba_etc_t、samba_log_t 和 smbda_var_t。

有时可能需要对文件上下文进行更改，例如，当将文件放置到非标准位置(比如将 smb.conf 文件移动到/root/smb.conf)或者想要共享一个目录(除了主目录之外，因为可以通过设置一个布尔值来共享该目录)。与 Linux 所附带的 vsftpd(FTP)和 httpd(Web)服务器不同，Samba 服务器并没有共享内容目录(比如前面所使用的/var/ftp 和/var/www/html 目录)。

如果想要永久更改一个文件上下文，可以首先创建一个新的文件上下文规则，然后将规则应用到所期望的文件或目录上。可以使用 semanage(用来生成规则)命令和 restorecon 命令(用来应用规则)来完成这些操作。例如，如果想要共享目录/mystuff，可以首先创建带有正确权限的该目录，然后运行下面的命令，从而通过 Samba 对其进行读取/写入访问：

```
# semanage fcontext -a -t samba_share_t "/mystuff(/.*)?"
# restorecon -v /mystuff
```

运行完上述命令后，/mystuff 目录(及其该目录下的所有文件和目录)都拥有了文件上下文 samba_share_t。随后，可以分配正确的 Linux 所有权和文件权限，从而允许所选择的用户进行访问。"配置 Samba"一节提供了一个创建共享目录的示例,演示了如何使用标准的 Linux 命令为共享目录添加权限和所有权。

19.4.3　配置 Samba 主机/用户权限

在 smb.conf 文件中,可以允许或者限制对整个 Samba 服务器的访问,或者根据尝试访问的主机或用户允许或限制对特定共享的访问。此外,还可以通过仅在特定接口上提供相关服务来限制对 Samba 服务器的访问。

例如,如果分别有一个连接到 Internet 上以及连接到本地网络上的网络接口卡,那么可以告诉 Samba 仅服务本地网络接口上的请求。下一节将介绍如何配置 Samba,包括如何确定哪些主机、用户或者网络接口可以访问 Samba 服务器。

19.5　配置 Samba

可以使用/etc/samba/smb.conf 文件中的相关设置来配置 Samba 服务器、定义共享打印机、配置如何进行身份验证以及创建共享目录。该文件由下面预定义部分组成:

- **[global]**——该部分的设置将作为一个整体应用于 Samba 服务器。此外,还可以在该部分设置服务器的说明、工作组(域)、日志文件的位置、默认的安全类型以及其他设置。
- **[homes]**——该部分的设置确定了拥有 Samba 服务器上账户的用户是否可以查看自己的主目录(可浏览)或者写入主目录(可写入)。
- **[printers]**——该部分的设置告诉 Samba 是否使用那些针对 Linux 打印(CPUS)配置的打印机。
- **[print$]**——本部分将一个目录配置为共享打印机驱动程序文件夹。

在 smb.conf 文件中,很多部分都以英镑符号(#)或分号(;)开头的行注释掉了。删除这些分号,可以快速设置不同类型的共享信息。#符号还可用来注释掉一行。

开始编辑 smb.conf 文件时,请做一个备份,以便在出现错误时返回。如果想从一些例子开始,可以先把 smbconfexample 文件复制到 smb.conf。

1. 配置[global]部分

下面的例子是 smb.conf 文件的[global]部分:

```
[global]
        workgroup = SAMBA
        security = user
        passdb backend = tdbsam
        printing = cups
        printcap name = cups
        load printers = yes
        cups options = raw

;       netbios name = MYSERVER
;       interfaces = lo eth0 192.168.12.2/24 192.168.13.2/24
;       hosts allow = 127. 192.168.12. 192.168.13.
```

在本示例中，workgroup(也用作域名)设置为 SAMBA。当客户端与 Samba 服务器进行通信时，客户端可通过该名称了解到 Samba 服务器处于哪一个工作组中。

默认 security 类型设置为 user (Samba 用户名和密码)。

passdb backend = tdbsam 指定使用 Samba 后端数据库来保存密码。可以使用 smbpasswd 命令设置每个用户的密码(稍后将介绍)。

设置 print = cups 和 printcap name = cups 表示使用 cups 打印服务创建的 print-cap。当设置 load printers = yes 时，将从 Samba 共享由本地 CUPS 打印服务配置的任何打印机。

cups 选项允许将喜欢的任何选项传递给 Samba 服务器提供的 CUPS 打印机。默认情况下，只设置 raw，这允许 Windows 客户端使用自己的打印驱动程序。Samba 服务器上的打印机打印以原始形式显示的页面。

默认情况下，服务器的 DNS 主机名(输入 hostname 查看它是什么)也用作 Samba 服务器的 NetBIOS 名。可以通过取消注释 netbios name 行并添加想要的服务器名称来覆盖它，并设置一个单独的 NetBIOS 名称。例如，如果没有设置 netbios name = myownhost.localhost，它们用作 NetBIOS 名称。

如果想要限制对 Samba 服务器的访问，使其只响应某些接口，可以取消注释 interfaces 行，并添加希望响应的网络接口的 IP 地址和名称(lo、eth0、eth1 等)。

此外，还可将 Samba 服务器的访问限制到某些特定的主机。取消注释 hosts allow 行(删除前面的分号)，并添加想要允许访问的主机的 IP 地址。如果想要输入一个地址范围，以地址的子网部分结束并紧跟一个点(.)。例如，127.与指向本地主机的 IP 地址相关联。192.168.12.项与 192.168.12.1 到 192.168.12.254 之间的任何 IP 地址都匹配。

2. 配置[homes]部分

默认情况下，[homes]部分配置为允许任何 Samba 用户账户通过 Samba 服务器访问自己的主目录。默认的 homes 项如下所示：

```
[homes]
        comment = Home Directories
        valid users = %S, %D%w%S
        browseable = No
        read only = No
        inherit acls = Yes
```

将 valid users 设置为%S 将替换当前服务名，这允许服务的任何有效用户访问其主目录。有效用户还可通过域或工作组(%D)、winbind 分隔符(%w)和当前服务名称(%S)来标识。

browseable = No 设置阻止 Samba 服务器显示共享主目录的可用性。能提供自己的 Samba 用户名和密码的用户可以在自己的主目录中读写(read only = no)。通过将 inherit acls 设置为 Yes，可以继承访问控制列表，从而为共享文件添加另一层安全性。

如果在启动了 smb 服务之后使用有效的用户账户不能进行登录，则可能需要更改系统中一些安全功能。特别是在 Fedora 和 RHEL 系统中，需要对 SELinux 功能进行更改，从而允许用户在 SELinux enforcing 模式下访问自己的主目录。

例如，如果尝试使用 smbclient 登录到主目录，登录将成功，但当尝试列出该主目录中的内容时，将看到如下消息：

```
NT_STATUS_ACCESS_DENIED listing \*
```

为了告诉 SELinux 允许 Samba 用户访问作为 Samba 共享的主目录，需要以 root 用户身份通过 shell 输入下面的命令，从而启用 samba_enable_home_dirs 布尔值：

```
# setsebool -P samba_enable_home_dirs on
```

setsebool 命令启用了 Samba 共享主目录的功能(该功能在默认情况下是关闭的)。首先使用 smbpasswd 为用户创建密码，然后使用 smbclient 登录。使用 smbclient 命令检查用户 chris 对其主目录访问的具体形式如下所示(请使用你自己的 Samba 服务器的名称或地址替换命令中的 IP 地址)：

```
$ smbpasswd -a chris
New SMB password: *********
Retype new SMB password: *********
Added user chris.

$ smbclient -U chris //192.168.0.119/chris

Enter SAMBA\chris's password:
Try "help" to get a list of possible commands.
smb: \> ls file.txt
  file.txt 149946368  Sun Jan  4 09:28:53 2020
        39941 blocks of size 524288. 28191 blocks available
smb:\>  quit
```

需要记住的一点是，即使 Samba 共享是不可以浏览的，也可通过使用 Samba 服务器的主机名或 IP 地址+用户名(此时为 chris)的形式来访问用户的主目录。

3. 配置[printers]部分

根据默认添加的[printers]部分，Linux 系统中任何为 CUPS 打印所配置的打印机都将自动通过 Samba 与其他系统共享。全局性的 cups options=raw 设置使所有的打印机都成为原始打印机(这意味着 Windows 客户端需要为每个共享打印机提供正确的打印机驱动程序)。

下面列举 smb.conf 文件中默认打印机部分的示例：

```
[printers]
       comment = All Printers
       path = /var/tmp
       printable = Yes
       create mask = 0600
       browseable = No
```

path 告诉 Samba 在/var/tmp 中存储临时打印文件。printable＝Yes 行使 Samba 共享本地系统上的所有 CUPS 打印机。打印机是可写入的，默认情况下允许客户打印。这里使用的 create mask＝0600 设置的作用是，当在 path 目录中创建文件时，删除 ACL 中的组和其他组的写和执行位。

如果想要查看哪些打印机可用，可像前面所示的那样使用 smbclient -L 命令。而在 Windows 系统中，可从 Windows 资源管理器的文件管理器窗口选择网络，然后选择代表 Samba 服务器的图标。此时，所有共享的打印机和文件夹都将出现在窗口中(关于查看和使用共享打印机的详细内容，请参见本章的"访问 Samba 共享"一节)。

4. 创建 Samba 共享文件夹

在创建共享文件夹之前，该文件夹(目录)必须存在并设置了正确的权限。在本例中，/var/salesdata 目录是共享的。希望数据可以由名为 chris 的用户写入，但对网络上的任何人都可见。要创建该目录并设置适当的权限和 SELinux 文件上下文，以 root、用户的身份键入以下内容：

```
# mkdir /var/salesdata
# chmod 775 /var/salesdata
# chown chris:chris /var/salesdata
# semanage fcontext -a -t samba_share_t /var/salesdata
# restorecon -v /var/salesdata
# touch /var/salesdata/test
# ls -lZ /var/salesdata/test
-rw-r--r--. 1 root root
   unconfined_u:object_r:samba_share_t:s0 0 Dec 24 14:35
      /var/salesdata/test
```

5. 将共享文件夹添加到 Samba

创建并正确配置为由 Samba 共享的/var/salesdata 目录后，共享文件夹(称为 salesdata)在 smb.conf 文件中如下所示：

```
[salesdata]
      comment = Sales data for current year
      path = /var/salesdata
      read only = no
;     browseable = yes
      valid users = chris
```

在创建该共享前，首先创建了/var/salesdata 目录，并将 chris 作为用户和组分配给该目录，然后 chris 将该目录设置为可读取和可写入(此外，还必须设置 SELinux 文件上下文，且 SELinux 处于 enforcing 模式)。为了访问共享，必须提供 Samba 用户名 chris 以及相关的密码。chris 连接到共享后，就可对共享内容进行读取和写入操作(read only=no)。

到目前为止，你已经了解了 Samba 的默认设置并学习了一个简单的共享目录(文件夹)示例，接下来将介绍如何进一步配置共享。特别是如何向特定用户、主机以及网络接口提供共享。

6. 检查 Samba 共享

为让 Samba 配置的更改生效，需要重启 smb 服务。然后，检查所创建的 Samba 共享是否可用以及分配给该共享的任何用户是否可以访问共享。为此，可以 root 用户身份在 Samba 服务器的 shell 中输入下面的命令：

```
# systemctl restart smb.service
# smbclient -L localhost -U chris
Enter SAMBA\chris's password: *******

    Sharename       Type        Comment
    ---------       ----        -------
    salesdata       Disk        Sales data for current year
    print$          Disk        Printer Drivers
    IPC$            IPC         IPC Service (Samba 4.10.4)
```

```
    chris             Disk      Home Directories
Reconnecting with SMB1 for workgroup listing.
    Server            Comment
    ---------         -------


    Workgroup         Master
    ---------         -------
    SAMBA             FEDORA30
...
```

此时，可以看到共享名称(salesdata)、Domain 设置为工作组名 DATAGROUP 以及前面所输入的相关说明(Sales data for current year)。测试是否可以访问共享的一种快速方法是使用 smbclient命令。可以在 smbclient 命令使用主机名或 IP 地址来访问共享。因为你正处在本地系统中，所以可以使用名称 localhost 和用户 chris：

```
# smbclient -U chris //localhost/salesdata
Enter SAMBA\chris's password: ********
Try "help" to get a list of possible commands.
smb: \> lcd /etc
smb: \> put hosts
putting file hosts as \hosts (43.5 kb/s) (average 43.5 kb/s)
smb: \> ls
  .                            D     0  Sun Dec 29 09:52:51 2020
  ..                           D     0  Sun Dec 29 09:11:50 2020
  hosts                        A    89  Sun Dec 29 09:52:51 2020
        39941 blocks of size 524288. 28197 blocks available
smb: \> quit
```

Samba 共享的形式为//host/share 或者\\host\share。然而，当通过 Linux shell 采用后一种形式确定 Samba 共享时，反斜杠需要进行转义。所以，作为 smbclient 命令的参数，共享的第一个示例必须以\\\localhost\\salesdata 形式出现。由此可见，第一种形式是较容易使用的。

> **注意：**
> 如果想要对通过 shell 输入的字符进行转义，可以在该字符之前添加一个反斜杠(\)，从而告诉shell 在字面上使用反斜杠后面的字符，而不是赋予该字符特殊的含义(字符*和?就是具有特殊含义的字符示例)。因为反斜杠本身对于 shell 来说就具有特殊含义，所以如果想要从字面上使用一个反斜杠，则需要在其之前再加一个反斜杠。这也就是为什么当想要输入包括两个反斜杠的 Samba地址时实际上输入了四个反斜杠的原因。

出现提示时，输入用户的 Samba 密码(该密码可能与 Linux 用户密码不同)。在这个示例中，Samba 用户的密码是前面使用 smbpasswd 设置的。然后看到提示符 smb:\>。

此时，拥有了一个与 Samba 服务器的会话，类似于遍历一个 FTP 服务器的 lftp 会话。lcd /etc命令使/etc 成为本地系统上的当前目录。put hosts 命令将本地系统上的主机文件上传到共享目录。输入 ls，显示主机文件已经存在于服务器中。最后使用 quit 命令结束会话。

通过网络接口限制 Samba 访问

为了限制对所有共享的访问，可以在 smb.conf 文件中设置全局接口设置。这样一来，Samba将更专注于本地文件共享，而不是通过广域网络实现共享。如果计算机分别有一个连接到本地网络和 Internet 的网络接口，那么可以考虑仅允许对本地网络的访问。

为了设置 Samba 所监听的接口，可以取消注释 smb.conf 文件中[global]部分的 interfaces 行。然后添加允许访问计算机的名称或 IP 地址范围。如下面示例所示：

```
interfaces = lo 192.168.22.15/24
```

该接口项允许本地系统上的所有用户访问 Samba 服务(lo)。此外，还允许 192.168.22 网络上的任何系统访问 Samba 服务。请参阅 smb.conf 手册页中的相关说明，学习确定主机和网络接口的不同方法。

通过主机限制 Samba 访问

可以将 Samba 服务器的主机访问设置为整个服务或者单个共享。接下来列举一些 hosts allow 和 hosts deny 项的示例：

```
hosts allow = 192.168.22. EXCEPT 192.168.22.99
hosts allow = 192.168.5.0/255.255.255.0
hosts allow = .example.com market.example.net
hosts deny = evil.example.org 192.168.99.
```

可以将这些条目放置到[global]部分或者其他任何共享目录部分。第一个示例允许 192.168.22. 网络上的任何主机访问 Samba 服务(除了 192.168.22.99 之外，该主机被拒绝访问)。请注意，在网络号的末尾要加上一个点(.)。192.168.5.0/255.255.255.0 示例使用了子网掩码表示法，将 192.168.5 识别为允许访问的地址组。

在第三个示例中，来自.example.com 网络的任何主机以及单个主机 market.example.net 都被允许访问。hosts deny 示例演示了可以使用相同的形式来确定主机名和 IP 地址，从而防止某些主机访问 Samba 服务。

通过用户限制 Samba 访问

通过在 smb.conf 文件的某一共享中指定用户和组，可以允许特定的 Samba 用户和组访问特定的 Samba 共享。除了 guest 用户之外(该用户可以允许或者不允许访问)，Samba 默认的用户身份验证都要求添加一个与本地 Linux 用户账户相映射的 Samba(Windows)用户账户。

为了允许一个用户访问 Samba 服务器，需要为该用户创建密码。下面的示例演示了如何为用户 jim 添加 Samba 密码：

```
# smbpasswd -a jim
New SMB password: *******
Retype new SMB password: *******
```

运行 smbpasswd 命令后，jim 就可以使用用户名和密码来访问 Samba 服务器。/var/lib/samba/private/passdb.tdb 文件保存了刚才为 jim 输入的密码。此后，当用户 jim 登录后，可以通过使用 smbpasswd 命令更改该密码。此外，root 用户也可以通过运行本示例所示的命令更改该密码，但要删除-a 选项。

如果想要让 jim 访问某一共享，可以向 smb.conf 文件中对应的共享块添加 valid users 行。例如，为允许 chris 和 jim 访问某一共享，可以添加下面所示的行：

```
valid users = jim, chris
```

如果该共享的 read only 选项被设置为 no，那么 chris 和 jim 都可以向该共享写入文件(根据文件权限而定)。而如果 read only 设置为 yes，通过添加 write list，仍然可以允许 jim 和 chris 写入文件，如下所示：

```
write list = jim, chris
```

write list 还可以包含组(也就是包含在/etc/group 文件中的 Linux 组)，从而允许任何属于某一特定 Linux 组的 Linux 用户具备写入权限。可以在组名前面添加一个加号(+)字符，从而为该组添加写入权限。例如，下面的示例为 market 组添加了对前面所示共享的写访问权限：

```
write list = jim, chris, +market
```

更改和扩展共享 Samba 资源功能的方法有很多。如果想了解关于配置 Samba 的更多信息，可以参阅 smb.conf 文件(其中包括许多有用的注释)以及 smb.conf 手册页。

19.6　访问 Samba 共享

在 Samba 中创建了一些共享目录后，就可以使用 Linux 和 Windows 中所提供的许多客户端工具访问这些共享。Linux 中的命令行工具包括本章前面介绍的 smbclient 命令。而对于访问共享的图形化方式，可以使用 Windows(Windows 资源管理器)和 Linux(Nautilus，需要使用 GNOME 桌面)所提供的文件管理器。

19.6.1　在 Linux 中访问 Samba 共享

一旦 Samba 共享可用，就可以使用文件管理器或远程挂载命令从远程 Linux 和 Windows 系统访问它。

1. 从 Linux 文件管理器访问 Samba 共享

在 Linux 中打开一个文件管理器，可以访问来自 Linux(Samba)以及 Windows(SMB)的共享目录。然而，针对不同的 Linux 桌面，访问文件管理器的方法也是不同的。在 GNOME 3 中，可以单击 Files 图标。而在其他桌面，需要打开 Home 文件夹。

显示 Nautilus 窗口管理器后，在左侧导航栏中选择 Other Location 选项。应该出现 Available networks (例如 Windows Network)。查看标识为 Connect to Server 的窗口底部框，然后输入可用 Samba 共享的位置。鉴于前面的例子，可以使用下述共享的任何一个：

```
smb://192.168.122.119/chris
smb://192.168.122.119/salesdata
```

Connect to Server 窗口应该如图 19.1 所示。

在出现的窗口中单击 Connect，可以选择作为注册用户进行连接。如果这样做，则可以输入用户名、Samba 域名和用户密码。还可以选择是否保存该密码。图 19.2 显示了该窗口的示例。

单击 Connect。如果用户和密码被接受，应该会看到远程目录的内容。如果具有对共享的写访问权，那么可以打开另一个 Nautilus 窗口并在两个系统之间拖放文件。图 19.3 显示了连接到 salesdata 共享之后的 Nautilus 窗口示例。

图 19.1　通过 Nautilus Connect to Server 窗口确定 Samba 共享

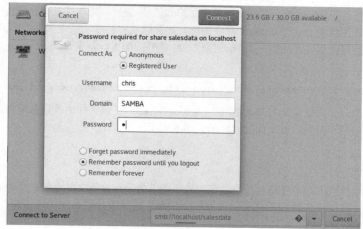

图 19.2　添加 Samba 凭证

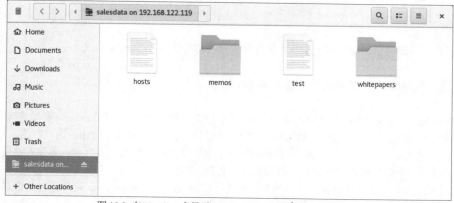

图 19.3　在 Nautilus 中显示 Connect to Server 中的 Samba 共享

2. 利用 Linux 命令行装载 Samba 共享

因为 Samba 共享目录可以视为远程文件系统，所以可以使用普通的 Linux 工具将 Samba 共享(临时或者永久)连接到自己的 Linux 系统。通过使用标准的 mount 命令(安装了 cifs-utils)，可将远程的 Samba 共享挂载为 Linux 中的 CIFS 文件系统。下面的示例将来自 IP 地址 192.168.0.119 的主机的 salesdata 共享挂载到本地目录/mnt/sales 中：

```
# yum install cifs-utils -y
# mkdir /mnt/sales
# mount -t cifs -o user=chris \
     //192.168.0.119/salesdata /mnt/sales
Password for chris@//192.168.122.119/salesdata: *******
# ls /mnt/sales
hosts  memos  test  whitepapers
```

当出现提示时，输入 chris 的 Samba 密码。假设用户 chris 已经拥有了对共享目录的读取/写入权限，那么你自己系统上的用户应该也可以对挂载的目录进行读取和写入操作。不管谁在共享目录中保存了文件，在服务器端，这些文件都由用户 chris 所拥有。共享目录的挂载将一直持续，直到重启系统或者在目录上运行 umount 命令为止。如果想要将共享目录永久挂载到同一位置(也就是说每次系统重启时都进行挂载)，则需要完成一些额外的配置。首先打开/etc/fstab 文件，并添加下面所示的条目：

```
//192.168.0.119/salesdata /mnt/sales cifs credentials=/root/cif.txt 0 0
```

然后，创建一个凭据文件(在本示例中，为/root/cif.txt)。在该文件中放置系统尝试挂载文件系统时所需的用户名和密码。该文件的内容示例如下所示：

```
user=chris
pass=mypass
```

在重新启动检查上述条目是否正确之前，先要通过命令行挂载文件系统。命令 mount -a 尝试挂载/etc/fstab 文件中尚未挂载的任意文件系统。df 命令显示所挂载目录的磁盘空间信息。例如：

```
# mount -a
# df -h /mnt/sales
Filesystem                    Size  Used  Avail   Ues%  Mounted on
//192.168.0.119/salesdata     20G   5.7G   14G    30%   /mnt/sales
```

现在，应该可以像操作本地系统上的任何目录一样使用共享 Samba 目录。

19.6.2　在 Windows 中访问 Samba 共享

就像使用 Linux 一样，在 Windows 中也可以通过文件管理器窗口(即 Windows 资源管理器)访问 Samba 共享。为此，首先打开 Windows 中的任何文件夹，然后选择左边面板的"网络"。此时在屏幕上应该出现一个代表 Samba 服务器的图标。单击该图标，如果出现提示，请输入密码。然后就可以看到来自服务器的所有共享打印机和文件夹(如图 19.4 所示)。

在图 19.4 中，可以看到存在两个共享文件夹(目录)：chris 和 salesdata。此外还有几个共享打印机。如果想使用这些共享文件夹，双击它们并输入所需的身份验证信息。因为打印机默认设置为使用原始驱动程序，所以只有获取 Windows 驱动程序才能使用任何 Samba 打印机。

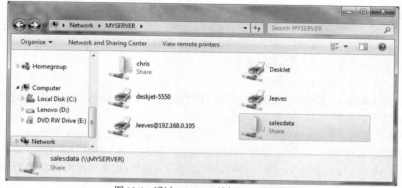

图 19.4 通过 Windows 访问 Samba 共享

19.7 在企业中使用 Samba

虽然已经超出了本书的范围,但在大型企业中通过 Samba 服务器实现 Windows 文件和打印机共享是一种非常受欢迎的应用。尽管 Linux 已经在企业级服务器市场取得了巨大进展,但 Windows 系统仍然是桌面上所使用的主要系统。

将 Samba 服务器整合到使用了多个 Microsoft Windows 桌面的大型企业所需的主要功能都涉及身份验证。多数大型企业都使用 Microsoft ADS(Active Directory Services,活动目录服务)服务器进行身份验证。而在 Linux 端,则意味着在 Linux 系统上配置 Kerberos 并在 smb.conf 文件中使用 ADS(而不是 user)作为安全类型。

集中式身份验证的优点是用户只需要记住在整个企业中通用的一组凭据,而管理员也只需要管理更少的用户账户和密码。

19.8 小结

因为 Windows 桌面的流行,所以为了在 Windows 和 Linux 系统之间共享文件和打印机而产生的 Samba 服务器也变得越来越流行。Samba 服务器通过实现 SMB(Server Message Block,服务器消息块)或者 CIFS(Common Internet File System,通用 Internet 文件系统)协议(这些协议都是为了实现通过网络共享资源)提供了一种与 Windows 进行互操作的方法。

本章引导完成了在 Linux 系统上安装、启动、保护、配置和访问 Samba 服务器的过程。可以使用图形化和命令行工具来设置 Samba 服务器以及通过 Linux 和 Windows 系统到达该服务器。

下一章将介绍 NFS(Network File System,网络文件系统)设施。NFS 是本地 Linux 设施,用于通过网络与其他 Linux 和 UNIX 系统共享文件系统和挂载文件系统。

19.9 习题

本部分的习题涉及在 Linux 中设置 Samba 服务器以及使用 Samba 客户端访问该服务器。通常可以使用多种方法完成这些任务。所以即使无法按照参考答案所显示的相同方法完成习题也不要担心，只要得到相同结果就行。可以参见附录 B 的参考答案。

　　不要在运行了 Samba 服务器的 Linux 系统上完成这些习题，因为它们可能会干扰服务器。应该在 Fedora 系统上测试这些习题。而在其他 Linux 系统上有些步骤有可能略微不同。

　　(1) 安装 samba 和 samba-client 软件包。

　　(2) 启动和启用 smb 和 nmb 服务。

　　(3) 分别将 Samba 服务器的工作组设置为 TESTGROUP，netbios name 设置为 MYTEST，以及将服务器字符串设置为 Samba Test System。

　　(4) 向系统添加一个 Linux 用户 phil，并为其添加 Linux 密码和 Samba 密码。

　　(5) 设置[homes]部分，以便主目录可浏览(yes)和可写入(yes)，并且 phil 是唯一有效用户。

　　(6) 为了让 phil 可以通过 Samba 客户端访问自己的主目录，设置任何需要的 SELinux 布尔值。

　　(7) 通过本地系统，使用 smbclient 命令列出可用的 homes 共享目录。

　　(8) 通过本地系统上的 Nautilus(文件管理器)窗口连接到本地 Samba 服务器上用户 phil 的 homes 共享目录，并且允许向该文件夹拖放文件。

　　(9) 打开防火墙，以便任何可以访问服务器的人可以访问 Samba 服务(smbd 和 nmbd 守护进程)。

　　(10) 通过网络上的另一个系统(Windows 或 Linux)，尝试以用户 phil 的身份再次打开 homes 共享目录，并确保可以向该目录拖放文件。

第**20**章

配置 NFS 服务器

本章主要内容：

- 获取 NFS 服务器软件
- 启用和启动 NFS 服务
- 导出 NFS 目录
- 为 NFS 设置安全功能
- 挂载远程 NFS 共享目录

与 Microsoft 操作系统使用驱动器盘符(A、B、C 等)表示存储设备不同，Linux 系统以不可见的方式将多个硬盘、USB 驱动器、CD-ROM 以及其他本地设备上的文件系统连接起来，形成一个单一的 Linux 文件系统。NFS(Network File System，网络文件系统)设施允许用相同的方式扩展 Linux 文件系统，将其他计算机上的文件系统连接到本地目录结构。

NFS 文件服务器为组织中的用户和计算机之间共享大量数据提供了一种简单方法。对于那些配置为通过 NFS 共享文件系统的 Linux 系统来说，系统管理员必须完成下面的任务才能设置 NFS：

(1) **设置网络**。NFS 通常用在私有的 LAN 中，而不是公共网络(如 Internet)。

(2) **启动 NFS 服务**。想要拥有一个全面运作的 NFS 服务，需要启动并运行多个服务守护进程。在 Fedora 和 Red Hat Enterprise Linux 中，可以启动 nfs-server 服务。

(3) **从服务器中选择共享的内容**。确定为其他计算机提供 Linux NFS 服务器上的哪些文件系统。可以选择文件系统中的任何一个点，并让其他计算机访问该点以下的所有文件和目录。

(4) **设置服务器上的安全**。可使用多种不同的安全功能来满足所需的不同安全等级。挂载级别的安全可以限制可挂载某一资源的计算机，而对于那些可以挂在该资源的计算机，可以指定挂载为可读写或者只读。在 NFS 中，通过将客户端系统上的用户映射到 NFS 服务器上的用户(根据 UID 完成映射过程，而不是根据用户名)实现了用户级别的安全，以便用户可以依赖标准的 Linux 读取/写入/执行权限、文件所有权以及组权限来访问和保护文件。

(5) **在客户端上挂载文件系统**。每一个允许访问服务器 NFS 共享文件系统的客户端计算机可在所选的任何地方挂载该文件系统。例如，可从名为 oak 的计算机将文件系统挂载到本地文件系统的/mnt/oak 目录中。挂载完毕后，可通过输入 ls /mnt/maple 浏览该目录中的内容。

尽管 Linux 经常用作文件服务器(或其他类型的服务器)，但它是一种通用操作系统，因此任何 Linux 系统都可以作为服务器共享或导出文件系统，或者作为客户机使用另一台计算机的文件系统(挂载)。实际上，Red Hat Enterprise Linux 8 和 Fedora 30 工作站都在其默认安装中包含了 nfs-server 服务。

注意:

文件系统通常是存在于单个设备(比如硬盘分区或者 CD-ROM)上的文件和目录结构。术语"Linux 文件系统"主要指整个目录结构(可能包括来自多个磁盘分区的文件系统、NFS 或者各种网络资源),从单个计算机上的根(/)开始。NFS 中的共享目录可能表示了所有或者部分计算机文件系统,可将其(从目录树下的共享目录开始)连接到另一台计算机的文件系统。

如果系统上已经运行了 NFS 和 Cockpit 服务,就可以挂载 NFS 共享,并在 Cockpit Web UI 中查看挂载的共享。以下是步骤:

(1) 通过 Web 浏览器登录到 Cockpit 界面(端口 9090)并选择 Storage。获取本地系统上 Cockpit 服务中存储的 URL,例如 https://host1.example.com:9090/storage。

(2) 如果系统上有已挂载的 NFS 共享,那么它们应该出现在 NFS Mounts 区域中。图 20.1 显示了一个包含两个已挂载的 NFS 共享的示例。

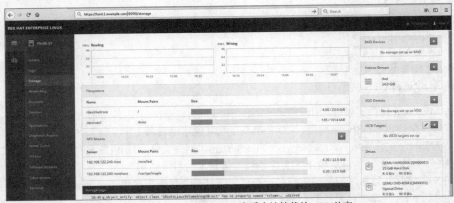

图 20.1　使用 Cockpit Web UI 查看本地挂载的 NFS 共享

(3) 要挂载远程 NFS 共享,在 NFS Mounts 行上选择加号(+)。填写 NFS 服务器的地址或主机名、NFS 共享上的共享目录以及本地文件系统上要挂载该共享的点。然后选择 Add,如图 20.2 所示。

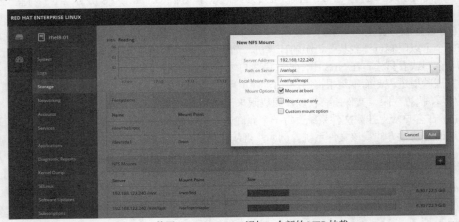

图 20.2　使用 Cockpit Web UI 添加一个新的 NFS 挂载

现在，应该能够从本地文件系统上的挂载点访问远程 NFS 共享的内容。默认情况下，NFS 装载信息添加到/etc/fstab 文件，因此 NFS 共享将在每次系统重新引导时可用。现在已经介绍了使用 NFS 的简单方法，本章的其余部分将描述如何从头开始使用 NFS。

20.1 安装 NFS 服务器

为运行 NFS 服务器，需要一组内核模块(这些模块由内核本身提供)以及一些以各种方式配置服务、运行守护进程以及查询服务的用户级别的工具。

对于 Fedora 和 RHEL 的早期版本来说，可以通过安装 nfs-utils 软件包来添加内核中所没有的组件。在 RHEL 8 和 Fedora 30 中，所需的组件包含在以下默认安装中：

```
# yum install nfs-utils
```

除/usr/share/doc/nfs-utils*目录中的一些文档之外，nfs-utils 软件包中的大部分文档包括了针对各个组件的手册页。如果想要查看文档列表，可以输入下面的命令：

```
# rpm -qd nfs-utils | less
```

针对 NFS 服务器端(用来与其他计算机共享目录)和客户端(用来本地挂载远程 NFS 目录)可以使用许多工具和手册页。为配置 NFS 服务器，可以参考 exports 手册页设置/etc/exports 文件，从而共享目录。而 exportfs 命令的手册页介绍了如何共享和查看通过/etc/exports 文件所共享的目录列表。nfsd 手册页介绍了可传递给 rpc.nfsd 服务器守护进程的选项，通过所传递的选项，可以让服务器以调试模式运行。

客户端上的手册页包括 mount.nfs 手册页(查看当在本地系统上挂载远程 NFS 目录时可以使用哪些挂载选项)。此外，还有 nfsmount.conf 手册页，介绍了当挂载远程资源时如何使用/etc/nfsmount.conf 文件来配置系统的行为方式。而 showmount 手册页介绍了如何使用 showmount 命令查看 NFS 服务器上哪些共享目录可用。

如果想要了解更多关于 nfs-utils 软件包的内容，可以运行下面的命令分别查看关于软件包、配置文件、命令的相关信息：

```
# rpm -qi nfs-utils
# rpm -qc nfs-utils
# rpm -ql nfs-utils | grep bin
```

20.2 启动 NFS 服务

启动 NFS 服务包括启动多个服务守护进程。Fedora 和 RHEL 8 中基本的 NFS 服务称为 nfs-server。为了启动该服务，需要运行下面所示的三条命令启用它(以便每次系统启动时启动 nfs-server 服务)并检查其状态：

```
# systemctl start nfs-server.service
# systemctl enable nfs-server.service
# systemctl status nfs-server.service
• nfs-server.service - NFS server and services
```

```
    Loaded: loaded (/lib/systemd/system/nfs-server.service; enabled
            vendor preset: disabled)
    Active: active (exited) since Mon 2019-9-02 15:15:11 EDT; 24s ago
  Main PID: 7767 (code=exited, status=0/SUCCESS)
     Tasks: 0 (limit: 12244)
    Memory: 0B
    CGroup: /system.slice/nfs-server.service
```

通过状态可以看到，nfs-server 服务被启用并处于活动状态。此外，NFS 服务还需要运行 RPC 服务(rpcbind)。如果 rpcbind 服务没有运行，nfs-server 服务会自动启动 rpcbind 服务。

在 Red Hat Enterprise Linux 6 中，需要使用 service 和 chkconfig 命令来检查、启动和启用 NFS 服务(nfs)。下面所示的命令显示 nfs 服务目前没有运行且被禁用：

```
# service nfs status
rpc.svcgssd is stopped
rpc.mountd is stopped
nfsd is stopped
# chkconfig --list nfs
nfs 0:off 1:off 2:off 3:off 4:off 5:off 6:off
```

如前所述，为了让 NFS 工作，必须运行 rpcbind 服务。在 RHEL 6 中，可以使用下面的命令启动并永久启用 rpcbind 和 nfs 服务。

```
# service rcpbind start
Starting rpcbind:                    [  OK  ]
# service nfs start
Starting NFS services:               [  OK  ]
Starting NFS quotas:                 [  OK  ]
Starting NFS daemon:                 [  OK  ]
Starting NFS mountd:                 [  OK  ]
# chkconfig rpcbind on
# chkconfig nfs on
```

在 NFS 服务运行后，用来实际配置 NFS 的命令(mount、exportfs 等)和文件(/etc/exports、/etc/fstab 等)在每种 Linux 系统上基本都是相同的。所以，在安装并运行 NFS 后，可按本章的指示使用 NFS。

20.3　共享 NFS

要从 Linux 系统中共享 NFS，需要从服务器系统中导出该文件系统。在 Linux 中，通过向 /etc/exports 文件添加条目可以完成导出操作。每一个条目确定了本地系统中想要与其他计算机共享的一个目录。此外，这些条目还确定了可以共享资源的其他计算机(或者所有计算机都可以使用该资源)，并包括了可反映与目录相关的权限的选项。

记住，当共享某一目录时，也正在共享该目录下的所有文件及其子目录(默认)。所以你需要确定真正想要共享该目录结构中的所有内容。可用多种方法限制对该目录结构的访问；稍后将介绍这些方法。

20.3.1　配置/etc/exports 文件

要让其他系统可以使用 Linux 系统中的目录，需要导出该目录。将与导出目录有关的信息添加到/etc/exports 文件就可以永久完成导出工作。

下面显示了/etc/exports 文件的格式：

```
Directory    Host(Options...)   Host(Options...)   # Comments
```

在该示例中，Directory 指明要共享的目录名称，Host 指明该目录的共享仅限于哪些客户端计算机。Options 包括各种选项，可用来定义与主机共享目录相关的安全措施(可以重复Host/Option 对)。Comments 为可添加的任意可选注释(紧跟在#符号之后)。

exports 手册页(man exports)包含了关于/etc/exports 文件语法的详细内容。特别是可以查看用来限制和保护每个共享目录的相关选项。

作为 root 用户，可以使用任何文本编辑器来配置/etc/exports，从而修改共享目录项或者添加新项。下面显示了/etc/exports 文件的一个示例：

```
/cal    *.linuxtoys.net(rw)                 # Company events
/pub    *(ro,insecure,all_squash)           # Public dir
/home   maple(rw,root_squash) spruce(rw,root_squash)
```

/cal 项表示一个目录，其中包含了与公司事件相关的信息。公司域(*.linuxtoys.net)中的任何计算机都可以挂载该 NFS 共享。用户可以向该目录写入文件以及读取文件(由 rw 选项表示)。注释(# Company events)只是提醒大家目录包含了哪些内容。

/pub 项代表公共目录。它允许任何计算机和用户从目录中读取文件(使用 ro 选项表示)，但不能写入文件。其中，insecure 选项能让任何计算机(甚至包括那些没有使用安全 NFS 端口的计算机)访问该目录。而 all_squash 选项则将所有用户(UID)和组(GID)映射到用户 ID 65534(该用户 ID 表示Fedora 或者 RHEL 中的 nfsnobody 用户以及 Ubuntu 中的 nobody 用户)，并赋予他们对文件和目录的最低权限。

/home 项能让一组用户使用不同计算机上相同的/home 目录。例如，假设正在共享计算机 oak上的/home 目录，名为 maple 和 spruce 的计算机可以分别在自己的/home 目录上挂载该目录。如果在所有计算机上为所有用户赋予相同的用户名/UID，就可让每一个用户使用相同的/home/user目录，而不管该用户登录到哪台计算机。root_squash 用于防止来自其他计算机的 root 用户拥有对该共享目录的 root 权限。

上面列举的只是一些示例；可以共享任何所选择的目录，包括整个文件系统(/)。当然，如果共享整个文件系统或者文件系统中比较敏感的部分(如/etc)，则存在很大的安全隐患。接下来将详细介绍可添加到/etc/exports 文件的安全选项。

1. /etc/exports 中的主机名

可在/etc/exports 文件中指明哪些计算机可以访问共享目录。如果想要将多个主机名或 IP 地址与特定的共享目录关联起来，一定要在每个主机名前添加一个空格。然而，主机名和选项之间不应该有空格。例如：

```
/usr/local maple(rw) spruce(ro,root_squash)
```

请注意，在(rw)之后有一个空格，而在 maple 之后没有空格。可以使用多种方法识别主机：

- **单个主机**——输入一个或多个 TCP/IP 主机名或 IP 地址。如果该主机位于本地域中，只需要指出主机名即可。否则，使用完整的 host.domain 格式。下面所示的都是指明单个主机的有效方法：

```
maple
maple.handsonhistory.com
10.0.0.11
```

- **IP 网络**——通过指定网络号及其子网掩码(中间使用一个斜杠(/)分隔)，可以访问特定网络地址的所有主机。下面所示的都是指定网络号的有效方法：

```
10.0.0.0/255.0.0.0 172.16.0.0/255.255.0.0
192.168.18.0/255.255.255.0
192.168.18.0/24
```

- **TCP/IP 域**——通过使用通配符，可包括特定域级别的所有或者部分主机。下面所示的都是星号和问号通配符的有效用法：

```
*.handsonhistory.com
*craft.handsonhistory.com
???.handsonhistory.com
```

第一个示例匹配 handsonhistory.com 域中的所有主机。第二个示例匹配 handsonhistory.com 域中 woodcraft、basketcraft 或其他任何以 craft 结尾的主机名。最后一个示例匹配该域中任何三个字母的主机名。

- **NIS 组**——可以允许访问包含在 NIS 组中的主机。要指示一个 NIS 组，可以在组名前使用符号@(例如，@group)。

2. /etc/exports 中的访问选项

当使用 NFS 导出一个目录时，并非必须要公开这些文件和目录。在/etc/exports 中每一项的选项部分，通过设置读取/写入权限，可以添加允许或限制访问的选项。下面列举了可以传递给 NFS 的访问选项：

- **ro**——客户端可以将该导出文件系统挂载为只读的。默认情况是将文件系统挂载为可读写的。
- **rw**——明确要求使用读取/写入权限共享目录(如果客户端选择只读方式，也可以挂载为只读的)。

3. /etc/exports 中的用户映射选项

除了定义常规的权限处理选项之外，还可以使用选项来设置具体用户对 NFS 共享文件系统所拥有的权限。

简化该过程的一种方法是让每个带有多个用户账户的用户在每台计算机上拥有相同用户名和 UID。这样更容易映射用户，从而使他们在挂载文件系统上所拥有的权限与在本地硬盘上存储的文件上的权限相同。如果觉得该方法不是很方便，也可以使用其他方法来映射用户 ID。下面列举了可用来设置用户权限的方法以及每种方法可以使用的/etc/exports 选项：

- **root 用户**——默认情况下，客户端的 root 用户映射到 nfsnobody 用户名(UID 65534)，从而防止客户端计算机的 root 用户更改共享文件系统中的文件和目录。如果想要客户端的 root

用户拥有服务器上的 root 权限,可以使用 no_root_squash 选项。

- **nfsnobody 或 nobody** 用户/组——通过使用 65534 用户 ID 和组 ID,所创建的用户/组所拥有的权限不允许访问服务器上属于任何真正用户的文件,除非这些用户对所有人开放权限。然而,对于那些指定为 65534 用户或组的人来说,65534 用户或组所创建的文件都是可用的。如果想要将所有远程用户设置为 65534 用户/组,可以使用 all_squash 选项。65534 UID 和 GID 用来防止该 ID 遇上有效的用户或组 ID。通过使用 anonuid 或 anongid 选项,可以分别更改 65534 用户或者组。例如,anonuid=175 将所有 anonymous 用户设置为 UID 175。而 anongid=300 则将 GID 设置为 300(只有当列出文件权限时才会显示该编号,除非为新的 UID 和 GID 向/etc/password 和/etc/group 中添加有名称的项)。
- 用户映射——如果用户拥有一组计算机的登录账号(并且 ID 相同),那么默认情况下 NFS 映射到该 ID。这意味着,如果计算机 maple 上的用户 mike(UID 110)在计算机 pine 上拥有账号(mike,UID 110),他就可以从任何一台计算机使用任何计算机上已经远程挂载的文件。

如果尚未在服务器上设置的客户端用户在挂载的 NFS 目录上创建了一个文件,那么该文件将分配给远程用户 UID 和 GID(在服务器上使用 ls –l,显示所有者的 UID)。

20.3.2　导出共享文件系统

向/etc/exports 文件添加相关条目后,运行 exportfs 命令导出这些目录,从而使网络上的其他计算机可以使用它们。重启计算机或者重启 NFS 服务,会自动运行 exportfs 命令,从而导出相关目录。如果想要立即导出它们,可以 root 用户身份通过命令行运行 exportfs 命令。

下面是 exportfs 命令的示例:

```
# /usr/sbin/exportfs -a -r -v
exporting maple:/pub
exporting spruce:/pub
exporting maple:/home
exporting spruce:/home
exporting *:/mnt/win
```

-a 选项表示应该导出/etc/exports 中列出的所有目录。-r 选项使所有导出与当前/etc/exports 文件重新保持同步(禁用没有在该文件中列出的导出)。-v 选项要求打印详细输出。在该示例中,命名的客户端计算机(maple 和 spruce)可以立即挂载本地服务器上的/pub 和/home 目录。而/mnt/win 目录对所有客户端计算机都可用。

20.4　确保 NFS 服务器安全

当加密技术以及其他安全措施还没有普遍地内置到网络服务(比如远程登录、文件共享以及远程执行)中时，NFS 设置就已经创建了。因此，NFS(甚至到了版本 3)存在一些比较突出的安全问题。

NFS 的安全问题使其成为一种不适合通过公共网络使用的设施，甚至使其难以在一个组织、企业中安全地使用。NFS 的安全问题主要包括以下几点:

- **远程 root 用户**——即使是使用默认的 root_squash(该选项防止 root 用户拥有对远程共享的 root 访问权限)，任何可使用共享 NFS 目录的计算机上的 root 用户都可以访问其他任何用户账户。因此，如果正在共享带有读取/写入权限的主目录，那么任何可使用该共享主目录的计算机上的 root 用户都可以访问这些主目录中的内容。
- **未加密的通信**——因为 NFS 流量都没有加密，所以任何试图嗅探网络的人都可能看到正在传输的数据。
- **用户映射**——NFS 共享的默认权限是通过用户 ID 完成映射的。例如，NFS 客户端上的用户(UID 500)可以访问 NFS 服务器上 UID 500 用户所拥有的文件，而不管所使用的用户名是什么。
- **文件系统结构公开**——一直到 NFSv3，如果通过 NFS 共享了一个目录，就公开了该目录在服务器文件系统中的位置(换句话说，如果共享了/var/stuff 目录，那么客户端将知道/var/stuff 是该目录在服务器上的实际位置)。

上面讲的都是些坏消息。但好消息是在 NFSv4 中，上面所介绍的大部分问题都得到了解决(需要完成一些额外的配置)。通过集成 Kerberos 支持，NFSv4 可以根据每个用户所获取的 Kerberos 票据(Kerberos ticket)配置用户访问。而对于你来说，额外需要完成的工作是配置 Kerberos 服务器。至于公开 NFS 共享位置，通过使用 NFSv4，可以将共享目录绑定到/exports 目录，这样一来，当共享目录时，这些目录的实际位置并没有公开。

访问 https://help.ubuntu.com/community/NFSv4Howto，了解更多关于 Ubuntu 中 NFSv4 的相关功能。

至于与 NFS 相关的标准 Linux 安全功能，iptables 防火墙、TCP Wrapper 以及 SELinux 在保护通过远程客户端访问 NFS 服务器方面都发挥了重要的作用。尤其是让 iptables 防火墙功能使用 NFS 特别具有挑战性。后续章节将介绍这些安全功能。

20.4.1　为 NFS 打开防火墙

NFS 服务依赖多个不同的服务守护进程来完成正常操作，其中大部分守护进程负责在不同的端口上监听访问。针对 Fedora 中所使用的默认 NFSv4，为了让 NFS 服务器正常运行，必须打开 TCP 和 UDP 端口 2049(nfs)和 111(rpcbind)。此外，服务器还要打开 TCP 和 UDP 端口 20048，以便 showmount 命令能从服务器查询可用的 NFS 共享目录。

对于 RHEL 8、Fedora 30 以及其他使用了 firewalld 服务的系统来说，可以使用 Firewall Configuration 窗口(yum install firewall-config)为 NFS 服务器打开防火墙。首先输入 firewall-config，然后确保在窗口中选中 nfs 和 rpc-bind，从而打开合适端口允许访问 NFS 服务。图 20.3 显示了该窗口的示例。

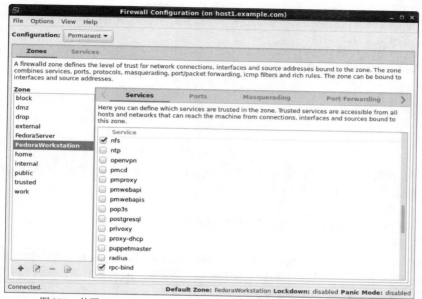

图 20.3　使用 Firewall Configuration 窗口打开防火墙，从而允许访问 NFS 服务

对于 RHEL 6 以及其他直接使用 iptables 服务的系统(在 firewalld 服务被引入之前)来说，为打开 NFS 服务器防火墙上的端口，请确保启用了 iptables 服务，并采用下面添加到 /etc/sysconfig/iptables 文件中的防火墙规则：

```
-A INPUT -m state --state NEW -m tcp -p tcp --dport 111 -j ACCEPT
-A INPUT -m state --state NEW -m udp -p udp --dport 111 -j ACCEPT
-A INPUT -m state --state NEW -m tcp -p tcp --dport 2049 -j ACCEPT
-A INPUT -m state --state NEW -m udp -p udp --dport 2049 -j ACCEPT
-A INPUT -m state --state NEW -m tcp -p tcp --dport 20048 -j ACCEPT
-A INPUT -m state --state NEW -m udp -p udp --dport 20048 -j ACCEPT
```

在 Red Hat Enterprise Linux 6 以及更早版本中，防火墙问题要更加复杂一点。主要问题是多个与 NFS 相关的不同服务监听不同的端口，而这些端口都是随机分配的。为解决该问题，需要锁定这些服务所使用的端口号并打开防火墙，以便这些端口可以访问。

为了更容易地锁定 NFS 服务器端口，可以向/etc/sysconfig/nfs 文件中添加相关条目，从而将特定端口号分配给服务。下面的示例演示了/etc/systemconfig/nfs 文件中使用了静态端口号集的选项：

```
RQUOTAD_PORT=49001
LOCKD_TCPPORT=49002
LOCKD_UDPPORT=49003
MOUNTD_PORT=49004
STATD_PORT=49005
STATD_OUTGOING_PORT=49006
RDMA_PORT=49007
```

设置完这些端口后，重启 nfs 服务(service nfs restart)。通过使用 netstate 命令，可以查看哪些进程正在监听这些分配的端口：

```
tcp  0  0 0.0.0.0:49001      0.0.0.0:*      LISTEN      4682/rpc.rquotad
tcp  0  0 0.0.0.0:49002      0.0.0.0:*      LISTEN      -
tcp  0  0 0.0.0.0:49004      0.0.0.0:*      LISTEN      4698/rpc.mountd
tcp  0  0 :::49002           :::*           LISTEN      -
tcp  0  0 :::49004           :::*           LISTEN      4698/rpc.mountd
udp  0  0 0.0.0.0:49001      0.0.0.0:*                  4682/rpc.rquotad
udp  0  0 0.0.0.0:49003      0.0.0.0:*                  -
udp  0  0 0.0.0.0:49004      0.0.0.0:*                  4698/rpc.mountd
udp  0  0 :::49003           :::*                       -
udp  0  0 :::49004           :::*                       4698/rpc.mountd
```

在设置完端口号并且由不同服务使用之后，接下来可以添加 iptables 规则，就像针对基本 NFS
服务使用端口 2049 和 111 那样。

20.4.2　在 TCP Wrappers 中允许 NFS 访问

借助于 Linux 中的 TCP Wrappers，能够向/etc/hosts.allow 和/etc.hosts.deny 文件添加信息，从而
指明哪些主机可以或者不可以访问诸如 vsftpd 和 sshd 的服务。虽然 TCP Wrappers 没有启用 nfsd
服务器守护进程，却启用了 rpcbind 服务。

对于 NFSv3 以及更早的版本来说，如果向/etc/hosts.deny 文件添加如下所示的一行，不仅会拒
绝对 rpcbind 服务器的访问，也会拒绝对 NFS 服务的访问：

```
rpcbind: ALL
```

然而，对于运行了 NFSv4 的服务器来说，默认情况下，上面所示的行"rpcbind: ALL"将会
阻止外部主机使用诸如 showmount 的命令获取关于 RPC 服务(比如 NFS)的相关信息。但不会阻止
挂载 NFS 共享目录。

20.4.3　为 NFS 服务器配置 SELinux

如果将 SELinux 设置为 permissive 或 disabled，并不会阻止对 NFS 服务的访问。然而，在 enforcing
模式下，则应该了解一些 SELinux 布尔值。为了检查系统中 SELinux 的状态，可以输入下面的
命令：

```
# getenforce
enforcing
# grep ^SELINUX= /etc/sysconfig/selinux
SELINUX=enforcing
```

如果系统处于 enforcing 模式(如上例所示)，可以查看 nfs_selinux 手册页，从而了解哪些
SELinux 设置会影响 vsftpd 服务的操作。下面列举了一些需要了解的与 NFS 相关的 SELinux 文件
上下文：

- nfs_export_all_ro——如果将该布尔值设置为开启，SELinux 将允许使用 NFS 共享带有只读
  权限的文件。不管共享文件和目录上的 SELinux 文件上下文设置是什么，NFS 只读文件
  共享都将被允许。

- nfs_export_all_rw——如果将该布尔值设置为开启,SELinux 将允许使用 NFS 共享带有读取/写入权限的共享文件。和前面的布尔值一样,不管共享文件和目录上的 SELinux 文件上下文设置是什么,NFS 可读写文件共享都将被允许。
- use_nfs_home_dirs——为了允许 NFS 服务器通过 NFS 共享主目录,需要将该布尔值设置为开启。

在上述的布尔值中,前两个布尔值默认情况下是开启的,而 use_nfs_home_dirs 布尔值是关闭的。为了打开 use_nfs_home_dirs 目录,可以输入下面的命令:

```
# setsebool -P use_nfs_home_dirs on
```

然而,通过更改希望通过 NFS 共享的文件和目录上的文件上下文,可以忽略与 NFS 文件共享相关的所有布尔值。可以在任何希望通过 NFS(或者其他文件共享协议,如 HTTP、FTP 等)共享的目录上设置 pubic_content_t 和 public_content_rw_t 文件上下文。例如,为了允许通过 NFS 以读取/写入方式共享/whatever 目录及其子目录,需要输入下面所示的命令设置并应用相关规则:

```
# semanage fcontext -a -t public_content_rw_t "/whatever(/.*)?"
# restorecon -F -R -v /whatever
```

如果希望用户仅能读取某一目录中的文件,而不能写入目录,可以为该目录分配 public_content_t 文件上下文。

20.5 使用 NFS

在服务器使用 NFS 通过网络导出一个目录后,客户端计算机可使用 mount 命令将该目录连接到自己的文件系统中。所使用的命令与从本地硬盘、DVD 和 USB 驱动器上挂载文件系统是一样的,但命令中的选项略有不同。

通过使用 mount 命令,客户端可以自动挂载 NFS 目录(添加到/etc/fstab 文件中),就像使用本地磁盘那样。此外,还可以通过非自动挂载的方式将 NFS 目录添加到/etc/fstab 文件中,此时可以根据选择手动挂载 NFS 目录。如果使用 noauto 选项,在系统启动并运行之后使用 mount 命令挂载该文件系统之前,/etc/fstab 中所列出的 NFS 目录将处于非活动状态。

除了/etc/fstab 文件外,还可以使用/etc/nfsmount.conf 文件来设置挂载选项。在该文件中,可以将所设置的挂载选项应用于所挂载的任何 NFS 目录或者仅应用于与特定挂载点或 NFS 服务器相关联的 NFS 目录。

然而,在开始挂载 NFS 共享目录之前,还可以使用 showmount 命令检查一下可通过 NFS 共享哪些目录。

20.5.1 查看 NFS 共享

通过客户端 Linux 系统,可以使用 showmount 命令查看所选择的计算机中哪些共享目录是可用的。例如:

```
$ showmount -e server.example.com
/export/myshare client.example.com
/mnt/public     *
```

showmount 输出显示共享目录/export/myshare 仅对主机 client.example.com 可用。而共享目录/mnt/public 对所有主机都可用。

20.5.2　手动挂载 NFS

在知道了网络上某台计算机的目录被导出或挂载后，可使用 mount 命令手动挂载该目录。在将该目录设置成永久挂载之前，可以使用该方法确保目录可用且正常工作。下面所示的示例在本地计算机上挂载了来自 maple 计算机的/stuff 目录：

```
# mkdir /mnt/maple
# mount maple:/stuff /mnt/maple
```

第一条命令(mkdir)创建了挂载点目录(/mnt 是临时放置挂载磁盘和 NFS 文件系统的公共位置)。mount 命令识别了远程计算机和共享文件系统(两者由一个冒号分隔，maple:/stuff)，然后紧跟本地挂载点目录(/mnt/maple)。

> **注意：**
> 如果挂载失败，请确定 NFS 服务正在服务器上运行且该服务器的防火墙规则不会拒绝对该服务的访问。通过服务器输入 ps ax|grep nfsd，查看 nfsd 服务器进程列表。如果没有看到该列表，可以尝试按照本章前面介绍的那样启动 NFS 守护进程。如果想要查看防火墙规则，可以输入 iptables –vnL。默认情况下，nfsd 守护进程监听端口号 2049 上的 NFS 请求。防火墙必须接受端口 2049(nfs) 和 111(rpc)上的 udp 请求。在 Red Hat Enterprise Linux 6 和 Fedora 的更早版本中，可能需要为相关服务设置静态端口，然后在防火墙中为这些服务打开端口。请参见"确保 NFS 服务器安全"一节，了解如何解决这些安全问题。

为了确保 NFS 挂载已经发生，可以输入 mount -t nfs。该命令将列出所有已挂载的 NFS 文件系统。下面列举了 mount 命令的示例及其输出(与讨论无关的文件系统已经从输出中剔除)：

```
# mount -t nfs4
192.168.122.240:/mnt on /mnt/fed type nfs4
(rw,relatime,vers=4.2,rsize=262144,wsize=262144,namlen=255,hard,
proto=tcp,timeo=600,retrans=2,sec=sys,clientaddr=192.168.122.63,
local_lock=none,addr=192.168.122.240)
```

该输出仅显示了从 NFS 文件服务器挂载的文件系统。而 NFS 文件系统是来自 192.168.122.240 (192.168.122.240/mnt)的/mnt 目录。该目录被挂载到/mnt/fed，其挂载类型为 nfs4。该文件系统被挂载为可读取/写入(rw)，maple 计算机的 IP 地址为 192.168.122.240 (addr=192.168.122.240)。此外，输出还显示了与挂载相关的其他设置，比如数据包的读写大小、NFS 版本号等。

上面所示的挂载操作只是将 NFS 文件系统临时挂载到本地系统中。下一节将介绍如何使挂载更永久(使用/etc/fstab 文件)以及如何为 NFS 挂载选择不同的选项。

20.5.3　在启动时挂载 NFS

为设置 NFS 文件系统，以便在每次启动 Linux 系统时自动在特定挂载点进行挂载，需要向/etc/fstab 文件添加关于该 NFS 文件系统的相关条目。该文件包含了系统中各种不同类型的已挂载和可挂载文件系统的信息。

下面显示了向本地系统添加 NFS 文件系统所使用的格式：

```
host:directory    mountpoint    nfs    options    0    0
```

第一项(host:directory)标识 NFS 服务器计算机和共享目录。mountpoint 是挂载 NFS 目录的本地挂载点。紧跟其后的是文件系统类型(nfs)。与挂载相关的任何选项都以一个逗号分隔列表的形式出现(最后两个 0 分别配置了系统不转储文件系统的内容以及不在文件系统上运行 fsck)。

下面显示了/etc/fstab 中 NFS 项的示例：

```
maple:/stuff    /mnt/maple nfs    bg,rsize=8192,wsize=8192  0 0
oak:/apps       /oak/apps  nfs    noauto,ro              0 0
```

在第一个示例中，来自计算机 maple 的远程目录/stuff(maple:/stuff)挂载到本地目录/mnt/maple(本地目录必须已经存在)。如果是因为共享不可用而导致挂载失败，bg 将使挂载尝试进入后台，以便日后重试。

文件系统类型为 nfs，读取(rsize)和写入(wsize)缓冲区大小设置为 8192，从而加快与相关连接的数据传输速率。在第二个示例中，远程目录为计算机 oak 上的/apps。该目录设置为一个可本地挂载到/oak/apps 目录上的 NFS 文件系统(nfs)。然而，该文件系统并不会自动挂载(noauto)，只能在系统已经运行之后通过使用 mount 命令以只读方式(ro)进行挂载。

> **提示：**
> 默认情况是将 NFS 文件系统挂载为可读/写。然而，对于导出文件系统，默认是以只读方式进行。如果无法对 NFS 文件系统进行写入操作，请检查该文件系统是否以可读取/写入的方式从服务器导出。

1. 挂载 noauto 文件系统

/etc/fstab 文件可能还包含其他没有自动挂载的文件系统的设备。例如，硬盘中偶尔需要挂载的多个磁盘分区或者 NFS 共享文件系统。noauto 文件系统可以手动挂载。其优点是当输入 mount 命令时，只需要输入少量信息，而其他信息则由/etc/fstab 文件中的内容填充。例如，可以输入：

```
# mount /oak/apps
```

使用此命令时，mount 知道检查/etc/fstab 文件，获取将要挂载的文件系统(oak:/apps)、文件系统类型(nfs)以及相关选项(选项为 ro，即只读)。此时并不需要输入本地挂载点(/oak/apps)，而只需要输入远程文件系统名称(/oak/apps)并填充其他信息。

> **提示：**
> 当对挂载点进行命名时，在名称中包含远程 NFS 服务器名称将有助于记住文件实际的存储位置。但如果是共享主目录(/home)或邮件目录(/var/spool/mail)，这也许不太可能。例如，在/mnt/duck 目录上挂载来自计算机 duck 的一个文件系统。

2. 使用挂载选项

可向/etc/fstab 文件(或向 mount 命令行本身)添加多个 mount 选项，从而影响文件系统的挂载方式。向/etc/fstab 文件添加选项时，必须用逗号分隔各个选项。例如，当挂载 oak:/apps 时，可使用 noauto、ro 和 hard 选项：

```
oak:/apps    /oak/apps nfs    noauto,ro,hard    0 0
```

下面列举一些对挂载 NFS 文件系统非常有用的选项。可以通过 nfs 手册页(man 5 nfs)了解可添加到/etc/fstab 文件的其他相关 NFS 挂载选项:

- hard——如果使用了该选项并且 NFS 服务器断开连接或者关闭了,但同时一个进程正在等待访问该服务器,该进程将被挂起,直到服务器恢复为止。如果要求正在使用的数据与正在访问该数据的程序保持同步,那么该选项是很有帮助的(这是默认行为)。

- soft——使用该选项时,如果 NFS 服务器断开连接或者关闭了,试图访问服务器数据的进程在经过设定的时间后会超时。此时会向试图访问 NFS 服务器的进程发送一个输入/输出错误。

- rsize——当 NFS 客户端从 NFS 服务器读取数据时,该选项确定了客户端使用的数据块大小(以字节为单位)。其默认值为 1024。如果使用更大的数字(比如 8192),可以在较快的网络上(如 LAN)获得更好的性能,并且相对较少出错(因为没有过多干扰或冲突)。

- wsize——当 NFS 客户端向 NFS 服务器写入数据时,该选项确定了 NFS 客户端使用的数据块大小(以字节为单位)。其默认值为 1024。性能问题与 rsize 选项相同。

- timeo=#——设置 RPC 超时多长时间之后进行第二次传输,其中#表示十分之几秒。其默认值为十分之七秒。每次连续超时都会导致超时值成倍增加(最高达到 60 秒)。如果认为是因为服务器响应速度慢或者网络速度慢而导致超时,可以增加该值。

- retrans=#——设置了在发生重大超时前次要超时数和重新传输次数。

- retry=#——设置多少分钟之后继续重试失败的挂载请求,其中#表示重试的分钟数。其默认值是 10 000 分钟(大约 1 周时间)。

- bg——如果第一次挂载尝试超时,可以尝试在后台完成所有的后续挂载。如果正在挂载一个缓慢或偶尔可用的 NFS 文件系统,那么该选项是非常有用的。通过将挂载请求放置到后台,系统可以继续挂载其他文件系统,而不会等待当前挂载的完成。

注意:
如果缺少嵌套的挂载点,就会产生超时,从而允许添加所需的挂载点。例如,如果将/usr/trip 和/usr/trip/extra 挂载为 NFS 文件系统,但是当尝试挂载/usr/trip/extra 时/usr/trip 还没有挂载,此时/usr/trip/extra 将超时。如果运气好的话,在下次尝试时/usr/trip 已经挂载,那么可以继续挂载/usr/trip/extra。

- fg——如果第一次挂载尝试超时,尝试将在前台完成后续的挂载。这是默认的行为。如果要求在继续之前该挂载必须成功(例如,正在挂载/usr),那么可以使用该选项。

并不是所有的 NFS 挂载选项都必须添加到/etc/fstab 文件中。在客户端,可以配置/etc/nfsmount.conf 文件中的 Mount、Server 和 Global 部分。在 Mount 部分,可以指明当 NFS 文件系统挂载到一个特定的挂载点时使用哪些挂载选项。Server 部分允许将选项添加到从特定的 NFS 服务器挂载的任何 NFS 文件系统。Global 选项适用于来自客户端的所有 NFS 挂载。

/etc/nfsmount.conf 文件中的下面所示项为从系统 thunder.example.com 挂载的任何 NFS 目录设置了 32KB 的读取和写入块大小:

```
[ Server "thunder.example.com" ]
rsize=32k
wsize=32k
```

如果想为系统的所有 NFS 挂载设置默认选项，可以取消注释 NFSMount_Global_Options 块。在该块中，可以设置协议、NFS 版本以及传输速率和重试设置。下面显示了 NFSMount_Global_Options 块的示例：

```
[ NFSMount_Global_Options ]
# This sets the default version to NFS 4
Defaultvers=4
# Sets the number of times a request will be retried before
# generating a timeout
Retrans=2
# Sets the number of minutes before retrying a failed
# mount to 2 minutes
Retry=2
```

在该示例中，默认的 NFS 版本为 4。在发生超时之前数据会转发两次(2)。而在重试失败的传输之前等待时间为 2 分钟。如果想要重写这些默认值，可以向/etc/fstab 文件中添加挂载选项，或者在挂载 NFS 目录时向 mount 命令添加挂载选项。

20.5.4　使用 autofs 按需挂载 NFS

目前在自动检测和挂载可移动设备方面的进步意味着只需要插入这些设备，就可以检测、挂载和显示它们。然而，为了让检测和挂载远程 NFS 文件系统的过程更加自动化，仍然需要使用相关工具，比如 autofs("自动挂载文件系统"的简写)。

当尝试使用某一网络文件系统时，autofs 工具可以按照需要挂载该文件系统。通过配置并启用 autofs 工具，可以按需挂载任何可用的 NFS 共享目录。如果想要使用 autofs 工具，则需要安装 autofs 软件包(为了通过网络安装该软件包，对于 Fedora 和 RHEL 来说，可以输入 yum install autofa，而对于 Ubuntu 或 Debian 来说，则输入 apt –get install autofa)。

1. 自动挂载到/net 目录

在启用了 autofs 的情况下，如果知道被另一台主机计算机共享的主机名和目录，只需要进入(使用 cd 命令)autofs 挂载目录(默认为/net 或/var/autofs)即可。这样一来，该共享资源会自动挂载并可以访问。

下面的步骤演示了如何在 Fedora 或 RHEL 中打开 autofs 工具。

(1) 在 Fedora 或 RHEL 中，以 root 用户身份通过 Terminal 窗口打开/etc/auto.master 文件，并查找下面的行：

```
/net    -hosts
```

该行导致/net 目录成为想要在网络上访问的 NFS 共享目录的挂载点(如果在该行的开头有一个注释字符，请删除该字符)。

(2) 为在 Fedora 或 RHEL 7 中启动 autofs 服务，请以 root 用户身份输入下面的命令：

```
# systemctl start autofs.service
```

(3) 在 Fedora 30 或 RHEL 7 或更新系统中，将 autofs 服务设置为每次启动系统时自动重启：

```
# systemctl enable autofs
```

不管你信不信，需要完成的步骤就是这些。如果存在网络连接，能够连接到要共享目录的 NFS 服务器，那么可以试着访问共享的 NFS 目录。例如，如果知道网络上的计算机 shuttle 共享了 /usr/local/share 目录，可以输入下面的命令：

```
$ cd /net/shuttle//
```

如果该计算机提供了任何共享目录，就可以成功地进入该目录。

还可以输入下面的命令：

```
$ ls
usr
```

此时，应该能够看到 usr 目录是共享目录路径的一部分。如果还有其他顶级目录上的共享目录(比如/var 或/tmp)，同样也能看到。当然，能否看到任何这些目录取决于服务器上的安全设置方式。

也可以尝试直接进入共享目录。例如：

```
$ cd /net/shuttle/usr/local/share
$ ls
info man music television
```

此时，ls 命令应该可以显示出计算机 shuttle 上/usr/local/share 目录中的内容。如何使用这些内容取决于在服务器上配置共享的方式。

这可能会让人感到有点不安，因为在实际尝试使用(比如变更为网络挂载目录)这些文件或目录前，根本无法看到它们。例如，在目录挂载之前，ls 命令不会显示网络挂载目录下的任何内容，这就让人感觉有时候内容在，有时又不在。只需要进入网络挂载的目录，或者访问这些目录上的文件，autofs 就可完成其余任务了。

在上面所示的示例中，使用了主机名 shuttle。然而，也可以使用任何可识别 NFS 服务器计算机位置的名称或 IP 地址。例如，可以使用 shuttle.example.com 或 IP 地址(比如 192.168.0.122)，而不是 shuttle。

2. 自动挂载主目录

有时可能想要配置 autofs，从而在特定位置挂载特定 NFS 目录，而不只是在/net 目录下挂载 NFS 文件系统。例如，可以配置集中式服务器中用户的主目录，以便当用户登录时可以从不同的计算机挂载该目录。同样，可以使用集中式身份验证机制(如第 11 章所介绍的 LDAP)来提供集中式用户账户。

下面的步骤演示了如何在 NFS 服务器上设置用户账户以及如何通过该服务器共享用户 joe 的主目录，以便当 joe 登录到一台不同的计算机时可以自动挂载该主目录。在本示例中并没有使用集中身份验证服务器，而是在每个系统上创建匹配账户。

(1) 在为用户 joe 提供集中式用户主目录的 NFS 服务器(mynfs.example.com)上，为 joe 创建一个用户账户以及一个主目录/home/shared/joe。此外，从/etc/passwd 文件中找到 joe 的用户 ID 号(第三个字段)，以便在另一个系统中为 joe 设置用户账户时可以与之匹配。

```
# mkdir /home/shared
# useradd -c "Joe Smith" -d /home/shared/joe joe
# grep joe /etc/passwd
joe:x:1000:1000:Joe Smith:/home/shared/joe:/bin/bash
```

(2) 在 NFS 服务器上，向/etc/exports 文件添加下面的代码行，将/home/shared/目录导出到本地网络(此时使用了 192.168.0.*)上的任何系统中，以便可以共享 joe 和所创建的任何其他用户的主目录：

```
# /etc/exports file to share directories under /home/shared
# only to other systems on the 192.168.0.0/24 network:
/home/shared 192.168.0.*(rw,insecure)
```

注意：

在上面的导出文件示例中，insecure 选项允许客户端使用 1024 以上的端口来生成挂载请求。一些 NFS 客户端需要这么做，因为它们无法访问 NFS 保留的端口。

(3) 在 NFS 服务器中，重启 nfs-server 服务，或者如果该服务正在运行，可以使用下面的命令导出共享目录：

```
# exportfs -a -r -v
```

(4) 在 NFS 服务器中，确保在防火墙上打开了相应的端口。详细内容请参见"确保 NFS 服务器安全"一节。

(5) 在 NFS 客户端系统，向/etc/auto.master 文件中添加一项，以确定想要挂载远程 NFS 目录的挂载点以及用来确定远程 NFS 目录位置的文件。所添加的项如下所示：

```
/home/remote /etc/auto.joe
```

(6) 在 NFS 客户端系统，向刚才所确定的文件(此时文件为/etc/auto.joe)中添加包含以下内容的条目：

```
joe       -rw     mynfs.example.com:/home/shared/joe
```

(7) 在 NFS 客户端系统，重启 autofs 服务：

```
# systemctl restart autofs.service
```

(8) 在 NFS 客户端系统中，使用 useradd 命令创建一个用户 joe。在使用该命令行时，需要获取 joe 在服务器上的 UID(此时为 507)，以便客户端系统上的 joe 可以拥有 joe 的 NFS 主目录中的文件。当运行下面的命令时，用户账户 joe 被创建，但会看到一条错误消息，声明该主目录已经存在(这是正确的)：

```
# useradd -u 507 -c "Joe Smith" -d /home/remote/joe joe
# passwd joe
Changing password for user joe.
New password: ********
Retype new password: ********
```

(9) 在 NFS 客户端系统，以 joe 身份登录。如果一切顺利，当 joe 登录并尝试访问自己的主目录(/home/remote/joe)时，将从 mynfs.example.com 服务器挂载目录/home/share/joe。NFS 目录以可读取/写入的方式共享和挂载，其所有权归 UID 507(即两个系统上的用户 joe)所有，所以本地系统上的用户 joe 可以添加、删除、更改和查看该目录中的文件。

当 joe 注销(实际上就是他停止访问目录时)超过一段时间(默认为 10 分钟)后，该目录将被卸载。

20.6　卸载 NFS

挂载 NFS 文件系统后，卸载它很容易。可以使用 umount 命令加上本地挂载点或远程文件系统名。例如，下面两种方法可以从本地目录/mnt/maple 中卸载 maple:/stuff。

```
# umount maple:/stuff
# umount /mnt/maple
```

两种方法都可以。如果 maple:/tmp 是自动挂载的(根据/etc/fstab 中的列表)，下次启动 Linux 时会重新挂载该目录。如果是临时挂载的(或者在/etc/fstab 中列为 noauto)，启动时不会重新挂载它。

> **提示:**
> 该命令为 umount，而不是 unmount。这很容易弄错。

尝试卸载文件系统时如果得到消息 device is busy，则意味着卸载失败，因为文件系统正在被访问。最可能的情况是 NFS 文件系统中的某个目录是 shell 的当前目录(或者系统中某人的 shell)。另一种可能的原因是某个命令正在将 NFS 文件系统中的一个文件保持为打开状态(如文本编辑器)。检查 Terminal 窗口以及其他 shell，如果正在其中，使用 cd 退出该目录或者关闭 Terminal 窗口。

如果 NFS 文件系统没有卸载，可以将其强制卸载(umount –f /mnt/maple)或者稍后卸载并清除(umont -l/mnt/maple)。-l 选项通常是更好的选择，因为强制卸载可能中断正在进行的文件修改。另一种方法是运行 fuser –v *mountpoint*，查看哪些用户正在保持挂载的 NFS 共享为打开状态，然后使用 fuser –k *mountpoint*，杀死所有进程。

20.7　小结

网络文件系统(NFS)是现存的最古老计算机文件共享产品之一。但它在 UNIX 和 Linux 系统之间共享文件目录方面仍然非常受欢迎。NFS 允许服务器为特定主机指定可用的特定目录。然后允许客户端系统通过本地挂载的方式连接到这些目录。

通过使用防火墙(iptables)规则、TCP Wrapper(允许和拒绝主机访问)以及 SELinux(限制文件共享协议共享 NFS 资源的方式)，可以保护 NFS。虽然从本质上讲 NFS 在创建时就是不安全的(数据以未加密的方式共享且用户的访问权限相当开放)，但 NFS 版本 4 中的新功能有助于提供 NFS 的整体安全性。

本章是本书关于服务器的最后一章。第 21 章将介绍种类繁多的桌面和服务器主题，因为它们可以帮助理解 Linux 系统的故障排除技术。

20.8　习题

本节中的习题将带领你完成一些在 Linux 中配置和使用 NFS 服务器的相关任务。如果可能，尽量在本地网络上连接两个 Linux 系统。其中一个 Linux 系统充当 NFS 服务器，而另一个系统则充当 NFS 客户端。

为了从这些习题中获得更多知识，我建议不要使用已经安装并运行 NFS 的 Linux 服务器。完成这些习题的同时不要破坏已经运行并共享资源的 NFS 服务。

可参阅附录 B，查看参考答案。

(1) 在作为 NFS 服务器使用的 Linux 系统上，安装配置 NFS 服务所需的软件包。

(2) 在 NFS 服务器上，列出提供了 NFS 服务器软件的软件包中所附带的文档文件。

(3) 在 NFS 服务器上，确定 NFS 访问的名称并启动。

(4) 在 NFS 服务器上，检查所启动的 NFS 服务的状态。

(5) 在 NFS 服务器上，创建目录/var/mystuff，并以下面所示的属性共享：对每个人可用，只读，客户端上的 root 用户对该共享拥有根访问权限。

(6) 在 NFS 服务器上，确保通过打开 TCP Wrappers、iptables 和 SELinux 可以让所创建的共享目录对所有主机可用。

(7) 在第二个 Linux 系统(NFS 客户端)上，查看 NFS 服务器中可用的共享资源(如果没有第二个系统，可以从同一系统上完成该操作)。如果没有看到共享的 NFS 目录，则返回到上一个习题并重试。

(8) 在 NFS 客户端，创建一个目录/var/remote，并在该挂载点临时挂载来自 NFS 服务器的/var/mystuff 目录。

(9) 在 NFS 客户端，卸载/var/remote，然后添加一个条目，以便当重启系统时可以自动完成相同的挂载(使用 bg 挂载选项)，并测试所添加的条目工作正常。

(10) 在 NFS 服务器上，将一些文件复制到/var/mystuff 目录中。从 NFS 客户端，确保可以看到添加到该目录中的这些文件，同时无法通过客户端向该目录写入文件。

## 第21章

Linux 的故障排除

本章主要内容：

- 启动加载程序的故障排除
- 系统初始化的故障排除
- 修复软件打包的问题
- 检查网络接口问题
- 处理内存问题
- 使用救援模式

在任何复杂的操作系统中，都会遇到许多问题。比如可能因为磁盘空间已经用完而无法保存文件。可能因为系统内存不足而导致应用程序崩溃。此外，导致系统无法正常启动的原因也有很多。

在 Linux 中，人们致力于开放性并专注于软件运行的最大效率，所以产生了大量可用来解决一切可以想象的问题的工具。事实上，如果软件无法按照所希望的那样工作，你甚至可以重写代码(但本书中并不会讨论如何重写软件)。

本章将主要介绍在 Linux 系统中最常见到的一些问题，并描述用来解决这些问题的工具和程序。相关主题将按照故障排除的不同方面进行划分，比如启动过程、软件包、网络、内存问题以及救援模式。

21.1　启动故障排除

在开始对运行中的 Linux 系统本身进行故障排除时，该系统首先需要启动。在 Linux 系统启动过程中会发生一系列事情。直接在 PC 体系结构计算机上安装的 Linux 系统需要完成下列步骤才能启动：

- 打开电源
- 启动硬件(通过 BIOS 或者 UEFI 固件)
- 查找启动加载程序的位置并启动该程序
- 通过启动加载程序选择一个操作系统
- 启动所选择操作系统的内核和初始 RAM 磁盘
- 启动初始化程序(init 或 systemd)
- 启动所有与所选活动级别(运行级别或者默认目标)相关的服务。

在近几年，上面的每一步中所发生的实际活动都经历了一个转变。启动加载程序正在改变以适应新的硬件类型。初始化过程也正在发生改变，从而根据依赖关系以及对系统状态的反应(比如插入了哪些硬件或者存在哪些文件)使服务可以更高效地启动，而不是仅仅依赖静态的启动顺序。

当打开计算机并启动和运行了所有服务后，才可以对 Linux 启动过程进行故障排除。此时，一般来说会通过控制台显示一个基于图形或者文本的登录提示符，准备进行登录。

在学习了启动方法的相关内容之后，将会转到"从固件开始"，学习启动过程的每一阶段所发生的事情以及可以从哪些地方进行故障排除。因为目前三种主要 Linux 系统(Fedora、RHEL 和 Ubuntu)的启动过程一般结构都是相同的，所以我只会完成一次启动过程，但会在该过程中介绍不同 Linux 系统之间的不同点。

21.1.1　了解启动方法

对于不同的 Linux 发行版本，启动与运行 Linux 系统相关的服务的方法也是有所不同的。在启动加载程序启动了内核之后，如何完成剩下的活动(挂载文件系统、设置内核选项、运行服务等)将全部由初始化过程来管理。

如前面所描述的启动过程，本节主要重点介绍两种初始化类型：System V init 和 systemd。

1. 从 System V init 脚本开始

System V init 程序由 init 进程(内核之后第一个运行的进程)、/etc/inittab 文件(用来指导所有的启动活动)以及一组 shell 脚本(用来启动每个单独服务)组成。Fedora 的第一版本以及 RHEL 5 都使用 System V init。RHEL 6 包含了一种混合的 System V init，其中 init 进程本身被 Upstart 的 init 进程所取代。

System V init 是在 20 世纪 80 年代中叶由 AT&T 为 UNIX System V 所开发，当时的 UNIX 系统首次将网络接口以及连接到这些接口上的服务的启动合并在一起。在过去几年里，由于 Upstart 和 systemd 更适应现代操作系统的需求，System V init 正逐步被取代。

在 System V init 中，服务组都分配到所谓的*运行级别*。例如，多用户运行级别可以启动基础系统服务、网络接口和网络服务。单用户运行级别只能启动从系统控制台登录所需的基本 Linux 系统，而无法启动网络接口或服务。

在 System V init 系统启动并运行后，可使用相关命令来更改运行级别，比如 reboot、shutdown 和 init。此外，还可以分别使用 service 和 chkconfig 之类的命令来启动/停止单个服务或者启用/禁用服务。

可将 System V init 脚本设置为按照特定顺序运行，在下一个脚本开始之前，前一个脚本必须完成。如果服务失败，也无法自动重启该服务。相反，systemd 和 Upstart 解决了 System V init 这些不足之处及其他缺点。

2. 从 systemd 开始

systemd 程序正在快速成为许多 Linux 系统目前以及未来的初始化程序。Fedora 15 和 RHEL 7 采用了 systemd，同时预计在 Debian 和 Ubuntu 15.04 中也会取代 Upstart。虽然 systemd 比 System V init 更复杂，却提供了更多功能，比如：

- 目标——systemd 的关注点是目标，而不是运行级别。一个目标可以启动一组服务，并创建或启动其他类型单元(比如目录挂载、套接字、交换区以及计时器)。

- **与 System V 的兼容**——如果你习惯使用运行级别，那么 systemd 还提供了与 System V 运行级别相对应的目标。例如，graphical.target 对应运行级别 5，而 multi-user.target 对应运行级别 3。然而，目标的数量要多于运行级别的数量，从而有机会对单元组进行更精细的管理。同样，如果安装了 System V init 服务，则 systemd 支持 System V init 脚本以及用来操作服务的命令(比如 chkconfig 和 service)。
- **基于依赖关系的启动**——当系统启动时，默认目标(比如针对桌面的 graphical.target 以及针对大多数服务器的 multi-user.target)中任何满足依赖关系的服务都会启动。该功能可以确保单个停滞的服务不会妨碍其他服务的启动(前提是这些服务不需要使用该停滞的服务)，从而可以加快启动过程。
- **资源使用情况**——通过 systemd，可以使用 cgroups 对服务所消耗的系统资源数量进行限制。例如，可以对整个服务所消耗的内存数量、CPU 以及其他资源进行限制，这样一来，一个可能衍生出不合理数量的子进程的失控进程或者服务所消耗的资源数量将不会超过整个服务所允许使用的资源数量。

当启动了启用 systemd 的 Linux 系统时，首先运行的进程(PID 1)是 systemd 守护进程(而不是 init 守护进程)。用来管理 systemd 服务的主要命令是 systemctl。而管理 systemd 日志(log)消息的工作则由 journalctl 命令完成。此外，也可以使用旧的 System V init 命令(比如 init、poweroff、reboot、runlevel 和 shutdown)来管理服务。

21.1.2　从固件(BISO 或 UEFI)开始

当打开计算机时，会加载固件来初始化硬件并查找要启动的操作系统。在 PC 体系结构中，该固件被称为 BIOS(Basic Input Output System，基本输入输出系统)。在最近几年，一种被称为 UEFI(Unified Extensible Firmware Interface，统一可扩展固件接口)的新固件类型逐步流行(在某些计算机上已经取代了 BIOS)。这两种固件是互相排斥的。

UEFI 使用了一种安全启动功能，通过该功能可以确保在启动过程中仅使用那些组件被签名的操作系统。但如果禁用该安全启动功能，UEFI 仍然可以使用未签名的操作系统。

对于 Ubuntu 来说，版本 12.04.2 才首次支持安全启动。而 RHEL 7 和更高版本也正式支持安全启动。BIOS 和 UEFI 固件的主要工作是初始化硬件，然后将启动过程的控制权交给启动加载程序。启动加载程序查找并启动相应的操作系统。在安装了操作系统后，通常情况下，应该让固件完成它的工作，而不是中断它。

然而，有时可能想要中断固件。在本次讨论中，主要是介绍 BIOS 的一般工作原理。在打开电源后，应该会看到一个 BIOS 屏幕，其中包括了如何进入 Setup 模式以及更改启动顺序。可以按下所提示的功能键(通常为 F1、F2 或者 F12)选择某一项目，下面介绍一下可选择的两个项目。

- **Setup 实用工具**——该实用工具可以更改 BIOS 中的设置。而这些设置可用来启用或者禁用某些硬件组件或者打开或关闭所选择的硬件功能。
- **启动顺序**——计算机能够启动一个操作系统，或者更具体地说，启动加载程序可以从多个连接到计算机的不同设备上启动一个操作系统。这些设备可以包括 CD 驱动器、DVD 驱动器、硬盘、USB 驱动器或者网络接口卡。启动顺序定义了检查这些设备的顺序。通过修改启动顺序，可以告诉计算机临时忽略默认的启动顺序，而尝试从所选择的设备上启动。

对于我的 Dell 工作站来说，在看到了 BIOS 屏幕之后，马上按下 F2 功能键，进入 Setup 实用工具，或者按 F12 临时更改启动顺序。下一节将介绍通过 Setup 和 Boot Order 屏幕可以解决什么问题。

1. BIOS 设置的故障排除

如前所述，通常可以让 BIOS 在不中断的情况下启动，并让系统启动到默认的启动设备(可能是硬盘)。然而，有时也可能需要进入 Setup 模式并更改 BIOS 中的一些设置。

- **查看硬件情况**——如果正在排除的问题与硬件相关，那么 BIOS 设置是检查系统非常好的地方。Setup 屏幕告诉了我们系统类型、BIOS 版本、处理器、内存插槽和类型、32 位还是 64 位、在每个插槽中有哪些设备以及连接到系统的设备类型的许多详细信息。

  如果根本无法启动一个操作系统，则只能通过 BIOS Setup 屏幕来确定系统模式、处理器类型以及其他寻求帮助或呼叫支持所需的信息。

- **禁用/启用设备**——大多数连接到计算机上的设备都是启用的，并且可以被操作系统所使用。但有时为了解决一个问题，可能需要禁用设备。

例如，假设计算机有两个网络接口卡(NIC)。如果想要使用第二个 NIC 通过网络安装 Linux，但安装程序尝试使用第一个 NIC 来连接网络，此时可以禁用第一个 NIC，以便当安装程序尝试连接到网络时看不到该 NIC。或者可以保持 NIC 对计算机可见，却禁用 NIC 启动 PXE 的能力。

有时可能买了一个新的声卡并且想禁用主板上的集成声卡。此时也可以在 BIOS 中完成相关操作。相反，有时可能想要启用已经被禁用的设备。或者所给予的计算机已经在 BIOS 中禁用了某个设备。例如，通过操作系统可能会看到没有并行端口(LPT)或者 CD 驱动器。但只有查看 BIOS 才能知道这些设备是否可用，因为它们可能在 BIOS 中被禁用了。

- **更改设备设置**——有时，BIOS 所带的默认设置并不适合你的情况。因此可能想要更改 BIOS 中的下面设置：

  - ◆ **NIC PXE 启动设置**——大多数现代 NIC 都能通过网络上所找到的服务器进行启动。如果需要通过 NIC 启动，但在 Boot Order 屏幕上发现 NIC 并不是启动设备，那么可以在 BIOS 中启用该功能。

  - ◆ **虚拟化设置**——如果想要将 RHEL 系统作为虚拟主机来运行，那么计算机的 CPU 必须包括 Intel Virtual Technology 或 AMD Secure Virtual Machine(SVM)支持。然而，有可能即使 CPU 包括该支持，在 BIOS 中也没有启用该支持。此时，可以进入 BIOS Setup 屏幕，并查找 Virtualization 选项(可能在 Performance 类别的下面)，并将其设置为 On。

2. 启动顺序的故障排除

根据连接到计算机的硬件，典型的启动顺序可能是首先启动 CD/DVD 驱动器，然后是硬盘，其次是 USB 驱动器，最后是网络接口卡。BIOS 依次进入每一个设备，并在该设备的主引导记录中查找启动加载程序，如果找到，则开始启动。如果没有找到，BIOS 将移到下一个设备，直到完成所有的尝试。如果最后仍然没有找到启动加载程序，则计算机启动失败。

在使用启动顺序时可能会碰到一个问题，想要启动的设备可能根本没有出现在启动顺序中。这种情况下，可以进入 Setup 屏幕，启用该设备或者更改设置使其可启动。

如果想要启动的设备出现在启动顺序中，通常只需移动箭头键、突出显示所需的设备并按 Enter 键即可。下面列举了选择自己的设备来启动的原因。

- **救援模式**——如果 Linux 不能从硬盘启动，可以选择 CD 驱动器或 USB 驱动器启动到救援模式(本章后面将介绍该模式)，从而帮助修复无法启动的系统上的硬盘。更多消息请参见本章后面的"在救援模式中进行故障排除"一节。

- **全新安装**——有时，启动顺序从第一个硬盘开始。但如果需要进行一次全新的操作系统安装，则需要选择保存有安装介质的启动设备(比如 CD、DVD、USB 驱动器或者 NIC)。

假设已经解决了与 BIOS 相关的所有问题，下一步是启动加载程序。

21.1.3　为 GRUB 启动加载程序进行故障排除

　　一般来说，BIOS 会在第一个硬盘上查找主引导记录，并分阶段加载启动加载程序。第 9 章介绍了大多数现代 Linux 系统(包括 RHEL、Fedora 和 Ubuntu)所使用的 GRUB 启动加载程序。如前所述，RHEL 6 中的 GRUB 启动加载程序是 RHEL 7、Fedora 和 Ubuntu 所使用的 GRUB 2 启动加载程序的早期版本(稍后将介绍 GRUB 2 启动加载程序)。

　　本节主要讨论在启动加载程序失败的情况下如何进行处理或者可以使用哪些方法中断启动加载程序，并改变启动过程的行为。

GRUB 启动加载程序

下面列举了在 RHEL 6 中可能会导致启动加载程序失败的原因以及克服这些失败的方法：

- **找不到活动分区**——当在一个存储介质上安装了启动加载程序之后，该分区通常标识为可引导分区。如果看到了"找不到活动分区"的消息，这意味着没有发现可引导分区。如果你有把握确信启动加载程序在磁盘上，可以尝试使用 fdisk 命令(可能需要通过救援介质运行)设置该分区为可引导，然后重启一次。fdisk 命令的详细信息，可以参见第 12 章中"对硬盘进行分区"一节。

- **无法使用选定的启动设备**——当从硬盘驱动器中删除主引导记录时可能会看到类似的消息。或者说希望通过另一个启动加载程序(比如启动 CD)加载硬盘的内容。首先，查看一下是否可以从其他介质启动系统。如果确实删除了主引导记录，那么可以尝试启动救援介质，恢复磁盘中的内容。然而，如果主引导记录丢失了，则磁盘上的其他数据也可能被删除了，或者需要借助磁盘取证来查找。如果主引导记录只是被覆盖了(如果在不同的磁盘分区安装了另一个操作系统，那么可以会出现覆盖的情况)，那么只需要通过救援模式重新安装主引导记录即可(具体的安装过程请参见稍后的"在救援模式中进行故障排除"一节)。

- **出现了基于文本的 GRUB 提示符**——有时即使在没有可用的操作系统情况下，BIOS 也会启动 GRUB 并进入 GRUB 提示符。这可能意味着找到了 GRUB 的主引导记录部分，但是当 GRUB 在硬盘驱动器上查找启动过程的下一个阶段，并尝试加载操作系统的一个菜单时，会发现无法找到它们。当 BIOS 以错误的顺序检测磁盘并在错误的分区上查找 grub.conf 文件时，会出现上述情况。

　　解决上述问题的一种方法是列出 grub.conf 文件的内容并手动添加 root、kennel 和 initrd 行(假设该文件位于第一个磁盘的第一个分区内)。为列出该文件，可以输入 cat (hd0, 0)/grub/grub.conf。如果该命令不工作，可以尝试 hd0,1，访问磁盘的下一个分区(以此类推)，或者使用 hd1,0，尝试下一个磁盘的第一个分区(以此类推)。当找到了表示 grub.conf 文件的相关行时，可以手动输入 root、kernel 和 initrd(替换在根行所找到的硬盘位置)。然后输入 boot。此时系统将重启，可以手动修复启动加载程序文件。关于 GRUB 启动加载程序的更多信息，请参见第 9 章。

如果 BIOS 在磁盘的主引导记录上找到了启动加载程序，而启动加载程序又在磁盘上找到了

GRUB 配置文件，那么启动加载程序将开始几秒钟的倒计时(由/boot/grub/grub.conf 中的 timeout 值决定，RHEL 6 中的 timeout 值为 5 秒)。在倒计时期间，可以按任何键中断启动加载程序(在它启动了默认的操作系统之前)。

当中断了启动加载程序时，应该看到可用来启动的菜单项。这些条目可以表示不同的可启动的可用内核。但它们也可以表示完全不同的操作系统(比如 Windows、BSD 或 Ubuntu)。

基于以下原因，可能需要通过启动菜单中断启动过程来排查 Linux：

- **在不同的运行级别启动**——一般来说，RHEL 6 在运行级别 3 启动(启动到文本提示符)或者在运行级别 5 启动(启动到图形界面)。可以通过启动菜单向内核行的末尾添加一个不同的运行级别数，从而覆盖默认的运行级别。为此，突出显示所需的操作系统项，并输入 e，然后突出显示内核，输入 e，并在行的末尾添加新的运行级别(例如，添加一个空格和数字 1，进入单用户模式)。最后按 Enter 键，并输入 b 启动新项。

  为什么要启动到不同的运行级别来进行故障排除呢？运行级别 1 绕过身份验证，所以直接启动到一个根提示符。如果忘记了 root 密码并且需要更改(输入 passwd 完成密码更改)，则可以进入运行级别 1。运行级别 3 绕过了桌面界面的启动。如果视频驱动程序出现问题并且想要尝试调试，但又不想启动图形界面，此时可以进入运行级别 3。

- **选择不同的内核**——当 RHEL 通过 yum 安装了一个新内核后，通常至少会保存一个旧的内核。如果新内核失败，可以启动以前旧的内核(假设该内核可以正常工作)。为了通过 GRUB 菜单启动不同的内核，只需要使用箭头键突出显示所需的内核，并按 Enter 键进行启动。

- **选择不同的操作系统**——如果恰巧在硬盘上安装了另一个操作系统，那么可以选择启动该操作系统，而不是 RHEL。例如，如果在同一计算机上安装了 RHEL 和 Fedora，并且 RHEL 不能正常工作，那么可以启动到 Fedora，挂载所需的 RHEL 文件系统，并尝试解决问题。

- **更改启动选项**——在内核行，可以注意到有许多选项被传递到内核。这些选项最起码必须包含内核名称(比如 vmlinuz-2.6.32.e16.x86_64)以及包含根文件系统的分区(比如 /dev/mapper/ abc-root)。如有必要，还可以向内核行添加其他选项。

  可以通过添加内核选项，向内核添加功能或者临时禁用对某些组件的硬件支持。例如，通过添加 init=/bin/bash，可以让系统绕过 init 过程而直接进入 shell(类似于运行 init 1)。在 RHEL 7 中，不支持使用 1 作为内核选项，所以 init=/bin/bash 是进入一种单一用户模式的最好方法。通过添加 nousb，可以临时禁用 USB 端口(从而确保任何连接到这些端口的设备都被禁用)。

假设选择了所需的内核，启动加载程序将尝试运行该内核，包括初始 RAM 磁盘的内容(其中包含了启动特定硬件所需的驱动程序以及其他软件)。

21.1.4　GRUB 2 启动加载程序

从 GRUB 2 启动提示符对 Linux 进行故障诊断的技术与以前 GRUB 启动提示符中的技术类似。对于最近的 Fedora、RHEL 和 Ubuntu 系统，请按照以下说明来中断 GRUB 启动提示。

(1) 打开计算机并看到 BIOS 屏幕后，按任意键(例如向上箭头)。应该会看到几个菜单项表示用于启动的不同内核。

(2) 从可用条目中，默认启动最新的可用内核，该内核应该突出显示并准备启动。但是，如果下列任何一项适用，可以选择另一项：

- 当前的内核坏了，可选择一个有效的旧内核。

- 想运行的一项安装在磁盘上、代表完全不同的操作系统。
- 想运行一个救援内核。

(3) 假设想运行一个 Linux 内核，高亮显示想要的内核(使用向上和向下箭头)并输入 e。会看到为启动系统而运行的命令，如图 21.1 所示。

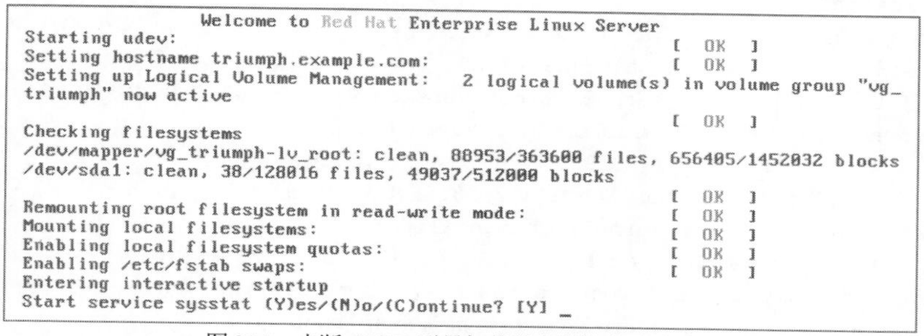

```
                  Welcome to Red Hat Enterprise Linux Server
Starting udev:                                            [  OK  ]
Setting hostname triumph.example.com:                     [  OK  ]
Setting up Logical Volume Management:   2 logical volume(s) in volume group "vg_
triumph" now active
                                                          [  OK  ]
Checking filesystems
/dev/mapper/vg_triumph-lv_root: clean, 88953/363600 files, 656405/1452032 blocks
/dev/sda1: clean, 38/128016 files, 49037/512000 blocks
                                                          [  OK  ]
Remounting root filesystem in read-write mode:            [  OK  ]
Mounting local filesystems:                               [  OK  ]
Enabling local filesystem quotas:                         [  OK  ]
Enabling /etc/fstab swaps:                                [  OK  ]
Entering interactive startup
Start service sysstat (Y)es/(N)o/(C)ontinue? [Y] _
```

图 21.1　中断 GRUB 引导加载程序以修改引导过程

(4) 要向内核添加参数，请将光标移到以 linux 开头的那一行末尾，并键入所需的参数。查看 https://www.kernel.org/doc/documentation /admin-guide/kernel-parameters.txt 获取内核参数列表。下面是两个例子。

- **SELinux**　如果 SELinux 有问题，使系统不可用，就可以禁用它，如下所示:

```
selinux=0
```

- **smt**　同步多线程(smt)允许单个 CPU 核心执行多个线程。为了修复一些微处理器的缺陷，需要关闭该功能。为此，可以在引导时在内核命令行上传递 smt=1 或 nosmt 参数。

(5) 添加参数后，按 Ctrl+X 用添加的内核参数启动系统。

21.1.5　启动内核

内核启动后，除了排查潜在问题之外，没有很多工作要做。对于 RHEL 来说，可以看到带有一个缓慢旋转图标的 Red Hat Enterprise Linux 屏幕。如果想要查看启动过程的详细滚动消息，可以按 Esc 键。

内核将尝试加载使用计算机上硬件所需的驱动程序和模块。此时需要重点注意的是可能妨碍某些功能正常工作的硬件故障。虽然目前硬件故障比以前少多了，但仍然有可能某一硬件没有可用的驱动程序，或者因为加载了错误的驱动程序而导致错误。

除了在屏幕上滚动的消息之外，当内核启动复制到*内核环缓冲区(kernel ring buffer)*时也会生成消息。顾名思义，内核环缓冲区在一个缓冲区中存储了内核消息，当缓冲区填满时，丢弃旧的消息。计算机完全启动后，可以登录到系统，并输入下面所示的命令，从而在一个文件中捕获这些内核消息(然后使用 less 命令查看它们):

```
# dmesg > /tmp/kernel_msg.txt
# less /tmp/kernel_msg.txt
```

我个人比较喜欢将内核消息放入一个文件(文件名可以任意指定)，以便日后进行查看或者发送给别人，帮助他们调试任何问题。当检测到任何组件(如 CUP、内存、网卡、硬盘等)时，就会生成消息。

在支持 systemd 的 Linux 系统中, 内核消息存储在 systemd 日志中。所以可以运行 journalctl(而不是 dmesg 命令)来查看从启动开始到现在所生成的内核消息。例如, 来自 RHEL 7 系统的内核消息输出如下所示:

```
# journalctl -k
-- Logs begin at Sat 2019-11-23 10:36:31 EST,
    end at Sun 2019-12-08 08:09:42 EST. --
Nov 23 10:36:31 rhel81 kernel: Linux version 4.18.0-147.0.3.el8_1.x86_64
   (mockbuild@x86-vm-09.build.eng.bos.redhat.com)
      (gcc version 8.3.1 20190507 (Red Hat 8.3.1-4)
        (GCC)) #1 SMP Mon Nov 11 12:58:36 UTC 2019
Nov 23 10:36:31 rhel81 kernel: Command line:
  BOOT_IMAGE=(hd0,msdos1)/vmlinuz-4.18.0-147.0.3.el8_1.x86_64
   root=/dev/mapper/rhel-root ro resume=/dev/mapper/rhel-swap
     rd.lvm.lv=rhel/root rd.lvm.lv=rhel/swap rhgb quiet
...
Nov 23 10:36:31 rhel81 kernel: Hypervisor detected: KVM
Nov 23 10:36:31 rhel81 kernel: kvm-clock: Using msrs 4b564d01 ...
```

通过该输出, 可以查找加载失败的驱动程序, 或者显示某些硬件功能启用失败的消息。例如, 我曾经有一个电视调谐器卡(用来在计算机屏幕上看电视)设置了错误的调谐器类型。通过查看关于该 TV 卡型号以及失败类型的信息, 我发现只需要向该卡的驱动程序传递一个选项, 就可以尝试不同的设置, 直到找到与调谐器卡相匹配的设置。

在描述如何查看内核启动消息方面, 我已经超前了一点点。在登录并查看内核消息之前, 内核需要启动系统。一旦内核检测到硬件并加载了驱动程序, 就会对所有需要做的事情进行控制, 从而将系统启动到初始化系统。

1. 为初始化系统进行故障排除

在已经启动了内核的系统上第一个运行的进程取决于系统所使用的初始化程序。如果使用的是 System V init, 那么第一个运行的进程是 init。而如果使用的是 systemd, 第一个进程为 systemd。根据所看到的在系统上运行的不同内容(输入 ps -ef|head 进行检查), 显示出 System V 或者 systemd 说明。在 System V 初始化示例中使用的是 RHEL 6, 其中包含了混合的 Upstart 和 System V init。

2. 为 System V 初始化进行故障排除

几年前, 大多数 Linux 系统都使用 System V init 来初始化 Linux 系统中的服务。在 RHEL 6 中, 当内核将启动过程的控制权移交给 init 进程时, 该进程将检查/etc/inittab 文件, 以便了解如何启动系统。

inittab 文件首先告诉 init 进程默认的运行级别是什么, 然后指向/etc/init 目录中的文件, 完成一些工作, 比如重新映射一些按键(比如 Ctrl+Alt+Del 用来重启系统), 启动虚拟控制台以及确定用来初始化系统中基础服务的脚本位置: /etc/rc.sysinit。

当尝试解决 init 进程接管控制权后所出现的 Linux 问题时, 两个最可能的原因是对 rc.sysinit 文件和运行级别脚本的处理。

3. 排除 rc.sysinit 中的故障

顾名思义, /etc/rc.sysinit 脚本初始化了系统中的许多基本功能。当 init 进程运行该文件时,

rc.sysinit 设置了系统的主机名、/proc 文件系统、/sys 文件系统、SELinux、内核参数，还执行数
十个其他行为。

rc.sysinit 的最关键功能之一是获取在系统上设置的存储器。事实上，如果在处理 rc.sysinit 过
程中启动过程失败，最可能的原因是该脚本无法找到、挂载或者解密系统运行所需的本地或远程
存储设备。

下面列举了 rc.sysinit 文件中所运行的任务可能出现的常见故障以及处理这些故障的方法。

- **本地挂载失败**——如果/etc/fstab 中的某一项挂载失败，将会在启动运行级别服务之前结束
  启动过程。一般来说，当添加到/etc/fstab 文件中的条目存在错误，并且在重启之前没有对
  其进行测试时会发生上述情况。当 fstab 文件失败时，将进入 root 用户的 shell，并只读挂
  载了根文件系统。为解决该问题，首先需要重新挂载根文件系统，然后纠正 fstab 文件，
  其次挂载文件系统项并确保其正常工作，最后重启系统。所需的命令序列如下所示：

```
# mount -o remount,rw /
# vim /etc/fstab
# mount -a
# reboot
```

> **注意：**
>
> 当编辑/etc/fstab 文件时特别使用 vim 命令，因为该命令知道/etc/fstab 文件的格式。当使用 vim
> 时，列以不同颜色区分，并完成一些错误检查。例如，当 Mount Options 字段中的项目有效时，
> 该字段为绿色，而如果无效，则为黑色。

- **没有设置主机名**——如果主机名没有被正确地设置，可以检查 rc.sysinit 中的处理过程确定
  什么地方可能出现了问题。为了设置系统的主机名，rc.sysinit 在/etc/sysconfig/network 文件
  中使用了 HOSTNAME=值。如果主机名没有被设置，则使用名称 localhost。此外，主机
  名值也可从 DHCP 服务器获取。
- **无法解密文件系统**——rc.sysinit 脚本在/etc/crypttab 文件中查找解密加密文件系统所需的
  信息。如果该文件损坏，则可能需要找到该文件的备份，以便解密文件系统。如果被提示
  输入密码又不知道密码是什么，那么可能运气就不太好了。

此外，rc.sysinit 文件还可以设置其他功能。rc.sysinit 脚本可设置 SELinux 模式并加载硬件模
块。该脚本可以构建软件 RAIN 阵列以及设置 LVM 卷组和卷。在内核启动之后且运行级别进程
启动之前，所发生的任何问题都会在屏幕显示的错误消息中有所反应。

4. 排除运行级别进程的故障

在 Red Hat Enterprise Linux 6.x 以及更早版本中，当系统首次启动时，将根据默认运行级别启
动服务。共有七种不同的运行级别，从 0 到 6。一般来说，默认的运行级别是 3(针对服务器)或 5(针
对桌面)。接下来简要介绍一下 RHEL 6 之前的 Linux 系统的运行级别：

- **0**——关闭运行级别。所有进程被停止，计算机关闭。
- **1**——单用户运行级别。只有那些启动计算机所需的进程(包括挂载所有文件系统)以及可通
  过控制台使用系统所需的进程才会被启动，而网络和网络服务不会被启动。该运行级别绕
  过了正常的身份验证，直接启动到 root 用户提示符(被称为 sulogin)。如果启动至该模式，
  可以使用该模式立即成为 root 用户，从而更改忘记的 root 密码(此外，还可以使用单词 single
  进入单用户运行级别，而不是 1。single 和 1 之间的区别是 single 不能启动/etc/rc1.d 目录
  中的脚本)。

- **2**——多用户运行级别。该运行级别如今很少使用。该运行级别的原始含义已经失去意义。早期的 UNIX 系统使用该运行级别来启动系统的 tty 进程,有多个哑终端连接到系统供人使用。这样一来,就允许多人通过基于字符的终端(一个没有图形界面的 shell)同时访问一个系统。网络接口没有被启动,因为总是向上的网络接口并不常见。现在,运行级别 2 通常也启动网络接口,虽然并不是所有的网络服务都启动。

- **3**——多用户+网络运行级别。一般来说,对于那些不能启动到图形界面而只能在控制台上输入纯文本提示符的 Linux 服务器,可以使用该运行级别。网络以及所有的网络服务都被启动。在那些启动到运行级别 3 的计算机上可以安装也可以不安装图形桌面环境(通常不安装),但在启动之后必须启动图形环境。

- **4**——未定义。该运行级别往往启动与运行级别 3 相同的服务。此外,如果想让运行级别 3 和 4 使用不同的服务,也可以使用该运行级别。通常运行级别 4 并不使用。更多的是使用运行级别 3 或者 5,并且以管理员身份启动或关闭运行系统所需的服务。

- **5**——多用户+网络+图形界面运行级别。该运行级别通常用于桌面 Linux 系统。它通常启动网络以及所有网络服务,并在控制台启动图形登录提示符。当用户登录后,可以看到图形桌面环境。

- **6**——重启运行级别。该运行级别与运行级别 0 很类似,都是关闭所有服务以及停止所有进程。然而,运行级别 6 会重新启动系统。

运行级别意味着在 Linux 系统上设置活动级别。/etc/inittab 文件设置了默认的运行级别,但随时可以使用 init 命令更改运行级别。例如,以 root 用户的身份输入 init 0 关闭系统,或者如果想杀死图形界面(从运行级别 5)但又希望保留所有其他服务,可以输入 3,又或者输入 init 6 重启系统。

正常的默认运行级别(换句话说启动到哪个运行级别)是 3(针对服务器)和 5(针对客户端)。通常,服务器并不安装桌面,所以它们启动到运行级别 3。相对于在 Web 服务器或者文件服务器上运行一个桌面,不安装桌面则不会产生处理开销或新增安全风险。

可以向上或者向下调整运行级别。例如,负责维护系统的管理员可以启动到运行级别 1,然后输入 init 3,启动服务器上所需的所有服务。而负责调试桌面的人则可能启动到运行级别 5,然后下降到运行级别 3 尝试修复桌面(比如安装新的驱动程序或更改屏幕分辨率),最后输入 init 5 返回到桌面。

每个运行级别的服务级别由设置启动的运行级别脚本所确定。针对每个运行级别都存在一个 rc 目录:/etc/rc0.d、/etc/rc1.d、/etc/rc2.d、/etc/rc3.d 等。当应用程序拥有相关的启动脚本时,该脚本将被放置在/etc/init.d/目录中,然后被符号链接到每个/etc/rc?.d/目录中的一个文件。

链接到每个/etc/rc?.d 目录的脚本以字母 K 或 S 开头,然后紧跟两个数字以及服务名称。以 K 开头的脚本表明服务应该被停止,而以 S 开头的脚本则表明服务应该被启动。紧跟其后的两个数字表明了服务的启动顺序。在/etc/rc3.d/目录中可找到一些被设置为启动的文件(每个文件的右边显示了相关说明):

- S01sysstat——开始收集系统统计信息。
- S08iptables——启动 iptables 防火墙。
- S10network——启动网络接口。
- S12rsyslog——启动系统日志。
- S28autofs——启动自动挂载器。
- S50bluetooth——启动蓝牙设备。
- S55sshd——启动安全 shell 服务。

- S58ntpd——启动 NTP 时间同步服务。
- S85httpd——启动 Apache Web 服务。
- S90crond——启动 crone 服务。
- S91smb——启动 samba 服务。
- S97rhnsd——启动 Red Hat Network 服务。
- S99local——启动用户定义的本地命令。

该示例显示了/etc/rc3.d 目录中的一些服务，当你进入运行级别 3 时，应该可以知道进程的启动顺序。注意，sysstat 服务(负责收集系统统计信息)和 iptables 服务(负责创建系统的防火墙)是在网络接口启动之前启动的。然后紧接着 rsyslog，最后是各种网络服务。

当运行级别脚本启动时，系统基本上已经启动并运行了。其他的 Linux 系统会依次启动运行级别 1、2、3 等的所有脚本，但 RHEL 有所不同，它首先进入表示运行级别的目录，然后停止目录中所有以 K 开头的服务并启动所有以 S 开头的服务。

当每个 S 脚本运行时，应该会看到一条表明该服务是否启动的消息。在系统启动阶段，可能会出现以下错误:

- **服务可能失败**。为正常启动，服务可能需要访问网络接口或者尚未被挂载的磁盘分区。此时，大多数服务会超时、失败并允许下一个脚本运行。成功登录后，可以对失败的服务进行调试。调试服务的技术包括向守护进程添加调试选项，从而将更多数据写入日志文件，或者手动运行守护进程，以便将错误消息直接显示在屏幕上。关于如何手动启动服务的详细信息，请参见第 15 章。
- **服务可能挂起**。那些无法得到启动所需内容的服务将被无限期挂起，从而妨碍登录并调试问题。一些进程在首次安装后会需要很长一段时间才能运行，所以可能需要等待几分钟，查看脚本是否正在运行，而不是永远等待下去。

如果无法越过一个挂起的服务，可以重启进入*交互式启动模式(interactive startup mode)*，在该模式中，每启动一个服务之前都会进行相关的提示。为在 RHEL 中进入交互式启动模式，需要重启并中断启动加载程序(当看到 5 秒钟倒计时，按下任何键)。突出显示想要启动的项，并输入 e。然后突出显示内核行并输入 e。随后在内核行的末尾添加单词 confirm，按 Enter 键。最后输入 b 新内核。

图 21.2 显示了在交互式启动模式下启动 RHEL 时屏幕上所出现的消息示例。

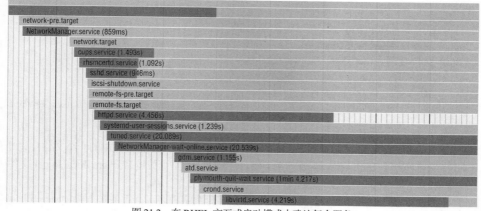

图 21.2　在 RHEL 交互式启动模式中确认每个服务

图 21.2 中所显示的大部分消息都从 rc.sysinit 生成。

Welcome 消息之后，udev 启动(用来监视连接到系统的新硬件并加载所需的驱动程序)。随后设置主机名，激活 LVM 卷，检查所有文件系统(以及被添加的 LVM 卷)，挂载还没有被挂载的文件系统，将根文件系统重新挂载为可读写以及启用任何 LVM 交换区。关于 LVM 以及其他分区和文件系统类型的详细信息，请参见第 12 章。

最后一行"Entering interactive startup"消息表明 rc.sysinit 已完成，所选择运行级别的服务已经做好了启动准备。因为系统处在交互模式下，所以会出现一条消息询问是否想要启动第一个服务(sysstat)。输入 Y，启动该服务，然后进入下一个服务。

看到有问题的服务请求启动时，输入 N，阻止该服务的启动。此时，如果觉得剩下的服务可以安全启动，输入 C，继续启动剩下的服务。在系统启动后(此时有问题的服务并没有启动)，可返回并尝试调试个别有问题的服务。

关于启动脚本的最后一点意见是：/etc/rc.local 文件是在每个运行级别最后运行的服务之一。例如，在运行级别 5，该文件被连接到/etc/rc5.d/S99local。每次系统启动时想要运行的任何命令都可以放置在 rc.local 文件中。

还可以使用 rc.local 发送电子邮件消息或者在系统启动时运行快速 iptables 防火墙规则。通常情况下最好是使用现有的启动脚本或自行创建一个新脚本(以便以服务的形式管理命令)。此外，rc.local 文件是在每次系统启动时运行一些命令的最便捷方法。

5. 排除 systemd 初始化故障

Fedora 的最新版本、RHEL 以及 Ubuntu(不久以后就会实现)都使用 systemd 来替代 System V init 作为初始化系统。尽管 systemd 比 System V init 更复杂，但 sys temd 也提供了更多的方法来分析初始化过程中发生了什么。

6. sys temd 引导过程

在内核启动后启动 systemd 守护进程(/usr/lib/systemd/systemd)，它对所有被设置为启动的其他服务进行设置。尤其是使用/etc/systemd/system/default.target 文件的内容。例如：

```
# cat /etc/systemd/system/default.target
...
[Unit]
Description=Graphical Interface
Documentation=man:systemd.special(7)
Requires=multi-user.target
Wants=display-manager.service
Conflicts=rescue.service rescue.target
After=multi-user.target rescue.service rescue.target display-manager.service
AllowIsolate=yes
```

default.target 文件实际上是一个符号链接(指向/lib/systemd/system 目录中的一个文件)。对于服务器来说，它被链接到 multi-user.target 文件；而对于桌面来说，则被链接到 graphical.target 文件(如本示例所示)。

与 System V init 程序不同的是(System V init 按字母数字顺序运行服务脚本)，systemd 服务需要依赖 default.target 来确定运行哪些服务以及目标。在本示例中，default.target 是指向 graphical.target

文件的符号链接。当列出该文件的内容时，可以看到以下内容：

- multi-user.target 需要首先启动。
- display-manager.service 随后启动。

通过继续观察这两个单元的需求，会发现其他需求。例如，为启动图形登录屏幕，multi-user.target 还需要 basic.target(用来启动各种基础服务)和 display-manager.service(用来启动显示管理器 gdm)。

如果想要查看 multi-user.target 所启动的服务，可以列出 etc/systemd/system/multi-user.target.wants 目录中的内容。例如：

```
# ls /etc/systemd/system/multi-user.target.wants/
atd.service          ksm.service              rhsmcertd.service
auditd.service       ksmtuned.service         rpcbind.service
avahi-daemon.service libstoragemgmt.service   rsyslog.service
chronyd.service      libvirtd.service         smartd.service
crond.service        mcelog.service           sshd.service
cups.path            mdmonitor.service        sssd.service
dnf-makecache.timer  ModemManager.service     tuned.service
firewalld.service    NetworkManager.service   vdo.service
irqbalance.service   nfs-client.target        vmtoolsd.service
kdump.service        remote-fs.target
```

这些文件都是符号链接，所指向的文件定义了每个服务所启动的内容。在你自己的系统中，还可能包括远程 shell(sshd)、打印(cups)、审核(auditd)、网络(NetworkManager)以及其他服务。当安装服务包或者通过 systemctl enable 命令启用服务时，对应的链接就会被添加到 /etc/systemd/system/ multi-user.target.wants 目录中。

记住，与 System V init 不同的是，systemd 可以启动、停止以及管理单元文件(不仅仅代表服务)。此外，它还可以管理设备、自动挂载、路径、套接字以及其他事情。在 systemd 启动了所有内容后，可以登录到系统，调查和解决任何潜在的问题。

登录后，运行 systemctl 命令，查看 systemd 尝试启动的每个单元文件。例如：

```
# systemctl
UNIT                                         LOAD    ACTIVE  SUB
     DESCRIPTION
proc-sys-fs-binfmt_misc.automount            loaded  active  waiting
     Arbitrary Executable File Formats File System
sys-devices-pc...:00:1b.0-sound-card0.device loaded  active  plugged
     631xESB/632xESB High Definition Audio Control
sys-devices-pc...:00:1d.2-usb4-4\x2d2.device loaded  active  plugged
     DeskJet 5550
...

-.mount                                      loaded active mounted  Root Mount
boot.mount                                   loaded active mounted  /boot
...
autofs.service                               loaded active running
     Automounts filesystems on demand
cups.service                                 loaded active running
     CUPS Scheduler
```

```
httpd.service                                  loaded failed failed
    The Apache HTTP Server
```

通过 systemctl 的输出，可以查看是否有任何单元文件失败。在本示例中，可以看到 httpd.service(Web 服务器)启动失败。如果想进一步调查，可以运行 journalctl -u，查看是否有任何错误消息报告：

```
# journalctl -u httpd.service
...
Dec 08 09:30:36 rhel81-bible systemd[1]: Starting The Apache HTTP Server...
Dec 08 09:30:36 rhel81-bible httpd[16208]: httpd: Syntax error
   on line 105 of /etc/httpd/conf/httpd.conf:
   /etc/httpd/conf/httpd.conf:105: <Directory> was not closed.
Dec 08 09:30:36 rhel81-bible systemd[1]: httpd.service: Main process exited,
   code=exited, status=1/FAILURE
Dec 08 09:30:36 rhel81-bible systemd[1]: httpd.service:
   Failed with result 'exit-code'.
Dec 08 09:30:36 rhel81-bible systemd[1]:
   Failed to start The Apache HTTP Server.
```

通过该输出，可看到在 httpd.conf 文件中存在一个不匹配的指令。纠正该错误后，就可以启动该服务了(systemctl start httpd)。如果更多的单元文件显示为失败，则可以再运行一次 journalctl -u 命令，并使用这些单元文件名作为参数。

7. 分析 systemd 引导过程

为了准确地查看使用 systemd 服务的系统在引导过程中发生了什么，systemd 提供了 systemd 分析工具。如果想要查看是否有服务正在停止，或者想要在自己的 systemd 服务中寻找一个位置，你可以使用这个命令来分析整个启动过程。以下是一些例子：

```
# systemd-analyze time
Startup finished in 1.775s (kernel) + 21.860s (initrd)
   + 1min 42.414s (userspace) = 2min 6.051s
graphical.target reached after 1min 42.121s in userspace
```

time 选项可查看启动过程的每个阶段所花费的时间，从内核开始到默认目标的结束。可使用 plot 来创建启动过程的每个组件的 SVG 图形(这里展示 eog 来显示输出)：

```
# systemd-analyze plot > /tmp/systemd-plot.svg
# eog /tmp/systemd-plot.svg
```

图 21.3 显示了大得多的图形的一小段输出。

从这段代码中，可以看到在 NetworkManager.service 启动之后启动的服务。暗红色部分显示服务或目标启动所需的时间。如果服务继续运行，则显示为浅红色。在本例中，尝试启动 4.456 秒后，httpd.service 失败。可以看出这一点，因为右边的条形图是白色的，表明服务没有运行。此时，可使用 journalctl 命令(如前所述)调试问题。

下一节将介绍如何解决使用软件包时出现的问题。

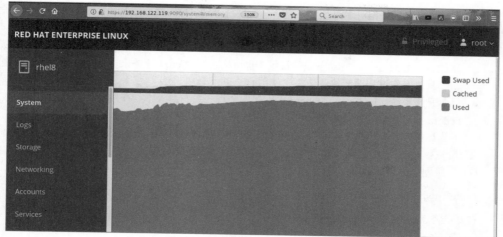

图 21.3　节选自 systemd-analyze 启动图

21.2　排除软件包的故障

软件包实用工具(比如针对 RPM 的 yum 以及针对 DEB 软件包的 apt-get)的设计目的是更容易地管理系统软件(关于如何管理软件包的基础知识，请参见第 10 章)。然而，尽管努力使其正常工作，但有时软件的打包也可能被破坏。

> **注意：**
> 在最新版本的 Fedora 和 RHEL 系统中，dnf 已经取代了 yum。本节通常使用 yum 命令，因为在大多数情况下，它在新旧 Fedora 和 RHEL 系统上都可以工作，因为 yum 是 dnf 的别名。当明确需要时，会显示 dnf 命令。

接下来几节将介绍在 RHEL 或 Fedora 系统上使用 RPM 软件包时常遇到的一些问题以及如何解决这些问题。

有时，当尝试使用 yum 命令安装或更新软件包时，错误消息会告知完成安装所需的依赖软件包不可用。这种事情可以小规模发生(当尝试安装一个软件包时)，也可以大规模发生(当尝试更新或升级整个系统时)。

因为 Fedora 和 Ubuntu 较短的发布周期以及更大的软件库，所以相对于较小的、更稳定的软件库(比如 Red Hat Enterprise Linux 所提供的软件库)，在 Fedora 和 Ubuntu 的软件库中更有可能发生软件包依赖项不一致的问题。为了避免依赖失败，可以遵照以下比较好的做法进行操作：

- **使用最新且经过严格测试的软件库**。在 Fedora 中有数以千计的软件包。如果使用最新版本的主 Fedora 软件库来安装软件，就很少出现依赖问题。

  将软件包添加到软件库后，只要软件库维护者运行正确的命令来设置软件库(并且不使用外部软件库)，就可以使用安装所选软件包所需的任何内容。然而，当开始使用第三方软件库时，这些软件库中可能有自己无法控制的依赖项。例如，一个软件库创建了自己软件的新版本，但新版本需要使用更高版本的基础软件(比如库)，而 Fedora 软件库可能并没有提供所需的版本。

433

- **不断更新系统**。相对于每几个月更新一次系统，如果每天晚上运行 dnf update(在较旧的系统运行 yum update)更新系统，将会更少遇到依赖问题。在包含 GNOME 桌面的系统中，可使用 Software 窗口来检查或应用更新。在 Fedora 22 和 RHE 8(及更新版本)系统，可以添加 AutoUpdate，以自动下载更新包。也可构建一个 cron 任务来执行检查或每晚运行更新。具体操作过程请参见侧边栏"使用 cron 进行软件升级"。

- **偶尔升级系统**。Fedora 和 Ubuntu 平均每六个月会发布新版本。在发布新版本后 13 个月，Fedora 会停止为其他版本提供更新软件包。所以，虽然并不一定要每六个月升级到新版本，但应该每年升级一次，否则当 Fedora 停止提供更新软件包时就可能遇到依赖或安全问题。

要获得这些发行版的全新版本(例如 Fedora 30 到 Fedora 31)，请执行以下步骤：

(1) 升级到当前最新版本：

dnf upgrade --refresh -y

(2) 安装 dnf-plugin-system-upgrade 插件：

dnf install dnf-plugin-system-upgrade -y

(3) 开始升级到新版本：

dnf system-upgrade download --releasever=31

(4) 重启到升级过程：

dnf system-upgrade reboot

如果想要寻求一个稳定的系统，那么 Red Hat Enterprise Linux 是最好的选择，因为即使是七年甚至更长时间之后，它也会为每一个主要版本提供更新。

> **注意：**
>
> 如果在 Ubuntu 中使用 apt-get 命令更新软件包，记住，相对于 Fedora 和 RHEL 中的 dnf 或 yum 命令，Ubuntu 中 apt -get 的 update 和 upgrade 选项具有不同的含义。
>
> 在 Ubuntu 中，apt-get update 会将最新的打包元数据(软件包名、版本号等)下载到本地系统。而运行 apt-get upgrade，则会根据最新下载的元数据对所有有最新版本可用的已安装软件包进行升级。
>
> 相反，每次在 Fedora 或 RHEL 上运行 yum 命令时，都会下载新软件包的最新元数据。当运行 yum update 时，获取 Fedora 或 REHL 当前版本可用的最新软件包。如前所述，要转到下一个版本，必须运行 dnf system-upgrade。

当遇到依赖问题时，可以尝试以下方法来解决问题：

- **使用稳定的软件库**。对于知名的发行版本(例如 RHEL、Fedora 或 Ubuntu)的最新版本来说，依赖问题很少出现，即使出现也可以快速解决。然而，如果使用旧版本的软件库或者面向开发的软件库(比如 Fedora 的 Rawhide 软件库)，则会遇到更多依赖问题。重新安装或者升级通常可以解决依赖问题。

- **只在必要时使用第三方应用程序和软件库**。离 Linux 发行版本的核心越远，遇到依赖问题的可能性就越大。通常首先在发行版本的主软件库中进行查找，然后再到其他地方查找或者自己构建。

即使别人交给你的软件包在首次安装后可以工作，也可能无法对其进行升级。如果软件创建者在依赖软件变化时没有提供新版本，那么来自第三方软件库的软件就可能无法使用。

- **解决与内核相关的依赖项**。如果获取了视频卡或者无线网卡的第三方 RPM 软件包(其中包含内核驱动程序)又安装了更新的内核,那么这些驱动程序将不再工作。其结果可能是当系统启动时不再启动图形登录屏幕,或者网卡加载失败,从而导致无法使用无线网络。因为大多数 Linux 系统都保存了两个最新的内核,所以可以重启并中断 GRUB,然后选择从前一个内核(即仍然可以工作的内核)启动。这样一来,可以使用旧的内核和驱动程序启动并运行系统,从而寻找一个更永久的解决方案。

  长期的解决方案是获取为当前最新内核重新构建的新驱动程序。当新内核可用时,诸如 rpmfusion.org 的网站提供了第三方、非开源的软件包并升级驱动程序。通过使用 rpmfusion.org 软件库,系统可以在添加新内核时获取新的驱动程序。

  除了使用 rpmfusion.org 之类的网站之外,还可以直接访问硬件厂商的网站并尝试下载 Linux 驱动程序(Nvidia 为其视频卡提供了 Linux 驱动程序);如果驱动程序的源代码可用,也可以尝试自己构建。

- **从更新中排除一些软件包**。如果需要立即更新许多软件包,那么在解决问题时可以排除妨碍其他软件包工作的软件包。下面示例显示了如何更新所有需要升级的软件包,但名为 *somepackage* 的软件包除外(可以使用想实际排除的软件包名称替换 *somepackage*):

```
# yum -y --exclude=somepackage update
```

使用 cron 进行软件升级

cron 实用工具提供一种在预定的时间和间隔运行命令的方法。可以设置运行命令的准确分钟、小时或月。可以配置某条命令每五分钟、每三小时或者每周五下午特定时间运行一次。

如果想要使用 cron 设置夜间软件更新,可以 root 用户的身份运行命令 crontab -e。该命令使用默认编辑器(默认情况下使用 vi 命令)打开一个文件,可以将其配置为一个 crontab 文件。下例显示了所创建的 crontab 文件可以包含的内容:

```
# min  hour  day/month  month  day/week  command
  59   23    *          *      *           dnf -y update | mail root@localhost
```

crontab 文件由六个字段组成,前五个字段指定了日期和时间,而第六个字段包含了将要运行的命令行。在上面的示例中添加了用来指明字段的注释行。运行 yum -y update 命令,并将输出邮寄给用户 root@localhost。该命令每晚 23 点 59 分运行。星号(*)作为占位符使用,指示 cron 在每月的每一天、每月以及每周的每一天运行。

当创建 cron 条目时,确保将输出定向到一个文件或者将输出连接到可以处理该输出的命令。如果不这么做,任何输出将被发送到运行 crontab -e 命令的用户(此时为 root 用户)。

在 crontab 文件中,可以设置一系列数字、一个数字列表或者跳数。例如,在第一个字段中设置 1、5 或者 17 将会导致整点后的 1 分钟、5 分钟和 17 分钟运行一次命令。而在第二个字段设置 */3 将导致每 3 小时运行一次命令(午夜、凌晨 3 点、凌晨 6 点,以此类推)。在第四个字段设置 1-3 则告诉 cron 在每年 1 月、2 月和 3 月运行命令。星期的天数和月份可以输入数字或单词。

如果想要了解 crontab 文件的更多格式,可输入 **man 5 crontab**。而如果想要了解 crontab 命令,可输入 **man 1 crontab**。

修复 RPM 数据库和缓存

关于系统上所有 RPM 软件包的信息都存储在本地 RPM 数据库中。虽然与早前的 Fedora 和 RHEL 相比，现在的版本已经很少碰到 RPM 数据库损坏的情况，但并不是不可能发生。一旦发生，将会妨碍安装、删除或者列出 RPM 软件包。

如果发现 rpm 和 yum 命令被挂起或者失败并返回 "rpmdb open fails" 的消息，可以尝试重新构建 RPM 数据库。为了验证是 RPM 数据库出了问题，可以运行 yum check 命令。下面的示例显示了对已损坏的数据库使用该命令所产生的输出：

```
# yum check
error: db4 error(11) from dbenv->open: Resource temporarily unavailable
error: cannot open Packages index using db4 - Resource temporarily
    unavailable (11)
error cannot open Packages database in /var/lib/rpm
CRITICAL:yum.main:
Error: rpmdb open fails
```

RPM 数据库以及已安装的 RPM 软件包的其他信息都被存储在/var/lib/rpm 目录中。可以删除以_db*开头的数据库文件，并根据存储在该目录的其他文件中的元数据重新创建这些数据库文件。

开始重建之前，备份一下/var/lib/rpm 目录是非常好的主意。然后删除旧的_db*文件，并重建它们。下面的命令完成了相关工作：

```
# cp -r /var/lib/rpm /tmp
# cd /var/lib/rpm
# rm __db*
# rpm --initdb
```

几秒钟之后，新的_db*文件应该出现在/var/lib/rpm 目录中。尝试一下简单的 rpm 或 yum 命令，确保数据库已恢复正常。

正如 RPM 拥有本地安装的软件包数据库，yum 实用工具在本地/var/cache/yum 目录中存储与 yum 软件库相关的信息。随着 dnf 的引入，现在的缓存目录是/var/cache/dnf。缓存数据包括元数据、标头、软件包以及 yum 插件数据。

如果使用 yum 缓存的数据存在问题，可以将其清除。然后运行 yum 命令，此时将再次下载必要的数据。需要清除 yum 缓存的理由主要有以下几点：

- **元数据已过期**。当首次连接到 yum 软件库(通过下载软件包或者查询软件库)时，会将相关元数据下载到系统中。元数据包含来自软件库中所有可用软件包的信息。

  随着软件包不断被添加到软件库中以及从软件库中删除，元数据也必须被更新，否则系统将始终使用旧的软件包信息。默认情况下，当运行 dnf 命令时，如果旧的元数据过期时间超过 48 小时(或者根据/etc/dnf/dnf.conf 文件中 metadata_expire=的设置确定过期时间)，dnf 命令将检查新的元数据。

  如果希望元数据提前过期，可以运行 dnf clean metadata，删除所有元数据，并迫使新的元数据上传。或者也可以运行 dnf makecache，从最新的软件库获取元数据。

- **磁盘空间不足**。通常，在/var/cache/dnf 目录中缓存的数据可以达到好几百 MB。然而，根据/etc/dnf/dnf.conf 文件中的设置不同(比如 keepcache=1，意思为保存所有已下载的 RPM，即使在安装之后也不删除)，缓存目录可能包含数 GB 的数据。

为清除所有软件包，元数据、标头以及存储在/var/cache/dnf 目录中的其他数据，可以输入下面的命令：

```
# yum clean all
```

此时，当再次运行 yum 命令时，系统将从软件库获取最新信息。

下一节将介绍如何排除网络故障。

21.3　排除网络故障

随着每天所使用的越来越多的信息、图片、视频以及其他内容由本地计算机之外的系统所提供，网络连接已经成为所有计算机系统的共同需求。所以，如果你放弃了网络连接或者无法到达想与之通信的系统，那么好消息是 Linux 提供了许多工具来解决这些问题。

对于客户端计算机(笔记本电脑、台式机和手持设备)来说，想要连接到网络，从而到达另一个计算机系统。而在服务器端，则希望客户端能够到达自己。下面将介绍不同的工具，来解决 Linux 客户端和服务器系统的网络连接问题。

21.3.1　排除传出连接的故障

打开 Web 浏览器，却不能连接到任何网站。此时，你可能怀疑没有连接到网络。但实际上已经连接到本地网络之外的网络，问题可能与名称解析有关。

为检查传出网络连接是否工作正常，可以使用第 14 章中所介绍的许多命令。通过使用简单的 ping 命令，可以测试连接。如果想要查看名称-地址解析是否正常，可以使用 host 和 dig 命令。

下面总结了使用网络连接进行传出连接时可能遇到的问题以及解决这些问题所使用的工具。

1. 查看网络接口

为查看网络接口的状态，可以使用 ip 命令。下面所示的输出显示了环回接口(lo)被打开(以便可以在本地系统上运行网络命令)，而 eth0(第一个有线网卡)被关闭(state DOWN)。如果接口被打开，inet 行将显示接口的 IP 地址。此时，可以看到，只有环回接口有 inet 地址(127.0.0.1)。

```
# ip addr show
1: lo: <LOOPBACK,UP,LOWER_UP> mtu 16436 qdisc noqueue state UNKNOWN
    link/loopback 00:00:00:00:00:00 brd 00:00:00:00:00:00
    inet 127.0.0.1/8 scope host lo
    inet6 ::1/128 scope host
      valid_lft forever preferred_lft forever
2: eth0: <NO-CARRIER,BROADCAST,MULTICAST,UP> mtu 1500 state DOWN qlen 1000
    link/ether f0:de:f1:28:46:d9 brd ff:ff:ff:ff:ff:ff
```

在 RHEL 8 和 Fedora 中，默认情况下根据网络接口所连接到的物理硬件来为接口命名。例如，在 RHEL 8 中，可以看到网络接口 enp11s0。该名称表明 NIC 是一个在 PCI 板 11 (p11) 和插槽 0 (s0) 上的有线 Ethernet 卡(en)。而无线卡则以 wl(而不是 en)开头。现在的趋势是使 NIC 名称更具有可预测性，因为当系统重启时，无法保证操作系统把哪些接口命名为 eth0、eth1 等。

2. 检查物理连接

对于有线连接，请确保计算机连接到网络交换机的端口上。如果有多个 NIC，则要确保电缆被插入正确的端口。如果知道网络接口的名称(eth0、p4p1 等)，为了找到哪个网卡与接口相关联，可以通过命令行输入 ethtool -p eth0，然后看一下计算机的背面，看看哪个 NIC 正在闪烁(按 Ctrl+C 停止闪烁)。最后将电缆插入正确的端口。

如果使用 ip 命令没有显示任何接口，而不是显示某一接口被关闭，则检查一下硬件是否被禁用。对有线 NIC 来说，网卡可能没有完全固定在插槽中，或者在 BIOS 中禁用了 NIC。

在无线连接中，当单击 NetworkManager 图标时可能会没有看到可用的无线接口。其原因可能也是在 BIOS 中禁用了无线接口。在笔记本电脑上查看是否存在一个可以禁用 NIC 的小开关。我曾经见过很多人一直在修改网络配置，却没有发现在笔记本电脑前面或者侧面存在这么一个小开关，且该开关被切换到关闭位置。

3. 检查路由

如果网络接口被打开，但仍然无法到达想要访问的主机，那么可以尝试检查一下到该主机的路由。首先检查默认路由。然后尝试将本地网络的网关设备连接到下一个网络。最后尝试 ping 一下 Internet 中的某个系统：

```
# ip route show
default via 192.168.122.1 dev ens3 proto dhcp metric 100
192.168.122.0/24 dev ens3 proto kernel scope link src 192.168.122.194 metric 100
```

default 行显示默认网关(UG)的地址为 192.168.0.1，并且该地址可以通过 eth0 卡到达。因为只有 eth0 接口且只有一个到 192.168.0.1 的路由，所以所有不是发往 192.168.0.0/24 网络上主机的通信都将通过默认网关(192.168.0.1)发送。将默认网关称为路由器可能更合适。

为确保能到达路由器，可对其进行 ping 操作，例如：

```
# ping -c 2 192.168.122.1
PING 192.168.122.1 (192.168.122.1) 56(84) bytes of data.
64 bytes from 192.168.122.1: icmp_seq=1 ttl=64 time=0.757 ms
64 bytes from 192.168.122.1: icmp_seq=2 ttl=64 time=0.538 ms

--- 192.168.122.1 ping statistics ---
2 packets transmitted, 2 received, 0% packet loss, time 65ms
rtt min/avg/max/mdev = 0.538/0.647/0.757/0.112 ms
```

消息 "Destination Host Unreachable" 告诉我们路由器要么被关闭，要么没有被物理连接(可能是路由器没有连接到共享的交换机上)。如果 ping 操作成功并可以到达路由器，那么下一步是尝试路由器之外的地址。

尝试 ping 一个被广泛访问的 IP 地址。例如，Google 公共 DNS 服务器的 IP 地址 8.8.8.8，输入 ping -c2 8.8.8.8。如果 ping 成功，则说明网络没问题，那么最有可能是主机-地址解析出了问题。

如果可以到达远程系统，但连接速度很慢，则可以使用 traceroute 命令沿着路由到达远程主机。例如，下面所示的命令将显示到 http://www.google.com 途中的每个跃点：

```
# traceroute www.google.com
```

输出将显示在前往 Google 网站的途中到达每个跃点所用的时间。除了使用 traceroute，还可以使用 mtr 命令(yum install mtr)来查看到一个主机的路由。通过使用 mtr 命令，可以连续地查询路由，以便观察随着时间推移每段路程的表现如何。

4. 检查主机名解析

如果不能按照名称到达远程主机，却可以通过 ping IP 地址到达，则说明系统的主机名解析存在问题。连接到 Internet 上的系统通过与域名系统(DNS)进行通信来完成名称-地址解析，而 DNS 可以提供所请求主机的 IP 地址。

系统所使用的 DNS 服务器可以手动输入，也可以在开启网络接口时通过 DHCP 服务器自动获取。不管哪种情况，/etc/resolv.conf 文件末尾都会包含名称以及一个或多个 DNS 服务器的 IP 地址。该文件的示例如下所示：

```
search example.com
nameserver 192.168.0.254
nameserver 192.168.0.253
```

当请求连接到 Fedora 或 Red Hat Enterprise Linux 的一台主机上时，将首先搜索/etc/hosts 文件；然后在 resolv.conf 文件中查询第一个名称服务器条目；接着查询每一个后续的名称服务器。下面给出几个调试名称-地址解析的方法。

- **检查是否可以到达 DNS 服务器**。如果知道名称服务器地址，可以尝试 ping 一下每个名称服务器的 IP 地址，以便查看它们是否可以访问；例如，ping -c 2 192.168.0.254。如果可以到达该 IP 地址，则说明分配了错误的 DNS 服务器地址或者该服务目前被关闭。
- **检查 DNS 服务器是否正在工作**。可以借助于 host 或 dig 命令尝试使用每个 DNS 服务器。例如，可以使用这两个命令中的其中一个查看位于 192.168.0.254 的 DNS 服务器是否可将主机名 www.google.com 解析为一个 IP 地址。针对每个名称服务器的 IP 地址重复上面的操作，直至找到正在工作的服务器：

```
# host www.google.com 192.168.0.254
Using domain server:
Name: 192.168.0.254
Address: 192.168.0.254#53
Aliases:
www.google.com has address 172.217.13.228
www.google.com has IPv6 address 2607:f8b0:4004:809::2004
# dig @192.168.0.254 www.google.com
...
;; QUESTION SECTION:
;www.google.com.              IN  A

;; ANSWER SECTION:
www.google.com.       67  IN  A   172.217.13.228
...
```

- **更正 DNS 服务器**。如果确定为 DNS 服务器设置了错误的 IP 地址，那么更改它们可能有点棘手。可以搜索/var/log/messages 或 journalctl 的输出，查找 DNS 服务器的 IP 地址。如果使用 NetworkManager 启动网络并连接到 DHCP 服务器，那么应该可以看到名称服务器行以及所分配的 IP 地址。如果地址有误，可以进行修改。

439

如果启用了 NetworkManager，就不能仅将名称服务器条目添加到 /etc/resolv.conf 文件中就完事了，因为 NetworkManager 可能使用自己的名称服务器条目覆盖该文件。应该首先向网络接口的 ifcfg 文件(例如/etc/sysconfig/network-scripts 目录中的 ifcfg-eth0 文件)添加一个 PEERDNS=no 行。然后设置 DNS1=192.168.0.254(或者你自己的 DNS 服务器的 IP 地址)。此时，当重新启动网络时将使用新的地址。

如果正在使用网络服务，而不是 NetworkManager，则仍然可以使用 PEERDNS=no 来防止 DHCP 服务器覆盖 DNS 地址。然而，这种情况下，可直接编辑 resolv.conf 文件来设置 DNS 服务器地址。

上面所介绍的用来检查传出网络连接的过程可应用于任何类型的系统，不管是笔记本电脑、台式机或者服务器。对于笔记本电脑或台式机来说，传入连接不是一个问题，因为大多数请求都会被拒绝。然而，对于服务器来说，则不同。下一节介绍在客户端无法访问服务器所提供的服务的情况下使用哪些方法可以让服务器可用。

21.3.2　排除传入连接的故障

如果要解决服务器上网络接口的问题，那么相对于桌面系统，需要考虑不同的问题。因为大多数 Linux 系统配置为服务器，所以应该知道如何为那些尝试到达 Linux 服务器而遇到困难的人解决问题。

假设在 Linux 系统上运行了一个 Apache Web 服务器(httpd)，但客户端无法到达该服务器。下面将介绍几种方法来找到问题的所在。

1. 检查客户是否能到达系统

作为公共服务器，系统的主机名应该解析，以便 Internet 上的任何客户端可以到达该服务器。这也意味着将系统锁定为一个特定的公共 IP 地址，并且使用一个公共的 DNS 服务器注册该地址。可以使用域名注册商(比如 http://www.networksolutions.com)来完成注册。

当客户端无法通过 Web 浏览器根据名称到达网站时，如果客户端是 Linux 系统，则可以使用上一节介绍的 ping、host、traceroute 以及其他命令来跟踪连接问题。但如果是 Windows 系统，则可以使用自己的 ping 版本。

如果通过名称-地址解析可以到达系统，并且可以从外部 ping 服务器，那么接下来要做的是检查服务的可用性。

2. 检查服务是否对客户端可用

通过 Linux 客户端，可以检查服务器是否提供了正在查找的服务(此时为 httpd)。其中一种检查方法是使用 nmap 命令。

对于那些需要检查网络上各种类型信息的系统管理员来说，nmap 命令是最受欢迎的工具。然而，该命令也是黑客们最喜欢的工具，因为它可以扫描服务器，查找潜在漏洞。所以，最好使用 nmap 命令扫描自己的系统查找问题。但是，如果在另一个系统上使用 nmap 命令，就好比是在检查别人家的门窗，看自己能否进入屋内一样。此时，你看上去就是一个入侵者。

检查自己的系统，查看服务器上哪些端口对外部世界开放(从本质上讲，就是检查哪些服务正在运行)是完全合法且很容易完成的工作。安装 nmap 之后(yum install nmap)，可以在 nmap 命令中使用系统主机名或 IP 地址来扫描系统，查看公共端口上运行了哪些服务：

```
# nmap 192.168.0.119
Starting Nmap 6.40 ( http://nmap.org ) at 2019-12-08 13:28 EST
Nmap scan report for spike (192.168.0.119)
Host is up (0.0037s latency).
Not shown: 995 filtered ports
PORT      STATE   SERVICE
21/tcp    open    ftp
22/tcp    open    ssh
80/tcp    open    http
443/tcp   open    https
631/tcp   open    ipp
MAC Address: 00:1B:21:0A:E8:5E (Intel Corporate)
Nmap done: 1 IP address (1 host up) scanned in 4.77 seconds
```

上面所示的输出显示 TCP 端口对普通(http)以及安全(https)Web 服务开放。当看到该状态为
open 时，表明某一服务正在监听该端口。如果到了这一步，则意味着网络连接是正常的，此时应
该将排除故障的重点转移到服务本身的配置上(例如，查看/etc/httpd/conf/httpd.conf 文件，看是否
有特定的主机被允许或拒绝访问)。

如果没有显示 TCP 端口 80 和/或 443，则意味着它们被过滤掉了。需要检查防火墙是否正在
阻塞这些端口(不接收到达这些端口的数据包)。如果端口没有被过滤掉，但状态仍然为关闭，则
意味着httpd 服务没有运行或者没有监听这些端口。下一步是登录到服务器，检查这些问题。

3. 检查服务器上的防火墙

可以在服务器上使用 iptables 命令列出过滤表规则。如下面示例所示：

```
# iptables -vnL
Chain INPUT (policy ACCEPT 0 packets, 0 bytes)
pkts bytes target prot opt in out source    destination
...
  0    0 ACCEPT tcp -- * *  0.0.0.0/0 0.0.0.0/0   state NEW tcp dpt:80
  0    0 ACCEPT tcp -- * *  0.0.0.0/0 0.0.0.0/0   state NEW tcp dpt:443
...
```

在 RHEL 8 和 Fedora 30 系统中，firewalld 服务是启用的，所以可以使用 Firewall 配置窗口打
开所需的端口。在公共 Zone 和 Services 选项卡中，单击 http 和 https 的复选框，从而为所有传入
流量打开这些端口。如果系统正在使用基础的 iptables 服务，那么在其他规则中应该有类似于前
面代码中的两个防火墙规则。如果没有，将这些规则添加到/etc/sysconfig/iptables 文件中。这些规
则的示例如下所示：

```
-A INPUT -m state --state NEW -m tcp -p tcp --dport 80 -j ACCEPT
-A INPUT -m state --state NEW -m tcp -p tcp --dport 443 -j ACCEPT
```

在文件中添加这两条规则之后，清除所有防火墙规则(systemctl stop iptables.services 或者
service iptables stop)。然后启动这些规则(systemctl start iptables.service 或者 service iptables start)。

如果此时防火墙仍然阻塞客户端对 Web 服务器端口的访问，还可以在防火墙中检查以下内容。

● **检查规则顺序**。查看/etc/sysconfig/iptables 中的规则，查看在打开端口 80 和/或 433 的规则
前面是否有 DROP 或 REJECT 规则。将打开相关端口的规则移动到任何 DROP 或 REJECT
行之前，可以解决问题。

- **寻找被拒绝的主机**。检查是否有任何规则丢弃或者拒绝来自特定主机或网络的数据包。特别是要寻找具有以下特征的规则：包括-s 或--source，然后紧跟着一个 IP 地址或者地址范围，最后是-j DROP 或者 ACCEPT。修改该规则，或者在该规则前添加一个新规则，从而允许特定的主机访问服务。

如果端口已经打开，但服务本身关闭，那么检查服务是否正在运行且监听合适的端口。

4. 检查服务器上的服务

如果看似没有任何东西阻止客户端通过实际的端口(该端口提供了想要共享的服务)访问服务器，需要检查一下服务本身。如果服务正在运行(根据系统的不同，可以输入 service httpd status 或者 systemctl status httpd.service 来检查服务的状态)，那么接下来要做的是检查该服务是否正在监听合适的端口和网络接口。

netstat 命令是用来检查网络服务非常好的通用工具。下面的命令列出了正在监听(l)TCP(t)和 UDP(u)服务的所有进程的名称和进程 ID(p)，以及正在监听的端口号(n)。除了与 httpd 进程相关的行之外，该命令过滤掉了所有其他的行：

```
# netstat -tupln | grep httpd
tcp   0  0 :::80          :::*        LISTEN      2567/httpd
tcp   0  0 :::443         :::*        LISTEN      2567/httpd
```

上面的示例显示了 httpd 进程正在为所有的接口监听端口 80 和 443。此外，还可以选择 httpd 进程监听指定的接口。例如，如果指定 httpd 进程仅监听本地接口(127.0.0.1)上的 HTTP 请求(端口 80)，那么 netstat 命令的输出如下所示：

```
tcp   0  0 127.0.0.1:80  :::*        LISTEN      2567/httpd
```

对于 httpd 服务(以及其他负责监听网络接口上请求的网络服务)来说，可以编辑服务的主配置文件(此时为/etc/httpd/conf/httpd.conf)，从而针对所有地址监听端口 80(Listen 80)或者监听特定地址(Listen 192.168.0.100:80)。

21.4　解决内存问题

解决计算机的性能问题是最重要的事情之一，虽然这通常是难以捉摸的任务。也许系统一直运行良好，但是到达某一点后性能开始降低，甚至无法使用。或者没有明显的原因系统就开始崩溃了。找到并解决这些问题可能需要完成一些侦探工作。

Linux 提供了许多工具，可用来监视系统上的活动以及弄清楚所发生的事情。通过使用各种不同的 Linux 实用工具，可以完成许多工作，比如弄清楚哪些进程正在消耗大量的内存或者对处理器、磁盘或网络带宽提出很高的要求。具体解决方案包括：

- **增加能力**——计算机可以尝试完成任何工作，但如果没有足够的内存、处理能力、磁盘空间或者网络带宽来获取合理的性能，那么尝试将失败。甚至只是接近资源枯竭的边缘也可能导致性能问题。提高计算机的硬件能力通常是解决性能问题的最好方法。
- **调整系统**——Linux 自带的默认设置定义了如何内部保存数据、移动数据以及保护数据。如果默认设置不适合正在系统上使用的应用程序类型，那么可以更改系统可调整参数。

- **揭露有问题的应用程序或用户**——有时，系统性能的下降是因为用户或者应用程序做错了什么事情。配置不当或损坏的应用程序可以挂起或吞噬他们可以得到的所有资源。而没有经验的用户可能会错误地启动同一个程序的多个实例，从而导致资源枯竭。作为系统管理员，应该知道如何找到和解决这些问题。

为解决 Linux 的性能问题，可使用一些基本工具来观察和操作在系统上运行的进程。如果想要了解 ps、top、kill 和 killall 命令的详细信息，可以参见第 6 章。本节还将介绍其他一些命令，比如 memstat，可用来进一步了解进程正在做什么以及哪些地方出现问题。

在 Linux 系统中最难解决的问题与管理虚拟内存相关。下面将介绍如何查看和管理虚拟内存。

发现内存问题

计算机可使用多种方法来永久存储数据(磁盘)和临时存储数据(RAM 和交换空间)。将你自己想象成一个 CPU，正在桌子上尝试完成自己的工作。可以将需要永久保留的数据放置到文件柜(类似于磁盘存储器)中，以及将正在使用的信息放在桌面(类似于计算机上的 RAM 内存)上。

交换空间是扩展 RAM 的一种非常好的方法。交换空间主要用来放置那些不适合放在 RAM 中却需要 CPU 使用的临时数据。虽然交换空间位于磁盘之上，却非用来永久存储数据的常规 Linux 文件系统。

相对于磁盘存储器，随机存取内存具有下列特性。

- **离处理器更近**——就像工作时桌面离你很近一样，在计算机主板上，内存就在 CPU 的旁边。所以如果 CPU 所需的数据在 RAM 中，那么 CPU 可以马上得到这些数据。
- **速度更快**——它与CPU的接近程度以及访问它的方式(固态硬盘相对于机械硬盘)使得CPU从 RAM 获取信息比从硬盘获取要快得多。打个比方，相对于走到一排文件柜边上并开始搜索所需的文件，可以更快地看到桌面上的一张纸(小且封闭的空间)。
- **更少的容量**——新的计算机可能拥有 1TB 或更大的磁盘空间，却只有 8GB 或 16GB 的 RAM。假设将处理器可能需要使用的所有文件和数据都放到 RAM 中，那么计算机将快速运行，但大多数情况下，RAM 并没有足够的空间。计算机上的物理内存槽以及计算机系统本身(相比 32 位计算机，64 位计算机可以拥有更多 RAM)都限制了计算机可以拥有的 RAM 数量。
- **更加昂贵**——虽然相对于十几或二十几年前，RAM 已经更加实惠了，但与磁盘相比，每 GB 的价格仍然很昂贵。
- **临时性**——RAM 保存了 CPU 工作时所使用的数据和元数据(以及 Linux 内核所保存的一些内容，因为它认为某些进程可能很快会使用这些内容)。然而，当关闭计算机时，RAM 中的所有内容都会被删除。当 CPU 使用完数据后，如果该数据不再需要，则可将其丢弃，从而留出 RAM 空间供以后使用，或者如果需要永久保存，可将数据写入磁盘。

虽然了解临时(RAM)存储器和永久(硬盘)存储器之间的不同是非常重要的，但这并不是所有。如果对内存的需求超过了 RAM 容量，那么内核可能会临时将数据移出 RAM，并移入被称为交换空间的区域。

再次回到前面的比喻，就好比说"在桌子上已经没有空间了，但仍然必须在桌子上添加项目所需的更多文件，此时可使用一个特殊的文件柜(比方说桌子的抽屉)来存放那些正在使用但又不准备永久存储或者准备丢弃的文件，而不是将它们存放到永久文件柜中。"

请参见第 12 章，了解更多关于交换文件和磁盘的信息以及如何创建它们。然而，目前应该了解这些交换区的类型以及使用时机：

- 当数据从 RAM 交换到交换区(换出)时，性能会有所降低。请记住，写入磁盘比写入 RAM 要慢得多。
- 当因为再次需要将数据从交换区返回到 RAM(换入)时，性能也会降低。
- 当 Linux 耗尽 RAM 空间时，交换就像失去了高速挡的汽车。汽车可能不得不以较低的挡位行驶，但它不会完全停下来。换句话说，所有的进程保持活动状态，并且不会丢失任何数据或完全失败，但系统性能将明显降低。
- 如果 RAM 和交换区都满了，并且没有数据可以丢弃或写入磁盘，那么系统就可以达到内存不足(OOM)的条件。此时，内核 OOM Killer 将开始一个接一个地杀死进程，以便回收足够的内存，使内核重新正常运行。

通常交换技术有不利的方面，应该避免使用。然而，有些人也争辩说在某些情况下，更积极的交换可以提高性能。

假设在文本编辑器中打开了一个文档，并且在完成其他不同任务时将其在桌面上最小化。此时，如果将来自该文档的数据移出到磁盘，那么可以为那些更好利用空间的应用程序留出更多RAM。但下次需要访问该文档的数据并将数据从磁盘引入 RAM 时，性能会降低。这种涉及系统如何交换的设置被称为 swappiness。

Linux 总是尽可能立即为打开的应用程序提供所需的一切。继续引用前面的桌子比喻。假设正在完成九个活动项目，且桌面上拥有足够的空间容纳九个项目的所有资料，那么为什么不把它们都放在桌子上呢？遵循同样的思维方式，内核有时会将它认为最终需要使用的库和其他内容都保存到 RAM 中，即使这些内容并不会马上被进程所使用。

内核倾向于在 RAM 中存储可能很快需要使用的信息(即使现在不需要)，这一事实可能导致没有经验的系统管理员误认为系统几乎没有可用的 RAM 以及进程即将启动失败。这也就是为什么知道内存中所存储的不同类型的信息显得非常重要的原因——可以告诉什么时候真正发生了内存不足的情况。问题不仅是内存不足，当只剩下不可交换的数据时，它将耗尽 RAM。

请将虚拟内存(RAM 和交换区)的一般概述记在心里，因为下一节用来解决问题所用的方法与虚拟内存相关。

1. 检查内存问题

假设登录到一个 Linux 桌面，并运行了许多应用程序，此时系统速度开始变慢。为检查是不是因为用完内存而出现了性能问题，可以尝试使用相关的命令(如 top 和 ps)来查看系统中内存的使用情况。

为运行 top 命令查看内存使用情况，首先输入 top，然后输入大写字母 M，如下例所示：

```
# top
top - 22:48:24 up 3:59,  2 users,  load average: 1.51, 1.37, 1.15
Tasks: 281 total,   2 running, 279 sleeping,  0 stopped,  0 zombie
Cpu(s): 16.6%us,  3.0%sy,  0.0%ni, 80.3%id,  0.0%wa,  0.0%hi,  0.2%si,  0.0%st
Mem:   3716196k total, 2684924k used, 1031272k free,  146172k buffers
Swap:  4194296k total,       0k used, 4194296k free,  784176k cached
  PID USER      PR NI  VIRT  RES  SHR S %CPU %MEM   TIME+   COMMAND
 6679 cnegus    20  0 1665m 937m  32m S  7.0 25.8  1:07.95 firefox
 6794 cnegus    20  0  743m 181m  30m R 64.8  5.0  1:22.82 npviewer.bin
 3327 cnegus    20  0 1145m 116m  66m S  0.0  3.2  0:39.25 soffice.bin
 6939 cnegus    20  0  145m  71m  23m S  0.0  2.0  0:00.97 acroread
```

```
2440  root    20   0   183m   37m   26m  S   1.3  1.0  1:04.81  Xorg
2795  cnegus  20   0  1056m   22m   14m  S   0.0  0.6  0:01.55  nautilus
```

在 top 输出中，与内存相关的信息有两行(Mem 和 Swap)和四列(VIRT、RES、SHR 和%MEM)。在本示例中，通过 Mem 行可以看到 RAM 并没有用完(3 716 196KB 的内存容量，仅使用了 268 492KB)，而通过 Swap 行可以看到没有数据交换到磁盘(0KB)。

然而，通过将 VIRT 列的头六行输出加起来可以看到，有 4937MB 的内存分配给这些运行的应用程序，而该数字已经超过了可用的总内存容量 3629MB。这是因为 VIRT 列显示了承诺分配给应用程序的内存数量。RES 行显示了实际使用的非插拔内存的数量，共 1364MB。

请注意，当输入大写字母 M 要求按照内存使用情况进行排序时，top 知道在 RES 列上进行排序。SHR 列显示了与其他应用程序(如库)共享的内存数量，而%MEM 显示了每个应用程序所使用的总内存的百分比。

如果想要知道系统是否正在接近内存不足的状态，可以查看以下内容：

● Mem 行上显示的自由空间为零或者接近于零。

● Swap 行上所显示的已使用空间非零并且正在持续增加，同时伴随着系统性能的降低。

● 每隔几秒钟刷新一下 top 屏幕，如果某一进程存在内存泄漏的情况(持续请求和使用更多的内存，却没有归还任何内存)，VIRT 内存数量不断增加，但更重要的是 RES 内存因为该进程而持续增加。

● 如果 Swap 空间被实际用尽，内核开始为了处理内存不足的情况而杀死相关进程。

如果安装并启用了 Cockpit，可以从 Web 浏览器实时查看内存使用情况。打开 Cockpit，然后选择 System | Memory & Swap。图 21.4 显示了一个系统，其中内存全部被多个视频流消耗，并已开始交换。

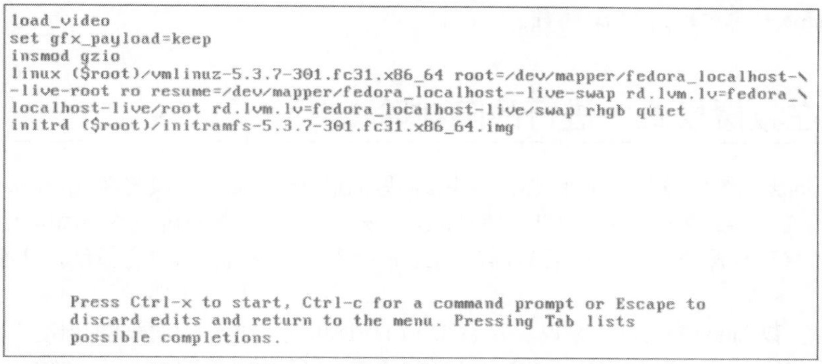

图 21.4　利用 Cockpit 与实时监控 RAM 和 Swap 使用情况

2. 处理内存问题

就目前来说，可以采取以下措施处理内存不足的情况：

● **杀死进程**。如果内存问题是因为一个错误的进程而导致的，那么只需要杀死该进程即可。以 root 用户身份或者以拥有失控进程的用户身份登录，在顶部窗口中输入 k，然后输入想要杀死的进程 PID，最后选择 15 或 9 作为发送的信号。

● **删除页面缓存**。当处理该问题时，如果想要马上清除一些内存，可以告诉系统删除非活动页面缓存。完成后，一些内存页面将写入磁盘中；而另一些则被丢弃(写入磁盘后可以永久保存，并且在需要时可以从磁盘中再次获取)。

删除页面缓存类似于清理桌子,并将一些非重要的信息放入垃圾桶或文件柜中。当需要时,可以很快从文件柜中找到相关信息,但几乎可以肯定不会马上需要这些信息。当通过一个 Terminal 窗口以 root 用户身份输入下面的命令时,可以在另一个 Terminal 窗口上运行 top 命令,从而查看 Mem 行的变化:

```
# echo 3> /proc/sys/vm/drop_caches
```

● **杀死一个内存不足进程**。有时,内存用尽之后可能导致系统无法使用,因此无法从 shell 或 GUI 获取任何响应。这些情况下,可使用 ALT+SysRq 按键杀死一个内存不足的进程。之所以可以在一个无响应的系统上使用 Alt+SysRq 按键,是因为内核会在其他请求之前优先处理 Alt+SysRq 请求。

为启用 Alt+SysRq 按键,系统必须将/proc/sys/kernel/sysrq 设置为 1。一种简单的设置方法是将 kernel.sysrq=1 添加到/etc/sysctl.conf 文件中。同时,还需要在一个基于文本的界面(如单击 Ctrl+Alt+F2 时所看到的虚拟控制台)运行 Alt+SysRq 按键。

将 kernel.sysrq 设置为 1 后,可通过基于文本的界面按下 Alt+SysRq+f,从而杀死系统中 OOM 分数最高的进程。此时屏幕上列出了在系统上运行的所有进程,其中在列表末尾显示了已经被杀死的进程名称。可以重复使用这些按键,直到杀死了足够的进程,以便能从 shell 正常访问系统。

> **注意:**
> 还可以使用其他许多 Alt+SysRq 按键来处理无响应系统。例如,Alt+SysRq+e 将停止除 init 进程外的所有进程。Alt+SysRq+t 将所有当前任务以及相关的信息都转储到控制台。为了重启系统,可按 Alt+SysRq+b。关于 Alt+SysRq 按键的更多信息,可以查看/usr/share/doc/kernel-doc*/ Documentation 目录中的 sysrq.txt 文件。

21.5　在救援模式中进行故障排除

如果 Linux 系统变得无法启动,那么解决该问题的最好选择是进入*救援模式(rescue mode)*。为进入救援模式,需要绕过安装到硬盘上的 Linux 系统,并启动一些救援介质(比如可启动 U 盘或启动 CD)。启动救援介质后,可尝试挂载从 Linux 系统中找到的任何文件系统,从而解决任何问题。

对于大多数 Linux 发行版本来说,安装 CD 或 DVD 可充当进入救援模式的启动介质。下面的示例演示了如何使用 Fedora 安装 DVD 进入救援模式来修复已破坏的 Linux 系统(如果电脑没有 DVD 光驱,可将映像刻录到 USB 光驱上):

(1) 获取想要使用的安装 CD 或 DVD 镜像,并将其刻录到合适的介质(CD 或者 DVD)。关于如何刻录 CD 和 DVD 的相关信息,可参阅附录 A(在本章示例中,使用了 Red Hat Enterprise Linux 8 安装 DVD)。

(2) 将 CD 或者 DVD 插入安装有已破坏 Linux 系统的计算机的驱动器中,并重启。

(3) 此时可以看到 BIOS 屏幕,按屏幕上所提示的功能键,选择启动设备(功能键可能为 F12 或者 F2)。

(4) 从启动设备列表中选择驱动器(CD 或者 DVD),并按 Enter 键。

(5) 当出现 RHEL 8 启动菜单时,使用箭头键突出显示单词 Troubleshooting,并按 Enter 键。

在其他 Linux 启动介质中，选择可能是 Rescue Mode 或者其他类似的词。在下一个出现的屏幕中，选择 Rescue a Red Hat Enterprise Linux System，并按 Enter 键。

(6) 稍等一会，将会启动救援介质上的 Linux 系统。当出现提示时，选择语言和键盘。此外还会询问是否启动系统上的网络接口。

(7) 如果需要从网络的其他系统(比如 RPM 软件包或者调试工具)上获取内容，可选择 Yes 并配置网络接口。然后会询问是否尝试在已安装的 Linux 系统的/mnt/sysimage 目录下挂载文件系统。

(8) 选择 Continue，在/mnt/sysimage 目录下挂载文件系统。如果挂载成功，会出现 Rescue 消息，告诉你文件系统已经挂载到/mnt/sysimage 目录下。

(9) 选择 OK 继续，应该看到一个针对 root 用户的 shell 提示符(#)。此时可以从救援模式开始进行故障排除了。进入救援模式后，文件系统中没有损坏的部分将挂载到/mnt/sysimage 目录下。输入 ls /mnt/sysimage，检查来自磁盘的文件和目录是否都在该目录下。

文件系统的根(/)来自救援介质的文件系统。然而，为了排除已安装 Linux 系统的故障，可以输入下面的命令：

```
# chroot /mnt/sysimage
```

现在，/mnt/sysimage 目录成为文件系统的根(/)，就像安装在硬盘上的文件系统一样。当处在救援模式时，可以完成一些工作来修复系统：

- **修复/etc/fstab**。如果因为/etc/fstab 文件中的错误而导致文件系统无法加载，那么可以尝试纠正可能产生问题的任何条目(比如错误的设备名称或者不存在的挂载点目录)。可以输入 mount -a，确保所有的文件系统都被挂载。
- **重新安装缺少的组件**。有时文件系统可能是好的，但是因为缺少一些关键命令或者配置文件而导致系统启动失败。可以通过重新安装提供了缺失组件的软件包来解决该问题。例如，如果有人误删了/bin/mount，系统将无法使用任何命令来挂载文件系统。重新安装 util-linux 软件包可以替换缺失的 mount 命令。
- **检查文件系统**。如果启动问题来自于破坏的文件系统，那么可以尝试运行 fsck 命令(文件系统检查)，查看在磁盘分区上是否存在任何损坏。如果存在，fsck 将尝试纠正所碰到的问题。

修复完系统后，输入 exit 退出 chroot 环境并返回 Live 介质所见的文件系统布局。如果完成了全部工作，可以输入 reboot 重启系统。在系统重启之前请确保弹出介质。

21.6　小结

Linux 中的故障排除可以从开启计算机开始。问题可能发生在计算机 BIOS、启动加载程序或者启动过程的其他部分，可以在启动过程的不同阶段中断相应的部分，从而进行故障排除。

在系统启动后，可以排除与软件包、网络接口或者内存不足相关的问题。Linux 附带许多工具，可用来查找和纠正 Linux 系统中可能破坏以及需要修复的任何部分。

下一章将讨论 Linux 安全性的主题。通过使用该章所介绍的工具，可以提供对所需服务的访问，同时阻止对其他系统资源的访问，以免那些资源受到破坏。

21.7　习题

本节中的习题将尝试 Linux 中一些有用的故障排除技术。因为某些技术潜在地会对系统产生破坏，所以我建议不要使用无法承受破坏的系统。参考答案请参见附录 B。

这些习题与 Linux 中的故障排除主题相关联。假设正在启动一个带有标准 BIOS 的 PC。为了完成这些系统，需要能够重启计算机，并中断任何工作。

(1) 启动计算机，当看到 BIOS 屏幕时，按照 BIOS 屏幕的指示进入 Setup 模式。

(2) 通过 BIOS Setup 屏幕，确定计算机是 32 位还是 64 位，是否包括虚拟化支持，网络接口能否进行 PXE 启动。

(3) 重启并在 BIOS 屏幕消失之后，当看到启动到 Linux 系统的倒计时，按任何键，进入 GRUB 启动加载程序。

(4) 通过 GRUB 启动加载程序，添加一个选项，从而启动到运行级别 1，以便完成一些系统维护工作。

(5) 系统启动后，查看一下内核环缓存区所生成的消息，这些消息显示了启动时内核的活动。

(6) 在 Fedora 或 RHEL 中，运行 yum update，排除任何可用的内核软件包。

(7) 查看哪些进程正在监听系统上的传入连接。

(8) 查看在外置网络接口上打开了哪些端口。

(9) 在 Terminal 窗口运行 top 命令。然后打开第二个 Terminal 窗口并清除页面缓存。最后注意 top 屏幕上是否显示了更多可用的 RES 内存。

(10) 在系统上启用了 Cockpit，访问 Cockpit 查看系统正在使用的内存和交换的详细信息。

第 **V** 部分

学习 Linux 安全技术

## 第22章

理解基本的 Linux 安全

本章主要内容:
- 实现基本的安全
- 监视安全
- 审核和评审安全

在最基本的级别上，保护 Linux 系统从物理安全性、数据安全性、用户账户保护和软件安全性开始。随着时间的推移，需要监控该系统以确保其安全。

需要问自己一些问题，包括:
- 谁能亲临系统?
- 是否有数据备份以备灾难发生?
- 用户账户的安全程度如何?
- 该软件是否来自安全的 Linux 发行版，是否有最新的安全补丁?
- 是否一直在监控系统，以确保它没有被破解或损坏?

本章从基本的 Linux 安全主题开始。后续章节将深入讨论高级安全机制。

22.1 实现物理安全

计算机服务器机房大门上的锁是安全防护的第一步。虽然这是一个非常简单的概念，但往往被忽略。访问物理服务器意味着访问该服务器包含的所有数据。如果心怀有恶意的人能物理访问 Linux 服务器，那么任何安全软件都无法完全保护系统的安全。

基本的服务器机房物理安全包括如下几项:
- 服务器机房大门上的锁或者安全警报。
- 仅允许授权访问的访问控制以及确定哪些人可以进入机房以及何时进入,比如使用卡片钥匙进入系统。
- 在门上设置的标志，声明“仅允许授权访问”。
- 针对组(比如清洁人员、服务器管理员及其他人)的相关策略，比如哪些人可以访问房间以及何时可以访问。

物理安全还包括环境控制。因此必须包括合适的灭火系统以及服务器机房正常通风。

22.1.1　实现灾难恢复

灾难恢复计划应该包括以下几点：
- 备份中包括哪些数据
- 备份所存储的位置
- 备份保存多长时间
- 如何通过存储器转储备份介质

备份数据、介质和软件应该包括在访问控制矩阵(Access Control Matrix)检查列表中。

> **警告：**
> 确定每个对象应该保存多少备份副本是非常重要的。对于某些特殊对象，可能仅需要三份备份副本，而其他更重要的对象则需要保存更多备份副本。

Linux 系统中可用的备份实用工具包括：
- amanda(Advanced Maryland Automatic Network Disk Archiver)
- cpio
- dump/restore
- tar
- rsync

一般来说，cpio、dump/restore 和 tar 实用工具是预先安装到 Linux 发行版本中的。rsync 实用程序是一种简单而有效的网络数据备份工具。使用 rsync，可以设置 cron 作业，以在选定的目录中保存所有数据的副本，或者镜像远程机器上的目录的精确副本。

在上述工具中，只有 amanda 没有被默认安装。然而，amanda 实用工具非常流行，因为它使用起来非常灵活，甚至可以备份 Windows 系统。如果想了解关于 amanda 实用工具的更多信息，可以访问 www.amanda.org。最终选择使用的实用工具应该满足企业、组织对备份的特定安全需求。

22.1.2　保护用户账户的安全

用户账户是允许用户进入 Linux 系统的身份验证过程的一部分。正确的用户账户管理将能够大大增强系统的安全性。第 11 章已经介绍了如何设置用户账户。然而，在用户账户管理过程中还需要一些额外的规则来提高安全性：
- 每个用户账户对应一名用户
- 限制对 root 用户账户的访问
- 在临时账户上设置过期日期
- 删除不使用的用户账户

1. 每个用户账户对应一名用户

账户应该执行责任制。因此，多个用户不应该登录到同一个账户。当多人共享一个账户时，将无法验证特定的单个人完成特定的动作。

2. 限制对 root 用户账户的访问

如果多人可以登录到 root 账户，那么会面临另一种否认情况。这样一来，无法对个人使用 root

账户的情况进行跟踪。为对个人使用 root 账户的情况进行跟踪，需要执行一条策略，即使用 sudo 命令(参见第 8 章)而不是登录到 root 账户。

可以使用 sudo 命令赋予 root 访问，而不要将 Linux 系统上的 root 权限赋予多人。通过使用 sudo 命令，可以实现如下所示的安全好处：

- 不必赋予 root 密码。
- 可以微调命令访问。
- 所有的 sudo 使用情况(何人、何时使用以及完成什么操作)都记录在/var/log/secure 中。所有失败的 sudo 访问尝试都会记录下来。最近的 Linux 系统将所有 sudo 访问存储在 systemd 日志中(输入 journalctl -f 来查看实时的 sudo 访问尝试以及其他系统消息)。
- 在赋予某些人 sudo 权限之后，可以在/etc/sudoers 文件中限制对某些命令的 root 访问(使用 visudo 命令)。然而，一旦将 root 权限赋予某一用户(即使是带限制性的赋予)，将很难保证该用户不通过某些方法获取对系统的完全 root 访问并完成他们所希望的操作。

阻止这种不端的管理员行为的一种方法是将原打算记录到/var/log/secure 文件中的安全消息发送到一个本地管理员无法访问的远程日志服务器中。这样一来，对 root 权限的任何滥用都会与一个特定的用户相联系并被记录下来，从而使该用户无法掩盖自己的踪迹。

3. 在临时账户上设置过期日期

如果你的顾问、实习生或者临时雇员需要访问 Linux 系统，那么为他们设置带有过期日期的用户账户是非常重要的。过期日期是一种安全措施，如果在他们不再需要访问系统时忘记删除他们的账号，该措施将可以发挥作用。

为设置带有过期日期的用户账户，可使用 usermod 命令，其格式是 usermod -e *yyyy-mm-dd user_name*。在下面的代码中，账户 tim 设置为在 2021 年 1 月 1 日过期。

```
# usermod -e 2021-01-01 tim
```

如果想验证账户是否正确设置了过期日期，可使用 chage 命令。该命令主要用来查看和更改用户账户的密码时效信息。其中包括了账户过期信息。-l 选项允许列出 chage 所访问的各种信息。为简单起见，可将 chage 命令的输出连接到 grep 命令，并搜索单词 Account。这样一来，就只会显示用户账户的过期日期。

```
# chage -l tim | grep Account
Account expires                              : Jan 01, 2021
```

账户 tim 的过期日期成功更改为 2021 年 1 月 1 日。

> **提示：**
> 如果不是使用/etc/shadow 文件存储账户密码，将无法使用 chage 实用工具。大多数情况下，这并不是问题，因为大多数 Linux 系统默认情况下都将/etc/shadow 文件配置为存储密码信息。

可以为所有的临时雇员设置账户过期日期。此外，还可考虑将审查所有用户账户过期日期作为安全监视活动的一部分。这将有助于消除 Linux 系统任何潜在的后门漏洞。

4. 删除未使用的用户账户

保留旧的过期账户是自找麻烦。当一名用户离开了企业、组织，那么最好采取一系列步骤删除他(或她)的账户以及相关数据。

(1) 使用下面所示的命令在系统中找到该账户所拥有的文件：

```
find / -user username
```

(2) 设置该账户过期或者禁用该账户。

(3) 备份相关文件。

(4) 删除文件或者将它们分配给新的拥有者。

(5) 从系统中删除账户。

当漏掉步骤(5)时，过期的或者禁用的账户仍然存在于系统中，此时可能会出现问题。能够访问系统的怀有恶意的用户可以恢复该账户，从而伪装成一名合法的用户。

为了找到此类过期账户，需要仔细搜索/etc/shadow 文件。账户的过期日期位于每条记录的第 8 个字段。如果使用了日期格式，那么识别起来就非常容易。否则，该字段将账户的过期日期显示为自 1970 年 1 月 1 日以来所经历的天数。

如果想要自动找到/etc/shadow 文件中过期的账户，可以使用以下两个步骤。首先，设置一个 shell 变量(设置过程请参见第 7 章)，其值为以"自 1970 年 1 月 1 日以来的天数"格式表示的当前日期。然后，通过使用 gawk 命令，可以从/etc/shadow 文件获取所需的信息并进行格式化。

设置一个 shell 变量，其值为自 1970 年 1 月 1 日以来到当前日期所经历的天数，完成第一步并不是特别困难。date 命令可以生成自 1970 年 1 月 1 日以来所经历的秒数。为获取所需要的天数，可以将 date 命令的输出结果除以一天所包含的秒数(86400 秒)。下例演示如何设置 shell 变量 TODAY：

```
# TODAY=$(echo $(($(date --utc --date "$1" +%s)/86400)))
# echo $TODAY
16373
```

接下来，通过使用 gawk 命令，从/etc/shadow 文件中获取账户及其过期日期。gawk 命令是 UNIX 中所使用的 awk 程序的 GNU 版本。下面所示的代码显示了该命令的输出。正如所预期的那样，许多账户并没有过期日期。然而，账户 Consultant 和 Intern 以"自 1970 年 1 月 1 日以来的天数"格式显示了过期日期。请注意，该步骤是可以略过的，此时只是为了演示目的。

```
# gawk -F: '{print $1,$8}' /etc/shadow
...
chrony
tcpdump
johndoe
Consultant 13819
Intern 13911
```

gawk 命令中的$1 和$8 代表/etc/shadow 文件记录中的用户名和过期日期字段。为了检查这些账户的过期日期，并查看它们是否已经过期，还需要使用更准确的 gawk 命令。

```
# gawk -F: '{if (($8 > 0) && ($TODAY > $8)) print $1}' /etc/shadow
Consultant
Intern
```

上面所示的 gawk 命令只会收集带有过期日期的账户(即$8>0)。而为了确定过期日期是否晚于当前日期，需要将 TODAY 变量与过期日期字段$8 进行比较。如果 TODAY 大于账户的过期日期，则列出该账户。从上面的示例中可以看到，两个过期账户仍然存在于系统中，需要删除它们。

这就是需要完成的所有工作。设置 TODAY 变量，然后执行 gawk 命令，列出/etc/shadow 文件中所有过期账户。最后使用 userdel 命令删除这些账户。

用户账户只是身份验证过程的一部分，它允许用户进入 Linux 系统。此外，用户账户密码在该过程中也扮演了非常重要的角色。

22.1.3　保护密码

对于任何现代的操作系统来说，密码是最基本的安全工具，因此也是最常被攻击的安全功能。用户通常比较希望选择易于记忆的密码，但这往往也意味着选择了易于被猜到的密码。

通常利用暴力方法获取对计算机系统的访问。可以尝试一下比较流行的密码，并观察所产生的结果。下面列举一些最常见的密码：

- 123456
- Password
- pricess
- rockyou
- abc123

只需要使用任何 Internet 搜索引擎并查找"常见密码"。如果可以找到这些密码列表，那么恶意的攻击者也可以找到。显而易见，选择健壮的密码对于拥有一个安全的系统是至关重要的。

1. 选择健壮的密码

一般来说，密码必须不容易被猜到，不能够太常见或者太流行，不能够与自己有任何方式的关联。当选择密码时，可以遵循以下规则：

- 不要使用登录名或者全名的任何变化形式。
- 不要使用字典中的单词。
- 不要使用任何类型的固有名称。
- 不要使用电话号码、地址、家庭或者昵称。
- 不要使用网站名称。
- 不要使用键盘上任何邻近的字母或数字(比如 qwerty 或者 asdfg)。
- 不要使用在上面所示密码之前或之后添加数字或标点符号(或输入斜杠)所生成的密码。

现在，既然知道了在选择密码时哪些事情不能做，那么接下来看一下使密码更加强壮的两条规则。

- 密码长度至少应该包含 15 到 25 个字符。
- 密码应该包含下面所示的所有项：
  - 大写字母
  - 小写字母
  - 数字
  - 特殊字符，比如: ! $ % * ( ) - + = , < > : : " '

25 个字符确实是非常长的密码。然而，密码越长，安全性也就越高。到底选择多长的密码作为企业、组织的最小密码取决于安全需求。

455

选择一个健壮的密码是非常困难的。该密码既要难以被猜到,又要易于记忆。选择强壮密码的一种较好方法是使用一条易于记忆的句子中的每个单词的第一个字母组合成密码。此外,还可添加数字、特殊字符或变换大小写等。所选择的句子应该仅对你自己有意义,而不应该是大众化的句子。表 22.1 列出一些强壮密码的示例以及记住这些密码的窍门。

表 22.1　好密码的思想

密码	如何记忆
Mrci7yo!	My rusty car is 7 years old!
2emBp1ib	2 elephants make BAD pets, 1 is better
ItMc?Gib	Is that MY coat? Give it back

这些密码看起来没有任何意义,却非常容易记住。当然,在实际中不要使用这些所列出的密码,因为它们现在已经公开了,并添加到恶意攻击者的字典中。

2. 设置和更改密码

可以使用 passwd 命令设置自己的密码。此外,还可以使用该命令更改密码。首先,命令会提示输入旧密码。为了避免在输入密码时旁人偷看并知道密码,在输入旧密码时并不会进行显示。

假设所输入的旧密码正确,passwd 命令将会提示输入新密码。当输入了新密码之后,将使用实用工具 cracklib 检查所输入密码是好密码还是坏密码。如果非 root 用户所选择的密码不是一个好密码,那么会要求他们重新输入一个不同的密码。

root 用户是唯一允许使用坏密码的用户。当所输入的密码被 cracklib 接受之后,passwd 命令会要求再次输入新的密码,以确保没有错别字(因为在输入时无法看到所输入的内容,所以很难发觉输入了错别字)。

当以 root 用户身份运行 passwd 命令时,更改某一用户的密码非常简单,只需要将该用户的登录名作为参数传递给 passwd 命令即可。例如:

```
# passwd joe
Changing password for user joe.
New UNIX password: ********
Retype new UNIX password: ********
passwd: all authentication tokens updated successfully.
```

此时,passwd 命令两次提示为 joe 输入新密码,而不是旧密码。

3. 执行最佳的密码实践

现在,我们已经知道什么样的密码才是好密码以及如何更改密码,但如何在 Linux 系统上实现该密码呢?可以从 PAM 设施开始。使用 PAM,可以定义密码必须满足的确切需求。例如,要确保密码必须是 12 个字符长,至少有 2 个数字、3 个大写字母和 2 个小写字母,并且与之前的密码不同,可以将下面一行添加到/etc/pam.d/common-password 或/etc/pam.d/common-auth 文件中:

```
password requisite pam_cracklib.so minlen=12, dcredit=2, ucredit=3, lcredit=2,
difok=4
```

下一个问题是，如何让人们更改密码？可以想象，每 30 天就需要设置一次新的、强壮的密码是非常烦人的事情。这也就是为什么需要使用一些强制性技术的原因。

> **提示：**
>
> 如果用户在创建安全且唯一的密码时遇到困难，那么可在 Linux 系统中安装 pwgen 实用工具。该开源的密码生成实用工具可以创建易于读写和记忆的密码。可以使用这些生成的单词作为创建账户密码的起点。

第 11 章介绍了/etc/login.defs 文件中新账户的默认值。在 login.defs 文件中，存在一些影响密码时效和长度的设置：

```
PASS_MAX_DAYS    30
PASS_MIN_DAYS    5PASS_MIN_LEN    16PASS_WARN_AGE    7
```

在该示例中，密码必须修改的最长天数(PASS_MAX_DAYS)为 30。该数字是根据特定的账户设置而设置的。对于那些一个人只有拥有一个账户的企业、组织来说，该数字可以大于 30。而如果共享账户或者多人知道 root 密码，那么必须经常更换密码，从而有效减少知道密码的人数。

为了防止用户在更换为新密码之后又很快更换回旧密码，需要将 PASS_MIN_DAYS 设置为大于 0 的数字。在上面的示例中，用户最快可以在 5 天之后再次更改密码。

PASS_WARN_AGE 设置表示在强制用户更改密码之前警告用户的天数。人们往往需要一些警告和提示，所以上面的示例设置了 7 天的警告时间。

本章的前面曾讲过，一个强壮密码的字符长度应该在 15 到 25 之间。通过使用 PASS_MIN_LEN 设置，可以强制用户在密码中最少使用的字符数。该设置的选择应该根据企业、组织安全生命周期计划而定。

> **注意：**
>
> Ubuntu 在 login.defs 文件中并没有 PASS_MIN_LEN 设置。而是由 PAM 实用工具来处理该设置。第 23 章将详细介绍 PAM。

对于那些已经创建的账户，需要 chage 命令控制密码时效。表 22.2 列出了使用 chage 命令控制密码时效所需使用的选项。注意，在 chage 实用工具中并没有密码长度设置。

表 22.2　chage 选项

选项	说明
-M	设置密码需要更改的最长天数。该选项等同于/etc/login.defs 文件中的 PASS_MAX_DAYS 设置
-m	设置可以再次更改密码的最小天数。该选项等同于/etc/login.defs 文件中的 PASS_MIN_DAYS 设置
-W	设置强迫用户更改账户密码之前警告用户的天数。该选项等同于/etc/login.defs 文件中的 PASS_WARN_AGE 设置

下面的示例使用 chage 命令为 tim 账户设置了密码时效参数。此时使用了所有三个选项。

```
# chage -l tim | grep days
Minimum number of days between password change        : 0
Maximum number of days between password change        : 99999
Number of days of warning before password expires     : 7
```

```
# chage -M 30 -m 5 -W 7 tim
# chage -l tim | grep days
Minimum number of days between password change       : 5
Maximum number of days between password change       : 30
Number of days of warning before password expires    : 7
```

还可以使用 chage 命令作为账户过期的另一种方法，可根据账户密码的过期来确定账户是否过期。前面，已经将 usermod 实用工具用于账户过期。而使用带有-M 和-I 选项的 chage 命令可以锁定账户。在下面的代码中，使用 chage –l 查看账户 tim，并提取了 tim 的账户密码信息。

```
# chage -l tim | grep Password
Password expires                 : never
Password inactive                : never
```

可以看到，没有针对密码过期(Password expires)或者密码闲置(Password inactive)进行相关的设置。而在下面的代码中，通过使用-I 选项，将账户设置为 tim 的密码过期后锁定账户 5 天。

```
# chage -I 5 tim
# chage -l tim | grep Password
Password expires                 : never
Password inactive                : never
```

注意，设置没有任何变化！如果不进行密码过期设置，那么-I 选项将没有任何效果。因此，通过使用-M 选项，设置了密码过期前最大的天数，从而获取密码闲置时间。

```
# chage -M 30 -I 5 tim
# chage -l tim | grep Password
Password expires                 : Mar 03, 2017
Password inactive                : Mar 08, 2017
```

现在，在密码过期后 tim 的账户将被锁定 5 天。某些情况下，这种锁定方式是非常有用的，比如某一个雇员离开公司，但他的用户账户没有删除。可根据企业、组织的安全需求，将所有密码过期的账户锁定一定的天数。

4. 了解密码文件和密码哈希

早期的 Linux 系统在/etc/passwd 文件中存储密码，且对密码进行了哈希处理。通过一种单向的数学过程创建了哈希密码。在创建之后，就不能够再从哈希值中重新创建原始字符。接下来介绍一些具体的工作原理。

当用户输入用户密码时，Linux 系统首先对密码执行rehash操作，然后将哈希结果与/etc/passwd文件中的原始哈希值进行比较。如果匹配，用户通过身份验证并进入系统。

在/etc/passwd 文件中存储这些密码哈希值时，必须完成一些文件系统安全设置(相关内容请参见第 4 章)。/etc/passwd 文件的文件系统安全设置如下所示：

```
# ls -l /etc/passwd
-rw-r--r--. 1 root root 1644 Feb  2 02:30 /etc/passwd
```

可以看到，所有人都可以读取该密码文件。你可能认为这并不是什么大问题，因为所有密码都进行了哈希处理。然而，那些怀有恶意的人可以创建一种被称为彩虹表(rainbow tables)的文件。简单来说，彩虹表就是一个已经被哈希处理的潜在密码的字典。例如，彩虹表将包含常见密码

Password 的哈希值，如下所示：

```
$6$dhN5ZMUj$CNghjYIteau5xl8yX.f6PTOpendJwTOcXjlTDQUQZhhy
V8hKzQ6Hxx6Egj8P3VsHJ8Qrkv.VSR5dxcK3QhyMc.
```

因为可以非常容易地访问到/etc/passwd 文件中的密码哈希值，所以文件中的哈希密码与彩虹表中的值相匹配并最终发现明文密码只是时间问题。

> **注意：**
> 安全专家提醒我们，密码不仅要被哈希处理，还应该加盐(salt)。对哈希值进行加盐意味着在对密码进行哈希处理之前，向原始的密码中添加随机生成的值。这样一来哈希密码将更难与原始密码相匹配。然而，在 Linux 中，哈希盐也是使用哈希密码存储的。因此，访问/etc/passwd 文件意味着可以获取哈希值及其盐值。

基于以上原因，多年以前，哈希密码就转移到新的配置文件/etc/shadow 中。该文件拥有以下安全设置：

```
# ls -l /etc/shadow
----------. 1 root root 1049 Feb  2 09:45 /etc/shadow
```

无论是否打开权限 root，其他用户都无法查看该文件。因此，哈希密码被很好地保护了起来。查看/etc/shadow 文件的末尾，可以看到在每个用户记录中包含很长且无意义的字符串。这些字符串就是哈希密码。

```
# tail -2 /etc/shadow
johndoe:$6$jJjdRN9/qELmb8xWM1LgOYGhEIxc/:15364:0:99999:7:::
Tim:$6$z760AJ42$QXdhFyndpbVPVM5oVtNHs4B/:15372:5:30:7:16436::
```

> **警告：**
> 可能所使用的 Linux 系统仍然使用了旧方法，在/etc/passwd 文件中保存哈希密码。解决该问题非常容易。只须使用 pwconv 命令创建/etc/shadow 文件，并将哈希密码移动到该文件中即可。

除了账户名称和哈希密码外，/etc/shadow 文件中还存储了以下内容：

- 密码更改以来所经历的天数(从 1970 年 1 月 1 日开始算起)
- 可以更换密码的天数
- 必须更改密码的天数
- 在密码必须更换之前警告用户的天数
- 密码过期之后多少天禁用账户
- 账户被禁用的天数(从 1970 年 1 月 1 日开始算起)

这些设置看起来应该非常熟悉，因为本章前面介绍密码时效时曾经讲过这些设置。记住，如果没有设置/etc/shadow 文件(而且/etc/login.defs 文件也不可用)，chage 命令将无法工作。

显而易见，文件系统安全设置对于保护 Linux 系统安全来说是非常重要的。对于所有 Linux 系统的配置文件以及其他文件而言更是如此。

22.1.4　保护文件系统

保护 Linux 系统的另一个重要方面是设置适当的文件系统安全性。安全设置的基本知识已经在第 4 章以及第 11.3.1 节中进行了介绍。然而，还需要向基本知识中添加一些额外的知识点。

1. 管理危险的文件系统权限

如果对 Linux 系统中的所有文件都拥有了完全访问权限(777)，那么可以想象混乱也会随之而来。而如果没有很好地管理 SetUID(SUID)和 SetGID(SGID)权限(参见第 4 章和第 11 章)，也会产生类似的混乱。

如果某一文件拥有 Owner 类别中的 SUID 权限以及 Other 类别中的执行权限，那么在内存中执行该文件时，该文件将允许任何人成为文件的临时所有者。最危险的情况是文件的所有者是 root 用户。

同样，如果某一文件拥有 Owner 类别中的 SGID 权限以及 Other 类别中的执行权限，那么在内存中执行该文件时，该文件将允许任何人成为文件组的组成员。此外，还可以在目录上设置 SGID，从而将目录中创建的任何文件的组 ID 设置为目录的组 ID。

心怀恶意的用户最喜欢的是带有 SUID 或 SGID 的可执行文件。因此，最好保守地使用这些设置。然而，有些文件确实需要保留这些设置。比如对于 passwd 和 sudo 命令，每个文件应该保留 SUID 权限，如下所示：

```
$ ls -l /usr/bin/passwd
-rwsr-xr-x. 1 root root 28804 Aug 17 20:50 /usr/bin/passwd
$ ls -l /usr/bin/sudo
---s--x--x. 2 root root 77364 Nov 3 08:10 /usr/bin/sudo
```

诸如 passwd 和 sudo 的命令用作 SUID 程序。可以 root 用户身份运行这些命令，但作为普通用户，只能使用 passwd 命令更改自己的密码以及使用 sudo 命令升级到 root 权限(前提是赋予了 /etc/sudoers 文件中的权限)。如果黑客创建了一个 SUID bash 命令，将更加危险：运行了该命令的任何人都可以有效地更改系统中的一切内容。

通过使用 find 命令，可以搜索系统，查看系统中是否存在任何隐藏的或者不适当的 SUID 和 SGID 命令。如下例所示：

```
# find / -perm /6000 -ls
4597316 52 -rwxr-sr-x 1 root games 51952 Dec 21 2013 /usr/bin/atc
4589119 20 -rwxr-sr-x 1 root tty   19552 Nov 18 2013 /usr/bin/write
4587931 60 -rwsr-xr-x 1 root root  57888 Aug  2 2013 /usr/bin/at
4588045 60 -rwsr-xr-x 1 root root  57536 Sep 25 2013 /usr/bin/crontab
4588961 32 -rwsr-xr-x 1 root root  32024 Nov 18 2013 /usr/bin/su
...
5767487 85 -rwsrwsr-x 1 root  root 68928 Sep 13 11:52 /var/.bin/myvi
...
```

注意，find 命令找到了一些 SetUID 和 SetGID 命令，普通用户可以因为特殊理由而运行这些命令来升级权限。在本示例中，还有一个用户尝试隐藏的文件(myvi)。该文件是 vi 命令的副本，可以更改 root 用户所拥有的文件。显而易见，用户做了不该做的事情。

2. 保护密码文件

/etc/passwd 文件是 Linux 系统用来检查用户账户信息的文件，本章的前面已经详细介绍过。/etc/passwd 文件应该拥有下面的权限设置。

- Owner: root

- Group：root
- Permissions(644) Owner: rw-　Group: r--　Other: r--

下面所示的示例演示了带有适当设置的/etc/passwd 文件：

```
# ls -l /etc/passwd
-rw-r--r--. 1 root root 1644 Feb  2 02:30 /etc/passwd
```

这些设置是必需的，以便用户可以登录到系统，并查看与用户 ID 和组 ID 号相关联的用户名。然而，用户不应该能够直接修改/etc/passwd 文件。例如，如果写访问被授予了其他人，那么心怀恶意的用户可向文件添加一个新账户。

下一个文件是/etc/shadow。当然，该文件与/etc/passwd 文件是紧密相联的，因为在登录身份验证过程中也使用了/etc/shadow 文件。/etc/shadow 文件应该包含以下权限设置。

- Owner:root
- Group:root
- Permissions: (000) Owner: --- Group: --- Other: ---

下面所示的代码显示了包含相关设置的/etc/shadow 文件。

```
# ls -l /etc/shadow
----------. 1 root root 1049 Feb  2 09:45 /etc/shadow
```

/etc/passwd 文件具备所有者、组和其他人的读取访问权限。可以看出，/etc/shadow 文件要比/etc/passwd 文件受到更多的限制。对于/etc/shadow 文件来说，没有设置访问权限，虽然 root 用户仍然可以访问该文件。如果只有 root 用户可以查看该文件，那么普通用户如何更改存储在/etc/shadow 文件中的密码呢？passwd 实用工具(/usr/bin/passwd)使用了特殊权限 SUID。该权限设置如下所示：

```
# ls -l /usr/bin/passwd
-rwsr-xr-x. 1 root root 28804 Aug 17 20:50 /usr/bin/passwd
```

在内存中运行 passwd 命令时，运行了该命令的用户可以临时成为 root 用户，然后可对/etc/shadow 文件进行写入操作，但只能更改与用户相关的密码信息。

> **注意：**
> root 用户并不拥有对/etc/shadow 文件的写入访问权限，那么 root 用户是如何写入/etc/shadow 文件的呢？这是因为不管文件上设置了哪些权限，root 用户是全能的，拥有所有文件的完全访问权限。

/etc/group 文件(请参见第 11 章)包含了 Linux 系统中所有的组。该文件的权限设置与/etc/passwd 文件的权限设置完全一样。

- Owner:root
- Group:root
- Permissions: (644) Owner: rw- Group: r-- Other: r--

此外，组密码文件/etc/gshadow 也需要得到适当保护。与预期的一样，该文件的权限设置与/etc/shadow 文件的权限设置完全一样。

- Owner:root
- Group:root
- Permissions: (000) Owner: --- Group: --- Other: ---

3. 锁定文件系统

文件系统表(参见第 12 章)/etc/fstab 需要一些特殊的关注。在启动时，/etc/fstab 文件用来在文件系统上挂载存储设备。此外，还被 mount、dum 和 fsck 等命令所使用。/etc/fstab 文件应该包含如下所示的权限设置。

- Owner:root
- Group:root
- Permissions: (664) Owner: rw- Group: rw- Other: r--

在文件系统表中，有一些重要的安全设置需要进行审查。除了根、启动和交换分区之外，文件系统选项在默认情况下是相当安全的。然而，可能还需要考虑以下几点。

- 一般来说，/home 子目录(即用户目录所在的位置)放到它自己的分区中，当添加挂载选项，挂载/etc/fstab 中的该目录时，可以设置 nosuid 选项，从而防止运行启用了 SUID 和 SGID 权限的可执行程序。需要 SUID 和 SGID 权限的程序不应该存储在/home 目录中，因为它们最有可能怀有恶意。可以设置 nodev 选项，从而使位于该目录中的设备文件不被识别。设备文件应该存储在/dev 中，而不是/home。可以设置 noexec 选项，从而无法运行/home 中的任何可执行程序。
- 可将/tmp 子目录(临时文件所在的位置)放到它自己的分区中,并使用与/home 相同的选项:
  - nosuid
  - nodev
  - noexec
- 可以将/usr 子目录(用户程序和数据的所在位置)放到它自己的分区中，并设置 nodev 选项，从而不识别该目录中的任何设备文件。软件安装完毕后，/usr 目录通常只略微变化或者没有变化(有时，出于安全考虑，仅将该目录以只读方式挂载)。
- 如果系统配置为服务器，那么需要将/var 子目录放到它自己的分区中。随着日志消息以及 Web、FTP 和其他服务器内容的增加，/var 目录也在不断增长。可以在/var 分区上使用与/home 相同的挂载选项:
  - nosuid
  - nodev
  - noexec

将上面的选项放入/etc/fstab 文件中，文件内容如下所示:

```
/dev/sdb1   /home   ext4    defaults,nodev,noexec,nosuid   1 2
/dev/sdc1   /tmp    ext4    defaults,nodev,noexec,nosuid   1 1
/dev/sdb2   /usr    ext4    defaults,nodev                 1 2
/dev/sdb3   /var    ext4    defaults,nodev,noexec,nosuid   1 2
```

这些 mount 选项将有助于进一步锁定文件系统，并添加了一个新层来保护文件免受恶意企图的破坏。再次强调一下，管理各种不同的文件权限和 fstab 选项应该是安全策略的一部分。具体实现哪些安全措施则需要根据企业、公司的安全需求来确定。

22.1.5　管理软件和服务

通常，管理员的注意力主要集中在确保在 Linux 系统上安装了所有必要的软件和服务。但从安全的角度看，则需要采取相反观点，在 Linux 系统上不应该安装不需要的软件和服务。

1. 更新软件包

除了删除不必要的服务和软件之外，保持当前软件最新也是安全的关键。通过软件的更新可以修复最新的 Bug 和获取安全补丁。软件包的更新过程已经在第 9 章和第 10 章详细介绍过。

软件更新需要定期完成。当然，如何完成以及什么时候完成则取决于企业、组织的安全需求。

虽然可以非常容易地自动完成软件更新，但是当删除服务和软件时，比较明智的做法是首先在一个测试环境中测试更新内容。如果更新内容没有问题，则可以在生产 Linux 系统中更新软件。

2. 时刻关注安全公告

随着 Linux 软件中安全漏洞不断被发现，CVE(Common Vulnerabilities and Exposure)项目跟踪这些漏洞，并帮助修复这些漏洞。

诸如 Red Hat 之类的公司也会更新软件包来修复安全漏洞并提供所谓的*勘误表(errata)*。勘误表可能由单个更新软件包或多个更新软件包组成。如果正在运行 Red Hat Enterprise Linux，那么可以搜索、识别和安装与特定 CVE 和勘误表相关的 RPM 软件包。

当新的软件包出现时，请确保检查这些软件包中的软件是否存在漏洞。例如，Red Hat Container Catalog(https://access.redhat.com/containers)列出了 Red Hat 支持的容器映像以及每个映像的关联勘误表和运行状况索引。

如果想更多地了解 Red Hat Enterprise Linux 是如何处理安全更新的，可以参阅 Red Hat 客户门户网站中的 Security Updates 页面(https://access.redhat.com/security/updates/)。该网站包含了大量与安全漏洞相关的知识并介绍了如何处理这些漏洞。公司、企业之所以订阅 Red Hat Enterprise Linux 的关键系统，一个主要原因就是为了及时获取安全更新。

22.1.6 高级执行

当计划软件部署时，还应该知道其他几个重要的安全主题，包括加密、PAM(Pluggable Authentication Modules,可插拔身份验证模块)和 SELinux。这些高级主题将分别在第 23 章和第 24 章中介绍。

22.2 监视系统

如果在计划和实现系统安全方面做得非常好，那么大多数恶意攻击都会被阻止。然而，如果发生攻击，则需要能够准确地识别它。因此需要持续地对系统进行监视。

监视系统包括监视日志文件、用户账户以及文件系统本身。此外，还要使用一些工具来帮助检测入侵和其他类型的恶意软件。

22.2.1 监视日志文件

对于维护和诊断系统来说，了解消息日志是如何完成的是非常重要的。在使用 systemd 实用工具收集消息(即所谓的 systemd 日志)之前，内核和系统服务所生成的消息直接定向到/var/log 目录的文件中。虽然 systemd 是非常卓越的工具，但也可以通过使用 journalctl 命令查看 systemd 日志中的日志消息。

　　Linux 系统中的日志文件主要位于/var/log 目录中。/var/log 目录中的大多数文件都是通过 rsyslogd 服务从 systemd 日志定向到该目录中(参见第 13 章)。表 22.3 包含了/var/log 文件列表以及每个文件的简要说明。

表 22.3　/var/log 目录中的日志文件

系统日志名称	文件名	说明
Apache 访问日志	/var/log/httpd/access_log	从 Apache Web 服务器请求信息的相关日志
Apache 错误日志	/var/log/httpd/error_log	客户端在尝试访问 Apache Web 服务器上的数据时所碰到的日志错误
不良的登录日志	btmp	不良的登录尝试日志
启动日志	boot.log	所包含的消息表明了哪些系统服务成功启动和关闭以及哪些服务(如果存在)启动或停止失败；最新的启动消息在文件末尾处列出
内核日志	dmesg	当系统启动时内核所打印的记录消息
Cron 日志	cron	包含来自 crond 守护进程的状态消息
dpkg 日志	dpkg.log	包含有关已安装 Debian 软件包的相关信息
FTP 日志	vsftpd.log	包含有关使用 vsftpd 守护进程进行传输的相关信息
FTP 传输日志	xferlog	包含有关使用 FTP 服务进行文件传输的相关信息
GNOME 显示管理器日志	/var/log/gdm/:0.log	包含与登录屏幕(GNOME 显示管理器)相关的消息。注意，在文件名中有一个冒号
LastLog	lastLog	记录某一账户最后一次登录到系统的时间
Login/out Log	wtmp	包含系统上登录和注销的历史记录
电子邮件日志	maillog	包含发送和接收电子邮件地址的信息。该日志对于检测垃圾邮件是非常有用的
MySQL 服务器日志	mysqld.log	包含与 MySQL 数据库服务器(mysqld)活动有关的信息
新闻日志	spooler	如果正在使用 Usenet News 服务器，那么该日志提供了一个目录，其中包含了来自该服务器的消息日志
Samba 日志	/var/log/samba/log.smbd	显示来自 Samba SMB 文件服务守护进程的消息
安全日志	secure	记录登录尝试和会话的日期、时间和持续时间
Sendmail 日志	sendmail	显示 sendmail 守护进程所记录的错误消息
Squid 日志	/var/log/squid/access.log	包含与 squid 代理/缓存服务器相关的消息
系统日志	messages	提供一个通用的日志文件，其中包含许多程序记录消息
UUCP 日志	uucp	显示来自 UNIX to UNIX Copy Protocol 守护进程的状态消息
YUM 日志	yum.log	显示与 RPM 软件包相关的消息
X.Org X11 日志	Xorg.0.log	包括 X.Org X 服务器输出的消息

　　系统/var/log 目录中到底包含哪些日志文件取决于正在运行哪些服务。此外，一些日志文件是分布依赖的。例如，如果使用 Fedora Linux，则不会有 dpkg 日志文件。

　　通过使用 cat、head、tail、more 或者 less 命令，可以显示大多数日志文件。然而，有些日志文件需要使用特殊命令进行查看(参见表 22.4)。

表 22.4　需要使用特殊命令进行查看的日志文件

文件名	查看命令
btmp	dump-utmp btmp
dmesg	dmesg
lastlog	lastlog
wtmp	dump-utmp wtmp

如前所述，随着 Fedora、RHEL、Ubuntu 以及其他发行版本对 systemd 命令(用来管理启动进程和服务)的修改，用来收集和显示与内核和系统服务相关的日志消息的机制也在发生变化。这些消息定向到 systemd 日志，并且使用 journalctl 命令进行显示。

可直接从 systemd 日志中查看日志消息，而不是仅列出/var/log 文件中的内容。事实上，在最新的 Fedora 版本中甚至不存在/var/log/messages 文件(默认情况下许多服务将日志消息记录在该文件中)。相反，可使用 journalctl 命令以各种方式显示日志消息。

如果想查看内核消息，可以输入下面的命令：

```
# journalctl -k
Logs begin at Sun 2019-06-09 18:59:23 EDT, end at
    Sun 2019-10-20 18:11:06 EDT.
Oct 19 11:43:04 localhost.localdomain kernel:
   Linux version 5.0.9-301.fc30.x86_64
   (mockbuild@bkernel04.phx2.fedoraproject.org)
   (gcc version 9.0.1 20190312 (Red Hat 9.0.1-0.10) (GCC))
      #1 SMP Tue Apr 23 23:57:35 UTC 2019
Oct 19 11:43:04 localhost.localdomain kernel: Command line:
       BOOT_IMAGE=(hd0,msdos1)/vmlinuz-5.0.9-301.fc30.x86_64
   root=/dev/mapper/fedora_localhost--live-root ro
   resume=/dev/mapper/fedora_localhost--live-swap
   rd.lvm.lv=fedora_localhost-live/root
   rd.lvm.lv=fedora_localhost-live/swap rhgb quiet
...
```

而为了查看与特定服务相关的消息，需要在服务名称之前使用-u 选项。例如：

```
# journalctl -u NetworkManager.service
# journalctl -u httpd.service
# journalctl -u avahi-daemon.service
```

如果认为系统存在安全漏洞，那么可以查看所有或者选择的消息。例如，为了跟踪内核消息或者 httpd 消息，可以添加-f 选项(当完成操作后按 Ctrl+C)：

```
# journalctl -k -f
# journalctl -f -u NetworkManager.service
```

如果想仅检查启动消息，可以首先列出所有系统启动的启动 ID，然后启动你感兴趣的特定启动实例。下面的示例首先显示了启动 ID，然后显示所选择启动 ID 的启动消息：

```
# journalctl --list-boots
-3 6b968e820df345a781cb6935d483374c
   Sun 2019-08-25 12:42:08 EDT—Mon 2019-08-26 14:30:53 EDT
```

```
-2  f2c5a74fbe9b4cb1ae1c06ac1c24e89b
   Mon 2019-09-02 15:49:03 EDT-Thu 2019-09-12 13:08:26 EDT
-1  5d26bee1cfb7481a9e4da3dd7f8a80a0
   Sun 2019-10-13 12:30:27 EDT-Thu 2019-10-17 13:37:22 EDT
 0  c848e7442932488d91a3a467e8d92fcf
   Sat 2019-10-19 11:43:04 EDT-Sun 2019-10-20 18:11:06 EDT
# journalctl -b c848e7442932488d91a3a467e8d92fcf
-- Logs begin at Sun 2019-06-09 18:59:23 EDT,
   end at Sun 2019-10-20 18:21:18 EDT: --
Oct 19 11:43:04 localhost.localdomain kernel: Linux version
5.0.9-301.fc30.x86_64 (mockbuild@bkernel04.phx2.fedoraproject.org) ...
Oct 19 11:43:04 localhost.localdomain kernel: Command line:
   BOOT_IMAGE=(hd0,msdos1)/vmlinuz-5.0.9-301.fc30.x86_64
   root=/dev/mapper/fedora_local>
...
Oct 19 11:43:04 localhost.localdomain kernel:
   DMI: Red Hat KVM, BIOS 1.9.1-5.el7_3.3 04/01/2014
Oct 19 11:43:04 localhost.localdomain kernel: Hypervisor detected: KVM
```

22.2.2　监视用户账户

用户账户通常用在对系统的恶意攻击中，黑客一般首先获取对当前账户的非授权访问，然后创建新的假账户或者预留一个日后访问的账户。为避免出现类似的安全问题，监视用户账户是非常重要的活动。

1. 检测伪造的新账户和权限

没有经过合法授权而创建的账户应该被视为伪造账户。此外，以任何方式修改账户，为其赋予不同的未授权 UID 号，或者添加未授权组成员都是一种权利升级形式。多留意/etc/passwd 和/etc/group 文件，监视这些潜在的违规行为。

为帮助监视/etc/passwd 和/etc/group 文件，可以使用审核守护进程。审核守护进程是一个功能强大的审核工具，它允许选择进行跟踪和记录的系统时间，并且提供了报告功能。

如果想要审核/etc/passwd 和/etc/group 文件，需要使用 auditctl 命令，但至少需要使用两个选项。

- **-w** *filename*——对*文件名*进行监视。审核守护进程通过 inode 号跟踪文件。而 inode 号就是一种数据结构，其中包含了关于某一文件的相关信息，比如文件位置。
- **-p** *trigger*——如果对这些访问类型(r=读取、w=写入、x=执行、a=属性更改)发生在 *filename* 上，则会触发审核记录。

在下面的示例中，通过使用 auditctl 命令对/etc/passwd 文件进行了监视。审核守护进程将对访问(包括任何的读取和写入操作)以及文件属性的更改进行监视。

```
# auditctl -w /etc/passwd -p rwa
```

启动了对某一文件的审核后，可能想要在某些时候关闭审核，为此需要使用 auditctl -W *filename -p trigger(s)*。

为查看当前受审核文件列表以及相关的监视设置，可以在命令行输入 auditctl -l。

为了查看审核日志，可以使用审核守护进程的 ausearch 命令。唯一需要使用的是-f 选项，指定了需要查看审核日志中的哪些记录。下面示例显示了/etc/passwd 审核信息：

```
# ausearch -f /etc/passwd
time->Fri Feb  7 04:27:01 2020
type=PATH msg=audit(1328261221.365:572):
item=0 name="/etc/passwd" inode=170549
dev=fd:01 mode=0100644 ouid=0 ogid=0
rdev=00:00 obj=system_u:object_r:etc_t:s0
type=CWD msg=audit(1328261221.365:572):  cwd="/"
...
time->Fri Feb  7 04:27:14 2020
type=PATH msg=audit(1328261234.558:574):
item=0 name="/etc/passwd" inode=170549
dev=fd:01 mode=0100644 ouid=0 ogid=0
rdev=00:00 obj=system_u:object_r:etc_t:s0
type=CWD msg=audit(1328261234.558:574):
cwd="/home/johndoe"
type=SYSCALL msg=audit(1328261234.558:574):
arch=40000003 syscall=5 success=yes exit=3
a0=3b22d9 a1=80000 a2=1b6 a3=0 items=1 ppid=3891
pid=21696 auid=1000 uid=1000 gid=1000 euid=1000
suid=1000 fsuid=1000 egid=1000 sgid=1000 fsgid=1000
tty=pts1 ses=2 comm="vi" exe="/bin/vi"
 subj=unconfined_u:unconfined_r:unconfined_t:s0-s0:c0.c1023"
----
```

要审核的信息很多。其中一些信息可以帮助查看哪些审核事件触发了下面的记录。

- time——活动的时间戳
- name——被监视的文件名(/etc/passwd)
- inode——文件系统中/etc/passwd 的 inode 号
- uid——运行程序的用户 ID(1000)
- exe——在/etc/passwd 文件上使用的程序(/bin/vi)

为确定哪些用户账户被分配了 UID 1000，可以查看/etc/password 文件。此时，UID 1000 属于用户 johndoe。因此，通过上面所显示的审核事件记录，可以确定账户 johndoe 曾经尝试在 /etc/passwd 文件上使用 vi 编辑器。这是一个值得怀疑的行动，需要进一步调查。

注意:

如果在某一文件上没有触发任何监视事件，ausearch 命令将什么也不返回。

audit 守护进程及其相关工具的功能非常多，如果想学习更多内容，可查看下面所示的审核守护进程实用工具及其配置文件的手册页:

- auditd——审核守护进程
- auditd.conf——审核守护进程的配置文件
- autditctl——控制审核系统
- audit.rules——启动时加载的配置规则
- ausearch——搜索特定项目的审核日志

- aureport——审核日志的报告创建者
- audispd——向其他程序发送审核信息

审核守护进程是监视重要文件的一种方法。此外，你还应该亲眼定期查看账户和组文件，看看有什么不合规则的。

当创建未经授权的账户时，需要监视诸如/etc/passwd 的重要文件。然而，与创建新的未授权用户账户一样糟糕的是授权用户使用了坏密码。

2. 检测坏账户密码

即使再努力，也可能出现坏密码的情况。因此，需要对用户账户密码进行监测，以确保密码足够强壮，可以抵挡攻击。

可使用的密码强度监测工具与恶意用户用来攻击账户所用的工具是一样的，即 John the Ripper。John the Ripper 是一个免费、开源的工具，可以在 Linux 命令行使用。但在默认情况下该工具并没有安装。对于 Fedora 发行版本，需要使用命令 yum install john 来安装该工具。

> **提示：**
> 为在 Ubuntu 上安装 John the Ripper，可使用命令 sudo apt-get install john。

为使用 John the Ripper 来测试用户密码，必须首先使用 unshadow 命令提取用户名和密码，然后将相关信息重定向到一个文件，以便 john 命令使用，如下所示：

```
# unshadow /etc/passwd /etc/shadow > password.file
```

现在，可以使用所喜欢的文本编辑器编辑 password.file，删除任何没有密码的账户。因为限制 John the Ripper 每次测试部分账户是非常明智的做法，所以需要删除任何暂不需要测试的账户名。

> **警告：**
> John the Ripper 实用工具是 CPU 密集型的。为了降低优先级，可将其 nice 值设置为 19。然而，比较明智的做法是在非生产系统上运行该工具，或者在非高峰期间运行，并且每次仅测试一部分账户。

现在，使用 john 命令尝试密码破解。为了在所创建的密码文件上运行 john，可以使用命令 john filename。在下面的代码片段中，可以看到在示例 password.file 上运行 john 命令所得到的输出。为便于演示，在示例文件中仅包含一个账户 Samantha，并为其赋予了坏密码 password。可以看到，John the Ripper 工具只用很短时间就破解了密码。

```
# john password.file
Loaded 1 password hash (generic crypt(3) [?/32])
password         (Samantha)
guesses: 1  time: 0:00:00:44 100% (2)  c/s: 20.87
 trying: 12345 - missy
Use the "--show" option to display all of the
 cracked passwords reliably
```

为了证明强密码是至关重要的，可以考虑一下将 Samantha 账户的密码从 password 更改为 Password1234 后会发生什么事情。虽然 Password1234 仍然是一个弱密码，但也需要花费 7 天左右的 CPU 时间进行破解。在下面的代码中，john 命令最终终止了破解尝试。

```
# passwd Samantha
Changing password for user Samantha.
...
# john password.file
Loaded 1 password hash (generic crypt(3) [?/32])
...
time: 0:07:21:55 (3)  c/s: 119  trying: tth675 - tth787
Session aborted
```

一旦完成了密码破解尝试，就应该将 password.file 从系统中删除。如果想要学习关于 John the Ripper 的更多内容，可以访问 www.openwall.com/john。

22.2.3　监视文件系统

恶意程序通常会修改文件，还会尝试冒充普通文件和程序来隐藏自己的行踪。然而，通过使用本节介绍的各种监测手段，可以发现它们的行踪。

1. 验证软件包

一般来说，如果安装了来自标准软件库的软件包或者下载了信誉良好网站的软件包，就不会有任何问题。但对安装的软件包进行双重检查，查看它们是否已经被破坏总是一件好事。可以使用命令 rpm -V *package_name* 完成检查。

当验证软件时，将已安装软件包文件的信息与 rpm 数据库中软件包的元数据(关于软件包元数据的知识，请参见第 10 章)进行比较。如果没有发现任何问题，rpm -V 命令将返回空。然而，如果两者之间存在差异，则返回一个编码列表。表 22.5 描述了相关的编码以及差异。

表 22.5　软件包验证差异

编码	差异
S	文件大小
M	文件权限和类型
5	MD5 校验和
D	设备文件的主要编号和次要编号
L	符号链接
U	用户所有权
G	组所有权
T	文件修改时间(mtime)
P	该软件包所依赖的其他已安装的软件包(或能力)

在下面所示的部分列表中，给出了所有已安装软件包的验证结果。可以看到返回了编码 5、S 和 T，表示一些隐藏的问题。

```
# rpm -qaV
5S.T.....  c /etc/hba.conf
...
...T.....    /lib/modules/3.2.1-3.fc16.i686/modules.devname
```

```
...T.....    /lib/modules/3.2.1-3.fc16.i686/modules.softdep
```

你并不一定需要马上验证所有的软件包。可以每次只验证一个软件包。例如，如果想要验证 nmap 软件包，可以仅输入 rpm -V nmap。

> **注意：**
> 为在 Ubuntu 上验证软件包，需要使用 debsums 实用工具。默认情况下该工具并没有安装。为了安装它，可以使用命令 sudo apt-get install debsums。如果想验证所有已安装的软件包，则使用命令 debsums -a。而如果仅验证一个软件包，则输入 debsums *packagename* 即可。

2. 扫描文件系统

除非最近已经更新了系统，否则不应该因为任何原因而修改二进制文件。要检查二进制文件是否修改，可以使用 find 和 rpm -V 命令。

文件的修改时间或者 mtime 记录了某一文件的内容被修改的时间。此外，还可以监视文件创建/更改时间或者 ctime。

如果怀疑存在恶意活动，可以快速扫描文件系统，查看当天(或者昨天，具体时间取决于你认为可能发生入侵活动的时间)是否有任何二进制文件被修改。为完成扫描操作，需要使用 find 命令。

要检查二进制文件的修改，find 可使用文件的修改时间，即 mtime。文件 mtime 是文件内容最后一次被修改的时间。此外，find 还可监视文件的创建/更改时间(ctime)。

如果怀疑有恶意活动，可快速扫描文件系统，看看今天(或者昨天，取决于入侵发生的时间)是否修改了二进制文件。要进行此扫描，请使用 find 命令。

在下面的示例中，对/sbin 目录进行了扫描。为了查看在 24 小时之内是否有任何二进制文件被修改，可以使用命令 find /sbin -mtime -l。示例的输出显示了最近修改的几个文件。这表明在系统上发生了恶意活动。为执行进一步调查，可使用 stat *filename* 命令查看每个文件的时间，如下所示：

```
# find /sbin -mtime -1
/sbin
/sbin/init
/sbin/reboot
/sbin/halt
#
# stat /sbin/init
  File: '/sbin/init' -> '../bin/systemd'
  Size: 14    Blocks: 0      IO Block: 4096   symbolic link
Device: fd01h/64769d   Inode: 9551       Links: 1
Access: (0777/lrwxrwxrwx)
Uid: (   0/   root)  Gid: (   0/   root)
Context: system_u:object_r:bin_t:s0
Access: 2016-02-03 03:34:57.276589176 -0500
Modify: 2016-02-02 23:40:39.139872288 -0500
Change: 2016-02-02 23:40:39.140872415 -0500
 Birth: -
```

此外，可以首先创建一个包含所有二进制文件原始 mtimes 和 ctimes 的数据库，然后运行一段脚本查找当前的 mtimes 和 ctime，最后将查找结果与数据库中的数据进行比较，从而找出任何异常。这种类型的程序已经创建出来并且工作良好。这就是所谓的入侵检测系统(Intrusion Detection

System)，稍后将介绍该系统。

一般来说，需要定期对多个其他文件系统进行扫描。表 22.6 列举了恶意攻击者最喜欢攻击的文件或者文件设置。此外，该表还列举了用来执行扫描的命令以及文件或文件设置存在潜在问题的原因。

表 22.6　额外的文件系统扫描

文件或者设置	扫描命令	文件或者设置存在的问题
SetUID 权限	find/-perm -4000	当该文件在内存中执行时，可以允许任何人临时成为该文件的拥有者
SetGID 权限	find/-perm -2000	当该文件在内存中执行时，可以允许任何人临时成为该文件组的组成员
rhost 文件	find/home -name.fhosts	允许一个系统完全信任另一个系统。该文件不应该放在 /home 目录中
Ownerless 文件	find/-nouser	指示不与任何用户名相关联的文件
Groupless 文件	find/-nogroup	指示不与任何组名相关联的文件

rpm -V package 命令可以指出文件从 rpm 包安装后发生的更改信息。对于自安装以来所选包发生变化的每个文件，可以看到以下信息：

```
S    Size of the file differs
M    Permissions or file type (Mode) of the file differs
5    Digest differs (formerly MD5 sum)
D    Device major/minor number is mismatched
L    The readLink(2) path is mismatch
U    User ownership differs
G    Group ownership differs
T    mTime differs
P    caPabilities differ
```

默认情况下，只显示更改过的文件。添加-v (verbose)也可以显示未更改的文件。下面是一个例子：

```
# rpm -V samba
S.5....T.   /usr/sbin/eventlogadm
```

在本例中，将几个字符回显到 eventlogadm 二进制文件中。S 表示文件更改的大小，5 表示摘要不再与原始摘要匹配，T 表示文件的修改时间已经更改。

通过扫描这些文件系统，有助于监视系统上所发生的事情并且帮助检测恶意攻击。然而，在文件上还可能发生其他类型的攻击，如病毒和 Rootkit。

3. 检测病毒和 Rootkit

病毒和 Rootkit 是两种非常流行的恶意攻击工具，因为当它们执行恶意活动时可以保持隐蔽。Linux 系统需要对这两种攻击工具进行监视。

监测病毒

计算机病毒是一种恶意软件，它可以将自己依附在已经安装的系统软件上，并且有能力通过介质或网络进行传播。如果你认为不存在 Linux 病毒，那么这是一种误解。恶意病毒的创造者通常将注意力集中在一些流行的桌面操作系统(如 Windows)上。然而这并不意味着没有创建针对 Linux 系统的病毒。

更重要的是，Linux 系统通常用来为 Windows 桌面系统处理相关服务，比如电子邮件服务区。因此，需要对用于这些目的的 Linux 系统进行扫描，以便发现 Windows 病毒。

反病毒软件通过使用病毒签名来扫描文件。*病毒签名*是根据病毒的二进制代码而创建的哈希表。该哈希表可以积极地识别病毒。反病毒程序通常都拥有一个病毒签名数据库，可以将该数据库与文件进行比较，以便查看签名是否匹配。随着新威胁的不断增加，病毒签名数据库也在不断更新，从而提供针对新威胁的保护。

针对 Linux 系统比较好的反病毒软件是 ClamAV(它是款开源且免费的软件)。为了在 Fedora 或 RHEL 系统上安装 ClamAV，需要输入命令 yum install clamav。关于 ClamAV 的更多内容，可以访问 http://www.clamav.net/index.html，其中包含了关于如何设置和运行该反病毒软件的相关文档。

提示：
通过输入命令 apt -cache search clamav，可以查看可供 Ubuntu 安装的软件包。Ubuntu 可以使用多个不同的软件包，所以在选择软件包之前查看一下 ClamAV 网站信息。

监测 Rootkit

相对于病毒，Rootkit 更加阴险。Rootkit 是一种恶意程序：

- 通常通过更换系统命令或程序来隐藏自己
- 维持对系统的高级别访问
- 可以规避那些用来定位它的软件

Rootkit 的目的是获取并维持对系统的根级别访问权限。该词中的 root 意味着必须具有管理员访问权限，而 kit 意味着它通常协调操作多个程序。

Linux 系统上所使用的 Rootkit 检测器是 chkrootkit。为了在 Fedora 或 RHEL 系统上安装 chkrootkit，需要使用命令 yum install chkrootkit。如果想在 Ubuntu 系统上安装 chkrootkit，则使用命令 sudo apt -get install chkrootkit。

提示：
最好使用 Live CD 或闪存驱动器来运行 chkrootkit，以防止 Rootkit 规避 chkrootkit 的检测。Fedora Security Spin 的 Live CD 上有 chkrootkit。可在 http://spins.fedoraproject.org/security 获取该发行版本。

使用 chkrootkit 找到 Rootkit 是非常简单的。安装完软件包或者启动 Live CD 后，在命令行输入 chkrootkit。随后 chkrootkit 搜索整个文件结构，并标明任何受感染的文件。

下面所示的代码显示在一个受感染的系统上运行 chkrootkit 后的结果，并使用了 grep 命令来搜索关键词 INFECTED。注意，许多被列为"感染"的文件都是 Bash shell 命令文件。这就是典型的 Rootkit。

```
# chkrootkit | grep INFECTED
Checking 'du'... INFECTED
Checking 'find'... INFECTED
Checking 'ls'... INFECTED
```

```
Checking 'lsof'... INFECTED
Checking 'pstree'... INFECTED
Searching for Suckit rootkit... Warning: /sbin/init INFECTED
```

上述代码的最后一行指示系统已经被 Suckit Rootkit 所感染。但实际上系统并没有被该 Rootkit 所感染。当运行相关的实用工具(比如反病毒和 Rootkit 检测软件)时，通常会得到一些误报信息。误报信息可能会指明实际上并不存在的病毒、Rootkit 或者其他恶意活动。在本示例中，误报信息就是由一个已知的 Bug 所产生的。

chkrootkit 实用工具应该定期运行，当然，每当怀疑存在 Rootkit 感染时，更应该运行该工具。关于 chkrootkit 的更多信息，可以访问 http://chkrootkit.org。

> **提示：**
> 另一个你可能感兴趣的 Rootkit 检测器叫做 Rootkit Hunter (rkhunter)。运行 rkhunter 脚本检查系统中的恶意软件和已知的 Rootkit。在/etc/rkhunter.conf 文件中配置 rkhunter。举一个简单的例子，运行 rkhunter -c 来检查文件系统中的各种 Rootkit 和漏洞。

检测入侵

IDS(Intrusion Detection System，入侵检测系统)软件是一个软件包，可用来监视系统的活动(或者网络)，并找到潜在的恶意活动，然后报告这些恶意活动。它可以帮助我们监视系统的潜在入侵。与 IDS 软件紧密相关的软件包是用来防止入侵的入侵防护软件。这两个软件包通常捆绑在一起，提供入侵检测和防护。

Linux 系统可以使用多种 IDS 软件包。表 22.7 列举了一些最流行的实用工具。虽然 tripwire 不再是开源的。但原始的 tripwire 代码仍然可用。更多详细信息，可以查看表 22.7 所列出的 tripwire 网站。

表 22.7　流行的 Linux 入侵检测系统

IDS 名称	安装	网站
aide	yum install aide apt-get install aide	http://aide.sourceforge.net
Snort	来自网站的 rpm 或 tarball 软件包	http://snort.org
tripwire	yum install tripwire apt-get install tripwire	http://tripwire.org

高级入侵检测系统(Advanced Intrusion Detection Environment，AIDE)是一种 IDS，使用了比较方法来检测入侵。当你还是一个孩子时，可能玩过这么一个游戏：比较两张图片，并找到两者之间的区别。aide 实用工具使用了类似的方法。首先创建"第一张图片"数据库。然后在一段时间之后，再创建另一个数据库"第二张图片"。最后 aide 比较这两个数据库并报告两者的不同之处。

首先需要获取"第一张图片"。创建该"图片"的最佳时机是系统刚安装时。可以使用命令 aide -i 来创建初始数据库，该命令需要很长一段时间来运行。最终的输入如下所示。可以看到，aide 指出创建初始"第一张图片"数据库的位置。

```
# aide -i
AIDE, version 0.16.11

### AIDE database at /var/lib/aide/aide.db.new.gz initialized.
```

下一步是将初始"第一张图片"数据库移动到一个新位置,从而避免初始数据库被覆盖。如果不移动该数据库,比较就无法完成。下面显示了将数据库移动到新位置所使用的命令,同时赋予了该数据库新的名称:

```
# cp /var/lib/aide/aide.db.new.gz /var/lib/aide/aide.db.gz
```

如果想要检查文件是否已被篡改,需要创建新数据库"第二张图片",并将其与初始数据库"第一张图片"进行比较。aide 命令上的检查选项-c 创建了新数据库并与旧数据库进行比较。下面的输出说明比较操作已经完成并报告了一些问题。

```
# aide -C
...
-----------------------------------------------------
Detailed information about changes:
-----------------------------------------------------
File: /bin/find
Size : 189736 , 4620
Ctime : 2020-02-10 13:00:44 , 2020-02-11 03:05:52
MD5 : <NONE> , rUJj8NtNa1v4nmV5zfoOjg==
RMD160 : <NONE> , 0CwkiYhqNnfwPUPM12HdKuUSFUE=
SHA256 : <NONE> , jg60Soawj4S/UZXm5h4aEGJ+xZgGwCmN

File: /bin/ls
Size : 112704 , 6122
Ctime : 2020-02-10 13:04:57 , 2020-02-11 03:05:52
MD5 : POeOop46MvRx9qfEoYTXOQ== , IShMBpbSOY8axhw1Kj8Wdw==
RMD160 : N3V3Joe5Vo+cOSSnedf9PCDXYkI= ,
 e0ZneB7CrWHV42hAEgT2lwrVfP4=
SHA256 : vuOFe6FUgoAyNgIxYghOo6+SxR/zxS1s ,
 Z6nEMMBQyYm8486yFSIbKBuMUi/+jrUi
...
File: /bin/ps
Size : 76684 , 4828
Ctime : 2020-02-10 13:05:45 , 2020-02-11 03:05:52
MD5 : 1pCVAWbpeXINiBQWSUEJfQ== , 4ElJhyWkyMtm24vNLya6CA==
RMD160 : xwICWNtQH242jHsH2E8rV5kgSkU= ,
 AZlI2QNlKrWH45i3/V54H+1QQZk=
SHA256 : ffUDesbfxx3YsLDhD0bLTW0c6nykc3m0 ,
 w1qXvGWPFzFir5yxN+n6t3eOWw1TtNC/
...
File: /usr/bin/du
Size : 104224 , 4619
Ctime : 2020-02-10 13:04:58 , 2020-02-11 03:05:53
MD5 : 5DUMKWj6LodWj4C0xfPBIw== , nzn7vrwfBawAeL8nkayICg==
RMD160 : Zlbm0f/bUWRLgi1B5nVjhanuX9Q= ,
 2e5S00lBWqLq4Tnac4b6QIXRCwY=
SHA256 : P/jVAKr/SO0epBBxvGP900nLXrRY9tnw ,
 HhTqWgDyIkUDxA1X232ijmQ/OMA/kRgl
File: /usr/bin/pstree
Size : 20296 , 7030
```

```
Ctime : 2020-02-10 13:02:18 , 2020-02-11 03:05:53
MD5 : <NONE> , ry/MUZ7XvU4L2QfWJ4GXxg==
RMD160 : <NONE> , tFZer6As9EoOi58K7/LgmeiExjU=
SHA256 : <NONE> , iAsMkqNShagD4qe7dL/EwcgKTRzvKRSe
...
```

在本示例中，aide 检查所列举的文件都被感染了。然而，aide 也可能会显示许多误报信息。

在/etc/aide.conf 文件中确定了 aide 数据库的创建位置，比较的内容以及其他配置设置。下面的示例显示了该文件的部分内容。可以看到数据文件的名称以及日志文件目录设置：

```
# cat /etc/aide.conf
# Example configuration file for AIDE.

@@define DBDIR /var/lib/aide
@@define LOGDIR /var/log/aide

# The location of the database to be read.
database=file:@@{DBDIR}/aide.db.gz

# The location of the database to be written.
#database_out=sql:host:port:database:login_name:passwd:table
#database_out=file:aide.db.new
database_out=file:@@{DBDIR}/aide.db.new.gz
...
```

IDS 可以在监视系统方面提供很大的帮助。当检测到潜在入侵时，如果将输出与来自其他命令(如 rpm -V)的信息以及日志文件进行比较，可以帮助我们更好地了解和纠正系统上的任何攻击。

22.3　审核和审查 Linux

当审核 Linux 系统的健康状况时必须知道两个重要的术语。*合规审查(compliance review)*是对整个计算机系统环境进行审核，以确保为系统所设置的策略和程序被正确执行。*安全审查(security review)*是对当前策略和程序的审核，以确保它们遵循公认的最佳安全实践。

22.3.1　进行合规审查

与其他领域(比如会计学)的审核过程一样，可以进行内部审核或者由外部人员进行审核。这些审核非常简单，只需要将已实施的安全与公司规定的策略进行比较即可。然而，更流行的方法是使用渗透测试进行审核。

*渗透测试(penetration testing)*是一种评价方法，主要用来通过模拟恶意攻击来测试计算机系统的安全性。所以它也被称为道德黑客。这样一来，就不必收集工具并召集本地邻近黑客来帮助完成相关的安全测试。

Kali Linux (https://www.kali.org/)是一个专门为渗透测试创建的发行版。它可以从 Live DVD 或闪存驱动器中使用。关于使用 Kali Linux 的培训由 Offensive Security 公司提供：(https://www.offensi-security.com/informationsecur-training /)。

为了完成一次彻底的合规审查，除了渗透测试，还需要其他方法。还应该使用产业安全网站中的检查表。

22.3.2　进行安全审查

进行一次安全审查需要知道目前最好的安全实践。可以通过多种方法了解有关安全的最佳实践。下面是相关组织的简要列表。

- United States Cybersecurity and Infrastructure Security Agency(CISA)
  - ◆ URL：www.us-cert.gov
  - ◆ 提供了国家网络报警系统(National Cyber Alert System)
  - ◆ 提供了以最新的安全威胁为依据的 RSS
- SANS Instiute
  - ◆ URL：www.sans.org/security-resources
  - ◆ 提供计算机安全搜索简讯
  - ◆ 提供以最新的安全威胁为依据的 RSS
- Gibson Research Corporation
  - ◆ URL：www.grc.com
  - ◆ 提供 Security Now!安全网络广播

这些网站的信息可以帮助我们创建更健全的策略和程序。不管最佳的安全实践如何变化，比较明智的做法是根据企业、组织的安全需求进行安全审查。

现在，你已经了解了许多关于基础 Linux 安全的相关知识。接下来最困难的是如何将这些知识运用于实践中。

22.4　小结

基本的 Linux 安全实践(比如管理用户账户、保护密码以及管理软件和服务)构成了 Linux 系统中其他所有安全的基础。有了这个基础，可以对系统进行持续监视，其中包括查看系统日志文件，检查恶意侵入以及监视文件系统。

定期审查安全策略也是非常重要的。通过审核，可以确保 Linux 系统安全以及使用适当的策略和实践。

到目前为止，已经完成了学习基本安全程序和原则的第一步。但仅仅了解基本知识是远远不够的。还需要向安全工具箱中添加一些额外的高级 Linux 安全工具。下一章学习关于加密和身份验证模块的高级安全主题。

22.5　习题

根据本章所介绍的内容完成下面的任务。如果陷入困境，可以参考附录 B 中这些习题的参考答案(虽然在 Linux 中可以使用多种方法完成一项任务)。在查看答案之前请尝试完成每一个习题。这些任务都假定你正在运行 Fedora 或 Red Hat Enterprise Linux 系统(虽然一些任务也可以在其他 Linux 系统中完成)。

(1) 检查 NetworkManager.service、sshd.service 和 auditd.service 的 systemd 日志中的日志消息。

(2) 列出包含系统用户密码的文件的权限，并确定这些权限都是适当的。

(3) 确定账户密码的时效，并使用一个命令确定密码是否过期。

(4) 使用 auditd 守护进程启动对/etc/shadow 写入操作的审核，并检查审核设置。

(5) 从 auditd 守护进程创建关于/etc/shadow 文件的报告，然后关闭对该文件的审核。

(6) 安装 Lemon 软件包，并破坏/usr/bin/lemon 文件(可以将/etc/services 复制到该文件中)，然后验证文件被篡改，最后删除此软件包。

(7) 假设今天你的系统遭受了一次恶意攻击，重要的二进制文件被修改了。那么应该使用什么命令来找到这些被修改的文件？

(8) 安装并运行 chkrootkit，并查看来自习题 7 中的恶意攻击是否安装了 Rootkit。

(9) 查找带有 SetUID 或 SetGID 权限设置的文件。

(10) 安装 aide 软件包，并运行 aide 命令初始化 aide 数据库，然后将该数据库复制到一个正确的位置，最后运行 aide 命令，检查系统上任何重要的文件是否已经修改。

## 第23章

理解高级的 Linux 安全

本章主要内容：
- 理解哈希和加密
- 检查文件的完整性
- 对文件、目录和文件系统进行加密
- 理解可插入式身份验证模块
- 使用 PAM 管理 Linux 安全

由于威胁的不断变化和不断增加，仅实现基本的计算机安全已经不能确保系统足够安全了。随着恶意用户获取访问权限并使用更高级的工具，Linux 系统管理员的任务更艰巨了。因此，必须了解高级计算机安全主题和工具。

在本章，我们将学习加密学的基本知识，包括密码和加密。此外，还将学习可以简化管理任务的身份验证模块实用工具(这是一个高级的安全主题)。

23.1 利用加密实现 Linux 安全

通过使用加密，可以增强 Linux 系统以及网络通信的安全性。*加密学(Cryptography)*是一门隐藏信息的科学。加密学的历史很长，可以追溯到计算机诞生之前。由于数学算法的大量使用，可以非常容易地将加密学应用到计算机中。此外，Linux 也提供了许多加密工具供人使用。

为了解加密的概念以及各种不同的 Linux 工具，应该知道一些基本的加密术语：
- **纯文本**——人类或机器都可以读取和理解的文本。
- **密码文本**——人类或者机器都无法读取和理解的文本。
- **加密**——使用一种算法将纯文本转换为密码文本的过程。
- **解密**——使用一种算法将密码文本转换为纯文本的过程。
- **密码(Cipher)**——将纯文本加密为密码文本或者将密码文本解密为纯文本所使用的算法。
- **分组密码**——在加密之前将数据分解成块的密码。
- **流密码**——在不破坏数据的前提下对数据进行加密的密码。
- **密钥**——为了对数据进行成功加密或解密，密码所使用的一段数据。

假设父母使用某种形式的加密技术。他们可能只拼写单词而不读出单词。一位父母可能使用纯文本单词 candy，并通过对其他父母拼写 C-A-N-D-Y 而将纯文本单词转换为密码文本。其他父母通过使用相同的拼写密码对单词进行解密，从而认识到该单词是 candy。但不幸的是，对于孩子来说，很快会学会如何通过拼写密码来进行解密。

注意，前面列出的加密定义中未包含哈希(hash)。需要特地讲述一下哈希，因为它经常与"加密"混淆。

23.1.1　理解哈希

哈希并不是加密技术，而是加密的一种形式。在第 22 章曾经介绍过，*哈希(hashing)*是一种用来创建密码文本的单向数学过程。然而，与加密不同的是，在创建了一个哈希之后，并不能反向哈希来得到原始的纯文本。

为在计算机安全中使用哈希算法，需要*无冲突(collision-free)*，这意味着针对两个完全不同的输入，哈希算法不能输出相同的哈希结果。每一个输入必须有唯一的哈希输出。因此，加密哈希(cryptography hashing)是一种无冲突的单向数学过程。

默认情况下，Linux 系统已经使用了密码。例如，/etc/shadow 文件包含了哈希密码。在 Linux 系统中，哈希主要用于：

- 密码
- 验证文件
- 数字签名
- 病毒签名

哈希也被称为消息摘要、校验和、指纹或签名。sha256sum 实用工具可以生成消息摘要。在第 10 章，学习了如何为 Linux 系统获取软件。当下载了一个软件文件时，需要确保在下载过程中文件没有受损。

图 23.1 显示了用来下载 Linux Mint 分发软件(以 ISO 镜像的文件形式存储)的网站。该 Web 页面描述了如何获得和使用 sha256sum 实用工具，可用来确保在下载过程中 ISO 镜像文件不被损坏。

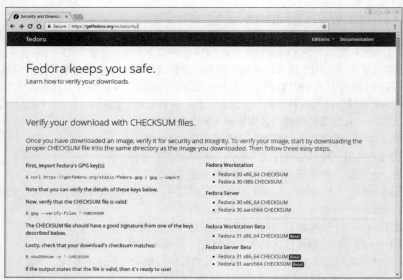

图 23.1　Fedora ISO 安全页面指出如何获得和检查 sha256sum

哈希由原始位置的一个软件文件所构成(使用 SHA-256 哈希算法)。可以像图 23.1 所示的那样，将哈希结果对外发布。为了确保下载软件文件的完整性，需要在下载的位置创建软件文件的 sha256 哈希。然后将哈希的结果与发布的哈希结果进行比较，如果匹配，则说明在下载过程中软件文件没有被损坏。

为了创建哈希，需要在下载完 ISO 镜像后在该镜像上运行 sha256 命令。下面的代码显示了下载的软件文件的 sha256 哈希结果：

```
$ sha256sum Fedora-Workstation-Live-x86_64-30-1.2.iso
a4e2c49368860887f1cc1166b0613232d4d5de6b46f29c9756bc7cfd5e13f39f
  Fedora-Workstation-Live-x86_64-30-1.2.iso
```

所生成的哈希与图 23.1 中网站所发布的哈希相匹配。这意味着所下载的 ISO 文件没有被损坏，可供使用。

除了在 Linux 系统上实现哈希之外，还可以实现更多的加密。可以使用 Linux 实用工具非常容易地完成加密。然而，首先需要了解一些更底层的加密概念。

23.1.2　理解加密/解密

在 Linux 系统上，加密的主要作用是对数据进行编码，从而对未授权用户隐藏数据(加密)，而对授权用户解码数据(解密)。在 Linux 系统中，可以加密的内容包括：

- 单个文件
- 分区和卷
- Web 页面连接
- 网络连接
- 备份
- 压缩文件

这些加密/解密过程使用了特殊的数学算法来完成任务。这些算法被称为加密密码。

1. 了解加密密码

最原始的一种密码(被称为 Caesar Cipher)是由 Julius Caesar 创建和使用的。然而，该密码非常容易破解。如今，可以使用更多更安全的密码。了解每种密码的工作原理是非常重要的，因为所选择的密码强度应该直接关系到数据的安全需求。表 23.1 列出了一些现代密码。

表 23.1　加密密码

方法	说明
AES(Advanced Encryption Standard，高级加密标准)，也称为 Rijndael	对称加密 分组密码，可以使用 128、192 或 256 位密钥，并且用 128、192、256 或 512 位分组加密和解密数据
Blowfish	对称加密。 分组密码，可以使用 32 位到 448 位密钥，并且用 64 位分组加密和解密数据
CAST5	对称加密 分组密码，可以使用 128 位密钥，并且用 64 位分组加密和解密数据

（续表）

方法	说明
DES(Data Encryption Standard, 数据加密标准)	不再认为是安全的 对称加密 分组密码，可以使用 56 位密钥，并且用 64 位分组加密和解密数据
3DES	改进的 DES 密码 对称加密 在加密过程完成之前，使用三组不同的 56 位密钥对数据进行 48 次加密处理
EI Gamal	非对称加密 使用来自对称算法的两个密钥
Elliptic Curve Cryptosystems	非对称加密 使用来自一种算法的两个密钥，该算法包含两个从椭圆曲线随机选择的点
IDEA	对称加密 分组密码，可以使用 128 位密钥，并且用 64 位分组加密和解密数据
RC4(又称 ArcFour 或 ARC4)	流密码，可以使用可变大小的密钥，并且用 64 位分组加密和解密数据
RC5	对称加密 分组密码，可以使用 2048 位密钥，并且用 32、64、128 位分组加密和解密数据
RC6	对称加密 与 RC5 相同，但速度略快
Rijndael(又称 AES)	对称加密 分组密码，可以使用 128、192 或 256 位密钥，并且用 128、192 或 256 位分组加密和解密数据
RSA	最流行的非对称加密 使用来自一种算法的两个密钥，该算法包含两个随机生成的质数的倍数

2. 理解加密密码密钥

加密密码需要称为密钥的一段数据，用来完成加密/解密的数学过程。该密钥可以是单一密钥，也可以是密钥对。

请注意表 23.1 所列出的不同的密码密钥大小。密钥大小与密码被破解的难易程度直接相关。密钥越大，密码被破解的可能性就越小。例如，DES 不再认为是安全的，因为它的密钥大小只有56 位。而密钥大小为 256 位或者 512 位的密码则认为是安全的，因为如果想要暴力破解此类密码，需要大约数万亿年的时间。

对称密钥加密

对称加密(又称秘密密钥或私有密钥加密)通过使用单密钥密码对纯文本进行加密。如果想要对该数据进行解密，则需要相同的密钥。对称密钥加密的优点是速度快。而缺点是如果想使加密的数据由另一个人进行解密，则需要共享一个密钥。

在 Linux 系统中，对称密钥加密的一个示例就是使用 OpenPGP 实用工具(GNU Privacy Guard,gpg2)。在 Fedora 和 RHEL 中，默认情况下安装 gnupg2 软件包。而在 Ubuntu 中，则需要安装 gnupg2

软件包来获取 gpg2 命令。

加密和解密 tar 归档文件

下面的示例显示了用来创建压缩 tar 存档的 tar 命令(backuptargz)以及用来加密文件的 gpg2 实用工具。带有-c 选项的 gpg2 使用一个对称密钥对文件进行加密。原始文件被保留下来，同时创建了一个新的加密文件 backup.tar.gz.gpg。

```
# tar -cvzf /tmp/backup.tar.gz /etc
# gpg2 -c --force-mdc \
   -o /tmp/backup.tar.gz.gpg /tmp/backup.tar.gz
Enter passphrase: ******
Repeat passphrase: ******
# cd /tmp ; file backup*
/tmp/enc/backup.tar.gz:     gzip compressed data, last modified: Thu
  Jan 30 02:36:48 2020, from Unix, original size modulo 2^32 49121280
/tmp/enc/backup.tar.gz.gpg: GPG symmetrically encrypted data (CAST5 cipher)
```

在本示例中，使用了密码短语对用来加密文件的单密钥进行了保护。该密码短语可以是在加密时由用户所选择的一个密码或者短语。

为了对文件进行解密，需要再次使用 gpg2 实用工具。例如，如果将加密文件交给另一名用户，那么该用户可以运行带有-d 选项的 gpg2，同时提供密钥的密码短语。

```
$ gpg2 -d --force-mdc /tmp/backup.tar.gz.gpg > /tmp/backup.tar.gz
<A pop-up window asks for your passphrase>
gpg: CAST5 encrypted data
gpg: encrypted with 1 passphrase
...
```

运行的结果是原始 tar 文件解密并复制到/tmp/backup.tar.gz。如果在系统上运行了 gpg 代理守护进程，那么该密码短语将被缓存，以便再次解密文件时不必输入相同的密码短语。

对称密钥加密非常简单且易于理解。而非对称加密则更加复杂，通常是密码学中一个混淆点。

非对称密钥加密

非对称加密(又称公共/私有密钥加密)使用了两个密钥(又称密钥对)。该密钥对由一个公共密钥和一个私有密钥组成。公共密钥顾名思义就是公开的，没有必要保守秘密。而私有密钥则需要保守秘密。

图 23.2 显示了非对称密钥加密的总体思路。首先使用密钥对中的公共密钥对纯文本文件进行加密。然后可以将加密文件安全地传输给另一个人。为了解密文件，需要使用私有密钥。而该私有密钥必须来自公共/私有密钥对。因此，只能使用该私有密钥对使用公共密钥加密的数据进行解密。非对称加密的优点是提高了安全性。而缺点是速度慢且需要对密钥进行有效管理。

生成密钥对

通过使用 gpg2，可以在 Linux 系统上执行非对称加密。这是一种多功能的加密实用工具。在加密一个文件之前，必须首先创建密钥对以及一个"密钥环"。在下面的示例中，使用了命令 gpg2 --gen-key。该命令根据用户 John Doe 所需的规格为其创建了一个公共/私有密钥对。此外，还生成了一个用来存储密钥的密钥环。

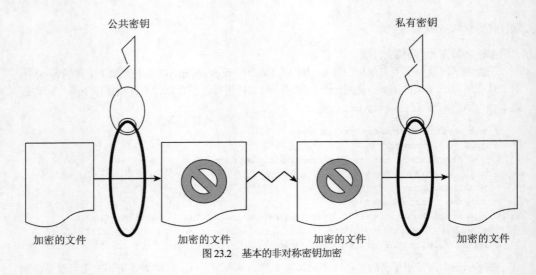

公共密钥　　　　　　　　　　　　　　　　　　　　　　私有密钥

加密的文件　　　　　加密的文件　　　　　加密的文件　　　　　加密的文件

图 23.2　基本的非对称密钥加密

```
$ gpg2 --gen-key
gpg (GnuPG) 2.2.9; Copyright (C)
 2018 Free Software Foundation, Inc.
...
GnuPG needs to construct a user ID to identify your key.
Real name: John Doe
Email address: jdoe@example.com
You selected this USER-ID:
    "John Doe <jdoe@gmail.com>"
Change (N)ame, (E)mail or (O)kay/(Q)uit? O
You need a Passphrase to protect your secret key.
<A pop-up window prompts you for a passphrase>
Enter passphrase: **********
Repeat passphrase: **********
...
gpg: /home/jdoe/.gnupg/trustdb.gpg: trustdb created
gpg: key 383D645D9798C173 marked as ultimately trusted
gpg: directory '/home/jdoe/.gnupg/openpgp-revocs.d' created
gpg: revocation certificate stored as
'/home/jdoe/.gnupg/openpgp-revocs.d/7469BCD3D05A4
3130F1786E0383D645D9798C173.rev'
public and secret key created and signed.
pub   rsa2048 2019-10-27 [SC] [expires: 2021-10-26]
      7469BCD3D05A43130F1786E0383D645D9798C173
uid                 John Doe <jdoe@example.com>
sub   rsa2048 2019-10-27 [E] [expires: 2021-10-26]
```

在上面的示例中，gpg2 实用工具使用多种规格生成了所期望的公共/私有密钥：

- 用户 ID——该 ID 识别了公共/私有密钥对中的公共密钥部分。
- 电子邮件地址——这是与密钥关联的电子邮件地址。
- 密码短语——用来识别和保护公共/私有密钥对中的私有密钥部分。

如下面的代码所示，用户 John Doe 可通过使用命令 gpg2 --list-keys 检查自己的密钥环。注意，所显示的公共密钥的用户 ID(UID)与创建时的一样，包含了 John Doe 的真实姓名、注释和电子邮件地址。

```
$ gpg2 --list-keys
/home/jdoe/.gnupg/pubring.kbx
---------------------------
pub   rsa2048 2019-10-27 [SC] [expires: 2021-10-26]
      7469BCD3D05A43130F1786E0383D645D9798C173
uid           [ultimate] John Doe <jdoe@example.com>
sub   rsa2048 2019-10-27 [E] [expires: 2021-10-26]
```

生成了密钥对和密钥环后，可以对文件进行加密和解密。首先，从密钥环中提取出公共密钥，以便进行共享。在下面的示例中，使用了 gpg2 实用工具从 John Doe 的密钥环中提取了公共密钥。然后将提取的密钥放入一个被共享的文件中。该文件名可以是任何名称。在本示例中，用户 John Doe 选择使用文件名 JohnDoe.pub。

```
$ gpg2 --export John Doe > JohnDoe.pub
$ ls *.pub
JohnDoe.pub
$ file JohnDoe.pub
JohnDoe.pub: PGP/GPG key public ring (v4) created Sun Oct 27 16:24:27 2019 RSA
(Encrypt or Sign) 2048 bits MPI=0xc57a29a6151b3e8d...
```

共享公共密钥

可采用任意方式共享包含了公共密钥的文件。可以将其作为附件通过电子邮件进行发送，甚至可以在网站页面上发布。公共密钥被认为是公开的，所以没必要将其隐藏。在下面的示例中，John Doe 将包含公共密钥的文件交给用户 jill。后者使用 gpg2 --import 命令将 John Doe 的公共密钥添加到自己的密钥环中。最后，用户 jill 通过使用命令 gpg2 --list-keys 查看密钥环来验证 John Doe 的公共密钥是否添加。

```
$ ls *.pub
JohnDoe.pub
$ gpg2 --import JohnDoe.pub
gpg: directory '/home/jill/.gnupg' created
...
gpg: directory '/home/jill/.gnupg' created
gpg: keybox '/home/jill/.gnupg/pubring.kbx' created
gpg: /home/jill/.gnupg/trustdb.gpg: trustdb created
gpg: key 383D645D9798C173: public key "John Doe <jdoe@example.com>" imported
gpg: Total number processed: 1
gpg:               imported: 1
$ gpg2 --list-keys
/home/jill/.gnupg/pubring.gpg
---------------------------
pub   rsa2048 2019-10-27 [SC] [expires: 2021-10-26]
      7469BCD3D05A43130F1786E0383D645D9798C173
uid           [ unknown] John Doe <jdoe@example.com>
sub   rsa2048 2019-10-27 [E] [expires: 2021-10-26]
```

加密电子邮件信息

将密钥添加到密钥环后，就可以使用该公共密钥针对公共密钥原拥有者进行数据加密。在下面的代码中，请注意以下内容：

- jill 为用户 John Doe 创建了一个文本文件 MessageForJohn.txt。
- jill 使用 John Doe 的公共密钥对文件进行了加密。
- 使用--out 选项创建加密文件 MessageForJohn。
- 选项--recipient 通过使用"John Doe"中公共密钥 UID 的真实姓名部分识别 John Doe 的公共密钥。

```
$ gpg2 --out MessageForJohn --recipient "John Doe" \
  --encrypt MessageForJohn.txt
...
$ ls
JohnDoe.pub  MessageForJohn  MessageForJohn.txt
```

可以将创建自纯文本文件 MessageForJohn.txt 的加密消息文件 MessageForJohn 安全地发送到用户 John Doe。为对该文件进行解密，John Doe 使用了自己的私有密钥(该私有密钥由创建密钥时所使用的密码短语来识别和保护)。在 John Doe 提供了正确的密码短语之后，gpg2 对消息文件进行解密，并将结果放置到由--out 选项所指定的文件 JillsMessage 中。一旦解密成功，John Doe 就可以读取纯文本消息了。

```
$ ls MessageForJohn
MessageForJohn
$ gpg2 --out JillsMessage --decrypt MessageForJohn
<A pop-up window prompts you for a passphrase>
gpg: encrypted with 2048-bit RSA key, ID D9EBC5F7317D3830, created 2019-10-27
     "John Doe <jdoe@example.com>"
$ cat JillsMessage
I know you are not the real John Doe.
```

回顾一下前面所讲的内容，为使用非对称密钥对文件进行加密/解密，需要完成下面的步骤：

(1) 生成密钥对和密钥环。

(2) 将公共密钥的一个副本导出到一个文件中。

(3) 共享该公共密钥文件。

(4) 那些想要向你发送加密文件的人需要将你的公共密钥添加到自己的密钥环中。

(5) 使用公共密钥加密文件。

(6) 将加密文件发送给你。

(7) 使用你的私有密钥对文件进行解密。

此时，你应该明白为什么非对称密钥可能会产生混乱！请记住，在非对称加密中，每个公共密钥和私有密钥是一起使用的对集。

3. 了解数字签名

*数字签名(digital signature)*是用于身份验证和数据验证的电子发端人(electronic originator)。数字签名并不是对物理签名的扫描。相反，它是一种随文件发送的加密令牌，由此文件的接收者可以确信该文件来自你，并且没有以任何方式被修改。

当创建数字签名时，需要完成以下步骤：

(1) 创建一个文件或者消息。

(2) 通过使用 gpg2 实用工具，创建该文件的一个哈希值或者消息摘要。

(3) gpg2 实用工具使用非对称密钥密码对哈希值和文件进行加密。在加密过程中，使用了公共/私有密钥对中的私有密钥。现在，该文件已经成为一个数字签名的加密文件。

(4) 将加密的哈希值(也称为数字签名)和文件发送给接收者。

(5) 接收者重新创建所接收加密文件的哈希值或消息摘要。

(6) 通过使用 gpg2 实用工具，接收者使用公共密钥对接收的数字签名进行解密，从而获取原始的哈希值或消息摘要。

(7) gpg2 实用工具将原始哈希值与重新创建的哈希值进行比较，看两者是否匹配。如果匹配，则告诉接收者数字签名是完好的。

(8) 接收者现在可以读取该解密文件了。

注意，在步骤(3)中首先使用了私有密钥。而在介绍非对称加密时，首先使用的是公共密钥。非对称密钥加密非常灵活，允许使用私有密钥进行加密，同时接收者使用公共密钥进行解密。

> **注意：**
> 数字签名也有其自己特殊的密码。虽然很多密码都可以处理加密和创建签名，但有几个密码的唯一工作就是创建数字签名。在创建签名时最常用的加密密码是 RSA 和 DSA(Digital Signature Algorithm，数字签名算法)。其中，RSA 算法可用于加密和创建签名，而 DSA 仅用于创建数字签名。今天，Ed25519 被认为比 RSA 更安全、更快，ECDSA 提供的保护比 DSA 更好。

可以看到，数字签名包含了加密哈希值和非对称密钥加密。该过程非常复杂，通常需要专门配置一个应用程序进行处理，而不是由 Linux 系统用户直接处理。然而，可以手动向文档添加自己的数字签名。

使用数字签名对文件进行签名

假设用户 John Doe 将要向用户 christineb 发送带有数字签名的一条消息。首先，John Doe 必须创建一个包含了将要发送的纯文本消息的文件。然后使用 gpg2 实用工具创建数字签名并对该消息文件进行加密。同时，使用--sign 选项告诉 gpg2 实用工具，MessageForChristine.txt 是要加密和用于创建数字签名的文件。作为响应，gpg2 实用工具将完成以下工作：

- 创建消息文件的消息摘要(也称为哈希值)。
- 对消息摘要进行加密，从而创建了数字签名。
- 对消息文件进行加密。
- 将加密内容放入由--output 选项所指定的文件(JohnDoe.DS)中。

现在，文件 JohnDoe.DS 包含了一条经过加密和数字签名的消息。下面的代码演示了该过程：

```
$ gpg2 --output JohnDoe.DS --sign MessageForJill.txt
```

在用户 jill 接收到该签名和加密文件后，可以使用 gpg2 实用工具检查数字签名并解密文件。在下面的代码中，使用了--decrypt 选项以及数字签名文件 JohnDoe.DS。文件的消息被解密并显示。同时对文件的数字签名进行检查，并证实为有效。

```
$ gpg2 --decrypt JohnDoe.DS
I am the real John Doe!
gpg: Signature made Sun 27 Oct 2019 07:03:21 PM EDT
gpg:                using RSA key 7469BCD3D05A43130F1786E0383D645D9798C173
```

```
gpg: Good signature from "John Doe <jdoe@example.com>" [unknown]
...
```

如果在 jill 的密钥环中没有 John Doe 的公共密钥，则无法解密该消息并检查数字签名。

> **提示：**
> 在前面的数字签名示例中，任何拥有公共密钥的人都可以对文件进行解密。为了保持文件真正的私有，可以使用文件接收者的公共密钥进行加密，同时使用 gpg2 选项--sign 和--encrypt。然后接收者使用自己的私有密钥进行解密。

了解一些加密的基础知识有助于我们使用加密技术保护 Linux 系统。记住，本章仅介绍了基础知识。许多更高级的加密主题(比如数字证书和公共密钥基础结构)值得你花时间来学习。

23.1.3　实现 Linux 加密

Linux 系统提供了许多加密工具。具体选择哪种工具取决于不同的安全需求。接下来简要介绍一些可用的 Linux 加密工具。

1. 确保文件完整性

本章前面曾使用消息摘要工具 sha256sum 对一个 ISO 文件的完整性进行了检查。

其他相关的消息摘要工具还包括：

- sha224sum
- sha256sum
- sha384sum
- sha512sum

这些工具的工作方式与 sha1sum 命令类似，当然，它们所使用的是 SHA-2 加密哈希标准。这些不同的 SHA-2 工具之间的唯一不同在于所使用的密钥长度。sha224sum 命令使用了 224 位的密钥长度，sha256sum 命令使用了 256 位的密钥长度。记住，密钥越长，密码被破解的可能性就越低。

SHA-2 加密哈希标准是由美国国家安全局(National Security Agency，NSA)创建的。SHA-3 是另一个加密哈希标准，由 NIST 于 2015 年 8 月发布。

2. 在安装时对 Linux 文件系统进行加密

有时，可能需要对 Linux 服务器上的整个文件系统进行加密。可以使用许多不同的方法完成该工作，包括使用 FOSS(Free and Open Source Software，自由及开源软件)第三方工具，比如 TrueCrypt(www.truecrypt.org)或者 LUKS(Linux Unified Key Setup，Linux 统一密钥设置，可参见 https://code. google.com/p/cryptsetup/)。

Linux 中的一个选项是在安装时加密根分区(参见第 9 章)。许多 Linux 发行版在安装过程中都包含一个加密选项。在安装 Red Hat Enterprise Linux 时，加密选项如图 23.3 所示。

在安装过程中选择此选项后，系统会要求输入密码。这是对称密钥加密，使用密码保护单个密钥。图 23.4 显示了安装时请求输入密钥的密码。密码必须至少 8 个字符长。

图 23.3　Red Hat Enterprise Linux 安装加密选项

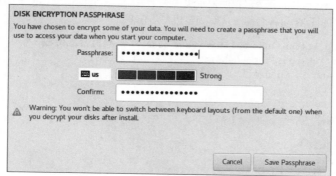

图 23.4　Linux Fedora 加密对称密钥密码

如果选择此加密选项，那么每当启动系统时，系统都会要求输入对称密钥密码。图 23.5 显示了该选项。这样可以保护根服务器，防止它所在的磁盘被盗。

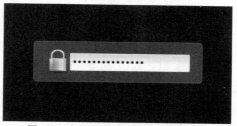

图 23.5　在引导时请求加密对称密钥密码

如果接收了一个带有加密磁盘的系统，可使用 lvs 和 cryptsetup 命令(运行这些命令需要 root 权限)以及/etc/crypttab 文件来获取帮助。在下面的示例中，lvs 命令显示了当前系统上所有的逻辑卷以及基本设备名称。关于 lvs 命令的介绍，请参见第 12 章。

```
# lvs -o devices
Devices
/dev/mapper/luks-b099fbbe-0e56-425f-91a6-44f129db9f4b(56)
/dev/mapper/luks-b099fbbe-0e56-425f-91a6-44f129db9f4b(0)
```

注意，在该系统上，基本设备名称都以 luks 开头。这表明磁盘加密使用了 LUKS 标准。

注意:

默认情况下，Ubuntu 并未安装 lvs 命令。为安装该命令，请在命令行输入 sudo apt -get install lvm2。

在启动时，通过使用来自/etc/fstab 文件的信息来挂载加密逻辑卷。但是，用于在引导时触发密码捕获的/etc/crypttab 文件的内容，将在挂载/etc/fstab 条目时对它们进行解密。如下面的代码所示。请注意，luks 名称与前一个示例中 lvs 命令所列出的名称是相同的。

```
# cat /etc/crypttab
luks-b099fbbe-0e56-425f-91a6-44f129db9f4b
    UUID=b099fbbe-0e56-425f-91a6-44f129db9f4b none
```

还可以使用 cryptsetup 命令来帮助揭示更多关于系统加密卷的信息。在下面的示例中，同时使用了 status 选项和 luks 设备名称，从而确定进一步信息。

```
# cryptsetup status luks-b099fbbe-0e56-425f-91a6-44f129db9f4b
/dev/mapper/luks-b099fbbe-0e56-425f-91a6-44f129db9f4b
 is active and is in use.
  type:    LUKS1
  cipher:  aes-xts-plain64
  keysize: 512 bits
  device:  /dev/sda3
  offset:  4096 sectors
  size:    493819904 sectors
  mode:    read/write
```

3. 对 Linux 目录进行加密

可以使用 ecryptfs 实用工具在 Linux 系统上进行加密。ecryptfs 实用工具并不像其名称所暗示的那样是一个文件系统类型。相反，它是 POSIX 兼容的实用工具，允许在任何文件系统之上创建一个加密层。

默认情况下，ecryptfs 实用工具并非安装在 Fedora 和 RHEL 中。为了在 Fedora 中安装该工具，必须使用命令 yum install ecryptfs-utils。如果未在 Debian 系统上安装，则使用命令 sudo apt-get install ecrypt-utils。

> **提示：**
> 因为 ecryptfs 实用工具主要用于加密，所以一个常见错误是将 ecryptfs 误写为 encryptfs。如果在使用 ecryptfs 实用工具时出现了错误，请确保没有错误地拼写 ecryptfs。

在下面的示例中，用户 John Doe 将使用 ecryptfs 实用工具对一个子目录进行加密，首先，在加密之前，该目录中不应该存在任何文件。如果存在文件，请将它们移动到一个安全的位置(加密之后再移回)。如果没有移动这些文件，那么当目录被加密之后，就不能再访问这些文件了。

接下来，使用 mount 命令对目录/home/johndoe/Secret 进行加密。在此方法中，必须具有根权限来挂载和卸载加密的目录。请查看一下下面示例所使用的 mount 命令。除了所使用分区类型是 ecryptfs 之外，该 mount 命令与常规的 mount 命令是类似的。挂载项和挂载点都是同一目录！从字面上讲，首先对目录进行加密，然后将其挂载到它本身。该 mount 命令的不同之处在于它使用了 ecryptfs 实用工具，询问了几个交互式问题。

```
# mount -t ecryptfs /home/johndoe/Secret /home/johndoe/Secret
Select key type to use for newly created files:
 1) tspi
 2) passphrase
 3) pkcs11-helper
 4) openssl
```

```
Selection: 2
Passphrase: **********
Select cipher:
 1) aes: blocksize = 16;
 min keysize = 16; max keysize = 32 (loaded)
 2) blowfish: blocksize = 16;
 min keysize = 16; max keysize = 56 (not loaded)
 3) des3_ede: blocksize = 8;
 min keysize = 24; max keysize = 24 (not loaded)
 4) twofish: blocksize = 16;
 min keysize = 16; max keysize = 32 (not loaded)
 5) cast6: blocksize = 16;
 min keysize = 16; max keysize = 32 (not loaded)
 6) cast5: blocksize = 8;
 min keysize = 5; max keysize = 16 (not loaded)
Selection [aes]: 1
Select key bytes:
 1) 16
 2) 32
 3) 24
Selection [16]: 16
Enable plaintext passthrough (y/n) [n]: n
Enable filename encryption (y/n) [n]: n
Attempting to mount with the following options:
 ecryptfs_unlink_sigs
 ecryptfs_key_bytes=16
 ecryptfs_cipher=aes
 ecryptfs_sig=70993b8d49610e67
WARNING: Based on the contents of [/root/.ecryptfs/sig-cache.txt]
it looks like you have never mounted with this key
before. This could mean that you have typed your
passphrase wrong.

Would you like to proceed with the mount (yes/no)? : yes
Would you like to append sig [70993b8d49610e67] to
[/root/.ecryptfs/sig-cache.txt]
in order to avoid this warning in the future (yes/no)? : yes
Successfully appended new sig to user sig cache file
Mounted eCryptfs
```

ecryptfs 实用工具通常允许选择：

- 密钥类型
- 密码短语
- 密码
- 密钥大小(以字节为单位)
- 启用或禁用纯文本通过
- 启用或禁用文件名加密

当首次挂载加密目录时，该实用工具还会发出警告，因为密钥以前没有用过。ecryptfs 允许在被挂载的目录上应用数字签名，以便再次挂载时不必使用密码短语。

当第一次挂载一个 ecryptfs 文件夹时,请记下所做的选择。当下次再次挂载该文件夹时,需要进行完全相同的选择。

为了验证加密目录是否挂载,可以再次使用 mount 命令。在下面的示例中,首先使用了 mount 命令,然后使用 grep 命令,搜索/home/johndoe/Secret 目录。可以看到,该目录挂载为 ecryptfs 类型。

```
# mount | grep /home/johndoe/Secret

/home/johndoe/Secret on /home/johndoe/Secret type ecryptfs
(rw,relatime,ecryptfs_sig=70993b8d49610e67,ecryptfs_cipher=aes,
ecryptfs_key_bytes=16,ecryptfs_unlink_sigs)
```

到目前为止,还没有介绍挂载的加密目录到底有什么用。在下面的示例中,首先将文件 my_secret_file 复制到该加密目录中。随后用户 John Doe 仍然使用 cat 命令以纯文本形式显示该文件。此时 ecryptfs 层会自动对该文件进行解密。

```
$ cp my_secret_file Secret
$ cat /home/johndoe/Secret/my_secret_file
Shh... It's a secret.
```

root 用户也可以使用 cat 命令以纯文本形式显示该文件。

```
# cat /home/johndoe/Secret/my_secret_file
Shh... It's a secret.
```

然而,当使用 umount 命令卸载了该加密目录后,将不再对目录中的文件进行自动解密。此时,文件 my_secret_file 将变成无法阅读的乱码,即使是 root 用户也无法读取。

```
# umount /home/johndoe/Secret
```

因此,ecryptfs 实用工具允许在文件系统中创建一个可以快速加密和解密文件的位置。然而,如果目录不再加载为 ecryptfs 类型,那么目录中的文件就是安全的并且不会解密。

提示:
作为非根用户,可以使用 ecryptfs-setup-private 和 ecryptfs-mount-private 命令来配置私有加密挂载点。

4. 对 Linux 文件进行加密

在 Linux 系统中,最流行的文件加密工具是 OpenPGP 实用工具 GNU Privacy Guard(gpg)。该工具之所以如此流行,主要在于其灵活性、各种选项以及在大多数 Linux 发行版本中被默认安装。

警告:
如果你的企业、组织与第三方云存储公司进行了合作,那么需要知道的是某些公司(比如 Dropbox)在接收到你的文件之前是不会对文件进行加密的。这也就意味着该公司拥有了解密文件所需的密钥,从而使你的企业数据更容易受攻击。在将文件发送到云端之前可以在自己的 Linux 系统上对文件进行加密,从而增加一层额外的保护。

此外，也可在 Linux 系统上使用其他的加密工具来加密文件。与 gpg 一样，许多工具可以完成的不仅是文件加密。下面列举了一些可用来加密文件的常用加密工具。

- aescrypt——该工具使用了对称密钥密码 Rijndael，也被称为 AES。可以从 www.aescript.com 下载这个第三方 FOSS 工具。
- bcrypt——该工具使用了对称密钥密码 Blowfish。在默认情况下，该工具没有安装。如果安装了 bcrypt，可以参考下面的手册页。
  - ◆ 针对 Fedora 和 RHEL：yum install bcrypt。
  - ◆ 针对 Ubuntu：sudo apt-get install bcrypt。
- ccrypt——该工具使用了对称密钥密码 Rijndael，也称为 AES。创建该工具的目的是替换标准的 UNIX crypt 实用工具，默认情况下并没有安装 ccrypt。如果安装了它，可以参考下面的手册页。
  - ◆ 针对 Fedora 和 RHEL：yum install ccrypt。
  - ◆ 针对 Ubuntu：sudo apt-get install ccrypt。
- gpg——该实用工具可以使用非对称密钥对或者对称密钥。默认情况下，该工具已安装，并且是 Linux 服务器首选的加密工具。它所使用的默认密码在 gpg.conf 文件中设置。除了使用 info gnupg 之外，还可以参考手册页。

请记住，本节只是介绍了一些比较流行的工具。此外可以使用类似的文件加密工具完成文件加密之外的工作。

5. 使用其他工具对 Linux 进行加密

可以对 Linux 中的一切进行加密(密码学定义为编写或生成用于保密的代码的行为)，除了文件系统、目录和文件之外，还可以对备份、Zip 文件、网络连接等进行加密。

表 23.2 列举一些杂项 Linux 加密工具及其功能。如果想要查看当前 Linux 发行版本中所安装的加密工具的完整列表，可以在命令行输入 man -k crypt。

表 23.2　Linux 杂项加密工具

工具	说明
Duplicity	对备份进行加密。要在 Fedora 上安装该工具，可以输入 yum install duplicity。要在 Ubuntu 上安装该工具，可以在命令行输入 sudo apt-get install duplicity
gpg-zip	使用 GNU Privacy Guard 来加密或签名文件进行存档。该工具被默认安装
Openssl	实现了 SSL(Secure Socket Layer，安全套接字层)和 TLS(Transport Layer Security，传输层安全性)协议的工具包。这些协议需要加密。该工具被默认安装
Seahorse	GNU Privacy Guard 加密密钥管理器。该工具默认安装到 Ubuntu 中。如果想要在 Fedora 和 RHEL 上安装该工具，可以在命令行输入 yum install seahorse
Ssh	通过网络对远程访问进行加密。该工具默认安装
Zipcloak	对 Zip 文件中的条目进行加密。该工具默认安装

与 Linux 系统中的其他许多项目一样，可用的加密工具也是非常丰富的。在实现特定企业所需的加密标准过程中，这些工具提供了极大的灵活性和多样性。

6. 通过桌面使用加密

Passwords and Keys 窗口提供了一种通过 GNOME 桌面查看和管理密钥和密码的方式。如果想要启动该窗口，可以从 Activities 屏幕上选择 Passwords 和 Keys 图标，或者运行 seahorse 命令。通过所出现的窗口，可以使用以下内容。

- **密码**——在 Chromium 或 Chrome Web 浏览器中，当访问一个网站并输入用户名和密码(并且选择保护密码)时，该密码保存到系统中，以便下次访问该网站时使用。可以选择 Passwords 标题下的 Login 项，查看每一个保存的用户名和密码。
- **证书**——可以查看与 Gnome2 Key Storage、User Key Storage、System Trust 和 Default Trust 相关联的证书。
- **PGP 密钥**——通过选择 GnuPG keys 项，可以查看所创建的 GPG 密钥。
- **安全 shell**——可以创建公共和私有 OpenSSH 密钥，通过使用这些密钥，可以直接登录到远程系统，而不必在 ssh、scp、rsync、sftp 以及相关的命令中使用密码进行身份验证。选择 OpenSSH keys，查看所创建的任何密钥(关于创建不同类型密钥的详细信息，请参见第 13 章的 13.2.3 节)。

Linux 中另一个功能强大的安全工具是 PAM。下一节将介绍基本的 PAM 概念以及如何使用该工具进一步提高 Linux 系统的安全性。

23.2　使用 PAM 实现 Linux 安全

PAM(Pluggable Authentication Modules，可插拔身份验证模块)最初由 Sun Microsystems 所创建，并最早在 Solaris 操作系统上实现。Linux-PAM 项目始于 1997 年。如今，大多数 Linux 发行版本都使用了 PAM。

PAM 简化了身份验证管理流程。记住，*身份验证*(请参见第 22 章)是一个主体(也称为用户或进程)证明它是谁的确定过程。有时，该过程也称为"标识和身份验证"。PAM 为 Linux 系统和应用程序提供了一种集中式身份验证方法。

可将应用程序编写为使用 PAM，此类应用程序也称为"PAM 感知(PAM-aware)"应用程序。如果更改了身份验证设置，并不需要重写和重新编译 PAM 感知应用程序。任何需要的更改都可以在 PAM 感知应用程序的 PAM 配置文件中完成。因此，这些应用程序的身份验证管理被集中和简化了。

可查看某一特定的 Linux 应用程序或者实用工具是不是 PAM 感知应用程序。可以检查该应用程序是不是使用 PAM 库(libpam.so)进行编译。下面的示例检查了 crontab 应用程序是不是 PAM 感知应用程序。ldd 命令检查了文件的共享库依赖关系。为简单起见，使用了 grep 命令来搜索 PAM 库。如你所见，特定 Linux 系统上的 crontab 应用程序是 PAM 感知的。

```
# ldd /usr/bin/crontab | grep pam
libpam.so.0 => /lib64/libpam.so.0 (0x00007fbee19ce000)
```

在 Linux 系统上使用 PAM 的好处主要包括：
- 从管理员的角度看，PAM 简化并集中了身份验证管理。
- 简化了应用程序开发，因为开发人员可以使用 PAM 库来编写应用程序，而不必编写自己的身份验证程序。
- 提供了灵活的身份验证。
  - 可根据传统标准(比如身份证明)允许或拒绝对资源的访问
  - 可根据额外标准(比如时间限制)允许或拒绝访问

◆　设置主题限制，比如资源使用情况

虽然 PAM 的优势是简化身份验证管理，但 PAM 实际工作方式并不简单。

23.2.1　理解 PAM 身份验证过程

当一个主体(用户或者进程)请求访问 PAM 感知应用程序或实用工具时，需要使用两个主要的组件来完成主体身份验证过程：

- PAM 感知应用程序的配置文件
- 配置文件所使用的 PAM 模块

每个 PAM 感知应用程序的配置文件都是身份验证过程的核心。PAM 配置文件调用特定的 PAM 模块来完成所需的身份验证。PAM 模块根据系统授权数据(比如使用 LDAP 服务器的集中用户账户，请参见第 11 章)对主体进行验证。

Linux 附带了许多 PAM 感知应用程序，它们需要的配置文件和 PAM 模块已经安装。如果你有任何特殊的身份验证需求，都很容易找到一个已经写好的针对该需求的 PAM 模块。然而，在开始调整 PAM 之前，需要更多地了解 PAM 是如何运作的。

为了确保执行正确的应用程序身份验证，PAM 通过使用相关模块和配置文件完成了一系列步骤，具体如下所示：

(1) 一个主体(用户或者进程)请求访问应用程序。

(2) 打开和读取应用程序的 PAM 配置文件，其中包含了相关的访问策略。该访问策略由身份验证过程中所使用的 PAM 模块列表进行设置。PAM 模块列表称为*堆栈(stack)*。

(3) 堆栈中的每个 PAM 模块按照列表中的顺序调用。

(4) 每个 PAM 模块返回一个成功状态或者失败状态。

(5) 堆栈持续按照一定顺序读取，而不会因为一次返回的失败状态而停止。

(6) 所有 PAM 模块的状态结果将最终合并为身份验证成功或失败的整体结果。

一般来说，只要有一个 PAM 模块返回了失败状态，就会拒绝对应用程序的访问。然而，具体是不是这样还要根据配置文件设置进行确定。大多数 PAM 配置文件都位于/etc/pam.d 中。PAM 配置文件的一般格式为：

```
context   control flag   PAM module [module options]
```

1. 了解 PAM 上下文

PAM 模块拥有提供不同身份验证服务的标准功能。这些标准功能可以分为不同的功能类型(被称为上下文)。上下文有时也称为模块接口或类型。表 23.3 列出了不同的 PAM 上下文以及它们所提供的身份验证服务的类型。

表 23.3　PAM 上下文

上下文	服务说明
auth	提供了身份验证管理服务，如验证账户密码
account	提供了账户验证服务，如日访问限制时间
password	管理账户密码，如密码长度限制

2. 了解 PAM 控制标志

在 PAM 配置文件中,控制标志用来确定整体状态(该状态将返回给应用程序)。控制标志可以是以下任何一种:

- 简单关键字——仅关注相应的 PAM 模块是否返回一个响应("成功"或"失败")。关于如何处理这些状态,可以参见表 23.4。
- 一系列动作——通过文件中所列出的一系列动作来处理返回的模块状态。

表 23.4 PAM 配置控制标志和响应处理

控制标志	响应处理说明
required	如果失败,在向应用程序返回一个失败状态之前会执行完堆栈中其余的模块。 例如,如果某人输入了无效的用户,那么必要的控件可能导致登录失败。但在他输入密码之前并不会告知登录失败,从而隐藏了"无效的用户名导致失败"这一事实
requisite	如果失败,会马上向应用程序返回一个失败状态,同时不再运行堆栈中其余的模块(请小心在堆栈中使用该控制)。 例如,当提供了无效密钥时,必要的控件可能会要求基于密钥的身份验证并会立即失败。这种情况下,即使提示输入用户名/密码,也可能会失败
sufficient	如果失败,模块状态将被忽略。而如果成功,则立即将成功状态返回给应用程序,同时不再运行堆栈中其余的模块(请小心在堆栈中使用该控件)
optional	对于最终的成功或失败整体返回状态来说,该控制标志是非常重要的。可以将其想象为一个连接中断器(tie-breaker)。当配置文件堆栈中的其他模块所返回的状态不是明确的失败或成功状态时,该可选模块的状态可用来确定最终状态或中断连接。如果堆栈中的其他模块返回了明确的失败或成功状态,那么该可选模块的状态可以忽略
include	获取来自特定 PAM 配置文件堆栈的所有返回状态,并将这些状态包括在该堆栈的整体返回状态中。就像来自指定配置文件的整个堆栈位于该配置文件中
substack	与 include 控制标志类似,但某些错误和评估对主堆栈的影响方式是不同的。它迫使被包括的配置文件堆栈成为主堆栈的子堆栈。因此,某些错误和评估可能只会影响子堆栈,而不会影响主堆栈

表 23.4 显示了各种关键字控制标志以及它们对返回的模块状态的响应。请注意,一些控制标志需要仔细地放到配置文件的堆栈中。而另一些控制标志则会导致身份验证过程马上停止,不再调用剩下的 PAM 模块。控制标志只是控制如何将 PAM 模块状态结果合并成一个单一的整体结果。

现在,你应该知道,PAM 模块所返回的状态结果代码不仅有"成功"或"失败"。例如,可能返回 PAM_ACCT_EXPIRED 的状态代码,意味着用户账户已过期。这也被视为一种"失败"。

3. 了解 PAM 模块

PAM 模块实际上就是一套存储在/lib/security 中的共享库模块(DLL 文件,64 位)。如果在命令行输入 ls /lib/security/pam*.so,可以查看系统上各种已安装的 PAM 模块列表。

> **注意:**
> 在 Ubuntu 中,如果想要查找 PAM 模块,可以在命令行输入命令 sudo find/-name pam*.so。

Linux 系统附带了许多已经安装的 PAM 模块。如果所需要的模块尚未安装，那么很有可能有人已经编写了该模块。可以在下面的网站进行查找：

- http://www.openwall.com/pam/
- http://puszcza.gnu.org.ua/software/pam-modules/download.html

4. 了解 PAM 系统事件配置文件

到目前为止，我们所关注的只是 PAM 感知应用程序及其配置文件。然而，其他系统事件(比如登录到 Linux 系统)同样使用了 PAM。因此，这些事件也有配置文件。

下面列出 PAM 配置文件目录中的部分目录。请注意，其中包含了 PAM 感知应用程序配置文件(crond)以及系统事件配置文件(比如 postlogin-ac)。

```
# ls -l /etc/pam.d
total 204
-rw-r--r--. 1 root root  272 Nov 15 10:06 atd
...
-rw-r--r--. 1 root root  232 Jan 31 12:35 config-util
-rw-r--r--. 1 root root  293 Oct 26 23:10 crond
...
-rw-r--r--. 1 root root  109 Feb 28 01:33 postlogin

...
-rw-r--r--. 1 root root  981 Feb 28 01:33 system-auth
...
```

通过修改这些系统事件配置文件，可以满足不同企业、组织的特殊安全需求。例如，可以修改 system-auth 文件，从而强制某些密码限制。

> **警告：**
> 不正确地修改或者删除 PAM 系统事件配置文件可能会锁定系统。所以，在修改生产 Linux 服务器之前，需要在虚拟或者测试环境下对任何更改进行测试。

这些 PAM 系统事件配置文件的操作实际上与 PAM 感知应用程序配置文件的操作是相同的。它们有相同的格式，使用相同的语法并且都调用 PAM 模块。然而，许多 PAM 系统事件配置文件都是被符号链接的(参见第 4 章)。因此，当对这些配置文件进行更改时，需要一些额外的步骤。具体的操作指南将在本章后面介绍。

> **提示：**
> 许多 PAM 配置文件都有与之相关的手册页。例如，为了查找关于 pam_unix 模块的更多信息，可以在 Fedora 和 RHEL 发行版本的命令行输入 man pam_unix。此外，在/usr/share/doc/pam-*/txts/目录中也包括了模块文档文件。

即使 Linux 附带了许多 PAM 感知应用程序、各种配置文件以及已安装的 PAM 模块，但并不能指望 PAM 可以管理好自己。所以，需要采取某些管理步骤来管理 PAM。

23.2.2　在 Linux 系统上管理 PAM

在 Linux 系统上，管理 PAM 的任务是相当少的。只需要验证 PAM 被正确实施并进行相关调整，从而满足特定组织的安全需求。

此外，PAM 不仅可完成前面所介绍的应用程序身份验证步骤，还可以限制资源和访问时间，强制执行健壮的密码选择等。

1. 管理 PAM 感知应用程序配置文件

你应该查看一下 PAM 感知应用程序和实用工具的配置文件，以确保其身份验证过程符合所期望的身份验证过程。ACM(Access Control Matrix，访问控制矩阵。请参见第 22 章)以及本章所介绍的关于理解 PAM 的信息有助于对 PAM 配置文件进行审核。

每个 PAM 感知应用程序应该都有其自己的 PAM 配置文件。每个配置文件定义了应用程序可以使用哪些特定的 PAM 模块。如果配置文件不存在，则会为应用程序创建一个安全漏洞。该漏洞可能被怀有恶意的人所利用。作为安全防范措施，PAM 还附带了"其他"配置文件。如果 PAM 感知应用程序没有自己的 PAM 配置文件，那么该应用程序将会默认使用"其他"PAM 配置文件。

通过使用 ls 命令，可以验证 Linux 系统是否拥有/etc/pam.d/other 配置文件。下面的示例显示了系统中所存在的/etc/pam.d/other PAM 配置文件。

```
$ ls /etc/pam.d/other
/etc/pam.d/other
```

PAM /etc/pam.d/other 配置文件应该拒绝所有的访问，从安全方面讲，这种拒绝也称为隐式拒绝(Implicit Deny)。在计算机安全访问控制中，隐式拒绝意味着只要某些标准未明确满足，则访问必须拒绝。这种情况下，如果 PAM 感知应用程序的配置文件不存在，所有对该应用程序的访问都会拒绝。下面的代码显示了/etc/pam.d/other 文件的内容：

```
$ cat /etc/pam.d/other
#%PAM-1.0
auth        required        pam_deny.so
account     required        pam_deny.so
password    required        pam_deny.so
session     required        pam_deny.so
```

请注意，示例中列出了四个 PAM 上下文：auth、account、password 和 session。每个上下文都使用了 required 控制标志和 pam_deny.so 模块。其中 pam_deny.so PAM 模块用来拒绝访问。

即使存在"其他(other)"配置文件，如果不存在 PAM 感知应用程序的 PAM 配置文件，也必须创建。可以将该检查项添加到 PAM 审核检查表中。此外，还应该查看 Linux 系统上的 PAM "其他"配置文件，以确保它强制执行了隐式拒绝。

2. 管理 PAM 系统事件配置文件

与 PAM 感知应用程序和实用工具的配置文件类似，也需要使用 ACM 对 PAM 系统事件配置文件进行审核。然而，如果想要对这些文件进行修改，则必须采取额外的步骤。

在下面的示例中，将学习如何在 Linux 系统上通过 PAM 设置特殊的安全需求，比如账户登录时间限制。为了满足这些特殊的安全需求，需要对 PAM 系统事件配置文件进行更改，比如/etc/pam.d/system-auth-ac。

当对某些 PAM 系统事件配置文件进行更改时可能会存在问题，实用工具 authconfig 可以重写这些文件并删除任何本地更改。但幸运的是，任何可能存在这种风险的 PAM 配置文件都会记录在一个注释行中。通过使用 grep，可以快速找到哪些 PAM 配置文件存在这种潜在问题。

```
# grep "authselect" /etc/pam.d/*
fingerprint-auth:# Generated by authselect on Mon Oct 21 19:24:36 2019
password-auth:# Generated by authselect on Mon Oct 21 19:24:36 2019
postlogin:# Generated by authselect on Mon Oct 21 19:24:36 2019
smartcard-auth:# Generated by authselect on Mon Oct 21 19:24:36 2019
system-auth:# Generated by authselect on Mon Oct 21 19:24:36 2019
```

这些 PAM 系统事件配置文件使用了符号链接(请参见第 4 章)。例如，可以看到，system-auth 文件实际上是一个指向/etc/authselect/system-auth 文件的符号链接。该文件安全性的第一个字符是 l，表明文件是被链接的。而符号->显示了文件是被符号链接的。

```
# ls -l system-auth
lrwxrwxrwx. 1 root root 27 Oct 1 15:24 system-auth -> /etc/authselect/system-auth
```

注意:
在某些 Linux 发行版本中，实用工具 pam-auth-config 与实用工具 authselect 具有类似的功能，都可以覆盖配置文件。如果在命令行输入命令 pam-auth-config --force，则会覆盖文件。如果系统安装了 pam-auth-config 工具，那么可以输入 man pam-auth-config 参阅手册页，了解关于该工具的更多信息。

3. 使用 PAM 实现资源限制

管理资源并不是一项系统管理任务，而是一项安全管理任务。设置资源限制有助于避免 Linux 系统上许多不良的问题。通过限制单个用户可以创建进程数量，可以避免出现 fork 炸弹之类的问题。当一个进程以递归方式不断产生新进程直到系统资源被不断消耗时就会产生 fork 炸弹。fork 炸弹可以是恶意的，也可以是意外的(比如较差的程序代码开发所创建的 fork 炸弹)。

PAM 模块 pam-limits 使用了一个特殊的配置文件/etc/security/limits.conf 来设置系统限制。默认情况下，该文件中并没有设置任何资源限制。因此，需要查看该文件并设置相应的资源限制，以满足安全需求。

注意:
PAM 配置文件位于/etc/pam.d 目录和/etc/security 目录中。

下面的代码片段显示了/etc/security/limits.conf 文件。该文件非常便于阅读。应该浏览该文件的内容，了解格式说明以及可以设置哪些限制。

```
$ cat /etc/security/limits.conf
# /etc/security/limits.conf
#
#This file sets the resource limits for the users logged in via PAM.
#It does not affect resource limits of the system services.
#
#Also note that configuration files in /etc/security/limits.d directory,
#which are read in alphabetical order, override the settings in this
#file in case the domain is the same or more specific.
...
#Each line describes a limit for a user in the form:
#
```

```
#<domain>          <type>      <item>      <value>
...
#*                 soft        core        0
#*                 hard        rss         10000
#@student          hard        nproc       20
#@faculty          soft        nproc       20
#@faculty          hard        nproc       50
#ftp               hard        nproc       0
#@student          -           maxlogins   4
# End of file
```

相对于配置文件中的其他项，需要对格式项 domain 和 type 进行一些额外的解释。

● domain——该限制应用于所列出的用户或组。如果 domain 为"*"，则应用于所有用户。

● type——hard 限制不能突破，而 soft 限制可以临时突破。

请看下面所示的 limits.conf 文件设置示例，其中列出了组 faculty，但请注意 nproc。nproc 限制了用户可以启动的最大进程数，从而防止了 fork 炸弹的产生。此外，type 项为 hard；因此 50 个进程的限制不能突破。当然，该限制也不是强制执行的，因为该行被符号#注销掉了。

```
#@faculty          hard        nproc               50
```

可以为每次登录设置限制设置，并且会在整个登录会话期间有效。然而，恶意用户可以通过多次登录来创建 fork 炸弹。因此，为每个用户账户设置登录的最大数量是非常好的主意。

必须根据每个用户的基本情况来限制登录的最大数量。例如，johndoe 只需要登录到 Linux 系统一次。为防止其他人使用 johndoe 的账户进行登录，可以将其账号的 maxlogin 设置为 1。

```
johndoe            hard        maxlogins           1
```

要覆盖 limit .conf 文件中的任何设置，请将名为*.conf 的文件添加到/etc/ security/limits.d 目录中。这是一个方便的方法，有一个 RPM 文件或其他方法添加和删除限制，不需要直接编辑 limits.conf 文件。

限制资源的最后一步是确保使用了 limits.conf 的 PAM 模块包括在一个 PAM 系统事件配置文件中。使用了 limits.conf 的 PAM 模块为 pam_limits。在下面所示的部分列表中，使用了 grep 命令来验证 PAM 模块在系统事件配置文件中使用。

```
# grep "pam_limits" /etc/pam.d/*
/etc/pam.d/fingerprint-auth:session     required     pam_limits.so
/etc/pam.d/password-auth:session        required     pam_limits.so
/etc/pam.d/runuser:session              required     pam_limits.so
/etc/pam.d/system-auth:session          required     pam_limits.so
```

对服务和账户的时间限制并不由 PAM /etc/security/limits.conf 配置文件处理，而是由 time.conf 文件处理。

4. 使用 PAM 实现时间限制

PAM 可以让整个 Linux 系统在"PAM 时间"上运行。所有的时间限制都由 PAM 进行处理，比如只允许一天中的某些时间访问特定应用程序，或者仅允许一周中的指定几天进行登录等。

用来处理这些限制的 PAM 配置文件位于/etc/security 目录中。下面的代码显示了/etc/security/ time.conf PAM 配置文件。

```
$ cat /etc/security/time.conf
# this is an example configuration file for the pam_time module. Its syntax
# was initially based heavily on that of the shadow package (shadow-960129).

#
# the syntax of the lines is as follows:
#
#      services;ttys;users;times
...
```

我建议仔细地阅读一下 time.conf 文件的内容。请注意，每个有效项的格式都使用以下语法：
service;ttys;users;times。字段由分号进行分隔。有效的字段值都记录在 time.conf 配置文件中。

虽然 time.conf 文件非常详明，但通过示例可以帮助理解文件中的内容。例如，允许普通用户
在工作日(周一至周五)从早 7 点到晚 7 点通过终端进行登录。下面的列表描述了需要完成哪些元
素的设置：

- services——登录
- ttys——*(指定所有终端都可以登录)
- users——除了 root 之外的所有人(!root)
- times——允许在工作日从早 7 点(0700)到晚 7 点(1900)

time.conf 文件中该条目如下所示：

```
login; * ; !root ; Wd0700-1900
```

实现时间限制的最后一步是确保使用 time.conf 的 PAM 模块包括在 PAM 系统事件配置文件
中。使用 time.conf 文件的 PAM 模块为 pam_time。在下面的部分列表中，grep 命令显示该 PAM
模块；可以看出，在任何系统事件配置文件中都没有使用 pam_time。

```
# grep "pam_time" /etc/pam.d/*
config-util:auth          sufficient    pam_timestamp.so
config-util:session       optional      pam_timestamp.so
```

因为 pam_time 没有列出，所以必须修改/etc/pam.d/system-auth 文件，以便让 PAM 执行时间
限制。在系统登录以及密码修改时，PAM 所使用的 PAM 配置文件为 system-auth。该配置文件会
检查许多项目，如时间限制。

在该配置文件 account 部分的顶部添加下面的内容。现在，pam_time 模块将检查/etc/security/
time.conf 文件中设置的登录限制。

```
account    required    pam_time.so
```

注意：
在 Ubuntu 中，需要修改的是/etc/pam.d/common-auth 文件，而不是 system-auth 配置文件。

请记住，system-auth 是一个符号链接文件。如果修改了该文件，则必须采取额外措施来保存
authconfig 实用工具对该文件的修改。可以使用额外的 PAM 模块以及配置文件在主题上设置更多
限制。其中一个重要的安全模块是 pam_cracklib。

5. 使用 PAM 强制实施优良密码

当密码被修改时，PAM 模块 pam_cracklib 将参与该过程。该模块将提示用户输入密码，并根据系统字典以及一套用来识别错误选择的规则来检查密码的强度。

> **注意:**
> 在 Fedora 和 RHEL 上，pam_cracklib 模块是默认安装的。但在 Ubuntu Linux 系统上，该模块并没有默认安装。因此，为在 Ubuntu 上访问 pam_cracklib 模块，需要输入命令 sudo apt-get install libpam_cracklib。

通过使用 pam_cracklib 模块，可从以下几个方面来检查新选择的密码:

- 是一个字典单词吗?
- 是旧密码的回文(palindrome)吗?
- 是否只是更改旧密码的大小写?
- 是否与旧密码太相似?
- 是否太短?
- 是不是旧密码的反转(例如旧密码是 123，而新密码是 231)?
- 是否使用了相同的连续字符?
- 是否包含某些形式的用户名?

通过对/etc/pam.d/system-auth 文件的修改，可以更改 pam_cracklib 用来检查新密码所使用的规则。你可能会认为应该在 PAM 感知的 passwd 配置文件中完成修改。然而，/etc/pam.d/passwd 在其堆栈中包含了 system-auth 文件。

```
# cat /etc/pam.d/passwd
#%PAM-1.0
# This tool only uses the password stack.
password    substack    system-auth
-password   optional        pam_gnome_keyring.so use_authtok
password    substack    postlogin
```

> **注意:**
> 在 Ubuntu 中，需要修改的是/etc/pam.d/common-password 文件，而不是 system-auth 配置文件。

system-auth 文件的当前设置如下所示。目前，只有一项调用了 pam_cracklib PAM 模块。

```
# cat /etc/pam.d/system-auth
#%PAM-1.0
# Generated by authselect on Mon Oct 21 19:24:36 2019
# Do not modify this file manually.
auth        required        pam_env.so
auth        required        pam_faildelay.so delay=2000000
auth        sufficient      pam_fprintd.so
...
auth        sufficient      pam_unix.so nullok try_first_pass
auth        requisite       pam_succeed_if.so uid>= 1000 quiet_success
auth        required        pam_deny.so
auth        sufficient      pam_sss.so forward_pass
auth        required        pam_deny.so
```

```
account      required     pam_unix.so
account      sufficient   pam_localuser.so
account      sufficient   pam_succeed_if.so uid < 1000 quiet
account      [default=bad success=ok user_unknown=ignore] pam_sss.so
account      required     pam_permit.so
password     requisite    pam_cracklib.so try_first_pass retry=3
...
```

上面所列出的 pam_cracklib 项使用了关键字 retry。此外，cracklib 还可以使用如下所示的关键字。

debug

导致模块将信息写入 syslog。

authtok_type=XXX

- 默认使用 New UNIX password:，并重新键入 UNIX password:来请求密码。
- 将 XXX 替换为一个单词来代替 UNIX。

retry=N

- 默认值为 1
- 在返回错误之前，最多提示用户 N 次。

difok=N

- 默认值为 5。
- 新密码中不能在旧密码中出现的字符数。
- 例外 1：如果在新密码中近半数的字符是不一样的，则接受新密码。
- 例外 2：参见 difignore。

difignore=N

- 默认值为 23。
- 在 difok 设置被忽略之前密码的字符数。

minLen=N

- 默认值为 9。
- 新密码最小的可接受大小。
- 请参见 dcredit、ucredit、lcredit 和 ocredit，了解它们的设置是如何影响 minlen 的。

dcredit=N

- 默认值为 1。
- 如果 N>=0：新密码中至多有多少个数字。如果当前密码数字少于或等于 N，则每个数字加 1，从而满足当前 minlen 值。
- 如果 N<0：新密码中至少有多少个数字。

ucredit=N

- 默认值为 1。
- 如果 N>=0：新密码中至多有多少个大写字母。如果当前密码大写字母数少于或等于 N，则每个数字加 1，从而满足当前 minlen 值。
- 如果 N<0：新密码中至少有多少个大写字母。

lcredit=N

- 默认值为 1。

- 如果 *N*>=0：新密码中至多有多少个小写字母。如果当前密码小写字母数少于或等于 *N*，则每个数字加 1，从而满足当前 minlen 值。
- 如果 *N*<0：新密码中至少有多少个小写字母。

ocredit=*N*

- 默认值为 1。
- 如果 *N*>=0：新密码中至多有多少个其他字符。如果当前密码其他字符数少于或等于 *N*，则每个数字加 1，从而满足当前 minlen 值。
- 如果 *N*<0：新密码中至少有多少个其他字符。

minclass=*N*

- 默认值为 0。
- 新密码所需的四类字符。这四类字符是数字、大写字母、小写字母和其他字符。

maxrepeat=*N*

- 默认值为 0。
- 拒绝包含多于 N 个相同连续字符的密码。

reject_username

检查密码中是否以直接或反向形式包含了用户名。如果是，则拒绝密码。

try_first_pass

尝试从以前的 PAM 模块中获取密码。如果无法获取，则提示用户输入密码。

use_authtok

该参数用来强制模块不提示用户输入新密码。而是由先前的 password 模块来提供新密码。

dictpath=/*path*

cracklib 目录的路径。

maxsequence=*N*

- 默认值= 0(表示禁用此检查)。
- 将 N 设置为除 0 之外的任何数字将导致拒绝超过该数字的单调字符密码。

maxclassrepeat=*N*

- 默认值= 0(表示禁用此检查。
- 如果 *N* 设置为 0 以外的任意数字，则该类中连续字符超过该数字的密码将被拒绝。

gecoscheck=*N*

导致拒绝来自用户 GECOS 字段的三个以上直接字符的密码(通常包含用户的真实姓名)。

enforce_for_root=*N*

- 默认值= 0(表示禁用此检查)。
- 如果 *N* 设置为 0 以外的任意数字，则该类中连续字符超过该数字的密码将被拒绝。

enforce_for_root

对根用户执行失败的密码检查。此选项默认为关闭。

例如，如果需要密码包含 10 个字符，且必须有两个数字，那么可以向/etc/pam.d/system-auth 文件添加下面所示的行：

```
password required pam_cracklib.so minlen=10 dcredit=-2
```

示例中 pam_cracklib 所使用的关键字为：

- minlen=10——新密码必须至少包含 10 个字符。

- dcredit=-2——新密码必须包含 2 个数字。

6. 通过 PAM 鼓励使用 sudo

为对个人使用 root 账户的情况进行跟踪并避免出现否认性情况(参见第 22 章)，应该限制对 su 命令的使用，并鼓励使用 sudo 命令。如果你的企业需要制定类似的策略，那么通过使用 PAM 完成制定过程。

su 命令是 PAM 感知的，因此可以极大地简化相关操作。可以使用 PAM 模块 pam_wheel 检查 wheel 组中的用户。/etc/pam.d/su 配置文件如下所示：

```
# cat /etc/pam.d/su
#%PAM-1.0
auth            required        pam_rootok.so
auth            sufficient      pam_rootok.so
# Uncomment the following line to implicitly trust users
# in the "wheel" group.
#auth           sufficient      pam_wheel.so trust use_uid
# Uncomment the following line to require a user to be
# in the "wheel" group.
#auth           required        pam_wheel.so use_uid
auth            substack        system-auth
auth            include         postlogin
account         sufficient      pam_succeed_if.so uid = 0 use_uid quiet
account         include         system-auth
password        include         system-auth
session         include         system-auth
session         include         postlogin
session         optional        pam_xauth.so
```

首先，为了限制 su 命令的使用，如果正在使用 wheel 组作为管理组，那么需要将管理组分配给一个新组(参见第 11 章)。如果没有使用 wheel 组，则只需要确保以后不要将任何人分配到该组即可。

接下来，需要编辑/etc/pam.d/su 配置文件。删除下面所示行的注释符号#：

```
#auth           required        pam_wheel.so use_uid
```

完成上述修改之后，PAM 就可以禁用 su 命令。现在，管理用户必须使用 sudo，此时，系统将进行跟踪并提供不可否认性环境(参见第 22 章)。

23.2.3　获取更多关于 PAM 的信息

PAM 是 Linux 系统上所提供的一个丰富多样的安全工具。在 Linux 系统的手册页中，可以了解更多关于管理 PAM 配置文件以及/lib/security 目录中模块的相关信息。

- 如果想要获取更多关于 PAM 配置文件的信息，可以使用命令 man pam.conf。
- 通过在命令行输入 ls /lib/security/pam*.so，可以查看系统上所有可用的 PAM 模块。为了获取关于每个 PAM 模块的信息，可以输入 man pam_*module_name*。请注意，在输入 pam_*module_name* 时省略文件扩展名 so。例如，输入 man pam_lastlog，了解关于 pam_lastlog.so 模块的相关信息。

多个网站可以提供关于 PAM 的额外信息。
- Linux-PAM 官方网站：http://linux-pam.org。
- Linux-PAM 系统管理员指南：http://linux-pam.org/ Linux-PAM-html/Linux-PAM_SAG.html。
- PAM 模块参考：http://linux-pam.org/Linux-PAM-html/sag-module-reference.html。

23.3　小结

加密工具提供了多种方法对 Linux 系统上使用的数据进行保护并验证数据的有效性。对于那些用来验证系统用户的工具来说，PAM 实用工具提供了一种创建策略来保护这些工具的方式。

在学习 Linux 的过程中，应该慎重处理加密工具和 PAM。在生产计算机上实现任何修改之前，请确保在测试 Linux 系统或虚拟 Linux 系统上对所做的修改进行测试。

下一章将学习 SELinux。虽然可以在 Linux 系统上使用加密工具和 PAM，但 SELinux 才是一个完整的安全增强层。

23.4　习题

使用以下习题测试一下使用加密工具和 PAM 的相关知识。这些任务假设正在运行的是 Fedora 或者 Red Hat Enterprise Linux 系统(虽然有些任务也可以在其他 Linux 系统上完成)。如果陷入困境，可以参考附录 B 中这些习题的参考答案(虽然在 Linux 中可以使用多种方法来完成某一任务)。

(1) 使用 gpg2 实用工具和一个对称密钥对文件加密。

(2) 使用 gpg2 实用工具生成一个公共密钥环。

(3) 列出所生成的密钥环。

(4) 加密一个文件，并使用 gpg2 实用工具添加数字签名。

(5) 访问 Fedora 下载主页(https/getfedora.org)。选择一个要下载的 Fedora 发行版本。当下载完成后，验证该映像。

(6) 使用命令 which su 来确定 su 命令的完整文件名。然后确定系统上的 su 命令是不是 PAM 感知的。

(7) 看一下 su 命令是否有 PAM 配置文件？如果有，在屏幕上显示该配置文件，并列出该文件使用了哪些 PAM 上下文。

(8) 在屏幕上列出系统上的各种 PAM 模块。

(9) 查找系统上 PAM 的"其他"配置文件。文件是否存在？是否强制执行隐式拒绝(Implicit Deny)？

(10) 查找 PAM 限制配置文件。该配置文件中是否拥有相关设置来防止在系统上出现 fork 炸弹？

第**24**章

使用 SELinux 增强 Linux 安全

本章主要内容：
- 了解 SELinux 的优点
- 学习 SELinux 的工作原理
- 设置 SELinux
- 使用 SELinux 修复问题
- 获取关于 SELinux 的额外信息

SELinux(Security Enhanced Linux，安全增强 Linux)由 NSA 和其他安全研究机构(比如 SCC 公司)共同开发。2000 年，SELinux 在开源社区被公开发布，当 Red Hat 在其 Linux 发行版本中包括了 SELinux 之后，SELinux 逐步变得流行起来。现在，SELinux 已经被许多组织广泛使用。

24.1　了解 SELinux 的优点

SELinux 是部署在 Linux 之上的安全增强功能模块。它提供了额外的安全功能，在 RHEL 和 Fedora 中设置为 enforcing 模式。

SELinux 通过在主体和客体(也称为进程和资源)上应用 RBAC(Role Based Access Controls，基于角色的访问控制)为 Linux 系统提供了改进的安全性。而"传统"的 Linux 安全则使用了 DAC(Discretionary Access Controls，自主访问控制)。

使用 DAC，进程可以访问任何文件、目录、设备或其他开放访问的资源。使用 RBAC，进程只能访问基于分配的角色显式允许它访问的资源。SELinux 实现 RBAC 的方式是将 SELinux 策略分配给进程。该策略限制访问如下：
- 只允许进程访问带有显式标签的资源。
- 使潜在的不安全特性(如对目录的写访问)可用作布尔值，可打开或关闭。

包含 SELinux 策略的服务(如 Web 服务器)通常会使用在特定目录和文件上设置的 SELinux 标签来安装。这使得运行中的服务器进程只能读取和写入特定目录中的文件。如果想要更改这一点，则需要在希望进程访问的文件和目录中添加正确的 SELinux 标签。

SELinux 并没有完全取代 DAC。相反，它是一个额外的安全层。
- 当使用 SELinux 时，仍然使用 DAC 规则。
- 首先检查 DAC 规则，如果允许访问，再检查 SELinux 策略。
- 如果 DAC 规则拒绝访问，则不会审查 SELinux 策略。

如果用户尝试对没有执行权限(rw-)的文件进行执行操作,那么"传统"的 Linux DAC 会拒绝访问。因此,也不会检查 SELinux 策略。

即使"传统"的 Linux 安全控制仍然在使用,但使用 SELinux 可以提供多个优点。其主要优点如下所示:

- 它实现了 **RBAC 访问控制模型**。该模型被认为是最强的访问控制模型。
- 它为**主体(例如用户和进程)使用了最少的特权访问**。*最小特权*意味着每个主体仅被赋予了完成相关任务所需的一组有限的权限。通过实现最小特权,可以防止用户或进程对客体产生意外(或有意)的损害。
- 它允许进程沙盒。术语*进程沙盒(process sandboxing)*意味着每个进程仅运行在自己的区域(沙盒)内。它们无法访问其他进程或其他文件,除非授予了特殊的权限。进程所运行的区域称为"域(domain)"。
- 它允许在具体实现之前对其功能进行测试。SELinux 拥有一个 permissive 模式,该模式允许查看在系统上执行 SELinux 后所产生的影响。在 permissive 模式中,SELinux 仍然会记录它所认为的安全漏洞(也称为 AVC 拒绝),但并不会阻止它们。

了解 SELinux 优点的另一种方法是查看当 Linux 系统上没有运行 SELinux 时会发生什么事情。例如,Web 服务器守护进程(httpd)正在监听某一端口上所发生的事情。然后传入一个请求查看主页的来自 Web 浏览器的简单请求。按照常规,httpd 守护进程听到请求并仅应用了"传统"的 Linux 安全。由于没有受到 SELinux 的约束,httpd 可以完成以下事情:

- 根据相关的所有者和组的读取/写入/执行权限,可以访问*任何*文件或目录。
- 完成存在安全隐患的活动,比如允许上传文件或更改系统限制。
- 可以监听任何端口的传入请求。

在一个受 SELinux 约束的系统上,httpd 守护进程受到了更严格的控制。仍然使用上面的示例,httpd 仅能监听 SELinux 允许其监听的端口。SELinux 还可以防止 httpd 访问任何没有正确设置安全上下文的文件并拒绝没有在 SELinux 中显式启用的不安全活动。从本质上讲,SELinux 严重限制了 Linux 系统上的恶意代码活动。

24.2　了解 SELinux 的工作原理

可将 SELinux 比作一个门卫:相比之下,主体(用户)想要访问房间内的客体(文件),为了获取对客体的访问权限,必须:

- 主体必须向门卫出示身份证。
- 门卫审查身份证,并查看手册中的访问规则。
    - 如果访问规则允许持有该特定身份证的人进入房间,则主体可以进入房间并访问客体。

◆　如果访问规则不允许持有该特定身份证的人访问客体，则门卫会拒绝其进入。

SELinux 提供了 RBAC 与 TE(Type Enforcement，类型强制访问控制)或 MLS(Multi-Level Security，多级安全控制)的融合。在 RBAC 中，对某一客体的访问主要是基于主体被赋予的角色，而不是根据主体的用户名或进程 ID。每个角色都被赋予了访问权限。

24.2.1　了解类型强制

TE(Type Enforcement，类型强制)是实现 RBAC 模型所需的。TE 通过以下方法保护系统：
- 将客体标识为某些安全类型
- 将主体分配给特定的域和角色
- 提供相关规则，允许某些域和角色访问某些客体类型

下面所示的示例使用了 ls -l 命令来显示文件 my_stuff 上的 DAC 控制。该文件列出了所有者 (johndoe)和组(johndoe)以及分配的权限。如果需要复习一下文件权限的相关内容，可以参阅第 4 章。

```
$ ls -l my_stuff
-rw-rw-r--. 1 johndoe johndoe 0 Feb 12 06:57 my_stuff
```

下面的示例使用了 ls -Z 以及相同的文件 my_stuff，但不仅仅显示 DAC 控制。选项-Z 还会显示 SELinux 安全 RBAC 控制。

```
$ ls -lZ my_stuff
-rw-rw-r--. johndoe johndoe unconfined_u:object_r:user_home_t:s0 ... my_stuff
```

ls -Z 示例显示四个与特定于 SELinux 的文件相关联的项：
- 用户(unconfined_u)
- 角色(object_r)
- 类型(user_home_t)
- 级别(s0)

在 SELinux 访问控制中使用这四个 RBAC 项(用户、角色、类型和级别)来确定合适的访问级别。这些项统称为 SELinux *安全上下文(security context)*。有时，安全上下文(身份证)也称为"安全标签"。

这些安全上下文被分配给主体(进程和用户)。每个安全上下文都有一个特定的名称。具体什么名称取决于该安全上下文所分配的客体或者主体：文件可以有文件上下文，用户可以有用户上下文，而进程可以有进程上下文(也称为"域")。

允许访问的规则称为"允许规则"或"策略规则"。*策略规则(policy rule)*是 SELinux 授予或拒绝对特定系统安全类型的访问所遵循的过程。在前面将 SELinux 比作门卫的比喻中，SELinux 所充当的门卫必须查看主体的安全上下文(身份证)并审查策略规则(访问规则手册)，从而允许或者拒绝对某一客体的访问。因此，类型强制(Type Enhancement)可以确保只有某些"类型"的主体可以访问某些"类型"的客体。

24.2.2　了解多层次安全

当使用 SELinux 时，默认策略类型称为 targeted，主要控制如何在 Linux 系统上访问网络服务 (比如 Web 服务器和文件服务器)。targeted 策略对有效用户账户可以在系统上完成的操作进行较少的限制。如果想要使用更多限制的策略，可以选择 MLS(Multi-Level Security，多层次安全)。MLS 使用了类型强制以及安全许可的附加功能。此外，它提供了多类别安全(Multi-Category Security)，为客体提供了分类级别。

> **提示：**
>
> MIS 的名称可能会产生混乱。MCS(Multi-Category Security，多类别安全)有时也称为多许可安全(Multi-Clearance Security)。因为 MLS 提供了 MCS，所以 MLS 有时也称为 MLS/MCS。

MLS 强制执行了 Bell-LaPadula 强制访问安全模型。该模型由美国政府所开发，用来实现信息保密。如果想要强制执行该模型，则必须通过基于角色的安全许可和对象的分类级别来授予对象访问权限。

安全许可(security clearances)是一个授予角色允许其访问分类客体的属性。而分类级别(classification level)是一个授予客体的属性，从而避免对象被拥有较低安全许可属性的主体所访问。你可能听说过分类级别"最高机密(Top Secret)"。小说和电影角色 James Bond 就拥有最高机密的安全许可，使他可以访问最高机密级别的信息。这就是 Bell-LaPadula 模型的经典示例。

RBAC 和 TE 或 MLS 的结合，能够让 SELinux 提供一种强大的安全增强。SELinux 还提供了不同的运行模式。

24.2.3　实现 SELinux 安全模型

基于角色的访问控制模型、类型强制、多级别安全以及 Bell-LaPadula 模型都是非常有趣的主题。SELinux 通过四个主要的 SELinux 部分实现了这些模型：

- 运行模式
- 安全上下文
- 策略类型
- 策略规则包

虽然在前面已经略微谈到过一些设计元素，但接下来的内容会让你对这些模型有更深入的理解。在开始配置系统上的 SELinux 之前，对这些模型的了解是必需的。

1. 理解 SELinux 运行模式

SELinux 提供了三种运行模式：Disabled、permissive 和 enforcing。每种模式都为 Linux 系统安全提供了不同的好处。

使用 Disabled 模式

在 Disabled 模式中，关闭了 SELinux。使用默认的访问控制方法(DAC)。对于那些不需要增强安全性的环境来说，该模式是非常有用的。

如果可能的话，Red Hat 建议将 SELinux 设置为 permissive 模式，而不是禁用它。然而，有时禁用 SELinux 也是合适的。

如果从你的角度看正在运行的应用程序工作正常,却产生了大量的 SELinux AVC 拒绝消息(即使在 permissive 模式下也是如此),那么最终可能会填满日志文件,从而导致系统无法使用。较好的解决方法是在应用程序所访问的文件上设置正确的安全上下文。但禁用 SELinux 确实是更快的解决方法。

然而,在禁用 SELinux 之前,需要考虑一下是否可能会在系统上再次启用 SELinux。如果决定以后将其设置为 enforcing 或 permissive,那么当下次重启系统时,系统将会通过一个自动 SELinux 文件重新进行标记。

> 提示:
> 如果你所关心的只是关闭 SELinux,那么答案就找到了。只需要编辑配置文件/etc/selinux/config 并将文本 SELINUX=更改为 SELINUX=disabled 即可。重启系统后,就禁用 SELinux。现在,可以跳过本章的剩余部分了。

使用 permissive 模式

在 permissive 模式中,启用 SELinux,但安全策略规则并没有强制执行。当安全策略规则应该拒绝访问时,访问仍然允许。然而,此时会向日志文件发送一条消息,表示该访问应该拒绝。

SELinux permissive 模式主要用于以下情况:

- 审核当前的 SELinux 策略规则。
- 测试新应用程序,看看将 SELinux 策略规则应用到这些程序时会有什么效果。
- 测试新 SELinux 策略规则,看看将这些新规则应用到当前服务和应用程序上会有什么效果。
- 解决某一特定服务或应用程序在 SELinux 下不再正常工作的故障。

某些情况下,可使用 audit2allow 命令来读取 SELinux 审核日志并生成新的 SELinux 规则,从而有选择性地允许被拒绝的行为。这也是一种在不禁用 SELinux 的情况下让应用程序在 Linux 系统上工作的快速方法。

使用 enforcing 模式

该模式的名称已经说明了一切。在 enforcing 模式中,启用 SELinux 并强制执行所有的安全策略规则。

2. 理解 SELinux 安全上下文

如前所述,SELinux 安全上下文是一种用来分类客体(比如文件)和主体(比如用户和程序)的方法。所定义的安全上下文允许 SELinux 对访问客体的主体强制执行策略规则。安全上下文由四个属性组成: user、role、type 和 level。

- user——属性 user 是 Linux 用户名与 SELinux 名称的映射。它与用户的登录名称并不相同,用来特指 SELinux 用户。SELinux 用户名以一个字母 u 结尾,使其在输出中更容易识别。在默认的 targeted 策略中,普通的无限制用户都有 user 属性 unconfined_u。
- role——企业、组织中所指定的角色与 SELinux 角色名称相映射。role 属性分配给不同的主体和客体。系统会根据角色的安全许可以及客体的分类级别授予每个角色对其他主体和客体的访问。更具体地说,对于 SELinux 来说,用户分配了相应的角色,而这些角色被授权对特定类型的域进行访问。通过使用角色,可以迫使账户(比如 root)拥有较少的特权。SELinux 角色名称都以一个 r 结尾。在 targeted 的 SELinux 系统中,root 用户运行的进程拥有 system_r 角色,而普通用户运行的进程则拥有 unconfined_r 角色。

- type——该属性定义了进程的域类型、用户类型以及文件类型。因此该属性也称为"安全类型"。大多数策略规则都会关注进程的安全类型以及进程所访问(根据安全类型)的文件、端口、设备以及其他元素。SELinux 类型名称以一个 t 结尾。

- level——level 是 MLS 的属性，强制执行 Bell-LaPadula 模型。在 TE 中，该属性是可选的，但如果使用 MLS，则是必需的。

  MLS 级别是灵敏度和类别值的组合，共同形成了安全级别。一个级别可以写为 sensitivity:category。

  - sensitivity
    - 表示客体的安全或灵敏级别，比如机密或绝密。
    - 是带有 s0(未分类)的层次结构，通常是最低级别的。
    - 如果级别不同，则作为一对灵敏级别(lowlevel-highlevel)列出。
    - 如果没有高或者低级别，则作为一个单一灵敏级别(s0)列出。然而，在某些情况下，即使没有高或者低级别，也会显示一个范围(s0-s0)。

  - category
    - 表示客体的分类，比如 No Clearance、Top Clearance 等。
    - 通常，该值介于 c0 和 c255 之间。
    - 如果级别不同，则作为一对类别级别(lowlevel:highlevel)列出。
    - 如果没有高和低级别，则作为一个单一类别级别(level)列出。

用户拥有安全上下文

为查看 SELinux 用户上下文，可在 shell 提示符处输入 id 命令。下面的示例显示了用户 johndoe 的安全上下文：

```
$ id
uid=1000(johndoe) gid=1000(johndoe) groups=1000(johndoe)
 context=unconfined_u:unconfined_r:unconfined_t:s0-s0:c0.c1023
```

用户安全上下文列表显示了以下内容。

- user：Linux 用户 johndoe 映射到 SELinux 用户 unconfined_u。
- role：SELinux 用户 unconfined_u 映射到角色 unconfined_r。
- type：用户赋予了类型 unconfined_t。
- level：
  - sensitivity——用户仅拥有一个敏感级别，即最低级别 s0。
  - categories——用户可以访问 c0.c1023，即所有类别(c0 到 c1023)。

文件拥有安全级别

文件也拥有安全级别。为了查看单个文件的上下文，可以在 ls 命令中使用选项-Z。下面显示了文件 my_stuff 的安全上下文：

```
$ ls -Z my_stuff
-rw-rw-r--. johndoe johndoe
 unconfined_u:object_r:user_home_t:s0 my_stuff
```

文件上下文列表显示了以下内容。

- user：文件映射到 SELinux 用户 unconfined_u。

- role：文件映射到角色 object_r。
- type：文件视为 user_home_t 域的一部分。
- level：
  - sensitivity——用户仅拥有一个敏感级别，即最低级别 s0。
  - categories——MSC 未设置此文件。

进程拥有安全上下文

进程的安全上下文用于与用户和文件上下文相同的 4 个属性。为了查看 Linux 系统上进程信息，通常需要使用 ps 命令的变体。在下面的代码中，使用了命令 ps -el。

```
# ps -el | grep bash
0 S 1000 1589 1583 0 80  0 -  1653 n_tty_ pts/0   00:00:00 bash
0 S 1000 5289 1583 0 80  0 -  1653 wait   pts/1   00:00:00 bash
4 S    0 5350 5342 0 80  0 -  1684 wait   pts/1   00:00:00 bash
```

而为了查看进程的安全上下文，需要在 ps 命令中使用选项-Z。在下面的示例中，首先使用了命令 ps -eZ，然后将结果转到 grep，搜索运行 Bash shell 的进程。

```
# ps -eZ | grep bash
unconfined_u:unconfined_r:unconfined_t:s0-s0:c0.c1023 1589 pts/0 00:00:00 bash
unconfined_u:unconfined_r:unconfined_t:s0-s0:c0.c1023 5289 pts/1 00:00:00 bash
unconfined_u:unconfined_r:unconfined_t:s0-s0:c0.c1023 5350 pts/1 00:00:00 bash
```

该进程上下文列表显示了以下内容：

- user：进程映射到 SELinux 用户 unconfined_u。
- role：进程作为角色 unconfined_r 运行。
- type：进程在域 unconfined_t 中运行。
- level：
  - sensitivity——进程只有级别 s0。
  - categories——用户可以访问 c0.c1023，即所有类别(c0 到 c1023)。

可以对这些安全上下文进行修改，从而满足特殊的安全需求。然而，在学习如何修改这些安全上下文设置之前，需要了解 SELinux 拼图的另一个部分，即 SELinux 策略类型。

3. 了解 SELinux 策略类型

所选择的策略类型确定了使用哪些策略规则组来指定主体可以访问的客体。此外，策略类型还确定了需要哪些特定的安全上下文属性。通过策略类型，可以更精细地了解 SELinux 所实现的访问控制。

> **注意：**
> 你自己的 Linux 发行版本中可用的策略规则可能与下面所列出的策略规则不完全相同。例如，在较早的 Linux 发行版本中，仍然可以使用 strict 策略，而在较新的发行版本中，strict 策略合并到 Targeted 策略(默认使用该策略)。

SELinux 提供了不同的策略可供选择：

- Targeted
- MLS

● Minimum

每个策略分别实现了可满足不同需求的访问控制。为了正确地选择一个满足特定安全需求的策略，了解这些策略类型是非常重要的。

Targeted 策略

Targeted 策略的主要目的是限制"有针对性的"守护进程。然而，它还可以限制其他进程和用户。有针对性的守护进程都放入沙盒。*沙盒(sandbox)*是一种环境，在该环境中，程序可以运行，但对其他客体的访问则被严格控制。

运行在此类环境中的进程称为"沙盒"。因此，有针对性的守护进程被严格限制，以便通过该进程所引发的恶意攻击不会影响其他服务或 Linux 系统。通过使用有针对性的守护进程，可以更加安全地共享打印服务器、文件服务器、Web 服务器或其他服务，同时降低因为访问这些服务对系统中其他资产造成的风险。

所有没有针对性的主体和客体都运行在 unconfined_t 域中。unconfined_t 域没有 SELinux 策略限制，因此只能使用"传统的" Linux 安全。

SELinux 附带有 Targeted 策略设置作为默认设置。因此，SELinux 默认情况下仅针对几个守护进程。

MLS 策略

MLS(Multi-Level Security)策略的主要目的是强制执行 Bell-LaPadula 模型。它根据角色的安全许可和客体的分类级别授予对其他主体和客体的访问。

在 MLS 策略中，安全上下文的 MLS 属性是非常重要的。否则，该策略规则将不知道如何强制执行访问限制。

Minimum 策略

Minimum 策略的意思是"最小限制"。该策略最初是针对低内存计算机或者设备(比如智能手机)而创建的。

从本质上讲，Minimum 策略与 Targeted 策略是相同的，但它仅使用基本的策略规则包。这种"裸骨"策略可以用来在一个指定的守护进程中测试 SELinux 的影响。对于低内存设备来说，Minimum 策略允许 SELinux 在不消耗过多资源的情况下运行。

4. 了解 SELinux 策略规则包

策略规则(也称为允许规则)是 SELinux 用来确定某一主体是否可以访问某一客体所使用的规则。策略规则随着 SELinux 一起安装，并分成不同的包(也被称为模块)。

在 Linux 系统上有关于这些策略模块的用户文档(以 HTML 文件的形式存在)。如果想要在 Fedora 或 RHEL 上查看这些文档，请打开系统浏览器，并输入以下的 URL：file:///usr/share/doc/selinux-policyselinuxversion#/html/index.html。而对于 Ubuntu，则输入以下的URL：file:///usr/share/doc/selinux-policy-doc/html/index.html。如果在系统上没有找到策略文档，可以在命令行输入 yum install selinux-policy-doc(针对 Fedora 或 RHEL 系统)，安装文档。而在 Ubuntu 上，则输入 sudo apt-get install selinux-policy-doc。

通过查看策略文档，可以了解策略规则是如何创建和打包的。

策略规则包、SELinux运行模式、策略类型以及各种安全上下文一起工作，从而通过SELinux保护Linux系统的安全。下一节将介绍如何配置SELinux，从而满足特定组织的安全需求。

24.3　配置 SELinux

SELinux 是预先配置的，可以在不进行任何手动配置的情况下使用 SELinux 功能。然而，一般来说，预先配置的设置很难满足所有的 Linux 系统安全需求。

SELinux 配置只能由 root 用户进行设置和修改。配置和策略文件位于/etc/selinux 目录中。主配置文件为/etc/selinux/config，其内容如下所示：

```
# cat /etc/selinux/config
# This file controls the state of SELinux on the system.
# SELINUX= can take one of these three values:
#     enforcing - SELinux security policy is enforced.
#     permissive - SELinux prints warnings instead of enforcing.
#     disabled - SELinux is fully disabled.
SELINUX=enforcing
# SELINUXTYPE= can take one of these three values:
#    targeted - Targeted processes are protected,
#    minimum - Modification of targeted policy.
#            Only selected processes are protected.
#    mls - Multi Level Security protection.
SELINUXTYPE=targeted
```

主 SELinux 配置文件允许设置模式和策略类型。

24.3.1　设置 SELinux 模式

为了查看系统上 SELinux 的当前模式，可以使用 getenforce 命令。而如果想要查看配置文件中的当前模式和模式设置，则需要使用 sestatus 命令。下面的代码显示了这两个命令：

```
# getenforce
enforcing
# sestatus
SELinux status:                 enabled
SELinuxfs mount:                /sys/fs/selinux
SELinux root directory:         /etc/selinux
Loaded policy name:             targeted
Current mode:                   enforcing
Mode from config file:          enforcing
Policy MLS status:              enabled
Policy deny_unknown status:     allowed
Memory protection checking:     actual (secure)
Max kernel policy version:      31
```

为更改模式设置，可以使用 setenforce *newsetting*，其中 *newsetting* 可以是：

- enforcing 或者 1
- permissive 或者 0

请注意，不能使用 setenforce 命令将 SELinux 更改为 disabled 模式。

下面所示的示例通过 setenforce 命令将 SELinux 模式更改为 permissive 模式。而 sestatus 命令显示了配置文件中当前的 Operational Mode 和模式，可以看到此时模式并没有更改。重启系统后，系统仍然会从配置文件中确定 Operational Mode。因此，示例中 permissive 模式设置是临时的，当系统重启后，会通过配置文件重新设置为 enforcing 模式。

```
# setenforce 0
# getenforce
permissive
# sestatus
SELinux status:              enabled
SELinuxfs mount:             /sys/fs/selinux
SELinux root directory:      /etc/selinux
Loaded policy name:          targeted
Current mode:                permissive
Mode from config file:       enforcing
...
```

警告：

如果想要从 disabled 切换到 enforcing 模式，最好是修改配置文件并重启。如果通过 setenforce 命令从 disabled 切换到 enforcing，则可能会因为不正确的文件标签而导致系统挂起。请记住，当从 disabled 模式切换到其他模式并重启后，系统会恢复到 permissive 或 enforcing 模式，并且会花费很长时间等待文件系统被重新标记。

如果想要禁用 SELinux，则必须编辑 SELinux 配置文件，因为重启系统后通常会将模式更改回配置文件中所设置的模式。更改 SELinux 模式的首选方法是修改配置文件，然后重启系统。

当从 disabled 模式切换到 enforcing 或 permissive 模式时，SELinux 会在重启后自动重新对文件系统进行标记。这意味着 SELinux 对任何文件的安全上下文进行了检查，并对那些可能在新模式中产生问题的不正确安全上下文(例如，错误标记文件)进行了修改。此外，任何没有标记的文件也使用上下文进行标记。重新标记过程可能会花费很长时间，因为每个文件的上下文都被检查。下面的示例显示了重启后一个系统完成重新标记过程时所生成的消息：

```
*** Warning -- SELinux targeted policy relabel is required.
*** Relabeling could take a very long time, depending on file
*** system size and speed of hard drives.
```

为修改/etc/selinux/config 文件中的模式，可将 SELINUX=行更改为下面所示的其中一个值：

- SELINUX=disabled
- SELINUX=enforcing
- SELINUX=permissive

下面所示的 SELinux 配置文件示例显示了设置为 permissive 的模式。现在，当重启系统后，模式就会更改。

```
# cat /etc/selinux/config
# This file controls the state of SELinux on the system.
# SELINUX= can take one of these three values:
#     targeted - Targeted processes are protected,
#     minimum - Modification of targeted policy.
#             Only selected processes are protected.
#     mls - Multi Level Security protection
```

```
SELINUX=permissive
...
```

主 SELinux 配置文件不仅包含模式设置，它还可以指定要强制执行的策略类型。

24.3.2　设置 SELinux 策略类型

所选择的策略类型确定了 SELinux 是否强制执行 TE、MLS 或基础安全包。该类型设置直接确定了用于指示哪些客体可以访问的策略规则集。

默认情况下，策略类型设置为 targeted。如果想要更改默认的策略类型，需要编辑 /etc/selinux/config 文件。可以将行 SELINUXTYPE=更改为下面所示的其中一个值：

- SELINUX=targeted
- SELINUX=mls
- SELINUX=minimum

如果要将SELinux类型设置为mls或者minimum，则需要首先确保安装了这些策略包。通过输入命令yum list selinux-policy-mls or yum list selinux-policy-minimum，可以执行相关检查。

> **注意:**
> 为了在 Ubuntu 上检查 SELinux 策略包，需要使用命令 sudo apt-cache policy *package_name*。

下面所示的 SELinux 配置文件示例显示了类型设置为 mls。现在，当系统重启后，策略类型就会更改。

```
# cat /etc/selinux/config
# This file controls the state of SELinux on the system.
...
# SELINUXTYPE= type of policy in use. Possible values are:

#     targeted - Targeted processes are protected,
#     minimum - Modification of targeted policy.
#              Only selected processes are protected.
#     mls - Multi Level Security protection.
SELINUXTYPE=mls
```

24.3.3　管理 SELinux 安全上下文

SELinux 安全上下文允许 SELinux 对访问客体的主体强制执行策略规则。Linux 系统附带了已分配的安全上下文。

为了查看当前 SELinux 文件和进程安全上下文，需要使用 secon 命令。表 24.1 列出了 secon 命令可用的选项。

表 24.1　secon 命令选项

选项	说明
-u	使用该选项显示安全上下文的用户
-r	使用该选项显示安全上下文的角色
-t	使用该选项显示安全上下文的类型

（续表）

选项	说明
-s	使用该选项显示安全上下文的敏感级别
-c	使用该选项显示安全上下文的许可级别
-m	使用过该选项以 MLS 范围显示安全上下文的敏感级别和许可级别

如果在使用 secon 命令时没有指定任何选项，那么该命令会显示当前进程的安全上下文。如果想要查看其他进程的安全上下文，需要使用-p 选项。下面的示例显示了如何使用 secon 查看当前和 systemd 进程的安全上下文。

```
# secon -urt
user: unconfined_u
role: unconfined_r
type: unconfined_t
# secon -urt -p 1
user: system_u
role: system_r
type: init_t
```

为了查看文件的安全上下文，可以使用-f 选项，如下所示：

```
# secon -urt -f /etc/passwd
user: system_u
role: object_r
type: passwd_file_t
```

用户的安全上下文并不能通过使用 secon 命令来查看。如果想要查看用户的安全上下文，则必须使用 id 命令。

1. 管理用户安全上下文

记住，每个系统用户登录 ID 都与一个特定的 SELinux 用户 ID 相映射。如果想要查看该映射列表，可以输入命令 semanage login -l。下面的代码显示了 semanage 命令及其输出。如果该列表中某一用户登录 ID 没有列出，则使用"默认"登录映射，即_default_的 Login Name。请注意，下面的代码还显示了与每个 SELinux 用户相关的 MLS/MCS 设置。

```
# semanage login -l
Login Name          SELinux User       MLS/MCS Range       Service
__default__         unconfined_u       s0-s0:c0.c1023      *
root                unconfined_u       s0-s0:c0.c1023      *
```

为查看 SELinux 用户及其相关角色，可以使用命令 semanage user -l。下面示例显示了映射到 SELinux 用户名的部分角色：

```
# semanage user -l

              Labeling MLS/        MLS/
SELinux User  Prefix   MCS Level   MCS Range    SELinux Roles
guest_u       user     s0          s0           guest_r
...
```

```
user_u        user      s0        s0          user_r
xguest_u      user      s0        s0          xguest_r
```

如果需要添加新的SELinux用户名，也可以使用semanage实用工具，此时的命令为semanage user -a *selinux_username*。为了将一个登录ID映射到新添加的SELinux用户名，需要使用命令 semanage login -a -s *selinux_username loginID*。semanage实用工具在管理SELinux配置方面功能是非常强大的。如果想了解关于semanage实用工具的更多信息，可参阅手册页。

2. 管理文件安全上下文

如果想要维护对每个文件的数据正确的访问控制，标记文件是至关重要的。当安装以及将 SELinux模式从disabled切换到其他模式后重启时，SELinux都会设置文件安全标签。为了查看文件 当前标签(也称为安全上下文)，可以使用命令ls -Z，如下所示：

```
# ls -Z /etc/passwd
-rw-r--r--. root root system_u:object_r:etc_t:s0 /etc/passwd
```

可以使用多个命令来管理文件安全上下文标签，如表 24.2 所示。

表24.2　文件安全上下文标签管理命令

实用工具	说明
chcat	用来更改文件安全上下文标签的类别
chcon	用来更改文件安全上下文标签
fixfiles	调用 restorecon/setfiles 实用工具
restorecon	该工具完成与 setfiles 实用工具相同的工作，但所用的界面有所不同
setfiles	用来验证和/或纠正安全上下文标签。当向系统添加新的策略模型时，可以使用该工具进行文件标签验证和/或重新标记文件。该工具完成与 restorecon 实用工具相同的工作，但所用的界面有所不同

表 24.2 所示的 chcat 和 chcon 命令允许更改文件的安全上下文。下面的示例使用了 chcon 命令将与 file.txt 关联的 SELinux 用户从 unconfined_u 改为 system_u。

```
# ls -Z file.txt
-rw-rw-r--. johndoe johndoe
 unconfined_u:object_r:user_home_t:s0 file.txt
# chcon -u system_u file.txt
# ls -Z file.txt
-rw-rw-r--. johndoe johndoe
 system_u:object_r:user_home_t:s0 file.txt
```

请注意，从本质上讲，表 24.2 中的 fixfiles、restorecon 和 setfiles 是相同的实用工具。然而，当需要修复文件的标签时，比较流行的选择是使用 restorecon。命令 restorecon -R *filename* 可将文件改回到默认的安全上下文。

3. 管理进程安全上下文

进程的定义为运行中的程序。当在 Linux 系统上运行程序或启动服务时，都会被赋予一个进程 ID(参见第 6 章)。在使用 SELinux 的系统上，进程还会被赋予一个安全上下文。

进程如何获取安全上下文取决于哪个进程启动了它。请记住，systemd 进程(以前是 init 进程)是所有进程"之母"(参见第 15 章)。因此，许多守护进程和进程都是 systemd 启动的。systemd 启动的进程都赋予了新的安全上下文。例如，当 systemd 启动了 apache 守护进程时，给该进程分配类型(也称为域)httpd_t。所分配的上下文由专门针对该守护进程而编写的 SELinux 策略处理。如果针对某一进程的策略不存在，则分配默认类型 unconfined_t。

对于用户(父进程)所运行的用应用程序，新进程(子进程)将继承该用户的安全上下文。当然，只有在用户被允许运行该程序的情况下才会产生继承。一个进程也可以运行一个程序。此时，子进程也将继承其父进程的安全上下文。因此，子进程也在同一个域中运行。

所以，在运行程序之前会根据谁启动了该程序来设置进程的安全上下文。可以使用多个命令更改安全上下文：

- runcon——运行程序并使用相关选项来确定用户、角色和类型(也被称为域)。
- sandbox——在严格控制的域(也称为沙盒)中运行程序。

如果使用 runcon，可能会产生一些问题，所以应该谨慎使用。相反，sandbox 提供了大量的保护。它可以在 Linux 系统上更加灵活地测试新程序。

24.3.4　管理 SELinux 策略规则包

策略规则是 SELinux 用来确定某一主体是否可以访问某一客体的规则。这些规则分组成包，所以也称为模块，并且随着 SELinux 一起安装。查看系统上所有策略模块的一种简单方法是使用 semodule -l 命令。该命令会列出所有的策略模块以及它们的当前版本号。下面显示了 semodule –l 命令的一个示例：

```
# semodule -l
abrt
accountsd
acct
...
xserver
zabbix
zarafa
zebra
zoneminder
zosremote
```

可以使用多种工具来帮助管理甚至创建自己的策略模块。表 24.3 显示了 Fedora 系统上可用的不同策略规则包工具。

表 24.3　SELinux 策略包工具

策略工具	说明
audit2allow	从被拒绝操作日志中生成策略 allow/dontaudit 规则
audit2why	从被拒绝操作日志中生成访问被拒绝原因的简要说明
checkmodule	编译策略模块
checkpolicy	编译 SELinux 策略
load_policy	向内核加载新的策略

(续表)

策略工具	说明
semodule_expand	扩展策略模块包
semodule_link	将策略模块包链接在一起
semodule_package	创建一个策略模块包

下面的示例策略通常用来作为创建本地策略规则的框架。该示例策略非常长，所以只显示了其中的一部分。

```
# cat /usr/share/doc/selinux-policy/example.te

policy_module(myapp,1.0.0)

########################################
#
# Declarations
#

type myapp_t;
type myapp_exec_t;
domain_type(myapp_t)
domain_entry_file(myapp_t, myapp_exec_t)

type myapp_log_t;
logging_log_file(myapp_log_t)

type myapp_tmp_t;
files_tmp_file(myapp_tmp_t)
...
allow myapp_t myapp_tmp_t:file manage_file_perms;
files_tmp_filetrans(myapp_t,myapp_tmp_t,file)
#
```

上面的示例代码显示了策略代码中所使用的特殊语法。为创建和修改策略规则，需要学习此策略规则语言语法，学习如何使用 SELinux 策略编译器以及学习如何将策略规则文件链接在一起形成模块；这样一来可能需要几天的学习时间。此时，你可能想要放弃 SELinux。然而，通过使用布尔值可以更容易地修改策略。

24.3.5　通过布尔值管理 SELinux

SELinux 策略规则的编写以及模块的创建都是一个非常复杂且耗时的活动。创建不正确的策略规则可能会损害 Linux 系统的安全性。幸运的是，SELinux 提供了布尔值。

布尔值是一个用来切换打开或关闭设置的开关。布尔值开关允许更改部分 SELinux 策略规则，而不必学习任何策略编写的相关知识。此外，这些策略更改可以在不重启系统的情况下生效。

为了查看当前 SELinux 中所使用的所有布尔值，可以使用命令 getsebool -a。下面的示例显示了在 Fedora Linux 系统上使用了布尔值的 SELinux 策略规则：

```
# getsebool -a
abrt_anon_write --> off
abrt_handle_event --> off
...
xserver_object_manager --> off
zabbix_can_network --> off
```

如果想要查看可以被布尔值修改的具体策略，也可以使用 getsebool 命令。此时，需要向命令传递策略名称，如下面示例所示：

```
# getsebool httpd_can_connect_ftp
httpd_can_connect_ftp --> off
```

为了切换策略，可以使用 setsebool 命令。这个命令可以临时更改策略规则。但是当重启系统之后，布尔值将返回到原始设置。如果想要永久更改该设置，可以使用带有-P 选项的 setsebool。

setsebool 命令有六个设置：其中三个用来打开策略(on、1 或 true)，另外三个用来关闭策略(off、0 或 false)。

可能希望使用 setsebool 的一个示例与限制可执行文件的使用有关。某些情况下，允许用户执行 /home 目录下的程序并不是非常安全。为了防止这种情况的发生，需要关闭 allow_user_exec_content 策略规则。下面的示例显示了如何使用 setsebool 命令关闭该规则。请注意，选项-P 的使用使该设置永久化。

```
# setsebool -P allow_user_exec_content off
```

通过使用 getsebool 命令，可以验证布尔值设置已经正确修改：

```
# getsebool allow_user_exec_content
allow_user_exec_content --> off
```

布尔值设置使修改当前 SELinux 策略规则变得非常容易。总之，SELinux 命令行配置实用工具(比如 getsebool)都易于使用。然而，如果想要使用 GUI 配置工具，那么 SELinux 也提供了一种此类工具。该工具通过命令 yum install policycoreutils-gui 进行安装(在 Ubuntu 中，则使用命令 sudo apt-get install policycoreutils)。为了使用此配置工具，只需要输入命令 system-config-selinux，然后出现 GUI 界面。

24.4　监视和排除 SELinux 故障

SELinux 是另一种监视系统的工具。它会将所有的访问拒绝信息都记录下来，从而帮助确定是否有人正在尝试攻击。此外，这些 SELinux 日志也用于排除 SELinux 故障。

24.4.1　了解 SELinux 日志

当查看特定安全上下文的策略规则时，SELinux 会使用被称为 AVC(Access Vector Cache，访问矢量缓存)的缓存。如果访问被拒绝(也称为 AVC 拒绝)，则会在一个日志文件中记录下拒绝消息。

这些记录的拒绝消息可以帮助诊断和解决常规的 SELinux 策略违规行为。这些拒绝消息到底记录在什么位置取决于 auditd 和 rsyslogd 守护进程的状态：

- 如果 auditd 守护进程正在运行，拒绝消息就记录到/var/log/audit/audit.log 中。
- 如果 audit 守护进程没有运行，但 rsyslogd 守护进程正在运行，则将拒绝消息记录到
  /var/log/messages 中。

> **注意：**
> 如果 auditd 和 rsyslogd 都在运行，并且系统上还运行了 setroubleshootd 守护进程，那么拒绝
> 消息将发送到 audit.log 和 messages 日志文件中。然而，messages 文件中的拒绝消息被
> setroubleshootd 守护进程转换为更易于理解的格式。

1. 查看 audit 日志中的 SELinux 消息

如果运行了 auditd 守护进程，那么通过使用 aureport 命令，可以快速查看是否记录了任何 AVC
拒绝消息。下面的示例使用了 aureport 和 grep 命令来搜索 AVC 拒绝消息。可以看到，至少把一
条拒绝消息记录到/var/log/audit/audit.log 文件中：

```
# aureport | grep AVC
Number of AVC's: 1
```

当发现已经有 AVC 拒绝消息记录到 audit.log 文件之后，可以使用 ausearch 查看相关消息。下
面的示例使用了 ausearch 命令查看记录的 AVC 拒绝消息。

```
# ausearch -m avc
type=AVC msg=audit(1580397837.344:274): avc: denied { getattr } for pid=1067
  comm="httpd" path="/var/myserver/services" dev="dm-0" ino=655836
  scontext=system_u:system_r:httpd_t:s0
  tcontext=unconfined_u:object_r:var_t:s0 tclass=file permissive=0
```

该输出显示了尝试访问的是谁以及尝试访问时所使用的安全上下文。在 AVC 拒绝消息中，
包含以下关键字：

- type=AVC
- avc: denied
- com="httpd"
- path="/var/myserver/services"

通过上面所提供的数据，可以修复问题或者追踪恶意活动。在这里，/var/myserver/services 目
录中有 httpd 服务要读取的错误 SELinux 文件。

2. 查看 messages 日志中的 SELinux 消息

如果运行了 rsyslogd 服务，通过使用 grep 搜索/var/log/messages 文件，可以找到 AVC 拒绝消
息。对于最新的 RHEL、Fedora 以及任何使用 systemd 的 Linux 来说，可以运行 journalctl 命令来
检查 AVC 拒绝日志消息。例如：

```
# journalctl | grep AVC
type=AVC msg=audit(1580397837.346:275): avc: denied { getattr }for pid=1067
  comm="httpd" path="/var/myserver/services" dev="dm-0" ino=655836
  scontext=system_u:system_r:httpd_t:s0
  tcontext=unconfined_u:object_r:var_t:s0 tclass=file permissive=0
```

既然知道有 AVC 拒绝日志消息，就可以通过将整个/var/log/audit/ audit.log 文件传给 sealert 来逐步解决问题：

```
# sealert -a /var/log/audit/audit.log
SELinux is preventing httpd from getattr access on the file
/var/myserver/services.

***** Plugin catchall (100. confidence) suggests  **************

If you believe that httpd should be allowed getattr access on the
services file by default.
Then you should report this as a bug.
You can generate a local policy module to allow this access.
Do
allow this access for now by executing:
# ausearch -c 'httpd' --raw | audit2allow -M my-httpd
# semodule -X 300 -i my-httpd.pp

Additional Information:
Source Context                    system_u:system_r:httpd_t:s0
Target Context                    unconfined_u:object_r:var_t:s0
Target Objects                    /var/myserver/services [ file ]
...
Raw Audit Messages
type=AVC msg=audit(1580397837.346:275): avc:  denied  { getattr }
for  pid=1067 comm="httpd" path="/var/myserver/services" dev="dm-0"
ino=655836 scontext=system_u:system_r:httpd_t:s0
tcontext=unconfined_u:object_r:var_t:s0 tclass=file permissive=0
Hash: httpd,httpd_t,var_t,file,getattr
```

这种情况下，如果希望允许 httpd 服务访问被拒绝的目录中的内容，可以运行输出中显示的 ausearch 和 semodule 命令。这将创建并应用一个新的 SELinux 策略来允许对内容的访问。如果没有其他权限问题，httpd 应该能够访问该内容。

24.4.2　排除 SELinux 日志记录故障

显而易见，对于诊断和解决 SELinux 策略违规行为来说，日志文件是非常重要的。使用日志文件或者直接查询 systemd 日志(使用 journalctl 命令)是排除 SELinux 故障的第一步。因此，确保 Linux 系统正确记录日志消息是非常重要的。

确定是否正在进行日志记录的一种快速方法是检查适当的守护进程是否正在运行：auditd、rsyslogd 和/或 setroubleshootd。此外，还需要使用合适的命令，比如 systemctl status auditd.service。当然，具体使用什么命令取决于你所使用的 Linux 发行版本。更多内容请参见第 15 章。如果守护进程没有运行，请启动它，以便进行日志记录。

> **警告：**
> 有时，会因为 dontaudit 策略规则的存在而没有记录 AVC 拒绝消息。虽然 dontaudit 规则有助于减少日志中的误报情况，但当排除故障时会产生很多问题。为此，可以使用命令 semodules -DB 临时禁用所有的 dontaudit 策略规则。

24.4.3　解决常见的 SELinux 问题

当开始使用 SELinux 时，很容易忽视一些显而易见的事情。不管什么时候访问被拒绝，都应该首先检查"传统的" Linux DAC 权限。例如，使用 ls -l 命令并仔细检查文件的所有者、组以及读取、写入、执行权限分配是否正确。

在使用 SELinux 时，以下行为可能会导致问题的出现：

- 为服务使用了非标准目录
- 为服务使用了非标准端口
- 由于移动文件而导致丢失安全上下文标签
- 不正确地设置了布尔值

这些问题可以很快地得到解决。

1. 为服务使用了非标准目录

由于不同的原因，可能需要将服务的文件存储在一个非标准目录中。如果是这样，SELinux 就需要知道该非标准行为已经发生。否则它将会拒绝合法的服务访问请求。

例如，如果决定将 HTML 文件从标准的/var/www/html 目录移动到一个不同的位置(比如将文件放置到/abc/www/html 目录中)，则必须让 SELinux 知道你希望 http 服务能够访问/abc/www/html 目录中的文件，此时需要使用的命令是 semanage 和 restorecon。在下面的示例中，使用了 semanage 命令在/abc/www/html 目录及其子目录中添加合适的安全上下文类型：

```
# semanage fcontext -a -t httpd_sys_content_t  "/abc/www/html(/.*)?"
```

如果想要实际为该目录中的文件设置新的安全上下文类型，则需要使用 restorecon -R 命令。如下面示例所示：

```
# restorecon -R -v /abc/www/html
# ls -Z /abc/www/html
unconfined_u:object_r:httpd_sys_content_t:s0 abc
```

现在，httpd 守护进程有权访问非标准目录位置中的 HTML 文件。

2. 为服务使用非标准端口

与上面所描述的问题相类似，有时可能需要让一个服务监听一个非标准端口。如果是这样，服务通常会启动失败。

例如，出于安全目的，决定将 sshd 服务从端口 22 移动到非标准端口 47347。但由于 SELinux 并不知道该端口，因此该服务启动失败。为解决该问题，必须首先找到 sshd 的安全上下文类型。可以使用命令 semanage port -l，并将结果转到 grep 命令，从而搜索 ssh。

```
# semanage port -l | grep ssh
ssh_port_t              tcp             22
```

在上面的示例中，所需的上下文类型为 ssh_port_t。现在，再次使用 semanage 命令，并向端口 47347 添加该类型，如下所示：

```
# semanage port -a -t ssh_port_t -p tcp 47347
# semanage port -l | grep ssh
```

```
ssh_port_t              tcp            47347, 22
```

接下来，编辑/etc/ssh/sshd_config 文件，向其添加 Port 47347 行。最后重启 sshd 服务，以便该服务监听非标准端口 47347。

3. 移动文件并丢失安全上下文标签

首先使用命令 cp 将一个文件临时从/etc 移动到/tmp 目录。然后使用 mv 命令将该文件放回/etc 目录。现在，该文件拥有了临时目录的安全上下文，而不是原来的安全上下文。当使用了该文件的服务尝试启动时，系统会收到 AVC 拒绝消息。

通过使用 restorecon -R 命令可以很容易地解决该问题。只需要输入 restorecon -R *file*，该文件就可以恢复原始的安全上下文。

4. 不正确设置布尔值

另一种常见的问题是不正确地设置了布尔值。这会导致多条 AVC 拒绝消息的产生。

例如，如果系统脚本无法连接到网络，并且在日志中记录了 AVC 拒绝消息，那么需要检查一下 httpd 布尔值。通过使用 getsebool -a 命令，并将结果转到 grep，可以搜索任何可能影响 httpd 的布尔值。下面的示例显示了所用的命令：

```
# getsebool -a | grep http
...
httpd_can_network_connect --> off
...
```

getsebool命令显示布尔值 httpd_can_network_connect被设置为关闭。如果想更改该布尔值，可以使用命令setsebool -P httpd_can_network_connect on。请注意，选项-P用来使设置永久化。现在，系统脚本应该可以连接到网络了。

24.5　汇总起来

显而易见，SELinux 是一个相当复杂且功能丰富的工具。到目前为止，我们对 SELinux 的知识打下了一个良好的、坚实的基础。但是，当开始在系统上实现 SELinux 时，还需要参考下面的建议。

可以使用默认的 targeted SELinux 模式保护最基本的网络服务(httpd、vsftpd、Samba 等)，而不必分配特殊的用户角色或锁定系统。这种情况下，需要完成的主要工作是将文件放在标准位置(或者运行命令，将适当的文件上下文分配给非标准位置)，并针对那些你认为不太安全的功能打开布尔值，然后查看 AVC 拒绝消息，查找问题。

- 从 permissive 操作模式开始，允许那些 SELinux 视为不安全的请求。
- 在 permissive 模式下运行系统一段时间。然后，查看日志，弄清楚默认的 SELinux 设置可能产生哪些问题。随后更改布尔值或者文件上下文，以便允许使用那些被错误拒绝的功能。问题解决后，开启 enforcing 模式。
- 总之，最好在一个测试环境或者使用 permissive 模式来完成 SELinux 配置更改操作，且一次更改一项配置。在更改下一个配置之前，弄清楚每一个配置更改产生了什么样的效果。然后，使用 audit2allow 命令有选择性地将那些可能导致 AVC 拒绝的行为添加到服务所允许的策略中。

24.6　获取更多关于 SELinux 的信息

其他额外的信息资源可以帮助我们在 Linux 系统上更好地使用 SELinux：

- **系统的手册页**——输入命令 man-k selinux，可以找到许多系统上已安装的 SELinux 实用工具的手册页。如果正在调试某知名服务(比如 httpd、vsftpd、Samba 等)的 SELinux 问题，那么总有一个手册页介绍如何具体解决 SELinux 问题。
- **Red Hat Enterprise Linux 手册**——访问 http://docs.redhat.com，该网站包含了关于 SELinux 的完整手册。
- **Fedora Project SELinux Guide**——访问 http://docs.fedoraproject.org，该网站包含了 Security- Enhanced Linux Guide。然而，该指南并不会针对每个 Fedora 版本进行更新，所以有时需要查找一些较早的版本。此外，虽然 SELinux Guide 并不在 Security 手册中，但 Security 手册是一个很好的参考资料。
- **SELinux Project Wiki**——这是官方的 SELinux 项目页面，其中提供了多种资源，其网址为 http://selinuxproject.org。

24.7　小结

SELinux 为 Linux 提供了安全增强，在许多 Linux 发行版本中，都会默认安装它。在本章，学习了 SELinux 的优点、工作原理、如何设置 SELinux、如何解决各种问题以及如何获取更多关于重要安全增强的信息。

乍一看，SELinux 似乎非常复杂。然而，在将其分解成不同部分(运行模式、安全上下文、策略类型以及策略包)之后，可以非常容易地弄清楚各个部分是如何一起工作的。在执行和测试所选择的安全需求的过程中，每一部分都起到了非常重要的作用。

随后，学习了配置 SELinux 的各个步骤。虽然 SELinux 是预先配置的，但为了组织的安全需求，可能需要进行一些修改。每一个部分都有其自己的配置步骤和设置。虽然本章并没有介绍策略规则的创建，但讨论了如何通过布尔值修改策略。

此外，SELinux 提供了另一种用来监视 Linux 系统安全的工具。因为 SELinux 会记录下所有的访问拒绝消息，所以这些消息有助于确定系统是否已被攻击或者正在被攻击。即使是最好的计划也可能会出现问题，因此，在本章，还学习了如何解决常见的 SELinux 配置问题。

在下一章，我们将学习如何保护网络上的 Linux 系统。还将学习如何控制访问、管理防火墙以及保护远程访问。

24.8　习题

使用以下习题测试一下使用 SELinux 的相关知识。这些任务假设正在运行的是 Fedora 或者 Red Hat Enterprise Linux 系统(虽然有些任务也可以在其他 Linux 系统上完成)。如果陷入困境，可以参考附录 B 中这些习题的参考答案(虽然在 Linux 中可以使用多种方法来完成某一任务)。

(1) 不要更改 SELinux 的主配置文件，编写相关命令设置系统，进入 SELinux 的 permissive 运行模式。

(2) 不要更改 SELinux 的主配置文件，编写相关命令设置系统，进入 SELinux 的 enforcing 运行模式。

(3) 查看系统上当前和永久 SELinux 策略类型是什么，并确定如何找到它们。

(4) 列出/etc/hosts 文件中的安全上下文，并识别不同的安全上下文属性。

(5) 在主目录中创建文件 test.html，并指定其类型为 httpd_sys_content_t(有时为了让 Web 服务器共享常见的/var/www/html 目录之外的内容，可能需要这么做)。

(6) 列出正在运行的 crond 进程的安全上下文，并识别其安全上下文属性。

(7) 创建文件/etc/test.txt，并将其文件上下文更改为 user_tmp_t，然后恢复到适当的内容(/etc 目录的默认上下文)，最后删除该文件。使用命令 ls -Z /etc/test.txt 在进程的每一点检查该文件。

(8) 私有网络上有一个 tftp 服务器，希望允许匿名写入和访问 tftp 服务的主目录(而 SELinux 处于 enforcing 模式)。确定哪些布尔值允许匿名写入和访问 tftp 服务的主目录，并打开这些布尔值。

(9) 哪些命令可以列出系统上所有的 SELinux 策略模块以及它们的版本号？

(10) 告诉 SELinux 允许通过 TCP 端口 54903 访问 sshd 服务。

## 第25章

保护网络上的 Linux

本章主要内容:

- 管理网络服务
- 控制对网络服务的访问
- 实现防火墙

从安全角度看,在网络上(特别是在公共网络上)创建 Linux 系统将会面临全新的挑战。保护 Linux 系统的最好方法是让它完全远离网络。然而,这几乎是一种不可行的选择。

如果想详细介绍如何保护网络上的计算机系统,则相关的内容可能会填满一整本书。此外,许多组织都雇用了专职的计算机安全管理员来监视连接到网络的 Linux 系统。因此,本章只简要介绍一下如何保护网络上的 Linux。

25.1 审核网络服务

大型企业所使用的大多数 Linux 系统都配置为服务器,顾名思义,通过网络向远程客户端提供服务。*网络服务(network service)* 可以是计算机平台所执行的任何任务,它可以通过网络并使用一些预定义的规则集发送和接收信息。路由电子邮件就是一种网络服务,因为它提供了 Web 页面。

Linux 服务器可以提供数以千计的服务。许多服务都列在/etc/services 文件中。请考虑一下来自/etc/services 文件的以下内容:

```
$ cat /etc/services
# /etc/services:
# $Id: services,v 1.55 2013/04/14 ovasik Exp $
#
# Network services, Internet style
# IANA services version: last updated 2013-04-10
#
# Note that it is presently the policy of IANA to assign ...
# Each line describes one service, and is of the form:
#
# service-name  port/protocol [aliases ...]   [# comment]
...
echo            7/tcp
echo            7/udp
```

```
discard         9/tcp          sink null
discard         9/udp          sink null
systat          11/tcp         users
systat          11/udp         users
daytime         13/tcp
daytime         13/udp
qotd            17/tcp         quote
qotd            17/udp         quote
...
chargen         19/tcp         ttytst source
chargen         19/udp         ttytst source
ftp-data        20/tcp
ftp-data        20/udp
# 21 is registered to ftp, but also used by fsp
ftp             21/tcp
...
http            80/tcp         www www-http    # WorldWideWeb HTTP
http            80/udp         www www-http    # HyperText Transfer Protocol
http            80/sctp                        # HyperText Transfer Protocol
kerberos        88/tcp         kerberos5 krb5  # Kerberos v5
kerberos        88/udp         kerberos5 krb5  # Kerberos v5
...
blp5            48129/udp                  # Bloomberg locator
com-bardac-dw   48556/tcp                  # com-bardac-dw
com-bardac-dw   48556/udp                  # com-bardac-dw
iqobject        48619/tcp                     # iqobject
iqobject        48619/udp                     # iqobject
```

在命令行之后，请注意信息中的三列。最左边一列包含了每个服务的名称。中间一列定义了服务所使用的端口号和协议类型。最右边一列包含了服务的可选别名或别名列表。

许多 Linux 发行版本都运行了一些不必要的网络服务。任何一个不必要的服务都会使 Linux 系统更易受恶意攻击。例如，如果 Linux 服务器是打印服务器，那么应该仅提供打印服务，而不应该提供 Apache Web 服务。这样一来，就可使打印服务器免受那些利用 Web 服务安全漏洞发动的恶意攻击。

最初，限制 Linux 系统上的服务意味着设置单独的物理 Linux 服务器，每个服务器上只运行几个服务。稍后，在一个物理主机上运行多个 Linux 虚拟机可以锁定虚拟机上的一小组服务。最近，容器化的应用程序允许在每个物理主机上运行更多独立和安全的服务。

25.1.1　使用 nmap 评估对网络服务的访问

nmap 安全扫描程序是一个非常好的工具，它可以帮助我们从网络的角度来看看网络服务。大多数 Linux 发行版本软件库中都提供了 nmap 实用工具，此外，http://nmap.org 还提供了包含相关信息的 Web 页面。

为了在 Fedora 或 RHEL 上安装 nmap，可以使用 yum 或 dnf 命令(需要使用 root 权限)，如下面示例所示：

```
# yum install nmap -y
```

```
Updating Subscription Management repositories.
Last metadata expiration check: 0:03:41 ago on Sat 12 Oct 2019 11:24:07 PM EDT.
Dependencies resolved.
=======================================================================
 Package      Arch     Version     Repository               Size
=======================================================================
Installing:
 nmap         x86_64   2:7.70-4.el8 rhel-8-for-x86_64-appstream-rpms  5.8 M

Transaction Summary
=======================================================================
Install  1 Package

Total download size: 5.8 M
Installed size: 24 M
...
Installed:
  nmap-2:7.70-4.el8.x86_64

Complete!
```

但如果想要在 Ubuntu 上安装 nmap 实用工具，则需要在命令行输入 sudo apt-get install nmap。

nmap 实用工具的全名是 Network Mapper。它可以用于安全审核和网络探索。通过使用 nmap 可以完成各种端口扫描，从而查看在本地网络所有服务器上运行的所有服务以及这些服务是否正在公开可用性。

注意：

什么是端口？端口(或者更准确地讲是网络端口)是 TCP 和 UDP 网络协议用来作为系统上服务的访问点而使用的数值。标准端口号分配给不同服务，以便服务知道监听哪一个特定端口号，同时客户端也会知道请求该端口号上的服务。

例如，端口 80 是标准的网络端口，用于与 Apache Web 服务的未加密(HTTP)通信。如果通过 Web 浏览器请求 www.example.com，浏览器会认为你想要使用服务器上提供了该 Web 内容的 TCP 端口 80。可将网络端口想象为 Linux 服务器的大门。每个门都有编号，而在每个门后面都有一个特定的服务等待帮助那些敲门的人。

---

nmap 实用工具提供了多种有用的扫描类型来帮助审核服务器的端口。nmap 网站(http://nmap.org/book/man-port-scanning-techniques.html)提供了关于所有端口扫描技术的完整手册。在开始对服务进行审核之前，需要了解两种基本的端口扫描：

- **TCP 连接端口扫描**——针对该种扫描，nmap 会尝试在服务器上使用 TCP 连接端口。如果某一端口正在监听，则连接尝试成功。

  TCP 是 TCP/IP 网络协议套件中所使用的一种网络协议。TCP 是面向连接的协议。它的主要目的是通过使用所谓的"三次握手(three-way handshake)"协商并发起一个连接。TCP 向远程服务器发送一个同步数据包(SYN)，在该数据包中指定了特定的端口号。远程服务器接收该 SYN，并向始发计算机回复一个确认数据包(SYN-ACK)。然后，始发服务器确认响应，从而正式建立 TCP 连接。这种三次握手通常被称为 SYN-SYN-ACK 或者 SYN, SYN-ACK, ACK。

如果选择 TCP Connect 端口扫描，nmap 实用工具将利用三次握手在远程服务器上做一些调查活动。任何使用了 TCP 协议的服务都会对扫描予以响应。

- **UDP 端口扫描**——针对该种扫描，nmap 会向被扫描系统上的每个端口发送一个 UDP 数据包。UDP 是 TCP/IP 网络协议套件中另一种流行的协议。但与 TCP 不同的是，UDP 是一种无连接协议。如果端口正在监听，并且存在使用 UDP 协议的服务，那么该服务将对扫描予以响应。

提示：
请记住，FOSS(Free and Open Source Software，自由和开放源码软件)实用工具也可以被那些怀有恶意企图的人所使用。当你正在进行 nmap 扫描时，所看到的针对 Linux 服务器的远程扫描结果也是别人看到的扫描结果。这样一来，可以根据提供给端口扫描的信息量来评估系统的安全设置。请记住，应该仅在自己的系统上使用类似 nmap 的工具，因为如果扫描他人计算机上的端口，会让人认为你正在尝试侵入他们的计算机。

当运行 nmap 实用工具时，它会提供了一个便捷的报告，其中包含了关于正在扫描的系统以及端口的相关信息。端口都被赋予了状态。nmap 可以报告六种可能的端口状态：

- open——这是 nmap 扫描可以报告的关于一个端口最危险的状态。open 端口表明服务器上拥有处理此端口上请求的服务。可将此类端口想象为门上的一个标志"请进！我们是来帮助你的"。当然，如果提供的是一个公共服务，则应该打开该端口。
- closed——closed 端口是可访问的，但在门的后面没有服务提供帮助。然而，扫描状态仍然表明在该特定 IP 地址存在一个 Linux 服务器。
- filtered——这是保护那些不希望被人访问端口的最佳状态。恶意攻击者无法确定 Linux 服务器是否实际位于被扫描的 IP 地址。有时一个服务可以监听特定端口，但防火墙却阻止了对该端口的访问，从而有效地防止通过特定的网络接口来访问服务。
- unfiltered——nmap 扫描可以看到端口，但无法确定该端口是 open 还是 closed 状态。
- open|filtered——nmap 扫描可以看到端口，但无法确定该端口是 open 还是 filtered 状态。
- closed|filtered——nmap 扫描可以看到端口，但无法确定该端口是 closed 还是 filtered 状态。

为更好地了解如何使用 nmap 实用工具，可以学习下面的示例。为构建一个网络服务列表，下面的示例在 Fedora 系统上进行了 nmap 扫描。第一次进行的是 TCP 连接扫描(使用了环回地址 127.0.0.1)。

```
# nmap -sT 127.0.0.1
Starting Nmap 7.70 ( https://nmap.org ) at 2020-1-10 11:47 EDT
Nmap scan report for localhost (127.0.0.1)

Host is up (0.016s latency).
Not shown: 998 closed ports

PORT    STATE SERVICE
25/tcp  open  smtp
631/tcp open  ipp

Nmap done: 1 IP address (1 host up) scanned in 1.34 seconds
```

TCP 连接 nmap 扫描报告了两个 TCP 端口处于打开状态，并且在本地主机上(127.0.0.1)有服务正在监听对这些端口的请求：

- SMTP(Simple Mail Transfer Protocol，简单邮件传输协议)正在监听 TCP 端口 25。
- IPP(Internet Printing Protocol，Internet 打印协议)正在监听 TCP 端口 631。

接下来的 nmap 扫描是 Fedora 系统的环回地址上的 UDP 扫描。

```
# nmap -sU 127.0.0.1

Starting Nmap 7.70 ( https://nmap.org ) at 2020-1-10 11:48 EDT
Nmap scan report for localhost (127.0.0.1)
Host is up (0.00048s latency).
Not shown: 997 closed ports

PORT      STATE            SERVICE
68/udp    open|filtered dhcpc
631/udp   open|filtered ipp

Nmap done: 1 IP address (1 host up) scanned in 2.24 seconds
```

UDP 扫描报告了两个 UDP 端口处于打开状态，并且有服务正在监听这些端口：

- dhcpc(Dynamic Host Control Protocol Client，动态主机控制协议客户端)正在监听端口 68。
- ipp(Internet Printing Protocol)正在监听端口 631。

请注意，nmap 的 TCP 连接扫描报告和 UDP 扫描报告中都列出了端口 631 的 IPP，这是因为 TCP 协议和 UDP 协议都使用了 IPP 协议，因此在两个扫描中都列出了 IPP。

通过在环回地址上进行两次简单的 nmap 扫描(TCP 连接扫描和 UDP 扫描)，可以构建 Linux 服务器所提供的网络服务列表。请记住，端口号与特定协议(TCP 或 UDP)以及特定的网络接口是相关联的。例如，如果在计算机上安装了两块 NIC(Network Interface Card，网络接口卡)，其中一块 NIC 面对 Internet，而另一块 NIC 面对私有网络，那么可以向私有网络上的 NIC 提供私有服务(比如用于打印的 CUPS 服务)，同时可在面向 Internet 的 NIC 上过滤该端口(631)。

25.1.2　使用 nmap 审核网络服务广告

有时，你可能想让更多的人访问你的 Web 站点(httpd 服务)，又不希望 Internet 上的每个人都能够访问 SMB 文件共享(smb 服务)。为了确保正确分离对这两种类型服务的访问，需要检查恶意的扫描程序可以看到公众网络接口提供的哪些服务。

其主要思想是比较从内部看到的 Linux 服务器的样子与从外部看到的 Linux 服务器的样子。如果发现某些想要保密的网络服务可以被外部访问，那么可以采取措施阻止外部接口对这些服务的访问。

> 提示：
> 很多人往往会跳过从企业内部网络进行扫描。这样做是不正确的，因为恶意行为通常源于企业员工或者那些外部入侵者。再次强调，nmap 实用工具是一个功能强大的工具。如果想要全面了解 Linux 服务器的端口是如何被发现的，需要从多个位置进行扫描。例如，一次简单的审核将对多个地方进行扫描：
> - 在 Linux 服务器上
> - 在从企业同一网络的其他服务器上
> - 从企业网络的外部

在下面的示例中完成了一次简单的审核。nmap 实用工具在一个 Fedora 系统上运行，该系统指定为 Host-A。Host-A 是 Linux 服务器，它的网络服务都被保护了起来。而 Host-B 是使用了 Linux Mint 发行版本的 Linux 服务器，并且与 Host-A 位于相同的网络中。

在该示例中，从 Host-A 上开始扫描，此时使用的是实际 IP 地址，而不是环回地址。首先，使用命令 ip addr show 确定 Host-A 的 IP 地址。IP 地址为 10.140.67.23。

```
# ip addr show
fconfig
1: lo: <LOOPBACK,UP,LOWER_UP> mtu 65536 qdisc noqueue state UNKNOWN
    group default qlen 1000
   link/loopback 00:00:00:00:00:00 brd 00:00:00:00:00:00
   inet 127.0.0.1/8 scope host lo
     valid_lft forever preferred_lft forever
   inet6 ::1/128 scope host
     valid_lft forever preferred_lft forever
2: ens3: <BROADCAST,MULTICAST,UP,LOWER_UP> mtu 1500 qdisc fq_codel
    state UP group default qlen 1000
   link/ether 52:54:00:c4:27:4e brd ff:ff:ff:ff:ff:ff
   inet 10.140.67.23/24 brd 10.140.67.255 scope global dynamic
     noprefixroute ens3
     valid_lft 3277sec preferred_lft 3277sec
   inet6 fe80::5036:9ec3:2ae8:7623/64 scope link noprefixroute
     valid_lft forever preferred_lft forever
```

然后，根据 Host-A IP 地址，从 Host-A 发出一个 nmap TCP 连接扫描。nmap 扫描网络，并且报告所有的端口状态都为 closed。

```
# nmap -sT 10.140.67.23
Starting Nmap 7.80 ( https://nmap.org ) at 2020-1-31 11:53 EDT

Nmap scan report for rhel8 (10.140.67.23)

Host is up (0.010s latency).
All 1000 scanned ports on 10.140.67.23 are closed

Nmap done: 1 IP address (1 host up) scanned in 1.48 seconds
```

接下来，nmap 扫描的发起由 Host-A 转到 Host-B。现在，通过 Host-B 的命令行尝试在 Host-A 的端口上进行 TCP 连接扫描。

```
$ nmap -sT 10.140.67.23
Starting Nmap 7.80 ( https://nmap.org ) at 2020-1-31 11:57 EDT

Note: Host seems down. If it is really up,
 but blocking our ping probes, try -PN

Nmap done: 1 IP address (0 hosts up) scanned in 0.11 seconds
```

此时，nmap 给出了一个有用的提示。Host-A 似乎已经关闭，或者它在阻止 ping 探测。所以可以从 Host-B 尝试另一个 nmap 扫描，并且采纳 nmap 的建议，使用-PN 选项禁用了扫描的 ping探测。

```
$ nmap -sT -PN 10.140.67.23
Starting Nmap 7.80 ( https://nmap.org ) at 2020-1-31 11:58 EDT
Nmap scan report for rhel8 (10.140.67.23)

Host is up (0.0015s latency).
All 1000 scanned ports on 10.140.67.23 are filtered

Nmap done: 1 IP address (1 host up) scanned in 5.54 seconds
```

此时，可以看到，Host-A(10.140.67.23)已启动并运行，同时所有的端口状态都为 filtered。这意味着在 Host-A 上设置了一个防火墙。从 Host-B 发出的这些扫描可以让我们清楚地了解当恶意扫描程序扫描 Linux 服务器时可以看到什么内容。在本示例中，恶意扫描程序并没有看到太多内容。

注意:

如果你对 nmap 非常熟悉，应该知道 TCP SYN 扫描是 nmap 所使用的默认扫描形式。TCP SYN扫描采用隐身方式来探测远程系统。因为是出于安全审核的目的而探查自己的系统，所以需要使用更加"重型的"nmap 实用工具扫描。如果仍然想要使用 TCP SYN 扫描，可以使用命令 nmap –sS ip_address。

当前运行在 Host-A 上的服务并不是非常"有趣"。在下面的示例中，通过使用命令 systemctl(参见第 15 章)在 Host-A 上启动另一个服务 ssh。这样一来就可为 nmap 实用工具提供一个更有趣的寻找目标。

```
# systemctl start sshd.service
# systemctl status sshd.service
• sshd.service - OpenSSH server daemon
   Loaded: loaded (/usr/lib/systemd/system/sshd.service; enabled; vendor preset:
enabled)
   Active: active (running) since Fri 2020-1-30 15:08:29 EDT; 1 day 20h ago
     Docs: man:sshd(8)
           man:sshd_config(5)
 Main PID: 807 (sshd)
    Tasks: 1 (limit: 12244)
   Memory: 10.9M
   CGroup: /system.slice/sshd.service
           └─807 /usr/sbin/sshd -D -oCiphers=...
```

因为 Host-A 的防火墙正在阻止来自 Host-B 的 nmap 扫描，所以当关闭防火墙时，看看 nmap扫描可以报告什么内容将非常有趣。下面的示例显示了如何在 Host-A 上禁用防火墙(此时主要针对 Fedora 21 或 RHEL 7 系统，而对于其他系统，则可能需要禁用 iptables 服务):

```
# systemctl stop firewalld.service
# systemctl status firewalld.service
```

随着新服务的运行以及 Host-A 防火墙的禁用，nmap 扫描应该会发现一些服务。在下面示例中，再次从 Host-B 开始 nmap 扫描。这一次，nmap 实用工具显示正在开放的端口 22 上运行的 ssh 服务。注意，Host-A 上的防火墙已经禁用，所以 nmap 扫描可以获取更多信息。这也恰恰证明了 Linux 服务器防火墙的重要性。

```
# nmap -sT 10.140.67.23
Starting Nmap 7.80 ( http://nmap.org ) at 2020-1-31 11:58 EDT
Nmap scan report for 10.140.67.23
Host is up (0.016s latency).
Not shown: 999 closed ports

PORT   STATE SERVICE
22/tcp open  ssh

Nmap done: 1 IP address (1 host up) scanned in 0.40 seconds

# nmap -sU 10.140.67.23
[sudo] password for johndoe: ****************
Starting Nmap 5.21 ( http://nmap.org ) at 2020-1-31 11:59 EDT
Nmap scan report for 10.140.67.23
Host is up (0.00072s latency).
Not shown: 997 closed ports

PORT       STATE        SERVICE
68/udp     open|filtered dhcpc
631/udp    open|filtered ipp
...
Nmap done: 1 IP address (1 host up) scanned in 1081.83 seconds
```

为进行彻底的审核，还需要包括 UDP 扫描。此外，其他的 nmap 扫描对企业也是非常有益的。可以访问 nmap 实用工具的网站，获取更多建议。

> **警告:**
> 如果是为了进行 nmap 扫描而禁用了防火墙，请确保再次启用防火墙: systemctl start firewalld.service。

有时，可能需要对 Linux 服务器所提供的服务进行控制。其中一种方法是使用防火墙规则。

早期版本的 Linux 使用 TCP 包装器来允许或拒绝对 Linux 服务的访问；为此，提供了 /etc/hosts.allow 和 /etc/hosts.deny 文件，在这些文件中，可以明确指出哪些服务是可用的，哪些服务被特定的外部系统名和/或 IP 地址阻止。从 Fedora 28 和 RHEL 8 开始，TCP 包装器特性已经从这些发行版中删除了。但是，一些特性(如 vsftpd)仍然通过其他方式支持这些配置文件。

25.2　使用防火墙

建筑中的防火墙是指一个可以防止火势蔓延到整个建筑的墙。而计算机的*防火墙(firewall)*则阻止恶意或者有害数据进出计算机系统或网络。例如，防火墙可以阻止对 Linux 服务器端口的恶意扫描。防火墙还可以更改流经系统的网络数据包，并以各种方式重定向数据包。

在 Linux 中，iptables 是内核级的防火墙特性。它最常用来允许或阻止外部系统对本地系统上运行的服务的访问。iptables 允许创建规则，这些规则可以应用于试图输入(INPUT)、离开(OUTPUT)或穿越系统(FORWARD)的每个包。

虽然允许或阻止数据包试图进入系统是 iptables 的主要特性，但可以为 iptables 创建规则，执行以下工作：

- 阻止数据包有效地离开系统，以防止系统进程到达远程主机、地址范围或选定的服务。
- 将数据包从系统的一个网络接口转发到另一个网络接口，有效地让计算机在两个网络之间扮演路由器的角色。
- 端口转发一个数据包，目的是让选定的端口重新路由到本地系统上的另一个端口或远程系统，以便其他位置可以处理来自该数据包的请求。
- 改变数据包头中的信息(称为 mangling)，以重定向数据包，或以某种方式标记它以进行更多处理。
- 允许专用网络上的多台设备(如计算机、电视或家庭网络上的其他设备)通过一个公共 IP 地址与互联网通信。这称为 IP 伪装。

下一节描述其中的许多特性，但主要关注阻止或允许访问运行在 Linux 系统上的服务的规则。

25.2.1　了解防火墙

虽然你可能将防火墙看成一个完整的屏障，但事实上它只是一个过滤器，对进出计算机系统或者网络的每一个网络数据包或者应用程序请求进行检查。

> **注意：**
>
> 什么是网络数据包？网络数据包(network packet)是分解成可传输块的数据。当数据块或者数据包向下穿过 OSI 模型时，会向它们添加一些附加数据。这就好像在寄信的每个阶段将一封信放入一个信封中。附加数据的其中一个目的是确保数据包的安全并完整到达目的地。当从目的地向上穿过 OSI 模型时，附加数据将从数据包中剥离下来(就好像拿掉外层的信封，并将信件传递给上一层)。

根据功能的不同，防火墙可以分为不同的类别。每一类别在保护服务器和网络方面都起了非常重要的作用。

- **防火墙要么基于网络，要么基于主机**。基于网络的防火墙主要是用来保护整个网络或者子网。网络防火墙的一个示例是用来保护网络的屏蔽路由器的防火墙。

  基于主机的防火墙主要是指运行在单个主机或服务器上并提供保护的防火墙。你家中的计算机上就应该有一个防火墙。该防火墙就是基于主机的防火墙。

- **防火墙要么是硬件防火墙，要么是软件防火墙**。防火墙可以位于网络设备中，比如路由器，其中路由器的固件配置了防火墙的过滤器。而在家中，ISP(Internet Service Provider, Internet 服务提供商)也可能提供了 DSL 或电缆调制解调器来获取对 Internet 的访问。其中路由器包含防火墙固件，因此也被视为硬件防火墙。

  防火墙也可以以应用程序的形式存在于计算机系统中。该应用程序允许设置过滤规则，进而对传入流量进行过滤。这也是软件防火墙的一个示例。软件防火墙也称为基于规则的防火墙。

- **防火墙要么是网络层过滤器，要么是应用层过滤器**。用来检查单个网络数据包的防火墙也称为*数据包过滤器(packet filter)*。网络层防火墙仅允许某些数据包进出系统。它运行在 OSI 参考模型的较低层。

  应用层防火墙在 OSI 参考模型的较高层进行过滤。该防火墙仅允许某些应用程序对系统进行访问。

可以看出这些防火墙类型是重叠的。最佳的防火墙设置是所有类别的组合。正如许多安全实践那样，保护层越多，恶意的渗透活动就越难完成。

25.2.2　实现防火墙

Linux 系统上的防火墙是基于主机的网络层软件防火墙，主要由 iptables 实用工具和相关的内核级组件进行管理。通过使用 iptables，可以为每个通过 Linux 服务器的网络数据包创建一系列规则。此外，还可以调整规则，从而允许来自某个位置的网络流量而拒绝来自其他位置的网络流量。从本质上讲，这些规则组成了 Linux 服务器的网络访问控制列表。

Fedora、RHEL 以及其他 Linux 发行版本都添加了 firewalld 服务，从而提供了一种更加动态的方法来管理防火墙规则。对于最近的 RHEL 和 Fedora 版本，iptables 防火墙后端被 nftables 取代。Firewall Configuration 窗口(firewall-config 命令)提供了一种在防火墙中打开端口以及完成伪装(将专有地址路由到公共网络)或者端口转发的简单方法。firewalld 服务可以对条件的变化作出反应，而静态的 iptables 服务则无法做到这一点。通过启用对某一服务的访问，firewalld 还可以执行多个操作，如加载允许访问某一服务所需的模块。

> **提示：**
> iptables 实用工具负责管理 Linux 防火墙(称为 netfilter)。因此，通常可以看到将 Linux 防火墙简称为 netfilter/iptables。iptables 语法仍然受到支持，但在最新的 RHEL 和 Fedora 版本中，nftables 实际上提供了 iptables 的后端。

1. 从 firewalld 开始

firewalld 服务可能已经安装到 Linux 系统中。为执行检查，输入以下命令：

```
# systemctl status firewalld
• firewalld.service - firewalld - dynamic firewall daemon
  Loaded: loaded (/usr/lib/systemd/system/firewalld.service; ena>
  Active: active (running) since Sat 2019-10-19 11:43:13 EDT; 5m>
    Docs: man:firewalld(1)
 Main PID: 776 (firewalld)
   Tasks: 2 (limit: 2294)
  Memory: 39.6M
  CGroup: /system.slice/firewalld.service
        └─776 /usr/bin/python3 /usr/sbin/firewalld --nofork -->
```

如果尚未安装，可安装该服务以及相关的图形用户界面。然后启动 firewalld 服务，如下所示：

```
# yum install firewalld firewall-config
# systemctl start firewalld.service
# systemctl enable firewalld.service
```

为了管理 firewalld 服务，可以启动 Firewall Configuration 窗口。请输入：

```
# firewall-config &
```

图 25.1 显示了 Firewall Configuration 窗口的一个示例。

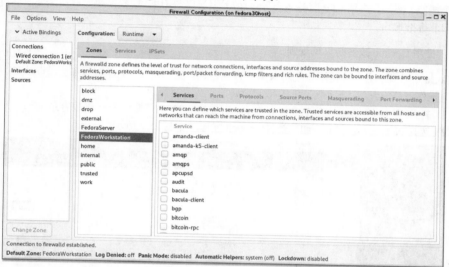

图 25.1　Firewall Configuration 窗口

使用 firewalld，可以从一组防火墙区域中进行选择，这取决于希望共享哪些服务以及希望为系统提供的保护级别。本例中选择的默认 Fedora Workstation 规则集适用于在家庭网络上操作的 Linux 工作站。例如，它允许以下情况：

- DHCPv6 客户端——启用自动分配 IPv6 网络上的地址。
- 多播 DNS(mDNS)——在小的网络接口上允许域名系统接口，而不需要常规的 DNS 服务器。
- 网络打印客户端和服务器(IPP)——允许打印机在本地系统和网络上共享。
- Samba 客户机——允许与本地网络上的 Windows 系统和其他系统共享文件。
- SSH——允许其他人尝试从网络登录到系统。
- Cockpit——允许从网络访问基于 Web 的 Cockpit 管理。在 RHEL 8 中默认安装了 Cockpit，但在 Fedora 30 Workstation 中没有默认安装 Cockpit。所以，Cockpit 不会出现在 Firewall Configuration 窗口，直到安装了 Cockpit 套件。

如果将计算机连接到具有不同信任级别的网络(例如机场的无线网络)，可以通过选择不同的区域来调整防火墙规则。例如，要从 Firewall Configuration 窗口更改到公共区域，请执行以下操作：

(1) 在 Active Bindings 列下，选择活动的连接(在本例中，是 Wired connection 1)。

(2) 选择一个新的区域(如 public)。

(3) 选择 Change Zone。

public 区域虽然仍然允许 IPv6 连接、远程登录(SSH)和 mDNS 服务，但不允许访问更容易受到攻击的打印、Windows 文件共享(Samba)和 Cockpit 服务。

除了更改区域之外，可能想要做的另一个常见任务是打开一些防火墙端口以允许访问选定的服务。在 Firewall Configuration 窗口中，将 Fedora Workstation 区域设置为当前区域，只需要单击要打开的每个服务。允许访问每个服务的端口将立即打开(当选择 Runtime 配置时)并永久打开(当选择 Permanent 配置时)。

防火墙配置窗口的一个很好的特性是，当你选择允许访问一个服务时，你可以做的不仅是打开一个端口。例如，启用 FTP 服务还会导致加载连接跟踪模块，这些模块允许在需要时通过防火墙访问非标准端口。

2. 使用 Cockpit 改变防火墙规则

Cockpit 提供了另一种使用系统防火墙的直观方式。要使用 Cockpit 查看和修改防火墙，请执行以下操作：

(1) 打开 Web 浏览器的 Cockpit 界面(https://yourhost:9090)并使用 root 权限登录。

(2) 选择 Networking | Firewall，查看Firewall 屏幕，如图 25.2 所示。

图 25.2　防火墙配置

(3) 选择 Add Service。将出现 Add Service 弹出窗口。

(4) 在当前区域中单击要启用的服务旁边的复选框，然后单击 Add Services 按钮。

启用对所选端口的访问。假设在该端口上运行一个服务，则允许有人请求该服务(例如访问端口 80 和 443 上的 Web 服务器)。

如前所述，Cockpit 和 firewalld 服务的基础是 iptables 功能。如果 Linux 系统没有使用 Cockpit 或 firewalld 服务(或禁用了 firewalld)，那么仍然可以使用 iptables 服务。下一节将介绍如何手动设置 iptables 防火墙规则，如何直接使用 iptables 服务而不使用 firewalld 服务。

3. 了解 iptables 实用工具

在开始通过 iptables 实用工具更改防火墙规则之前，需要了解一些 netfilter/iptables 基础知识，其中包括：

- 表
- 链

- 策略
- 规则

如果想要正确地设置和管理 Linux 服务器防火墙，每一个知识点都是非常重要的。

netfilter/iptables 表

iptables 防火墙不仅完成低级别的数据包过滤。它还可以定义正在发生的防火墙功能类型。iptables 实用工具中包含了四个表，以及一个 SELinux 所附加的表。这些表提供了以下功能：

- filter——filter 表提供了防火墙的数据包过滤功能。该表定义了数据包进出以及通过 Linux 系统的访问控制决策。
- nat——nat 表主要用于 NAT(Network Address Translation，网络地址转换)。NAT 表规则允许重定向数据包的去向。
- mangle——正如你所想象的那样，可以根据 mangle 表中的规则对数据包进行重构(修改)。直接使用 mangle 表比较少见，通常用于更改包的管理方式。
- raw——raw 表用于从所谓的"连接跟踪"中免除某些网络数据包。当在 Linux 服务器上使用 NAT 和虚拟化时，该功能是非常重要的。
- security——该表仅在包含了 SELinux(参见第 24 章)的 Linux 发行版本上使用。虽然 security 表通常不直接使用，但它允许 SELinux 基于 SELinux 策略允许或阻塞一个包，在标准包筛选规则之上添加另一层过滤。

在上面所列出的表中，有三个表重点关注 NAT。因此，filter 表是关注基本防火墙数据包过滤的主要表。

netfilter/iptables 链

netfilter/iptables 防火墙将网络数据包分成不同类别(称为链)。网络数据包可以指定为五种链(类别)，如下所示：

- INPUT——进入 Linux 服务器的网络数据包。
- FORWARD——进入 Linux 服务器、通过服务器上的另一个网络接口路由出去的网络数据包。
- OUTPUT——从 Linux 服务器输出的网络数据包。
- PREROUTING——被 NAT 所使用，以便当网络数据包进入 Linux 服务器时对网络数据包进行修改。
- POSTROUTING——被 NAT 所使用，以便在网络数据包从 Linux 服务器输出之前对其进行修改。

所选择的 netfilter/iptables 表将确定使用哪些链对网络数据包进行分类。表 25.1 显示了每个表所对应的可用链。

表 25.1　每个 netfilter/iptables 表所对应的可用链

表	可用链
fiter	INPUT、FORWARD、OUTPUT
nat	PREROUTING、OUTPUT、POSTROUTING
mangle	INPUT、FORWARD、PREROUTING、OUTPUT、POSTROUTING
raw	PREROUTING、OUTPUT
security	INPUT、FORWARD、OUTPUT

将网络数据包分类到特定的链后，iptables 就可以确定应该对该数据包应用哪些策略或规则。

netfilter/iptables 规则、策略和目标

针对每个网络数据包，都可以设置一个规则，定义如何处理该数据包。netfilter/iptables 防火墙可以使用多种方法识别网络数据包，包括使用：

- 源 IP 地址
- 目标 IP 地址
- 网络协议
- 入站端口
- 出站端口
- 网络状态

如果针对某一特定数据包不存在任何规则，则使用整体策略。每个数据包类别或链都有一个默认策略。当网络数据包匹配某一特定规则或者属于默认策略时，则会对数据包执行相关操作。具体采取什么操作取决于 iptable 目标所设置的内容。下面列举一些可以执行的操作(目标)：

- ACCEPT——网络数据包被服务器接受。
- REJECT——网络数据包被丢弃且不允许进入服务器。同时发送一条拒绝消息。
- DROP——网络数据包被丢弃且不允许进入服务器。但不发送拒绝消息。

REJECT 可以提供一条拒绝消息，而 DROP 什么也不提供。此时可以考虑针对内部员工使用 REJECT，告诉他们拒绝了出站的网络流量以及拒绝的原因。而针对进站流量则考虑使用 DROP，以便任何怀有恶意的人不知道他们的流量被阻止了。

> **提示：**
> 还有许多针对 iptables 的更复杂目标，比如 QUEUE。通过使用命令 man iptables，可以找到关于这些目标的更多信息。

iptables 实用工具通过策略和规则实现了使用 filter 表的软件防火墙。到目前为止，我们已经对软件防火墙的实现有了一个大概的了解，接下来可以开始深入学习通过 iptables 实用工具实现防火墙所需的特定命令。

4. 使用 iptables 实用工具

Linux 服务器应该启动并运行防火墙。然而，最佳做法是检查并确认防火墙是否已经启用。

- RHEL 7、RHEL 8 和最近的 Fedora 系统 netfilter/iptables 防火墙：在这些发行版上运行的防火墙接口服务是 firewalld。默认情况下，iptables 服务不会在这些系统上直接运行。要查看此防火墙服务是否正在运行，请在命令行上输入 systemctl status firewalld.service。
  - ◆ 为启用防火墙，在命令行输入 systemctl start firewalld.service 和 systemctl enable firewalld.service。
  - ◆ 为禁用防火墙，在命令行输入 systemctl stop firewalld.service。
- Ubuntu netfilter/iptables 防火墙：运行在该发行版本上的防火墙接口服务是 ufw。如果想要确定该防火墙服务是否正在运行，可以在命令行输入 sudo ufw status。虽然 ufw 服务是 iptables 实用工具的一个接口，但在 Ubuntu 上并没有作为一个服务运行。可以使用 ufw 命令操作防火墙规则。然而，所有的 iptables 实用工具命令对 Ubunut 来说仍然是有效的。
  - ◆ 为了启动防火墙，在命令行输入 sudo ufw enable。

◆ 为了禁用防火墙，在命令行输入 sudo ufw disable。

检查了状态并启用或禁用 netfilter/iptables 防火墙之后，不同发行版本之间的差异也就明确了。
如果想要查看当前 filter(默认)表中放置了哪些策略和规则，可以在命令行输入 iptables -t filter
-vnL。

```
# iptables -vnL
Chain INPUT (policy ACCEPT 0 packets, 0 bytes)...
```

注意，默认情况下，相对于直接使用 iptables 的系统，在启用了 firewalld 的系统上会列出更
多 iptables 链和规则。通过将规则分成针对不同级别的安全区域，可以为构建防火墙提供更大的
灵活性。

在上面的示例中，只显示了 iptables 输出的第一行。通过该行可以看出，INPUT 链的默认策
略应用到与其他规则不匹配的所有网络数据包。目前，所有默认 INPUT、FORWARD 和 OUTPUT
策略都设置为 ACCEPT。所有网络数据包都允许进出和通过系统。处于这种状态的防火墙本质上
被禁用，除非添加具体的 REJECT 或 DROP 规则。

> **提示:**
> 如果 Linux 服务器正在处理 IPv6 网络数据包，那么可以使用 ip6tables 实用工具来管理针对
> IPv6 地址的防火墙。ip6tables 实用工具与 iptables 实用工具几乎完全相同。如果想了解更多信息，
> 可以在命令行输入 man ip6tables。

修改 iptables 策略和规则

在使用 iptables 命令直接修改 netfilter/iptables 防火墙之前，应该先进入一个可以用于测试的系
统，并关闭 firewalld 服务。

在开始之前，了解一些命令选项是非常有帮助的。下面列出一些用于修改防火墙的选项。

● -t *table*

将 iptables 命令以及该开关应用于 *table*。默认情况下使用 filter 表。例如:

```
# iptables -t filter -P OUTPUT DROP
```

● -P *chain target*

设置特定 *chain* 的整体策略，并对 *chain* 中的规则进行匹配检查。如果不存在匹配，则使
用 chain 中的 *target*。例如:

```
# iptables -P INPUT ACCEPT
```

● -A *chain*

设置一个称为"附加规则"的规则，它是指定 chain 的整体策略的例外。例如:

```
# iptables -A OUTPUT -d 10.140.67.25 -j REJECT
```

● -I *rule# chain*

在指定 chain 的附加规则列表的特定位置插入一个由 rule#所指定的附加规则。例如:

```
# iptables -I 5 INPUT -s 10.140.67.23 -j DROP
```

● -D *chain rule#*

从指定的 chain 中删除由 rule#所指定的特定规则。例如:

```
# iptables -D INPUT 5
```

- -j *target*
  如果满足规则中的标准，则防火墙应该跳到指定的 target 进行处理。例如：

```
# iptables -A INPUT -s 10.140.67.25 -j DROP
```

- -d *IP address*
  分配将应用于指定的目标 IP 地址的规则。例如：

```
# iptables -A OUTPUT -d 10.140.67.25 -j REJECT
```

- -s *IP address*
  分配将应用于指定的源 IP 地址的规则。例如：

```
# iptables -A INPUT -s 10.140.67.24 -j ACCEPT
```

- -p *protocol*
  分配将应用于指定的 protocol 的规则。例如删除传入的 ping (icmp)请求：

```
# iptables -A INPUT -p icmp -j DROP
```

- --dport *port#*
  分配将应用于某些进入指定 *port#*的协议数据包的规则。例如：

```
# iptables -A INPUT -p tcp --dport 22 -j DROP
```

- --sport *port#*
  分配将应用于从指定 *port#*输出的某些协议数据包的规则。例如：

```
# iptables -A OUTPUT -p tcp --sport 22 -j ACCEPT
```

- -m state --*state network state*
  分配将应用于指定网络状态的规则。例如：

```
# iptables -A INPUT -m state --state RELATED,ESTABLISHED -j ACCEPT
```

如果想要了解这些 iptables 选项的工作原理，可以参考下面的示例。假设 IP 地址 10.140.67.23
上有一个 Linux 服务器(Host-A)。此外，网络上还有两个 Linux 服务器。一个是位于 IP 地址
10.140.67.22 上的 Host-B，另一个是位于 IP 地址 10.140.67.25 上的 Host-C。接下来，需要完成以
下目标：

- 允许 Host-C 完全访问 Host-A。
- 阻止通过使用 ssh 从 Host-B 远程登录连接到 Host-A。

设置 Drop 策略

下面的代码显示了 Host-A 防火墙的默认策略。在该示例中，防火墙是完全开放的，没有实现
任何限制。没有设置任何规则，策略都设置为 ACCEPT。

```
# iptables -vnL

Chain INPUT (policy ACCEPT)
target     prot opt source              destination
```

```
Chain FORWARD (policy ACCEPT)
target     prot opt source              destination

Chain OUTPUT (policy ACCEPT)
target     prot opt source              destination
```

首先想一想，如果将 INPUT 策略从 ACCEPT 改为 DROP 会发生什么事情呢？能达到目的吗？可以尝试一下看会发生什么。请记住，如果没有针对传入的数据包列出任何规则，则遵循链的策略。下面的示例对 Host-A 的防火墙进行了更改。

```
# iptables -P INPUT DROP
# iptables -vnL

Chain INPUT (policy DROP)
target     prot opt source              destination

Chain FORWARD (policy ACCEPT)
target     prot opt source              destination

Chain OUTPUT (policy ACCEPT)
target     prot opt source              destination
```

提示：
对于策略，不能将目标设置为 REJECT。否则会失败，并接收到消息 "iptable:Bad policy name." 应该改用 DROP 作为策略。

在下面的示例中，Host-B 首先尝试 ping Host-A，然后尝试 ssh 连接。如你所见，两种尝试都失败了。因为 ping 命令被阻止了，所以无法从 Host-B 通过使用 ssh 实现远程登录连接。

```
$ ping -c 2 10.140.67.23
PING 10.140.67.23 (10.140.67.23) 56(84) bytes of data.

--- 10.140.67.23 ping statistics ---
2 packets transmitted, 0 received, 100% packet loss, time 1007ms
$ ssh root@10.140.67.23

ssh: connect to host 10.140.67.23 port 22: Connection timed out
```

当 Host-C 尝试 ping Host-A 并进行 ssh 连接时，两种尝试都会失败。因此，这也证实了此时的防火墙设置(将 INPUT 策略设置为 DROP)并不能达到目的。

```
$ ping -c 2 10.140.67.23
PING 10.140.67.23 (10.140.67.23) 56(84) bytes of data.

--- 10.140.67.23 ping statistics ---
2 packets transmitted, 0 received, 100% packet loss, time 1008ms
$ ssh root@10.140.67.23

ssh: connect to host 10.140.67.23 port 22: Connection timed out
```

阻止源 IP 地址

如果仅 Host-B 的 IP 地址被阻止时会发生什么？如果允许 Host-C 到达 Host-A，那么如何设置才能达到预期的目标呢？

在下面的示例中，首先在 Host-A 的 iptables 中将 DROP 策略改为 ALLOW。然后添加一个特殊规则，从而阻止来自 Host-B 的 IP 地址(10.140.67.22)的网络数据包。

```
# iptables -P INPUT ACCEPT
# iptables -A INPUT -s 10.140.67.22 -j DROP
# iptables -vnL

Chain INPUT (policy ACCEPT)
target      prot opt source               destination
DROP        all -- 10.140.67.22           anywhere

Chain FORWARD (policy ACCEPT)
target      prot opt source               destination

Chain OUTPUT (policy ACCEPT)
target      prot opt source               destination
```

现在，Host-C 可以成功地 ping 并 ssh 到 Host-A，从而满足了既定目标之一。

```
$ ping -c 2 10.140.67.23
PING 10.140.67.23 (10.140.67.23) 56(84) bytes of data.
64 bytes from 10.140.67.23: icmp_req=1 ttl=64 time=11.7 ms
64 bytes from 10.140.67.23: icmp_req=2 ttl=64 time=0.000 ms


--- 10.140.67.23 ping statistics ---
2 packets transmitted, 2 received, 0% packet loss, time 1008ms
rtt min/avg/max/mdev = 0.000/5.824/11.648/5.824 ms
$ ssh root@10.140.67.23
root@10.140.67.23's password:
```

然而，此时 Host-B 不能针对 Host-A 执行 ping 或 ssh 操作。因此，所添加的规则并不是达到整个目标所需的规则。

```
$ ping -c 2 10.140.67.23

PING 10.140.67.23 (10.140.67.23) 56(84) bytes of data.

--- 10.140.67.23 ping statistics ---
2 packets transmitted, 0 received, 100% packet loss, time 1007ms

$ ssh root@10.140.67.23

ssh: connect to host 10.140.67.23 port 22: Connection timed out
```

阻止协议和端口

如果只是阻止从 Host-B 的 IP 地址到 ssh 端口(端口 22)的连接而不是完全阻止 Host-B 的 IP 地址,那么又该怎么做呢?如何做才能允许 Host-C 完全访问 Host-A,并仅阻止来自 Host-B 的 ssh 连接?

在下面的示例中,对 Host-A 的 iptables 规则进行了修改,尝试阻止 Host-B 的 IP 地址对端口 22 的连接。注意,选项--dport 必须伴随着一个特定的协议,例如-p tcp。在添加新规则之前,必须使用选项-D 删除前一个示例中添加的规则。否则,netfilter/iptables 防火墙将使用前一个示例中的规则对来自 10.140.67.22(即 Host-B)的数据包进行处理。

```
# iptables -D INPUT 1
# iptables -A INPUT -s 10.140.67.22 -p tcp --dport 22 -j DROP
# iptables -vnL

Chain INPUT (policy ACCEPT)
target       prot opt source       destination
DROP         tcp --  10.140.67.22  anywhere     tcp dpt:ssh

Chain FORWARD (policy ACCEPT)
target       prot opt source       destination

Chain OUTPUT (policy ACCEPT)
target       prot opt source       destination
```

首先,从 Host-C 对新 iptables 规则进行测试,以确保 ping 尝试和 ssh 连接不受影响。经测试,工作正常。

```
$ ping -c 2 10.140.67.23
PING 10.140.67.23 (10.140.67.23) 56(84) bytes of data.
64 bytes from 10.140.67.23: icmp_req=1 ttl=64 time=1.04 ms
64 bytes from 10.140.67.23: icmp_req=2 ttl=64 time=0.740 ms

--- 10.140.67.23 ping statistics ---
2 packets transmitted, 2 received, 0% packet loss, time 1000ms
rtt min/avg/max/mdev = 0.740/0.892/1.045/0.155 ms

$ ssh root@10.140.67.23
root@10.140.67.23's password:
```

接下来,从 Host-B 对新 iptables 规则进行测试,以确保 ping 尝试和 ssh 连接被阻止。通常工作正常!

```
$ ping -c 2 10.140.67.23

PING 10.140.67.23 (10.140.67.23) 56(84) bytes of data.
64 bytes from 10.140.67.23: icmp_req=1 ttl=64 time=1.10 ms
64 bytes from 10.140.67.23: icmp_req=2 ttl=64 time=0.781 ms

--- 10.140.67.23 ping statistics ---

2 packets transmitted, 2 received, 0% packet loss, time 1001ms
```

```
rtt min/avg/max/mdev = 0.781/0.942/1.104/0.164 ms
```

$ **ssh root@10.140.67.23**

```
ssh: connect to host 10.140.67.23 port 22: Connection timed out
```

此外，在为 Linux 服务器上的 netfilter/iptables 防火墙创建所需规则时，第 22 章所介绍的 ACM(Access Control Matrix，访问控制矩阵)可以提供相关帮助。同时，在将每一个新修改应用于实际 Linux 系统的防火墙之前，应该在测试或者虚拟环境中对其进行测试。

保存 iptables 配置

因为 firewalld 是用于在 RHEL、Fedora 和其他 Linux 系统中创建防火墙的推荐服务，所以手动创建永久防火墙规则的情况比较少见。但是，如果愿意，仍然可以手动保存和恢复直接使用 iptables 创建的防火墙规则。

在下面的示例中，前面所做的修改仍然在防火墙中。可以使用 iptables-save 命令保存当前的防火墙过滤规则集。

```
# iptables -vnL
Chain INPUT (policy ACCEPT 8 packets, 560 bytes)
 pkts bytes target prot opt in  out source       destination
    0    0 DROP   tcp  -- *  *   10.140.67.22 0.0.0.0/0   tcp dpt:22
    0    0 DROP   tcp  -- *  *   0.0.0.0/0    0.0.0.0/0   tcp dpt:33
    0    0 DROP   icmp -- *  *   0.0.0.0/0    0.0.0.0/0
...
```

```
# iptables-save> /tmp/myiptables
```

要在以后恢复这些规则，可以先刷新当前规则(iptables -F)并恢复它们(iptables-restore)。

```
# iptables -F
# iptables -vnL
Chain INPUT (policy ACCEPT 8 packets, 560 bytes)
 pkts bytes target prot opt in out source       destination
    0    0 DROP   tcp  -- *  *  0.0.0.0/0    0.0.0.0/0 tcp dpt:33
    0    0 DROP   icmp -- *  *  0.0.0.0/0    0.0.0.0/0
...
```

规则的刷新并不影响 iptables 配置文件。如果想要将防火墙恢复到原始状态，可以使用命令 iptables -restore。在下面的示例中，iptables 配置文件重定向到 restore 命令，并为 10.140.67.22 恢复了原始 DROP 规则。

```
# iptables-restore < /tmp/myiptables
# iptables -vnL
Chain INPUT (policy ACCEPT 16 packets, 1120 bytes)
 pkts bytes target prot opt in out source       destination
    0    0 DROP   tcp  -- *  *  10.140.67.22 0.0.0.0/0   tcp dpt:22
    0    0 DROP   tcp  -- *  *  0.0.0.0/0    0.0.0.0/0   tcp dpt:33
    0    0 DROP   icmp -- *  *  0.0.0.0/0    0.0.0.0/0
```

对于 Ubuntu 系统,保存和恢复 netfilter/iptables 修改是相似的.仍然可以使用命令 iptables -save 从当前 iptables 设置创建 iptables 配置文件,并使用 iptables -restore 恢复设置。在系统启动时可以使用多种方法加载配置文件。具体方法可以参见Ubuntu 社区网站(https://help.ubuntu.com/community/IptablesHowTo)。

此外,还可以通过保存 netfilter/iptables 防火墙规则来创建一个审核报告。定期审查这些规则应该是企业系统生命周期审核/审查(System Life Cycle Audit/Review)阶段的一部分。

25.3　小结

保护网络上 Linux 服务器是非常重要的。从本质上讲,大多数恶意攻击都来自网络,特别是Internet。本章主要介绍了一些保护 Linux 服务器所需的基本知识。

在确定并删除了任何不需要的网络服务之后,就可以简化对网络服务的保护。此时 nmap 实用工具可以帮助我们。此外,还可使用 nmap 审核 Linux 服务器的网络服务广告。这些审核有助于确定需要对防火墙进行哪些修改。

Fedora 和 RHEL 的最新版本已经添加了 firewalld 服务,作为内置在 Linux 内核中的 iptables 防火墙设施的前端。通过使用 fire-walld-config 工具和 Cockpit Web UI,可以轻松地打开防火墙中的端口以允许访问选定的服务。netfilter/iptables 防火墙设施是一个基于主机的、网络层的软件防火墙。它由 iptables 和 ip6tables 实用程序管理。使用这些实用程序,可以为通过 Linux 服务器的每个网络包创建一系列策略和规则。

在本书中学到这里,你应该较好地掌握了如何设置和保护 Linux 桌面和服务器系统。接下来两章会将知识点拓展到云计算和虚拟化。

25.4　习题

请参考本章的内容完成下面的任务。如果陷入困境,可以参考附录 B 中这些习题的参考答案(虽然在 Linux 中可以使用多种方法来完成某一任务)。在看答案之前,请先试着完成每一个习题。这些任务假设正在运行的是Fedora 或者 Red Hat Enterprise Linux 系统(虽然有些任务也可以在其他Linux 系统上完成)。

请不要在实际系统中尝试习题中的 iptables 命令。虽然这些命令并不会永久地更改防火墙(重启防火墙服务之后,将恢复到旧规则),但不正确地修改防火墙可能导致不必要的访问。

(1) 在本地 Linux 系统上安装 Network Mapper 实用工具。

(2) 在本地环回地址上运行 TCP 连接扫描。看看哪些端口上运行了服务?

(3) 从远程系统对你的 Linux 系统运行一次 UDP 连接扫描。

(4) 检查系统是否正在运行 firewalld 服务。如果没有,则安装 firewalld 和 firewall-config,然后启用该服务。

(5) 使用 Firewall Configuration 窗口打开对 Web 服务的安全(TCP 端口 443)和不安全(TCP 端口80)端口的访问。

(6) 确定 Linux 系统当前的 netfilter/iptables 防火墙策略和规则。

(7) 保存 Linux 系统当前的防火墙规则，刷新它们，然后恢复到原规则。

(8) 针对 Linux 系统的防火墙，将输入链的 filter 表策略设置为 reject。

(9) 将 Linux 系统防火墙的 filter 表策略改回 accept(针对输入链)，然后添加一个规则，丢弃所有来自 IP 地址 10.140.67.23 的网络数据包。

(10) 如果还没有刷新或者恢复 Linux 系统防火墙规则，请删除前面添加的规则。

第 **VI** 部分

将 Linux 扩展到云

第 **26** 章

转移到云和容器

本章内容：

- 理解云计算的关键技术
- 学习 Linux 容器是如何工作的
- 安装和启动容器软件
- 拉出并运行容器映像
- 重新启动已停止的容器
- 构建容器映像
- 标记和推动容器映像到注册表

虽然本书的大部分内容关注于安装和管理个人计算机、服务和应用程序，但这一部分将介绍将 Linux 引入大型数据中心所需的技术。数据中心要想有效地运行，它的计算机必须尽可能通用，运行的组件必须更自动化。本部分的章节主要关注实现技术。

通过将应用程序与操作系统分离，计算机变得更通用。这意味着不仅要将应用程序安装到操作系统上，还要将软件集合打包到软件包(如 RPM 或 Deb 包)中，使它们在交付后能够以与操作系统分离的方式运行。虚拟机(VM)和容器是两种打包软件集及其依赖关系的方式，它们可以随时运行。

从较高的层次看，虚拟机是运行在另一个操作系统上的完整操作系统，允许在一台物理计算机上同时有多个活动的虚拟机。应用程序或服务需要运行的所有内容都可存储在该 VM 或附加的存储中。

虚拟机有自己的内核、文件系统、进程表、网络接口和其他操作系统特性，这些特性独立于主机，同时与主机系统共享 CPU 和 RAM。可将 VM 部署到物理系统中，这样可以方便地运行应用程序，然后在运行完毕后丢弃 VM。可以在同一台计算机上运行 VM 的多个实例，或者在多台计算机上克隆并运行 VM。虚拟机这个术语来自于这样一个事实：每个虚拟机看到的是计算机硬件的模拟，而非直接看到硬件本身。

容器类似于 VM，主要区别在于容器没有自己的内核。在大多数其他方面，它类似于 VM，因为它的名称空间与主机操作系统分离，可将它从一个主机移动到另一个主机，以便在任何方便的地方运行。

本部分的章节介绍使用云计算需要了解的概念、工具和技术。可以使用 KVM 在单个 Linux 主机上试用虚拟机。然后可将虚拟机部署到云技术，比如 OpenStack 和 Amazon Web Services (AWS)。

要在裸机或云上部署主机集，需要学习如何使用 Ansible。有了 Ansible 剧本，还可以定义安装和运行在每个主机系统上的软件。

至于容器，Kubernetes 项目作为跨大型数据中心协调大量容器的首要技术而吸引了人们的注意。像 Red Hat OpenShift 这样的产品为大型企业提供了受支持的 Kubernetes 平台。

几年前引发容器热潮的技术是 docker 项目。docker 命令和守护进程提供了在 Linux 系统上构建和运行容器的简化方法。今天，标准化的容器格式(如 Open Container Initiative，开放容器倡议)和其他容器工具(如 podman)提供了使用与 Kubernetes 生态系统更紧密一致的容器的方法。

本章的其余部分将介绍容器的入门。它涵盖了 docker 和 podman 命令，以及用于处理各个容器的其他流行工具。

26.1　了解 Linux 容器

容器使获取和运行应用程序以及完成后丢弃应用程序变得非常简单。在开始之前，应该了解一些关于容器的事情。

在使用容器时，人们将移动的实体称为容器映像(或简称为映像)。当运行该映像时，或当它暂停或停止时，它称为容器。

容器使用自己的一组名称空间来保持与主机系统的分离。通常，可以通过获取一个安全的基础映像，然后在该映像之上添加自己的软件层来创建一个新映像，从而构建自己的容器映像。要共享映像，需要将它们推到共享的容器注册表中，并允许其他人提取它们。

26.1.1　名称空间

允许包含容器的是 Linux 对名称空间的支持。通过名称空间，Linux 内核可将一个或多个进程与一组资源关联起来。正常进程(而不是在容器中运行的进程)都使用相同的主机名称空间。默认情况下，容器中的进程只能看到容器的名称空间，而不能看到主机的名称空间。名称空间包括以下内容。

进程表——容器有自己的一组进程 id，默认情况下，只能看到在容器内运行的进程。主机上的 PID 1 是 init 进程(systemd)，而在容器中，PID 1 是在容器内运行的第一个进程。

网络接口——默认情况下，容器有一个网络接口(eth0)，并在容器运行时分配一个 IP 地址。默认情况下,在容器内运行的服务(例如监听端口 80 和 443 的 Web 服务器)不会在主机系统外部公开。这样做的好处是，可以在同一台主机上运行大量的 Web 服务器，而不会发生冲突。缺点是需要管理如何在主机外部公开这些端口。

挂载表——默认情况下，容器不能看到主机的根文件系统，或者在主机的挂载表中列出的任何其他挂载的文件系统。容器携带自己的文件系统，由应用程序和它运行所需的任何依赖项组成。可以有选择地将主机所需的文件或目录绑定挂载到容器中。

用户 ID——虽然容器化进程作为主机名称空间中的某个 UID 运行，但容器中嵌套了另一组 UID。例如，这可以让进程作为根在容器中运行，但对主机系统没有任何特权。

UTS——UTS 名称空间允许容器化进程拥有与主机不同的主机和域名。

控制组(cgroup)——在某些 Linux 系统(如 Fedora 和 RHEL)中，被限制的进程在选定的控制组中运行，并且无法看到主机系统上其他可用的 cgroup。同样，它也不能看到自己 cgroup 的标识。

进程间通信(IPC)——容器化进程不能从主机看到 IPC 名称空间。

虽然对任何主机名称空间的访问在默认情况下都受到限制，但是可以有选择地打开主机名称空间的特权。通过这种方式，可以在容器内挂载配置文件或数据，并将容器端口映射到主机端口，以便在主机外部公开它们。

26.1.2　容器的注册

容器的永久存储在所谓的容器注册表中进行。创建想要共享的容器映像时，可以将该映像推到自己维护的公共注册中心或私有注册中心(例如 Red Hat Quay 注册表)。想要使用该图像的人将从注册表中提取它。

有大型的、公共的容器映像注册表，比如 Docker Hub (Docker .io)和 Quay Registry (Quay.io)。它们提供免费的账户。如果想获得更多功能，比如保持注册表的私密性，高级账户也是可以使用的。

26.1.3　基本映像和图层

尽管可以从头创建容器，但构建容器时，通常是通过从一个众所周知的基本映像开始，并向其中添加软件。该基本映像通常与用于将软件安装到容器中的操作系统保持一致。

可以从 Ubuntu (https://hub.docker.com/_/Ubuntu)、CentOS(https://hub.docker.com/_/CentOS)、Fedora(https://hub.docker.com/_/fedora)。和许多其他 Linux 发行版获得官方基础映像。这些 Linux 发行版可以提供不同形式的基本映像，比如标准版本和最小版本。实际上，可以构建一些基础映像，为 php、Perl、Java 和其他开发环境提供运行时。

尽管 Red Hat 为其软件提供了一个订阅模型，如果想使用 Red Hat 软件作为容器映像的基础，Red Hat 为标准的、最小的和各种运行时容器提供免费的通用基础映像(UBI)。可以通过搜索 Red Hat Container Catalog 中的 UBI 映像来找到这些映像：https://catalog.redhat.com/software/containers/explore。

可以使用 docker build 或 podman 等命令向基本映像添加软件。通过使用 Dockerfile 定义构建，可添加 yum 或 apt-get 命令，将软件从软件存储库安装到新的容器中。

向映像添加软件时，它会创建一个新图层，成为新映像的一部分。为所构建的容器重用相同的基本映像有几个好处。一个优点是，当运行容器映像时，主机上只需要一个基本映像的副本。因此，如果基于相同的基本映像运行 10 个不同的容器，那么只需要提取并存储一次基映像，然后可能只需要为每个新映像添加几兆字节的额外数据。

如果查看基本映像的内容，它看起来就像一个小的 Linux 文件系统。配置文件在/etc 中，可执行文件在/bin 和/sbin 中，库在/lib 中。换句话说，它具有应用程序在 Linux 主机系统中需要的基本组件。

请记住，运行的容器映像不一定需要匹配主机 Linux 系统。因此，例如，可以在 Ubuntu 系统上运行 Fedora 基础映像，只要容器映像中没有特定的内核需求或内建的库即可。

26.2　从 Linux 容器开始

在自己的 Linux 系统上启动容器只需要很少的准备。下面的过程描述了如何准备 Linux 系统以便开始使用容器。

Docker Inc.现在通过 Moby 项目提供了其软件的免费版本，Docker 已经成为其商业产品。要尝试较旧版本的 docker 包，可以在 RHEL 7 系统上执行以下操作来安装 docker 包，然后启用 docker 服务：

```
# yum install docker -y
# systemctl start docker
# systemctl enable docker
```

podman 命令支持用于处理容器的大多数 docker 命令行选项，因此可以使用它代替 docker。请记住，尽管 podman 支持类似的管理命令选项，但它代表了不同于 docker 的代码库。使用 podman 时，不需要运行服务，就像使用 docker 时那样。要在 Fedora 或 RHEL 上安装 podman，请执行以下操作：

```
# yum install podman -y
```

在本章的示例中，现在可以开始使用 podman 或 docker 命令来处理容器和容器映像。

26.2.1　牵引和运行容器

安装了 docker 或 podman 包并准备好使用后，可以尝试运行容器。首先，可以将容器拉到本地系统，然后运行它。如果愿意，可以跳过 pull 命令，因为如果所请求的映像不在系统上，那么运行容器将会拉出它。

1. 拉出容器

选择一个可靠的容器映像进行测试，比如来自官方项目的、最新的、最好已经扫描过漏洞的映像。下面是一个使用 podman 命令拉出 RHEL 8 UBI 基本图像的例子(在这些例子中，可以用 docker 替换 podman)：

```
# podman pull registry.access.redhat.com/ubi8/ubi
Trying to pull .../ubi8/ubi...Getting image source signatures
Copying blob fd8daf2668d1 done
Copying blob cb3c77f9bdd8 done
Copying config 096cae65a2 done
Writing manifest to image destination
Storing signatures
096cae65a2078ff26b3a2f82b28685b6091e4e2823809d45aef68aa2316300c7
```

要查看该映像是否在系统上，请执行以下操作：

```
# podman images
REPOSITORY    TAG     IMAGE ID     CREATED       SIZE
/ubi8/ubi     latest  096cae65a207 2 weeks ago   239 M
```

2. 从容器运行 shell

使用 podman 或 docker 在容器内运行 shell。可以通过映像 ID (096cae65a207)或名称 (registry.access.redhat.com/ubi8/ubi)来识别映像。在 bash shell 上使用-i(交互式)和-t(终端)选项，以便在容器中有一个交互式会话：

```
# podman run -it 096cae65a207 bash
[root@e9086da6ed70 /]#
```

随着 shell 的运行，键入的命令将在容器中进行操作。例如，可以列出容器的文件系统，或者签出 os-release 文件来查看容器所基于的操作系统：

```
[root@e9086da6ed70 /]# ls /
bin   dev home   lib64       media opt   root sbin sys usr
boot  etc lib    lost+found mnt    proc run   srv  tmp var
[root@e9086da6ed70 /]# cat /etc/os-release | grep ^NAME
NAME="Red Hat Enterprise Linux"
```

由于容器意味着具有运行预期应用程序所需的最少内容，因此许多标准工具可能不在容器中。可以在运行的容器中安装软件。然而请记住，容器是要被丢弃的。因此，如果想永久性地添加软件，应该构建一个新的映像来包含想要的软件。

下面是一个在运行容器中添加软件的例子：

```
[root@e9086da6ed70 /]# yum install procps iproute -y
```

现在可以在容器内运行 ps 和 ip 等命令：

```
[root@e9086da6ed70 /]# ps -ef
UID       PID PPID C STIME TTY        TIME CMD
root        1    0 0 17:44 pts/0    00:00:00 bash
root       40    1 0 17:45 pts/0    00:00:00 ps -ef
[root@e9086da6ed70 /]# ip a
1: lo: <LOOPBACK,UP,LOWER_UP> mtu 65536 ...
    inet 127.0.0.1/8 scope host lo
    ...
3: eth0@if11: <BROADCAST,MULTICAST,UP,LOWER_UP> mtu 1500 ...
    inet 10.88.0.6/16 brd 10.88.255.255 scope global eth0
    ...
```

注意，从容器内部，只看到两个正在运行的进程(shell 和 ps 命令)。PID 1 是 bash shell。ip a 的输出显示，只有一个来自容器的外部网络接口(eth0@if11)，该接口的 IP 地址为 10.88.0.6/16。

完成后，可以输入 exit，退出 shell，停止容器：

```
[root@e9086da6ed70 /]# exit
```

尽管 shell 和容器已不再运行，但该容器在系统上仍可用，处于停止状态。注意，仅 podman ps 不显示容器。需要加上--all：

```
[root@e9086da6ed70 /]# podman ps
CONTAINER ID  IMAGE  COMMAND CREATED STATUS PORTS NAMES
[root@e9086da6ed70 /]# podman ps --all
CONTAINER ID IMAGE         COMMAND CREATED   STATUS      PORTS NAMES
```

```
437ec53386ca ...ubi:latest bash   1 hour ago Up 1 minute ago    go_ein
```

稍后介绍如何删除和重新启动已停止的容器。

3. 从容器中运行 FTP 服务器

因为希望能够在完成操作后丢弃容器，所以通常希望将任何可更改的数据存储在容器之外。下面是一个从容器中运行 FTP 服务器(vsftpd)的简单示例。如果想自己尝试这个示例，建议跳到本章后面的"构建容器映像"一节，了解如何自行构建 vsftpd 容器映像。

对于这个过程，需要一个配置文件(vsftpd.conf)和一个 FTP 目录，其中包含一两个要在主机系统上共享的文件(/var/ftp/pub)。当 vsftpd 容器启动时，将这些项目作为卷装载到容器中。

(1) 创建 vsftpd.conf 文件。在默认位置创建 vsftpd.conf 文件，即/etc/vsftpd/vsftpd.conf。有关详细信息，请参阅 vsftpd.conf 手册页。下面是一个例子：

```
anonymous_enable=YES
local_enable=YES
write_enable=YES
local_umask=022
dirmessage_enable=YES
xferlog_enable=NO
connect_from_port_20=YES
listen=NO
listen_ipv6=YES
pam_service_name=vsftpd
userlist_enable=YES
tcp_wrappers=NO
vsftpd_log_file=/dev/stdout
syslog_enable=NO
background=NO
pasv_enable=Yes
pasv_max_port=21100
pasv_min_port=21110
```

(2) 创建一个 ftp 目录。在主机的标准位置(/var/ftp/pub)为要共享的 vsftpd 创建一个匿名 ftp 目录，并将一些文件复制到该目录：

```
# mkdir -p /var/ftp/pub
# cp /etc/services /etc/login.defs /var/ftp/pub/
```

(3) 获取 vsftpd 容器映像。按照本章后面的"构建容器映像"中所述构建 vsftpd 映像。要检查它是否可以运行，输入以下内容：

```
# podman images
REPOSITORY  TAG    IMAGE ID    CREATED      SIZE
vsftpd      latest 487d0db26098 5 seconds ago  208 MB
```

(4) 运行 vsftpd 容器映像。在运行 vsftpd 容器时，需要公开主机的端口并将文件挂载到容器中。下面是一个例子(可以用 docker 代替 podman)：

```
# podman run -d -p 20:20 -p 21:21 \
  -p 21100-21110:21100-21110 \
```

```
-v /etc/vsftpd/:/etc/vsftpd/ \
-v /var/ftp/pub:/var/ftp/pub \
--name vsftpd vsftpd
# podman ps
CONTAINER ID  IMAGE          COMMAND          CREATED
   STATUS            PORTS                   NAMES
3a5d094dd4b5  vsftpd:latest /usr/local/s2... 9 seconds ago
   Up 10 seconds ago  0.0.0.0:20-21->20-21/tcp  vsftpd
```

这个例子使用了以下选项。

- -d：以分离模式运行容器，因此 vsftpd 服务在后台运行。
- -p：标准 FTP 端口(TCP 20 和 TCP 21)映射到主机网络接口上相同的端口号，因此服务可以在本地主机之外访问。被动 FTP 所需的一系列端口也对它们在主机上的对应部分(21100~21110)开放。
- --rm：尽管在本例中没有包含，但在命令行中添加--rm 在容器退出时删除它。
- -v：要在主机系统中使用配置文件(/etc/vsftpd 目录)和要共享的内容(/var/ftp 目录)，通过-v 选项，这些目录绑定挂载到容器中的相同位置上。
- --name：将容器的名称设置为 vsftpd(或任何名称)。

请记住，可以将容器内容和端口绑定到主机上的其他位置。这样，就可在同一台主机上运行同一软件的多个版本，而不会相互冲突。

要使 vsftpd 服务在本地系统之外可访问，请确保打开 FTP 端口和刚才分配的被动 FTP 端口，如下：

```
# firewall-cmd --zone=public --add-service=ftp
# firewall-cmd --zone=public \
    --permanent --add-service=ftp
# firewall-cmd --zone=public \
    --add-port=21100-21110/tcp
# firewall-cmd --zone=public \
    --permanent --add-port=21100-21110/tcp
# firewall-cmd reload
```

现在可以使用任何 FTP 客户机通过匿名用户访问 FTP 服务。要进一步了解 vsftpd 服务并检查它是否正常工作，请参考第 18 章。

26.2.2 启动和停止容器

除非专门设置了一个容器在停止时删除(--rm 选项)，否则如果容器停止、暂停或失败，该容器仍然在系统中。可使用 ps 选项查看系统上所有容器的状态(当前运行或未运行)：

```
# podman ps
CONTAINER ID  IMAGE                    COMMAND            CREATED
   STATUS             PORTS             NAMES
4d6be3e63fe3  localhost/vsftpd:latest  /usr/local/s2...  About an hour ago
   Up About an hour ago  0.0.0.0:20-21->20-21/tcp  vsftpd
# podman ps -a
CONTAINER ID  IMAGE                    COMMAND            CREATED
   STATUS             PORTS             NAMES
```

```
7da88bd62667  ubi8/ubi:latest           bash                2 minutes ago
    Exited 7 seconds ago                    silly_wozniak
4d6be3e63fe3  localhost/vsftpd:latest /usr/local/s2i/ru... About an hour ago
    Up About an hour ago  0.0.0.0:20-21->20-21/tcp vsftpd
```

只有运行中的容器会显示在 podman ps 中。通过添加-a，可以看到所有的容器，包括那些不再运行但尚未移除的容器。可以使用 start 选项重新启动不再运行的现有容器：

```
# podman start -a 7da88bd62667
[root@7da88bd62667 /]#
```

重新启动的容器正在运行 bash shell。因为容器的终端会话已经存在，所以不需要启动一个新的会话(-it)。只需要将(-a)附加到现有的会话。对于容器，只是在分离模式下运行，可以简单地根据需要启动和停止它：

```
# podman stop 4d6be3e63fe3
4d6be3e63fe3...
# podman start 4d6be3e63fe3
4d6be3e63fe3
```

注意，如果容器是用--rm 选项启动的，那么一旦停止它，容器就会删除。因此，不得不运行一个新的容器，而不仅是重新启动旧的容器。因为配置文件和数据存储在容器外部，所以运行新容器非常简单。将来升级应用程序非常简单，只需要删除旧容器，并从更新的容器映像中启动一个即可。

26.2.3　构建容器映像

要构建容器映像，需要 Dockerfile，该文件描述了如何构建映像以及希望包含在映像中的其他任何内容。下面的步骤描述了如何从自己的 Dockerfile 中创建一个简单的容器，以及如何从 GitHub 上的可用软件中获取构建 vsftpd 服务所需的软件，放在一个容器中。

1. 构建简单的容器映像

这个过程从 Dockerfile 中创建一个简单的容器。在这个过程中，创建一个 Dockerfile 和一个简单的脚本，然后将该内容构建到新的容器映像中。

(1) 创建一个目录来保存容器项目，然后进入该目录：

```
# mkdir myproject
# cd myproject
```

(2) 在当前目录中创建一个名为 cworks.sh 的脚本，该脚本包含以下文本：

```
#!/bin/bash
set -o errexit
set -o nounset
set -o pipefail
echo "This Container Works!"
```

(3) 在当前目录中创建一个名为 Dockerfile 的文件，其中包含以下内容：

```
FROM registry.access.redhat.com/ubi7/ubi-minimal
```

```
COPY ./cworks.sh /usr/local/bin/
CMD ["/usr/local/bin/cworks.sh"]
```

(4) 从 Dockerfile 中构建一个容器映像 myproject：

```
# podman build -t myproject .
STEP 1: FROM registry.access.redhat.com/ubi7/ubi-minimal
STEP 2: COPY ./cworks.sh /usr/local/bin/
6382dfd00f7bedf1a64c033515a09eff37cbc6d1244cbeb4f4533ad9f00aa970
STEP 3: CMD ["/usr/local/bin/cworks.sh"]
STEP 4: COMMIT myproject
6837ec3a37a241...
```

(5) 运行容器以确保它能工作。要做到这一点，可以使用容器名称(myproject)或其映像 ID
(6837ec3a37a241)：

```
# podman run 6837ec3a37a241
The Container Works!
```

2. 从 GitHub 构建 FTP 容器

下面的过程描述了如何从 GitHub 上提供的软件获取构建 vsftpd 服务所需的软件。然后展示
如何构建和运行该容器。

(1) 如果还没有它，把 git 安装在本地系统：

```
# yum install git -y
```

(2) 对于本例，从 GitHub 上的 vsftpd 容器映像项目开始。将该软件复制到本地目录，如下所示：

```
# git clone
https://github.com/container-images/vsftpd.git
# cd vsftpd
# ls
default-conf/  Dockerfile  LICENSE  Makefile  README.md
root/          s2i/        tests/
```

(3) 根据需要修改文件。特别是，遍历 Dockerfile 并使用最新的可用 Fedora 映像。在映像名
称的末尾去掉:tag 意味着查找包含:latest 标记的映像版本，:latest 是一个特殊标记，用于标识该映
像的最新可用版本。例如，修改开头的 FROM 行，使其显示如下：

```
FROM registry.fedoraproject.org/fedora
```

(4) 在 vsftpd 目录中，使用 docker 或 podman 命令构建容器映像。例如：

```
# podman build -t vsftpd .
STEP 1: FROM registry.fedoraproject.org/fedora:31
Getting image source signatures
Copying blob c0a89efa8873 done
Copying config aaaa3e1d6a done
Writing manifest to image destination
Storing signatures
STEP 2: ENV SUMMARY="Very Secure Ftp Daemon" ...
STEP 3: LABEL maintainer="Dominika Hodovska <dhodovsk@redhat.com>"  ...
```

```
STEP 4: RUN dnf install -y vsftpd && dnf clean all
        && mkdir /home/vsftpd
...
Installing:
vsftpd    x86_64    3.0.3-32.fc31    fedora    164 k
...
Complete!
99931652dceacc2e9...
STEP 5: VOLUME /var/log/vsftpd
b79b229d09f726356...
STEP 6: EXPOSE 20 21
b0af5428800140104...
STEP 7: RUN mkdir -p ${APP_DATA}/src
b3652e0d07e35af79...
STEP 8: WORKDIR ${APP_DATA}/src
f9d96dee640c5cedc...
STEP 9: COPY ./s2i/bin/ /usr/local/s2i
ded9b512693ccabaa...
STEP 10: COPY default-conf/vsftpd.conf /etc/vsftpd/vsftpd.conf
0c48af8d4f72b76c7...
STEP 11: CMD ["/usr/local/s2i/run"]
STEP 12: COMMIT vsftpd
aa0274872f23ae94dfee...
```

(5) 检查新映像是否已创建：

 # podman images
```
REPOSITORY        TAG     IMAGE ID     CREATED       SIZE
localhost/vsftpd latest aa0274872f23 4 minutes ago 607 MB
```

这个构建过程包括 12 个步骤。第一步中的 FROM 行从 registry.fedoraproject.org 容器注册表中提取 fedora 映像。后续的每个步骤都运行一个命令。如果在命令期间添加了内容，将为映像创建一个新层。步骤 2 和步骤 3 设置在构建过程中使用的环境变量和标签，以及在以后使用容器映像时识别它的属性。

步骤 4 运行 dnf 命令，将 vsftpd 包从 Fedora yum repos 安装到容器。注意，RUN 指令在同一个指令中同时包含 dnf install 和 dnf clean。这是一种很好的做法，因为它可以防止映像中包含额外一层缓存的 dnf 数据。

步骤 5 确定用于存储 vsftpd 日志文件的卷。步骤 6 为 FTP 服务公开 TCP 端口 20 和 TCP 21。注意，即使端口是公开的(意味着可以从容器外部看到它们)，如果希望这些端口在本地系统之外可用，仍然需要在稍后运行容器时映射到主机端口。

步骤 7 和步骤 8 创建一个目录，并将其设置为应用程序的工作目录。步骤 9 将源到映像(s2i)脚本复制到容器中以运行 vsftpd 服务。步骤 10 将默认的 vsftpd.conf 配置文件复制到容器中。

步骤 11 中的 CMD 指令将/usr/local/s2i/run 设置为默认命令，如果容器运行而没有覆盖该命令，则执行该命令。第 12 步将最终的 vsftpd 映像提交到本地存储(可以通过输入 podman images 看到)。

有关创建和使用 Dockerfile 来构建容器映像的更多信息，请参考 Dockerfile 资料(https://docs.docker.com/engine/reference/builder/)。要了解关于构建容器映像的更多选项，请参考 podman man 页面(man podman build)。

3. 标记并推送映像到注册表

到目前为止，展示了一个构建容器映像并在本地系统上运行它的示例。要使映像对其他系统上的其他人可用，通常需要将该映像添加到容器注册表中。按照以下说明在本地系统上标记映像，并将其推到远程容器注册表。

要在本地系统上尝试一个简单的注册表，请在 Fedora 或 RHEL 7 系统上安装 docker-distribution 包。对于更持久的解决方案，可以在 Quay.io 和 Docker Hub 等公共容器注册表中获得账户。Quay.io(https://quay.io/plans/)提供了免费试用和订阅服务。还可以设置并运行自己支持的容器注册表，例如 Red Hat Quay (https://www.openshift.com/products/quay)。

首先，通过以下步骤在本地系统上安装 docker-distribution 包，然后标记并推送一个映像。

(1) 安装 docker-distribution：在 RHEL 7 或最新的 Fedora 系统上，安装并启动 docker-distribution。

```
# yum install docker-distribution -y
# systemctl start docker-distribution
# systemctl enable docker-distribution
# systemctl status docker-distribution
• docker-distribution.service-v2 Registry server for Docker
  Loaded: loaded
   (/usr/lib/systemd/system/docker-distribution.service;
  enabled; vendor pres>
  Active: active (running) since Wed 2020-01-01...
```

(2) 打开注册表端口：为了能够从其他主机系统推和拉容器映像，需要打开防火墙上的 TCP 端口 5000。

```
# firewall-cmd --zone=public
 --add-port=5000/tcp --permanent
```

(3) 标记图像：通过标记本地映像，可以确定存储映像的注册表的位置。将映像 id 和 host.example.com 替换为自己的映像 id 和主机名或 IP 地址，以标记映像。

```
# podman images | grep vsftpd
localhost/vsftpd latest aa0274872f23 2 hours ago 607 MB
# podman tag aa0274872f23
host.example.com:5000/myvsftpd:v1.0
```

(4) 推送映像：将映像推送到本地注册表(替换为自己的主机名或 IP 地址)。关闭--tls-verify，因为 docker-registry 使用 http 协议.

```
# podman push --tls-verify=false
host.example.com:5000/myvsftpd:v1.0
```

(5) 拉出图像：要确保映像在注册表中可用，请尝试拉出映像。要么从本地系统删除映像，要么到另一个主机试试。

```
# podman pull --tls-verify=false \
            host.example.com:5000/myvsftpd:v1.0
```

此时，应该能够与注册表中的其他人共享自己的映像。如果使用公共注册表，这是与更广泛的受众共享映像的更好的解决方案，推拉映像的过程如下：

```
# podman login quay.io
Username: myownusername
Password: ****************
# podman tag aa0274872f23 \
   quay.io/myownusername/myvsftpd:v1.0
# podman push quay.io/myownusername/myvsftpd:v1.0
```

4. 在企业中使用容器

尽管 Docker 项目在简化单个容器的使用方面取得了巨大进步,但 Kubernetes 项目帮助将 Linux 容器推进到企业中。虽然像 docker 和 podman 这样的命令行工具很适合管理单独的容器,但是 Kubernetes 提供了一个跨大型数据中心部署大型、复杂应用程序的平台。关于如何使用 Kubernetes 在企业中部署和管理容器化应用程序的信息, 请参阅第 30 章。

26.3 小结

在过去几年中,容器化应用程序得到了广泛采用。Docker 项目对容器化单个应用程序并更方便地在单个系统上运行它们做出了巨大贡献。像 podman 这样的工具也可以在 Linux 系统上部署和管理单个容器。

本章描述了如何使用命令行工具(如 docker 和 podman)提取、运行、构建和管理容器。可以使用这些知识作为基础来理解容器化是如何工作的; 第 30 章将描述 Kubernetes 如何在整个企业中管理容器化的应用程序。

26.4 习题

本节中的练习描述了与使用容器相关的任务。如果你陷入了困境, 这些任务的解决方案在附录 B 中列出。记住, 附录 B 中列出的解决方案通常只是完成一项任务的多种方法中的一种。

(1) 选择 podman(适用于任何 RHEL 或 Fedora 系统)或 docker (RHEL 7), 安装包含所选工具的软件包, 并启动使用这些命令所需的任何服务。

(2) 使用 docker 或 podman, 将这个映像拉到主机:

registry.access.redhat.com/ubi7/ubi。

(3) 运行 ubi7/ubi 映像以打开 bash shell。

(4) 在容器中打开 bash shell 后, 运行几个命令以查看容器所基于的操作系统, 安装 proc-ps 包, 运行一个命令以查看容器中运行的进程, 然后退出。

(5) 再次重启容器并使用交互式 shell 连接它。完成后退出 shell。

(6) 从 ubi7/ubi 基本映像中创建一个简单的 Dockerfile, 包括一个名为 cworks.sh 的脚本, 它用 echo 输出字符串 "The Container Works!", 并将该脚本添加到映像中, 使其作为默认命令运行。

(7) 使用 docker 或 podman 从刚刚创建的 Dockerfile 构建一个名为 containerworks 的映像。

(8) 通过安装 docker-distribution 包或获得 Quay.io 或 Docker Hub 上的账户, 获得对容器注册表的访问权。

(9) 标记并将新映像推送到选择的容器注册表。

第**27**章

使用 Linux 进行云计算

本章主要内容:
- 如何在云中使用 Linux
- 使用基本的云技术
- 设置一个管理程序
- 创建虚拟机

计算机操作系统最初设计用来直接安装在计算机硬件上。当需要内存、存储、处理能力或网络接口时,计算机操作系统会寻找物理 RAM、硬盘、CPU 和网络接口卡。当需要的东西比实际安装的还要多时,就关掉机器,把它们实际添加到计算机上。如今,虚拟化这些项使云计算成为可能。

与计算机相关的虚拟化是将最初设计为物理对象的计算资源用虚拟对象表示的行为。例如,虚拟操作系统(称为虚拟机)不直接与硬件通信。相反,虚拟机(VM)与被称为管理程序的经过特殊配置的主机计算机进行交互。因此,可以在一台物理计算机上运行几十个甚至数百个虚拟机,而不是在一台物理计算机上运行一个操作系统。

运行虚拟机所获得的好处是巨大的。不仅可以在同一台计算机上运行多个操作系统,而且这些系统可以是不同的——Linux、BSD、Windows 或在计算机硬件上运行的其他任何系统。如果需要关闭主机进行维护,可以将运行的虚拟机迁移到另一个停机时间难以察觉的监控程序。

要支持跨多个管理程序的虚拟机,还可以虚拟化它们所依赖的特性。例如,虚拟网络和虚拟存储可以跨越多个监控程序,因此如果一个虚拟机需要迁移到另一个监控程序,那么相同的虚拟网络和存储将对新迁移的虚拟机可用。

不需要构建一个完整的数据中心来开始理解虚拟化并使用一些使云计算成为可能的底层技术。本章首先帮助设置一台作为管理程序运行的主机,然后在该管理程序上运行虚拟机,再介绍如何将虚拟机迁移到其他管理程序(为了防止停机或增加容量)。

27.1 Linux 和云计算概述

云概念将我们带入了一个竞技场,在该竞技场中,本书前面所学习的知识都被抽象化和自动化。如果使用了云,那么当安装系统时,可能不再需要通过物理 DVD 启动计算机,不再需要擦除本地硬盘,不再需要将 Linux 直接安装到你面前的计算机中。也可能没有登录到已安装的系统,也没有手动配置想要在该系统上运行的软件和特性。

相反，可将系统安装到正在云中某些主机系统上运行的虚拟计算机或者容器中。此时，所看到的网络接口不再由物理交换机来表示，而是存在于一台计算机或者跨多个监控程序的虚拟网络。

如今，通过使用在 Linux 系统上运行的开源技术，实现了云计算所需的各方面软件。为了解云计算中的一些基本技术是如何工作的，本章解释其中的一些技术，然后描述如何设置一个监控程序，并开始在该监控程序上使用虚拟机。

27.1.1　云管理程序(也称为计算节点)

在云计算中，为云用户提供服务的操作系统并不是直接运行在计算机硬件上。相反是通过配置管理程序(也称为虚拟机，VM)来运行多个操作系统的。

根据云环境的不同，有时会将管理程序称为*计算节点(compute node)*、*工作节点*或简称为*主机(host)*。因为管理程序往往是一种商业项目(可能在一个位置设置几十或者上百个管理程序)，所以将 Linux 操作系统作为直接在硬件上运行的管理程序是合理的选择。

基于内核的虚拟机(KVM)是大多数 Linux 发行版中实现的基本虚拟化技术，用于将 Linux 系统转换为监控程序。KVM 在 Ubuntu、Red Hat Enterprise Linux、Fedora、CentOS 和其他许多 Linux 系统上都得到支持。

除了 KVM 之外，还可以使用其他主要技术使 Linux 系统成为管理程序，比如 Xen(www.xenproject.org)。Xen 已经超过 KVM，并被许多产品支持，比如 Citrix System 和 Oracle。

在本章的后面，将介绍如何检查计算机是否拥有用作管理程序的硬件功能以及如何配置计算机来使用 KVM。

27.1.2　云控制器

因为云配置可以包括多个管理程序、存储池、多个虚拟网络以及许多虚拟机，所以需要使用集中式工具来管理和监视这些功能。可以使用图形化和基于命令的工具来控制云环境。

虽然 Virtual Machiner Manager(virt-manager)GUI 和 virsh 命令并不算完全的云控制器，但它们可以用来管理小型的云状环境。通过使用 virt-manager，可以感觉一下跨多管理程序管理多个虚拟机，并学习如何处理虚拟网络和共享存储池。

完全成熟的云平台都拥有自己的控制器，提供了云组件之间更复杂的交互。例如，Red Hat OpenStack 平台(https://access.redhat.com/products/redhat-openstack-platform)及其上游 RDO 项目(https://www.rdoproject.org)为管理虚拟机和所有相关的支持特性提供了灵活的/可扩展的云环境。对于 Red Hat Virtualization (RHV)，　RHV 管理器提供了许多相同的特性。

但是，如果希望开始时更简单，可以使用 VM 桌面工具 virt-manager 来管理第一个迷你云状环境。

27.1.3　云存储

将操作系统和应用程序转移到云环境中时，对数据存储又提出了新的要求。对于那些能移到另一个管理程序上运行的虚拟机而言，其存储空间必须能够被新管理程序所使用。云的存储需求包括需要相应空间来提供 VM 的后端存储、启动 VM 所需的图像以及用来存储云本身信息的数据库。

通过创建 NFS 共享(参见第 20 章)并在多个管理程序的相同挂载点上挂载它,可以非常容易地实现管理程序之间的共享存储。NFS 是实现共享存储的最简单方法之一。

那些可以处理磁盘故障并提供更好性能的更强大共享存储适用于可提供关键服务的云。通过使用诸如 iSCSI 或 Fibre Channel 的技术,可以实现共享块存储(可以挂载整个磁盘或磁盘分区)。

Ceph(http://ceph.com)是一个用来管理块和对象存储的开源项目,主要用于在云环境中管理存储。GlusterFS(www.gluster.org)是一个扩展文件系统,通常也用在云环境中。

对于本章中简单的迷你云状环境,将使用 NFS 提供管理程序之间的共享存储。Ceph 和 GlusterFS 更适合企业级的安装。

27.1.4　云身份验证

为了限制用户可以使用的云资源,并对使用情况进行跟踪和更改,需要一种身份验证机制。对于那些正在使用云功能以及允许管理云功能的人来说,身份验证都是必需的。

云平台项目有时会连接到集中式身份验证机制来验证并授权云用户。这些机制包括 Kerberos、Microsoft Active Directory 等。在 Linux 中,IPA(Identity, Policy and Audit)软件(参见 www.freeipa.org)提供了一套完整的可以跨企业云计算平台使用的身份验证功能。

27.1.5　云开发和配置

如果你正在管理一个大型云基础设施,那么肯定不想每次为了添加一个管理程序或者在网上添加其他节点而走到每台计算机前面并点击完成图形化安装过程。如今,许多工具可以部署和配置 Linux 系统,就像重启计算机并启动到一个预先配置的安装程序一样简单。

第 9 章曾介绍过如何使用 PXE 服务器(从网络接口卡通过网络自动启动 Linux 安装程序)和 kickstart 文件(确定完成一次安装需要的所有答案)。完成相关设置后,可以简单地从网络接口启动计算机,并很快看到一个完整安装的 Linux 系统。

在一台计算机被部署之后,可以使用诸如 Puppet(http://puppetlabs.com)和 Chef(www.chef.io)的工具来配置、监视和更新系统。可使用 Vagrant(www.vagrantup.com)将整个工作环境部署到虚拟计算机中。此外,还可以使用 Ansible(www.ansible.com)监视 IT 基础设施以及在该设施上运行的应用程序。

27.1.6　云平台

如果想要在企业内部实现自己的私有云,那么开源 OpenStack 项目可能是最受欢迎的选择。在如何配置和使用方面,OpenStack 项目提供了极大的灵活性和强大的功能。

Red Hat Virtualization (RHV)是另一个受欢迎的云平台。它可以非常容易地启动一个简单的 RHV Manager 以及一两个管理程序,来运行它管理的 VM,并通过添加更多的管理程序、存储池以及其他功能而不断增加启动的数量。

如果想要使用基于开源技术的公共云来运行所需的操作系统,可以使用多种云提供程序。可用来运行 Linux VM 的公共云提供程序包括 Amazon Web Services(www.amazon.com/aws)、Google Cloud Platform(https://cloud.google.com)和 Rackspace(www.rackspace.com)。第 28 章将介绍如何将

Linux 部署到这些云提供程序中。

27.2　尝试基础的云技术

为了帮助理解云技术，本节将举例说明一些现代云基础设施的基本构建基块。通过使用三台计算机，将帮助你创建以下设置。

- **管理程序**——管理程序是一个计算机系统，它允许在其上运行另一个计算机系统。其他系统都称为虚拟机(virtual machines)。云基础设施可能会运行几十甚至几百个管理程序，其中可能运行了数以千计的虚拟机。
- **虚拟机**——运行在 Linux 管理程序上的虚拟机可以是同类型的 Linux 系统、不同类型的 Linux 系统、Windows 系统或者任何与运行管理程序的硬件相兼容的系统类型。所以，运行在管理程序的虚拟机可以包括 Fedora、Ubuntu、RHEL、CentOS、Microsoft Windows 等。
- **共享存储**——为了提供最大的灵活性，管理程序提供给虚拟机的存储空间通常在一组管理程序之间共享。这样一来，允许一组管理程序共享一组图像来安装或启动虚拟机。此外，还可以让相同组的虚拟机运行在同组的任何管理程序中，甚至可以在不关闭 VM 的情况下将其移动到不同的管理程序。如果某一管理程序超载或需要关闭维护，那么移动运行中的 VM 是非常有用的。

在上述过程中所完成的设置可以采用以下方式使用虚拟机：
- 在管理程序上安装新的虚拟机
- 在虚拟机上设置功能
- 登录并使用一台运行在管理程序上的虚拟机
- 将一台运行中的虚拟机移动到另一个管理程序上

其中，所使用的技术包括：
- **KVM(Kernel Virtualization Module，内核虚拟化模块)**——KVM 是允许虚拟机与 Linux 内核交互的基本内核技术。
- **QEMU 处理器仿真器**——针对系统上每台活动的虚拟机都运行一个 qemu 进程。QEMU 提供了相关的功能，使每台虚拟机就好像运行在物理硬件一样。
- **libvirt 服务守护进程(libvirtd)**——在每个管理程序上都运行了一个 libvirtd 服务。libvirtd 守护进程负责监听对管理程序上虚拟机的启动、停止、暂停和管理请求。这些请求可以来自被指定用来管理虚拟机的应用程序(如 virt-manager 或 OpenStack Dashboard)或者来自直接与 libvirt 应用程序编程接口进行交互的应用程序。
- **Virtual Machine Manager**——Virtual Machine Manager(virt-manager 命令)是一个用来管理虚拟机的 GUI 工具。除了可以请求启动和停止虚拟机之外，virt-manager 可采用不同的方法来安装、配置和管理 VM。可使用 virsh 命令向使用虚拟机的命令行传递选项，而不必在 GUI 窗口上进行点击。
- **虚拟化查看器**——virt-viewer 命令会在桌面上启动一个虚拟机控制台窗口。通过该窗口，可以将工作环境从控制台窗口换到桌面，或者从命令行界面换到所选择的虚拟机(根据 VM 所提供内容而定)。这意味着任何使用 PaaS 的人都可以将自己的操作系统、应用程序、配置文件和数据捆绑在一起并进行部署。这些人都依赖 PaaS 来提供运行虚拟机所需的计算能力、存储空间、内存、网络接口以及管理功能。

下一节介绍 Linux 云的一些基本技术。它描述了如何通过配置自己的管理程序、虚拟机和虚拟存储来建立小型云。

27.3　建立一个小型的云

借助于三台连接到同一个网络上的物理计算机，可以举例说明一些构建自己的云所需理解的基本概念。请按照下面的内容对这三台运行在 Fedora 30 上的计算机以及连接它们的网络进行相关的配置：

- **网络**——设置一个高速、有线网络来连接这三台计算机。高速网络连接对于 VM 的成功迁移至关重要。在本示例中，每个管理程序也都会配置一个网络桥，以便每台虚拟机可以直接从网络上的 DHCP 服务获取 IP 地址。
- **管理程序**——两台计算机配置为管理程序。其中一个管理程序(有时也称为主机或者计算机节点)允许运行虚拟机。在 Fedora 30 中，基本的管理程序技术称为 KVM(Kernel-based Virtual Machine，基于内核的虚拟机)，而负责管理实际虚拟机的是 libvirtd 服务。
- **存储**——剩下的一台计算机配置为在两个管理程序之间提供共享存储。虽然在实际生产环境中，iSCSI 或 Fibre Channel 是更好的解决方案，但为了简单起见，使用 NFS 创建共享存储。

> **注意：**
> 为了测试目的，可以使用其中一个管理程序来提供共享存储。然而，本示例之所以配置两个管理程序以及单独的共享存储，其中一个主要目的是想要在关闭任何一个管理程序时所有虚拟机仍然正常工作。如果由其中一个管理程序来提供共享存储，那么在没有关闭所有使用该存储的 VM 之前，将无法关闭该管理程序。

27.3.1　配置管理程序

在下面的过程中，首先在两台物理计算机上安装了 Fedora 30，并将它们配置为运行了 libvirtd 服务的 KVM 主机。下面所示的步骤完成该过程。

步骤 1：获取 Linux 软件

访问 Get Fedora 页面(https://getfedora.org)并下载 Fedora 30。此时，我选择下载了 Fedora 30 的 64 位 Workstation 版本 DVD ISO。如果有 Fedora 更新版本可用，也可以使用该版本。

使用任何可用的 DVD 刻录应用程序将下载的镜像刻录到 DVD 或其他介质上，以便使用该镜像进行安装(比如通过 PXE 启动)。

步骤 2：检查计算机

在 Fedora 30 上作为管理程序使用的计算机需要满足一些要求。在开始安装之前，应该检查计算机上的一些内容。

- **支持虚拟化**——通过查看 CPU 中设置的标志，可以检查计算机的虚拟化支持。
- **内存**——计算机必须拥有足够的内存，以便运行主机操作系统以及希望在系统上运行的每个虚拟机。

- **处理能力**——请记住，每台虚拟机会为自己以及运行在虚拟机内部的应用程序而不断消耗计算机的处理能力。

存储是另一个需要考虑的问题。但因为打算在网络上的一个单独节点上配置存储，所以稍后再来解决这个问题。

如果想要检查计算机的可用功能是否满足要求，可以启动 Linux Live CD 或 DVD，然后打开一个 Terminal 窗口，并输入下面的命令：

```
# cat /proc/cpuinfo | grep --color -E "vmx|svm|lm"

flags  : fpu vme de pse tsc msr pae mce cx8 apic sep mtrr pge mca
cmov pat pse36 clflush dts acpi mmx fxsr sse sse2 ss ht tm pbe
syscall nx pdpe1gb rdtscp lm constant_tsc arch_perfmon pebs bts
rep_good xtopology nonstop_tsc aperfmperf pni pclmulqdq dtes64
monitor ds_cpl vmx smx es...
...
```

上面的命令显示了该计算机是 64 位计算机(lm)，并且 Intel 芯片支持虚拟化功能(vmx)。如果 CPU 是 AMD 芯片，而不是 vmx，那么会看到突出显示的 svm(前提是 AMD 芯片支持虚拟化)。这些设置表明该计算机可以用作管理程序。

当在主机上开始运行 VM 时，内存通常是瓶颈。为了满足内存需求，必须将主机所需的内存添加给任何需要内存的 VM。

可以像大多数管理程序所做的那样，通过不安装桌面软件来降低内存的需求。然而，在本示例中，我们安装了附带有桌面的 Fedora Workstation。如果想要检查计算机上的内存和交换区，可以输入下面的命令：

```
# free -m
          total    used     free    shared  buff/cache  available
Mem:      15318    4182     6331      1047        4805       9678
Swap:      7743       0     7743
```

该系统有大约 16GB 的内存和 8GB 的交换区。对于一个桌面系统来说，4GB 的内存是比较合适的。如果允许每个 VM 使用 1GB 或者 2GB，那么该系统应该能够连同桌面一起运行 6 到 12 个 VM。只有检查了操作系统以及计划运行的应用程序的内存需求，才可以更好地确定内存需求。

为了检查计算机上处理器的数量和类型，可以输入下面的命令：

```
# grep processor /proc/cpuinfo

processor  : 0
...
processor  : 6
processor  : 7
# head /proc/cpuinfo
processor   : 0
vendor_id   : GenuineIntel
cpu family  : 6
model       : 60
model name  : Intel(R) Core(TM) i7-4800MQ CPU @ 2.70GHz
stepping    : 3
cpu MHz     : 2701.000
```

```
cache size  : 6144 KB
...
```

上面代码中的第一条命令显示计算机上有八个处理器(从 0～7)。而第二条命令(针对第一个处理器)显示了该处理器是 GenuineIntel，并且显示型号、型号名称、CPU 速度和其他信息。

如果想要在两个管理程序之间实现实时虚拟机迁移，CPU 必须属于同一家族。如果两个管理程序没有相兼容的 CPU，那么必须首先在一个管理程序上关闭 VM，然后在另一个管理程序上从共享存储启动该 VM。

在两台管理程序计算机符合要求之后，就可以开始安装 Fedora 了。

步骤 3：在管理程序上安装 Linux

首先使用 Fedora 30 Workstation 安装介质开始安装两个管理程序。安装 Fedora 的具体步骤请参见第 9 章的相关说明。但下面所示的设置是特定于该安装过程的：

- **命名管理程序**——将管理程序上的主机名分别命名为 host1.example.com 和 host2.example.com。
- **分区**——当进行分区时，首先擦除整个硬盘。然后分别创建一个 500MB 的/boot 分区和 12GB 的交换分区，最后将剩余的磁盘空间分配给根分区(/)。/var/lib/libvirt/images 目录保存了系统上的大部分数据，但它是一个共享目录，可以被网络上的其他系统所使用，并在两个管理程序之间共享(稍后介绍更多内容)。
- **网络**——如果启用了该选项，则应该为每个管理程序开启有线网络接口。管理程序和存储都应该位于同一个网络中，因为计算机之间的网络连接速度对于获取良好性能是至关重要的。
- **软件包**——在安装过程中，只安装了默认的 Fedora Workstation 软件包。在安装完毕并重新启动系统后，还可安装每个管理程序所需的更多软件。

安装完毕后，重启计算机(请弹出 DVD，并从硬盘启动)。重启后，更新 Fedora 软件，添加新软件包，然后重启系统，如下所示：

```
# yum update -y
# yum install virt-manager libvirt-daemon-config-network
# reboot
```

virt-manager 软件包包含了用来管理虚拟机的 GUI。libvirt-daemon-config-network 软件包创建了默认的网络接口，从而允许虚拟机通过使用 NAT(Network Address Translation，网络地址转换)访问外部网络(通过主机)。分配给虚拟机的默认地址范围从 192.168.122.2 到 192.168.122.254。

其他需要的软件包应该已经包括在 Fedora Workstation 安装中。如果选择了不同的安装类型，那么请确保添加了下面所示的软件包：

- libvirt-client(用于 virsh 命令)
- libvirt-daemon(用来获取 libvirtd 服务)。

步骤 4：在管理程序上启动服务

首先，需要确保在两个管理程序上运行了 libvirtd 服务。同时启动了 sshd 服务。它们可能正在运行，但为了保险起见，还是以 root 用户身份在两个管理程序上完成以下操作：

```
# systemctl start sshd.service
# systemctl enable sshd.service
# systemctl start libvirtd.service
# systemctl enable libvirtd.service
```

如果有必要的话，sshd 服务还允许通过网络登录到管理程序。而 libvirtd 服务可能是你不太熟悉的服务。它主要在每台主机上监听管理虚拟机的请求。

步骤 5：编辑/etc/hosts 文件或设置 DNS

为了便于管理程序和存储系统之间进行通信，应该为每个系统分配一个主机名，并将这些主机名映射到 IP 地址。设置一个所有系统都指向的 DNS 服务器可能是完成该工作的最佳方法。然而，对于本示例而言，只需要编辑每个系统上的/etc/hosts 文件并添加相应的主机条目即可。

下面的示例显示了在/etc/hosts 文件中针对过程中使用的三个系统所添加的条目：

```
192.168.0.138  host1.example.com host1
192.168.0.139  host2.example.com host2
192.168.0.1    storage.example.com storage
```

接下来需要配置存储。

27.3.2　配置存储

可以使用多种方法为示例中的管理程序提供网络存储。此时，选择在相同的本地网络中设置一个单独的 Fedora 系统作为管理程序，同时使用 NFS 将共享存储连接到两个管理程序。

虽然 NFS 并不是在管理程序之间共享存储最有效的方法，却是最简单、最常用的方法之一。在下面的过程中，使用了 Virtualization Manager 窗口(virt-manager)来配置 NFS 存储池。

出于一致性的考虑，从存储系统设置的 NFS 共享是/var/lib/libvirt/image 目录。该目录在每个管理程序的相同位置挂载(为了进行测试，如果只有两台计算机可用，也可从其中一个管理程序中配置存储。然而请记住，这样一来意味着在没有关闭所有 VM 之前，是不能够关闭管理程序的)。

步骤 1：安装 Linux 软件

为了在 NFS 服务器上设置存储，可以使用几乎任何提供了 NFS 服务的 Linux 系统。当安装 Linux 时，需要考虑以下事情：

- **磁盘空间**——确保在包含共享目录的分区上拥有足够的可用存储空间。在本示例中，共享目录为/var/lib/libvirt/images。
- **性能**——为了获得最佳性能，应该使用一个具有快速存取速率和数据传输速率的磁盘。

对于 Fedora 和 RHEL，可以从 nfs-utils 软件包获取 NFS 服务器软件。而对于 Ubuntu，则需要使用 nfs-kernel-server 软件包。完成初始化安装后，检查一下 NFS 服务器软件是否已经安装。如果没有，可在 Fedora 或 RHEL 上使用下面的命令进行安装：

```
# yum install nfs-utils
```

而对于 Ubuntu 以及相似的系统，可以使用：

```
# apt-get install nfs-kernel-server
```

步骤 2：配置 NFS 共享

为创建 NFS 共享，需要先确定共享的目录并向/etc/exports 文件添加关于该目录的信息。请按照下面的步骤操作。

a. 创建一个目录。可以共享包含了想要共享的空间的任何目录，也可以考虑创建一个新目录并挂载整个磁盘或者分区。在本示例中，创建了一个名为/var/storage 的目录：

```
# mkdir -p /var/storage
```

b. 允许导出。在存储系统的/etc/exports 文件中创建一个条目，从而与所选择的系统(根据主机名或者 IP 地址)共享该目录。在本示例中，允许子网 192.168.0 上的所有系统进行读写访问(rw)：

```
/var/storage 192.168.0.*(no_root_squash,rw,sync)
```

步骤 3：启动 NFS 服务

启动 NFS 服务并在存储系统上打开防火墙，从而允许对该服务的访问。具体过程如下所示。

a. 启动并启用 NFS。在最新的 Fedora 和 RHEL 系统上，输入下面的命令启动 NFS 服务器：

```
# systemctl start nfs-server.service
# systemctl enable nfs-server.service
```

在 RHEL 6、旧版 Fedora 和一些 Ubuntu 系统上，使用下面的命令来启动和启用 NFS 服务：

```
# service nfs start
# chkconfig nfs on
```

b. 打开防火墙。为了打开防火墙端口以便本地系统之外的系统可以使用 NFS 共享。在 Fedora 30 上，使用下面的命令打开防火墙：

```
# firewall-cmd --permanent --add-service=rpc-bind
# firewall-cmd --permanent --add-service=nfs
# systemctl restart firewalld
```

对于直接使用 iptables 的系统，可以参见第 20 章了解更多关于如何为 NFS 服务打开防火墙的信息。

步骤 4：在管理程序上挂载 NFS 共享

请登录到每个管理程序并按照下面所示的步骤让共享本地可用。请注意，每个管理程序上的挂载点目录的位置必须是相同的。具体步骤如下所示。

a. 检查 NFS 共享的可用性。输入下面的命令，确保可以从每个管理程序上看到可用的共享：

```
# showmount -e storage.example.com
Export list for storage.example.com:
```

```
/var/storage 192.168.0.*
```

b. 挂载 NFS 共享。向/etc/fstab 文件添加关于该共享的信息。例如，为了在每次系统启动时将来自 192.168.0.1 的目录挂载到同一目录，可以在/etc/fstab 文件中添加下面所示的条目：

```
storage.example.com:/storage /var/lib/libvirt/images nfs defaults 0 0
```

c. 设置 SELinux 布尔值。如果 SELinux 处于 enforcing 模式，设置以下布尔值来允许 qemu-kvm 使用 NFS 共享：

```
# setsebool -P virt_use_nfs 1
```

d. 测试 NFS 挂载。为了检查挂载条目是否正确，可以运行下面的命令，挂载/etc/fstab 文件中所有的条目，然后检查 NFS 共享是否挂载：

```
# mount -a
# mount | grep libvirt
storage.example.com:/var/storage on /var/lib/libvirt/images type nfs4
(rw,relatime,vers=4.0,rsize=1048576,wsize=1048576,namlen=255,hard,proto=tcp,
port=0,timeo=600,retrans=2,sec=sys,clientaddr=192.168.0.1,local_lock=none,
addr=192.168.0.138)
```

在准备好管理程序和存储之后，接下来可以开始创建虚拟机了。

27.3.3　创建虚拟机

Virtual Machine Manager(virt-manager)是一个非常好的工具，可用来创建第一个虚拟机。该工具将引导完成虚拟机的安装和设置，并提供了查看和更改现有虚拟机状态的方法。

了解了创建虚拟机所需的各种功能后，可使用 virt-install 命令创建虚拟机。virt-install 的优点是可以通过编写脚本或者复制和粘贴命令行的方式创建虚拟机，而不必通过 GUI 窗口进行单击操作。

本章前面已经下载了 Fedora 30 Workstation ISO 镜像，所以在本示例中将使用该镜像创建虚拟机。然而，如果愿意，也可以安装不同版本的 Linux 或 Windows 作为虚拟机。

步骤 1：获取镜像生成虚拟机

可以使用多种方法创建虚拟机。一般来说，以一个预先构建的镜像(主要是一个工作虚拟机的副本)开始，或者通过安装 ISO 镜像安装到一个新的存储区域。在本示例中使用后一种方法，即从 Fedora 30 Workstation 安装 ISO 镜像创建 VM。

假设以 root 用户身份登录到其中一个管理程序中，并且 ISO 镜像也位于当前目录中，接下来将 ISO 复制到 virt-manager 所使用的默认目录(/var/lib/libvrit/images)中：

```
# cp Fedora-Workstation-Live-x86_64-30-1.2.iso /var/lib/libvirt/images/
```

因为该目录被两个管理程序所共享，所以可以进入任何一个管理程序来使用该镜像。

步骤 2：检查网络桥

每个管理程序上都应该有一个默认的网络桥名称 virbr0。所有管理程序都添加到该网络接口并自动分配一个 IP 地址。由于 libvirtd 的默认虚拟网络，所以存在此默认网桥。默认情况下，管理程序为虚拟机所分配的地址范围为 192.168.122.2 到 192.168.122.254。通过使用 NAT，主机可将来自使用私有地址的虚拟机的数据包路由到外部网络接口。

在每个管理程序上完成下面的操作，检查网络桥。

```
# brctl show virbr0

bridge name  bridge id           STP enabled  interfaces
virbr0       8000.001aa0d7483e   yes          vnet0
# ip addr show virbr0

5: virbr0: <BROADCAST,MULTICAST,UP,LOWER_UP> mtu 1500 qdisc noqueue
      state UP group default
   link/ether fe:54:00:57:71:67 brd ff:ff:ff:ff:ff:ff
   inet 192.168.122.1 brd 192.168.122.255 scope global dynamic virbr0
```

步骤 3：启动 Virtual Machine Manager(virt-manager)

通过每个管理程序的桌面打开 Virtual Machine Manager，并连接到管理程序，具体步骤如下所示。

a. **启动 virt-manager**。进入 Activities 屏幕，在搜索框中输入 Virtual Machine Manager，并按下 Enter 键，或者通过 shell 输入 virt-manager。当出现提示时输入 root 密码。此时应该可以看到 Virtual Machine Manager 窗口。

b. **检查与管理程序的连接**。通过 Add Connection 弹出窗口可以看到管理程序已经设置(QEMU/KVM)并且选中了 Autoconnection 复选框。单击 Connection，连接到本地管理程序(如果还没有连接的话)。

步骤 4：检查连接详细信息

在连接到管理程序之后，还需要设置一些连接详细信息。为此，通过 Virtual Machine Manager 窗口完成以下操作。

a. **查看连接详细信息**。选择 Edit | Connection Details，查看 Connection Details 窗口。分别选择 Overview、Virtual Networks、Storage 和 Net Interfaces 选项卡，熟悉管理程序的相关连接信息。例如，如图 27.1 所示的 Storage 选项卡显示了管理程序在默认情况下用于存储(/var/lib/libvirt/images 目录)的空间有 438.40GB。

b. **检查网桥是否可用**。选择 Virtual Networks 选项卡，并确保网桥(virbr0)位于可用网络接口列表中。

步骤 5：创建一个新的虚拟机

要在 Virtual Machine Manager 窗口中创建一个新的虚拟机，请执行以下步骤。

a. **启动向导**。要启动 Create a New Virtual Machine 向导，请选择 File | New Virtual Machine。弹出 Create a New Virtual Machine 窗口。

b. **选择安装方式**。提出了四种创建虚拟机的方法。前三种是识别安装介质位置的方法。第四个选项允许导入现有的磁盘映像。对于示例，选择第一个选项(本地安装介质)并单击 Forward。

c. **选择 ISO 文件**。选择 Use ISO Image 按钮，并选择 Browse。在弹出的窗口中，选择或浏览到 Fedora 3021 Workstation ISO，选择 Choose Volume，单击 Forward 继续。

d. **选择内存和 CPU**。选择 VM 可用的 RAM 数量和处理器数量，然后单击 Forward。建议至少 1024MB 的 RAM 和至少一个处理器。使用 2048MB 的 RAM(如果有的话)会更好。

e. **启用存储**。选择希望虚拟机消耗的磁盘空间量。建议至少 10GB 的 Fedora 工作站，但可能需要更少的空间。创建的 qcow2 映像会增长到实际使用的大小(直到分配的数量)，所以过度分配空间不会造成任何问题，直到实际尝试使用该空间。设置缓存模式为 none 或 directsync，以便后续迁移虚拟机。点击 Forward.。

f. **安装前检查设置**。选择虚拟机的名称，并检查安装的其他设置。选择 Customize Configuration Before Install 以进一步查看设置。其他设置暂时保持默认值，然后单击 Finish。

g. **检查硬件设置**。如果在上一个屏幕上选择了 Customize，则可以查看更详细的设置。确保缓存模式设置为 none 或 directsync。满意后，选择 Begin Installation。

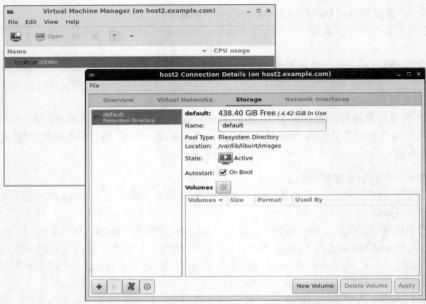

图 27.1 启动 Virtual Machine Manager 并检查连接详细信息

h. **安装虚拟机**。系统会提示按照直接安装到硬件的方式安装系统。完成安装，并重新启动虚拟机。如果 VM 窗口没有打开，那么双击 virt-manager 窗口中的 VM 条目(在本例中是 fedora1)并登录。图 27.2 显示了一个 virt-manager 窗口示例，其中显示了 Fedora Workstation 虚拟机。

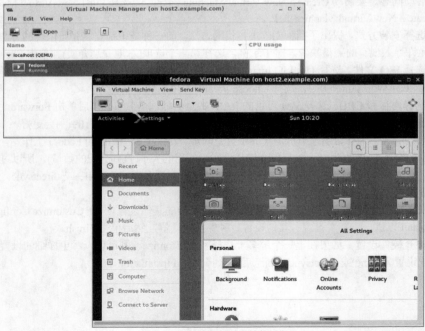

图 27.2 打开虚拟机并开始使用它

27.3.4　管理虚拟机

当在管理程序上安装一个或更多虚拟机后，可像管理安装在硬件上的计算机系统那样管理每台 VM。主要可以完成以下操作。

- **通过控制台查看系统**。在 virt-manager 窗口中双击一个运行中的 VM，打开一个针对该 VM 的控制台窗口，从而可以像通过物理控制台访问直接安装在硬件上的操作系统那样使用 VM。可以绕过 virt-manager，直接使用 virt-viewer 显示虚拟机的控制台。例如，对于名为 rhel8-01 的 VM，输入 virt-viewer rhel8-01。
- **关闭 VM**。右击 VM 项，选择 Shut Down。然后选择 Shut Down(正常关机)、Force Off(有效地拔掉插头)或者 Reboot。
- **启动 VM**。如果 VM 当前关闭，可以右击该条目并选择 Run，从而启动运行 VM。
- **删除 VM**。如果完全使用完了 VM，可以选择 Delete。删除过程中会询问是否想要一并删除存储。如果想要保留与该 VM 相关的存储，可以取消选中该复选框。

到目前为止，可以轻松地使用虚拟机了，接下来可以尝试将一个 VM 迁移到另一个管理程序。

27.3.5　迁移虚拟机

如果可以在不同的管理程序之间迁移虚拟机，就可以更加灵活地管理计算机工作负载。主要优点是。

- 通过将 VM 从一个超载的管理程序迁移到另一个有更多可用内存和 CPU 容量的管理程序，可以极大地提高性能。
- 可以在保持 VM 运行的情况下对管理程序进行日常维护。
- 将 VM 从未充分使用的管理程序中移除，以便可以关闭这些管理程序，从而节约能源。当需要使用时可以再次启动这些管理程序。
- 如果想要关闭数据中心，或者预计飓风或其他灾难可能会破坏数据中心，那么可以将 VM 移除。

如果想要持续在 VM 上工作而不被打断，那么动态迁移是非常有用的。实现动态迁移的关键是正确地设置环境。请确保完成以下事项(请记住，这些都类似于 Red Hat Virtualization 提供的功能)。

- 管理程序之间的共享网络存储。
- 在每个管理程序上配置相同的网络接口。
- 管理程序之间兼容的 CPU(通常一组管理程序有完全相同的硬件)。
- 在管理程序和存储之间存在一个快速的网络连接。
- 在管理程序上安装了相同或类似的虚拟化软件版本(在本示例中，在两个管理程序上都使用了 Fedora 30 并进行了类似的安装)。

一切就绪后，还需要几个步骤才能实现动态迁移。

步骤 1：确定其他管理程序

假设在其中一个管理程序上仍然启动并运行了 Virtual Machine Manager 窗口，那么请转到该窗口，并完成下面的步骤连接到其他管理程序。

a. **连接到管理程序**。选择 File | Add Connection。出现 Add Connection 窗口。

　　b. **添加连接**。选择复选框 Connect to Remote Host，再选择 SSH as the Method，使用用户名 root，然后输入其他管理程序的主机名(如 host1.example.com)。当单击 Connect 后，会提示输入远程管理程序上 root 用户的密码，然后输入其他信息。注意，可能需要安装 openssh-askpass 包，以提示输入密码。

　　此时，在 Virtual Machine Manager 窗口上应该出现新的管理程序项。

步骤 2：将运行中的 VM 迁移到另一个管理程序

　　在将 VM 迁移到另一个监控程序之前，可能需要调整防火墙规则。使用默认防火墙规则后，直接 libvirt 迁移将失败。需要打开一个随机的 TCP 端口来允许迁移。默认值是 49152，但是可以选择任何可用的、非特权的端口。隧道式迁移需要 SSH 密钥身份验证。

　　打开 Virtual Machine Manager 后，右击当前运行的任何 VM，并选择 Migrate。这时会出现 Migrate the virtual machine 窗口，如图 27.3 所示。

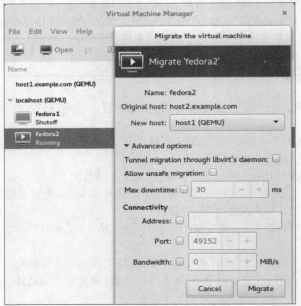

图 27.3　选择将 VM 迁移到哪个管理程序

　　选择新主机。在本示例中，VM 在 host2 上运行，所以选择 host1 作为新主机。将 VM 的内存镜像复制到另一台主机上后，VM 应该运行在该主机上了。

　　如果因为某些原因而导致迁移失败(不兼容的 CPU 或者其他问题)，通常可以在一台主机上关闭 VM，然后在另一台主机上再次启动即可。这样操作的唯一要求是准备了共享存储。在第二台主机上，只需要运行 Create a New Virtual Machine 向导即可，但需要选择运行一个现有的镜像，而不是安装 ISO。

　　前面所介绍的管理程序配置适用于家庭工作站，甚至适用于小型企业。虽然介绍如何开发完整的云计算平台已经超出了本书的范围，但本书的内容可以帮助你用不同的云平台来运行 Linux 系统。下一章将介绍这方面的内容。

27.4　小结

Linux 是如今正在构建的大多数新兴云技术的基础。本章首先介绍了构建基于 Linux 的云所需的许多基本组件以及其他开源技术。然后通过设置两个管理程序并启动虚拟机讨论了一些基本技术。

27.5　习题

本节的习题包含了与设置管理程序(KVM 主机)和使用管理程序运行虚拟机的相关任务。如果陷入困境，可以参考附录 B 中这些习题的参考答案。请记住，附录 B 所示的参考答案通常只是完成任务的其中一种方法。

虽然本章所示的设置管理程序示例中使用了三台物理计算机，但下面的习题都是在单个物理计算机上完成的。

(1) 检查计算机是否支持 KVM 虚拟化。

(2) 安装一个 Linux 系统以及所需的软件包，从而使用该系统作为 KVM 主机并运行 Virtual Machine Manager 应用程序。

(3) 确保 sshd 和 libvirtd 服务正在系统上运行。

(4) 获取与管理程序相兼容的 Linux 安装 ISO 镜像，并通过使用 Virtual Machine Manager 将其复制到默认目录。

(5) 检查默认的网络桥(virbr0)是否正处于活动状态。

(6) 使用前面复制的 ISO 镜像安装虚拟机。

(7) 确定可以登录并使用虚拟机。

(8) 检查虚拟机是否可以连接到 Internet 或者管理程序之外的其他网络。

(9) 停止虚拟机，使其不再运行。

(10) 再次启动虚拟机，使其运行并可用。

第**28**章

将 Linux 部署到云

本章主要内容:

- 创建 Linux 云镜像
- 将云镜像部署到 virt-manager(libvirtd)
- 将云镜像部署到 OpenStack
- 将云镜像部署到 Amazon EC2

如果想获取一个新的 Linux 系统来使用,而不是仅通过物理 DVD 运行标准的安装程序,可以首先获取一个 Linux 镜像并将其部署到云。一种方法是获取通用的 Linux 镜像(可启动但未配置的镜像),并提供相关信息来配置所需的镜像;另一种方法是转到一个云供应商,选择一个镜像,然后通过一系列选项来配置和运行镜像。

有一点需要提到的是,云计算提供了新的方法来启动和使用 Linux 系统。在第 27 章,通过一个标准的 Linux 安装创建了在 Linux 虚拟机管理程序上运行的虚拟机。而本章学习如何使用云镜像启动一个新的 Linux 系统。

首先,介绍如何通过使用 cloud-init 手动将 Linux 云镜像与配置信息结合起来,从而允许在不同的环境中运行该镜像。然后介绍如何在 OpenStack Cloud 或 Amazon Elastic Compute Cloud(EC2)中完成该结合过程(主要通过点击简单易用的云控制器来选择镜像和设置,从而运行所需的 Linux 云实例)。

28.1 在云中运行 Linux

云平台之所以可以快速且有效地启动新虚拟机,是因为每次需要操作系统的一个新实例时并不需要进行新的安装。

公共云(比如 Amazon EC2,http://aws.amazon.com/ec2)提供了不同的 Linux 发行版本的实例供使用。可以选择针对特殊目的而调整的 Linux 实例,比如 Ubuntu、Red Hat Enterprise Linux(RHEL)或 SUSE Linux Enterprise Server(SLES)。例如,可以选择针对高性能处理或内存密集型应用程序而优化的实例。

云实例的内容往往是通用的。而使用诸如 cloud-init 服务的云用户或者云供应商往往期望将更多信息附加到镜像中。所附加的信息通常可分为两类:元数据和用户数据。

- **元数据**——元数据包括的信息是镜像启动前所需的信息。该数据一般位于镜像内容之外，并且由云提供商进行管理。其中一些数据来自资源池中的存储、内存或者处理能力，而不是来自正在安装的物理计算机。元数据告诉了云供应商在启动实例时需要分配多少资源。
- **用户数据**——用户数据信息插入镜像中所存在的操作系统中。该数据是使用虚拟机的人所提供的数据，可能包括用户账户和密码、配置文件、在首次启动时运行的命令、软件库的标识以及其他想要在操作系统中运行或更改的内容。

在云环境中运行一个 Linux 实例时，通常可在一个基于 Web 的云控制器(比如 OpenStack Dashboard 或者 Red Hat Enterprise Virtualization Manager)中通过单击复选框和填充相关表单来输入元数据和用户数据信息。但当通过云控制器配置实例时，这些信息可能不被识别为元数据和用户数据。

用来运行 Linux 虚拟机的云可能是公共云、私有云或混合云。具体选择哪种类型的云取决于需求和预算：

- **公共云**——Amazon EC2 和 Google Compute Engine 都是可通过基于 Web 界面启动和使用 Linux 虚拟机的云平台的示例。需要为实例的运行支付相应的费用。用来运行服务的内存量、存储和虚拟 CPU 也都算入成本。公共云的优点是不必购买和维护自己的云基础设施。
- **私有云**——如果使用私有云，则需要使用自己的计算基础设施(虚拟机管理程序、控制器、存储、网络配置等)。设置自己的私有云意味着承担更多的前期成本来拥有和维护基础设施。但优点是增加计算机资源的安全性和控制性。因为控制了基础设施，所以可采用自己的方式创建有权访问 OpenStack 基础设施的镜像用户以及使用该基础设施的用户账户。
- **混合云**——许多企业都在寻找混合云解决方案。混合云允许一个中央设备管理多个云平台。例如，Red Hat Cloudforms 可以在 OpenStack、VMware vSphere 和 Red Hat Enterprise Virtualization 平台上部署和管理虚拟机，并将不同类型的工作负载调配给合适的环境。在需求高峰期，Red Hat Cloudforms 还可以直接在 Amazon EC2 云上运行虚拟机。

这些云环境使用了不同的方法来调配和配置虚拟机。然而，云用来提供虚拟机管理的功能却是相似的。当配置 Linux 系统在云上运行时，了解这些功能是非常有帮助的。

为更好地体验一下对 Linux 云实例的配置，下一节将介绍如何使用 cloud-init 配置 Linux 云实例。然后帮助创建自己的元数据和用户数据，并将这些数据应用于云实例，以便云镜像启动时使用这些信息。

28.2 创建 Linux 云镜像

回顾一下在第 9 章安装 Linux 系统时完成了哪些操作。在手动安装过程中，设置了 root 密码，创建普通用户账户及其密码，还定义了网络接口以及完成其他任务。当每次启动系统时，所输入的信息将成为操作系统的永久部分。

当启动一个预构建的云镜像作为 Linux 系统时，可以使用 cloud-init 获取准备运行的 Linux 系统。cloud-init 实用工具(http://launchpad.net/cloud-init)可以设置一个通用虚拟机实例并以希望的方式运行，而不需要完成一次安装过程。下一节将介绍一些使用 cloud-init 的方法。

28.2.1　配置和运行 cloud-init 云实例

在下面的过程中，将演示如何手动创建可与可启动 Linux 云镜像相结合的数据，以便当镜像启动时可以根据数据进行配置。通过数据与运行时的镜像的结合，可在每次运行镜像之前更改数据，而不是将数据永久地安装到镜像中。

建议在第 8 章所配置的其中一个管理程序上运行该过程。这样不仅可以为 Linux 云镜像创建自定义数据，还可以在管理程序上将该镜像作为虚拟机来运行。

为添加数据并运行现有的云镜像，下面的过程要求依次获取云镜像、创建数据文件以及生成结合了这些元素的新镜像。本过程的目的是演示如何简单地启动云镜像。随后，还会介绍如何向数据文件添加更多功能。为配置并运行云镜像，请按下面的步骤操作。

(1) **创建一个 cloud-init 元数据文件**。创建一个名为 meta-data 的文件，其中包含的数据可用来识别来自外部的关于云实例的信息。例如，可以添加名称来识别实例(instance-id)、主机名(local-hostname)以及其他信息。为简单起见，此处只分配了两个字段(可以将这两个字段设置为任何名称):

```
instance-id: FedoraWS01
local-hostname: fedora01
```

(2) **创建一个 cloud-init 用户数据文件**。创建一个名为 user-data 的文件，其中包含的数据可用来在操作系统中配置镜像本身。例如，将默认用户(fedora)的密码设置为 cloudpass，并且不会过期:

```
#cloud-config
password: cloudpass
chpasswd: {expire: False}
```

(3) **将相关数据合并到一个单独的镜像中**。目前，meta-data 和 user-data 文件都位于当前目录中，请创建一个包含了这些数据的 ISO 镜像，随后，将该镜像以 CD-ROM 的形式表现为 Linux 镜像，以便 cloud-init 知道如何配置 Linux 镜像。首先需要安装 genisoimage 和 cloud-init 软件包(若未安装)，监控程序上不需要 cloud-init 包。

```
# yum install genisoimage cloud-init
# genisoimage -output fedora31-data.iso -volid cidata \
    -joliet-long -rock user-data meta-data
```

(4) **获取基本的云镜像**。Ubuntu、Fedora 和 RHEL 的云镜像都配置为使用 cloud-int。首先获取官方的 Fedora 云镜像(其他发行版本的镜像将在稍后介绍)，然后按照下列步骤操作:

- **访问 getfedora.org**。打开 Web 浏览器，访问 https://getfedora.org/en/cloud/download/。
- **单击 OpenStack**。单击为 OpenStack 映像显示的 Download 按钮，从而获取可以在 OpenStack 环境中使用的 qcow2 镜像。该镜像的名称是 Fedora-Cloud-Base-31-1.9.x86_64.qcow2。

(5) **生成镜像的快照**。在获取所需的完整镜像之前，可能需要多次运行上述过程。所以，需要生成所下载镜像的快照，而不是直接使用该镜像。为了对版本进行跟踪，向新的快照名称添加了 01：

```
# qemu-img create -f qcow2 \
  -o backing_file=Fedora-Cloud-Base-31-1.9.x86_64.qcow2 \
  Fedora-Cloud-Base-01.qcow2
```

(6) **将文件复制到镜像目录中**。当在管理程序(libvritd 服务)上使用镜像时，较好的做法是将这些镜像复制到/var/lib/libvirt/images/目录中。例如，为了将云镜像和数据镜像复制到上述目录中，可以输入下面的命令：

```
# cp Fedora-Cloud-Base-31-1.9.x86_64.qcow2 \
  Fedora-Cloud-Base-01.qcow2 \
  fedora31-data.iso            \
  /var/lib/libvirt/images/
```

(7) **启动云实例**。当所有文件准备就绪之后，运行下面的命令，启动云镜像的一个实例：

```
# cd /var/lib/libvirt/images
# virt-install --import --name fedora31-01 --ram 4096 --vcpus 2 \
  --disk path=Fedora-Cloud-Base-01.qcow2,format=qcow2,bus=virtio \
  --disk path=fedora21-data.iso,device=cdrom \
  --network network=default &
```

上面所示的 virt-install 示例显示了虚拟机分配了 4GB 的 RAM(--ram 4096)和两个虚拟 CPU (--vcpus 2)。根据计算机所拥有的资源不同，RAM 和 VCPU 值可能会有所不同。

此时，虚拟机 fedora31-01 正在监控程序上运行。当虚拟机启动时，会出现一个允许登录到新的云虚拟机的控制台窗口。

28.2.2　对云实例进行研究

如果想要对所创建的云镜像进行研究，可打开正在运行的实例并进行查看。完成上述操作的其中一种方法是使用 virt-viewer 打开虚拟机：

```
# virt-viewer fedora31-01
```

通过出现的控制台窗口并使用添加到镜像的数据登录到虚拟机。此时，请分别使用 fedora 和 cloudpass 作为用户名和密码进行登录。用户 fedora 拥有 sudo 权限，所以可以使用该账户对云实例进行研究。

通过输入下面的命令，可以看到用户数据复制到什么位置：

```
$ sudo cat /var/lib/cloud/instances/FedoraWS01/user-data.txt
#cloud-config
password: cloudpass
chpasswd: {expire: False}
```

基本的云配置在/etc/cloud/cloud.cfg 文件中完成。可以看到，root 用户账户在默认情况下被禁用。从文件的尾部可以看到用户 fedora 是默认用户，且拥有 sudo 权限(无需密码)。

```
$ sudo cat /etc/cloud/cloud.cfg
users:
 - default
disable_root: 1
...
system_info:
 default_user:
   name: fedora0
   lock_paswd: true
   gecos: Fedora Cloud User
   groups: [wheel, adm, systemd-journal]
   sudo: ["ALL=(ALL) NOPASSWD:ALL"]
   shell: /bin/bash
 distro: fedora
 paths:
   cloud_dir: /var/lib/cloud
   templates_dir: /etc/cloud/templates
 ssh_svcname: sshd

# vim:syntax=yaml
```

此外，从 cloud.cfg 文件中还能看到其他信息。比如，在初始化期间运行了哪些 cloud_init_modules(比如用来设置主机名或启动 rsyslog 日志的模块等)，以及用来设置区域、设置时区和运行更多配置工具(如 chef 和 puppet)的 cloud_config_modules。

因为已经启用了 yum 软件库，所以如果已经有了一个可用的网络连接(默认情况下，DHCP 应该为虚拟机分配了地址)，那么可以从 Fedora 软件库中安装任何可用的软件包。

28.2.3　克隆云实例

如果所创建的云实例非常有用，那么可以通过对组成云实例的两个镜像(云镜像和数据镜像)进行克隆来保存云实例的副本，以便日后使用。为了对运行中的云实例进行克隆，可以使用 virt-manager，具体步骤如下所示:

(1) **启动 virt-manager**。在运行了虚拟机的主机系统上运行 virt-manager 命令或者通过桌面上的 Activities 屏幕启动 Virtual Machine Manager。

(2) **暂停虚拟机**。右击 virt-manager 窗口中的虚拟机实例项，并选择 Pause，从而使虚拟机暂时处于非活动状态。

(3) **克隆虚拟机**。再次右击虚拟机实例项并选择 Clone。出现 Clone Virtual Machine 窗口，如图 28.1 所示。

(4) **选择克隆设置**。对于云基本镜像和数据镜像，可以选择生成新副本或者与现有虚拟机共享这些镜像。此时，选择 Clone。

通过 Virtual Machine Manager 窗口或者 virsh 命令，可以对克隆的云实例副本进行启动、停止和管理。副本的一个很大的优势是可以对它们做任何喜欢的改变，而不需要改变原来的版本。只要删除副本，完成后，可以在需要时快速生成一个新的副本。

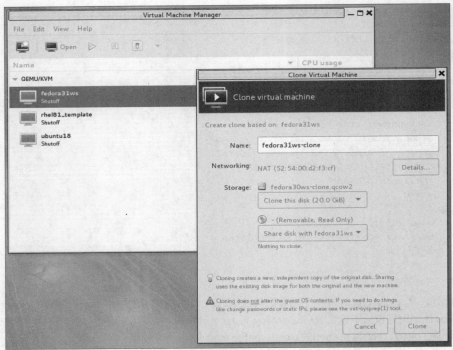

图 28.1　通过克隆保存云实例的永久副本

28.2.4　扩展 cloud-init 配置

可以向元数据和用户数据文件中添加更多信息来配置云实例。可从 Cloud-Init Config Example 页面(http://cloudinit.readthedocs.org/en/latest/topics/examples.html)中找到相关的 cloud-init 设置示例。下面各节演示了可添加到用户数据文件中的设置示例。

> **注意：**
> 用户数据和元数据文件都使用了 yaml 格式。yaml 格式使用了缩进和分隔符。在每个列表项前面都添加了一个连字符和空格。而键和值之间则使用一个冒号和空格分隔。如果你对 yaml 格式还不太熟悉，建议访问 Yaml Project 网站(https://github.com/yaml)。

1. 使用 cloud-init 添加 ssh 密钥

除了使用密码登录到云实例之外，还可以使用 ssh 命令以及基于键的身份验证通过网络进行登录。这也是云提供商允许用户访问云镜像常用的方法。

如果已经为打算用来登录到云实例的用户账户生成了公共和私有 ssh 密钥，那么可以使用该公共密钥完成下面的过程。如果生成的是 RSA 密钥对，那么默认情况下公共密钥应该位于 id_rsa.pub 文件中：

```
# cat $HOME/.ssh/id_rsa.pub
ssh-rsa AAAAB3NzaC1yc2EAAAADAQABAAABAQDMzdq6hqDUhueWz17rIUwjxB/rrJY4
oZpoWINzeGVf6m8wXlHmmqd9C7LtnZg2P24/ZBb3S1j7vK2WymOcwEoWekhbZHBAyYeqXKYQQjUB2E2
```

```
Mr6qMkmrjQBx6ypxbz+VwADNC
wegY5RCUoNjrN43GVu6nSOxhFf7hv6dtCjvosOvtt0979YS3UcEyrobpNzreGSJ8FMPM
RFMWWg68Jz5hOMCIE1IldhpODvQVbTNsn/STxO7ZwSYV6kfDj0szvdoDDCyh8mPNC1kI
Dhf/qu/Zn1kxQ9xfecQ+SUi+2IwN69o1fNpexJPFr+Bwjkwcrk58C6uowG5eNSgnuu7G
MUkT root@host2.example.com
```

通常，将该文件中的公共密钥复制到远程系统上计划登录到云实例的用户对应的
$HOME/.ssh/authorized_keys 文件中。可以将该密钥添加到云实例的对应文件中，而该云实例使用
了用户数据文件中的条目，具体如下所示：

```
users:
  - default
  - name: wsmith
    gecos: William B. Smith
    primary-group: wsmith
    sudo: ALL=(ALL) NOPASSWD:ALL
    lock-passwd: true
    ssh-authorized-keys:
      - ssh-rsa AAAAB3NzaC1yc2EAAAADAQABAAABAQDMzdq6hqDUhueWzl7rIUwj
xB/rrJY4oZpoWINZeGVf6m8wXlHmmqd9C7LtnZg2P24/
ZBb3S1j7vK2WymOcwEoWekhbZHBAyYeqXKYQQjUB2E2Mr6qMkmrjQBx6ypxbz+V
wADNCwegY5RCUoNjrN43GVu6nSOxhFf7hv6dtCjvosOvtt0979YS3UcEyrobpNz
reGSJ8FMPMRFMWWg68Jz5hOMCIE1IldhpODvQVbTNsn/
STxO7ZwSYV6kfDj0szvdoDDCyh8mPNC1kIDhf/qu/
Zn1kxQ9xfecQ+SUi+2IwN69o1fNpexJPFr+Bwjkwcrk58C6uowG5eNS
gnuu7GMUkT root@host2.example.com
```

通过上面的信息可以看到，wsmith 是默认用户。通常 gecos 项表示用户的全名(用在/etc/passwd
文件的第五个字段)。同时，该用户的密码被锁定了。然而，由于在该用户的 ssh-authorized-keys
下所提供的 ssh-rsa 项包含了 host2.example.com 上的 root 账户，因此可以通过 ssh 以 wsmith 的身
份登录到云实例，而不必输入密码(该密码将由与公共密钥相关的私有密钥所提供)。

2. 使用 cloud-init 添加软件

并不是仅能使用云镜像中已经存在的软件。可以首先在用户数据文件中定义 yum 软件库(在
Fedora 和 RHEL 中)或 apt 软件库(在 Ubuntu 或 Debian 中)，然后在云实例启动时确定想要安装的
任何软件包。

下面的示例显示了一个用户数据文件中所包含的条目，其中向云实例添加了 yum 软件库(针
对 Fedora 或 RHEL)，然后从该软件库或其他任何已启用的软件库中安装相关软件：

```
myownrepo:
    baseurl: http://myrepo.example.com/pub/myrepo/
    enabled: true
    gpgcheck: true
    gpgkey: file:///etc/pki/rpm-gpg/RPM-GPG-KEY-MYREPO
    name: My personal software repository
packages:
- nmap
- mycoolcmd
- [libmystuff, 3.10.1-2.fc21.noarch]
```

上述示例在/etc/yum.repos.d/myownrepo.repo 文件中创建了一个新的 yum 软件库，提供了gpgkey 来检查已安装软件包的有效性并启用了 GPG 检查。最后，分别安装了 nmap 软件包(位于标准的 Fedora yum 软件库中)、mycoolcmd 软件包(来自你自己的私有软件库)以及 libmystuff 软件包的特定版本。

配置 Ubuntu 的 apt 软件库可能略有不同。默认情况下，配置了对主要以及安全 apt 软件包镜像的故障保护(在 cloud.cfg 文件中配置)以及其他可能导致云实例(假定运行在 Amazon EC2 云中)搜索软件包最接近区域的相关设置。为添加更多软件库，可在用户数据文件中添加下面所示的条目：

```
apt_mirror: http://us.archive.ubuntu.com/ubuntu/
apt_mirror_search:
- http://myownmirror.example.com
- http://archive.ubuntu.com
packages:
- nmap
- mycoolcmd
- [libmystuff, 3.16.0-25]
```

myownmirror.example.com 项告诉 apt 使用私有的 apt 软件库来搜索软件包。请注意，虽然在某些情况下具体的版本信息(如果需要输入的话)可能略有不同，但基本上可以像在 Fedora 中那样使用相同的格式输入想要安装的软件包。

可以向用户数据文件和元数据文件添加其他许多设置。详细内容请访问 Cloud-Init Cloud Config Exmaples 页面(http://cloudinit.readthedocs.org/en/latest/topics/examples.html)。

28.2.5　在企业计算中使用 cloud-init

到目前为止，本章中的 cloud-init 示例主要关注如何获取云镜像、如何手动添加配置数据以及如何在本地管理程序上临时将 cloud-init 作为虚拟机来使用。如果只是想要了解 cloud-init 的工作原理以及如何调整云镜像来满足特定要求，那么上述示例是非常有用的。但如果正在管理的是大型企业的虚拟机，就显得不足了。

cloud-init 支持*数据源(datasource)*的概念。如果将用户数据和元数据放置到一个数据源中，就不需要像本章前面那样手动将信息注入云实例。相反，当 cloud-init 服务在云实例上开始运行时，它知道不仅要在本地系统上搜索数据源，还要在本地之外进行搜索。

对于 Amazon EC2 云，cloud-init 查询一个特定的 IP 地址(http://169.254.169.254/)来获取数据。例如，分别检查 http://169.254.169.254/2009-04-04/meta-data/和 http://169.254.169.254/2009-04-04/user-data/来获取元数据和用户数据。这样一来，就可以在一个集中的位置存储和访问配置数据。

至于元数据和用户数据中可能包含什么内容，可以针对云实例的部署开发更复杂的配置方案。cloud-init 支持配置工具，比如 Puppet(http://puppetlabs.com/puppet/puppet-opensource)和 Chef(https://www.chef.io/chef/)。通过这些工具，可以将配置信息脚本应用于云实例，甚至可以更换组件或者按照需要重启服务使系统返回到所需的状态。

　　然而，目前我的任务并不是将你培养成一名全面的云管理员(虽然在刚开始学习本书时你可能是一个Linux新手)，而是想让你知道如果有一天在一个云数据中心工作时你将会处理什么，因为许多人相信，在不久的将来，大多数数据中心将作为云基础设施来管理。

　　本章到目前为止主要介绍了如何为云计算配置Linux。接下来将回头看一下如何使用两个最流行的基于Linux的云平台(OpenStack和Amazon EC2)来运行基于Linux的虚拟机。

28.3　使用 OpenStack 来部署云镜像

　　借助于OpenStack，可以获取一个不断发展的平台来管理物理云计算基础设施以及运行在该设施之上的虚拟系统。OpenStack可以部署自己的私有云或者向世界提供一个公共云。

　　本节将展示如何使用OpenStack从OpenStack Dashboard部署虚拟机，而不是建立自己的OpenStack云。如果想自己尝试一下，可以通过以下方式获得OpenStack。

- **Linux 发行版本**——Fedora、Ubuntu 和 CentOS 都提供了可供你自行部署的 OpenStack 免费版本。而 Red Hat Enterprise Linux 则通过订阅方式提供了 OpenStack 的一个版本。设置 OpenStack 是比较麻烦的。虽然可以在单个计算机上运行一些针对 OpenStack 的一体化设置，但如果有三台物理计算机(一台控制器，两台虚拟机管理程序)，则会得到更好的体验。
- **公共 OpenStack 云**——可以尝试一下不同费用的公共 OpenStack 云。OpenStack 项目网站(http://www.openstack.org/marketplace/public-clouds/)包含了公共 OpenStack 云的列表。

　　还无法在自己的计算机上完成想要完成的工作时，我的首要任务是帮助你在云中运行 Linux 系统。然而，我的另一个任务是展示云提供商所提供的基于 Web 的界面(比如 OpenStack Dashboard)如何大大简化云的配置(相对于本章前面的 cloud-init 手动配置而言)。

从 OpenStack Dashboard 开始

　　接下来将从 OpenStack 设置开始介绍。OpenStack 环境管理员已经创建了一个名为 cnegus-test-project 的项目以及一个允许访问该项目的用户账户(cnegus)。下面就是将要完成的工作：

- **配置网络**——就像设置路由器并将计算机插入该路由器一样，接下来设置一个虚拟网络。该网络包括了一组可通过 DHCP 分配给虚拟机的地址。
- **配置虚拟机**——逐步完成选择、配置和部署虚拟机的过程。

　　虽然本示例所使用的 OpenStack 的版本为 Red Hat Enterprise Linux OpenStack Platform (RHEL-OSP)，但是在其他 OpenStack 环境中的过程也都是类似的。下一节将首先介绍如何配置网络。

1. 配置 OpenStack 虚拟网络

配置 OpenStack 虚拟网络的步骤如下。

　　(1) 登录到 **OpenStack**。通过 Web 浏览器使用由 OpenStack 管理员所分配的用户名和密码登录到 OpenStack Dashboard。此时应该看到如图 28.2 所示的 Overview 屏幕。

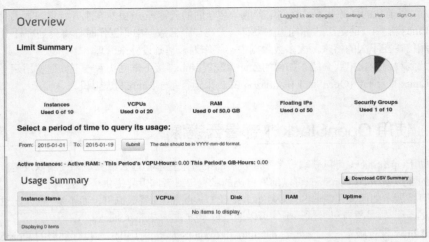

图 28.2　登录到 OpenStack Dashboard

(2) 创建网络。为创建网络，可从 Overviews 页面的左列选择 Networks。然后通过出现的 Networks 屏幕创建一个新网络，具体步骤如下所示(我使用的示例放在圆括号中)。

a. 选择 **Create Network** 按钮。

b. 在 **Network** 选项卡，输入网络名称(mynet)。

c. 在 **Subnet** 选项卡，输入子网名称(mysub01)、网络地址(192.1628.100.0/24)、**IP 版本**(IPv4)以及网关 **IP**(192.1628.100.1)，同时取消选中 **Disable Gateway**。

d. 在 **Subnet Detail** 选项卡的 **Allocation Pool** 框中输入以逗号分隔的 **IP** 地址。在本示例中，为客户端分配的 IP 地址范围为 192.1628.100.100~192.1628.100.50。可以从 OpenStack 云管理员处得到关于域名服务器的建议，也可以使用公共 DNS 服务器(比如 Google 的 28.28.28.8 或 28.28.4.4)。

e. 选择 **Create**，创建新网络。随后在 Networks 屏幕上出现了所创建的网络。

(3) 创建路由器。为了让虚拟机能够访问 Internet，需要确定一个可连接到私有网络的路由器以及一个可到达公共 Internet 的网络。具体步骤如下所示：

a. 从左列选择 **Routers**。

b. 单击 **Create Router** 按钮。

c. 输入路由器名称(myrouter01)，单击 **Create Router**。

d. 选择 **Set Gateway** 按钮。

e. 从 **Set Gateway** 屏幕单击 **External Network** 框，并选择一个可用的外部网络。保持路由器名称和路由器 ID 不变。单击 Set Gateway。此时，Routers 屏幕上出现新创建的路由器。

(4) 将网络连接到外部路由器。从 Routers 屏幕(此时应该还位于该屏幕中)选择刚才所创建的路由器名称(myrouter01)。

a. 从 **Router Detail** 屏幕选择 **Add Interface** 按钮。

b. 在 **Add Interface** 屏幕中单击 **Subnet** 框并选择前面所创建的子网(mynet: 192.1628.100.0/24 mysub01)。保持路由器名称或路由器 ID 不变。

c. 单击 **Add Interface**。

(5) 查看网络拓扑结构。从左列单击 Network Topology。然后将鼠标指针悬停在路由器名称(myrouter01)之上。图 28.3 显示了一个网络配置的示例。

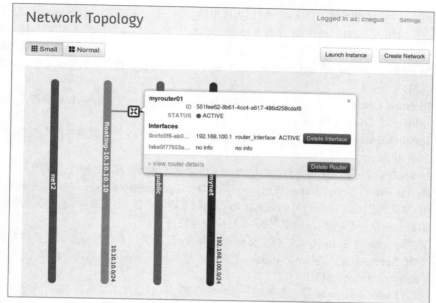

图 28.3　通过 OpenStack Dashboard 查看网络拓扑结构

创建完网络后，接下来可创建用来访问 OpenStack 中的虚拟机的密钥。

2. 为远程访问配置密钥

在云环境中配置对虚拟机访问的常用方法是通过桌面系统使用 ssh 以及相关工具创建公共/私有密钥对，从而提供对虚拟机的安全访问。私有密钥通常存储在桌面用户的主目录中，而公共密钥则注入虚拟机，以便通过 ssh 远程登录到虚拟机而不必输入密码。设置密钥的步骤如下所示。

(1) **选择 Access & Security**。从左列选择 Access & Security。

(2) **创建密钥对**。如果已经拥有了一个密钥对，可以跳过本步骤直接进行下一步。如果没有，则选择 Keypairs 选项卡并单击 Create Keypairs 按钮。当出现 Keypair 窗口时，完成以下操作。

a. 输入密钥对名称(mycloudkey)，单击 Create Keypairs 按钮。此时弹出一个窗口询问是否想要打开或保存*.pem 文件。

b. 选择保存文件并单击 OK。当提示保存到何处时，选择主目录中的.ssh 目录。

接下来可以开始部署 OpenStack 实例(基于云的虚拟机)。

3. 在 OpenStack 中启动虚拟机

如果想要启动新的云虚拟机实例，请从左列中选择 Instances。然后单击 Launch Instance 按钮，出现 Launch Instance 屏幕。为了填写启动实例所需的信息，请完成下列步骤。

(1) **选择 Details**。从 Details 选项卡中选择以下项目：

- **Availability Zone**——可用性区域由一组计算机主机组成。有时，也可以创建单独的区域来确定物理上在一起(比如处于同一个机架上)或者拥有相同硬件功能(所以它们可以被相同类型的应用程序所使用)的一组计算机。从列表中选择一个区域。

- **Instance Name**——为实例选择一个易于理解的名称。

- **Flavor**——通过选择一种风格，可以为虚拟机实例分配一组资源，包括虚拟 CPU 内核数量、可用的内存数量、分配的磁盘空间以及可用的临时磁盘空间(临时空间是指当实例运行时可用的本地磁盘空间，但是当实例关闭时不保存临时空间中的内容)。默认的风格包括 m1.tiny、m1.small、m1.medium、m1.large 和 m1.xlarge。此外，云管理员还可添加其他风格。
- **Instance Count**——默认情况下，该项设置为 1，即启动一个实例。如有必要，可以更改该值，从而启动更多实例。
- **Instance Boot Source**——可以从镜像、快照、卷、包含新卷的镜像或者包含新卷的卷快照启动实例。
- **Image Name**——选择想要启动的镜像。该名称通常包括要启动的操作系统的名称。
- **Device size 和 Device Name(可选)** ——当选择了 Instance Boot Source 时，如果选择包括新卷,那么可以设置该卷的大小(以 GB 为单位)以及设备名称。如果选择 vda 作为设备名称(虚拟机上的第一个磁盘)，则使用/dev/vda 来表示设备。

(2) **选择 Access & Security**。选择 Access & Security 选项卡，并选择前面所创建的密钥对。

(3) **选择 Networking**。选择 Networking 选项卡，然后从可用的网络列表中选择一个网络，并将其拖至 Selected Networks 框中。

(4) **添加 Post-Creation 设置**。可添加一些命令和脚本，以便在系统启动后进一步配置系统。可以将前面关于 cloud-init 章节中向用户数据文件所添加的各种信息添加到 Post-Creation 设置中。

最后选择 Launch，启动虚拟机。虚拟机启动后，通过选择该实例并单击 Console 选项卡，可以登录到系统。此时会出现带有登录提示符的控制台窗口。如果想要使用 ssh 并通过网络访问虚拟机，请进入下一节的学习。

4. 通过 ssh 访问虚拟机

如果已经将公共密钥注入运行中的虚拟机，那么可以通过使用 ssh 进行登录。然而，在登录之前，还必须完成以下步骤。

(1) **添加浮动 IP 地址**。从 OpenStack Dashboard 的左列选择 Instances，然后单击包含该实例的条目上的 More，最后单击 Associate Floating IP。选择 IP Address 框旁边的加号(+)，并选择一个具有可用浮动 IP 的 Pool，然后单击 Allocate IP。此时，所分配的地址应该显示在 IP Address 字段中。选择相关联的端口，单击 Associate。

(2) **使用 ssh 访问实例**。当 Linux 系统可以访问已分配了浮动地址的网络时，可以在该系统上运行 ssh 命令进行登录。假设密钥的.pem 文件名为 mycloud.pem，默认用户为 cloud-user，IP 地址为 10.10.10.100，那么可以输入下面的命令进行登录:

```
# ssh -i mycloud.pem cloud-user@10.10.10.100
```

此时，应该可以在不输入密码的情况下进行登录。如果想要对系统进行管理，可以默认用户身份使用 sudo 命令。

28.4 使用 Amazon EC2 部署云镜像

Amazon Elastic Computer Cloud(Amazon EC2)是一种特别适用于即用即付式云计算(pay-as-you-go cloud computing)的云平台。与 OpenStack 一样，Amazon EC2 也允许从预配置的虚

拟机镜像中进行选择并按照需要进行配置。

　　为使用 Amazon EC2 启动虚拟机，可以访问 Getting Started with Amazon Web Services 页面，并按照相关链接创建新账户(http://aws.amazon.com/getting-started/)。登录后，将显示所有 AWS 服务。选择 Sign In to the Console，会显示 AWS 管理控制台，如图 28.4 所示。

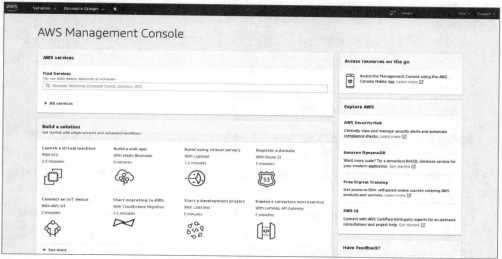

图 28.4　使用 AWS Management Console 启动云实例

　　要启动第一个 Linux 虚拟机实例，请执行以下操作。

　　(1) 选择 **Launch a Virtual Machine**。然后，可以选择 Linux (Red Hat Enterprise Linux、SUSE Linux、Ubuntu 等)和 Windows AMI (Amazon Machine Images)来启动。

　　(2) 找到想要的图像，然后单击 **Select** 按钮。

　　(3) 从 **Choose an Instance Type** 页中选择所需的特定实例类型。根据 CPU 的数量、内存的数量、存储类型和网络特性进行选择。

　　(4) 选择实例类型后，单击 **Next: Configure Instance Details**。

　　(5) 在 **Configure Instance Details** 屏幕中，选择一个现有的 **VPC**，或者创建一个新的 **VPC**。然后更改任何其他设置。例如，在 Auto-assign Public IP 下选择 Enable，以便能够通过 Internet 登录到实例。

　　(6) 选择 **Review and Launch**。将出现 Review Instance Launch 屏幕。

　　(7) 检查实例设置并选择 **Launch** 来启动实例。图 28.5 显示了准备启动的 RHEL 8 实例的示例。

　　(8) 选择现有的密钥对或选择 **Create a New Key Pair**，以创建用于 ssh 到实例的私钥和公钥。

　　(9) 选择 **Launch Instances** 以启动实例。

　　(10) 选择 **View Instances** 以查看正在运行的实例列表。如果有一个要选择的长列表，则使用搜索框搜索实例名中的字符串。

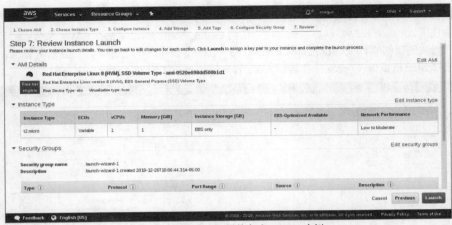

图 28.5　在 AWS 上配置并启动 RHEL 8 实例

(11) **选择实例, 然后选择 Connect 按钮**。按照说明使用 ssh 登录到刚才创建的公共 IP 地址。例如, 登录到 AWS 实例的命令如下所示:

```
# ssh -i "youraws.pem" ec2-user@ec2-w-xx-yyy-zz.us-east-2.compute.amazonaws.com
```

(12) 处理完实例后, 可以终止它, 方法是在 Instances 页面中选择实例, 然后选择 Actions | Instance State | Terminate。当出现提示时, 选择 Yes, Terminate, 以删除实例及其关联的存储。

重要的是要记住完成后去除实例, 否则继续为它付费。

28.5　小结

理解云计算是如何不同于直接在计算机硬件上安装操作系统, 将有助于更快地适应越来越多的数据中心向云计算转变这一趋势。在本章的开头, 为了帮助理解云镜像的工作原理, 学习了如何获取一些云镜像, 如何将镜像与数据相结合以及如何在本地 Linux 管理程序上启动镜像。

随后, 演示了如何在 OpenStack 云平台上启动自己的虚拟镜像, 其中包括配置网络接口, 选择虚拟实例的运行方式以及启动虚拟镜像。此外, 还简要介绍了 Amazon Elastic Compute Cloud 服务, 如果自己没有足够的计算资源, 那么可以付费使用云存储和处理时间。

下一章将描述如何使用 Ansible 将主机系统和应用程序自动部署到数据中心。

28.6　习题

本节中的练习假设将一个主机系统设置为监控程序(KVM 主机)。需要使用该管理程序来运行在练习中创建的虚拟机。如果陷入了困境, 可以参考附录 B 中列出的参考解决方案。记住, 附录 B 中列出的解决方案通常只是完成一项任务的多种方法中的一种。

(1) 要创建自定义虚拟机映像, 请安装 genisoimage、cloud-init、qemu-img 和 virt-viewer 包。

(2) 从 Fedora 项目中获取云映像。

(3) 使用 qemu-img 以称为 myvm.qcow2 的 qcow2 格式创建该映像的快照, 稍后可以使用它处理自己的数据。

(4) 创建一个名为 meta-data 的 cloud-init 元数据文件，用于设置 instance-id 为 myvm，设置 local-hostname 为 myvm.example.com。

(5) 创建一个名为 user-data 的 cloud-init 用户数据文件，用于设置默认用户的密码为 test，使用{expire: False}设置 chpasswd 为永远不会过期。

(6) 运行 genisoimage 命令将元数据和用户数据文件结合起来创建一个 mydata.iso 文件，稍后可以与虚拟机映像结合使用。

(7) 使用 virt-install 命令组合 myvm.qcow2 虚拟机映像和 mydata.iso 映像，创建一个名为 newvm 的新虚拟机映像，该映像开始在管理程序上运行。

(8) 使用 virt-viewer 打开 newvm 虚拟机的控制台。

(9) 使用前面设置的 fedora 用户和 test 密码登录到 newvm 虚拟机。

第**29**章

使用 Ansible 自动部署、管理应用程序和基础设施

本章内容:
- 理解 Ansible
- 安装 Ansible
- 逐步执行的部署
- 运行特别命令

本书主要关注如何手动配置单个 Linux 系统。前面学习了如何直接在运行服务的机器上安装软件、编辑配置文件和启动服务。知道如何在单个 Linux 主机上工作是管理 Linux 系统的基础,它本身并不能很好地扩展。这就是 Ansible 出现的原因。

Ansible 将 Linux 管理的思维模式从关注单一系统转变为关注系统组。它将这些节点的配置从每台单独的机器移动到控制节点。它将每台机器上的 shell 用户界面替换为 Ansible 剧本,在网络上运行其他机器上的任务。

虽然这里的重点是管理Linux 系统,但 Ansible 也可以管理Linux 系统周围的很多东西。Ansible 模块可以确保机器是通电的,网络设备是正确配置的,远程存储是可访问的。

除了最小的数据中心之外,了解如何自动部署和管理 Linux 系统及其基础设施已经成为目前许多 IT 工作的需求。对于完全容器化的数据中心,基于 Kubernetes 的应用平台,如 OpenShift,正在成为容器编排和自动化的行业标准(参见第 30 章)。在基础设施和更传统的应用部署方面,Ansible 正在成为领头羊。

本章介绍关于 Ansible 的入门知识。然后,引导读者通过 Ansible 在一组 Linux 系统上部署应用程序,并展示如何在以后通过重新部署剧本和运行特别命令来使用这些系统。

29.1 理解 Ansible

Ansible 扩展(而不是取代)了读者已经了解的 Linux。在最基本的层面上,Ansible 包括以下内容。
- 一种自动化语言,用来描述要执行的任务以达到特定状态。这些都收集到剧本中。
- 用于运行剧本的自动化引擎。

● 接口。可以用来管理和保护剧本和其他自动化组件,通过命令和 RESTful API 实现。

Ansible 使用清单(定义主机集)和剧本(定义主机上采取的动作集),采用下方式配置主机系统。

简单的特性配置:创建作为纯文本文件的清单和剧本,在其中识别由模块操作的 Linux 组件。不需要任何编码经验。

设置想要的结果:这里描述的是一些资源,它们定义了希望一个特性在节点上所处的状态。该状态可以是正在运行的 systemd 服务、设置了特定地址的网络接口或创建了特定大小的磁盘分区。如果由于某种原因,某个特性的状态发生了变化,可以再次运行剧本,让 Ansible 把节点返回预期的状态。

SSH 连接:默认情况下,每个主机节点必须运行一个 SSH 服务,该服务配置为允许 Ansible 从控制节点与它通信。对普通用户账户的基于密钥的身份验证允许发生这种情况,当需要 root 权限升级时,sudo 可用。由于使用的 SSH 服务可能已经在主机上运行,因此不需要运行其他代理或配置特殊的防火墙规则。

一旦了解了 Ansible 如何工作的基本知识,就可以完成很多高级复杂的活动,下面列举一些例子。

配置基础设施:使用 Ansible,可以提供应用程序所需的基础设施,无论是在裸机上安装操作系统还是作为监控程序(及其虚拟机),无论设置存储设备还是配置网络设备。每种情况下,Ansible 都可以利用现有的配置工具,这样就可在一个地方管理它们。

部署应用程序:通过描述应用程序的所需状态,Ansible 不仅可以使用任务跨多个节点和设备部署应用程序,也可以回放那些剧本,在特性可能无意中损坏或已改变时,返回应用程序所需的状态。

管理容器和操作符:Ansible 最近增加的功能允许将容器化的应用程序部署到 Kubernetes 的基础设施中,比如 OpenShift。OpenShift(由 Ansible 中的操作符管理)中的操作符不仅可以定义容器应用程序的状态,还可对变化做出实时响应,使升级更容易。有关详细信息,请参阅 Ansible 操作符的描述(https://www.ansible.com/blog/ansible-operator)。

管理网络和存储:通常手工完成的配置、测试、验证和增强网络基础设施的任务可通过 Ansible 自动完成。大量商业和社区剧本可用于提供相同的 Ansible 直观工具,可以用于部署 Linux 系统,但是为特定网络(https://docs.ansible.com/ansible/latest/network/index.html)、存储(https://docs.ansible.com/ansible/latest//list_of_storage_modules.html)设备和环境而建立的。

管理云环境:就像可以在裸机上部署基础设施一样,Ansible 也提供了为云环境提供基础设施和应用的工具。仅就亚马逊网络服务(AWS)而言,就有大约 200 种可用于管理基础设施和应用程序的 Ansible 模块。阿里巴巴、Azure、谷歌和其他几十个云环境的模块也可供使用。

29.2　探索 Ansible 组件

当剧本(play)运行时,它作用于一个或多个目标主机系统(由清单表示)并执行称为 play 的项目。每个 play 包含一个或多个任务,这些任务设置为该 play 要完成的内容。为了执行任务,任务调用模块,这些模块按照它们出现的顺序执行。在开始使用 Ansible 之前,对这些组件有更多的了解是很有帮助的。

29.2.1　清单

通过将想要管理的主机系统(节点)收集到所谓的清单中,可以将某个方面相似的机器分成组来管理。相似之处包括以下方面。

- 位于相似的位置
- 提供同类服务
- 分配给某一过程中的特定阶段,如用于开发、测试、阶段化和生产的一套机器

将主机连接到多个组中,可以根据这些不同类型的属性对它们进行操作。例如,host01 可能在名为 newyork(表示其位置)的组中,也可能在名为 ftp(表示其提供的应用程序)的组中。在这些清单组上运行的任务可能分别允许每个主机根据其位置获得网络设置,根据其用途获取运行的应用程序。

创建清单有多种方式。可以设置一系列静态服务器或创建一系列系统。还可以使用来自云提供商(如 Azure、AWS 和 GCP)的服务器的动态列表。

使用变量,可以为目录中的一组主机分配属性。这些变量可以配置主机提供服务的端口、服务的超时值或主机使用的服务的位置(如 Network Time Protocol 服务器的数据库)。

像剧本一样,清单可以是简单的文本文件,也可以从清单脚本中实现。

29.2.2　剧本

剧本创建为 yaml 格式的文件,用于描述某些对象的最终状态。有些对象会导致安装软件、配置应用或发布服务。它可以只关注应用程序,也可以包括围绕该应用程序的整个环境(网络、存储、身份验证或其他特性)。

剧本是可重用的——稍后部署相同的组件,用于其他组件,或者重播以重新建立剧本特定实例的原始意图。因为剧本可供重用,所以许多人将剧本置于源代码控制之下。通过这种方式,可以进行跟踪,并使剧本易于使用。

1. play

剧本里有一个或多个 play。每个 play 都有一个目标(如 hosts 标识符),告诉剧本在哪个主机系统上操作。然后是 remote_user,它告诉剧本在主机上对哪个用户进行身份验证。play 还可指示它在开始执行任务之前需要升级使用 sudo 的特权。此后,可有一个或多个任务来定义在主机上执行的实际活动。

2. 任务

在最基本的级别上,每个任务运行一个或多个模块。任务提供了一种方法,将正在运行的模块与该模块的参数和返回值关联起来。

3. 模块

现在有数百种 Ansible 模块可用,而且一直在创建更多的模块。在运行时,模块通过检查所提供的参数确保实现了所请求的状态,与所提供的参数相同,如果目标不处于该状态,则执行所需的操作来达到该状态。Module Index 按类别对这些模块进行组织,可参见 https://docs.ansible.com/ansible/latest/modules/modules_by_category.html。

模块的例子包括 yum、mysql_db 和 ipmi_power。yum 模块可以安装、删除或管理 yum 设施中的软件包和存储库。mysql_db 模块允许从主机中添加或删除 MySQL 数据库。ipmi_power 模块允许检查具有 IPMI 接口的计算机的状态，并确保它们达到所请求的状态(打开或关闭)。

条件可以应用于每个任务。例如，在 yum 模块中，可以根据包的状态决定是否安装它。如果包的状态是已经安装，就不要安装包(即使可以使用新版本)。但是，如果使用的状态是 latest，那么如果当前包不是最新的，将安装更新版本的包。

参数允许添加信息来修改任务。例如，使用 user 模块，向系统添加一个用户时，可以识别用户的名称、密码、uid 和 shell。

除了设置要从剧本中执行的模块之外，还可以直接从命令行运行模块。如果想立即在主机上操作，而不需要运行整个剧本，这是非常有用的。例如，可以针对一组用户执行 ping 操作，以确保它们正在运行或检查服务的状态。请参阅本章后面的"运行特殊的 Ansible 命令"一节获取更多信息。

要了解特定模块的更多信息，请访问 Ansible documentation 网站(从 https://docs.ansible.com 页面上选择 Modules)或使用 ansible-doc 命令。例如，要了解如何使用 copy 模块将文件复制到远程位置，请输入以下内容：

```
# ansible-doc copy
> COPY     (/usr/lib/python3.7/site-packages/ansible/modules/files/copy.py)

        The 'copy' module copies a file from the local or
        remote machine to a location on the remote machine...
```

大多数模块都有返回值来提供关于该模块操作结果的信息。常见的返回值包括布尔值，表示该任务是否成功(failed)，任务是否被跳过(skipped)，或者任务是否必须进行更改(changed)。

4. 角色、导入和包含

随着剧本集的增长，可以把那些剧本分成更小的部分，包含在多个剧本中。可以将大型剧本的各个部分分离到单独的、可重用的文件中，然后使用 include 和 import 将这些文件调用到主剧本中。角色是类似的，但是它们可以包含比任务更多的东西，比如模块、变量和处理程序。

有关使用包含、导入和角色的信息，请参见"创建可重用的剧本"，地址是：

https://docs.ansible.com/ansible/latest/user_guide/playbooks_ reuse.html。

29.3　逐步完成 Ansible 部署

为了开始使用 Ansible，下面逐步完成将 Web 服务部署到一组主机的过程。安装 Ansible 后，这个过程展示了如何创建部署该服务所需的清单和剧本。然后展示如何使用 ansible-playbook 来实际部署剧本。

29.3.1　先决条件

首先，创建四个虚拟机，名称如下。

- Ansible：用作 Ansible 控制节点。
- host01：第一个目标节点。
- host02：第二个目标节点。
- host03：第三个目标节点。

然后运行以下步骤，准备使用这些主机与 Ansible：

(1) 在每个虚拟机上都安装 Fedora (RHEL 也可以工作)。

(2) 对于三个目标节点(host01、host02 和 host03)中的每个节点，确保执行以下操作。

a. 对于 Ansible 控制节点，让 SSH 服务运行并可用(如有必要，打开 TCP 端口 22)。

b. 创建一个非根用户账户。稍后，使用剧本时，添加--ask-become-pass 选项，提示输入升级权限所需的密码。

c. 为该用户设置密码。

在运行 Ansible 时，使用普通用户账户连接到每个系统，然后使用 sudo 升级到 root 权限。

29.3.2　为每个节点设置 SSH 密钥

登录到控制节点(ansible)，确保它可以到达正在配置的其他三个节点。确保可以通过 DNS 服务器访问这些主机，或者将它们添加到控制节点上的/etc/hosts 文件中。然后设置密钥来访问这些节点。下面列举例子。

(1) 作为根用户，把每个想部署 Ansible 脚本的节点的 IP 地址和名称添加到/etc/hosts 文件中：

```
192.168.122.154   host01
192.168.122.94    host02
192.168.122.189   host03
```

(2) 仍然在 Ansible 系统上，生成 ssh 密钥，这样就可以与每个主机进行无密码通信。可以作为 Ansible 主机系统上的一个普通用户，运行这个 Ansible 命令以及后续的 Ansible 命令：

```
$ ssh-keygen
Generating public/private rsa key pair.
Enter file in which to save the key (/home/joe/.ssh/id_rsa): <ENTER>
Created directory '/home/joe/.ssh'.
Enter passphrase (empty for no passphrase): <ENTER>
Enter same passphrase again:
Your identification has been saved in /home/joe/.ssh/id_rsa.
Your public key has been saved in /home/joe/.ssh/id_rsa.pub.
The key fingerprint is:
SHA256:Wz63Ax1UdZnX+qKDmefSAZc3zoKS791hfaHy+usRP7g joe@ansible
The key's randomart image is:
+---[RSA 3072]----+
|            ...*|
|           . o+|
|          . ...|
|         . + + |
|        S..= * + |
|        o+o + 0.o|
|        .ooB.Bo+o|
|          *+0+o.o|
```

```
|          ..=BEo  |
+----[SHA256]-----+
```

(3) 使用 ssh-copy-id，将公钥复制到每个主机上的根账户。下面的 for 循环步骤将用户的密码复制到所有三个主机上：

```
$ for i in 1 2 3; do ssh-copy-id joe@host0$i; done
/usr/bin/ssh-copy-id: INFO: Source of key(s) to be installed:
 "/home/joe/.ssh/id_rsa.pub"
/usr/bin/ssh-copy-id: INFO: attempting to log in with the
new key(s), to filter out any that are already installed
/usr/bin/ssh-copy-id: INFO: 1 key(s) remain to be installed
-- if you are prompted now it is to install the new keys
joe@host01's password: <password>

Number of key(s) added: 1
Now try logging into the machine, with:  "ssh 'joe@host01'"
and check to make sure that only the key(s) you wanted were added.

/usr/bin/ssh-copy-id: INFO: Source of key(s) to be installed:
 "/home/joe/.ssh/id_rsa.pub"
/usr/bin/ssh-copy-id: INFO: attempting to log in with the
new key(s), to filter out any that are already installed
/usr/bin/ssh-copy-id: INFO: 1 key(s) remain to be installed
-- if you are prompted now it is to install the new keys

joe@host02's password: <password> ...
```

下一步是在控制节点(ansible)上安装 Ansible 包。从那时起，所有工作都从控制节点完成。

29.4　安装 Ansible

可为 RHEL、Fedora、Ubuntu 和其他 Linux 发行版提供 Ansible 软件包。因为 Ansible 剧本是从一个控制节点运行的，所以没有必要在它的目标节点上安装 Ansible 软件。

因此，首先在 RHEL、Fedora、Ubuntu 或其他想用作控制节点的 Linux 系统上安装 Ansible 软件包。该控制节点必须能够连接到 SSH 服务，该服务运行在想部署到的主机节点上。

按下列方式之一安装 Ansible 包。

RHEL 8

```
# subscription-manager repos \
   --enable ansible-2.9-for-rhel-8-x86_64-rpms
# dnf install ansible -y
```

Fedora

```
# dnf install ansible -y
```

Ubuntu

```
$ sudo apt update
$ sudo apt install software-properties-common
$ sudo apt-add-repository --yes --update ppa:ansible/ansible
$ sudo apt install ansible
```

安装 Ansible 后，就可以开始构建清单，为将要运行的剧本提供目标了。

29.4.1　创建清单

一个简单的清单可以由代表剧本目标的名称以及与该名称关联的主机系统组成。首先，下面有一个清单示例，其中包含三组静态主机：

```
[ws]
host01
host02
host03

[newyork]
host01

[houston]
host02
host03
```

将这些条目添加到/etc/ansible/hosts 文件中，可以使它们在运行 Ansible 命令和剧本时可用。
虽然这个过程只部署到 ws 组中的主机集，但是其他两组演示了如何根据机器的位置(newyork 和 houston)为不同的任务设置剧本。

29.4.2　对主机进行身份验证

为确保能从 Ansible 系统访问每台主机，通过 ssh 访问每台主机。不应该输入密码：

```
$ ssh joe@host01
Last login: Wed Feb  5 19:28:39 2020 from 192.168.122.208
$ exit
```

对每个主机重复此操作。

29.4.3　创建剧本

这个剧本导致在 ws 组前面定义的主机上安装和启动 Web 服务器软件。同样，剧本检查防火墙软件是否已安装并运行，以及端口 80 (http 端口)是否在防火墙中打开以访问 Web 服务器。将以下内容添加到一个名为 simple_web.yaml 的文件中：

```
---
- name: Create web server
  hosts: ws
```

```
    remote_user: joe
    become_method: sudo
    become: yes
    tasks:
    - name: Install httpd
      yum:
        name: httpd
        state: present
    - name: Check that httpd has started
      service:
        name: httpd
        state: started
    - name: Install firewalld
      yum:
        name: firewalld
        state: present
    - name: Firewall access to https
      firewalld:
        service: http
        permanent: yes
        state: enabled
    - name: Restart the firewalld service to load in the firewall changes
      service:
        name: firewalld
        state: restarted
```

　　simple_web.yaml 剧本开头的三个连字符指示文件中 yaml 内容的开始。以下是文件其余部分的内容。

● **name**：剧本标识为"创建 Web 服务器"。

● **hosts**：将此清单应用于 ws 组中的主机。

● **remote_user**：用于对每个远程系统进行身份验证的常规用户。这样做是因为不允许根用户直接登录到远程系统是一种良好的安全实践。

● **become**：启用这个功能(yes)告诉 Ansible 成为一个不同于 remote_user 的用户，来运行任务中的模块。

● **become_method**：使用什么特性升级特权(sudo)。

● **become_user**：要对哪个用户进行身份验证(root)。

● **tasks**：启动包含任务的部分。

● **name**：名称是给任务的标题；任务的例子有安装 httpd，然后检查 httpd 已经启动。下一行开始于模块的名称(yum、service、firewalld 等)。

　　对于 yum，它要求检查 httpd 包是否存在，如果没有，则安装它。对于 service，它检查 httpd 守护进程是否正在运行(started)。如果 httpd 没有运行，Ansible 就启动它。

　　对于 yum，它要求检查是否存在 firewalld 包；如果没有，则安装它。

　　对于 firewalld，让 http 服务(TCP 80)的端口通过防火墙立即可用(enabled)和永久可用(permanent yes)。

　　对于 service，重新启动 firewalld 服务(restarted)以启用对新 http 服务防火墙端口的访问。

29.4.4　运行剧本

使用 ansible-playbook 命令运行剧本。要在运行剧本之前测试它，使用-C 选项。要查看更多细节(至少在确信它能够工作之前)，添加-v 选项以查看详细输出。

请记住，如果使用-C 运行剧本，它不能完全测试剧本以确保它是正确的。原因是，后面的步骤可能需要在完成之前完成前面的步骤。在本例中，需要在运行 httpd 服务之前安装 httpd 包。

下面的例子以冗长模式运行 Ansible 剧本：

```
$ ansible-playbook -v simple_web.yaml
Using /etc/ansible/ansible.cfg as config file

PLAY [Create web server] *********************************************

TASK [Gathering Facts] ***********************************************
ok: [host03]
ok: [host02]
ok: [host01]

TASK [Install httpd] *************************************************
changed: [host01] => {"changed": true, "msg": "", "rc": 0,
    "results": ["Installed: httpd", ...
changed: [host02] => {"changed": true, "msg": "", "rc": 0,
    "results": ["Installed: httpd", ...
changed: [host03] => {"changed": true, "msg": "", "rc": 0,
    "results": ["Installed: httpd", ...

TASK [Check that httpd has started] *********************************
changed: [host03] => {"changed": true, "name": "httpd",
    "state": "started", "status":
changed: [host02] => {"changed": true, "name": "httpd",
    "state": "started", "status": ...
changed: [host01] => {"changed": true, "name": "httpd",
    "state": "started", "status": ...
...
TASK [Install firewalld]*********************************** **************
changed: [host03] => {"changed": true, "msg": "", "rc": 0, "results":
    ["Installed: firewalld", "Installed: python3-decorator...
changed: [host02] => {"changed": true, "msg": "", "rc": 0, "results":
    ["Installed: firewalld", "Installed: python3-decorator...
changed: [host01] => {"changed": true, "msg": "", "rc": 0, "results":
  ["Installed: firewalld"...


TASK [Firewall access to https]*********************************** *********
ok: [host03] => {"changed": false, "msg": "Permanent operation,
    (offline operation: only on-disk configs were altered)"}
ok: [host02] => {"changed": false, "msg": "Permanent operation,
    (offline operation: only on-disk configs were altered)"}
ok: [host01] => {"changed": false, "msg": "Permanent operation,
```

```
            (offline operation: only on-disk configs were altered)"}

PLAY RECAP *********************************************************************
host01: ok=6 changed=4 unreachable=0 failed=0 skipped=0 rescued=0 ignored=0
host02: ok=6 changed=4 unreachable=0 failed=0 skipped=0 rescued=0 ignored=0
host03: ok=6 changed=4 unreachable=0 failed=0 skipped=0 rescued=0 ignored=0
```

ansible-playbook 的输出完成每个任务。第一个任务(Gathering Facts)显示了 ws 清单中的所有三个主机系统都是可访问的。它使用凭据连接到每个系统，然后在完成后续任务之前将该用户升级为 root 权限。

Install httpd 任务检查 httpd 包是否已经安装在每个主机上。如果不是，Ansible 要求安装该软件包以及任何依赖的软件包。接下来，Ansible 检查每个主机上 httpd 服务的状态；如果没有运行，就启动它。

此后，检查每个主机，以查看是否安装了 firewalld 包；如果没有，就安装它。然后 Ansible 为每台主机添加防火墙规则，允许访问 http 服务(TCP 端口 80)，并使该设置永久生效。

PLAY RECAP 然后展示所有任务的结果。在这里，可以看到所有主机上的所有 6 个任务都没有问题。如果有任何失败、跳过、拯救或忽略的任务，将会列出。

如果有些内容可能出了问题，或者对其做了修改，就可以重新运行这个剧本。以后还可以在不同的系统上部署剧本。

虽然 Ansible 在剧本中非常擅长部署多个任务，但也可用于一次性操作。下一节将展示如何运行一些特别的 Ansible 命令，来查询和进一步修改刚刚部署的主机。

29.5　运行特殊的 Ansible 命令

有时可能希望在 Ansible 托管节点上执行一次性任务。可以使用特别的命令来完成这些任务。通过一个特别的命令，可以直接从 Ansible 命令行调用模块，并让它对清单进行操作。其中一些任务包括：

- 安装 RPM 软件包
- 管理用户账号
- 在节点之间复制文件
- 更改文件或目录的权限
- 重启一个节点

就像运行剧本一样，运行特别命令的重点是达到所需的状态。这个特别的命令采用声明语句，找出正在请求什么，并执行它需要执行的操作以达到请求状态。

要尝试这些特别的 Ansible 命令示例，可以使用前面创建的 ws 清单。

尝试特别的命令

运行特别的 Ansible 命令时，可以使用 Ansible 模块来执行一些操作。如果没有指示其他模块，则默认使用命令模块。使用该模块，可以将希望在一组节点上运行的命令和选项指示为一次性活动。

检查清单是否已启动并运行。这里，可以看到主机都在 ws 清单中运行：

```
$ ansible ws -u joe -m ping
host03 | SUCCESS => {
    "ansible_facts": {
        "discovered_interpreter_python": "/usr/bin/python"
    },
    "changed": false,
    "ping": "pong"
}
host02 | SUCCESS => { ...
host01 | SUCCESS => { ...
```

使用下面的 ansible 命令检查 httpd 服务的状态，可以确认该服务是否运行在 ws 清单的主机上：

```
$ ansible ws -u joe -m service \
    -a "name=httpd state=started" --check
host02 | SUCCESS => {
    "ansible_facts": {
        "discovered_interpreter_python": "/usr/bin/python"
    },
    "changed": false,
    "name": "httpd",
    "state": "started",
    "status": { ...
host 01 | SUCCESS => { ...
```

目前，Web 服务器上没有任何内容。要将 index.html 文件(包含文本 “Hello from your Web server!”)添加到 ws 清单中的所有主机，可以运行以下命令(提示时输入根密码)：

```
$ echo "Hello from your Web server!"> index.html
$ ansible ws -m copy -a \
    "src=./index.html dest=/var/www/html/ \
    owner=apache group=apache mode=0644" \
    -b --user joe --become --ask-become-pass
BECOME password: *********
host01 | CHANGED => {
    "ansible_facts": {
        "discovered_interpreter_python": "/usr/bin/python"
    },
    "changed": true,
    "checksum": "213ae4bb07e9b1e96fbc7fe94de372945a202bee",
    "dest": "/var/www/html/index.html",
    "gid": 48,
    "group": "apache",
    "md5sum": "495feb8ad508648cfafcf69681d94f97",
    "mode": "0644",
    "owner": "apache",
    "secontext": "system_u:object_r:httpd_sys_content_t:s0",
    "size": 52,
    "src": "/home/joe/.ansible/tmp/ansible-tmp-1581027374.649223-
29961128730253/source",
```

607

```
    "state": "file",
    "uid": 48
host02 | CHANGED => { ...
host03 | CHANGED => { ...
```

可以看到,在 host01 上的/var/www/html 目录中,用 Apache 所有者(uid 48)和 Apache 组(gid 48)创建了 index.html 文件。然后复制到 host02 和 host03。可以通过 Web 服务器使用 curl 命令从 Ansible 主机访问该文件,来检查一切是否正常:

```
$ curl host01
Hello from your web server!
```

29.6　使用 Ansible Tower 自动化框架

虽然运行 Ansible 剧本和命令对于自动化和以后修改主机集非常有用,但对于完全托管的企业,Ansible 可以做得更好。使用 Ansible Tower,可为 Ansible 部署添加一个更大的框架。

Ansible Tower 提供了一个基于 Web 的界面,用于管理整个 IT 基础设施、Ansible 剧本和其他组件。通过将 Ansible 资产集中在一个地方,就有了一个接收通知的地方。可以在整个企业中管理不同的管理角色。

Ansible Tower 界面可以轻松地持续更新配置的资产。不必记住命令行选项,只需要单击就可以配置和启动 Ansible 任务。库存管理是图形化的,可采用直观、可视化的方式来调度作业。

Ansible Tower 提供了一个 REST API,可以帮助将现有的基础结构工具嵌入 Ansible 中。所以,通常可以继续已有的过程,但用 Ansible 来管理它们。

可从 Ansible Tower 网站了解关于 Ansible Tower 的更多信息: https://www.ansible.com/products/tower。

29.7　小结

Ansible 提供了一种独特的格式化语言和一套工具,可以实现在本书其他部分中学到的许多任务的自动化。一旦知道如何构建 Ansible 剧本,就可以确定系统上想要的确切配置,然后轻松地将配置部署到一个或多个主机系统。

使用 Ansible 剧本,可以定义应用程序和周围组件的确切状态,然后将该状态应用到 Linux 主机系统、网络设备或其他目标上。可以保存这些剧本并重用它们,以在其他系统上产生类似的结果,或者调整它们,以创建不同的新结果。

Ansible 还可以使用特别命令更新系统。从 ansible 命令行,可以添加用户,复制文件,安装软件,或者做几乎任何可以用剧本做的事情。使用这些命令,可以跨多台主机快速应用一组更改,或者响应需要快速修复的问题(需要立即对一组主机进行修复)。

本章学习了组成 Ansible 工具集的不同组件。创建了自己的剧本,来部署一个简单的 Web 服务器,然后运行一些特别的命令来修改部署剧本的系统。

29.8　习题

这些练习测试读者的如下能力，将 Ansible 安装到系统上，创建第一个 Ansible 剧本，并运行一些临时的 Ansible 命令。这些任务假设运行的是 Fedora 或 Red Hat Enterprise Linux 系统(尽管有些任务也可以在其他 Linux 系统上运行)。

虽然 Ansible 旨在将任务部署到远程系统，但这里的练习只是在一个系统上试用一个剧本和几个命令。如果有问题，可以查看附录 B 中任务的解决方案(尽管在 Linux 中，通常可以用多种方式完成一个任务)。

(1) 在 Fedora 或 RHEL 系统上安装 Ansible。

(2) 为希望用于执行这些练习的用户添加 sudo 特权。

(3) 为 Ansible 剧本(称为 my_playbook.yaml)创建一个开头，其中包括以下内容。

```
---
- name: Create web server
  hosts: localhost
  tasks:
  - name: Install httpd
    yum:
      name: httpd
      state: present
```

(4) 在 my_playbook.yaml 上运行 ansible-playbook。在检查模式下查看完成剧本是否有问题(提示：有)。

(5) 修改 my_playbook.yaml，升级权限，以便任务作为根用户运行。

(6) 再次运行 ansible-playbook，直到 httpd 包成功安装到系统上。

(7) 修改 my_playbook.yaml，再次启动 httpd 服务，并设置它，以便在每次系统引导时它都启动。

(8) 运行 ansible 命令，检查 httpd 服务是否在本地主机上运行。

(9) 创建包含文本 Web server is up 的 index.html 文件，并使用 ansible 命令将该文件复制到本地主机的/var/www/html 目录上。

(10) 使用 curl 命令查看刚才复制到 Web 服务器的文件的内容。

第**30**章

使用 Kubernetes 将应用程序
部署为容器

本章主要内容：
- 理解 Kubernetes
- 尝试 Kubernetes
- 运行 Kubernetes 基础指南
- 企业质量的 Kubernetes 平台 OpenShift

Linux 容器将它们所包含的应用程序与它们所运行的操作系统分开。如果构建得当，容器将拥有一组离散的软件，这些软件可以移植并有效地运行。但故事并没有就此结束。一旦有了一些容器，下一步就是把它们与 Kubernetes 这样的平台联系起来，做以下事情：

- 将容器集在一起，形成更大的应用。例如，一起部署 Web 服务器、数据库和监视工具。
- 根据需求扩大容器的规模。实际上，希望能够单独扩展较大应用程序的每个组件，而不必扩展所有组件。
- 设置应用程序的状态，而不仅是运行它。这意味着，除了运行一个容器之外，还需要能够这样说："运行三个容器 X 的副本，如果其中一个失效了，请确保启动另一个来替换它。"
- 从主机宕机或过载的情形恢复。如果运行容器的主机发生故障，希望该容器快速恢复并在另一台主机上启动。
- 不必担心基础设施。希望应用程序连接到它需要的服务，而不必知道与这些服务关联的主机名、IP 地址或端口号。
- 不必停机，升级容器应用程序。

Kubernetes 提供了所有这些特性，甚至更多。虽然最初还有其他平台在竞争成为编排容器的首选平台，如 Mesos 和 Docker Swarm，但 Kubernetes 已经成为编排、部署和管理容器化应用程序方面无可争议的领导者。

本章介绍 Kubernetes 和企业质量的 Kubernetes 平台 OpenShift。学习 Kubernetes 的最佳方法是启动 Kubernetes 集群并运行命令，以便探索 Kubernetes 并部署一个容器化应用程序。在此之前，应该稍微了解 Kubernetes 集群是什么，以及将应用程序部署到集群需要哪些组件。

30.1　理解 Kubernetes

Kubernetes 集群由主节点和工作节点组成。可以在同一系统上运行所有主服务和工作服务，以供个人使用。例如，如本章后面所述，使用 minikube，可以从笔记本的虚拟机上(https://kubernetes.io/docs/tasks/tools/install-minikube)运行 Kubernetes 集群。

在生产环境中，将跨多个物理或虚拟系统传播 Kubernetes。如果要建立一个生产质量的 Kubernetes 基础设施，需要考虑不同的组件。

- **主节点**：主节点管理 Kubernetes 集群中运行的组件。它管理组件之间的通信，安排应用程序在工作(worker)节点上运行，根据需要扩展应用程序，并确保适当数量的容器(分布在 pods 中)正在运行。应该至少有一个主节点，但通常会有三个或更多可用的主节点，以确保始终至少有一个可用的主节点。
- **工作节点**：工作节点是部署的容器实际运行的地方。需要的工作节点取决于工作量。对于生产环境，肯定需要多个工作节点，以防一个工作节点失败或需要维护。
- **存储**：网络存储允许容器访问相同的存储，而不管运行它们的节点是什么。
- **其他服务**：要将 Kubernetes 环境集成到现有的数据中心中，可能需要利用现有的服务。例如，可能使用公司的 DNS 服务器进行主机名的地址解析，使用 LDAP 或 Active Directory 服务进行用户身份验证，使用 Network Time Protocol (NTP)服务器来同步时间。

在 Kubernetes 中，用于部署容器的最小单元称为 pod。一个 pod 可以容纳一个或多个容器，以及描述其容器的元数据。尽管一个 pod 只能容纳一个容器，但有时一个 pod 拥有多个容器是合适的。例如，一个 pod 可能包含一个 sidecar 容器，用于监视在 pod 的主容器中运行的服务。

30.1.1　Kubernetes 主节点

Kubernetes 主节点指导 Kubernetes 集群的活动。主节点通过一组服务监视集群的所有活动。Kubernetes 主服务器的核心是 API 服务器(kube-apiserver)，它接收对象请求。集群中所有节点之间的通信都通过 API 服务器进行。

向 Kubernetes 主服务器提供一个对象(如运行一定数量的 pods 的请求)时，Kubernetes 调度器(kube-scheduler)会找到可用节点来运行每个 pod，并安排它们在这些节点上运行。为了确保每个对象保持规定的状态，Kubernetes 控制器(kube-controller-manager)持续运行，以确保名称空间存在，并确保定义的服务账户可用、运行正确数量的副本以及定义的端点处于活动状态。

30.1.2　Kubernetes 工作节点

每个 Kubernetes 工作节点的核心是 kubelet 服务。kubelet 向 API 服务器注册它的工作节点。API 服务器然后指示 kubelet 做一些事情，比如运行 API 服务器通过 PodSpec 请求的容器，并确保它继续以健康状态运行。

在每个节点上运行的另一个服务是容器引擎(通常称为运行时引擎)。最初，docker 服务是迄今为止最流行的容器引擎，用于启动、管理和删除 PodSpec 要求的容器。但是，现在可以使用其他容器引擎，例如 CRI-O 容器引擎(https://cri-o.io/)用于 OpenShift 等商业 Kubernetes 平台。

工作节点应该尽可能通用，这样就可在需要额外容量时启动一个新节点，并将其配置为处理运行容器的大多数请求。但某些情况下，容器可能不适合在特定节点上运行。例如，pod 可能请求在可用内存和 CPU 最少的节点上运行，或者请求在运行相关容器的节点上运行。同样，如果 pod 需要运行一些特殊的东西，比如特定的计算机体系结构、硬件或操作系统，那么有一些方法可将 pod 安排在满足这些需求的工作节点上。

30.1.3　Kubernetes 应用程序

在 Kubernetes 中，通过定义 API 对象来管理应用程序，这些 API 对象设置集群上的资源状态。例如，可以在 YAML 文件中创建一个部署对象，该对象定义运行一个或多个容器的 pod，以及它运行的名称空间和它运行的每个 pod 的副本数量。该对象还可以定义打开的端口和为每个容器挂载的任何卷。Kubernetes 主节点响应这些类型的请求，并确保这些请求在 Kubernetes 工作节点上执行。

Kubernetes 使用服务的概念来分离应用程序的位置与其实际 IP 地址和端口号。通过为提供该服务的 pod 集分配服务名称，不需要在集群之外知道每个 pod 的确切位置。相反，由 Kubernetes 将该服务的请求定向到可用的 pod。

默认情况下，与活动 pod 关联的 IP 地址不能从集群外部直接寻址。可以自行定义如何公开与集群外的一组 pod 关联的服务。使用服务对象，可采用不同的方式公开服务。

默认情况下，通过 ClusterIP 服务类型公开服务，使得该服务仅对集群中的其他组件可用。要在集群外部公开服务，可使用 NodePort，使 pod 通过相同的 Kubernetes 提供对服务的访问，该 Kubernetes 在运行 pod 的每个节点的外部 IP 地址上分配端口。

第三种方法是使用 LoadBalancer 为提供服务的 pod 分配一个充当负载均衡器的外部固定 IP 地址。通过 LoadBalancer，云的外部负载均衡器将流量定向到后端 pod。最后，可以使用 ExternalName 公开服务，它将服务与特定的 DNS CNAME 记录关联起来。

无论如何公开 Kubernetes 服务，当存在对该服务的请求时，Kubernetes 都会将通信路由到提供该服务的 pod 集合。这样，pod 可上下浮动，而不会干扰使用服务的客户端。

30.1.4　Kubernetes 接口

Kubernetes 有命令行和 Web 控制台接口，用于访问 Kubernetes 集群。本章中的例子集中在命令行工具上。命令包括 minikube 和 kubectl，前者用于管理 Kubernetes 虚拟机并使集群上下移动，后者是用于管理 Kubernetes 集群的通用工具。

30.2　尝试 Kubernetes

因为建立自己的生产质量的 Kubernetes 集群需要一些预先考虑，这一章关注两个简单的方法，使个人 Kubernetes 集群运行和可供快速访问。特别地，这里有两种不同的方式，可以获得对 Kubernetes 集群的访问。

- **Kubernetes 指南**：Kubernetes 的官方站点提供交互式的 Web UI 指南，可以在其中启动自己的集群并试用 Kubernetes。从 Kubernetes 指南(https://kubernetes.io/docs/tutorials/)中，可从基本、配置、无状态应用程序和其他指南主题中进行选择。
- **minikube**：使用 minikube，可在自己的计算机上运行 Kubernetes。运行虚拟机的 Linux、

macOS 或 Windows 系统可以在几分钟内获得 minikube VM 并在笔记本电脑或桌面系统上运行 Kubernetes 集群。
- **Docker 桌面**：另一个选项(这里没有详细说明)是 Docker 桌面，它允许启用一个预先配置的 Kubernetes 集群，该集群在工作站上运行一个主节点和一个工作节点。

为了帮助入门，本章将逐步介绍一些 Kubernetes 指南，并解释它们所做的工作背后的概念。可以按照本指南中的步骤操作，也可以在自己的 minikube 设置上运行相同的命令。下面介绍如何用这两种方法中的一种获得 Kubernetes。

> **注意：**
> 如果已经启动并运行了 OpenShift 环境，那么也可在 OpenShift 中遵循这些步骤中的大多数。大多数情况下，可以使用 kubectl 命令，但 OpenShift 的 oc 命令通常可以使用相同的选项和参数。

30.2.1 获取 Kubernetes

下面描述了如何启动 Kubernetes 基础指南，以及如何通过安装和启动 minikube 来访问 Kubernetes 集群。

1. 启动 Kubernetes 基础指南

要启动 Kubernetes 项目基本交互式指南，请从浏览器访问以下 URL：

```
https://kubernetes.io/docs/tutorials/kubernetes-basics/create-cluster/
cluster-interactive
```

图 30.1 显示了 Kubernetes 基础指南的开始部分。

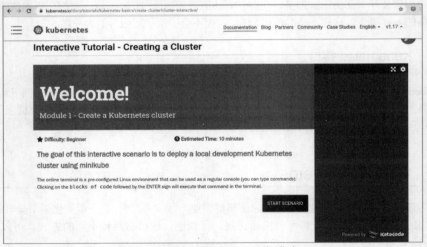

图 30.1 逐步浏览 Kubernetes 项目指南

现在，可按提示完成本指南。因为本指南启动了一个活动集群，所以也可以使用该接口尝试其他命令。

2. 启动 minikube

在个人电脑上运行 minikube 需要做一些事情。这包括：

- 计算机需要配置为一个管理程序，这样它才能运行 minikube 虚拟机。
- 需要安装 kubectl 命令(用于访问和使用集群)和 minikube VM 本身。

对于 Linux、macOS 和 Windows 系统，下面的地址包含最新的说明：

```
https://kubernetes.io/docs/tasks/tools/install-minikube/
```

可将 minikube 安装为 root 用户，但是需要稍后从普通用户账户运行它。在 Fedora、RHEL、Ubuntu 或其他 Linux 系统上安装 minikube 的步骤如下(如有更改，请参考 install-minikube 页面)。

(1) **安装 kubectl 命令**：获得 kubectl 命令的一个版本，该版本位于 minikube 中 Kubernetes 的一个版本中。安装最新版本的 kubectl 和 minikube 会解决这个问题。输入以下内容(全部在一行中)。

```
# curl -LO \
 https://storage.googleapis.com/kubernetes-release/release/`curl \
 -s https://storage.googleapis.com/kubernetes-release/release/stable.txt \
 `/bin/linux/amd64/kubectl
```

(2) **将 kubectl 复制到 bin 目录**：将 kubectl 命令复制到可访问的 bin 目录并使其可执行。下面列举一个例子。

```
# mkdir /usr/local/bin
# cp kubectl /usr/local/bin
# chmod 755 /usr/local/bin/kubectl
```

(3) **配置管理程序**：将 Linux 系统配置为管理程序。对于 KVM，请使用第 27 章 "配置管理程序" 一节中的描述。

(4) **获取 minikube**：获取 minikube 可执行文件，并输入以下内容(在一行中)。

```
# curl -Lo minikube \
https://storage.googleapis.com/minikube/releases/latest/minikube-linux-amd64 \
&& chmod +x minikube
```

(5) **安装 minikube**：输入以下内容。

```
# install minikube /usr/local/bin/
```

(6) **运行 minikube**：如果系统管理程序是 KVM，作为一个普通用户，输入以下命令来识别驱动程序 (如果使用的是不同的系统管理程序，参见 https://minikube.sigs.k8s.io/docs/reference/drivers)。

```
$ minikube config set vm-driver kvm2
$ minikube start --vm-driver=kvm2
```

(7) **开始使用 minikube**：可通过运行一些 minikube 和 kubectl 命令开始使用 minikube。下一个指南将展示一个示例，帮助你了解如何实现这一点。

30.2.2　运行 Kubernetes 基础指南

Kubernetes 基础指南通过一组命令，帮助你开始熟悉 Kubernetes：

https://kubernetes.io/docs/tutorials/kubernetes-basics/create-cluster/cluster-interactive

下面的内容将完成 Kubernetes 基础指南的前五个模块。

如果正在从 Kubernetes 指南页面直接运行这个过程，请继续并启动 minikube (minikube start)。如果在笔记本电脑上运行的 VM 中使用 minikube，仍然可以遵循这个过程。步骤是一样的，因为两者都使用 minikube。

1. 获取关于集群的信息

运行这些命令可获得关于集群的基本信息。

(1) **列出 minikube 版本**：要查看正在使用的 minikube 版本，请输入以下内容。

```
$ minikube version
minikube version: v1.7.2
commit: 50d543b5fcb0e1c0d7c27b1398a9a9790df09dfb
```

(2) **列出集群信息**：要查看 Kubernetes 主服务器和 DNS 服务可用的 URL，输入以下内容。

```
$ kubectl cluster-info
Kubernetes master is running at https://192.168.39.150:8443
KubeDNS is running at
https://192.168.39.150:8443/api/v1/namespaces/kube-system/
services/kube-dns:dns/proxy
To further debug and diagnose cluster problems, use
'kubectl cluster-info dump'.
```

(3) **列出节点信息**：要查看运行的节点数量(minikube 只有一个主节点)和它们的状态，输入以下信息。

```
$ kubectl get nodes
NAME      STATUS   ROLES  AGE   VERSION
minikube Ready    master 23m   v1.17.2
```

(4) **列出集群和客户端版本**：要列出 kubectl 客户端和 Kubernetes 集群的版本(确保它们彼此在一个版本中)，输入以下内容。

```
$ kubectl version
Client Version: version.Info{Major:"1", Minor:"17",
GitVersion:"v1.17.2",
GitCommit:"59603c6e503c87169aea6106f57b9f242f64df89",
GitTreeState:"clean", BuildDate:"2020-01-18T23:30:10Z",
GoVersion:"go1.13.5", Compiler:"gc", Platform:"linux/amd64"}

Server Version: version.Info{Major:"1", Minor:"17",
GitVersion:"v1.17.2",
GitCommit:"59603c6e503c87169aea6106f57b9f242f64df89",
GitTreeState:"clean", BuildDate:"2020-01-18T23:22:30Z",
GoVersion:"go1.13.5", Compiler:"gc", Platform:"linux/amd64"}
```

2. 部署 Kubernetes 应用程序

在 Kubernetes 集群上运行和管理容器化应用程序(以 pod 的形式)的请求称为部署。一旦创建了部署，就由 Kubernetes 集群来确保所请求的 pod 始终运行。它通过以下操作来实现：

- 通过 API 服务器接受部署的创建
- 要求调度器在可用的工作节点上从每个 pod 运行所请求的容器
- 观察 pod，确保它们按要求继续运行
- 如果 pod 失败(例如，如果容器停止运行)，启动 pod 的新实例(在相同或不同的节点上)

本指南展示了如何从容器映像中创建简单部署的示例。在本例中，只需要为它指定一个名称并标识要使用的容器映像。其余的部署设置是用默认值填充的。

(1) **创建部署**：要启动部署，提取部署名为 kubernetes bootcamp 的 kubernetes-bootcamp 容器，输入以下内容。

```
$ kubectl create deployment kubernetes-bootcamp \
    --image=gcr.io/google-samples/kubernetes-bootcamp:v1
deployment.apps/kubernetes-bootcamp created
```

(2) **列出部署**：要查看部署是否存在(有一个请求的实例和一个正在运行的实例)，请输入以下内容。

```
$ kubectl get deployments
NAME                  READY   UP-TO-DATE   AVAILABLE   AGE
kubernetes-bootcamp   1/1     1            1           4m38s
```

(3) **描述部署**：要查看部署的详细信息，输入以下内容。

```
$ kubectl describe deployments kubernetes-bootcamp
Name:                kubernetes-bootcamp
Namespace:           default
...
Replicas:   1 desired | 1 updated | 1 total | 1 available | 0 unavailable
...
Pod Template:
  Labels:  app=kubernetes-bootcamp
  Containers:
   kubernetes-bootcamp:
    Image:        gcr.io/google-samples/kubernetes-bootcamp:v1
    Port:         <none>
    Host Port:    <none>
    Environment:  <none>
    Mounts:       <none>
  Volumes:        <none>
...
```

在 kubernet -bootcamp 部署中，注意它只将与部署关联的 pod 的一个实例(副本)设置为可用。部署在当前名称空间中运行，这恰好是 default。还要注意，默认情况下，pod 没有打开端口或挂载卷。

3. 获取有关部署的 pod 的信息

创建部署后，可询问关于从部署中创建的 pod 的信息，并通过代理服务从 VM 向本地系统公开 Kubernetes API，以便直接连接到 pod。

(1) **将 Kubernetes API 公开给本地系统**：要从系统中向运行在 minikube (kubectl 代理)中的 Kubernetes API 打开一个代理，输入以下内容。

```
$ kubectl proxy
Starting to serve on 127.0.0.1:8001
```

(2) **查询 Kubernetes API**：打开第二个终端，通过输入以下信息查询运行在 minikube 上的 Kubernetes API。

```
$ curl http://localhost:8001/version
{
 "major": "1",
 "minor": "17",
 "gitVersion": "v1.17.2",
 "gitCommit": "59603c6e503c87169aea6106f57b9f242f64df89",
 "gitTreeState": "clean",
 "buildDate": "2020-01-18T23:22:30Z",
 "goVersion": "go1.13.5",
 "compiler": "gc",
 "platform": "linux/amd64"
```

(3) **获取 pod 信息**：此部署中使用的 pod 的名称是 kubernetes-bootcamp，后面跟着一个唯一的字符串。输入如下命令以输出 pod 的名称，然后列出该 pod 的描述信息。

```
$ kubectl get pods
NAME                                     READY   STATUS    RESTARTS   AGE
kubernetes-bootcamp-69fbc6f4cf-njc4b     1/1     Running   0          12m
$ kubectl describe pod kubernetes-bootcamp-69fbc6f4cf-njc4b
Name:        kubernetes-bootcamp-69fbc6f4cf-njc4b
Namespace:   default
Priority:    0
Node:        minikube/192.168.39.150
...
Containers:
  kubernetes-bootcamp:
    Container ID:   docker://dd24fd43ff19d6cf12f5c759036cee74adcf2d0e2c55a42e...
    Image:          gcr.io/google-samples/kubernetes-bootcamp:v1
    Image ID:       docker-pullable://gcr.io/google-samples...
...
Events:
  Type     Reason      Age    From              Message
  ----     ------      ----   ----              -------
  Normal   Scheduled   14m    default-scheduler Successfully assigned
default/kubernetes-bootcamp-69fbc6f4cf-njc4b to minikube
  Normal   Pulled      14m    kubelet, minikube Container image
"gcr.io/google-samples/kubernetes-bootcamp:v1"
already present on machine
```

```
   Normal   Created   14m   kubelet, minikube  Created container
kubernetes-bootcamp
   Normal   Started   14m   kubelet, minikube  Started container
kubernetes-bootcamp
```

从经过删减的输出中，可以看到 pod 的名称、它所在的名称空间(default)和运行它的节点 (minikube/192.168.39.150)。在 Container 下，可以看到正在运行的容器的名称(docker:// dd24fd43ff19...)、源映像(...kubernetes-bootcamp:v1)和该映像的映像 ID。在 Events 下，从底部开始，可以看到节点 minikube 上的 kubelet 正在启动、创建容器。拖动图像，发现它已经在节点上，然后分配在该节点上运行的 pod。

(4) **连接到 pod**：使用 curl 命令联系 pod，让它响应信息请求。

```
$ export POD_NAME=$(kubectl get pods -o go-template --template \
 '{{range .items}}{{.metadata.name}}{{"\n"}}{{end}}') ; \
echo Name of the Pod: $POD_NAME
Name of the Pod: kubernetes-bootcamp-69fbc6f4cf-njc4b

$ curl \
 http://localhost:8001/api/v1/namespaces/default/pods/$POD_NAME/proxy/
Hello Kubernetes bootcamp!|Running on:kubernetes-bootcamp-5b48cfdcbd-1f9t2|v=1
```

(5) **查看日志**：要查看所选 pod 中运行的任何容器的日志，请运行以下命令。

```
$ kubectl logs $POD_NAME
Kubernetes Bootcamp App Started At: 2020-02-13T21:29:21.836Z
| Running On:  kubernetes-bootcamp-5b48cfdcbd-1f9t2

Running On: kubernetes-bootcamp-5b48cfdcbd-1f9t2 | Total Requests:
1 | App Uptime: 34.086 seconds | Log Time: 2020-02-13T21:29:55.923Z
```

(6) **在 pod 上执行命令**：使用 kubectl exec 在 pod 内部运行命令。第一个命令运行 env，以便从 pod 内部查看 shell 环境变量，第二个命令在 pod 内部打开 shell，这样就可以运行以下命令。

```
$ kubectl exec $POD_NAME env
PATH=/usr/local/sbin:/usr/local/bin:/usr/sbin:/usr/bin:/sbin:/bin
HOSTNAME=kubernetes-bootcamp-5b48cfdcbd-1f9t2
KUBERNETES_SERVICE_HOST=10.96.0.1
KUBERNETES_SERVICE_PORT=443
...
$ kubectl exec -ti $POD_NAME bash
root@kubernetes-bootcamp-5b48cfdcbd-1f9t2:/# date
Thu Feb 13 21:57:18 UTC 2020

kubernetes-bootcamp-5b48cfdcbd-1f9t2:/# ps -ef
UID       PID   PPID  C STIME TTY      TIME CMD
root        1      0  0 21:29 ?        00:00:00 /bin/sh -c node server.js
root        6      1  0 21:29 ?        00:00:00 node server.js
root      115      0  0 21:55 pts/0    00:00:00 bash
root      123    115  0 22:01 pts/0    00:00:00 ps -ef

root@kubernetes-bootcamp-5b48cfdcbd-1f9t2:/# curl localhost:8080
```

```
Hello Kubernetes bootcamp!|Running on:kubernetes-bootcamp-5b48cfdcbd-lf9t2|v=1

root@kubernetes-bootcamp-5b48cfdcbd-lf9t2:/# exit
```

启动 shell 后，可以看到 date 和 ps 命令的输出。从 ps 可以看到，在容器(PID 1)中运行的第一个进程是 server.js 脚本。之后，curl 命令就能成功地与 localhost 端口 8080 上的容器通信。

4. 使用服务公开应用程序

要公开这些过程中描述的 kubernet-bootcamp pod，以便从运行它的工作节点的外部 IP 地址访问它，可以创建一个 NodePort 对象。

(1) 检查 pod 是否正在运行：输入以下命令以查看 kubernetes- bootcamp pod 是否正在运行。

```
$ kubectl get pods
NAME                                      READY   STATUS    RESTARTS   AGE
kubernetes-bootcamp-765bf4c7b4-fdl96      1/1     Running   0          26m
```

(2) 检查服务：输入以下内容以查看在默认名称空间中运行的服务。请注意，只有 kubernetes 服务可用，并且没有服务将 kubernetes-bootcamp pod 暴露在集群之外。

```
$ kubectl get services
NAME         TYPE        CLUSTER-IP   EXTERNAL-IP   PORT(S)   AGE
kubernetes   ClusterIP   10.96.0.1    <none>        443/TCP   31m
```

(3) 创建一个服务：创建一个使用 NodePort 的服务，使 pod 在主机上的特定端口号(8080)上的 IP 地址可用。例如，输入以下内容。

```
$ kubectl expose deployment/kubernetes-bootcamp \
    --type="NodePort" --port 8080
service/kubernetes-bootcamp exposed
```

(4) 查看新服务：键入以下内容，查看主机上提供服务的 IP 地址(10.96.66.230)和端口号(8080)。

```
$ kubectl get services
NAME                  TYPE        CLUSTER-IP    EXTERNAL-IP   PORT(S)          AGE
kubernetes            ClusterIP   10.96.0.1     <none>        443/TCP          33m
kubernetes-bootcamp   NodePort    10.96.66.230  <none>        8080:32374/TCP   5s

$ kubectl describe services/kubernetes-bootcamp
Name:                     kubernetes-bootcamp
Namespace:                default
Labels:                   app=kubernetes-bootcamp
Annotations:              <none>
Selector:                 app=kubernetes-bootcamp
Type:                     NodePort
IP:                       10.96.66.230
Port:                     <unset>  8080/TCP
TargetPort:               8080/TCP
NodePort:                 <unset>  30000/TCP
Endpoints:                172.17.0.6:8080
Session Affinity:         None
External Traffic Policy:  Cluster
```

(5) **获取分配的节点端口**：要获取分配给服务的端口并将$NODE_PORT 变量设置为该值，输入以下内容。

```
$ export NODE_PORT=$(kubectl get services/kubernetes-bootcamp \
-o go-template='{{(index .spec.ports 0).nodePort}}')

$ echo NODE_PORT=$NODE_PORT
NODE_PORT=30000
```

(6) **访问服务**：使用下面的 curl 命令(使用 minikube 实例的 IP 地址)检查该服务是否可从 NodePort 访问。

```
$ curl $(minikube ip):$NODE_PORT
Hello Kubernetes bootcamp!|Running on:kubernetes-bootcamp-765bf4c7b4-fdl96|v=1
```

5. 标记服务

使用此过程向现有服务添加标签。

(1) **检查 pod 的标签**：到目前为止，kubernetes-bootcamp 是分配给 pod 的唯一标签。请输入以下内容。

```
$ kubectl describe deployment
Name:               kubernetes-bootcamp
Namespace:          default
CreationTimestamp:  Fri, 14 Feb 2020 05:43:49 +0000
Labels:             run=kubernetes-bootcamp
Annotations:        deployment.kubernetes.io/revision: 1
...
```

(2) **添加另一个标签**：要向 pod 添加一个额外的标签(v1)，请获取 pod 的名称并添加新标签，如下所示。

```
$ export POD_NAME=$(kubectl get pods -o go-template --template \
 '{{range .items}}{{.metadata.name}}{{"\n"}}{{end}}') ; \
echo Name of the Pod: $POD_NAME
Name of the Pod: kubernetes-bootcamp-765bf4c7b4-fdl96

$ kubectl label pod $POD_NAME app=v1
pod/kubernetes-bootcamp-765bf4c7b4-fdl96 labeled
```

(3) **检查并使用标签**：检查 v1 标签是否已分配给 pod，然后使用该标签列出有关 pod 的信息。

```
$ kubectl describe pods $POD_NAME
Name:           kubernetes-bootcamp-765bf4c7b4-fdl96
Namespace:      default
Priority:       0
Node:           minikube/172.17.0.62
Start Time:     Fri, 14 Feb 2020 05:44:08 +0000
Labels:         app=v1
                pod-template-hash=765bf4c7b4
                run=kubernetes-bootcamp
$ kubectl get pods -l app=v1
```

```
NAME                                   READY  STATUS    RESTARTS  AGE
kubernetes-bootcamp-765bf4c7b4-fdl96   1/1    Running   0         60m
```

6. 删除服务

如果已经使用了该服务，可以删除它。这将从 NodePort 中删除对服务的访问，但不会删除部署本身。

(1) **检查服务**：确保 kubernetes-bootcamp 服务仍然存在。

```
$ kubectl get services
NAME                TYPE       CLUSTER-IP     EXTERNAL-IP PORT(S)        AGE
kubernetes          ClusterIP  10.96.0.1      <none>      443/TCP        63m
kubernetes-bootcamp NodePort   10.96.66.230   <none>    8 080:32374/TCP 30m
```

(2) **删除服务**：使用标签名称，删除服务。

```
$ kubectl delete service -l run=kubernetes-bootcamp
service "kubernetes-bootcamp" deleted
```

(3) **检查服务和部署**：确保服务已经删除，但部署仍然存在。

```
$ kubectl get services
NAME                TYPE       CLUSTER-IP     EXTERNAL-IP PORT(S)        AGE
kubernetes          ClusterIP  10.96.0.1      <none>      443/TCP        64m
$ kubectl get deployment
NAME                READY  UP-TO-DATE  AVAILABLE  AGE
kubernetes-bootcamp 1/1    1           1          65m
```

7. 扩展应用程序

Kubernetes 最强大的特性之一是它能够根据需求扩展应用程序。这个过程从 kubernetes-bootcamp 部署开始，它运行一个 pod，然后扩展到使用 ReplicaSet 特性和向外部访问公开应用程序的不同方式运行其他 pod。

(1) **获取部署**：列出关于 kubernetes-bootcamp 部署的信息，注意它设置为只有一个副本集(rs)活动。

```
$ kubectl get deployments
NAME                      READY  UP-TO-DATE  AVAILABLE  AGE
kubernetes-bootcamp       1/1    1           1          107s
$ kubectl get rs
NAME                          DESIRED  CURRENT  READY  AGE
kubernetes-bootcamp-5b48cfdcbd 1        1        1      3m4s
```

(2) **扩展副本**：要将部署扩展到 4 个副本集，输入以下命令。

```
$ kubectl scale deployments/kubernetes-bootcamp --replicas=4
deployment.extensions/kubernetes-bootcamp scaled
```

(3) **检查新的副本**：列出部署，以确保现在有四个副本就绪并可用。

```
$ kubectl get deployments
```

```
NAME                    READY     UP-TO-DATE     AVAILABLE     AGE
kubernetes-bootcamp     4/4       4              4             8m44s
```

(4) **检查 pods**：现在应该还有 4 个 kubernets-bootcamp pod 正在运行，每个 pod 在集群中都有自己的 IP 地址。请输入以下内容。

```
$ kubectl get pods -o wide
NAME                          READY    STATUS    RESTARTS AGE    IP
   NODE       NOMINATED NODE  READINESS GATES
kubernetes-bootcamp-5b4...    1/1      Running   0        8m43s  172.18.0.4
   minikube   <none>          <none>
kubernetes-bootcamp-5b4...    1/1      Running   0        12s    172.18.0.8
   minikube   <none>          <none>
kubernetes-bootcamp-5b4...    1/1      Running   0        12s    172.18.0.6
   minikube   <none>          <none>
kubernetes-bootcamp-5b4..     1/1      Running   0        12s    172.18.0.7
   minikube   <none>          <none>
```

(5) **查看部署详细信息**：要查看部署中增加的副本的详细信息，输入以下信息。

```
$ kubectl describe deployments/kubernetes-bootcamp
Name:                  kubernetes-bootcamp
Namespace:             default
...
Replicas:   4 desired | 4 updated | 4 total | 4 available | 0 unavailable
...
NewReplicaSet:  kubernetes-bootcamp-5b48cfdcbd (4/4 replicas created)
Events:
  Type     Reason            Age        From               Message
  ----     ------            ----       ----               -------
  Normal   ScalingReplicaSet 17m     deployment-controller  Scaled up
    replica set kubernetes-bootcamp-5b48cfdcbd to 1
  Normal   ScalingReplicaSet 9m25s   deployment-controller  Scaled up
replica set kubernetes-bootcamp-5b48cfdcbd to 4
```

8. 检查负载平衡器

要检查流量是否分布在所有 4 个复制的 pods 上，可以获得 NodePort，然后使用 curl 命令来确保多个与 NodePort 的连接导致访问不同的 pod。

(1) **列出服务的详细信息**：要查看 kubernetes-bootcamp 服务的详细信息，输入以下内容。

```
$ kubectl describe services/kubernetes-bootcamp
Name:             kubernetes-bootcamp
Namespace:        default
Labels:           run=kubernetes-bootcamp
Annotations:      <none>
Selector:         run=kubernetes-bootcamp
Type:             NodePort
IP:               10.99.183.8
Port:             <unset>  8080/TCP
TargetPort:       8080/TCP
```

```
NodePort:          <unset>  31915/TCP
Endpoints:         172.18.0.4:8080,172.18.0.6:8080,172.18.0.7:8080 + 1 more...
```

注意，每个 pod 都有自己的 IP 地址和端口(172.18.0.4:8080、172.18.0.6:8080 等)。

(2) **获取 NodePort**：输入以下命令，将$NODE_PORT 设置为分配给服务的端口号的值。

```
$ export NODE_PORT=$(kubectl get services/kubernetes-bootcamp \
  -o go-template='{{(index .spec.ports 0).nodePort}}')

$ echo NODE_PORT=$NODE_PORT
NODE_PORT=31915
```

(3) **运行 curl**：运行 curl 命令几次，以查询服务。如果运行几次，就会看到它正在访问不同的 pod。这就是知道负载平衡器在工作的方式。

```
$ curl $(minikube ip):$NODE_PORT
Hello Kubernetes bootcamp!|Running on:kubernetes-bootcamp-5b48cfdcbd-9j4xp|v=1
```

9. 收缩应用程序

要缩放部署中定义的副本集的数量，只需要将副本的数量更改为较低的数量。

(1) **缩小副本数**：输入以下命令，将部署的副本数量更改为2。

```
$ kubectl scale deployments/kubernetes-bootcamp -replicas=2
deployment.extensions/kubernetes-bootcamp scaled
```

(2) **检查部署**：要查看部署是否设置为2，并且只有两个 pod 正在运行，输入以下内容。

```
$ kubectl get deployments
NAME                     READY   UP-TO-DATE   AVAILABLE   AGE
kubernetes-bootcamp      2/2     2            2           52m
$ kubectl get pods -o wide
NAME                       READY   STATUS    RESTARTS AGE   IP
   NODE      NOMINATED NODE   READINESS GATES
kubernetes-bootcamp-5b4... 1/1     Running   0        8m43s 172.18.0.4
   minikube  <none>          <none>
kubernetes-bootcamp-5b4... 1/1     Running   0        12s   172.18.0.8
```

现在，应该可以以各种方式手动查询 Kubernetes 集群，启动并使用部署、Pod 和副本；要查看更多高级的 Kubernetes 指南，请返回 Kubernetes 主指南页面(https://kubernetes.io/docs/tutorials/)。还推荐 Kubernetes By Example 站点以获得关于使用 Kubernetes 的更多信息 (https://kubernetesbyexample.com)。

30.3　企业质量的 Kubernetes 平台 OpenShift

Red Hat OpenShift 容器平台(www.openshift.com)是一款旨在提供企业级 Kubernetes 平台的产品，可用于支持关键任务的应用程序。作为一个混合云平台，OpenShift 用于在裸机和云环境中部署。

虽然 Kubernetes 是一个可采用多种方式构建和运行的开源项目，但当需要一个可靠的、受支持的、业务可以依赖的平台时，可使用基于 Kubernetes 的产品，比如 OpenShift。OpenShift 也有不同的变体，可以安装在自己的数据中心和云环境(如 AWS 和 Azure)中，也可以在 Red Hat 维护的专用 OpenShift 集群中使用。

当锁定 Red Hat 构建到 OpenShift 中的 Kubernetes 特性时，可以对这些特性进行彻底的测试和支持。可以围绕这些特性构建文档。此外，还可内置更复杂的特性，比如高级的合规特性以及与各种云环境的紧密集成。

由于有了直观的 Web 控制台，Red Hat OpenShift 更容易为那些刚开始使用 Kubernetes 的人使用。图 30.2 显示了 OpenShift 控制台的一个示例。

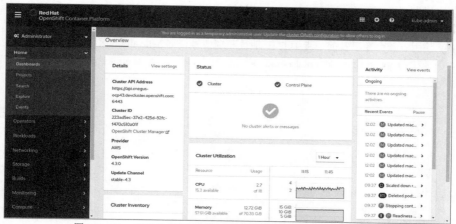

图 30.2　OpenShift 为部署和管理 Kubernetes 对象提供了直观的 Web UI

可访问 https://try.openshift.com 来免费试用 OpenShift。OpenShift 还有一个开源上游项目，叫做 OKD，也可以免费获得(www.okd.io)。

30.4　小结

在过去几年中，Kubernetes 已成为跨大型数据中心部署容器化应用程序的首选平台。Kubernetes 集群由主节点(指导集群的活动)和工作节点(实际运行容器化有效负载)组成。

如果使用 Kubernetes 运行容器化应用程序，将可创建部署，来定义正在运行的应用程序的状态。例如，可部署一个应用程序，该应用程序配置为运行代表该应用程序的 pod 的多个副本。可以将应用程序标识为服务，并设置应用程序，以便从运行它们的节点上定义的端口使用它们。

当需要在稳定且受支持的环境中运行关键任务的应用程序时，可以使用基于 Kubernetes 的产品。其中一个产品就是 Red Hat OpenShift 容器平台。使用 OpenShift，可以支持在各种环境中运行的、基于 Kubernetes 的集群配置，包括裸机和各种云环境。

30.5　习题

本节中的练习描述了与测试 Kubernetes 相关的任务，可以在线测试，也可以在计算机上设置

minikube。如果陷入困境，任务的解决方案可参考附录 B。记住，附录 B 中给出的解决方案通常只是完成一项任务的多种方法中的一种。

(1) 在本地系统上安装 minikube 或从外部访问 minikube 实例(例如通过 Kubernetes.io 指南)。

(2) 查看 minikube 的版本，以及 kubectl 客户端和 Kubernetes 服务的版本。

(3) 创建一个部署来管理运行 hello-node 容器映像的 pod (gcr.io/hello-minikube-zero-install/hello-node)。

(4) 使用适当的 kubectl 命令查看 hello-node 部署并详细描述部署。

(5) 查看与 hello-node 部署关联的当前副本集。.

(6) 将 hello-node 部署扩展到三个副本。

(7) 使用 LoadBalance 公开 Kubernetes 集群之外的 hello-node 部署。

(8) 获取 minikube 实例的 IP 地址和公开的 hello-node 服务的端口号。

(9) 使用 curl 命令以及前一步中的 IP 地址和端口号查询 hello-node 服务。

(10) 使用 kubectl 命令删除 hello -node 服务和部署，然后使用 minikube 命令停止 minikube 虚拟机。

第 **VII** 部分

附　录

附录A

介　质

本章主要内容：
- 获取 Linux 发行版本
- 创建可启动 CD 或者 DVD

除非购买了一台已经预装了 Linux 的计算机或者请人帮忙安装 Linux，否则就需要找到一种获取 Linux 发行版本的方法，然后在计算机上安装或运行它。幸运的是，Linux 发行版本已经得到广泛使用，并且以不同的形式出现。

在本附录中，将学习：
- 获取不同的 Linux 发行版本
- 创建可启动磁盘，以便安装发行版本
- 从 USB 驱动器启动 Linux

为了有效地使用本书，应该在学习之前拥有一个 Linux 发行版本。在阅读的过程中不断体验 Linux 的使用是非常重要的。所以需要完成相关示例和习题。

通常可以从开发对应 Linux 发行版本的公司网站上获取 Linux 发行版本。以下各节将介绍与不同 Linux 发行版本关联的网站，这些网站都提供了可供下载的 ISO 镜像。

注意：

ISO 是一种使用 ISO 9660 文件系统格式进行格式化的磁盘镜像，该格式常用于 CD 和 DVD 镜像。因为这是一种知名的格式，所以可以被 Windows、macOS 和 Linux 系统所读取。

根据 ISO 镜像大小的不同，可将其用于创建可启动的 USM 闪存驱动器，刻录到 CD 或 DVD 介质上。你自己文件系统中的 ISO 镜像可能以环回模式挂载到 Linux 系统中，所以可以查看或复制其内容。

当 ISO 镜像包含 Linux Live CD 或安装镜像时，该镜像就是可启动的。这意味着可以告诉计算机从 CD 或 DVD 启动，而不是从计算机硬盘启动操作系统(如 Windows 或 Linux)。这样一来，就可在不更改或破坏磁盘中现有数据的情况下，运行一个与硬盘上已安装的操作系统完全不同的操作系统。

A.1　获取 Fedora

为测试本书中的示例，我使用了 Fedora 30 和 31 的 64 位 Fedora Workstation Image(可从 GetFedora.org(https://getfedora.org/en/workstation/download 获得)。如果你下载了 64 位 ISO，则必须使用 64 位计算机。

此外，还可以使用带有 GNOME 桌面的 Fedora 最新版本。下面是用于 Fedora 31 Workstation 的 ISO 链接:

```
https://download.fedoraproject.org/pub/fedora/linux/releases/31/Workstation/x86
_64/iso/Fedora-Workstation-Live-x86_64-31-1.9.iso
```

请记住，最新的 Fedora Workstation ISO 镜像并不适用于 CD，所以必须将其刻录到 DVD 或 USB 闪存驱动器上。本附录的后面将介绍一些适用于 Windows、Mac OS X 和 Linux 的 CD/DVD 刻录工具。

图 A.1 显示了 Get Fedora 页面的示例。

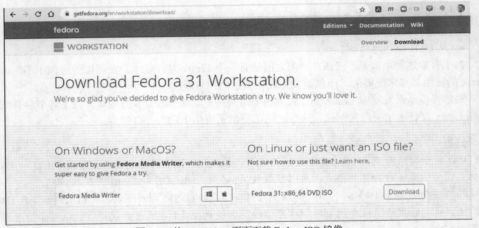

图 A.1　从 Get Fedora 页面下载 Fedora ISO 镜像

如今，默认下载 64 位 PC 类型的 Fedora Workstation(GNOME) Live DVD 的 ISO 镜像。可在计算机上启动该镜像，如果愿意，还可将其永久安装到计算机硬盘上。为下载镜像，请完成以下操作。

(1) 在 GetFedora.org 中选择 Workstation 或 Server。我建议使用 Workstation 来完成本书的示例和习题。

(2) 选择 DownLoad Now 按钮，并单击 Download 按钮。此时会弹出一个对话框，询问如何处理 ISO。

(3) 选择保存 ISO。根据设置的不同，系统会询问将镜像下载到什么位置或直接下载到默认文件夹(在 Linux 中，该文件夹为 Downloads)。

(4) 如果系统提示选择 ISO 的保存位置，请选择一个拥有足够空间保存 ISO 的文件夹。请记住该文件夹的位置，因为后面进行刻录时需要找到该 ISO。

如果想要了解更多关于如何处理下载镜像的信息，可单击 Fedora 页面中所提供的帮助链接。在撰写本书时，相关的链接描述了如何创建活动的安装介质。网站更新时，指令也会随之变化。

此外，还可选择从 Fedora 下载其他 ISO。在 GetFedora.org 页面的底部，可以下载专门配置的 Fedora ISO 镜像(称为 spin, https://spins.fedoraproject.org)。下面介绍一些你可能感兴趣的特殊类型的 Fedora spin。

- **KDE Desktop spin**——对于那些更加喜欢使用 KDE 桌面(相对于 GNOME 桌面)的人来说，可以下载 KDE spin。
- **轻量级桌面 spin**——如果尝试在一台拥有较少内存或处理能力的计算机上使用 Linux，可以考虑下载 Xfce 和 LXQt spin(表示同名的轻量级桌面)。
- **桌面效果 spin**——MATE-Compiz spin 为轻量级桌面提供了更多的其他功能，其桌面效果类似于在一个立方体上旋转的窗口和桌面。
- **儿童友好型桌面 spin**——SOAS 桌面是 Sugar Learning Platform 的一种形式，旨在提供简化的安装和对儿童友好的图形界面，SOAS 可以传输到 USB 驱动器上，运行在任意可用的计算机上。

A.2　获取 Red Hat Enterprise Linux

许多大型企业、政府机关和大学都使用 Red Hat Enterprise Linux 来运行任务关键型应用程序。虽然本书中的大部分程序都可在 Fedora 上很好地运行，但了解在 Red Hat Enterprise Linux 上运行程序有什么不同是很有必要的，当你成为一名 Linux 系统管理员时，大多数情况下使用的都是 Red Hat Enterprise Linux 系统。

虽然 Red Hat Enterprise Linux 的源代码是免费提供的，但包含软件包的 ISO(也称为二进制文件)只向那些在 Red Hat 客户门户网站(https://access.redhat.com)上拥有账户的人提供，或者通过评估试用版获得。

如果你没有账户，可使用 30 天的试用版。如果你或所在的公司拥有 Red Hat 的账户，则可下载所需的 ISO。访问下面的网站，并按照指示下载 Red Hat Enterprise Linux Server ISO 或获取评估试用版：

```
https://access.redhat.com/downloads
```

Red Hat 并没有提供 Red Hat Enterprise Linux 的现场版。可以下载安装 DVD 并按本书第 9 章所介绍的那样进行安装。

注意:

如果无法获取 Red Hat Enterprise Linux 安装 DVD，也可以通过使用 CentOS 安装 DVD 获得类似的体验。虽然 CentOS 与 RHEL 并不完全相同，但如果从 CentOS 网站 (http://www.centos.org/download/)的链接下载 CentOS 8.x 的安装 DVD，那么安装过程与第 9 章所描述的 Red Hat Enterprise Linux 安装过程是类似的。

A.3 获取 Ubuntu

许多初次使用 Linux 的人都会下载并安装 Ubuntu。Ubuntu 拥有庞大的粉丝群和许多活跃的贡献者。如果在使用 Ubuntu 的过程中遇到任何问题，可以求助于许多大型、活跃的论坛，其中有许多人都乐于帮助你解决相关问题。

如果已经安装了 Ubuntu 系统，那么可以完成本书中的大部分示例和习题。此外，还可以使用带有 GNOME 桌面的 Ubuntu，其默认的 Bash shell 与 Bash 类似(或者也可以切换到 Ubuntu 中的 Bash，以便与本书中的 shell 示例相匹配)。虽然本书中的大部分示例都关注 Fedora 和 RHEL，但在本版本中更多地提及 Ubuntu。

为获取 Ubuntu，可从 Download Ubuntu 页面(http://www.ubuntu.com/download/ubuntu/download-desktop)下载 Live ISO 镜像或安装介质。

图A.2显示了Download Ubuntu Desktop页面的示例。

图 A.2　下载 Ubuntu Live CD ISO 镜像，或选择其他下载

与 Fedora 一样，下载 Ubuntu 的最简单方法是选择、下载并刻录 64 位 Ubuntu Live CD。接下来列出了如何通过 Download Ubuntu 页面完成上述操作。

(1) 单击 Download 按钮。默认情况下，会下载最新的 64 位 Ubuntu 桌面 Live ISO 镜像。

(2) 询问要将 ISO 镜像下载到什么位置，或者直接下载到默认文件夹。

(3) 如果被询问 ISO 镜像的下载位置，请选择一个拥有足够空间放下该 ISO 的文件夹。并且请牢记该文件夹的位置，因为当后面进行刻录时需要找到该 ISO。

下载完毕后，请使用"创建 Linux CD 和 DVD"一节所介绍的过程将 ISO 刻录到 DVD 中。

此外，还可使用其他类型的 Ubuntu 安装介质。如果想查找其他 Ubuntu 介质，请访问 Alternative Downloads 页面(http://www.ubuntu.com/download/alternative-downloads)。通过该页面，可获取包含各种桌面和服务器安装的介质。

A.5　通过 USB 驱动器启动 Linux

除了将 ISO 镜像刻录到 CD 或者 DVD 之外，还可将 Linux 系统放在 USB 驱动器中。USB 驱动器的优势在于既可以读取也可以写入，所以可以用来保存会话之间的内容。大多数现代计算机都可以通过 UBS 驱动器启动(需要中断计算机启动过程，并告诉 BIOS 从 USB 启动，而不是从硬盘或 CD/DVD 驱动器启动)。

将 Fedora 和 Ubuntu 放置到 USB 驱动器的过程如下。

- **USB 驱动器上的 Fedora**——通过在 Windows 或 Linux 上使用称为 Live USB Creator 的工具，可以将 Fedora ISO 镜像安装到 USB 驱动器中。如果想要通过 USB 驱动器运行 Fedora，首先将其插入计算机的 USB 端口上，然后重启计算机并中断 BIOS(可能是按 F12 键)，选择从 USB 驱动器启动。可以在 https://fedoraproject.org/wiki/How_to_create_and_use_Live_USB 找到 Live USB Creator 的使用过程。
- **USB 驱动器上的 Ubuntu**——Ubuntu 提供了用于创建可启动 USB 驱动器的程序，该 USB 驱动器可在 Windows、Mac OS X 或 Linux 上使用。为了解具体的创建过程，可以访问 Ubuntu Download 页面(http://www.ubuntu.com/download/ubuntu/downloaddesktop)，在 Easy ways to switch to Ubuntu 下查找针对 Ubuntu、Windows 或 Mac OS X 的合适过程。

A.4　创建 Linux CD 和 DVD

下载 Linux CD 或 DVD 镜像后，可使用多种工具来创建可启动 CD 或 DVD，以便进行安装或者直接通过这些介质运行 Linux。在创建前，必须满足以下条件。

- **DVD 或 CD ISO 镜像**——将要刻录到物理 DVD 或 CD 上的 ISO 镜像下载到计算机中。如今，许多 Linux ISO 镜像(包括 RHEL、Fedora 和 Ubuntu 的 ISO 镜像)由于过于庞大而只能刻录到 DVD 上。
- **空白 DVD/CD**——需要准备用来刻录的 DVD 或 CD。CD 可容纳大约 700MB 的数据；而 DVD 可以容纳 4.7GB 的数据(单层)。
- **CD/DVD 刻录机**——根据所刻录的对象不同，需要准备一个可以刻录 CD 或 DVD 的驱动器。并不是所有的 CD/DVD 驱动器都可刻录 DVD(尤其是较早的 CD/DVD 驱动器)。所以，需要找到一台带有刻录功能的驱动器的计算机。

接下来介绍一下如何通过 Windows、Mac OS X 和 Linux 系统刻录可启动的 CD 和 DVD。

A.4.1　在 Windows 中刻录 CD/DVD

如果已将 Linux ISO 镜像下载到 Windows 系统中，那么可使用不同方法将该镜像刻录到 CD 或 DVD 上。如下面的示例所示。

- **Windows**——在最新的 Windows 版本中，将 ISO 镜像刻录到 CD 或者 DVD 的功能已经被内置到 Windows 中。下载完 ISO 镜像后，只需要将合适的 CD 或 DVD 插入计算机的驱动器(假设该驱动器是可读写的)，然后右击 ISO 镜像所在的文件夹，并选择 Burn Disc Image。当出现 Windows Disc Image Burner 窗口时，选择 Burn，进行刻录。

- **Roxio Creator**——该第三方 Windows 应用程序包含许多用于翻录和刻录 CD 和 DVD 的功能。可以访问 http://www.roxio.com/enu/products/creator/了解该产品。
- **Nero CD/DVD Burning ROM**——Nero 是 Windows 系统中另一款非常流行的 CD/DVD 刻录软件产品。关于 Nero 的更多信息，可以访问 http://www.nero.com。

A.4.2 在 Mac OS X 系统中刻录 CD/DVD

与 Windows 系统一样，Mac OS X 也将 CD/DVD 刻录软件内置到系统中。为在 Mac OS X 系统上将 ISO 镜像刻录到磁盘，请按照下面的步骤操作：

(1) 在 Mac OS X 系统下载所需的 ISO 镜像。此时在桌面上应该出现一个表示该 ISO 的图标。

(2) 根据镜像的大小，将一张空白 CD 或 DVD 插入 CD/DVD 刻录机。

(3) 右击表示所下载 Linux ISO 的图标，并选择 Burn "Linux" to Disk。此时会弹出一个窗口，询问是否确定刻录该镜像。

(4) 填写想要为该 ISO 赋予的名称以及写入速度。然后选择 Burn，开始将镜像刻录到磁盘。

(5) 刻录完毕后，弹出磁盘；然后就可在合适的计算机上启动 CD 或 DVD 了。

A.4.3 在 Linux 中刻录 CD/DVD

可以使用Linux所提供的图形化和命令行工具将CD和DVD镜像刻录到物理介质上。稍后的示例演示了如何通过桌面使用K3b或使用cdrecord(或wodim)将ISO镜像刻录到CD或DVD。如果这些工具还没有安装，可以使用下面的命令进行安装。

对于 Fedora 或 RHEL：

```
# yum install k3b
# yum install wodim
```

对于 Debian 或 Ubuntu：

```
# apt-get install k3b
# apt-get install wodim
```

通过 Linux 桌面刻录 CD

接下来介绍一下如何通过使用 K3b 从运行的 Linux 系统(比如 Fedora)创建可启动的 Linux CD。K3b 自带了 KDE 桌面，但也可以在 GNOME 桌面上运行。

(1) 将所需的 ISO 镜像下载到计算机的硬盘(CD 镜像的大小为 700MB；而单层 DVD 镜像的大小为 4.7GB)。

(2) 打开 CD/DVD 刻录应用程序。推荐使用 K3b CD and DVD Kreator(http://www.k3b.org)。在 Fedora 中，选择 Activities 并输入 K3b(或者通过 Ternimal 窗口输入 K3b)。出现 "K3b-The CD and DVD Kreator" 窗口。

(3) 从 K3b 窗口中依次选择 Tools | Burn Image to Burn a CD or DVD ISO Image。同时会要求选择一个镜像文件。

(4) 浏览到可下载或复制到硬盘的镜像，并选中它。选中镜像后，出现 Burn Image 窗口，并对该镜像进行校验和检查(通常，可将校验和数与该镜像所在下载目录的 md5 文件中的数字进行比较，从而确保镜像未损坏)。图 A.3 显示了准备刻录 Fedora 镜像的窗口。

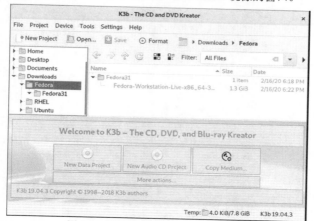

图 A.3 使用 K3b 刻录 Linux CD 或 DVD

(5) 将空白 CD 或 DVD 插入 CD/DVD 驱动器，该驱动器可能是组合的 CD/DVD 驱动器(如果弹出 CD/DVD Creator 窗口，可将其关闭)。

(6) 在 Burn CD Image 窗口中检查相关设置(通常使用默认设置就可以了，但如果刻录机有问题，也可以降低刻录速度)。此外，还可选择 Simulate 复选框，从而在实际写入 CD/DVD 之前对刻录进行测试。单击 Start 开始刻录。

(7) 刻录完毕后，弹出 CD(CD 也可能会自动弹出)，并适当地对其进行标记(可以包含发行版本名称、版本号、日期以及 ISO 镜像名称等信息)。

现在，可以开始安装(或启动)所刻录的Linux发行版本了。

通过 Linux 命令行刻录 CD

如果没有GUI，或者不介意使用shell，那么可以使用命令cdrecord来刻录ISO。插入空白CD或DVD，并将ISO镜像刻录到当前目录中，然后使用下面的命令行将ISO镜像刻录到CD或DVD：

```
# cdrecord -v whatever.iso
```

关于 cdrecord 命令的其他可用选项，请参见 cdrecord 手册页(man cdrecord)。

习 题 答 案

本附录提供了每一章习题的答案。在 Linux 中可以使用多种方法完成这些习题。所以，此处所给出的答案只是参考答案。

请注意，一些习题可能需要修改系统文件，从而更改了系统的基本功能，甚至可能导致系统无法启动。因此，为防止发生什么错误，建议在一个可以自由修改和删除的 Linux 系统上完成相关习题。使用虚拟机，可以丢弃已完成的部分，这是一个绝佳选项。

第 2 章 创建完美的 Linux 桌面

下面将详细介绍如何在 GNOME 2 和 GNOME 3 桌面上完成相关的任务。

(1) 首先，需要一个 Linux 系统来可以完成书中介绍的操作过程。最好使用已安装的系统，这样当重启时就不会丢失前面所做的更改。可使用 Fedora Live CD(或者已安装系统)、Ubuntu 已安装系统或者 Red Hat Enterprise Linux 已安装系统。具体选择如下所示。

- Fedora Live CD(GNOME 3) —— 首先按照附录 A 所介绍的方法获取 Fedora Live CD。然后按照第 2 章 "开始使用 Fedora GNOME 桌面 Live 镜像" 一节中所介绍的那样运行 Fedora Live CD，或者按照第 9 章 "安装 Linux" 所介绍的方法安装并从硬盘启动。
- Ubuntu(GNOME 3) —— 按照第 2 章开头所描述的那样安装 Ubuntu 和 GNOME shell 软件。
- Red Hat Enterprise Linux 8(GNOME 3) —— 按照第 9 章所描述的方法安装 Red Hat Enterprise Linux 7。
- Red Hat Enterprise Linux 6 或更早的版本(GNOEM 2) —— 按照第 9 章所描述的方法安装 Red Hat Enterprise Linux 6。

(2) 为启动 Firefox Web 浏览器并访问 GNOME 主页(http://gnome.org)，需要采取一些简单的步骤。如果网络不工作，可以参阅第 14 章 "管理网络" 来帮助连接到有线和无线网络。

- 针对 GNOME 3，可以按 Windows 键转到 Overview 屏幕。然后输入 Firefox，突出显示 Firefox Web 浏览器图标。按 Enter 启动浏览器。最后在地址栏输入 http://gnome.org 并按 Enter。
- 针对 GNOME 2，请从顶部的菜单栏选择 Firefox 图标。然后在地址栏输入 http://gnome.org 并按 Enter。

(3) 如果想要从 GNOME 艺术网站(http://gnome-look.org)选取所喜欢的背景，然后下载到自己的 Pictures 文件夹，并将其作为 GNOME 2 和 GNOME 3 系统上的当前背景，请按照下面的步骤操作。

a. 在 Firefox 的地址栏输入 http://gnome-look.org/，按 Enter。

b. 查找并选择所喜欢的背景，然后单击 Download 按钮，把它下载到 Pictures 文件夹。

c. 打开 Pictures 文件夹，右击图像，选择 Set as Wallpaper。此时图像被用作桌面背景。

(4) 为启动 Nautilus File Manager 窗口，并将其移到桌面的第二个工作区中，请完成下列步骤。

● 针对 GNOME 3：

a. 按 Windows 键。

b. 选择左侧 Dash 中的 Files 图标。此时，在当前工作区将启动一个新的 Nautilus 实例。

c. 右击 Files 窗口的标题栏，选择 Move to Monitor Down，Files 窗口就移动到第二个工作区。

● 针对 GNOME 2：

a. 从 GNOME 2 桌面打开 Home 文件夹(双击)。

b. 在出现的 Nautilus 标题栏上右击，选择 Move to Workspace Right 或者 Move to Another Workspace(可从列表中选择工作区)。

(5) 为找到用作桌面背景的图像，并在任何图像浏览器中打开它，首先需要进入 Home 文件夹，打开 Pictures 文件夹，双击图像，在图像浏览器中打开它。

(6) 在使用 Firefox 的工作区和使用 Nautilus 文件管理器的工作区之间来回移动是非常容易的。

如果已经正确完成了前面的习题，那么 Nautilus 和 Firefox 应该位于不同的工作区中。接下来介绍一下如何在 GNOME 3 和 GNOME 2 这两个工作区之间移动。

● 在 GNOME 3 中，首先按 Windows 键，然后双击右栏中所需要的工作区。也可按 Alt+Tab，然后按 Tab 突出显示想要打开的应用程序，从而直接转到该应用程序。

● 在 GNOME 2 中，使用鼠标单击下方面板右侧中的工作区表示图标，从而选择所需的工作区。如果启用了 Desktop Effects(System | Preference Desktop Effects | Compiz)，那么通过按 Ctrl+Alt+左箭头(或右箭头)可以旋转到下一个工作区。

(7) 如果想要查看系统上已安装的应用程序列表并从中选择打开一个图像浏览器，同时尽可能少用点击或按键操作，那么可以按照以下步骤操作。

● 在 GNOME 3 中，将鼠标移动到屏幕的左上角，转到 Overview 屏幕。选择 Applications，然后从右列中选择 Graphics，最后选择 Image Viewer。

● 在 GNOME 2 中，选择 Applications | Graphics | Image Viewer，在桌面上打开一个图像浏览器窗口。

(8) 为将当前工作区中的窗口视图更改为可以浏览的更小视图，请按下面的步骤操作。

● 在 GNOME 3 中，当在多个工作区中打开了多个窗口时，可按 Alt+Tab 键。持续按住 Alt 键并单击 Tab 键，直到突出显示所需的应用程序，然后释放 Alt 键选中该应用程序。

● 在 GNOME 2 中，当在多个工作区打开多个窗口时，可按住 Ctrl+Alt+Tab 键。持续按住 Ctrl+Alt 键并单击 Tab 键，直到突出显示所需的应用程序，然后释放 Ctrl+Alt 键选中该应用程序。

(9) 为了仅使用键盘从桌面启动一个音乐播放器，请按照下面的步骤操作。

● 在 GNOME 3 中：

a. 单击 Windows 键，转到 Overview 屏幕。

b. 输入 Rhyth(直到出现音乐播放器图标并突出显示)，然后按 Enter 键(在 Ubuntu 中，如果没有安装 Rhythmbox，可以输入 Bansh，打开 Banshee Media Player)。

- 在 GNOME 2 中：

按住 Alt+F2 键。通过出现的 Run Application 框输入 Rhythmbox，并按 Enter 键。

(10) 如果想要仅使用按键获取桌面图片，可在 GNOME 3 和 GNOME 2 中单击 Print Screen 键，从而获取整个桌面的屏幕截图。如果单击 Alt+Print Screen，则仅获取当前窗口的屏幕截图。不管是哪种情况，获取的图像都会保存在主文件夹的 Pictures 文件夹中。

第 3 章　使用 shell

(1) 为在 Fedora 或 Ubuntu 中，切换到虚拟控制台，并返回到桌面(在一些 RHEL 系统中禁用这个特性)，请按照下面的步骤操作。

a. 按住 Ctrl+Alt 键并单击 F2(Ctrl+Alt+F2)键。出现一个基于文本的控制台。

b. 输入用户名(按 Enter 键)和密码(按 Enter 键)。

c. 输入一些命令，如 id、pwd 和 ls。

d. 输入 exit，退出 shell，并返回到登录提示符。

e. 按 Ctrl+Alt+F1 键，返回到包含桌面的虚拟控制台(在不同的 Linux 系统上，桌面可能在不同的虚拟控制台上。此外也可使用 Ctrl+Alt+F7 和 Ctrl+Alt+F2 键找到桌面)。

(2) 如果想使 Terminal 窗口的字体为红色，背景为黄色，可按如下步骤操作。

a. 从 GNOME 桌面依次选择 Applications | System Tools | Terminal，打开一个 Terminal 窗口。

b. 从 Terminal 窗口选择 Edit | Profiles Preferences。

c. 选择 Colors 选项卡，并取消选择 Use colors from system theme 框。

d. 选择 Text Color 旁边的方框，并从色轮中选择所需的红色，然后单击 Select。

e. 选择 Background Color 旁边的方框，并从色轮中选择所需的黄色，然后单击 Select。

f. 单击 Profile 窗口中的 Close，返回到带有新颜色的 Terminal 窗口。

g 如果返回并重新选择 Use colors from system theme 框，则会重新使用默认的 Terminal 颜色。

(3) 为查找 mount 命令和 tracepath 手册页，可以执行如下操作。

a. 运行 type mount，可以看到 mount 命令的位置为/usr/ bin/mount 或/bin/mount。

b. 运行 locate tracepath，可以看到 tracepath 手册页位于/usr/share/man/man8/tracepath.8.gz。

(4) 为了运行、重复调用和更改下面所示的命令，可执行如下操作。

```
$ cat /etc/passwd
$ ls $HOME
$ date
```

a. 单击向上箭头，直至看到命令 cat /etc/passwd。如果鼠标尚未在该行的结尾处，请按 Ctrl+E 键，使鼠标位于结尾处。删除单词 passwd，并输入单词 group，然后单击 Enter 键。

b. 输入 man ls，查找按照时间(-t)列出的选项。单击向上箭头，直至看到 ls $HOME 命令。使用左箭头或 Alt+B，将鼠标移动到$HOME 的左边。然后输入-t，此时命令行为 ls -t $HOME，最后按 Enter 键，运行命令。

c. 输入 man date，查看 date 手册页。使用向上箭头直到看到$ date，然后添加格式指示符。使用格式提示符%D 可以得到想要的结果：

```
$ date +%D
04/27/20
```

(5) 可以使用 Tab 补齐键来输入 basename /usr/share/doc/。其中，通过输入 basen<Tab>/u<Tab> sh<Tab>do<Tab>来获取 basename /usr/share/doc/。

(6) 将/etc/services 发送到 less 命令：$ cat /etc/services | less。

(7) date 命令的输出为 Today is Thursday, Decemeber 10, 2015，该命令如下：

```
$ echo "Today is $(date +'%A, %B %d, %Y')"
```

(8) 查看变量，找到当前的主机名、用户名、shell 和主目录。

```
$ echo $HOSTNAME
$ echo $USERNAME
$ echo $SHELL
$ echo $HOME
```

(9) 为添加一个永久的别名 mypass 来显示/etc/passwd 文件中的内容，可执行如下操作：

a. 输入 nano $HOME/.bashrc。

b. 将鼠标移动到页面底部的一行(如有必要，可以单击 Enter 键打开一个新行)。

c. 在所在行输入 alias m="cat /ect/passwd"。

d. 输入 Ctrl+O 进行保存，并输入 Ctrl+X 退出文件。

e. 输入 source $HOME/.bashrc。

f. 输入 alias m，从而确保正确设置别名：alias m='cat /etc/passwd'。

g. 输入 m(此时/etc/passwd 文件显示在屏幕上)。

(10) 为了显示 mount 系统调用的手册页，可以使用 man -k 命令，查找包含了单词 mount 的所有手册页。然后使用带有正确章节号(8)的 mount 命令获取所需的 mount 手册页：

```
$ man -k mount | grep ^mount
mount           (2)  - mount filesystem
mount           (8)  - mount a filesystem
...
mountpoint      (1)  - see if a directory is a mountpoint
mountstats      (8)  - Displays various NFS client per-mount statistics
$ man 2 mount
     MOUNT(2)        Linux Programmer's Manual
MOUNT(2)
     NAME
          mount - mount file system
SYNOPSIS
          #include <sys/mount.h>
     .
     .
     .
```

第 4 章　在文件系统中移动

(1) 首先创建项目目录，然后创建九个空白文件(从 house1 到 house9)，并列出这些文件。

```
$ mkdir $HOME/projects/
```

```
$ touch $HOME/projects/house{1..9}
$ ls $HOME/projects/house{1..9}
```

(2) 生成$HOME/projects/houses/doors/目录路径，并在该路径中创建一些空白文件。

```
$ cd
$ mkdir $HOME/projects/houses
$ touch $HOME/projects/houses/bungalow.txt
$ mkdir $HOME/projects/houses/doors/
$ touch $HOME/projects/houses/doors/bifold.txt
$ mkdir -p $HOME/projects/outdoors/vegetation/
$ touch $HOME/projects/outdoors/vegetation/landscape.txt
```

(3) 将文件 house1 和 house5 复制到$HOME/projects/houses/目录中。

```
$ cp $HOME/projects/house[15] $HOME/projects/houses
```

(4) 将/usr/share/doc/initscripts*目录递归复制到$HOME/projects/目录中。

```
$ cp -ra /usr/share/doc/initscripts*/ $HOME/projects/
```

(5) 递归列出$HOME/projects/目录中的内容，并将输出发送到 less 命令，以便查看输出。

```
$ ls -lR $HOME/projects/ | less
```

(6) 在没有提示的情况下删除文件 house6、house7 和 house8。

```
$ rm -f $HOME/projects/house[678]
```

(7) 将 house3 和 house4 移动到$HOME/projects/houses/doors 目录。

```
$ mv $HOME/projects/house{3,4} $HOME/projects/houses/doors/
```

(8) 删除$HOME/projects/houses/doors 目录及其内容。

```
$ rm -rf $HOME/projects/houses/doors/
```

(9) 更改$HOME/projects/house2 文件上的权限，以便拥有该文件的用户可以读取和写入该文件，而组只能读文件，其他人没有权限。

```
$ chmod 640 $HOME/projects/house2
```

(10) 递归更改$HOME/projects/目录的权限，以便没有人有权对该文件系统以下的任何文件或者目录执行写入操作。

```
$ chmod -R a-w $HOME/projects/
$ ls -lR $HOME/projects/
/home/joe/projects/:

total 12

-r--r--r--. 1 joe joe    0 Jan 16 06:49 house1

-r--r-----. 1 joe joe    0 Jan 16 06:49 house2

-r--r--r--. 1 joe joe    0 Jan 16 06:49 house5
```

```
-r--r--r--. 1 joe joe    0 Jan 16 06:49 house9

dr-xr-xr-x. 2 joe joe 4096 Jan 16 06:57 houses

dr-xr-xr-x. 2 joe joe 4096 Jul  1  2014 initscripts-9.03.40

dr-xr-xr-x. 3 joe joe 4096 Jan 16 06:53 outdoors
...
```

第 5 章 使用文本文件

(1) 按照下面的步骤创建/tmp/services 文件，然后编辑文件，以便将 WorldWideWeb 显示为 World Wide Web。

```
$ cp /etc/services /tmp
$ vi /tmp/services
/WorldWideWeb<Enter>
cwWorld Wide Web<Esc>
```

下面两行显示了更改前后的内容。

```
http          80/tcp    www www-http  # WorldWideWeb HTTP
http          80/tcp    www www-http  # World Wide Web HTTP
```

(2) 移动/tmp/services 文件中的段落的一种方法是搜索该段落的第一行，然后删除这五行 (5dd)，接着转到文件的末尾(G)并插入文本(P)：

```
$ vi /tmp/services
/Note that it is<Enter>
5dd
G
P
```

(3) 如果想要使用 ex 模式搜索/tmp/services 文件中术语 tcp(区分大小写)出现的地方，并将其更改为 WHATEVER，可输入下面的命令：

```
$ vi /tmp/services
:g/tcp/s//WHATEVER/g<Enter>
```

(4) 如果想要搜索/etc 目录中所有名为 passwd 的文件，并将搜索中出现的错误重定向到 /dev/null，可以输入下面的命令：

```
$ find /etc -name passwd 2> /dev/null
```

(5) 在主目录中创建一个名为 TEST 的目录。然后在该目录中创建文件 one、two 和 three，并为每个人(即用户、组和其他人)赋予对这些文件的完全读取/写入/执行权限。构建一条 find 命令，找到这些文件以及主目录及其子目录中对"其他人"启用写入权限的其他文件。

```
$ mkdir $HOME/TEST
$ touch $HOME/TEST/{one,two,three}
```

```
$ chmod 777 $HOME/TEST/{one,two,three}
$ find $HOME -perm -002 -type f -ls
148120  0 -rwxrwxrwx  1 chris chris 0 Jan  1 08:56 /home/chris/TEST/two
148918  0 -rwxrwxrwx  1 chris chris 0 Jan  1 08:56 home/chris/TEST/three
147306  0 -rwxrwxrwx  1 chris chris 0 Jan  1 08:56 /home/chris/TEST/one
```

(6) 在/usr/share/doc 目录中查找 300 天以上没有修改过的文件。

```
$ find /usr/share/doc -mtime +300
```

(7) 创建一个/tmp/FILES 目录。然后在/usr/share 目录中查找文件大于 5MB 且小于 10MB 的文件，并将这些文件复制到/tmp/FILES 目录中。

```
$ mkdir /tmp/FILES
$ find /usr/share -size +5M -size -10M -exec cp {} /tmp/FILES \;
$ du -sh /tmp/FILES/*
6.6M    /tmp/FILES/BidiCharacterTest.txt
7.6M    /tmp/FILES/BidiTest.txt
5.2M    /tmp/FILES/day.jpg
```

(8) 查找/tmp/FILES 目录中的所有文件，并在同一目录中完成每个文件的备份副本。请使用每个文件现有的名称，并添加.mybackup，从而创建备份文件。

```
$ find /tmp/FILES/ -type f -exec cp {} {}.mybackup \;
```

(9) 在 Fedora 和 Red Hat Enterprise Linux 中安装 kernel-doc 软件包。然后使用 grep 命令在/usr/share/doc/kernel-doc*目录所包含的文件中搜索文本 e1000(不区分大小写)，并列出包含该文本的文件名。

```
# yum install kernel-doc
$ cd /usr/share/doc/kernel-doc*
$ grep -rli e1000 .
./Documentation/powerpc/booting-without-of.txt
./Documentation/networking/e100.txt
...
```

(10) 在同一目录中再次搜索文本 e1000，但此时列出包含该文本的每一行，并用不同颜色突出显示该文本。

```
$ cd /usr/share/doc/kernel-doc-*
$ grep -ri --color e1000 .
```

第 6 章　管理运行中的进程

(1) 为了使用一组完整的列将系统上运行的所有进程列出，同时将输出发送到 less，可以输入下面的命令：

```
$ ps -ef | less
```

(2) 为了列出系统上运行的所有进程，并按照运行每个进程的用户名对进程进行排序，可以输入下面的命令：

```
$ ps -ef --sort=user | less
```

(3) 为了列出系统中运行的所有进程，并按照下面所示的列名显示：进程 ID、用户名、组名、虚拟内存大小、驻留内存大小和命令，可以输入下面的命令：

```
$ ps -eo 'pid,user,group,nice,vsz,rss,comm' | less
  PID USER     GROUP      NI     VSZ    RSS COMMAND
    1 root     root        0   19324   1236 init
    2 root     root        0       0      0 kthreadd
    3 root     root        -       0      0 migration/0
    4 root     root        0       0      0 ksoftirqd/0
```

(4) 为了运行 top 命令，然后来回按照 CPU 使用率和内存消耗进行排序，可以输入下面的命令：

```
$ top
P
M
P
M
```

(5) 如果想要通过桌面启动 gedit 进程，并使用 System Monitor 窗口杀死该进程，可以输入下面的命令：

```
$ gedit &
```

在 GNOME 2 中，依次选择 Application | System Tools | System Monitor，或者在 GNOME 3 中通过 Activities 屏幕输入 System Monitor，然后按 Enter 键。在 Processes 选项卡中找到 gedit 进程(通过单击 Process Name 标题，可以按照字母顺序对进程进行排序，从而更加容易地找到 gedit 进程)。右击 gedit 命令，然后选择 End Process 或 Kill Process；此时屏幕上 gedit 窗口应该消失。

(6) 为运行 gedit 进程，并使用 kill 命令发送一个暂停(停止)该进程的信号，可以输入下面的命令：

```
$ gedit &
[1] 21532

$ kill -SIGSTOP 21532
```

(7) 为了使用 killall 命令告诉 gedit 命令(在上面的习题中，该进程已经暂停)继续工作，可以输入下面的命令：

```
$ killall -SIGCONT gedit
```

请确保 gedit 命令暂停之后输入的文本出现在窗口中。

(8) 为了首先安装 xeyes 命令，然后在后台运行 20 次该命令，最后运行 killall 立即杀死所有 20 个 xeyes 进程，可输入下面的命令：

```
# yum install xorg-x11-apps
$ xeyes &
$ xeyes &
...
```

```
$ killall xeyes &
```

请记住，需要以 root 用户的身份来安装该软件包。安装完毕后，记得运行 xeyes 命令 20 次。此时屏幕上将出现 20 个 xeyes 窗口，左右移动鼠标并观察鼠标指针。当输入 killall xeyes 时，所有的 xeyes 窗口应该会立即消失。

(9) 以普通用户的身份运行 gedit 命令，此时 nice 值为 5：

```
# nice -n 5 gedit &
[1] 21578
```

(10) 为了使用 renice 命令将 gedit 命令的 nice 值更改为 7，可以输入下面的命令：

```
# renice -n 7 21578
21578: old priority 0, new priority 7
```

可以使用任何命令来验证 gedit 命令的 nice 值设置为 7。例如，可以输入：

```
# ps -eo 'pid,user,nice,comm' | grep gedit
21578 chris     7 gedit
```

第 7 章　编写简单的 shell 脚本

(1) 在 $HOME/bin 目录中创建一个脚本 myownscript。当运行该脚本时，应该可以看到如下所示的输出信息。

```
Today is Sat Jun 10 15:45:04 EDT 2019.
You are in /home/joe and your host is abc.example.com.
```

下面所示的步骤演示了一种创建 myownscript 脚本的方法。

a. 如果 bin 目录不存在，请创建该目录：

```
$ mkdir $HOME/bin
```

b. 可使用任何文本编辑器创建包含如下内容的脚本 $HOME/bin/myownscript：

```
#!/bin/bash
# myownscript
# List some information about your current system
echo "Today is $(date)."
echo "You are in $(pwd) and your host is $(hostname)."
```

C. 使该脚本可执行：

```
$ chmod 755 $HOME/bin/myownscript
```

(2) 为了创建如下的脚本，从命令行读取三个位置参数并将这些参数分别分配给变量 ONE、TWO 和 THREE，使用参数数量替换 X，使用所有参数替换 Y。然后分别使用变量 ONE、TWO 和 THREE 的值替换 A、B 和 C。

a. 为了创建脚本，打开一个文件 $HOME/bin/myposition，添加如下内容：

```
#!/bin/bash
# myposition
```

645

```
ONE=$1
TWO=$2
THREE=$3
echo "There are $# parameters that include: $@"
echo "The first is $ONE, the second is $TWO, the third is $THREE."
```

b. 为了使脚本$HOME/bin/myposition 可执行，可以输入下面的命令：

$ chmod 755 $HOME/bin/myposition

c. 为了测试脚本，可以使用一些命令行参数运行它，如下所示：

```
$ myposition Where Is My Hat Buddy?
There are 5 parameters that include: Where Is My Hat Buddy?
The first is Where, the second is Is, the third is My.
```

(3) 为了创建习题中所描述的脚本，可以执行下面的步骤。

a. 为了创建文件$HOME/bin/myhome，并使其可执行，可以输入：

$ touch $HOME/bin/myhome
$ chmod 755 $HOME/bin/myhome

b. 脚本 myhome 的内容如下所示：

```
#!/bin/bash
# myhome
read -p "What street did you grow up on? " mystreet
read -p "What town did you grow up in? " mytown
echo "The street I grew up on was $mystreet and the town was $mytown."
```

c. 运行该脚本，并检查它是否正常运行。下面的示例显示了该脚本可能的输入和输出：

```
$ myhome
What street did you grow up on? Harrison
What town did you grow up in? Princeton
The street I grew up on was Harrison and the town was Princeton.
```

(4) 为了创建所需的脚本，可以执行下面的步骤。

a. 使用任何文本编辑器创建脚本$HOME/bin/myos，并使其可执行：

$ touch $HOME/bin/myos
$ chmod 755 $HOME/bin/myos

b. 该脚本可以包含以下内容：

```
#!/bin/bash
# myos
read -p "What is your favorite operating system, Mac, Windows or Linux? " opsys
if [ $opsys = Mac ] ; then
  echo "Mac is nice, but not tough enough for me."
elif [ $opsys = Windows ] ; then
  echo "I used Windows once. What is that blue screen for?"
elif [ $opsys = Linux ] ; then
  echo "Great Choice!"
else
```

```
    echo "Is $opsys an operating system?"
  fi
```

(5) 为了创建通过一个 for 循环运行单词 moose、cow、goose 和 sow 的脚本 $HOME/bin/animals，并将每个单词添加到 "I have a..." 行的末尾，可以执行下面的步骤。

a. 首先使该脚本可以执行：

```
$ touch $HOME/bin/animals
$ chmod 755 $HOME/bin/animals
```

b. 该脚本可包含以下内容：

```
#!/bin/bash
# animals
for ANIMALS in moose cow goose sow ; do
  echo "I have a $ANIMALS"
done
```

c. 当运行脚本时，输出应该如下所示：

```
$ animals
I have a moose
I have a cow
I have a goose
I have a sow
```

第8章　学习系统管理

(1) 要在系统上启用 Cockpit，请输入以下命令：

```
# systemctl enable --now cockpit.socket
Created symlink /etc/systemd/system/sockets.target.wants/cockpit.socket
  → /usr/lib/systemd/system/cockpit.socket
```

(2) 要在 Web 浏览器中打开 Cockpit 界面，请输入支持 Cockpit 服务的系统的主机名或 IP 地址，然后输入端口号 9090。例如，在浏览器的位置框中输入：

```
https://host1.example.com:9090/
```

(3) 为了找到/var/spool 目录下除 root 用户之外其他用户拥有的所有文件，并显示一个长文件列表，可以输入下面的命令(建议以 root 用户身份来查找那些对其他用户关闭的文件)：

```
$ su -
Password: *********
# find /var/spool -not -user root -ls | less
```

(4) 要成为 root 用户，并创建一个空白或纯文本文件/mnt/test.txt，可以输入下面的命令：

```
$ su -
Password: *********
# touch /mnt/test.txt
# ls -l /mnt/test.txt
-rw-r--r--. 1 root root 0 Jan  9 21:51 /mnt/test.txt
```

(5) 如果想要成为 root 用户并编辑/etc/sudoers 文件，从而允许普通用户账户(如 bill)通过 sudo 命令获取完全的根权限，可以使用下面的命令：

```
$ su -
Password: *********
# visudo
o
bill    ALL=(ALL)    ALL
Esc ZZ
```

因为 visudo 在 vi 中打开了文件/etc/sudoers，所以示例输入 o 打开了一行，然后输入命令行"bill ALL=(ALL)   ALL"允许 bill 拥有完全的根权限。

输入命令行后，单击 Esc 返回命令模式，最后输入 ZZ 写入并退出。

(6) 为了使用 sudo 命令创建文件/mnt/test2.txt，并验证该文件被 root 用户所拥有，可以输入下面的命令：

```
[bill]$ sudo touch /mnt/test2.txt
We trust you have received the usual lecture from the local System
Administrator. It usually boils down to these three things:
    #1) Respect the privacy of others.
    #2) Think before you type.
    #3) With great power comes great responsibility.
[sudo] password for bill:  *********
[bill]$ ls -l /mnt/text2.txt
-rw-r--r--. 1 root root 0 Jan  9 23:37 /mnt/text2.txt
```

(7) 完成下面的步骤，挂载和卸载一个 USB 驱动器，并查看此过程中生成的系统日志。

a. 在 Terminal 窗口以 root 用户身份运行 journalctl -f 命令，并查看接下来几步生成的输出。

```
# journalctl -f
Jan 25 16:07:59 host2 kernel: usb 1-1.1: new high-speed USB device
    number 16 using ehci-pci
Jan 25 16:07:59 host2 kernel: usb 1-1.1: New USB device found,
    idVendor=0ea0, idProduct=2168
Jan 25 16:07:59 host2 kernel: usb 1-1.1: New USB device strings:
    Mfr=1, Product=2, SerialNumber=3
Jan 25 16:07:59 host2 kernel: usb 1-1.1: Product: Flash Disk
Jan 25 16:07:59 host2 kernel: usb 1-1.1: Manufacturer: USB
...
Jan 25 16:08:01 host2 kernel: sd 18:0:0:0: [sdb] Write Protect is off
Jan 25 16:08:01 host2 kernel: sd 18:0:0:0: [sdb]
    Assuming drive cache: write through
Jan 25 16:08:01 host2 kernel:  sdb: sdb1
Jan 25 16:08:01 host2 kernel: sd 18:0:0:0: [sdb]
    Attached SCSI removable disk
```

b. 插入一个 USB 存储驱动器，此时应该自动从该驱动器挂载一个文件系统。如果没有挂载，可以在第二个 Terminal 窗口中以 root 用户身份运行下面的命令，从而创建一个挂载点目录并挂载设备：

```
$ mkdir /mnt/test
```

```
$ mount /dev/sdb1 /mnt/test
$ umount /dev/sdb1
```

(8) 为了查看哪些 USB 设备连接到计算机，可以输入下面的命令：

```
$ lsusb
```

(9) 如果要加载 bttv 模块并列出所加载的模块，然后卸载模块，可以输入下面的命令：

```
# modprobe -a bttv
# lsmod | grep bttv
ttv                     167936  0
tea575x                  16384  1 bttv
tveeprom                 28672  1 bttv
videobuf_dma_sg          24576  1 bttv
videobuf_core            32768  2 videobuf_dma_sg,bttv
v4l2_common              16384  1 bttv
videodev                233472  3 tea575x,v4l2_common,bttv
i2c_algo_bit             16384  1 bttv
```

请注意，当使用 modprobe -a 加载 bttv 模块时，其他模块(v4l2_common、videodev 等)也加载了。

(10) 输入下面的命令删除 bttv 模块以及其他加载的模块。请注意，在运行了 modprobe -r 之后，这些模块都不见了。

```
# modprobe -r bttv
# lsmod | grep bttv
```

第 9 章 安装 Linux

(1) 如果想要通过 Fedora Live 介质安装 Fedora 系统，请按照 9.2 节"从 Live 介质安装 Fedora"介绍的步骤进行操作。一般来说，这些步骤如下。

a. 启动 Live 介质。

b. 当系统启动时，选择安装到硬盘。

c. 通过摘要页添加初始配置系统所需的信息。

d. 重新启动计算机，并移除 Live 介质，以便从硬盘启动新安装的系统。

(2) 为更新软件包，在安装完 Fedora Live 介质后，完成下面的步骤。

a. 重启计算机，并按照提示填写首次启动问题。

b. 通过使用有线或无线连接，确保连接到 Internet。如果无法让网络连接正常工作，可以参阅第 14 章中的相关内容。以 root 身份打开一个 shell，并输入 sudo dnf update。

c. 当出现提示时，输入 y，接受所显示的软件包列表。此时系统开始下载并安装软件包。

(3) 为了在文本模式下运行 RHEL 安装，请执行下面的步骤。

a. 启动 RHEL DVD。

b. 当看到启动菜单时，突出显示其中一个安装启动项并按 Tab 键。将光标右移到内核行的末尾并输入文本选项 text。最后按 Enter 键启动安装程序。

c. 在文本模式下尝试一下其他安装。

(4) 如果想要为 Red Hat Enterprise Linux DVD 安装设置磁盘分区，请按照下面的步骤操作。

> **警告:**
> 该过程最终将删除硬盘上的所有内容。如果只是想使用该习题练习一下分区操作，可以在开始实际的安装过程之前重启计算机，这样一来就不会损害硬盘。在磁盘进行分区之后，假设所有的数据都已删除。

a. 准备一台至少可以清除 10GB 磁盘空间的计算机。然后插入 RHEL 安装 DVD，并重启，开始逐步通过安装屏幕。

b. 当进入 Installation Summary 屏幕时，选择 Installation Destination。

c. 从 Installation Destination 屏幕选择用于安装的设备(如果拥有一个可以完全清除的硬盘，则可选择 sda；而对于虚拟安装，则选择 vda)。

d. 选择 Custom 按钮。

e. 选择 Done，转到 Manual Partitioning 屏幕。

f. 如果现有的磁盘空间已经被消耗，则在执行下一步之前需要删除分区。

g. 单击屏幕底部的加号(+)。然后添加下面所示的挂载点：

```
/boot - 400M
/ - 3G
/var - 2G
/home -2G
```

h. 选择 Done。应该看到已更改的摘要信息。

i. 如果接受所做的更改，可选择 Accept Changes。如果只是练习，并不想实际更改分区，可以选择 Cancel & Return to Custom Partitioning。最后退出安装程序。

第 10 章　获取和管理软件

(1) 为搜索 YUM 软件库，查找提供了 mogrify 命令的软件包，可以输入下面的命令：

```
# yum provides mogrify
```

(2) 为显示提供了 mogrify 命令的软件包的相关信息，并确定该软件包的主页(URL)，可以输入下面的命令：

```
# yum info ImageMagick
```

此时将看到 ImageMagick 的主页 URL 为 http://www.imagemagick.org。

(3) 为了安装包含 mogrify 命令的软件包，可以输入下面的命令：

```
# yum install ImageMagick
```

(4) 为了列出提供 mogrify 命令的软件包中的所有文件，可输入下面的命令：

```
# rpm -qd ImageMagick
...
/usr/share/doc/ImageMagick/README.txt
...
/usr/share/man/man1/identify.1.gz
```

```
/usr/share/man/man1/import.1.gz
/usr/share/man/man1/mogrify.1.gz
```

(5) 为了浏览一下提供了 mogrify 命令的软件包的更改日志，可以输入下面的命令：

```
# rpm -q --changelog ImageMagick | less
```

(6) 如果要从系统中删除 mogrify 命令，并针对 RPM 数据库对该软件包进行验证，查看该命令是否确实被删除，可以输入下面的命令：

```
# type mogrify
mogrify is /usr/bin/mogrify
# rm /usr/bin/mogrify
rm remove regular file '/usr/bin/mogrify'? y
# rpm -V ImageMagick
missing   /usr/bin/mogrify
```

(7) 如果想要重新安装提供了 mogrify 命令的软件包，并确保整个软件包完好无损，可以输入下面的命令：

```
# yum reinstall ImageMagick
# rpm -V ImageMagick
```

(8) 将提供了 mogrify 命令的软件包下载到当前目录，可输入下面的命令：

```
# yum download ImageMagick
ImageMagick-6.9.10.28-1.fc30.x86_64.rpm
```

(9) 如果想要通过在当前目录中查询所下载软件包的 RPM 文件来显示该软件包的一般信息，可以输入下面的命令：

```
# rpm -qip ImageMagick-6.9.10.28-1.fc30.x86_64.rpm
Name      : ImageMagick
Epoch     : 1
Version   : 6.9.10.28
Release   : 1.fc30
```


...

(10) 为从系统中删除包含了 mogrify 命令的软件包，可以输入下面的命令：

```
# yum remove ImageMagick
```

第 11 章　获取用户账户

对于涉及添加和删除用户账户的问题，可以使用 Users 窗口、User Manager 窗口以及 useradd 和 usermod 之类的命令行工具。完成本章习题的关键是确保获得正确结果，而没必要完全按照下面的步骤完成习题。

　　可以使用多种方法获得相同的结果。下面给出的答案仅通过命令行演示了如何完成习题(当看到提示符#时，请改成 root 用户)。

　　(1) 为了向 Linux 系统添加一个本地用户账户，其用户名为 jbaxter，全名为 John Baxter，同时使用/bin/sh 作为默认 shell，并分配下一个可用的 UID(你的 UID 可能与下面所示的有所不同)，可使用下面所示的命令。可使用 grep 命令检查新的用户账户，然后将 jbaxter 的密码设置为 My1N1teOut！

```
# useradd -c "John Baxter" -s /bin/sh jbaxter
# grep jbaxter /etc/passwd
jbaxter:x:1001:1001:John Baxter:/home/jbaxter:/bin/sh
# passwd jbaxter
Changing password for user jbaxter
New password: My1N1teOut!
Retype new password: My1N1teOut!
passwd: all authentication tokens updated successfully
```

　　(2) 为创建一个组账户 testing(组 ID 为 315)，可以输入下面的命令：

```
# groupadd -g 315 testing
# grep testing /etc/group
testing:x:315:
```

　　(3) 为将 jbaxter 添加到 testing 和 bin 组，可输入下面的命令：

```
# usermod -aG testing,bin jbaxter
# grep jbaxter /etc/group
bin:x:1:bin,daemon,jbaxter
jbaxter:x:1001:
testing:x:315:jbaxter
```

　　(4) 如果想要成为 jbaxter，并使 testing 组临时成为 jbaxter 的默认组，然后运行 touch /home/jbaxter/file.txt(需要将 testing 组分配为该文件的组)，可以使用下面的命令：

```
$ su - jbaxter
Password: My1N1teOut!
sh-4.2$ newgrp testing
sh-4.2$ touch /home/jbaxter/file.txt
sh-4.2$ ls -l /home/baxter/file.txt
-rw-rw-r--. 1 jbaxter testing 0 Jan 25 06:42 /home/jbaxter/file.txt
sh-4.2$ exit ; exit
```

　　(5) 首先注意哪个用户 ID 分配给 jbaxter，然后删除该用户账户，但不要删除分配给 jbaxter 的主目录。

```
$ userdel jbaxter
```

　　(6) 可以使用下面的命令，在/home 目录(及其子目录)中查找任何分配给属于用户 jbaxter 的用户 ID 的文件(在我做本习题时，UID 和 GID 都为 1001；你的 UID 和 GID 可能有所不同)。注意，在系统上不再分配用户名 jbaxter，所以除了几个分配给 testing 组的文件之外(因为前面运行了 newgrp 命令)，该用户所创建的任何文件都列为属于 UID 1001 和 GID1001：

```
# find /home -uid 1001 -ls
```

```
262184  4 drwx------ 4 1001  1001  4096 Jan 25 08:00 /home/jbaxter
262193  4 -rw-r--r-- 1 1001  1001   176 Jan 27 2011 /home/jbaxter/.bash_profile
262196  4 -rw------- 1 13602 testing 93 Jan 25 08:00 /home/jbaxter/.bash_history
262194  0 -rw-rw-r-- 1 13602 testing  0 Jan 25 07:59 /home/jbaxter/file.txt
...
```

(7) 首先运行以下命令将/etc/services 文件复制到/etc/skel/目录中；然后向系统添加新用户 mjones，其全名为 Mary Jones，主目录为/home/maryjones。列出主目录的内容，确保服务文件是存在的。

```
# cp /etc/services /etc/skel/
# useradd -d /home/maryjones -c "Mary Jones" mjones
# ls -l /home/maryjones
total 628
-rw-r--r--. 1 mjones mjones 640999 Jan 25 06:27 services
```

(8) 运行下面的命令，找到/home 目录中属于 mjones 的所有文件。如果按照顺序完成习题会发现，在删除了带有最高用户 ID 和组 ID 的用户后，这些数字会分配给 mjones。其结果是，jbaxter 遗留在系统上的任何文件现在都属于 mjones(出于这个原因，以后删除一个用户时应该同时删除或者更改该用户所遗留文件的所有权)。

```
# find /home -user mjones -ls
262184 4 drwx------ 4 mjones mjones 4096 Jan 25 08:00 /home/jbaxter
262193 4 -rw-r--r-- 1 mjones mjones 176 Jan 27 2011 /home/jbaxter/.bash_profile
262189 4 -rw-r--r-- 1 mjones mjones 18 Jan 27 2011 /home/jbaxter/.bash_logout
262194 0 -rw-rw-r-- 1 mjones testing 0 Jan 25 07:59 /home/jbaxter/file.txt
262188 4 -rw-r--r-- 1 mjones mjones 124 Jan 27 2011 /home/jbaxter/.bashrc
262197 4 drwx------ 4 mjones  mjones 4096 Jan 25 08:27 /home/maryjones
262207 4 -rw-r--r-- 1 mjones mjones 176 Jan 27 2011 /home/maryjones/.bash_profile
262202 4 -rw-r--r-- 1 mjones mjones 18 Jan 27 2011 /home/maryjones/.bash_logout
262206 628 -rw-r--r-- 1 mjones mjones 640999 Jan 25 08:27 /home/maryjones/services
262201 4 -rw-r--r-- 1 mjones mjones 124 Jan 27 2011 /home/maryjones/.bashrc
```

(9) 作为用户 mjones，可使用下面的命令创建文件/tmp/maryfile.txt，并使用 ACL 将 bin 用户的读/写权限以及 lp 组的读/写权限分配给该文件。

```
[mjones]$ touch /tmp/maryfile.txt
[mjones]$ touch /tmp/maryfile.txt
[mjones]$ setfacl -m u:bin:rw /tmp/maryfile.txt
[mjones]$ setfacl -m g:lp:rw /tmp/maryfile.txt
[mjones]$ getfacl /tmp/maryfile.txt
# file: tmp/maryfile.txt
# owner: mjones
# group: mjones
user::rw-
user:bin:rw-
group::rw-
group:lp:rw-
mask::rw-
other::r& —
```

(10) 以 mjones 身份运行一组命令，创建目录/tmp/mydir，并使用 ACL 将默认权限分配给该目录，以便用户 adm 对该目录及其文件和子目录具有读取/写入/执行权限。可以通过创建/tmp/mydir/testing/目录和/tmp/mydir/newfile.txt 文件进行测试。

```
[mary]$ mkdir /tmp/mydir
[mary]$ setfacl -m d:u:adm:rwx /tmp/mydir
[mjones]$ getfacl /tmp/mydir
# file: tmp/mydir
# owner: mjones
# group: mjones
user::rwx
group::rwx
other::r-x
default:user::rwx
default:user:adm:rwx
default:group::rwx
default:mask::rwx
default:other::r-x
[mjones]$ mkdir /tmp/mydir/testing
[mjones]$ touch /tmp/mydir/newfile.txt
[mjones]$ getfacl /tmp/mydir/testing/
# file: tmp/mydir/testing/
# owner: mjones
# group: mjones
user::rwx
user:adm:rwx
group::rwx
mask::rwx
other::r-x
default:user::rwx
default:user:adm:rwx
default:group::rwx
default:mask::rwx
default:other::r-x
[mjones]$ getfacl /tmp/mydir/newfile.txt
# file: tmp/mydir/newfile.txt
# owner: mjones
# group: mjones
user::rw-
user:adm:rwx       #effective:rw-
group::rwx         #effective:rw-
mask::rw-
other::r--
```

注意，用户 adm 实际只拥有 rw-权限。为弥补该缺失，需要扩展掩码的权限。其中一种方法是使用 chmod 命令，如下所示：

```
[mjones]$ chmod 775 /tmp/mydir/newfile.txt
[mjones]$ getfacl /tmp/mydir/newfile.txt
# file: tmp/mydir/newfile.txt
# owner: mjones
```

```
# group: mjones
user::rwx
user:adm:rwx
group::rwx
mask::rwx
other::r-x
```

第 12 章　管理磁盘和文件系统

(1) 为了确定想要插入计算机的 USB 闪存驱动器的设备名称，可以输入下面的命令并插入 USB 闪存驱动器(如果看到了相应的消息，可以按 Ctrl+C 键)。

```
# journalctl -f
kernel: [sdb] 15667200 512-byte logical blocks:
    (8.02 GB/7.47 GiB)
Feb 11 21:55:59 cnegus kernel: sd 7:0:0:0:
    [sdb] Write Protect is off
Feb 11 21:55:59 cnegus kernel: [sdb] Assuming
    drive cache: write through
Feb 11 21:55:59 cnegus kernel: [sdb] Assuming
    drive cache: write through
```

(2) 为在 RHEL 6 系统上列出 USB 闪存驱动器的分区，可以输入下面的命令：

```
# fdisk -c -u -l /dev/sdb
```

要在 RHEL 7、RHEL 8 或 Fedora 系统上列出分区，则输入下面的命令：

```
# fdisk -l /dev/sdb
```

(3) 为了删除 USB 闪存驱动器上的分区(假设设备为/dev/sdb)，可以输入下面的命令：

```
# fdisk /dev/sdb
Command (m for help): d
Partition number (1-6): 6
Command (m for help): d
Partition number (1-5): 5
Command (m for help): d
Partition number (1-5): 4
Command (m for help): d
Partition number (1-4): 3
Command (m for help): d
Partition number (1-4): 2
Command (m for help): d
Selected partition 1
Command (m for help): w
# partprobe /dev/sdb
```

(4) 如果想要在 USB 闪存驱动器上分别添加 100MB Linux 分区、200MB 交换分区及 500MB LVM 分区，可以输入下面的命令：

```
# fdisk /dev/sdb

Command (m for help): n
Command action
  e   extended
  p   primary partition (1-4)
p
Partition number (1-4): 1
First sector (2048-15667199, default 2048): <ENTER>
Last sector, +sectors or +size{K,M,G} (default 15667199): +100M
Command (m for help): n
Command action
  e   extended
  p   primary partition (1-4)
p
Partition number (1-4): 2
First sector (616448-8342527, default 616448): <ENTER>
Last sector, +sectors or +size{K,M,G} (default 15667199): +200M
Command (m for help): n
Command action
  e   extended
  p   primary partition (1-4)
p
Partition number (1-4): 3
First sector (616448-15667199, default 616448): <ENTER>
Using default value 616448
Last sector, +sectors or +size{K,M,G} (default 15667199): +500M
Command (m for help): t
Partition number (1-4): 2
Hex code (type L to list codes): 82
Changed system type of partition 2 to 82 (Linux swap / Solaris)
Command (m for help): t
Partition number (1-4): 3
Hex code (type L to list codes): 8e
Changed system type of partition 3 to 8e (Linux LVM)
Command (m for help): w
# partprobe /dev/sdb
# grep sdb /proc/partitions
   8    16   7833600 sdb
   8    17    102400 sdb1
   8    18    204800 sdb2
   8    19    512000 sdb3
```

(5) 为将一个 ext4 文件系统放到 Linux 分区上，可以输入下面的命令：

```
# mkfs -t ext4 /dev/sdb1
```

(6) 为创建挂载点/mnt/mypart，并临时挂载 Linux 分区，可以使用下面的命令：

```
# mkdir /mnt/mypart
# mount -t ext4 /dev/sdb1 /mnt/mypart
```

(7) 如果想要启用交换分区并将其打开，以便可以立即使用更多的交换空间，可以输入下面的命令：

```
# mkswap /dev/sdb2
# swapon /dev/sdb2
```

(8) 从 LVM 分区创建一个卷组 abc，然后从该组创建一个 200MB 逻辑卷 data，并创建一个 VFAT 文件系统。最后临时在新的目录/mnt/test 上挂载该逻辑卷，并检查是否挂载成功。可以输入下面的命令完成上述操作：

```
# pvcreate /dev/sdb3
# vgcreate abc /dev/sdb3
# lvcreate -n data -L 200M abc
# mkfs -t vfat /dev/mapper/abc-data
# mkdir /mnt/test
# mount /dev/mapper/abc-data /mnt/test
```

(9) 为将逻辑卷的大小从 200MB 增加到300MB，可以输入下面的命令：

```
# lvextend -L +100M /dev/mapper/abc-data
# resize2fs -p /dev/mapper/abc-data
```

(10) 为了安全地从计算机上移除 USB 闪存驱动器，可以输入下面的命令：

```
# umount /dev/sdb1
# swapoff /dev/sdb2
# umount /mnt/test
# lvremove /dev/mapper/abc-data
# vgremove abc
# pvremove /dev/sdb3
```

现在可以安全地从计算机上移除 USB 闪存驱动器。

第13章 了解服务器管理

(1) 为能使用 ssh 命令登录到另一台计算机上的任何账户，可以输入下面的命令。当出现提示时输入密码即可：

```
$ ssh joe@localhost
joe@localhost's password:
*********
[joe]$
```

(2) 如果想要使用 ssh 命令获取远程/etc/system-release 文件的内容并在本地系统上显示，可以输入下面的命令：

```
$ ssh joe@localhost "cat /etc/system-release"
joe@localhost's password: *******
Fedora release 30 (Thirty)
```

(3) 如果想要使用 X11 转发在本地系统上显示一个 gedit 窗口，然后在远程主目录中保存一个文件，可以使用下面的命令：

```
$ ssh -X joe@localhost "gedit newfile"
joe@localhost's password: ********
$ ssh joe@localhost "cat newfile"
joe@localhost's password: ********
This is text from the file I saved in joe's remote home directory
```

(4) 为了将远程系统的/usr/share/selinux 目录中的所有文件递归复制到本地系统的/tmp 目录中，并在复制过程中将文件上的所有修改时间更新为本地系统上的时间，可以输入下面的命令：

```
$ scp -r joe@localhost:/usr/share/selinux /tmp
joe@localhost's password:
********
irc.pp.bz2                        100% 9673      9.5KB/s   00:00
dcc.pp.bz2                        100%  15KB  15.2KB/s   00:01
$ ls -l /tmp/selinux | head
total 20
drwxr-xr-x. 3 root root  4096 Apr 18 05:52 devel
drwxr-xr-x. 2 root root  4096 Apr 18 05:52 packages
drwxr-xr-x. 2 root root 12288 Apr 18 05:52 targeted
```

(5) 为将远程系统的/usr/share/logwatch 目录中的所有文件递归复制到本地系统的/tmp 目录中，并在本地系统保留来自远程系统的文件上的所有修改时间，可以输入下面的命令：

```
$ rsync -av joe@localhost:/usr/share/logwatch /tmp
joe@localhost's password: ********
receiving incremental file list
logwatch/
logwatch/default.conf/
logwatch/default.conf/logwatch.conf
$ ls -l /tmp/logwatch | head
total 16
drwxr-xr-x. 5 root root 4096 Apr 19  2011 default.conf
drwxr-xr-x. 4 root root 4096 Feb 28  2011 dist.conf
drwxr-xr-x. 2 root root 4096 Apr 19  2011 lib
```

(6) 如果想要创建一个 SSH 通信所使用的公共/私有密钥对(在密钥上不添加密码短语)，并使用 ssh-copy-id 将公共密钥文件复制到远程用户账户，然后使用基于密钥的身份验证，在不需要输入密码的情况下登录到该用户账户，可使用下面的密码：

```
$ ssh-keygen
Generating public/private rsa key pair.
Enter file in which to save the key (/home/joe/.ssh/id_rsa): ENTER
/home/joe/.ssh/id_rsa already exists.
Enter passphrase (empty for no passphrase): ENTER
Enter same passphrase again: ENTER
Your identification has been saved in /home/joe/.ssh/id_rsa.
Your public key has been saved in /home/joe/.ssh/id_rsa.pub.
The key fingerprint is:
```

```
58:ab:c1:95:b6:10:7a:aa:7c:c5:ab:bd:f3:4f:89:1e joe@cnegus.csb
The key's randomart image is:
...
$ ssh-copy-id -i ~/.ssh/id_rsa.pub joe@localhost
joe@localhost's password: ********
Now try logging into the machine, with "ssh 'joe@localhost'",
and check in:
.ssh/authorized_keys
to make sure we haven't added extra keys that you weren't expecting.
$ ssh joe@localhost
$ cat .ssh/authorized_keys
ssh-rsa AAAAB3NzaC1yc2EAAAABIwAAAQEAyN2Psp5/LRUC9E8BDCx53yPUa0qoOPd
v6H4sF3vmn04V6E7D1iXpzwPzdo4rpvmR1ZiinHR2xGAEr2uZag7feKgLnww2KPcQ6S
iR7lzrOhQjV+SGb/a1dxrIeZqKMq1Tk07G4EvboIrq//9J47vI4l7iNu0xRmjI3TTxa
DdCTbpgG6J3uSJm1BKzdUtwb413x35W2bRgMI75aIdeBsDgQBBiOdu+zuTMrXJj2viCA
XeJ7gIwRvBaMQdOSvSd1kX353tmIjmJheWdgCccM/1jKdoELpaevg9anCe/yUP3so31
tTo4I+qTfzAQD5+66oqWOLgMkWWvfZI7dUz3WUPmcMw== chris@abc.example.com
```

(7) 为在/etc/rsyslog.conf 文件中创建一个条目，将所有 info 及以上级别的身份验证消息存储到/var/log/myauth 文件中，可以使用下面的代码。当数据进入该文件时通过一个终端查看该文件。

```
# vim /etc/rsyslog.conf
authpriv.info                        /var/log/myauth
# service rsyslog restart
    or
# systemctl restart rsyslog.service
<Terminal 1>                         <Terminal 2>
# tail -f /var/log/myauth            $ ssh joe@localhost
Apr 18 06:19:34 abc unix_chkpwd[30631]   joe@localhost's password:
Apr 18 06:19:34 abc sshd[30631]          Permission denied,try again
:pam_unix(sshd:auth):
authentication failure;logname= uid=501
euid=501 tty=ssh ruser= rhost=localhost
user=joe
Apr 18 06:19:34 abc sshd[30631]:
Failed password for joe from
127.0.0.1 port 5564 ssh2
```

(8) 如果想要使用 du 命令确定/usr/share 下最大的目录结构，然后从大到小对这些目录进行排序，最后根据大小列出前 10 个目录，可以输入下面的命令：

```
$ du -s /usr/share/* | sort -rn | head
527800  /usr/share/locale
277108  /usr/share/fonts
196232  /usr/share/help

134984  /usr/share/backgrounds
...
```

(9) 如果想要使用 df 命令显示当前挂载到本地系统的所有文件系统(排除 tmpfs 和 devtmpfs 文件系统)已用和可用的空间，可以输入下面的命令：

```
$ df -h -x tmpfs -x devtmpfs
Filesystem       Size  Used Avail Use% Mounted on
/deev/sda4       20G  4.2G  16G   22% /
```

(10) 为查找/usr 目录中文件大于 10MB 的任何文件，可以使用下面的代码：

```
$ find /usr -size +10M
/usr/lib/locale/locale-archive
/usr/lib/jvm/java-1.8.0-openjdk-1.8.0.212.b04-0.fc30.x86_64/jre/lib/rt.jar
/usr/libexec/cni/dhcp
/usr/libexec/gdb
/usr/libexec/gcc/x86_64-redhat-linux/9/lto1
/usr/libexec/gcc/x86_64-redhat-linux/9/cc1
```

第 14 章　管理网络

(1) 如果想要使用桌面来检查 NetworkManager 是否已成功启动了网络接口(有线或无线)，可以按照下面的步骤操作。

左击 GNOME 桌面的右上角，查看下拉菜单。此时任何处于活动状态的有线或无线网络连接都应该在菜单上显示出来。

如果尚未连接到网络，可首先从可用的有线或无线网络列表中选择一个，然后输入用户名和密码(如果出现了提示符)启动一个活动连接。

(2) 如果想要运行一条命令检查计算机上可用的活动网络接口，可以输入：

```
$ ifconfig
```

或者

```
$ ip addr show
```

(3) 尝试通过命令行联系 google.com，并确保 DNS 正常工作：

```
$ ping google.com
Ctrl-C
```

(4) 运行一条命令来检查用于在本地网络之外进行通信的路由：

```
$ route
```

(5) 为对用来连接到 google.com 的路由进行跟踪，可以使用 traceroute 命令：

```
$ traceroute google.com
```

(6) 要通过 Cockpit 查看 Linux 系统的网络接口和相关的网络活动，可使用 IP 地址或主机名打开 Web 浏览器端口 9090，如 https://localhost:9090/network。

(7) 创建一个主机条目，从而允许与本地主机系统(使用名称 myownhost)进行通信。

编辑文件/etc/hosts(vi/etc/hosts)，并在 localhost 条目的末尾添加 myownhost，如下所示(可以执行 ping myownhost，查看该主机是否正常工作)：

```
127.0.0.1        localhost.localdomain localhost myownhost
# ping myownhost
```

Ctrl+C

(8) 要查看用来解析系统上的主机名和 IP 地址(你的将与下面显示的不同)的 DNS 名称服务器，可输入以下内容：

```
# cat /etc/resolv.conf
nameserver 10.83.14.9
nameserver 10.18.2.10
nameserver 192.168.1.254
# dig google.com
...
google.com.    91941    IN    NS    ns3.google.com.
;; Query time: 0 msec
;; SERVER: 10.18.2.9#53(10.18.2.9)
;; WHEN: Sat Nov 23 20:18:56 EST 2019
;; MSG SIZE  rcvd: 276
```

(9) 创建一个自定义路由，将发往 192.168.99.0/255.255.255.0 网络的流量定向到本地网络的一些 IP 地址上，比如 192.168.0.5(首先确保没有使用 10.0.99 网络)。可以按照下面的步骤操作。

a. 首先，确定网络接口的名称，如 eth0。这种情况下，以 root 用户身份运行下面的命令：

```
# cd /etc/sysconfig/network-scripts
# vi route-enp4s0
```

b. 然后向文件添加下面所示的行：

```
ADDRESS0=192.168.99.0
NETMASK0=255.255.255.0
GATEWAY0=192.168.0.5
```

c. 最后重启网络，并运行 route 来查看路由是否处于活动状态：

```
# systemctl restart NetworkManager
# route -n
Kernel IP routing table
Destination    Gateway       Genmask         Flags Metric Ref   Use Iface
192.168.0.1    0.0.0.0       255.255.255.0   U     600    0     0   enp4s0
192.168.99.0   192.168.0.5   255.255.255.0   UG    600    0     0   enp4s0
```

(10) 为检查系统是否已配置为允许在系统网络接口之间传送 IPv4 数据包，可以输入下面的命令：

```
# cat /proc/sys/net/ipv4/ip_forward
0
```

其中的 0 表示 IPv4 数据包转发被禁用；而 1 表示启用。

第 15 章　启动和停止服务

(1) 为了确定服务器正在使用哪些初始化守护进程，可以考虑执行以下步骤。

a. 大多数情况下，PID 1 作为 systemd 守护进程出现：

```
# ps -ef | head
UID        PID PPID C STIME TTY        TIME CMD
root         1    0 0 17:01 ?      00:00:04 /usr/lib/systemd/systemd --
    switched-root --system --deserialize 18
```

如果键入 ps -ef，并且 PID 1 是 init，那么它仍然可能是 systemd 守护进程。使用 strings 命令查看是否在使用 systemd：

```
# strings /sbin/init | grep -i systemd
systemd.unit=
systemd.log_target=
systemd.log_level=
...
```

b. 如果 init 守护进程不是 systemd，则很可能使用的是 Upstart、SysVinit 或 BSD init 守护进程。但是请再次查看 http://wikipedia.org/wiki/Init。

(2) 具体使用哪种工具来管理服务主要取决于使用哪种初始化系统。可尝试一下 systemctl 和 service 命令来确定系统上 ssh 使用的初始化脚本类型：

a. 对于 systemd 来说，肯定意味着 sshd 转换为 systemd：

```
# systemctl status sshd.service
sshd.service - OpenSSH server daemon
  Loaded: loaded (/lib/systemd/system/sshd.service; enabled)
  Active: active (running) since Mon, 20 Apr 2020 12:35:20...
```

b. 如果在前面的测试中没有看到肯定结果，则可以针对 SysVinit init 守护进程尝试下面的命令。此时肯定结果(以及前面测试中的否定结果)意味着 sshd 仍然正在使用 SysVinit 守护进程。

```
# service ssh status
sshd (pid 2390) is running...
```

(3) 为了确定服务器以前和当前的运行级别，可以使用 runlevel 命令。该命令可以在所有 init 守护进程上运行：

```
$ runlevel
N 3
```

(4) 为更改 Linux 服务器上的默认运行级别或目标单元，需要完成下面操作之一(取决于服务器的 init 守护进程)。

a. 对于 SysVinit，编辑文件/etc/inittab，并将 id:#:initdefault:行中的#改为 2、3、4 或者 5。

b. 对于 systemd，将 default.target 符号链接更改为所需的 runlevel#.target，其中#可以为 2、3、4 或者 5。下面的代码显示了如何将目标单元的符号链接改为 runlevel3.target。

```
# systemctl set-default runlevel3.target
Removed /etc/systemd/system/default.target.
Created symlink /etc/systemd/system/default.target →
    /usr/lib/systemd/system/multi-user.target.
```

(5) 为列出服务器上运行的(或者处于活动状态的)服务，根据所使用的初始化守护进程不同，需要使用不同的命令。

a. 对于 SysVinit，可使用 service 命令，如下例所示：

```
# service --status-all | grep running | sort
anacron (pid 2162) is running...
atd (pid 2172) is running...
```

b. 对于 systemd，可以使用 systemctl 命令，如下所示：

```
# systemctl list-unit-files --type=service | grep -v disabled
UNIT FILE                              STATE
abrt-ccpp.service                      enabled
abrt-oops.service                      enabled
...
```

(6) 为了列出 Linux 服务器上运行的(或者处于活动状态的)服务，可以针对服务器正在使用的初始化守护进程，使用习题(5)所确定的合适命令。

(7) 对于每种初始化守护进程，下面的命令显示了特定服务的当前状态：

a. 对于 SysVinit，使用 service *service_name* status 命令。

b. 对于 systemd，使用 systemctl status *service_name* 命令。

(8) 为了显示 Linux 服务器上 cups 守护进程的状态，可以使用下面的命令。

a. 对于 SysVinit：

```
# service cups status
cupsd (pid 8236) is running...
```

b. 对于 systemd：

```
# systemctl status cups.service
cups.service - CUPS Printing Service
Loaded: loaded (/lib/systemd/system/cups.service; enabled)
Active: active (running) since Tue, 05 May 2020 04:43:5...
Main PID: 17003 (cupsd)
CGroup: name=systemd:/system/cups.service
17003 /usr/sbin/cupsd -f
```

(9) 如果想要尝试重启 Linux 服务器上的 cups 守护进程，可以使用下面的命令。

a. 对于 SysVinit：

```
# service cups restart
Stopping cups:              [ OK ]
```

b. 对于 systemd：

```
# systemctl restart cups.service
```

(10) 如果想要尝试重新加载 Linux 服务器上的 cups 守护进程，可以使用下面的命令：

a. 对于 SysVinit：

```
# service cups reload
Reloading cups: [ OK ]
```

b. 对于 systemd，存在一个技巧问题。在 systemd Linux 服务器上不能重新加载 cups 守护进程！

```
# systemctl reload cups.service
Failed to issue method call: Job type reload is
  not applicable for unit cups.service.
```

第 16 章 配置打印服务器

对于涉及打印机工作的问题，大多数情况下可使用图形或命令行工具。关键是要确保得到正确结果，如下面的答案所示。这里的答案包括解答练习的图形化和命令行方法。当看到#提示符时成为根用户。

(1) 如果想要使用 Print Settings 窗口向系统添加新打印机 myprinter(连接到一个端口的通用 PostScript 打印机)，可以通过 Fedora 30 完成以下操作。

a. 安装 system-config-printer 软件包：

```
# dnf install system-config-printer
```

b. 从 GNOME 3 桌面的 Activities 屏幕选择 Print Settings。

c. 解除对接口的锁定，并输入 root 密码。

d. 选择 Add 按钮。

e. 选择 USB 或其他端口作为设备，然后单击 Forward。

f. 针对驱动程序，选择 Generic，并单击 Forward；然后选择 PostScript，单击 Forward。

g. 如有必要，可单击 Forward 跳过任何安装选项。

h. 对于打印机名称，可以起名为 myprinter，并为其提供相关的 Description 和 Location，然后单击 Apply。

i. 单击 Cancel，不打印测试页。此时，该打印机应该出现在 Print Settings 窗口中。

(2) 如果想要使用 lpstat -t 命令查看所有打印机的状态，可以输入下面的命令：

```
# lpstat -t
deskjet-5550 accepting requests since Mon 02 Mar 2020 07:30:03 PM EST
```

(3) 如果想要使用 lpr 命令打印/etc/hosts 文件，可以输入下面的命令：

```
$ lp /etc/hosts -P myprinter
```

(4) 为了检查打印机的打印队列，可以输入下面的命令：

```
# lpq -P myprinter
myprinter is not ready
Rank    Owner    Job    File(s)          Total Size
1st     root     655    hosts            1024 bytes
```

(5) 为从打印队列中删除打印任务(取消该任务)，可以输入下面的命令：

```
# lprm -P myprinter
```

(6) 如果想要使用打印窗口来确定发布打印机时所需的基本服务器设置，以便本地网络上的其他系统可以连接到你的打印机，需要完成以下操作。

a. 在 GNOME 3 桌面，通过 Activities 屏幕输入 **Print Settings**，并单击 Enter 键。

b. 选择 Server | Settings，如果出现提示，输入 root 密码。

c. 单击 Publish shared printers connected to this system 旁的复选框，然后单击 OK。

(7) 如果想要通过 Web 浏览器使用系统的远程管理，需要按照以下步骤操作。

a. 在 GNOME 3 桌面，通过 Activities 屏幕输入 **Print Settings**，并单击 Enter 键。

b. 选择 Server | Settings，如果出现提示，输入 root 密码。

c. 单击 Allow remote administration 旁边的复选框，然后单击 OK。

(8) 为了演示如何通过另一个系统上的 Web 浏览器实现系统的远程管理，需要按照以下步骤操作。

a. 在网络上其他计算机的浏览器的地址框中输入地址：http://*hostname*:631，其中用运行了打印服务的系统名称或 IP 地址替换 *hostname*。

b. 当出现提示时，输入 root 用户名和密码。此时该系统的 CUPS 主页应该出现在浏览器上。

(9) 如果想使用 netstat 命令查看 cupsd 守护进程正在监听的地址，可以输入下面的命令：

```
# netstat -tupln | grep 631
tcp   0   0 0.0.0.0:631      0.0.0.0:*      LISTEN   6492/cupsd
tcp6  0   0 :::631           :::*           LISTEN   6492/cupsd
```

(10) 如果想从系统中删除 myprinter 打印机项，可以按照下面的步骤操作：

a. 单击 Unlock 按钮，当出现提示时输入 root 密码。

b. 从 Print Settings 窗口中右击 myprinter 图标，并选择 Delete。

c. 当出现提示时，再次选择 Delete。

第 17 章　配置 Web 服务器

(1) 为了在 Fedora 系统上安装所有与 Web Server 组相关的软件包，可以输入下面的命令：

```
# yum groupinstall "Web Server"
```

(2) 为主 Apache 配置文件的 DocumentRoot 分配一个目录，并在该目录中创建一个名为 index.html 的文件。该文件应该包含单词 My Own Web Server，请按照下面的步骤操作。

a. 确定 DocumentRoot 的位置：

```
# grep ^DocumentRoot /etc/httpd/conf/httpd.conf

DocumentRoot "/var/www/html"
```

b. 在位于 DocumentRoot 的 index.html 文件中输入单词 My Own Web Server：

```
# echo "My Own Web Server"> /var/www/html/index.html
```

(3) 启动 Apache Web 服务器，并将其设置为在系统启动时自动启动。检查是否可以通过本地主机上的 Web 浏览器访问该服务器。如果服务器工作正常，应该可以看到语句 "My Own Web Server"。

在不同的 Linux 系统上，启动和启用 httpd 服务的方法是不同的。在最新的 Fedora 30 或 RHEL 7 或更新版本，可以输入下面的命令：

```
# systemctl start httpd.service
# systemctl enable httpd.service
```

在 RHEL 6 或较早的版本中，输入：

```
# service httpd start
# chkconfig httpd on
```

(4) 为了使用 netstat 命令查看 httpd 服务器正在监听哪些端口，可以输入下面的命令：

```
# netstat -tupln | grep httpd
tcp6    0   0 :::80       :::*    LISTEN   2496/httpd
tcp6    0   0 :::443      :::*    LISTEN   2496/httpd
```

(5) 尝试从本地系统之外的一个 Web 浏览器上连接该 Apache Web 服务器。如果连接失败，通过研究防火墙、SELinux 以及其他安全功能来解决所碰到的任何问题。

如果尚未设置 DNS，那么可以通过远程 Web 浏览器并使用服务器的 IP 地址(如 http://192.168.0.1)来查看 Apache 服务器。如果无法连接，可在运行 Apache 服务器的系统上完成下面的步骤后通过浏览器重新连接：

```
# iptables -F
# setenforce 0
# chmod 644 /var/www/html/index.html
```

其中，iptables -F 命令临时刷新了防火墙规则。如果刷新后可成功连接到 Web 服务器，则需要添加新的防火墙规则，以便在服务器上打开 tcp 端口 80 和 443。对于使用了 firewalld 服务的系统来说，需要在 Firewall 窗口上单击这些端口旁边的复选框。而对于运行了 iptables 服务的系统来说，则需要在最后的 DROP 或 REJECT 规则之前添加下面的规则：

```
-A INPUT -m state --state NEW -m tcp -p tcp --dport 80 -j ACCEPT
-A INPUT -m state --state NEW -m tcp -p tcp --dport 443 -j ACCEPT
```

setenforce 0 命令临时将 SELinux 设置为 permissive 模式。如果设置完之后可以成功连接到 Web 服务器，则需要纠正 SELinux 文件上下文和/或布尔值的问题(在本习题中可能只需要纠正 SELinux 安全上下文的问题即可)。应该执行以下操作：

```
# chcon --reference=/var/www/html /var/www/html/index.html
```

如果 chmod 命令正常工作，则意味着 Apache 用户和组不拥有对文件的读取权限。此时应该赋予新的权限。

(6) 如果想要通过使用 openssl 或类似命令，创建自己的私有 RSA 密钥以及自签名 SSL 证书，可以输入下面的命令：

```
# yum install openssl
# cd /etc/pki/tls/private
# openssl genrsa -out server.key 1024
# chmod 600 server.key
# cd /etc/pki/tls/certs
# openssl req -new -x509 -nodes -sha1 -days 365 \
  -key /etc/pki/tls/private/server.key \
  -out server.crt
Country Name (2 letter code) [AU]: US
State or Province Name (full name) [Some-State]: NJ
Locality Name (eg, city) []: Princeton
Organization Name (eg, company) [Internet Widgits Pty
Ltd]:TEST USE ONLY
Organizational Unit Name (eg, section) []:TEST USE ONLY
Common Name (eg, YOUR name) []:secure.example.org
Email Address []:dom@example.org
```

此时就有了/etc/pki/tls/private/server.key 密钥文件和/etc/pki/tls/certs/server.crt 证书文件。

(7) 为了将 Apache Web 服务器配置为使用你自己的密钥和自签名证书来提供安全(HTTPS)内容，需要按照下面的步骤操作。

a. 编辑/etc/httpd/conf.d/ssl.conf 文件，更改密钥和证书的位置，从而使用自己创建的密钥和证书：

```
SSLCertificateFile /etc/pki/tls/certs/server.crt
SSLCertificateKeyFile /etc/pki/tls/private/server.key
```

b. 重启 httpd 服务：

```
# systemctl restart httpd.service
```

(8) 如果想要使用 Web 浏览器创建一个到 Web 服务器的 HTTPS 连接，并查看所创建的证书内容，可以按照下面的步骤操作。

在运行 Apache 服务器的系统上打开一个浏览器，并在其地址栏中输入 http://localhost。此时应该看到一条消息"当前连接不可信任"。为了完成连接，请完成下列操作：

a. 单击 I Understand the Risks。

b. 单击 Add Exception。

c. 单击 Get Certificate。

d. 单击 Confirm Security Exception

(9) 创建一个名为/etc/httpd/conf.d/example.org.conf 的文件，它启用基于名称的虚拟主机，并创建一个完成以下事情的虚拟主机：①在所有接口上监听端口 80；②存在一个 joe@example.org 的服务器管理员；③存在一个 joe.example.org 服务器名；④DocumentRoot 值为/var/www/html/joe.example.org；⑤存在一个至少包括 index.html 的 DirectoryIndex。在 DocumentRoot 中创建一个 index.html 文件，其中包含语句 Welcome to the House of Joe。可以按照下面的步骤操作。

创建如下所示的 example.org.conf 文件：

```
NameVirtualHost *:80
<VirtualHost *:80>
    ServerAdmin      joe@
example.org
    ServerName       joe.
example.org
    ServerAlias      web.example.org
    DocumentRoot     /var/www/html/joe.example.org/
    DirectoryIndex   index.html
</VirtualHost>
```

接下来演示如何将文本加入 index.html 文件中：

```
# echo "Welcome to the House of Joe"> \
    /var/www/html/joe.example.org/index.html
```

(10) 在/etc/hosts 文件(该文件所在的计算机正在运行 Web 服务器)中 localhost 条目的末尾添加文本 joe.example.org。然后在 Web 浏览器的地址框中输入 http://joe.example.org。当页面显示时应该可以看到 Welcome to the House of Joe。可以按照下面的步骤操作。

a. 以如下两种方式中的一种重新加载上一个习题中所修改的 httpd.conf 文件：

```
# apachectl graceful
# systemctl restart httpd
```

b. 使用任何文本编辑器编辑/etc/hosts文件，以便本地主机行如下所示：

```
127.0.0.1      localhost.localdomain localhost joe.example.org
```

c. 在运行 httpd 服务的本地系统上打开浏览器，并在地址栏中输入 http://joe.example.org，可以访问使用了基于名称身份验证的 Apache Web 服务器。

第 18 章　配置 FTP 服务器

警告：

不要在工作中的公共 FTP 服务器上完成下面的任务，因为这些任务将会干扰服务器的操作(但可以使用这些任务设置一台新的 FTP 服务器)。

(1) 为了确定哪个软件包提供了 Very Secure FTP Daemon 服务，可以 root 用户身份输入下面的命令：

```
# yum search "Very Secure FTP"
...
================= N/S Matched: Very Secure FTP ============
vsftpd.i686 : Very Secure Ftp Daemon
```

该搜索会发现 vsftpd 服务。

(2) 为在系统上安装 Very Secure FTP Daemon 软件包，并搜索软件包的配置文件，可以输入下面的命令：

```
# yum install vsftpd
# rpm -qc vsftpd | less
```

(3) 要为 Very Secure FTP 守护进程服务启用匿名 FTP 和禁用本地用户登录，请在/etc/vsftpd/vsftpd.conf 文件中完成以下设置。

```
anonymous_enable=YES
write_enable=YES
anon_upload_enable=YES
local_enable=NO
```

(4) 为启动 Very Secure FTP Daemon 服务，并将其设置为系统启动时启动，可在 Fedora 或 Red Hat Enterprise Linux 系统上输入下面的命令：

```
# systemctl start vsftpd.service
# systemctl enable vsftpd.service
```

或者在 Red Hat Enterprise Linux6 系统上输入下面的命令：

```
# service vsftpd start
# chkconfig vsftpd on
```

(5) 在运行 FTP 服务器的系统的匿名 FTP 目录中创建一个名为 test 的文件，其中包含语句 Welcome to your vsftpd server：

```
# echo "Welcome to your vsftpd server"> /var/ftp/test
```

(6) 在运行 FTP 服务器的系统上打开一个 Web 浏览器，并通过该浏览器打开匿名 FTP 主目录中的 test 文件，可以按照下面的步骤操作。

启动 Web 浏览器，在地址栏输入下面的地址，然后单击 Enter 键：

```
ftp://localhost/test
```

此时，在浏览器窗口中应该出现文本 Welcome to your vsftpd server。

(7) 为访问匿名 FTP 主目录中的 test 文件，可以按照下面的步骤操作(如果无法访问该文件，可以检查防火墙、SELinux 以及 TCP Wrappers 是否被配置为允许访问该文件)。

a. 在网络上可以到达 FTP 服务器的系统上打开一个浏览器，并在其地址栏输入下面的地址(请使用自己系统的完全限定主机名或 IP 地址替换地址中的 *host*)：

```
ftp://host/test
```

如果在浏览器窗口没有看到欢迎消息，则检查是什么阻止了访问。如果要临时关闭防火墙(刷新 iptables 规则)，可通过 FTP 服务器系统上的 shell 以 root 用户身份输入下面的命令，然后再次尝试访问上述地址：

```
# iptables -F
```

b. 为了临时禁用 SELinux，可以输入下面的命令，然后尝试访问上述地址：

```
# setenforce 0
```

在确定了到底是什么原因导致 FTP 服务器上的文件不可用后，可返回阅读第 18 章 18.4 一节，完成相关步骤，从而进一步确定是什么原因阻碍了对文件的访问。可能的原因如下。

- 对于 iptables，确保存在一条打开了服务器上 TCP 端口 21 的规则。
- 对于 SELinux，确保文件上下文设置为 public_content_t。

(8) 为配置 vsftpd 服务器，从而允许匿名用户向 in 目录上传文件，可在 FTP 服务器上以 root 用户身份完成下面的操作。

a. 创建 in 目录，如下所示：

```
# mkdir /var/ftp/in
# chown ftp:ftp /var/ftp/in
# chmod 777 /var/ftp/in
```

b. 对于 Fedora 或者 RHEL，请打开 Firewall Configuration 窗口，并检查服务下面的 FTP 框，从而打开对 FTP 服务的访问。而对于较早的 RHEL 和 Fedora 系统，请配置 iptables 防火墙，在 /etc/sysconfig/iptables 文件中最后的 DROP 或 REJECT 规则之前添加下面所示的规则，从而允许 TCP 端口 21 上的新请求：

```
-A INPUT -m state --state NEW -m tcp -p tcp --dport 21 -j ACCEPT
```

c. 通过将合适的模块加载到/etc/sysconfig/iptables-config 文件，从而配置防火墙 iptables 完成连接跟踪：

```
IPTABLES_MODULES="nf_conntrack_ftp"
```

d. 如果想要 SELinux 允许上传到该目录，首先需要正确设置文件上下文：

```
# semanage fcontext -a -t public_content_rw_t "/var/ftp/in(/.*)?"
# restorecon -F -R -v /var/ftp/in
```

e. 接下来，将 SELinux Boolean 设置为允许上传：

```
# setsebool -P allow_ftpd_anon_write on
```

f. 重启 vsftpd 服务(service vsftpd restart 或者 systemctl restart vsftpd.service)。

(9) 要安装 lftp FTP 客户端(如果你没有第二个 Linux 系统，可以在运行 FTP 服务器的同一主机上安装 lftp)，并尝试将/etc/hosts 文件上传到服务器上的 incoming 目录，确保它是可访问的。可以 root 用户身份运行下面的命令：

```
# yum install lftp
# lftp localhost
lftp localhost:/> cd in
lftp localhost:/in> put /etc/hosts
89 bytes transferred
lftp localhost:/in> quit
```

此时无法看到 hosts 文件复制到 incoming 目录。因此，在运行 FTP 服务器的主机上通过 shell 输入下面的命令，从而确保 hosts 文件存在于 incoming 目录中：

```
# ls /var/ftp/in/hosts
```

如果无法上传文件，可以按照第 7 章所介绍的方法解决问题：再次检查 vsftpd.conf 设置，然后审查/var/ftp/in 目录中的所有权和权限。

(10) 使用任何所选择的 FTP 客户端访问站点 ftp://kernel.org 上的/pub/linux/docs/man-pages 目录，并列出该目录中的内容。下面显示了如何处理 lftp 客户端：

```
# lftp ftp://ftp.gnome.org/pub/debian-meetings/
cd ok, cwd=/pub/debian-meetings
lftp ftp.gnome.org:/pub/debian-meetings>> ls
drwxr-xr-x    3 ftp      ftp             3 Jan 13  2014 2004
drwxr-xr-x    6 ftp      ftp             6 Jan 13  2014 2005
drwxr-xr-x    8 ftp      ftp             8 Dec 20  2006 2006
...
```

第 19 章　配置 Windows 文件共享(Samba)服务器

(1) 为安装 samba 和 samba-client 软件包，可以通过本地系统上的 shell 以 root 用户身份输入下面的命令：

```
# yum install samba samba-client
```

(2) 为启动和启用 smb 和 nmb 服务，可以通过本地系统上的 shell 以 root 用户身份输入下面的命令：

```
# systemctl enable smb.service
# systemctl start smb.service
# systemctl enable nmb.service
# systemctl start nmb.service
```

或者输入：

```
# chkconfig smb on
# service smb start
# chkconfig nmb on
# service nmb start
```

(3) 为分别将 Samba 服务器的工作组设置为 TESTGROUP，将 NetBIOS 名称设置为 MYTEST，以及将服务器字符串设置为 Samba Test System，可在文本编辑器中以 root 用户身份打开 /etc/samba/smb.conf 文件，并按照下面所示的内容更改三行设置：

```
workgroup = TESTGROUP
netbios name = MYTEST
server string = Samba Test System
```

(4) 向系统添加一个 Linux 用户 phil，并为其添加 Linux 密码和 Samba 密码，可通过 shell 以 root 用户身份输入下面的命令(请记住所设置的密码)：

```
# useradd phil
# passwd phil
New password: *******
Retype new password: *******
# smbpasswd -a phil
New SMB password: *******
Retype new SMB password: *******
Added user phil.
```

(5) 为了设置[homes]部分，以便主目录可浏览(yes)和可写入(yes)，并且使 phil 成为唯一有效用户，可以 root 用户身份打开/etc/samba/smb.conf 文件，并按照下面的内容更改[homes]部分：

```
[homes]
        comment = Home Directories
        browseable = Yes
        read only = No
        valid users = phil
```

(6) 为让 phil 可以通过 Samba 客户端访问自己的主目录，需要设置相关的 SELinux 布尔值，可以通过 shell 以 root 身份输入下面的命令：

```
# setsebool -P samba_enable_home_dirs on
# systemctl restart smb
# systemctl restart nmb
```

(7) 通过本地系统，使用 smbclient 命令列出可用的 homes 共享目录。

```
# smbclient -L localhost
Enter TESTGROUP\root's password: <ENTER>
Anonymous login successful

    Sharename       Type        Comment
    ---------       ----        -------
    homes           Disk        Home Directories
  ...
```

(8) 为了通过本地系统上的 Nautilus(文件管理器)窗口连接到本地 Samba 服务器上用户 phil 的 homes 共享目录，并且允许向该文件夹拖放文件，可以按照下面的步骤操作。

a. 打开 Nautilus 窗口(选择文件图标)。

b. 在左窗格中选择 Other Locations，单击 Connect to Server 框。

c. 输入服务器地址。例如，smb://localhost/phil/。

d. 当出现提示时，选择 Registered User，输入 phil 作为用户名，输入域(TESTGROUP)，并输入 phil 的密码。

e. 打开另一个 Nautilus 窗口，并将一个文件拖放至 phil 的主文件夹中。

(9) 为了打开防火墙，以便任何可以访问服务器的人可以访问 Samba 服务(smbd 和 nmbd 守护进程)，可以打开 Firewall Configuration 窗口并检查 samba 和 samba-client 复选框(针对 Runtime 和 Permanent)。如果系统正在运行基本的 iptables(而不是运行 firewalld 服务)，可以更改 /etc/sysconfig/iptables 文件，防火墙如下所示(其中添加的规则以粗体形式显示)：

```
*filter
:INPUT ACCEPT [0:0]
:FORWARD ACCEPT [0:0]
:OUTPUT ACCEPT [0:0]
-A INPUT -m state --state ESTABLISHED,RELATED -j ACCEPT
-A INPUT -p icmp -j ACCEPT
-A INPUT -i lo -j ACCEPT
-I INPUT -m state --state NEW -m udp -p udp --dport 137 -j ACCEPT
-I INPUT -m state --state NEW -m udp -p udp --dport 138 -j ACCEPT
-I INPUT -m state --state NEW -m tcp -p tcp --dport 139 -j ACCEPT
-I INPUT -m state --state NEW -m tcp -p tcp --dport 445 -j ACCEPT
-A INPUT -j REJECT --reject-with icmp-host-prohibited
-A FORWARD -j REJECT --reject-with icmp-host-prohibited
COMMIT
```

然后输入下面的命令，重新加载防火墙规则：

```
# service iptables restart
```

(10) 通过网络上的另一个系统(Windows 或者 Linux)，尝试以用户 phil 的身份再次打开 homes 共享目录，并确保可以向该目录拖放文件，可按下面的步骤操作。

a. 本步骤实际上只是重复前面介绍的 Nautilus 示例，或者访问 Windows Explorer 窗口并打开该共享(通过选择 Network，然后选择 Samba 服务器)。关键是确保可以通过 Linux 服务器安全功能使用服务。

b. 如果不能访问 Samba 共享，可以尝试禁用防火墙和 SELinux。如果可以在关闭这些服务的情况下访问共享，则需要进行调试，解决问题，使服务正常工作：

```
# setenforce 0
# service iptables stop
```

c. 解决了问题后，可将 SELinux 设置为 enforcing 模式，并重启 iptables：

```
# setenforce 1
# service iptables start
```

第 20 章　配置 NFS 文件服务器

(1) 为了安装在 Linux 系统上配置 NFS 服务所需的软件包，可以通过 shell(Fedora 或 RHEL) 以 root 用户身份输入下面的命令：

```
# yum install nfs-utils
```

(2) 为列出提供了 NFS 服务器软件的软件包所附带的文档文件，可以输入下面的命令：

```
# rpm -qd nfs-utils
/usr/share/doc/nfs-utils-1.2.5/ChangeLog
...
/usr/share/man/man5/exports.5.gz
/usr/share/man/man5/nfs.5.gz
/usr/share/man/man5/nfsmount.conf.5.gz
/usr/share/man/man7/nfsd.7.gz
/usr/share/man/man8/blkmapd.8.gz
/usr/share/man/man8/exportfs.8.gz
...
```

(3) 如果想要启用并启动 NFS 服务器，可以在 NFS 服务器上以 root 用户身份输入下面的命令：

```
# systemctl start nfs-server.service
# systemctl enable nfs-server.service
```

(4) 为了检查 NFS 服务器上所启动的 NFS 服务的状态，可以 root 用户的身份输入下面的命令：

```
# systemctl status nfs-server.service
```

(5) 在 NFS 服务器上，创建目录/var/mystuff，并以下面所示的属性共享：对每个人可用、只读、客户端上的 root 用户对该共享拥有根访问。首先创建挂载目录，如下所示：

```
# mkdir /var/mystuff
```

然后在/etc/exports 文件中创建如下所示的条目：

```
/var/mystuff   *(ro,no_root_squash,insecure)
```

最后，为了让共享可用，可以输入下面的命令：

```
# exportfs -v -a
exporting *:/var/mystuff
```

(6) 为了确保所有主机可访问所创建的共享，首先在/etc/hosts.allow 文件的开头添加下面所示的条目，从而检查 TCP Wrapper 是否阻止了 rpcbind：

rpcbind: ALL

为在使用 firewalld 的系统(RHEL 8 和最新的 Fedora 系统)中打开防火墙，安装 firewall-config 软件包。然后运行 firewall-config，在显示的 Firewall Configuration 窗口中，确保为 Permanent 防火墙设置选中 nfs 和 rpc-bind。

为了打开所需的端口，从而允许客户端通过 iptables 防火墙(RHEL 6 以及较早的 Fedora 系统没有 firewalld)到达 NFS，至少需要打开 TCP 和 UDP 端口 111(rpcbind)、20048(mountd)和 2049(nfs)，打开方法是向/etc/sysconfig/iptables 文件添加下面所示的规则，并启动 iptables 服务：

```
-A INPUT -m state --state NEW -m tcp -p tcp --dport 111 -j ACCEPT
-A INPUT -m state --state NEW -m udp -p udp --dport 111 -j ACCEPT
-A INPUT -m state --state NEW -m tcp -p tcp --dport 2049 -j ACCEPT
-A INPUT -m state --state NEW -m udp -p udp --dport 2049 -j ACCEPT
-A INPUT -m state --state NEW -m tcp -p tcp --dport 20048 -j ACCEPT
-A INPUT -m state --state NEW -m udp -p udp --dport 20048 -j ACCEPT
```

即使处于 enforcing 模式，SELinux 也能共享 NFS 文件系统，而不必更改文件上下文和布尔值。为了确保所创建的共享可以只读方式共享，可在 NFS 服务器上以 root 用户身份运行下面所示的命令：

```
# setsebool -P nfs_export_all_ro on
```

(7) 为查看 NFS 服务器上可用的共享，可通过 NFS 客户端输入下面的命令(假设 NFS 服务器的名称为 nfsserver)：

```
# showmount -e nfsserver
Export list for nfsserver:
/var/mystuff  *
```

(8) 创建目录/var/remote，并在该挂载点临时挂载来自 NFS 服务器(本习题中假设 NFS 服务器名为 nfsserver)的/var/mystuff 目录，可通过 NFS 客户端以 root 用户身份输入下面的命令：

```
# mkdir /var/remote
# mount -t nfs nfsserver:/var/mystuff /var/remote
```

(9) 为在重启时可以自动完成相同的挂载，首选卸载/var/remote，如下所示：

```
# umount /var/remote
```

然后向客户端系统上的/etc/fstab 添加下面所示的条目：

```
/var/remote   nfsserver:/var/mystuff  nfs bg,ro 0 0
```

为了测试共享被正确配置，可以在 NFS 客户端以 root 用户身份输入下面的命令：

```
# mount -a
# mount -t nfs4
nfsserver:/var/mystuff on /var/remote type nfs4
 (ro,vers=4,rsize=524288...
```

(10) 为将一些文件复制到/var/mystuff 目录，可在 NFS 服务器上输入以下命令：

```
# cp /etc/hosts /etc/services /var/mystuff
```

在 NFS 客户端，为确保可以看到添加到该目录中的文件，同时不能通过客户端向该目录写入文件，可以输入下面的命令：

```
# ls /var/remote
hosts     services
# touch /var/remote/file1
touch: cannot touch '/var/remote/file1': Read-only file system
```

第 21 章　Linux 的故障排除

(1) 为通过计算机的 BIOS 屏幕进入 Setup 模式，可按下面的步骤操作。

a. 重启计算机。

b. 几秒钟后应该看到 BIOS 屏幕，同时指出了按哪个功能键可以进入 Setup 模式(在我自己的 Dell 工作站上，该功能键为 F2)。

c. 出现 BIOS 屏幕(如果系统已经开始启动 Linux，则说明你没有足够快地按下功能键)。

(2) 通过 BIOS 设置屏幕完成下列步骤，从而确定计算机是 32 位还是 64 位，是否包括了虚拟化支持以及网络接口是否能够启动 PXE。

根据计算机以及 Linux 系统的不同，你的体验可能与我的有所不同。不同计算机的 BIOS 设置屏幕也有所不同。然而，一般来说可以使用箭头键和 Tab 键在不同列之间移动，并单击 Enter 键选择一项。

a. 在我的 Dell 工作站上，通过突出显示 System 标题下的 Processor Info，可以看到我的计算机是 64 位计算机。你可以查看自己计算机上的 Processor Info 或者类似节，从而了解自己计算机的处理器类型。

b. 在我的 Dell 工作站上，突出显示 Onboard Devices 标题下的 Integrated NIC，并单击 Enter 键。通过出现的 Integrated NIC 屏幕可以启用或禁用 NIC(On 或 Off)，或者启用 PXE 或 RPL(如果想要通过网络启动计算机，可以启用 RPL)。

(3) 如果想中断启动过程并转到 GRUB 启动加载程序，可以按照下面的步骤操作。

a. 重启计算机。

b. 出现 BIOS 屏幕后，当看到启动 Linux 系统的倒计时，按任意键(如空格)。

c. 此时应该出现 GRUB 启动加载程序，允许选择启动哪个操作系统内核。

(4) 为将计算机启动到运行级别 1，从而完成一些系统维护，可以先转到 GRUB 启动屏幕(如前一个习题所示)，然后按照下面的步骤操作。

a. 使用箭头键突出显示想要启动的操作系统和内核。

b. 输入 e，查看启动操作系统所需的条目。

c. 将光标移动到包含内核的行(在该行某处应该包括了单词 vmlinuz)。

d. 将光标移动到该行的末尾，并添加一个空格，然后输入 init=/bin/bash。

e. 按照指示启动新条目。可能需要按 Ctrl+X 或者 Enter 键。当看到下一个屏幕，输入 b。

如果一切顺利，系统应该绕过登录提示符，直接启动到 root 用户 shell，通过该 shell 可以完成一些管理工作，而不必提供密码。

(5) 为查看内核环缓冲区中的消息(显示了启动时内核的相关活动)，可以在系统完成启动之后通过 shell 输入下面的命令。

```
# dmesg | less
```

(6) 或者在使用了 systemd 的系统上输入下面的命令：

```
# journalctl -k
```

(7) 在 Fedora 或 RHEL 中，运行 yum update，并排除任何可用的内核软件包，可以输入下面的命令(如果存在可用的更新，那么当出现提示时，输入 N，不实际完成更新)：

```
# yum update --exclude='kernel*'
```

(8) 为了检查系统上哪些进程正在监听传入的连接，可以输入下面的命令：

```
# netstat -tupln | less
```

(9) 为了检查哪些端口在外部网络接口上是开放的，可以按照下面的步骤操作。

如有可能，请从网络上的另一个 Linux 系统运行 nmap 命令，并用你自己系统的主机名或 IP 地址替换 *yourhost*：

```
# nmap yourhost
```

(10) 为了清除系统的页面缓存，并观察对内存使用情况的影响，可以按照下面的步骤操作。

a. 从桌面的应用程序菜单选择 Terminal(在不同的系统上，Terminal 可能位于不同的菜单中)。

b. 运行 top 命令(查看目前运行在系统上的进程)，然后输入一个大写 M，从而按照消耗内存的多少对进程进行排序。

c. 通过 Terminal 窗口，选择 File and Open Terminal，打开第二个 Terminal 窗口。

d. 通过第二个 Terminal 窗口成为 root 用户(su -)。

e. 当在第一个 Terminal 窗口看到 Mem 行(used 列)时，可以从第二个 Terminal 窗口输入下面的命令：

```
# echo 3> /proc/sys/vm/drop_caches
```

f. 此时，Mem 行上已使用的 RES 内存应该明显减少，此外每个进程 RES 列的值也应该减少。

要通过 Web 浏览器查看 Cockpit 的内存和交换使用情况，请通过浏览器打开主机的 Cockpit(https://hostname:9090)，然后选择 System | Memory&Swap。

第 22 章　理解基本的 Linux 安全

(1) 为检查 NetworkManager.service、sshd.service 和 auditd.service 的 systemd 日志中的日志消息，可以输入下面的命令：

```
# journalctl -u NetworkManager.service
...
# journalctl -u sshd.service
...
# journalctl -u auditd.service
...
```

(2) 用户密码存储在/etc/shadow 文件中。为查看文件权限,可在命令行输入 ls -l /etc/shadow(如果不存在影子文件,则需要运行 pwconv)。

以下是比较合适的设置:

```
# ls -l /etc/shadow
----------. 1 root root 1049 Feb 10 09:45 /etc/shadow
```

(3) 确定账户密码的时效,并使用一个命令确定密码是否过期,可以输入 chage -l *user_name*。例如:

```
# chage -l chris
```

(4) 为了使用 auditd 守护进程启动对/etc/shadow 写入操作的审核,可以在命令行输入下面的命令:

```
# auditctl -w /etc/shadow -p w
```

为了检查审核设置,可以在命令行输入 auditctl -l。

(5) 为了从 auditd 守护进程创建关于/etc/shadow 文件的报告,可以在命令行输入 ausearch -f /etc/shadow。为了关闭对该文件的审核,可以在命令行输入 auditctl -W /etc/shadow -p w。

(6) 安装 Lemon 软件包,并销毁/usr/bin/lemon 文件,然后验证文件被损坏,最后删除此软件包,可以输入下面的命令:

```
# yum install -y lemon
# cp /etc/services /usr/bin/lemon
# rpm -V lemon
S.5....T.   /usr/bin/lemon
# yum erase lemon
```

相对于原始 Lemon 文件,文件大小(S)、md4sum(5)以及修改时间(T)都不同。对于 Ubuntu,需要使用 apt-get install lemon 安装该软件包,并输入 debsums lemon 进行检查。

(7) 假设今天你的系统遭受了一次恶意攻击,重要的二进制文件被修改了,如果想要找到这些被修改的文件,可在命令行针对目录/bin、/sbin、/usr/bin 和 usr/sbin 输入下面的命令:

```
find directory -mtime -1
```

(8) 为了安装并运行 chkrootkit,并查看来自习题(7)中的恶意攻击是否安装了 Rootkit,可与根据自己的发行版本完成下列步骤。

a. 为在 Fedora 或 RHEL 发行版本上安装 chkrootkit,可以在命令行输入 yun install chkrootkit。

b. 为在 Ubuntu 或者其他基于 Debian 的发行版本上安装 chkrootkit,可以在命令行输入 sudo apt-get install chkrootkit。

c. 为完成检查,可以在命令行输入 chkrootkit,并查看结果。

(9) 为查找系统中带有 SUID 或 SGID 权限设置的文件,可以在命令行输入 find /-perm /6000 -ls。

(10) 安装 aide 软件包,并运行 aide 命令来初始化 aide 数据库,然后将该数据库复制到正确位置,最后运行 aide 命令,检查系统上任何重要的文件是否已经被修改。

```
# yum install aide
# aide -i
# cp /var/lib/aide/aide.db.new.gz /var/lib/aide/aide.db.gz
# aide -C
```

为让输出更加有趣，可以在运行 aide -i 之前安装 Lemon 软件包(如前面的习题所述)，然后在运行 aide -C 之前修改该软件包，查看一下被修改的二进制文件。

第 23 章　理解高级的 Linux 安全

为安装下面的习题，必须安装 gnupg 2 软件包。但默认情况下 Ubuntu 并没有安装该软件包(最新的 Fedora 和 RHEL 版本已经默认安装了该软件包)。

(1) 为了使用 gpg2 实用工具和一个对称密钥对一个文件进行加密，可以输入下面的命令(gpg2 实用工具要求使用一个密码短语来保护对称密钥)。

```
$ gpg2 -c filename
```

(2) 为使用 gpg2 实用工具生成一个密钥环，可以输入下面的命令。

```
$ gpg2 --gen-key
```

此外，必须提供下面的信息。
a. 真实姓名和电子邮件地址
b. 私钥的密码
(3) 为了列出所生成的密钥环，可以输入：

```
$ gpg2 --list-keys
```

(4) 为了加密一个文件，并使用 gpg2 实用工具添加数字签名，可以按照下面的步骤操作。
a. 首先生成一个密钥环。
b. 生成密钥环后，输入：

```
$ gpg2 --output EncryptedSignedFile --sign FiletoEncryptSign
```

(5) 从 getfedora.org 页面选择一个要下载的 Fedora 发行版。下载完成后，选择 Verify your Download 查看指示来验证映像。例如，为映像下载适当的 CHECKSUM 文件，然后输入以下内容。

```
$ curl https://getfedora.org/static/fedora.gpg | gpg --import
$ gpg --verify-files *-CHECKSUM
$ sha256sum -c *-CHECKSUM
```

(6) 为确定 su 命令是否拥有 PAM 配置文件，可以输入：

```
$ ldd $(which su) | grep pam
libpam.so.0 => /lib64/libpam.so.0 (0x00007fca14370000)
ibpam_misc.so.0 => /lib64/libpam_misc.so.0 (0x00007fca1416c000
```

如果 Linux 系统上的 su 命令是支持 PAM 的，那么在发出 ldd 命令时应该看到一个 PAM 库名称。
(7) 要确定 su 命令是否有一个 PAM 配置文件，请键入以下命令：

```
$ ls /etc/pam.d/su
/etc/pam.d/su
```

如果该文件存在，可以在命令行输入下面的命令，显示其内容。PAM 上下文可包含以下任何内容：auth、account、password、session。

```
$ cat /etc/pam.d/su
```

(8) 为列出 Fedora 或 RHEL 系统上的各种 PAM 模块，可以输入：

```
$ ls /usr/lib64/security/pam*.so
```

为列出 Ubuntu Linux 系统上的各种 PAM 模块，可以输入：

```
# find / -name pam*.so
```

(9) 为找到系统上 PAM 的"其他"配置文件，可以在命令行输入 ls /etc/pam.d/other。一个强制执行了隐式拒绝的"其他"配置文件可能包含以下内容：

```
$ cat /etc/pam.d/other
#%PAM-1.0
auth       required       pam_deny.so
account    required       pam_deny.so
password   required       pam_deny.so
session    required       pam_deny.so
```

(10) 为找到 PAM 限制配置文件，可以输入：

```
$ ls /etc/security/limits.conf
```

输入下面的命令来显示文件的内容：

```
$ cat /etc/security/limits.conf
```

在文件中进行设置，防止出现 fork bomb：

```
@student    hard    nproc        50
@student    -       maxlogins     4
```

第 24 章   使用 SELinux 增强 Linux 安全

(1) 为了将系统设置为 SELinux 的 permissive 模式，可以在命令行输入 setenforce permissive。此外，还可输入 setenforce 0。

(2) 如果想要在不更改 SELinux 主配置文件的情况下将系统设置为 SELinux 的 enforcing 操作模式，则需要谨慎操作。最好不要为了完成习题而在自己的系统上运行该命令，除非你已经准备执行 SELinux 了。请在命令行输入下面的命令：setenforce enforcing。此外，还可以输入 setenforce 1。

(3) 为找到并查看永久的 SELinux 策略类型(在启动时设置)，可以转到 SELinux 主配置文件 /etc/selinux/config。而为了查看该文件，可以在命令行输入 cat /etc/selinux/config|grep SELINUX=。为确定当前设置，可以输入 getenforce 命令。

(4) 为列出/etc/hosts 文件安全上下文，并识别不同的安全上下文属性，可以在命令行输入 ls -Z /etc/host。

```
$ ls -Z /etc/hosts
-rw-r--r--. root root system_u:object_r:net_conf_t:s0  /etc/hosts
```

a. 文件的用户上下文为 system_u，表明是一个系统文件。

b. 文件的角色为 object_r，表明是文件系统中的一个对象(此时为一个文本文件)。

c. 文件的类型为 net_conf_t，因为该文件是网络配置文件。

d. 文件的敏感级别为 s0，表明最低的安全级别(该数字的可能变化范围为 s0~s3)。

e. 文件的类别级别以一个 c 开头，并一个数字结尾，其可能的数字范围为 c0~c102。一般来说，除了高度安全的环境之外，都不需要设置该值，所以本习题没有设置。

(5) 为了创建文件 test.html，并将其类型分配为 httpd_sys_content_t，可以输入下面的命令：

```
$ touch test.html
$ chcon -t httpd_sys_content_t test.html
$ ls -Z test.html
-rw-rw-r--. chris chris unconfined_u:object_r:httpd_sys_content_t:s0 test.html
```

(6) 为了列出 crond 进程的安全上下文，并识别不同的安全上下文属性，可以在命令行输入：

```
$ ps -efZ | grep crond
system_u:system_r:crond_t:s0-s0:c0.c1023 root 665 1 0
   Sep18 ?   00:00:00 /usr/sbin/crond -n
```

a. 该进程的用户上下文为 system_u，表明是一个系统进程。

b. 该进程的角色为 system_r，表明是一个系统角色。

c. 该进程的类型或域为 crond_t。

d. 该进程的敏感级别为 s0-s0，表明不是高度敏感的(然而，按照正常的 Linux 标准，这种敏感级别是安全的，因为该进程是以 root 用户身份运行的)。

e. 该进程的类别级别为 c0.c1023，从 SELinux 角度看，c0 表明该类别不是高度安全的。

(7) 如果要创建/etc/test.txt 文件，并将其文件上下文更改为 user_tmp_r，然后恢复到合适的内容(即/etc 目录的默认上下文)，最后删除该文件，可以输入下面的命令：

```
# touch /etc/test.txt
# ls -Z /etc/test.txt
-rw-r--r--. root root unconfined_u:object_r:etc_t:s0  /etc/test.txt
# chcon -t user_tmp_t /etc/test.txt
# ls -Z /etc/test.txt
-rw-r--r--. root root unconfined_u:object_r:user_tmp_t:s0 /etc/test.txt
# restorecon /etc/test.txt
# ls -Z /etc/test.txt
-rw-r--r--. root root unconfined_u:object_r:etc_t:s0  /etc/test.txt
# rm /etc/test.txt
rm: remove regular empty file `/etc/test.txt'? y
```

(8) 为了确定哪些布尔值允许用户匿名写入、访问 tftp 服务的主目录，并永久开启这些布尔值，可以输入下面的命令：

```
# getsebool -a | grep tftp
tftp_home_dir --> off
tftpd_anon_write --> off
...
# setsebool -P tftp_home_dir=on
# setsebool -P tftp_anon_write=on
```

```
# getsebool tftp_home_dir tftp_anon_write
tftp_home_dir --> on
tftp_anon_write --> on
```

(9) 为了列出系统上所有的 SELinux 策略模型以及版本号，可以输入 semodule -l。

(10) 要告诉 SELinux 允许通过 TCP 端口 54903 访问 sshd 服务，可以输入下面的命令：

```
# semanage port -a -t ssh_port_t -p tcp 54903
# semanage port -l | grep ssh
ssh_port_t              tcp            54903, 22
```

第 25 章 保护网络上的 Linux

(1) 在本地 Linux 系统上安装 Network Mapper 实用工具：
a. 在 Fedora 或 RHEL 上，在命令行输入 yum install nmap。
b. 在 Ubuntu 上，nmap 可能预先安装。如果没有，请在命令行输入 sudo apt-get install nmap。
(2) 为了在本地环回地址上运行 TCP 连接扫描，可以在命令行输入 nmap –sT 127.0.0.1。在 Linux 服务器上运行的端口有所不同。但应该与下面内容类似：

```
# nmap -sT 127.0.0.1
    ...
    PORT      STATE  SERVICE
    25/tcp    open   smtp
    631/tcp   open   ipp
```

(3) 通过远程系统在你的 Linux 系统上运行一次 UDP 连接扫描。
a. 在命令行输入 ifconfig，确定 Linux 服务器的 IP 地址。输出应该如下面所示，其中系统的 IP 地址紧跟在 ifconfig 命令输出的 "inet addr:" 之后。

```
# ifconfig
...
p2p1  Link encap:Ethernet  HWaddr 08:00:27:E5:89:5A
      inet addr:10.140.67.23
```

b. 通过远程 Linux 系统，输入命令 nmap -sU IP address，请使用上面获取的 IP 地址替换命令中的 IP address。例如：

```
# nmap -sU 10.140.67.23
```

(4) 检查系统是否正在运行 firewalld 服务，然后安装并启动它(如果尚未安装)。
a. 输入 systemctl status firewalld.service。
b. 如果在 Fedora 或 RHEL 系统上没有运行 firewalld 服务，请输入以下内容：

```
# yum install firewalld firewall-config -y
```

```
# systemctl start firewalld
# systemctl enable firewalld
```

(5) 要打开防火墙中的端口以允许远程访问本地 web 服务，请执行以下操作：

a. 启动 Firewall Configuration 窗口(firewalld-config)。

b. 确保选择了 Configuration: Runtime。

c. 选择当前的区域(例如，FedoraWorkstation)。

d. 在 Services 下，选择 http 和 https 复选框。

e. 选择 Configuration: Permanent。

f. 在 Services 下，选择 http 和 https 复选框。

(6) 要确定 Linux 系统当前的 netfilter/iptables 防火墙策略和规则，请在命令行输入 iptables -vnL。

(7) 保存、刷新和恢复 Linux 系统的当前防火墙规则。

a. 保存当前的规则：

```
# iptables-save>/tmp/myiptables
```

b. 刷新当前的规则：

```
# iptables -F
```

c. 要恢复防火墙规则，请输入：

```
# iptables-restore < /tmp/myiptables
```

(8) 为将输入链的 Linux 系统防火墙过滤器表设置为 DROP，可在命令行输入 iptables -P INPUT DROP。

(9) 要将 Linux 系统防火墙的过滤表策略改为接受输入链，请输入以下内容：

```
# iptables -P INPUT ACCEPT
```

要添加一个规则来删除 IP 地址 10.140.67.23 中的所有网络数据包，输入以下内容：

```
# iptables -A INPUT -s 10.140.67.23 -j DROP
```

(10) 为了删除前面添加的规则(而不是刷新或恢复 Linux 系统防火墙规则)，可以在命令行输入 iptables -D INPUT 1(此时假设上面添加的是规则 1)，可在 iptables 命令中将 1 改为合适的规则号。

第 26 章　转移到云和容器

(1) 安装并启动 podman(对于任何 RHEL 或 Fedora 系统)或 docker(RHEL 7)：

```
# yum install podman -y
    or
# yum install docker -y
# systemctl start docker
# systemctl enable docker
```

(2) 使用 docker 或 podman 将这个映像拉到主机 registryaccess.redhat.com/ubi7/ubi。

```
# podman pull registry.access.redhat.com/ubi7/ubi
```

或

```
# docker pull registry.access.redhat.com/ubi7/ubi
```

(3) 运行 ubi7/ubi 映像，以打开 bash shell。

```
# podman run -it ubi7/ubi bash
```

或

```
# docker run -it ubi7/ubi bash
```

(4) 要运行命令，查看容器所基于的操作系统，安装 procps 包，并运行命令，查看容器内运行的进程：

```
bash-4.4# cat /etc/os-release | grep ^NAME
NAME="Red Hat Enterprise Linux"
bash-4.4# yum install procps -y
bash-4.4# ps -ef
UID       PID  PPID  C STIME TTY         TIME CMD
root        1     0  0 03:37 pts/0    00:00:00 bash
root       20     1  0 03:43 pts/0    00:00:00 ps -ef
bash-4.4# exit
```

(5) 要重新启动并连接到刚使用交互式 shell 关闭的容器，请输入以下内容：

```
# podman ps -a
CONTAINER ID  IMAGE                COMMAND  CREATED
      STATUS                PORTS  NAMES
   eabf1fb57a3a  ...ubi8/ubi:latest bash      7 minutes ago
      Exited (0) 4 seconds ago           compassionate_hawking
# podman start -a eabf1fb57a3a
bash-4.4# exit
```

(6) 要从一个 ubi7/ubi 基础映像创建一个简单的 Dockerfile，需要包含一个名为 cworks.sh 的脚本，它会回应 "Container Works!"，并将该脚本添加到映像中，使其运行，请执行以下操作。
a. 创建并更改到一个新目录：

```
# mkdir project
# cd project
```

b. 创建 Dockerfile 文件，文件内容如下：

```
FROM registry.access.redhat.com/ubi7/ubi-minimal
COPY ./cworks.sh /usr/local/bin/
CMD ["/usr/local/bin/cworks.sh"]
```

c. 创建一个名为 cworks.sh 的文件，其内容如下：

```
#!/bin/bash
set -o errexit
```

```
set -o nounset
set -o pipefail
echo "The Container Works!"
```

(7) 使用 docker 或 podman 从刚创建的 Dockerfile 中构建一个名为 containerworks 的映像。

```
# podman build -t myproject .
```

或

```
# docker build -t myproject .
```

(8) 为了获得对容器注册表的访问，可以通过安装 docer-distribution 包或在 Quay.io 或 Docker Hub 上获得一个账户：

```
# yum install docker-distribution -y
# systemctl start docker-distribution
# systemctl enable docker-distribution
```

或者在 Quay.io(https//quayio/plans/)或 Docker Hub 上获得一个账户：

```
# podman login quay.io
Username: <username>
Password: *********
```

(9) 标记一个新的映像，推送到所选的容器注册表：

```
# podman tag aa0274872f23 \
quay.io/<user>/<imagename>:v1.0
# podman push \
quay.io/<user>/<imagename>:v1.0
```

第 27 章 使用 Linux 进行云计算

(1) 为了检查计算机是否支持 KVM 虚拟化，可以输入：

```
# cat /proc/cpuinfo | grep --color -E "vmx|svm|lm"
flags : fpu vme de pse tsc msr pae mce cx8 apic sep mtrr pge mca cmov pat pse36
clflush dts acpi mmx fxsr sse sse2 ss ht tm pbe syscall nx pdpe1gb rdtscp lm constant_tsc
arch_perfmon pebs bts rep_good xtopology nonstop_tsc aperfmperf pni pclmulqdq dtes64
monitor ds_cpl vmx smx es...
    ...
```

CPU 必须支持 vmx 或 svm。lm 表明是 64 位计算机。

(2) 为了安装一个 Linux 系统以及所需的软件包，从而使用该系统作为 KVM 主机并运行 Virtual Machine Manager 应用程序，可以按照下面的步骤操作。

a. 从 Linux 网站(如 getfedora.org)获取 Live 或安装镜像，然后将其刻录到 DVD(或者其他可供安装的介质)。

b. 启动安装映像，并选择安装到硬盘。

c. 针对 Fedora Worktation，在安装完毕后，需要重启计算机，然后安装下面的软件包(对于不

同的 Linux 发行版本，可能需要安装一个提供了 libvirtd 的软件包):

```
# yum install virt-manager libvirt-daemon-config-network
```

(3) 为了确保 sshd 和 libvirtd 服务正在系统上运行，可以输入：

```
# systemctl start sshd.service
# systemctl enable sshd.service
# systemctl start libvirtd.service
# systemctl enable libvirtd.service
```

(4) 获取与你的虚拟机管理程序兼容的 Linux 安装 ISO 镜像，并将其复制到 Virtual Machine Manager 来存储镜像的默认目录。例如，如果 Fedora Workstation DVD 位于当前目录中，则可以输入：

```
# cp Fedora-Workstation-Live-x86_64-30-1.2.iso /var/lib/libvirt/images/
```

(5) 为了检查默认网络桥(virbr0)上的设置，可以输入：

```
# ip addr show virbr0
4: virbr0: <NO-CARRIER,BROADCAST,MULTICAST,UP> mtu 1500 qdisc
   noqueue state UP group default
   link/ether de:21:23:0e:2b:c1 brd ff:ff:ff:ff:ff:ff
   inet 192.168.122.1/24 brd 192.168.122.255 scope global virbr0
     valid_lft forever preferred_lft forever6.
```

(6) 为了使用前面所复制的 ISO 镜像安装虚拟机，可以按照下面的步骤操作。
a. 输入下面的命令：

```
# virt-manager &
```

b. 选择 File，然后选择 New Virtual Machine。
c. 选择 Local Install Media，单击 Forward。
d. 选择 Browse，然后选择 Live 或安装 ISO，单击 Choose Volume，最后单击 Forward。
e. 选择内存和 CPU，单击 Forward。
f. 选择想要使用的磁盘大小，单击 Forward。
g. 选择"Virtual network default:NAT"(该选项可能已经选中)。
h. 如果一切顺利，单击 Finish。
i. 接下来按照安装 ISO 的指示完成安装过程。

(7) 为了确定可以登录并使用虚拟机，可以按照下面的步骤操作：
a. 双击新虚拟机对应的项。
b. 当出现浏览器窗口时，可以正常登录。

(8) 为了检查虚拟机是否可以连接到 Internet 或者虚拟机管理程序之外的其他网络，请执行以下操作之一：
a. 打开一个 Web 浏览器，并尝试连接到 Internet 上的一个网站。
b. 打开一个 Terminal 窗口，并输入 ping redhat.com，然后按 Ctrl+C 退出。

(9) 停止虚拟机，使其不再运行。
a. 在 vrit-manager 窗口中右击 VM 对应的项。
b. 选择 Shut Down，然后再次选择 Shut down。

c. 如果虚拟机没有马上关闭，则可以选择 Force Off，这类似于拔出电源插头，可能导致数据丢失。

(10) 再次启动虚拟机，使其运行并可用。

a. 在virt-manager窗口中右键单击VM的条目。

b. 单击Run。

第 28 章　将 Linux 部署到云

(1) 要安装genisoimage、cloud-init、qemu-img和virt-viewer包，请输入：

```
# dnf install genisoimage cloud-init qemu-img virt-viewer
```

(2) 要获得Fedora云映像，请访问https://getfedora.org/en/cloud/download/，并下载一个qcow2映像。在OpenStack中列出一个名为Fedora-Cloud-Base-31-1.9.x86_64.qcow2的映像。

(3) 以qcow2格式创建一个名为myvmqcow2的图像快照，输入以下内容：

```
# qemu-img create -f qcow2 \
-o backing_file=Fedora-Cloud-Base-31-1.9.x86_64.qcow2 \
myvm.qcow2
```

(4) 创建一个名为meta-data的cloud-init元数据文件，包括以下内容：

```
instance-id: myvm
local-hostname: myvm.example.com
```

(5) 创建一个名为user-data的cloud-init用户数据文件，其中包括以下内容：

```
#cloud-config
password: test
chpasswd: {expire: False}
```

(6) 运行genisoimage命令来组合元数据和用户数据文件，来创建mydata.iso文件：

```
# genisoimage -output mydata.iso -volid cidata \
   -joliet-long -rock user-data meta-data
```

(7) 使用virt-install命令组合myvm .qcow2虚拟机映像和mydata.iso映像，创建一个名为newvm的新虚拟机映像，它作为虚拟机在管理程序上运行。

```
# virt-install --import --name newvm \
  --ram 4096 --vcpus 2 \
  --disk path=myvm.qcow2,format=qcow2,bus=virtio \
  --disk path=mydata.iso,device=cdrom \
  --network network=default &
```

(8) 要使用virt-viewer打开新newvm虚拟机，输入以下命令：

```
# virt-viewer newvm
```

(9) 使用fedora用户和密码test登录到newvm虚拟机:

```
Login: fedora
Password: test
```

第 29 章 使用 Ansible 自动部署、管理应用程序和基础设施

(1) 要安装Ansible软件包,请执行以下操作:

RHEL 8

```
# subscription-manager repos \
    --enable ansible-2.9-for-rhel-8-x86_64-rpms
# dnf install ansible -y
```

Fedora

```
# dnf install ansible -y
```

Ubuntu

```
$ sudo apt update
$ sudo apt install software-properties-common
$ sudo apt-add-repository --yes --update ppa:ansible/ansible
$ sudo apt install ansible
```

(2) 要为运行Ansible命令的用户添加sudo特权,运行visudo并创建如下的条目(将joe更改为你的用户名):

```
joe   ALL=(ALL)      NOPASSWD: ALL
```

(3) 打开一个名为my_playbook.yaml的文件。并添加以下内容:

```
---
- name: Create web server
  hosts: localhost
  tasks:
  - name: Install httpd
    yum:
      name: httpd
      state: present
```

(4) 在检查模式下,为运行my_playbook,执行以下操作。它应该会失败,因为用户没有安装包的特权。

```
$ ansible-playbook -C my_playbook.yaml
...

TASK [Install httpd] **********************************************************
fatal: [localhost]: FAILED! => {"changed": false, "msg": "This
    command has to be run under the root user.", "results": []}
...
```

(5) 对my_playbook.yaml文件执行如下更改：

```
---
- name: Create web server
  hosts: localhost
  become: yes
  become_method: sudo
  become_user: root
  tasks:
  - name: Install httpd
    yum:
      name: httpd
      state: present
```

(6) 为了再次运行my_playbook.yaml文件，安装httpd包，请输入以下命令：

```
$ ansible-playbook my_playbook.yaml
...
TASK [Install httpd] ************************************************************
changed: [localhost]
PLAY RECAP *********************************************************************
localhost: ok=2 changed=1 unreachable=0 failed=0 skipped=0 rescued=0 ignored=0
```

(7) 按如下方式修改my_playbook.yaml文件，来启动httpd服务，并设置它，以便每次系统启动时它都会启动：

```
---
- name: Create web server
  hosts: localhost
  become: yes
  become_method: sudo
  become_user: root
  tasks:
  - name: Install httpd
    yum:
      name: httpd
      state: present
  - name: start httpd
    service:
      name: httpd
      state: started
```

(8) 要运行ansible命令，来检查httpd服务是否在本地主机上运行，输入以下命令：

```
$ ansible localhost -m service \
    -a "name=httpd state=started" --check
localhost | SUCCESS => {
    "changed": false,
    "name": "httpd",
    "state": "started",
    "status": { ...
```

(9) 要在当前目录中创建一个index.html文件，其中包含文本"Web server is up"，并运行ansible命令，将该文件复制到localhost的/var/www/ html目录，请执行以下操作(将joe更改为你的用户名)：

```
$ echo "Web server is up"> index.html
$ ansible localhost
 -m copy -a \
    "src=./index.html dest=/var/www/html/ \
    owner=apache group=apache mode=0644" \
    -b --user joe --become-user root --become-method sudo
host01 | CHANGED => { ...
```

(10) 要使用curl命令查看刚复制到Web服务器的文件内容，请执行以下操作：

```
$ curl localhost
Web server is up
```

第 30 章　使用 Kubernetes 将应用程序部署为容器

(1) 要了解如何安装Minikube，可访问https://kubernetesio/docs/tasks/tools/install-minikube，或访问一个可用的远程minikube实例，阅读Kubernetes.io教程https://kubernetes.io/docs/tutorials/。

(2) 要查看 minikube 安装、kubectl 客户端和 Kubernetes 服务的版本，请输入以下内容：

```
$ minikube version
$ kubectl version
```

(3) 要创建一个部署，来管理运行 hello-node 容器映像的 pod，可以输入以下命令：

```
$ kubectl create deployment hello-node \
    --image=gcr.io/hello-minikube-zero-install/hello-node
```

(4) 要查看hello-node部署并详细描述部署，请输入以下内容：

```
$ kubectl get deployment
$ kubectl describe deployment hello-node
```

(5) 要查看与hello-node部署关联的当前副本集，输入以下内容：

```
$ kubectl get rs
```

(6) 要将hello-node部署扩大到3个副本，请输入以下内容：

```
$ kubectl scale deployments/hello-node --replicas=3
```

(7) 使用LoadBalancer公开Kubernetes集群之外的hello-node部署，输入以下内容：

```
$ kubectl expose deployment hello-node \
    --type=LoadBalancer --port=8080
```

(8) 要获取minikube实例的IP地址和公开hello-node服务的端口号，可输入以下内容：

```
$ minikube ip
192.168.39.150
$ kubectl describe service hello-node | grep NodePort
NodePort:                <unset>  31302/TCP
```

689

(9) 使用curl命令查询hello-node服务，使用上一步中的IP地址和端口号。例如：

```
$ curl 192.168.39.105:31302
Hello World!
```

(10) 要删除hello-node服务和部署，然后停止minikube虚拟机，请输入以下命令：

```
$ kubectl delete service hello-node
$ kubectl delete deployment hello-node
$ minikube stop
```